非线性严格反馈系统的
智能自适应反步递推控制

佟绍成　李永明　刘艳军　著

科 学 出 版 社
北 京

内 容 简 介

　　本书系统介绍了非线性严格反馈系统的智能自适应反步递推控制的基本理论和方法，力求涵盖国内外最新研究成果。主要内容包括：非线性严格反馈系统的智能自适应控制设计方法及理论，非线性严格反馈系统的智能自适应鲁棒控制设计方法及理论，基于观测器的非线性严格反馈系统的智能自适应控制设计方法及理论，基于观测器的非线性严格反馈系统的智能自适应鲁棒控制设计方法及理论，以及非线性严格反馈系统的智能自适应优化控制设计方法及理论等。

　　本书系统性强，覆盖面广，可作为高等学校控制理论与控制工程及相关专业的研究生教材，也可作为智能控制相关领域科技工作者的参考书。

图书在版编目(CIP)数据

　　非线性严格反馈系统的智能自适应反步递推控制/佟绍成, 李永明, 刘艳军著.
—北京: 科学出版社, 2021.6

　　ISBN 978-7-03-067765-5

　　Ⅰ. ①非…　Ⅱ. ①佟…　②李…　③刘…　Ⅲ. ①非线性-反馈控制系统-智能控制-自适应控制　Ⅳ. ①TP271

　　中国版本图书馆 CIP 数据核字(2021)第 004468 号

责任编辑: 朱英彪　赵晓廷/责任校对: 樊雅琼
责任印制: 吴兆东/封面设计: 蓝正设计

科学出版社 出版
北京东黄城根北街 16 号
邮政编码: 100717
http://www.sciencep.com

北京九州迅驰传媒文化有限公司 印刷
科学出版社发行　各地新华书店经销
*
2021 年 6 月第 一 版　开本: 720 × 1000　B5
2021 年 7 月第二次印刷　印张: 29 1/2
字数: 594 000
定价: 198.00 元
(如有印装质量问题, 我社负责调换)

前　言

工程领域中的许多实际系统都存在着高度的非线性、不确定性、多变量和强耦合等综合特征，很难对其建立精确的数学模型，这给传统的控制设计方法和理论带来了极大的困难和挑战。由于模糊逻辑系统和神经网络对非线性函数或未知动态具有良好的逼近、在线辨识和学习能力，所以基于模糊逻辑系统和神经网络理论发展起来的智能自适应控制为解决复杂不确定非线性系统的控制问题提供了有效途径。智能自适应控制诞生至今已有 30 余年，其理论日臻完善，智能控制技术快速发展，目前已成为国际控制学科的一个重要研究领域。

作者及团队从事非线性智能自适应控制理论研究工作已有 25 年，2006 年出版了专著《非线性系统的自适应模糊控制》，针对满足匹配条件的不确定非线性系统，系统总结了在非线性反馈线性化自适应控制的理论体系下，非线性系统的模糊自适应控制基本概念、基本理论和具有代表性的控制设计方法。

本书作为第一部专著的续篇，系统介绍和总结了近 15 年以来，在自适应反步递推控制的理论体系下，不确定非线性严格反馈系统智能自适应反步递推控制的最新研究进展，特别是作者及团队在该方向上的代表性理论研究成果。全书共分为六部分，第一部分即第 0 章，主要介绍非线性严格反馈系统智能自适应反步递推控制研究所需要的预备知识；第二部分包括第 1~3 章，第 1 章主要介绍单输入单输出非线性严格反馈系统智能自适应状态反馈控制，第 2 章主要介绍单输入单输出非线性严格反馈约束系统智能自适应状态反馈控制，第 3 章主要介绍单输入单输出非线性严格反馈系统的智能自适应状态反馈鲁棒控制；第三部分包括第 4~5 章，第 4 章主要介绍单输入单输出非线性严格反馈系统智能自适应输出反馈控制，第 5 章主要介绍非线性严格反馈系统智能自适应输出反馈鲁棒控制；第四部分即第 6 章，主要介绍多输入多输出非线性严格反馈系统的智能自适应反步递推状态反馈控制、输出反馈控制和鲁棒控制；第五部分即第 7 章，主要介绍非线性严格反馈互联大系统的智能自适应反步递推状态反馈控制、输出反馈控制和鲁棒控制；第六部分即第 8 章，主要介绍非线性系统的自适应状态反馈和输出反馈优化控制。期望本书的出版能为智能控制及相关专业的研究生和智能控制领域的科技工作者的学习、科学研究提供有价值的参考，对推动非线性智能自适应控制理论的发展起到一定的促进作用。

本书的出版得到了国家杰出青年科学基金项目 (62025303)、国家自然科学基金优秀青年科学基金项目 (61622303, 61822307) 和面上项目 (61374113, 61773188, 61973147) 的资助, 在此表示衷心感谢。

　　由于作者水平有限, 书中难免存在缺点和疏漏之处, 殷切希望广大读者批评指正。

作　者
2021 年 1 月

目　　录

第 0 章　预 备 知 识

本章主要介绍模糊逻辑系统、径向基函数神经网络、非线性系统的稳定性等一些基本知识，以便于本书主要内容的叙述和读者阅读。

0.1　模糊逻辑系统

模糊逻辑系统 (fuzzy logic system, FLS) 包含模糊规则库、模糊化、模糊推理机、解模糊化四部分。模糊控制的基本结构如图 0.1.1 所示。

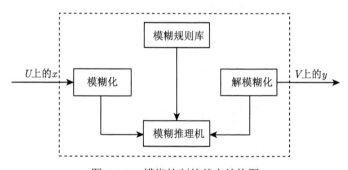

图 0.1.1　模糊控制的基本结构图

模糊推理机使用模糊 IF-THEN 规则实现从输入语言向量 $x = [x_1, x_2, \cdots, x_n]^{\mathrm{T}}$ 到输出语言变量 $y \in V$ 的映射，第 l 条模糊 IF-THEN 规则可以写成

R^l：如果 x_1 是 F_1^l, x_2 是 F_2^l, $\cdots$, x_n 是 F_n^l, 则 y 是 G^l, $l = 1, 2, \cdots, N$

式中，F_i^l 和 G^l 是对应于模糊隶属函数 $\mu_{F_i^l}(x_i)$ 和 $\mu_{G^l}(y)$ 的模糊集合；N 是模糊规则数。

若采用单点模糊化、乘积推理和中心加权解模糊化方法，则模糊逻辑系统可表示为

$$y(x) = \frac{\sum\limits_{l=1}^{N} \bar{y}_l \prod\limits_{i=1}^{n} \mu_{F_i^l}(x_i)}{\sum\limits_{l=1}^{N} \prod\limits_{i=1}^{n} \mu_{F_i^l}(x_i)} \tag{0.1.1}$$

式中，$\bar{y}_l = \max\limits_{y \in V} \mu_{G^l}(y)$。

定义如下模糊基函数:

$$\varphi_l = \frac{\prod\limits_{i=1}^{n} \mu_{F_i^l}(x_i)}{\sum\limits_{l=1}^{N}\prod\limits_{i=1}^{n} \mu_{F_i^l}(x_i)} \tag{0.1.2}$$

令 $\theta = [\bar{y}_1, \bar{y}_2, \cdots, \bar{y}_N]^{\mathrm{T}} = [\theta_1, \theta_2, \cdots, \theta_N]^{\mathrm{T}}$, $\varphi^{\mathrm{T}}(x) = [\varphi_1(x), \varphi_2(x), \cdots, \varphi_N(x)]$, 则模糊逻辑系统 (0.1.1) 可表示为

$$y(x) = \theta^{\mathrm{T}} \varphi(x) \tag{0.1.3}$$

引理 0.1.1[1] $f(x)$ 是定义在闭集 $\varOmega$ 的连续函数, 对任意给定的常数 $\varepsilon > 0$, 存在模糊逻辑系统 (0.1.3), 使得如下不等式成立:

$$\sup_{x\in\varOmega} |f(x) - \theta^{\mathrm{T}}\varphi(x)| \leqslant \varepsilon \tag{0.1.4}$$

定义最优参数向量 θ^*:

$$\theta^* = \arg\min_{\theta\in\mathbf{R}^N}\{\sup_{x\in\varOmega} |f(x) - \theta^{\mathrm{T}}\varphi(x)|\} \tag{0.1.5}$$

最小模糊逼近误差 ε 由下式给出:

$$f(x) = \theta^{*\mathrm{T}}\varphi(x) + \varepsilon \tag{0.1.6}$$

0.2   径向基函数神经网络

径向基函数神经网络由隐含层和输出层两层网络组成, 其基本结构如图 0.2.1 所示。隐含层实现不可调参数的非线性转化, 即隐含层将输入空间映射到一个新的空间。输出层则在该新的空间实现线性组合。

因此, 径向基函数神经网络是一个线性参数化的神经网络, 可以表述为

$$f_{nn}(W, x) = W^{\mathrm{T}} S(x) \tag{0.2.1}$$

式中, $x = [x_1, x_2, \cdots, x_n]^{\mathrm{T}} \in \mathbf{R}^n$ 是输入向量, n 是神经网络的输入维数; $W = [w_1, w_2, \cdots, w_l]^{\mathrm{T}} \in \mathbf{R}^l$ 是神经网络权值向量, $l > 1$ 是神经网络节点数; $S(x) = [s_1(x), s_2(x), \cdots, s_l(x)]^{\mathrm{T}} \in \mathbf{R}^l$ 是径向基函数向量, $s_i(x)$ 是基函数。

径向基函数 $S(x)$ 中的 $s_i(x)$ 通常选取为高斯函数:

$$s_i(x) = \exp\left[\frac{-(x-\mu_i)^{\mathrm{T}}(x-\mu_i)}{\gamma_i^2}\right], \quad i = 1, 2, \cdots, l \tag{0.2.2}$$

式中, $\mu_i = [\mu_{i1}, \mu_{i2}, \cdots, \mu_{in}]^{\mathrm{T}}$ 是基函数的中心; γ_i 是高斯函数的宽度。

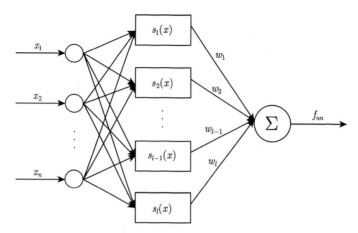

图 0.2.1 径向基函数神经网络的基本结构图

引理 0.2.1[2] $f(x)$ 是定义在紧集 $\Omega \in \mathbf{R}^n$ 的连续函数, 对任意给定的常数 $\varepsilon > 0$, 存在常数向量 W, 使得如下等式成立:

$$f(x) = W^{*\mathrm{T}}S(x) + \varepsilon \tag{0.2.3}$$

定义最优权值 W^*:

$$W^* = \arg \min_{W \in \mathbf{R}^l} \{ \sup_{x \in \Omega} |f(x) - W^{\mathrm{T}}S(x)| \} \tag{0.2.4}$$

0.3   非线性系统的稳定性及判别定理

0.3.1   半全局一致最终有界

定义 0.3.1[3]   考虑如下非线性系统:

$$\begin{aligned} \dot{x} &= f(x), \quad x \in \mathbf{R}^n \\ t &\geqslant t_0 \end{aligned} \tag{0.3.1}$$

对于任何紧集 $\Omega \subset \mathbf{R}^n$ 和 $\forall x(t_0) = x_0 \in \Omega$, 如果存在常数 $\delta > 0$ 和时间常数 $T(\delta, x_0)$, 对于 $\forall t \geqslant t_0 + T(\delta, x_0)$, 使得 $\|x(t)\| < \delta$, 则非线性系统 (0.3.1) 的解是半全局一致最终有界的。

引理 0.3.1   对于任何有界初始条件, 如果存在一个连续可微且正定的函数 $V(x, t)$, 满足

$$\gamma_1(|x|) \leqslant V(x, t) \leqslant \gamma_2(|x|)$$

且该函数沿着系统 (0.3.1) 的轨迹满足

$$\dot{V} \leqslant -CV + D \tag{0.3.2}$$

$$0 \leqslant V(t) \leqslant V(0)\mathrm{e}^{-Ct} + \frac{D}{C} \tag{0.3.3}$$

则系统的解 $x(t)$ 是半全局一致最终有界的。

引理 0.3.2　　对于任何有界初始条件, 存在一个连续正定的函数 $V(x(k))$, 满足

$$\gamma_1(\|x(k)\|) \leqslant V(x(k)) \leqslant \gamma_2(\|x(k)\|) \tag{0.3.4}$$

$$\begin{aligned} V(x(k+1)) - V(x(k)) &= \Delta V(x(k)) \\ &\leqslant -\gamma_3(\|x(k)\|) + \gamma_3(\eta) \end{aligned} \tag{0.3.5}$$

式中, η 是正常数; $\gamma_1(\cdot)$ 和 $\gamma_2(\cdot)$ 是严格递增的函数, 并且 $\gamma_3(\cdot)$ 是连续的非减函数。如果 $\|x(k)\| > \eta$, $\Delta V(x(k)) < 0$, 那么 $x(k)$ 是半全局一致最终有界的。

0.3.2　非线性随机系统的稳定性

考虑如下随机微分系统:

$$\mathrm{d}x = f(x)\mathrm{d}t + h(x)\mathrm{d}w, \quad \forall x \in \mathbf{R}^n \tag{0.3.6}$$

式中, $x \in \mathbf{R}^n$ 是状态向量; w 是定义在完整概率空间 (Ω, F, P) 的一个 r 维的独立标准维纳过程, Ω 是样本空间, F 是 σ 代数簇, P 是概率测度; $f(\cdot)$ 和 $h(\cdot)$ 是局部 Lipschitz (利普希茨) 函数, 且分别满足 $f(0) = 0$ 和 $h(0) = 0$。

定义 0.3.2[4]　　对任意给定的李雅普诺夫 (Lyapunov) 函数 $V(x) \in \mathbf{C}^2$, 结合系统 (0.3.6), 定义无穷微分算子 $\mathcal{L}$ 为

$$\mathcal{L}V(x) = \frac{\partial V(x)}{\partial x}f + \frac{1}{2}\mathrm{tr}\left(h^{\mathrm{T}}\frac{\partial^2 V(x)}{\partial x^2}h\right) \tag{0.3.7}$$

定义 0.3.3　　如果有

$$\lim_{c \to \infty} \sup_{0 \leqslant t < \infty} P\{\|x(t)\| > c\} = 0$$

那么随机微分系统 (0.3.6) 的解 $\{x(t), t \geqslant 0\}$ 为依概率稳定。

引理 0.3.3[4]　　考虑随机微分系统 (0.3.6), 如果存在连续且正定的函数 $V: \mathbf{R}^n \to \mathbf{R}$, 两个常数 $C > 0$ 和 $D \geqslant 0$, 满足

$$\mathcal{L}V(x) \leqslant -CV(x) + D \tag{0.3.8}$$

则系统 (0.3.6) 是依概率有界的。

0.3.3　非线性状态约束系统的稳定性

定义 0.3.4　　对于定义在包含原点的开集合 U 的系统 $\dot{x} = f(x)$, 如果存在一个正定连续的标量函数 $V(x)$, 在 U 中的每一个点都是连续的一阶偏微分, 以

及当 x 趋近于 U 的边界时，对于某个常数 $b \geqslant 0$，沿着系统 $\dot{x} = f(x)$ 的解及初始条件 $x_0 \in U$，有 $V(x) \to \infty$，以及对于 $\forall t \geqslant 0$，满足 $V(x(t)) \leqslant b$，则 $V(x)$ 称为障碍李雅普诺夫函数。

引理 0.3.4[5]　　对于任何正常数 $k_{c_i}(i = 1, 2, \cdots, n)$，令 $\chi := \{x \in \mathbf{R} : |x_i(t)| < k_{c_i}, t \geqslant 0\}$，以及 $\mathcal{N} := \mathbf{R}^l \times \chi \subset \mathbf{R}^{l+1}$ 为开区间。考虑系统

$$\dot{\eta} = h(t, \eta) \tag{0.3.9}$$

式中，$\eta := (w, x)^{\mathrm{T}} \in \mathcal{N}$，以及 $h : \mathbf{R}_+ \times \mathcal{N} \to \mathbf{R}^{l+1}$ 对于时间变量 t 是间断连续的且 h 满足局部 Lipschitz 条件，并在定义域 $\mathbf{R}_+ \times \mathcal{N}$ 上时间变量 t 一致。

令 $\chi_i := \{x_i \in \mathbf{R} : |x_i(t)| < k_{c_i}, t \geqslant 0\}$，假设存在连续可微的正定函数 $U : \mathbf{R}^l \to \mathbf{R}_+$ 以及 $V_i : \chi_i \to \mathbf{R}_+$，满足如下条件：

$$V_i(x_i) \to \infty, \quad |x_i| < k_{c_i} \tag{0.3.10}$$

$$\gamma_1(||w||) \leqslant U(w) \leqslant \gamma_2(||w||) \tag{0.3.11}$$

式中，γ_1 和 γ_2 是 K_∞ 类函数。

令 $V(\eta) := \sum_{i=1}^{n} V_i(x_i) + U(w)$，以及 $x_i(0)$ 选取于集合 χ。若下述不等式成立：

$$\dot{V}(x) = \frac{\partial V(x)}{\partial \eta} h \leqslant 0 \tag{0.3.12}$$

则 $\dot{\eta} = h(t, \eta)$ 是稳定的，且 $x(t) \in \chi$，$\forall t \in [0, \infty)$。

通常使用的障碍李雅普诺夫函数主要包括如下三种类型。

(1) log 型障碍李雅普诺夫函数：

$$V(x) = \frac{1}{2} \log \frac{k_c^2}{k_c^2 - x^2} \tag{0.3.13}$$

(2) tan 型障碍李雅普诺夫函数：

$$V(x) = \frac{k_c}{\pi} \tan^2 \left(\frac{\pi x}{2k_c} \right) \tag{0.3.14}$$

(3) 积分型障碍李雅普诺夫函数：

$$V(x) = \int_0^x \frac{\sigma k_c^2}{k_c^2 - (\sigma + x)^2} \mathrm{d}\sigma \tag{0.3.15}$$

0.4　非线性小增益定理

引理 0.4.1[6]　　针对如下系统：

$$\dot{x}_1 = f_1(x_1, x_2, u_1) \tag{0.4.1}$$

$$\dot{x}_2 = f_2(x_1, x_2, u_2) \tag{0.4.2}$$

式中，$x_i \in \mathbf{R}^{n_i}$，$u_i \in \mathbf{R}^{m_i}$，$f_i : \mathbf{R}^{n_1} \times \mathbf{R}^{n_2} \times \mathbf{R}^{m_i} \to \mathbf{R}^{n_i} (i = 1, 2)$ 满足 Lipschitz 条件。

假设上述 x_i 子系统存在输入到状态实际稳定李雅普诺夫函数 V_i，则如下结论成立。

(1) 存在 $\vartheta_{i1}, \vartheta_{i2} \in K_\infty$ 函数，使得

$$\vartheta_{i1}(|x_i|) \leqslant V_i(x_i) \leqslant \vartheta_{i2}(|x_i|), \quad \forall x_i \in \mathbf{R}^{n_i} \tag{0.4.3}$$

(2) 存在函数 $\alpha_i' \in K_\infty$，$\chi_i, \gamma_i \in k$ 和常数 $c_i \geqslant 0$，当

$$V_1(x_1) \geqslant \max\{\chi_1(V_2(x_2)), \gamma_1(|u_1|) + c_1\}$$

时，有

$$\nabla V_1(x_1) f_1(x_1, x_2, u_1) \leqslant -\alpha_1'(V_1) \tag{0.4.4}$$

同样，当

$$V_2(x_2) \geqslant \max\{\chi_2(V_1(x_1)), \gamma_2(|u_2|) + c_2\}$$

时，有

$$\Delta V_2(x_2) f_2(x_1, x_2, u_2) \leqslant -\alpha_2'(V_2) \tag{0.4.5}$$

引理 0.4.2[6]　　假设 x_i 子系统 $(i = 1, 2)$ 有输入到状态实际稳定李雅普诺夫函数 V_i，满足式 (0.4.3)～式 (0.4.5)。如果存在 $c_0 \geqslant 0$，使得

$$\chi_1 \circ \chi_2 < r, \quad \forall r > c_0 \tag{0.4.6}$$

则相互关联的系统 (0.4.1) 和 (0.4.2) 是输入到状态实际稳定；如果 $c_0 = c_1 = c_2 = 0$，则系统是输入到状态稳定。

参 考 文 献

[1]　Wang L X. Stable adaptive fuzzy control of nonlinear systems[J]. IEEE Transactions on Fuzzy Systems, 1993, 1(2): 146-155.

[2]　Ge S S, Hang C C, Lee T H, et al. Stable Adaptive Neural Network Control[M]. Boston: Kluwer Academic Publisher, 2002.

[3]　Khalil H K. Nonlinear Systems[M]. New Jersey: Prentice Hall, 2002.

[4]　Deng H, Krstic M. Output-feedback stochastic nonlinear stabilization[J]. IEEE Transactions on Automatic Control, 1999, 44(2): 328-333.

[5]　Tee K P, Ge S S, Tay E H. Barrier Lyapunov functions for the control of output-constrained nonlinear systems[J]. Automatica, 2009, 45(4): 918-927.

[6]　Jiang Z P. A combined backstepping and small-gain approach to adaptive output feedback control[J]. Automatica, 1999, 35(6): 1131-1139.

第 1 章 非线性严格反馈系统智能自适应状态反馈控制

本章针对单输入单输出不确定非线性严格反馈系统，基于模糊逻辑系统及自适应反步递推控制设计原理，介绍四种模糊自适应状态反馈控制设计方法，并给出闭环系统的稳定性分析。本章内容主要基于文献 [1]～[4]。

1.1 非线性系统模糊自适应状态反馈控制

本节针对一类单输入单输出不确定非线性严格反馈系统，首先采用模糊逻辑系统对被控系统中的未知非线性函数进行逼近，即对不确定非线性系统进行建模，然后基于自适应反步递推设计方法，给出一种模糊自适应状态反馈控制设计方法，并证明闭环系统的稳定性和收敛性。

1.1.1 系统模型及控制问题描述

考虑如下的单输入单输出不确定非线性严格反馈系统：

$$
\begin{cases}
\dot{x}_i = f_i(\bar{x}_i) + g_i(\bar{x}_i)x_{i+1}, & i = 1, 2, \cdots, n-1 \\
\dot{x}_n = f_n(\bar{x}_n) + g_n(\bar{x}_n)u \\
y = x_1
\end{cases}
\tag{1.1.1}
$$

式中，$\bar{x}_i = [x_1, x_2, \cdots, x_i]^{\mathrm{T}} \in \mathbf{R}^i (i = 1, 2, \cdots, n)$ 是状态向量；$u \in \mathbf{R}$ 和 $y \in \mathbf{R}$ 分别是系统的输入和输出；$f_i(\bar{x}_i)$ 和 $g_i(\bar{x}_i)$ 是未知的光滑非线性函数。

假设 1.1.1 存在正常数 $g_{i,1}$、$g_{i,0}$ 和 $g_{i,d}$，满足 $g_{i,0} \leqslant |g_i(\cdot)| \leqslant g_{i,1}$ 和 $|\dot{g}_i(\cdot)| \leqslant g_{i,d}$。

控制任务 基于模糊逻辑系统设计一种模糊自适应控制器，使得：
(1) 闭环系统的所有信号半全局一致最终有界；
(2) 系统的输出 y 能很好地跟踪给定的参考信号 y_m。

1.1.2 模糊自适应反步递推控制设计

定义如下的坐标变换：

$$
\begin{aligned}
z_1 &= y - y_m \\
z_i &= x_i - \alpha_{i-1}, \quad i = 2, 3, \cdots, n
\end{aligned}
\tag{1.1.2}
$$

式中，z_1 是跟踪误差；α_{i-1} 是在第 $i-1$ 步中将要设计的虚拟控制器。

基于上面的坐标变换，n 步模糊自适应反步递推控制设计过程如下。

第 1 步　求 z_1 的导数，并由式 (1.1.1) 和式 (1.1.2) 可得

$$
\begin{aligned}
\dot{z}_1 &= f_1(x_1) + g_1(x_1)x_2 - \dot{y}_m \\
&= g_1(x_1)[z_2 + \alpha_1 + g_1^{-1}(x_1)(f_1(x_1) - \dot{y}_m)]
\end{aligned}
\tag{1.1.3}
$$

设 $h_1(Z_1) = g_1^{-1}(x_1)(f_1(x_1) - \dot{y}_m)$，$Z_1 = [x_1, \dot{y}_m]^{\mathrm{T}}$。因为 $h_1(Z_1)$ 是未知非线性函数，所以根据引理 0.1.1，利用模糊逻辑系统 $\hat{h}_1(Z_1|\hat{\theta}_1) = \hat{\theta}_1^{\mathrm{T}}\varphi_1(Z_1)$ 逼近 $h_1(Z_1)$，并假设

$$
h_1(Z_1) = \theta_1^{*\mathrm{T}}\varphi_1(Z_1) + \varepsilon_1(Z_1)
\tag{1.1.4}
$$

式中，θ_1^* 是未知的最优参数；$\varepsilon_1(Z_1)$ 是最小模糊逼近误差。假设 $\varepsilon_1(Z_1)$ 满足 $|\varepsilon_1(Z_1)| \leqslant \varepsilon_1^*$，$\varepsilon_1^*$ 是正常数。

将式 (1.1.4) 代入式 (1.1.3)，可得

$$
\begin{aligned}
\dot{z}_1 &= g_1(x_1)(z_2 + \alpha_1 + \theta_1^{*\mathrm{T}}\varphi_1(Z_1) + \varepsilon_1(Z_1)) \\
&= g_1(x_1)(z_2 + \alpha_1 + \hat{\theta}_1^{\mathrm{T}}\varphi_1(Z_1) + \tilde{\theta}_1^{\mathrm{T}}\varphi_1(Z_1) + \varepsilon_1(Z_1))
\end{aligned}
\tag{1.1.5}
$$

式中，$\hat{\theta}_1$ 是 θ_1^* 的估计；$\tilde{\theta}_1 = \theta_1^* - \hat{\theta}_1$ 是参数估计误差。

选择如下的李雅普诺夫函数：

$$
V_1 = \frac{1}{2g_1(x_1)}z_1^2 + \frac{1}{2}\tilde{\theta}_1^{\mathrm{T}}\Gamma_1^{-1}\tilde{\theta}_1
\tag{1.1.6}
$$

式中，$\Gamma_1 = \Gamma_1^{\mathrm{T}} > 0$ 是增益矩阵。

根据式 (1.1.5) 和式 (1.1.6)，可得

$$
\begin{aligned}
\dot{V}_1 &= \frac{z_1\dot{z}_1}{g_1(x_1)} - \frac{\dot{g}_1 z_1^2}{2g_1^2(x_1)} - \tilde{\theta}_1^{\mathrm{T}}\Gamma_1^{-1}\dot{\hat{\theta}}_1 \\
&= z_1(z_2 + \alpha_1 + \hat{\theta}_1^{\mathrm{T}}\varphi_1(Z_1) + \tilde{\theta}_1^{\mathrm{T}}\varphi_1(Z_1) + \varepsilon_1(Z_1)) - \frac{\dot{g}_1 z_1^2}{2g_1^2(x_1)} - \tilde{\theta}_1^{\mathrm{T}}\Gamma_1^{-1}\dot{\hat{\theta}}_1 \\
&= z_1(\alpha_1 + \hat{\theta}_1^{\mathrm{T}}\varphi_1(Z_1)) - \frac{\dot{g}_1 z_1^2}{2g_1^2} + z_1 z_2 + z_1\varepsilon_1 + \tilde{\theta}_1^{\mathrm{T}}\Gamma_1^{-1}(\Gamma_1\varphi_1(Z_1)z_1 - \dot{\hat{\theta}}_1)
\end{aligned}
\tag{1.1.7}
$$

根据杨氏 (Young) 不等式，可得

$$
z_1\varepsilon_1 \leqslant \frac{1}{2}z_1^2 + \frac{1}{2}\varepsilon_1^{*2}
\tag{1.1.8}
$$

将式 (1.1.8) 代入式 (1.1.7), 可得

$$\dot{V}_1 \leqslant z_1 \left(\alpha_1 + \hat{\theta}_1^{\mathrm{T}} \varphi_1(Z_1) + \frac{1}{2} z_1 \right) - \frac{\dot{g}_1 z_1^2}{2g_1^2} + z_1 z_2$$
$$+ \tilde{\theta}_1^{\mathrm{T}} \Gamma_1^{-1} (\Gamma_1 \varphi_1(Z_1) z_1 - \dot{\hat{\theta}}_1) + \frac{1}{2} \varepsilon_1^{*2} \tag{1.1.9}$$

设计虚拟控制器 α_1 和参数 $\hat{\theta}_1$ 的自适应律如下:

$$\alpha_1 = -c_1 z_1 - \bar{c}_1 z_1 - \hat{\theta}_1^{\mathrm{T}} \varphi_1(Z_1) \tag{1.1.10}$$

$$\dot{\hat{\theta}}_1 = \Gamma_1 (\varphi_1(Z_1) z_1 - \sigma_1 \hat{\theta}_1) \tag{1.1.11}$$

式中, $c_1 > 0$、$\bar{c}_1 > 0$ 和 $\sigma_1 > 0$ 是设计参数; $\bar{c}_1 \geqslant g_{1,d}/(2g_{1,0}^2) - 1/2$。

将式 (1.1.10) 和式 (1.1.11) 代入式 (1.1.9), 可得

$$\dot{V}_1 \leqslant -c_1 z_1^2 + z_1 z_2 + \sigma_1 \tilde{\theta}_1^{\mathrm{T}} \hat{\theta}_1 + \frac{1}{2} \varepsilon_1^{*2} \tag{1.1.12}$$

根据杨氏不等式, 可得

$$\sigma_1 \tilde{\theta}_1^{\mathrm{T}} \hat{\theta}_1 = \sigma_1 \tilde{\theta}_1^{\mathrm{T}} (\theta_1^* - \tilde{\theta}_1) \leqslant -\frac{\sigma_1}{2} \left\| \tilde{\theta}_1 \right\|^2 + \frac{\sigma_1}{2} \|\theta_1^*\|^2 \tag{1.1.13}$$

将式 (1.1.13) 代入式 (1.1.12), $\dot{V}_1$ 最终表示为

$$\dot{V}_1 \leqslant -c_1 z_1^2 + z_1 z_2 - \frac{\sigma_1}{2} \left\| \tilde{\theta}_1 \right\|^2 + D_1 \tag{1.1.14}$$

式中, $D_1 = \frac{\sigma_1}{2} \|\theta_1^*\|^2 + \frac{1}{2} \varepsilon_1^{*2}$。

第 2 步　根据式 (1.1.1) 和式 (1.1.2), z_2 的导数为

$$\dot{z}_2 = f_2(\bar{x}_2) + g_2(\bar{x}_2) x_3 - \dot{\alpha}_1$$
$$= g_2(\bar{x}_2)[z_3 + \alpha_2 + g_2^{-1}(\bar{x}_2)(f_2(\bar{x}_2) - \dot{\alpha}_1)] \tag{1.1.15}$$

式中,

$$\dot{\alpha}_1 = \frac{\partial \alpha_1}{\partial x_1} \dot{x}_1 + \frac{\partial \alpha_1}{\partial y_m} \dot{y}_m + \frac{\partial \alpha_1}{\partial \hat{\theta}_1} \dot{\hat{\theta}}_1$$
$$= \frac{\partial \alpha_1}{\partial x_1} (g_1(x_1) x_2 + f_1(x_1)) + \phi_1$$

$$\phi_1 = (\partial \alpha_1 / \partial y_m) \dot{y}_m + (\partial \alpha_1 / \partial \hat{\theta}_1)[\Gamma_1 (\varphi_1(Z_1) z_1 - \sigma_1 \hat{\theta}_1)]$$

设 $h_2(Z_2) = g_2^{-1}(x_2)(f_2(\bar{x}_2) - \dot{\alpha}_1)$，$Z_2 = [\bar{x}_2^{\mathrm{T}}, \partial\alpha_1/\partial x_1, \phi_1]^{\mathrm{T}}$。由于 $h_2(Z_2)$ 是未知连续函数，所以利用模糊逻辑系统 $\hat{h}_2(Z_2|\hat{\theta}_2) = \hat{\theta}_2^{\mathrm{T}}\varphi_2(Z_2)$ 逼近 $h_2(Z_2)$，并假设

$$h_2(Z_2) = \theta_2^{*\mathrm{T}}\varphi_2(Z_2) + \varepsilon_2(Z_2) \tag{1.1.16}$$

式中，θ_2^* 是最优参数；$\varepsilon_2(Z_2)$ 是最小模糊逼近误差。假设 $\varepsilon_2(Z_2)$ 满足 $|\varepsilon_2(Z_2)| \leqslant \varepsilon_2^*$，$\varepsilon_2^*$ 是正常数。

将式 (1.1.16) 代入式 (1.1.15)，则式 (1.1.15) 变为

$$\begin{aligned}
\dot{z}_2 &= g_2(\bar{x}_2)(z_3 + \alpha_2 + \theta_2^{*\mathrm{T}}\varphi_2(Z_2) + \varepsilon_2(Z_2)) \\
&= g_2(\bar{x}_2)(z_3 + \alpha_2 + \hat{\theta}_2^{\mathrm{T}}\varphi_2(Z_2) + \tilde{\theta}_2^{\mathrm{T}}\varphi_2(Z_2) + \varepsilon_2(Z_2))
\end{aligned} \tag{1.1.17}$$

式中，$\hat{\theta}_2$ 是 θ_2^* 的估计；$\tilde{\theta}_2 = \theta_2^* - \hat{\theta}_2$ 是参数估计误差。

选择如下的李雅普诺夫函数：

$$V_2 = V_1 + \frac{1}{2g_2(\bar{x}_2)}z_2^2 + \frac{1}{2}\tilde{\theta}_2^{\mathrm{T}}\Gamma_2^{-1}\tilde{\theta}_2 \tag{1.1.18}$$

式中，$\Gamma_2 = \Gamma_2^{\mathrm{T}} > 0$ 是增益矩阵。

利用式 (1.1.14)、式 (1.1.17) 和式 (1.1.18)，V_2 的导数为

$$\begin{aligned}
\dot{V}_2 &= \dot{V}_1 + \frac{z_2\dot{z}_2}{g_2(\bar{x}_2)} - \frac{\dot{g}_2 z_2^2}{2g_2^2(\bar{x}_2)} - \tilde{\theta}_2^{\mathrm{T}}\Gamma_2^{-1}\dot{\hat{\theta}}_2 \\
&= \dot{V}_1 + z_2(z_3 + \alpha_2 + \hat{\theta}_2^{\mathrm{T}}\varphi_2(Z_2) + \tilde{\theta}_2^{\mathrm{T}}\varphi_2(Z_2) + \varepsilon_2(Z_2)) - \frac{\dot{g}_2 z_2^2}{2g_2^2(\bar{x}_2)} - \tilde{\theta}_2^{\mathrm{T}}\Gamma_2^{-1}\dot{\hat{\theta}}_2 \\
&\leqslant -c_1 z_1^2 - \frac{\sigma_1}{2}\left\|\tilde{\theta}_1\right\|^2 + z_2(\alpha_2 + z_1 + \hat{\theta}_2^{\mathrm{T}}\varphi_2(Z_2)) - \frac{\dot{g}_2 z_2^2}{2g_2^2(\bar{x}_2)} \\
&\quad + z_2 z_3 + z_2\varepsilon_2 + D_1 + \tilde{\theta}_2^{\mathrm{T}}\Gamma_2^{-1}(\Gamma_2\varphi_2(Z_2)z_2 - \dot{\hat{\theta}}_2)
\end{aligned} \tag{1.1.19}$$

根据杨氏不等式，可得

$$z_2\varepsilon_2 \leqslant \frac{1}{2}z_2^2 + \frac{1}{2}\varepsilon_2^{*2} \tag{1.1.20}$$

将式 (1.1.20) 代入式 (1.1.19)，可得

$$\begin{aligned}
\dot{V}_2 &\leqslant -c_1 z_1^2 - \frac{\sigma_1}{2}\left\|\tilde{\theta}_1\right\|^2 + \frac{1}{2}\varepsilon_2^{*2} + z_2\left(\alpha_2 + z_1 + \hat{\theta}_2^{\mathrm{T}}\varphi_2(Z_2) + \frac{1}{2}z_2\right) \\
&\quad - \frac{\dot{g}_2 z_2^2}{2g_2^2(\bar{x}_2)} + z_2 z_3 + \tilde{\theta}_2^{\mathrm{T}}\Gamma_2^{-1}(\Gamma_2\varphi_2(Z_2)z_2 - \dot{\hat{\theta}}_2) + D_1
\end{aligned} \tag{1.1.21}$$

设计虚拟控制器 α_2 和参数 $\hat{\theta}_2$ 的自适应律如下：

$$\alpha_2 = -c_2 z_2 - \bar{c}_2 z_2 - z_1 - \hat{\theta}_2^{\mathrm{T}} \varphi_2(Z_2) \tag{1.1.22}$$

$$\dot{\hat{\theta}}_2 = \Gamma_2(\varphi_2(Z_2)z_2 - \sigma_2\hat{\theta}_2) \tag{1.1.23}$$

式中，$c_2 > 0$、$\bar{c}_2 > 0$ 和 $\sigma_2 > 0$ 是设计参数；$\bar{c}_2 \geqslant g_{2,d}/(2g_{2,0}^2) - 1/2$。

将式 (1.1.22) 和式 (1.1.23) 代入式 (1.1.21)，可得

$$\dot{V}_2 \leqslant -\sum_{k=1}^{2} c_k z_k^2 + z_2 z_3 + \sigma_2 \tilde{\theta}_2^{\mathrm{T}} \hat{\theta}_2 - \frac{\sigma_1}{2} \left\| \tilde{\theta}_1 \right\|^2 + \frac{1}{2}\varepsilon_2^{*2} + D_1 \tag{1.1.24}$$

根据杨氏不等式，可得

$$\sigma_2 \tilde{\theta}_2^{\mathrm{T}} \hat{\theta}_2 = \sigma_2 \tilde{\theta}_2^{\mathrm{T}}(\theta_2^* - \tilde{\theta}_2) \leqslant -\frac{\sigma_2}{2} \left\| \tilde{\theta}_2 \right\|^2 + \frac{\sigma_2}{2} \left\| \theta_2^* \right\|^2 \tag{1.1.25}$$

将式 (1.1.25) 代入式 (1.1.24)，$\dot{V}_2$ 最终可表示为

$$\dot{V}_2 \leqslant -\sum_{k=1}^{2} \left(c_k z_k^2 + \frac{\sigma_k}{2} \left\| \tilde{\theta}_k \right\|^2 \right) + z_2 z_3 + D_2 \tag{1.1.26}$$

式中，$D_2 = D_1 + \frac{1}{2}\varepsilon_2^{*2} + \frac{\sigma_2}{2} \left\| \theta_2^* \right\|^2$。

第 $i(3 \leqslant i \leqslant n-1)$ 步　根据式 (1.1.1) 和式 (1.1.2)，求 z_i 的导数：

$$\dot{z}_i = g_i(\bar{x}_i)[z_{i+1} + \alpha_i + g_i^{-1}(\bar{x}_i)(f_i(\bar{x}_i) - \dot{\alpha}_{i-1})] \tag{1.1.27}$$

式中，

$$\dot{\alpha}_{i-1} = \sum_{k=1}^{i-1} \frac{\partial \alpha_{i-1}}{\partial x_k} (g_k(\bar{x}_k)x_{k+1} + f_k(\bar{x}_k)) + \phi_{i-1}$$

$$\phi_{i-1} = \sum_{k=1}^{i-1} (\partial \alpha_{i-1}/\partial y_m)\dot{y}_m + \sum_{k=1}^{i-1} (\partial \alpha_{i-1}/\partial \hat{\theta}_k)[\Gamma_k(\varphi_k(Z_k)z_k - \sigma_k\hat{\theta}_k)]$$

设 $h_i(Z_i) = g_i^{-1}(\bar{x}_i)(f_i(\bar{x}_i) - \dot{\alpha}_{i-1})$，$Z_i = [\bar{x}_i^{\mathrm{T}}, \partial \alpha_{i-1}/\partial x_1, \cdots, \partial \alpha_{i-1}/\partial x_{i-1},$ $\phi_{i-1}]^{\mathrm{T}}$。

由于 $h_i(Z_i)$ 是未知连续函数，所以利用模糊逻辑系统 $\hat{h}_i(Z_i|\hat{\theta}_i) = \hat{\theta}_i^{\mathrm{T}} \varphi_i(Z_i)$ 逼近 $h_i(Z_i)$，并假设

$$h_i(Z_i) = \theta_i^{*\mathrm{T}} \varphi_i(Z_i) + \varepsilon_i(Z_i) \tag{1.1.28}$$

式中，θ_i^* 是最优参数；$\varepsilon_i(Z_i)$ 是最小模糊逼近误差。假设 $\varepsilon_i(Z_i)$ 满足 $|\varepsilon_i(Z_i)| \leqslant \varepsilon_i^*$，$\varepsilon_i^*$ 是正常数。

将式 (1.1.28) 代入式 (1.1.27)，可得

$$
\begin{aligned}
\dot{z}_i &= g_i(\bar{x}_i)(z_{i+1} + \alpha_i + \theta_i^{*\mathrm{T}}\varphi_i(Z_i) + \varepsilon_i(Z_i)) \\
&= g_i(\bar{x}_i)(z_{i+1} + \alpha_i + \hat{\theta}_i^{\mathrm{T}}\varphi_i(Z_i) + \tilde{\theta}_i^{\mathrm{T}}\varphi_i(Z_i) + \varepsilon_i(Z_i))
\end{aligned}
\tag{1.1.29}
$$

式中，$\hat{\theta}_i$ 是 θ_i^* 的估计；$\tilde{\theta}_i = \theta_i^* - \hat{\theta}_i$ 是参数估计误差。

选择如下的李雅普诺夫函数：

$$
V_i = V_{i-1} + \frac{1}{2g_i(\bar{x}_i)}z_i^2 + \frac{1}{2}\tilde{\theta}_i^{\mathrm{T}}\Gamma_i^{-1}\tilde{\theta}_i
\tag{1.1.30}
$$

式中，$\Gamma_i = \Gamma_i^{\mathrm{T}} > 0$ 是增益矩阵。

求 V_i 的导数，由式 (1.1.29) 和式 (1.1.30) 可得

$$
\begin{aligned}
\dot{V}_i &= \dot{V}_{i-1} + \frac{z_i\dot{z}_i}{g_i(\bar{x}_i)} - \frac{\dot{g}_iz_i^2}{2g_i^2(\bar{x}_i)} - \tilde{\theta}_i^{\mathrm{T}}\Gamma_i^{-1}\dot{\hat{\theta}}_i \\
&\leqslant -\sum_{k=1}^{i-1}\left(c_kz_k^2 + \frac{\sigma_k}{2}\left\|\tilde{\theta}_k\right\|^2\right) + z_i(z_{i+1} + \alpha_i + \hat{\theta}_i^{\mathrm{T}}\varphi_i(Z_i) + \tilde{\theta}_i^{\mathrm{T}}\varphi_i(Z_i) \\
&\quad + \varepsilon_i(Z_i)) - \frac{\dot{g}_iz_i^2}{2g_i^2(\bar{x}_i)} - \tilde{\theta}_i^{\mathrm{T}}\Gamma_i^{-1}\dot{\hat{\theta}}_i + z_{i-1}z_i + D_{i-1} \\
&\leqslant -\sum_{k=1}^{i-1}\left(c_kz_k^2 + \frac{\sigma_k}{2}\left\|\tilde{\theta}_k\right\|^2\right) + z_i\left(\alpha_i + z_{i-1} + \hat{\theta}_i^{\mathrm{T}}\varphi_i(Z_i) + \frac{z_i}{2}\right) \\
&\quad - \frac{\dot{g}_iz_i^2}{2g_i^2(\bar{x}_i)} + z_iz_{i+1} + \tilde{\theta}_i^{\mathrm{T}}\Gamma_i^{-1}(\Gamma_i\varphi_i(Z_i)z_i - \dot{\hat{\theta}}_i) + D_{i-1} + \frac{1}{2}\varepsilon_i^{*2}
\end{aligned}
\tag{1.1.31}
$$

设计虚拟控制器 α_i 和参数 $\hat{\theta}_i$ 的自适应律如下：

$$
\alpha_i = -c_iz_i - \bar{c}_iz_i - z_{i-1} - \hat{\theta}_i^{\mathrm{T}}\varphi_i(Z_i)
\tag{1.1.32}
$$

$$
\dot{\hat{\theta}}_i = \Gamma_i(\varphi_i(Z_i)z_i - \sigma_i\hat{\theta}_i)
\tag{1.1.33}
$$

式中，$c_i > 0$、$\bar{c}_i > 0$ 和 $\sigma_i > 0$ 是设计参数；$\bar{c}_i \geqslant g_{i,d}/(2g_{i,0}^2) - 1/2$。

将式 (1.1.32) 和式 (1.1.33) 代入式 (1.1.31)，可得

$$
\dot{V}_i \leqslant -\sum_{k=1}^{i}c_kz_k^2 - \sum_{k=1}^{i-1}\frac{\sigma_k}{2}\left\|\tilde{\theta}_k\right\|^2 + z_iz_{i+1} + \sigma_i\tilde{\theta}_i^{\mathrm{T}}\hat{\theta}_i + D_{i-1} + \frac{1}{2}\varepsilon_i^{*2}
\tag{1.1.34}
$$

根据杨氏不等式，可得

$$
\sigma_i\tilde{\theta}_i^{\mathrm{T}}\hat{\theta}_i = \sigma_i\tilde{\theta}_i^{\mathrm{T}}(\theta_i^* - \tilde{\theta}_i) \leqslant -\frac{\sigma_i}{2}\left\|\tilde{\theta}_i\right\|^2 + \frac{\sigma_i}{2}\|\theta_i^*\|^2
\tag{1.1.35}
$$

将式 (1.1.35) 代入式 (1.1.34)，$\dot{V}_i$ 最终表示为

$$\dot{V}_i \leqslant -\sum_{k=1}^{i}\left(c_k z_k^2 + \frac{\sigma_k}{2}\left\|\tilde{\theta}_k\right\|^2\right) + z_i z_{i+1} + D_i \tag{1.1.36}$$

式中，$D_i = D_{i-1} + \dfrac{1}{2}\varepsilon_i^{*2} + \dfrac{\sigma_i}{2}\|\theta_i^*\|^2$。

第 n 步　根据式 (1.1.1) 和式 (1.1.2)，z_n 的导数为

$$\dot{z}_n = g_n(\bar{x}_n)[u + g_n^{-1}(\bar{x}_n)(f_n(\bar{x}_n) - \dot{\alpha}_{n-1})] \tag{1.1.37}$$

式中，

$$\dot{\alpha}_{n-1} = \sum_{k=1}^{n-1}\frac{\partial\alpha_{n-1}}{\partial x_k}(g_k(\bar{x}_k)x_{k+1} + f_k(\bar{x}_k)) + \phi_{n-1}$$

$$\phi_{n-1} = \sum_{k=1}^{n-1}(\partial\alpha_{n-1}/\partial y_m)\dot{y}_m + \sum_{k=1}^{n-1}(\partial\alpha_{n-1}/\partial\hat{\theta}_k)[\varGamma_k(\varphi_k(Z_k)z_k - \sigma_k\hat{\theta}_k)]$$

设 $h_n(Z_n) = g_n^{-1}(\bar{x}_n)(f_n(\bar{x}_n) - \dot{\alpha}_{n-1})$，$Z_n = [\bar{x}_n^{\mathrm{T}}, \partial\alpha_{n-1}/\partial x_1, \cdots,$ $\partial\alpha_{n-1}/\partial x_{n-1}, \phi_{n-1}]^{\mathrm{T}}$。由于 $h_n(Z)$ 是未知连续函数，所以利用模糊逻辑系统 $\hat{h}_n(Z_n|\hat{\theta}_n) = \hat{\theta}_n^{\mathrm{T}}\varphi_n(Z_n)$ 逼近 $h_n(Z_n)$，并假设

$$h_n(Z_n) = \theta_n^{*\mathrm{T}}\varphi_n(Z_n) + \varepsilon_n(Z_n) \tag{1.1.38}$$

式中，θ_n^* 是最优参数；$\varepsilon_n(Z_n)$ 是最小模糊逼近误差。假设 $\varepsilon_n(Z_n)$ 满足 $|\varepsilon_n(Z_n)| \leqslant \varepsilon_n^*$，$\varepsilon_n^*$ 是正常数。

由式 (1.1.38) 和式 (1.1.37) 可得

$$\begin{aligned}\dot{z}_n &= g_n(\bar{x}_n)(u + \theta_n^{*\mathrm{T}}\varphi_n(Z_n) + \varepsilon_n(Z_n))\\ &= g_n(\bar{x}_n)(u + \hat{\theta}_n^{\mathrm{T}}\varphi_n(Z_n) + \tilde{\theta}_n^{\mathrm{T}}\varphi_n(Z_n) + \varepsilon_n(Z_n))\end{aligned} \tag{1.1.39}$$

式中，$\hat{\theta}_n$ 是 θ_n^* 的估计；$\tilde{\theta}_n = \theta_n^* - \hat{\theta}_n$ 是参数估计误差。

选择如下的李雅普诺夫函数：

$$V = V_{n-1} + \frac{1}{2g_n(\bar{x}_n)}z_n^2 + \frac{1}{2}\tilde{\theta}_n^{\mathrm{T}}\varGamma_n^{-1}\tilde{\theta}_n \tag{1.1.40}$$

式中，$\varGamma_n = \varGamma_n^{\mathrm{T}} > 0$ 是增益矩阵。

求 V 的导数，由式 (1.1.39) 和式 (1.1.40) 可得

$$\dot{V} = \dot{V}_{n-1} + \frac{z_n\dot{z}_n}{g_n(\bar{x}_n)} - \frac{\dot{g}_n z_n^2}{2g_n^2(\bar{x}_n)} - \tilde{\theta}_n^{\mathrm{T}}\varGamma_n^{-1}\dot{\hat{\theta}}_n$$

$$\leqslant -\sum_{k=1}^{n-1}\left(c_k z_k^2 + \frac{\sigma_k}{2}\left\|\tilde{\theta}_k\right\|^2\right) + \sum_{k=1}^{n-1}\frac{1}{2}\varepsilon_k^{*2} + z_n(u + \hat{\theta}_n^{\mathrm{T}}\varphi_n(Z_n)$$

$$+ z_{n-1} + \tilde{\theta}_n^{\mathrm{T}}\varphi_n(Z_n) + \varepsilon_n(Z_n)) - \tilde{\theta}_n^{\mathrm{T}}\Gamma_n^{-1}\dot{\hat{\theta}}_n + D_{n-1}$$

$$\leqslant -\sum_{k=1}^{n-1}\left(c_k z_k^2 + \frac{\sigma_k}{2}\left\|\tilde{\theta}_k\right\|^2\right) + z_n\left(u + z_{n-1} + \hat{\theta}_n^{\mathrm{T}}\varphi_n(Z_n) + \frac{1}{2}z_n\right)$$

$$- \frac{\dot{g}_n z_n^2}{2g_n^2(\bar{x}_n)} + \tilde{\theta}_n^{\mathrm{T}}\Gamma_n^{-1}(\Gamma_n\varphi_n(Z_n)z_n - \dot{\hat{\theta}}_n) + \frac{1}{2}\varepsilon_n^{*2} + D_{n-1} \tag{1.1.41}$$

设计控制器 u 和参数 $\hat{\theta}_n$ 的自适应律如下:

$$u = -c_n z_n - \bar{c}_n z_n - z_{n-1} - \hat{\theta}_n^{\mathrm{T}}\varphi_n(Z_n) \tag{1.1.42}$$

$$\dot{\hat{\theta}}_n = \Gamma_n(\varphi_n(Z_n)z_n - \sigma_n\hat{\theta}_n) \tag{1.1.43}$$

式中, $c_n > 0$、$\bar{c}_n > 0$ 和 $\sigma_n > 0$ 是设计参数; $\bar{c}_n \geqslant g_{n,d}/(2g_{n,0}^2) - 1/2$。

将式 (1.1.42) 和式 (1.1.43) 代入式 (1.1.41), $\dot{V}$ 进一步表示为

$$\dot{V} \leqslant -\sum_{k=1}^{n}c_k z_k^2 - \sum_{k=1}^{n-1}\frac{\sigma_k}{2}\left\|\tilde{\theta}_k\right\|^2 + \sigma_n\tilde{\theta}_n^{\mathrm{T}}\hat{\theta}_n + \frac{1}{2}\varepsilon_n^{*2} + D_{n-1} \tag{1.1.44}$$

根据杨氏不等式, 可得

$$\sigma_n\tilde{\theta}_n^{\mathrm{T}}\hat{\theta}_n = \sigma_n\tilde{\theta}_n^{\mathrm{T}}(\theta_n^* - \tilde{\theta}_n) \leqslant -\frac{\sigma_n}{2}\left\|\tilde{\theta}_n\right\|^2 + \frac{\sigma_n}{2}\|\theta_n^*\|^2 \tag{1.1.45}$$

将式 (1.1.45) 代入式 (1.1.44), $\dot{V}$ 最终表示为

$$\dot{V} \leqslant -\sum_{k=1}^{n}\left(c_k z_k^2 + \frac{\sigma_k}{2}\left\|\tilde{\theta}_k\right\|^2\right) + D_n \tag{1.1.46}$$

式中, $D_n = D_{n-1} + \frac{1}{2}\varepsilon_n^{*2} + \frac{\sigma_n}{2}\|\theta_n^*\|^2$。

1.1.3 稳定性与收敛性分析

下面的定理给出了所设计的模糊自适应控制方法所具有的性质。

定理 1.1.1 对于非线性严格反馈系统 (1.1.1), 假设 1.1.1 成立。如果采用控制器 (1.1.42), 虚拟控制器 (1.1.10)、(1.1.22)、(1.1.32), 参数自适应律 (1.1.11)、(1.1.23)、(1.1.33) 和 (1.1.43), 则总体控制方案保证取得如下性能:

(1) 闭环系统中的所有信号半全局一致最终有界;

(2) 跟踪误差 $z_1(t) = y(t) - y_m(t)$ 收敛到包含原点的一个较小邻域内。

证明　令 $C = \min\{2g_{i,0}c_i, \sigma_i\lambda_{\max}\{\Gamma_i^{-1}\}\}$，$D = \sum\limits_{i=1}^{n}(\sigma_i\|\theta_i^*\|^2/2) + \sum\limits_{i=1}^{n}(\varepsilon_i^{*2}/2)$

$(i = 1, 2, \cdots, n)$。因此，$\dot{V}$ 最终表示为

$$\dot{V} \leqslant -CV + D \tag{1.1.47}$$

根据式 (1.1.47) 和引理 0.3.1，可以得到闭环系统中的所有信号半全局一致最终有界，并且有 $\lim\limits_{t\to\infty}|z| \leqslant \sqrt{2D/C}$。在控制设计中，如果选择适当的设计参数，可以使得 D/C 比较小，则可以得到跟踪误差 $z_1 = y - y_m$ 收敛到包含原点的一个较小邻域内。

评注 1.1.1　本节针对一类单输入单输出非线性严格反馈系统，给出了一种稳定的模糊自适应反步递推控制设计方法。由于神经网络也具有对非线性连续函数的逼近性质，所以在本节给出的模糊自适应反步递推控制设计方法中，如果用神经网络替换模糊逻辑系统，那么可以形成神经网络自适应反步递推控制方法，详见文献 [5] 和 [6]。此外，关于纯反馈非线性系统的智能自适应反步递推控制的设计方法可参见文献 [7] 和 [8]。

1.1.4　仿真

例 1.1.1　考虑如下的二阶非线性严格反馈系统：

$$\begin{cases} \dot{x}_1 = f_1(x_1) + g_1(x_1)x_2 \\ \dot{x}_2 = f_2(\bar{x}_2) + g_2(\bar{x}_2)u \\ y = x_1 \end{cases} \tag{1.1.48}$$

式中，$f_1(x_1) = 0.5x_1$；$f_2(\bar{x}_2) = x_1x_2$；$g_1(x_1) = 1.5 + \cos(x_1)$；$g_2(\bar{x}_2) = 2 + \cos(x_1x_2)$。给定参考信号为 $y_m = 0.5(\sin(t) + \sin(0.5t))$。

由于函数 $g_i(\bar{x}_i)(i = 1, 2)$ 满足 $0.5 \leqslant |g_1(x_1)| = |15 + \cos(x_1)| \leqslant 2.5$，$|\dot{g}_1(x_1)| = |-\sin(x_1)| \leqslant 1$，$1 \leqslant |g_2(\bar{x}_2)| = |2 + \cos(x_1x_2)| \leqslant 3$，$|\dot{g}_2(\bar{x}_2)| = |-\sin(x_1x_2)| \leqslant 1$，所以，假设 1.1.1 成立，并且 $g_{1,0} = 0.5$，$g_{2,0} = 1$、$g_{1,1} = 2.5$、$g_{2,1} = 3$ 和 $g_{1,d} = g_{2,d} = 1$。

在仿真中，选取设计参数为 $\bar{c}_1 \geqslant g_{1,d}/(2g_{1,0}^2) - 1/2 = 1.5$ 和 $\bar{c}_2 \geqslant g_{2,d}/(2g_{2,0}^2) - 1/2 = 0$。

选择 x_i 的隶属函数为

$$\mu_{F_i^1}(x_i) = \exp\left[-\frac{(x_i-2)^2}{2}\right], \quad \mu_{F_i^2}(x_i) = \exp\left[-\frac{(x_i-1)^2}{2}\right]$$

$$\mu_{F_i^3}(x_i) = \exp\left(-\frac{x_i^2}{2}\right), \quad \mu_{F_i^4}(x_i) = \exp\left[-\frac{(x_i+1)^2}{2}\right]$$

$$\mu_{F_i^5}(x_i) = \exp\left[-\frac{(x_i+2)^2}{2}\right], \quad i = 1, 2$$

选取变量 $y_m^{(i)}(i = 0, 1, 2)$ 的隶属函数与 x_i 的隶属函数相同。

令

$$\varphi_{i,l}(x) = \frac{\displaystyle\prod_{i=1}^{2}\mu_{F_i^l}(x_i)}{\displaystyle\sum_{l=1}^{5}\prod_{i=1}^{2}\mu_{F_i^l}(x_i)}$$

$$\varphi_1(Z_1) = [\varphi_{1,1}(Z_1), \varphi_{1,2}(Z_1), \varphi_{1,3}(Z_1), \varphi_{1,4}(Z_1), \varphi_{1,5}(Z_1)]^{\mathrm{T}}$$

$$\varphi_2(Z_2) = [\varphi_{2,1}(Z_2), \varphi_{2,2}(Z_2), \varphi_{2,3}(Z_2), \varphi_{2,4}(Z_2), \varphi_{2,5}(Z_2)]^{\mathrm{T}}$$

则得到模糊逻辑系统为

$$\hat{h}_i(Z_i|\hat{\theta}_i) = \hat{\theta}_i^{\mathrm{T}}\varphi_i(Z_i), \quad i = 1, 2$$

式中，$Z_1 = [x_1, \dot{y}_m]^{\mathrm{T}}$；$Z_2 = [\bar{x}_2^{\mathrm{T}}, \partial\alpha_1/\partial x_1, (\partial\alpha_1/\partial y_m)\dot{y}_m, (\partial\alpha_1/\partial\hat{\theta}_1)\dot{\hat{\theta}}_1]^{\mathrm{T}}$。

在仿真中，选取虚拟控制器、控制器和参数自适应律的设计参数为：$c_1 = 2$，$c_2 = 2$，$\bar{c}_1 = 8$，$\bar{c}_2 = 6$，$\sigma_1 = \sigma_2 = 0.2$，$\Gamma_1 = \Gamma_2 = \mathrm{diag}\{2, 2\}$。

选择变量及参数的初始值为：$x_1(0) = 0.8$，$x_2(0) = 0.6$，$\hat{\theta}_1(0) = [0.1 \quad 0.1 \quad 0 \quad 0 \quad 0.1]^{\mathrm{T}}$，$\hat{\theta}_2(0) = [0.2 \quad 0.1 \quad 0 \quad 0.1 \quad 0.2]^{\mathrm{T}}$。仿真结果如图 1.1.1~图 1.1.3 所示。

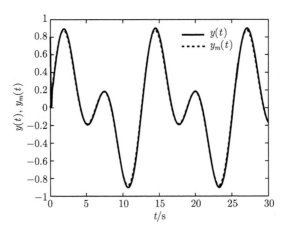

图 1.1.1　输出 $y(t)$ 和参考信号 $y_m(t)$ 的轨迹

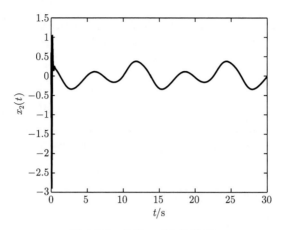

图 1.1.2　状态 $x_2(t)$ 的轨迹

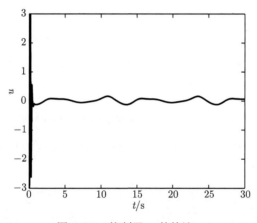

图 1.1.3　控制器 u 的轨迹

1.2　非线性随机系统模糊自适应状态反馈控制

本节针对一类单输入单输出不确定随机非线性严格反馈系统，基于模糊逻辑系统和自适应反步递推控制设计原理，介绍一种模糊自适应状态反馈反步递推控制设计方法，并给出闭环系统的稳定性分析。

1.2.1　系统模型及控制问题描述

考虑如下单输入单输出不确定随机非线性严格反馈系统：

$$
\begin{cases}
\mathrm{d}x_i = (f_i(\bar{x}_i) + g_i(\bar{x}_i)x_{i+1})\mathrm{d}t + h_i^{\mathrm{T}}(\bar{x}_i)\mathrm{d}w, & i = 1, 2, \cdots, n-1 \\
\mathrm{d}x_n = (f_n(\bar{x}_n) + g_n(\bar{x}_n)u)\mathrm{d}t + h_n^{\mathrm{T}}(\bar{x}_n)\mathrm{d}w \\
y = x_1
\end{cases}
\tag{1.2.1}
$$

式中，$\bar{x}_i = [x_1, x_2, \cdots, x_i]^{\mathrm{T}} \in \mathbf{R}^i (i = 1, 2, \cdots, n)$ 是系统的状态向量；$u \in \mathbf{R}$ 和 $y \in \mathbf{R}$ 分别是系统的输入和输出；$f_i(\cdot)$ 和 $g_i(\cdot)$ 是未知光滑非线性函数，且满足 $f_i(0) = 0 (i = 1, 2, \cdots, n)$；$h_i(\cdot)$ 是未知光滑函数，$h = [h_1, h_2, \cdots, h_n]^{\mathrm{T}}$；$w$ 是定义在完备空间的标准布朗运动，且满足 $E\{\mathrm{d}w \cdot \mathrm{d}w^{\mathrm{T}}\} = \sigma(t)\sigma^{\mathrm{T}}(t)\mathrm{d}t$。

假设 1.2.1　　存在正常数 b_m 和 b_M，满足 $b_m \leqslant |g_i(\cdot)| \leqslant b_M$。

假设 1.2.2[2]　　存在正常数 β，满足 $h^{\mathrm{T}}\sigma(t)\sigma^{\mathrm{T}}(t)h \leqslant \beta$。

控制任务　　针对非线性系统 (1.2.1)，基于模糊逻辑系统，设计一种模糊自适应控制器，使得闭环系统的所有信号依概率有界。

1.2.2　模糊自适应反步递推控制设计

定义如下的坐标变换：

$$
\begin{aligned}
z_1 &= y \\
z_i &= x_i - \alpha_{i-1}, \quad i = 2, 3, \cdots, n
\end{aligned} \tag{1.2.2}
$$

式中，z_i 是虚拟误差变量；α_{i-1} 是在第 $i-1$ 步中将要设计的虚拟控制器。

基于上面的坐标变换，n 步模糊自适应反步递推控制设计过程如下。

第 1 步　　根据式 (1.2.1)、式 (1.2.2) 和 Itô (伊藤) 引理，$\mathrm{d}z_1$ 为

$$
\mathrm{d}z_1 = (f_1(x_1) + g_1(x_1)x_2)\mathrm{d}t + h_1^{\mathrm{T}}(x_1)\mathrm{d}w \tag{1.2.3}
$$

由于 $f_1(x_1)$ 是未知连续非线性函数，所以利用模糊逻辑系统 $\hat{f}_1(x_1|\hat{\vartheta}_1) = \hat{\vartheta}_1^{\mathrm{T}}\varphi_1(x_1)$ 逼近 $f_1(x_1)$，并假设

$$
f_1(x_1) = \vartheta_1^{*\mathrm{T}}\varphi_1(x_1) + \varepsilon_1(x_1) \tag{1.2.4}
$$

式中，ϑ_1^* 是最优参数；$\varepsilon_1(x_1)$ 是最小模糊逼近误差。假设 $\varepsilon_1(x_1)$ 满足 $|\varepsilon_1(x_1)| \leqslant \varepsilon_1^*$，$\varepsilon_1^*$ 是正常数。

将式 (1.2.4) 代入式 (1.2.3)，式 (1.2.3) 变为

$$
\mathrm{d}z_1 = (\vartheta_1^{*\mathrm{T}}\varphi_1(x_1) + \varepsilon_1(x_1) + g_1(x_1)x_2)\mathrm{d}t + h_1^{\mathrm{T}}(x_1)\mathrm{d}w \tag{1.2.5}
$$

选择如下的李雅普诺夫函数：

$$
V_1 = \frac{1}{4}z_1^4 + \frac{b_m}{2\gamma_1}\tilde{\theta}_1^{\mathrm{T}}\tilde{\theta}_1 \tag{1.2.6}
$$

式中，$\gamma_1 > 0$ 是设计参数；$\tilde{\theta}_1 = \theta_1^* - \hat{\theta}_1$ 是参数估计误差，$\hat{\theta}_1$ 是 $\theta_1^* = b_m^{-1}\vartheta_1^*$ 的估计。

根据式 (1.2.5) 和式 (1.2.6)，微分算子 $\mathcal{L}V_1$ 为

$$
\mathcal{L}V_1 = z_1^3(\vartheta_1^{*\mathrm{T}}\varphi_1(x_1) + \varepsilon_1(x_1) + g_1(x_1)x_2)
$$

$$+ \frac{3}{2} z_1^2 h_1^{\mathrm{T}}(x_1) \sigma \sigma^{\mathrm{T}} h_1(x_1) - \frac{b_m}{\gamma_1} \tilde{\theta}_1^{\mathrm{T}} \dot{\hat{\theta}}_1 \qquad (1.2.7)$$

根据假设 1.2.1、假设 1.2.2 和杨氏不等式，可得

$$z_1^3(\vartheta_1^{*\mathrm{T}} \varphi_1(x_1) + \varepsilon_1(x_1)) \leqslant b_m z_1^3 \theta_1^{*\mathrm{T}} \varphi_1(x_1) + \frac{3 b_m^{4/3}}{4} z_1^4 + \frac{1}{4 b_m^4} \varepsilon_1^{*4} \qquad (1.2.8)$$

$$\frac{3}{2} z_1^2 h_1^{\mathrm{T}}(x_1) \sigma \sigma^{\mathrm{T}} h_1(x_1) \leqslant \frac{3}{2} z_1^2 \beta \leqslant \frac{3 b_m^2}{4} z_1^4 + \frac{3}{4 b_m^2} \beta^2 \qquad (1.2.9)$$

$$g_1(x_1) z_1^3 z_2 \leqslant \frac{3}{4} g_1(x_1) z_1^4 + g_1(x_1) z_2^4 \qquad (1.2.10)$$

将式 (1.2.8)～式 (1.2.10) 代入式 (1.2.7)，可得

$$\mathcal{L}V_1 \leqslant z_1^3 \left(g_1(x_1)\alpha_1 + b_m \hat{\theta}_1^{\mathrm{T}} \varphi_1(x_1) + \frac{3 b_m^{4/3}}{4} z_1 + \frac{3 b_m^2}{4} z_1 + \frac{3 g_1(x_1)}{4} z_1 \right)$$
$$+ g_1(x_1) z_2^4 + \frac{3}{4 b_m^2} \beta^2 + \frac{1}{4 b_m^2} \varepsilon_1^{*4} + \frac{b_m \tilde{\theta}_1^{\mathrm{T}}}{\gamma_1} (\gamma_1 z_1^3 \varphi_1(x_1) - \dot{\hat{\theta}}_1) \qquad (1.2.11)$$

设计虚拟控制器 α_1 和参数 $\hat{\theta}_1$ 的自适应律如下：

$$\alpha_1 = -c_1 z_1 - \frac{3 b_m^{1/3}}{4} z_1 - \frac{3 b_m}{4} z_1 - \frac{3}{4} z_1 - \hat{\theta}_1^{\mathrm{T}} \varphi_1(x_1) \qquad (1.2.12)$$

$$\dot{\hat{\theta}}_1 = \gamma_1 z_1^3 \varphi_1(x_1) - \sigma_1 \hat{\theta}_1 \qquad (1.2.13)$$

式中，$c_1 > 0$ 和 $\sigma_1 > 0$ 是设计参数。

将式 (1.2.12) 和式 (1.2.13) 代入式 (1.2.11)，可得

$$\mathcal{L}V_1 \leqslant -b_m c_1 z_1^4 + \frac{b_m \sigma_1}{\gamma_1} \tilde{\theta}_1^{\mathrm{T}} \hat{\theta}_1 + g_1(x_1) z_2^4 + \frac{3}{4 b_m^2} \beta^2 + \frac{1}{4 b_m^2} \varepsilon_1^{*4} \qquad (1.2.14)$$

根据杨氏不等式，可得

$$\frac{b_m \sigma_1}{\gamma_1} \tilde{\theta}_1^{\mathrm{T}} \hat{\theta}_1 = \frac{b_m \sigma_1}{\gamma_1} \tilde{\theta}_1^{\mathrm{T}} (\theta_1^* - \tilde{\theta}_1) \leqslant -\frac{b_m \sigma_1}{2\gamma_1} \tilde{\theta}_1^{\mathrm{T}} \tilde{\theta}_1 + \frac{b_m \sigma_1}{2\gamma_1} \theta_1^{*\mathrm{T}} \theta_1^* \qquad (1.2.15)$$

将式 (1.2.15) 代入式 (1.2.14)，$\mathcal{L}V_1$ 最终表示为

$$\mathcal{L}V_1 \leqslant -b_m c_1 z_1^4 - \frac{b_m \sigma_1}{2\gamma_1} \tilde{\theta}_1^{\mathrm{T}} \tilde{\theta}_1 + g_1(x_1) z_2^4 + D_1 \qquad (1.2.16)$$

式中，$D_1 = \frac{3}{4 b_m^2} \beta^2 + \frac{1}{4 b_m^2} \varepsilon_1^{*4} + \frac{b_m \sigma_1}{2\gamma_1} \theta_1^{*\mathrm{T}} \theta_1^*$。

第 $i(2 \leqslant i \leqslant n-1)$ 步   根据式 (1.2.1)、式 (1.2.2) 和 Itô 引理，$\mathrm{d}z_i$ 为

$$
\begin{aligned}
\mathrm{d}z_i = &(f_i(\bar{x}_i) + g_i(\bar{x}_i)x_{i+1} - \mathcal{L}\alpha_{i-1} \\
&+ g_{i-1}(\bar{x}_{i-1})z_i - g_{i-1}(\bar{x}_{i-1})z_i)\mathrm{d}t + h_i^{\mathrm{T}}(\bar{x}_i)\mathrm{d}w
\end{aligned} \tag{1.2.17}
$$

式中，

$$
\mathcal{L}\alpha_{i-1} = \sum_{j=1}^{i-1}\left[\frac{\partial \alpha_{i-1}}{\partial x_j}(g_j(\bar{x}_j)x_{j+1} + f_j(\bar{x}_j)) + \frac{\partial \alpha_{i-1}}{\partial \hat{\theta}_j}\dot{\hat{\theta}}_j\right] + \frac{1}{2}\sum_{p,q=1}^{i-1}\frac{\partial^2 \alpha_{i-1}}{\partial x_p \partial x_q}h_p^{\mathrm{T}}h_q
$$

设 $F_i(\bar{x}_i) = f_i(\bar{x}_i) - \mathcal{L}\alpha_{i-1} + g_{i-1}(\bar{x}_{i-1})z_i$。由于 $F_i(\bar{x}_i)$ 是未知连续非线性函数，所以利用模糊逻辑系统 $\hat{F}_i(\bar{x}_i|\hat{\vartheta}_i) = \hat{\vartheta}_i^{\mathrm{T}}\varphi_i(\bar{x}_i)$ 逼近 $F_i(\bar{x}_i)$，并假设

$$
F_i(\bar{x}_i) = \vartheta_i^{*\mathrm{T}}\varphi_i(\bar{x}_i) + \varepsilon_i(\bar{x}_i) \tag{1.2.18}
$$

式中，ϑ_i^* 是最优参数；$\varepsilon_i(\bar{x}_i)$ 是最小模糊逼近误差。假设 $\varepsilon_i(\bar{x}_i)$ 满足 $|\varepsilon_i(\bar{x}_i)| \leqslant \varepsilon_i^*$，$\varepsilon_i^*$ 是正常数。

将式 (1.2.18) 代入式 (1.2.17)，可得

$$
\mathrm{d}z_i = [\vartheta_i^{*\mathrm{T}}\varphi_i(\bar{x}_i) + \varepsilon_i(\bar{x}_i) + g_i(\bar{x}_i)x_{i+1} - g_{i-1}(\bar{x}_{i-1})z_i]\mathrm{d}t + h_i^{\mathrm{T}}(\bar{x}_i)\mathrm{d}w \tag{1.2.19}
$$

选择如下的李雅普诺夫函数：

$$
V_i = V_{i-1} + \frac{1}{4}z_i^4 + \frac{b_m}{2\gamma_i}\tilde{\theta}_i^{\mathrm{T}}\tilde{\theta}_i \tag{1.2.20}
$$

式中，$\gamma_i > 0$ 是设计参数；$\tilde{\theta}_i = \theta_i^* - \hat{\theta}_i$ 是参数估计误差，$\hat{\theta}_i$ 是 $\theta_i^* = b_m^{-1}\vartheta_i^*$ 的估计。

根据式 (1.2.20) 和式 (1.2.19)，微分算子 $\mathcal{L}V_i$ 为

$$
\begin{aligned}
\mathcal{L}V_i = &\mathcal{L}V_{i-1} + z_i^3(\vartheta_i^{*\mathrm{T}}\varphi_i(\bar{x}_i) + g_i(\bar{x}_i)\alpha_i - g_{i-1}(\bar{x}_{i-1})z_i \\
&+ \varepsilon_i(\bar{x}_i)) + g_i(\bar{x}_i)z_i^3 z_{i+1} + \frac{3}{2}z_i^2 h_i^{\mathrm{T}}(\bar{x}_i)\sigma\sigma^{\mathrm{T}}h_i(\bar{x}_i) - \frac{b_m}{\gamma_i}\tilde{\theta}_i^{\mathrm{T}}\dot{\hat{\theta}}_i
\end{aligned} \tag{1.2.21}
$$

根据假设 1.2.1、假设 1.2.2 和杨氏不等式，有如下不等式成立：

$$
z_i^3(\vartheta_i^{*\mathrm{T}}\varphi_i(\bar{x}_i) + \varepsilon_i(\bar{x}_i)) \leqslant b_m z_i^3 \theta_i^{*\mathrm{T}}\varphi_i(\bar{x}_i) + \frac{3b_m^{4/3}}{4}z_i^4 + \frac{1}{4b_m^2}\varepsilon_i^{*4} \tag{1.2.22}
$$

$$
\frac{3}{2}z_i^2 h_i^{\mathrm{T}}(\bar{x}_i)\sigma\sigma^{\mathrm{T}}h_i(\bar{x}_i) \leqslant \frac{3}{2}z_i^2\beta \leqslant \frac{3b_m^2}{4}z_i^4 + \frac{3}{4b_m^2}\beta^2 \tag{1.2.23}
$$

$$
g_i(\bar{x}_i)z_i^3 z_{i+1} \leqslant \frac{3}{4}g_i(\bar{x}_i)z_i^4 + g_i(\bar{x}_i)z_{i+1}^4 \tag{1.2.24}
$$

将式 (1.2.22)～式 (1.2.24) 代入式 (1.2.21)，可得

$$
\begin{aligned}
\mathcal{L}V_i \leqslant & -\sum_{j=1}^{i-1}\left(b_m c_j z_j^4 + \frac{b_m \sigma_j}{2\gamma_j}\tilde{\theta}_j^{\mathrm{T}}\tilde{\theta}_j\right) + z_i^3\bigg(g_i(\bar{x}_i)\alpha_i + b_m \hat{\theta}_i^{\mathrm{T}}\varphi_i(\bar{x}_i) \\
& + \frac{3b_m^{4/3}}{4}z_i + \frac{3b_m^2}{4}z_i + \frac{3g_i(\bar{x}_i)}{4}z_i\bigg) + g_i(\bar{x}_i)z_{i+1}^4 + \frac{1}{4b_m^2}\varepsilon_i^{*4} \\
& + \frac{3}{4b_m^2}\beta^2 + \frac{b_m}{\gamma_i}\tilde{\theta}_i^{\mathrm{T}}(\gamma_i z_i^3 \varphi_i(\bar{x}_i) - \dot{\hat{\theta}}_i) + D_{i-1}
\end{aligned}
\tag{1.2.25}
$$

设计虚拟控制器 α_i 和参数 $\hat{\theta}_i$ 的自适应律如下：

$$
\alpha_i = -c_i z_i - \hat{\theta}_i^{\mathrm{T}}\varphi_i(\bar{x}_i) - \frac{3b_m^{1/3}}{4}z_i - \frac{3b_m}{4}z_i - \frac{3}{4}z_i
\tag{1.2.26}
$$

$$
\dot{\hat{\theta}}_i = \gamma_i z_i^3 \varphi_i(\bar{x}_i) - \sigma_i \hat{\theta}_i
\tag{1.2.27}
$$

式中，$c_i > 0$ 和 $\sigma_i > 0$ 是设计参数。

将式 (1.2.26) 和式 (1.2.27) 代入式 (1.2.25)，则式 (1.2.25) 变为

$$
\begin{aligned}
\mathcal{L}V_i \leqslant & -\sum_{j=1}^{i}b_m c_j z_j^4 - \sum_{j=1}^{i-1}\frac{b_m \sigma_j}{2\gamma_j}\tilde{\theta}_j^{\mathrm{T}}\tilde{\theta}_j + \frac{b_m \sigma_i}{\gamma_i}\tilde{\theta}_i^{\mathrm{T}}\hat{\theta}_i \\
& + g_i(\bar{x}_i)z_{i+1}^4 + \frac{1}{4b_m^2}\varepsilon_i^{*4} + \frac{3}{4b_m^2}\beta^2 + D_{i-1}
\end{aligned}
\tag{1.2.28}
$$

根据杨氏不等式，可得

$$
\frac{b_m \sigma_i}{\gamma_i}\tilde{\theta}_i^{\mathrm{T}}\hat{\theta}_i = \frac{b_m \sigma_i}{\gamma_i}\tilde{\theta}_i^{\mathrm{T}}(\theta_i^* - \tilde{\theta}_i) \leqslant -\frac{b_m \sigma_i}{2\gamma_i}\tilde{\theta}_i^{\mathrm{T}}\tilde{\theta}_i + \frac{b_m \sigma_i}{2\gamma_i}\theta_i^{*\mathrm{T}}\theta_i^*
\tag{1.2.29}
$$

将式 (1.2.29) 代入式 (1.2.28)，则 $\mathcal{L}V_i$ 最终表示为

$$
\mathcal{L}V_i \leqslant -\sum_{j=1}^{i}\left(b_m c_j z_j^4 + \frac{b_m \sigma_j}{2\gamma_j}\tilde{\theta}_j^{\mathrm{T}}\tilde{\theta}_j\right) + g_i(\bar{x}_i)z_{i+1}^4 + D_i
\tag{1.2.30}
$$

式中，$D_i = D_{i-1} + \dfrac{1}{4b_m^2}\varepsilon_i^{*4} + \dfrac{3}{4b_m^2}\beta^2 + \dfrac{b_m \sigma_i}{2\gamma_i}\theta_i^{*\mathrm{T}}\theta_i^*$。

第 n 步　根据式 (1.2.1)、式 (1.2.2) 和 Itô 引理，$\mathrm{d}z_n$ 为

$$
\mathrm{d}z_n = (f_n(\bar{x}_n) + g_n(\bar{x}_n)u - \mathcal{L}\alpha_{n-1} + g_{n-1}(\bar{x}_{n-1})z_n - g_{n-1}(\bar{x}_{n-1})z_n)\mathrm{d}t + h_n^{\mathrm{T}}(\bar{x}_n)\mathrm{d}w
\tag{1.2.31}
$$

式中，

$$\mathcal{L}\alpha_{n-1} = \sum_{j=1}^{n-1}\left[\frac{\partial\alpha_{n-1}}{\partial x_j}(f_j(\bar{x}_j)+g_j(\bar{x}_j)x_{j+1})+\frac{\partial\alpha_{n-1}}{\partial\hat{\theta}_j}\dot{\hat{\theta}}_j\right]+\frac{1}{2}\sum_{p,q=1}^{n-1}\frac{\partial^2\alpha_{n-1}}{\partial x_p\partial x_q}h_p^{\mathrm{T}}h_q$$

设 $F_n(\bar{x}_n)=f_n(\bar{x}_n)-\mathcal{L}\alpha_{n-1}+g_{n-1}(\bar{x}_{n-1})z_n$。利用模糊逻辑系统 $\hat{F}_n(\bar{x}_n|\hat{\vartheta}_n)=\hat{\vartheta}_n^{\mathrm{T}}\varphi_n(\bar{x}_n)$ 逼近 $F_n(\bar{x}_n)$，并假设

$$F_n(\bar{x}_n)=\vartheta_n^{*\mathrm{T}}\varphi_n(\bar{x}_n)+\varepsilon_n(\bar{x}_n) \tag{1.2.32}$$

式中，ϑ_n^* 是最优参数；$\varepsilon_n(\bar{x}_n)$ 是最小模糊逼近误差。假设 $\varepsilon_n(\bar{x}_n)$ 满足 $|\varepsilon_n(\bar{x}_n)| \leqslant \varepsilon_n^*$，$\varepsilon_n^*$ 是正常数。

将式 (1.2.32) 代入式 (1.2.31)，可得

$$\mathrm{d}z_n=[\vartheta_n^{*\mathrm{T}}\varphi_n(\bar{x}_n)+\varepsilon_n(\bar{x}_n)+g_n(\bar{x}_n)u-g_{n-1}(\bar{x}_{n-1})z_n]\mathrm{d}t+h_n^{\mathrm{T}}(\bar{x}_n)\mathrm{d}w \tag{1.2.33}$$

选择如下的李雅普诺夫函数：

$$V=V_{n-1}+\frac{1}{4}z_n^4+\frac{b_m}{2\gamma_n}\tilde{\theta}_n^{\mathrm{T}}\tilde{\theta}_n \tag{1.2.34}$$

式中，$\gamma_n>0$ 是设计参数；$\tilde{\theta}_n=\theta_n^*-\hat{\theta}_n$ 是参数估计误差，$\hat{\theta}_n$ 是 $\theta_n^*=b_m^{-1}\vartheta_n^*$ 的估计。

根据式 (1.2.33) 和式 (1.2.34)，微分算子 $\mathcal{L}V$ 为

$$\mathcal{L}V=\mathcal{L}V_{n-1}+z_n^3\Big(g_n(\bar{x}_n)u+\vartheta_n^{*\mathrm{T}}\varphi_n(\bar{x}_n)+\varepsilon_n(\bar{x}_n)$$
$$-g_{n-1}(\bar{x}_{n-1})z_n\Big)+\frac{3}{2}z_n^2h_n^{\mathrm{T}}\sigma\sigma^{\mathrm{T}}h_n(\bar{x}_n)-\frac{b_m}{\gamma_n}\tilde{\theta}_n^{\mathrm{T}}\dot{\hat{\theta}}_n \tag{1.2.35}$$

根据假设 1.2.1、假设 1.2.2 和杨氏不等式，可得

$$z_n^3(\vartheta_n^{*\mathrm{T}}\varphi_n(\bar{x}_n)+\varepsilon_n(\bar{x}_n)) \leqslant b_m z_n^3\theta_n^{*\mathrm{T}}\varphi_n(\bar{x}_n)+\frac{3b_m^{4/3}}{4}z_n^4+\frac{1}{4b_m^2}\varepsilon_n^{*4} \tag{1.2.36}$$

$$\frac{3}{2}z_n^2h_n^{\mathrm{T}}(\bar{x}_n)\sigma\sigma^{\mathrm{T}}h_n(\bar{x}_n) \leqslant \frac{3}{2}z_n^2\beta \leqslant \frac{3b_m^2}{4}z_n^4+\frac{3}{4b_m^2}\beta^2 \tag{1.2.37}$$

将式 (1.2.36) 和式 (1.2.37) 代入式 (1.2.35)，可得

$$\mathcal{L}V \leqslant -\sum_{j=1}^{n-1}\left(b_m c_j z_j^4+\frac{b_m\sigma_j}{2\gamma_j}\tilde{\theta}_j^{\mathrm{T}}\tilde{\theta}_j\right)+z_n^3\Big(g_n(\bar{x}_n)u+b_m\hat{\theta}_n^{\mathrm{T}}\varphi_n(\bar{x}_n)+\frac{3b_m^{4/3}}{4}z_n$$
$$+\frac{3b_m^2}{4}z_n\Big)+\frac{b_m}{\gamma_n}\tilde{\theta}_n^{\mathrm{T}}(\gamma_n z_n^3\varphi_n(\bar{x}_n)-\dot{\hat{\theta}}_n)+\frac{3}{4b_m^2}\varepsilon_n^{*4}+\frac{3}{4b_m^2}\beta^2+D_{n-1} \tag{1.2.38}$$

设计控制器 u 和参数 $\hat{\theta}_n$ 的自适应律如下：

$$u = -c_n z_n - \hat{\theta}_n^{\mathrm{T}} \varphi_n(\bar{x}_n) - \frac{3b_m^{1/3}}{4} z_n - \frac{3b_m}{4} z_n \tag{1.2.39}$$

$$\dot{\hat{\theta}}_n = \gamma_n z_n^3 \varphi_n(\bar{x}_n) - \sigma_n \hat{\theta}_n \tag{1.2.40}$$

式中，$c_n > 0$ 和 $\sigma_n > 0$ 是设计参数。

将式 (1.2.39) 和式 (1.2.40) 代入式 (1.2.38)，则式 (1.2.38) 可表示为

$$\mathcal{L}V \leqslant -\sum_{j=1}^{n} b_m c_j z_j^4 - \sum_{j=1}^{n-1} \frac{b_m \sigma_j}{2\gamma_j} \tilde{\theta}_j^{\mathrm{T}} \tilde{\theta}_j + \frac{b_m \sigma_n}{\gamma_n} \tilde{\theta}_n^{\mathrm{T}} \hat{\theta}_n + \frac{1}{4b_m^2} \varepsilon_n^{*4} + \frac{3}{4b_m^2} \beta^2 + D_{n-1} \tag{1.2.41}$$

根据杨氏不等式，可得

$$\frac{b_m \sigma_n}{\gamma_n} \tilde{\theta}_n^{\mathrm{T}} \hat{\theta}_n = \frac{b_m \sigma_n}{\gamma_n} \tilde{\theta}_n^{\mathrm{T}} (\theta_n^* - \tilde{\theta}_n) \leqslant -\frac{b_m \sigma_n}{2\gamma_n} \tilde{\theta}_n^{\mathrm{T}} \tilde{\theta}_n + \frac{b_m \sigma_n}{2\gamma_n} \theta_n^{*\mathrm{T}} \theta_n^* \tag{1.2.42}$$

将式 (1.2.42) 代入式 (1.2.41)，则 $\mathcal{L}V$ 最终表示为

$$\mathcal{L}V \leqslant \sum_{j=1}^{n} \left(-b_m c_j z_j^4 - \frac{b_m \sigma_j}{2\gamma_j} \tilde{\theta}_j^{\mathrm{T}} \tilde{\theta}_j \right) + D \tag{1.2.43}$$

式中，$D = D_{n-1} + \frac{1}{4b_m^2} \varepsilon_n^{*4} + \frac{3}{4b_m^2} \beta^2 + \frac{b_m \sigma_n}{2\gamma_n} \theta_n^{*\mathrm{T}} \theta_n^*$。

1.2.3　稳定性与收敛性分析

下面的定理给出了所设计的模糊自适应控制方法所具有的性质。

定理 1.2.1　对于非线性系统 (1.2.1)，假设 1.2.1 和假设 1.2.2 成立。如果采用控制器 (1.2.39)，虚拟控制器 (1.2.26)、(1.2.12)，参数自适应律 (1.2.13)、(1.2.27) 和 (1.2.40)，则整个控制方案保证闭环系统的所有信号依概率有界。

证明　令 $C = \min\{4c_i b_m, \sigma_i\}(i = 1, 2, \cdots, n)$，则由式 (1.2.43) 可得

$$\mathcal{L}V \leqslant -CV + D \tag{1.2.44}$$

根据式 (1.2.44) 和引理 0.3.3，可得闭环系统的所有信号依概率有界。

评注 1.2.1　本节针对控制增益 $g_i(\bar{x}_i) \neq 1$ 的情况，给出了一类随机非线性系统的模糊自适应控制设计算法。对于 $g_i(\bar{x}_i) = 1$ 的情况，智能自适应控制设计方法可见文献 [9] 和 [10]。另外，目前关于随机非线性系统的智能自适应控制方法中，对随机扰动 h_i 的假设条件有不同形式，此方面可参见文献 [11] 和 [12]。

1.2.4　仿真

例 1.2.1　考虑如下的二阶随机非线性严格系统:

$$\begin{cases} \mathrm{d}x_1 = (g_1(x_1)x_2 + f_1(x_1))\mathrm{d}t + h_1^{\mathrm{T}}(x_1)\mathrm{d}w \\ \mathrm{d}x_2 = (g_2(\bar{x}_2)u + f_2(\bar{x}_2))\mathrm{d}t + h_2^{\mathrm{T}}(\bar{x}_2)\mathrm{d}w \\ y = x_1 \end{cases} \tag{1.2.45}$$

式中, $f_1(x_1) = x_1\sin(x_1^2)$; $g_1(x_1) = 1.5 + 0.5\sin(x_1)$; $h_1(x_1) = 1$; $f_2(\bar{x}_2) = x_1 x_2^2$; $g_2(\bar{x}_2) = 1.5 + 0.5\cos(x_1 x_2)$; $h_2(\bar{x}_2) = 2$。

由于非线性函数 $g_i(\bar{x}_i)(i = 1, 2)$ 满足 $1 \leqslant |g_1(x_1)| = |1.5 + 0.5\sin(x_1)| \leqslant 2$, $1 \leqslant |g_2(\bar{x}_2)| = |1.5 + 0.5\cos(x_1 x_2)| \leqslant 2$, 所以, 假设 1.2.2 成立, 且选取 $b_m = 1$ 和 $b_M = 2$。

选取隶属函数为

$$\mu_{F_i^1}(x_i) = \exp\left[-\frac{(x_i - 2)^2}{4}\right], \quad \mu_{F_i^2}(x_i) = \exp\left[-\frac{(x_i - 1)^2}{4}\right]$$

$$\mu_{F_i^3}(x_i) = \exp\left(-\frac{x_i^2}{4}\right), \quad \mu_{F_i^4}(x_i) = \exp\left[-\frac{(x_i + 1)^2}{4}\right]$$

$$\mu_{F_i^5}(x_i) = \exp\left[-\frac{(x_i + 2)^2}{4}\right], \quad i = 1, 2$$

令

$$\varphi_i(x) = \frac{\prod\limits_{i=1}^{2} \mu_{F_i^l}(x_i)}{\sum\limits_{l=1}^{5}\prod\limits_{i=1}^{2} \mu_{F_i^l}(x_i)}$$

$$\varphi_1(x_1) = [\varphi_{1,1}(x_1), \varphi_{1,2}(x_1), \varphi_{1,3}(x_1), \varphi_{1,4}(x_1), \varphi_{1,5}(x_1)]^{\mathrm{T}}$$

$$\varphi_2(\bar{x}_2) = [\varphi_{2,1}(\bar{x}_2), \varphi_{2,2}(\bar{x}_2), \varphi_{2,3}(\bar{x}_2), \varphi_{2,4}(\bar{x}_2), \varphi_{2,5}(\bar{x}_2)]^{\mathrm{T}}$$

则得到模糊逻辑系统为

$$\hat{F}_i(\bar{x}_i|\hat{\vartheta}_i) = \hat{\vartheta}_i^{\mathrm{T}}\varphi_i(\bar{x}_i), \quad i = 1, 2$$

在仿真中, 虚拟控制器、控制器和参数自适应律中的设计参数选取为: $c_1 = 0.2$, $c_2 = 0.2$, $\gamma_1 = 1$, $\gamma_2 = 2$, $\sigma_1 = 0.2$, $\sigma_2 = 0.3$。

选择变量及参数的初始值为: $x_1(0) = 0.3$, $x_2(0) = 0.2$, $\hat{\theta}_1(0) = [0.1 \quad 0 \quad 0.1 \quad 0 \quad 0.1]^{\mathrm{T}}$, $\hat{\theta}_2(0) = [0.1 \quad 0.2 \quad 0 \quad 0.2 \quad 0.1]^{\mathrm{T}}$。$w(t)$ 选取信噪比是 5 的高斯白噪声。

仿真结果如图 1.2.1~图 1.2.3 所示。

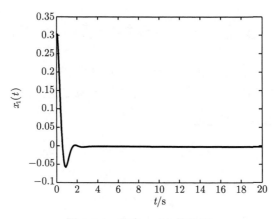

图 1.2.1　状态 $x_1(t)$ 的轨迹

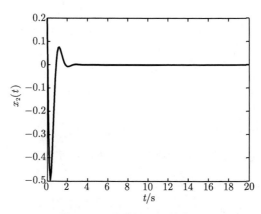

图 1.2.2　状态 $x_2(t)$ 的轨迹

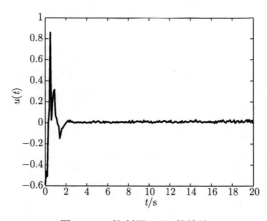

图 1.2.3　控制器 $u(t)$ 的轨迹

1.3　非线性时滞系统模糊自适应状态反馈控制

本节针对一类单输入单输出非线性严格反馈状态时滞系统，介绍一种模糊自适应反步递推控制设计方法，并给出闭环系统的稳定性和收敛性分析。

1.3.1　系统模型及控制问题描述

考虑单输入单输出不确定非线性严格反馈状态时滞系统：

$$
\begin{cases}
\dot{x}_i = f_i(\bar{x}_i) + g_i(\bar{x}_i)x_{i+1} + h_i(\bar{x}_i(t - \tau_i)), \quad i = 1, 2, \cdots, n-1 \\
\dot{x}_n = f_n(\bar{x}_n) + g_n(\bar{x}_n)u + h_n(\bar{x}_n(t - \tau_n)) \\
y = x_1
\end{cases} \tag{1.3.1}
$$

式中，$\bar{x}_i = [x_1, x_2, \cdots, x_i]^{\mathrm{T}}(i = 1, 2, \cdots, n)$ 是系统状态向量；$u \in \mathbf{R}$ 和 $y \in \mathbf{R}$ 分别是系统的输入和输出；$f_i(\cdot)$、$g_i(\cdot)$ 和 $h_i(\cdot)$ 是未知光滑非线性函数，且满足 $f_i(0) = 0$ 和 $h_i(0) = 0$；τ_i 是未知常数。

假设 1.3.1　存在正常数 b_m 和 b_M，满足 $b_m \leqslant |g_i(\cdot)| \leqslant b_M$。

控制任务　对非线性严格反馈状态时滞系统 (1.3.1)，基于模糊逻辑系统设计一种模糊自适应控制器，使得：

(1) 闭环系统的所有信号半全局一致最终有界；

(2) 系统的输出 y 能够很好地跟踪给定的参考信号 y_m。

1.3.2　模糊自适应反步递推控制设计

定义如下的坐标变换：

$$
\begin{aligned}
z_1 &= y - y_m \\
z_i &= x_i - \alpha_{i-1}, \quad i = 2, 3, \cdots, n
\end{aligned} \tag{1.3.2}
$$

式中，z_1 是跟踪误差；α_{i-1} 是在第 $i-1$ 步中将要设计的虚拟控制器。

基于上面的坐标变换，n 步模糊自适应反步递推控制设计过程如下。

第 1 步　根据式 (1.3.1) 和式 (1.3.2)，z_1 的导数为

$$
\begin{aligned}
\dot{z}_1 &= f_1(x_1) + g_1(x_1)x_2 + h_1(x_1(t - \tau_1)) - \dot{y}_m \\
&= f_1(x_1) + g_1(x_1)x_2 + h_1(x_1(t - \tau_1)) - \frac{z_1}{2} - \dot{y}_m \\
&\quad + \frac{z_1}{2} - \frac{16}{z_1}\tanh^2\left(\frac{z_1}{v_1}\right)F_1(x_1) + \frac{16}{z_1}\tanh^2\left(\frac{z_1}{v_1}\right)F_1(x_1)
\end{aligned} \tag{1.3.3}
$$

式中，$F_1(x_1) = h_1^2(x_1)/2$。

令

$$\bar{f}_1(Z_1) = f_1(x_1) + \frac{z_1}{2} + \frac{16}{z_1} \tanh^2\left(\frac{z_1}{v_1}\right) F_1(x_1) - \dot{y}_m$$

式中，$Z_1 = [x_1, Y_{m1}]^{\mathrm{T}}$，$Y_{m1} = [y_m, y_m^{(1)}]$；$v_1 > 0$ 是设计参数。

通过引入 $16\tanh^2(z_1/v_1)F_1(x_1)/z_1$ 来抑制时滞项对系统的影响。由于 $F_1(x_1)/z_1$ 在 $z_1 = 0$ 处不连续，不能利用模糊逻辑系统逼近 $F_1(x_1)/z_1$，所以通过引入双曲正切函数 $\tanh(z_1/v_1)$ 处理 $F_1(x_1)/z_1$。利用模糊逻辑系统 $\hat{\bar{f}}_1(Z_1|\hat{\vartheta}_1) = \hat{\vartheta}_1^{\mathrm{T}}\varphi_1(Z_1)$ 逼近 $\bar{f}_1(Z_1)$，并假设

$$\bar{f}_1(Z_1) = \vartheta_1^{*\mathrm{T}}\varphi_1(Z_1) + \varepsilon_1(Z_1) \tag{1.3.4}$$

式中，ϑ_1^* 是最优参数；$\varepsilon_1(Z_1)$ 是最小模糊逼近误差。假设 $\varepsilon_1(Z_1)$ 满足 $|\varepsilon_1(Z_1)| \leqslant \varepsilon_1^*$，$\varepsilon_1^*$ 是正常数。

将式 (1.3.4) 代入式 (1.3.3)，可得

$$\dot{z}_1 = \vartheta_1^{*\mathrm{T}}\varphi_1(Z_1) + \varepsilon_1(Z_1) + g_1(x_1)x_2 + h_1(x_1(t-\tau_1)) - \frac{z_1}{2} - \frac{16}{z_1}\tanh^2\left(\frac{z_1}{v_1}\right)F_1(x_1) \tag{1.3.5}$$

选取如下的 Lyapunov-Krasovskii (李雅普诺夫-克拉索夫斯基) 泛函：

$$V_1 = \frac{1}{2}z_1^2 + \int_{t-\tau_1}^{t} p_1(x_1(\tau))\mathrm{d}\tau + \frac{b_m}{2\gamma_1}\tilde{\theta}_1^2 \tag{1.3.6}$$

式中，$\gamma_1 > 0$ 是设计参数；$p_1(x_1) = h_1^2(x_1)/2$；$\tilde{\theta}_1 = \theta_1^* - \hat{\theta}_1$ 是参数估计误差，$\hat{\theta}_1$ 是 $\theta_1^* = b_m^{-1}\|\vartheta_1^*\|^2$ 的估计。

根据式 (1.3.5) 和式 (1.3.6)，V_1 的导数为

$$\begin{aligned}
\dot{V}_1 &= z_1\dot{z}_1 - p_1(x_1(t-\tau_1)) + p_1(x_1) - \frac{b_m}{\gamma_1}\tilde{\theta}_1\dot{\hat{\theta}}_1 \\
&= z_1\left(\vartheta_1^{*\mathrm{T}}\varphi_1(Z_1) + \varepsilon_1(Z_1) + g_1(x_1)x_2 + h_1(x_1(t-\tau_1)) - \frac{z_1}{2}\right. \\
&\quad \left. - \frac{16}{z_1}\tanh^2\left(\frac{z_1}{v_1}\right)F_1(x_1)\right) - p_1(x_1(t-\tau_1)) + p_1(x_1) - \frac{b_m}{\gamma_1}\tilde{\theta}_1\dot{\hat{\theta}}_1 \tag{1.3.7}
\end{aligned}$$

根据杨氏不等式，如下不等式成立：

$$z_1\vartheta_1^{*\mathrm{T}}\varphi_1(Z_1) \leqslant \frac{b_m\theta_1^{*\mathrm{T}}}{2\eta_1^2}\varphi_1^{\mathrm{T}}(Z_1)\varphi_1(Z_1)z_1^2 + \frac{\eta_1^2}{2} \tag{1.3.8}$$

$$z_1\varepsilon_1(Z_1) \leqslant \frac{z_1^2}{2\varrho} + \frac{\varrho\varepsilon_1^{*2}}{2} \tag{1.3.9}$$

$$z_1h_1(x_1(t-\tau_1)) \leqslant \frac{1}{2}z_1^2 + \frac{1}{2}h_1^2(x_1(t-\tau_1)) \tag{1.3.10}$$

式中，$\eta_1 > 0$ 和 $\varrho > 0$ 是设计参数。

将式 (1.3.8)～式 (1.3.10) 代入式 (1.3.7)，可得

$$\dot{V}_1 \leqslant z_1 \left(g_1(x_1)\alpha_1 + \frac{b_m\hat{\theta}_1^{\mathrm{T}}}{2\eta_1^2}\varphi_1^{\mathrm{T}}(Z_1)\varphi_1(Z_1)z_1 \right) - 16\tanh^2\left(\frac{z_1}{v_1}\right)F_1(x_1)$$
$$+ \frac{1}{2}h_1^2(x_1(t-\tau_1)) + p_1(x_1) - p_1(x_1(t-\tau_1)) + \frac{z_1^2}{2\varrho} + \frac{\varrho\varepsilon_1^{*2}}{2}$$
$$+ g_1(x_1)z_1z_2 + \frac{b_m\tilde{\theta}_1}{\gamma_1}\left(\frac{\gamma_1}{2\eta_1^2}\varphi_1^{\mathrm{T}}(Z_1)\varphi_1(Z_1)z_1^2 - \dot{\hat{\theta}}_1\right) + \frac{\eta_1^2}{2} \tag{1.3.11}$$

通过引入双曲正切函数 $16\tanh^2(z_1/v_1)F_1(x_1)/z_1$，则式 (1.3.11) 变为

$$\dot{V}_1 \leqslant z_1 \left(g_1(x_1)\alpha_1 + \frac{b_m\hat{\theta}_1^{\mathrm{T}}}{2\eta_1^2}\varphi_1^{\mathrm{T}}(Z_1)\varphi_1(Z_1)z_1 \right) + \left(1 - 16\tanh^2\left(\frac{z_1}{v_1}\right)\right)F_1(x_1)$$
$$+ g_1(x_1)z_1z_2 + \frac{z_1^2}{2\varrho} + \frac{\varrho\varepsilon_1^{*2}}{2} + \frac{b_m\tilde{\theta}_1}{\gamma_1}\left(\frac{\gamma_1}{2\eta_1^2}\varphi_1^{\mathrm{T}}(Z_1)\varphi_1(Z_1)z_1^2 - \dot{\hat{\theta}}_1\right) + \frac{\eta_1^2}{2} \tag{1.3.12}$$

设计虚拟控制器 α_1 和参数 $\hat{\theta}_1$ 的自适应律如下：

$$\alpha_1 = -c_1z_1 - \frac{\hat{\theta}_1^{\mathrm{T}}}{2\eta_1^2}\varphi_1^{\mathrm{T}}(Z_1)\varphi_1(Z_1)z_1 \tag{1.3.13}$$

$$\dot{\hat{\theta}}_1 = \frac{\gamma_1}{2\eta_1^2}\varphi_1^{\mathrm{T}}(Z_1)\varphi_1(Z_1)z_1^2 - \sigma_1\hat{\theta}_1 \tag{1.3.14}$$

式中，$\sigma_1 > 0$ 是设计参数；c_1 满足 $c_1 > 1/(b_m\varrho)$。

将式 (1.3.13) 和式 (1.3.14) 代入式 (1.3.12)，可得

$$\dot{V}_1 \leqslant -\left(b_mc_1 - \frac{1}{2\varrho}\right)z_1^2 + \left(1 - 16\tanh^2\left(\frac{z_1}{v_1}\right)\right)F_1(x_1)$$
$$+ g_1(x_1)z_1z_2 + \frac{\varrho\varepsilon_1^{*2}}{2} + \frac{b_m\sigma_1}{\gamma_1}\tilde{\theta}_1\hat{\theta}_1 + \frac{\eta_1^2}{2} \tag{1.3.15}$$

根据杨氏不等式，可得

$$\frac{b_m\sigma_1}{\gamma_1}\tilde{\theta}_1\hat{\theta}_1 = \frac{b_m\sigma_1}{\gamma_1}\tilde{\theta}_1(\theta_1^* - \tilde{\theta}_1) \leqslant -\frac{b_m\sigma_1}{2\gamma_1}\tilde{\theta}_1^2 + \frac{b_m\sigma_1}{2\gamma_1}\theta_1^{*2} \tag{1.3.16}$$

将式 (1.3.16) 代入式 (1.3.15)，$\dot{V}_1$ 最终表示为

$$\dot{V}_1 \leqslant -\left(b_mc_1 - \frac{1}{2\varrho}\right)z_1^2 - \frac{b\sigma_1}{2\gamma_1}\tilde{\theta}_1^2 + g_1(x_1)z_1z_2 + \left(1 - 16\tanh^2\left(\frac{z_1}{v_1}\right)\right)F_1(x_1) + D_1 \tag{1.3.17}$$

式中，$D_1 = \dfrac{\varrho \varepsilon_1^{*2}}{2} + \dfrac{b_m \sigma_1 \theta_1^{*2}}{2\gamma_1} + \dfrac{\eta_1^2}{2}$。

第 $i(2 \leqslant i \leqslant n-1)$ 步　根据式 (1.3.1) 和式 (1.3.2)，z_i 的导数为

$$
\begin{aligned}
\dot{z}_i &= f_i(\bar{x}_i) + g_i(\bar{x}_i)x_{i+1} + h_i(\bar{x}_i(t-\tau_i)) - \dot{\alpha}_{i-1}\\
&= f_i(\bar{x}_i) + g_i(\bar{x}_i)x_{i+1} + h_i(\bar{x}_i(t-\tau_i)) - \sum_{j=1}^{i-1}\frac{\partial \alpha_{i-1}}{\partial x_j}h_j(\bar{x}_j(t-\tau_j)) - W_{i-1}\\
&\quad + \frac{16}{z_i}\tanh^2\left(\frac{z_i}{v_i}\right)F_i(\bar{x}_i) + \sum_{j=1}^{i-1}\frac{z_i}{2}\left(\frac{\partial \alpha_{i-1}}{\partial x_j}\right)^2 + g_{i-1}(\bar{x}_{i-1})z_{i-1} + \frac{z_i}{2}\\
&\quad - \frac{16}{z_i}\tanh^2\left(\frac{z_i}{v_i}\right)F_i(\bar{x}_i) - \sum_{j=1}^{i-1}\frac{z_i}{2}\left(\frac{\partial \alpha_{i-1}}{\partial x_j}\right)^2 - g_{i-1}(\bar{x}_{i-1})z_{i-1} - \frac{z_i}{2}
\end{aligned}
\tag{1.3.18}
$$

式中，

$$
\dot{\alpha}_{i-1} = \sum_{j=1}^{i-1}\frac{\partial \alpha_{i-1}}{\partial x_j}h_j(\bar{x}_j(t-\tau_j)) + W_{i-1}
$$

$$
W_{i-1} = \sum_{j=1}^{i-1}\frac{\partial \alpha_{i-1}}{\partial x_j}(f_j(\bar{x}_j) + g_j(\bar{x}_j)x_{j+1}) + \sum_{j=1}^{i-1}\frac{\partial \alpha_{i-1}}{\partial \hat{\theta}_j}\dot{\hat{\theta}}_j + \frac{\partial \alpha_{i-1}}{\partial \bar{y}_{m(i-1)}}\dot{\bar{y}}_{m(i-1)}
$$

令

$$
\begin{aligned}
\bar{f}_i(Z_i) &= f_i(\bar{x}_i) + g_{i-1}(\bar{x}_{i-1})z_{i-1} + \frac{z_i}{2} - W_{i-1} + \frac{16}{z_i}\tanh^2\left(\frac{z_i}{v_i}\right)F_i(\bar{x}_i)\\
&\quad + \sum_{j=1}^{i-1}\frac{z_i}{2}\left(\frac{\partial \alpha_{i-1}}{\partial x_j}\right)^2
\end{aligned}
$$

式中，$Z_i = [\bar{x}_i, Y_{mi}]^{\mathrm{T}}$，$Y_{mi} = [y_m, y_m^{(1)}, \cdots, y_m^{(i)}]$；$v_i > 0$ 是设计参数；$F_i(\bar{x}_i) = \sum\limits_{j=1}^{i} h_j^2(\bar{x}_j)/2$。

类似于第 1 步设计，引入双曲正切函数 $\tanh(z_i/v_i)$ 处理 $F_i(\bar{x}_i)/z_i$。利用模糊逻辑系统 $\hat{\bar{f}}_i(Z_i|\hat{\vartheta}_i) = \hat{\vartheta}_i^{\mathrm{T}}\varphi_i(Z_i)$ 逼近 $\bar{f}_i(Z_i)$，并假设

$$
\bar{f}_i(Z_i) = \vartheta_i^{*\mathrm{T}}\varphi_i(Z_i) + \varepsilon_i(Z_i)
\tag{1.3.19}
$$

式中，ϑ_i^* 是最优参数；$\varepsilon_i(Z_i)$ 是最小模糊逼近误差。假设 $\varepsilon_i(Z_i)$ 满足 $|\varepsilon_i(Z_i)| \leqslant \varepsilon_i^*$，$\varepsilon_i^*$ 是正常数。

将式 (1.3.19) 代入式 (1.3.18)，可得

$$\dot{z}_i = \vartheta_i^{*\mathrm{T}}\varphi_i(Z_i) + \varepsilon_i(Z_i) + g_i(\bar{x}_i)x_{i+1} + h_i(\bar{x}_i(t-\tau_i)) - g_{i-1}(\bar{x}_{i-1})z_{i-1} - \frac{z_i}{2}$$

$$- \frac{16}{z_i}\tanh^2\left(\frac{z_i}{v_i}\right)F_i(\bar{x}_i) - \sum_{j=1}^{i-1}\frac{z_i}{2}\left(\frac{\partial\alpha_{i-1}}{\partial x_j}\right)^2 - \sum_{j=1}^{i-1}\frac{\partial\alpha_{i-1}}{\partial x_j}h_j(\bar{x}_j(t-\tau_j))$$

$$(1.3.20)$$

选取如下的 Lyapunov-Krasovskii 泛函：

$$V_i = V_{i-1} + \frac{1}{2}z_i^2 + \int_{t-\tau_i}^{t} p_i(\bar{x}_i(\tau))\mathrm{d}\tau + \frac{b_m}{2\gamma_i}\tilde{\theta}_i^2 \qquad (1.3.21)$$

式中，$\gamma_i > 0$ 是设计参数；$p_i(\bar{x}_i(\tau)) = h_i^2(\bar{x}_i(\tau))/2$；$\hat{\theta}_i$ 是 $\theta_i^* = b_m^{-1}||\vartheta_i^*||^2$ 的估计；$\tilde{\theta}_i = \theta_i^* - \hat{\theta}_i$ 是参数估计误差。

根据式 (1.3.20) 和式 (1.3.21)，V_i 的导数为

$$\dot{V}_i = \dot{V}_{i-1} + z_i\dot{z}_i + \sum_{j=1}^{i}\left(p_j(\bar{x}_j) - p_j(\bar{x}_j(t-\tau_j))\right) - \frac{b_m}{\gamma_i}\tilde{\theta}_i\dot{\hat{\theta}}_i$$

$$\leqslant -\sum_{j=1}^{i-1}\left(b_m c_j - \frac{1}{2\varrho}\right)z_j^2 - \sum_{j=1}^{i-1}\frac{b_m\sigma_j}{2\gamma_j}\tilde{\theta}_j^2 + \sum_{j=1}^{i-1}\left(1 - 16\tanh^2\left(\frac{z_j}{v_j}\right)\right)F_j(\bar{x}_j)$$

$$+ z_i\left[g_i(\bar{x}_i)\alpha_i + \vartheta_i^{*\mathrm{T}}\varphi_i(Z_i) + \varepsilon_i(Z_i) - \frac{z_i}{2} - \frac{16}{z_i}\tanh^2\left(\frac{z_i}{v_i}\right)F_i(\bar{x}_i)\right.$$

$$+ h_i(\bar{x}_i(t-\tau_i)) - \sum_{j=1}^{i-1}\frac{z_i}{2}\left(\frac{\partial\alpha_{i-1}}{\partial x_j}\right)^2 - \sum_{j=1}^{i-1}\frac{\partial\alpha_{i-1}}{\partial x_j}h_j(\bar{x}_j(t-\tau_j))\right]$$

$$+ \sum_{j=1}^{i}\left(p_j(\bar{x}_j) - p_j(\bar{x}_j(t-\tau_j))\right) - \frac{b_m}{\gamma_i}\tilde{\theta}_i\dot{\hat{\theta}}_i + g_i(\bar{x}_i)z_iz_{i+1} + D_{i-1} \qquad (1.3.22)$$

根据杨氏不等式，有如下不等式成立：

$$z_i\vartheta_i^{*\mathrm{T}}\varphi_i(Z_i) \leqslant \frac{b_m\theta_i^{*\mathrm{T}}}{2\eta_i^2}\varphi_i^{\mathrm{T}}(Z_i)\varphi_i(Z_i)z_i^2 + \frac{\eta_i^2}{2} \qquad (1.3.23)$$

$$z_i\varepsilon_i(Z_i) \leqslant \frac{z_i^2}{2\varrho} + \frac{\varrho\varepsilon_i^{*2}}{2} \qquad (1.3.24)$$

$$-z_i\frac{\partial\alpha_{i-1}}{\partial x_j}h_j(\bar{x}_j(t-\tau_j)) \leqslant \frac{z_i^2}{2}\left(\frac{\partial\alpha_{i-1}}{\partial x_j}\right)^2 + \frac{h_j^2(\bar{x}_j(t-\tau_j))}{2} \qquad (1.3.25)$$

$$z_ih_i(\bar{x}_i(t-\tau_i)) \leqslant \frac{z_i^2}{2} + \frac{h_i^2(\bar{x}_i(t-\tau_i))}{2} \qquad (1.3.26)$$

式中，$\eta_i > 0$ 是设计参数。

将式 (1.3.23)～式 (1.3.26) 代入式 (1.3.22)，可得

$$
\begin{aligned}
\dot{V}_i \leqslant & -\sum_{j=1}^{i-1}\left(b_m c_j - \frac{1}{2\varrho}\right) z_j^2 - \sum_{j=1}^{i-1}\frac{b_m \sigma_j}{2\gamma_j}\tilde{\theta}_j^2 + \sum_{j=1}^{i}\left(1 - 16\tanh^2\left(\frac{z_j}{v_j}\right)\right) F_j(\bar{x}_j) \\
& + \frac{z_i^2}{2\varrho} + z_i\left(g_i(\bar{x}_i)\alpha_i + \frac{b_m\hat{\theta}_i}{2\eta_i^2}\varphi_i^{\mathrm{T}}(Z_i)\varphi_i(Z_i)z_i\right) + g_i(\bar{x}_i)z_i z_{i+1} \\
& - \frac{b_m\tilde{\theta}_i}{\gamma_i}\left(\frac{\gamma_i}{2\eta_i^2}\varphi_i^{\mathrm{T}}(Z_i)\varphi_i(Z_i)z_i^2 - \dot{\hat{\theta}}_i\right) + \frac{\varrho\varepsilon_i^{*2}}{2} + \frac{\eta_i^2}{2} + D_{i-1}
\end{aligned}
\tag{1.3.27}
$$

设计虚拟控制器 α_i 和参数 $\hat{\theta}_i$ 的自适应律如下：

$$
\alpha_i = -c_i z_i - \frac{1}{2\eta_i^2}\hat{\theta}_i^{\mathrm{T}}\varphi_i^{\mathrm{T}}(Z_i)\varphi_i(Z_i)z_i
\tag{1.3.28}
$$

$$
\dot{\hat{\theta}}_i = -\frac{\gamma_i}{2\eta_i^2}\varphi_i^{\mathrm{T}}(Z_i)\varphi_i(Z_i)z_i^2 - \sigma_i\hat{\theta}_i
\tag{1.3.29}
$$

式中，$\sigma_i > 0$ 是设计参数；c_i 满足 $c_i > 1/(b_m\varrho)$。

将式 (1.3.28) 和式 (1.3.29) 代入式 (1.3.27)，可得

$$
\begin{aligned}
\dot{V}_i \leqslant & -\sum_{j=1}^{i}\left(b_m c_j - \frac{1}{2\varrho}\right) z_j^2 - \sum_{j=1}^{i-1}\frac{b_m \sigma_j}{2\gamma_j}\tilde{\theta}_j^2 + \sum_{j=1}^{i}\left(1 - 16\tanh^2\left(\frac{z_j}{v_j}\right)\right) F_j(\bar{x}_j) \\
& + g_i(\bar{x}_i)z_i z_{i+1} + \frac{\eta_i^2}{2} + \frac{\varrho\varepsilon_i^{*2}}{2} + D_{i-1} + \frac{b_m\sigma_i}{\gamma_i}\tilde{\theta}_i\hat{\theta}_i
\end{aligned}
\tag{1.3.30}
$$

根据杨氏不等式，可得

$$
\frac{b_m\sigma_i}{\gamma_i}\tilde{\theta}_i\hat{\theta}_i \leqslant -\frac{b_m\sigma_i}{2\gamma_i}\tilde{\theta}_i^2 + \frac{b_m\sigma_i}{2\gamma_i}\theta_i^{*2}
\tag{1.3.31}
$$

将式 (1.3.31) 代入式 (1.3.30)，则 $\dot{V}_i$ 最终表示为

$$
\begin{aligned}
\dot{V}_i \leqslant & -\sum_{j=1}^{i}\left(b_m c_j - \frac{1}{2\varrho}\right) z_j^2 + \sum_{j=1}^{i}\left(1 - 16\tanh^2\left(\frac{z_j}{v_j}\right)\right) F_j(\bar{x}_j) \\
& + g_i(\bar{x}_i)z_i z_{i+1} - \sum_{j=1}^{i}\frac{b_m \sigma_j}{2\gamma_j}\tilde{\theta}_j^2 + D_i
\end{aligned}
\tag{1.3.32}
$$

式中，$D_i = D_{i-1} + \dfrac{\eta_i^2}{2} + \dfrac{\varrho\varepsilon_i^{*2}}{2} + \dfrac{b_m\sigma_i}{2\gamma_i}\theta_i^{*2}$。

第 n 步　求 z_n 的导数，并根据式 (1.3.1) 和式 (1.3.2)，可得

$$\dot{z}_n = f_n(\bar{x}_n) + g_n(\bar{x}_n)u + h_n(\bar{x}_n(t-\tau_n)) - \dot{\alpha}_{n-1}$$

$$= f_n(\bar{x}_n) + g_n(\bar{x}_n)u + h_n(\bar{x}_n(t-\tau_n)) - \sum_{j=1}^{n-1}\frac{\partial\alpha_{n-1}}{\partial x_j}h_j(\bar{x}_j(t-\tau_j))$$

$$+ g_{n-1}(\bar{x}_{n-1})z_{n-1} + \frac{z_n}{2} + \frac{16}{z_n}\tanh^2\left(\frac{z_n}{v_n}\right)F_n(\bar{x}_n) + \sum_{j=1}^{n-1}\frac{z_n}{2}\left(\frac{\partial\alpha_{n-1}}{\partial x_j}\right)^2$$

$$- g_{n-1}(\bar{x}_{n-1})z_{n-1} - \frac{z_n}{2} - \frac{16}{z_n}\tanh^2\left(\frac{z_n}{v_n}\right)F_n(\bar{x}_n)$$

$$- \sum_{j=1}^{n-1}\frac{z_n}{2}\left(\frac{\partial\alpha_{n-1}}{\partial x_j}\right)^2 - W_{n-1} \tag{1.3.33}$$

式中，

$$\dot{\alpha}_{n-1} = \sum_{j=1}^{n-1}\frac{\partial\alpha_{n-1}}{\partial x_j}h_j(\bar{x}_j(t-\tau_j)) + W_{n-1}$$

$$W_{n-1} = \sum_{j=1}^{n-1}\frac{\partial\alpha_{n-1}}{\partial x_j}(f_j(\bar{x}_j) + g_j(\bar{x}_j)x_{j+1}) + \sum_{j=1}^{n-1}\frac{\partial\alpha_{n-1}}{\partial\hat{\theta}_j}\dot{\hat{\theta}}_j + \frac{\partial\alpha_{n-1}}{\partial\bar{y}_{m(n-1)}}\dot{\bar{y}}_{m(n-1)}$$

令

$$\bar{f}_n(Z_n) = f_n(Z_n) + g_{n-1}(\bar{x}_{n-1})z_{n-1} + \frac{z_n}{2} - W_{n-1} + \frac{16}{z_n}\tanh^2\left(\frac{z_n}{v_n}\right)F_n(\bar{x}_n)$$

$$+ \sum_{j=1}^{n-1}\frac{z_n}{2}\left(\frac{\partial\alpha_{n-1}}{\partial x_j}\right)^2$$

式中，$Z_n = [\bar{x}_n, Y_{mn}]^{\mathrm{T}}$，$Y_{mn} = [y_m, y_m^{(1)}, \cdots, y_m^{(n)}]$；$v_n > 0$ 是设计参数；$F_n(\bar{x}_n) = \sum_{j=1}^{n}h_j^2(\bar{x}_j)/2$。

　　类似于第 i 步设计，引入双曲正切函数 $\tanh(z_n/v_n)$ 处理 $F_n(\bar{x}_n)/z_n$。利用模糊逻辑系统 $\hat{\bar{f}}_n(Z_n|\hat{\vartheta}_n) = \hat{\vartheta}_n^{\mathrm{T}}\varphi_n(Z_n)$ 逼近 $\bar{f}_n(Z_n)$，并假设

$$\bar{f}_n(Z_n) = \vartheta_n^{*\mathrm{T}}\varphi_n(Z_n) + \varepsilon_n(Z_n) \tag{1.3.34}$$

式中，ϑ_n^* 是最优参数；$\varepsilon_n(Z_n)$ 是最小模糊逼近误差。假设 $\varepsilon_n(Z_n)$ 满足 $|\varepsilon_n(Z_n)| \leqslant \varepsilon_n^*$，$\varepsilon_n^*$ 是正常数。

　　将式 (1.3.34) 代入式 (1.3.33)，则式 (1.3.33) 变为

$$\dot{z}_n = \vartheta_n^{*\mathrm{T}}\varphi_n(Z_n) + \varepsilon_n(Z_n) + g_n(\bar{x}_n)u + h_n(\bar{x}_n(t-\tau_n)) - g_{n-1}(\bar{x}_{n-1})z_{n-1} - \frac{z_n}{2}$$

$$- \frac{16}{z_n} \tanh^2 \left(\frac{z_n}{v_n} \right) F_n(\bar{x}_n) - \sum_{j=1}^{n-1} \frac{z_n}{2} \left(\frac{\partial \alpha_{n-1}}{\partial x_j} \right)^2 - \sum_{j=1}^{n-1} \frac{\partial \alpha_{n-1}}{\partial x_j} h_j(\bar{x}_j(t-\tau_j))$$

$$(1.3.35)$$

选择如下的 Lyapunov-Krasovskii 泛函:

$$V = V_{n-1} + \frac{1}{2} z_n^2 + \sum_{j=1}^{n} \int_{t-\tau_j}^{t} p_j(\bar{x}_j(\tau)) \mathrm{d}\tau + \frac{b_m}{2\gamma_n} \tilde{\theta}_n^2 \qquad (1.3.36)$$

式中, $\gamma_n > 0$ 是设计参数; $\hat{\theta}_n$ 是 $\theta_n^* = b_m^{-1} \|\vartheta_n^*\|^2$ 的估计; $\tilde{\theta}_n = \theta_n^* - \hat{\theta}_n$ 是参数估计误差。

求 V 的导数, 并由式 (1.3.32)、式 (1.3.35) 和式 (1.3.36) 可得

$$\begin{aligned}
\dot{V} = {}& \dot{V}_{n-1} + z_n \dot{z}_n + \sum_{j=1}^{n} \left(p_j(\bar{x}_j) - p_j(\bar{x}_j(t-\tau_j)) \right) - \frac{b_m}{\gamma_n} \tilde{\theta}_n \dot{\hat{\theta}}_n \\
\leqslant {}& - \sum_{j=1}^{n-1} \left(b_m c_j - \frac{1}{2\varrho} \right) z_j^2 - \sum_{j=1}^{n-1} \frac{b_m \sigma_j}{2\gamma_j} \tilde{\theta}_j^2 + \sum_{j=1}^{n-1} \left(1 - 16 \tanh^2 \left(\frac{z_j}{v_j} \right) \right) F_j(\bar{x}_j) \\
& + z_n \bigg[\vartheta_n^{*\mathrm{T}} \varphi_n(Z_n) + g_n(\bar{x}_n) u + h_n(\bar{x}_n(t-\tau_n)) - \frac{16}{z_n} \tanh^2 \left(\frac{z_n}{v_n} \right) F_n(\bar{x}_n) \\
& - \frac{z_n}{2} + \varepsilon_n(Z_n) - \sum_{j=1}^{n-1} \frac{z_n}{2} \left(\frac{\partial \alpha_{n-1}}{\partial x_j} \right)^2 - \sum_{j=1}^{n-1} \frac{\partial \alpha_{n-1}}{\partial x_j} h_j(\bar{x}_j(t-\tau_j)) \bigg] \\
& + \sum_{j=1}^{n} \left(p_j(\bar{x}_j) - p_j(\bar{x}_j(t-\tau_j)) \right) - \frac{b_m}{\gamma_n} \tilde{\theta}_n \dot{\hat{\theta}}_n + D_i
\end{aligned} \qquad (1.3.37)$$

根据杨氏不等式, 如下不等式成立:

$$z_n \vartheta_n^{*\mathrm{T}} \varphi_n(Z_n) \leqslant \frac{b_m \theta_n^{*\mathrm{T}}}{2\eta_n^2} \varphi_n^{\mathrm{T}}(Z_n) \varphi_n(Z_n) z_n^2 + \frac{\eta_n^2}{2} \qquad (1.3.38)$$

$$z_n \varepsilon_n(Z_n) \leqslant \frac{z_n^2}{2\varrho} + \frac{\varrho \varepsilon_n^{*2}}{2} \qquad (1.3.39)$$

$$-z_n \frac{\partial \alpha_{n-1}}{\partial x_j} h_j(\bar{x}_j(t-\tau_j)) \leqslant \frac{z_n^2}{2} \left(\frac{\partial \alpha_{n-1}}{\partial x_j} \right)^2 + \frac{h_j^2(\bar{x}_j(t-\tau_j))}{2} \qquad (1.3.40)$$

$$z_n h_n(\bar{x}_n(t-\tau_n)) \leqslant \frac{z_n^2}{2} + \frac{h_n^2(\bar{x}_n(t-\tau_n))}{2} \qquad (1.3.41)$$

式中, $\eta_n > 0$ 是设计参数。

将式 (1.3.38)～式 (1.3.41) 代入式 (1.3.37)，可得

$$
\begin{aligned}
\dot{V} \leqslant & -\sum_{j=1}^{n-1}\left(b_m c_j - \frac{1}{2\varrho}\right)z_j^2 - \sum_{j=1}^{n-1}\frac{b_m \sigma_j}{2\gamma_j}\tilde{\theta}_j^2 \\
& + \sum_{j=1}^{n}\left(1 - 16\tanh^2\left(\frac{z_j}{v_j}\right)\right)F_j(\bar{x}_j) + \frac{\varrho\varepsilon_n^{*2}}{2} + \frac{z_n^2}{2\varrho} + D_{n-1} \\
& + z_n\left(g_n(\bar{x}_n)u + \frac{b_m\hat{\theta}_n}{2\eta_n^2}\varphi_n^{\mathrm{T}}(Z_n)\varphi_n(Z_n)z_n\right) \\
& - \frac{b_m\tilde{\theta}_n}{\gamma_n}\left(\frac{\gamma_n z_n^2}{2\eta_n^2}\varphi_n^{\mathrm{T}}(Z_n)\varphi_n(Z_n) - \dot{\hat{\theta}}_n\right) + \frac{\eta_n^2}{2} \qquad (1.3.42)
\end{aligned}
$$

设计控制器 u 和参数 $\hat{\theta}_n$ 的自适应律如下:

$$
u = -c_n z_n - \frac{1}{2\eta_n^2}\hat{\theta}_n^{\mathrm{T}}\varphi_n^{\mathrm{T}}(Z_n)\varphi_n(Z_n)z_n \qquad (1.3.43)
$$

$$
\dot{\hat{\theta}}_n = -\frac{\gamma_n}{2\eta_n^2}\varphi_n^{\mathrm{T}}(Z_n)\varphi_n(Z_n)z_n^2 - \sigma_n\hat{\theta}_n \qquad (1.3.44)
$$

式中，$\sigma_n > 0$ 是设计参数；c_n 满足 $c_n > 1/(b_m\varrho)$。

将式 (1.3.43) 和式 (1.3.44) 代入式 (1.3.42)，可得

$$
\begin{aligned}
\dot{V} \leqslant & -\sum_{j=1}^{n}\left(b_m c_j - \frac{1}{2\varrho}\right)z_j^2 - \sum_{j=1}^{n-1}\frac{b_m \sigma_j}{2\gamma_j}\tilde{\theta}_j^2 + \frac{\varrho\varepsilon_n^{*2}}{2} + \frac{\eta_n^2}{2} \\
& + \sum_{j=1}^{n}\left(1 - 16\tanh^2\left(\frac{z_j}{v_j}\right)\right)F_j(\bar{x}_j) - \frac{b_m\sigma_n}{\gamma_n}\tilde{\theta}_n\hat{\theta}_n + D_{n-1} \qquad (1.3.45)
\end{aligned}
$$

根据杨氏不等式，可得

$$
\frac{b_m\sigma_n}{\gamma_n}\tilde{\theta}_n\hat{\theta}_n \leqslant -\frac{b_m\sigma_n}{2\gamma_n}\tilde{\theta}_n^2 + \frac{b_m\sigma_n}{2\gamma_n}\theta_n^{*2} \qquad (1.3.46)
$$

将式 (1.3.46) 代入式 (1.3.45)，则 $\dot{V}$ 最终表示为

$$
\dot{V} \leqslant -\sum_{j=1}^{n}\left(\bar{c}_j z_j^2 + \frac{b_m\sigma_j}{2\gamma_j}\tilde{\theta}_j^2\right) + \sum_{j=1}^{n}\left(1 - 16\tanh^2\left(\frac{z_j}{v_j}\right)\right)F_j(\bar{x}_j) + D \quad (1.3.47)
$$

式中，$\bar{c}_j = b_m c_j - 1/(2\varrho)$；$D = D_{n-1} + \frac{\varrho\varepsilon_n^{*2}}{2} + \frac{\eta_n^2}{2} + \frac{b_m\sigma_n}{2\gamma_n}\theta_n^{*2}$。

1.3.3　稳定性与收敛性分析

下面的定理给出了所设计的模糊自适应控制方法所具有的性质。

定理 1.3.1　对于非线性严格反馈状态时滞系统 (1.3.1)，假设 1.3.1 成立。如果采用控制器 (1.3.43)，虚拟控制器 (1.3.13)、(1.3.28)，自适应律 (1.3.14)、(1.3.29) 和 (1.3.44)，对于有界初值条件 $\hat{\theta}_i(t_0) \geqslant 0 (i = 1, 2, \cdots, n)$，则整个控制方案具有如下性能：

(1) 闭环系统中的所有信号半全局一致最终有界；

(2) 跟踪误差向量 $z = [z_1, z_2, \cdots, z_n]^{\mathrm{T}}$ 收敛到如下小的集合内：

$$\Omega_s := \{z \in \mathbf{R}^n | z_{rs} \leqslant \mu_s\} \tag{1.3.48}$$

式中，$z_{rs} = \dfrac{1}{t} \displaystyle\int_0^t \|z(\tau)\|^2 \mathrm{d}\tau$。

证明　(1) 分三种情形证明闭环系统中所有信号半全局一致最终有界。

情形 1　对于 $j = 1, 2, \cdots, n$，$z_j \in \Omega_{v_j}$，$z_j < 0.2554 v_j$ 且 v_j 是一个设计参数，有 z_j 有界。此外，根据所选择的自适应参数 $\hat{\theta}_j$，则对于任意有界变量 z_j，$\hat{\theta}_j$ 也有界。由于 θ_j^* 为常数，所以 $\tilde{\theta}_j$ 有界。根据假设 1.3.1，可知 $y_m, \dot{y}_m, \cdots, y_m^{(n)}$ 有界。因为 $z_1 = y - y_m$ 和 y_m 有界，所以 x_1 有界。根据 z_1、$\hat{\theta}_1$ 和 $\varphi_1(Z_1)$ 有界，可得 α_1 有界。根据 $x_2 = z_2 + \alpha_1$，可得 x_2 有界。类似地，可证明 α_{j-1}、u 和 $x_j(j = 3, 4, \cdots, n)$ 有界。因此，在情形 1 下，闭环系统中所有的信号半全局一致最终有界。

情形 2　如果 $z_j \notin \Omega_{v_j}$。根据 $F_j(\bar{x}_j)$ 的定义，可知 $F_j(\bar{x}_j)$ 是非负的，则如下不等式成立：

$$\left(1 - 16 \tanh^2 \left(\frac{z_j}{v_j}\right)\right) F_j(\bar{x}_j) \leqslant 0 \tag{1.3.49}$$

根据式 (1.3.47)，$\dot{V}$ 可表示为

$$\dot{V} \leqslant -\sum_{j=1}^n \left(\bar{c}_j z_j^2 + \frac{b_m \sigma_j}{2 \gamma_j} \tilde{\theta}_j^2\right) + D \tag{1.3.50}$$

式中，D 是常数；$\bar{c}_j$ 满足 $\bar{c}_j > \dfrac{1}{2\varrho} > 0$。根据式 (1.3.50)，可知闭环系统的所有信号有界。

情形 3　一部分 $z_i \in \Omega_{v_i}$，另一部分 $z_j \notin \Omega_{v_j}$。对于 $z_i \in \Omega_{v_i}$，定义由 $z_i \in \Omega_{v_i}$ 组成的子系统 Σ_I。类似于情形 1，当 $i \in \Sigma_I$ 时，可以证明 z_i、$\hat{\theta}_i$ 和 $\tilde{\theta}_i$ 有界。对于 $z_j \notin \Omega_{v_j}$，定义由 $z_j \notin \Omega_{v_j}$ 组成的子系统 Σ_J，选取如下李雅普诺夫函数：

$$V_{\Sigma_J} = \sum_{j \in \Sigma_J} \left(V_{p_j} + \frac{b_m}{2\gamma_j} \tilde{\theta}_j^2\right) \tag{1.3.51}$$

根据式 (1.3.47) 和式 (1.3.49)，$\dot{V}_{\Sigma_J}$ 可表示为

$$\dot{V}_{\Sigma_J} \leqslant -\sum_{j \in \Sigma_J} \left[\left(\bar{c}_j z_j^2 + \frac{b_m \sigma_j}{2\gamma_j} \tilde{\theta}_j^2\right) - D_j\right] + \sum_{j \in \Sigma_J} (g_j(\bar{x}_j) z_j z_{j+1} - g_{j-1}(\bar{x}_{j-1}) z_{j-1} z_j)$$

$$(1.3.52)$$

式中，

$$\sum_{j \in \Sigma_J} (g_j(\bar{x}_j) z_j z_{j+1} - g_{j-1}(\bar{x}_{j-1}) z_{j-1} z_j)$$

$$= \sum_{\substack{j+1 \in \Sigma_J \\ j \in \Sigma_J}} g_j(\bar{x}_j) z_j z_{j+1} - \sum_{\substack{j-1 \in \Sigma_J \\ j \in \Sigma_J}} g_{j-1}(\bar{x}_{j-1}) z_{j-1} z_j$$

$$+ \sum_{\substack{j+1 \in \Sigma_J \\ j \in \Sigma_J}} g_j(\bar{x}_j) z_j z_{j+1} - \sum_{\substack{j-1 \in \Sigma_J \\ j \in \Sigma_J}} g_{j-1}(\bar{x}_{j-1}) z_{j-1} z_j \qquad (1.3.53)$$

在式 (1.3.53) 中，通过反步递推控制原理，可以消除前两项。根据假设 1.3.1 和 $|z_j| < 0.2554 v_j$，下面不等式成立：

$$\sum_{j \in \Sigma_J} (g_j(\bar{x}_j) z_j z_{j+1} - g_{j-1}(\bar{x}_{j-1}) z_{j-1} z_j)$$

$$\leqslant \sum_{\substack{j+1 \in \Sigma_J \\ j \in \Sigma_J}} \left(\frac{z_j^2}{4\varrho} + \varrho c^2 z_{j+1}^2\right) + \sum_{\substack{j-1 \in \Sigma_J \\ j \in \Sigma_J}} \left(\frac{z_j^2}{4\varrho} + \varrho c^2 z_{j-1}^2\right)$$

$$\leqslant \sum_{j \in \Sigma_J} \frac{z_j^2}{2\varrho} + \sum_{\substack{j-1 \in \Sigma_I \\ j+1 \in \Sigma_I}} [\varrho c^2 (0.2554 v_{j-1})^2 + \varrho c^2 (0.2554 v_{j+1})^2] \qquad (1.3.54)$$

将式 (1.3.54) 代入式 (1.3.52)，$\dot{V}_{\Sigma_J}$ 可表示为

$$\dot{V}_{\Sigma_J} \leqslant -\sum_{j \in \Sigma_J} \left[\left(\bar{c}_j - \frac{1}{2\varrho}\right) z_j^2 + \frac{b_m \sigma_j}{2\gamma_j} \tilde{\theta}_j^2\right] + D_{\Sigma_J} \qquad (1.3.55)$$

式中，

$$D_{\Sigma_J} = \sum_{j \in \Sigma_J} D_j + \sum_{\substack{j-1 \in \Sigma_I \\ j+1 \in \Sigma_I}} [\varrho c^2 (0.2554 v_{j-1})^2 + \varrho c^2 (0.2554 v_{j+1})^2] \qquad (1.3.56)$$

因为 $\bar{c}_j > 1/(2\varrho)$，所以 $\bar{c}_j - 1/(2\varrho) > 0$。类似于情形 2，对于 $j \in \Sigma_J$，z_j、$\hat{\theta}_j$ 和 $\tilde{\theta}_j$ 有界。下面讨论整个闭环系统的所有信号的有界性。根据上面的分析，可得 z_i、$\hat{\theta}_i$ 和 $\tilde{\theta}_i$ 有界。根据假设 1.3.1，可得 $y_m, \dot{y}_m, \cdots, y_m^{(n)}$ 有界。类似于情形 1，可以证明在这个情形下闭环系统的所有信号有界。

(2) 证明误差向量 z 在平方可积意义下收敛到紧集 Ω_s。

类似于 (1) 的证明，下面分三种情形证明误差向量 z 在平方可积意义下收敛到紧集 Ω_s。

情形 1 对于所有的 $z_j \in \Omega_{v_j}$，可得 $|z_j| < 0.2254 v_j (j = 1, 2, \cdots, n)$。令 $v = [v_1, v_2, \cdots, v_n]^{\mathrm{T}}$，根据 z_{rs} 的定义，它可表示为

$$z_{rs} = \frac{1}{t} \int_0^t \|z(\tau)\|^2 \mathrm{d}\tau \leqslant (0.2254)^2 \|v\|^2 \tag{1.3.57}$$

情形 2 对于所有的 $z_j \notin \Omega_{v_j}$，根据式 (1.3.47) 和 $\bar{c}_j$ 的定义，$\dot{V}$ 可表示为

$$\dot{V} \leqslant -\sum_{j=1}^n \left(b_m c_j - \frac{1}{2\varrho} \right) z_j^2 + D \tag{1.3.58}$$

在 $[0, t]$ 进行积分，则下面的不等式成立：

$$\frac{1}{t} (V(t) - V(0)) \leqslant -\frac{1}{t} \sum_{j=1}^n \left(b_m c_j - \frac{1}{2\ell} \right) \int_0^t z_j^2(\tau) \mathrm{d}\tau + D \tag{1.3.59}$$

由于 $b_m c_j > 1/\varrho > 0$，定义 $c = \min\{b_m c_1, b_m c_2, \cdots, b_m c_n\}$，$z_{rs}$ 可表示为

$$z_{rs} = \frac{1}{t} \int_0^t \|z(\tau)\|^2 \mathrm{d}\tau \leqslant \frac{V(0)/t + D}{c - 1/(2\varrho)} \tag{1.3.60}$$

情形 3 由于一部分 $z_i \in \Omega_{v_i}$，另一部分 $z_j \notin \Omega_{v_j}$，所以根据 (1) 中的情形 3，考虑由 $z_i \in \Omega_{v_i}$ 组成的子系统 Σ_I，则有下面的不等式成立：

$$z_{rs}|_{\Sigma_I} = \frac{1}{t} \int_0^t \|z_{\Sigma_I}\|^2 \mathrm{d}\tau < (0.2254)^2 \|v_{\Sigma_I}\|^2 \tag{1.3.61}$$

式中，$\|z_{\Sigma_I}\|^2 = \sum_{i \in \Sigma_I} z_i^2$；$\|v_{\Sigma_I}\|^2 = \sum_{i \in \Sigma_I} v_i^2$。

对于由 $z_j \notin \Omega_{v_j}$ 组成的子系统 Σ_J，根据式 (1.3.47) 和 $\bar{c}_j$ 的定义，$\dot{V}_{\Sigma_J}$ 可表示为

$$\dot{V}_{\Sigma_J} \leqslant -\sum_{j \in \Sigma_J} \left(b_m c_j - \frac{1}{2\varrho} \right) z_j^2 + D_{\Sigma_J} \tag{1.3.62}$$

类似于式 (1.3.61) 和式 (1.3.62)，可得到下面不等式成立：

$$z_{rs}|_{\Sigma_J} = \frac{1}{t} \int_0^t \|z_{\Sigma_J}\|^2 \mathrm{d}\tau \leqslant \frac{V_{\Sigma_J}(0)/t + D_{\Sigma_J}}{c - 1/\varrho} \tag{1.3.63}$$

式中，$\|z_{\Sigma_J}\|^2 = \sum_{j \in \Sigma_J} z_j^2$。

因此，z_{rs} 可表示为

$$z_{rs} = \frac{1}{t}\int_0^t \|z(\tau)\|^2 \mathrm{d}\tau \leqslant (0.2554)^2 \|v_{\Sigma_I}\|^2 + \frac{V_{\Sigma_J}(0)/t + D_{\Sigma_J}}{c - 1/\varrho}$$

最后，根据情形 1～3，下面不等式成立：

$$z_{rs} \leqslant \max\left\{(0.2554)^2\|v\|^2, \frac{V(0)/t + D}{c - 1/\varrho}, (0.2554)^2\|v_{\Sigma_I}\|^2 + \frac{V_{\Sigma_J}(0)/t + D_{\Sigma_J}}{c - 1/\varrho}\right\}$$

即 z 收敛到下面的集合之内：

$$\Omega_s := \{z \in \mathbf{R}^n | z_{rs} \leqslant \mu_s\}$$

式中，$\mu_s = \max\left\{(0.2554)^2\|v\|^2, \dfrac{M}{c - 1/\varrho}, (0.2554)^2\|v_{\Sigma_I}\|^2 + \dfrac{D_{\Sigma_J}}{c - 1/\varrho}\right\}$。

评注 1.3.1   本节对于一类具有状态时滞的非线性严格反馈系统，介绍了一种模糊自适应反步递推控制设计算法，类似的智能自适应控制设计方法可见文献 [13]～[15]。另外，关于具有输入时滞的非线性严格反馈系统的智能自适应控制设计方法可见文献 [16] 和 [17]。

1.3.4   仿真

例 1.3.1   考虑如下的时滞非线性严格反馈系统：

$$\begin{cases} \dot{x}_1(t) = f_1(x_1) + g_1(x_1)x_2 + h_1(x_1(t - \tau_1)) \\ \dot{x}_2(t) = f_2(x_1, x_2) + g_2(x_1, x_2)u + h_2(\bar{x}_2(t - \tau_2)) \\ y(t) = x_1 \end{cases} \qquad (1.3.64)$$

式中，$f_1(x_1) = x_1\mathrm{e}^{-0.5x_1}$；$g_1(x_1) = 1.5 + 0.5\sin(x_1)$；$f_2(x_1, x_2) = x_1 x_2^2$；$g_2(x_1, x_2) = 3 + \cos(x_1 x_2)$；$h_1(x_1(t - \tau_1)) = 2x_1^2(t - \tau_1)$；$h_2(\bar{x}_2(t - \tau_2)) = 0.2x_2(t - \tau_2)\sin(x_2(t - \tau_2))$；$\tau_1 = \tau_2 = 2\mathrm{s}$。给定的参考信号为 $y_m = 0.5(\sin(t) + \sin(0.5t))$。

由于函数 $g_i(\bar{x}_i)(i = 1, 2)$ 满足 $1 \leqslant |g_1(x_1)| = |1.5 + 0.5\sin(x_1)| \leqslant 2$，$1 \leqslant |g_2(x_1, x_2)| = |1.5 + 0.5\cos(x_1 x_2)| \leqslant 2$，假设 1.3.1 成立。在仿真中，选取设计参数为：$b_m = 1$，$b_M = 2$。

选择变量 x_i 的隶属函数为

$$\mu_{F_i^1}(x_i) = \exp\left[-\frac{(x_i + 1.5)^2}{4}\right], \quad \mu_{F_i^2}(x_i) = \exp\left[-\frac{(x_i + 1)^2}{4}\right]$$

$$\mu_{F_i^3}(x_i) = \exp\left[-\frac{(x_i + 0.5)^2}{4}\right], \quad \mu_{F_i^4}(x_i) = \exp\left(-\frac{x_i^2}{4}\right)$$

$$\mu_{F_i^5}(x_i) = \exp\left[-\frac{(x_i - 0.5)^2}{4}\right], \quad \mu_{F_i^6}(x_i) = \exp\left[-\frac{(x_i - 1)^2}{4}\right]$$

$$\mu_{F_i^7}(x_i) = \exp\left[-\frac{(x_i - 1.5)^2}{4}\right], \quad i = 1, 2$$

选取变量 $y_m^{(i)}(i = 0, 1, 2)$ 的隶属函数与 x_i 的隶属函数相同。

令

$$\varphi_{i,l}(Z_i) = \frac{\displaystyle\prod_{i=1}^{2} \mu_{F_i^l}(Z_i)}{\displaystyle\sum_{l=1}^{7} \prod_{i=1}^{2} \mu_{F_i^l}(Z_i)}$$

$$\varphi_1(Z_1) = [\varphi_{1,1}(Z_1), \varphi_{1,2}(Z_1), \varphi_{1,3}(Z_1), \varphi_{1,4}(Z_1), \varphi_{1,5}(Z_1), \varphi_{1,6}(Z_1), \varphi_{1,7}(Z_1)]^{\mathrm{T}}$$

$$\varphi_2(Z_2) = [\varphi_{2,1}(Z_2), \varphi_{2,2}(Z_2), \varphi_{2,3}(Z_2), \varphi_{2,4}(Z_2), \varphi_{2,5}(Z_2), \varphi_{2,6}(Z_2), \varphi_{2,7}(Z_2)]^{\mathrm{T}}$$

则得到模糊逻辑系统为

$$\hat{\bar{f}}_i(Z_i | \hat{\vartheta}_i) = \hat{\vartheta}_i^{\mathrm{T}} \varphi_i(Z_i), \quad i = 1, 2 \tag{1.3.65}$$

式中，$Z_1 = [z_1, y_m, \dot{y}_m]^{\mathrm{T}}$；$Z_2 = [\bar{z}_2, y_m, \dot{y}_m, \ddot{y}_m]^{\mathrm{T}}$。

在仿真中，选取虚拟控制器、控制器和参数自适应律中的设计参数为：$c_1 = 25$，$c_2 = 25$，$\eta_1 = \eta_2 = 2$，$\gamma_1 = 1000$，$\gamma_2 = 2000$，$\sigma_1 = 0.2$，$\sigma_2 = 0.15$。

选择状态变量的初始值为：$x_1(0) = 0.5$，$x_2(0) = 0.6$，$\hat{\theta}_1(0) = 0$，$\hat{\theta}_2(0) = 0$。

仿真结果如图 1.3.1～图 1.3.3 所示。

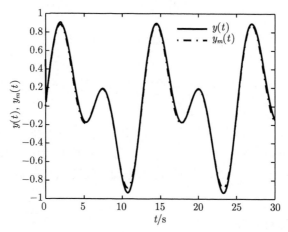

图 1.3.1　输出 $y(t)$ 和参考信号 $y_m(t)$ 的轨迹

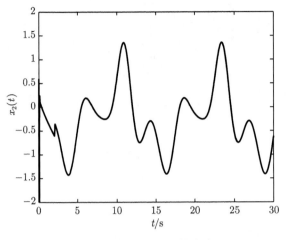

图 1.3.2　状态 $x_2(t)$ 的轨迹

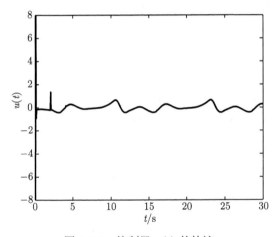

图 1.3.3　控制器 $u(t)$ 的轨迹

1.4　非线性系统模糊自适应动态面状态反馈控制

本节针对一类单输入单输出不确定非线性严格反馈系统，在 1.1～1.3 节介绍的模糊自适应反步递推控制设计的基础上，把一阶滤波器引入到模糊自适应反步递推控制设计中，介绍一种模糊自适应动态面控制方法，并给出控制系统的稳定性分析。

1.4.1　系统模型及控制问题描述

考虑单输入单输出非线性严格反馈系统：

$$\begin{cases} \dot{x}_i = f_i(\bar{x}_i) + g_i(\bar{x}_i)x_{i+1}, & i = 1, 2, \cdots, n-1 \\ \dot{x}_n = f_n(\bar{x}_n) + g_n(\bar{x}_n)u \\ y = x_1 \end{cases} \quad (1.4.1)$$

式中，$\bar{x}_i = [x_1, x_2, \cdots, x_i]^{\mathrm{T}} \in \mathbf{R}^i (i = 1, 2, \cdots, n)$、$u \in \mathbf{R}$ 和 $y \in \mathbf{R}$ 分别是状态变量、系统输入和系统输出；$f_i(\bar{x}_i)$ 和 $g_i(\bar{x}_i)$ 是未知光滑非线性函数，且 $f_i(0) = 0$。

假设 1.4.1　存在正常数 $g_{i,1}$、$g_{i,0}$ 和 $g_{i,d}$，满足 $g_{i,0} \leqslant |g_i(\cdot)| \leqslant g_{i,1}$ 和 $|\dot{g}_i(\cdot)| \leqslant g_{i,d}$。

控制任务　对非线性严格反馈系统 (1.4.1)，基于模糊逻辑系统设计一种模糊自适应动态面控制器，使得：

(1) 闭环系统的所有信号半全局一致最终有界；

(2) 系统的输出 y 能很好地跟踪给定的参考信号 y_m。

1.4.2　模糊自适应反步递推控制设计

定义如下坐标变换：

$$\begin{aligned} z_1 &= y - y_m \\ z_i &= x_i - \bar{\alpha}_i \\ s_i &= \bar{\alpha}_i - \alpha_{i-1} \end{aligned} \quad (1.4.2)$$

式中，z_1 是跟踪误差；$z_i(i = 2, 3, \cdots, n)$ 是动态面误差；α_{i-1} 是在第 $i-1$ 步中将要设计的虚拟控制器；$\bar{\alpha}_i$ 是状态变量，可以通过虚拟控制器 α_{i-1} 的一阶滤波得到；s_i 是一阶滤波输出误差。

基于上面的坐标变换，n 步模糊自适应动态面反步递推控制设计步骤如下。

第 1 步　求 z_1 的导数，由式 (1.4.1) 和式 (1.4.2) 可得

$$\begin{aligned} \dot{z}_1 &= f_1(x_1) + g_1(x_1)x_2 - \dot{y}_m \\ &= g_1(x_1)[z_2 + \alpha_1 + g_1^{-1}(x_1)(f_1(x_1) - \dot{y}_m)] \end{aligned} \quad (1.4.3)$$

由于 $f_1(x_1)$ 和 $g_1(x_1)$ 是未知连续函数，所以利用模糊逻辑系统 $\hat{\theta}_{f1}^{\mathrm{T}}\varphi_1(x_1)$ 和 $\hat{\theta}_{g1}^{\mathrm{T}}\varphi_1(x_1)$ 分别逼近未知函数 $g_1^{-1}(x_1)f_1(x_1)$ 和 $-g_1^{-1}(x_1)$，并假设

$$g_1^{-1}(x_1)f_1(x_1) = \theta_{f1}^{*\mathrm{T}}\varphi_1(x_1) + \varepsilon_1(x_1) \quad (1.4.4)$$

$$-g_1^{-1}(x_1) = \theta_{g1}^{*\mathrm{T}}\varphi_1(x_1) + \omega_1(x_1) \quad (1.4.5)$$

式中，θ_{f1}^* 和 θ_{g1}^* 是最优参数；$\varepsilon_1(x_1)$ 和 $\omega_1(x_1)$ 是最小模糊逼近误差。假设 $\varepsilon_1(x_1)$ 和 $\omega_1(x_1)$ 分别满足 $|\varepsilon_1(x_1)| \leqslant \varepsilon_1^*$ 和 $|\omega_1(x_1)| \leqslant \omega_1^*$，$\varepsilon_1^*$ 和 ω_1^* 是正常数。

将式 (1.4.4) 和式 (1.4.5) 代入式 (1.4.3)，可得

$$\dot{z}_1 = g_1(x_1)[z_2 + \alpha_1 + \theta_{f1}^{*\mathrm{T}}\varphi_1(x_1) + \varepsilon_1(x_1) + (\theta_{g1}^{*\mathrm{T}}\varphi_1(x_1) + \omega_1(x_1))\dot{y}_m]$$

$$
\begin{aligned}
= g_1(x_1)[&z_2 + \alpha_1 + \hat{\theta}_{f1}^{\mathrm{T}}\varphi_1(x_1) + \tilde{\theta}_{f1}^{\mathrm{T}}\varphi_1(x_1) \\
&+ \varepsilon_1(x_1) + (\hat{\theta}_{g1}^{\mathrm{T}}\varphi_1(x_1) + \tilde{\theta}_{g1}^{\mathrm{T}}\varphi_1(x_1) + \omega_1(x_1))\dot{y}_m]
\end{aligned}
\tag{1.4.6}
$$

式中，$\hat{\theta}_{f1}$ 和 $\hat{\theta}_{g1}$ 分别是 θ_{f1}^* 和 θ_{g1}^* 的估计；$\tilde{\theta}_{f1} = \theta_{f1}^* - \hat{\theta}_{f1}$ 和 $\tilde{\theta}_{g1} = \theta_{g1}^* - \hat{\theta}_{g1}$ 是参数估计误差。

选择如下的李雅普诺夫函数：

$$
V_1 = \frac{1}{2g_1(x_1)}z_1^2 + \frac{1}{2}\tilde{\theta}_{f1}^{\mathrm{T}}\Gamma_1^{-1}\tilde{\theta}_{f1} + \frac{1}{2}\tilde{\theta}_{g1}^{\mathrm{T}}K_1^{-1}\tilde{\theta}_{g1}
\tag{1.4.7}
$$

式中，$\Gamma_1 = \Gamma_1^{\mathrm{T}} > 0$ 和 $K_1 = K_1^{\mathrm{T}} > 0$ 是增益矩阵。

根据式 (1.4.6) 和式 (1.4.7)，V_1 的导数为

$$
\begin{aligned}
\dot{V}_1 &= \frac{z_1\dot{z}_1}{g_1(x_1)} - \frac{\dot{g}_1 z_1^2}{2g_1^2(x_1)} - \tilde{\theta}_{f1}^{\mathrm{T}}\Gamma_1^{-1}\dot{\hat{\theta}}_{f1} - \tilde{\theta}_{g1}^{\mathrm{T}}K_1^{-1}\dot{\hat{\theta}}_{g1} \\
&= z_1[z_2 + \alpha_1 + \hat{\theta}_{f1}^{\mathrm{T}}\varphi_1(x_1) + \varepsilon_1(x_1) + (\hat{\theta}_{g1}^{\mathrm{T}}\varphi_1(x_1) + \omega_1(x_1))\dot{y}_m] - \frac{\dot{g}_1 z_1^2}{2g_1^2} \\
&\quad + \tilde{\theta}_{f1}^{\mathrm{T}}\Gamma_1^{-1}(\Gamma_1\varphi_1(x_1)z_1 - \dot{\hat{\theta}}_{f1}) + \tilde{\theta}_{g1}^{\mathrm{T}}K_1^{-1}(K_1\varphi_1(x_1)z_1\dot{y}_m - \dot{\hat{\theta}}_{g1})
\end{aligned}
\tag{1.4.8}
$$

根据杨氏不等式，可得

$$
z_1(\varepsilon_1(x_1) + \omega_1(x_1)\dot{y}_m) \leqslant z_1^2 + \frac{1}{2}\varepsilon_1^{*2} + \frac{1}{2}\omega_1^{*2}\bar{y}_m^2
\tag{1.4.9}
$$

式中，$|\dot{y}_m| \leqslant \bar{y}_m$；$\bar{y}_m$ 是正常数。

将式 (1.4.9) 代入式 (1.4.8)，可得

$$
\begin{aligned}
\dot{V}_1 \leqslant{}& z_1(\alpha_1 + \hat{\theta}_{f1}^{\mathrm{T}}\varphi_1(x_1) + \hat{\theta}_{g1}^{\mathrm{T}}\varphi_1(x_1)\dot{y}_m + z_1) - \frac{\dot{g}_1 z_1^2}{2g_1^2} + z_1 z_2 + \frac{1}{2}\omega_1^{*2}\bar{y}_m^2 \\
&+ \tilde{\theta}_{f1}^{\mathrm{T}}\Gamma_1^{-1}(\Gamma_1\varphi_1(x_1)z_1 - \dot{\hat{\theta}}_{f1}) + \tilde{\theta}_{g1}^{\mathrm{T}}K_1^{-1}(K_1\varphi_1(x_1)z_1\dot{y}_m - \dot{\hat{\theta}}_{g1}) + \frac{1}{2}\varepsilon_1^{*2}
\end{aligned}
\tag{1.4.10}
$$

设计虚拟控制器 α_1、参数 $\hat{\theta}_{f1}$ 和 $\hat{\theta}_{g1}$ 的自适应律如下：

$$
\alpha_1 = -c_1 z_1 - \bar{c}_1 z_1 - \hat{\theta}_{f1}^{\mathrm{T}}\varphi_1(x_1) - \hat{\theta}_{g1}^{\mathrm{T}}\varphi_1(x_1)\dot{y}_m
\tag{1.4.11}
$$

$$
\dot{\hat{\theta}}_{f1} = \Gamma_1(\varphi_1(x_1)z_1 - \sigma_1\hat{\theta}_{f1})
\tag{1.4.12}
$$

$$
\dot{\hat{\theta}}_{g1} = K_1(\varphi_1(x_1)z_1\dot{y}_m - \eta_1\hat{\theta}_{g1})
\tag{1.4.13}
$$

式中，$c_1 > 0$、$\sigma_1 > 0$ 和 $\eta_1 > 0$ 是设计参数，并且 $\bar{c}_1 \geqslant g_{1,d}/(2g_{1,0}^2) - 1$。

将式 (1.4.11)～式 (1.4.13) 代入式 (1.4.10)，可得

$$\dot{V}_1 \leqslant -c_1 z_1^2 + z_1 z_2 + \sigma_1 \tilde{\theta}_{f1}^{\mathrm{T}} \hat{\theta}_{f1} + \eta_1 \tilde{\theta}_{g1}^{\mathrm{T}} \hat{\theta}_{g1} + \frac{1}{2} \omega_1^{*2} \bar{y}_m^2 + \frac{1}{2} \varepsilon_1^{*2} \tag{1.4.14}$$

根据杨氏不等式，可得到下列不等式：

$$\sigma_1 \tilde{\theta}_{f1}^{\mathrm{T}} \hat{\theta}_{f1} = \sigma_1 \tilde{\theta}_{f1}^{\mathrm{T}} (\theta_{f1}^* - \tilde{\theta}_{f1}) \leqslant -\frac{\sigma_1}{2} \tilde{\theta}_{f1}^{\mathrm{T}} \tilde{\theta}_{f1} + \frac{\sigma_1}{2} \theta_{f1}^{*\mathrm{T}} \theta_{f1}^* \tag{1.4.15}$$

$$\eta_1 \tilde{\theta}_{g1}^{\mathrm{T}} \hat{\theta}_{g1} = \eta_1 \tilde{\theta}_{g1}^{\mathrm{T}} (\theta_{g1}^* - \tilde{\theta}_{g1}) \leqslant -\frac{\eta_1}{2} \tilde{\theta}_{g1}^{\mathrm{T}} \tilde{\theta}_{g1} + \frac{\eta_1}{2} \theta_{g1}^{*\mathrm{T}} \theta_{g1}^* \tag{1.4.16}$$

将式 (1.4.15) 和式 (1.4.16) 代入式 (1.4.14)，$\dot{V}_1$ 最终表示为

$$\dot{V}_1 \leqslant -c_1 z_1^2 + z_1 z_2 - \frac{\sigma_1}{2} \tilde{\theta}_{f1}^{\mathrm{T}} \tilde{\theta}_{f1} - \frac{\eta_1}{2} \tilde{\theta}_{g1}^{\mathrm{T}} \tilde{\theta}_{g1} + D_1 \tag{1.4.17}$$

式中，$D_1 = \frac{1}{2} \omega_1^{*2} \bar{y}_m^2 + \frac{1}{2} \varepsilon_1^{*2} + \frac{\sigma_1}{2} \theta_{f1}^{*\mathrm{T}} \theta_{f1}^* + \frac{\eta_1}{2} \theta_{g1}^{*\mathrm{T}} \theta_{g1}^*$。

引入新的状态变量 $\bar{\alpha}_2$，并定义关于常数 γ_2 的一阶滤波器：

$$\gamma_2 \dot{\bar{\alpha}}_2 + \bar{\alpha}_2 = \alpha_1, \quad \bar{\alpha}_2(0) = \alpha_1(0) \tag{1.4.18}$$

根据式 (1.4.2)，s_2 的导数为

$$\dot{s}_2 = \dot{\bar{\alpha}}_2 - \dot{\alpha}_1 = -\frac{s_2}{\gamma_2} + B_2(z_1, z_2, s_2, \hat{\theta}_{f1}, \hat{\theta}_{g1}, y_m, \dot{y}_m, \ddot{y}_m) \tag{1.4.19}$$

式中，

$$\dot{\bar{\alpha}}_2 = -\frac{s_2}{\gamma_2}$$

$$B_2(z_1, z_2, s_2, \hat{\theta}_{f1}, \hat{\theta}_{g1}, y_m, \dot{y}_m, \ddot{y}_m)$$

$$= \dot{\hat{\theta}}_{f1}^{\mathrm{T}} \varphi_1(x_1) + \hat{\theta}_{f1}^{\mathrm{T}} \frac{\partial \varphi_1(x_1)}{\partial x_1} \dot{x}_1 + \dot{\hat{\theta}}_{g1}^{\mathrm{T}} \varphi_1(x_1) \dot{y}_m$$

$$+ \hat{\theta}_{g1}^{\mathrm{T}} \frac{\partial \varphi_1(x_1)}{\partial x_1} \dot{x}_1 \dot{y}_m + \hat{\theta}_{g1}^{\mathrm{T}} \varphi_1(x_1) \ddot{y}_m + c_1 \dot{z}_1$$

是连续函数。

第 2 步　求 z_2 的导数，并根据式 (1.4.1) 和式 (1.4.2) 可得

$$\dot{z}_2 = f_2(\bar{x}_2) + g_2(\bar{x}_2) x_3 - \dot{\bar{\alpha}}_2$$
$$= g_2(\bar{x}_2)[z_3 + \alpha_2 + s_3 + g_2^{-1}(\bar{x}_2)(f_2(\bar{x}_2) - \dot{\bar{\alpha}}_2)] \tag{1.4.20}$$

由于 $f_2(\bar{x}_2)$ 和 $g_2(\bar{x}_2)$ 是未知连续非线性函数，所以利用模糊逻辑系统 $\hat{\theta}_{f2}^{\mathrm{T}} \varphi_2(\bar{x}_2)$ 和 $\hat{\theta}_{g2}^{\mathrm{T}} \varphi_2(\bar{x}_2)$ 分别逼近未知函数 $g_2^{-1}(\bar{x}_2) f_2(\bar{x}_2)$ 和 $-g_2^{-1}(\bar{x}_2)$，并假设

$$g_2^{-1}(\bar{x}_2) f_2(\bar{x}_2) = \theta_{f2}^{*\mathrm{T}} \varphi_2(\bar{x}_2) + \varepsilon_2(\bar{x}_2) \tag{1.4.21}$$

$$-g_2^{-1}(\bar{x}_2) = \theta_{g2}^{*\mathrm{T}}\varphi_2(\bar{x}_2) + \omega_2(\bar{x}_2) \tag{1.4.22}$$

式中，θ_{f2}^* 和 θ_{g2}^* 是最优参数；$\varepsilon_2(\bar{x}_2)$ 和 $\omega_2(\bar{x}_2)$ 是最小模糊逼近误差。假设 $\varepsilon_2(\bar{x}_2)$ 和 $\omega_2(\bar{x}_2)$ 分别满足 $|\varepsilon_2(\bar{x}_2)| \leqslant \varepsilon_2^*$ 和 $|\omega_2(\bar{x}_2)| \leqslant \omega_2^*$，$\varepsilon_2^*$ 和 ω_2^* 是正常数。

将式 (1.4.21) 和式 (1.4.22) 代入式 (1.4.20)，可得

$$\begin{aligned}
\dot{z}_2 &= g_2(\bar{x}_2)[z_3 + \alpha_2 + s_3 + \theta_{f2}^{*\mathrm{T}}\varphi_2(\bar{x}_2) + \varepsilon_2(\bar{x}_2) + (\theta_{g2}^{*\mathrm{T}}\varphi_2(\bar{x}_2) + \omega_2(\bar{x}_2))\dot{\alpha}_2] \\
&= g_2(\bar{x}_2)[z_3 + \alpha_2 + s_3 + \hat{\theta}_{f2}^{\mathrm{T}}\varphi_2(\bar{x}_2) + \tilde{\theta}_{f2}^{\mathrm{T}}\varphi_2(\bar{x}_2) \\
&\quad + \varepsilon_2(\bar{x}_2) + (\hat{\theta}_{g2}^{\mathrm{T}}\varphi_2(\bar{x}_2) + \tilde{\theta}_{g2}^{\mathrm{T}}\varphi_2(\bar{x}_2) + \omega_2(\bar{x}_2))\dot{\alpha}_2]
\end{aligned} \tag{1.4.23}$$

式中，$\hat{\theta}_{f2}$ 和 $\hat{\theta}_{g2}$ 分别是 θ_{f2}^* 和 θ_{g2}^* 的估计；$\tilde{\theta}_{f2} = \theta_{f2}^* - \hat{\theta}_{f2}$ 和 $\tilde{\theta}_{g2} = \theta_{g2}^* - \hat{\theta}_{g2}$ 是参数估计误差。

选择如下的李雅普诺夫函数：

$$V_2 = V_1 + \frac{1}{2g_2(\bar{x}_2)}z_2^2 + \frac{1}{2}s_2^2 + \frac{1}{2}\tilde{\theta}_{f2}^{\mathrm{T}}\Gamma_2^{-1}\tilde{\theta}_{f2} + \frac{1}{2}\tilde{\theta}_{g2}^{\mathrm{T}}K_2^{-1}\tilde{\theta}_{g2} \tag{1.4.24}$$

式中，$\Gamma_2 = \Gamma_2^{\mathrm{T}} > 0$ 和 $K_2 = K_2^{\mathrm{T}} > 0$ 是增益矩阵。

求 V_1 的导数，并根据式 (1.4.23) 和式 (1.4.24)，可得

$$\begin{aligned}
\dot{V}_2 &= \dot{V}_1 + \frac{z_2\dot{z}_2}{g_2(\bar{x}_2)} - \frac{\dot{g}_2 z_2^2}{2g_2^2(\bar{x}_2)} + \dot{s}_2 s_2 - \tilde{\theta}_{f2}^{\mathrm{T}}\Gamma_2^{-1}\dot{\hat{\theta}}_{f2} - \tilde{\theta}_{g2}^{\mathrm{T}}K_2^{-1}\dot{\hat{\theta}}_{g2} \\
&\leqslant -c_1 z_1^2 - \frac{\sigma_1}{2}\tilde{\theta}_{f1}^{\mathrm{T}}\tilde{\theta}_{f1} - \frac{\eta_1}{2}\tilde{\theta}_{g1}^{\mathrm{T}}\tilde{\theta}_{g1} + s_2\left(-\frac{s_2}{\gamma_2} + B_2\right) + z_2[z_3 + \alpha_2 \\
&\quad + \hat{\theta}_{f2}^{\mathrm{T}}\varphi_2(\bar{x}_2) + \tilde{\theta}_{f2}^{\mathrm{T}}\varphi_2(\bar{x}_2) + s_3 + \varepsilon_2(\bar{x}_2) + (\hat{\theta}_{g2}^{\mathrm{T}}\varphi_2(\bar{x}_2) + \tilde{\theta}_{g2}^{\mathrm{T}}\varphi_2(\bar{x}_2) \\
&\quad + \omega_2(\bar{x}_2))\dot{\alpha}_2] + z_1 z_2 - \frac{\dot{g}_2 z_2^2}{2g_2^2} - \tilde{\theta}_{f2}^{\mathrm{T}}\Gamma_2^{-1}\dot{\hat{\theta}}_{f2} - \tilde{\theta}_{g2}^{\mathrm{T}}K_2^{-1}\dot{\hat{\theta}}_{g2} + D_1
\end{aligned} \tag{1.4.25}$$

根据杨氏不等式，可得到如下不等式：

$$\begin{aligned}
&z_2(s_2 + \varepsilon_2(\bar{x}_2) + \omega_2(\bar{x}_2)\dot{\alpha}_2) \\
&= z_2\left(s_2 + \varepsilon_2(\bar{x}_2) + \omega_2(\bar{x}_2)\left(-\frac{s_2}{\gamma_2}\right)\right) \\
&\leqslant \frac{3}{2}z_2^2 + \frac{1}{2}s_2^2 + \frac{1}{2}\varepsilon_2^{*2} + \frac{1}{2\gamma_2^2}\omega_2^{*2}s_2^2
\end{aligned} \tag{1.4.26}$$

$$|s_2 B_2| \leqslant \frac{s_2^2 \bar{B}_2^2}{2\tau} + 2\tau \tag{1.4.27}$$

式中，$\tau > 0$ 是设计参数；$|B_2| \leqslant \bar{B}_2$；$\bar{B}_2$ 是正常数。

将式 (1.4.26) 和式 (1.4.27) 代入式 (1.4.25)，可得

$$
\begin{aligned}
\dot{V}_2 \leqslant & -c_1 z_1^2 - \frac{\sigma_1}{2}\tilde{\theta}_{f1}^{\mathrm{T}}\tilde{\theta}_{f1} - \frac{\eta_1}{2}\tilde{\theta}_{g1}^{\mathrm{T}}\tilde{\theta}_{g1} + s_2\left(-\frac{s_2}{\gamma_2} + \frac{s_2}{2} + \frac{\bar{B}_2^2 s_2}{2\tau} + \frac{s_2}{2\gamma_2^2}\omega_2^{*2}\right) \\
& + \frac{\varepsilon_2^{*2}}{2} + z_2\left(\alpha_2 + z_1 + \hat{\theta}_{f2}^{\mathrm{T}}\varphi_2(\bar{x}_2) + \hat{\theta}_{g2}^{\mathrm{T}}\varphi_2(\bar{x}_2)\dot{\alpha}_2 + \frac{3}{2}z_2\right) + z_2 z_3 - \frac{\dot{g}_2 z_2^2}{2g_2^2} \\
& + \tilde{\theta}_{f2}^{\mathrm{T}}\Gamma_2^{-1}(\Gamma_2\varphi_2(\bar{x}_2)z_2 - \dot{\hat{\theta}}_{f2}) + \tilde{\theta}_{g2}^{\mathrm{T}}K_2^{-1}(K_2\varphi_2(\bar{x}_2)z_2\dot{\alpha}_2 - \dot{\hat{\theta}}_{g2}) + 2\tau
\end{aligned}
\tag{1.4.28}
$$

设计虚拟控制器 α_2、参数 $\hat{\theta}_{f2}$ 和 $\hat{\theta}_{g2}$ 的自适应律如下：

$$
\alpha_2 = -c_2 z_2 - \bar{c}_2 z_2 - z_1 - \hat{\theta}_{f2}^{\mathrm{T}}\varphi_2(\bar{x}_2) - \hat{\theta}_{g2}^{\mathrm{T}}\varphi_2(\bar{x}_2)\dot{\alpha}_2
\tag{1.4.29}
$$

$$
\dot{\hat{\theta}}_{f2} = \Gamma_2(\varphi_2(\bar{x}_2)z_2 - \sigma_2\hat{\theta}_{f2})
\tag{1.4.30}
$$

$$
\dot{\hat{\theta}}_{g2} = K_2(\varphi_2(\bar{x}_2)z_2\dot{\alpha}_2 - \eta_2\hat{\theta}_{g2})
\tag{1.4.31}
$$

式中，$c_2 > 0$、$\sigma_2 > 0$ 和 $\eta_2 > 0$ 是设计参数；$\bar{c}_2 \geqslant g_{2,d}/(2g_{2,0}^2) - 3/2$。

将式 (1.4.29)～式 (1.4.31) 代入式 (1.4.28)，可得

$$
\begin{aligned}
\dot{V}_2 \leqslant & -c_1 z_1^2 - c_2 z_2^2 - \frac{\sigma_1}{2}\tilde{\theta}_{f1}^{\mathrm{T}}\tilde{\theta}_{f1} - \frac{\eta_1}{2}\tilde{\theta}_{g1}^{\mathrm{T}}\tilde{\theta}_{g1} + z_2 z_3 + \sigma_2\tilde{\theta}_{f2}^{\mathrm{T}}\hat{\theta}_{f2} \\
& + \eta_2\tilde{\theta}_{g2}^{\mathrm{T}}\hat{\theta}_{g2} + s_2\left(-\frac{s_2}{\gamma_2} + \frac{s_2}{2} + \frac{\bar{B}_2^2 s_2}{2\tau} + \frac{s_2}{2\gamma_2^2}\omega_2^{*2}\right) + \frac{\varepsilon_2^{*2}}{2} + 2\tau
\end{aligned}
\tag{1.4.32}
$$

根据杨氏不等式，可得

$$
\sigma_2\tilde{\theta}_{f2}^{\mathrm{T}}\hat{\theta}_{f2} = \sigma_2\tilde{\theta}_{f2}^{\mathrm{T}}(\theta_{f2}^* - \tilde{\theta}_{f2}) \leqslant -\frac{\sigma_2}{2}\tilde{\theta}_{f2}^{\mathrm{T}}\tilde{\theta}_{f2} + \frac{\sigma_2}{2}\theta_{f2}^{*\mathrm{T}}\theta_{f2}^*
\tag{1.4.33}
$$

$$
\eta_2\tilde{\theta}_{g2}^{\mathrm{T}}\hat{\theta}_{g2} = \eta_2\tilde{\theta}_{g2}^{\mathrm{T}}(\theta_{g2}^* - \tilde{\theta}_{g2}) \leqslant -\frac{\eta_2}{2}\tilde{\theta}_{g2}^{\mathrm{T}}\tilde{\theta}_{g2} + \frac{\eta_2}{2}\theta_{g2}^{*\mathrm{T}}\theta_{g2}^*
\tag{1.4.34}
$$

将式 (1.4.33) 和式 (1.4.34) 代入式 (1.4.32)，$\dot{V}_2$ 最终表示为

$$
\begin{aligned}
\dot{V}_2 \leqslant & -\sum_{j=1}^{2}\left(c_j z_j^2 + \frac{\sigma_j}{2}\tilde{\theta}_{fj}^{\mathrm{T}}\tilde{\theta}_{fj} + \frac{\eta_j}{2}\tilde{\theta}_{gj}^{\mathrm{T}}\tilde{\theta}_{gj}\right) + z_2 z_3 \\
& + s_2\left(-\frac{s_2}{\gamma_2} + \frac{s_2}{2} + \frac{\bar{B}_2^2 s_2}{2\tau} + \frac{s_2}{2\gamma_2^2}\omega_2^{*2}\right) + D_2
\end{aligned}
\tag{1.4.35}
$$

式中，$D_2 = D_1 + \dfrac{\varepsilon_2^{*2}}{2} + \dfrac{\sigma_2}{2}\theta_{f2}^{*\mathrm{T}}\theta_{f2}^* + \dfrac{\eta_2}{2}\theta_{g2}^{*\mathrm{T}}\theta_{g2}^* + 2\tau$。

引入新的状态变量 $\bar{\alpha}_2$，并定义如下关于常数 γ_3 的一阶滤波器：

$$
\gamma_3\dot{\bar{\alpha}}_3 + \bar{\alpha}_3 = \alpha_2, \quad \bar{\alpha}_3(0) = \alpha_2(0)
\tag{1.4.36}
$$

根据式 (1.4.2)，s_3 的导数为

$$\dot{s}_3 = \dot{\bar{\alpha}}_3 - \dot{\alpha}_2 = -\frac{s_3}{\gamma_3} + B_3(z_1, z_2, z_3, s_2, s_3, \hat{\theta}_{f1}, \hat{\theta}_{f2}, \hat{\theta}_{g1}, \hat{\theta}_{g2}, y_m, \dot{y}_m, \ddot{y}_m) \quad (1.4.37)$$

式中，

$$\dot{\bar{\alpha}}_3 = -\frac{s_3}{\gamma_3}$$

$$\begin{aligned}
&B_3(z_1, z_2, z_3, s_2, s_3, \hat{\theta}_{f1}, \hat{\theta}_{f2}, \hat{\theta}_{g1}, \hat{\theta}_{g2}, y_m, \dot{y}_m, \ddot{y}_m) \\
&= \dot{\hat{\theta}}_{f2}^{\mathrm{T}} \varphi_2(\bar{x}_2) + \hat{\theta}_{f2}^{\mathrm{T}} \frac{\partial \varphi_2(\bar{x}_2)}{\partial(x_1, x_2)}[\dot{x}_1, \dot{x}_2]^{\mathrm{T}} + \dot{\hat{\theta}}_{g2}^{\mathrm{T}} \varphi_2(\bar{x}_2)\left(-\frac{s_2}{\gamma_2}\right) \\
&\quad + \hat{\theta}_{g2}^{\mathrm{T}} \frac{\partial \varphi_2(\bar{x}_2)}{\partial(x_1, x_2)}[\dot{x}_1, \dot{x}_2]^{\mathrm{T}}\left(-\frac{s_2}{\gamma_2}\right) + \hat{\theta}_{g2}^{\mathrm{T}} \varphi_2(\bar{x}_2)\left(-\frac{s_2}{\gamma_2}\right) + c_2 \dot{z}_2
\end{aligned}$$

是连续函数。

第 $i(3 \leqslant i \leqslant n-1)$ 步　根据式 (1.4.1) 和式 (1.4.2)，z_i 的导数为

$$\begin{aligned}
\dot{z}_i &= f_i(\bar{x}_i) + g_i(\bar{x}_i)x_{i+1} - \dot{\alpha}_i \\
&= g_i(\bar{x}_i)[z_{i+1} + \alpha_i + s_{i+1} + g_i^{-1}(\bar{x}_i)(f_i(\bar{x}_i) - \dot{\alpha}_i)] \quad (1.4.38)
\end{aligned}$$

由于 $f_i(\bar{x}_i)$ 和 $g_i(\bar{x}_i)$ 是未知连续非线性函数，所以利用模糊逻辑系统 $\hat{\theta}_{fi}^{\mathrm{T}} \varphi_i(\bar{x}_i)$ 和 $\hat{\theta}_{gi}^{\mathrm{T}} \varphi_i(\bar{x}_i)$ 分别逼近未知函数 $g_i^{-1}(\bar{x}_i)f_i(\bar{x}_i)$ 和 $-g_i^{-1}(\bar{x}_i)$，并假设

$$g_i^{-1}(\bar{x}_i)f_i(\bar{x}_i) = \theta_{fi}^{*\mathrm{T}} \varphi_i(\bar{x}_i) + \varepsilon_i(\bar{x}_i) \quad (1.4.39)$$

$$-g_i^{-1}(\bar{x}_i) = \theta_{gi}^{*\mathrm{T}} \varphi_i(\bar{x}_i) + \omega_i(\bar{x}_i) \quad (1.4.40)$$

式中，θ_{fi}^* 和 θ_{gi}^* 是最优参数；$\varepsilon_i(\bar{x}_i)$ 和 $\omega_i(\bar{x}_i)$ 是最小模糊逼近误差。假设 $\varepsilon_i(\bar{x}_i)$ 和 $\omega_i(\bar{x}_i)$ 分别满足 $|\varepsilon_i(\bar{x}_i)| \leqslant \varepsilon_i^*$ 和 $|\omega_i(\bar{x}_i)| \leqslant \omega_i^*$，$\varepsilon_i^*$ 和 ω_i^* 是正常数。

将式 (1.4.39) 和式 (1.4.40) 代入式 (1.4.38)，可得

$$\begin{aligned}
\dot{z}_i &= g_i(\bar{x}_i)\big[z_{i+1} + \alpha_i + s_{i+1} + \theta_{fi}^{*\mathrm{T}} \varphi_i(\bar{x}_i) + \varepsilon_i(\bar{x}_i) + (\theta_{gi}^{*\mathrm{T}} \varphi_i(\bar{x}_i) + \omega_i(\bar{x}_i))\dot{\alpha}_i\big] \\
&= g_i(\bar{x}_i)\big[z_{i+1} + \alpha_i + s_{i+1} + \hat{\theta}_{fi}^{\mathrm{T}} \varphi_i(\bar{x}_i) + \tilde{\theta}_{fi}^{\mathrm{T}} \varphi_i(\bar{x}_i) \\
&\quad + \varepsilon_i(\bar{x}_i) + (\hat{\theta}_{gi}^{\mathrm{T}} \varphi_i(\bar{x}_i) + \tilde{\theta}_{gi}^{\mathrm{T}} \varphi_i(\bar{x}_i) + \omega_i(\bar{x}_i))\dot{\alpha}_i\big] \quad (1.4.41)
\end{aligned}$$

式中，$\hat{\theta}_{fi}$ 和 $\hat{\theta}_{gi}$ 分别是 θ_{fi}^* 和 θ_{gi}^* 的估计；$\tilde{\theta}_{fi} = \theta_{fi}^* - \hat{\theta}_{fi}$ 和 $\tilde{\theta}_{gi} = \theta_{gi}^* - \hat{\theta}_{gi}$ 是参数估计误差。

选择如下的李雅普诺夫函数：

$$V_i = V_{i-1} + \frac{1}{2g_i(\bar{x}_i)}z_i^2 + \frac{1}{2}s_i^2 + \frac{1}{2}\tilde{\theta}_{fi}^{\mathrm{T}} \Gamma_i^{-1} \tilde{\theta}_{fi} + \frac{1}{2}\tilde{\theta}_{gi}^{\mathrm{T}} K_i^{-1} \tilde{\theta}_{gi} \quad (1.4.42)$$

式中, $\Gamma_i = \Gamma_i^{\mathrm{T}} > 0$ 和 $K_i = K_i^{\mathrm{T}} > 0$ 是增益矩阵。

根据式 (1.4.41) 和式 (1.4.42), $\dot{V}_i$ 可表示为

$$
\begin{aligned}
\dot{V}_i ={} & \dot{V}_{i-1} + \frac{z_i \dot{z}_i}{g_i(\bar{x}_i)} - \frac{\dot{g}_i z_i^2}{2g_i^2(\bar{x}_i)} + s_i \dot{s}_i - \tilde{\theta}_{fi}^{\mathrm{T}} \Gamma_i^{-1} \dot{\hat{\theta}}_{fi} - \tilde{\theta}_{gi}^{\mathrm{T}} K_i^{-1} \dot{\hat{\theta}}_{gi} \\
\leqslant{} & -\sum_{j=1}^{i-1} \left(c_j z_j^2 + \frac{\sigma_j}{2} \tilde{\theta}_{fj}^{\mathrm{T}} \tilde{\theta}_{fj} + \frac{\eta_j}{2} \tilde{\theta}_{gj}^{\mathrm{T}} \tilde{\theta}_{gj} \right) + z_{i-1} z_i + \sum_{j=2}^{i-1} s_j \left(-\frac{s_j}{\gamma_j} + \frac{s_j}{2} \right. \\
& \left. + \frac{\bar{B}_j^2 s_j}{2\tau} + \frac{s_j}{2\gamma_j^2} \omega_j^{*2} \right) + z_i [z_{i+1} + \alpha_i + s_{i+1} + \hat{\theta}_{fi}^{\mathrm{T}} \varphi_i(\bar{x}_i) + \tilde{\theta}_{fi}^{\mathrm{T}} \varphi_i(\bar{x}_i) \\
& + \varepsilon_i(\bar{x}_i) + (\hat{\theta}_{gi}^{\mathrm{T}} \varphi_i(\bar{x}_i) + \tilde{\theta}_{gi}^{\mathrm{T}} \varphi_i(\bar{x}_i) + \omega_i(\bar{x}_i)) \dot{\alpha}_i] + s_i \left(-\frac{s_i}{\gamma_i} + B_i \right) \\
& - \tilde{\theta}_{fi}^{\mathrm{T}} \Gamma_i^{-1} \dot{\hat{\theta}}_{fi} - \tilde{\theta}_{gi}^{\mathrm{T}} K_i^{-1} \dot{\hat{\theta}}_{gi} - \frac{\dot{g}_i z_i^2}{2g_i^2} + D_{i-1} \qquad (1.4.43)
\end{aligned}
$$

根据杨氏不等式, 可得

$$
\begin{aligned}
& z_i (s_{i+1} + \varepsilon_i(\bar{x}_i) + \omega_i \dot{\alpha}_i(\bar{x}_i)) \\
={} & z_i \left[s_{i+1} + \varepsilon_i(\bar{x}_i) + \omega_i(\bar{x}_i) \left(-\frac{s_i}{\gamma_i} \right) \right] \\
\leqslant{} & \frac{3}{2} z_i^2 + \frac{1}{2} s_i^2 + \frac{1}{2} \varepsilon_i^{*2} + \frac{1}{2\gamma_i^2} \omega_i^{*2} s_i^2 \qquad (1.4.44)
\end{aligned}
$$

$$
s_i B_i \leqslant \frac{s_i^2 \bar{B}_i^2}{2\tau} + 2\tau \qquad (1.4.45)
$$

式中, $|B_i| \leqslant \bar{B}_i$, $\bar{B}_i$ 是正常数。

将式 (1.4.44) 和式 (1.4.45) 代入式 (1.4.43), 可得

$$
\begin{aligned}
\dot{V}_i \leqslant{} & -\sum_{j=1}^{i-1} \left(c_j z_j^2 + \frac{\sigma_j}{2} \tilde{\theta}_{fj}^{\mathrm{T}} \tilde{\theta}_{fj} + \frac{\eta_j}{2} \tilde{\theta}_{gj}^{\mathrm{T}} \tilde{\theta}_{gj} \right) + z_i z_{i+1} + \sum_{j=2}^{i} s_j \left(-\frac{s_j}{\gamma_j} + \frac{s_j}{2} \right. \\
& \left. + \frac{\bar{B}_j^2 s_j}{2\tau} + \frac{s_j}{2\gamma_j^2} \omega_j^{*2} \right) + z_i \left(\alpha_i + z_{i-1} + \frac{3}{2} z_i + \hat{\theta}_{fi}^{\mathrm{T}} \varphi_i(\bar{x}_i) + \hat{\theta}_{gi}^{\mathrm{T}} \varphi_i(\bar{x}_i) \dot{\alpha}_i \right) \\
& - \frac{\dot{g}_i z_i^2}{2g_i^2} + \tilde{\theta}_{fi}^{\mathrm{T}} \Gamma_i^{-1} (\Gamma_i \varphi_i(\bar{x}_i) z_i - \dot{\hat{\theta}}_{fi}) + \tilde{\theta}_{gi}^{\mathrm{T}} K_i^{-1} (K_i \varphi_i(\bar{x}_i) z_i \dot{\alpha}_i - \dot{\hat{\theta}}_{gi}) \\
& + D_{i-1} + \frac{\varepsilon_i^{*2}}{2} + 2\tau \qquad (1.4.46)
\end{aligned}
$$

设计虚拟控制器 α_i、参数 $\hat{\theta}_{fi}$ 和 $\hat{\theta}_{gi}$ 的自适应律如下:

$$
\alpha_i = -c_i z_i - \bar{c}_i z_i - z_{i-1} - \hat{\theta}_{fi}^{\mathrm{T}} \varphi_i(\bar{x}_i) - \hat{\theta}_{gi}^{\mathrm{T}} \varphi_i(\bar{x}_i) \dot{\alpha}_i \qquad (1.4.47)
$$

$$\dot{\hat{\theta}}_{fi} = \Gamma_i(\varphi_i(\bar{x}_i)z_i - \sigma_i\hat{\theta}_{fi}) \tag{1.4.48}$$

$$\dot{\hat{\theta}}_{gi} = K_i(\varphi_i(\bar{x}_i)z_i\dot{\bar{\alpha}}_i - \eta_i\hat{\theta}_{gi}) \tag{1.4.49}$$

式中, $c_i > 0$、$\sigma_i > 0$ 和 $\eta_i > 0$ 是设计参数; $\bar{c}_i \geqslant g_{i,d}/(2g_{i,0}^2) - 3/2$。

将式 (1.4.47)～式 (1.4.49) 代入式 (1.4.46), 可得

$$\dot{V}_i \leqslant -\sum_{j=1}^{i} c_j z_j^2 - \sum_{j=1}^{i-1}\left(\frac{\sigma_j}{2}\tilde{\theta}_{fj}^{\mathrm{T}}\tilde{\theta}_{fj} + \frac{\eta_j}{2}\tilde{\theta}_{gj}^{\mathrm{T}}\tilde{\theta}_{gj}\right) + \sigma_i\tilde{\theta}_{fi}^{\mathrm{T}}\hat{\theta}_{fi} + \eta_i\tilde{\theta}_{gi}^{\mathrm{T}}\hat{\theta}_{gi}$$
$$+ z_i z_{i+1} + \sum_{j=2}^{i} s_j\left(-\frac{s_j}{\gamma_j} + \frac{s_j}{2} + \frac{\bar{B}_j^2 s_j}{2\tau} + \frac{s_j}{2\gamma_j^2}\omega_j^{*2}\right) + D_{i-1} + \frac{\varepsilon_i^{*2}}{2} + 2\tau \tag{1.4.50}$$

根据杨氏不等式, 可得到如下不等式:

$$\sigma_i\tilde{\theta}_{fi}^{\mathrm{T}}\hat{\theta}_{fi} = \sigma_i\tilde{\theta}_{fi}^{\mathrm{T}}(\theta_{fi}^* - \tilde{\theta}_{fi}) \leqslant -\frac{\sigma_i}{2}\tilde{\theta}_{fi}^{\mathrm{T}}\tilde{\theta}_{fi} + \frac{\sigma_i}{2}\theta_{fi}^{*\mathrm{T}}\theta_{fi}^* \tag{1.4.51}$$

$$\eta_i\tilde{\theta}_{gi}^{\mathrm{T}}\hat{\theta}_{gi} = \eta_i\tilde{\theta}_{gi}^{\mathrm{T}}(\theta_{gi}^* - \tilde{\theta}_{gi}) \leqslant -\frac{\eta_i}{2}\tilde{\theta}_{gi}^{\mathrm{T}}\tilde{\theta}_{gi} + \frac{\eta_i}{2}\theta_{gi}^{*\mathrm{T}}\theta_{gi}^* \tag{1.4.52}$$

将式 (1.4.51) 和式 (1.4.52) 代入式 (1.4.50), $\dot{V}_i$ 最终表示为

$$\dot{V}_i \leqslant -\sum_{j=1}^{i}\left(c_j z_j^2 + \frac{\sigma_j}{2}\tilde{\theta}_{fj}^{\mathrm{T}}\tilde{\theta}_{fj} + \frac{\eta_j}{2}\tilde{\theta}_{gj}^{\mathrm{T}}\tilde{\theta}_{gj}\right) + z_i z_{i+1}$$
$$+ \sum_{j=2}^{i} s_j\left(-\frac{s_j}{\gamma_j} + \frac{s_j}{2} + \frac{\bar{B}_j^2 s_j}{2\tau} + \frac{s_j}{2\gamma_j^2}\omega_j^{*2}\right) + D_i \tag{1.4.53}$$

式中, $D_i = D_{i-1} + \dfrac{\varepsilon_i^{*2}}{2} + \dfrac{\sigma_i}{2}\theta_{fi}^{*\mathrm{T}}\theta_{fi}^* + \dfrac{\eta_i}{2}\theta_{gi}^{*\mathrm{T}}\theta_{gi}^* + 2\tau$。

引入新的状态变量 $\bar{\alpha}_{i+1}$, 并定义关于常数 γ_{i+1} 的一阶滤波器:

$$\gamma_{i+1}\dot{\bar{\alpha}}_{i+1} + \bar{\alpha}_{i+1} = \alpha_i, \quad \bar{\alpha}_{i+1}(0) = \alpha_i(0) \tag{1.4.54}$$

根据式 (1.4.2), $\dot{s}_{i+1}$ 可表示为

$$\dot{s}_{i+1} = \dot{\bar{\alpha}}_{i+1} - \alpha_i = -\frac{s_{i+1}}{\gamma_{i+1}} + B_{i+1}(\cdot) \tag{1.4.55}$$

式中,

$$\dot{\bar{\alpha}}_{i+1} = -\frac{s_{i+1}}{\gamma_{i+1}}$$

$$B_{i+1}(z_1,\cdots,z_{i+1},s_2,\cdots,s_i,\hat{\theta}_{f1},\cdots,\hat{\theta}_{fi},\hat{\theta}_{g1},\cdots,\hat{\theta}_{gi},y_m,\dot{y}_m,\ddot{y}_m)$$

$$= \dot{\hat{\theta}}_{fi}^{\mathrm{T}} \varphi_i(\bar{x}_i) + \hat{\theta}_{fi}^{\mathrm{T}} \frac{\partial \varphi_i(\bar{x}_i)}{\partial(x_1, \cdots, x_i)} [\dot{x}_1, \cdots, \dot{x}_i]^{\mathrm{T}} + \dot{\hat{\theta}}_{gi}^{\mathrm{T}} \varphi_i(\bar{x}_i) \left(-\frac{s_i}{\gamma_i} \right)$$

$$+ \hat{\theta}_{gi}^{\mathrm{T}} \frac{\partial \varphi_i(\bar{x}_i)}{\partial(x_1, \cdots, x_i)} [\dot{x}_1, \cdots, \dot{x}_i]^{\mathrm{T}} \left(-\frac{s_i}{\gamma_i} \right) + \hat{\theta}_{gi}^{\mathrm{T}} \varphi_i(\bar{x}_i) \left(-\frac{\dot{s}_i}{\gamma_i} \right) + c_i \dot{z}_i$$

是连续函数。

第 n 步　根据式 (1.4.1) 和式 (1.4.2)，z_n 的导数为

$$\dot{z}_n = f_n(\bar{x}_n) + g_n(\bar{x}_n)u - \dot{\alpha}_n$$
$$= g_n(\bar{x}_n)[u + g_n^{-1}(\bar{x}_n)(f_n(\bar{x}_n) - \dot{\alpha}_n)] \tag{1.4.56}$$

由于 $f_n(\bar{x}_n)$ 和 $g_n(\bar{x}_n)$ 是未知连续非线性函数，所以利用模糊逻辑系统 $\hat{\theta}_{fn}^{\mathrm{T}} \varphi_n(\bar{x}_n)$ 和 $\hat{\theta}_{gn}^{\mathrm{T}} \varphi_n(\bar{x}_n)$ 分别逼近未知函数 $g_n^{-1}(\bar{x}_n) f_n(\bar{x}_n)$ 和 $g_n^{-1}(\bar{x}_n)$，并假设

$$g_n^{-1}(\bar{x}_n) f_n(\bar{x}_n) = \theta_{fn}^{*\mathrm{T}} \varphi_n(\bar{x}_n) + \varepsilon_n(\bar{x}_n) \tag{1.4.57}$$

$$g_n^{-1}(\bar{x}_n) = \theta_{gn}^{*\mathrm{T}} \varphi_n(\bar{x}_n) + \omega_n(\bar{x}_n) \tag{1.4.58}$$

式中，θ_{fn}^* 和 θ_{gn}^* 是最优参数；$\varepsilon_n(\bar{x}_n)$ 和 $\omega_n(\bar{x}_n)$ 是最小模糊逼近误差。假设 $\varepsilon_n(\bar{x}_n)$ 和 $\omega_n(\bar{x}_n)$ 分别满足 $|\varepsilon_n(\bar{x}_n)| \leqslant \varepsilon_n^*$ 和 $|\omega_n(\bar{x}_n)| \leqslant \omega_n^*$，$\varepsilon_n^*$ 和 ω_n^* 是正常数。

将式 (1.4.57) 式 (1.4.58) 代入式 (1.4.56)，可得

$$\dot{z}_n = g_n(\bar{x}_n)[u + \theta_{fn}^{*\mathrm{T}} \varphi_n(\bar{x}_n) + \varepsilon_n(\bar{x}_n) + (\theta_{gn}^{*\mathrm{T}} \varphi_n(\bar{x}_n) + \omega_n(\bar{x}_n))\dot{\alpha}_n]$$
$$= g_n(\bar{x}_n)[u + \hat{\theta}_{fn}^{\mathrm{T}} \varphi_n(\bar{x}_n) + \tilde{\theta}_{fn}^{\mathrm{T}} \varphi_n(\bar{x}_n)$$
$$+ \varepsilon_n(\bar{x}_n) + (\hat{\theta}_{gn}^{\mathrm{T}} \varphi_n(\bar{x}_n) + \tilde{\theta}_{gn}^{\mathrm{T}} \varphi_n(\bar{x}_n) + \omega_n(\bar{x}_n))\dot{\alpha}_n] \tag{1.4.59}$$

式中，$\hat{\theta}_{fn}$ 和 $\hat{\theta}_{gn}$ 分别是 θ_{fn}^* 和 θ_{gn}^* 的估计；$\tilde{\theta}_{fn} = \theta_{fn}^* - \hat{\theta}_{fn}$ 和 $\tilde{\theta}_{gn} = \theta_{gn}^* - \hat{\theta}_{gn}$ 是参数估计误差。

选择如下的李雅普诺夫函数：

$$V = V_{n-1} + \frac{1}{2g_n(\bar{x}_n)} z_n^2 + \frac{1}{2} s_n^2 + \frac{1}{2} \tilde{\theta}_{fn}^{\mathrm{T}} \Gamma_n^{-1} \tilde{\theta}_{fn} + \frac{1}{2} \tilde{\theta}_{gn}^{\mathrm{T}} K_n^{-1} \tilde{\theta}_{gn} \tag{1.4.60}$$

式中，$\Gamma_n = \Gamma_n^{\mathrm{T}} > 0$ 和 $K_n = K_n^{\mathrm{T}} > 0$ 是增益矩阵。

求 V 的导数，并根据式 (1.4.59) 和式 (1.4.60)，可得

$$\dot{V} = \dot{V}_{n-1} + \frac{z_n \dot{z}_n}{g_n(\bar{x}_n)} - \frac{\dot{g}_n z_n^2}{2g_n^2(\bar{x}_n)} + s_n \dot{s}_n - \tilde{\theta}_{fn}^{\mathrm{T}} \Gamma_n^{-1} \dot{\hat{\theta}}_{fn} - \tilde{\theta}_{gn}^{\mathrm{T}} K_n^{-1} \dot{\hat{\theta}}_{gn}$$

$$\leqslant -\sum_{j=1}^{n-1} \left(c_j z_j^2 + \frac{\sigma_j}{2} \tilde{\theta}_{fj}^{\mathrm{T}} \tilde{\theta}_{fj} + \frac{\eta_j}{2} \tilde{\theta}_{gj}^{\mathrm{T}} \tilde{\theta}_{gj} \right) + \sum_{j=2}^{n-1} s_j \left(-\frac{s_j}{\gamma_j} + \frac{s_j}{2} + \frac{\bar{B}_j^2 s_j}{2\tau} + \frac{s_j}{2\gamma_j^2} \omega_j^{*2} \right)$$

$$+ z_n[u + \hat{\theta}_{fn}^{\mathrm{T}}\varphi_n(\bar{x}_n) + \tilde{\theta}_{fn}^{\mathrm{T}}\varphi_n(\bar{x}_n) + \varepsilon_n(\bar{x}_n) + (\hat{\theta}_{gn}^{\mathrm{T}}\varphi_n(\bar{x}_n)$$

$$+ \tilde{\theta}_{gn}^{\mathrm{T}}\varphi_n(\bar{x}_n) + \omega_n(\bar{x}_n))\dot{\alpha}_n] + z_{n-1}z_n + s_n\left(-\frac{s_n}{\gamma_n} + B_n\right)$$

$$- \tilde{\theta}_{fn}^{\mathrm{T}}\Gamma_n^{-1}\dot{\hat{\theta}}_{fn} - \tilde{\theta}_{gn}^{\mathrm{T}}K_n^{-1}\dot{\hat{\theta}}_{gn} - \frac{\dot{g}_n z_n^2}{2g_n^2} + D_{n-1} \tag{1.4.61}$$

根据杨氏不等式，可得

$$z_n(\varepsilon_n(\bar{x}_n) + \omega_n(\bar{x}_n)\dot{\alpha}_n) = z_n\left[\varepsilon_n(\bar{x}_n) + \omega_n(\bar{x}_n)\left(-\frac{s_n}{\gamma_n}\right)\right]$$

$$\leqslant z_n^2 + \frac{1}{2}\varepsilon_n^{*2} + \frac{1}{2\gamma_n^2}\omega_n^{*2}s_n^2 \tag{1.4.62}$$

$$s_n B_n \leqslant \frac{s_n^2 \bar{B}_n^2}{2\tau} + 2\tau \tag{1.4.63}$$

式中，$|B_n| \leqslant \bar{B}_n$，$\bar{B}_n$ 是正常数。

将式 (1.4.62) 和式 (1.4.63) 代入式 (1.4.61)，可得

$$\dot{V} \leqslant -\sum_{j=1}^{n-1} c_j z_j^2 - \sum_{j=1}^{n-1}\left(\frac{\sigma_j}{2}\tilde{\theta}_{fj}^{\mathrm{T}}\tilde{\theta}_{fj} + \frac{\eta_j}{2}\tilde{\theta}_{gj}^{\mathrm{T}}\tilde{\theta}_{gj}\right) + \sum_{j=2}^{n} s_j\left(-\frac{s_j}{\gamma_j} + \frac{\bar{B}_j^2 s_j}{2\tau} + \frac{s_j}{2\gamma_j^2}\omega_j^{*2}\right)$$

$$+ \sum_{j=2}^{n-1}\frac{s_j}{2} + z_n(u + z_{n-1} + z_n + \hat{\theta}_{fn}^{\mathrm{T}}\varphi_n(\bar{x}_n) + \hat{\theta}_{gn}^{\mathrm{T}}\varphi_n(\bar{x}_n)\dot{\alpha}_n)$$

$$+ \frac{1}{2}\varepsilon_n^{*2} + 2\tau - \frac{\dot{g}_n z_n^2}{2g_n^2} + \tilde{\theta}_{fn}^{\mathrm{T}}\Gamma_n^{-1}(\Gamma_n\varphi_n(\bar{x}_n)z_n - \dot{\hat{\theta}}_{fn})$$

$$+ \tilde{\theta}_{gn}^{\mathrm{T}}K_n^{-1}(K_n\varphi_n(\bar{x}_n)z_n\dot{\alpha}_n - \dot{\hat{\theta}}_{gn}) + D_{n-1} \tag{1.4.64}$$

设计控制器 u、参数 $\hat{\theta}_{fn}$ 和 $\hat{\theta}_{gn}$ 的自适应律如下：

$$u = -c_n z_n - \bar{c}_n z_n - z_{n-1} - \hat{\theta}_{fn}^{\mathrm{T}}\varphi_n(\bar{x}_n) - \hat{\theta}_{gn}^{\mathrm{T}}\varphi_n(\bar{x}_n)\dot{\alpha}_n \tag{1.4.65}$$

$$\dot{\hat{\theta}}_{fn} = \Gamma_n(\varphi_n(\bar{x}_n)z_n - \sigma_n\hat{\theta}_{fn}) \tag{1.4.66}$$

$$\dot{\hat{\theta}}_{gn} = K_n(\varphi_n(\bar{x}_n)z_n\dot{\alpha}_n - \eta_n\hat{\theta}_{gn}) \tag{1.4.67}$$

式中，$c_n > 0$、$\sigma_n > 0$ 和 $\eta_n > 0$ 是设计参数；$\bar{c}_n \geqslant g_{n,d}/(2g_{n,0}^2) - 1$。

将式 (1.4.65)~式 (1.4.67) 代入式 (1.4.64)，式 (1.4.64) 变为

$$\dot{V} \leqslant -\sum_{j=1}^{n} c_j z_j^2 - \sum_{j=1}^{n-1}\left(\frac{\sigma_j}{2}\tilde{\theta}_{fj}^{\mathrm{T}}\tilde{\theta}_{fj} + \frac{\eta_j}{2}\tilde{\theta}_{gj}^{\mathrm{T}}\tilde{\theta}_{gj}\right) + \sum_{j=2}^{n} s_j\left(-\frac{s_j}{\gamma_j} + \frac{\bar{B}_j^2 s_j}{2\tau}\right.$$

$$+ \frac{s_j}{2\gamma_j^2}\omega_j^{*2}\right) + \sum_{j=2}^{n-1} \frac{s_j}{2} + \sigma_n \tilde{\theta}_{fn}^{\mathrm{T}}\hat{\theta}_{fn} + \eta_n \tilde{\theta}_{gn}^{\mathrm{T}}\hat{\theta}_{gn} + D_{n-1} + \frac{1}{2}\varepsilon_n^{*2} + 2\tau \quad (1.4.68)$$

根据杨氏不等式, 可得到如下不等式:

$$\sigma_n \tilde{\theta}_{fn}^{\mathrm{T}}\hat{\theta}_{fn} = \sigma_n \tilde{\theta}_{fn}^{\mathrm{T}}(\theta_{fn}^* - \tilde{\theta}_{fn}) \leqslant -\frac{\sigma_n}{2}\tilde{\theta}_{fn}^{\mathrm{T}}\tilde{\theta}_{fn} + \frac{\sigma_n}{2}\theta_{fn}^{*\mathrm{T}}\theta_{fn}^* \quad (1.4.69)$$

$$\eta_n \tilde{\theta}_{gn}^{\mathrm{T}}\hat{\theta}_{gn} = \eta_n \tilde{\theta}_{gn}^{\mathrm{T}}(\theta_{gn}^* - \tilde{\theta}_{gn}) \leqslant -\frac{\eta_n}{2}\tilde{\theta}_{gn}^{\mathrm{T}}\tilde{\theta}_{gn} + \frac{\eta_n}{2}\theta_{gn}^{*\mathrm{T}}\theta_{gn}^* \quad (1.4.70)$$

将式 (1.4.69) 和式 (1.4.70) 代入式 (1.4.68), $\dot{V}$ 最终表示为

$$\begin{aligned}
\dot{V} \leqslant & -\sum_{j=1}^{n}\left(c_j z_j^2 + \frac{\sigma_j}{2}\tilde{\theta}_{fj}^{\mathrm{T}}\tilde{\theta}_{fj} + \frac{\eta_j}{2}\tilde{\theta}_{gj}^{\mathrm{T}}\tilde{\theta}_{gj}\right) + D \\
& + \sum_{j=2}^{n} s_j\left(-\frac{s_j}{\gamma_j} + \frac{\bar{B}_j^2 s_j}{2\tau} + \frac{s_j}{2\gamma_j^2}\omega_j^{*2}\right) + \sum_{j=2}^{n-1}\frac{s_j}{2}
\end{aligned} \quad (1.4.71)$$

式中, $D = D_{n-1} + \frac{\sigma_n}{2}\theta_{fn}^{*\mathrm{T}}\theta_{fn}^* + \frac{\eta_n}{2}\theta_{gn}^{*\mathrm{T}}\theta_{gn}^* + \frac{1}{2}\varepsilon_n^{*2} + 2\tau$。

1.4.3　稳定性与收敛性分析

下面的定理给出了所设计的模糊自适应控制方法所具有的性质。

定理 1.4.1　对于非线性严格反馈系统 (1.4.1), 假设 1.4.1 成立。如果采用控制器 (1.4.65), 虚拟控制器 (1.4.11)、(1.4.29)、(1.4.47), 参数自适应律 (1.4.12)、(1.4.13)、(1.4.30)、(1.4.31)、(1.4.48)、(1.4.49)、(1.4.66) 和 (1.4.67), 则总体控制方案具有如下性能:

(1) 闭环系统的所有信号一致最终有界;

(2) 跟踪误差 $z_1(t) = y(t) - y_m(t)$ 收敛到包含原点的一个较小邻域内。

证明　令 $C = \min\left\{2g_{j,0}c_j, \sigma_j\lambda_{\max}\{\Gamma_j^{-1}\}, \eta_j\lambda_{\max}\{K_j^{-1}\}, \frac{1}{2} - \frac{2}{\gamma_j} + \frac{2\bar{B}_j^2}{2\tau} + \frac{\omega_j^{*2}}{2\gamma_j^2}\right\}$, $j = 1, 2, \cdots, n$, 因此 $\dot{V}$ 最终表示为

$$\dot{V} \leqslant -CV + D \quad (1.4.72)$$

根据式 (1.4.72) 和引理 0.3.1, 可以得到闭环系统中的所有信号一致最终有界, 并且有 $\lim_{t\to\infty}|z| \leqslant \sqrt{2D/C}$。在控制设计中, 如果选择适当的设计参数, 可以使得 D/C 比较小, 那么可以得到跟踪误差 $z_1 = y - y_m$ 收敛到包含原点的一个较小邻域内。

评注 1.4.1　本节针对一类非线性严格反馈系统 (1.4.1)，介绍了一种模糊自适应动态面反步递推控制设计方法。该控制方法的优点是解决了传统自适应反步递推控制设计中虚拟控制器需要对系统的变量反复求偏导，即"计算膨胀"问题。类似的智能自适应动态面控制设计方法可参见文献 [18] 和 [19]。关于随机非线性严格反馈系统的智能自适应动态面控制方法可参见文献 [20]。此外，在智能自适应反步递推控制设计过程中，如果用命令滤波来替换本节所采用的动态面控制技术，可形成智能自适应命令滤波反步递推控制算法，其代表性智能自适应控制方法详见文献 [21] 和 [22]。

1.4.4　仿真

例 1.4.1　考虑如下二阶非线性严格反馈系统:

$$\begin{cases} \dot{x}_1 = f_1(x_1) + g_1(x_1)x_2 \\ \dot{x}_2 = f_2(x_1, x_2) + g_2(x_1, x_2)u \\ y = x_1 \end{cases} \tag{1.4.73}$$

式中, $f_1(x_1) = 0.5x_1 \mathrm{e}^{-x_1^2}$; $g_1(x_1) = 1 + 0.5\sin(x_1)$; $f_2(x_1, x_2) = x_1 x_2^2$; $g_2(x_1, x_2) = 2 + 1.5\cos(x_1 x_2)$。选择参考信号为 $y_m = \sin(0.5t) + 0.5\sin(t)$。

由于函数 $g_i(\bar{x}_i)(i = 1, 2)$ 满足 $0.5 \leqslant |g_1(x_1)| = |1 + 0.5\sin(x_1)| \leqslant 1.5$, $|\dot{g}_1(x_1)| = |0.5\cos(x_1)| \leqslant 0.5$, $0.5 \leqslant |g_2(x_1, x_2)| = |2 + 1.5\cos(x_1 x_2)| \leqslant 3.5$, $|\dot{g}_2(x_1, x_2)| = |-1.5\sin(x_1 x_2)| \leqslant 1.5$, 所以假设 1.4.1 成立, 并且 $g_{1,0} = 0.5$, $g_{2,0} = 0.5$, $g_{1,1} = 1.5$, $g_{2,1} = 3.5$, $g_{1,d} = 1.5$, $g_{2,d} = 1$。

在仿真中, 选取设计参数为: $\bar{c}_1 \geqslant g_{1,d}/(2g_{1,0}^2) - 1 = 0, \bar{c}_2 \geqslant g_{2,d}/(2g_{2,0}^2) - 1 = 2$。
选择隶属函数为

$$\mu_{F_i^1}(x_i) = \exp\left[-\frac{(x_i - 4)^2}{4}\right], \quad \mu_{F_i^2}(x_i) = \exp\left[-\frac{(x_i - 2)^2}{4}\right]$$

$$\mu_{F_i^3}(x_i) = \exp\left(-\frac{x_i^2}{4}\right), \quad \mu_{F_i^4}(x_i) = \exp\left[-\frac{(x_i + 2)^2}{4}\right]$$

$$\mu_{F_i^5}(x_i) = \exp\left[-\frac{(x_i + 4)^2}{4}\right], \quad i = 1, 2$$

令

$$\varphi_i(x) = \frac{\prod\limits_{i=1}^{2} \mu_{F_i^l}(x_i)}{\sum\limits_{l=1}^{5} \prod\limits_{i=1}^{2} \mu_{F_i^l}(x_i)}$$

$$\varphi_1(x_1) = [\varphi_{1,1}(x_1), \varphi_{1,2}(x_1), \varphi_{1,3}(x_1), \varphi_{1,4}(x_1), \varphi_{1,5}(x_1)]^{\mathrm{T}}$$

$$\varphi_2(\bar{x}_2) = [\varphi_{2,1}(\bar{x}_2), \varphi_{2,2}(\bar{x}_2), \varphi_{2,3}(\bar{x}_2), \varphi_{2,4}(\bar{x}_2), \varphi_{2,5}(\bar{x}_2)]^{\mathrm{T}}$$

则得到模糊逻辑系统 $\hat{\theta}_{f_i}^{\mathrm{T}}\varphi_i(\bar{x}_i)$ 和 $\hat{\theta}_{g_i}^{\mathrm{T}}\varphi_i(\bar{x}_i)$。

在仿真中,选取虚拟控制器、控制器和参数自适应律中的设计参数为:$c_1 = 12$, $c_2 = 15$,$\bar{c}_1 = \bar{c}_2 = 3$,$\sigma_1 = 0.3$,$\sigma_2 = 0.3$,$\eta_1 = \eta_2 = 0.3$,$\gamma_2 = 0.2$,$\Gamma_1 = \Gamma_2 = K_1 = K_2 = \mathrm{diag}\{5,5\}$。

系统变量及参数的初始值选取为:$x_1(0) = 0.8$,$x_2(0) = 0.6$,$\bar{\alpha}_2(0) = 0$, $\hat{\theta}_{f1}(0) = [\ 0.2\quad 0\quad 0.1\quad 0\quad 0.2\ ]^{\mathrm{T}}$,$\hat{\theta}_{f2}(0) = [\ 0.1\quad 0\quad 0.2\quad 0\quad 0.2\ ]^{\mathrm{T}}$,$\hat{\theta}_{g1}(0) = [\ 0.2\quad 0\quad 0.1\quad 0\quad 0.2\ ]^{\mathrm{T}}$,$\hat{\theta}_{g2}(0) = [\ 0.2\quad 0.1\quad 0.2\quad 0\quad 0.1\ ]^{\mathrm{T}}$。

仿真结果如图 1.4.1～图 1.4.3 所示。

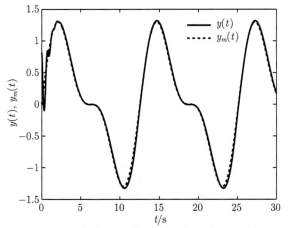

图 1.4.1　输出 $y(t)$ 和参考信号 $y_m(t)$ 的轨迹

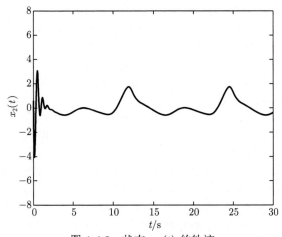

图 1.4.2　状态 $x_2(t)$ 的轨迹

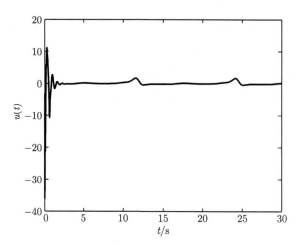

图 1.4.3 控制器 $u(t)$ 的轨迹

参 考 文 献

[1] Ge S S, Wang C. Direct adaptive NN control of a class of nonlinear systems[J]. IEEE Transactions on Neural Networks, 2002, 13(1): 214-221.

[2] Wang H Q, Chen B, Lin C. Adaptive neural tracking control for a class of stochastic nonlinear systems[J]. International Journal of Robust and Nonlinear Control, 2014, 24(7): 1262-1280.

[3] Wang M, Chen B, Liu X P, et al. Adaptive fuzzy tracking control for a class of perturbed strict-feedback nonlinear time-delay systems[J]. Fuzzy Sets and Systems, 2008, 159(8): 949-967.

[4] Li T S, Wang D, Feng G, et al. A DSC approach to robust adaptive NN tracking control for strict-feedback nonlinear systems[J]. IEEE Transactions on Systems, Man, and Cybernetics, Part B: Cybernetics, 2010, 40(3): 915-927.

[5] Zhang T, Ge S S, Hang C C. Design and performance analysis of a direct adaptive controller for nonlinear systems[J]. Automatica, 1999, 35(11): 1809-1817.

[6] Li H Y, Wang J H, Lam H K, et al. Adaptive sliding mode control for interval type-2 fuzzy systems[J]. IEEE Transactions on Systems, Man, and Cybernetics: Systems, 2016, 46(12): 1654-1663.

[7] Zou A M, Hou Z G, Tan M. Adaptive control of a class of nonlinear pure-feedback systems using fuzzy backstepping approach[J]. IEEE Transactions on Fuzzy Systems, 2008, 16(4): 886-897.

[8] Wang C, Hill D J, Ge S S, et al. An ISS-modular approach for adaptive neural control of pure-feedback systems[J]. Automatica, 2006, 42(5): 723-731.

[9] Li J, Chen W S, Li J M. Adaptive NN output-feedback decentralized stabilization for a class of large-scale stochastic nonlinear strict-feedback systems[J]. International Journal of Robust and Nonlinear Control, 2011, 21(4): 452-472.

[10] Zhang T P, Xia X N. Adaptive output feedback tracking control of stochastic nonlinear systems with dynamic uncertainties[J]. International Journal of Robust and Nonlinear Control, 2015, 25(9): 1282-1300.

[11] Wang T, Tong S C, Li Y M. Robust adaptive decentralized fuzzy control for stochastic large-scale nonlinear systems with dynamical uncertainties[J]. Neurocomputing, 2012, 97(15): 33-43.

[12] Wang H Q, Chen B, Lin C. Adaptive fuzzy decentralized control for a class of large-scale stochastic nonlinear systems[J]. Neurocomputing, 2013, 103: 155-163.

[13] Ge S S, Hong F, Lee T H. Robust adaptive control of nonlinear systems with unknown time delays[J]. Automatica, 2005, 41: 1181-1190.

[14] Yoo S J, Park J B, Choi Y H. Adaptive neural control for a class of strict-feedback nonlinear systems with state time delays[J]. IEEE Transactions on Neural Networks, 2009, 20(7): 1209-1215.

[15] Yu Z X, Dong Y, Li S G, et al. Adaptive tracking control for switched strict-feedback nonlinear systems with time-varying delays and asymmetric saturation actuators[J]. Neurocomputing, 2017, 238(17): 245-254.

[16] Zhu X L, Chen B, Yue D, et al. An improved input delay approach to stabilization of fuzzy systems under variable sampling[J]. IEEE Transactions on Fuzzy Systems, 2011, 20(2): 330-341.

[17] Li H Y, Wang L J, Du H P, et al. Adaptive fuzzy backstepping tracking control for strict-feedback systems with input delay[J]. IEEE Transactions on Fuzzy Systems, 2017, 25(3): 642-652.

[18] Tong S C, Li Y M, Wang T. Adaptive fuzzy robust fault-tolerant control for uncertain nonlinear systems based on dynamic surface[J]. International Journal of Innovative Computing, Information and Control, 2009, 5(10): 3249-3261.

[19] Zhang T P, Ge S S. Adaptive dynamic surface control of nonlinear systems with unknown dead zone in pure feedback form[J]. Automatica, 2008, 44(7): 1895-1903.

[20] Li Z F, Li T S, Feng G. Adaptive neural control for a class of stochastic nonlinear time-delay systems with unknown dead zone using dynamic surface technique[J]. International Journal of Robust and Nonlinear Control, 2016, 26(4): 759-781.

[21] Yu J P, Shi P, Dong W J, et al. Adaptive fuzzy control of nonlinear systems with unknown dead zones based on command filtering[J]. IEEE Transactions on Fuzzy Systems, 2018, 26(1): 46-55.

[22] Li Y M, Tong S C. Command-filtered-based fuzzy adaptive control design for MIMO-switched nonstrict-feedback nonlinear systems[J]. IEEE Transactions on Fuzzy Systems, 2017, 25(3): 668-681.

第 2 章　非线性严格反馈约束系统智能自适应状态反馈控制

第 1 章针对单输入单输出非线性严格反馈系统，介绍了几种智能自适应反步递推控制方法。本章针对具有输出约束、状态约束、控制输入约束和误差约束的单输入单输出非线性严格反馈系统，在第 1 章的基础上介绍四种智能自适应反步递推约束控制方法。本章内容主要基于文献 [1]∼[4]。

2.1　非线性输出约束系统模糊自适应控制

本节针对一类具有输出约束的单输入单输出非线性严格反馈系统，基于模糊逻辑系统和自适应反步递推控制设计原理，介绍一种模糊自适应状态反馈反步递推约束控制设计方法，并给出闭环系统的稳定性和收敛性分析。

2.1.1　系统模型及控制问题描述

考虑如下的单输入单输出不确定非线性严格反馈系统：

$$\begin{cases} \dot{x}_i = f_i\left(\bar{x}_i\right) + x_{i+1}, & i = 1, 2, \cdots, n-1 \\ \dot{x}_n = f_n\left(\bar{x}_n\right) + u \\ y = x_1 \end{cases} \tag{2.1.1}$$

式中，$\bar{x}_i = [x_1, x_2, \cdots, x_i]^\mathrm{T} \in \mathbf{R}^i$ 是状态向量，$i = 1, 2, \cdots, n$；$u \in \mathbf{R}$ 和 $y \in \mathbf{R}$ 分别是系统的输入和输出；$f_i(\bar{x}_i)$ 是未知的光滑非线性函数。假设系统的输出 y 满足约束条件：$|y| \leqslant k_{c_1}$，k_{c_1} 是一个已知的正常数。

假设 2.1.1　对于参考信号 $y_m(t)$ 和其 i 阶导数 $y_m^{(i)}(t)$，存在正常数 $\bar{Y}_0$ 和 $Y_i(i = 1, 2, \cdots, m)$，满足 $|y_m(t)| \leqslant \bar{Y}_0 < k_{c_1}$ 和 $\left| y_m^{(i)}(t) \right| < Y_i$。

控制任务　基于模糊逻辑系统设计一种模糊自适应控制器，使得：

(1) 闭环系统的所有信号半全局一致最终有界；

(2) 跟踪误差 $z_1(t) = y(t) - y_m(t)$ 收敛到包含原点的一个较小邻域内；

(3) 系统的输出不超过预先给定的约束界。

2.1.2　模糊自适应反步递推控制设计

定义如下的坐标变换：

$$\begin{cases} z_1 = x_1 - y_m, \\ z_i = x_i - \alpha_{i-1}, \quad i = 2, 3, \cdots, n \end{cases} \tag{2.1.2}$$

式中，z_1 是跟踪误差；z_i 是误差变量；α_{i-1} 是在第 $i-1$ 步中将要设计的虚拟控制器。

基于上面的坐标变换，n 步模糊自适应反步递推控制设计过程如下。

第 1 步　求 z_1 的导数，并由式 (2.1.1) 和式 (2.1.2) 可得

$$\dot{z}_1 = f_1(x_1) + x_2 - \dot{y}_m \tag{2.1.3}$$

设 $h_1(x_1) = f_1(x_1)$。因为 $h_1(x_1)$ 是未知非线性函数，所以根据引理 0.1.1，利用模糊逻辑系统 $\hat{h}_1\left(x_1 | \hat{\theta}_1\right) = \hat{\theta}_1^{\mathrm{T}} \varphi_1(x_1)$ 逼近 $h_1(x_1)$，并假设

$$h_1(x_1) = \theta_1^{*\mathrm{T}} \varphi_1(x_1) + \varepsilon_1(x_1) \tag{2.1.4}$$

式中，θ_1^* 是未知的最优参数；$\varepsilon_1(x_1)$ 是最小模糊逼近误差。假设 $\varepsilon_1(x_1)$ 满足 $|\varepsilon_1(x_1)| \leqslant \varepsilon_1^*$，$\varepsilon_1^*$ 是正常数。

将式 (2.1.4) 代入式 (2.1.3)，可得

$$\begin{aligned} \dot{z}_1 &= z_2 + \alpha_1 + \theta_1^{*\mathrm{T}} \varphi_1(x_1) + \varepsilon_1(x_1) - \dot{y}_m \\ &= z_2 + \alpha_1 + \tilde{\theta}_1^{\mathrm{T}} \varphi_1(x_1) + \hat{\theta}_1^{\mathrm{T}} \varphi_1(x_1) + \varepsilon_1(x_1) - \dot{y}_m \end{aligned} \tag{2.1.5}$$

式中，$\hat{\theta}_1$ 是 θ_1^* 的估计；$\tilde{\theta}_1 = \theta_1^* - \hat{\theta}_1$ 是参数估计误差。

选择如下的障碍李雅普诺夫函数：

$$V_1 = \frac{1}{2} \log \frac{k_{b_1}^2}{k_{b_1}^2 - z_1^2} + \frac{1}{2} \tilde{\theta}_1^{\mathrm{T}} \Gamma_1^{-1} \tilde{\theta}_1 \tag{2.1.6}$$

式中，$k_{b_1} = k_{c_1} - \bar{Y}_0$；$\Gamma_1 = \Gamma_1^{\mathrm{T}} > 0$ 是增益矩阵。

对 V_1 求导，可得

$$\dot{V}_1 = \frac{z_1 \dot{z}_1}{k_{b_1}^2 - z_1^2} - \tilde{\theta}_1^{\mathrm{T}} \Gamma_1^{-1} \dot{\hat{\theta}}_1 \tag{2.1.7}$$

将式 (2.1.5) 代入式 (2.1.7)，可得

$$\dot{V}_1 = \frac{z_1}{k_{b_1}^2 - z_1^2} \left(z_2 + \alpha_1 + \tilde{\theta}_1^{\mathrm{T}} \varphi_1(x_1) + \hat{\theta}_1^{\mathrm{T}} \varphi_1(x_1) + \varepsilon_1(x_1) - \dot{y}_m \right) - \tilde{\theta}_1^{\mathrm{T}} \Gamma_1^{-1} \dot{\hat{\theta}}_1 \tag{2.1.8}$$

根据杨氏不等式，可得

$$\frac{z_1}{k_{b_1}^2 - z_1^2} \varepsilon_1(x_1) \leqslant \frac{1}{2\eta_1} \left(\frac{z_1}{k_{b_1}^2 - z_1^2} \right)^2 + \frac{1}{2} \eta_1 \varepsilon_1^{*2} \tag{2.1.9}$$

式中，$\eta_1 > 0$ 是设计参数。

将式 (2.1.9) 代入式 (2.1.8)，可得

$$
\begin{aligned}
\dot{V}_1 \leqslant {} & \frac{z_1}{k_{b_1}^2 - z_1^2} \left(\frac{1}{2\eta_1} \frac{z_1}{k_{b_1}^2 - z_1^2} + \alpha_1 + \hat{\theta}_1^{\mathrm{T}} \varphi_1 \left(x_1 \right) - \dot{y}_m \right) \\
& + \tilde{\theta}_1^{\mathrm{T}} \left(\frac{z_1}{k_{b_1}^2 - z_1^2} \varphi_1 \left(x_1 \right) - \Gamma_1^{-1} \dot{\hat{\theta}}_1 \right) + \frac{z_1 z_2}{k_{b_1}^2 - z_1^2} + \frac{1}{2} \eta_1 \varepsilon_1^{*2}
\end{aligned}
\tag{2.1.10}
$$

设计虚拟控制器 α_1 和参数 $\hat{\theta}_1$ 的自适应律如下：

$$
\alpha_1 = -k_1 z_1 - \hat{\theta}_1^{\mathrm{T}} \varphi_1 \left(x_1 \right) - \frac{1}{2\eta_1} \frac{z_1}{k_{b_1}^2 - z_1^2} + \dot{y}_m
\tag{2.1.11}
$$

$$
\dot{\hat{\theta}}_1 = \Gamma_1 \left(\frac{z_1 \varphi_1 \left(x_1 \right)}{k_{b_1}^2 - z_1^2} - \mu_1 \hat{\theta}_1 \right)
\tag{2.1.12}
$$

式中，$\mu_1 > 0$ 和 $k_1 > 0$ 是设计参数。

将式 (2.1.11) 和式 (2.1.12) 代入式 (2.1.10)，可得

$$
\dot{V}_1 \leqslant \frac{-k_1 z_1^2}{k_{b_1}^2 - z_1^2} + \frac{z_1 z_2}{k_{b_1}^2 - z_1^2} + \frac{1}{2} \eta_1 \varepsilon_1^{*2} + \mu_1 \tilde{\theta}_1^{\mathrm{T}} \hat{\theta}_1
\tag{2.1.13}
$$

第 2 步　根据式 (2.1.1) 和 $z_2 = x_2 - \alpha_1$，z_2 的导数为

$$
\begin{aligned}
\dot{z}_2 &= \dot{x}_2 - \dot{\alpha}_1 \\
&= f_2 \left(\bar{x}_2 \right) + z_3 + \alpha_2 - \dot{\alpha}_1
\end{aligned}
\tag{2.1.14}
$$

式中，$\dot{\alpha}_1 = \dfrac{\partial \alpha_1}{\partial x_1} \left(f_1 \left(x_1 \right) + x_2 \right) + \dfrac{\partial \alpha_1}{\partial \hat{\theta}_1} \dot{\hat{\theta}}_1 + \displaystyle\sum_{j=0}^{1} \dfrac{\partial \alpha_1}{\partial y_m^{(j)}} y_m^{(j+1)}$。

设 $h_2 \left(\bar{x}_2 \right) = f_2 \left(\bar{x}_2 \right) - \dfrac{\partial \alpha_1}{\partial x_1} \left(f_1 \left(x_1 \right) + x_2 \right)$。因为 $h_2 \left(\bar{x}_2 \right)$ 是未知非线性函数，所以根据引理 0.1.1，利用模糊逻辑系统 $\hat{h}_2 \left(\bar{x}_2 | \hat{\theta}_2 \right) = \hat{\theta}_2^{\mathrm{T}} \varphi_2 \left(\bar{x}_2 \right)$ 逼近 $h_2 \left(\bar{x}_2 \right)$，并假设

$$
h_2 \left(\bar{x}_2 \right) = \theta_2^{*\mathrm{T}} \varphi_2 \left(\bar{x}_2 \right) + \varepsilon_2 \left(\bar{x}_2 \right)
\tag{2.1.15}
$$

式中，θ_2^* 是未知的最优参数；$\varepsilon_2 \left(\bar{x}_2 \right)$ 是最小模糊逼近误差。假设 $\varepsilon_2 \left(\bar{x}_2 \right)$ 满足 $\left| \varepsilon_2 \left(\bar{x}_2 \right) \right| \leqslant \varepsilon_2^*$，$\varepsilon_2^*$ 是正常数。

将式 (2.1.15) 代入式 (2.1.14)，可得

$$
\dot{z}_2 = z_3 + \alpha_2 + \tilde{\theta}_2^{\mathrm{T}} \varphi_2 \left(\bar{x}_2 \right) + \hat{\theta}_2^{\mathrm{T}} \varphi_2 \left(\bar{x}_2 \right) + \varepsilon_2 \left(\bar{x}_2 \right) - \frac{\partial \alpha_1}{\partial \hat{\theta}_1} \dot{\hat{\theta}}_1 - \sum_{j=0}^{1} \frac{\partial \alpha_1}{\partial y_m^{(j)}} y_m^{(j+1)}
\tag{2.1.16}
$$

式中，$\hat{\theta}_2$ 是 θ_2^* 的估计；$\tilde{\theta}_2 = \theta_2^* - \hat{\theta}_2$ 是参数估计误差。

选择如下的障碍李雅普诺夫函数：

$$V_2 = V_1 + \frac{1}{2}z_2^2 + \frac{1}{2}\tilde{\theta}_2^{\mathrm{T}}\Gamma_2^{-1}\tilde{\theta}_2 \tag{2.1.17}$$

式中，$\Gamma_2 = \Gamma_2^{\mathrm{T}} > 0$ 是增益矩阵。

V_2 的导数为

$$\dot{V}_2 = \dot{V}_1 + z_2\dot{z}_2 - \tilde{\theta}_2^{\mathrm{T}}\Gamma_2^{-1}\dot{\hat{\theta}}_2 \tag{2.1.18}$$

将式 (2.1.16) 代入式 (2.1.18)，可得

$$\dot{V}_2 = \dot{V}_1 + z_2\left(z_3 + \alpha_2 + \tilde{\theta}_2^{\mathrm{T}}\varphi_2\left(\bar{x}_2\right) + \hat{\theta}_2^{\mathrm{T}}\varphi_2\left(\bar{x}_2\right) + \varepsilon_2\left(\bar{x}_2\right)\right.$$
$$\left. - \frac{\partial\alpha_1}{\partial\hat{\theta}_1}\dot{\hat{\theta}}_1 - \sum_{j=0}^{1}\frac{\partial\alpha_1}{\partial y_m^{(j)}}y_m^{(j+1)}\right) - \tilde{\theta}_2^{\mathrm{T}}\Gamma_2^{-1}\dot{\hat{\theta}}_2 \tag{2.1.19}$$

根据杨氏不等式，可得

$$z_2\varepsilon_2\left(\bar{x}_2\right) \leqslant \frac{1}{2\eta_2}z_2^2 + \frac{1}{2}\eta_2\varepsilon_2^{*2} \tag{2.1.20}$$

式中，$\eta_2 > 0$ 是设计参数。

将式 (2.1.20) 代入式 (2.1.19)，可得

$$\dot{V}_2 \leqslant \dot{V}_1 + z_2\left(\alpha_2 + \hat{\theta}_2^{\mathrm{T}}\varphi_2\left(\bar{x}_2\right) + \frac{1}{2\eta_2}z_2 - \frac{\partial\alpha_1}{\partial\hat{\theta}_1}\dot{\hat{\theta}}_1 - \sum_{j=0}^{1}\frac{\partial\alpha_1}{\partial y_m^{(j)}}y_m^{(j+1)}\right)$$
$$+ \tilde{\theta}_2^{\mathrm{T}}\left(z_2\varphi_2\left(\bar{x}_2\right) - \Gamma_2^{-1}\dot{\hat{\theta}}_2\right) + z_2z_3 + \frac{1}{2}\eta_2\varepsilon_2^{*2} \tag{2.1.21}$$

设计虚拟控制器 α_2 和参数 $\hat{\theta}_2$ 的自适应律如下：

$$\alpha_2 = -k_2z_2 - \hat{\theta}_2^{\mathrm{T}}\varphi_2\left(\bar{x}_2\right) - \frac{1}{2\eta_2}z_2 + \frac{\partial\alpha_1}{\partial\hat{\theta}_1}\dot{\hat{\theta}}_1 + \sum_{j=0}^{1}\frac{\partial\alpha_1}{\partial y_m^{(j)}}y_m^{(j+1)} - \frac{z_1}{k_{b_1}^2 - z_1^2} \tag{2.1.22}$$

$$\dot{\hat{\theta}}_2 = \Gamma_2\left(z_2\varphi_2\left(\bar{x}_2\right) - \mu_2\hat{\theta}_2\right) \tag{2.1.23}$$

式中，$k_2 > 0$ 和 $\mu_2 > 0$ 是设计参数。

将式 (2.1.13)、式 (2.1.22) 和式 (2.1.23) 代入式 (2.1.21)，可得

$$\dot{V}_2 \leqslant -\frac{k_1z_1^2}{k_{b_1}^2 - z_1^2} - k_2z_2^2 + \sum_{j=1}^{2}\mu_j\tilde{\theta}_j^{\mathrm{T}}\hat{\theta}_j + \sum_{j=1}^{2}\frac{1}{2}\eta_j\varepsilon_j^{*2} + z_2z_3 \tag{2.1.24}$$

第 $i(3 \leqslant i \leqslant n-1)$ 步　根据式 (2.1.11) 和 $z_i = x_i - \alpha_{i-1}$，z_i 的导数为

$$\dot{z}_i = \dot{x}_i - \dot{\alpha}_{i-1}$$
$$= f_i(\bar{x}_i) + z_{i+1} + \alpha_i - \dot{\alpha}_{i-1} \tag{2.1.25}$$

式中，$\dot{\alpha}_{i-1} = \sum_{j=1}^{i-1} \dfrac{\partial \alpha_{j-1}}{\partial x_j} (f_j(\bar{x}_j) + x_{j+1}) + \sum_{j=1}^{i-1} \dfrac{\partial \alpha_{i-1}}{\partial \hat{\theta}_j} \dot{\hat{\theta}}_j + \sum_{j=0}^{i-1} \dfrac{\partial \alpha_{i-1}}{\partial y_m^{(j)}} y_m^{(j+1)}$。

设 $h_i(\bar{x}_i) = f_i(\bar{x}_i) - \sum_{j=1}^{i-1} \dfrac{\partial \alpha_{i-1}}{\partial x_j} (f_j(\bar{x}_j) + x_{j+1})$。因为 $h_i(\bar{x}_i)$ 是未知非线性函数，所以根据引理 0.1.1，利用模糊逻辑系统 $\hat{h}_i\left(\bar{x}_i \mid \hat{\theta}_i\right) = \hat{\theta}_i^{\mathrm{T}} \varphi_i(\bar{x}_i)$ 逼近 $h_i(\bar{x}_i)$，并假设

$$h_i(\bar{x}_i) = \theta_i^{*\mathrm{T}} \varphi_i(\bar{x}_i) + \varepsilon_i(\bar{x}_i) \tag{2.1.26}$$

式中，θ_i^* 是未知的最优参数；$\varepsilon_i(\bar{x}_i)$ 是最小模糊逼近误差。假设 $\varepsilon_i(\bar{x}_i)$ 满足 $|\varepsilon_i(\bar{x}_i)| \leqslant \varepsilon_i^*$，$\varepsilon_i^*$ 是正常数。

将式 (2.1.26) 代入式 (2.1.25)，可得

$$\dot{z}_i = z_{i+1} + \alpha_i + \theta_i^{*\mathrm{T}} \varphi_i(\bar{x}_i) + \varepsilon_i(\bar{x}_i) - \sum_{j=1}^{i-1} \dfrac{\partial \alpha_{i-1}}{\partial \hat{\theta}_j} \dot{\hat{\theta}}_j - \sum_{j=0}^{i-1} \dfrac{\partial \alpha_{i-1}}{\partial y_m^{(j)}} y_m^{(j+1)}$$
$$= z_{i+1} + \alpha_i + \tilde{\theta}_i^{\mathrm{T}} \varphi_i(\bar{x}_i) + \hat{\theta}_i^{\mathrm{T}} \varphi_i(\bar{x}_i) + \varepsilon_i(\bar{x}_i) - \sum_{j=1}^{i-1} \dfrac{\partial \alpha_{i-1}}{\partial \hat{\theta}_j} \dot{\hat{\theta}}_j - \sum_{j=0}^{i-1} \dfrac{\partial \alpha_{i-1}}{\partial y_m^{(j)}} y_m^{(j+1)} \tag{2.1.27}$$

式中，$\hat{\theta}_i$ 是 θ_i^* 的估计；$\tilde{\theta}_i = \theta_i^* - \hat{\theta}_i$ 是参数估计误差。

选择如下的障碍李雅普诺夫函数：

$$V_i = V_{i-1} + \frac{1}{2} z_i^2 + \frac{1}{2} \tilde{\theta}_i^{\mathrm{T}} \Gamma_i^{-1} \tilde{\theta}_i \tag{2.1.28}$$

式中，$\Gamma_i = \Gamma_i^{\mathrm{T}} > 0$ 是增益矩阵。

对 V_i 求导，可得

$$\dot{V}_i = \dot{V}_{i-1} + z_i \dot{z}_i - \tilde{\theta}_i^{\mathrm{T}} \Gamma_i^{-1} \dot{\hat{\theta}}_i \tag{2.1.29}$$

将式 (2.1.27) 代入式 (2.1.29)，可得

$$\dot{V}_i = \dot{V}_{i-1} + z_i \bigg(z_{i+1} + \alpha_i + \tilde{\theta}_i^{\mathrm{T}} \varphi_i(\bar{x}_i) + \hat{\theta}_i^{\mathrm{T}} \varphi_i(\bar{x}_i) + \varepsilon_i(\bar{x}_i)$$
$$- \sum_{j=1}^{i-1} \dfrac{\partial \alpha_{i-1}}{\partial \hat{\theta}_j} \dot{\hat{\theta}}_j - \sum_{j=0}^{i-1} \dfrac{\partial \alpha_{i-1}}{\partial y_m^{(j)}} y_m^{(j+1)} \bigg) - \tilde{\theta}_i^{\mathrm{T}} \Gamma_i^{-1} \dot{\hat{\theta}}_i \tag{2.1.30}$$

根据杨氏不等式，可得

$$z_i \varepsilon_i\left(\bar{x}_i\right) \leqslant \frac{1}{2\eta_i} z_i^2 + \frac{1}{2}\eta_i \varepsilon_i^{*2} \tag{2.1.31}$$

式中，$\eta_i > 0$ 是设计参数。

将式 (2.1.31) 代入式 (2.1.30)，可得

$$\dot{V}_i \leqslant \dot{V}_{i-1} + z_i\left(\alpha_i + \hat{\theta}_i^{\mathrm{T}}\varphi_i\left(\bar{x}_i\right) + \frac{1}{2\eta_i}z_i - \sum_{j=1}^{i-1}\frac{\partial \alpha_{i-1}}{\partial \hat{\theta}_j}\dot{\hat{\theta}}_j - \sum_{j=0}^{i-1}\frac{\partial \alpha_{i-1}}{\partial y_m^{(j)}}y_m^{(j+1)}\right)$$
$$+ \tilde{\theta}_i^{\mathrm{T}}\left(z_i\varphi_i\left(\bar{x}_i\right) - \Gamma_i^{-1}\dot{\hat{\theta}}_i\right) + z_i z_{i+1} + \frac{1}{2}\eta_i \varepsilon_i^{*2} \tag{2.1.32}$$

设计虚拟控制器 α_i 和参数 $\hat{\theta}_i$ 的自适应律如下：

$$\alpha_i = -k_i z_i - \hat{\theta}_i^{\mathrm{T}}\varphi_i\left(\bar{x}_i\right) - \frac{1}{2\eta_i}z_i + \sum_{j=1}^{i-1}\frac{\partial \alpha_{i-1}}{\partial \hat{\theta}_j}\dot{\hat{\theta}}_j + \sum_{j=0}^{i-1}\frac{\partial \alpha_{i-1}}{\partial y_m^{(j)}}y_m^{(j+1)} - z_{i-1} \tag{2.1.33}$$

$$\dot{\hat{\theta}}_i = \Gamma_i\left(z_i\varphi_i\left(\bar{x}_i\right) - \mu_i\hat{\theta}_i\right) \tag{2.1.34}$$

式中，$k_i > 0$ 和 $\mu_i > 0$ 是设计参数。

将式 (2.1.33) 和式 (2.1.34) 代入式 (2.1.32)，可得

$$\dot{V}_i \leqslant -\frac{k_1 z_1^2}{k_{b_1}^2 - z_1^2} - \sum_{j=2}^{i}k_j z_j^2 + \sum_{j=1}^{i}\mu_j \tilde{\theta}_j^{\mathrm{T}}\hat{\theta}_j + \frac{1}{2}\sum_{j=1}^{i}\eta_j \varepsilon_j^{*2} + z_i z_{i+1} \tag{2.1.35}$$

第 n 步　根据式 (2.1.1) 和 $z_n = x_n - \alpha_{n-1}$，z_n 的导数为

$$\dot{z}_n = \dot{x}_n - \dot{\alpha}_{n-1} = f_n\left(\bar{x}_n\right) + u - \dot{\alpha}_{n-1} \tag{2.1.36}$$

式中，$\dot{\alpha}_{n-1} = \sum_{j=1}^{n-1}\frac{\partial \alpha_{n-1}}{\partial x_j}\left(f_j\left(\bar{x}_j\right) + g_j\left(\bar{x}_j\right)x_{j+1}\right) + \sum_{j=1}^{n-1}\frac{\partial \alpha_{n-1}}{\partial \hat{\theta}_j}\dot{\hat{\theta}}_j + \sum_{j=0}^{n-1}\frac{\partial \alpha_{n-1}}{\partial y_m^{(j)}}y_m^{(j+1)}$。

设 $h_n\left(\bar{x}_n\right) = f_n\left(\bar{x}_n\right) - \sum_{j=1}^{n-1}\frac{\partial \alpha_{n-1}}{\partial x_j}\left(f_j\left(\bar{x}_j\right) + x_{j+1}\right)$。因为 $h_n\left(\bar{x}_n\right)$ 是未知非线

性函数，所以根据引理 0.1.1，利用模糊逻辑系统 $\hat{h}_n\left(\bar{x}_n \mid \hat{\theta}_n\right) = \hat{\theta}_n^{\mathrm{T}}\varphi_n\left(\bar{x}_n\right)$ 逼近 $h_n\left(\bar{x}_n\right)$，并假设

$$h_n\left(\bar{x}_n\right) = \theta_n^{*\mathrm{T}}\varphi_n\left(\bar{x}_n\right) + \varepsilon_n\left(\bar{x}_n\right) \tag{2.1.37}$$

式中，θ_n^* 是未知的最优参数；$\varepsilon_n\left(\bar{x}_n\right)$ 是最小模糊逼近误差。假设 $\varepsilon_n\left(\bar{x}_n\right)$ 满足 $\left|\varepsilon_n\left(\bar{x}_n\right)\right| \leqslant \varepsilon_n^*$，$\varepsilon_n^*$ 是正常数。

将式 (2.1.37) 代入式 (2.1.36)，可得

$$
\dot{z}_n = u + \theta_n^{*\mathrm{T}}\varphi_n\left(\bar{x}_n\right) + \varepsilon_n\left(\bar{x}_n\right) - \sum_{j=1}^{n-1}\frac{\partial\alpha_{n-1}}{\partial\hat{\theta}_j}\dot{\hat{\theta}}_j - \sum_{j=0}^{n-1}\frac{\partial\alpha_{n-1}}{\partial y_m^{(j)}}y_m^{(j+1)}
$$

$$
= u + \tilde{\theta}_n^{\mathrm{T}}\varphi_n\left(\bar{x}_n\right) + \hat{\theta}_n^{\mathrm{T}}\varphi_n\left(\bar{x}_n\right) + \varepsilon_n\left(\bar{x}_n\right) - \sum_{j=1}^{n-1}\frac{\partial\alpha_{n-1}}{\partial\hat{\theta}_j}\dot{\hat{\theta}}_j - \sum_{j=0}^{n-1}\frac{\partial\alpha_{n-1}}{\partial y_m^{(j)}}y_m^{(j+1)}
$$

$$
\tag{2.1.38}
$$

式中，$\hat{\theta}_n$ 是 θ_n^* 的估计；$\tilde{\theta}_n = \theta_n^* - \hat{\theta}_n$ 是参数估计误差。

选择如下的障碍李雅普诺夫函数：

$$
V_n = V_{n-1} + \frac{1}{2}z_n^2 + \frac{1}{2}\tilde{\theta}_n^{\mathrm{T}}\Gamma_n^{-1}\tilde{\theta}_n \tag{2.1.39}
$$

式中，$\Gamma_n = \Gamma_n^{\mathrm{T}} > 0$ 是增益矩阵。

对 V_n 求导，可得

$$
\dot{V}_n = \dot{V}_{n-1} + z_n\dot{z}_n - \tilde{\theta}_n^{\mathrm{T}}\Gamma_n^{-1}\dot{\hat{\theta}}_n \tag{2.1.40}
$$

将式 (2.1.38) 代入式 (2.1.40)，可得

$$
\dot{V}_n = \dot{V}_{n-1} + z_n\left(u + \tilde{\theta}_n^{\mathrm{T}}\varphi_n\left(\bar{x}_n\right) + \hat{\theta}_n^{\mathrm{T}}\varphi_n\left(\bar{x}_n\right) + \varepsilon_n\left(\bar{x}_n\right)\right.
$$

$$
\left. - \sum_{j=1}^{n-1}\frac{\partial\alpha_{n-1}}{\partial\hat{\theta}_j}\dot{\hat{\theta}}_j - \sum_{j=0}^{n-1}\frac{\partial\alpha_{n-1}}{\partial y_m^{(j)}}y_m^{(j+1)}\right) - \tilde{\theta}_n^{\mathrm{T}}\Gamma_n^{-1}\dot{\hat{\theta}}_n \tag{2.1.41}
$$

根据杨氏不等式，可得

$$
z_n\varepsilon_n\left(\bar{x}_n\right) \leqslant \frac{1}{2\eta_n}z_n^2 + \frac{1}{2}\eta_n\varepsilon_n^{*2} \tag{2.1.42}
$$

式中，$\eta_n > 0$ 是设计参数。

将式 (2.1.42) 代入式 (2.1.41)，可得

$$
\dot{V}_n \leqslant \dot{V}_{n-1} + z_n\left(u + \hat{\theta}_n^{\mathrm{T}}\varphi_n\left(\bar{x}_n\right) + \frac{1}{2\eta_n}z_n - \sum_{j=1}^{n-1}\frac{\partial\alpha_{n-1}}{\partial\hat{\theta}_j}\dot{\hat{\theta}}_j - \sum_{j=0}^{n-1}\frac{\partial\alpha_{n-1}}{\partial y_m^{(j)}}y_m^{(j+1)}\right)
$$

$$
+ \tilde{\theta}_n^{\mathrm{T}}\left(z_n\varphi_n\left(\bar{x}_n\right) - \Gamma_n^{-1}\dot{\hat{\theta}}_n\right) + \frac{1}{2}\eta_n\varepsilon_n^{*2} \tag{2.1.43}
$$

设计控制器 u 和参数 $\hat{\theta}_n$ 的自适应律如下：

$$
u = -k_nz_n - \hat{\theta}_n^{\mathrm{T}}\varphi_n\left(\bar{x}_n\right) - \frac{1}{2\eta_n}z_n + \sum_{j=1}^{n-1}\frac{\partial\alpha_{n-1}}{\partial\hat{\theta}_j}\dot{\hat{\theta}}_j + \sum_{j=0}^{n-1}\frac{\partial\alpha_{n-1}}{\partial y_m^{(j)}}y_m^{(j+1)} - z_{n-1} \tag{2.1.44}
$$

$$\dot{\hat{\theta}}_n = \Gamma_n \left(z_n \varphi_n \left(\bar{x}_n \right) - \mu_n \hat{\theta}_n \right) \tag{2.1.45}$$

式中，$k_n > 0$ 和 $\mu_n > 0$ 是设计参数。

将式 (2.1.44) 和式 (2.1.45) 代入式 (2.1.43)，可得

$$\dot{V}_n \leqslant -\frac{k_1 z_1^2}{k_{b_1}^2 - z_1^2} - \sum_{j=2}^{n} k_j z_j^2 + \sum_{j=1}^{n} \mu_j \tilde{\theta}_j^{\mathrm{T}} \hat{\theta}_j + \frac{1}{2} \sum_{j=1}^{n} \eta_j \varepsilon_j^{*2} \tag{2.1.46}$$

根据杨氏不等式，可得

$$\mu_j \tilde{\theta}_j^{\mathrm{T}} \hat{\theta}_j = \mu_j \tilde{\theta}_j^{\mathrm{T}} \theta_j^* - \mu_j \left\| \tilde{\theta}_j \right\|^2 \leqslant \frac{\mu_j}{2} \left\| \theta_j^* \right\|^2 - \frac{\mu_j}{2} \left\| \tilde{\theta}_j \right\|^2 \tag{2.1.47}$$

将式 (2.1.47) 代入式 (2.1.46)，可得

$$\dot{V}_n \leqslant -\frac{k_1 z_1^2}{k_{b_1}^2 - z_1^2} - \sum_{j=2}^{n} k_j z_j^2 - \sum_{j=1}^{n} \frac{\mu_j}{2} \left\| \tilde{\theta}_j \right\|^2 + D \tag{2.1.48}$$

式中，$D = \dfrac{\mu_j}{2} \left\| \theta_j^* \right\|^2 + \dfrac{1}{2} \sum_{j=1}^{n} \eta_j \varepsilon_j^{*2}$。

2.1.3 稳定性与收敛性分析

定理 2.1.1 对于非线性系统 (2.1.1)，假设 2.1.1 成立。如果采用虚拟控制器 (2.1.11)、(2.1.22) 和 (2.1.33)，控制器 (2.1.44)，自适应律 (2.1.12)、(2.1.23)、(2.1.34) 和 (2.1.45)，则总体控制方案具有如下性能：

(1) 闭环系统中所有信号是半全局一致最终有界的；

(2) 跟踪误差收敛到包含原点的一个较小邻域内；

(3) 系统的输出不超过预先给定的约束界。

证明 设

$$C = \min \left\{ 2k_j, \ \mu_n / \lambda_{\max} \left(\Gamma_n^{-1} \right) \right\}$$

则式 (2.1.48) 变为

$$\dot{V} \leqslant -CV + D \tag{2.1.49}$$

因此，由式 (2.1.49) 和引理 0.3.1 可知，所有信号 $x_i(t)$、$z_i(t)$、$\hat{\theta}_i$ 和 $u(t)$ 是半全局一致最终有界的，并且满足 $\lim\limits_{t \to \infty} |z_1| \leqslant k_{b_1} \sqrt{1 - \mathrm{e}^{-2D/C}}$ 和 $\lim\limits_{t \to \infty} |z_i| \leqslant \sqrt{2D/C}$，$i = 2, 3, \cdots, n$。在控制设计中，如果选择适当的设计参数，可以使得 D/C 比较小，那么可以得到跟踪误差收敛到包含原点的一个较小邻域内。另外，由 $|z_1| < k_{b_1}$ 和 $x_1 = z_1 + y_m$ 可知，$|x_1| \leqslant |z_1| + |y_m| \leqslant k_{b_1} + |y_m|$。根据 k_{b_1} 的定义，进一步可得 $|x_1| \leqslant k_{c_1} - \bar{Y}_0 + |y_m|$。由假设 2.1.1 可知，$|y_m(t)| \leqslant \bar{Y}_0$，因此 $|x_1| \leqslant k_{c_1}$，则系统输出不违反其预先给定的约束界。

评注 2.1.1 本节针对具有输出约束的单输入单输出非线性严格反馈系统，介绍了一种模糊自适应输出约束控制方法。如果在控制设计中，用神经网络代替模糊逻辑系统，则可形成神经网络自适应输出约束控制方法，可参见文献 [5] 和 [6]。

2.1.4 仿真

例 2.1.1   考虑如下的二阶非线性严格反馈系统：

$$\begin{cases} \dot{x}_1 = 0.1x_1^2 + x_2 \\ \dot{x}_2 = 0.1x_1x_2 - 0.2x_1 + u \end{cases} \tag{2.1.50}$$

给定参考信号为 $y_m = 0.2 + 0.3\sin(t)$。由于 $-\bar{Y}_0 = -0.1 \leqslant y_m = 0.2 + 0.3\sin(t) \leqslant 0.5 = \bar{Y}_0$，$|\dot{y}_m| = |0.3\cos(t)| \leqslant 0.3 = Y_1$，所以满足假设 2.1.1 的条件，有 $k_{b_1} = 0.8 - 0.5 = 0.3$。在本例中，其约束条件为 $|x_1| < k_{c_1} = 1.2$。

选择变量 x_i 的隶属函数为

$$\mu_{F_i^1}(x_i) = \exp\left[-\frac{(x_i-3)^2}{2}\right], \quad \mu_{F_i^2}(x_i) = \exp\left[-\frac{(x_i-2)^2}{2}\right]$$

$$\mu_{F_i^3}(x_i) = \exp\left[-\frac{(x_i-1)^2}{2}\right], \quad \mu_{F_i^4}(x_i) = \exp\left(-\frac{x_i^2}{2}\right)$$

$$\mu_{F_i^5}(x_i) = \exp\left[-\frac{(x_i+1)^2}{2}\right], \quad \mu_{F_i^6}(x_i) = \exp\left[-\frac{(x_i+2)^2}{2}\right]$$

$$\mu_{F_i^7}(z_i) = \exp\left[-\frac{(x_i+3)^2}{2}\right], \quad i = 1,\ 2$$

设计模糊自适应控制器和参数自适应律如下：

$$\alpha_1 = -k_1z_1 - \hat{\theta}_1^{\mathrm{T}}\varphi_1(x_1) - \frac{1}{2\eta_1}\frac{z_1}{k_{b_1}^2 - z_1^2} + \dot{y}_m$$

$$u = -k_2z_2 - \hat{\theta}_2^{\mathrm{T}}\varphi_2(\bar{x}_2) - \frac{1}{2\eta_2}z_2 + \frac{\partial\alpha_1}{\partial\hat{\theta}_1}\dot{\hat{\theta}}_1 + \sum_{j=0}^{1}\frac{\partial\alpha_1}{\partial y_m^{(j)}}y_m^{(j+1)} - z_1$$

$$\dot{\hat{\theta}}_1 = \Gamma_1\left(\frac{z_1\varphi_1(x_1)}{k_{b_1}^2 - z_1^2} - \mu_1\hat{\theta}_1\right)$$

$$\dot{\hat{\theta}}_2 = \Gamma_2\left(z_2\varphi_2(\bar{x}_2) - \mu_2\hat{\theta}_2\right)$$

选择设计参数为：$k_1 = k_2 = 2.0$，$\eta_1 = 0.25$，$\eta_2 = 0.1$，$\Gamma_1 = 2.5I$，$\Gamma_2 = 2.4I$，$\mu_1 = 0.1$，$\mu_2 = 0.2$。初始条件为：$x_1(0) = 0.1$，$x_2(0) = 0.7$，$\hat{\theta}_1(0) = \hat{\theta}_2(0) = 0.1$。
仿真结果如图 2.1.1～图 2.1.5 所示。

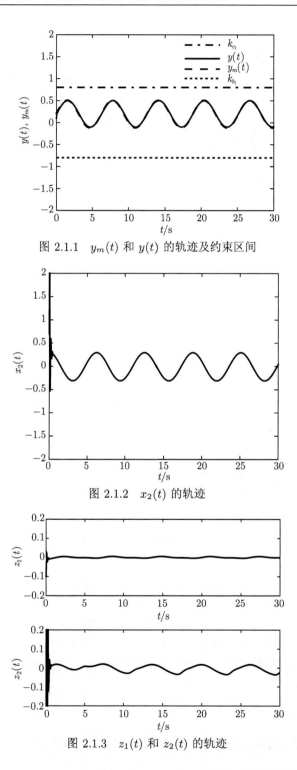

图 2.1.1　$y_m(t)$ 和 $y(t)$ 的轨迹及约束区间

图 2.1.2　$x_2(t)$ 的轨迹

图 2.1.3　$z_1(t)$ 和 $z_2(t)$ 的轨迹

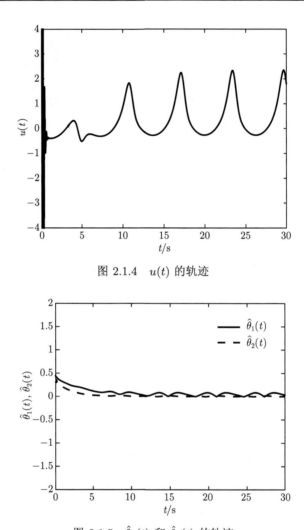

图 2.1.4　$u(t)$ 的轨迹

图 2.1.5　$\hat{\theta}_1(t)$ 和 $\hat{\theta}_2(t)$ 的轨迹

2.2　非线性状态约束系统模糊自适应控制

2.1 节介绍了具有输出约束非线性系统的模糊自适应反步递推控制方法，本节针对一类具有状态约束的单输入单输出不确定非线性严格反馈系统，在 2.1 节的基础上介绍一种模糊自适应全状态约束控制设计方法，并给出闭环系统的稳定性和收敛性分析。

2.2.1　系统模型及控制问题描述

考虑如下的单输入单输出不确定非线性严格反馈系统：

$$\begin{cases} \dot{x}_i = f_i\left(\bar{x}_i\right) + g_i\left(\bar{x}_i\right)x_{i+1}, \quad i = 1, 2, \cdots, n-1 \\ \dot{x}_n = f_n\left(\bar{x}_n\right) + g_n\left(\bar{x}_n\right)u \\ y = x_1 \end{cases} \tag{2.2.1}$$

式中，$\bar{x}_i = [x_1, x_2, \cdots, x_i]^{\mathrm{T}} \in \mathbf{R}^i \, (i = 1, 2, \cdots, n)$ 是状态向量；$u \in \mathbf{R}$ 和 $y \in \mathbf{R}$ 分别是系统的输入和输出；$f_i\left(\bar{x}_i\right)$ 和 $g_i\left(\bar{x}_i\right)$ 是未知的光滑非线性函数。假设系统的所有状态 x_i 满足约束条件 $|x_i| < k_{c_i}$，k_{c_i} 是正常数。

假设 2.2.1　存在正常数 g_{i0} 满足 $0 < g_{i0} \leqslant |g_i\left(\bar{x}_i\right)| < \infty$。不失一般性，假定 $0 < g_{i0} \leqslant g_i\left(\bar{x}_i\right) < \infty$ 是成立的。

假设 2.2.2　对于期望轨迹 $y_m\left(t\right)$ 和其 i 阶导数 $y_m^{(i)}\left(t\right)$，存在正常数 $\bar{Y}_0$ 和 $Y_i \, (i = 1, 2, \cdots, m)$，满足 $|y_m\left(t\right)| \leqslant \bar{Y}_0 < k_{c_1}$ 和 $\left|y_m^{(i)}\left(t\right)\right| < Y_i$。

控制任务　基于模糊逻辑系统设计一种模糊自适应控制器，使得：

(1) 闭环系统的所有信号是半全局一致最终有界的；

(2) 跟踪误差 $z_1(t) = y(t) - y_m(t)$ 收敛到包含原点的一个较小邻域内；

(3) 系统的状态不超过其预先给定的约束界。

2.2.2　模糊自适应反步递推控制设计

定义如下的坐标变换：

$$\begin{cases} z_1 = x_1 - y_m \\ z_i = x_i - \alpha_{i-1}, \quad i = 2, 3, \cdots, n \end{cases} \tag{2.2.2}$$

式中，z_1 是跟踪误差；α_{i-1} 是在第 $i-1$ 步中将要设计的虚拟控制器。

基于上面的坐标变换，n 步模糊自适应反步递推控制设计过程如下。

第 1 步　求 z_1 的导数。由式 (2.2.1) 和式 (2.2.2) 可得

$$\begin{aligned} \dot{z}_1 &= \dot{x}_1 - \dot{y}_m = f_1\left(x_1\right) + g_1\left(x_1\right)x_2 - \dot{y}_m \\ &= g_1\left(x_1\right)\left(z_2 + \alpha_1\right) + f_1\left(x_1\right) - \dot{y}_m \end{aligned} \tag{2.2.3}$$

设 $h_1(Z_1) = f_1\left(x_1\right) - \dot{y}_m$，$Z_1 = [x_1, \dot{y}_m]^{\mathrm{T}}$。因为 $h_1(Z_1)$ 是未知非线性函数，所以利用模糊逻辑系统 $\hat{h}_1(Z_1|\hat{\theta}_1) = \hat{\theta}_1^{\mathrm{T}}\varphi_1(Z_1)$ 逼近 $h_1(Z_1)$，并假设

$$h_1(Z_1) = \theta_1^{*\mathrm{T}}\varphi_1(Z_1) + \varepsilon_1(Z_1) \tag{2.2.4}$$

式中，θ_1^* 是未知的最优参数；ε_1 是最小模糊逼近误差。假设 ε_1 满足 $|\varepsilon_1| \leqslant \varepsilon_1^*$，$\varepsilon_1^*$ 是正常数。

将式 (2.2.4) 代入式 (2.2.3)，可得

$$\dot{z}_1 = g_1\left(x_1\right)\left(z_2 + \alpha_1\right) + \theta_1^{*\mathrm{T}}\varphi_1\left(Z_1\right) + \varepsilon_1\left(Z_1\right) \tag{2.2.5}$$

式中，$\hat{\theta}_1$ 是 θ_1 的估计；$\tilde{\theta}_1 = \hat{\theta}_1 - \theta_1$ 是参数估计误差，且 $\theta_1 = g_{10}^{-1} \|\theta_1^*\|^2$。

选择如下的障碍李雅普诺夫函数：

$$V_1 = \frac{1}{2} \log \frac{k_{b_1}^2}{k_{b_1}^2 - z_1^2} + \frac{1}{2} g_{10} \tilde{\theta}_1^2 \tag{2.2.6}$$

式中，$k_{b_1} = k_{c_1} - \bar{Y}_0$。

由式 (2.2.5) 和式 (2.2.6) 可得

$$
\begin{aligned}
\dot{V}_1 &= \frac{z_1 \dot{z}_1}{k_{b_1}^2 - z_1^2} + g_{10} \tilde{\theta}_1 \dot{\hat{\theta}}_1 \\
&= \frac{z_1}{k_{b_1}^2 - z_1^2} \left[g_1(x_1)(z_2 + \alpha_1) + \theta_1^{*\mathrm{T}} \varphi_1(Z_1) + \varepsilon_1(Z_1) \right] + g_{10} \tilde{\theta}_1^{\mathrm{T}} \dot{\hat{\theta}}_1
\end{aligned}
\tag{2.2.7}
$$

根据杨氏不等式，可得

$$\frac{1}{k_{b_1}^2 - z_1^2} z_1 \theta_1^{*\mathrm{T}} \varphi_1(Z_1) \leqslant \frac{a_1^2}{2} + \frac{1}{2a_1^2} \frac{1}{\left(k_{b_1}^2 - z_1^2\right)^2} z_1^2 \|\theta_1^*\|^2 \|\varphi_1(Z_1)\|^2 \tag{2.2.8}$$

$$\frac{1}{k_{b_1}^2 - z_1^2} z_1 \varepsilon_1(Z_1) \leqslant \frac{1}{2} \frac{1}{\left(k_{b_1}^2 - z_1^2\right)^2} g_{10} z_1^2 + \frac{1}{2} \frac{1}{g_{10}} \varepsilon_1^{*2} \tag{2.2.9}$$

式中，$a_1 > 0$ 是设计参数。

将式 (2.2.8) 和式 (2.2.9) 代入式 (2.2.7)，可得

$$
\begin{aligned}
\dot{V}_1 &\leqslant \frac{z_1}{k_{b_1}^2 - z_1^2} \left(g_1(x_1) x_2 + \frac{1}{2a_1^2} \frac{z_1}{k_{b_1}^2 - z_1^2} \|\theta_1^*\|^2 \|\varphi_1(Z_1)\|^2 \right. \\
&\quad \left. + \frac{1}{2} \frac{z_1}{k_{b_1}^2 - z_1^2} g_{10} \right) + g_{10} \tilde{\theta}_1 \dot{\hat{\theta}}_1 + \frac{1}{2} a_1^2 + \frac{1}{2g_{10}} \varepsilon_1^{*2} \\
&\leqslant \frac{z_1}{k_{b_1}^2 - z_1^2} \left(g_1(x_1) z_2 + g_1(x_1) \alpha_1 + \frac{1}{2a_1^2} \frac{z_1}{k_{b_1}^2 - z_1^2} g_{10} \theta_1 \|\varphi_1(Z_1)\|^2 \right. \\
&\quad \left. + \frac{1}{2} \frac{z_1}{k_{b_1}^2 - z_1^2} g_{10} \right) + g_{10} \tilde{\theta}_1 \dot{\hat{\theta}}_1 + \frac{1}{2} a_1^2 + \frac{1}{2g_{10}} \varepsilon_1^{*2} \\
&\leqslant \frac{z_1}{k_{b_1}^2 - z_1^2} \left(g_1(x_1) \alpha_1 + \frac{1}{2a_1^2} \frac{z_1}{k_{b_1}^2 - z_1^2} g_{10} \hat{\theta}_1 \|\varphi_1(Z_1)\|^2 + \frac{1}{2} \frac{z_1}{k_{b_1}^2 - z_1^2} g_{10} \right) \\
&\quad + \tilde{\theta}_1 g_{10} \left[\dot{\hat{\theta}}_1 - \frac{1}{2a_1^2} \frac{z_1^2}{\left(k_{b_1}^2 - z_1^2\right)^2} \|\varphi_1(Z_1)\|^2 \right] + \frac{g_1(x_1) z_1 z_2}{k_{b_1}^2 - z_1^2} + \frac{1}{2} a_1^2 + \frac{1}{2g_{10}} \varepsilon_1^{*2}
\end{aligned}
\tag{2.2.10}
$$

设计虚拟控制器 α_1 和参数 $\hat{\theta}_1$ 的自适应律如下：

$$\alpha_1 = -\lambda_1 z_1 - \frac{1}{2a_1^2} \frac{1}{k_{b_1}^2 - z_1^2} z_1 \hat{\theta}_1 \|\varphi_1(Z_1)\|^2 - \frac{1}{2} \frac{z_1}{k_{b_1}^2 - z_1^2} \tag{2.2.11}$$

$$\dot{\hat{\theta}}_1 = -\sigma_1 \hat{\theta}_1 + \frac{1}{2a_1^2} \frac{z_1^2}{\left(k_{b_1}^2 - z_1^2\right)^2} \left\| \varphi_1(Z_1) \right\|^2 \tag{2.2.12}$$

式中，$\lambda_1 > 0$ 和 $\sigma_1 > 0$ 是设计参数，且满足 $\lambda_1^* = \lambda_1 - 0.5 > 0$。

将式 (2.2.11) 和式 (2.2.12) 代入式 (2.2.10)，可得

$$\dot{V}_1 \leqslant -\frac{1}{k_{b_1}^2 - z_1^2} g_{10} \lambda_1^* z_1^2 - \sigma_1 g_{10} \tilde{\theta}_1 \hat{\theta}_1 + \frac{1}{k_{b_1}^2 - z_1^2} g_1(x_1) z_1 z_2 + \frac{1}{2}a_1^2 + \frac{1}{2g_{10}} \varepsilon_1^{*2} \tag{2.2.13}$$

第 $i(2 \leqslant i \leqslant n-1)$ 步　　根据式 (2.2.1) 和式 (2.2.2)，误差 z_i 的导数为

$$\dot{z}_i = \dot{x}_i - \dot{\alpha}_{i-1} = f_i \theta_{i-1}(\bar{x}_i) + g_i(\bar{x}_i)(z_{i+1} + \alpha_i) - \dot{\alpha}_{i-1} \tag{2.2.14}$$

式中，$\dot{\alpha}_{i-1}$ 是关于 $\bar{x}_{i-1}$、$\hat{\theta}_1, \cdots, \hat{\theta}_{i-1}$ 和 $y_m, \cdots, y_m^{(i)}$ 的函数。

设 $h_i(Z_i) = f_i(\bar{x}_i) - \dot{\alpha}_{i-1} + \dfrac{k_{b_i}^2 - z_i^2}{k_{b_{i-1}}^2 - z_{i-1}^2} g_{i-1}(\bar{x}_{i-1}) z_{i-1}$，$Z_i = [\bar{x}_i, y_m, \dot{y}_m, \cdots,$

$y_m^{(i)}, \hat{\theta}_1, \cdots, \hat{\theta}_{i-1}]^{\mathrm{T}}$。因为 $h_i(Z_i)$ 是未知非线性函数，所以利用模糊逻辑系统 $\hat{h}_i(Z_i | \hat{\theta}_i) = \hat{\theta}_i^{\mathrm{T}} \varphi_i(Z_i)$ 逼近 $h_i(Z_i)$，并假设

$$h_i(Z_i) = \theta_i^{*\mathrm{T}} \varphi_i(Z_i) + \varepsilon_i(Z_i) \tag{2.2.15}$$

式中，θ_i^* 是最优参数；ε_i 是最小模糊逼近误差。假设 $\varepsilon_i(Z_i)$ 满足 $|\varepsilon_i(Z_i)| \leqslant \varepsilon_i^*$，$\varepsilon_i^*$ 是正常数。

将式 (2.2.15) 代入式 (2.2.14)，可得

$$\dot{z}_i = g_i(\bar{x}_i)(z_{i+1} + \alpha_i) + \theta_i^{*\mathrm{T}} \varphi_i(Z_i) + \varepsilon_i(Z_i) - \frac{k_{b_i}^2 - z_i^2}{k_{b_{i-1}}^2 - z_{i-1}^2} g_{i-1}(\bar{x}_{i-1}) z_{i-1} \tag{2.2.16}$$

选择如下的障碍李雅普诺夫函数：

$$V_i = V_{i-1} + \frac{1}{2} \log \frac{k_{b_i}^2}{k_{b_i}^2 - z_i^2} + \frac{1}{2} g_{i0} \tilde{\theta}_i^2 \tag{2.2.17}$$

V_i 的导数为

$$\dot{V}_i = \dot{V}_{i-1} + \frac{z_i \dot{z}_i}{k_{b_i}^2 - z_i^2} + g_{i0} \tilde{\theta}_i \dot{\hat{\theta}}_i \tag{2.2.18}$$

将式 (2.2.16) 代入式 (2.2.18)，可得

$$\begin{aligned}
\dot{V}_i = \dot{V}_{i-1} + \frac{z_i}{k_{b_i}^2 - z_i^2} \bigg[& g_i(\bar{x}_i)(z_{i+1} + \alpha_i) + \theta_i^{*\mathrm{T}} \varphi_i(Z_i) + \varepsilon_i(Z_i) \\
& - \frac{k_{b_i}^2 - z_i^2}{k_{b_{i-1}}^2 - z_{i-1}^2} g_{i-1}(\bar{x}_{i-1}) z_{i-1} \bigg] + g_{i0} \tilde{\theta}_i \dot{\hat{\theta}}_i
\end{aligned} \tag{2.2.19}$$

根据杨氏不等式，可得

$$\frac{1}{k_{b_i}^2 - z_i^2} z_i \theta_i^{*\mathrm{T}} \varphi_i\left(Z_i\right) \leqslant \frac{a_i^2}{2} + \frac{1}{2a_i^2} \frac{1}{\left(k_{b_i}^2 - z_i^2\right)^2} z_i^2 \left\|\theta_i^*\right\|^2 \left\|\varphi_i\left(Z_i\right)\right\|^2 \quad (2.2.20)$$

$$\frac{1}{k_{b_i}^2 - z_i^2} z_i \varepsilon_i\left(Z_i\right) \leqslant \frac{1}{2} \frac{1}{\left(k_{b_i}^2 - z_i^2\right)^2} g_{i0} z_i^2 + \frac{1}{2} \frac{1}{g_{i0}} \varepsilon_i^{*2} \quad (2.2.21)$$

式中，$a_i > 0$ 是设计参数。

将式 (2.2.20) 和式 (2.2.21) 代入式 (2.2.19)，可得

$$\dot{V}_i \leqslant \dot{V}_{i-1} + \frac{z_i}{k_{b_i}^2 - z_i^2}\left[g_i\left(\bar{x}_i\right)\left(z_{i+1} + \alpha_i\right) + \frac{1}{2a_i^2}\frac{z_i}{k_{b_i}^2 - z_i^2}\left\|\theta_i^*\right\|^2\left\|\varphi_i\left(Z_i\right)\right\|^2 + \frac{1}{2}a_i^2\right.$$

$$\left. + \frac{z_i}{2\left(k_{b_i}^2 - z_i^2\right)}g_{i0} - \frac{k_{b_i}^2 - z_i^2}{k_{b_{i-1}}^2 - z_{i-1}^2}g_{i-1}\left(\bar{x}_{i-1}\right)z_{i-1}\right] + g_{i0}\tilde{\theta}_i\dot{\hat{\theta}}_i + \frac{1}{2g_{i0}}\varepsilon_i^{*2}$$

$$\leqslant \dot{V}_{i-1} + \frac{z_i}{k_{b_i}^2 - z_i^2}\left[g_i\left(\bar{x}_i\right)\alpha_i + \frac{1}{2a_i^2}\frac{z_i}{k_{b_i}^2 - z_i^2}g_{i0}\hat{\theta}_i\left\|\varphi_i\left(Z_i\right)\right\|^2 + \frac{z_i}{2\left(k_{b_i}^2 - z_i^2\right)}g_{i0}\right]$$

$$+ g_{i0}\tilde{\theta}_i\left[\dot{\hat{\theta}}_i - \frac{1}{2a_i^2}\frac{z_i^2}{\left(k_{b_i}^2 - z_i^2\right)^2}g_{i0}\left\|\varphi_i\left(Z_i\right)\right\|^2\right] - \frac{1}{k_{b_{i-1}}^2 - z_{i-1}^2}g_{i-1}\left(\bar{x}_{i-1}\right)z_{i-1}z_i$$

$$+ \frac{g_i\left(\bar{x}_i\right)z_iz_{i+1}}{k_{b_i}^2 - z_i^2} + \frac{1}{2}a_i^2 + \frac{1}{2g_{i0}}\varepsilon_i^{*2} \quad (2.2.22)$$

设计虚拟控制器 α_i 和参数 $\hat{\theta}_i$ 的自适应律如下：

$$\alpha_i = -\lambda_i z_i - \frac{1}{2a_i^2}\frac{1}{k_{b_i}^2 - z_i^2}z_i\hat{\theta}_i\left\|\varphi_i\left(Z_i\right)\right\|^2 - \frac{z_i}{2\left(k_{b_i}^2 - z_i^2\right)} \quad (2.2.23)$$

$$\dot{\hat{\theta}}_i = -\sigma_i\hat{\theta}_i + \frac{1}{2a_i^2}\frac{z_i^2}{\left(k_{b_i}^2 - z_i^2\right)^2}\left\|\varphi_i\left(Z_i\right)\right\|^2 \quad (2.2.24)$$

式中，$\lambda_i > 0$ 和 $\sigma_i > 0$ 是设计参数，且满足 $\lambda_i^* = \lambda_i - 0.5 > 0$。

在第 $i-1$ 步中，可得

$$\dot{V}_{i-1} \leqslant -\sum_{j=1}^{i-1}\frac{1}{k_{b_j}^2 - z_j^2}g_{j0}\lambda_j^* z_j^2 - \sum_{j=1}^{i-1}\sigma_j g_{j0}\tilde{\theta}_j\hat{\theta}_j + \frac{1}{2}\sum_{j=1}^{i-1}a_j^2$$

$$+ \frac{1}{2}\sum_{j=1}^{i-1}\frac{1}{g_{j0}}\varepsilon_j^{*2} + \frac{1}{k_{b_{i-1}}^2 - z_{i-1}^2}g_{i-1}\left(\bar{x}_{i-1}\right)z_{i-1}z_i \quad (2.2.25)$$

将式 (2.2.23)~式 (2.2.25) 代入式 (2.2.22)，可得

$$\dot{V}_i \leqslant -\sum_{j=1}^{i}\frac{1}{k_{b_j}^2 - z_j^2}g_{j0}\lambda_j^* z_j^2 - \sum_{j=1}^{i}\sigma_j g_{j0}\tilde{\theta}_j\hat{\theta}_j + \frac{1}{2}\sum_{j=1}^{i}a_j^2$$

$$+ \frac{1}{2} \sum_{j=1}^{i} \frac{1}{g_{j0}} \varepsilon_j^{*2} + \frac{1}{k_{b_i}^2 - z_i^2} g_i(\bar{x}_i) z_i z_{i+1} \tag{2.2.26}$$

第 n 步　根据式 (2.2.1) 和式 (2.2.2)，误差 z_n 的导数为

$$\dot{z}_n = \dot{x}_n - \dot{\alpha}_{n-1} = f_n(\bar{x}_n) + g_n(\bar{x}_n) u - \dot{\alpha}_{n-1} \tag{2.2.27}$$

式中，$\dot{\alpha}_{n-1}$ 是关于 $\bar{x}_{n-1}$、$\hat{\theta}_1, \cdots, \hat{\theta}_{n-1}$ 和 $y_m, \cdots, y_m^{(n)}$ 的函数。

设 $h_n(Z_n) = f_n(\bar{x}_n) - \dot{\alpha}_{n-1} + \dfrac{k_{b_n}^2 - z_n^2}{k_{b_{n-1}}^2 - z_{n-1}^2} g_{n-1}(\bar{x}_{n-1}) z_{n-1}$，$Z_n = [\bar{x}_n, y_m,$

$\dot{y}_m, \cdots, y_m^{(n)}, \hat{\theta}_1, \cdots, \hat{\theta}_{n-1}]^{\mathrm{T}}$。因为 $h_n(Z_n)$ 是未知非线性函数，所以利用模糊逻辑系统 $\hat{h}_n(Z_n|\hat{\theta}_n) = \hat{\theta}_n^{\mathrm{T}} \varphi_n(Z_n)$ 逼近 $h_n(Z_n)$，并假设

$$h_n(Z_n) = \theta_n^{*\mathrm{T}} \varphi_n(Z_n) + \varepsilon_n(Z_n) \tag{2.2.28}$$

式中，θ_n^* 是最优参数；$\varepsilon_n(Z_n)$ 是最小模糊逼近误差。假设 $\varepsilon_n(Z_n)$ 满足 $|\varepsilon_n(Z_n)| \leqslant \varepsilon_n^*$，$\varepsilon_n^*$ 是正常数。

将式 (2.2.28) 代入式 (2.2.27)，可得

$$\dot{z}_n = g_n(\bar{x}_n) u + \theta_n^{*\mathrm{T}} \varphi_n(Z_n) + \varepsilon_n(Z_n) - \frac{k_{b_n}^2 - z_n^2}{k_{b_{n-1}}^2 - z_{n-1}^2} z_{n-1} g_{n-1}(\bar{x}_{n-1}) \tag{2.2.29}$$

选择如下的障碍李雅普诺夫函数：

$$V_n = V_{n-1} + \frac{1}{2} \log \frac{k_{b_n}^2}{k_{b_n}^2 - z_n^2} + \frac{1}{2} g_{n0} \tilde{\theta}_n^2 \tag{2.2.30}$$

V_n 的导数为

$$\dot{V}_n = \dot{V}_{n-1} + \frac{z_n \dot{z}_n}{k_{b_n}^2 - z_n^2} + g_{n0} \tilde{\theta}_n \dot{\hat{\theta}}_n \tag{2.2.31}$$

将式 (2.2.29) 代入式 (2.2.31)，可得

$$\dot{V}_n = \dot{V}_{n-1} + \frac{z_n}{k_{b_n}^2 - z_n^2} \left(g_n(\bar{x}_n) u + \theta_n^{*\mathrm{T}} \varphi_n(Z_n) + \varepsilon_n(Z_n) \right.$$
$$\left. - \frac{k_{b_n}^2 - z_n^2}{k_{b_{n-1}}^2 - z_{n-1}^2} z_{n-1} g_{n-1}(\bar{x}_{n-1}) \right) + g_{n0} \tilde{\theta}_n \dot{\hat{\theta}}_n \tag{2.2.32}$$

根据杨氏不等式，可得

$$\frac{1}{k_{b_n}^2 - z_n^2} z_n \theta_n^{*\mathrm{T}} \varphi_n(Z_n) \leqslant \frac{1}{2} a_n^2 + \frac{1}{2a_n^2} \frac{1}{(k_{b_n}^2 - z_n^2)^2} z_n^2 \|\theta_n^*\|^2 \|\varphi_n(Z_n)\|^2 \tag{2.2.33}$$

$$\frac{1}{k_{b_n}^2 - z_n^2} z_n \varepsilon_n (Z_n) \leqslant \frac{1}{2} \frac{1}{\left(k_{b_n}^2 - z_n^2\right)^2} g_{n0} z_n^2 + \frac{1}{2} \frac{1}{g_{n0}} \varepsilon_n^{*2} \tag{2.2.34}$$

将式 (2.2.33) 和式 (2.2.34) 代入式 (2.2.32)，可得

$$\begin{aligned}
\dot{V}_n \leqslant & \dot{V}_{n-1} + \frac{z_n}{k_{b_n}^2 - z_n^2} \Bigg[g_n (\bar{x}_n) u + \frac{1}{2a_n^2} \frac{1}{k_{b_n}^2 - z_n^2} z_n \|\theta_n^*\|^2 \|\varphi_n (Z_n)\|^2 + \frac{1}{2} a_n^2 \\
& + \frac{1}{2\left(k_{b_n}^2 - z_n^2\right)} g_{n0} z_n - \frac{k_{b_n}^2 - z_n^2}{k_{b_{n-1}}^2 - z_{n-1}^2} g_{n-1} (\bar{x}_{n-1}) z_{n-1} \Bigg] + g_{n0} \tilde{\theta}_n \dot{\hat{\theta}}_n + \frac{1}{2g_{n0}} \varepsilon_n^{*2} \\
\leqslant & \dot{V}_{n-1} + \frac{z_n}{k_{b_n}^2 - z_n^2} \Bigg[g_n (\bar{x}_n) u + \frac{1}{2a_n^2} \frac{1}{k_{b_n}^2 - z_n^2} z_n g_{n0} \hat{\theta}_n \|\varphi_n (Z_n)\|^2 \\
& + \frac{1}{2\left(k_{b_n}^2 - z_n^2\right)} g_{n0} z_n \Bigg] + g_{n0} \tilde{\theta}_n \Bigg[\dot{\hat{\theta}}_n - \frac{1}{2a_n^2} \frac{z_n^2}{\left(k_{b_n}^2 - z_n^2\right)^2} \|\varphi_n (Z_n)\|^2 \Bigg] \\
& - \frac{1}{k_{b_{n-1}}^2 - z_{n-1}^2} g_{n-1} (\bar{x}_{n-1}) z_{n-1} z_n + \frac{1}{2} a_n^2 + \frac{1}{2g_{n0}} \varepsilon_n^{*2} \tag{2.2.35}
\end{aligned}$$

设计控制器 u 和参数 $\hat{\theta}_n$ 的自适应律如下：

$$u = -\lambda_n z_n - \frac{1}{2a_n^2} \frac{1}{k_{b_n}^2 - z_n^2} z_n \hat{\theta}_n \|\varphi_n (Z_n)\|^2 - \frac{1}{2\left(k_{b_n}^2 - z_n^2\right)} z_n \tag{2.2.36}$$

$$\dot{\hat{\theta}}_n = -\sigma_n \hat{\theta}_n + \frac{1}{2a_n^2} \frac{1}{\left(k_{b_n}^2 - z_n^2\right)^2} z_n^2 \|\varphi_n (Z_n)\|^2 \tag{2.2.37}$$

将式 (2.2.36) 和式 (2.2.37) 代入式 (2.2.35)，可得

$$\dot{V}_n \leqslant -\sum_{j=1}^{n} \frac{1}{k_{b_j}^2 - z_j^2} g_{j0} \lambda_j^* z_j^2 - \frac{1}{2} \sum_{j=1}^{n} \sigma_j g_{j0} \tilde{\theta}_j \hat{\theta}_j + \frac{1}{2} \sum_{j=1}^{n} a_j^2 + \frac{1}{2} \sum_{j=1}^{n} \frac{1}{g_{j0}} \varepsilon_j^{*2} \tag{2.2.38}$$

由式 (2.2.12)、式 (2.2.24) 和式 (2.2.37) 可得，对任意的非负初始条件到 $\hat{\theta}_j (t_0) \geqslant 0$，当 $t \geqslant t_0$ 时，有 $\hat{\theta}_j (t) \geqslant 0$。

根据杨氏不等式，可得

$$\begin{aligned}
-\sigma_j g_{j0} \tilde{\theta}_j \hat{\theta}_j = \sigma_j g_{j0} \tilde{\theta}_j^2 - \sigma_j g_{j0} \tilde{\theta}_j \theta_j \\
\leqslant -\frac{1}{2} \sigma_j g_{j0} \tilde{\theta}_j^2 + \frac{1}{2} \sigma_j g_{j0} \theta_j^2 \tag{2.2.39}
\end{aligned}$$

由式 (2.2.6)、式 (2.2.17) 和式 (2.2.30) 可得

$$V_n = \frac{1}{2} \sum_{j=1}^{n} \log \frac{k_{b_j}^2}{k_{b_j}^2 - z_j^2} + \frac{1}{2} \sum_{j=1}^{n} g_{j0} \tilde{\theta}_j^2 \tag{2.2.40}$$

根据式 (2.2.39) 和式 (2.2.40)，可得

$$\dot{V}_n \leqslant -\sum_{j=1}^n \frac{1}{k_{b_j}^2 - z_j^2} g_{j0} \lambda_j^* z_j^2 - \frac{1}{2} \sum_{j=1}^n \sigma_j g_{j0} \tilde{\theta}_j^2$$

$$+ \frac{1}{2} \sum_{j=1}^n a_j^2 + \frac{1}{2} \sum_{j=1}^n \frac{1}{g_{j0}} \varepsilon_j^{*2} + \frac{1}{2} \sum_{j=1}^n \sigma_j g_{j0} \theta_j^2 \qquad (2.2.41)$$

在区间 $|z_j| < k_{b_j}$ 上有 $\log\left[k_{b_j}^2 / \left(k_{b_j}^2 - z_j^2 \right) \right] < z_j^2 / \left(k_{b_j}^2 - z_j^2 \right)$。式 (2.2.41) 变为

$$\dot{V}_n \leqslant -\sum_{j=1}^n g_{j0} \lambda_j^* \log \frac{k_{b_j}^2}{k_{b_j}^2 - z_j^2} - \frac{1}{2} \sum_{j=1}^n \sigma_j g_{j0} \tilde{\theta}_j^2 + D \qquad (2.2.42)$$

式中，$D = \dfrac{1}{2} \sum\limits_{j=1}^n a_j^2 + \dfrac{1}{2} \sum\limits_{j=1}^n \dfrac{1}{g_{j0}} \varepsilon_j^{*2} + \dfrac{1}{2} \sum\limits_{j=1}^n \sigma_j g_{j0} \theta_j^2$。

2.2.3 稳定性与收敛性分析

定理 2.2.1 对于非线性系统 (2.2.1)，假设 (2.2.1) 和假设 (2.2.2) 成立。如果采用虚拟控制器 (2.2.11)、(2.2.23)，控制器 (2.2.36)，自适应律 (2.2.12)、(2.1.24) 和 (2.1.37)，则总体控制方案具有如下性能：

(1) 闭环系统中所有信号半全局一致最终有界；

(2) 跟踪误差 $z_1(t) = y(t) - y_m(t)$ 收敛到包含原点的一个较小邻域内；

(3) 系统的状态不超过其预先给定的约束界。

证明 设

$$C = \min \left\{ 2g_{j0} \lambda_j^*, \sigma_j, j = 1, 2, \cdots, n \right\}$$

则 $\dot{V}_n$ 最终表示为

$$\dot{V}_n \leqslant -CV_n + D \qquad (2.2.43)$$

根据式 (2.2.43) 和引理 0.3.1，所有信号是半全局一致最终有界的。由式 (2.2.43) 可得 $\log\left[k_{b_j}^2 / \left(k_{b_j}^2 - z_j^2 \right) \right] \leqslant (V_n(0) - D/C) \mathrm{e}^{-Ct} + D/C$，对两边取对数可得

$$k_{b_1}^2 / \left(k_{b_1}^2 - z_1^2 \right) \leqslant \mathrm{e}^{2(V_n(0) - D/C)\mathrm{e}^{-Ct} + 2D/C}$$

则有 $|z_1| \leqslant k_{b_1} \sqrt{1 - \mathrm{e}^{-2(V_n(0) - D/C)\mathrm{e}^{-Ct} - 2D/C}} = \Delta$。若 $V_n(0) = D/C$，则有 $|z_1| \leqslant k_{b_1}\sqrt{1 - \mathrm{e}^{-2D/C}} = \Delta$；若 $V_n(0) \neq D/C$，则对任意的 $\Delta > k_{b_1}\sqrt{1 - \mathrm{e}^{-2D/C}}$，存在 T 使得 $t > T$ 时有 $|z_1| \leqslant \Delta$。在控制设计中，如果选择适当的设计参数，可以得到跟踪误差 $z_1 = y - y_m$ 收敛到包含原点的一个较小邻域内。由 $x_1 = z_1 + y_m(t)$ 和 $|y_m(t)| \leqslant \bar{Y}_0$ 可以推出 $|x_1| \leqslant |z_1| + |y_m| \leqslant k_{b_1} + \bar{Y}_0$；根据 k_{b_1} 的定义，可得

$|x_1| \leqslant k_{c_1}$。由于 $\alpha_1(\cdot)$ 有界，假设 $|\alpha_1(\cdot)| \leqslant \bar{\alpha}_1$，由 $|x_{i+1}| \leqslant k_{c_{i+1}} (i = 2, 3, \cdots, n-1)$ 和 $x_2 = z_2 + \alpha_1$，可得出 $|x_2| \leqslant k_{b_2} + \bar{\alpha}_1 \leqslant k_{c_2}$。同样地，由 $|\alpha_i(\cdot)| \leqslant \bar{\alpha}_i$ 可以证明 $|x_{i+1}| \leqslant k_{c_{i+1}} (i = 2, 3, \cdots, n-1)$。因此，系统的状态不违反其预先给定的约束界。

评注 2.2.1　　(1) 本节针对具有状态约束的单输入单输出非线性严格反馈系统，基于对数型障碍李雅普诺夫函数，介绍了一种具有状态约束的模糊自适应控制设计方法。目前，除了对数型障碍李雅普诺夫函数外，通常使用的障碍李雅普诺夫函数还有以下两种。

① tan 型障碍李雅普诺夫函数：

$$V(x) = \frac{k_c}{\pi} \tan^2 \left(\frac{\pi x}{2k_c} \right)$$

② 积分型障碍李雅普诺夫函数：

$$V(x) = \int_0^x \frac{\sigma k_c^2}{k_c^2 - (\sigma + x)^2} \mathrm{d}\sigma$$

基于后两种障碍李雅普诺夫函数的状态约束自适应控制方法可参见文献 [7] 和 [8]。

(2) 本节介绍的状态约束智能自适应控制方法是常值约束，即 $|x_i(t)| < k_{c_i}$。对于具有时变状态约束的严格反馈非线性系统，即 $|x_i(t)| < k_{c_i}(t)$，相应的状态约束智能自适应控制方法参见文献 [9] 和 [10]。

2.2.4　仿真

例 2.2.1　　考虑如下二阶非线性严格反馈系统：

$$\begin{cases} \dot{x}_1 = x_1 \mathrm{e}^{0.5x_1} + (1 + x_1^2) x_2 \\ \dot{x}_2 = x_1 x_2^2 + (3 + \cos(x_1)) u \\ y = x_1 \end{cases} \qquad (2.2.44)$$

式中，x_1 和 x_2 是状态变量；u 是系统的输入；y 是系统的输出；$|x_1| \leqslant 0.8 = k_{c_1}$ 和 $|x_2| \leqslant 2 = k_{c_2}$；参考信号 $y_m(t) = 0.5 \sin(t) \leqslant 0.5 < 0.8 = k_{c_1}$ 且 $\dot{y}_m(t) = 0.5 \cos(t) \leqslant 0.5 = Y_1$ 满足假设 2.2.2。$g_1 = 1 + x_1^2 \geqslant 1 = g_{10} > 0$，$g_2 = 3 + \cos(x_1) \geqslant 3 = g_{20} > 0$ 满足假设 2.2.1。

选择隶属函数为

$$\mu_{F_i^1}(Z_i) = \exp \left[-\frac{(Z_i + 1)^2}{2} \right], \quad \mu_{F_i^2}(Z_i) = \exp \left[-\frac{(Z_i + 0.5)^2}{2} \right]$$

$$\mu_{F_i^3}(Z_i) = \exp \left[-\frac{(Z_i)^2}{2} \right], \quad \mu_{F_i^4}(Z_i) = \exp \left[-\frac{(Z_i - 0.5)^2}{2} \right]$$

$$\mu_{F_i^5}(Z_i) = \exp\left[-\frac{(Z_i - 1)^2}{2}\right], \quad i = 1, 2$$

设计实际控制器和虚拟控制器如下:

$$u = -\lambda_2 z_2 - \frac{1}{2a_2^2}\frac{1}{k_{b_2}^2 - z_2^2}z_2\hat{\theta}_2\|\varphi_2(Z_2)\|^2 - \frac{z_2}{2(k_{b_2}^2 - z_2^2)}$$

$$\alpha_1 = -\lambda_1 z_1 - \frac{1}{2a_1^2}\frac{1}{k_{b_1}^2 - z_1^2}z_1\hat{\theta}_1\|\varphi_1(Z_1)\|^2 - \frac{z_1}{2(k_{b_1}^2 - z_1^2)}$$

式中,$z_1 = y - y_m$; $z_2 = x_2 - \alpha_1$; $Z_1 = [x_1, y_m, \dot{y}_m]^{\mathrm{T}}$; $Z_2 = \left[x_1, x_2, y_m, \dot{y}_m, \ddot{y}_m, \hat{\theta}_1\right]^{\mathrm{T}}$。

参数 $\hat{\theta}_j$ 的自适应律如下:

$$\dot{\hat{\theta}}_j = -\sigma_j\hat{\theta}_j + \frac{1}{\left(k_{b_j}^2 - z_j^2\right)^2}\frac{1}{2a_j^2}z_j^2\|\varphi_j(Z_j)\|^2, \quad j = 1, 2$$

选择设计参数 $\lambda_1 = 5$, $\lambda_2 = 9$, $\sigma_1 = 1$, $\sigma_2 = 2$, $a_1 = 2$, $a_2 = 2$, $k_{b_1} = 0.3$ 和 $k_{b_2} = 0.625$。状态的初始值为 $x_1(0) = 0.25$ 和 $x_2(0) = 0$, 自适应参数的初始值为 $\hat{\theta}_1(0) = 0.1$ 和 $\hat{\theta}_2(0) = 0.1$。

基于上述设计方法,仿真结果如图 2.2.1~图 2.2.4 所示。图 2.2.1 给出了 $y(t)$ 和 $y_m(t)$ 的轨迹及约束区间,由图可知,所提方法实现了良好的跟踪性能。图 2.2.2 给出了状态 $x_2(t)$ 的曲线。控制器 $u(t)$ 的轨迹见图 2.2.3, 由图可看出 u 是有界的。图 2.2.4 给出了自适应参数 $\hat{\theta}_1(t)$ 和 $\hat{\theta}_2(t)$ 的曲线, 由图可以看出自适应律是有界的。

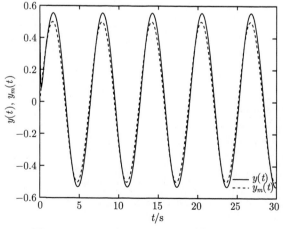

图 2.2.1　$y(t)$ 和 $y_m(t)$ 的轨迹及约束区间

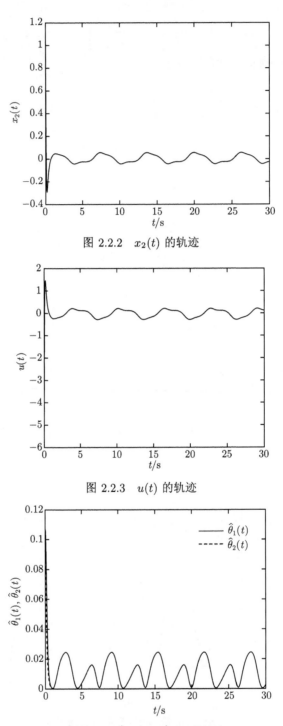

图 2.2.2　$x_2(t)$ 的轨迹

图 2.2.3　$u(t)$ 的轨迹

图 2.2.4　$\hat{\theta}_1(t)$ 和 $\hat{\theta}_2(t)$ 的轨迹

2.3　非线性输入约束系统模糊自适应控制

2.1 节和 2.2 节介绍了具有输出和状态约束的模糊自适应控制方法，本节针对一类具有输入饱和的单输入单输出不确定非线性严格反馈系统，介绍一种模糊自适应反步递推控制设计方法，并给出闭环系统的稳定性分析。

2.3.1　系统模型及控制问题描述

考虑如下的单输入单输出不确定非线性严格反馈系统：

$$\begin{cases} \dot{x}_i = f_i\left(\bar{x}_i\right) + g_i\left(\bar{x}_i\right)x_{i+1}, & i = 1, 2, \cdots, n-1 \\ \dot{x}_n = f_n\left(\bar{x}_n\right) + bu\left(v\left(t\right)\right) + \bar{d}\left(t\right) \\ y = x_1 \end{cases} \tag{2.3.1}$$

式中，$\bar{x}_i = \left[x_1, x_2, \cdots, x_i\right]^{\mathrm{T}} \in \mathbf{R}^i\,(i = 1, 2, \cdots, n)$ 和 $y \in \mathbf{R}$ 分别为系统的状态和输出；$f_i\left(\bar{x}_i\right)$ 和 $g_i\left(\bar{x}_i\right)$ 是未知光滑函数；$b\,(b > 0)$ 是未知控制增益；$\bar{d}\left(t\right)$ 是未知有界的外部扰动；$v\left(t\right)$ 是执行器的输入。

$u\left(v\left(t\right)\right)$ 表示受饱和非线性影响的系统输入，可以表示为

$$u\left(v\left(t\right)\right) = \operatorname{sat}\left(v\left(t\right)\right) = \begin{cases} \operatorname{sign}\left(v\left(t\right)\right)u_M, & \left|v\left(t\right)\right| \geqslant u_M \\ v\left(t\right), & \left|v\left(t\right)\right| < u_M \end{cases} \tag{2.3.2}$$

式中，u_M 是 $u\left(t\right)$ 的已知界。

显然，当 $\left|v\left(t\right)\right| = u_M$ 时，控制 $u\left(t\right)$ 与控制输入 $v\left(t\right)$ 之间的关系有一个跳变，为了克服这个跳变，定义如下平滑函数：

$$g\left(v\right) = u_M \tanh\left(\frac{v}{u_M}\right) = u_M \frac{\mathrm{e}^{v/u_M} - \mathrm{e}^{-v/u_M}}{\mathrm{e}^{v/u_M} + \mathrm{e}^{-v/u_M}} \tag{2.3.3}$$

$\operatorname{sat}\left(v\left(t\right)\right)$ 可表示为

$$\operatorname{sat}\left(v\left(t\right)\right) = g\left(v\right) + d_1\left(v\right) = u_M \tanh\left(\frac{v}{u_M}\right) + d_1\left(v\right) \tag{2.3.4}$$

式中，$d_1\left(v\right) = \operatorname{sat}\left(v\right) - g$ 是一个有界函数，其界为

$$\left|d_1\left(v\right)\right| = \left|\operatorname{sat}\left(v\right) - g\right| \leqslant u_M\left(1 - \tanh\left(1\right)\right) = D_1 \tag{2.3.5}$$

在 $0 \leqslant \left|v\right| \leqslant u_M$ 区间上，当 $\left|v\right|$ 从 0 变化到 u_M 时，$d_1\left(v\right)$ 从 0 增加到 D_1；在这个范围之外，$d_1\left(v\right)$ 从 D_1 减小到 0。图 2.3.1 给出了饱和函数的近似值。

假设 2.3.1　期望轨迹 $y_m\left(t\right)$ 及其 n 阶导数已知且有界。

假设 2.3.2　增益函数 $g_i\left(\cdot\right)$ 的正负性已知，假设存在常数 $g_{i1}\left(\cdot\right) \geqslant g_{i0}\left(\cdot\right) \geqslant 0$ 使得 $g_{i1}\left(\cdot\right) \geqslant \left|g_i\left(\bar{x}_i\right)\right| \geqslant g_{i0}\left(\cdot\right)$。

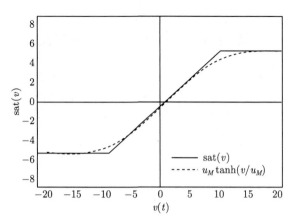

图 2.3.1　饱和曲线

由假设 2.3.2，可知光滑函数 $g_i(\cdot)$ 或者是正的，或者是负的。在不失一般性的前提下，假设 $g_{i1}(\cdot) \geqslant g_i(\bar{x}_i) \geqslant g_{i0}(\cdot)$。

假设 2.3.3　存在常数 $g_{id} > 0$，有 $|\dot{g}_{id}(\cdot)| \leqslant g_{id}$。

控制任务　基于模糊逻辑系统设计一种模糊自适应控制器，使得：

(1) 闭环系统的所有信号是半全局一致最终有界的；

(2) 跟踪误差 $z_1(t) = y(t) - y_m(t)$ 收敛到包含原点的一个较小邻域内。

2.3.2　模糊自适应反步递推控制设计

定义如下的坐标变换：

$$
\begin{cases}
z_1 = x_1 - y_m \\
z_i = x_i - \alpha_{i-1}, \quad i = 2, 3, \cdots, n
\end{cases}
\tag{2.3.6}
$$

式中，z_1 是跟踪误差；α_{i-1} 是在第 $i-1$ 步中将要设计的虚拟控制器。

基于上面的坐标变换，n 步模糊自适应反步递推控制设计过程如下。

第 1 步　求 z_1 的导数，由式 (2.3.1) 和式 (2.3.6) 可得

$$
\dot{z}_1 = g_1(x_1) \left[g_1^{-1}(x_1)(f_1(x_1) - \dot{y}_m) + z_2 + \alpha_1 \right]
\tag{2.3.7}
$$

设 $h_1(Z_1) = g_1^{-1}(x_1)(f_1(x_1) - \dot{y}_m)$ 和 $Z_1 = [x_1, \dot{y}_m]^{\mathrm{T}}$。因为 $h_1(Z_1)$ 是未知非线性函数，所以利用模糊逻辑系统 $\hat{h}_1\left(Z_1 | \hat{\theta}_1\right) = \hat{\theta}_1^{\mathrm{T}} \varphi_1(Z_1)$ 逼近 $h_1(Z_1)$，并假设

$$
h_1(Z_1) = \theta_1^{*\mathrm{T}} \varphi_1(Z_1) + \varepsilon_1(Z_1)
\tag{2.3.8}
$$

式中，θ_1^* 是未知的最优参数；$\varepsilon_1(Z_1)$ 是最小模糊逼近误差。假设 $\varepsilon_1(Z_1)$ 满足 $|\varepsilon_1(Z_1)| \leqslant \varepsilon_1^*$，$\varepsilon_1^*$ 是正常数。

将式 (2.3.8) 代入式 (2.3.6)，可得

$$\dot{z}_1 = g_1\left(x_1\right)\left(\theta_1^{*\mathrm{T}}\varphi_1\left(Z_1\right) + \varepsilon_1\left(Z_1\right) + z_2 + \alpha_1\right) \tag{2.3.9}$$

利用 $\tilde{\theta}_1 = \theta_1^* - \hat{\theta}_1$，式 (2.3.9) 变为

$$\dot{z}_1 = g_1\left(x_1\right)\left(\hat{\theta}_1^{\mathrm{T}}\varphi_1\left(Z_1\right) + \tilde{\theta}_1^{\mathrm{T}}\varphi_1\left(Z_1\right) + z_2 + \alpha_1 + \varepsilon_1\left(Z_1\right)\right) \tag{2.3.10}$$

选择如下的李雅普诺夫函数：

$$V_1 = \frac{1}{2g_1\left(x_1\right)}z_1^2 + \frac{1}{2\gamma_{11}}\tilde{\vartheta}_1^2 + \frac{1}{2\gamma_{12}}\tilde{\varepsilon}_1^2 \tag{2.3.11}$$

式中，$\gamma_{11} > 0$ 和 $\gamma_{12} > 0$ 是设计参数；$\hat{\vartheta}_1 = \left\|\hat{\theta}_1\right\|^2$ 是 $\vartheta_1^* = \|\theta_1^*\|^2$ 的估计；$\tilde{\vartheta}_1 = \vartheta_1^* - \hat{\vartheta}_1$ 是估计误差；$\tilde{\varepsilon}_1 = \varepsilon_1^* - \hat{\varepsilon}_1$ 是估计误差，$\hat{\varepsilon}_1$ 是 ε_1^* 的估计。

V_1 的导数为

$$\dot{V}_1 = \frac{z_1\dot{z}_1}{g_1} - \frac{\dot{g}_1 z_1^2}{2g_1^2} - \frac{1}{\gamma_{11}}\tilde{\vartheta}_1\dot{\hat{\vartheta}}_1 - \frac{1}{\gamma_{12}}\tilde{\varepsilon}_1\dot{\hat{\varepsilon}}_1 \tag{2.3.12}$$

将式 (2.3.10) 代入式 (2.3.12)，可得

$$\dot{V}_1 = z_1\left(\hat{\theta}_1^{\mathrm{T}}\varphi_1\left(Z_1\right) + \tilde{\theta}_1^{\mathrm{T}}\varphi_1\left(Z_1\right) + z_2 + \alpha_1 + \varepsilon_1\left(Z_1\right)\right)$$
$$- \frac{\dot{g}_1 z_1^2}{2g_1^2} - \frac{1}{\gamma_{11}}\tilde{\vartheta}_1\dot{\hat{\vartheta}}_1 - \frac{1}{\gamma_{12}}\tilde{\varepsilon}_1\dot{\hat{\varepsilon}}_1 \tag{2.3.13}$$

根据杨氏不等式，可得

$$z_1\hat{\theta}_1^{\mathrm{T}}\varphi_1 \leqslant \frac{1}{4\tau}\hat{\vartheta}_1 z_1^2\varphi_1^{\mathrm{T}}\varphi_1 + \tau \tag{2.3.14}$$

$$z_1\tilde{\theta}_1^{\mathrm{T}}\varphi_1 \leqslant \frac{1}{4\tau}\tilde{\vartheta}_1 z_1^2\varphi_1^{\mathrm{T}}\varphi_1 + \tau \tag{2.3.15}$$

式中，$\tau > 0$ 是设计参数。

根据假设 2.3.2 和假设 2.3.3，将式 (2.3.14) 和式 (2.3.15) 代入式 (2.3.13)，可得

$$\dot{V}_1 \leqslant z_1\left(\frac{1}{4\tau}\hat{\vartheta}_1 z_1\varphi_1^{\mathrm{T}}\varphi_1 + z_2 + \frac{g_{1d}z_1}{2g_{10}^2} + \alpha_1 + \hat{\varepsilon}_1\tanh\left(\frac{z_1}{\varsigma}\right)\right)$$
$$- z_1\varepsilon_1^*\tanh\left(\frac{z_1}{\varsigma}\right) + \frac{1}{\gamma_{11}}\tilde{\vartheta}_1\left(\frac{\gamma_{11}}{4\tau}z_1^2\varphi_1^{\mathrm{T}}\varphi_1 - \dot{\hat{\vartheta}}_1\right)$$
$$+ |z_1|\,\varepsilon_1^* + \frac{1}{\gamma_{12}}\tilde{\varepsilon}_1\left(z_1\gamma_{12}\tanh\left(\frac{z_1}{\varsigma}\right) - \dot{\hat{\varepsilon}}_1\right) + 2\tau \tag{2.3.16}$$

式中，$\varsigma > 0$ 是设计参数。

设计虚拟控制器 α_1、参数 $\hat{\vartheta}_1$ 和 $\hat{\varepsilon}_1$ 的自适应律如下：

$$\alpha_1 = -c_1 z_1 - \frac{1}{4\tau} \hat{\vartheta}_1 z_1 \varphi_1^{\mathrm{T}} \varphi_1 - \frac{g_{1d} z_1}{2 g_{10}^2} - \hat{\varepsilon}_1 \tanh\left(\frac{z_1}{\varsigma}\right) \qquad (2.3.17)$$

$$\dot{\hat{\vartheta}}_1 = \frac{\gamma_{11}}{4\tau} z_1^2 \varphi_1^{\mathrm{T}} \varphi_1 - \sigma_{11}\left(\hat{\vartheta}_1 - \hat{\vartheta}_1^0\right) \qquad (2.3.18)$$

$$\dot{\hat{\varepsilon}}_1 = z_1 \gamma_{12} \tanh\left(\frac{z_1}{\varsigma}\right) - \sigma_{12}\left(\hat{\varepsilon}_1 - \hat{\varepsilon}_1^0\right) \qquad (2.3.19)$$

式中，$c_1 > 0$、$\sigma_{11} > 0$、$\sigma_{12} > 0$、$\hat{\vartheta}_1^0$ 和 $\hat{\varepsilon}_1^0$ 是设计参数。

对于任何 $\varsigma > 0$，有如下不等式成立：

$$|z_1| - z_1 \tanh\left(z_1/\varsigma\right) \leqslant 0.2785\varsigma = \varsigma' \qquad (2.3.20)$$

将式 (2.3.17)~式 (2.3.20) 代入式 (2.3.16)，可得

$$\dot{V}_1 \leqslant z_1 z_2 - c_1 z_1^2 + \frac{\sigma_{11}}{\gamma_{11}} \tilde{\vartheta}_1\left(\hat{\vartheta}_1 - \tilde{\vartheta}_1^0\right) + \frac{\sigma_{12}}{\gamma_{12}} \tilde{\varepsilon}_1\left(\hat{\varepsilon}_1 - \hat{\varepsilon}_1^0\right) + \varepsilon_1^* \varsigma' + 2\tau \qquad (2.3.21)$$

进一步，有

$$\frac{\sigma_{11}}{\gamma_{11}} \tilde{\vartheta}_1\left(\hat{\vartheta}_1 - \tilde{\vartheta}_1^0\right) \leqslant \frac{\sigma_{11}}{2\gamma_{11}} \tilde{\vartheta}_1^2 + \frac{\sigma_{11}}{2\gamma_{11}}\left(\vartheta_1^* - \hat{\vartheta}_1^0\right)^2 \qquad (2.3.22)$$

$$\frac{\sigma_{12}}{\gamma_{12}} \tilde{\varepsilon}_1\left(\hat{\varepsilon}_1 - \hat{\varepsilon}_1^0\right) \leqslant -\frac{\sigma_{12}}{2\gamma_{12}} \tilde{\varepsilon}_1^2 + \frac{\sigma_{12}}{2\gamma_{12}}\left(\varepsilon_1^* - \hat{\varepsilon}_1^0\right)^2 \qquad (2.3.23)$$

式 (2.3.21) 可以重写为

$$\dot{V}_1 \leqslant z_1 z_2 - c_1 z_1^2 - \frac{\sigma_{11}}{2\gamma_{11}} \tilde{\vartheta}_1^2 - \frac{\sigma_{12}}{2\gamma_{12}} \tilde{\varepsilon}_1^2 + D_1 \qquad (2.3.24)$$

式中，$D_1 = \frac{\sigma_{11}}{2\gamma_{11}}\left(\vartheta_1^* - \hat{\vartheta}_1^0\right)^2 + \frac{\sigma_{12}}{2\gamma_{12}}\left(\varepsilon_1^* - \hat{\varepsilon}_1^0\right)^2 + \varepsilon_1^* \varsigma' + 2\tau$。

第 $i\,(2 \leqslant i \leqslant n-1)$ 步　　根据式 (2.3.1) 和 $z_i = x_i - \alpha_{i-1}$，z_i 的导数为

$$\dot{z}_i = g_i\left(x_i\right)\left(g_i^{-1}\left(\bar{x}_i\right) f_i\left(\bar{x}_i\right) + x_{i+1} - g_i^{-1}\left(\bar{x}_i\right) \dot{\alpha}_{i-1}\right) \qquad (2.3.25)$$

设 $h_i\left(Z_i\right) = g_i^{-1}\left(\bar{x}_i\right) f_i\left(\bar{x}_i\right) + x_{i+1} - g_i^{-1}\left(\bar{x}_i\right) \dot{\alpha}_{i-1}$，$Z_i = \left[\bar{x}_i^{\mathrm{T}}, y_m, \dot{y}_m, \cdots, y_m^{(i)}\right]$。因为 $h_i\left(Z_i\right)$ 是未知非线性函数，所以利用模糊逻辑系统 $\hat{h}_i\left(Z_i \mid \hat{\theta}_i\right) = \hat{\theta}_i^{\mathrm{T}} \varphi_i\left(Z_i\right)$ 逼近 $h_i\left(Z_i\right)$，并假设

$$h_i\left(Z_i\right) = \theta_i^{*\mathrm{T}} \varphi_i\left(Z_i\right) + \varepsilon_i\left(Z_i\right) \qquad (2.3.26)$$

式中，θ_i^* 是未知的最优参数；$\varepsilon_i(Z_i)$ 是最小模糊逼近误差。假设 $\varepsilon_i(Z_i)$ 满足 $|\varepsilon_i(Z_i)| \leqslant \varepsilon_i^*$，$\varepsilon_i^*$ 是正常数。

将式 (2.3.26) 代入式 (2.3.25)，可得

$$\dot{z}_i = g_i(\bar{x}_i)\left(\hat{\theta}_i^{\mathrm{T}}\varphi_i(Z_i) + \tilde{\theta}_i^{\mathrm{T}}\varphi_i(Z_i) + x_{i+1} + \varepsilon_i(Z_i)\right) \tag{2.3.27}$$

式中，$\hat{\theta}_i$ 是 θ_i 的估计；$\tilde{\theta}_i = \theta_i^* - \hat{\theta}_i$ 是参数估计误差。

根据 $z_{i+1} = x_{i+1} - \alpha_i$，式 (2.3.27) 变为

$$\dot{z}_i = g_i(\bar{x}_i)\left(\hat{\theta}_i^{\mathrm{T}}\varphi_i(Z_i) + \tilde{\theta}_i^{\mathrm{T}}\varphi_i(Z_i) + z_{i+1} + \alpha_i + \varepsilon_i(Z_i)\right) \tag{2.3.28}$$

选择如下的李雅普诺夫函数：

$$V_i = V_{i-1} + \frac{1}{2g_i(\bar{x}_i)}z_i^2 + \frac{1}{2\gamma_{i1}}\tilde{\vartheta}_i^2 + \frac{1}{2\gamma_{i2}}\tilde{\varepsilon}_i^2 \tag{2.3.29}$$

式中，$\gamma_{i1} > 0$ 和 $\gamma_{i2} > 0$ 是设计参数；$\tilde{\vartheta}_i = \vartheta_i^* - \hat{\vartheta}_i$ 是估计误差，$\hat{\vartheta}_i = \left\|\hat{\theta}_i\right\|^2$ 是 $\vartheta_i^* = \|\theta_i^*\|^2$ 的估计；$\tilde{\varepsilon}_i = \varepsilon_i^* - \hat{\varepsilon}_i$ 是估计误差，$\hat{\varepsilon}_i$ 是 ε_i^* 的估计。

V_i 的导数为

$$\begin{aligned}
\dot{V}_i &= \dot{V}_{i-1} + z_i\left(\hat{\theta}_i^{\mathrm{T}}\varphi_i + \tilde{\theta}_i^{\mathrm{T}}\varphi_i + z_{i+1} + \alpha_i + \varepsilon_i(Z_i)\right) \\
&\quad - \frac{\dot{g}_i z_i^2}{2g_i^2} - \frac{1}{\gamma_{i1}}\tilde{\vartheta}_i\dot{\hat{\vartheta}}_i - \frac{1}{\gamma_{i2}}\tilde{\varepsilon}_i\dot{\hat{\varepsilon}}_i
\end{aligned} \tag{2.3.30}$$

与第 1 步中的推导类似，通过递推归纳可得

$$\begin{aligned}
\dot{V}_i &\leqslant -\sum_{k=1}^{i-1}c_k z_k^2 - \sum_{k=1}^{i-1}\frac{\sigma_{k1}}{2\gamma_{k1}}\tilde{\vartheta}_k^2 - \sum_{k=1}^{i-1}\frac{\sigma_{k2}}{2\gamma_{k2}}\tilde{\varepsilon}_k^2 \\
&\quad + D_{i-1}z_i\left(\frac{1}{4\tau}\hat{\vartheta}_i z_i\varphi_i^{\mathrm{T}}\varphi_i + z_{i+1} + \frac{g_{id}z_i}{2g_{i0}^2} + \alpha_i + \hat{\varepsilon}_i\tanh\left(\frac{z_i}{\varsigma}\right)\right) \\
&\quad - z_i\varepsilon_i^*\tanh\left(\frac{z_i}{\varsigma}\right) + \frac{1}{\gamma_{i1}}\tilde{\vartheta}_i\left(\frac{\gamma_{i1}}{4\tau}z_i^2\varphi_i^{\mathrm{T}}\varphi_i - \dot{\hat{\vartheta}}_i\right) \\
&\quad + |z_i|\varepsilon_i^* + \frac{1}{\gamma_{i2}}\tilde{\varepsilon}_i\left(z_i\gamma_{i2}\tanh\left(\frac{z_i}{\varsigma}\right) - \dot{\hat{\varepsilon}}_i\right) + 2\tau
\end{aligned} \tag{2.3.31}$$

式中，$D_{i-1} = \sum_{k=1}^{i-1}\frac{\sigma_{k1}}{2\gamma_{k1}}\left(\vartheta_k^* - \vartheta_k^0\right)^2 + \sum_{k=1}^{i-1}\frac{\sigma_{k2}}{2\gamma_{k2}}\left(\varepsilon_k^* - \hat{\varepsilon}_k^0\right)^2 + \sum_{k=1}^{i-1}\varepsilon_k^*\varsigma' + 2(k-1)\tau$。

设计虚拟控制器 α_i、参数 $\hat{\vartheta}_i$ 和 $\hat{\varepsilon}_i$ 的自适应律如下：

$$\alpha_i = -z_{i-1} - c_i z_i - \frac{1}{4\tau}\hat{\vartheta}_i z_i\varphi_i^{\mathrm{T}}\varphi_i - \frac{g_{id}z_i}{2g_{i0}^2} - \hat{\varepsilon}_i\tanh\left(\frac{z_i}{\varsigma}\right) \tag{2.3.32}$$

$$\dot{\hat{\vartheta}}_i = \frac{\gamma_{i1}}{4\tau} z_i^2 \varphi_i^{\mathrm{T}} \varphi_i - \sigma_{i1} \left(\hat{\vartheta}_i - \hat{\vartheta}_i^0 \right) \tag{2.3.33}$$

$$\dot{\hat{\varepsilon}}_i = z_i \gamma_{i2} \tanh \left(\frac{z_i}{\varsigma} \right) - \sigma_{i2} \left(\hat{\varepsilon}_i - \hat{\varepsilon}_i^0 \right) \tag{2.3.34}$$

式中, $c_i > 0$; $\sigma_{i1} > 0$; $\sigma_{i2} > 0$; $\hat{\vartheta}_i^0$ 和 $\hat{\varepsilon}_i^0$ 是设计参数。

对于任意 $\varsigma > 0$, 有如下不等式成立:

$$|z_i| - z_i \tanh (z_i/\varsigma) \leqslant 0.2758\varsigma = \varsigma' \tag{2.3.35}$$

将式 (2.3.32)~式 (2.3.35) 代入式 (2.3.31), 可得

$$\dot{V}_i \leqslant -\sum_{k=1}^{i} c_k z_k^2 - \sum_{k=1}^{i} \frac{\sigma_{k1}}{2\gamma_{k1}} \tilde{\vartheta}_k^2 - \sum_{k=1}^{i} \frac{\sigma_{k2}}{2\gamma_{k2}} \tilde{\varepsilon}_k^2 + D_i \tag{2.3.36}$$

第 n 步   根据式 (2.3.1) 和式 (2.3.4), z_n 的导数为

$$\dot{z}_n = f_n (\bar{x}_n) + bg (v) + d - \dot{\alpha}_{n-1} \tag{2.3.37}$$

式中, $d = bd + \bar{d}$。

设 $h_n (Z_n) = f_n (\bar{x}_n) - \dot{\alpha}_{n-1}$, $Z_n = \left[\bar{x}_n^{\mathrm{T}}, y_m, \dot{y}_m, \cdots, y_m^{(n)} \right]$。因为 $h_n (Z_n)$ 是未知非线性函数, 所以利用模糊逻辑系统 $\hat{h}_n \left(Z_n | \hat{\theta}_n \right) = \hat{\theta}_n^{\mathrm{T}} \varphi_n (Z_n)$ 逼近 $h_n (Z_n)$, 并假设

$$h_n (Z_n) = \theta_n^{\star \mathrm{T}} \varphi_n (Z_n) + \varepsilon_n (Z_n) \tag{2.3.38}$$

式中, θ_n^* 是未知的最优参数; $\varepsilon_n (Z_n)$ 是最小模糊逼近误差。假设 $\varepsilon_n (Z_n)$ 满足 $|\varepsilon_n (Z_n)| \leqslant \varepsilon_n^*$, ε_n^* 是正常数。

将式 (2.3.38) 代入式 (2.3.37), 可得

$$\dot{z}_n = \hat{\theta}_n^{\mathrm{T}} \varphi_n (Z_n) + \tilde{\theta}_n^{\mathrm{T}} \varphi_n (Z_n) + \varepsilon_n (Z_n) + b (z_{n+1} + \alpha_n) + d \tag{2.3.39}$$

式中, $z_{n+1} = g (v) - \alpha_n$。

选择如下的李雅普诺夫函数:

$$V_n = V_{n-1} + \frac{1}{2} z_n^2 + \frac{1}{2\gamma_{n1}} \tilde{\vartheta}_n^2 + \frac{1}{2\gamma_{n2}} \tilde{d}_n^2 + \frac{1}{2\gamma_p} \tilde{p}^2 \tag{2.3.40}$$

式中, $\gamma_{n1} > 0$、$\gamma_{n2} > 0$ 和 $\gamma_p > 0$ 分别是设计参数; $\tilde{\vartheta}_n = \vartheta_n^* - \hat{\vartheta}_n$ 是估计误差, $\hat{\vartheta}_n = \left\| \hat{\theta}_n \right\|^2$ 是 $\vartheta_n^* = \|\theta_n^*\|^2$ 的估计; 定义 $|d| + \varepsilon_n^* \leqslant d^*$, d^* 是未知常数; $\tilde{d} = d^* - \hat{d}$ 是估计误差, $\hat{d}$ 是 d^* 的估计; $\tilde{p} = p - \hat{p}$ 是估计误差, $\hat{p}$ 是 $p = \frac{1}{b}$ 的估计。

V_n 的导数为

$$\dot{V}_n = \dot{V}_{n-1} + z_n \left[\hat{\theta}_n^{\mathrm{T}} \varphi_n \left(Z_n \right) + \tilde{\theta}_n^{\mathrm{T}} \varphi_n \left(Z_n \right) + \varepsilon_n \left(Z_n \right) \right.$$

$$\left. + b \left(z_{n+1} + \alpha_n \right) + d \right] - \frac{1}{\gamma_{n1}} \tilde{\vartheta}_n \dot{\hat{\theta}}_n - \frac{1}{\gamma_{n2}} \tilde{d} \dot{\hat{d}} - \frac{|b|}{\gamma_p} \tilde{p} \dot{\hat{p}} \qquad (2.3.41)$$

与第 i 步中的推导类似，通过递推归纳可得

$$\dot{V}_n \leqslant - \sum_{k=1}^{n-1} c_k z_k^2 - \sum_{k=1}^{n-1} \frac{\sigma_{k1}}{2\gamma_{k1}} \tilde{\vartheta}_k^2 - \sum_{k=1}^{n-1} \frac{\sigma_{k2}}{2\gamma_{k2}} \tilde{\varepsilon}_k^2$$

$$+ D_{n-1} z_n \left(\frac{1}{4\tau} \hat{\vartheta}_n z_n \varphi_n^{\mathrm{T}} \varphi_n + b z_{n+1} + \bar{\alpha}_n + \hat{d} \tanh \left(\frac{z_n}{\varsigma} \right) \right)$$

$$+ |z_n| d^* - z_n d^* \tanh \left(\frac{z_n}{\varsigma} \right) + \frac{1}{\gamma_{n1}} \tilde{\vartheta}_n \left(\frac{\gamma_{n1}}{4\tau} z_n^2 \varphi_n^{\mathrm{T}} \varphi_n - \dot{\hat{\vartheta}}_n \right)$$

$$+ \frac{1}{\gamma_{n2}} \tilde{d}_n \left(z_n \gamma_{n2} \tanh \left(\frac{z_n}{\varsigma} \right) - \dot{\hat{d}} \right) + 2\tau + \frac{|b|}{\gamma_p} \tilde{p} \left(-\gamma_p \alpha_n z_n - \dot{\hat{p}} \right) \qquad (2.3.42)$$

式中，$\tilde{p}\bar{\alpha}_n = \alpha_n$。

设计虚拟控制器 $\bar{\alpha}_n$、参数 $\hat{\vartheta}_n$、$\hat{d}$ 和 $\hat{p}$ 的自适应律如下：

$$\bar{\alpha}_n = -z_{n-1} - c_n z_n - \frac{1}{4\tau} \hat{\vartheta}_n z_n \varphi_n^{\mathrm{T}} \varphi_n - \hat{d} \tanh \left(\frac{z_n}{\varsigma} \right) \qquad (2.3.43)$$

$$\dot{\hat{\vartheta}}_n = \frac{\gamma_{n1}}{4\tau} z_n^2 \varphi_n^{\mathrm{T}} \varphi_n - \sigma_{n1} \left(\hat{\vartheta}_n - \hat{\vartheta}_n^0 \right) \qquad (2.3.44)$$

$$\dot{\hat{d}} = z_n \gamma_{n2} \tanh \left(\frac{z_n}{\varsigma} \right) - \sigma_{n2} \left(\hat{d} - \hat{d}^0 \right) \qquad (2.3.45)$$

$$\dot{\hat{p}} = -\gamma_p \alpha_n z_n - \sigma_p \left(\hat{p} - \hat{p}^0 \right) \qquad (2.3.46)$$

式中，$c_n > 0$、$\sigma_{n1} > 0$、$\sigma_{n2} > 0$、$\sigma_p > 0$、$\hat{\vartheta}_n^0$、$\hat{d}^0$ 和 $\hat{p}^0$ 是设计参数。

将式 (2.3.43)~式 (2.3.46) 代入式 (2.3.42)，可得

$$\dot{V}_n \leqslant - \sum_{k=1}^{n} c_k z_k^2 - \sum_{k=1}^{n} \frac{\sigma_{k1}}{2\gamma_{k1}} \tilde{\vartheta}_k^2 - \sum_{k=1}^{n-1} \frac{\sigma_{k2}}{2\gamma_{k2}} \tilde{\varepsilon}_k^2$$

$$- \frac{\sigma_{n2}}{2\gamma_{n2}} \tilde{d}^2 - \frac{\sigma_p |b|}{2\gamma_p} \tilde{p}^2 + D_n + b z_n z_{n+1} \qquad (2.3.47)$$

式中，

$$D_n = \sum_{k=1}^{n} \frac{\sigma_{k1}}{2\gamma_{k1}} \left(\vartheta_k^* - \hat{\vartheta}_k^0 \right)^2 + \sum_{k=1}^{n-1} \frac{\sigma_{k2}}{2\gamma_{k2}} \left(\varepsilon_k^* - \hat{\varepsilon}_k^0 \right)^2 + \frac{\sigma_{n2}}{2\gamma_{n2}} \left(d - \hat{d}^0 \right)^2$$

$$+ \frac{\sigma_p |b|}{2\gamma_p} \left(\hat{p} - \hat{p}^0 \right)^2 + \sum_{k=1}^{n-1} \varepsilon_k^* \varsigma' + d\varsigma' + 2n\tau$$

需要指出的是，式 (2.3.37) 涉及函数 $g(v)$，在用反步递推方法研究时要设计的控制信号是 v，但是很难直接设计。为了克服这一困难，在反步递推方法中引入第 $n+1$ 步，通过设计辅助控制信号 ω，来构造稳定的控制信号 v。

第 $n+1$ 步　定义如下辅助系统：

$$\dot{v} = -cv + \omega \tag{2.3.48}$$

式中，c 是正常数；ω 是辅助信号。

根据 $z_{n+1} = g(v) - \alpha_n$，$z_{n+1}$ 的导数为

$$\dot{z}_{n+1} = \xi \left(-cv + \omega \right) - \dot{\alpha}_n \tag{2.3.49}$$

式中，$\xi = \partial g(v)/\partial v = 4/\left(e^{v/u_M} + e^{-v/u_M} \right)^2 > 0$。

设 $h_{n+1}(Z_{n+1}) = -\dot{a}_n$ 和 $Z_{n+1} = \left[\bar{x}_n^{\mathrm{T}}, y_m, \dot{y}_m, \cdots, y_m^{(n+1)} \right]$。因为 $h_{n+1}(Z_{n+1})$ 是未知非线性函数，所以利用模糊逻辑系统 $\hat{h}_{n+1}\left(Z_{n+1} | \hat{\theta}_{n+1} \right) = \hat{\theta}_{n+1}^{\mathrm{T}} \varphi_{n+1}(Z_{n+1})$ 逼近 $h_{n+1}(Z_{n+1})$，并假设

$$h_{n+1}(Z_{n+1}) = \theta_{n+1}^{*\mathrm{T}} \varphi_{n+1}(Z_{n+1}) + \varepsilon_{n+1}(Z_{n+1}) \tag{2.3.50}$$

式中，θ_{n+1}^* 是未知的最优参数；$\varepsilon_{n+1}(Z_{n+1})$ 是最小模糊逼近误差。假设 $\varepsilon_{n+1}(Z_{n+1})$ 满足 $|\varepsilon_{n+1}(Z_{n+1})| \leqslant \varepsilon_{n+1}^*$，$\varepsilon_{n+1}^*$ 是正常数。

将式 (2.3.50) 代入式 (2.3.49)，可得

$$\dot{z}_{n+1} = \xi \left(-cv + \omega \right) + \hat{\theta}_{n+1}^{\mathrm{T}} \varphi_{n+1}(Z_{n+1}) + \tilde{\theta}_{n+1}^{\mathrm{T}} \varphi_{n+1}(Z_{n+1}) + \varepsilon_{n+1}(Z_{n+1}) \tag{2.3.51}$$

式中，$\hat{\theta}_{n+1}$ 是 θ_{n+1}^* 的估计；$\tilde{\theta}_{n+1} = \theta_{n+1}^* - \hat{\theta}_{n+1}$ 是参数估计误差。

选择如下的李雅普诺夫函数：

$$V_{n+1} = V_n + \frac{1}{2} z_{n+1}^2 + \frac{1}{2\gamma_{n+11}} \tilde{\vartheta}_{n+1}^2 + \frac{1}{2\gamma_{n+12}} \tilde{\varepsilon}_{n+1}^2 + \frac{1}{2\gamma_b} \tilde{b}^2 \tag{2.3.52}$$

式中，$\gamma_{n+11} > 0$、$\gamma_{n+12} > 0$ 和 $\gamma_b > 0$ 是设计参数；$\tilde{\vartheta}_{n+1} = \vartheta_{n+1}^* - \hat{\vartheta}_{n+1}$ 是参数估计误差，$\hat{\vartheta}_{n+1} = \left\| \hat{\theta}_{n+1} \right\|^2$ 是 $\vartheta_{n+1}^* = \left\| \theta_{n+1}^* \right\|^2$ 的估计；$\tilde{\varepsilon}_{n+1} = \varepsilon_{n+1}^* - \hat{\varepsilon}_{n+1}$ 是参数估计误差，$\hat{\varepsilon}_{n+1}$ 是 ε_{n+1}^* 的估计；$\tilde{b} = b - \hat{b}$ 是参数估计误差，$\hat{b}$ 是 b 的估计。

与第 n 步中的推导类似，通过递推归纳可得

$$\dot{V}_{n+1} \leqslant -\sum_{k=1}^{n} c_k z_k^2 - \sum_{k=1}^{n} \frac{\sigma_{k1}}{2\gamma_{k1}} \tilde{\vartheta}_k^2 - \sum_{k=1}^{n-1} \frac{\sigma_{k2}}{2\gamma_{k2}} \tilde{\varepsilon}_k^2 - \frac{\sigma_{n2}}{2\gamma_{n2}} \tilde{d}^2 - \frac{\sigma_p |b|}{2\gamma_p} \tilde{p}^2 + D_n$$

$$+ z_{n+1} \left[\hat{b} z_n + \frac{1}{4\tau} \hat{\vartheta}_{n+1} z_{n+1} \varphi_{n+1}^{\mathrm{T}} \varphi_{n+1} + \hat{\varepsilon}_{n+1} \tanh \left(\frac{z_n}{\varsigma} \right) + \xi \left(-cv + \omega \right) \right]$$

$$+ |z_{n+1}| \varepsilon_{n+1}^* - z_{n+1} \varepsilon_{n+1}^* \tanh \left(\frac{z_{n+1}}{\varsigma} \right)$$

$$+ \frac{1}{\gamma_{n+11}} \tilde{\vartheta}_{n+1} \left(\frac{\gamma_{n+11}}{4\tau} z_{n+1}^2 \varphi_{n+1}^{\mathrm{T}} \varphi_{n+1} - \dot{\hat{\vartheta}}_{n+1} \right)$$

$$+ \frac{1}{\gamma_{n+12}} \tilde{\varepsilon}_{n+1} \left(z_{n+1} \gamma_{n+12} \tanh \left(\frac{z_{n+1}}{\varsigma} \right) - \dot{\hat{\varepsilon}}_{n+1} \right)$$

$$+ 2\tau + \frac{1}{2\gamma_b} \tilde{b} \left(\gamma_b z_n z_{n+1} - \dot{\hat{b}} \right) \tag{2.3.53}$$

由于 ξ 是变化的,所以稳定性分析变得困难。为了解决该难题,使用 Nussbaum 函数 $N(\chi) = \chi^2 \cos(\chi)$。设计控制律 ω 如下:

$$\omega = N(\chi) \varpi \tag{2.3.54}$$

式中, $\varpi = -\hat{b} z_n - c_{n+1} z_{n+1} - \frac{1}{4\tau} \hat{\vartheta}_{n+1} z_{n+1} \varphi_{n+1}^{\mathrm{T}} \varphi_{n+1} - \hat{\varepsilon}_{n+1} \tanh \left(\frac{z_{n+1}}{\varsigma} \right)$; $\dot{\chi} = \gamma_\chi \varpi z_{n+1}$; $c_{n+1} > 0$。

设计参数 $\hat{\vartheta}_{n+1}$、$\hat{\varepsilon}_{n+1}$ 和 $\hat{b}$ 的自适应律如下:

$$\dot{\hat{\vartheta}}_{n+1} = \frac{\gamma_{n+11}}{4\tau} z_{n+1}^2 \varphi_{n+1}^{\mathrm{T}} \varphi_{n+1} - \sigma_{n+11} \left(\hat{\vartheta}_{n+1} - \hat{\vartheta}_{n+1}^0 \right) \tag{2.3.55}$$

$$\dot{\hat{\varepsilon}}_{n+1} = z_{n+1} \gamma_{n+12} \tanh \left(\frac{z_{n+1}}{\varsigma} \right) - \sigma_{n+12} \left(\hat{\varepsilon}_{n+1} - \hat{\varepsilon}_{n+1}^0 \right) \tag{2.3.56}$$

$$\dot{\hat{b}} = \gamma_b z_n z_{n+1} - \sigma_b \left(\hat{b} - \hat{b}^0 \right) \tag{2.3.57}$$

式中, $\sigma_{n+11} > 0$; $\sigma_{n+12} > 0$; $\sigma_b > 0$; $\hat{\vartheta}_{n+1}^0$、$\hat{\varepsilon}_{n+1}^0$ 和 $\hat{b}^0$ 是设计参数。

将式 (2.3.54)~式 (2.3.57) 代入式 (2.3.53),可得

$$\dot{V}_{n+1} \leqslant -\sum_{k=1}^{n+1} c_k z_k^2 - \sum_{k=1}^{n+1} \frac{\sigma_{k1}}{2\gamma_{k1}} \tilde{\vartheta}_k^2 - \sum_{k=1}^{n-1} \frac{\sigma_{k2}}{2\gamma_{k2}} \tilde{\varepsilon}_k^2 - \frac{\sigma_{n2}}{2\gamma_{n2}} \tilde{d}^2 - \frac{\sigma_{n+12}}{2\gamma_{n+12}} \tilde{\varepsilon}_{n+1}^2$$

$$- \frac{\sigma_p |b|}{2\gamma_p} \tilde{p}^2 - \frac{\sigma_b}{2\gamma_b} \tilde{b}^2 + D_{n+1} + \frac{1}{\gamma_\chi} \left(\xi N(\chi) - 1 \right) \dot{\chi} \tag{2.3.58}$$

式中，

$$
\begin{aligned}
D_{n+1} = {} & \sum_{k=1}^{n+1} \frac{\sigma_{k1}}{2\gamma_{k1}} \left(\vartheta_k^* - \hat{\vartheta}_k^0\right)^2 + \sum_{k=1}^{n-1} \frac{\sigma_{k2}}{2\gamma_{k2}} \left(\varepsilon_k^* - \hat{\varepsilon}_k^0\right)^2 \\
& + \frac{\sigma_{n2}}{2\gamma_{n2}} \left(d - \hat{d}^0\right)^2 + \frac{\sigma_{n+12}}{2\gamma_{n+12}} \left(\varepsilon_{n+1}^* - \hat{\varepsilon}_{n+1}^0\right)^2 \\
& + \frac{\sigma_p |b|}{2\gamma_p} \left(\hat{p} - \hat{p}^0\right)^2 + \frac{\sigma_b}{2\gamma_b} \left(\hat{b} - \hat{b}^0\right)^2 \\
& + \sum_{k=1}^{n-1} \varepsilon_k^* \varsigma' + d\varsigma' + \varepsilon_{n+1}^* \varsigma' + 2(n+1)\tau
\end{aligned}
$$

定义 $V = V_{n+1}$，可得

$$
\dot{V} \leqslant -CV + D + \frac{1}{\gamma_\chi} (\xi N(\chi) - 1) \dot{\chi} \tag{2.3.59}
$$

式中，$C = \min\{2c_k, \sigma_p, \sigma_{k1}, \sigma_b\}$；$D = D_{n+1}$。

2.3.3　稳定性与收敛性分析

定理 2.3.1　对于非线性系统 (2.3.1)，假设 2.3.1～假设 2.3.3 成立。如果采用控制器 (2.3.54)，虚拟控制器 (2.3.17)、(2.3.32) 和 (2.3.43)，参数自适应律 (2.3.18)、(2.3.19)、(2.3.33)、(2.3.34)、(2.3.44)、(2.3.45)、(2.3.46)、(2.3.55)、(2.3.56) 和 (2.3.57)，则总体控制方案具有如下性能：

(1) 闭环系统中的所有信号是半全局一致最终有界的；

(2) 跟踪误差 $z_1(t) = y(t) - y_m(t)$ 收敛到包含原点的一个较小邻域内。

证明　根据式 (2.3.59)，并应用引理 3.2.1 的证明方法，可以证明闭环系统中的所有信号是半全局一致最终有界的，且可以得到跟踪误差收敛到包含原点的一个较小邻域内。

评注 2.3.1　本节针对一类具有输入饱和的单输入单输出不确定非线性严格反馈系统，介绍了一种模糊自适应反步递推控制方法。此外，对于具有输入饱和的非线性系统，利用辅助信号方法，建立不同的输入饱和抑制策略，所提出的智能自适应控制设计方法可参见文献 [11] 和 [12]。

2.3.4　仿真

例 2.3.1　考虑如下非线性系统：

$$
\begin{cases}
\dot{x}_1 = f_1(x_1) + g_1(x_1) x_2(t) \\
\dot{x}_2 = f_2(x_1, x_2) + bu(v) + \bar{d} \\
y = x_1
\end{cases} \tag{2.3.60}
$$

式中，$f_1(x_1) = -x_1 \mathrm{e}^{-0.5x_1}$；$g_1(x_1) = 1 + 0.5\sin(x_1)$；$f_2(x_1, x_2) = -x_1 x_2^2$；$b = 1$；$\bar{d} = 0.01\sin(x_1)$；$g_{1d} = 0.5$；$g_{10} = 0.5$；$g_{11} = 0.5$。

给定参考信号为 $y_m(t) = \sin(t)$ 和 $g_1(x_1) = 1 + 0.5\sin(x_1) > 0.5 > 0$，满足假设 2.3.2。

选择变量 x_i 的隶属函数如下：

$$\mu_{F_1^l}(x_1) = \exp\left[-\frac{(x_1 - 3 + l)^2}{4} \right]$$

$$\mu_{F_2^l}(x_2) = \exp\left[-\frac{(x_2 - 3 + l)^2}{4} \right]$$

为 y_m、$\dot{y}_m$ 和 $\ddot{y}_m$ 选取与变量 x_i 相同的隶属函数。

在仿真中，虚拟控制器、控制器和参数自适应律中的设计参数选择为：$k_1 = 8$，$k_2 = 5$，$\gamma_{11} = 10$，$\gamma_{12} = 10$，$\gamma_{21} = 10$，$\gamma_{22} = 10$，$\gamma_{31} = 10$，$\gamma_{32} = 10$，$\tau = 0.5$，$c_1 = 10$，$c_2 = 12$，$c_3 = 12$，$\gamma_\chi = 0.1$，$\varsigma = 0.1$，$c = 10$，$\gamma_b = 0.1$，$\gamma_p = 0.1$，$\sigma_p = 0.1$，$\sigma_b = 0.1$，$\sigma_{11} = 10$，$\sigma_{12} = 10$，$\sigma_{21} = 10$，$\sigma_{22} = 10$，$\sigma_{31} = 10$，$\sigma_{32} = 10$，$u_M = 2$。

选择变量及参数的初始值为：$x_1(0) = 0.6$，$x_2(0) = 1$，$\chi(0) = 1$，$\hat{b}(0) = 0.01$。其他参数的初始值选择为 0。

仿真结果如图 2.3.2～图 2.3.5 所示。

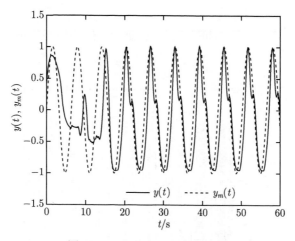

图 2.3.2　$y(t)$ 和 $y_m(t)$ 的轨迹

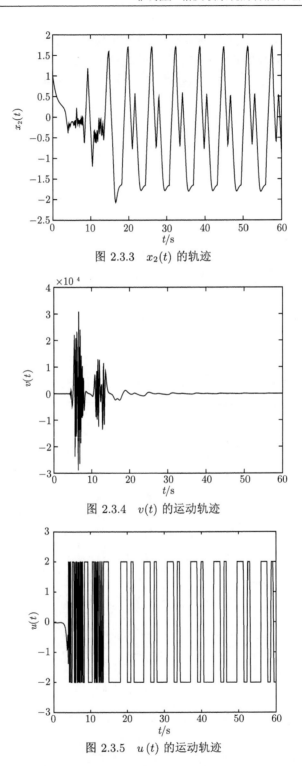

图 2.3.3 $x_2(t)$ 的轨迹

图 2.3.4 $v(t)$ 的运动轨迹

图 2.3.5 $u(t)$ 的运动轨迹

2.4　非线性系统模糊自适应指定性能控制

2.3 节介绍了具有输入饱和非线性系统的智能自适应反步递推控制。本节针对不确定单输入单输出非线性严格反馈系统，基于预先给定跟踪误差暂态值和稳态值的界，介绍指定性能模糊自适应控制设计方法，证明闭环系统的稳定性。

2.4.1　系统模型及控制问题描述

考虑如下单输入单输出非线性严格反馈系统：

$$\begin{cases} \dot{x}_i = f_i\left(\bar{x}_i\right) + x_{i+1}, & i = 1, 2, \cdots, n-1 \\ \dot{x}_n = f_n\left(\bar{x}_n\right) + u \\ y = x_1 \end{cases} \tag{2.4.1}$$

式中，$\bar{x}_i = [x_1, x_2, \cdots, x_i]^{\mathrm{T}} \in \mathbf{R}^i\,(i = 1, 2, \cdots, n)$ 是状态向量；$u \in \mathbf{R}$ 和 $y \in \mathbf{R}$ 分别是系统的输入和输出；$f_i(\bar{x}_i)$ 是未知的光滑非线性函数。

假设 2.4.1　跟踪信号 $y_m(t)$ 是已知有界的时变函数，且导数也已知。

控制任务　基于模糊逻辑系统设计一种模糊自适应控制器，使得：

(1) 闭环系统的所有信号半全局一致最终有界；

(2) 跟踪误差 $e(t) = x_1(t) - y_m$ 收敛到包含原点的一个较小邻域内；

(3) 跟踪误差 $e(t) = x_1(t) - y_m$ 的暂态值和稳态值始终在指定的界内。

下面介绍性能函数和误差变换方法。

定义 2.4.1　对于光滑函数 $\rho(t) : \mathbf{R}_+ \to \mathbf{R}_+ - \{0\}$，如果函数 $\rho(t)$ 是递减的，且有 $\lim\limits_{t \to \infty} \rho(t) = \rho_\infty > 0$，则 $\rho(t)$ 称为性能函数，ρ_∞ 称为跟踪误差达到稳态时的最大允许值。

如果跟踪误差满足下述条件，即

(1) 当 $e(0) \geqslant 0$ 时，有

$$-\delta\rho(t) < e(t) < \rho(t) \tag{2.4.2}$$

(2) 当 $e(0) < 0$ 时，有

$$-\rho(t) < e(t) < \delta\rho(t) \tag{2.4.3}$$

式中，$t \geqslant 0$；$0 \leqslant \delta \leqslant 1$；$\rho(t)$ 是关于 $e(t)$ 的性能函数。那么，跟踪误差的暂态值和稳态值始终在指定的界内。

定义误差变换如下：

$$e(t) = \rho(t) S(z_1) \tag{2.4.4}$$

式中，z_1 是变换误差；$S(\cdot)$ 是光滑的严格递增可逆函数。

根据 $S(z_1)$ 的性质和 $\rho(t) \geqslant \rho_\infty > 0$，可得如下逆变换：

$$z_1 = S^{-1}\left(\frac{e(t)}{\rho(t)}\right) \tag{2.4.5}$$

如果 $z_1(t)$ 有界，就可以保证式 (2.4.2) 或式 (2.4.3) 成立，那么式 (2.4.5) 的导数为

$$\dot{z}_1 = r\left(-v + f_1(x_1) + x_2\right) \tag{2.4.6}$$

式中，$r = \dfrac{\partial S^{-1}}{\partial\left(\dfrac{e(t)}{\rho(t)}\right)}\dfrac{1}{\rho(t)}$；$v = \dot{y}_m + \dfrac{e(t)\dot{\rho}(t)}{\rho(t)}$。这里，$v$ 和 r 是已知的 [13]。

通过误差变换，系统 (2.4.1) 可变为

$$\begin{cases} \dot{z}_1 = r\left(-v + f_1(x_1) + x_2\right) \\ \dot{x}_2 = f_2(\bar{x}_2) + x_3 \\ \quad\vdots \\ \dot{x}_n = f_n(\bar{x}_n) + u \end{cases} \tag{2.4.7}$$

式中，函数 $f_i(\bar{x}_i)\,(i = 1, 2, \cdots, n)$ 是未知函数。

2.4.2　模糊自适应反步递推控制设计

定义如下的坐标变换：

$$\begin{cases} z_2 = x_2 - \alpha_1 \\ z_3 = x_3 - \alpha_2 \\ \quad\vdots \\ z_n = x_n - \alpha_{n-1} \end{cases} \tag{2.4.8}$$

式中，$z_i\,(i = 2, 3, \cdots, n)$ 是误差；α_{i-1} 是在第 $i-1$ 步中将要设计的虚拟控制器。

基于上面的坐标变换，n 步模糊自适应反步递推控制设计过程如下。

第 1 步　由式 (2.4.7) 和式 (2.4.8) 可得

$$\dot{z}_1 = r\left(-v + f_1(x_1) + z_2 + \alpha_1\right) \tag{2.4.9}$$

设 $h_1(x_1) = f_1(x_1)$。因为 $h_1(x_1)$ 是未知非线性函数，所以根据引理 0.1.1，利用模糊逻辑系统 $\hat{h}_1\left(x_1|\hat{\theta}_1\right) = \hat{\theta}_1^{\mathrm{T}}\varphi_1(x_1)$ 逼近 $h_1(x_1)$，并假设

$$h_1(x_1) = \theta_1^{*\mathrm{T}}\varphi_1(x_1) + \varepsilon_1(x_1) \tag{2.4.10}$$

式中，θ_1^* 是未知的最优参数；$\varepsilon_1(x_1)$ 是最小模糊逼近误差。假设 $\varepsilon_1(x_1)$ 满足 $|\varepsilon_1(x_1)| \leqslant \varepsilon_1^*$，$\varepsilon_1^*$ 是正常数。

将式 (2.4.10) 代入式 (2.4.9)，可得

$$
\begin{aligned}
\dot{z}_1 &= r\left(-v + \theta_1^{*\mathrm{T}}\varphi_1(x_1) + \varepsilon_1 + x_2\right) \\
&= r\left(-v + \hat{\theta}_1^{\mathrm{T}}\varphi_1(x_1) - \tilde{\theta}_1^{\mathrm{T}}\varphi_1(x_1) + \varepsilon_1 + z_2 + \alpha_1\right)
\end{aligned} \tag{2.4.11}
$$

式中，$\hat{\theta}_1$ 是 θ_1^* 的估计；$\tilde{\theta}_1 = \hat{\theta}_1 - \theta_1^*$ 是参数估计误差。

选择如下的李雅普诺夫函数：

$$
V_1 = \frac{1}{2}z_1^2 + \frac{1}{2}\tilde{\theta}_1^{\mathrm{T}}\Gamma_1^{-1}\tilde{\theta}_1 \tag{2.4.12}
$$

式中，$\Gamma_1 = \Gamma_1^{\mathrm{T}} > 0$ 是增益矩阵。

V_1 的导数为

$$
\dot{V}_1 = z_1\dot{z}_1 + \tilde{\theta}_1^{\mathrm{T}}\Gamma_1^{-1}\dot{\hat{\theta}}_1 \tag{2.4.13}
$$

将式 (2.4.11) 代入式 (2.4.13)，可得

$$
\dot{V}_1 = z_1 r\left(-v + \hat{\theta}_1^{\mathrm{T}}\varphi_1(x_1) + \varepsilon_1 + z_2 + \alpha_1\right) + \tilde{\theta}_1^{\mathrm{T}}\left(\Gamma_1^{-1}\dot{\hat{\theta}}_1 - z_1 r\varphi_1(x_1)\right) \tag{2.4.14}
$$

根据杨氏不等式，可得

$$
z_1 r\varepsilon_1 \leqslant \frac{1}{2}z_1^2 r^2 + \frac{1}{2}\varepsilon_1^{*2} \tag{2.4.15}
$$

将式 (2.4.15) 代入式 (2.4.14)，$\dot{V}_1$ 可以表示为

$$
\dot{V}_1 = z_1 r\left(\frac{1}{2}z_1 r - v + \hat{\theta}_1^{\mathrm{T}}\varphi_1(x_1) + z_2 + \alpha_1\right) + \tilde{\theta}_1^{\mathrm{T}}\left(\Gamma_1^{-1}\dot{\hat{\theta}}_1 - z_1 r\varphi_1(x_1)\right) + \frac{1}{2}\varepsilon_1^{*2} \tag{2.4.16}
$$

设计虚拟控制器 α_1 和参数 $\hat{\theta}_1$ 的自适应律如下：

$$
\alpha_1 = -\frac{k_1 z_1}{r} - \frac{1}{2}z_1 r + v - \hat{\theta}_1^{\mathrm{T}}\varphi_1(x_1) \tag{2.4.17}
$$

$$
\dot{\hat{\theta}}_1 = \Gamma_1 z_1 r\varphi_1(x_1) - \Gamma_1\hat{\theta}_1 \tag{2.4.18}
$$

式中，$k_1 > 0$ 是设计参数。

将式 (2.4.17) 和式 (2.4.18) 代入式 (2.4.16)，可得

$$
\dot{V}_1 \leqslant -k_1 z_1^2 - \frac{1}{2}\tilde{\theta}_1^2 + \frac{1}{2}\theta_1^{*2} + \frac{1}{2}\varepsilon_1^{*2} + z_1 z_2 r \tag{2.4.19}
$$

第 2 步　根据式 (2.4.7) 和式 (2.4.8)，z_2 的导数为

$$
\dot{z}_2 = \dot{x}_2 - \dot{\alpha}_1 = f_2(\bar{x}_2) + x_3 - \dot{\alpha}_1 \tag{2.4.20}
$$

式中, $\dot{\alpha}_1 = \dfrac{\partial \alpha_1}{\partial z_1} \dot{z}_1 + \dfrac{\partial \alpha_1}{\partial r} \dot{r} + \dfrac{\partial \alpha_1}{\partial v} \dot{v} + \dfrac{\partial \alpha_1}{\partial \hat{\theta}_1} \dot{\hat{\theta}}_1$。

设 $h_2(Z_2) = f_2(\bar{x}_2) - \dfrac{\partial \alpha_1}{\partial z_1} \dot{z}_1 - \dfrac{\partial \alpha_1}{\partial r} \dot{r} - \dfrac{\partial \alpha_1}{\partial v} \dot{v}$ 和 $Z_2 = \left[x_1,\ x_2, \dfrac{\partial \alpha_1}{\partial z_1}, \dfrac{\partial \alpha_1}{\partial r}, \right.$

$\left. \dfrac{\partial \alpha_1}{\partial v} \right]^{\mathrm{T}}$。因为 $h_2(Z_2)$ 是未知非线性函数, 所以根据引理 0.1.1, 利用模糊逻辑系统 $\hat{h}_2\left(Z_2 \middle| \hat{\theta}_2\right) = \hat{\theta}_2^T \varphi_2(Z_2)$ 逼近 $h_2(Z_2)$, 并假设

$$h_2(Z_2) = \theta_2^{*\mathrm{T}} \varphi_2(Z_2) + \varepsilon_2(Z_2) \tag{2.4.21}$$

式中, θ_2^* 是未知的最优参数; $\varepsilon_2(Z_2)$ 是最小模糊逼近误差。假设 $\varepsilon_2(Z_2)$ 满足 $|\varepsilon_2(Z_2)| \leqslant \varepsilon_2^*$, ε_2^* 是正常数。

将式 (2.4.21) 代入式 (2.4.20), 可得

$$\begin{aligned} \dot{z}_2 &= \theta_2^{*\mathrm{T}} \varphi_2(Z_2) + \varepsilon_2 + x_3 - \dfrac{\partial \alpha_1}{\partial \hat{\theta}_1} \dot{\hat{\theta}}_1 \\ &= \hat{\theta}_2^{\mathrm{T}} \varphi_2(Z_2) - \tilde{\theta}_2^{\mathrm{T}} \varphi_2(Z_2) + \varepsilon_2 + x_3 - \dfrac{\partial \alpha_1}{\partial \hat{\theta}_1} \dot{\hat{\theta}}_1 \end{aligned} \tag{2.4.22}$$

式中, $\hat{\theta}_2$ 是 θ_2^* 的估计; $\tilde{\theta}_2 = \hat{\theta}_2 - \theta_2^*$ 是参数估计误差。

选取如下的李雅普诺夫函数:

$$V_2 = V_1 + \frac{1}{2} z_2^2 + \frac{1}{2} \tilde{\theta}_2^{\mathrm{T}} \Gamma_2^{-1} \tilde{\theta}_2 \tag{2.4.23}$$

式中, $\Gamma_2 = \Gamma_2^{\mathrm{T}} > 0$ 是增益矩阵。

V_2 的导数为

$$\dot{V}_2 = \dot{V}_1 + z_2 \dot{z}_2 + \tilde{\theta}_2^{\mathrm{T}} \Gamma_2^{-1} \dot{\hat{\theta}}_2 \tag{2.4.24}$$

将式 (2.4.19) 和式 (2.4.22) 代入式 (2.4.24), 可得

$$\begin{aligned} \dot{V}_2 \leqslant\ & -k_1 z_1^2 - \frac{1}{2} \tilde{\theta}_1^2 + \frac{1}{2} \theta_1^{*2} + \frac{1}{2} \varepsilon_1^{*2} + \tilde{\theta}_2^{\mathrm{T}} \left(\Gamma_2^{-1} \dot{\hat{\theta}}_2 - z_2 \varphi_2(Z_2) \right) \\ &+ z_2 \left(z_1 r + \hat{\theta}_2^{\mathrm{T}} \varphi_2(Z_2) + \varepsilon_2 + z_3 + \alpha_2 - \dfrac{\partial \alpha_1}{\partial \hat{\theta}_1} \dot{\hat{\theta}}_1 \right) \end{aligned} \tag{2.4.25}$$

根据杨氏不等式, 可得

$$z_2 \varepsilon_2 \leqslant \frac{1}{2} z_2^2 + \frac{1}{2} \varepsilon_2^{*2} \tag{2.4.26}$$

将式 (2.4.26) 代入式 (2.4.25), 可得

$$\dot{V}_2 \leqslant -k_1 z_1^2 - \frac{1}{2} \tilde{\theta}_1^2 + \frac{1}{2} \theta_1^{*2} + \sum_{j=1}^{2} \frac{1}{2} \varepsilon_i^{*2} + \tilde{\theta}_2^{\mathrm{T}} \left(\Gamma_2^{-1} \dot{\hat{\theta}}_2 - z_2 \varphi_2(Z_2) \right)$$

$$+ z_2 \left(\frac{1}{2} z_2 + z_1 r + \hat{\theta}_2^{\mathrm{T}} \varphi_2 (Z_2) + z_3 + \alpha_2 - \frac{\partial \alpha_1}{\partial \hat{\theta}_1} \dot{\hat{\theta}}_1 \right) \tag{2.4.27}$$

设计虚拟控制器 α_2 和参数 $\hat{\theta}_2$ 的自适应律如下：

$$\alpha_2 = -k_2 z_2 - \frac{1}{2} z_2 - z_1 r - \hat{\theta}_2^{\mathrm{T}} \varphi_2 (Z_2) + \frac{\partial \alpha_1}{\partial \hat{\theta}_1} \dot{\hat{\theta}}_1 \tag{2.4.28}$$

$$\dot{\hat{\theta}}_2 = \Gamma_2 z_2 \varphi_2 (Z_2) - \Gamma_2 \hat{\theta}_2 \tag{2.4.29}$$

式中，$k_2 > 0$ 是设计参数。

将式 (2.4.28) 和式 (2.4.29) 代入式 (2.4.27)，可得

$$\dot{V}_2 \leqslant -\sum_{j=1}^{2} k_j z_j^2 + \sum_{j=1}^{2} \left(-\frac{1}{2} \tilde{\theta}_j^2 + \frac{1}{2} \theta_j^{*2} + \frac{1}{2} \varepsilon_j^{*2} \right) + z_2 z_3 \tag{2.4.30}$$

第 $i(3 \leqslant i \leqslant n-1)$ 步　根据式 (2.4.7) 和式 (2.4.8)，z_i 的导数为

$$\dot{z}_i = \dot{x}_i - \dot{\alpha}_{i-1} = f_i (\bar{x}_i) + x_{i+1} - \dot{\alpha}_{i-1} \tag{2.4.31}$$

式中，$\dot{\alpha}_{i-1} = \dfrac{\partial \alpha_{i-1}}{\partial z_{i-1}} \dot{z}_{i-1} + \dfrac{\partial \alpha_{i-1}}{\partial z_{i-2}} \dot{z}_{i-2} + \sum\limits_{j=1}^{i-1} \dfrac{\partial \alpha_{i-1}}{\partial \hat{\theta}_j} \dot{\hat{\theta}}_j$。

设 $h_i (Z_i) = f_i (\bar{x}_i) - \dfrac{\partial \alpha_{i-1}}{\partial z_{i-1}} \dot{z}_{i-1} - \dfrac{\partial \alpha_{i-1}}{\partial z_{i-2}} \dot{z}_{i-2}$，$Z_i = \left[\bar{x}_i, \dfrac{\partial \alpha_{i-1}}{\partial z_{i-1}}, \dfrac{\partial \alpha_{i-1}}{\partial z_{i-2}} \right]^{\mathrm{T}}$。因为 $h_i (Z_i)$ 是未知非线性函数，所以根据引理 0.1.1，利用模糊逻辑系统 $\hat{h}_i \left(Z_i | \hat{\theta}_i \right) = \hat{\theta}_i^{\mathrm{T}} \varphi_i (Z_i)$ 逼近 $h_i (Z_i)$，并假设

$$h_i (Z_i) = \theta_i^{*\mathrm{T}} \varphi_i (Z_i) + \varepsilon_i (Z_i) \tag{2.4.32}$$

式中，θ_i^* 是未知的最优参数；$\varepsilon_i (Z_i)$ 是最小模糊逼近误差。假设 $\varepsilon_i (Z_i)$ 满足 $|\varepsilon_i (Z_i)| \leqslant \varepsilon_i^*$，$\varepsilon_i^*$ 是正常数。

将式 (2.4.32) 代入式 (2.4.31)，可得

$$\dot{z}_i = \theta_i^{*\mathrm{T}} \varphi_i (Z_i) + \varepsilon_i + x_{i+1} - \sum_{j=1}^{i-1} \frac{\partial \alpha_{i-1}}{\partial \hat{\theta}_j} \dot{\hat{\theta}}_j$$

$$= \hat{\theta}_i^{\mathrm{T}} \varphi_i (Z_i) - \tilde{\theta}_i^{\mathrm{T}} \varphi_i (Z_i) + \varepsilon_i + x_{i+1} - \sum_{j=1}^{i-1} \frac{\partial \alpha_{i-1}}{\partial \hat{\theta}_j} \dot{\hat{\theta}}_j \tag{2.4.33}$$

式中，$\hat{\theta}_i$ 是 θ_i^* 的估计；$\tilde{\theta}_i = \hat{\theta}_i - \theta_i^*$ 是参数估计误差。

选择如下的李雅普诺夫函数：

$$V_i = V_{i-1} + \frac{1}{2}z_i^2 + \frac{1}{2}\tilde{\theta}_i^{\mathrm{T}}\Gamma_i^{-1}\tilde{\theta}_i \tag{2.4.34}$$

式中，$\Gamma_i = \Gamma_i^{\mathrm{T}} > 0$ 是增益矩阵。

V_i 的导数为

$$\dot{V}_i = \dot{V}_{i-1} + z_i\dot{z}_i + \tilde{\theta}_i^{\mathrm{T}}\Gamma_i^{-1}\dot{\hat{\theta}}_i \tag{2.4.35}$$

将式 (2.4.33) 代入式 (2.4.35)，可得

$$\dot{V}_i \leqslant -\sum_{j=1}^{i-1}k_jz_j^2 + \sum_{j=1}^{i-1}\left(-\frac{1}{2}\tilde{\theta}_j^2 + \frac{1}{2}\theta_j^{*2} + \frac{1}{2}\varepsilon_j^{*2}\right) + \tilde{\theta}_i^{\mathrm{T}}\Gamma_i^{-1}\dot{\hat{\theta}}_i + z_iz_{i-1}$$
$$+ z_i\left(\hat{\theta}_i^{\mathrm{T}}\varphi_i(Z_i) - \tilde{\theta}_i^{\mathrm{T}}\varphi_i(Z_i) + \varepsilon_i + x_{i+1} - \sum_{j=1}^{i-1}\frac{\partial\alpha_{i-1}}{\partial\hat{\theta}_j}\dot{\hat{\theta}}_j\right) \tag{2.4.36}$$

根据杨氏不等式，可得

$$z_i\varepsilon_i \leqslant \frac{1}{2}z_i^2 + \frac{1}{2}\varepsilon_i^{*2} \tag{2.4.37}$$

将式 (2.4.37) 代入式 (2.4.36)，可得

$$\dot{V}_i \leqslant -\sum_{j=1}^{i-1}k_jz_j^2 + \sum_{j=1}^{i-1}\left(-\frac{1}{2}\tilde{\theta}_j^2 + \frac{1}{2}\theta_j^{*2}\right) + \sum_{j=1}^{i}\frac{1}{2}\varepsilon_j^{*2} + \tilde{\theta}_i^{\mathrm{T}}\left(\Gamma_i^{-1}\dot{\hat{\theta}}_i - z_i\varphi_i(Z_i)\right)$$
$$+ z_i\left(\frac{1}{2}z_i + \hat{\theta}_i^{\mathrm{T}}\varphi_i(Z_i) + z_{i+1} + z_{i-1} + \alpha_i - \sum_{j=1}^{i-1}\frac{\partial\alpha_{i-1}}{\partial\hat{\theta}_j}\dot{\hat{\theta}}_j\right) \tag{2.4.38}$$

设计虚拟控制器 α_i 和参数 $\hat{\theta}_i$ 的自适应律如下：

$$\alpha_i = -k_iz_i - \frac{1}{2}z_i - z_{i-1} - \hat{\theta}_i^{\mathrm{T}}\varphi_i(Z_i) + \sum_{j=1}^{i-1}\frac{\partial\alpha_{i-1}}{\partial\hat{\theta}_j}\dot{\hat{\theta}}_j \tag{2.4.39}$$

$$\dot{\hat{\theta}}_i = \Gamma_iz_i\varphi_i(Z_i) - \Gamma_i\hat{\theta}_i \tag{2.4.40}$$

式中，$k_i > 0$ 是设计参数。

将式 (2.4.39) 和式 (2.4.40) 代入式 (2.4.38)，可得

$$\dot{V}_i \leqslant -\sum_{j=1}^{i}k_jz_j^2 + \sum_{j=1}^{i}\left(-\frac{1}{2}\tilde{\theta}_j^2 + \frac{1}{2}\theta_j^{*2} + \frac{1}{2}\varepsilon_j^{*2}\right) + z_iz_{i+1} \tag{2.4.41}$$

第 n 步 根据式 (2.4.7) 和式 (2.4.8)，z_n 的导数为

$$\dot{z}_n = \dot{x}_n - \dot{\alpha}_{n-1} = f_n(\bar{x}_n) + u - \dot{\alpha}_{n-1} \tag{2.4.42}$$

式中，$\dot{\alpha}_{n-1} = \dfrac{\partial \alpha_{n-1}}{\partial z_{n-1}} \dot{z}_{n-1} + \dfrac{\partial \alpha_{n-1}}{\partial z_{n-2}} \dot{z}_{n-2} + \sum\limits_{j=1}^{n-1} \dfrac{\partial \alpha_{n-1}}{\partial \hat{\theta}_j} \dot{\hat{\theta}}_j$。

设 $h_n(Z_n) = f_n(\bar{x}_n) - \dfrac{\partial \alpha_{n-1}}{\partial z_{n-1}} \dot{z}_{n-1} - \dfrac{\partial \alpha_{n-1}}{\partial z_{n-2}} \dot{z}_{n-2}$，$Z_n = \left[\bar{x}_n, \dfrac{\partial \alpha_{n-1}}{\partial z_{n-1}}, \dfrac{\partial \alpha_{n-1}}{\partial z_{n-2}}\right]^{\mathrm{T}}$。

因为 $h_n(Z_n)$ 是未知非线性函数，所以根据引理 0.1.1，利用模糊逻辑系统 $\hat{h}_n\left(Z_n | \hat{\theta}_n\right) = \hat{\theta}_n^{\mathrm{T}} \varphi_n(Z_n)$ 逼近 $h_n(Z_n)$，并假设

$$h_n(Z_n) = \theta_n^{*\mathrm{T}} \varphi_n(Z_n) + \varepsilon_n(Z_n) \tag{2.4.43}$$

式中，θ_n^* 是未知的最优参数；$\varepsilon_n(Z_n)$ 是最小模糊逼近误差。假设 $\varepsilon_n(Z_n)$ 满足 $|\varepsilon_n(Z_n)| \leqslant \varepsilon_n^*$，$\varepsilon_n^*$ 是正常数。

将式 (2.4.43) 代入式 (2.4.42)，可得

$$\dot{z}_n = \theta_n^{*\mathrm{T}} \varphi_n(Z_n) + \varepsilon_n(Z_n) + u - \sum_{j=1}^{n-1} \frac{\partial \alpha_{n-1}}{\partial \hat{\theta}_j} \dot{\hat{\theta}}_j$$

$$= \hat{\theta}_n^{\mathrm{T}} \varphi_n(Z_n) - \tilde{\theta}_n^{\mathrm{T}} \varphi_n(Z_n) + \varepsilon_n(Z_n) + u - \sum_{j=1}^{n-1} \frac{\partial \alpha_{n-1}}{\partial \hat{\theta}_j} \dot{\hat{\theta}}_j \tag{2.4.44}$$

式中，$\hat{\theta}_n$ 是 θ_n^* 的估计；$\tilde{\theta}_n = \hat{\theta}_n - \theta_n^*$ 是参数估计误差。

选择如下的李雅普诺夫函数：

$$V_n = V_{n-1} + \frac{1}{2} z_n^2 + \frac{1}{2} \tilde{\theta}_n^{\mathrm{T}} \Gamma_n^{-1} \tilde{\theta}_n \tag{2.4.45}$$

式中，$\Gamma_n = \Gamma_n^{\mathrm{T}} > 0$ 是增益矩阵。

V_n 的导数为

$$\dot{V}_n = \dot{V}_{n-1} + z_n \dot{z}_n + \tilde{\theta}_n^{\mathrm{T}} \Gamma_n^{-1} \dot{\hat{\theta}}_n \tag{2.4.46}$$

将式 (2.4.44) 代入式 (2.4.46)，可得

$$\dot{V}_n \leqslant -\sum_{j=1}^{n-1} k_j z_j^2 + \sum_{j=1}^{n-1} \left(-\frac{1}{2} \tilde{\theta}_j^2 + \frac{1}{2} \theta_j^{*2} + \frac{1}{2} \varepsilon_j^{*2}\right) + \tilde{\theta}_n^{\mathrm{T}} \Gamma_n^{-1} \dot{\hat{\theta}}_n$$

$$+ z_n \left(\hat{\theta}_n^{\mathrm{T}} \varphi_n(Z_n) - \tilde{\theta}_n^{\mathrm{T}} \varphi_n(Z_n) + \varepsilon_n + u + z_{n-1} - \sum_{j=1}^{n-1} \frac{\partial \alpha_{n-1}}{\partial \hat{\theta}_j} \dot{\hat{\theta}}_j\right) \tag{2.4.47}$$

根据杨氏不等式, 可得

$$z_n \varepsilon_n \leqslant \frac{1}{2} z_n^2 + \frac{1}{2} \varepsilon_n^{*2} \tag{2.4.48}$$

将式 (2.4.48) 代入式 (2.4.47), 可得

$$\dot{V}_n \leqslant -\sum_{j=1}^{n-1} k_j z_j^2 + \sum_{j=1}^{n-1} \left(-\frac{1}{2} \tilde{\theta}_j^2 + \frac{1}{2} \theta_j^{*2} \right) + \sum_{j=1}^{n} \frac{1}{2} \varepsilon_j^{*2} + \tilde{\theta}_n^{\mathrm{T}} \left(\Gamma_n^{-1} \dot{\hat{\theta}}_n - z_n \varphi_n \left(Z_n \right) \right)$$
$$+ z_n \left(\frac{1}{2} z_n + z_{n-1} + \hat{\theta}_n^{\mathrm{T}} \varphi_n \left(Z_n \right) + u - \sum_{j=1}^{n-1} \frac{\partial \alpha_{n-1}}{\partial \hat{\theta}_j} \dot{\hat{\theta}}_j \right) \tag{2.4.49}$$

设计控制器 u 和参数 $\hat{\theta}_n$ 的自适应律如下:

$$u = -k_n z_n - \frac{1}{2} z_n - z_{n-1} - \hat{\theta}_n^{\mathrm{T}} \varphi_n \left(Z_n \right) + \sum_{j=1}^{n-1} \frac{\partial \alpha_{n-1}}{\partial \hat{\theta}_j} \dot{\hat{\theta}}_j \tag{2.4.50}$$

$$\dot{\hat{\theta}}_n = \Gamma_n z_n \varphi_n \left(Z_n \right) - \Gamma_n \hat{\theta}_n \tag{2.4.51}$$

式中, $k_n > 0$ 是设计参数。

将式 (2.4.50) 和式 (2.4.51) 代入式 (2.4.49), 可得

$$\dot{V}_n \leqslant -\sum_{j=1}^{n} k_j z_j^2 - \sum_{j=1}^{n} \frac{1}{2} \tilde{\theta}_j^2 + D \tag{2.4.52}$$

式中, $D = \sum_{j=1}^{n} \left(\frac{1}{2} \theta_j^{*2} + \frac{1}{2} \varepsilon_j^{*2} \right)$。

2.4.3 稳定性与收敛性分析

定理 2.4.1 对于非线性系统 (2.4.1), 假设 2.4.1 成立。如果采用控制器 (2.4.50), 虚拟控制器 (2.4.17)、(2.4.28) 和 (2.4.39), 参数自适应律 (2.4.18)、(2.4.29)、(2.4.40) 和 (2.4.51), 则总体控制方案具有如下性能:

(1) 闭环系统中的所有信号半全局一致最终有界;

(2) 跟踪误差 $z_1 (t) = y (t) - y_m (t)$ 收敛到包含原点的一个较小邻域内;

(3) 跟踪误差的暂态值和稳态值始终在指定的界内。

证明 令 $C = \min \{ 2k_1, \cdots, 2k_n, 1, \lambda_{\min} (\Gamma) \}$, 则 $\dot{V}_n$ 最终表示为

$$\dot{V}_n \leqslant -C V_n + D \tag{2.4.53}$$

根据式 (2.4.53) 和引理 0.3.1, 闭环系统中的所有信号是半全局一致最终有界的, 并且满足 $|y(t) - y_m(t)| \leqslant \sqrt{2V(t_0)} \mathrm{e}^{-\frac{C}{2}(t-t_0)} + \sqrt{2D/C}$。如果选择设计参数,

使得 $\sqrt{2D/C}$ 尽可能小，则可以得到跟踪误差收敛到原点的一个较小邻域内。结合式 (2.4.2) 和式 (2.4.3)，可得当 $e(0) > 0$ 时，$-\delta\rho(t) < e(t) < \rho(t)$；当 $e(0) < 0$ 时，$-\rho(t) < e(t) < \delta\rho(t)$，因此可以得到跟踪误差的暂态值和稳态值始终在指定的界内。

评注 2.4.1　本节针对非线性严格反馈系统，给出了一种模糊自适应反步递推指定性能控制设计方法。需要指出的是，性能函数有多种形式，如指数函数和对数函数，其设计过程与本节类似，详见文献 [13] 和 [14]。

2.4.4　仿真

例 2.4.1　考虑如下的二阶非线性严格反馈系统：

$$\begin{cases} \dot{x}_1 = x_1 e^{-0.5x_1} + x_2 \\ \dot{x}_2 = \cos(x_1 x_2^2) + u \\ y = x_1 \end{cases} \tag{2.4.54}$$

式中，x_1 和 x_2 是系统状态；u 是控制输入；y 是系统输出。给定参考信号 $y_m(t) = \frac{1}{2}(\sin(5t) + \sin(5t/2))$ 已知且有界，满足假设 2.4.1。

性能函数定义为

$$\rho(t) = (\rho_0 - \rho_\infty)e^{-lt} + \rho_\infty$$

式中，$\rho_0 = 0.7$；$\rho_\infty = 0.001$；$l = 7.5$。

选择 z_i 的隶属函数为

$$\mu_{F_i^1}(Z_i) = \exp\left[-\frac{(Z_i - 5)^2}{2}\right], \quad \mu_{F_i^2}(Z_i) = \exp\left[-\frac{(Z_i - 3)^2}{2}\right]$$

$$\mu_{F_i^3}(Z_i) = \exp\left[-\frac{(Z_i - 1)^2}{2}\right], \quad \mu_{F_i^4}(Z_i) = \exp\left[-\frac{(Z_i + 1)^2}{2}\right]$$

$$\mu_{F_i^5}(Z_i) = \exp\left[-\frac{(Z_i + 3)^2}{2}\right], \quad \mu_{F_i^6}(Z_i) = \exp\left[-\frac{(Z_i + 5)^2}{2}\right], \quad i = 1, 2$$

式中，$Z_1 = [x_1]^{\mathrm{T}}, Z_2 = \left[x_1, x_2, \dfrac{\partial \alpha_1}{\partial z_1}, \dfrac{\partial \alpha_1}{\partial r}, \dfrac{\partial \alpha_1}{\partial v}\right]^{\mathrm{T}}$。

设计虚拟控制器 α_1 和参数 $\hat{\theta}_1$、$\hat{\theta}_2$ 的自适应律如下：

$$\alpha_1 = -\frac{k_1 z_1}{r} - \frac{1}{2}z_1 r + v - \hat{\theta}_1^{\mathrm{T}}\varphi_1(Z_1)$$

$$\dot{\hat{\theta}}_1 = \Gamma_1 z_1 r \varphi_1(Z_1) - \Gamma_1 \hat{\theta}_1$$

$$\dot{\hat{\theta}}_2 = \Gamma_2 z_2 \varphi_2(Z_2) - \Gamma_2 \hat{\theta}_2$$

设计控制器 u 如下：

$$u = -k_2 z_2 - \frac{1}{2} z_2 - z_1 + \dot{\alpha}_1 - \hat{\theta}_2^{\mathrm{T}} \varphi_2(Z_2)$$

选取设计参数为：$\eta_1 = \sqrt{10}$, $\eta_2 = \sqrt{20}$, $k_1 = 20$, $k_2 = 25$, $\Gamma_1 = \Gamma_2 = 0.01$。初始条件为：$x_1(0) = 0.5$, $x_2(0) = -0.1$, $\hat{\theta}_1(0) = 0.1 I_{9 \times 1}$, $\hat{\theta}_2(0) = 0.2 I_{9 \times 1}$。

仿真结果如图 2.4.1～图 2.4.4 所示。从图 2.4.1 可以看出，本方法实现了较好的跟踪。图 2.4.2 给出了跟踪误差和性能函数的轨迹。图 2.4.3 给出了误差 $z_2(t)$ 的轨迹。虚拟控制和实际控制的轨迹如图 2.4.4 所示。

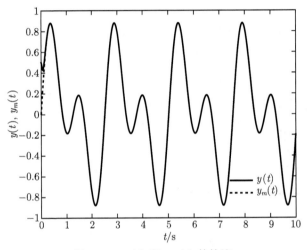

图 2.4.1 $y(t)$ 和 $y_m(t)$ 的轨迹

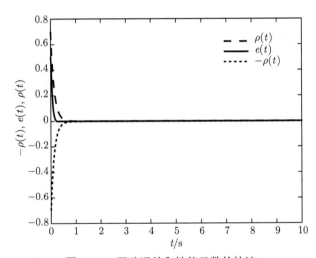

图 2.4.2 跟踪误差和性能函数的轨迹

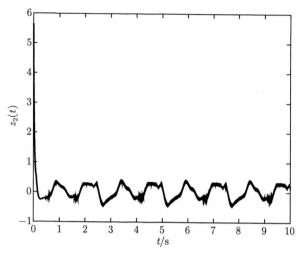

图 2.4.3　误差 $z_2(t)$ 的轨迹

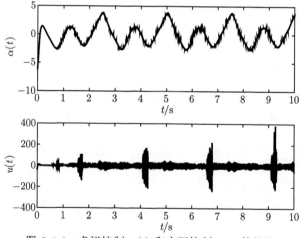

图 2.4.4　虚拟控制 $\alpha(t)$ 和实际控制 $u(t)$ 的轨迹

参 考 文 献

[1] Tee K P, Ge S S, Tay E H. Barrier Lyapunov functions for the control of output-constrained nonlinear systems[J]. Automatica, 2009, 45(4): 918-927.

[2] Liu Y J, Li J, Tong S C, et al. Neural network control-based adaptive learning design for nonlinear systems with full-state constraints[J]. IEEE Transactions on Neural Networks and Learning Systems, 2016, 27(7): 1562-1571.

[3] Li Y M, Tong S C, Li T S. Direct adaptive fuzzy backstepping control of uncertain nonlinear systems in the presence of input saturation[J]. Neural Computing and Applications, 2013, 23(5): 1207-1216.

[4] Bechlioulis C P, Rovithakis G A. Adaptive control with guaranteed transient and steady state tracking error bounds for strict feedback systems[J]. Automatica, 2009, 45(2): 532-538.

[5] He W, Dong Y T, Sun C Y. Adaptive neural network control of unknown nonlinear affine systems with input deadzone and output constraint[J]. ISA Transactions, 2015, 58: 96-104.

[6] Niu B, Liu Y J, Zong G D, et al. Command filter-based adaptive neural tracking controller design for uncertain switched nonlinear output-constrained systems[J]. IEEE Transactions on Cybernetics, 2017, 47(10): 3160-3171.

[7] Wu X J, Wu X L, Luo X Y, et al. Dynamic surface control for a class of state-constrained non-linear systems with uncertain time delays[J]. IET Control Theory & Applications, 2012, 6(12): 1948-1957.

[8] Liu Y J, Tong S C, Chen C L P, et al. Adaptive NN control using integral barrier Lyapunov functionals for uncertain nonlinear block-triangular constraint systems[J]. IEEE Transactions on Cybernetics, 2016, 47(11): 3747-3757.

[9] Meng W C, Yang Q M, Sun Y X. Adaptive neural control of nonlinear MIMO systems with time-varying output constraints[J]. IEEE Transactions on Neural Networks and Learning Systems, 2015, 26(5): 1074-1085.

[10] Liu Y J, Lu S M, Li D J, et al. Adaptive controller design-based ABLF for a class of nonlinear time-varying state constraint systems[J]. IEEE Transactions on Systems, Man, and Cybernetics: Systems, 2016, 47(7): 1546-1553.

[11] Li Y M, Tong S C, Li T S. Adaptive fuzzy output-feedback control for output constrained nonlinear systems in the presence of input saturation[J]. Fuzzy Sets and Systems, 2014, 248: 138-155.

[12] Li T S, Li R H, Li J F. Decentralized adaptive neural control of nonlinear interconnected large-scale systems with unknown time delays and input saturation[J]. Neurocomputing, 2011, 74(14-15): 2277-2283.

[13] Hua C C, Liu G P, Li L, et al. Adaptive fuzzy prescribed performance control for nonlinear switched time-delay systems with unmodeled dynamics[J]. IEEE Transactions on Fuzzy Systems, 2018, 26(4): 1934-1945.

[14] Li S, Ahn C K, Xiang Z R. Adaptive fuzzy control of switched nonlinear time-varying delay systems with prescribed performance and unmodeled dynamics[J]. Fuzzy Sets and Systems, 2019, 371: 40-60.

第 3 章　非线性严格反馈系统智能自适应状态反馈鲁棒控制

　　第 1 章针对单输入单输出非线性严格反馈系统，介绍了几种智能自适应反步递推控制方法。本章针对具有未知死区、未知控制方向、未建模动态和执行器故障的单输入单输出非线性严格反馈系统，在第 1 章的基础上给出智能自适应反步递推鲁棒控制设计方法和控制系统的稳定性分析。本章内容主要基于文献 [1]～[4]。

3.1　含有未知死区的模糊自适应鲁棒控制

　　本节针对具有未知死区的单输入单输出非线性严格反馈系统，首先给出死区逆分解方法，然后基于死区逆分解，介绍模糊自适应反步递推鲁棒控制设计方法，并给出控制系统的稳定性分析。

3.1.1　系统模型及控制问题描述

　　考虑如下一类单输入单输出非线性严格反馈系统：

$$\begin{cases} \dot{x}_i = f_i(\bar{x}_i) + g_i(\bar{x}_i)x_{i+1}, & i = 1, 2, \cdots, n-1 \\ \dot{x}_n = f_n(\bar{x}_n) + g_n(\bar{x}_n)u \\ y = x_1 \end{cases} \tag{3.1.1}$$

式中，$\bar{x}_i = [x_1, x_2, \cdots, x_i]^{\mathrm{T}} \in \mathbf{R}^i (i = 1, 2, \cdots, n)$ 是状态变量；$u \in \mathbf{R}$ 是死区输出；$y \in \mathbf{R}$ 是系统输出；$f_i(\bar{x}_i)$ 和 $g_i(\bar{x}_i)$ 是光滑非线性函数。

　　定义死区模型如下：

$$u = D(v(t)) = \begin{cases} g_r(v), & v(t) \geqslant b_r \\ 0, & b_l < v(t) < b_r \\ g_l(v), & v(t) \leqslant b_l \end{cases} \tag{3.1.2}$$

式中，$v(t) \in \mathbf{R}$ 是死区输入；b_l 和 b_r 是死区未知参数。

　　非线性死区模型如图 3.1.1 所示。

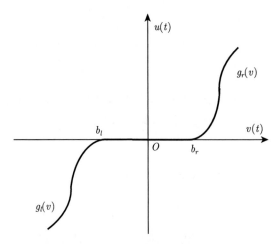

图 3.1.1　非线性死区模型

假设 3.1.1　存在正常数 g_{i1}、g_{i0} 和 g_{id}，满足 $g_{i0} \leqslant |g_i(\cdot)| \leqslant g_{i1}$ 和 $|\dot{g}_i(\cdot)| \leqslant g_{id}$。

假设 3.1.2　假设死区参数 b_l 和 b_r 是未知的有界常数，它们的符号已知。在不失一般性的情况下，假设 $b_r > 0$，$b_l < 0$。

假设 3.1.3　$g_r(v)$ 和 $g_l(v)$ 是光滑函数，且存在未知正常数 k_{l0}、k_{l1}、k_{r0} 和 k_{r1}，使得

$$0 < k_{l0} \leqslant g_l'(v) \leqslant k_{l1}, \quad \forall v \in (-\infty, b_l] \tag{3.1.3}$$

$$0 \leqslant k_{r0} \leqslant g_r'(v) \leqslant k_{r1}, \quad \forall v \in [b_r, +\infty) \tag{3.1.4}$$

式中，$g_l'(v) = \dfrac{d_{gl(z)}}{d_z}\bigg|_{z=v}$；$g_r'(v) = \dfrac{d_{gr(z)}}{d_z}\bigg|_{z=v}$。令 $\mu_0 \leqslant \min\{k_{l0}, k_{r0}\}$ 是一个已知常数。

基于假设 3.1.3，式 (3.1.2) 可表述为

$$u = D(v) = K^{\mathrm{T}}(t)\Phi(t)v + d(v) \tag{3.1.5}$$

式中，

$$\Phi(t) = [\phi_r(t), \phi_l(t)]^{\mathrm{T}} \tag{3.1.6}$$

$$\phi_r(t) = \begin{cases} 1, & v(t) > b_l \\ 0, & v(t) \leqslant b_l \end{cases} \tag{3.1.7}$$

$$\phi_l(t) = \begin{cases} 1, & v(t) < b_r \\ 0, & v(t) \geqslant b_r \end{cases} \tag{3.1.8}$$

$$K(t) = [K_r(v(t)), K_l(v(t))]^{\mathrm{T}} \tag{3.1.9}$$

$$K_r(v(t)) = \begin{cases} 0, & v(t) \leqslant b_l \\ g_r'(\xi_r(v(t))), & b_l < v(t) < +\infty \end{cases} \tag{3.1.10}$$

$$K_l(v(t)) = \begin{cases} g_l'(\xi_l(v(t))), & -\infty < v(t) < b_r \\ 0, & v(t) \geqslant b_r \end{cases} \tag{3.1.11}$$

$$d(v) = \begin{cases} -g_r'(\xi_r(v))b_r, & v \geqslant b_r \\ -[g_l'(\xi_l(v)) + g_r'(\xi_r(v))]v, & b_l < v < b_r \\ -g_l'(\xi_l(v))b_l, & v \leqslant b_l \end{cases} \tag{3.1.12}$$

如果 $v < b_l$，那么 $\xi_l(v) \in (v, b_l)$；如果 $b_l \leqslant v < b_r$，那么 $\xi_l(v) \in (b_l, v)$；如果 $b_r < v$，那么 $\xi_r(v) \in (b_r, v)$；如果 $b_l < v \leqslant b_r$，那么 $\xi_r(v) \in (v, b_r)$。并且 $|d(v)| \leqslant p^*$，p^* 是未知正常数。

控制任务　基于模糊逻辑系统，设计一种模糊自适应鲁棒控制器，使得：

(1) 闭环系统的所有信号半全局一致最终有界；

(2) 系统输出 y 能够有效地跟踪给定的参考信号 y_m。

3.1.2　模糊自适应反步递推控制设计

定义如下的坐标变换：

$$z_1 = y - y_m \tag{3.1.13}$$

$$z_i = x_i - \alpha_{i-1}, \quad i = 2, 3, \cdots, n \tag{3.1.14}$$

式中，z_1 是跟踪误差；z_i 是虚拟控制误差；α_{i-1} 是将要设计的虚拟控制器。

基于上述的坐标变换，给出 n 步模糊自适应反步递推控制设计过程。

第 1 步　根据式 (3.1.1) 和式 (3.1.13)，z_1 的导数为

$$\begin{aligned} \dot{z}_1 &= g_1(x_1)(z_2 + \alpha_1) + f_1(x_1) - \dot{y}_m \\ &= g_1(x_1)[z_2 + \alpha_1 + g_1^{-1}(x_1)(f_1(x_1) - \dot{y}_m)] \end{aligned} \tag{3.1.15}$$

设 $h_1(Z_1) = g_1^{-1}(x_1)(f_1(x_1) - \dot{y}_m)$，$Z_1 = [x_1, \dot{y}_m]^T$。由于 $h_1(Z_1)$ 是未知连续非线性函数，所以利用模糊逻辑系统 $\hat{h}_1(Z_1|\hat{\theta}_1) = \hat{\theta}_1^T \varphi_1(Z_1)$ 逼近 $h_1(Z_1)$，并假设

$$h_1(Z_1) = \theta_1^{*T} \varphi_1(Z_1) + \varepsilon_1(Z_1) \tag{3.1.16}$$

式中，θ_1^* 是最优参数；$\varepsilon_1(Z_1)$ 是最小模糊逼近误差。假设 $\varepsilon_1(Z_1)$ 满足 $|\varepsilon_1(Z_1)| \leqslant \varepsilon_1^*$，$\varepsilon_1^*$ 是正常数。

将式 (3.1.16) 代入式 (3.1.15)，可得

$$\begin{aligned} \dot{z}_1 &= g_1(x_1)[z_2 + \alpha_1 + \theta_1^{*T} \varphi_1(Z_1) + \varepsilon_1(Z_1)] \\ &= g_1(x_1)[z_2 + \alpha_1 + \hat{\theta}_1^T \varphi_1(Z_1) + \tilde{\theta}_1^T \varphi_1(Z_1) + \varepsilon_1(Z_1)] \end{aligned} \tag{3.1.17}$$

选择如下的李雅普诺夫函数：

$$V_1 = \frac{1}{2g_1(x_1)}z_1^2 + \frac{1}{2\gamma_1}\tilde{\theta}_1^{\mathrm{T}}\tilde{\theta}_1 \tag{3.1.18}$$

式中，$\gamma_1 > 0$ 为设计参数；$\tilde{\theta}_1 = \theta_1^* - \hat{\theta}_1$ 是参数估计误差，$\hat{\theta}_1$ 是 θ_1^* 的估计。

求 V_1 对时间的导数，并由式 (3.1.17) 可得

$$\dot{V}_1 = z_1(z_2 + \alpha_1 + \hat{\theta}_1^{\mathrm{T}}\varphi_1(Z_1) + \tilde{\theta}_1^{\mathrm{T}}\varphi_1(Z_1) + \varepsilon_1(Z_1)) - \frac{\dot{g}_1 z_1^2}{2g_1^2} - \frac{1}{\gamma_1}\tilde{\theta}_1^{\mathrm{T}}\dot{\hat{\theta}}_1 \tag{3.1.19}$$

根据杨氏不等式，可得

$$z_1 z_2 + z_1\varepsilon_1(Z_1) \leqslant z_1^2 + \frac{1}{2}z_2^2 + \frac{1}{2}\varepsilon_1^{*2} \tag{3.1.20}$$

将式 (3.1.20) 代入式 (3.1.19)，可得

$$\begin{aligned}
\dot{V}_1 \leqslant{} & z_1(z_1 + \alpha_1 + \hat{\theta}_1^{\mathrm{T}}\varphi_1(Z_1)) - \frac{\dot{g}_1 z_1^2}{2g_1^2} + \frac{1}{2}z_2^2 \\
& + \frac{1}{\gamma_1}\tilde{\theta}_1^{\mathrm{T}}(\gamma_1 z_1\varphi_1(Z_1) - \dot{\hat{\theta}}_1) + \frac{1}{2}\varepsilon_1^{*2}
\end{aligned} \tag{3.1.21}$$

设计虚拟控制器 α_1 和参数 $\hat{\theta}_1$ 的自适应律如下：

$$\alpha_1 = -c_1 z_1 - \hat{\theta}_1^{\mathrm{T}}\varphi_1(Z_1) - \bar{c}_1 z_1 \tag{3.1.22}$$

$$\dot{\hat{\theta}}_1 = \gamma_1 z_1\varphi_1(Z_1) - \sigma_1\hat{\theta}_1 \tag{3.1.23}$$

式中，$c_1 > 0$、$\bar{c}_1 \geqslant g_{1d}/(2g_{10}^2) - 1$ 和 $\sigma_1 > 0$ 是设计常数。

将式 (3.1.22) 和式 (3.1.23) 代入式 (3.1.21)，可得

$$\dot{V}_1 \leqslant -c_1 z_1^2 + \frac{\sigma_1}{\gamma_1}\tilde{\theta}_1^{\mathrm{T}}\hat{\theta}_1 + \frac{1}{2}\varepsilon_1^{*2} + \frac{1}{2}z_2^2 \tag{3.1.24}$$

根据杨氏不等式，可得

$$\frac{\sigma_1}{\gamma_1}\tilde{\theta}_1^{\mathrm{T}}\hat{\theta}_1 = \frac{\sigma_1}{\gamma_1}\tilde{\theta}_1^{\mathrm{T}}(\theta_1^* - \tilde{\theta}_1) \leqslant -\frac{\sigma_1}{2\gamma_1}\left\|\tilde{\theta}_1\right\|^2 + \frac{\sigma_1}{2\gamma_1}\left\|\theta_1^*\right\|^2 \tag{3.1.25}$$

由式 (3.1.24) 和式 (3.1.25) 可得

$$\dot{V}_1 \leqslant -c_1 z_1^2 - \frac{\sigma_1}{2\gamma_1}\left\|\tilde{\theta}_1\right\|^2 + \frac{\sigma_1}{2\gamma_1}\left\|\theta_1^*\right\|^2 + \frac{1}{2}\varepsilon_1^{*2} + \frac{1}{2}z_2^2 \tag{3.1.26}$$

第 $i(2 \leqslant i \leqslant n-1)$ 步　根据式 (3.1.1) 和式 (3.1.14)，z_i 的导数为

$$\dot{z}_i = g_i(\bar{x}_i)(z_{i+1} + \alpha_i) + f_i(\bar{x}_i) - \dot{\alpha}_{i-1}$$

$$=g_i(\bar{x}_i)[z_{i+1} + \alpha_i + g_i^{-1}(\bar{x}_i)(f_i(\bar{x}_i) - \dot{\alpha}_{i-1})] \tag{3.1.27}$$

式中，

$$\dot{\alpha}_{i-1} = \sum_{j=1}^{i-1} \frac{\partial \alpha_{i-1}}{\partial x_j}(g_j(\bar{x}_j)x_{j+1} + f_j(\bar{x}_j)) + \xi_{i-1}$$

$$\xi_{i-1} = \sum_{j=1}^{i-1}(\partial \alpha_{i-1}/\partial y_m^{(j-1)})y_m^{(j)} + \sum_{j=1}^{i-1}(\partial \alpha_{i-1}/\partial \hat{\theta}_j)(\gamma_j \varphi_j(Z_j)z_j - \sigma_j \hat{\theta}_j)$$

设 $h_i(Z_i) = g_i^{-1}(\bar{x}_i)(f_i(\bar{x}_i) - \dot{\alpha}_{i-1})$，$Z_i = [\bar{x}_i^{\mathrm{T}}, \partial \alpha_{i-1}/\partial x_1, \cdots, \partial \alpha_{i-1}/\partial x_{i-1}, \xi_{i-1}]^{\mathrm{T}}$。利用模糊逻辑系统 $\hat{h}_i(Z_i|\hat{\theta}_i) = \hat{\theta}_i^{\mathrm{T}}\varphi_i(Z_i)$ 逼近 $h_i(Z_i)$，并假设

$$h_i(Z_i) = \theta_i^{*\mathrm{T}}\varphi_i(Z_i) + \varepsilon_i(Z_i) \tag{3.1.28}$$

式中，θ_i^* 是最优参数；$\varepsilon_i(Z_i)$ 是最小模糊逼近误差。假设 $\varepsilon_i(Z_i)$ 满足 $|\varepsilon_i(Z_i)| \leqslant \varepsilon_i^*$，$\varepsilon_i^*$ 是正常数。

由式 (3.1.27) 和式 (3.1.28) 可得

$$\begin{aligned}
\dot{z}_i &= g_i(\bar{x}_i)(z_{i+1} + \alpha_i + \theta_i^{*\mathrm{T}}\varphi_i(Z_i) + \varepsilon_i(Z_i)) \\
&= g_i(\bar{x}_i)(z_{i+1} + \alpha_i + \hat{\theta}_i^{\mathrm{T}}\varphi_i(Z_i) + \tilde{\theta}_i^{\mathrm{T}}\varphi_i(Z_i) + \varepsilon_i(Z_i))
\end{aligned} \tag{3.1.29}$$

选择如下的李雅普诺夫函数：

$$V_i = V_{i-1} + \frac{1}{2g_i(\bar{x}_i)}z_i^2 + \frac{1}{2\gamma_i}\tilde{\theta}_i^{\mathrm{T}}\tilde{\theta}_i \tag{3.1.30}$$

式中，$\gamma_i > 0$ 为设计参数；$\tilde{\theta}_i = \theta_i^* - \hat{\theta}_i$ 是参数估计误差，$\hat{\theta}_i$ 是 θ_i^* 的估计。

求 V_i 对时间的导数，并根据式 (3.1.29)，可得

$$\begin{aligned}
\dot{V}_i &= \dot{V}_{i-1} + \frac{z_i\dot{z}_i}{g_i(\bar{x}_i)} - \frac{\dot{g}_i(\bar{x}_i)z_i^2}{2g_i^2(\bar{x}_i)} + \frac{1}{\gamma_i}\tilde{\theta}_i^{\mathrm{T}}\dot{\tilde{\theta}}_i \\
&= \sum_{j=1}^{i-1}\left(-c_j z_j^2 - \frac{\sigma_j}{2\gamma_j}\left\|\tilde{\theta}_j\right\|^2 + \frac{\sigma_j}{2\gamma_j}\left\|\theta_j^*\right\|^2 + \frac{1}{2}\varepsilon_j^{*2}\right) \\
&\quad + \frac{1}{2}z_i^2 + z_i(z_{i+1} + \alpha_i + \hat{\theta}_i^{\mathrm{T}}\varphi_i(Z_i) + \tilde{\theta}_i^{\mathrm{T}}\varphi_i(Z_i) \\
&\quad + \varepsilon_i(Z_i)) - \frac{\dot{g}_i z_i^2}{2g_i^2} - \frac{1}{\gamma_i}\tilde{\theta}_i^{\mathrm{T}}\dot{\hat{\theta}}_i
\end{aligned} \tag{3.1.31}$$

根据杨氏不等式，可得

$$z_i z_{i+1} + z_i \varepsilon_i(Z_i) \leqslant z_i^2 + \frac{1}{2}z_{i+1}^2 + \frac{1}{2}\varepsilon_i^{*2} \tag{3.1.32}$$

将式 (3.1.32) 代入式 (3.1.31)，可得

$$
\begin{aligned}
\dot{V}_i \leqslant & \sum_{j=1}^{i-1}\left(-c_j z_j^2 - \frac{\sigma_j}{2\gamma_j}\left\|\tilde{\theta}_j\right\|^2 + \frac{\sigma_j}{2\gamma_j}\left\|\theta_j^*\right\|^2\right) + \sum_{j=1}^{i}\frac{1}{2}\varepsilon_j^{*2} + z_i\left(\frac{3}{2}z_i + \alpha_i\right. \\
& \left. + \hat{\theta}_i^{\mathrm{T}}\varphi_i(Z_i)\right) - \frac{\dot{g}_i z_i^2}{2g_i^2(\bar{x}_i)} + \frac{1}{\gamma_i}\tilde{\theta}_i^{\mathrm{T}}(\gamma_i z_i \varphi_i(Z_i) - \dot{\hat{\theta}}_i) + \frac{1}{2}z_{i+1}^2
\end{aligned} \tag{3.1.33}
$$

设计虚拟控制器 α_i 和参数 $\hat{\theta}_i$ 的自适应律如下：

$$
\alpha_i = -c_i z_i - \hat{\theta}_i^{\mathrm{T}}\varphi_i(Z_i) - \bar{c}_i z_i \tag{3.1.34}
$$

$$
\dot{\hat{\theta}}_i = \gamma_i z_i \varphi_i(Z_i) - \sigma_i \hat{\theta}_i \tag{3.1.35}
$$

式中，$c_i > 0$、$\bar{c}_i \geqslant g_{id}/g_{i0}^2 - 3/2 > 0$ 和 $\sigma_i > 0$ 为设计参数。

根据式 (3.1.34) 和式 (3.1.35)，$\dot{V}_i$ 可表示为

$$
\dot{V}_i \leqslant -\sum_{j=1}^{i}c_j z_j^2 + \sum_{j=1}^{i-1}\left(-\frac{\sigma_j}{2\gamma_j}\left\|\tilde{\theta}_j\right\|^2 + \frac{\sigma_j}{2\gamma_j}\left\|\theta_j^*\right\|^2\right) + \sum_{j=1}^{i}\frac{1}{2}\varepsilon_j^{*2} + \frac{\sigma_i}{\gamma_i}\tilde{\theta}_i^{\mathrm{T}}\hat{\theta}_i + \frac{1}{2}z_{i+1}^2 \tag{3.1.36}
$$

根据杨氏不等式，可得

$$
\frac{\sigma_i}{\gamma_i}\tilde{\theta}_i^{\mathrm{T}}\hat{\theta}_i = \frac{\sigma_i}{\gamma_i}\tilde{\theta}_i^{\mathrm{T}}(\theta_i^* - \tilde{\theta}_i) \leqslant -\frac{\sigma_i}{2\gamma_i}\left\|\tilde{\theta}_i\right\|^2 + \frac{\sigma_i}{2\gamma_i}\|\theta_i^*\|^2 \tag{3.1.37}
$$

因此，$\dot{V}_i$ 最终可表示为

$$
\dot{V}_i \leqslant -\sum_{j=1}^{i}c_j z_j^2 + \sum_{j=1}^{i}\left(-\frac{\sigma_j}{2\gamma_j}\left\|\tilde{\theta}_j\right\|^2 + \frac{\sigma_j}{2\gamma_j}\left\|\theta_j^*\right\|^2 + \frac{1}{2}\varepsilon_j^{*2}\right) + \frac{1}{2}z_{i+1}^2 \tag{3.1.38}
$$

第 n 步　由式 (3.1.1) 和式 (3.1.14)，z_n 的导数为

$$
\dot{z}_n = g_n(\bar{x}_n)u + f_n(\bar{x}_n) - \dot{\alpha}_{n-1} \tag{3.1.39}
$$

式中，

$$
\dot{\alpha}_{n-1} = \sum_{j=1}^{n-1}\frac{\partial\alpha_{n-1}}{\partial x_j}(g_j(\bar{x}_j)x_{j+1} + f_j(\bar{x}_j)) + \xi_{n-1}
$$

$$
\xi_{n-1} = \sum_{j=1}^{n-1}(\partial\alpha_{n-1}/\partial y_m^{(j-1)})y_m^{(j)} + \sum_{j=1}^{n-1}(\partial\alpha_{n-1}/\partial\hat{\theta}_j)\dot{\hat{\theta}}_j
$$

设 $h_n(Z_n) = g_n^{-1}(\bar{x}_n)(f_n(\bar{x}_n) - \dot{\alpha}_{n-1})$，$Z_n = [\bar{x}_n^{\mathrm{T}}, \partial\alpha_{n-1}/\partial x_1, \cdots, \partial\alpha_{n-1}/\partial x_{n-1}, \xi_{n-1}]^{\mathrm{T}}$。利用模糊逻辑系统 $\hat{h}_n(Z_n|\hat{\theta}_n) = \hat{\theta}_n^{\mathrm{T}}\varphi_n(Z_n)$ 逼近 $h_n(Z_n)$，并假设

$$h_n(Z_n) = \theta_n^{*\mathrm{T}} \varphi_n(Z_n) + \varepsilon_n(Z_n) \tag{3.1.40}$$

式中，θ_n^* 是最优参数；$\varepsilon_n(Z_n)$ 是模糊最小逼近误差。假设 $\varepsilon_n(Z_n)$ 满足 $|\varepsilon_n(Z_n)| \leqslant \varepsilon_n^*$，$\varepsilon_n^*$ 是正常数。

根据式 (3.1.40)，$\dot{z}_n$ 为

$$\begin{aligned}
\dot{z}_n &= g_n(\bar{x}_n)(u + \theta_n^{*\mathrm{T}} \varphi_n(Z_n) + \varepsilon_n(Z_n)) \\
&= g_n(\bar{x}_n)(K^{\mathrm{T}}(t)\varPhi(t)v + d(v) + \hat{\theta}_n^{\mathrm{T}} \varphi_n(Z_n) + \tilde{\theta}_n^{\mathrm{T}} \varphi_n(Z_n) + \varepsilon_n(Z_n))
\end{aligned} \tag{3.1.41}$$

选择如下的李雅普诺夫函数：

$$V = V_{n-1} + \frac{1}{2g_n(\bar{x}_n)} z_n^2 + \frac{1}{2\gamma_n} \tilde{\theta}_n^{\mathrm{T}} \tilde{\theta}_n \tag{3.1.42}$$

式中，$\gamma_n > 0$ 是设计参数；$\tilde{\theta}_n = \theta_n^* - \hat{\theta}_n$ 是参数估计误差，$\hat{\theta}_n$ 是 θ_n^* 的参数估计。

求 V 对时间的导数，并由式 (3.1.41) 可得

$$\begin{aligned}
\dot{V} = \dot{V}_{n-1} &+ z_n(K^{\mathrm{T}}(t)\varPhi(t)v + d(v) + \hat{\theta}_n^{\mathrm{T}} \varphi_n(Z_n) \\
&+ \tilde{\theta}_n^{\mathrm{T}} \varphi_n(Z_n) + \varepsilon_n(Z_n)) - \frac{\dot{g}_n z_n^2}{2g_n^2} - \frac{1}{\gamma_n} \tilde{\theta}_n^{\mathrm{T}} \dot{\hat{\theta}}_n
\end{aligned} \tag{3.1.43}$$

根据杨氏不等式，可得

$$z_n(\varepsilon_n(Z_n) + d(v)) \leqslant z_n^2 + \frac{1}{2}\varepsilon_n^{*2} + \frac{1}{2}p^{*2} \tag{3.1.44}$$

因此，有

$$\begin{aligned}
\dot{V} \leqslant &-\sum_{j=1}^{n-1} \left(c_j z_j^2 + \frac{\sigma_j}{2\gamma_j} \left\| \tilde{\theta}_j \right\|^2 - \frac{\sigma_j}{2\gamma_j} \left\| \theta_j^* \right\|^2 \right) + \sum_{j=1}^{n} \frac{1}{2}\varepsilon_j^{*2} \\
&+ z_n \left(K^{\mathrm{T}}(t)\varPhi(t)v + \frac{3}{2}z_n + \hat{\theta}_n^{\mathrm{T}} \varphi_n(Z_n) \right) - \frac{\dot{g}_n z_n^2}{2g_n^2(\bar{x}_n)} \\
&+ \frac{1}{\gamma_n} \tilde{\theta}_n^{\mathrm{T}} (\gamma_n z_n \varphi_n(Z_n) - \dot{\hat{\theta}}_n) + \frac{1}{2}p^{*2}
\end{aligned} \tag{3.1.45}$$

设计控制器 v 和参数 $\hat{\theta}_n$ 的自适应律如下：

$$v = -\frac{1}{\mu_0} \mathrm{sgn}(z_n)(c_n |z_n| + \hat{\theta}_n^{\mathrm{T}} \varphi_n(Z_n) + \bar{c}_n z_n) \tag{3.1.46}$$

$$\dot{\hat{\theta}}_n = \gamma_n z_n \varphi_n(Z_n) - \sigma_n \hat{\theta}_n \tag{3.1.47}$$

式中，$c_n > 0$、$\bar{c}_n \geqslant g_{nd}/(2g_{n0}^2) - 3/2 > 0$ 和 $\sigma_n > 0$ 为设计参数。

由于 $K^{\mathrm{T}}(t)\Phi(t) \geqslant \mu_0$，所以 $z_n K^{\mathrm{T}}(t)\Phi(t)v \leqslant -c_n z_n^2 - z_n \hat{\theta}_n^{\mathrm{T}} \varphi_n(Z_n) - \bar{c}_n z_n$。
将式 (3.1.46) 和式 (3.1.47) 代入式 (3.1.45)，可得

$$\dot{V} \leqslant -\sum_{j=1}^{n} c_j z_j^2 + \sum_{j=1}^{n-1} \left(-\frac{\sigma_j}{2\gamma_j} \left\| \tilde{\theta}_j \right\|^2 + \frac{\sigma_j}{2\gamma_j} \|\theta_j^*\|^2 \right) + \frac{\sigma_n}{\gamma_n} \tilde{\theta}_n^{\mathrm{T}} \hat{\theta}_n + \sum_{j=1}^{n} \frac{1}{2} \varepsilon_j^{*2} + \frac{1}{2} p^{*2} \tag{3.1.48}$$

根据杨氏不等式，可得

$$\frac{\sigma_n}{\gamma_n} \tilde{\theta}_n^{\mathrm{T}} \hat{\theta}_n = \frac{\sigma_n}{\gamma_n} \tilde{\theta}_n^{\mathrm{T}} (\theta_n^* - \tilde{\theta}_n) \leqslant -\frac{\sigma_n}{2\gamma_n} \left\| \tilde{\theta}_n \right\|^2 + \frac{\sigma_n}{2\gamma_n} \|\theta_n^*\|^2 \tag{3.1.49}$$

根据式 (3.1.49)，$\dot{V}$ 最终可表示为

$$\dot{V} \leqslant -\sum_{j=1}^{n} \left(c_j z_j^2 + \frac{\sigma_j}{2\gamma_j} \left\| \tilde{\theta}_j \right\|^2 \right) + D \tag{3.1.50}$$

式中，$D = \sum_{i=1}^{n} \left(\frac{\sigma_i}{2\gamma_i} \|\theta_i^*\|^2 + \frac{1}{2} \varepsilon_i^{*2} \right) + \frac{1}{2} p^{*2}$。

3.1.3 稳定性与收敛性分析

定理 3.1.1   对于非线性严格反馈系统 (3.1.1)，假设 3.1.1～假设 3.1.3 成立。
如果采用控制器 (3.1.46)，虚拟控制器 (3.1.22)、(3.1.34)，参数自适应律 (3.1.23)、
(3.1.35) 和 (3.1.47)，则总体控制方案具有如下性能：

(1) 闭环系统中的所有信号是半全局一致最终有界的；

(2) 跟踪误差 $z_1(t) = y(t) - y_m(t)$ 收敛到包含原点的一个较小邻域内。

证明   令

$$C = \min\{2g_{i0}c_i, \sigma_i\}$$

则式 (3.1.50) 可表示为

$$\dot{V} \leqslant -CV + D \tag{3.1.51}$$

根据式 (3.1.51) 和引理 0.3.1，可以得到闭环系统中的所有信号半全局一致最
终有界，并且有 $\lim\limits_{t\to\infty} |z| \leqslant \sqrt{D/C}$。在控制设计中，如果选择适当的设计参数，可
以使得 D/C 比较小，那么可以得到跟踪误差 $z_1 = y - y_m$ 收敛到包含原点的一
个较小邻域内。

评注 3.1.1   本节针对一类具有非线性输入死区的非线性严格反馈系统
(3.1.1)，介绍了一种模糊自适应反步递推鲁棒控制设计方法，类似的智能自适应
反步递推鲁棒控制设计方法可参见文献 [5] 和 [6]。而关于具有非线性输入死区的
非线性严格反馈随机系统，智能自适应鲁棒控制设计方法可参见文献 [7] 和 [8]。
此外，关于具有非线性滞环 (输入饱和) 的非线性严格反馈系统，相应代表性智能
自适应反步递推鲁棒控制设计方法可参见文献 [9] 和 [10]。

3.1.4　仿真

例 3.1.1　考虑如下的二阶非线性严格反馈系统:

$$\begin{cases} \dot{x}_1 = f_1(x_1) + g_1(x_1)x_2 \\ \dot{x}_2 = f_2(\bar{x}_2) + g_2(\bar{x}_2)u \\ y = x_1 \end{cases} \tag{3.1.52}$$

式中, $f_1(x_1) = x_1^2 \sin(x_1)$; $f_2(\bar{x}_2) = 2\sin(x_1) + x_2^2$; $g_1(x_1) = 2 + \cos(x_1)$; $g_2(\bar{x}_2) = 2 + \cos(x_1 x_2)$。给定的参考信号为 $y_m(t) = 0.5\sin(t) + \cos(0.5t)$。

由于非线性函数 $g_i(\bar{x}_i)(i = 1, 2)$ 满足

$$0.5 \leqslant |g_1(x_1)| = |1.5 + \cos(x_1)| \leqslant 2.5, \quad |\dot{g}_1(x_1)| = |-\sin(x_1)| \leqslant 1$$
$$0.5 \leqslant |g_2(\bar{x}_2)| = |1.5 + \sin(x_1 x_2)| \leqslant 2.5, \quad |\dot{g}_2(\bar{x}_2)| = |\cos(x_1 x_2)| \leqslant 1$$

所以, 假设 3.1.1 成立, 并且 $g_{1,0} = g_{2,0} = 0.5$, $g_{1,1} = g_{2,1} = 2.5$, $g_{1,d} = g_{2,d} = 1$。

在仿真中选取设计参数为: $\bar{c}_1 \geqslant g_{1,d}/(2g_{1,0}^2) - 3/2 = 0.5$, $\bar{c}_2 \geqslant g_{2,d}/(2g_{2,0}^2) - 3/2 = 0.5$。

非线性死区模型定义为

$$u = D(v(t)) = \begin{cases} (1 - 0.3v(t))(v(t) - 2.5), & v(t) \geqslant 2.5 \\ 0, & -1.5 < v(t) < 2.5 \\ (0.8 - 0.2v(t))(v(t) + 1.5), & v(t) \leqslant -1.5 \end{cases} \tag{3.1.53}$$

选择变量 x_i 的隶属函数为

$$\mu_{F_i^1}(x_i) = \exp[-0.5(x_i + 5)^2], \quad \mu_{F_i^2}(x_i) = \exp[-0.5(x_i + 3)^2]$$

$$\mu_{F_i^3}(x_i) = \exp[-0.5(x_i + 1)^2], \quad \mu_{F_i^4}(x_i) = \exp(-0.5x_i^2)$$

$$\mu_{F_i^5}(x_i) = \exp[-0.5(x_i - 1)^2], \quad \mu_{F_i^6}(x_i) = \exp[-0.5(x_i - 3)^2]$$

$$\mu_{F_i^7}(x_i) = \exp[-0.5(x_i - 5)^2]$$

选取变量 $y_m^{(i)}(i = 0, 1, 2)$ 的隶属函数与 x_i 的隶属函数相同。

令

$$\varphi_{i,l}(Z_i) = \frac{\displaystyle\prod_{i=1}^{2} \mu_{F_i^l}(Z_i)}{\displaystyle\sum_{l=1}^{7} \prod_{i=1}^{2} \mu_{F_i^l}(Z_i)}, \quad l = 1, 2, \cdots, 7$$

$$\varphi_1(Z_1) = [\varphi_{1,1}(Z_1), \varphi_{1,2}(Z_1), \varphi_{1,3}(Z_1), \varphi_{1,4}(Z_1), \varphi_{1,5}(Z_1), \varphi_{1,6}(Z_1), \varphi_{1,7}(Z_1)]^{\mathrm{T}}$$

$$\varphi_2(Z_2) = [\varphi_{2,1}(Z_2), \varphi_{2,2}(Z_2), \varphi_{2,3}(Z_2), \varphi_{2,4}(Z_2), \varphi_{2,5}(Z_2), \varphi_{2,6}(Z_2), \varphi_{2,7}(Z_2)]^{\mathrm{T}}$$

则得到模糊逻辑系统为

$$\hat{h}_1(Z_1|\hat{\theta}_1) = \hat{\theta}_1^{\mathrm{T}}\varphi_1(Z_1), \quad \hat{h}_2(Z_2|\hat{\theta}_2) = \hat{\theta}_2^{\mathrm{T}}\varphi_2(Z_2)$$

式中，$Z_1 = [x_1, \dot{y}_m]^{\mathrm{T}}$；$Z_2 = [\bar{x}_2^{\mathrm{T}}, \partial\alpha_1/\partial x_1, (\partial\alpha_1/\partial y_m)\dot{y}_m + (\partial\alpha_1/\partial\hat{\theta}_1)\dot{\hat{\theta}}_1]^{\mathrm{T}}$。

在仿真中，选取虚拟控制器、控制器和参数自适应律中的设计参数为：$c_1 = 30$，$c_2 = 35$，$\bar{c}_1 = 0.5$，$\bar{c}_2 = 0.5$，$\gamma_1 = 5$，$\gamma_2 = 4$，$\sigma_1 = 0.2$，$\sigma_2 = 0.1$。

选择变量及参数的初始值为：$x_1(0) = 0.5$，$x_2(0) = 0.3$，$\hat{\theta}_1(0) = [0.1 \quad 0.2 \quad 0.2 \quad 0.1 \quad 0 \quad 0.1 \quad 0]^{\mathrm{T}}$，$\hat{\theta}_2(0) = [0.3 \quad 0.1 \quad 0.2 \quad 0 \quad 0.1 \quad 0 \quad 0.1]^{\mathrm{T}}$。

仿真结果如图 3.1.2～图 3.1.4 所示。

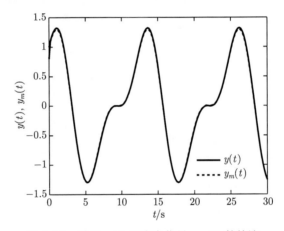

图 3.1.2　输出 $y(t)$ 和参考信号 $y_m(t)$ 的轨迹

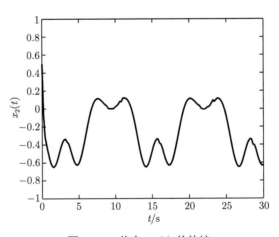

图 3.1.3　状态 $x_2(t)$ 的轨迹

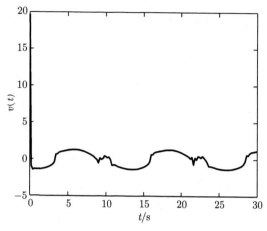

图 3.1.4 控制信号 $v(t)$ 的轨迹

3.2 含有未知控制方向的模糊自适应鲁棒控制

本节针对一类具有未知控制方向的单输入单输出非线性严格反馈系统，应用 Nussbaum 函数解决未知控制方向问题，基于自适应反步递推控制设计理论，介绍一种模糊自适应鲁棒控制设计方法，并给出控制系统的稳定性分析。

3.2.1 系统模型及控制问题描述

考虑如下的非线性严格反馈系统：

$$
\begin{cases}
\dot{x}_i = f_i(\bar{x}_i) + g_i x_{i+1}, & i = 1, 2, \cdots, n-1 \\
\dot{x}_n = f_n(x) + g_n u \\
y = x_1
\end{cases}
\tag{3.2.1}
$$

式中，$\bar{x}_i = [x_1, x_2, \cdots, x_i]^{\mathrm{T}}$、$x = [x_1, x_2, \cdots, x_n]^{\mathrm{T}}$ 是状态向量；$y \in \mathbf{R}$ 和 $u \in \mathbf{R}$ 分别是系统的输出和输入；$f_i(\bar{x}_i)$ 是未知光滑非线性函数且满足 $f_i(0) = 0$；$g_i \neq 0$ $(i = 1, 2, \cdots, n)$ 是未知常数，但符号未知。

定义 3.2.1 如果函数 $N(\zeta)$ 满足如下等式：

$$
\lim_{s \to \infty} \sup \frac{1}{s} \int_0^s N(\zeta) \mathrm{d}\zeta = \infty
\tag{3.2.2}
$$

$$
\lim_{s \to \infty} \inf \frac{1}{s} \int_0^s N(\zeta) \mathrm{d}\zeta = -\infty
\tag{3.2.3}
$$

则称 $N(\zeta)$ 为 Nussbaum 类型的函数。

通常使用的 Nussbaum 函数有 $\zeta^2\cos(\zeta)$、$\zeta^2\sin(\zeta)$ 和 $\exp(\zeta^2)\cos((\pi/2)\zeta)$。本节选择 Nussbaum 函数为 $N(\zeta) = \zeta^2\cos(\zeta)$。

引理 3.2.1　设 $\zeta(t)$ 是定义在区间 $[0, t_f)$ 的光滑函数, 而 $N(\zeta)$ 是 Nussbaum 增益函数。如果存在一个正定、径向无界的函数 $V(t)$, 满足如下不等式:

$$V(t) \leqslant C + \mathrm{e}^{-C_1 t}\int_0^t g(x(\tau))N(\zeta)\dot{\zeta}\mathrm{e}^{C_1\tau}\mathrm{d}\tau + \mathrm{e}^{-C_1 t}\int_0^t \dot{\zeta}\mathrm{e}^{C_1\tau}\mathrm{d}\tau \qquad (3.2.4)$$

式中, $C > 0$, $C_1 > 0$; $g(x(\tau))$ 是区间 $I = [l^-, l^+]\,(0 \notin \gamma)$ 上的一个时变函数, 那么 $V(t)$、$\zeta(t)$ 和 $\displaystyle\int_0^t g(x(\tau))N(\zeta)\dot{\zeta}\mathrm{d}\tau$ 在 $[0, t_f)$ 上有界。

控制任务　对非线性严格反馈系统 (3.2.1), 基于模糊逻辑系统设计一种模糊自适应鲁棒控制器, 使得:

(1) 闭环系统的所有信号半全局一致最终有界;

(2) 系统的输出 y 能很好地跟踪给定的参考信号 y_m。

3.2.2　模糊自适应反步递推控制设计

定义如下的坐标变换:

$$\begin{aligned} z_1 &= x_1 - y_m \\ z_i &= x_i - \alpha_{i-1} \end{aligned} \qquad (3.2.5)$$

式中, z_1 是跟踪误差; z_i 是虚拟控制误差; $\alpha_{i-1}(i = 2, 3, \cdots, n)$ 是下面要设计的虚拟控制器。

基于上述的坐标变换, 给出 n 步模糊自适应反步递推鲁棒控制设计过程。

第 1 步　根据式 (3.2.1) 和式 (3.2.5), z_1 的导数为

$$\dot{z}_1 = g_1 x_2 + f_1(x_1) - \dot{y}_m \qquad (3.2.6)$$

由于 $f_1(x_1)$ 是未知连续非线性函数, 所以利用模糊逻辑系统 $\hat{f}_1(x_1|\hat{\theta}_1) = \hat{\theta}_1^{\mathrm{T}}\varphi_1(x_1)$ 逼近 $f_1(x_1)$, 并假设

$$f_1(x_1) = \theta_1^{*\mathrm{T}}\varphi_1(x_1) + \varepsilon_1(x_1) \qquad (3.2.7)$$

式中, θ_1^* 是最优参数; $\varepsilon_1(x_1)$ 是最小模糊逼近误差。假设 $\varepsilon_1(x_1)$ 满足 $|\varepsilon_1(x_1)| \leqslant \varepsilon_1^*$, ε_1^* 是正常数。

将式 (3.2.7) 代入式 (3.2.6), 可得

$$\begin{aligned} \dot{z}_1 &= g_1 x_2 + \theta_1^{*\mathrm{T}}\varphi_1(x_1) + \varepsilon_1(x_1) - \dot{y}_m \\ &= g_1(z_2 + \alpha_1) + \hat{\theta}_1^{\mathrm{T}}\varphi_1(x_1) + \tilde{\theta}_1^{\mathrm{T}}\varphi_1(x_1) + \varepsilon_1(x_1) - \dot{y}_m \end{aligned} \qquad (3.2.8)$$

选择如下的李雅普诺夫函数:

$$V_1 = \frac{1}{2}z_1^2 + \frac{1}{2}\tilde{\theta}_1^{\mathrm{T}}\Gamma_1^{-1}\tilde{\theta}_1 \tag{3.2.9}$$

式中，$\Gamma_1 = \Gamma_1^{\mathrm{T}} > 0$ 是增益矩阵；$\tilde{\theta}_1 = \theta_1^* - \hat{\theta}_1$ 是参数估计误差，$\hat{\theta}_1$ 是 θ_1^* 的估计。求 V_1 的导数，并由式 (3.2.8) 可得

$$\dot{V}_1 = z_1(g_1 z_2 + g_1\alpha_1 + \hat{\theta}_1^{\mathrm{T}}\varphi_1(x_1) + \tilde{\theta}_1^{\mathrm{T}}\varphi_1(x_1) + \varepsilon_1 - \dot{y}_m) - \tilde{\theta}_1^{\mathrm{T}}\Gamma_1^{-1}\dot{\hat{\theta}}_1 \tag{3.2.10}$$

假设 $|g_1| < \bar{g}_1$，$\bar{g}_1$ 是一个已知正常数，则根据杨氏不等式，可得

$$g_1 z_1 z_2 \leqslant \frac{1}{4}z_1^2 + \bar{g}_1^2 z_2^2 \tag{3.2.11}$$

$$z_1\varepsilon_1 \leqslant \frac{1}{2}z_1^2 + \frac{1}{2}\varepsilon_1^{*2} \tag{3.2.12}$$

将式 (3.2.11) 和式 (3.2.12) 代入式 (3.2.10)，可得

$$\begin{aligned}
\dot{V}_1 \leqslant{} & g_1 z_1\alpha_1 + z_1\left(\frac{3}{4}z_1 + \hat{\theta}_1^{\mathrm{T}}\varphi_1(x_1) - \dot{y}_m\right) + \frac{1}{2}\varepsilon_1^{*2} \\
& + \tilde{\theta}_1\Gamma_1^{-1}(\Gamma_1 z_1\varphi_1(x_1) - \dot{\hat{\theta}}_1) + \bar{g}_1^2 z_2^2
\end{aligned} \tag{3.2.13}$$

设计虚拟控制器 α_1、参数 $\hat{\theta}_1$ 和 ζ_1 的自适应律如下：

$$\alpha_1 = N(\zeta_1)\left(c_1 z_1 + \frac{3}{4}z_1 + \hat{\theta}_1^{\mathrm{T}}\varphi_1(x_1) - \dot{y}_m\right) \tag{3.2.14}$$

$$\dot{\hat{\theta}}_1 = \Gamma_1(z_1\varphi_1(x_1) - \sigma_1\hat{\theta}_1) \tag{3.2.15}$$

$$\dot{\zeta}_1 = z_1\left(c_1 z_1 + \frac{3}{4}z_1 + \hat{\theta}_1^{\mathrm{T}}\varphi_1(x_1) - \dot{y}_m\right) \tag{3.2.16}$$

式中，$c_1 > 0$ 和 $\sigma_1 > 0$ 是设计参数；$N(\zeta_1)$ 是 Nussbaum 函数。

将式 (3.2.14)～式 (3.2.16) 代入式 (3.2.13)，可得

$$\dot{V}_1 \leqslant -c_1 z_1^2 + (g_1 N(\zeta_1) + 1)\dot{\zeta}_1 + \sigma_1\tilde{\theta}_1^{\mathrm{T}}\hat{\theta}_1 + \bar{g}_1^2 z_2^2 + \frac{1}{2}\varepsilon_1^{*2} \tag{3.2.17}$$

根据杨氏不等式，可得

$$\sigma_1\tilde{\theta}_1^{\mathrm{T}}\hat{\theta}_1 = \sigma_1\tilde{\theta}_1^{\mathrm{T}}(\theta_1^* - \tilde{\theta}_1) \leqslant -\frac{\sigma_1}{2}\|\tilde{\theta}_1\|^2 + \frac{\sigma_1}{2}\|\theta_1^*\|^2 \tag{3.2.18}$$

根据式 (3.2.18)，$\dot{V}_1$ 最终可表示为

$$\dot{V}_1 \leqslant -c_1 z_1^2 + g_1 N(\zeta_1)\dot{\zeta}_1 + \dot{\zeta}_1 - \frac{\sigma_1}{2}\|\tilde{\theta}_1\|^2 + \frac{\sigma_1}{2}\|\theta_1^*\|^2 + \bar{g}_1^2 z_2^2 + \frac{1}{2}\varepsilon_1^{*2} \tag{3.2.19}$$

第 $i(2 \leqslant i \leqslant n-1)$ 步　　根据式 (3.2.1) 和式 (3.2.5)，z_i 的导数为

$$\dot{z}_i = g_i(z_{i+1} + \alpha_i) + f_i(\bar{x}_i) - \dot{\alpha}_{i-1} \tag{3.2.20}$$

式中，$\dot{\alpha}_{i-1} = \sum_{k=1}^{i-1} \frac{\partial \alpha_{i-1}}{\partial \hat{\theta}_k} \dot{\hat{\theta}}_k + \sum_{k=1}^{i-1} \frac{\partial \alpha_{i-1}}{\partial x_k}(g_k x_{j+1} + f_k(\bar{x}_k)) + \sum_{k=1}^{i-1} \frac{\partial \alpha_{i-1}}{\partial y_m^{(k-1)}} y_m^{(k)}$。

设 $h_i(Z_i) = f_i(\bar{x}_i) - \dot{\alpha}_{i-1}, Z_i = \left[\bar{x}_i^{\mathrm{T}}, \sum_{j=1}^{i-1}(\partial \alpha_{i-1}/\partial x_j)\dot{x}_j, \sum_{j=1}^{i-1}(\partial \alpha_{i-1}/\partial \hat{\theta}_j)\dot{\hat{\theta}}_j\right]^{\mathrm{T}}$。

由于 $h_i(Z_i)$ 是一个连续的未知函数，所以利用模糊逻辑系统 $\hat{h}_i(Z_i|\hat{\theta}_i) = \hat{\theta}_i^{\mathrm{T}}\varphi_i(Z_i)$ 逼近 $h_i(Z_i)$，并假设

$$h_i(Z_i) = \theta_i^{*\mathrm{T}}\varphi_i(Z_i) + \varepsilon_i(Z_i) \tag{3.2.21}$$

式中，θ_i^* 是最优参数；$\varepsilon_i(Z_i)$ 是最小模糊逼近误差。假设 $\varepsilon_i(Z_i)$ 满足 $|\varepsilon_i(Z_i)| \leqslant \varepsilon_i^*$，$\varepsilon_i^*$ 是正常数。

把式 (3.2.21) 代入式 (3.2.20)，$\dot{z}_i$ 可表示为

$$\begin{aligned}\dot{z}_i &= g_i(z_{i+1} + \alpha_i) + \theta_i^{*\mathrm{T}}\varphi_i(Z_i) + \varepsilon_i(Z_i)\\&= g_i(z_{i+1} + \alpha_i) + \hat{\theta}_i^{\mathrm{T}}\varphi_i(Z_i) + \tilde{\theta}_i^{\mathrm{T}}\varphi_i(Z_i) + \varepsilon_i(Z_i)\end{aligned} \tag{3.2.22}$$

选择如下的李雅普诺夫函数为

$$V_i = V_{i-1} + \frac{1}{2}z_i^2 + \frac{1}{2}\tilde{\theta}_i^{\mathrm{T}}\Gamma_i^{-1}\tilde{\theta}_i \tag{3.2.23}$$

式中，$\Gamma_i = \Gamma_i^{\mathrm{T}} > 0$ 是增益矩阵；$\tilde{\theta}_i = \theta_i^* - \hat{\theta}_i$ 是参数估计误差，$\hat{\theta}_i$ 是 θ_i^* 的估计。

由式 (3.2.22) 和式 (3.2.23) 可得

$$\begin{aligned}\dot{V}_i =& \dot{V}_{i-1} + z_i\dot{z}_i - \tilde{\theta}_i^{\mathrm{T}}\Gamma_i^{-1}\dot{\hat{\theta}}_i\\\leqslant& -\sum_{k=1}^{i-1}c_k z_k^2 - \sum_{k=1}^{i-1}\left(\frac{\sigma_k}{2}||\tilde{\theta}_k||^2 - \frac{\sigma_k}{2}||\theta_k^*||^2 - g_k N(\zeta_k)\dot{\zeta}_k - \dot{\zeta}_k\right)\\&+ \sum_{k=1}^{i-1}\frac{1}{2}\varepsilon_k^{*2} + z_i\big(g_i z_{i+1} + g_i\alpha_i + \hat{\theta}_i^{\mathrm{T}}\varphi_i(Z_i) + \tilde{\theta}_i^{\mathrm{T}}\varphi_i(Z_i) + \varepsilon_i(Z_i)\big)\\&- \tilde{\theta}_i^{\mathrm{T}}\Gamma_i^{-1}\dot{\hat{\theta}}_i + \bar{g}_{i-1}^2 z_i^2\\\leqslant& -\sum_{k=1}^{i-1}c_k z_k^2 - \sum_{k=1}^{i-1}\left(\frac{\sigma_k}{2}||\tilde{\theta}_k||^2 - \frac{\sigma_k}{2}||\theta_k^*||^2 - g_k N(\zeta_k)\dot{\zeta}_k - \dot{\zeta}_k\right)\\&+ z_i\big(g_i z_{i+1} + g_i\alpha_i + \hat{\theta}_i^{\mathrm{T}}\varphi_i(Z_i) + \varepsilon_i(Z_i)\big) + \tilde{\theta}_i^{\mathrm{T}}\Gamma_i^{-1}\big(\Gamma_i\varphi_i(Z_i)z_i - \dot{\hat{\theta}}_i\big)\\&+ \sum_{k=1}^{i-1}\frac{1}{2}\varepsilon_k^{*2} + \bar{g}_{i-1}^2 z_i^2\end{aligned} \tag{3.2.24}$$

根据杨氏不等式，可得

$$g_i z_i z_{i+1} \leqslant \frac{1}{4} z_i^2 + \bar{g}_i^2 z_{i+1}^2 \tag{3.2.25}$$

$$z_i \varepsilon_i \leqslant \frac{1}{2} z_i^2 + \frac{1}{2} \varepsilon_i^{*2} \tag{3.2.26}$$

式中，$|g_i| < \bar{g}_i$，$\bar{g}_i$ 是已知正常数。

将式 (3.2.25) 和式 (3.2.26) 代入式 (3.2.24)，可得

$$
\begin{aligned}
\dot{V}_i \leqslant & -\sum_{k=1}^{i-1} c_k z_k^2 - \sum_{k=1}^{i-1} \left(\frac{\sigma_k}{2} ||\tilde{\theta}_k||^2 - \frac{\sigma_k}{2} ||\theta_k^*||^2 - g_k N(\zeta_k)\dot{\zeta}_k - \dot{\zeta}_k \right) \\
& + \sum_{k=1}^{i} \frac{1}{2} \varepsilon_k^{*2} + g_i z_i \alpha_i + z_i \left(\frac{3}{4} z_i + \hat{\theta}_i^{\mathrm{T}} \varphi_i(Z_i) \right) \\
& + \tilde{\theta}_i^{\mathrm{T}} \Gamma_i^{-1} \left(\Gamma_i z_i \varphi_i(Z_i) - \dot{\hat{\theta}}_i \right) + \bar{g}_i^2 z_{i+1}^2 + \bar{g}_{i-1}^2 z_i^2
\end{aligned} \tag{3.2.27}
$$

设计虚拟控制器 α_i、参数 $\hat{\theta}_i$ 和 ζ_i 的自适应律如下：

$$\alpha_i = N(\zeta_i) \left(c_i z_i + \frac{3}{4} z_i + \hat{\theta}_i^{\mathrm{T}} \varphi_i(Z_i) + \bar{g}_{i-1}^2 z_i \right) \tag{3.2.28}$$

$$\dot{\hat{\theta}}_i = \Gamma_i \left(z_i \varphi_i(Z_i) - \sigma_i \hat{\theta}_i \right) \tag{3.2.29}$$

$$\dot{\zeta}_i = z_i \left(c_i z_i + \frac{3}{4} z_i + \hat{\theta}_i^{\mathrm{T}} \varphi_i(Z_i) + \bar{g}_{i-1}^2 z_i \right) \tag{3.2.30}$$

将式 (3.2.28)～式 (3.2.30) 代入式 (3.2.27)，可得

$$
\begin{aligned}
\dot{V}_i \leqslant & -\sum_{k=1}^{i} c_k z_k^2 - \sum_{k=1}^{i-1} \left(\frac{\sigma_k}{2} ||\tilde{\theta}_k||^2 - \frac{\sigma_k}{2} ||\theta_k^*||^2 \right) + \bar{g}_i^2 z_{i+1}^2 \\
& + \sum_{k=1}^{i} (1 + g_k N(\zeta_k)\dot{\zeta}_k)\dot{\zeta}_k + \sum_{k=1}^{i} \frac{1}{2} \varepsilon_k^{*2} + \sigma_i \tilde{\theta}_i^{\mathrm{T}} \hat{\theta}_i
\end{aligned} \tag{3.2.31}
$$

根据杨氏不等式，可得

$$\sigma_i \tilde{\theta}_i^{\mathrm{T}} \hat{\theta}_i = \sigma_i \tilde{\theta}_i^{\mathrm{T}} (\theta_i^* - \tilde{\theta}_i) \leqslant -\frac{\sigma_i}{2} ||\tilde{\theta}_i||^2 + \frac{\sigma_i}{2} ||\theta_i^*||^2 \tag{3.2.32}$$

根据式 (3.2.32)，$\dot{V}_i$ 最终可表示为

$$\dot{V}_i \leqslant -\sum_{k=1}^{i} c_k z_k^2 - \sum_{k=1}^{i} \left(\frac{\sigma_k}{2} ||\tilde{\theta}_k||^2 - \frac{\sigma_k}{2} ||\theta_k^*||^2 \right)$$

$$- g_k N(\zeta_k)\dot{\zeta}_k - \dot{\zeta}_k \Big) + \sum_{k=1}^{i} \frac{1}{2}\varepsilon_k^{*2} + \bar{g}_i^2 z_{i+1}^2 \tag{3.2.33}$$

第 n 步　根据式 (3.2.1) 和式 (3.2.5)，z_n 的导数为

$$\dot{z}_n = g_n u + f_n(\bar{x}_n) - \dot{\alpha}_{n-1} \tag{3.2.34}$$

式中，$\dot{\alpha}_{n-1} = \sum_{k=1}^{n-1} \dfrac{\partial \alpha_{n-1}}{\partial \hat{\theta}_k}\dot{\hat{\theta}}_k + \sum_{k=1}^{n-1} \dfrac{\partial \alpha_{n-1}}{\partial x_k}(g_k x_{k+1} + f_k(\bar{x}_k)) + \sum_{k=1}^{n-1} \dfrac{\partial \alpha_{n-1}}{\partial y_m^{(k-1)}}y_m^{(k)}$。

设 $h_n(Z_n) = f_n(\bar{x}_n) - \dot{\alpha}_{n-1}, Z_n = \left[\bar{x}_n^{\mathrm{T}}, \sum_{j=1}^{n-1}(\partial \alpha_{n-1}/\partial x_j)\dot{x}_j, \sum_{j=1}^{n-1}(\partial \alpha_{n-1}/\partial \hat{\theta}_j)\dot{\hat{\theta}}_j\right]^{\mathrm{T}}$。
利用模糊逻辑系统 $\hat{h}_n(Z_n|\hat{\theta}_n) = \hat{\theta}_n^{\mathrm{T}}\varphi_n(Z_n)$ 逼近 $h_n(Z_n)$，并假设

$$h_n(Z_n) = \theta_n^{*\mathrm{T}}\varphi_n(Z_n) + \varepsilon_n(Z_n) \tag{3.2.35}$$

式中，θ_n^* 是最优参数；$\varepsilon_n(Z_n)$ 是最小模糊逼近误差。假设 $\varepsilon_n(Z_n)$ 满足 $|\varepsilon_n(Z_n)| \leqslant \varepsilon_n^*$，$\varepsilon_n^*$ 是正常数。

由式 (3.2.34) 和式 (3.2.35) 可得

$$\begin{aligned}
\dot{z}_n &= g_n u + \theta_n^{*\mathrm{T}}\varphi_n(Z_n) + \varepsilon_n(Z_n) \\
&= g_n u + \hat{\theta}_n^{\mathrm{T}}\varphi_n(Z_n) + \tilde{\theta}_n^{\mathrm{T}}\varphi_n(Z_n) + \varepsilon_n(Z_n)
\end{aligned} \tag{3.2.36}$$

选择如下的李雅普诺夫函数：

$$V = V_{n-1} + \frac{1}{2}z_n^2 + \frac{1}{2}\tilde{\theta}_n^{\mathrm{T}}\Gamma_n^{-1}\tilde{\theta}_n \tag{3.2.37}$$

式中，$\Gamma_n = \Gamma_n^{\mathrm{T}} > 0$ 是增益矩阵；$\tilde{\theta}_n = \theta_n^* - \hat{\theta}_n$ 是参数估计误差，$\hat{\theta}_n$ 是 θ_n^* 的估计。

求 V 的导数，并由式 (3.2.36) 可得

$$\begin{aligned}
\dot{V} &= \dot{V}_{n-1} + z_n \dot{z}_n + \tilde{\theta}_n^{\mathrm{T}}\Gamma_n^{-1}\dot{\tilde{\theta}}_n \\
&\leqslant -\sum_{k=1}^{n-1} c_k z_k^2 - \sum_{k=1}^{n-1}\left(\frac{\sigma_k}{2}||\tilde{\theta}_k||^2 - \frac{\sigma_k}{2}||\theta_k^*||^2 - g_k N(\zeta_k)\dot{\zeta}_k - \dot{\zeta}_k\right) \\
&\quad + \sum_{k=1}^{n-1}\frac{1}{2}\varepsilon_k^{*2} + \bar{g}_{n-1}^2 z_n^2 + z_n(g_n u + \hat{\theta}_n^{\mathrm{T}}\varphi_n(Z_n) \\
&\quad + \tilde{\theta}_n^{\mathrm{T}}\varphi_n(Z_n) + \varepsilon_n(Z_n)) - \tilde{\theta}_n^{\mathrm{T}}\Gamma_n^{-1}\dot{\hat{\theta}}_n
\end{aligned}$$

$$\leqslant -\sum_{k=1}^{n-1} c_k z_k^2 - \sum_{k=1}^{n-1} \left(\frac{\sigma_k}{2} ||\tilde{\theta}_k||^2 - \frac{\sigma_k}{2} ||\theta_k^*||^2 - g_k N(\zeta_k)\dot{\zeta}_k - \dot{\zeta}_k \right)$$
$$+ \sum_{k=1}^{n-1} \frac{1}{2}\varepsilon_k^{*2} + \bar{g}_{n-1}^2 z_n^2 + z_n(g_n u + \hat{\theta}_n^{\mathrm{T}}\varphi_n(Z_n)$$
$$+ \varepsilon_n(Z_n)) + \tilde{\theta}_n^{\mathrm{T}}\Gamma_n^{-1}(\Gamma_n z_n \varphi_n(Z_n) - \dot{\hat{\theta}}_n) \tag{3.2.38}$$

根据杨氏不等式, 可得

$$z_n \varepsilon_n(Z_n) \leqslant \frac{1}{2}z_n^2 + \frac{1}{2}\varepsilon_n^{*2} \tag{3.2.39}$$

将式 (3.2.39) 代入式 (3.2.38), 可得

$$\dot{V} \leqslant -\sum_{k=1}^{n-1} c_k z_k^2 - \sum_{k=1}^{n-1} \left(\frac{\sigma_k}{2} ||\tilde{\theta}_k||^2 - \frac{\sigma_k}{2} ||\theta_k^*||^2 - g_k N(\zeta_k)\dot{\zeta}_k - \dot{\zeta}_k \right)$$
$$+ \bar{g}_{n-1}^2 z_n^2 + z_n \left(g_n u + \hat{\theta}_n^{\mathrm{T}}\varphi_n(Z_n) + \frac{1}{2}z_n \right)$$
$$+ \tilde{\theta}_n^{\mathrm{T}}\Gamma_n^{-1}(z_n \Gamma_n \varphi_n(Z_n) - \dot{\hat{\theta}}_n) + \sum_{k=1}^{n} \frac{1}{2}\varepsilon_k^{*2} \tag{3.2.40}$$

设计控制器 u、参数 $\hat{\theta}_n$ 和 ζ_n 的自适应律如下:

$$u = N(\zeta_n)\left(c_n z_n + \frac{1}{2}z_n + \hat{\theta}_n^{\mathrm{T}}\varphi_n(Z_n) + \bar{g}_{n-1}^2 z_n \right) \tag{3.2.41}$$

$$\dot{\hat{\theta}}_n = \Gamma_n(z_n \varphi_n(Z_n) - \sigma_n \hat{\theta}_n) \tag{3.2.42}$$

$$\dot{\zeta}_n = z_n \left(c_n z_n + \frac{1}{2}z_n + \hat{\theta}_n^{\mathrm{T}}\varphi_n(Z_n) + \bar{g}_{n-1}^2 z_n \right) \tag{3.2.43}$$

式中, $c_n > 0$ 和 $\sigma_n > 0$ 是设计参数。

将式 (3.2.41)~式 (3.2.43) 代入式 (3.2.40), 可得

$$\dot{V} \leqslant -\sum_{k=1}^{n} c_k z_k^2 - \sum_{k=1}^{n-1} \left(\frac{\sigma_k}{2} \left\| \tilde{\theta}_k \right\|^2 - \frac{\sigma_k}{2} \left\| \theta_k^* \right\|^2 \right)$$
$$+ \sum_{k=1}^{n} (g_k N(\zeta_k)\dot{\zeta}_k + \dot{\zeta}_k) + \sum_{k=1}^{n} \frac{1}{2}\varepsilon_k^{*2} + \sigma_n \tilde{\theta}_n^{\mathrm{T}}\hat{\theta}_n \tag{3.2.44}$$

根据杨氏不等式, 可得

$$\sigma_n \tilde{\theta}_n^{\mathrm{T}}\hat{\theta}_n \leqslant -\frac{1}{2}\sigma_n \left\| \tilde{\theta}_n \right\|^2 + \frac{1}{2}\sigma_n \left\| \theta_n^* \right\|^2 \tag{3.2.45}$$

将式 (3.2.45) 代入式 (3.2.44)，可得

$$
\dot{V} \leqslant -\sum_{k=1}^{n} c_k z_k^2 - \sum_{k=1}^{n} \frac{1}{2}\sigma_k \left\| \tilde{\theta}_k \right\|^2 + \sum_{k=1}^{n} \left(g_k N(\zeta_k)\dot{\zeta}_k + \dot{\zeta}_k \right) + \bar{D} \tag{3.2.46}
$$

式中，$\bar{D} = \sum_{k=1}^{n} \left(\frac{1}{2}\varepsilon_k^{*2} + \frac{1}{2}\sigma_k \|\theta_k^*\|^2 \right)$。

3.2.3 稳定性与收敛性分析

下面定理给出了所设计的模糊自适应控制所具有的性质。

定理 3.2.1 对于非线性系统 (3.2.1)，如果采用控制器 (3.2.41)，虚拟控制器 (3.2.14)、(3.2.28)，参数自适应律 (3.2.15)、(3.2.16)、(3.2.29)、(3.2.30)、(3.2.42) 和 (3.2.43)，则总体控制方案具有如下性能：

(1) 闭环系统中的所有信号都半全局一致最终有界；

(2) 跟踪误差 $z_1 = y - y_m$ 收敛到包含原点的一个较小邻域内。

证明 令

$$
C = \min\{2c_i, \sigma_i \lambda_{\max}(\Gamma_i^{-1})\}
$$

则式 (3.2.46) 可表示为

$$
\dot{V} \leqslant -CV + \bar{D} + \sum_{k=1}^{n} \left(g_k N(\zeta_k)\dot{\zeta}_k + \dot{\zeta}_k \right) \tag{3.2.47}
$$

应用引理 3.2.1，可知 $\sum_{k=1}^{n} \left(g_k N(\zeta_k)\dot{\zeta}_k + \dot{\zeta}_k \right)$ 为常数。令 $D = \bar{D} + \sum_{k=1}^{n} \left(g_k N(\zeta_k)\dot{\zeta}_k + \dot{\zeta}_k \right)$，则式 (3.2.47) 变为

$$
\dot{V} \leqslant -CV + D \tag{3.2.48}
$$

根据式 (3.2.48)，应用引理 0.3.1，可以得到闭环系统中的所有信号半全局一致最终有界，并且有 $\lim_{t \to \infty} |z_i| \leqslant \sqrt{D/C}$。由于在虚拟控制器和实际控制器设计中，可以选择适当的设计参数使得 D/C 比较小，所以可以得到跟踪误差 $z_1 = y - y_m$ 收敛到包含零的一个较小邻域内。

评注 3.2.1 本节针对含有未知控制方向的非线性严格反馈系统，介绍了一种模糊自适应反步递推鲁棒控制设计方法，与本节类似的模糊和神经网络自适应反步递推鲁棒控制设计方法可参见文献 [11] 和 [12]。另外，关于含有未知控制方向的随机严格反馈系统的智能自适应反步递推鲁棒控制设计方法可参见文献 [13] 和 [14]。

3.2.4 仿真

例 3.2.1 考虑如下的二阶非线性严格反馈系统:

$$\begin{cases} \dot{x}_1 = f_1(x_1) + g_1 x_2 \\ \dot{x}_2 = f_2(\bar{x}_2) + g_2 u \\ y = x_1 \end{cases} \tag{3.2.49}$$

式中,$f_1(x_1) = 0.5x_1^2$;$f_2(\bar{x}_2) = -0.1(x_1 + x_2)\cos(x_1)$;$g_1 = 1$;$g_2 = 2$。给定的参考信号为 $y_m = \sin(t)$。

选择隶属函数为

$$\mu_{F_i^1}(x_i) = \exp[-0.5(x_i + 4)^2], \quad \mu_{F_i^2}(x_i) = \exp[-0.5(x_i + 2)^2]$$

$$\mu_{F_i^3}(x_i) = \exp(-0.5x_i^2), \quad \mu_{F_i^4}(x_i) = \exp[-0.5(x_i - 2)^2]$$

$$\mu_{F_i^5}(x_i) = \exp[-0.5(x_i - 4)^2]$$

选取变量 $y_m^{(i)}(i = 0, 1, 2)$ 的隶属函数与 x_i 的隶属函数相同。

令

$$\varphi_{i,l}(x_1) = \frac{\mu_{F_i^l}(x_1)}{\sum\limits_{l=1}^{5} \mu_{F_i^l}(x_1)}, \quad \varphi_{i,l}(Z_2) = \frac{\prod\limits_{i=1}^{2} \mu_{F_i^l}(Z_2)}{\sum\limits_{l=1}^{5} \prod\limits_{i=1}^{2} \mu_{F_i^l}(Z_2)}$$

$$\varphi_1(x_1) = [\varphi_{1,1}(x_1), \varphi_{1,2}(x_1), \varphi_{1,3}(x_1), \varphi_{1,4}(x_1), \varphi_{1,5}(x_1)]^T$$

$$\varphi_2(Z_2) = [\varphi_{2,1}(Z_2), \varphi_{2,2}(Z_2), \varphi_{2,3}(Z_2), \varphi_{2,4}(Z_2), \varphi_{2,5}(Z_2)]^T$$

则得到模糊逻辑系统为

$$\hat{h}_1(x_1|\hat{\theta}_1) = \hat{\theta}_1^T \varphi_1(x_1), \quad \hat{h}_2(Z_2|\hat{\theta}_2) = \hat{\theta}_2^T \varphi_2(Z_2)$$

式中,$Z_2 = [\bar{x}_2^T, \partial\alpha_1/\partial x_1, (\partial\alpha_1/\partial\hat{\theta}_1)\dot{\hat{\theta}}_1]^T$。

在仿真中,选取虚拟控制器、控制器和参数自适应律中的设计参数为:$c_1 = 2$,$c_2 = 1$,$\Gamma_1 = \Gamma_2 = \text{diag}\{4, 4\}$,$\sigma_1 = 0.2$,$\sigma_2 = 0.3$。

选择变量及参数的初始值为:$x_1(0) = 0.3$,$x_2(0) = -0.1$,$\hat{\theta}_1(0) = [0.1 \quad 0.2 \quad 0.2 \quad 0.1 \quad 0]^T$,$\hat{\theta}_2(0) = [0.05 \quad 0.1 \quad 0.2 \quad 0.1 \quad 0.1]^T$。

仿真结果如图 3.2.1~图 3.2.3 所示。

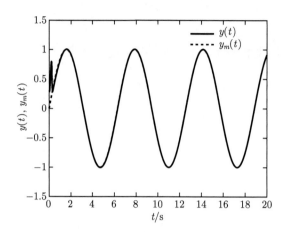

图 3.2.1　输出 $y(t)$ 和跟踪信号 $y_m(t)$ 的轨迹

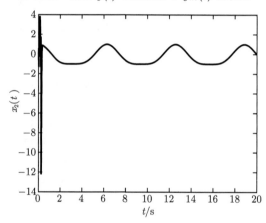

图 3.2.2　状态 $x_2(t)$ 的轨迹

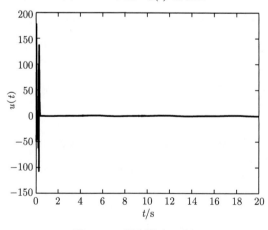

图 3.2.3　控制输入 $u(t)$

3.3 含有未建模动态的模糊自适应鲁棒控制

本节针对一类含有未建模动态的非线性严格反馈系统，应用动态信号函数解决未建模动态问题，基于自适应反步递推控制设计理论，介绍一种模糊自适应状态反馈鲁棒控制设计方法，并给出闭环系统的稳定性分析。

3.3.1 系统模型及控制问题描述

考虑如下非线性严格反馈系统：

$$\begin{cases} \dot{\xi} = q(\xi, x) \\ \dot{x}_i = f_i(\bar{x}_i) + x_{i+1} + \Delta_i(x, \xi, t), \quad i = 1, 2, \cdots, n-1 \\ \dot{x}_n = f_n(\bar{x}_n) + u + \Delta_n(x, \xi, t) \\ y = x_1 \end{cases} \tag{3.3.1}$$

式中，$\bar{x}_i = [x_1, x_2, \cdots, x_i]^{\mathrm{T}} (i = 1, 2, \cdots, n)$ 是状态向量；u 和 y 分别是输入和输出；ξ 是未建模动态；$f_i(\bar{x}_i)(i = 1, 2, \cdots, n)$ 是未知的光滑非线性函数；$\Delta_i(i = 1, 2, \cdots, n)$ 是未知不确定动态扰动。

假设 3.3.1 假设存在未知的正常数 v_i^*，使得如下不等式成立：

$$|\Delta_i(x, \xi, t)| \leqslant v_i^* \phi_{i1}(|(x_1, x_2, \cdots, x_i)|) + v_i^* \phi_{i2}(|\xi|) \tag{3.3.2}$$

式中，$\phi_{i1}(\cdot)$ 和 $\phi_{i2}(\cdot)$ 是已知的非负光滑函数，$\phi_{i2}(0) = 0$。

假设 3.3.2 假设未建模动态是输入到状态实际稳定，即系统 $\dot{\xi} = q(\xi, x)$ 满足如下条件：

$$\alpha_1(|\xi|) \leqslant V(\xi) \leqslant \alpha_2(|\xi|) \tag{3.3.3}$$

$$\frac{\partial V(\xi)}{\partial \xi} q(\xi, x) \leqslant -c_0 V(\xi) + \gamma(|x|) + d_0 \tag{3.3.4}$$

式中，$V(\cdot)$ 是一个李雅普诺夫函数；$\alpha_1(\cdot)$、$\alpha_2(\cdot)$ 和 $\gamma(\cdot)$ 是 K_∞ 类函数；c_0 和 d_0 是已知的正常数。

针对未建模动态系统 $\dot{\xi} = q(\xi, x)$，设计如下动态信号 r：

$$\dot{r} = -\bar{c}_0 r + \gamma_0(x) + d_0, \quad r(t_0) = r_0 > 0 \tag{3.3.5}$$

式中，$\bar{c}_0 \in (0, c_0)$；$\gamma_0(x)$ 是 K_∞ 类函数。

引理 3.3.1 对于 $\dot{\xi} = q(\xi, x)$，如果存在一个输入到状态实际稳定的李雅普诺夫函数 V，即满足式 (3.3.3) 和式 (3.3.4)，那么对于任意的常量 $\bar{c}_0 \in (0, c_0)$、初始条件 $x_0 = x_0(t_0)$、$r_0 > 0$ 和任意满足 $\gamma_0(x) \geqslant \gamma(|x|)$ 的函数 γ_0，都存在有限

的时间 $T_0 = T_0(\bar{c}_0, r_0, \xi_0) \geqslant 0$ 和定义在 $t \geqslant t_0$ 上的一个非负函数 $D(t_0, t)$，使得：当 $t \geqslant t_0 + T_0$ 时，有 $D(t_0, t) = 0$；当 $t \geqslant t_0$ 时，有

$$V(x(t)) \leqslant r(t) + D(t_0, t) \tag{3.3.6}$$

控制任务　对于具有未建模动态的非线性系统，基于模糊逻辑系统设计一种模糊自适应鲁棒控制器，使得闭环系统的所有信号都是半全局一致最终有界的。

3.3.2　模糊自适应反步递推控制设计

定义如下的坐标变换：

$$\begin{aligned} z_1 &= x_1 \\ z_i &= x_i - \alpha_{i-1}, \quad i = 2, 3, \cdots, n \end{aligned} \tag{3.3.7}$$

式中，z_i 是虚拟误差；α_{i-1} 是在第 $i-1$ 步中将要设计的虚拟控制器。

基于上述的坐标变换，给出 n 步模糊自适应反步递推控制设计过程。

第 1 步　求 z_1 的导数，并根据式 (3.3.1) 和式 (3.3.7)，可得

$$\begin{aligned} \dot{\xi} &= q(\xi, x) \\ \dot{z}_1 &= z_2 + \alpha_1 + f_1(x_1) + \Delta_1(x, \xi, t) \end{aligned} \tag{3.3.8}$$

由于 $f_1(x_1)$ 是未知非线性函数，所以利用模糊逻辑系统 $\hat{f}_1(x_1) = \hat{\theta}_1^{\mathrm{T}} \varphi_1(x_1)$ 逼近 $f_1(x_1)$，并假设

$$f_1(x_1) = \theta_1^{*\mathrm{T}} \varphi_1(x_1) + \varepsilon_1(x_1) \tag{3.3.9}$$

式中，θ_1^* 是最优参数；$\varepsilon_1(x_1)$ 是最小模糊逼近误差。假设 $\varepsilon_1(x_1)$ 满足 $|\varepsilon_1(x_1)| \leqslant \varepsilon_1^*$，$\varepsilon_1^*$ 是正常数。

将式 (3.3.9) 代入式 (3.3.8)，可得

$$\begin{aligned} \dot{z}_1 =& z_2 + \alpha_1 + \theta_1^{*\mathrm{T}} \varphi_1(x_1) + \varepsilon_1(x_1) + \Delta_1(x, \xi, t) \\ =& z_2 + \alpha_1 + \hat{\theta}_1^{\mathrm{T}} \varphi_1(x_1) + \tilde{\theta}_1^{\mathrm{T}} \varphi_1(x_1) + \varepsilon_1(x_1) + \Delta_1(x, \xi, t) \end{aligned} \tag{3.3.10}$$

选取如下的李雅普诺夫函数：

$$V_1 = \frac{1}{2} z_1^2 + \frac{1}{2} \tilde{\theta}_1^{\mathrm{T}} \Gamma_1^{-1} \tilde{\theta}_1 + \frac{1}{2\lambda} (\hat{p} - p^*)^2 + \frac{1}{\lambda_0} r \tag{3.3.11}$$

式中，$\Gamma_1 = \Gamma_1^{\mathrm{T}} > 0$ 是增益矩阵；$\lambda_0 > 0$ 和 $\lambda > 0$ 是设计参数；$\tilde{\theta}_1 = \theta_1^* - \hat{\theta}_1$ 是参数估计误差，$\hat{\theta}_1$ 是 θ_1^* 的估计；$p^* \geqslant \max\{v_1^*, v_2^*, \cdots, v_n^*\}$；$\hat{p}$ 是 p^* 的估计；$\tilde{p} = \hat{p} - p^*$ 是参数估计误差。

求 V_1 的导数，并根据式 (3.3.10)，可得

$$\dot{V}_1 = z_1(z_2 + \alpha_1 + \hat{\theta}_1^{\mathrm{T}}\varphi_1(x_1) + \tilde{\theta}_1^{\mathrm{T}}\varphi_1(x_1) + \varepsilon_1(x_1) + \Delta_1(x, \xi, t))$$

$$+ \frac{1}{\lambda_0}\dot{r} - \tilde{\theta}_1^{\mathrm{T}}\Gamma_1^{-1}\dot{\hat{\theta}}_1 + \frac{1}{\lambda}\tilde{p}\dot{\hat{p}}$$

$$\leqslant z_1(z_2 + \alpha_1 + \hat{\theta}_1^{\mathrm{T}}\varphi_1(x_1) + \tilde{\theta}_1^{\mathrm{T}}\varphi_1(x_1) + \varepsilon_1(x_1))$$

$$+ |z_1||\Delta_1| - \frac{\bar{c}}{\lambda_0}r + \frac{1}{\lambda_0}(x_1^2\gamma_0(x_1^2) + d_0) - \tilde{\theta}_1^{\mathrm{T}}\Gamma_1^{-1}\dot{\hat{\theta}}_1 + \frac{1}{\lambda}\tilde{p}\dot{\hat{p}} \qquad (3.3.12)$$

根据假设 3.3.1，式 (3.3.12) 变为

$$\dot{V}_1 \leqslant z_1(z_2 + \alpha_1 + \hat{\theta}_1^{\mathrm{T}}\varphi_1(x_1) + \varepsilon_1(x_1)) - \frac{\bar{c}}{\lambda_0}r + \frac{1}{\lambda_0}(x_1^2\gamma_0(|x|^2) + d_0)$$

$$+ v_1^*|z_1|\phi_{11}(|x_1|) + v_1^*|z_1|\phi_{12}(|\xi|) - \tilde{\theta}_1^{\mathrm{T}}\Gamma_1^{-1}(\dot{\hat{\theta}}_1 - \Gamma_1 z_1\varphi_1(x_1)) + \frac{1}{\lambda}\tilde{p}\dot{\hat{p}}$$

$$\leqslant z_1(z_2 + \alpha_1 + \hat{\theta}_1^{\mathrm{T}}\varphi_1(x_1) + \varepsilon_1(x_1)) - \frac{\bar{c}}{\lambda_0}r + \frac{1}{\lambda_0}(x_1^2\gamma_0(|x|^2) + d_0)$$

$$+ p^*|z_1|\phi_{11}(|z_1|) + p^*|z_1|\phi_{12}(|\xi|) - \tilde{\theta}_1^{\mathrm{T}}\Gamma_1^{-1}(\dot{\hat{\theta}}_1 - \Gamma_1 z_1\varphi_1(x_1)) + \frac{1}{\lambda}\tilde{p}\dot{\hat{p}}$$

$$(3.3.13)$$

由于 $\phi_{11}(|z_1|)$ 是光滑函数，所以设

$$\phi_{11}(|z_1|) = \phi_{11}(0) + |z_1|\int_0^1 \phi_{11}'(s\,|z_1|)\mathrm{d}s \qquad (3.3.14)$$

将式 (3.3.14) 两边同时乘以 $|z_1|$，可得

$$|z_1|\phi_{11}(|z_1|) = |z_1|\left(\phi_{11}(0) + |z_1|\int_0^1 \phi_{11}'(s\,|z_1|)\mathrm{d}s\right)$$

$$= |z_1|\phi_{11}(0) + |z_1|^2\int_0^1 \phi_{11}'(s\,|z_1|)\mathrm{d}s$$

$$= |z_1|\phi_{11}(0) + z_1^2\int_0^1 \phi_{11}'(s\,|z_1|)\mathrm{d}s \qquad (3.3.15)$$

对于任意 $\varepsilon > 0$，存在一个光滑函数 $g(x_1)$，有

$$|z_1| \leqslant z_1 g(x_1) + \varepsilon, \quad \forall z_1 \in \mathbf{R} \qquad (3.3.16)$$

将式 (3.3.16) 代入式 (3.3.15)，可得

$$|z_1|\phi_{11}(|z_1|) = |z_1|\phi_{11}(0) + z_1^2\int_0^1 \phi_{11}'(s\,|z_1|)\mathrm{d}s$$

$$\leqslant (z_1 g(x_1) + \varepsilon)\phi_{11}(0) + z_1^2 \int_0^1 \phi_{11}'(s\,|z_1|)\mathrm{d}s$$

$$= z_1 \left(g(x_1)\phi_{11}(0) + z_1 \int_0^1 \phi_{11}'(s\,|z_1|)\mathrm{d}s \right) + \varepsilon\phi_{11}(0) \qquad (3.3.17)$$

定义 $\hat{\phi}_{11}(x_1) = g(x_1)\phi_{11}(0) + z_1 \int_0^1 \phi_{11}'(s\,|z_1|)\mathrm{d}s$ 和 $\varepsilon_{11} = \varepsilon\phi_{11}(0) > 0$，则 $\hat{\phi}_{11}(x_1)$ 是一个光滑函数。由于 $g(0) = 0$，所以由 $g(0)\phi_{11}(0) = 0$，可知 $\hat{\phi}_{11}(0) = 0$。因此，对于任意 $\varepsilon_{11} > 0$，存在一个光滑函数 $\hat{\phi}_{11}(x_1)$ 满足 $\hat{\phi}_{11}(0) = 0$ 及

$$|z_1|\phi_{11}(|x_1|) \leqslant z_1\hat{\phi}_{11}(x_1) + \varepsilon_{11} \qquad (3.3.18)$$

由于 α_1 是 K_∞ 类函数，α_1^{-1} 是递增函数，所以根据式 (3.3.3)～式 (3.3.6)，可得

$$|\xi| \leqslant \alpha_1^{-1}(r(t) + D(t_0, t)) \qquad (3.3.19)$$

根据假设 3.3.1 和函数 ϕ_{12} 的非负递增性，可得

$$\phi_{12}(|\xi|) \leqslant \phi_{12}[\alpha_1^{-1}(r(t) + D(t_0, t))] \qquad (3.3.20)$$

定义 $\phi_{12} \circ \alpha_1^{-1}(r(t) + D(t_0, t)) = \phi_{12}[\alpha_1^{-1}(r(t) + D(t_0, t))]$，可得

$$\phi_{12}(|\xi|) \leqslant \phi_{12} \circ \alpha_1^{-1}(r(t) + D(t_0, t)) \qquad (3.3.21)$$

对于 $\forall t$，有

$$\min\{2r(t), 2D(t_0, t)\} \leqslant r(t) + D(t_0, t) \leqslant \max\{2r(t), 2D(t_0, t)\} \qquad (3.3.22)$$

根据式 (3.3.6) 及 $\phi_{12} \circ \alpha_1^{-1}$ 是一个非负递增函数，可得

$$\phi_{12} \circ \alpha_1^{-1}(r + D(t_0, t)) \leqslant \phi_{12} \circ \alpha_1^{-1}(2r) + \phi_{12} \circ \alpha_1^{-1}(2D(t_0, t)) \qquad (3.3.23)$$

因此，有

$$p^* |z_1| \phi_{12}(|\xi|) \leqslant p^* |z_1| \phi_{12} \circ \alpha_1^{-1}(2r) + p^* |z_1| \phi_{12} \circ \alpha_1^{-1}(2D(t_0, t)) \qquad (3.3.24)$$

根据式 (3.3.24) 和杨氏不等式，可得

$$p^* |z_1| \phi_{12}(|\xi|) \leqslant p^* |z_1| \phi_{12} \circ \alpha_1^{-1}(2r) + \frac{1}{4}z_1^2 + d_1(t_0, t) \qquad (3.3.25)$$

式中，

$$d_1(t_0, t) = (p^*\phi_{12} \circ \alpha_1^{-1}(2D(t_0, t)))^2$$

由于 ϕ_{12} 和 α^{-1} 的性质，所以存在一个光滑函数 $\hat{\phi}_{12}$，其中 $\hat{\phi}_{12}(0) = 0$，有

$$\phi_{12} \circ \alpha_1^{-1}(2r) \leqslant \hat{\phi}_{12}(r) + 1 \tag{3.3.26}$$

根据式 (3.3.26)，可得

$$
\begin{aligned}
p^* |z_1| \, \phi_{12} \circ \alpha_1^{-1}(2r) &\leqslant p^* |z_1| \, \hat{\phi}_{12}(r) + p^* |z_1| \\
&\leqslant p^* z_1 \hat{\phi}_{12}(r) \hat{\phi}_{13}(z_1, r) + p^* z_1 \hat{\phi}_{14}(z_1) + 2p^* \varepsilon_{12}
\end{aligned} \tag{3.3.27}
$$

式中，$\varepsilon_{12} > 0$ 是设计参数；$\hat{\phi}_{13}$ 和 $\hat{\phi}_{14}$ 是两个在零点处等于零的光滑函数。

根据式 (3.3.18)、式 (3.3.25) 和式 (3.3.27)，可得

$$
\begin{aligned}
\dot{V}_1 \leqslant\ & z_1 \left[z_2 + \alpha_1 + \hat{\theta}_1^{\mathrm{T}} \varphi_1(x_1) + \frac{1}{\lambda_0} z_1 \gamma_0(x^2) + p^* \hat{\phi}_{11}(x_1) \right. \\
& \left. + p^* (\hat{\phi}_{12}(r) \hat{\phi}_{13}(x_1, r) + \hat{\phi}_{14}(x_1)) + \frac{1}{4} z_1 + \varepsilon_1 \right] \\
& - \frac{\bar{c}}{\lambda_0} r + \frac{d_0}{\lambda_0} + p^* (\varepsilon_{11} + 2\varepsilon_{12}) + \frac{1}{\lambda} \tilde{p}(\dot{\hat{p}} - \varpi_1) \\
& - \tilde{\theta}_1^{\mathrm{T}} \Gamma_1^{-1} (\dot{\hat{\theta}}_1 - \Gamma_1 z_1 \varphi_1(x_1)) - \sigma_p \tilde{p}(\hat{p} - p_0) + d_1(t_0, t)
\end{aligned} \tag{3.3.28}
$$

设计虚拟控制器 α_1、参数 $\hat{\theta}_1$ 和 ϖ_1 的自适应律如下：

$$
\begin{aligned}
\alpha_1 =\ & - k_1 z_1 - \hat{\theta}_1^{\mathrm{T}} \varphi_1(x_1) - \frac{1}{\lambda_0} z_1 \gamma_0(x^2) - \frac{1}{4} z_1 \\
& - \varepsilon_1^* \tanh(z_1 \varepsilon_1^* / \rho_1) - \hat{p}(\hat{\phi}_{11}(x_1) + \hat{\phi}_{12}(x_1, r))
\end{aligned} \tag{3.3.29}
$$

$$\dot{\hat{\theta}}_1 = \Gamma_1 [z_1 \varphi_1(x_1) - \sigma_1(\hat{\theta}_1 - \theta_{10})] \tag{3.3.30}$$

$$\varpi_1 = \lambda [(\hat{\phi}_{11}(x_1) + \hat{\phi}_{12}(x_1, r)) x_1 - \sigma_p(\hat{p} - p_0)] \tag{3.3.31}$$

式中，$k_1 > 0$、$\sigma_1 > 0$、$\sigma_p > 0$ 和 θ_{10} 是设计参数；$\hat{\phi}_{12}(x_1, r) = \hat{\phi}_{12}(r) \hat{\phi}_{13}(x_1, r) + \hat{\phi}_{14}(x_1)$。

将式 (3.3.29)～式 (3.3.31) 代入式 (3.3.28)，可得

$$
\begin{aligned}
\dot{V}_1 \leqslant\ & - k_1 z_1^2 + z_1 z_2 + (|z_1| \, |\varepsilon_1| - z_1 \varepsilon_1^* \tanh(z_1 \varepsilon_1^* / \rho_1)) \\
& - \frac{\bar{c}}{\lambda_0} r + \frac{d_0}{\lambda_0} + p^* (\varepsilon_{11} + 2\varepsilon_{12}) + \frac{1}{\lambda} \tilde{p}(\dot{\hat{p}} - \varpi_1) \\
& - \sigma_p \tilde{p}(\hat{p} - p_0) - \sigma_1 \tilde{\theta}_1^{\mathrm{T}}(\theta_{10} - \hat{\theta}_1) + d_1(t_0, t)
\end{aligned} \tag{3.3.32}
$$

根据杨氏不等式, 可得

$$-\sigma_1 \tilde{\theta}_1^{\mathrm{T}}(\theta_{10} - \hat{\theta}_1) = \sigma_1 \tilde{\theta}_1^{\mathrm{T}}(\theta_1^* - \theta_{10} + \hat{\theta}_1 - \theta_1^*)$$

$$\leqslant -\frac{\sigma_1}{2}\tilde{\theta}_1^{\mathrm{T}}\tilde{\theta}_1 + \frac{\sigma_1}{2}|\theta_{10} - \theta_1^*|^2 \tag{3.3.33}$$

$$-\sigma_p \tilde{p}(\hat{p} - p_0) \leqslant -\frac{\sigma_p}{2}\tilde{p}^2 + \frac{\sigma_p}{2}|p_0 - p^*|^2 \tag{3.3.34}$$

利用不等式 $0 \leqslant |x| - x\tanh(x/\rho) \leqslant 0.2785\rho$, $\forall \rho > 0$, 并根据式 (3.3.32)~ 式 (3.3.34), $\dot{V}_1$ 最终可表示为

$$\begin{aligned}
\dot{V}_1 \leqslant & -k_1 z_1^2 + z_1 z_2 + (|z_1||\varepsilon_1^*| - z_1\varepsilon_1^*\tanh(z_1\varepsilon_1^*/\rho_1)) \\
& -\frac{\bar{c}}{\lambda_0}r + \frac{d_0}{\lambda_0} + p^*(\varepsilon_{11} + 2\varepsilon_{12}) - \sigma_1\tilde{\theta}_1^{\mathrm{T}}(\theta_{10} - \hat{\theta}_1) \\
& + d_1(t_0, t) + \frac{1}{\lambda}\tilde{p}(\dot{\hat{p}} - \varpi_1) - \sigma_p\tilde{p}(\hat{p} - p_0) \\
\leqslant & -k_1 z_1^2 + z_1 z_2 + \mu_1(t_0, t) - \frac{\sigma_1}{2}\tilde{\theta}_1^{\mathrm{T}}\tilde{\theta}_1 - \frac{\sigma_p}{2}\tilde{p}^2 \\
& + \frac{1}{\lambda}\tilde{p}(\dot{\hat{p}} - \varpi_1) - \frac{\bar{c}}{\lambda_0}r
\end{aligned} \tag{3.3.35}$$

式中,

$$\begin{aligned}
\mu_1(t_0, t) = & \frac{d_0}{\lambda_0} + p^*(\varepsilon_{11} + 2\varepsilon_{12}) + d_1(t_0, t) + 0.2785\rho_1 \\
& + \frac{1}{2}\sigma_1|\theta_1^* - \theta_{10}|^2 + \frac{1}{2}\sigma_p|p^* - p_0|^2
\end{aligned}$$

根据引理 3.3.1, 因为对于任意 $t \geqslant t_0$, 当 $t \geqslant t_0 + T_0$ 时, $d_1(t_0, t) = 0$, 所以如果 $t \geqslant t_0 + T_0$, 则 $\mu_1(t_0, t)$ 是一个常数。

第 2 步　求 z_2 的导数, 并由式 (3.3.1) 和式 (3.3.7) 可得

$$\begin{aligned}
\dot{z}_2 = & z_3 + \alpha_2 + f_2(\bar{x}_2) + \Delta_2 - \frac{\partial\alpha_1}{\partial x_1}\dot{x}_1 - \frac{\partial\alpha_1}{\partial\hat{\theta}_1}\dot{\hat{\theta}}_1 \\
& - \frac{\partial\alpha_1}{\partial\hat{p}}\dot{\hat{p}} - \frac{\partial\alpha_1}{\partial r}\dot{r} \\
= & z_3 + \alpha_2 + f_2(\bar{x}_2) + \Delta_2 - \frac{\partial\alpha_1}{\partial x_1}(x_2 + f_1(x_1) + \Delta_1) \\
& - \frac{\partial\alpha_1}{\partial\hat{\theta}_1}\dot{\hat{\theta}}_1 - \frac{\partial\alpha_1}{\partial\hat{p}}\dot{\hat{p}} - \frac{\partial\alpha_1}{\partial r}\dot{r} \\
= & z_3 + \alpha_2 + \left(f_2(\bar{x}_2) - \frac{\partial\alpha_1}{\partial x_1}f_1(x_1)\right) - \frac{\partial\alpha_1}{\partial x_1}x_2 - \frac{\partial\alpha_1}{\partial\hat{\theta}_1}\dot{\hat{\theta}}_1
\end{aligned}$$

$$- \frac{\partial \alpha_1}{\partial \hat{p}} \dot{\hat{p}} - \frac{\partial \alpha_1}{\partial r} \dot{r} + \Delta_2 - \frac{\partial \alpha_1}{\partial x_1} \Delta_1 \tag{3.3.36}$$

令 $h_2(\bar{x}_2) = f_2(\bar{x}_2) - \frac{\partial \alpha_1}{\partial x_1} f_1(x_1)$。由于 $h_2(\bar{x}_2)$ 是未知连续非线性函数，所以利用模糊逻辑系统 $\hat{h}_2(\bar{x}_2|\hat{\theta}_2) = \hat{\theta}_2^{\mathrm{T}} \varphi_2(\bar{x}_2)$ 逼近 $h_2(\bar{x}_2)$，并假设

$$h_2(\bar{x}_2) = \theta_2^{*\mathrm{T}} \varphi_2(\bar{x}_2) + \varepsilon_2(\bar{x}_2) \tag{3.3.37}$$

式中，θ_2^* 是最优参数；$\varepsilon_2(\bar{x}_2)$ 是最小模糊逼近误差。假设 $\varepsilon_2(\bar{x}_2)$ 满足 $|\varepsilon_2(\bar{x}_2)| \leqslant \varepsilon_2^*$，$\varepsilon_2^*$ 是正常数。

将式 (3.3.37) 代入式 (3.3.36)，可得

$$\begin{aligned}
\dot{z}_2 =& z_3 + \alpha_2 + \theta_2^{*\mathrm{T}} \varphi_2(\bar{x}_2) + \varepsilon_2(\bar{x}_2) \\
& - \frac{\partial \alpha_1}{\partial x_1} x_2 - \frac{\partial \alpha_1}{\partial \hat{\theta}_1} \dot{\hat{\theta}}_1 - \frac{\partial \alpha_1}{\partial \hat{p}} \dot{\hat{p}} - \frac{\partial \alpha_1}{\partial r} \dot{r} + \Delta_2 - \frac{\partial \alpha_1}{\partial x_1} \Delta_1 \\
=& z_3 + \alpha_2 + \hat{\theta}_2^{\mathrm{T}} \varphi_2(\bar{x}_2) + \tilde{\theta}_2^{\mathrm{T}} \varphi_2(\bar{x}_2) + \varepsilon_2(\bar{x}_2) \\
& - \frac{\partial \alpha_1}{\partial x_1} x_2 - \frac{\partial \alpha_1}{\partial \hat{\theta}_1} \dot{\hat{\theta}}_1 - \frac{\partial \alpha_1}{\partial \hat{p}} \dot{\hat{p}} - \frac{\partial \alpha_1}{\partial r} \dot{r} + \Delta_2 - \frac{\partial \alpha_1}{\partial x_1} \Delta_1
\end{aligned} \tag{3.3.38}$$

选取如下的李雅普诺夫函数：

$$V_2 = V_1 + \frac{1}{2} z_2^2 + \frac{1}{2} \tilde{\theta}_2^{\mathrm{T}} \Gamma_2^{-1} \tilde{\theta}_2 \tag{3.3.39}$$

式中，$\Gamma_2 = \Gamma_2^{\mathrm{T}} > 0$ 是增益矩阵；$\tilde{\theta}_2 = \theta_2^* - \hat{\theta}_2$ 是参数估计误差，$\hat{\theta}_2$ 是 θ_2^* 的估计。

根据式 (3.3.38) 和式 (3.3.39)，V_2 的导数为

$$\begin{aligned}
\dot{V}_2 \leqslant& - k_1 z_1^2 + \mu_1(t_0, t) - \frac{\sigma_1}{2} \tilde{\theta}_1^{\mathrm{T}} \tilde{\theta}_1 + \frac{1}{\lambda} \tilde{p}(\dot{\hat{p}} - \varpi_1) - \tilde{\theta}_2^{\mathrm{T}} \Gamma_2^{-1} \dot{\hat{\theta}}_2 \\
& - \frac{\sigma_p}{2} \tilde{p}^2 - \frac{\bar{c}}{\lambda_0} r + z_2 \bigg(z_3 + \alpha_2 + \hat{\theta}_2^{\mathrm{T}} \varphi_2(\bar{x}_2) + \tilde{\theta}_2^{\mathrm{T}} \varphi_2(\bar{x}_2) + \varepsilon_2(\bar{x}_2) \\
& + z_1 - \frac{\partial \alpha_1}{\partial x_1} x_2 - \frac{\partial \alpha_1}{\partial \hat{\theta}_1} \dot{\hat{\theta}}_1 - \frac{\partial \alpha_1}{\partial \hat{p}} \dot{\hat{p}} - \frac{\partial \alpha_1}{\partial r} \dot{r} + \Delta_2 - \frac{\partial \alpha_1}{\partial x_1} \Delta_1 \bigg) \\
\leqslant& - k_1 z_1^2 + \mu_1(t_0, t) - \frac{\sigma_p}{2} \tilde{p}^2 + z_2 \bigg(z_3 + \alpha_2 + \hat{\theta}_2^{\mathrm{T}} \varphi_2(\bar{x}_2) + \varepsilon_2(\bar{x}_2) \\
& + z_1 - \frac{\partial \alpha_1}{\partial x_1} x_2 - \frac{\partial \alpha_1}{\partial \hat{\theta}_1} \dot{\hat{\theta}}_1 - \frac{\partial \alpha_1}{\partial \hat{p}} \dot{\hat{p}} - \frac{\partial \alpha_1}{\partial r} \dot{r} \bigg) + |z_2 \bar{\Delta}_2| - \frac{\sigma_1}{2} \tilde{\theta}_1^{\mathrm{T}} \tilde{\theta}_1 \\
& - \frac{\bar{c}}{\lambda_0} r + \frac{1}{\lambda} (\hat{p} - p^*)(\dot{\hat{p}} - \varpi_1) + \tilde{\theta}_2^{\mathrm{T}} \Gamma_2^{-1} (\Gamma_2 \varphi_2(\bar{x}_2) z_2 - \dot{\hat{\theta}}_2)
\end{aligned} \tag{3.3.40}$$

式中，$\bar{\Delta}_2 = \Delta_2 - \dfrac{\partial \alpha_1}{\partial x_1} \Delta_1$。

利用假设 3.3.1 和 $p^* \geqslant \max\{v_1^*, v_2^*, \cdots, v_n^*\}$，可得

$$
\begin{aligned}
|z_2 \bar{\Delta}_2| &= |z_2| \left| \Delta_2 - \frac{\partial \alpha_1}{\partial x_1} \Delta_1 \right| \leqslant |z_2| \left(|\Delta_2| + \left| \frac{\partial \alpha_1}{\partial x_1} \right| |\Delta_1| \right) \\
&\leqslant p^* |z_2| \left(\phi_{21} + \left| \frac{\partial \alpha_1}{\partial x_1} \right| \phi_{11} \right) + p^* |z_2| \left(\phi_{22}(|\xi|) + \left| \frac{\partial \alpha_1}{\partial x_1} \right| \phi_{12}(|\xi|) \right)
\end{aligned}
\tag{3.3.41}
$$

类似于不等式 (3.3.18)，对于给定任意正常数 ε_{21} 和 ε_{22}，存在光滑函数 $\hat{\phi}_{21}$ 和 $\hat{\phi}_{22}$ 满足下列不等式：

$$
p^* |z_2| \left(\phi_{21} + \left| \frac{\partial \alpha_1}{\partial x_1} \right| \phi_{11} \right) \leqslant p^* z_2 \hat{\phi}_{21} + p^* \varepsilon_{21}
\tag{3.3.42}
$$

$$
\begin{aligned}
& p^* |z_2| \left(\phi_{22}(|\xi|) + \left| \frac{\partial \alpha_1}{\partial x_1} \right| \phi_{12}(|\xi|) \right) \\
& \leqslant p^* z_2 \hat{\phi}_{22} + \frac{z_2^2}{4} \left(1 + \left(\frac{\partial \alpha_1}{\partial x_1} \right)^2 \right) + 2 \times 2 p^* \varepsilon_{22} + d_2(t_0, t)
\end{aligned}
\tag{3.3.43}
$$

式中，$d_2(t_0, t) = \displaystyle\sum_{j=1}^{2} (p^* \phi_{j2} \circ \alpha_1^{-1}(2D(t_0, t)))^2$。

由式 (3.3.40)～式 (3.3.43) 可得

$$
\begin{aligned}
\dot{V}_2 \leqslant & -k_1 z_1^2 + \mu_1(t_0, t) + z_2 \Big[z_1 + z_3 + \alpha_2 + \hat{\theta}_2^{\mathrm{T}} \varphi_2(\bar{x}_2) + \varepsilon_2(\bar{x}_2) - \frac{\partial \alpha_1}{\partial \hat{\theta}_1} \dot{\hat{\theta}}_1 \\
& + \hat{p}(\hat{\phi}_{21} + \hat{\phi}_{22}) + \frac{z_2}{4} \left(1 + \left(\frac{\partial \alpha_1}{\partial x_1} \right)^2 \right) - \frac{\partial \alpha_1}{\partial x_1} x_2 - \frac{\partial \alpha_1}{\partial \hat{p}} \dot{\hat{p}} - \frac{\partial \alpha_1}{\partial r} \dot{r} \Big] \\
& + p^*(\varepsilon_{21} + 2 \times 2\varepsilon_{22}) + d_2(t_0, t) - \tilde{\theta}_2^{\mathrm{T}} \Gamma_2^{-1}(\dot{\hat{\theta}}_2 - \Gamma_2 \varphi_2(\bar{x}_2) z_2) \\
& + \frac{1}{\lambda}(\hat{p} - p^*)[\dot{\hat{p}} - \varpi_1 - \lambda(\hat{\phi}_{21} + \hat{\phi}_{22}) z_2] - \frac{\sigma_1}{2} \tilde{\theta}_1^{\mathrm{T}} \tilde{\theta}_1 - \frac{\sigma_p}{2} \tilde{p}^2 - \frac{\bar{c}}{\lambda_0} r
\end{aligned}
\tag{3.3.44}
$$

设计虚拟控制器 α_2、参数 $\hat{\theta}_2$ 和 ϖ_2 的自适应律如下：

$$
\begin{aligned}
\alpha_2 = & -z_1 - k_2 z_2 - \hat{\theta}_2^{\mathrm{T}} \varphi_2(\bar{x}_2) - \varepsilon_2^* \tanh(z_2 \varepsilon_2^* / \rho_2) + \frac{\partial \alpha_1}{\partial \hat{\theta}_1} \dot{\hat{\theta}}_1 \\
& - \hat{p}(\hat{\phi}_{21} + \hat{\phi}_{22}) - \frac{z_2}{4} \left(1 + \left(\frac{\partial \alpha_1}{\partial x_1} \right)^2 \right) + \frac{\partial \alpha_1}{\partial x_1} x_2 + \frac{\partial \alpha_1}{\partial \hat{p}} \varpi_2 + \frac{\partial \alpha_1}{\partial r} \dot{r}
\end{aligned}
\tag{3.3.45}
$$

$$\dot{\hat{\theta}}_2 = \Gamma_2[\varphi_2(\bar{x}_2)z_2 - \sigma_2(\hat{\theta}_2 - \theta_{20})] \tag{3.3.46}$$

$$\varpi_2 = \varpi_1 + \lambda(\hat{\phi}_{21} + \hat{\phi}_{22})z_2 \tag{3.3.47}$$

式中, $k_2 > 0$ 和 $\sigma_2 > 0$ 是设计参数。

将式 (3.3.45)~式 (3.3.47) 代入式 (3.3.44), 可得

$$
\begin{aligned}
\dot{V}_2 \leqslant & -\sum_{j=1}^{2} k_j z_j^2 + \mu_1(t_0, t) + p^*(\varepsilon_{21} + 2 \times 2\varepsilon_{22}) - \sigma_2 \tilde{\theta}_2^{\mathrm{T}}(\theta_{20} - \hat{\theta}_2) \\
& + z_2 z_3 + \frac{1}{\lambda}(\hat{p} - p^*)(\dot{\hat{p}} - \varpi_2) - \frac{\sigma_1}{2}\tilde{\theta}_1^{\mathrm{T}}\tilde{\theta}_1 - \frac{\sigma_p}{2}\tilde{p}^2 - \frac{\bar{c}}{\lambda_0}r + d_2(t_0, t) + 0.2785\rho_2
\end{aligned}
\tag{3.3.48}
$$

根据杨氏不等式, 可得

$$
\begin{aligned}
-\sigma_2 \tilde{\theta}_2^{\mathrm{T}}(\theta_{20} - \hat{\theta}_2) &= \sigma_2 \tilde{\theta}_2^{\mathrm{T}}(\theta_2^* - \theta_{20} + \hat{\theta}_2 - \theta_2^*) \\
&\leqslant -\frac{\sigma_2}{2}\tilde{\theta}_2^{\mathrm{T}}\tilde{\theta}_2 + \frac{\sigma_2}{2}|\theta_{20} - \theta_2^*|^2
\end{aligned}
\tag{3.3.49}
$$

根据式 (3.3.49), $\dot{V}_2$ 最终可表示为

$$
\begin{aligned}
\dot{V}_2 \leqslant & -\sum_{j=1}^{2} k_j z_j^2 + z_2 z_3 + \mu_1(t_0, t) + p^*(\varepsilon_{21} + 2 \times 2\varepsilon_{22}) \\
& + d_2(t_0, t) - z_2 \frac{\partial \alpha_1}{\partial \hat{p}}(\dot{\hat{p}} - \varpi_2) + 0.2785\rho_2 + \frac{1}{2}\sigma_2|\theta_2^* - \theta_{20}|^2 \\
& + \frac{1}{\lambda}(\hat{p} - p^*)(\dot{\hat{p}} - \varpi_2) - \frac{\sigma_1}{2}\tilde{\theta}_1^{\mathrm{T}}\tilde{\theta}_1 - \frac{\sigma_2}{2}\tilde{\theta}_2^{\mathrm{T}}\tilde{\theta}_2 - \frac{\sigma_p}{2}\tilde{p}^2 - \frac{\bar{c}}{\lambda_0}r \\
\leqslant & -\sum_{j=1}^{2} k_j z_j^2 + z_2 z_3 + \mu_2(t_0, t) + \left[\frac{1}{\lambda}(\hat{p} - p^*) - z_2 \frac{\partial \alpha_1}{\partial \hat{p}}\right](\dot{\hat{p}} - \varpi_2) \\
& -\sum_{j=1}^{2} \frac{\sigma_j}{2}\tilde{\theta}_j^{\mathrm{T}}\tilde{\theta}_j - \frac{\sigma_p}{2}\tilde{p}^2 - \frac{\bar{c}}{\lambda_0}r
\end{aligned}
\tag{3.3.50}
$$

式中, $\mu_2(t_0, t) = \mu_1(t_0, t) + p^*(\varepsilon_{21} + 2 \times 2\varepsilon_{22}) + 0.2785\rho_2 + d_2(t_0, t) + \frac{1}{2}\sigma_2|\theta_2^* - \theta_{20}|^2$。

类似于函数 $\mu_1(t_0, t)$, 对于任意 $t \geqslant t_0$, 当 $t \geqslant t_0 + T_0$, 且 $d_2(t_0, t) = 0$ 时, $\mu_2(t_0, t)$ 是一个常数。

第 $i(3 \leqslant i \leqslant n-1)$ 步 求 z_i 的导数, 并根据式 (3.3.1) 和式 (3.3.7), 可得

$$\dot{z}_i = z_{i+1} + \alpha_i + f_i(\bar{x}_i) + \Delta_i - \sum_{j=1}^{i-1} \frac{\partial \alpha_{i-1}}{\partial x_j}(x_{j+1} + f_j(\bar{x}_j) + \Delta_j)$$

$$- \sum_{j=1}^{i-1} \frac{\partial \alpha_{i-1}}{\partial \hat{\theta}_j} \dot{\hat{\theta}}_j - \frac{\partial \alpha_{i-1}}{\partial \hat{p}} \dot{\hat{p}} - \frac{\partial \alpha_{i-1}}{\partial r}(-\bar{c}r + x_1^2 \gamma_0 + d_0)$$

$$= z_{i+1} + \alpha_i - \kappa_i + f_i(\bar{x}_i) - \sum_{j=1}^{i-1} \frac{\partial \alpha_{i-1}}{\partial x_j} f_j(\bar{x}_j)$$

$$- \sum_{j=1}^{i-1} \frac{\partial \alpha_{i-1}}{\partial \hat{\theta}_j} \dot{\hat{\theta}}_j - \frac{\partial \alpha_{i-1}}{\partial \hat{p}} \dot{\hat{p}} + \bar{\Delta}_i \tag{3.3.51}$$

式中,

$$\kappa_i = \sum_{j=1}^{i-1} \frac{\partial \alpha_{i-1}}{\partial x_j} x_{j+1} + \frac{\partial \alpha_{i-1}}{\partial r}(-\bar{c}r + x_1^2 \gamma_0 + d_0)$$

$$\bar{\Delta}_i = \Delta_i - \sum_{j=1}^{i-1} \frac{\partial \alpha_{i-1}}{\partial x_j} \Delta_j$$

令 $h_i(\bar{x}_i) = f_i(\bar{x}_i) - \sum_{j=1}^{i-1} \frac{\partial \alpha_{i-1}}{\partial x_j} f_j(\bar{x}_j)$。采用模糊逻辑系统 $\hat{h}_i(\bar{x}_i|\hat{\theta}_i) = \hat{\theta}_i^{\mathrm{T}} \varphi_i(\bar{x}_i)$ 逼近 $h_i(\bar{x}_i)$,并假设

$$h_i(\bar{x}_i) = \theta_i^{*\mathrm{T}} \varphi_i(\bar{x}_i) + \varepsilon_i(\bar{x}_i) \tag{3.3.52}$$

式中,θ_i^* 是最优参数;$\varepsilon_i(\bar{x}_i)$ 是最小模糊逼近误差。假设 $\varepsilon_i(\bar{x}_i)$ 满足 $|\varepsilon_i(\bar{x}_i)| \leqslant \varepsilon_i^*$,$\varepsilon_i^*$ 是正常数。

将式 (3.3.52) 代入式 (3.3.51),可得

$$\dot{z}_i = z_{i+1} + \alpha_i + \theta_i^{*\mathrm{T}} \varphi_i(\bar{x}_i) + \varepsilon_i(\bar{x}_i) - \kappa_i - \sum_{j=1}^{i-1} \frac{\partial \alpha_{i-1}}{\partial \hat{\theta}_j} \dot{\hat{\theta}}_j$$

$$- \frac{\partial \alpha_{i-1}}{\partial \hat{p}} \dot{\hat{p}} + \bar{\Delta}_i$$

$$= z_{i+1} + \alpha_i + \hat{\theta}_i^{\mathrm{T}} \varphi_i(\bar{x}_i) + \tilde{\theta}_i^{\mathrm{T}} \varphi_i(\bar{x}_i) + \varepsilon_i(\bar{x}_i) - \kappa_i$$

$$- \sum_{j=1}^{i-1} \frac{\partial \alpha_{i-1}}{\partial \hat{\theta}_j} \dot{\hat{\theta}}_j - \frac{\partial \alpha_{i-1}}{\partial \hat{p}} \dot{\hat{p}} + \bar{\Delta}_i \tag{3.3.53}$$

选择如下的李雅普诺夫函数:

$$V_i = V_{i-1} + \frac{1}{2} z_i^2 + \frac{1}{2} \tilde{\theta}_i^{\mathrm{T}} \Gamma_i^{-1} \tilde{\theta}_i \tag{3.3.54}$$

式中,$\Gamma_i = \Gamma_i^{\mathrm{T}} > 0$ 是增益矩阵;$\hat{\theta}_i$ 是 θ_i^* 的估计;$\tilde{\theta}_i = \theta_i^* - \hat{\theta}_i$ 是参数估计误差。

根据式 (3.3.53) 和式 (3.3.54)，可得

$$\dot{V}_i = \dot{V}_{i-1} + z_i \dot{z}_i + \tilde{\theta}_i^{\mathrm{T}} \Gamma_i^{-1} \dot{\hat{\theta}}_i$$

$$\leqslant \dot{V}_{i-1} + z_i \left[z_{i+1} + \alpha_i - \kappa_i + \hat{\theta}_i^{\mathrm{T}} \varphi_i(\bar{x}_i) + \tilde{\theta}_i^{\mathrm{T}} \varphi_i(\bar{x}_i) + \varepsilon_i(\bar{x}_i) \right.$$

$$\left. - \sum_{j=1}^{i-1} \frac{\partial \alpha_{i-1}}{\partial \hat{\theta}_j} \dot{\hat{\theta}}_j - \frac{\partial \alpha_{i-1}}{\partial \hat{p}} \dot{\hat{p}} \right] + |z_i| \left| \bar{\Delta}_i \right| - \tilde{\theta}_i^{\mathrm{T}} \Gamma_i^{-1} \dot{\hat{\theta}}_i$$

$$\leqslant - \sum_{j=1}^{i-1} k_j z_j^2 + z_{i-1} z_i + \mu_{i-1}(t_0, t) - \sum_{j=1}^{i-1} \frac{\sigma_j}{2} \tilde{\theta}_j^{\mathrm{T}} \tilde{\theta}_j - \frac{\sigma_p}{2} \tilde{p}^2$$

$$- \frac{\bar{c}}{\lambda_0} r + z_i \left(z_{i+1} + \alpha_i - \kappa_i + \hat{\theta}_i^{\mathrm{T}} \varphi_i(\bar{x}_i) + \tilde{\theta}_i^{\mathrm{T}} \varphi_i(\bar{x}_i) + \varepsilon_i(\bar{x}_i) \right.$$

$$\left. - \frac{\partial \alpha_{i-1}}{\partial \hat{p}} \dot{\hat{p}} - \sum_{j=1}^{i-1} \frac{\partial \alpha_{i-1}}{\partial \hat{\theta}_j} \dot{\hat{\theta}}_j \right) + |z_i| \left| \bar{\Delta}_i \right| - \tilde{\theta}_i^{\mathrm{T}} \Gamma_i^{-1} \dot{\hat{\theta}}_i$$

$$+ \left[\frac{1}{\lambda} (\hat{p} - p^*) - \sum_{j=1}^{i-2} z_{j+1} \frac{\partial \alpha_j}{\partial \hat{p}} \right] (\dot{\hat{p}} - \varpi_{i-1}) \tag{3.3.55}$$

根据假设 3.3.1 和 $p^* \geqslant \max\{\upsilon_1^*, \upsilon_2^*, \cdots, \upsilon_n^*\}$，对于给定的正常数 ε_{i1} 和 ε_{i2}，则存在光滑函数 $\hat{\phi}_{i1}$ 和 $\hat{\phi}_{i2}$ 满足下面的不等式：

$$|z_i \bar{\Delta}_i| \leqslant |z_i| \left(|\Delta_i| + \sum_{j=1}^{i-1} \left| \frac{\partial \alpha_{i-1}}{\partial x_j} \right| |\Delta_j| \right)$$

$$\leqslant p^* |z_i| \left(\phi_{i1} + \sum_{j=1}^{i-1} \left| \frac{\partial \alpha_{i-1}}{\partial x_j} \right| \phi_{j1} \right) + p^* |z_i| \left(\phi_{i2}(|\xi|) + \sum_{j=1}^{i-1} \left| \frac{\partial \alpha_{i-1}}{\partial x_j} \right| \phi_{j2}(|\xi|) \right)$$

$$\leqslant p^* z_i \hat{\phi}_{i1} + p^* \varepsilon_{i1} + p^* z_i \hat{\phi}_{i2} + \frac{z_i^2}{4} \left(1 + \sum_{j=1}^{i-1} \left(\frac{\partial \alpha_{i-1}}{\partial x_j} \right)^2 \right) + 2i p^* \varepsilon_{i2} + d_i(t_0, t)$$

$$\tag{3.3.56}$$

式中，$d_i(t_0, t) = \sum_{j=1}^{i} (p^* \phi_{j2} \circ \alpha_1^{-1}(2D(t_0, t)))^2$。

将式 (3.3.56) 代入式 (3.3.55)，可得

$$\dot{V}_i \leqslant - \sum_{j=1}^{i-1} k_j z_j^2 + z_i z_{i-1} + \mu_{i-1}(t_0, t) + p^*(\varepsilon_{i1} + 2i\varepsilon_{i2}) + d_i(t_0, t)$$

$$- \tilde{\theta}_i^{\mathrm{T}} \Gamma_i^{-1} (\dot{\hat{\theta}}_i - \Gamma_i z_i \varphi_i(\bar{x}_i)) + \left[\frac{1}{\lambda} (\hat{p} - p^*) - \sum_{j=1}^{i-2} z_{j+1} \frac{\partial \alpha_j}{\partial \hat{p}} \right] (\dot{\hat{p}} - \varpi_{i-1})$$

$$+ z_i \left[z_{i+1} + \alpha_i - \kappa_i + \hat{\theta}_i^{\mathrm{T}} \varphi_i(\bar{x}_i) + \varepsilon_i + \hat{p}(\hat{\phi}_{i1} + \hat{\phi}_{i2}) \right.$$

$$+ \frac{z_i}{4} \left(1 + \sum_{j=1}^{i-1} \left(\frac{\partial \alpha_{i-1}}{\partial x_j} \right)^2 \right) - \sum_{j=1}^{i-1} \frac{\partial \alpha_{i-1}}{\partial \hat{\theta}_j} \dot{\hat{\theta}}_j - \frac{\partial \alpha_{i-1}}{\partial \hat{p}} \dot{\hat{p}} \right]$$

$$+ (p^* - \hat{p})(\hat{\phi}_{i1} + \hat{\phi}_{i2}) z_i - \sum_{j=1}^{i-1} \frac{\sigma_j}{2} \tilde{\theta}_j^{\mathrm{T}} \tilde{\theta}_j - \frac{\sigma_p}{2} \tilde{p}^2 - \frac{\bar{c}}{\lambda_0} r \qquad (3.3.57)$$

设计虚拟控制器 α_i、参数 $\hat{\theta}_i$ 和 ϖ_i 的自适应律如下：

$$\alpha_i = - k_i z_i - z_{i-1} + \kappa_i - \hat{\theta}_i^{\mathrm{T}} \varphi_i(\bar{x}_i) - \varepsilon_i^* \tanh(z_i \varepsilon_i^* / \rho_i) - \frac{z_i}{4} \left(1 + \sum_{j=1}^{i-1} \left(\frac{\partial \alpha_{i-1}}{\partial x_j} \right)^2 \right)$$

$$- \left[\hat{p} - \lambda \left(\sum_{j=1}^{i-2} z_{j+1} \frac{\partial \alpha_j}{\partial \hat{p}} \right) \right] (\hat{\phi}_{i1} + \hat{\phi}_{i2}) + \frac{\partial \alpha_{i-1}}{\partial \hat{p}} \varpi_i + \sum_{j=1}^{i-1} \frac{\partial \alpha_{i-1}}{\partial \hat{\theta}_j} \dot{\hat{\theta}}_j$$

$$\qquad (3.3.58)$$

$$\dot{\hat{\theta}}_i = \Gamma_i [z_i \varphi_i(\bar{x}_i) - \sigma_i (\hat{\theta}_i - \theta_{i0})] \qquad (3.3.59)$$

$$\varpi_i = \varpi_{i-1} + \lambda z_i (\hat{\phi}_{i1} + \hat{\phi}_{i2}) \qquad (3.3.60)$$

式中，$k_i > 0$ 和 $\sigma_i > 0$ 是设计参数。

将式 (3.3.58)~式 (3.3.60) 代入式 (3.3.57)，可得

$$\dot{V}_i \leqslant - \sum_{j=1}^{i} k_j z_j^2 + z_i z_{i+1} + \bar{\mu}_i(t_0, t) - \sum_{j=1}^{i-1} \frac{\sigma_j}{2} \tilde{\theta}_j^{\mathrm{T}} \tilde{\theta}_j - \frac{\sigma_p}{2} \tilde{p}^2 - \frac{\bar{c}}{\lambda_0} r$$

$$+ \left[\frac{1}{\lambda} (\hat{p} - p^*) - \sum_{j=1}^{i-2} z_{j+1} \frac{\partial \alpha_j}{\partial \hat{p}} \right] (\dot{\hat{p}} - \varpi_{i-1}) + z_i \frac{\partial \alpha_{i-1}}{\partial \hat{p}} (\varpi_i - \dot{\hat{p}})$$

$$+ (p^* - \hat{p})(\hat{\phi}_{i1} + \hat{\phi}_{i2}) z_i + \lambda \left(\sum_{j=1}^{i-2} z_{j+1} \frac{\partial \alpha_j}{\partial \hat{p}} \right) (\hat{\phi}_{i1} + \hat{\phi}_{i2}) z_i + \sigma_i \tilde{\theta}_i^{\mathrm{T}} (\theta_{i0} - \hat{\theta}_i)$$

$$\qquad (3.3.61)$$

式中，$\bar{\mu}_i(t_0, t) = \mu_{i-1}(t_0, t) + p^*(\varepsilon_{i1} + 2i\varepsilon_{i2}) + 0.2785\rho_i + d_i(t_0, t)$，对于任意 $t \geqslant t_0$，当 $t \geqslant t_0 + T_0$，且 $d_i(t_0, t) = 0$ 时，$\bar{\mu}_i(t_0, t)$ 是一个常数。

根据杨氏不等式，可得

$$-\sigma_i \tilde{\theta}_i^{\mathrm{T}} (\theta_{i0} - \hat{\theta}_i) = \sigma_i \tilde{\theta}_i^{\mathrm{T}} (\theta_i^* - \theta_{i0} + \hat{\theta}_i - \theta_i^*)$$

$$\leqslant -\frac{\sigma_i}{2}\tilde{\theta}_i^{\mathrm{T}}\tilde{\theta}_i + \frac{\sigma_i}{2}\left|\theta_{i0} - \theta_i^*\right|^2 \tag{3.3.62}$$

将式 (3.3.62) 代入式 (3.3.61)，可得

$$\dot{V}_i \leqslant -\sum_{j=1}^{i} k_j z_j^2 + z_i z_{i+1} + \mu_i(t_0, t) - \sum_{j=1}^{i}\frac{\sigma_j}{2}\tilde{\theta}_j^{\mathrm{T}}\tilde{\theta}_j - \frac{\sigma_p}{2}\tilde{p}^2$$
$$- \frac{\bar{c}}{\lambda_0}r + \left[\frac{1}{\lambda}(\hat{p} - p^*) - \left(\sum_{j=1}^{i-1} z_{j+1}\frac{\partial\alpha_j}{\partial\hat{p}}\right)\right](\dot{\hat{p}} - \varpi_i) \tag{3.3.63}$$

式中，$\mu_i(t_0, t) = \bar{\mu}_i(t_0, t) + \dfrac{1}{2}\sigma_i\left|\theta_i^* - \theta_{i0}\right|^2$。

第 n 步　根据式 (3.3.1) 和式 (3.3.7)，z_n 的导数为

$$\dot{z}_n = u + f_n(\bar{x}_n) + \Delta_n - \sum_{j=1}^{n-1}\frac{\partial\alpha_{n-1}}{\partial x_j}(x_{j+1} + f_j(\bar{x}_j) + \Delta_j) - \frac{\partial\alpha_{n-1}}{\partial\hat{p}}\dot{\hat{p}}$$
$$- \sum_{j=1}^{n-1}\frac{\partial\alpha_{n-1}}{\partial\hat{\theta}_j}\dot{\hat{\theta}}_j - \frac{\partial\alpha_{n-1}}{\partial r}(-\bar{c}r + x_1^2\gamma_0 + d_0)$$
$$= u - \kappa_n + f_n(\bar{x}_n) - \sum_{j=1}^{n-1}\frac{\partial\alpha_{n-1}}{\partial x_j}f_j(\bar{x}_j) - \sum_{j=1}^{n-1}\frac{\partial\alpha_{n-1}}{\partial\hat{\theta}_j}\dot{\hat{\theta}}_j - \frac{\partial\alpha_{n-1}}{\partial\hat{p}}\dot{\hat{p}} + \bar{\Delta}_n \tag{3.3.64}$$

式中，

$$\kappa_n = \sum_{j=1}^{n-1}\frac{\partial\alpha_{n-1}}{\partial x_j}x_{j+1} + \frac{\partial\alpha_{n-1}}{\partial r}(-\bar{c}r + x_1^2\gamma_0 + d_0)$$

$$\bar{\Delta}_n = \Delta_n - \sum_{j=1}^{n-1}\frac{\partial\alpha_{n-1}}{\partial x_j}\Delta_j$$

令 $h_n(\bar{x}_n) = f_n(\bar{x}_n) - \displaystyle\sum_{j=1}^{n-1}\frac{\partial\alpha_{n-1}}{\partial x_j}f_j(\bar{x}_j)$。采用模糊逻辑系统 $\hat{h}_n(\bar{x}_n|\hat{\theta}_n) = \hat{\theta}_n^{\mathrm{T}}\varphi_n(\bar{x}_n)$ 逼近 $h_n(\bar{x}_n)$，并假设

$$h_n(\bar{x}_n) = \theta_n^{*\mathrm{T}}\varphi_n(\bar{x}_n) + \varepsilon_n \tag{3.3.65}$$

式中，θ_n^* 是最优参数；ε_n 是最小模糊逼近误差。假设 ε_n 满足 $|\varepsilon_n| \leqslant \varepsilon_n^*$，$\varepsilon_n^*$ 是正常数。

将式 (3.3.65) 代入式 (3.3.64)，可得

$$
\begin{aligned}
\dot{z}_n =\ & u + \theta_n^{*\mathrm{T}}\varphi_n(\bar{x}_n) + \varepsilon_n - \kappa_n - \sum_{j=1}^{n-1}\frac{\partial\alpha_{n-1}}{\partial\hat{\theta}_j}\dot{\hat{\theta}}_j - \frac{\partial\alpha_{n-1}}{\partial\hat{p}}\dot{\hat{p}} + \bar{\Delta}_n \\
=\ & u + \hat{\theta}_n^{\mathrm{T}}\varphi_n(\bar{x}_n) + \tilde{\theta}_n^{\mathrm{T}}\varphi_n(\bar{x}_n) + \varepsilon_n - \kappa_n \\
& - \sum_{j=1}^{n-1}\frac{\partial\alpha_{n-1}}{\partial\hat{\theta}_j}\dot{\hat{\theta}}_j - \frac{\partial\alpha_{n-1}}{\partial\hat{p}}\dot{\hat{p}} + \bar{\Delta}_n
\end{aligned}
\tag{3.3.66}
$$

选择如下的李雅普诺夫函数：

$$
V = V_{n-1} + \frac{1}{2}z_n^2 + \frac{1}{2}\tilde{\theta}_n^{\mathrm{T}}\Gamma_n^{-1}\tilde{\theta}_n
\tag{3.3.67}
$$

式中，$\Gamma_n = \Gamma_n^{\mathrm{T}} > 0$ 是增益矩阵；$\tilde{\theta}_n = \theta_n^* - \hat{\theta}_n$ 是参数估计误差，$\hat{\theta}_n$ 是 θ_n^* 的估计。

类似于第 i 步的推导，可得

$$
\begin{aligned}
\dot{V} \leqslant\ & -\sum_{j=1}^{n-1}k_j z_j^2 + z_n z_{n-1} + \mu_{n-1}(t_0,t) + p^*(\varepsilon_{n1} + 2n\varepsilon_{n2}) + d_n(t_0,t) \\
& - \tilde{\theta}_n^{\mathrm{T}}\Gamma_n^{-1}\dot{\hat{\theta}}_n + \left[\frac{1}{\lambda}(\hat{p}-p^*) - \sum_{j=1}^{n-2}z_{j+1}\frac{\partial\alpha_j}{\partial\hat{p}}\right](\dot{\hat{p}} - \varpi_{n-1}) \\
& + z_n\left[u - \kappa_n + \hat{\theta}_n^{\mathrm{T}}\varphi_n(\bar{x}_n) + \tilde{\theta}_n^{\mathrm{T}}\varphi_n(\bar{x}_n) + \varepsilon_n + \hat{p}(\hat{\phi}_{n1} + \hat{\phi}_{n2})\right. \\
& \left. + \frac{z_n}{4}\left(1 + \sum_{j=1}^{n-1}\left(\frac{\partial\alpha_{n-1}}{\partial x_j}\right)^2\right) - \sum_{j=1}^{n-1}\frac{\partial\alpha_{n-1}}{\partial\hat{\theta}_j}\dot{\hat{\theta}}_j - \frac{\partial\alpha_{n-1}}{\partial\hat{p}}\dot{\hat{p}}\right] \\
& + (p^* - \hat{p})(\hat{\phi}_{n1} + \hat{\phi}_{n2})z_n - \sum_{j=1}^{n-1}\frac{\sigma_j}{2}\tilde{\theta}_j^{\mathrm{T}}\tilde{\theta}_j - \frac{\sigma_p}{2}\tilde{p}^2 - \frac{\bar{c}}{\lambda_0}r
\end{aligned}
\tag{3.3.68}
$$

设计控制器 u、参数 $\hat{\theta}_n$ 和 ϖ_n 的自适应律如下：

$$
\begin{aligned}
u =\ & -k_n z_n - z_{n-1} + \kappa_n - \hat{\theta}_n^{\mathrm{T}}\varphi_n(\bar{x}_n) - \varepsilon_n^* \tanh(z_n\varepsilon_n^*/\rho_n) \\
& - \frac{z_n}{4}\left(1 + \sum_{j=1}^{n-1}\left(\frac{\partial\alpha_{n-1}}{\partial x_j}\right)^2\right) + \sum_{j=1}^{n-1}\frac{\partial\alpha_{n-1}}{\partial\hat{\theta}_j}\dot{\hat{\theta}}_j \\
& - \left[\hat{p} - \lambda\left(\sum_{j=1}^{n-2}z_{j+1}\frac{\partial\alpha_j}{\partial\hat{p}}\right)\right](\hat{\phi}_{n1} + \hat{\phi}_{n2}) + \frac{\partial\alpha_{n-1}}{\partial\hat{p}}\varpi_n
\end{aligned}
\tag{3.3.69}
$$

$$
\dot{\hat{\theta}}_n = \Gamma_n(z_n\varphi_n(\bar{x}_n) - \sigma_n(\hat{\theta}_n - \theta_{n0}))
\tag{3.3.70}
$$

$$\varpi_n = \varpi_{n-1} + \lambda z_n (\hat{\phi}_{n1} + \hat{\phi}_{n2}) \tag{3.3.71}$$

式中，$k_n > 0$ 和 $\sigma_n > 0$ 是设计常数。

将式 (3.3.69)~式 (3.3.71) 代入式 (3.3.68)，可得

$$\dot{V} \leqslant -\sum_{j=1}^{n} k_j z_j^2 + \left(\frac{1}{\lambda}(\hat{p} - p^*) - \sum_{j=1}^{n-1} z_{j+1} \frac{\partial \alpha_j}{\partial \hat{p}} \right)(\dot{\hat{p}} - \varpi_n)$$

$$+ p^*(\varepsilon_{n1} + 2n\varepsilon_{n2}) + \mu_{n-1}(t_0, t) - \sum_{j=1}^{n-1} \frac{\sigma_j}{2}\tilde{\theta}_j^{\mathrm{T}}\tilde{\theta}_j - \frac{\sigma_p}{2}\tilde{p}^2$$

$$+ 0.2785\rho_n + d_n(t_0, t) + \sigma_j \tilde{\theta}_n^{\mathrm{T}}(\theta_{n0} - \hat{\theta}_n) - \frac{\bar{c}}{\lambda_0}r \tag{3.3.72}$$

根据杨氏不等式，可得

$$-\sigma_n \tilde{\theta}_n^{\mathrm{T}}(\theta_{n0} - \hat{\theta}_n) = \sigma_n \tilde{\theta}_n^{\mathrm{T}}(\theta_n^* - \theta_{n0} + \hat{\theta}_n - \theta_n^*)$$

$$\leqslant -\frac{\sigma_n}{2}\tilde{\theta}_n^{\mathrm{T}}\tilde{\theta}_n + \frac{\sigma_n}{2}|\theta_{n0} - \theta_n^*|^2 \tag{3.3.73}$$

根据式 (3.3.73)，$\dot{V}$ 最终可表示为

$$\dot{V} \leqslant -\sum_{j=1}^{n} k_j z_j^2 + \frac{1}{\lambda}\left[(\hat{p} - p^*) - \left(\sum_{j=1}^{n-1} z_{j+1} \frac{\partial \alpha_j}{\partial \hat{p}} \right) \right](\dot{\hat{p}} - \varpi_n)$$

$$+ \mu_n(t_0, t) - \sum_{j=1}^{n} \frac{\sigma_j}{2}\tilde{\theta}_j^{\mathrm{T}}\tilde{\theta}_j - \frac{\sigma_p}{2}\tilde{p}^2 - \frac{\bar{c}}{\lambda_0}r \tag{3.3.74}$$

式中，$\mu_n(t_0, t) = \mu_{n-1}(t_0, t) + p^*(\varepsilon_{n1} + 2n\varepsilon_{n2}) + 0.2785\rho_n + d_n(t_0, t) + \frac{1}{2}\sigma_n|\theta_n^* - \theta_{n0}|^2$。

令 $\dot{\hat{p}} = \varpi_n$，可得

$$\dot{V} \leqslant -\sum_{j=1}^{n} k_j z_j^2 + \mu_n(t_0, t) - \sum_{j=1}^{n} \frac{\sigma_j}{2}\tilde{\theta}_j^{\mathrm{T}}\tilde{\theta}_j - \frac{\sigma_p}{2}\tilde{p}^2 - \frac{\bar{c}}{\lambda_0}r \tag{3.3.75}$$

对于任意 $t \geqslant t_0$，当 $t \geqslant t_0 + T_0$，且 $d_n(t_0, t) = 0$ 时，$\mu_n(t_0, t)$ 是一个常数。

3.3.3　稳定性与收敛性分析

下面定理给出了所设计的模糊自适应控制所具有的性质。

定理 3.3.1　对于非线性系统 (3.3.1)，假设 3.3.1 和假设 3.3.2 成立。如果采用控制器 (3.3.69)，虚拟控制器 (3.3.29)、(3.3.45)、(3.3.58)，参数自适应律 (3.3.30)、(3.3.31)、(3.3.46)、(3.3.47)、(3.3.59)、(3.3.60)、(3.3.70) 和 (3.3.71)，则总体控制方案保证闭环系统中的所有信号半全局一致最终有界。

证明　令

$$C = \min\left\{2k_i, \bar{c}, \sigma_p\lambda, \frac{\sigma_\theta}{\lambda_{\max}(\Gamma_i^{-1})}; i = 1, 2, \cdots, n\right\} \tag{3.3.76}$$

则式 (3.3.75) 可表示为

$$\dot{V} \leqslant -CV + D_1(t) \tag{3.3.77}$$

式中,

$$\begin{aligned}
D_1(t) =& \frac{d_0}{\lambda_0} + \sum_{j=1}^{n} p^*(\varepsilon_{j1} + 2j\varepsilon_{j2}) + \sum_{j=1}^{n} d_j(t_0, t) + \sum_{j=1}^{n} 0.2785\rho_j \\
& + \sum_{j=1}^{n} \frac{1}{2}\sigma_j \left|\theta_j^* - \theta_{j0}\right|^2 + \frac{1}{2}\sigma_p \left|p^* - p_0\right|^2 + \mu_n(t_0, t)
\end{aligned}$$

定义

$$D = \frac{d_0}{\lambda_0} + \sum_{j=1}^{n} p^*(\varepsilon_{j1} + 2j\varepsilon_{j2}) + \sum_{j=1}^{n} 0.2785\rho_j + \sum_{j=1}^{n} \frac{1}{2}\sigma_j \left|\theta_j^* - \theta_{j0}\right|^2 + \frac{1}{2}\sigma_p \left|p^* - p_0\right|^2$$

对于所有 $t \geqslant t_0$ 有 $\sum_{i=1}^{n} d_i(t_0, t) \geqslant 0$, 对于 $t \geqslant t_0 + T_0$ 有 $\sum_{i=1}^{n} d_i(t_0, t) = 0$, 则当 $t \geqslant t_0 + T_0$ 时, $D_1(t) = D$。因此, 当 $t \geqslant t_0 + T_0$ 时, 式 (3.3.77) 可进一步表示为

$$\dot{V} \leqslant -CV + D \tag{3.3.78}$$

根据式 (3.3.78) 和引理 0.3.1, 可得变量 $z_i(t)$、$r(t)$、$\hat{\theta}_i(t)$、$\hat{p}(t)$ 和 $x_i(t)$ 是半全局一致最终有界的。

评注 3.3.1　本节针对一类具有未建模动态的非线性严格反馈系统, 通过引入动态信号函数, 介绍了一种模糊自适应反步递推鲁棒控制设计方法。类似的模糊或神经网络自适应反步递推鲁棒控制设计方法可参见文献 [15] 和 [16]。此外, 由于非线性小增益定理也是处理具有未建模动态的非线性系统控制问题的有效理论, 所以基于小增益定理的智能自适应反步递推鲁棒控制设计方法可参见文献 [17] 和 [18]。

3.3.4　仿真

例 3.3.1　考虑如下的二阶非线性严格反馈系统:

$$\begin{cases}
\dot{\xi} = q(\xi, x) \\
\dot{x}_1 = x_2 + f_1(x_1) + \Delta_1(x, \xi, t) \\
\dot{x}_2 = u + f_2(x_1, x_2) + \Delta_2(x, \xi, t)
\end{cases} \tag{3.3.79}$$

式中, $f_1(x_1) = x_1 e^{-0.5x_1}$; $f_2(x_1, x_2) = x_1 x_2^2$; $\Delta_1(x, \xi, t) = (x_1 e^{\varsigma_1 x_1} + \varsigma_2 \sin(t^2)) + \varsigma_3 \xi$; $\Delta_2(x, \xi, t) = \varsigma_4 \xi^2 x_1$; $q(\xi, x) = -\xi + x_1^2$; $\varsigma_i (1 \leqslant i \leqslant 4)$ 是未知的常数参数, ξ 是不可测的。

令

$$v_1^* = \max\{0.5 e^{0.5\varsigma_1^2}, |\varsigma_2|, |\varsigma_3|\}, \quad \phi_{11}(s) = s e^{0.5 s^2}, \quad \phi_{12}(s) = s$$
$$v_2^* = 0.5 |\varsigma_4|, \quad \phi_{21}(s) = s^2, \quad \phi_{22}(s) = s^4$$

因此, 假设 3.3.1 成立。

选择 $V(\xi) = \xi^2$, 下面不等式成立:

$$\frac{\partial V(\xi)}{\partial \xi} q(\xi, x) = -2\xi^2 + 2\xi x_1^2$$
$$\leqslant -1.6\zeta_i^2 + 2.5 x_{i,1}^4 + 1.68$$

选择 $c_0 = 1.6$, $\alpha_1(\xi) = 0.5\xi^2$, $\alpha_2(\xi) = 1.5\xi^2$, $d_0 = 1.68$, $\gamma_0 = 2.5 x_1^2$, $\bar{\gamma}(x_1) = 2.5 x_1^4$。因此, 假设 3.3.2 成立。选择 $\bar{c} = 1.2 \in (0, c_0)$, 则定义动态信号为

$$\dot{r}_i = -1.2 r_i + 2.5 x_{i,1}^4 + 1.68$$

选择隶属函数为

$$\mu_{F_i^1}(x_i) = \exp[-0.25(x_i + 2)^2], \quad \mu_{F_i^2}(x_i) = \exp[-0.25(x_i + 1)^2]$$
$$\mu_{F_i^3}(x_i) = \exp(-0.25 x_i^2), \quad \mu_{F_i^4}(x_i) = \exp[-0.25(x_i - 1)^2]$$
$$\mu_{F_i^5}(x_i) = \exp[-0.25(x_i - 2)^2]$$

令

$$\varphi_{1,l}(x_1) = \frac{\mu_{F_1^5}(x_1)}{\sum\limits_{n=1}^{5} \mu_{F_1^5}(x_1)}, \quad \varphi_{2,l}(\bar{x}_2) = \frac{\mu_{F_1^5}(x_1)\mu_{F_2^5}(\bar{x}_2)}{\sum\limits_{n=1}^{5} \mu_{F_1^5}(x_1)\mu_{F_2^5}(\bar{x}_2)}, \quad l = 1, 2, \cdots, 5$$

则得到模糊逻辑系统为

$$\hat{f}_1(x_1|\hat{\theta}_1) = \hat{\theta}_1^{\mathrm{T}} \varphi_1(\bar{x}_1), \quad \hat{h}_2(\bar{x}_2|\hat{\theta}_2) = \hat{\theta}_2^{\mathrm{T}} \varphi_2(\bar{x}_2)$$

在仿真中, 选取虚拟控制器、控制器和参数自适应律的设计参数为: $k_1 = 10$, $k_2 = 2$, $\delta = 0.2785$, $\delta_1 = 0.1$, $\delta_2 = 0.2$, $\lambda_0 = 1$, $\lambda = 4$, $\Gamma_1 = \Gamma_2 = \mathrm{diag}\{10, 10\}$, $\varepsilon_{11} = \varepsilon_{12} = \varepsilon_{21} = \varepsilon_{22} = 0.5$, $\sigma_\theta = 0.4$, $\sigma_p = 4$, $p_0 = 0.01$, $\theta_{10} = \theta_{20} = [0.1 \quad 0.1 \quad 0.1 \quad 0.1 \quad 0.1]^{\mathrm{T}}$。

选择变量及参数的初始值为: $x_1(0) = 1$, $x_2(0) = -7$, $\hat{p}(0) = 0.1$, $r(0) = 1$, $\hat{\theta}_1(0) = [0.1 \quad 0.6 \quad 0.9 \quad 0.7 \quad 0.9]^{\mathrm{T}}$, $\hat{\theta}_2(0) = [0.6 \quad 0.9 \quad 0.7 \quad 0.7 \quad 0]^{\mathrm{T}}$。

仿真结果如图 3.3.1～图 3.3.3 所示。

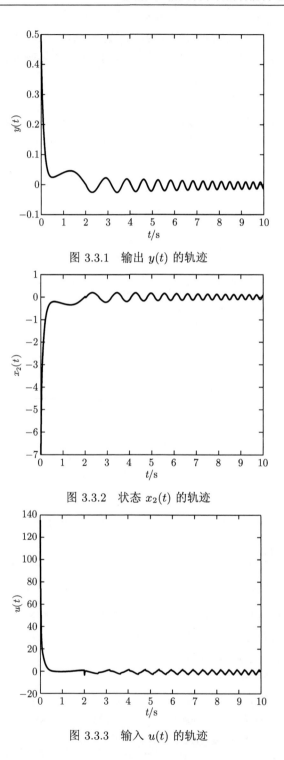

图 3.3.1　输出 $y(t)$ 的轨迹

图 3.3.2　状态 $x_2(t)$ 的轨迹

图 3.3.3　输入 $u(t)$ 的轨迹

3.4　含有执行器故障的模糊自适应鲁棒控制

本节针对一类含有执行器故障的非线性严格反馈系统，基于模糊逻辑系统和自适应反步递推控制设计原理，介绍一种模糊自适应容错控制设计方法，并给出闭环系统的稳定性分析。

3.4.1　系统模型及控制问题描述

考虑以下具有执行器故障的非线性严格反馈系统：

$$
\begin{cases}
\dot{x}_i = f_i(\bar{x}_i) + g_i(\bar{x}_i)x_{i+1}, & i = 1, 2, \cdots, n-1 \\
\dot{x}_n = f_n(\bar{x}_n) + \bar{g}_n^{\mathrm{T}}(\bar{x}_n)u \\
y = x_1
\end{cases}
\tag{3.4.1}
$$

式中，$\bar{x}_i = [x_1, x_2, \cdots, x_i]^{\mathrm{T}} \in \mathbf{R}^i (i = 1, 2, \cdots, n)$ 是状态向量；$u = [u_1, u_2, \cdots, u_m]^{\mathrm{T}} \in \mathbf{R}^m$ 是输入向量；$y \in \mathbf{R}$ 是系统输出；$\bar{g}_n^{\mathrm{T}}(\bar{x}_n) = [g_{n1}(\bar{x}_n), g_{n2}(\bar{x}_n), \cdots, g_{nm}(\bar{x}_n)] \in \mathbf{R}^m$；$f_i(\cdot)$ 和 $g_{nj}(\cdot)(i = 1, 2, \cdots, n-1; j = 1, 2, \cdots, m)$ 都是未知的连续非线性函数。

假设 3.4.1　对于 $g_{i1} > g_{i0}$ 和 $g_{nj1} > g_{nj0}$，存在常数 $g_{i0} > 0$ 和 $g_{i1} > 0(i = 1, 2, \cdots, n-1)$、$g_{nj0} > 0$ 和 $g_{nj1} > 0(j = 1, 2, \cdots, m)$，有 $g_{i0} \leqslant |g_i(\cdot)| \leqslant g_{i1}$ 和 $g_{nj0} \leqslant |g_{nj}(\cdot)| \leqslant g_{nj1}$。

假设 3.4.2　存在常数 $g_{id} > 0$ 使得 $|\dot{g}_i(\cdot)| \leqslant g_{id}(i = 1, 2, \cdots, n-1)$，$g_{njd} > 0$ 使得 $|\dot{g}_{nj}(\cdot)| \leqslant g_{njd}(j = 1, 2, \cdots, m)$。

本节所考虑的执行器故障是执行器卡死和失效情况，其模型分别定义如下。

(1) 执行器卡死故障模型：

$$
u_j(t) = \bar{u}_j, \quad t \geqslant t_j, j \in \{j_1, j_2, \cdots, j_p\} \subset \{1, 2, \cdots, m\}
\tag{3.4.2}
$$

(2) 执行器失效故障模型：

$$
u_j(t) = \rho_j v_j(t), \quad t \geqslant t_j, j \in \overline{\{j_1, j_2, \cdots, j_p\}} \cap \{1, 2, \cdots, m\}
$$

$$
\rho_j \in [\underline{\rho}_j, 1], \quad 0 < \underline{\rho}_j \leqslant 1
\tag{3.4.3}
$$

式中，$v_j(t)$ 是第 j 个执行器接收的实际控制信号；t_j 是失效故障发生的时间；ρ_j 是第 j 个执行器 $u_j(t)$ 的有效因子，$1 - \rho_j$ 是第 j 个执行器的故障失效率；$\underline{\rho}_j$ 是 ρ_j 的下界，当 $\underline{\rho}_j = 1$ 时，对应的第 j 个执行器 u_j 是正常的，无失效故障。

结合式 (3.4.2) 和式 (3.4.3)，控制输入向量 u 可写为

$$
u(t) = \rho v(t) + \sigma(\bar{u} - \rho v(t))
\tag{3.4.4}
$$

式中, $v(t) = [v_1(t), v_2(t), \cdots, v_m(t)]^{\mathrm{T}}$; $\bar{u} = [\bar{u}_1, \bar{u}_2, \cdots, \bar{u}_m]^{\mathrm{T}}$; $\rho = \mathrm{diag}\{\rho_1, \rho_2, \cdots, \rho_m\}$; $\sigma = \mathrm{diag}\{\sigma_1, \sigma_2, \cdots, \sigma_m\}$, 其中,

$$\sigma_j = \begin{cases} 1, & \text{如果第 } j \text{ 个执行器失效, 则} u_j = \bar{u}_j \\ 0, & \text{其他} \end{cases}, \quad j = 1, 2, \cdots, m$$

由于 $(m - j_p)$ 个执行器失效故障所对应实际控制信号 $v_j(t)$ 共同作用完成系统 (3.4.1) 的控制目标, 等价于系统 (3.4.1) 所对应的标称系统 (3.4.5) 的控制目标:

$$\begin{cases} \dot{x}_i = f_i(\bar{x}_i) + g_i(\bar{x}_i)x_{i+1}, & i = 1, 2, \cdots, n-1 \\ \dot{x}_n = f_n(\bar{x}_n) + g_n(\bar{x}_n)u_0 \\ y = x_1 \end{cases} \tag{3.4.5}$$

所以, 可假设每个实际控制输入信号与标称系统控制输入的关系为 $v_j = b_j(\bar{x}_n)u_0$, $j = 1, 2, \cdots, m$。式中, $0 < \underline{b}_j \leqslant b_j(\bar{x}_n) \leqslant \bar{b}_j$, $\underline{b}_j$ 和 $\bar{b}_j$ 分别是 $b_j(\bar{x}_n)$ 的下界和上界。

假设 3.4.3 最多有 $(m-1)$ 个执行器发生卡死故障。

控制任务 基于模糊逻辑系统设计一种模糊自适应容错控制器, 使得:

(1) 闭环系统中的所有信号半全局一致最终有界;

(2) 系统的输出 y 能够很好地跟踪给定的参考信号 y_m。

3.4.2 模糊自适应反步递推控制设计

定义如下的坐标变换:

$$z_1 = x_1 - y_m \tag{3.4.6}$$

$$z_i = x_i - \alpha_{i-1}, \quad i = 2, 3, \cdots, n \tag{3.4.7}$$

式中, z_1 是跟踪误差; α_{i-1} 是在第 $i-1$ 步中将要设计的虚拟控制器。

基于上述的坐标变换, 给出 n 步模糊自适应反步递推控制设计过程。

第 1 步 求 z_1 的导数, 并根据式 (3.4.1) 和式 (3.4.6), 可得

$$\begin{aligned} \dot{z}_1 &= f_1(x_1) + g_1(x_1)x_2 - \dot{y}_m \\ &= g_1(x_1)(g_1^{-1}(x_1)f_1(x_1) + z_2 + \alpha_1 - g_1^{-1}(x_1)\dot{y}_m) \end{aligned} \tag{3.4.8}$$

令 $h_1(Z_1) = g_1^{-1}(x_1)(f_1(x_1) - \dot{y}_m)$。由于 $h_1(Z_1)$ 是未知连续非线性函数, 所以利用模糊逻辑系统 $\hat{h}_1(Z_1|\hat{\theta}_1) = \hat{\theta}_1^{\mathrm{T}}\varphi_1(Z_1)$ 逼近 $h_1(Z_1)$, 并假设

$$h_1(Z_1) = \theta_1^{*\mathrm{T}}\varphi_1(Z_1) + \varepsilon_1(Z_1) \tag{3.4.9}$$

式中，θ_1^* 是最优参数；$\varepsilon_1(Z_1)$ 是最小模糊逼近误差。假设 $\varepsilon_1(Z_1)$ 满足 $|\varepsilon_1(Z_1)| \leqslant \varepsilon_1^*$，$\varepsilon_1^*$ 是正常数。

将式 (3.4.9) 代入式 (3.4.8)，可得

$$
\begin{aligned}
\dot{z}_1 &= g_1(x_1)(\theta_1^{*\mathrm{T}}\varphi_1(Z_1) + \varepsilon_1(Z_1) + z_2 + \alpha_1) \\
&= g_1(x_1)(\hat{\theta}_1^{\mathrm{T}}\varphi_1(Z_1) + \tilde{\theta}_1^{\mathrm{T}}\varphi_1(Z_1) + \varepsilon_1(Z_1) + z_2 + \alpha_1)
\end{aligned} \tag{3.4.10}
$$

考虑如下的李雅普诺夫函数为

$$
V_1 = \frac{1}{2g_1(x_1)}z_1^2 + \frac{1}{2\gamma_1}\tilde{\theta}_1^{\mathrm{T}}\tilde{\theta}_1 \tag{3.4.11}
$$

式中，$\gamma_1 > 0$ 是设计参数；$\tilde{\theta}_1 = \theta_1^* - \hat{\theta}_1$ 是参数估计误差，$\hat{\theta}_1$ 是参数 θ_1^* 的估计。

根据式 (3.4.10)，V_1 的导数为

$$
\begin{aligned}
\dot{V}_1 &= \frac{1}{g_1(x_1)}z_1\dot{z}_1 - \frac{\dot{g}_1(x_1)}{2g_1^2(x_1)}z_1^2 + \frac{1}{\gamma_1}\tilde{\theta}_1^{\mathrm{T}}\dot{\tilde{\theta}}_1 \\
&= z_1\Big(\hat{\theta}_1^{\mathrm{T}}\varphi_1(Z_1) + \tilde{\theta}_1^{\mathrm{T}}\varphi_1(Z_1) + \varepsilon_1(Z_1) + z_2 + \alpha_1 \\
&\quad - \frac{\dot{g}_1(x_1)}{2g_1^2(x_1)}z_1\Big) - \frac{1}{\gamma_1}\tilde{\theta}_1^{\mathrm{T}}\dot{\hat{\theta}}_1 \\
&= z_1\Big(\hat{\theta}_1^{\mathrm{T}}\varphi_1(Z_1) + \varepsilon_1(Z_1) + z_2 + \alpha_1 - \frac{\dot{g}_1(x_1)}{2g_1^2(x_1)}z_1\Big) \\
&\quad + \frac{1}{\gamma_1}\tilde{\theta}_1^{\mathrm{T}}(\gamma_1 z_1\varphi_1(Z_1) - \dot{\hat{\theta}}_1)
\end{aligned} \tag{3.4.12}
$$

根据杨氏不等式，可得

$$
z_1(\varepsilon_1(Z_1) + z_2) \leqslant z_1^2 + \frac{1}{2}\varepsilon_1^{*2} + \frac{1}{2}z_2^2 \tag{3.4.13}
$$

将式 (3.4.13) 代入式 (3.4.12)，可得

$$
\begin{aligned}
\dot{V}_1 \leqslant{}& z_1(\hat{\theta}_1^{\mathrm{T}}\varphi_1(Z_1) + z_1 + \alpha_1) - \frac{g_{1d}}{2g_{10}^2}z_1^2 \\
&+ \frac{1}{2}\varepsilon_1^{*2} + \frac{1}{2}z_2^2 + \frac{1}{\gamma_1}\tilde{\theta}_1^{\mathrm{T}}(\gamma_1 z_1\varphi_1(Z_1) - \dot{\hat{\theta}}_1)
\end{aligned} \tag{3.4.14}
$$

设计虚拟控制器 α_1 和参数 $\hat{\theta}_1$ 的自适应律如下：

$$
\alpha_1 = -c_1 z_1 - \hat{\theta}_1^{\mathrm{T}}\varphi_1(Z_1) - z_1 - q_1 z_1 \tag{3.4.15}
$$

$$
\dot{\hat{\theta}}_1 = \gamma_1 z_1\varphi_1(Z_1) - \bar{c}_1\hat{\theta}_1 \tag{3.4.16}
$$

式中，$c_1 > 0$、$q_1 \geqslant g_{1d}/(2g_{10}^2)$ 和 $\bar{c}_1 > 0$ 是设计参数。

将式 (3.4.15) 和式 (3.4.16) 代入式 (3.4.14)，可得

$$\dot{V}_1 \leqslant -c_1 z_1^2 + \frac{1}{2}z_2^2 + \frac{\bar{c}_1}{\gamma_1}\tilde{\theta}_1^{\mathrm{T}}\hat{\theta}_1 + D_1 \tag{3.4.17}$$

式中，$D_1 = \frac{1}{2}\varepsilon_1^{*2}$。

根据杨氏不等式，可得

$$\frac{\bar{c}_1}{\gamma_1}\tilde{\theta}_1^{\mathrm{T}}\hat{\theta}_1 = \frac{\bar{c}_1}{\gamma_1}\tilde{\theta}_1^{\mathrm{T}}(\theta_1^* - \tilde{\theta}_1) \leqslant -\frac{\bar{c}_1}{2\gamma_1}\left\|\tilde{\theta}_1\right\|^2 + \frac{\bar{c}_1}{2\gamma_1}\|\theta_1^*\|^2 \tag{3.4.18}$$

根据式 (3.4.18)，$\dot{V}_1$ 最终可表示为

$$\dot{V}_1 \leqslant -c_1 z_1^2 + \frac{1}{2}z_2^2 - \frac{\bar{c}_1}{2\gamma_1}\left\|\tilde{\theta}_1\right\|^2 + \frac{\bar{c}_1}{2\gamma_1}\|\theta_1^*\|^2 + D_1 \tag{3.4.19}$$

第 $i(2 \leqslant i \leqslant n-1)$ 步　求 z_i 的导数，并由式 (3.4.1) 和式 (3.4.7) 可得

$$\begin{aligned}\dot{z}_i &= f_i(\bar{x}_i) + g_i(\bar{x}_i)x_{i+1} - \dot{\alpha}_{i-1}\\&= g_i(\bar{x}_i)(g_i^{-1}(\bar{x}_i)f_i(\bar{x}_i) + z_{i+1} + \alpha_i - g_i^{-1}(\bar{x}_i)\dot{\alpha}_{i-1})\end{aligned} \tag{3.4.20}$$

式中，

$$\dot{\alpha}_{i-1} = \sum_{j=1}^{i-1}\frac{\partial\alpha_{i-1}}{\partial x_j}(g_j(\bar{x}_j)x_{j+1} + f_j(\bar{x}_j) + \xi_{i-1})$$

$$\xi_{i-1} = \sum_{j=1}^{i-1}(\partial\alpha_{i-1}/\partial y_m^{(j-1)})y_m^{(i)} + \sum_{j=1}^{i-1}(\partial\alpha_{i-1}/\partial\hat{\theta}_j)\dot{\hat{\theta}}_j$$

令 $h_i(Z_i) = g_i^{-1}(\bar{x}_i)(f_i(\bar{x}_i) - \dot{\alpha}_{i-1})$，$Z_i = [\bar{x}_i^{\mathrm{T}}, \partial\alpha_{i-1}/\partial x_1, \cdots, \partial\alpha_{i-1}/\partial x_{i-1},$ $\xi_{i-1}]^{\mathrm{T}}$。利用模糊逻辑系统 $\hat{h}_i(Z_i|\hat{\theta}_i) = \hat{\theta}_i^{\mathrm{T}}\varphi_i(Z_i)$ 逼近 $h_i(Z_i)$，并假设

$$h_i(Z_i) = \theta_i^{*\mathrm{T}}\varphi_i(Z_i) + \varepsilon_i(Z_i) \tag{3.4.21}$$

式中，θ_i^* 是最优参数；$\varepsilon_i(Z_i)$ 是最小模糊逼近误差。假设 $\varepsilon_i(Z_i)$ 满足 $|\varepsilon_i(Z_i)| \leqslant \varepsilon_i^*$，$\varepsilon_i^*$ 是正常数。

将式 (3.4.21) 代入式 (3.4.20)，可得

$$\begin{aligned}\dot{z}_i &= f_i(\bar{x}_i) + g_i(\bar{x}_i)x_{i+1} - \dot{\alpha}_{i-1}\\&= g_i(\bar{x}_i)(\theta_i^{*\mathrm{T}}\varphi_i(Z_i) + \varepsilon_i(Z_i) + z_{i+1} + \alpha_i)\\&= g_i(\bar{x}_i)(\hat{\theta}_i^{\mathrm{T}}\varphi_i(Z_i) + \tilde{\theta}_i^{\mathrm{T}}\varphi_i(Z_i) + \varepsilon_i(Z_i) + z_{i+1} + \alpha_i)\end{aligned} \tag{3.4.22}$$

选取如下的李雅普诺夫函数：

$$V_i = V_{i-1} + \frac{1}{2g_i(\bar{x}_i)}z_i^2 + \frac{1}{2\gamma_i}\tilde{\theta}_i^{\mathrm{T}}\tilde{\theta}_i \tag{3.4.23}$$

式中，$\gamma_i > 0$ 是设计参数；$\tilde{\theta}_i = \theta_i^* - \hat{\theta}_i$ 是参数估计误差，$\hat{\theta}_i$ 是参数 θ_i^* 的估计。

根据式 (3.4.22) 和式 (3.4.23)，可得

$$
\begin{aligned}
\dot{V}_i = {}& \dot{V}_{i-1} + \frac{1}{g_i(\bar{x}_i)}z_i\dot{z}_i - \frac{\dot{g}_i(\bar{x}_i)}{2g_i^2(\bar{x}_i)}z_i^2 + \frac{1}{\gamma_i}\tilde{\theta}_i^{\mathrm{T}}\dot{\tilde{\theta}}_i \\
= {}& \dot{V}_{i-1} + z_i\Big(\hat{\theta}_i^{\mathrm{T}}\varphi_i(Z_i) + \tilde{\theta}_i^{\mathrm{T}}\varphi_i(Z_i) + \varepsilon_i(Z_i) + z_{i+1} + \alpha_i \\
& - \frac{\dot{g}_i(\bar{x}_i)}{2g_i^2(\bar{x}_i)}z_i\Big) - \frac{1}{\gamma_i}\tilde{\theta}_i^{\mathrm{T}}\dot{\hat{\theta}}_i \\
= {}& \dot{V}_{i-1} + z_i\Big(\hat{\theta}_i^{\mathrm{T}}\varphi_i(Z_i) + \varepsilon_i(Z_i) + z_{i+1} + \alpha_i - \frac{\dot{g}_i(\bar{x}_i)}{2g_i^2(\bar{x}_i)}z_i\Big) \\
& + \frac{1}{\gamma_i}\tilde{\theta}_i^{\mathrm{T}}(\gamma_i z_i\varphi_i(Z_i) - \dot{\hat{\theta}}_i) \tag{3.4.24}
\end{aligned}
$$

根据杨氏不等式，可得

$$z_i(\varepsilon_i(Z_i) + z_{i+1}) \leqslant z_i^2 + \frac{1}{2}\varepsilon_i^{*2} + \frac{1}{2}z_{i+1}^2 \tag{3.4.25}$$

将式 (3.4.25) 代入式 (3.4.24)，可得

$$
\begin{aligned}
\dot{V}_i \leqslant {}& -\sum_{j=1}^{i-1}c_j z_j^2 - \sum_{j=1}^{i-1}\Big(\frac{\bar{c}_j}{2\gamma_j}\big\|\tilde{\theta}_j\big\|^2 - \frac{\bar{c}_j}{2\gamma_j}\big\|\theta_j^*\big\|^2\Big) + z_i\Big(\hat{\theta}_i^{\mathrm{T}}\varphi_i(Z_i) + \frac{3}{2}z_i + \alpha_i\Big) \\
& - \frac{g_{id}}{2g_{i0}^2}z_i^2 + \frac{1}{\gamma_i}\tilde{\theta}_i^{\mathrm{T}}(\gamma_i z_i\varphi_i(Z_i) - \dot{\hat{\theta}}_i) + \frac{1}{2}\varepsilon_i^{*2} + \frac{1}{2}z_{i+1}^2 + D_{i-1} \tag{3.4.26}
\end{aligned}
$$

设计虚拟控制器 α_i 和参数 $\hat{\theta}_i$ 的自适应律如下：

$$\alpha_i = -c_i z_i - \hat{\theta}_i^{\mathrm{T}}\varphi_i(Z_i) - \frac{3}{2}z_i - q_i z_i \tag{3.4.27}$$

$$\dot{\hat{\theta}}_i = \gamma_i z_i\varphi_i(Z_i) - \bar{c}_i\hat{\theta}_i \tag{3.4.28}$$

式中，$c_i > 0$、$q_i \geqslant g_{id}/(2g_{i0}^2)$ 和 $\bar{c}_i > 0$ 是设计参数。

将式 (3.4.27) 和式 (3.4.28) 代入式 (3.4.26)，可得

$$\dot{V}_i \leqslant -\sum_{j=1}^{i}c_j z_j^2 - \sum_{j=1}^{i-1}\Big(\frac{\bar{c}_j}{2\gamma_j}\big\|\tilde{\theta}_j\big\|^2 - \frac{\bar{c}_j}{2\gamma_j}\big\|\theta_j^*\big\|^2\Big) + \frac{\bar{c}_i}{\gamma_i}\tilde{\theta}_i^{\mathrm{T}}\hat{\theta}_i + \frac{1}{2}z_{i+1}^2 + D_i \tag{3.4.29}$$

式中，$D_i = D_{i-1} + \dfrac{1}{2}\varepsilon_i^{*2}$。

根据杨氏不等式，可得

$$\frac{\bar{c}_i}{\gamma_i}\tilde{\theta}_i^{\mathrm{T}}\hat{\theta}_i = \frac{\bar{c}_i}{\gamma_i}\tilde{\theta}_i^{\mathrm{T}}(\theta_i^* - \tilde{\theta}_i) \leqslant -\frac{\bar{c}_i}{2\gamma_i}\left\|\tilde{\theta}_i\right\|^2 + \frac{\bar{c}_i}{2\gamma_i}\|\theta_i^*\|^2 \tag{3.4.30}$$

将式 (3.4.30) 代入式 (3.4.29)，$\dot{V}_i$ 最终可表示为

$$\dot{V}_i \leqslant -\sum_{j=1}^{i} c_j z_j^2 - \sum_{j=1}^{i}\left(\frac{\bar{c}_j}{2\gamma_j}\left\|\tilde{\theta}_j\right\|^2 - \frac{\bar{c}_j}{2\gamma_j}\|\theta_j^*\|^2\right) + \frac{1}{2}z_{i+1}^2 + D_i \tag{3.4.31}$$

第 n 步　求 z_n 的导数，并根据式 (3.4.1) 和式 (3.4.7)，可得

$$\dot{z}_n = \dot{x}_n - \dot{\alpha}_{n-1} = g_n[\rho v + \sigma(\bar{u} - \rho v) + g_n^{-1}(x)f_n(\bar{x}_n) - g_n^{-1}\dot{\alpha}_{n-1}] \tag{3.4.32}$$

由式 (3.4.4) 可得

$$\begin{aligned}
g_n[\rho v + \sigma(\bar{u} - \rho v)] &= g_n(\rho v + \sigma\bar{u} - \sigma\rho v) \\
&= g_n[(I - \sigma)\rho v + \sigma\bar{u}] \\
&= \sum_{j \neq j_1 \cdots j_p} \rho_j g_n b_j u_0 + \sum_{j = j_1 \cdots j_p} g_n \bar{u}_j
\end{aligned} \tag{3.4.33}$$

将式 (3.4.33) 代入式 (3.4.32)，可得

$$\begin{aligned}
\dot{z}_n = g_n'\bigg[& u_0 + g_n'^{-1}(x)f_n(\bar{x}_n) + g_n'^{-1}(x)\sum_{j=j_1\cdots j_p} g_{nj}\bar{u}_j - g_n'^{-1}\xi_{n-1} \\
& - g_n'^{-1}\left(\sum_{j=1}^{n-1}\frac{\partial \alpha_{n-1}}{\partial x_j}\left(g_j(\bar{x}_j)x_{j+1} + f_j(\bar{x}_j)\right)\right)\bigg]
\end{aligned} \tag{3.4.34}$$

式中，

$$g_n' = \sum_{j \neq j_1 \cdots j_p} \rho_j g_n b_j$$

$$\dot{\alpha}_{n-1} = \sum_{j=1}^{n-1}\frac{\partial \alpha_{n-1}}{\partial x_j}\left(g_j(\bar{x}_j)x_{j+1} + f_j(\bar{x}_j)\right) + \xi_{n-1}$$

$$\xi_{n-1} = \sum_{j=1}^{n-1}(\partial \alpha_{n-1}/\partial y_m^{(j-1)})y_m^{(j)} + \sum_{j=1}^{n-1}(\partial \alpha_{n-1}/\partial \hat{\theta}_j)\dot{\hat{\theta}}_j$$

令 $h_n(Z_n) = g_n'^{-1}(x)f_n(x) + g_n'^{-1}(x)\sum\limits_{j=j_1\cdots j_p} g_{nj}\bar{u}_j - g_n'^{-1}(x)\dot{\alpha}_{n-1}$, $Z_n = [\bar{x}_n^{\mathrm{T}},$
$\partial\alpha_{n-1}/\partial x_1, \cdots, \partial\alpha_{n-1}/\partial x_{n-1}, \xi_{n-1}]^{\mathrm{T}}$. 利用模糊逻辑系统 $\hat{h}_n(Z_n|\hat{\theta}_n) = \hat{\theta}_n^{\mathrm{T}}\varphi_n(Z_n)$
逼近 $h_n(Z_n)$, 并假设

$$h_n(Z_n) = \theta_n^{*\mathrm{T}}\varphi_n(Z_n) + \varepsilon_n(Z_n) \tag{3.4.35}$$

式中，θ_n^* 是最优参数；$\varepsilon_n(Z_n)$ 是最小模糊逼近误差。假设 $\varepsilon_n(Z_n)$ 满足 $|\varepsilon_n(Z_n)| \leqslant$
ε_n^*, ε_n^* 是正常数。

将式 (3.4.35) 代入式 (3.4.34)，可得

$$\begin{aligned}
\dot{z}_n &= g_n'(u_0 + \theta_n^{*\mathrm{T}}\varphi_n(Z_n) + \varepsilon_n(Z_n)) \\
&= g_n'(u_0 + \hat{\theta}_n^{\mathrm{T}}\varphi_n(Z_n) + \tilde{\theta}_n^{\mathrm{T}}\varphi_n(Z_n) + \varepsilon_n(Z_n))
\end{aligned} \tag{3.4.36}$$

选择如下的李雅普诺夫函数：

$$V_n = V_{n-1} + \frac{1}{2g_n'}z_n^2 + \frac{1}{2\gamma_n}\tilde{\theta}_n^{\mathrm{T}}\tilde{\theta}_n \tag{3.4.37}$$

式中，$\gamma_n > 0$ 是设计参数；$\tilde{\theta}_n = \theta_n^* - \hat{\theta}_n$ 是估计误差，$\hat{\theta}_n$ 是 θ_n^* 的参数估计。

求 V_n 的导数，并由式 (3.4.36) 和式 (3.4.37) 可得

$$\begin{aligned}
\dot{V}_n ={}& \dot{V}_{n-1} + \frac{1}{g_n'}z_n\dot{z}_n - \frac{\dot{g}_n'}{2g_n'^2}z_n^2 + \frac{1}{\gamma_n}\tilde{\theta}_n^{\mathrm{T}}\dot{\tilde{\theta}}_n \\
={}& \dot{V}_{n-1} + z_n\left(\hat{\theta}_n^{\mathrm{T}}\varphi_n(Z_n) + \tilde{\theta}_n^{\mathrm{T}}\varphi_n(Z_n) + \varepsilon_n(Z_n) + u_0\right) - \frac{\dot{g}_n'}{2g_n'^2}z_n^2 - \frac{\tilde{\theta}_n^{\mathrm{T}}}{\gamma_n}\dot{\hat{\theta}}_n \\
\leqslant{}& -\sum_{j=1}^{n-1}c_jz_j^2 - \sum_{j=1}^{n-1}\left(\frac{\bar{c}_j}{2\gamma_j}\left\|\tilde{\theta}_j\right\|^2 - \frac{\bar{c}_j}{2\gamma_j}\left\|\theta_j^*\right\|^2\right) + z_n\Big(\hat{\theta}_n^{\mathrm{T}}\varphi_n(Z_n) + \varepsilon_n(Z_n) \\
& + \frac{1}{2}z_n + u_0\Big) - \frac{\dot{g}_n'}{2g_n'^2}z_n^2 + \frac{1}{\gamma_n}\tilde{\theta}_n^{\mathrm{T}}(\gamma_n z_n\varphi_n(Z_n) - \dot{\hat{\theta}}_n) + D_{n-1} \tag{3.4.38}
\end{aligned}$$

根据杨氏不等式，可得

$$z_n\varepsilon_n \leqslant \frac{1}{2}z_n^2 + \frac{1}{2}\varepsilon_n^{*2} \tag{3.4.39}$$

将式 (3.4.39) 代入式 (3.4.38)，可得

$$\begin{aligned}
\dot{V}_n \leqslant{}& -\sum_{j=1}^{n-1}c_jz_j^2 - \sum_{j=1}^{n-1}\left(\frac{\bar{c}_j}{2\gamma_j}\left\|\tilde{\theta}_j\right\|^2 - \frac{\bar{c}_j}{2\gamma_j}\left\|\theta_j^*\right\|^2\right) + D_{n-1} \\
& + z_n(\hat{\theta}_n^{\mathrm{T}}\varphi_n(Z_n) + z_n + u_0) - \frac{\dot{g}_n'}{2g_n'^2}z_n^2 + \frac{1}{2}\varepsilon_n^{*2}
\end{aligned}$$

$$- \frac{1}{\gamma_n} \tilde{\theta}_n^{\mathrm{T}} (\gamma_n z_n \varphi_n(Z_n) - \hat{\theta}_n) \tag{3.4.40}$$

设计控制器 u_0 和参数 $\hat{\theta}_n$ 的自适应律如下：

$$u_0 = -c_n z_n - \hat{\theta}_n^{\mathrm{T}} \varphi_n(Z_n) - z_n - q_n z_n \tag{3.4.41}$$

$$\dot{\hat{\theta}}_n = \gamma_n z_n \varphi_n(Z_n) - \bar{c}_n \hat{\theta}_n \tag{3.4.42}$$

式中，$c_n > 0$、$q_n \geqslant g_{nd}/(2g_{n0}'^2)$、$|g_n'| \leqslant g_{n0}'$ 和 $\bar{c}_n > 0$ 是设计参数。

将式 (3.4.41) 和式 (3.4.42) 代入式 (3.4.40)，可得

$$\dot{V}_n \leqslant - \sum_{j=1}^{n} c_j z_j^2 - \sum_{j=1}^{n-1} \left(\frac{\bar{c}_j}{2\gamma_j} \left\| \tilde{\theta}_j \right\|^2 - \frac{\bar{c}_j}{2\gamma_j} \left\| \theta_j^* \right\|^2 \right) + \frac{\bar{c}_n}{\gamma_n} \tilde{\theta}_n^{\mathrm{T}} \hat{\theta}_n + D_n \tag{3.4.43}$$

式中，$D_n = D_{n-1} + \frac{1}{2} \varepsilon_n^{*2}$，且

$$\frac{\bar{c}_n}{\gamma_n} \tilde{\theta}_n^{\mathrm{T}} \hat{\theta}_n = \frac{\bar{c}_n}{\gamma_n} \tilde{\theta}_n^{\mathrm{T}} (\theta_n^* - \tilde{\theta}_n) \leqslant - \frac{\bar{c}_n}{2\gamma_n} \left\| \tilde{\theta}_n \right\|^2 + \frac{\bar{c}_n}{2\gamma_n} \left\| \theta_n^* \right\|^2 \tag{3.4.44}$$

将式 (3.4.44) 代入式 (3.4.43)，可得

$$\begin{aligned}
\dot{V}_n &\leqslant - \sum_{j=1}^{n} c_j z_j^2 - \sum_{j=1}^{n} \left(\frac{\bar{c}_j}{2\gamma_j} \left\| \tilde{\theta}_j \right\|^2 - \frac{\bar{c}_j}{2\gamma_j} \left\| \theta_j^* \right\|^2 \right) + D_n \\
&\leqslant - \sum_{j=1}^{n} c_j z_j^2 - \sum_{j=1}^{n} \frac{\bar{c}_j}{2\gamma_j} \left\| \tilde{\theta}_j \right\|^2 + D
\end{aligned} \tag{3.4.45}$$

式中，$D = \sum_{j=1}^{n} [\bar{c}_j/(2\gamma_j)] \left\| \theta_j^* \right\|^2 + D_n$。

3.4.3　稳定性与收敛性分析

定理 3.4.1　对于非线性严格反馈故障系统 (3.4.1)，假设 3.4.1～假设 3.4.3 成立。如果采用控制器 (3.4.41)，虚拟控制器 (3.4.15) 和 (3.4.27)，参数自适应律 (3.4.16)、(3.4.28) 和 (3.4.42)，则在初始状态条件有界的条件下总体控制方案具有如下性能：

(1) 闭环系统中的所有信号半全局一致最终有界；

(2) 跟踪误差 $z = y(t) - y_m(t)$ 收敛到包含原点的一个较小邻域内。

证明　令

$$C = \min\{2g_{i0}c_i, \bar{c}_i\}$$

则式 (3.4.45) 可进一步表示为

$$\dot{V} \leqslant -CV + D \tag{3.4.46}$$

根据式 (3.4.46) 和引理 0.3.1，可以得到闭环系统中的所有信号半全局一致最终有界，并且有 $\lim\limits_{t \to \infty} |z| \leqslant \sqrt{2D/C}$。由于在虚拟控制器和实际控制器设计中，可以选择适当的设计参数使得 D/C 比较小，所以可以得到跟踪误差 $z_1 = y - y_m$ 能收敛到包含原点的一个较小邻域内。

评注 3.4.1　本节针对卡死和失效类型的执行器故障，介绍了一种模糊自适应反步递推容错控制方法。除了卡死和失效类型的执行器故障外，目前存在的执行器故障还有如下形式：

(1) 失效及偏差故障：$u_f = \rho u + \beta(t)$，$0 < \rho \leqslant 1$ 是失效率，$\beta(t)$ 是未知有界的函数；

(2) 骤变执行器故障：$u_f = \beta(t-T_0)h(x,u)$，$\beta(t-T_0) = \begin{cases} 0, & t < T_0 \\ 1-\mathrm{e}^{-\alpha(t-T_0)}, & t \geqslant T_0 \end{cases}$，$T_0$ 为故障发生时间。

对于上面的执行器故障，其代表性的智能自适应反步递推容错控制方法可参见文献 [19]～[21]。

3.4.4　仿真

例 3.4.1　考虑如下的非线性严格反馈系统：

$$\begin{cases} \dot{x}_1 = f_1(x_1) + g_1(x_1)x_2 \\ \dot{x}_2 = f_2(\bar{x}_2) + g_2(\bar{x}_2)x_3 \\ \dot{x}_3 = f_3(x) + g_{31}(x)u_1 + g_{32}(x)u_2 \\ y = x_1 \end{cases} \tag{3.4.47}$$

式中，$f_1(x_1) = 1 - \cos(x_1) + x_1$；$g_1(x_1) = 1.5 + 0.5\sin(x_1)$；$f_2(\bar{x}_2) = 0.1x_1\mathrm{e}^{x_2}$；$g_2(\bar{x}_2) = 2 + \sin(x_1x_2)$；$f_3(x) = x_1x_2\mathrm{e}^{x_2} + x_3\cos(x_1x_2)$；$g_{31}(x) = 1 + 0.1\sin(x_3x_2)$；$g_{32}(x) = 2 + \cos(x_1x_2)$。给定的参考信号为 $y_m(t) = 0.5(\sin(t) + \sin(0.5t))$。

由于非线性函数 $g_i(\bar{x}_i)(i=1,2)$ 和 $g_{3j}(\bar{x}_3)$ 满足

$$0.5 \leqslant |g_1(x_1)| = |1.5 + \sin(x_1)| \leqslant 2.5, \quad |\dot{g}_1(x_1)| = |\cos(x_1)| \leqslant 1$$

$$1 \leqslant |g_2(\bar{x}_2)| = |2 + \sin(x_1x_2)| \leqslant 3, \quad |\dot{g}_2(x_1,x_2)| = |\cos(x_1x_2)| \leqslant 1$$

$$0.5 \leqslant |g_{31}(x)| = |1.5 + \sin(x_2x_3)| \leqslant 2.5, \quad |\dot{g}_2(x_1,x_2)| = |\cos(x_1x_2)| \leqslant 1$$

$$0.5 \leqslant |g_{32}(x)| = |2.5 + 2\cos(x_1x_2)| \leqslant 4.5, \quad |\dot{g}_2(x_1,x_2)| = |-2\sin(x_1x_2)| \leqslant 2$$

所以假设 3.4.1 和假设 3.4.2 成立，并且 $g_{10} = 0.5$，$g_{20} = 1$，$g_{11} = 2.5$，$g_{21} = 3$，$g_{1d} = 1$，$g_{2d} = 1$，$g_{310} = 0.5$，$g_{320} = 1$，$g_{311} = 2.5$，$g_{321} = 3$，$g_{31d} = 1$，$g_{32d} = 1$。

选取设计参数 $q_1 \geqslant g_{1d}/(2g_{10}^2) = 2$, $q_2 \geqslant g_{2d}/(2g_{20}^2) = 0.5$, $q_{31} \geqslant g_{31d}/(2g_{310}^2) = 2$, $q_{32} \geqslant g_{32d}/(2g_{320}^2) = 0.5$。

选择隶属函数为

$$\mu_{F_i^1}(x_i) = \exp[-0.5(x_i + 4)^2], \quad \mu_{F_i^2}(x_i) = \exp[-0.5(x_i + 2)^2]$$

$$\mu_{F_i^3}(x_i) = \exp(-0.5x_i^2), \quad \mu_{F_i^4}(x_i) = \exp[-0.5(x_i - 2)^2]$$

$$\mu_{F_i^5}(x_i) = \exp[-0.5(x_i - 4)^2]$$

选取变量 $y_m^{(i)}(i = 0, 1, 2)$ 的隶属函数与 x_i 的隶属函数相同。

令

$$\varphi_{i,l}(Z_1) = \frac{\mu_{F_i^l}(Z_1)}{\sum\limits_{l=1}^{5} \mu_{F_i^l}(Z_1)}, \quad \varphi_{i,l}(Z_2) = \frac{\prod\limits_{i=1}^{2} \mu_{F_i^l}(Z_2)}{\sum\limits_{l=1}^{5} \prod\limits_{i=1}^{2} \mu_{F_i^l}(Z_2)}$$

$$\varphi_1(Z_1) = [\varphi_{1,1}(Z_1), \varphi_{1,2}(Z_1), \varphi_{1,3}(Z_1), \varphi_{1,4}(Z_1), \varphi_{1,5}(Z_1)]^{\mathrm{T}}$$

$$\varphi_2(Z_2) = [\varphi_{2,1}(Z_2), \varphi_{2,2}(Z_2), \varphi_{2,3}(Z_2), \varphi_{2,4}(Z_2), \varphi_{2,5}(Z_2)]^{\mathrm{T}}$$

则得到模糊逻辑系统为

$$\hat{h}_1(Z_1|\hat{\theta}_1) = \hat{\theta}_1^{\mathrm{T}} \varphi_1(Z_1), \quad \hat{h}_2(Z_2|\hat{\theta}_2) = \hat{\theta}_2^{\mathrm{T}} \varphi_2(Z_2)$$

在仿真中，给定执行器故障如下：

$$u_1 = \begin{cases} v_1, & t \leqslant 10 \\ 10, & t > 10 \end{cases}, \quad u_2 = \begin{cases} v_2, & t \leqslant 20 \\ 0.9v_2, & t > 20 \end{cases}$$

在仿真中，选取虚拟控制器、控制器和参数自适应律中的设计参数为：$c_1 = 20$, $c_2 = 20$, $c_3 = 15$, $\gamma_1 = \gamma_2 = 3$, $\gamma_3 = 0.01$, $b_1 = 0.2$, $b_2 = 0.3$, $\bar{c}_1 = 0.2$, $\bar{c}_2 = 0.3$, $\bar{c}_3 = 0.2$。

选择变量及参数的初始值为：$x_1(0) = 0.1$, $x_2(0) = 0$, $x_3(0) = 0.2$, $\hat{\theta}_1(0) = [\ 0.1 \quad 0 \quad 0.2 \quad 0.1 \quad 0.2\ ]^{\mathrm{T}}$, $\hat{\theta}_2(0) = [\ 0.1 \quad 0.2 \quad 0.2 \quad 0 \quad 0.1\ ]^{\mathrm{T}}$。

仿真结果如图 3.4.1～图 3.4.3 所示。

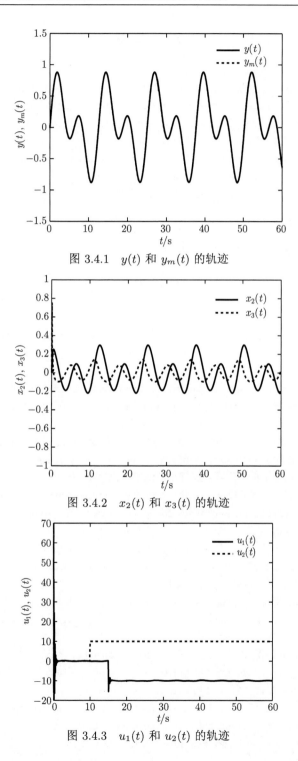

图 3.4.1　$y(t)$ 和 $y_m(t)$ 的轨迹

图 3.4.2　$x_2(t)$ 和 $x_3(t)$ 的轨迹

图 3.4.3　$u_1(t)$ 和 $u_2(t)$ 的轨迹

参 考 文 献

[1] Zhang T P, Ge S S. Adaptive dynamic surface control of nonlinear systems with unknown dead zone in pure feedback form[J]. Automatica, 2008, 44(7): 1895-1903.

[2] Ge S S, Wang J. Robust adaptive neural control for a class of perturbed strict feedback nonlinear systems[J]. IEEE Transactions on Neural Networks, 2002, 13(6): 1409-1419.

[3] Tong S C, Li Y M, Shi P. Fuzzy adaptive backstepping robust control for SISO nonlinear system with dynamic uncertainties[J]. Information Sciences, 2009, 179(9): 1319-1332.

[4] Li P, Yang G H. Backstepping adaptive fuzzy control of uncertain nonlinear systems against actuator faults[J]. Journal of Control Theory and Applications, 2009, 7(3): 248-256.

[5] Zhang T P, Ge S S. Adaptive neural network tracking control of MIMO nonlinear systems with unknown dead zones and control directions[J]. IEEE Transactions on Neural Networks, 2009, 20(3): 483-497.

[6] Zhou J, Er M J, Zurada J M. Adaptive neural network control of uncertain nonlinear systems with nonsmooth actuator nonlinearities[J]. Neurocomputing, 2007, 70: 1062-1070.

[7] Yu Z X, Du H B. Adaptive neural control for a class of uncertain stochastic nonlinear systems with dead-zone[J]. Journal of Systems Engineering and Electronics, 2011, 22(3): 500-506.

[8] Wu L B, Yang G H. Adaptive output neural network control for a class of stochastic nonlinear systems with dead-zone nonlinearities[J]. IEEE Transactions on Neural Networks and Learning Systems, 2015, 28(3): 726-739.

[9] Chen M, Tao G, Jiang B. Dynamic surface control using neural networks for a class of uncertain nonlinear systems with input saturation[J]. IEEE Transactions on Neural Networks and Learning Systems, 2014, 26(9): 2086-2097.

[10] Ren B B, Ge S S, Su C Y, et al. Adaptive neural control for a class of uncertain nonlinear systems in pure-feedback form with hysteresis input[J]. IEEE Transactions on Systems, Man, and Cybernetics, Part B: Cybernetics, 2008, 39(2): 431-443.

[11] Ge S S, Hong F, Lee T H. Adaptive neural control of nonlinear time-delay systems with unknown virtual control coefficients[J]. IEEE Transactions on Systems, Man, and Cybernetics, Part B: Cybernetics, 2004, 34(1): 499-516.

[12] Wen Y T, Ren X M. Neural networks-based adaptive control for nonlinear time-varying delays systems with unknown control direction[J]. IEEE Transactions on Neural Networks, 2011, 22(10): 1599-1612.

[13] Tong S C, Sui S, Li Y M. Adaptive fuzzy decentralized output stabilization for stochastic nonlinear large-scale systems with unknown control directions[J]. IEEE Transactions on Fuzzy Systems, 2013, 22(5): 1365-1372.

[14] Li Y M, Tong S C, Li T S. Observer-based adaptive fuzzy tracking control of MIMO stochastic nonlinear systems with unknown control directions and unknown dead zones[J]. IEEE Transactions on Fuzzy Systems, 2014, 23(4): 1228-1241.

[15]　Zhang T P, Shi X C, Zhu Q, et al. Adaptive neural tracking control of pure-feedback nonlinear systems with unknown gain signs and unmodeled dynamics[J]. Neurocomputing, 2013, 121: 290-297.

[16]　Yin S, Yang H Y, Gao H J, et al. An adaptive NN-based approach for fault-tolerant control of nonlinear time-varying delay systems with unmodeled dynamics[J]. IEEE Transactions on Neural Networks and Learning Systems, 2017, 28(8): 1902-1913.

[17]　Tong S C, He X L, Li Y M, et al. Adaptive fuzzy backstepping robust control for uncertain nonlinear systems based on small-gain approach[J]. Fuzzy Sets and Systems, 2010, 161(6): 771-796.

[18]　Tong S C, He X L, Li Y M. Direct adaptive fuzzy backstepping robust control for single input single output uncertain nonlinear systems using small-gain approach[J]. Information Sciences, 2010, 180(9): 1738-1758.

[19]　Tong S C, Li Y M, Wang T. Adaptive fuzzy robust fault-tolerant control for uncertain nonlinear systems based on dynamic surface[J]. International Journal of Innovative Computing, Information and Control, 2009, 5(10): 3249-3261.

[20]　Gao H, Song Y D, Wen C Y. Backstepping design of adaptive neural fault-tolerant control for MIMO nonlinear systems[J]. IEEE Transactions on Neural Networks and Learning Systems, 2017, 28(11): 2605-2613.

[21]　Li Y X, Yang G H. Fuzzy adaptive output feedback fault-tolerant tracking control of a class of uncertain nonlinear systems with nonaffine nonlinear faults[J]. IEEE Transactions on Fuzzy Systems, 2016, 24(1): 223-234.

第 4 章 非线性严格反馈系统智能自适应
输出反馈控制

第 2 章和第 3 章针对状态可测的单输入单输出非线性严格反馈系统，介绍了几种智能自适应状态反馈控制方法。本章针对状态不可测的单输入单输出非线性严格反馈系统，在前三章智能自适应状态反馈控制设计理论的基础上，介绍三种基于观测器的智能自适应反步递推输出反馈控制设计方法，并给出闭环系统的稳定性分析。本章内容主要基于文献 [1]~[4]。

4.1 基于线性观测器的模糊自适应输出反馈控制

本节针对一类单输入单输出且状态不可测的非线性严格反馈系统，应用模糊逻辑系统和自适应反步递推控制设计原理，介绍一种基于线性观测器的模糊自适应输出反馈控制方法，并给出闭环系统的稳定性分析。

4.1.1 系统模型及控制问题描述

考虑如下的单输入单输出非线性严格反馈系统：

$$\begin{cases} \dot{x}_i = x_{i+1} + f_i\left(\bar{x}_i\right), & i = 1, 2, \cdots, n-1 \\ \dot{x}_n = u + f_n\left(\bar{x}_n\right) \\ y = x_1 \end{cases} \tag{4.1.1}$$

式中，$\bar{x}_i = [x_1, x_2, \cdots, x_i]^{\mathrm{T}} \in \mathbf{R}^i (i = 1, 2, \cdots, n)$ 是系统的状态向量；$u \in \mathbf{R}$ 和 $y \in \mathbf{R}$ 分别是系统的输入和输出；$f_i\left(\cdot\right) (i = 1, 2, \cdots, n)$ 是未知光滑函数。假设系统输出 $y = x_1$ 可测，状态 $x_i (i = 2, 3, \cdots, n)$ 不可测。

控制任务　对非线性系统 (4.1.1)，基于模糊逻辑系统设计一个模糊自适应输出反馈控制器，使得：

(1) 闭环系统中的所有信号半全局一致最终有界；

(2) 系统输出 y 能很好地跟踪给定的参考信号 y_m。

4.1.2　线性状态观测器设计

由于系统 (4.1.1) 中的状态变量不可测, 为了实现输出反馈控制设计的目的, 设计线性状态观测器如下:

$$
\begin{aligned}
\dot{\hat{x}}_1 &= \hat{x}_2 - k_1\left(\hat{x}_1 - y\right) \\
\dot{\hat{x}}_2 &= \hat{x}_3 - k_2\left(\hat{x}_1 - y\right) \\
&\vdots \\
\dot{\hat{x}}_n &= u - k_n\left(\hat{x}_1 - y\right)
\end{aligned}
\tag{4.1.2}
$$

式中, $\hat{x}_i(i = 1, 2, \cdots, n)$ 是 x_i 的估计; k_i 是观测器增益。

选取 k_i 使得矩阵

$$
A = \begin{bmatrix}
-k_1 & & \\
\vdots & & I_{n-1} \\
-k_n & 0 & \ldots & 0
\end{bmatrix}
$$

是一个稳定的矩阵, 即矩阵 A 的所有特征值的实部严格小于零。因此, 对于一个给定的矩阵 $Q = Q^{\mathrm{T}} > 0$, 存在一个矩阵 $P = P^{\mathrm{T}} > 0$, 满足如下李雅普诺夫方程:

$$
A^{\mathrm{T}}P + PA = -2Q
\tag{4.1.3}
$$

定义观测误差为 $e_i = x_i - \hat{x}_i(i = 1, 2, \cdots, n)$, 根据式 (4.1.1) 和式 (4.1.2), 可得

$$
\begin{aligned}
\dot{e}_1 &= e_2 - k_1 e_1 + f_1(x_1) \\
\dot{e}_2 &= e_3 - k_2 e_1 + f_2(\bar{x}_2) \\
&\vdots \\
\dot{e}_n &= -k_n e_1 + f_n(\bar{x}_n)
\end{aligned}
$$

将上式表示为状态空间的表达形式:

$$
\dot{e} = Ae + F(\bar{x}_n)
\tag{4.1.4}
$$

式中, $e = [e_1, e_2, \cdots, e_n]^{\mathrm{T}}$; $F(\bar{x}_n) = [f_1(x_1), f_2(\bar{x}_2), \cdots, f_n(\bar{x}_n)]^{\mathrm{T}}$。

由于 $f_i(\bar{x}_i)(i = 1, 2, \cdots, n)$ 是未知的非线性连续函数, 所以利用引理 0.1.1, 用模糊逻辑系统 $\hat{f}_i(\bar{x}_i|\hat{\theta}_i) = \hat{\theta}_i^{\mathrm{T}}\varphi_i(\bar{x}_i)$ 逼近 $f_i(\bar{x}_i)(i = 1, 2, \cdots, n)$, 并假设

$$
f_i(\bar{x}_i) = \theta_i^{*\mathrm{T}}\varphi_i(\bar{x}_i) + \varepsilon_i(\bar{x}_i)
\tag{4.1.5}
$$

式中, $\varepsilon_i(\bar{x}_i)$ 是最小模糊逼近误差, 并且满足 $|\varepsilon_i(\bar{x}_i)| \leqslant \varepsilon_i^*$, ε_i^* 是未知正常数。

设 $\varphi(\bar{x}_n) = [\varphi_1^{\mathrm{T}}(x_1), \varphi_2^{\mathrm{T}}(\bar{x}_2), \cdots, \varphi_n^{\mathrm{T}}(\bar{x}_n)]^{\mathrm{T}}$，$\theta^{*\mathrm{T}} = \mathrm{diag}\{\theta_1^{*\mathrm{T}}, \theta_2^{*\mathrm{T}}, \cdots, \theta_n^{*\mathrm{T}}\}$，$\varepsilon(\bar{x}_n) = [\varepsilon_1(x_1), \varepsilon_2(\bar{x}_2), \cdots, \varepsilon_n(\bar{x}_n)]^{\mathrm{T}}$，则有

$$F(\bar{x}_n) = \theta^{*\mathrm{T}}\varphi(\bar{x}_n) + \varepsilon(\bar{x}_n) \tag{4.1.6}$$

引理 4.1.1　对于非线性系统 (4.1.1)，如果采用状态观测器 (4.1.2)，选择李雅普诺夫函数 $V_0 = \dfrac{1}{2}e^{\mathrm{T}}Pe$，则有

$$\dot{V}_0 \leqslant -(\lambda_{\min}(Q) - 1)\|e\|^2 + \frac{1}{2}\|P\|^2\|\theta^*\|^2 + \frac{1}{2}\|P\|^2\|\varepsilon^*\|^2 \tag{4.1.7}$$

式中，$\lambda_{\min}(\cdot)$ 表示矩阵的最小特征值。

证明　求 V_0 关于时间的导数，并根据式 (4.1.4)，可得

$$\dot{V}_0 = \frac{1}{2}e^{\mathrm{T}}\left(A^{\mathrm{T}}P + PA\right)e + e^{\mathrm{T}}PF = -e^{\mathrm{T}}Qe + e^{\mathrm{T}}PF \tag{4.1.8}$$

根据杨氏不等式和 $0 < \varphi_i^{\mathrm{T}}(\bar{x}_i)\varphi_i(\bar{x}_i) \leqslant 1$，可得

$$\begin{aligned}
e^{\mathrm{T}}PF &= e^{\mathrm{T}}P(\theta^{*\mathrm{T}}\varphi(\bar{x}_n) + \varepsilon(\bar{x}_n)) \\
&\leqslant \|e\|^2 + \frac{1}{2}\|P\|^2\|\theta^*\|^2 + \frac{1}{2}\|P\|^2\|\varepsilon^*\|^2
\end{aligned} \tag{4.1.9}$$

式中，$\|\theta^*\|^2$ 是一个有界的未知常数；$\varepsilon^* = [\varepsilon_1^*, \varepsilon_2^*, \cdots, \varepsilon_n^*]^{\mathrm{T}}$。

将式 (4.1.9) 代入式 (4.1.8) 得到式 (4.1.7)。

4.1.3　模糊自适应反步递推控制设计

定义如下的坐标变换：

$$\begin{aligned}
z_1 &= y - y_m \\
z_i &= \hat{x}_i - \alpha_{i-1}, \quad i = 2, 3, \cdots, n
\end{aligned} \tag{4.1.10}$$

式中，$z_1 = y - y_m$ 为跟踪误差；α_{i-1} 是在第 $i-1$ 步中将要设计的虚拟控制器。n 步模糊自适应反步递推输出反馈控制设计过程如下。

第 1 步　根据式 (4.1.1)、式 (4.1.2) 和式 (4.1.10)，z_1 的导数为

$$\begin{aligned}
\dot{z}_1 &= x_2 + f_1(x_1) - \dot{y}_m \\
&= \hat{x}_2 + e_2 + f_1(x_1) - \dot{y}_m \\
&= \hat{x}_2 + e_2 + \theta_1^{*\mathrm{T}}\varphi_1(x_1) - \dot{y}_m + \varepsilon_1(x_1) \\
&= \hat{x}_2 + e_2 + \hat{\theta}_1^{\mathrm{T}}\varphi_1(x_1) - \dot{y}_m + \tilde{\theta}_1^{\mathrm{T}}\varphi_1(x_1) + \varepsilon_1(x_1)
\end{aligned} \tag{4.1.11}$$

选择如下的李雅普诺夫函数：

$$V_1 = V_0 + \frac{1}{2}z_1^2 + \frac{1}{2r_1}\tilde{\theta}_1^{\mathrm{T}}\tilde{\theta}_1 \tag{4.1.12}$$

式中，r_1 是一个正常数；$\tilde{\theta}_1 = \theta_1^* - \hat{\theta}_1$ 是参数估计误差，$\hat{\theta}_1$ 是 θ_1^* 的估计。

求 V_1 关于时间的导数，并由式 (4.1.11) 可得

$$\begin{aligned}
\dot{V}_1 =& \dot{V}_0 + z_1\left(\hat{x}_2 + e_2 + \hat{\theta}_1^{\mathrm{T}}\varphi_1(x_1) - \dot{y}_m + \tilde{\theta}_1^{\mathrm{T}}\varphi_1(x_1) + \varepsilon_1(x_1)\right) - \frac{1}{r_1}\tilde{\theta}_1^{\mathrm{T}}\dot{\hat{\theta}}_1 \\
=& \dot{V}_0 + z_1\left(z_2 + \alpha_1 + \hat{\theta}_1^{\mathrm{T}}\varphi_1(x_1) - \dot{y}_m\right) + z_1(e_2 + \varepsilon_1(x_1)) \\
& + \tilde{\theta}_1^{\mathrm{T}}\left(z_1\varphi_1(x_1) - \frac{1}{r_1}\dot{\hat{\theta}}_1\right)
\end{aligned} \tag{4.1.13}$$

根据杨氏不等式，可得

$$z_1(e_2 + \varepsilon_1(x_1)) \leqslant e_2^2 + \frac{1}{2}z_1^2 + \varepsilon_1^{*2} \tag{4.1.14}$$

将式 (4.1.14) 代入式 (4.1.13)，可得

$$\begin{aligned}
\dot{V}_1 \leqslant& -(\lambda_{\min}(Q) - 2)\|e\|^2 + \frac{1}{2}\|P\|^2\|\theta^*\|^2 + \frac{1}{2}\|P\|^2\|\varepsilon^*\|^2 + \varepsilon_1^{*2} \\
& + z_1\left(z_2 + \alpha_1 + \hat{\theta}_1^{\mathrm{T}}\varphi_1(x_1) - \dot{y}_m + \frac{1}{2}z_1\right) + \tilde{\theta}_1^{\mathrm{T}}\left(z_1\varphi_1(x_1) - \frac{1}{r_1}\dot{\hat{\theta}}_1\right)
\end{aligned} \tag{4.1.15}$$

设计虚拟控制器 α_1 和参数 $\hat{\theta}_1$ 的自适应律为

$$\alpha_1 = -c_1z_1 - \frac{1}{2}z_1 + \dot{y}_m - \hat{\theta}_1^{\mathrm{T}}\varphi_1(x_1) \tag{4.1.16}$$

$$\dot{\hat{\theta}}_1 = r_1z_1\varphi_1(x_1) - \sigma_1\hat{\theta}_1 \tag{4.1.17}$$

式中，$c_1 > 0$ 和 $\sigma_1 > 0$ 是设计参数。

将式 (4.1.16) 和式 (4.1.17) 代入式 (4.1.15)，可得

$$\dot{V}_1 \leqslant -(\lambda_{\min}(Q) - 2)\|e\|^2 - c_1z_1^2 + z_1z_2 + \frac{\sigma_1}{r_1}\tilde{\theta}_1^{\mathrm{T}}\hat{\theta}_1 + D_1 \tag{4.1.18}$$

式中，$D_1 = \frac{1}{2}\|P\|^2\|\theta^*\|^2 + \frac{1}{2}\|P\|^2\|\varepsilon^*\|^2 + \varepsilon_1^{*2}$。

第 2 步　根据式 (4.1.2) 和式 (4.1.10)，z_2 的导数为

$$\begin{aligned}
\dot{z}_2 =& \dot{\hat{x}}_2 - \dot{\alpha}_1 \\
=& \hat{x}_3 + k_2e_1 - \frac{\partial\alpha_1}{\partial x_1}(\hat{x}_2 + e_2 + f_1) - \frac{\partial\alpha_1}{\partial\hat{\theta}_1}\dot{\hat{\theta}}_1 - \frac{\partial\alpha_1}{\partial y_m}\dot{y}_m - \frac{\partial\alpha_1}{\partial\dot{y}_m}\ddot{y}_m
\end{aligned}$$

$$= \hat{x}_3 + k_2 e_1 - \frac{\partial \alpha_1}{\partial x_1}(\hat{x}_2 + e_2 + \theta_1^{*\mathrm{T}}\varphi_1(x_1) + \varepsilon_1(x_1))$$

$$- \frac{\partial \alpha_1}{\partial \hat{\theta}_1}\dot{\hat{\theta}}_1 - \frac{\partial \alpha_1}{\partial y_m}\dot{y}_m - \frac{\partial \alpha_1}{\partial \dot{y}_m}\ddot{y}_m^{(2)} \tag{4.1.19}$$

考虑如下的李雅普诺夫函数:

$$V_2 = V_1 + \frac{1}{2}z_2^2 \tag{4.1.20}$$

求 V_2 关于时间的导数,并由式 (4.1.19),可得

$$
\begin{aligned}
\dot{V}_2 =\ & \dot{V}_1 + z_2\dot{z}_2 \\
=\ & \dot{V}_1 + z_2\Bigg[\hat{x}_3 + k_2 e_1 - \frac{\partial \alpha_1}{\partial x_1}\left(\hat{x}_2 + e_2 + \theta_1^{*\mathrm{T}}\varphi_1(x_1) + \varepsilon_1(x_1)\right) \\
& - \frac{\partial \alpha_1}{\partial \hat{\theta}_1}\dot{\hat{\theta}}_1 - \frac{\partial \alpha_1}{\partial y_m}\dot{y}_m - \frac{\partial \alpha_1}{\partial \dot{y}_m}\ddot{y}_m\Bigg]
\end{aligned}
\tag{4.1.21}
$$

根据杨氏不等式和 $0 < \varphi_1^{\mathrm{T}}(x_1)\varphi_1(x_1) \leqslant 1$,可得到如下不等式:

$$
\begin{aligned}
-z_2\frac{\partial \alpha_1}{\partial x_1}e_2 &\leqslant e_2^2 + \frac{1}{4}\left(\frac{\partial \alpha_1}{\partial x_1}\right)^2 z_2^2 \\
-z_2\frac{\partial \alpha_1}{\partial x_1}(\theta_1^{*\mathrm{T}}\varphi_1(x_1) + \varepsilon_1(x_1)) &\leqslant \left(\frac{\partial \alpha_1}{\partial x_1}\right)^2 z_2^2 + \frac{1}{2}\|\theta_1^*\|^2 + \frac{1}{2}\varepsilon_1^{*2}
\end{aligned}
\tag{4.1.22}
$$

将式 (4.1.22) 代入式 (4.1.21),可得

$$
\begin{aligned}
\dot{V}_2 \leqslant\ & \dot{V}_1 + \frac{1}{2}\|\theta_1^*\|^2 + \frac{1}{2}\varepsilon_1^{*2} + e_2^2 + z_2\Bigg[z_3 + \alpha_2 + k_2 e_1 - \frac{\partial \alpha_1}{\partial x_1}\hat{x}_2 \\
& - \frac{\partial \alpha_1}{\partial \hat{\theta}_1}\dot{\hat{\theta}}_1 + \frac{5}{4}\left(\frac{\partial \alpha_1}{\partial x_1}\right)^2 z_2 - \frac{\partial \alpha_1}{\partial y_m}\dot{y}_m - \frac{\partial \alpha_1}{\partial \dot{y}_m}\ddot{y}_m\Bigg]
\end{aligned}
\tag{4.1.23}
$$

令 $D_2 = D_1 + \dfrac{1}{2}\|\theta_1^*\|^2 + \dfrac{1}{2}\varepsilon_1^{*2}$,$H_2 = -\dfrac{\partial \alpha_1}{\partial x_1}\hat{x}_2 + \dfrac{5}{4}\left(\dfrac{\partial \alpha_1}{\partial x_1}\right)^2 z_2 - \dfrac{\partial \alpha_1}{\partial \hat{\theta}_1}\dot{\hat{\theta}}_1 -$

$\dfrac{\partial \alpha_1}{\partial y_m}\dot{y}_m - \dfrac{\partial \alpha_1}{\partial \dot{y}_m}\ddot{y}_m$。

因此,式 (4.1.23) 变为

$$
\begin{aligned}
\dot{V}_2 \leqslant\ & -(\lambda_{\min}(Q) - 3)\|e\|^2 - c_1 z_1^2 \\
& + z_2(z_3 + \alpha_2 + z_1 + k_2 e_1 + H_2) + \frac{\sigma_1}{r_1}\tilde{\theta}_1^{\mathrm{T}}\hat{\theta}_1 + D_2
\end{aligned}
\tag{4.1.24}
$$

设计如下虚拟控制器:

$$\alpha_2 = -c_2 z_2 - z_1 - k_2 e_1 - H_2 \tag{4.1.25}$$

式中, $c_2 > 0$ 是设计参数.

将式 (4.1.25) 代入式 (4.1.24), 可得

$$\dot{V}_2 \leqslant -(\lambda_{\min}(Q) - 3)\|e\|^2 - \sum_{i=1}^{2} c_i z_i^2 + z_2 z_3 + \frac{\sigma_1}{r_1}\tilde{\theta}_1^{\mathrm{T}}\hat{\theta}_1 + D_2 \tag{4.1.26}$$

第 $i(3 \leqslant i \leqslant n-1)$ 步　根据式 (4.1.2) 和式 (4.1.10), 求 z_i 的导数:

$$
\begin{aligned}
\dot{z}_i =\ & \dot{\hat{x}}_i - \dot{\alpha}_{i-1} \\
=\ & \hat{x}_{i+1} + k_i e_1 - \frac{\partial \alpha_{i-1}}{\partial x_1}(\hat{x}_2 + e_2 + \theta_1^{*\mathrm{T}}\varphi_1(x_1) + \varepsilon_1(x_1)) \\
& - \sum_{j=1}^{i-1}\frac{\partial \alpha_{i-1}}{\partial \hat{x}_j}(\hat{x}_{j+1} + k_j e_1) - \frac{\partial \alpha_{i-1}}{\partial \hat{\theta}_1}\dot{\hat{\theta}}_1 - \sum_{j=1}^{i}\frac{\partial \alpha_{i-1}}{\partial y_m^{(j-1)}}y_m^{(j)}
\end{aligned} \tag{4.1.27}
$$

选择如下的李雅普诺夫函数:

$$V_i = V_{i-1} + \frac{1}{2}z_i^2 \tag{4.1.28}$$

求 V_i 关于时间的导数, 并由式 (4.1.27) 可得

$$
\begin{aligned}
\dot{V}_i =\ & \dot{V}_{i-1} + z_i\bigg[z_{i+1} + \alpha_i + k_i e_1 - \frac{\partial \alpha_{i-1}}{\partial x_1}(\hat{x}_2 + e_2 + \theta_1^{*\mathrm{T}}\varphi_1(x_1) + \varepsilon_1(x_1)) \\
& - \sum_{j=1}^{i-1}\frac{\partial \alpha_{i-1}}{\partial \hat{x}_j}(\hat{x}_{j+1} + k_j e_1) - \frac{\partial \alpha_{i-1}}{\partial \hat{\theta}_1}\dot{\hat{\theta}}_1 - \sum_{j=1}^{i}\frac{\partial \alpha_{i-1}}{\partial y_m^{(j-1)}}y_m^{(j)}\bigg]
\end{aligned} \tag{4.1.29}
$$

根据杨氏不等式和 $0 < \varphi_1^{\mathrm{T}}(x_1)\varphi_1(x_1) \leqslant 1$, 可得如下不等式:

$$
\begin{aligned}
-z_i\frac{\partial \alpha_{i-1}}{\partial x_1}e_2 &\leqslant e_2^2 + \frac{1}{4}\left(\frac{\partial \alpha_{i-1}}{\partial x_1}\right)^2 z_i^2 \\
-z_i\frac{\partial \alpha_{i-1}}{\partial x_1}(\theta_1^{*\mathrm{T}}\varphi_1(x_1) + \varepsilon_1(x_1)) &\leqslant \left(\frac{\partial \alpha_{i-1}}{\partial x_1}\right)^2 z_i^2 + \frac{1}{2}\|\theta_1^*\|^2 + \frac{1}{2}\varepsilon_1^{*2}
\end{aligned} \tag{4.1.30}
$$

令

$$H_i = -\frac{\partial \alpha_{i-1}}{\partial x_1}\hat{x}_2 - \sum_{j=1}^{i}\frac{\partial \alpha_{i-1}}{\partial \hat{x}_i}(\hat{x}_{j+1} + k_j e_1)$$

$$+ \frac{5}{4} \left(\frac{\partial \alpha_{i-1}}{\partial x_1} \right)^2 z_i - \frac{\partial \alpha_{i-1}}{\partial \hat{\theta}_1} \dot{\hat{\theta}}_1 - \sum_{j=1}^{i} \frac{\partial \alpha_{i-1}}{\partial y_m^{(j-1)}} y_m^{(j)}$$

因此，式 (4.1.29) 变为

$$\dot{V}_i \leqslant - [\lambda_{\min}(Q) - (i+1)] \, \|e\|^2 - \sum_{j=1}^{i-1} c_j z_j^2 + \frac{\sigma_1}{r_1} \tilde{\theta}_1^{\mathrm{T}} \hat{\theta}_1$$

$$+ z_i(z_{i+1} + \alpha_i + k_i e_1 + H_i) + D_{i-1} + \frac{1}{2} \|\theta_1^*\|^2 + \frac{1}{2} \varepsilon_1^{*2} \tag{4.1.31}$$

设计如下的虚拟控制器：

$$\alpha_i = -c_i z_i - z_{i-1} - k_i e_1 - H_i \tag{4.1.32}$$

式中，$c_i > 0$ 是设计参数。

将式 (4.1.32) 代入式 (4.1.31)，可得

$$\dot{V}_i \leqslant - [\lambda_{\min}(Q) - (i+1)] \, \|e\|^2 - \sum_{j=1}^{i} c_j z_j^2 + z_i z_{i+1} + \frac{\sigma_1}{r_1} \tilde{\theta}_1^{\mathrm{T}} \hat{\theta}_1 + D_i \tag{4.1.33}$$

式中，$D_i = D_{i-1} + \frac{1}{2} \|\theta_1^*\|^2 + \frac{1}{2} \varepsilon_1^{*2}$。

第 n 步　由式 (4.1.2) 和式 (4.1.10) 可得

$$\dot{z}_n = \dot{\hat{x}}_n - \dot{\alpha}_{n-1}$$

$$= u + k_n e_1 - \frac{\partial \alpha_{n-1}}{\partial x_1} \left(\hat{x}_2 + e_2 + \theta_1^{*\mathrm{T}} \varphi_1(x_1) + \varepsilon_1(x_1) \right) - \frac{\partial \alpha_{n-1}}{\partial \hat{\theta}_1} \dot{\hat{\theta}}_1$$

$$- \sum_{i=1}^{n-1} \frac{\partial \alpha_{n-1}}{\partial \hat{x}_i} \left(\hat{x}_{i+1} + k_i e_1 \right) - \sum_{i=1}^{n} \frac{\partial \alpha_{n-1}}{\partial y_m^{(i-1)}} y_m^{(i)} \tag{4.1.34}$$

选择如下的李雅普诺夫函数：

$$V_n = V_{n-1} + \frac{1}{2} z_n^2 \tag{4.1.35}$$

求 V_n 关于时间的导数，并由式 (4.1.34) 可得

$$\dot{V}_n = \dot{V}_{n-1} + z_n \left[u + k_n e_1 - \frac{\partial \alpha_{n-1}}{\partial x_1} (\hat{x}_2 + e_2 + \theta_1^{*\mathrm{T}} \varphi_1(x_1) + \varepsilon_1(x_1)) \right.$$

$$\left. - \frac{\partial \alpha_{n-1}}{\partial \hat{\theta}_1} \dot{\hat{\theta}}_1 - \sum_{i=1}^{n-1} \frac{\partial \alpha_i}{\partial \hat{x}_i} (\hat{x}_{i+1} + k_i e_1) - \sum_{i=1}^{n} \frac{\partial \alpha_i}{\partial y_m^{(i-1)}} y_m^{(i)} \right] \tag{4.1.36}$$

根据杨氏不等式，可得如下两个不等式：

$$-z_n \frac{\partial \alpha_{n-1}}{\partial x_1} e_2 \leqslant e_2^2 + \frac{1}{4} \left(\frac{\partial \alpha_{n-1}}{\partial x_1} \right)^2 z_n^2 \tag{4.1.37}$$

$$-z_n \frac{\partial \alpha_{n-1}}{\partial x_1} (\theta_1^{*\mathrm{T}} \varphi_1(x_1) + \varepsilon_1(x_1)) \leqslant \left(\frac{\partial \alpha_{n-1}}{\partial x_1} \right)^2 z_n^2 + \frac{1}{2} \|\theta_1^*\|^2 + \frac{1}{2} \varepsilon_1^{*2} \tag{4.1.38}$$

将式 (4.1.37) 和式 (4.1.38) 代入式 (4.1.36)，可得

$$\begin{aligned}
\dot{V}_n \leqslant & - [\lambda_{\min}(Q) - (n+1)] \|e\|^2 - \sum_{i=1}^{n-1} c_i z_i^2 + z_{n-1} z_n \\
& + D_{n-1} + \frac{1}{2} \|\theta_1^*\|^2 + \frac{1}{2} \varepsilon_1^{*2} + \frac{\sigma_1}{r_1} \tilde{\theta}_1^{\mathrm{T}} \hat{\theta}_1 + z_n \Big[u + k_n e_1 \\
& - \frac{\partial \alpha_{n-1}}{\partial x_1} \hat{x}_2 - \sum_{i=1}^{n-1} \frac{\partial \alpha_{n-1}}{\partial \hat{x}_i} (\hat{x}_{i+1} + k_i e_1) - \frac{\partial \alpha_{n-1}}{\partial \hat{\theta}_1} \dot{\hat{\theta}}_1 \\
& + \frac{5}{4} \left(\frac{\partial \alpha_{n-1}}{\partial x_1} \right)^2 z_n - \sum_{i=1}^{n} \frac{\partial \alpha_{n-1}}{\partial y_m^{(i-1)}} y_m^{(i)} \Big]
\end{aligned} \tag{4.1.39}$$

设

$$\begin{aligned}
H_n = & \frac{\partial \alpha_{n-1}}{\partial x_1} \hat{x}_2 - \sum_{i=1}^{n-1} \frac{\partial \alpha_{n-1}}{\partial \hat{x}_i} (\hat{x}_{i+1} + k_i e_1) - \frac{\partial \alpha_{n-1}}{\partial \hat{\theta}_1} \dot{\hat{\theta}}_1 \\
& + \frac{5}{4} \left(\frac{\partial \alpha_{n-1}}{\partial x_1} \right)^2 z_n - \sum_{i=1}^{n} \frac{\partial \alpha_{n-1}}{\partial y_m^{(i-1)}} y_m^{(i)}
\end{aligned}$$

设计控制器 u 如下：

$$u = -c_n z_n - z_{n-1} - k_n e_1 - H_n \tag{4.1.40}$$

式中，$c_n > 0$ 是设计参数。

将式 (4.1.40) 代入式 (4.1.39)，可得

$$\dot{V}_n \leqslant - [\lambda_{\min}(Q) - (n+1)] \|e\|^2 - \sum_{i=1}^{n} c_i z_i^2 + \frac{\sigma_1}{r_1} \tilde{\theta}_1^{\mathrm{T}} \hat{\theta}_1 + D_n \tag{4.1.41}$$

式中，$\lambda_{\min}(Q) - (n+1) > 0$；$D_n = D_{n-1} + \frac{1}{2} \|\theta_1^*\|^2 + \frac{1}{2} \varepsilon_1^{*2}$。

将不等式 $\frac{\sigma_1}{r_1} \tilde{\theta}_1^{\mathrm{T}} \hat{\theta}_1 \leqslant -\frac{\sigma_1}{2r_1} \tilde{\theta}_1^{\mathrm{T}} \tilde{\theta}_1 + \frac{\sigma_1}{2r_1} \|\theta_1^*\|^2$ 代入式 (4.1.41)，$\dot{V}_n$ 最终表示为

$$\dot{V}_n \leqslant - [\lambda_{\min}(Q) - (n+1)] \|e\|^2 - \sum_{i=1}^{n} c_i z_i^2 - \frac{\sigma_1}{2r_1} \tilde{\theta}_1^{\mathrm{T}} \tilde{\theta}_1 + D \tag{4.1.42}$$

式中, $D = \dfrac{\sigma_1}{2r_1} \|\theta_1^*\|^2 + D_n$。

4.1.4　稳定性与收敛性分析

下面的定理给出了所设计的模糊自适应输出反馈控制方法所具有的性质。

定理 4.1.1　对于非线性系统 (4.1.1), 如果采用状态观测器 (4.1.2), 控制器 (4.1.40), 虚拟控制器及其参数自适应律 (4.1.16)、(4.1.17)、(4.1.25)、(4.1.32), 则总体控制方案具有如下性能:

(1) 闭环系统中的所有信号半全局一致最终有界;

(2) 跟踪误差 $z_1(t) = y(t) - y_m(t)$ 收敛到包含原点的一个较小邻域内。

证明　令

$$C = \min\left\{ \frac{\lambda_{\min}(Q) - (n+1)}{\lambda_{\max}(P)}, 2c_i, \sigma_1; i = 1, 2, \cdots, n \right\}$$

式中, $\lambda_{\max}(P)$ 是矩阵 P 的最大特征值。

因此, 式 (4.1.42) 可表示为

$$\dot{V}_n \leqslant -CV_n + D \tag{4.1.43}$$

或

$$V_n(t) \leqslant \left(V_n(0) - \frac{D}{C} \right) \mathrm{e}^{-Ct} + \frac{D}{C} \tag{4.1.44}$$

根据式 (4.1.44) 和引理 0.3.1, 可推出闭环系统中的变量 x_i、$\hat{x}_i$、z_i、$\hat{\theta}_1$、α_i 和 $u(t)$ 有界。此外, 跟踪误差满足 $\lim\limits_{t \to \infty} \dfrac{1}{2} z_1^2 \leqslant \dfrac{D}{C}$。因此, 在状态观测器和控制设计中, 可以选取适当的设计参数, 使得 $\dfrac{D}{C}$ 比较小, 即跟踪误差能够收敛到包含原点的一个较小邻域内。

评注 4.1.1　(1) 本节所给出的模糊自适应输出反馈控制设计方法仅适用于控制增益函数为常数的非线性严格反馈系统, 且线性状态观测器 (4.1.2) 只能用于输出反馈控制器设计, 不能用于估计系统的状态。

(2) 线性观测器有多种形式, 除了本节所应用的线性观测器, 还有如下形式:

$$\begin{aligned}
\dot{\hat{x}}_1 &= \hat{x}_2 - k_1 \hat{x}_1 \\
\dot{\hat{x}}_2 &= \hat{x}_3 - k_2 \hat{x}_1 \\
&\vdots \\
\dot{\hat{x}}_n &= u - k_n \hat{x}_1
\end{aligned}$$

基于上面线性观测器的模糊或神经网络自适应输出反馈控制设计方法可参见文献 [5]～[7]。

4.1.5　仿真

例 4.1.1　考虑如下的非线性严格反馈系统:

$$\begin{cases} \dot{x}_1 = x_2 + f_1(x_1) \\ \dot{x}_2 = u + f_2(x_1, x_2) \\ y = x_1 \end{cases} \tag{4.1.45}$$

式中, $f_1(x_1) = 0.5\sin(x_1^2)$; $f_2(x_1, x_2) = -0.1x_2 - x_1^3$。给定参考信号为 $y_m = \sin(t)$。

给定观测器增益为 $k_1 = 5$, $k_2 = 55$, 正定矩阵 $Q = 4I$。解方程 (4.1.3) 得正定矩阵为

$$P = \begin{bmatrix} 0.8533 & 0.2667 \\ 0.2667 & 14.1333 \end{bmatrix}$$

选择隶属函数为

$$\mu_{F_i^1}(\hat{x}_i) = \exp\left[-\frac{(\hat{x}_i - 6)^2}{2}\right], \quad \mu_{F_i^2}(\hat{x}_i) = \exp\left[-\frac{(\hat{x}_i - 4)^2}{2}\right]$$

$$\mu_{F_i^3}(\hat{x}_i) = \exp\left[-\frac{(\hat{x}_i - 2)^2}{2}\right], \quad \mu_{F_i^4}(\hat{x}_i) = \exp\left(-\frac{\hat{x}_i^2}{2}\right)$$

$$\mu_{F_i^5}(\hat{x}_i) = \exp\left[-\frac{(\hat{x}_i + 2)^2}{2}\right], \quad \mu_{F_i^6}(\hat{x}_i) = \exp\left[-\frac{(\hat{x}_i + 4)^2}{2}\right]$$

$$\mu_{F_i^7}(\hat{x}_i) = \exp\left[-\frac{(\hat{x}_i + 6)^2}{2}\right], \quad i = 1, 2$$

令

$$\varphi_{1l}(\hat{x}_1) = \frac{\mu_{F_i^l}(\hat{x}_1)}{\sum\limits_{l=1}^{7} \mu_{F_i^l}(\hat{x}_1)}, \quad \varphi_{2l}(\hat{\bar{x}}_2) = \frac{\prod\limits_{i=1}^{2} \mu_{F_i^l}(\hat{x}_i)}{\sum\limits_{l=1}^{7}\left(\prod\limits_{i=1}^{2} \mu_{F_i^l}(\hat{x}_i)\right)}$$

$$\varphi_1(\hat{x}_1) = [\varphi_{11}(\hat{x}_1), \varphi_{12}(\hat{x}_1), \varphi_{13}(\hat{x}_1), \varphi_{14}(\hat{x}_1), \varphi_{15}(\hat{x}_1), \varphi_{16}(\hat{x}_1), \varphi_{17}(\hat{x}_1)]^{\mathrm{T}}$$

$$\varphi_2(\hat{\bar{x}}_2) = [\varphi_{21}(\hat{\bar{x}}_2), \varphi_{22}(\hat{\bar{x}}_2), \varphi_{23}(\hat{\bar{x}}_2), \varphi_{24}(\hat{\bar{x}}_2), \varphi_{25}(\hat{\bar{x}}_2), \varphi_{26}(\hat{\bar{x}}_2), \varphi_{27}(\hat{\bar{x}}_2)]^{\mathrm{T}}$$

模糊逻辑系统可以表示为如下形式:

$$\hat{f}_1(\hat{x}_1|\hat{\theta}_1) = \theta_1^{\mathrm{T}}\varphi_1(\hat{x}_1), \quad \hat{f}_2(\hat{\bar{x}}_2|\hat{\theta}_2) = \hat{\theta}_2^{\mathrm{T}}\varphi_2(\hat{\bar{x}}_2)$$

在仿真中, 取虚拟控制器、控制器和参数自适应律的设计参数为: $c_1 = 2$, $c_2 = 4$, $r_1 = 2$, $\sigma_1 = 2$。

选取变量及参数的初始条件为: $x_1(0) = -0.3$, $x_2(0) = -0.2$, $\hat{x}_1(0) = 1$, $\hat{x}_2(0) = 0.3$, $\hat{\theta}_1(0) = [0 \quad 0 \quad 0 \quad 0 \quad 0 \quad 0 \quad 0]^{\mathrm{T}}$。

仿真结果如图 4.1.1~图 4.1.4 所示。

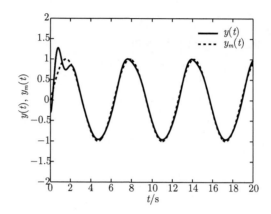

图 4.1.1　系统输出 $y(t)$ 和参考信号 $y_m(t)$ 的轨迹

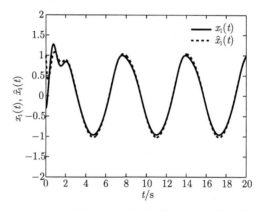

图 4.1.2　系统状态 $x_1(t)$ 和估计 $\hat{x}_1(t)$ 的轨迹

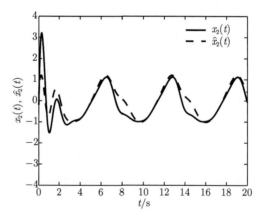

图 4.1.3　系统状态 $x_2(t)$ 和估计 $\hat{x}_2(t)$ 的轨迹

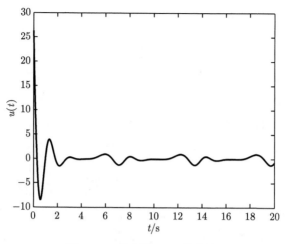

图 4.1.4　控制器 $u(t)$ 的轨迹

4.2　基于模糊观测器的自适应输出反馈控制

本节针对一类状态不可测的单输入单输出非线性严格反馈系统，给出一种模糊状态观测器的设计方法。在 4.1 节的基础上，介绍一种基于观测器的模糊自适应输出反馈控制设计方法，并给出闭环系统的稳定性和收敛性分析。

4.2.1　系统模型及控制问题描述

考虑单输入单输出不确定非线性严格反馈系统：

$$\begin{cases} \dot{x}_i = f_i(\bar{x}_i) + x_{i+1}, \quad i = 1, 2, \cdots, n-1 \\ \dot{x}_n = f_n(\bar{x}_n) + u \\ y = \ x_1 \end{cases} \tag{4.2.1}$$

式中，$\bar{x}_i = [x_1, x_2, \cdots, x_i]^{\mathrm{T}} \in \mathbf{R}^i (i = 1, 2, \cdots, n)$ 是系统状态向量；$u \in \mathbf{R}$ 是控制输入；$y \in \mathbf{R}$ 是系统输出；$f_i(\bar{x}_i)(i = 1, 2, \cdots, n)$ 是未知光滑函数。对于系统 (4.2.1)，假设只有 $y = x_1$ 可测，$x_i(i \geqslant 2)$ 不可测。

控制任务　基于模糊逻辑系统，设计一种模糊自适应输出反馈控制器，使得：

(1) 闭环系统中的所有信号半全局一致最终有界；

(2) 观测误差 e 和跟踪误差 $z_1 = y - y_m$ 收敛到包含原点的一个较小邻域内。

4.2.2　模糊状态观测器设计

将系统 (4.2.1) 表示为如下状态空间表达形式：

$$\dot{x} = Ax + Ky + \sum_{i=1}^{n} B_i f_i(\bar{x}_i) + Bu \tag{4.2.2}$$

式中，

$$A = \begin{bmatrix} -k_1 & & \\ \vdots & & I_{n-1} \\ -k_n & 0 & \dots & 0 \end{bmatrix}, \quad K = \begin{bmatrix} k_1 \\ \vdots \\ k_n \end{bmatrix}, \quad B = \begin{bmatrix} 0 \\ \vdots \\ 1 \end{bmatrix}, \quad B_i = [0 \ \cdots \ 1 \ \cdots \ 0]^{\mathrm{T}}$$

选择观测增益矩阵 K 使得 A 是稳定矩阵。因此，对于一个给定的正定矩阵 $Q = Q^{\mathrm{T}} > 0$，存在一个正定矩阵 $P = P^{\mathrm{T}} > 0$，满足

$$A^{\mathrm{T}}P + PA = -2Q \tag{4.2.3}$$

由于 $f_i(\bar{x}_i)(i = 1, 2, \cdots, n)$ 是未知的非线性连续函数，所以基于引理 0.1.1，利用模糊逻辑系统 $\hat{f}_i(\bar{x}_i | \hat{\theta}_i) = \hat{\theta}_i^{\mathrm{T}} \varphi_i(\bar{x}_i)$ 逼近 $f_i(\bar{x}_i)$，并假设

$$f_i(\bar{x}_i) = \theta_i^{*\mathrm{T}} \varphi_i(\bar{x}_i) + \varepsilon_i(\bar{x}_i) \tag{4.2.4}$$

式中，θ_i^* 是最优参数；$\varepsilon_i(\bar{x}_i)$ 为有界的模糊逻辑系统最小逼近误差。假设 $|\varepsilon_i(\bar{x}_i)| \leqslant \varepsilon_i^*$，$\varepsilon_i^*$ 是正常数。

设计模糊状态观测器为

$$\dot{\hat{x}} = A\hat{x} + Ky + \sum_{i=1}^{n} B_i \hat{f}_i(\hat{\bar{x}}_i | \hat{\theta}_i) + Bu$$

$$\hat{y} = C\hat{x} \tag{4.2.5}$$

式中，$\hat{x} = [\hat{x}_1, \hat{x}_2, \cdots, \hat{x}_n]^{\mathrm{T}}$；$C = [1, 0, \cdots, 0]$。

定义观测误差为 $e = x - \hat{x}$，则由式 (4.2.2) 和式 (4.2.5) 可得观测误差方程为

$$\dot{e} = Ae + \sum_{i=1}^{n} B_i \theta_i^{*\mathrm{T}} (\varphi_i(\bar{x}_i) - \varphi_i(\hat{\bar{x}}_i)) + \sum_{i=1}^{n} B_i \tilde{\theta}_i^{\mathrm{T}} \varphi_i(\hat{\bar{x}}_i) + \sum_{i=1}^{n} B_i \varepsilon_i$$

$$= Ae + \sum_{i=1}^{n} B_i \theta_i^{*\mathrm{T}} (\varphi_i(\bar{x}_i) - \varphi_i(\hat{\bar{x}}_i)) + \sum_{i=1}^{n} B_i \tilde{\theta}_i^{\mathrm{T}} \varphi_i(\hat{\bar{x}}_i) + \varepsilon \tag{4.2.6}$$

式中，$\tilde{\theta}_i = \theta_i^* - \hat{\theta}_i$ 是参数误差，$\hat{\theta}_i$ 是参数 θ_i^* 的估计；$\varepsilon = [\varepsilon_1, \varepsilon_2, \cdots, \varepsilon_n]^{\mathrm{T}}$。

引理 4.2.1　对于非线性系统 (4.2.1)，如果采用状态观测器 (4.2.2)，选择李雅普诺夫函数为 $V_0 = \frac{1}{2}e^{\mathrm{T}}Pe$，则 V_0 的导数具有如下性能：

$$\dot{V}_0 \leqslant -\lambda_0 \|e\|^2 + \frac{1}{2} \|P\|^2 \sum_{i=1}^{n} \left\| \tilde{\theta}_i \right\|^2 + D_0 \tag{4.2.7}$$

式中，$\lambda_0 = (\lambda_{\min}(Q) - 2) > 0$；$D_0 = \dfrac{1}{2} \|P\|^2 \displaystyle\sum_{i=1}^{n} \varepsilon_i^{*2} + \|P\|^2 \displaystyle\sum_{i=1}^{n} \|\theta_i^*\|^2$。

证明 根据式 (4.2.6)，求 V_0 关于时间的导数：

$$
\begin{aligned}
\dot{V}_0 =\ & \frac{1}{2} \dot{e}^{\mathrm{T}} P e + \frac{1}{2} e^{\mathrm{T}} P \dot{e} \\
=\ & \frac{1}{2} e^{\mathrm{T}} (P A^{\mathrm{T}} + A P) e + e^{\mathrm{T}} P \varepsilon + e^{\mathrm{T}} P \sum_{i=1}^{n} B_i \tilde{\theta}_i^{\mathrm{T}} \varphi_i(\hat{\bar{x}}_i) \\
& + e^{\mathrm{T}} P \sum_{i=1}^{n} B_i \theta_i^{*\mathrm{T}} (\varphi_i(\bar{x}_i) - \varphi_i(\hat{\bar{x}}_i)) \\
=\ & -e^{\mathrm{T}} Q e + e^{\mathrm{T}} P \varepsilon + e^{\mathrm{T}} P \sum_{i=1}^{n} B_i \tilde{\theta}_i^{\mathrm{T}} \varphi_i(\hat{\bar{x}}_i) + e^{\mathrm{T}} P \sum_{i=1}^{n} B_i \theta_i^{*\mathrm{T}} (\varphi_i(\bar{x}_i) - \varphi_i(\hat{\bar{x}}_i))
\end{aligned}
$$

$$(4.2.8)$$

根据杨氏不等式，可得下列不等式：

$$
e^{\mathrm{T}} P \varepsilon \leqslant \frac{1}{2} \|e\|^2 + \frac{1}{2} \|P\|^2 \sum_{i=1}^{n} \varepsilon_i^{*2} \tag{4.2.9}
$$

$$
e^{\mathrm{T}} P \sum_{i=1}^{n} B_i \tilde{\theta}_i^{\mathrm{T}} \varphi_i(\hat{\bar{x}}_i) \leqslant \frac{1}{2} \|e\|^2 + \frac{1}{2} \|P\|^2 \sum_{i=1}^{n} \left\| \tilde{\theta}_i \right\|^2 \tag{4.2.10}
$$

$$
e^{\mathrm{T}} P \sum_{i=1}^{n} B_i \theta_i^{*\mathrm{T}} (\varphi_i(\bar{x}_i) - \varphi_i(\hat{\bar{x}}_i)) \leqslant \|e\|^2 + \|P\|^2 \sum_{i=1}^{n} \|\theta_i^*\|^2 \tag{4.2.11}
$$

将式 (4.2.9)～式 (4.2.11) 代入式 (4.2.8)，可得

$$
\begin{aligned}
\dot{V}_0 \leqslant\ & -e^{\mathrm{T}} Q e + \frac{1}{2} \|P\|^2 \sum_{i=1}^{n} \varepsilon_i^{*2} + 2 \|e\|^2 + \frac{1}{2} \|P\|^2 \sum_{i=1}^{n} \left\| \tilde{\theta}_i \right\|^2 + \|P\|^2 \sum_{i=1}^{n} \|\theta_i^*\|^2 \\
\leqslant\ & -\lambda_0 \|e\|^2 + \frac{1}{2} \|P\|^2 \sum_{i=1}^{n} \left\| \tilde{\theta}_i \right\|^2 + D_0
\end{aligned}
$$

$$(4.2.12)$$

注意到，如果模糊逻辑系统 $\hat{f}_i(\hat{\bar{x}}_i | \hat{\theta}_i) = \hat{\theta}_i^{\mathrm{T}} \varphi_i(\hat{\bar{x}}_i)$ 能够很好地逼近 $f_i(\bar{x}_i)$，那么可以保证式 (4.2.12) 中 $\dfrac{1}{2} \|P\|^2 \displaystyle\sum_{i=1}^{n} \left\| \tilde{\theta}_i \right\|^2 + D_0$ 比较小。此外，选择适当的矩阵 Q 使得 $\lambda_{\min}(Q)$ 比较大，根据式 (4.2.12)，可以得出观测误差能够收敛到一个包含原点的较小邻域内。

4.2.3 模糊自适应反步递推控制设计

定义如下的坐标变换：

$$
\begin{aligned}
z_1 &= y - y_m \\
z_i &= \hat{x}_i - \alpha_{i-1}, \quad i = 2, 3, \cdots, n
\end{aligned}
\tag{4.2.13}
$$

式中，z_1 是跟踪误差；α_{i-1} 是在第 $i-1$ 步中将要设计的虚拟控制器。

n 步模糊自适应反步递推控制设计过程如下。

第 1 步   由 $x_2 = \hat{x}_2 + e_2$、式 (4.2.1) 和式 (4.2.13)，可得

$$
\begin{aligned}
\dot{z}_1 &= \dot{x}_1 - \dot{y}_m \\
&= x_2 + f_1(x_1) - \dot{y}_m \\
&= \hat{x}_2 + e_2 + \theta_1^{*\mathrm{T}}(\varphi_1(x_1) - \varphi_1(\hat{x}_1)) \\
&\quad + \hat{\theta}_1^{\mathrm{T}}\varphi_1(\hat{x}_1) + \tilde{\theta}_1^{\mathrm{T}}\varphi_1(\hat{x}_1) + \varepsilon_1 - \dot{y}_m
\end{aligned}
\tag{4.2.14}
$$

将式 (4.2.13) 代入式 (4.2.14)，可得

$$
\begin{aligned}
\dot{z}_1 &= z_2 + \alpha_1 + e_2 + \theta_1^{*\mathrm{T}}(\varphi_1(x_1) - \varphi_1(\hat{x}_1)) \\
&\quad + \hat{\theta}_1^{\mathrm{T}}\varphi_1(\hat{x}_1) + \tilde{\theta}_1^{\mathrm{T}}\varphi_1(\hat{x}_1) + \varepsilon_1 - \dot{y}_m
\end{aligned}
\tag{4.2.15}
$$

选择如下的李雅普诺夫函数：

$$
V_1 = V_0 + \frac{1}{2}z_1^2 + \frac{1}{2\gamma_1}\tilde{\theta}_1^{\mathrm{T}}\tilde{\theta}_1
\tag{4.2.16}
$$

式中，$\gamma_1 > 0$ 是设计参数。

根据式 (4.2.12) 和式 (4.2.15)，V_1 关于时间的导数为

$$
\begin{aligned}
\dot{V}_1 &= \dot{V}_0 + z_1\dot{z}_1 + \frac{1}{\gamma_1}\tilde{\theta}_1^{\mathrm{T}}\dot{\tilde{\theta}}_1 \\
&= \dot{V}_0 + z_1[z_2 + \alpha_1 + e_2 + \theta_1^{*\mathrm{T}}(\varphi_1(x_1) - \varphi_1(\hat{x}_1)) \\
&\quad + \hat{\theta}_1^{\mathrm{T}}\varphi_1(\hat{x}_1) + \tilde{\theta}_1^{\mathrm{T}}\varphi_1(\hat{x}_1) + \varepsilon_1 - \dot{y}_m] + \frac{1}{\gamma_1}\tilde{\theta}_1^{\mathrm{T}}\dot{\tilde{\theta}}_1
\end{aligned}
\tag{4.2.17}
$$

根据杨氏不等式，可得下列不等式成立：

$$
e_2 z_1 \leqslant \frac{1}{2}\|e\|^2 + \frac{1}{2}z_1^2
\tag{4.2.18}
$$

$$
\varepsilon_1 z_1 \leqslant \frac{1}{2}z_1^2 + \frac{1}{2}\varepsilon_1^{*2}
\tag{4.2.19}
$$

$$z_1 \theta_1^{*\mathrm{T}} (\varphi_1(x_1) - \varphi_1(\hat{x}_1)) \leqslant z_1^2 + \|\theta_1^*\|^2 \tag{4.2.20}$$

将式 (4.2.18)~式 (4.2.20) 代入式 (4.2.17)，可得

$$
\begin{aligned}
\dot{V}_1 \leqslant & -\lambda_1 \|e\|^2 + \frac{1}{2} \|P\|^2 \sum_{i=1}^{n} \left\| \tilde{\theta}_i \right\|^2 + D_0 + \frac{1}{2} \varepsilon_1^{*2} + \|\theta_1^*\|^2 \\
& + z_1 (z_2 + 2z_1 + \alpha_1 + \hat{\theta}_1^{\mathrm{T}} \varphi_1(\hat{x}_1) - \dot{y}_m) + \tilde{\theta}_1^{\mathrm{T}} z_1 \varphi_1(\hat{x}_1) + \frac{1}{\gamma_1} \tilde{\theta}_1^{\mathrm{T}} \dot{\tilde{\theta}}_1 \\
\leqslant & -\lambda_1 \|e\|^2 + \frac{1}{2} \|P\|^2 \sum_{i=1}^{n} \left\| \tilde{\theta}_i \right\|^2 + D_0 + \frac{1}{2} \varepsilon_1^{*2} + \|\theta_1^*\|^2 \\
& + z_1 (z_2 + 2z_1 + \alpha_1 + \hat{\theta}_1^{\mathrm{T}} \varphi_1(\hat{x}_1) - \dot{y}_m) + \frac{1}{\gamma_1} \tilde{\theta}_1^{\mathrm{T}} (\gamma_1 z_1 \varphi_1(\hat{x}_1) - \dot{\hat{\theta}}_1) \tag{4.2.21}
\end{aligned}
$$

式中，$\lambda_1 = \lambda_0 - \dfrac{1}{2}$。

设计虚拟控制器 α_1 和参数 $\hat{\theta}_1$ 的自适应律如下：

$$\alpha_1 = -c_1 z_1 - 2z_1 - \hat{\theta}_1^{\mathrm{T}} \varphi_1(\hat{x}_1) + \dot{y}_m \tag{4.2.22}$$

$$\dot{\hat{\theta}}_1 = \gamma_1 z_1 \varphi_1(\hat{x}_1) - \sigma_1 \hat{\theta}_1 \tag{4.2.23}$$

式中，$c_1 > 0$ 和 $\sigma_1 > 0$ 是设计参数。

将式 (4.2.22) 和式 (4.2.23) 代入式 (4.2.21)，可得

$$
\begin{aligned}
\dot{V}_1 \leqslant & -\lambda_1 \|e\|^2 - c_1 z_1^2 + z_1 z_2 + D_0 + \|\theta_1^*\|^2 \\
& + \frac{1}{2} \varepsilon_1^{*2} + \frac{\sigma_1}{\gamma_1} \tilde{\theta}_1^{\mathrm{T}} \hat{\theta}_1 + \frac{1}{2} \|P\|^2 \sum_{i=1}^{n} \left\| \tilde{\theta}_i \right\|^2 \tag{4.2.24}
\end{aligned}
$$

根据杨氏不等式，可得

$$\frac{\sigma_1}{\gamma_1} \tilde{\theta}_1^{\mathrm{T}} \hat{\theta}_1 = \frac{\sigma_1}{\gamma_1} \tilde{\theta}_1^{\mathrm{T}} (\theta_1^* - \tilde{\theta}_1) \leqslant -\frac{\sigma_1}{2\gamma_1} \left\| \tilde{\theta}_1 \right\|^2 + \frac{\sigma_1}{2\gamma_1} \|\theta_1^*\|^2 \tag{4.2.25}$$

将式 (4.2.25) 代入式 (4.2.24)，$\dot{V}_1$ 最终表示为

$$\dot{V}_1 \leqslant -\lambda_1 \|e\|^2 - c_1 z_1^2 + z_1 z_2 + D_1 + \frac{1}{2} \|P\|^2 \sum_{i=1}^{n} \left\| \tilde{\theta}_i \right\|^2 - \frac{\sigma_1}{2\gamma_1} \left\| \tilde{\theta}_1 \right\|^2 \tag{4.2.26}$$

式中，$D_1 = D_0 + \dfrac{1}{2} \varepsilon_1^{*2} + \|\theta_1^*\|^2 + \dfrac{\sigma_1}{2\gamma_1} \|\theta_1^*\|^2$。

第 2 步　由式 (4.2.1) 和式 (4.2.13) 可得

$$\dot{z}_2 = \dot{\hat{x}}_2 - \dot{\alpha}_1$$

$$= \hat{x}_3 + k_2 e_1 + \hat{\theta}_2^{\mathrm{T}} \varphi_2(\hat{\bar{x}}_2) + \tilde{\theta}_2^{\mathrm{T}} \varphi_2(\hat{\bar{x}}_2) - \tilde{\theta}_2^{\mathrm{T}} \varphi_2(\hat{\bar{x}}_2)$$

$$- \frac{\partial \alpha_1}{\partial \hat{x}_1} \dot{\hat{x}}_1 - \frac{\partial \alpha_1}{\partial \hat{\theta}_1} \dot{\hat{\theta}}_1 - \frac{\partial \alpha_1}{\partial y_m} \dot{y}_m - \frac{\partial \alpha_1}{\partial y} \dot{y}$$

$$= z_3 + \alpha_2 + H_2 - \frac{\partial \alpha_1}{\partial y} e_2 - \frac{\partial \alpha_1}{\partial y} \tilde{\theta}_1^{\mathrm{T}} \varphi_1(x_1) - \frac{\partial \alpha_1}{\partial y} \varepsilon_1$$

$$+ \tilde{\theta}_2^{\mathrm{T}} \varphi_2(\hat{\bar{x}}_2) - \tilde{\theta}_2^{\mathrm{T}} \varphi_2(\hat{\bar{x}}_2) \tag{4.2.27}$$

式中,

$$H_2 = \hat{\theta}_2^{\mathrm{T}} \varphi_2(\hat{\bar{x}}_2) - \frac{\partial \alpha_1}{\partial \hat{x}_1}(\hat{x}_2 + \hat{\theta}_1^{\mathrm{T}} \varphi_1(\hat{x}_1) + k_1 e_1)$$

$$- \frac{\partial \alpha_1}{\partial \hat{\theta}_1} \dot{\hat{\theta}}_1 - \frac{\partial \alpha_1}{\partial y_m} \dot{y}_m + k_2 e_1 - \frac{\partial \alpha_1}{\partial y}(\hat{x}_2 + \hat{\theta}_1^{\mathrm{T}} \varphi_1(x_1))$$

选择如下的李雅普诺夫函数:

$$V_2 = V_1 + \frac{1}{2} z_2^2 + \frac{1}{2\gamma_2} \tilde{\theta}_2^{\mathrm{T}} \tilde{\theta}_2 \tag{4.2.28}$$

式中, $\gamma_2 > 0$ 是设计参数。

根据式 (4.2.26)~式 (4.2.28), V_2 关于时间的导数为

$$\dot{V}_2 = \dot{V}_1 + z_2 \dot{z}_2 + \frac{1}{\gamma_2} \tilde{\theta}_2^{\mathrm{T}} \dot{\tilde{\theta}}_2$$

$$\leqslant - \lambda_1 \|e\|^2 - c_1 z_1^2 + z_1 z_2 + \frac{1}{2} \|P\|^2 \sum_{i=1}^{n} \left\| \tilde{\theta}_i \right\|^2 - \frac{\sigma_1}{2\gamma_1} \left\| \tilde{\theta}_1 \right\|^2$$

$$+ z_2 \left(z_3 + \alpha_2 + H_2 - \frac{\partial \alpha_1}{\partial y} e_2 - \tilde{\theta}_2^{\mathrm{T}} \varphi_2(\hat{\bar{x}}_2) - \frac{\partial \alpha_1}{\partial y} \varepsilon_1 \right.$$

$$\left. - \frac{\partial \alpha_1}{\partial y} \tilde{\theta}_1^{\mathrm{T}} \varphi_1(x_1) \right) + \frac{1}{\gamma_2} \tilde{\theta}_2^{\mathrm{T}} (\gamma_2 z_2 \varphi_2(\hat{\bar{x}}_2) - \dot{\hat{\theta}}_2) + D_1 \tag{4.2.29}$$

根据杨氏不等式, 可得

$$-z_2 \frac{\partial \alpha_1}{\partial y} e_2 - z_2 \frac{\partial \alpha_1}{\partial y} \varepsilon_1 \leqslant \frac{1}{2} \|e\|^2 + \left(\frac{\partial \alpha_1}{\partial y} \right)^2 z_2^2 + \frac{1}{2} \varepsilon_1^{*2} \tag{4.2.30}$$

$$-z_2 \frac{\partial \alpha_1}{\partial y} \tilde{\theta}_1^{\mathrm{T}} \varphi_1(x_1) - z_2 \tilde{\theta}_2^{\mathrm{T}} \varphi_2(\hat{\bar{x}}_2) \leqslant \frac{1}{2} z_2^2 + \frac{1}{2} \left(\frac{\partial \alpha_1}{\partial y} \right)^2 z_2^2 + \frac{1}{2} \left\| \tilde{\theta}_1 \right\|^2 + \frac{1}{2} \left\| \tilde{\theta}_2 \right\|^2$$

$$\tag{4.2.31}$$

将式 (4.2.30) 和式 (4.2.31) 代入式 (4.2.29)，可得

$$
\begin{aligned}
\dot{V}_2 \leqslant & -\lambda_2 \|e\|^2 - c_1 z_1^2 + \frac{1}{2}\|P\|^2 \sum_{i=1}^{n}\left\|\tilde{\theta}_i\right\|^2 - \frac{\sigma_1}{2\gamma_1}\left\|\tilde{\theta}_1\right\|^2 + \frac{1}{2}\left\|\tilde{\theta}_1\right\|^2 \\
& + \frac{1}{2}\left\|\tilde{\theta}_2\right\|^2 + z_2\left[z_3 + \alpha_2 + H_2 + z_1 + \frac{1}{2}z_2 + \frac{3}{2}\left(\frac{\partial\alpha_1}{\partial y}\right)^2 z_2\right] \\
& + \frac{1}{\gamma_2}\tilde{\theta}_2^{\mathrm{T}}(\gamma_2 z_2\varphi_2(\hat{\bar{x}}_2) - \dot{\hat{\theta}}_2) + D_1 + \frac{1}{2}\varepsilon_1^{*2}
\end{aligned} \tag{4.2.32}
$$

式中，$\lambda_2 = \lambda_1 - 1/2$。

设计虚拟控制器 α_2 和参数 $\hat{\theta}_2$ 的自适应律如下：

$$
\alpha_2 = -z_1 - c_2 z_2 - \frac{1}{2}z_2 - \frac{3}{2}\left(\frac{\partial\alpha_1}{\partial y}\right)^2 z_2 - H_2 \tag{4.2.33}
$$

$$
\dot{\hat{\theta}}_2 = \gamma_2 z_2\varphi_2(\hat{\bar{x}}_2) - \sigma_2\hat{\theta}_2 \tag{4.2.34}
$$

式中，$c_2 > 0$ 和 $\sigma_2 > 0$ 是设计参数。

将式 (4.2.33) 和式 (4.2.34) 代入式 (4.2.32)，可得

$$
\begin{aligned}
\dot{V}_2 \leqslant & -\lambda_2 \|e\|^2 - \sum_{k=1}^{2} c_k z_k^2 + z_2 z_3 + D_1 + \frac{1}{2}\|P\|^2 \sum_{i=1}^{n}\left\|\tilde{\theta}_i\right\|^2 \\
& - \frac{\sigma_1}{2\gamma_1}\left\|\tilde{\theta}_1\right\|^2 + \frac{1}{2}\varepsilon_1^{*2} + \frac{1}{2}\left\|\tilde{\theta}_1\right\|^2 + \frac{1}{2}\left\|\tilde{\theta}_2\right\|^2 + \frac{\sigma_2}{\gamma_2}\tilde{\theta}_2^{\mathrm{T}}\hat{\theta}_2
\end{aligned} \tag{4.2.35}
$$

根据杨氏不等式，可得

$$
\frac{\sigma_2}{\gamma_2}\tilde{\theta}_2^{\mathrm{T}}\hat{\theta}_2 = \frac{\sigma_2}{\gamma_2}\tilde{\theta}_2^{\mathrm{T}}(\theta_2^* - \tilde{\theta}_2) \leqslant -\frac{\sigma_2}{2\gamma_2}\left\|\tilde{\theta}_2\right\|^2 + \frac{\sigma_2}{2\gamma_2}\|\theta_2^*\|^2 \tag{4.2.36}
$$

将式 (4.2.36) 代入式 (4.2.35)，$\dot{V}_2$ 最终表示为

$$
\begin{aligned}
\dot{V}_2 \leqslant & -\lambda_2 \|e\|^2 - \sum_{k=1}^{2} c_k z_k^2 + z_2 z_3 + D_2 + \frac{1}{2}\|P\|^2 \sum_{i=1}^{n}\left\|\tilde{\theta}_i\right\|^2 \\
& - \frac{\sigma_1}{2\gamma_1}\left\|\tilde{\theta}_1\right\|^2 + \frac{1}{2}\left\|\tilde{\theta}_1\right\|^2 + \frac{1}{2}\left\|\tilde{\theta}_2\right\|^2 - \frac{\sigma_2}{2\gamma_2}\left\|\tilde{\theta}_2\right\|^2
\end{aligned} \tag{4.2.37}
$$

式中，$D_2 = D_1 + \frac{1}{2}\varepsilon_1^{*2} + \frac{\sigma_2}{2\gamma_2}\|\theta_2^*\|^2$。

第 $i(3 \leqslant i \leqslant n-1)$ 步　由 $z_i = \hat{x}_i - \alpha_{i-1}$、式 (4.2.1) 和式 (4.2.13) 可得

$$
\begin{aligned}
\dot{z}_i =\ & \dot{\hat{x}}_i - \dot{\alpha}_{i-1} \\
=\ & \hat{x}_{i+1} + k_i e_1 + \hat{\theta}_i^{\mathrm{T}} \varphi_i(\hat{\bar{x}}_i) + \tilde{\theta}_i^{\mathrm{T}} \varphi_i(\hat{\bar{x}}_i) - \tilde{\theta}_i^{\mathrm{T}} \varphi_i(\hat{\bar{x}}_i) \\
& - \frac{\partial \alpha_{i-1}}{\partial y} \dot{y} - \sum_{j=1}^{i-1} \frac{\partial \alpha_{i-1}}{\partial \hat{x}_j} \dot{\hat{x}}_j - \sum_{j=1}^{i-1} \frac{\partial \alpha_{i-1}}{\partial \hat{\theta}_j} \dot{\hat{\theta}}_j - \frac{\partial \alpha_{i-1}}{\partial y_m} \dot{y}_m \\
=\ & z_{i+1} + \alpha_i + H_i + \tilde{\theta}_i^{\mathrm{T}} \varphi_i(\hat{\bar{x}}_i) - \tilde{\theta}_i^{\mathrm{T}} \varphi_i(\hat{\bar{x}}_i) \\
& - \frac{\partial \alpha_{i-1}}{\partial y} e_2 - \frac{\partial \alpha_{i-1}}{\partial y} \varepsilon_1 - \frac{\partial \alpha_{i-1}}{\partial y} \tilde{\theta}_1^{\mathrm{T}} \varphi_1(x_1)
\end{aligned}
\tag{4.2.38}
$$

式中，

$$
\begin{aligned}
H_i =\ & k_i e_1 + \hat{\theta}_i^{\mathrm{T}} \varphi_i(\hat{\bar{x}}_i) - \sum_{j=1}^{i-1} \frac{\partial \alpha_{i-1}}{\partial \hat{x}_j} (\hat{x}_{j+1} + \hat{\theta}_j^{\mathrm{T}} \varphi_j(\hat{\bar{x}}_j)) - \frac{\partial \alpha_{i-1}}{\partial y_m} \dot{y}_m \\
& - \sum_{j=1}^{i-1} k_j \frac{\partial \alpha_{i-1}}{\partial \hat{x}_j} e_1 - \sum_{j=1}^{i-1} \frac{\partial \alpha_{i-1}}{\partial \hat{\theta}_j} \dot{\hat{\theta}}_j - \frac{\partial \alpha_1}{\partial y} (\hat{x}_2 + \hat{\theta}_1^{\mathrm{T}} \varphi_1(x_1))
\end{aligned}
$$

选择如下的李雅普诺夫函数：

$$
V_i = V_{i-1} + \frac{1}{2} z_i^2 + \frac{1}{2\gamma_i} \tilde{\theta}_i^{\mathrm{T}} \tilde{\theta}_i
\tag{4.2.39}
$$

式中，$\gamma_i > 0$ 是设计参数。

V_i 关于时间的导数为

$$
\begin{aligned}
\dot{V}_i =\ & \dot{V}_{i-1} + z_i \dot{z}_i + \frac{1}{\gamma_i} \tilde{\theta}_i^{\mathrm{T}} \dot{\tilde{\theta}}_i \\
\leqslant\ & \dot{V}_{i-1} + z_i \left(z_{i+1} + \alpha_i + H_i - \tilde{\theta}_i^{\mathrm{T}} \varphi_i(\hat{\bar{x}}_i) - \frac{\partial \alpha_{i-1}}{\partial y} e_2 \right. \\
& \left. - \frac{\partial \alpha_{i-1}}{\partial y} \varepsilon_1 - \frac{\partial \alpha_{i-1}}{\partial y} \tilde{\theta}_1^{\mathrm{T}} \varphi_1(x_1) \right) + \frac{1}{\gamma_i} \tilde{\theta}_i^{\mathrm{T}} (\gamma_i z_i \varphi_i(\hat{\bar{x}}_i) - \dot{\hat{\theta}}_i)
\end{aligned}
\tag{4.2.40}
$$

根据杨氏不等式，可得

$$
-z_i \frac{\partial \alpha_{i-1}}{\partial y} e_2 - z_i \frac{\partial \alpha_{i-1}}{\partial y} \varepsilon_1 \leqslant \frac{1}{2} \|e\|^2 + \left(\frac{\partial \alpha_{i-1}}{\partial y} \right)^2 z_i^2 + \frac{1}{2} \varepsilon_1^{*2}
\tag{4.2.41}
$$

$$
-z_i \tilde{\theta}_i^{\mathrm{T}} \varphi_i(\hat{\bar{x}}_i) - z_i \frac{\partial \alpha_{i-1}}{\partial y} \tilde{\theta}_1^{\mathrm{T}} \varphi_1(x_1) \leqslant \frac{1}{2} z_i^2 + \frac{1}{2} \left(\frac{\partial \alpha_{i-1}}{\partial y} \right)^2 z_i^2 + \frac{1}{2} \left\| \tilde{\theta}_1 \right\|^2 + \frac{1}{2} \left\| \tilde{\theta}_i \right\|^2
\tag{4.2.42}
$$

将式 (4.2.41) 和式 (4.2.42) 代入式 (4.2.40)，可得

$$
\dot{V}_i \leqslant -\lambda_i \|e\|^2 - \sum_{j=1}^{i-1} c_j z_j^2 + z_i z_{i+1} + z_i \left[z_{i-1} + \alpha_i + \frac{1}{2} z_i + \frac{3}{2} \left(\frac{\partial \alpha_{i-1}}{\partial y} \right)^2 z_i \right.
$$

$$+ H_i \Big] - \sum_{j=1}^{i-1} \frac{\sigma_j}{2\gamma_j} \left\| \tilde{\theta}_j \right\|^2 + \frac{i-1}{2} \left\| \tilde{\theta}_1 \right\|^2 + \frac{1}{2} \varepsilon_i^{*2} + \frac{1}{2} \sum_{j=2}^{i} \left\| \tilde{\theta}_j \right\|^2 + D_{i-1}$$

$$+ \frac{1}{2} \|P\|^2 \sum_{i=1}^{n} \left\| \tilde{\theta}_i \right\|^2 + \frac{1}{\gamma_i} \tilde{\theta}_i^{\mathrm{T}} (\gamma_i z_i \varphi_i(\hat{\bar{x}}_i) - \dot{\hat{\theta}}_i) \tag{4.2.43}$$

式中，$\lambda_i = \lambda_{i-1} - \frac{1}{2}$。

设计虚拟控制器 α_i 和参数 $\hat{\theta}_i$ 的自适应律如下：

$$\alpha_i = -c_i z_i - z_{i-1} - H_i - \frac{1}{2} z_i - \frac{3}{2} \left(\frac{\partial \alpha_{i-1}}{\partial y} \right)^2 z_i \tag{4.2.44}$$

$$\dot{\hat{\theta}}_i = \gamma_i z_i \varphi_i(\hat{\bar{x}}_i) - \sigma_i \hat{\theta}_i \tag{4.2.45}$$

式中，$c_i > 0$ 和 $\sigma_i > 0$ 是设计常数。

将式 (4.2.44) 和式 (4.2.45) 代入式 (4.2.43)，可得

$$\dot{V}_i \leqslant - \lambda_i \|e\|^2 - \sum_{j=1}^{i} c_j z_j^2 + z_i z_{i+1} - \sum_{j=1}^{i-1} \frac{\sigma_k}{2\gamma_j} \left\| \tilde{\theta}_j \right\|^2 + \frac{\sigma_i}{\gamma_i} \tilde{\theta}_i^{\mathrm{T}} \hat{\theta}_i$$

$$+ \frac{i-1}{2} \left\| \tilde{\theta}_1 \right\|^2 + \frac{1}{2} \sum_{j=2}^{i} \left\| \tilde{\theta}_j \right\|^2 + D_{i-1} + \frac{1}{2} \varepsilon_1^{*2} + \frac{1}{2} \|P\|^2 \sum_{i=1}^{n} \left\| \tilde{\theta}_i \right\|^2 \tag{4.2.46}$$

根据杨氏不等式，可得

$$\frac{\sigma_i}{\gamma_i} \tilde{\theta}_i^{\mathrm{T}} \hat{\theta}_i = \frac{\sigma_i}{\gamma_i} \tilde{\theta}_i^{\mathrm{T}} (\theta_i^* - \tilde{\theta}_i) \leqslant - \frac{\sigma_i}{2\gamma_i} \left\| \tilde{\theta}_i \right\|^2 + \frac{\sigma_i}{2\gamma_i} \|\theta_i^*\|^2 \tag{4.2.47}$$

将式 (4.2.47) 代入式 (4.2.46)，$\dot{V}_i$ 最终表示为

$$\dot{V}_i \leqslant - \lambda_i \|e\|^2 - \sum_{j=1}^{i} c_j z_j^2 + z_i z_{i+1} - \sum_{j=1}^{i} \frac{\sigma_j}{2\gamma_j} \left\| \tilde{\theta}_j \right\|^2$$

$$+ \frac{i-1}{2} \left\| \tilde{\theta}_1 \right\|^2 + D_i + \frac{1}{2} \|P\|^2 \sum_{i=1}^{n} \left\| \tilde{\theta}_i \right\|^2 + \frac{1}{2} \sum_{j=2}^{i} \left\| \tilde{\theta}_j \right\|^2 \tag{4.2.48}$$

式中，$D_i = D_{i-1} + \frac{\sigma_i}{2\gamma_i} \|\theta_i^*\|^2 + \frac{1}{2} \varepsilon_1^{*2}$。

第 n 步　由 $z_n = \hat{x}_n - \alpha_{n-1}$、式 (4.2.1) 和式 (4.2.13) 可得

$$\dot{z}_n = \dot{\hat{x}}_n - \dot{\alpha}_{n-1}$$
$$= u + H_n + \tilde{\theta}_n^{\mathrm{T}} \varphi_n(\hat{\bar{x}}_n) - \tilde{\theta}_n^{\mathrm{T}} \varphi_n(\hat{\bar{x}}_n)$$

$$-\frac{\partial \alpha_{n-1}}{\partial y}e_2 - \frac{\partial \alpha_{n-1}}{\partial y}\varepsilon_1 - \frac{\partial \alpha_{n-1}}{\partial y}\tilde{\theta}_1^{\mathrm{T}}\varphi_1(x_1) \tag{4.2.49}$$

式中,

$$
\begin{aligned}
H_n =\ & k_n e_1 + \hat{\theta}_n^{\mathrm{T}}\varphi_n(\hat{\bar{x}}_n) - \sum_{j=1}^{n-1}\frac{\partial \alpha_{n-1}}{\partial \hat{x}_j}(\hat{x}_{j+1} + \hat{\theta}_j^{\mathrm{T}}\varphi_j(\hat{\bar{x}}_j)) - \frac{\partial \alpha_{n-1}}{\partial y_m}\dot{y}_m \\
& - \sum_{j=1}^{n-1} k_j \frac{\partial \alpha_{n-1}}{\partial \hat{x}_j}e_1 - \sum_{j=1}^{n-1}\frac{\partial \alpha_{n-1}}{\partial \hat{\theta}_j}\dot{\hat{\theta}}_j - \frac{\partial \alpha_1}{\partial y}(\hat{x}_2 + \hat{\theta}_1^{\mathrm{T}}\varphi_1(x_1))
\end{aligned}
$$

选择如下的李雅普诺夫函数:

$$V_n = V_{n-1} + \frac{1}{2}z_n^2 + \frac{1}{2\gamma_n}\tilde{\theta}_n^{\mathrm{T}}\tilde{\theta}_n \tag{4.2.50}$$

式中, $\gamma_n > 0$ 是设计参数。

根据式 (4.2.49), V_n 关于时间的导数为

$$
\begin{aligned}
\dot{V}_n =\ & \dot{V}_{n-1} + z_n\dot{z}_n + \frac{1}{\gamma_n}\tilde{\theta}_n^{\mathrm{T}}\dot{\tilde{\theta}}_n \\
\leqslant\ & \dot{V}_{n-1} + z_n\bigg(u + H_n - \tilde{\theta}_n^{\mathrm{T}}\varphi_n(\hat{\bar{x}}_n) - \frac{\partial \alpha_{n-1}}{\partial y}e_2 \\
& - \frac{\partial \alpha_{n-1}}{\partial y}\varepsilon_1 - \frac{\partial \alpha_{n-1}}{\partial y}\tilde{\theta}_1^{\mathrm{T}}\varphi_1(x_1)\bigg) + \frac{1}{\gamma_n}\tilde{\theta}_n^{\mathrm{T}}(\gamma_n z_n\varphi_n(\hat{\bar{x}}_n) - \dot{\hat{\theta}}_n) \tag{4.2.51}
\end{aligned}
$$

根据杨氏不等式, 可得

$$-z_n\frac{\partial \alpha_{n-1}}{\partial y}e_2 - z_n\frac{\partial \alpha_{n-1}}{\partial y}\varepsilon_1 \leqslant \frac{1}{2}\|e\|^2 + \left(\frac{\partial \alpha_{n-1}}{\partial y}\right)^2 z_n^2 + \frac{1}{2}\varepsilon_1^{*2} \tag{4.2.52}$$

$$-z_n\tilde{\theta}_n^{\mathrm{T}}\varphi_n(\hat{\bar{x}}_n) - z_n\frac{\partial \alpha_{n-1}}{\partial y}\tilde{\theta}_1^{\mathrm{T}}\varphi_1(x_1) \leqslant \frac{1}{2}z_n^2 + \frac{1}{2}\left(\frac{\partial \alpha_{n-1}}{\partial y}\right)^2 z_n^2 + \frac{1}{2}\left\|\tilde{\theta}_1\right\|^2 + \frac{1}{2}\left\|\tilde{\theta}_n\right\|^2 \tag{4.2.53}$$

将式 (4.2.52) 和式 (4.2.53) 代入式 (4.2.51), 可得

$$
\begin{aligned}
\dot{V}_n \leqslant\ & -\lambda_n\|e\|^2 - \sum_{j=1}^{n-1}c_k z_k^2 + z_{n-1}z_n - \sum_{j=1}^{n-1}\frac{\sigma_j}{2\gamma_j}\left\|\tilde{\theta}_j\right\|^2 + \frac{n-1}{2}\left\|\tilde{\theta}_1\right\|^2 \\
& + z_n\left[u + \frac{1}{2}z_n + \frac{3}{2}\left(\frac{\partial \alpha_{n-1}}{\partial y}\right)^2 z_n + H_n\right] + \frac{1}{2}\varepsilon_1^{*2} + \frac{1}{2}\sum_{j=2}^{n}\left\|\tilde{\theta}_j\right\|^2 \\
& + \frac{1}{2}\|P\|^2\sum_{i=1}^{n}\left\|\tilde{\theta}_i\right\|^2 + \frac{1}{\gamma_n}\tilde{\theta}_n^{\mathrm{T}}(\gamma_n z_n\varphi_n(\hat{\bar{x}}_n) - \dot{\hat{\theta}}_n) + D_{n-1} \tag{4.2.54}
\end{aligned}
$$

式中，$\lambda_n = \lambda_{n-1} - \dfrac{1}{2}$。

设计控制器 u 和参数 $\hat{\theta}_n$ 的自适应律如下：

$$u = -z_{n-1} - c_n z_n - H_n - \frac{1}{2}z_n - \frac{3}{2}\left(\frac{\partial\alpha_{n-1}}{\partial y}\right)^2 z_n \tag{4.2.55}$$

$$\dot{\hat{\theta}}_n = \gamma_n\varphi_n(\hat{\bar{x}}_n)z_n - \sigma_n\hat{\theta}_n \tag{4.2.56}$$

式中，$c_n > 0$ 和 $\sigma_n > 0$ 是设计参数。

将式 (4.2.55) 和式 (4.2.56) 代入式 (4.2.54)，$\dot{V}_n$ 可表示为

$$\dot{V}_n \leqslant -\lambda_n\|e\|^2 - \sum_{j=1}^{n}c_j z_j^2 + \frac{n-1}{2}\left\|\tilde{\theta}_1\right\|^2 + \frac{1}{2}\sum_{j=2}^{n}\left\|\tilde{\theta}_j\right\|^2$$

$$+ \frac{\sigma_n}{\gamma_n}\tilde{\theta}_n^{\mathrm{T}}\hat{\theta}_n + D_{n-1} + \frac{1}{2}\varepsilon_1^{*2} + \frac{1}{2}\|P\|^2\sum_{i=1}^{n}\left\|\tilde{\theta}_i\right\|^2 - \sum_{j=1}^{n-1}\frac{\sigma_j}{2\gamma_j}\left\|\tilde{\theta}_j\right\|^2 \tag{4.2.57}$$

根据杨氏不等式，可得

$$\frac{\sigma_n}{\gamma_n}\tilde{\theta}_n^{\mathrm{T}}\hat{\theta}_n = \frac{\sigma_n}{\gamma_n}\tilde{\theta}_n^{\mathrm{T}}(\theta_n^* - \tilde{\theta}_n) \leqslant -\frac{\sigma_n}{2\gamma_n}\left\|\tilde{\theta}_n\right\|^2 + \frac{\sigma_n}{2\gamma_n}\|\theta_n^*\|^2 \tag{4.2.58}$$

将式 (4.2.58) 代入式 (4.2.57)，可得

$$\dot{V}_n \leqslant -\lambda_n\|e\|^2 - \sum_{j=1}^{n}c_j z_j^2 + \frac{n-1}{2}\left\|\tilde{\theta}_1\right\|^2 + D$$

$$- \sum_{j=1}^{n}\frac{\sigma_j}{2\gamma_j}\left\|\tilde{\theta}_j\right\|^2 + \frac{1}{2}\|P\|^2\sum_{i=1}^{n}\left\|\tilde{\theta}_i\right\|^2 + \frac{1}{2}\sum_{j=2}^{n}\left\|\tilde{\theta}_j\right\|^2 \tag{4.2.59}$$

式中，$D = D_{n-1} + \dfrac{\sigma_n}{2\gamma_n}\|\theta_n^*\|^2 + \dfrac{1}{2}\varepsilon_1^{*2}$。

4.2.4 稳定性与收敛性分析

下面定理给出了 4.2.2 节所设计的模糊自适应控制所具有的性质。

定理 4.2.1   对于非线性系统 (4.2.1)，如果采用控制器 (4.2.55)，虚拟控制器 (4.2.22)、(4.2.33)、(4.2.44)，参数自适应律 (4.2.23)、(4.2.34)、(4.2.45) 和 (4.2.56)，则总体控制方案具有如下性能：

(1) 闭环系统中的所有信号半全局一致最终有界；

(2) 观测误差 $e(t)$ 和跟踪误差 $z_1(t) = y(t) - y_m(t)$ 收敛到包含原点的一个较小邻域内。

证明　设

$$C = \min\{\, 2(\lambda_{\min}(Q) - 2 - n/2)/\lambda_{\max}(P); 2c_i, i = 1, 2, \cdots, n;$$
$$\sigma_1 - \gamma_1(\|P\|^2 + n - 1), \sigma_i - \gamma_i(\|P\|^2 + 1), i = 2, 3, \cdots, n\}$$

则式 (4.2.59) 变为

$$\dot{V} \leqslant -CV + D \tag{4.2.60}$$

如果选择一个正定矩阵 Q 使得 $\lambda_{\min}(Q) - 2 - n/2 > 0$，则根据式 (4.2.60) 和引理 0.3.1，所有信号 $x_i(t)$、$\hat{x}_i(t)$、$z_i(t)$、$\hat{\theta}_i$ 和 $u(t)$ 是半全局一致最终有界的，并且满足 $\|e\| \leqslant \sqrt{2V(t_0)}\mathrm{e}^{-\frac{C}{2}(t-t_0)} + \sqrt{\dfrac{2D}{C}}$ 和 $|y(t) - y_m(t)| \leqslant \sqrt{2V(t_0)}\mathrm{e}^{-\frac{C}{2}(t-t_0)} + \sqrt{\dfrac{2D}{C}}$。如果选择设计参数 c_i、σ 和 Q，使得 $(2D/C)^{\frac{1}{2}}$ 尽可能小，则可以得到观测误差和跟踪误差收敛到包含原点的一个小邻域内。

评注 4.2.1　与 4.1 节所介绍的基于线性状态观测器的模糊自适应输出反馈控制方法相比，本节所给出的基于模糊状态观测器的自适应输出反馈控制方法的优点在于：该控制方法不但能够保证控制系统的稳定性，而且所设计的模糊观测器能够实现对不可测状态的估计。与本节相类似的智能自适应输出反馈控制方法可参见文献 [8]~[10]。此外，关于随机非线性严格反馈系统的智能自适应输出反馈控制方法可参见文献 [11] 和 [12]。

4.2.5　仿真

例 4.2.1　考虑如下形式的二阶非线性系统：

$$\begin{cases} \dot{x}_1 = f_1(x_1) + x_2 \\ \dot{x}_2 = f_2(\bar{x}_2) + u \\ y = x_1 \end{cases} \tag{4.2.61}$$

式中，$f_1(x_1) = 0.1x_1\mathrm{e}^{-0.5x_1}$；$f_2(\bar{x}_2) = x_1\sin^2(x_2^2)$。给定的跟踪参考信号为 $y_m = \dfrac{1}{2}\sin(t)$。

选择隶属函数为

$$\mu_{F_i^1}(\hat{x}_i) = \exp\left[-\frac{(\hat{x}_i - 6)^2}{2}\right], \quad \mu_{F_i^2}(\hat{x}_i) = \exp\left[-\frac{(\hat{x}_i - 4)^2}{2}\right]$$

$$\mu_{F_i^3}(\hat{x}_i) = \exp\left[-\frac{(\hat{x}_i - 2)^2}{2}\right], \quad \mu_{F_i^4}(\hat{x}_i) = \exp\left(-\frac{\hat{x}_i^2}{2}\right)$$

$$\mu_{F_i^5}(\hat{x}_i) = \exp\left[-\frac{(\hat{x}_i + 2)^2}{2}\right], \quad \mu_{F_i^6}(\hat{x}_i) = \exp\left[-\frac{(\hat{x}_i + 4)^2}{2}\right]$$

$$\mu_{F_i^7}(\hat{x}_i) = \exp\left[-\frac{(\hat{x}_i + 6)^2}{2}\right], \quad i = 1, 2$$

令

$$\varphi_{1l}(\hat{x}_1) = \frac{\mu_{F_1^l}(\hat{x}_1)}{\sum\limits_{l=1}^{7} \mu_{F_i^l}(\hat{x}_1)}, \quad \varphi_{2l}(\hat{\hat{x}}_2) = \frac{\prod\limits_{i=1}^{2} \mu_{F_i^l}(\hat{\hat{x}}_i)}{\sum\limits_{l=1}^{7}\left(\prod\limits_{i=1}^{2} \mu_{F_i^l}(\hat{\hat{x}}_i)\right)}$$

$$\varphi_1(\hat{x}_1) = [\varphi_{11}(\hat{x}_1), \varphi_{12}(\hat{x}_1), \varphi_{13}(\hat{x}_1), \varphi_{14}(\hat{x}_1), \varphi_{15}(\hat{x}_1), \varphi_{16}(\hat{x}_1), \varphi_{17}(\hat{x}_1)]^{\mathrm{T}}$$

$$\varphi_2(\hat{\hat{x}}_2) = [\varphi_{21}(\hat{\hat{x}}_2), \varphi_{22}(\hat{\hat{x}}_2), \varphi_{23}(\hat{\hat{x}}_2), \varphi_{24}(\hat{\hat{x}}_2), \varphi_{25}(\hat{\hat{x}}_2), \varphi_{26}(\hat{\hat{x}}_2), \varphi_{27}(\hat{\hat{x}}_2)]^{\mathrm{T}}$$

模糊逻辑系统可以表示为

$$\hat{f}_1(\hat{x}_1|\hat{\theta}_1) = \theta_1^{\mathrm{T}}\varphi_1(\hat{x}_1), \quad \hat{f}_2(\hat{\hat{x}}_2|\hat{\theta}_2) = \hat{\theta}_2^{\mathrm{T}}\varphi_2(\hat{\hat{x}}_2)$$

在仿真中，取虚拟控制器、控制器和参数自适应律的设计参数为：$\gamma_1 = \gamma_2 = 1$，$\sigma_1 = \sigma_2 = 0.1$，$c_1 = 5$，$c_2 = 5$。

取 $k_1 = 2$，$k_2 = 1$，正定矩阵 $Q = 4I$。求解李雅普诺夫方程 (4.2.3)，得到正定矩阵：

$$P = \begin{bmatrix} 4 & 4 \\ 4 & 12 \end{bmatrix}$$

选择变量及参数的初始值为：$x_1(0) = 0$，$x_2(0) = -0.2$，$\hat{x}_1(0) = 0$，$\hat{x}_2(0) = 0.3$，$\hat{\theta}_1(0) = [-0.6 \quad 0 \quad 0.5 \quad 0 \quad 0.6 \quad 0 \quad 0]^{\mathrm{T}}$，$\hat{\theta}_2(0) = [0.4 \quad 0 \quad 0.1 \quad -0.1 \quad 0 \quad 0 \quad 0]^{\mathrm{T}}$。

仿真结果如图 4.2.1～图 4.2.4 所示。

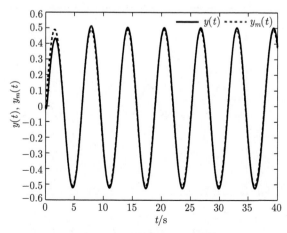

图 4.2.1　$y(t)$ 和 $y_m(t)$ 的轨迹

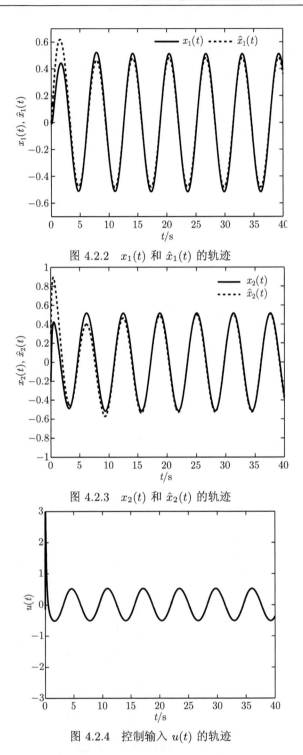

图 4.2.2　$x_1(t)$ 和 $\hat{x}_1(t)$ 的轨迹

图 4.2.3　$x_2(t)$ 和 $\hat{x}_2(t)$ 的轨迹

图 4.2.4　控制输入 $u(t)$ 的轨迹

4.3　基于模糊 K 滤波的自适应输出反馈控制

本节针对一类状态不可测的单输入单输出非线性严格反馈系统，介绍模糊 K 滤波和基于模糊 K 滤波的自适应反步递推输出反馈控制设计方法，并给出闭环系统的稳定性分析。

4.3.1　系统模型及控制问题描述

考虑如下的非线性严格反馈系统：

$$\begin{cases} \dot{x}_1 = f_1(x_1) + x_2 \\ \dot{x}_i = f_i(\bar{x}_i) + x_{i+1}, \quad i = 1, 2 \cdots, n-1 \\ \dot{x}_n = f_n(\bar{x}_n) + \sigma(y)u \\ y = x_1 \end{cases} \tag{4.3.1}$$

式中，$\bar{x}_i = [x_1, x_2, \cdots, x_i]^{\mathrm{T}} \in \mathbf{R}^i$ 是系统状态；$u \in \mathbf{R}$ 是控制输入；$y \in \mathbf{R}$ 是系统输出；$f_i(\cdot)$ 是未知的非线性光滑函数；$\sigma(y)$ 是已知的非线性光滑函数，且 $\sigma(y) \neq 0$。假设系统输出 y 可测，而其他变量不可测。

控制任务　基于模糊逻辑系统设计一种模糊自适应输出反馈控制器，使得：

(1) 闭环系统中的所有信号半全局一致最终有界；

(2) 对于给定参考信号 y_m，跟踪误差 $z_1 = y - y_m$ 尽可能小。

4.3.2　模糊 K 滤波设计

定义 $\hat{\bar{x}}_i$ 是状态 $\bar{x}_i$ 的估计，利用模糊逻辑系统 $\hat{f}_i(\hat{\bar{x}}_i | \hat{\theta}_i) = \hat{\theta}_i^{\mathrm{T}} \varphi_i(\hat{\bar{x}}_i)$ 逼近未知光滑函数 $f_i(\bar{x}_i)$，并假设

$$f_i(\bar{x}_i) = \theta_i^{*\mathrm{T}} \varphi_i(\hat{\bar{x}}_i) + \varepsilon_i(\hat{\bar{x}}_i), \quad i = 1, 2, \cdots, n \tag{4.3.2}$$

式中，θ_i^* 是最优参数 $\theta_i^* := \arg \min\limits_{\theta_i \in \mathbf{R}^l_i} \left\{ \sup\limits_{(\bar{x}_i, \hat{\bar{x}}_i) \in (D_1, D_2)} \left| f_i(\bar{x}_i) - \theta_i^{\mathrm{T}} \varphi_i(\hat{\bar{x}}_i) \right| \right\}$；$\varepsilon_i(\hat{\bar{x}}_i)$ 是模糊最小逼近误差。假设 $\left| \varepsilon_i(\hat{\bar{x}}_i) \right| \leqslant \varepsilon_i^*$，$\varepsilon_i^*$ 是正常数。

根据式 (4.3.1) 和式 (4.3.2)，将系统 (4.3.1) 写成状态空间的形式：

$$\begin{aligned} \dot{x} &= Ax + G^{\mathrm{T}}\vartheta + \varepsilon \\ y &= C_1^{\mathrm{T}} x \end{aligned} \tag{4.3.3}$$

式中，

$$x = [x_1, x_2, \cdots, x_n]^{\mathrm{T}}, \quad \vartheta = \begin{bmatrix} 1 \\ \theta^* \end{bmatrix}, \quad \theta^* = [\theta_1^*, \theta_2^*, \cdots, \theta_n^*]^{\mathrm{T}}$$

$$G = \left[\left[\begin{array}{c} 0_{(n-1)\times 1} \\ 1 \end{array} \right] \sigma(y)u, \varPhi^{\mathrm{T}} \right]^{\mathrm{T}}, \quad \varPhi^{\mathrm{T}} = \left[\begin{array}{ccc} \varphi_1^{\mathrm{T}}(\hat{x}_1) & & \\ & \ddots & \\ & & \varphi_n^{\mathrm{T}}(\hat{\bar{x}}_n) \end{array} \right]$$

$$A = \left[\begin{array}{c} 0 \\ \vdots \quad I_{n-1} \\ 0 \quad \cdots \quad 0 \end{array} \right], \quad \varepsilon = [\varepsilon_1, \varepsilon_2, \cdots, \varepsilon_n]^{\mathrm{T}}, \quad C_1 = [1 \quad 0 \quad \cdots \quad 0]^{\mathrm{T}}$$

选择向量 $k = [k_1, k_2, \cdots, k_n]^{\mathrm{T}}$ 使得矩阵 $A_0 = A - kC_1^{\mathrm{T}}$ 是稳定矩阵，因此对于一个给定的矩阵 $Q = Q^{\mathrm{T}} > 0$，存在一个矩阵 $P = P^{\mathrm{T}} > 0$，满足如下李雅普诺夫方程：

$$PA_0 + A_0^{\mathrm{T}}P = -Q \tag{4.3.4}$$

定义状态估计变量为

$$\hat{x} = \xi + \varOmega^{\mathrm{T}}\vartheta \tag{4.3.5}$$

式中，$\varOmega^{\mathrm{T}} = [\lambda, \varXi]$。

根据式 (4.3.3)，定义模糊 K 滤波如下：

$$\dot{\xi} = A_0\xi + ky \tag{4.3.6}$$

$$\dot{\varXi} = A_0\varXi + \varPhi^{\mathrm{T}} \tag{4.3.7}$$

$$\dot{\lambda} = A_0\lambda + C_n\sigma u \tag{4.3.8}$$

式中，$C_n = [0 \quad 0 \quad \cdots \quad 0 \quad 1]^{\mathrm{T}}$。

定义观测误差向量为

$$e = [e_1, e_2, \cdots, e_n]^{\mathrm{T}} = x - \hat{x}$$

则观测误差 e 满足如下方程：

$$\dot{e} = A_0 e + \varepsilon \tag{4.3.9}$$

选择如下李雅普诺夫函数：

$$V_0 = \frac{1}{2}e^{\mathrm{T}}Pe \tag{4.3.10}$$

由式 (4.3.9) 可得

$$\dot{V}_0 \leqslant -\bar{\lambda}_0 e^{\mathrm{T}}e + \frac{1}{2}\|P\|^2 \|\varepsilon^*\|^2 \tag{4.3.11}$$

式中，$\bar{\lambda}_0 = \lambda_{\min}(Q) - 1/2$。

由式 (4.3.9) 可以看出，如果假设模糊逼近误差比较小，则 e 渐近收敛到包含原点的一个小邻域内。

4.3.3　模糊自适应反步递推控制设计

定义如下坐标变换：

$$
\begin{aligned}
z_1 &= y - y_m \\
z_i &= \lambda_i - \alpha_{i-1}, \quad i = 2, 3, \cdots, n
\end{aligned}
\tag{4.3.12}
$$

式中，z_1 是跟踪误差；α_{i-1} 是在第 $i-1$ 步中将要设计的虚拟控制器。

下面给出基于模糊 K 滤波的 n 步自适应反步递推控制设计过程。

第 1 步　根据式 (4.3.1) 和式 (4.3.12)，z_1 的导数为

$$
\dot{z}_1 = x_2 + \theta_1^{*\mathrm{T}} \varphi_1(\hat{\hat{x}}_1) + \varepsilon_1(\hat{\hat{x}}_1) - \dot{y}_m
\tag{4.3.13}
$$

用滤波信号 ξ、λ 和 Ξ 代替不可测状态 x_2，并由式 (4.3.5) 可得

$$
\begin{aligned}
x &= \xi + \Omega^{\mathrm{T}} \vartheta + x - \hat{x} \\
&= \xi + \lambda + \Xi \theta^* + e
\end{aligned}
\tag{4.3.14}
$$

由式 (4.3.14) 可得

$$
x_2 = \xi_2 + \lambda_2 + \Xi_{(2)} \theta^* + e_2
\tag{4.3.15}
$$

将式 (4.3.15) 代入式 (4.3.13)，可得

$$
\begin{aligned}
\dot{z}_1 &= \xi_2 + \lambda_2 + (\Xi_{(2)} + \Phi_{(1)}^{\mathrm{T}})\theta^* + e_2 + \varepsilon_1 - \dot{y}_m \\
&= \xi_2 + z_2 + \alpha_1 + \bar{\omega}^{\mathrm{T}} \theta^* + e_2 + \varepsilon_1 - \dot{y}_m \\
&= \xi_2 + z_2 + \alpha_1 + \bar{\omega}^{\mathrm{T}} \hat{\theta} + \bar{\omega}^{\mathrm{T}} \tilde{\theta} + e_2 + \varepsilon_1 - \dot{y}_m
\end{aligned}
\tag{4.3.16}
$$

式中，$\bar{\omega}^{\mathrm{T}} = \Xi_{(2)} + \Phi_{(1)}^{\mathrm{T}}$；$\Xi_{(2)}$ 是矩阵 Ξ 的第二行；$\Phi_{(1)}^{\mathrm{T}}$ 是矩阵 Φ^{T} 的第一行；$\hat{\theta}$ 是 θ^* 的估计；$\tilde{\theta} = \theta^* - \hat{\theta}$ 是参数估计误差。

选择如下的李雅普诺夫函数：

$$
V_1 = V_0 + \frac{1}{2} z_1^2 + \frac{1}{2\eta} \tilde{\theta}^{\mathrm{T}} \tilde{\theta}
\tag{4.3.17}
$$

式中，$\eta > 0$ 是设计参数。

求 V_1 的导数，由式 (4.3.16) 和式 (4.3.17) 可得

$$
\begin{aligned}
\dot{V}_1 &= \dot{V}_0 + z_1 \dot{z}_1 + \frac{1}{\eta} \tilde{\theta}^{\mathrm{T}} \dot{\tilde{\theta}} \\
&\leqslant -\bar{\lambda}_0 e^{\mathrm{T}} e + \frac{1}{2} \|P\|^2 \|\varepsilon^*\|^2 + z_1(\xi_2 + z_2 + \alpha_1 + e_2
\end{aligned}
$$

$$+ \bar{\omega}^{\mathrm{T}}\hat{\theta} + \varepsilon_1 - \dot{y}_m) + \frac{\tilde{\theta}^{\mathrm{T}}}{\eta}(\eta z_1 \bar{\omega}^{\mathrm{T}} - \dot{\hat{\theta}}) \tag{4.3.18}$$

根据杨氏不等式, 可得

$$z_1(e_2 + \varepsilon_1(\hat{\bar{x}}_1)) \leqslant z_1^2 + \frac{1}{2}e^{\mathrm{T}}e + \frac{1}{2}\varepsilon_1^{*2} \tag{4.3.19}$$

设 $\bar{\lambda}_1 = \bar{\lambda}_0 - \dfrac{1}{2}$, 将式 (4.3.19) 代入式 (4.3.18), 可得

$$\dot{V}_1 \leqslant -\bar{\lambda}_1 e^{\mathrm{T}}e + z_1(\alpha_1 + \xi_2 + z_1 + \bar{\omega}^{\mathrm{T}}\hat{\theta} - \dot{y}_m) + z_1 z_2 + \frac{\tilde{\theta}^{\mathrm{T}}}{\eta}(\eta z_1 \bar{\omega}^{\mathrm{T}} - \dot{\hat{\theta}}) + D_1 \tag{4.3.20}$$

式中, $D_1 = \dfrac{1}{2}\varepsilon_1^{*2} + \dfrac{1}{2}\|P\|^2 \|\varepsilon^*\|^2$。

设计虚拟控制器和调节函数如下:

$$\alpha_1 = -c_1 z_1 - z_1 - \xi_2 - \bar{\omega}^{\mathrm{T}}\hat{\theta} + \dot{y}_m \tag{4.3.21}$$

$$\tau_1 = \eta z_1 \bar{\omega}^{\mathrm{T}} \tag{4.3.22}$$

式中, $c_1 > 0$ 是设计参数。

将式 (4.3.21) 和式 (4.3.22) 代入式 (4.3.20), 则式 (4.3.20) 变为

$$\dot{V}_1 \leqslant -\bar{\lambda}_1 e^{\mathrm{T}}e - c_1 z_1^2 + z_1 z_2 + \frac{1}{\eta}\tilde{\theta}^{\mathrm{T}}(\tau_1 - \dot{\hat{\theta}}) + D_1 \tag{4.3.23}$$

第 2 步   对式 (4.3.12) 求导, 并根据式 (4.3.5)~式 (4.3.8), 可得

$$\begin{aligned}
\dot{z}_2 = {} & \lambda_3 - k_2\lambda_1 - \frac{\partial \alpha_1}{\partial y}(\xi_2 + \lambda_2 + \bar{\omega}^{\mathrm{T}}\theta^* + e_2 + \varepsilon_1) - \frac{\partial \alpha_1}{\partial \xi}(A_0\xi + ky) \\
& - \frac{\partial \alpha_1}{\partial \Xi}(A_0\Xi + \Phi^{\mathrm{T}}) - \sum_{j=1}^{2}\frac{\partial \alpha_1}{\partial y_m^{(j-1)}}y_m^{(j)} - \sum_{j=1}^{n-1}\frac{\partial \alpha_1}{\partial \lambda_j}(-k_j\lambda_1 + \lambda_{j+1}) - \frac{\partial \alpha_1}{\partial \hat{\theta}}\dot{\hat{\theta}}
\end{aligned} \tag{4.3.24}$$

令

$$\begin{aligned}
H_2 = {} & -\frac{\partial \alpha_1}{\partial y}(\lambda_2 + \xi_2) - \frac{\partial \alpha_1}{\partial \xi}(A_0\xi + ky) - \frac{\partial \alpha_1}{\partial \Xi}(A_0\Xi + \Phi^{\mathrm{T}}) \\
& - k_2\lambda_1 - \sum_{j=1}^{2}\frac{\partial \alpha_1}{\partial y_m^{(j-1)}}y_m^{(j)} - \sum_{j=1}^{n-1}\frac{\partial \alpha_1}{\partial \lambda_j}(-k_j\lambda_1 + \lambda_{j+1})
\end{aligned}$$

则式 (4.3.24) 变为

$$\dot{z}_2 = z_3 + \alpha_2 + H_2 - \frac{\partial \alpha_1}{\partial y}(\bar{\omega}^{\mathrm{T}}\theta^* + e_2 + \varepsilon_1) - \frac{\partial \alpha_1}{\partial \hat{\theta}}\dot{\hat{\theta}} \tag{4.3.25}$$

选择如下的李雅普诺夫函数：

$$V_2 = V_1 + \frac{1}{2}z_2^2 \tag{4.3.26}$$

求 V_2 的导数，并由式 (4.3.25) 和式 (4.3.26) 可得

$$\begin{aligned}
\dot{V}_2 \leqslant & -\bar{\lambda}_1 e^{\mathrm{T}}e - c_1 z_1^2 + \frac{1}{\eta}\tilde{\theta}^{\mathrm{T}}\left(\tau_1 - \frac{\partial \alpha_1}{\partial y}z_2\eta\bar{\omega}^{\mathrm{T}} - \dot{\hat{\theta}}\right) + D_1 \\
& + z_2\left[z_3 + z_1 + \alpha_2 + H_2 - \frac{\partial \alpha_1}{\partial y}(\bar{\omega}^{\mathrm{T}}\hat{\theta} + e_2 + \varepsilon_1(\hat{\bar{x}}_1)) - \frac{\partial \alpha_1}{\partial \hat{\theta}}\dot{\hat{\theta}}\right]
\end{aligned} \tag{4.3.27}$$

根据杨氏不等式，可得

$$-\frac{\partial \alpha_1}{\partial y}z_2(e_2 + \varepsilon_1) \leqslant \left(\frac{\partial \alpha_1}{\partial y}\right)^2 z_2^2 + \frac{1}{2}e^{\mathrm{T}}e + \frac{1}{2}\varepsilon_1^{*2} \tag{4.3.28}$$

设 $\bar{\lambda}_2 = \bar{\lambda}_1 - \dfrac{1}{2}$，将式 (4.3.28) 代入式 (4.3.27)，可得

$$\begin{aligned}
\dot{V}_2 \leqslant & -\bar{\lambda}_2 e^{\mathrm{T}}e - c_1 z_1^2 + \frac{1}{\eta}\tilde{\theta}^{\mathrm{T}}\left(\tau_1 - \frac{\partial \alpha_1}{\partial y}z_2\eta\bar{\omega}^{\mathrm{T}} - \dot{\hat{\theta}}\right) + D_1 + \frac{1}{2}\varepsilon_1^{*2} \\
& + z_2\left[\alpha_2 + z_1 + \left(\frac{\partial \alpha_1}{\partial y}\right)^2 z_2 + H_2 - \frac{\partial \alpha_1}{\partial y}\bar{\omega}^{\mathrm{T}}\hat{\theta} - \frac{\partial \alpha_1}{\partial \hat{\theta}}\dot{\hat{\theta}}\right] + z_2 z_3
\end{aligned} \tag{4.3.29}$$

设计虚拟控制器和调节函数如下：

$$\alpha_2 = -\left(c_2 + \left(\frac{\partial \alpha_1}{\partial y}\right)^2\right)z_2 - z_1 - H_2 + \frac{\partial \alpha_1}{\partial y}\bar{\omega}^{\mathrm{T}}\hat{\theta} + \frac{\partial \alpha_1}{\partial \hat{\theta}}(\tau_2 - \mu\hat{\theta}) \tag{4.3.30}$$

$$\tau_2 = \tau_1 - \frac{\partial \alpha_1}{\partial y}z_2\eta\bar{\omega}^{\mathrm{T}} \tag{4.3.31}$$

式中，$c_2 > 0$ 和 $\mu > 0$ 是一个设计参数。

将式 (4.3.30) 和式 (4.3.31) 代入式 (4.3.29)，可得

$$\dot{V}_2 \leqslant -\bar{\lambda}_2 e^{\mathrm{T}}e - \sum_{j=1}^{2}c_j z_j^2 + \frac{1}{\eta}\tilde{\theta}^{\mathrm{T}}(\tau_2 - \dot{\hat{\theta}}) + \frac{\partial \alpha_1}{\partial \hat{\theta}}z_2(\tau_2 - \mu\hat{\theta} - \dot{\hat{\theta}}) + z_2 z_3 + D_2 \tag{4.3.32}$$

式中，$D_2 = D_1 + \dfrac{1}{2}\varepsilon_1^{*2}$。

第 $i(3 \leqslant i \leqslant n-1)$ 步　对式 (4.3.12) 求导，并由式 (4.3.5)～式 (4.3.8) 可得

$$
\begin{aligned}
\dot{z}_i =& \lambda_{i+1} - k_i\lambda_1 - \frac{\partial \alpha_{i-1}}{\partial y}(\xi_2 + \lambda_2 + \bar{\omega}^{\mathrm{T}}\theta^* + e_2 + \varepsilon_1) - \frac{\partial \alpha_{i-1}}{\partial \xi}(A_0\xi + ky) \\
& - \frac{\partial \alpha_{i-1}}{\partial \varXi}(A_0\varXi + \varPhi^{\mathrm{T}}) - \sum_{j=1}^{i-1}\frac{\partial \alpha_{i-1}}{\partial y_m^{(j-1)}}y_m^{(j)} - \sum_{j=1}^{n-1}\frac{\partial \alpha_{i-1}}{\partial \lambda_j}(-k_j\lambda_1 + \lambda_{j+1}) - \frac{\partial \alpha_1}{\partial \hat{\theta}}\dot{\hat{\theta}}
\end{aligned}
$$

$$(4.3.33)$$

定义

$$
\begin{aligned}
H_i =& - k_i\lambda_1 - \frac{\partial \alpha_{i-1}}{\partial \xi}(A_0\xi + ky) - \frac{\partial \alpha_{i-1}}{\partial \varXi}(A_0\varXi + \varPhi^{\mathrm{T}}) \\
& - \frac{\partial \alpha_{i-1}}{\partial y}(\xi_2 + \lambda_2) - \sum_{j=1}^{i-1}\frac{\partial \alpha_{i-1}}{\partial y_m^{(j-1)}}y_m^{(j)} - \sum_{j=1}^{n-1}\frac{\partial \alpha_{i-1}}{\partial \lambda_j}(-k_j\lambda_1 + \lambda_{j+1})
\end{aligned}
$$

则式 (4.3.33) 变为

$$
\dot{z}_i = z_{i+1} + \alpha_i + H_i - \frac{\partial \alpha_{i-1}}{\partial y}(\bar{\omega}^{\mathrm{T}}\theta^* + e_2 + \varepsilon_1) - \frac{\partial \alpha_{i-1}}{\partial \hat{\theta}}\dot{\hat{\theta}} \tag{4.3.34}
$$

选取如下的李雅普诺夫函数：

$$
V_i = V_{i-1} + \frac{1}{2}z_i^2 \tag{4.3.35}
$$

根据式 (4.3.34) 和式 (4.3.35)，并应用数学归纳法，可得

$$
\begin{aligned}
\dot{V}_i \leqslant& - \bar{\lambda}_{i-1}e^{\mathrm{T}}e - \sum_{j=1}^{i-1}c_jz_j^2 + z_iz_{i+1} + z_i\Big[\alpha_i + z_{i-1} + H_i \\
& - \frac{\partial \alpha_{i-1}}{\partial y}(\bar{\omega}^{\mathrm{T}}\theta^* + e_2 + \varepsilon_1) - \frac{\partial \alpha_{i-1}}{\partial \hat{\theta}}\dot{\hat{\theta}}\Big] + D_{i-1} \\
& + \frac{1}{\eta}\tilde{\theta}^{\mathrm{T}}(\tau_{i-1} - \dot{\hat{\theta}}) + \sum_{j=1}^{i-1}\frac{\partial \alpha_{j-1}}{\partial \hat{\theta}}z_j(\tau_j - \mu\hat{\theta} - \dot{\hat{\theta}})
\end{aligned}
$$

$$(4.3.36)$$

式中，$D_{i-1} = D_{i-2} + \frac{1}{2}\varepsilon_1^{*2}$；$\tau_j = \tau_{j-1} - \frac{\partial \alpha_{j-1}}{\partial y}z_j\eta\bar{\omega}^{\mathrm{T}}$。

根据杨氏不等式，可得

$$
- \frac{\partial \alpha_{i-1}}{\partial y}z_i(e_2 + \varepsilon_1) \leqslant \left(\frac{\partial \alpha_{i-1}}{\partial y}\right)^2 z_i^2 + \frac{1}{2}e^{\mathrm{T}}e + \frac{1}{2}\varepsilon_1^{*2} \tag{4.3.37}
$$

设 $\bar{\lambda}_i = \bar{\lambda}_{i-1} - \dfrac{1}{2}$，式 (4.3.36) 可变为

$$
\begin{aligned}
\dot{V}_i \leqslant & -\bar{\lambda}_i e^{\mathrm{T}} e - \sum_{j=1}^{i-1} c_j z_j^2 + z_i z_{i+1} + z_i\left[\alpha_i + z_{i-1} + H_i + \left(\frac{\partial \alpha_{i-1}}{\partial y}\right)^2 z_i\right. \\
& \left. - \frac{\partial \alpha_{i-1}}{\partial y}\bar{\omega}^{\mathrm{T}}\hat{\theta} - \frac{\partial \alpha_{i-1}}{\partial \hat{\theta}}\dot{\hat{\theta}}\right] + \frac{1}{\eta}\tilde{\theta}^{\mathrm{T}}\left(\tau_{i-1} - \eta\frac{\partial \alpha_{i-1}}{\partial y}z_i\bar{\omega}^{\mathrm{T}} - \dot{\hat{\theta}}\right) \\
& + \sum_{j=1}^{i-1} \frac{\partial \alpha_{j-1}}{\partial \hat{\theta}} z_j(\tau_j - \mu\hat{\theta} - \dot{\hat{\theta}}) + D_{i-1} + \frac{1}{2}\varepsilon_1^{*2}
\end{aligned} \tag{4.3.38}
$$

设计虚拟控制器及调节函数如下：

$$
\alpha_i = -\left[c_i + \left(\frac{\partial \alpha_{i-1}}{\partial y}\right)^2\right]z_i - z_{i-1} + \frac{\partial \alpha_{i-1}}{\partial y}\bar{\omega}^{\mathrm{T}}\hat{\theta} - H_i + \frac{\partial \alpha_{i-1}}{\partial \hat{\theta}}(\tau_i - \mu\hat{\theta}) \tag{4.3.39}
$$

$$
\tau_i = \tau_{i-1} - \eta\frac{\partial \alpha_{i-1}}{\partial y}z_i\bar{\omega}^{\mathrm{T}} \tag{4.3.40}
$$

式中，$c_i > 0$ 是设计参数。

将式 (4.3.39) 和式 (4.3.40) 代入式 (4.3.38)，可得

$$
\dot{V}_i \leqslant -\bar{\lambda}_i e^{\mathrm{T}} e - \sum_{j=1}^{i} c_j z_j^2 + z_i z_{i+1} + \frac{1}{\eta}\tilde{\theta}^{\mathrm{T}}(\tau_i - \dot{\hat{\theta}}) + \sum_{j=1}^{i} \frac{\partial \alpha_{j-1}}{\partial \hat{\theta}} z_j(\tau_j - \mu\hat{\theta} - \dot{\hat{\theta}}) + D_i \tag{4.3.41}
$$

式中，$D_i = D_{i-1} + \dfrac{1}{2}\varepsilon_1^{*2}$。

第 n 步　根据式 (4.3.12)，并类似于第 i 步的计算，z_n 的导数为

$$
\begin{aligned}
\dot{z}_n = & \ \sigma(y)u - k_n\lambda_1 - \frac{\partial \alpha_{n-1}}{\partial y}(\xi_2 + \lambda_2 + \bar{\omega}^{\mathrm{T}}\theta^* + e_2 + \varepsilon_1) \\
& - \frac{\partial \alpha_{n-1}}{\partial \xi}(A_0\xi + ky) - \frac{\partial \alpha_{n-1}}{\partial \varXi}(A_0\varXi + \varPhi^{\mathrm{T}}) - \sum_{j=1}^{n-1} \frac{\partial \alpha_{n-1}}{\partial y_m^{(j-1)}}y_m^{(j)} \\
& - \sum_{j=1}^{n-1} \frac{\partial \alpha_{n-1}}{\partial \lambda_j}(-k_j\lambda_1 + \lambda_{j+1}) - \frac{\partial \alpha_{n-1}}{\partial \hat{\theta}}\dot{\hat{\theta}}
\end{aligned} \tag{4.3.42}
$$

设

$$
H_n = -k_n\lambda_1 - \frac{\partial \alpha_{n-1}}{\partial \xi}(A_0\xi + ky) - \frac{\partial \alpha_{n-1}}{\partial \varXi}(A_0\varXi + \varPhi^{\mathrm{T}})
$$

$$-\frac{\partial \alpha_{n-1}}{\partial y}(\xi_2 + \lambda_2) - \sum_{j=1}^{n-1}\frac{\partial \alpha_{n-1}}{\partial y_m^{(j-1)}}y_m^{(j)} - \sum_{j=1}^{n-1}\frac{\partial \alpha_{i-1}}{\partial \lambda_j}(-k_j\lambda_1 + \lambda_{j+1})$$

则式 (4.3.42) 变为

$$\dot{z}_n = \sigma(y)u - \frac{\partial \alpha_{n-1}}{\partial y}(\bar{\omega}^{\mathrm{T}}\theta^* + e_2 + \varepsilon_1) - H_n - \frac{\partial \alpha_{n-1}}{\partial \hat{\theta}}\dot{\hat{\theta}} \tag{4.3.43}$$

选取如下的李雅普诺夫函数：

$$V = V_{n-1} + \frac{1}{2}z_n^2 \tag{4.3.44}$$

由数学归纳法，并根据式 (4.3.43)，V 的导数为

$$\dot{V} \leqslant -\bar{\lambda}_{n-1}e^{\mathrm{T}}e - \sum_{j=1}^{n-1}c_j z_j^2 + z_n\left[\sigma(y)u + z_{n-1} - \frac{\partial \alpha_{n-1}}{\partial y}(\bar{\omega}^{\mathrm{T}}\theta^* + e_2 + \varepsilon_1)\right.$$
$$\left. + H_n - \frac{\partial \alpha_{n-1}}{\partial \hat{\theta}}\dot{\hat{\theta}}\right] + \frac{\tilde{\theta}^{\mathrm{T}}}{\eta}(\tau_{n-1} - \dot{\hat{\theta}}) + \sum_{j=1}^{n-1}\frac{\partial \alpha_{j-1}}{\partial \hat{\theta}}z_j(\tau_j - \mu\hat{\theta} - \dot{\hat{\theta}}) + D_{n-1}$$
$$\tag{4.3.45}$$

式中，$D_{n-1} = D_{n-2} + \varepsilon_1^{*2}/2$。

根据杨氏不等式，可得

$$-\frac{\partial \alpha_{n-1}}{\partial y}z_n(e_2 + \varepsilon_1) \leqslant \left(\frac{\partial \alpha_{n-1}}{\partial y}\right)^2 z_n^2 + \frac{1}{2}e^{\mathrm{T}}e + \frac{1}{2}\varepsilon_1^{*2} \tag{4.3.46}$$

设 $\bar{\lambda}_n = \bar{\lambda}_{n-1} - \dfrac{1}{2}$，式 (4.3.45) 可变为

$$\dot{V} \leqslant -\bar{\lambda}_n e^{\mathrm{T}}e - \sum_{j=1}^{n-1}c_j z_j^2 + z_n\left[\sigma(y)u + z_{n-1} - \frac{\partial \alpha_{n-1}}{\partial y}\bar{\omega}^{\mathrm{T}}\hat{\theta} + \left(\frac{\partial \alpha_{n-1}}{\partial y}\right)^2 z_n - \frac{\partial \alpha_{n-1}}{\partial \hat{\theta}}\dot{\hat{\theta}}\right.$$
$$\left. + H_n\right] + \frac{\tilde{\theta}^{\mathrm{T}}}{\eta}\left(\tau_{n-1} - \eta\frac{\partial \alpha_{n-1}}{\partial y}z_n\bar{\omega}^{\mathrm{T}} - \dot{\hat{\theta}}\right) + \sum_{j=1}^{n-1}\frac{\partial \alpha_{j-1}}{\partial \hat{\theta}}z_j(\tau_j - \mu\hat{\theta} - \dot{\hat{\theta}}) + D_n$$
$$\tag{4.3.47}$$

式中，$D_n = D_{n-1} + \varepsilon_1^{*2}/2$。

设计系统控制器、参数自适应律及调节函数如下：

$$u = \frac{1}{\sigma(y)} \left[-\left(c_n + \left(\frac{\partial \alpha_{n-1}}{\partial y} \right)^2 \right) z_n - z_{n-1} + \frac{\partial \alpha_{n-1}}{\partial y} \bar{\omega}^{\mathrm{T}} \hat{\theta} - H_n + \frac{\partial \alpha_{n-1}}{\partial \hat{\theta}} (\tau_n - \mu \hat{\theta}) \right]$$

$$(4.3.48)$$

$$\tau_n = \tau_{n-1} - \eta \frac{\partial \alpha_{n-1}}{\partial y} z_n \bar{\omega}^{\mathrm{T}} \qquad (4.3.49)$$

$$\dot{\hat{\theta}} = \tau_n - \mu \hat{\theta} \qquad (4.3.50)$$

式中，$c_n > 0$ 是设计参数。

将式 (4.3.48)～式 (4.3.50) 代入式 (4.3.47)，可得

$$\dot{V} \leqslant -\bar{\lambda}_n e^{\mathrm{T}} e - \sum_{j=1}^{n} c_j z_j^2 + \frac{\mu}{\eta} \tilde{\theta}^{\mathrm{T}} \hat{\theta} + D_n \qquad (4.3.51)$$

由于

$$\tilde{\theta}^{\mathrm{T}} \hat{\theta} \leqslant -\frac{1}{2} \left\| \tilde{\theta} \right\|^2 + \frac{1}{2} \|\theta^*\|^2 \qquad (4.3.52)$$

所以，式 (4.3.51) 可进一步表示为

$$\dot{V} \leqslant -\bar{\lambda}_n e^{\mathrm{T}} e - \sum_{j=1}^{n} c_j z_j^2 - \frac{\mu}{2\eta} \left\| \tilde{\theta} \right\|^2 + D \qquad (4.3.53)$$

式中，$D = D_n + \frac{\mu}{2\eta} \|\theta^*\|^2$。

4.3.4　稳定性与收敛性分析

下面定理给出了所设计的模糊自适应控制方法所具有的性质。

定理 4.3.1　对于非线性系统 (4.3.1)，如果采用模糊 K 滤波 (4.3.6)～(4.3.8)，控制器 (4.3.48)，虚拟控制器 (4.3.21)、(4.3.30)、(4.3.39)，参数自适应律 (4.3.50)，则总体控制方案具有如下性能：

(1) 闭环系统中的所有信号半全局一致最终有界；

(2) 跟踪误差 $z_1(t) = y(t) - y_m(t)$ 收敛到包含原点的一个较小邻域内。

证明　令 $C = \min\{2c_1, 2c_2, \cdots, 2c_n, \bar{\lambda}_n / \lambda_{\max}(P), \mu\}$，则 $\dot{V}$ 最终表示为

$$\dot{V} \leqslant -CV + D \qquad (4.3.54)$$

根据式 (4.3.54) 和引理 0.3.1，可以得到闭环系统中的所有信号半全局一致最终有界，并且有 $\lim_{t \to \infty} |z_i| \leqslant \sqrt{2D/C}$。在控制设计中，如果选择适当的设计参数，可以使得 D/C 比较小，那么可以得到跟踪误差 $z_1(t) = y(t) - y_m(t)$ 收敛到包含原点的一个较小邻域内。

评注 4.3.1 本节针对一类状态不可测的单输入单输出非线性严格反馈系统，应用模糊 K 滤波解决系统状态不可测问题，介绍了一种模糊自适应反步递推输出反馈控制设计方法。与本节类似的智能自适应反步递推输出反馈控制设计方法可参见文献 [13]～[15]。

4.3.5 仿真

例 4.3.1 考虑如下形式的非线性严格反馈系统：

$$\begin{cases} \dot{x}_1 = f_1(x_1) + x_2 \\ \dot{x}_2 = f_2(x_1, x_2) + \sigma(y)u \\ y = x_1 \end{cases} \tag{4.3.55}$$

式中，$f_1(x_1) = \sin(x_1)x_1^3$；$f_2(x_1, x_2) = \sin(x_1)x_2^2$；$\sigma(y) = 1$。给定参考信号为 $y_m = 0$。

选择观测器增益 $k_1 = 11$，$k_2 = 9$，正定矩阵 $Q = 6I$，则通过求解李雅普诺夫方程 (4.3.4)，可得正定矩阵为

$$P = \begin{bmatrix} 0.303 & 0.333 \\ 0.333 & 6.393 \end{bmatrix}$$

选择隶属函数为

$$\mu_{F_i^1}(\hat{\hat{x}}_i) = \exp\left[-\frac{(\hat{\hat{x}}_i - 2)^2}{16}\right], \quad \mu_{F_i^2}(\hat{\hat{x}}_i) = \exp\left[-\frac{(\hat{\hat{x}}_i - 1)^2}{16}\right]$$

$$\mu_{F_i^3}(\hat{\hat{x}}_i) = \exp\left(-\frac{\hat{\hat{x}}_i^2}{16}\right), \quad \mu_{F_i^4}(\hat{\hat{x}}_i) = \exp\left[-\frac{(\hat{\hat{x}}_i + 1)^2}{16}\right]$$

$$\mu_{F_i^5}(\hat{\hat{x}}_i) = \exp\left[-\frac{(\hat{\hat{x}}_i + 2)^2}{16}\right], \quad i = 1, 2$$

令

$$\varphi_{1l}(\hat{\hat{x}}_1) = \frac{\mu_{F_1^l}(\hat{\hat{x}}_1)}{\sum\limits_{l=1}^{3} \mu_{F_i^l}(\hat{\hat{x}}_i)}, \quad \varphi_{2l}(\hat{\hat{x}}_1, \hat{\hat{x}}_2) = \frac{\prod\limits_{i=1}^{2} \mu_{F_i^l}(\hat{\hat{x}}_i)}{\sum\limits_{l=1}^{3}\left(\prod\limits_{i=1}^{2} \mu_{F_i^l}(\hat{\hat{x}}_i)\right)}$$

$$\varphi_1(\hat{\hat{x}}_1) = [\varphi_{11}(\hat{\hat{x}}_1), \varphi_{12}(\hat{\hat{x}}_1), \varphi_{13}(\hat{\hat{x}}_1), \varphi_{14}(\hat{\hat{x}}_1), \varphi_{15}(\hat{\hat{x}}_1)]^{\mathrm{T}}$$

$$\varphi_2(\hat{\hat{x}}_1, \hat{\hat{x}}_2) = [\varphi_{21}(\hat{\hat{x}}_1, \hat{\hat{x}}_2), \varphi_{22}(\hat{\hat{x}}_1, \hat{\hat{x}}_2), \varphi_{23}(\hat{\hat{x}}_1, \hat{\hat{x}}_2), \varphi_{24}(\hat{\hat{x}}_1, \hat{\hat{x}}_2), \varphi_{25}(\hat{\hat{x}}_1, \hat{\hat{x}}_2)]^{\mathrm{T}}$$

则得到模糊逻辑系统为

$$\hat{f}_i(\hat{\bar{x}}_i \,\big|\, \hat{\theta}_i) = \hat{\theta}_i^{\mathrm{T}} \varphi_i(\hat{\bar{x}}_i), \quad i = 1, 2$$

在仿真中, 选取虚拟控制器、控制器和参数自适应律的设计参数为: $c_1 = 1.2$, $c_2 = 1.5$, $\eta = 0.02$, $\mu = 0.5$。

选择变量及参数的初始值为: $x_1(0) = 0.8, x_2(0) = 0, \hat{\theta}(0) = [\ 0\ \cdots\ 0\ ]^{\mathrm{T}}_{1 \times 10}$, $\Xi(0) = [\Xi_{(1)}(0), \Xi_{(2)}(0)]^{\mathrm{T}} = [0_{1 \times 10}, 0_{1 \times 10}]^{\mathrm{T}}$, $\xi(0) = [\ 0\ \ 0\ ]^{\mathrm{T}}$, $\lambda(0) = [\ 0\ \ 0\ ]^{\mathrm{T}}$。

仿真结果如图 4.3.1～图 4.3.3 所示。

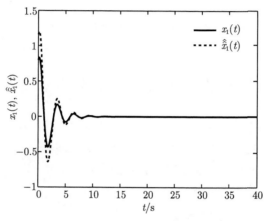

图 4.3.1　$x_1(t)$ 和 $\hat{\bar{x}}_1(t)$ 的轨迹

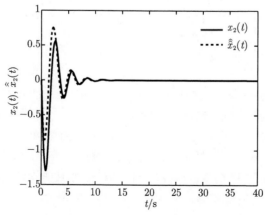

图 4.3.2　$x_2(t)$ 和 $\hat{\bar{x}}_2(t)$ 的轨迹

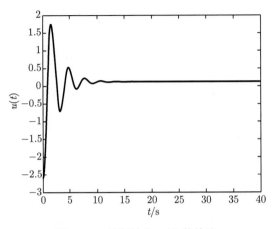

图 4.3.3　控制输入 $u(t)$ 的轨迹

4.4　非线性系统模糊自适应状态约束输出反馈控制

4.1~4.3 节针对无状态约束的单输入单输出非线性严格反馈系统，介绍了模糊自适应输出反馈反步递推设计方法。本节针对状态约束的单输入单输出非线性严格反馈系统，介绍一种基于模糊观测器的自适应输出反馈控制设计方法，并给出闭环系统的稳定性和收敛性分析。

4.4.1　系统模型及控制问题描述

考虑单输入单输出不确定非线性严格反馈系统：

$$\begin{cases} \dot{x}_i = f_i\left(\bar{x}_i\right) + x_{i+1}, & i = 1, 2, \cdots, n-1 \\ \dot{x}_n = f_n\left(\bar{x}_n\right) + u \\ y = x_1 \end{cases} \tag{4.4.1}$$

式中，$\bar{x}_i = [x_1, x_2, \cdots, x_i]^{\mathrm{T}} \in \mathbf{R}^i (i = 1, 2, \cdots, n)$ 是系统状态向量；$u \in \mathbf{R}$ 是系统的输入；$y \in \mathbf{R}$ 是系统的输出；$f_i\left(\bar{x}_i\right) (i = 1, 2, \cdots, n)$ 是未知的光滑函数。

对于系统 (4.4.1)，只有 $y = x_1$ 可测，$x_i (i \geqslant 2)$ 不可测。假设系统的状态满足约束条件 $|x_i| < k_{c_i}$，k_{c_i} 是一个已知的正常数。

控制任务　基于模糊逻辑系统，设计一种模糊自适应输出反馈控制器，使得：

(1) 闭环系统中的所有信号半全局一致最终有界；

(2) 观测误差 e 和跟踪误差 $z_1 = y - y_m$ 收敛到包含原点的一个较小邻域内；

(3) 系统的所有状态不超出预先指定的约束范围。

假设 4.4.1　对于给定的参考信号期望轨迹 $y_m(t)$ 和它的 i 阶导数 $y_m^{(i)}(t)$，假设存在正常数 k_{c_i}，$m_i(i = 0, 1, \cdots, n)$ 满足 $|y_m(t)| \leqslant m_0 < k_{c_1}$ 和 $\left| y_m^{(i)}(t) \right| \leqslant m_i$。

4.4.2　模糊状态观测器设计

将系统 (4.4.1) 表示为如下的状态空间表达形式：

$$\dot{x} = Ax + Ky + \sum_{i=1}^{n} B_i f_i(\bar{x}_i) + Bu \tag{4.4.2}$$

式中，

$$A = \begin{bmatrix} -k_1 & & \\ \vdots & & I \\ -k_n & 0 & \dots & 0 \end{bmatrix}, \quad K = \begin{bmatrix} k_1 \\ \vdots \\ k_n \end{bmatrix}, \quad B = \begin{bmatrix} 0 \\ \vdots \\ 1 \end{bmatrix}, \quad B_i = [\underbrace{0 \quad \cdots \quad 1}_{i} \quad \dots \quad 0]^{\mathrm{T}}$$

选择观测增益矩阵 K 使得 A 是稳定矩阵。因此，对于一个给定的矩阵 $Q = Q^{\mathrm{T}} > 0$，存在一个矩阵 $P = P^{\mathrm{T}} > 0$，满足

$$A^{\mathrm{T}}P + PA = -2Q \tag{4.4.3}$$

由于 $f_i(\bar{x}_i)(i = 1, 2, \cdots, n)$ 是未知的非线性连续函数，所以基于引理 0.1.1，利用模糊逻辑系统 $\hat{f}_i(\bar{x}_i \big| \hat{\theta}_i) = \hat{\theta}_i^{\mathrm{T}} \varphi_i(\bar{x}_i)$ 逼近 $f_i(\bar{x}_i)$，并假设

$$f_i(\bar{x}_i) = \theta_i^{*\mathrm{T}} \varphi_i(\bar{x}_i) + \varepsilon_i(\bar{x}_i) \tag{4.4.4}$$

式中，θ_i^* 是最优参数；$\varepsilon_i(\bar{x}_i)$ 是最小逼近误差。假设 $|\varepsilon_i(\bar{x}_i)| \leqslant \varepsilon_i^*$，$\varepsilon_i^*$ 是正常数。

设计模糊状态观测器为

$$\dot{\hat{x}} = A\hat{x} + Ky + \sum_{i=1}^{n} B_i \hat{f}_i(\hat{\bar{x}}_i \big| \hat{\theta}_i) + Bu$$

$$\hat{y} = C\hat{x} \tag{4.4.5}$$

式中，$\hat{x} = [\hat{x}_1, \hat{x}_2, \cdots, \hat{x}_n]^{\mathrm{T}}$；$C = [1 \quad 0 \quad \cdots \quad 0]$。

令 $e = x - \hat{x}$ 为观测误差，由式 (4.4.2) 和式 (4.4.5) 可得观测误差方程为

$$\dot{e} = Ae + \sum_{i=1}^{n} B_i \theta_i^{*\mathrm{T}}(\varphi_i(\bar{x}_i) - \varphi_i(\hat{\bar{x}}_i)) + \sum_{i=1}^{n} B_i \tilde{\theta}_i^{\mathrm{T}} \varphi_i(\hat{\bar{x}}_i) + \sum_{i=1}^{n} B_i \varepsilon_i$$

$$= Ae + \sum_{i=1}^{n} B_i \theta_i^{*\mathrm{T}}(\varphi_i(\bar{x}_i) - \varphi_i(\hat{\bar{x}}_i)) + \sum_{i=1}^{n} B_i \tilde{\theta}_i^{\mathrm{T}} \varphi_i(\hat{\bar{x}}_i) + \varepsilon \tag{4.4.6}$$

式中，$\tilde{\theta}_i = \theta_i^* - \hat{\theta}_i$ 是参数误差，$\hat{\theta}_i$ 是参数 θ_i^* 的估计；$\varepsilon = [\varepsilon_1, \varepsilon_2, \cdots, \varepsilon_n]^{\mathrm{T}}$。

选择如下的李雅普诺夫函数：

$$V_0 = \frac{1}{2} e^{\mathrm{T}} P e \tag{4.4.7}$$

根据引理 4.2.1、式 (4.4.6) 和式 (4.4.7)，可得

$$\dot{V}_0 \leqslant -\lambda_0 \|e\|^2 + \frac{1}{2} \|P\|^2 \sum_{i=1}^{n} \left\|\tilde{\theta}_i\right\|^2 + D_0 \tag{4.4.8}$$

式中，$\lambda_0 = (\lambda_{\min}(Q) - 2) > 0$；$D_0 = \frac{1}{2} \|P\|^2 \sum_{i=1}^{n} \varepsilon_i^{*2} + \|P\|^2 \sum_{i=1}^{n} \|\theta_i^*\|^2$。

4.4.3 模糊自适应反步递推控制设计

定义如下的坐标变换：

$$\begin{aligned} z_1 &= y - y_m \\ z_i &= \hat{x}_i - \alpha_{i-1}, \quad i = 2, 3, \cdots, n \end{aligned} \tag{4.4.9}$$

式中，z_1 是跟踪误差；α_{i-1} 是在第 $i-1$ 步中将要设计的虚拟控制器。

n 步模糊自适应反步递推控制设计过程如下。

第 1 步 由 $x_2 = \hat{x}_2 + e_2$、式 (4.4.1) 可得

$$\begin{aligned} \dot{z}_1 &= \dot{x}_1 - \dot{y}_m \\ &= x_2 + f_1(x_1) - \dot{y}_m \end{aligned} \tag{4.4.10}$$

将式 (4.4.9) 代入式 (4.4.10)，可得

$$\begin{aligned} \dot{z}_1 &= z_2 + \alpha_1 + e_2 + \theta_1^{*\mathrm{T}}(\varphi_1(x_1) - \varphi_1(\hat{x}_1)) \\ &\quad + \hat{\theta}_1^{\mathrm{T}} \varphi_1(\hat{x}_1) + \tilde{\theta}_1^{\mathrm{T}} \varphi_1(\hat{x}_1) + \varepsilon_1 - \dot{y}_m \end{aligned} \tag{4.4.11}$$

选择如下的李雅普诺夫函数：

$$V_1 = V_0 + \frac{1}{2} \log \frac{k_{b_1}^2}{k_{b_1}^2 - z_1^2} + \frac{1}{2\gamma_1} \tilde{\theta}_1^{\mathrm{T}} \tilde{\theta}_1 \tag{4.4.12}$$

式中，$\gamma_1 > 0$ 是设计参数；$|z_1| \leqslant k_{b_1}$，且 $k_{b_1} = k_{c_1} - m_0$。

根据式 (4.4.8) 和式 (4.4.11)，V_1 关于时间的导数为

$$\dot{V}_1 \leqslant -\lambda_0 \|e\|^2 + \frac{1}{2} \|P\|^2 \sum_{i=1}^{n} \left\|\tilde{\theta}_i\right\|^2 + D_0 + \frac{z_1 \dot{z}_1}{k_{b_1}^2 - z_1^2} + \frac{1}{\gamma_1} \tilde{\theta}_1^{\mathrm{T}} \dot{\tilde{\theta}}_1$$

$$\leqslant - \lambda_0 \left\| e \right\|^2 + D_0 + \frac{z_1}{k_{b_1}^2 - z_1^2} (z_2 + \alpha_1 + \hat{\theta}_1^{\mathrm{T}} \varphi_1(\hat{x}_1) - \dot{y}_m) + \frac{1}{2} \left\| P \right\|^2 \sum_{i=1}^n \left\| \tilde{\theta}_i \right\|^2$$

$$+ \frac{z_1}{k_{b_1}^2 - z_1^2} [e_2 + \varepsilon_1 + \theta_1^{*\mathrm{T}} (\varphi_1(x_1) - \varphi_1(\hat{x}_1))] + \frac{\tilde{\theta}_1^{\mathrm{T}}}{\gamma_1} \left(\gamma_1 \varphi_1(\hat{x}_1) \frac{z_1}{k_{b_1}^2 - z_1^2} - \dot{\hat{\theta}}_1 \right)$$

$$(4.4.13)$$

根据杨氏不等式，可得

$$\frac{z_1}{k_{b_1}^2 - z_1^2} [e_2 + \varepsilon_1 + \theta_1^{*\mathrm{T}} (\varphi_1(x_1) - \varphi_1(\hat{x}_1))] \leqslant \frac{1}{2} \left\| e \right\|^2 + 2 \left(\frac{z_1}{k_{b_1}^2 - z_1^2} \right)^2 + \frac{1}{2} \varepsilon_1^{*2} + \left\| \theta_1^* \right\|^2$$

$$(4.4.14)$$

将式 (4.4.14) 代入式 (4.4.13)，可得

$$\dot{V}_1 \leqslant - \lambda_1 \left\| e \right\|^2 + D_0 + \frac{z_1}{k_{b_1}^2 - z_1^2} \left(z_2 + \alpha_1 + \hat{\theta}_1^{\mathrm{T}} \varphi_1(\hat{x}_1) + \frac{2z_1}{k_{b_1}^2 - z_1^2} - \dot{y}_m \right)$$

$$+ \frac{1}{2} \left\| P \right\|^2 \sum_{i=1}^n \left\| \tilde{\theta}_i \right\|^2 + \frac{1}{2} \varepsilon_1^{*2} + \frac{1}{\gamma_1} \tilde{\theta}_1^{\mathrm{T}} \left(\gamma_1 \varphi_1(\hat{x}_1) \frac{z_1}{k_{b_1}^2 - z_1^2} - \dot{\hat{\theta}}_1 \right) + \left\| \theta_1^* \right\|^2$$

$$(4.4.15)$$

式中，$\lambda_1 = \lambda_0 - 1/2$。

设计虚拟控制器 α_1 和参数 $\hat{\theta}_1$ 的自适应律如下：

$$\alpha_1 = -c_1 z_1 - \frac{2z_1}{k_{b_1}^2 - z_1^2} - \hat{\theta}_1^{\mathrm{T}} \varphi_1(\hat{x}_1) + \dot{y}_m \qquad (4.4.16)$$

$$\dot{\hat{\theta}}_1 = \gamma_1 \varphi_1(\hat{x}_1) \frac{z_1}{k_{b_1}^2 - z_1^2} - \sigma_1 \hat{\theta}_1 \qquad (4.4.17)$$

式中，$c_1 > 0$ 和 $\sigma_1 > 0$ 是设计参数。

将式 (4.4.16) 和式 (4.4.17) 代入式 (4.4.15)，可得

$$\dot{V}_1 \leqslant - \lambda_1 \left\| e \right\|^2 + D_0 + \frac{\sigma_1}{\gamma_1} \tilde{\theta}_1^{\mathrm{T}} \hat{\theta}_1 + \frac{z_1 z_2}{k_{b_1}^2 - z_1^2}$$

$$- \frac{c_1 z_1^2}{k_{b_1}^2 - z_1^2} + \frac{1}{2} \left\| P \right\|^2 \sum_{i=1}^n \left\| \tilde{\theta}_i \right\|^2 + \frac{1}{2} \varepsilon_1^{*2} + \left\| \theta_1^* \right\|^2 \qquad (4.4.18)$$

根据杨氏不等式，可得

$$\frac{\sigma_1}{\gamma_1} \tilde{\theta}_1^{\mathrm{T}} \hat{\theta}_1 = \frac{\sigma_1}{\gamma_1} \tilde{\theta}_1^{\mathrm{T}} (\theta_1^* - \tilde{\theta}_1) \leqslant - \frac{\sigma_1}{2\gamma_1} \left\| \tilde{\theta}_1 \right\|^2 + \frac{\sigma_1}{2\gamma_1} \left\| \theta_1^* \right\|^2 \qquad (4.4.19)$$

将式 (4.4.19) 代入式 (4.4.18)，$\dot{V}_1$ 最终表示为

$$\dot{V}_1 \leqslant - \lambda_1 \left\| e \right\|^2 + \frac{z_1 z_2}{k_{b_1}^2 - z_1^2} - \frac{\sigma_1}{2\gamma_1} \left\| \tilde{\theta}_1 \right\|^2 - \frac{c_1 z_1^2}{k_{b_1}^2 - z_1^2} + \frac{1}{2} \left\| P \right\|^2 \sum_{i=1}^n \left\| \tilde{\theta}_i \right\|^2 + D_1 \quad (4.4.20)$$

式中，$D_1 = D_0 + \dfrac{1}{2}\varepsilon_1^{*2} + \dfrac{\sigma_1}{2\gamma_1}\|\theta_1^*\|^2 + \|\theta_1^*\|^2$。

第 2 步　求 z_2 的导数，并由式 (4.4.1) 和式 (4.4.9) 可得

$$
\begin{aligned}
\dot{z}_2 =\ & \dot{\hat{x}}_2 - \dot{\alpha}_1 \\
=\ & \hat{x}_3 + k_2 e_1 + \hat{\theta}_2^{\mathrm{T}}\varphi_2\left(\hat{\bar{x}}_2\right) + \tilde{\theta}_2^{\mathrm{T}}\varphi_2\left(\hat{\bar{x}}_2\right) - \tilde{\theta}_2^{\mathrm{T}}\varphi_2\left(\hat{\bar{x}}_2\right) \\
& - \frac{\partial\alpha_1}{\partial\hat{x}_1}\dot{\hat{x}}_1 - \frac{\partial\alpha_1}{\partial\hat{\theta}_1}\dot{\hat{\theta}}_1 - \frac{\partial\alpha_1}{\partial y_m}\dot{y}_m - \frac{\partial\alpha_1}{\partial y}\dot{y} \\
=\ & z_3 + \alpha_2 + H_2 - \frac{\partial\alpha_1}{\partial y}e_2 - \frac{\partial\alpha_1}{\partial y}\tilde{\theta}_1^{\mathrm{T}}\varphi_1\left(x_1\right) - \frac{\partial\alpha_1}{\partial y}\varepsilon_1 \\
& + \tilde{\theta}_2^{\mathrm{T}}\varphi_2\left(\hat{\bar{x}}_2\right) - \tilde{\theta}_2^{\mathrm{T}}\varphi_2\left(\hat{\bar{x}}_2\right)
\end{aligned}
\tag{4.4.21}
$$

式中，

$$
\begin{aligned}
H_2 =\ & \hat{\theta}_2^{\mathrm{T}}\varphi_2\left(\hat{\bar{x}}_2\right) - \frac{\partial\alpha_1}{\partial\hat{x}_1}\left(\hat{x}_2 + \hat{\theta}_1^{\mathrm{T}}\varphi_1\left(\hat{x}_1\right) + k_1 e_1\right) \\
& - \frac{\partial\alpha_1}{\partial\hat{\theta}_1}\dot{\hat{\theta}}_1 - \frac{\partial\alpha_1}{\partial y_m}\dot{y}_m + k_2 e_1 - \frac{\partial\alpha_1}{\partial y}\left(\hat{x}_2 + \hat{\theta}_1^{\mathrm{T}}\varphi_1\left(x_1\right)\right)
\end{aligned}
$$

选择如下的李雅普诺夫函数：

$$
V_2 = V_1 + \frac{1}{2}\log\frac{k_{b_2}^2}{k_{b_2}^2 - z_2^2} + \frac{1}{2\gamma_2}\tilde{\theta}_2^{\mathrm{T}}\tilde{\theta}_2
\tag{4.4.22}
$$

式中，$\gamma_2 > 0$ 是设计参数；$|z_2| \leqslant k_{b_2}$。

根据式 (4.4.5)、式 (4.4.20) 和式 (4.4.21)，V_2 关于时间的导数为

$$
\begin{aligned}
\dot{V}_2 =\ & \dot{V}_1 + \frac{z_2}{k_{b_2}^2 - z_2^2}\dot{z}_2 + \frac{1}{\gamma_2}\tilde{\theta}_2^{\mathrm{T}}\dot{\tilde{\theta}}_2 \\
=\ & -\lambda_1\|e\|^2 - \frac{c_1 z_1^2}{k_{b_1}^2 - z_1^2} + \frac{z_1 z_2}{k_{b_1}^2 - z_1^2} + D_1 - \frac{\sigma_1}{2\gamma_1}\left\|\tilde{\theta}_1\right\|^2 + \frac{1}{2}\|P\|^2\sum_{i=1}^{n}\left\|\tilde{\theta}_i\right\|^2 \\
& + \frac{z_2}{k_{b_2}^2 - z_2^2}\left(z_3 + \alpha_2 + H_2 - \frac{\partial\alpha_1}{\partial y}e_2 - \frac{\partial\alpha_1}{\partial y}\tilde{\theta}_1^{\mathrm{T}}\varphi_1(x_1) - \frac{\partial\alpha_1}{\partial y}\varepsilon_1 - \tilde{\theta}_2^{\mathrm{T}}\varphi_2(\hat{\bar{x}}_2)\right) \\
& + \frac{1}{\gamma_2}\tilde{\theta}_2^{\mathrm{T}}\left(\gamma_2\frac{z_2}{k_{b_2}^2 - z_2^2}\varphi_2(\hat{\bar{x}}_2) - \dot{\hat{\theta}}_2\right)
\end{aligned}
\tag{4.4.23}
$$

根据杨氏不等式，可得

$$
-\frac{z_2}{k_{b_2}^2 - z_2^2}\left(\frac{\partial\alpha_1}{\partial y}e_2 + \frac{\partial\alpha_1}{\partial y}\varepsilon_1 + \frac{\partial\alpha_1}{\partial y}\tilde{\theta}_1^{\mathrm{T}}\varphi_1\left(x_1\right) + \tilde{\theta}_2^{\mathrm{T}}\varphi_2(\hat{\bar{x}}_2)\right)
$$

$$\leqslant \frac{1}{2}\|e\|^2 + \frac{1}{2}\varepsilon_1^{*2} + \frac{3}{2}\left(\frac{\partial\alpha_1}{\partial y}\right)^2 \frac{z_2^2}{(k_{b_2}^2 - z_2^2)^2} + \frac{1}{2}\frac{z_2^2}{(k_{b_2}^2 - z_2^2)^2} + \frac{1}{2}\left\|\tilde{\theta}_1\right\|^2 + \frac{1}{2}\left\|\tilde{\theta}_2\right\|^2$$

$$(4.4.24)$$

设 $\lambda_2 = \lambda_1 - 1/2$，将式 (4.4.24) 代入式 (4.4.23)，可得

$$\dot{V}_2 \leqslant -\lambda_2\|e\|^2 - \frac{c_1 z_1^2}{k_{b_1}^2 - z_1^2} + D_1 - \frac{\sigma_1}{2\gamma_1}\left\|\tilde{\theta}_1\right\|^2 + \frac{1}{2}\|P\|^2 \sum_{i=1}^{n}\left\|\tilde{\theta}_i\right\|^2$$

$$+ \frac{z_2}{k_{b_2}^2 - z_2^2}\left[z_3 + \alpha_2 + \frac{k_{b_2}^2 - z_2^2}{k_{b_1}^2 - z_1^2}z_1 + \frac{z_2}{2(k_{b_2}^2 - z_2^2)} + H_2 + \frac{3}{2}\left(\frac{\partial\alpha_1}{\partial y}\right)^2 \frac{z_2}{k_{b_2}^2 - z_2^2}\right]$$

$$+ \frac{1}{\gamma_2}\tilde{\theta}_2^{\mathrm{T}}\left(\gamma_2 \frac{z_2}{k_{b_2}^2 - z_2^2}\varphi_2(\hat{\bar{x}}_2) - \dot{\hat{\theta}}_2\right) + \frac{1}{2}\varepsilon_1^{*2} + \frac{1}{2}\left\|\tilde{\theta}_1\right\|^2 + \frac{1}{2}\left\|\tilde{\theta}_2\right\|^2 \quad (4.4.25)$$

设计虚拟控制器 α_2 和参数 $\hat{\theta}_2$ 的自适应律如下：

$$\alpha_2 = -c_2 z_2 - \frac{k_{b_2}^2 - z_2^2}{k_{b_1}^2 - z_1^2}z_1 - \frac{z_2}{2(k_{b_2}^2 - z_2^2)} - H_2 - \frac{3}{2}\left(\frac{\partial\alpha_1}{\partial y}\right)^2 \frac{z_2}{k_{b_2}^2 - z_2^2} \quad (4.4.26)$$

$$\dot{\hat{\theta}}_2 = \gamma_2 \frac{z_2}{k_{b_2}^2 - z_2^2}\varphi_2(\hat{\bar{x}}_2) - \sigma_2\hat{\theta}_2 \quad (4.4.27)$$

式中，$c_2 > 0$ 和 $\sigma_2 > 0$ 是设计参数。

将式 (4.4.26) 和式 (4.4.27) 代入式 (4.4.25)，可得

$$\dot{V}_2 \leqslant -\lambda_2\|e\|^2 - \sum_{k=1}^{2}\frac{c_k z_k^2}{k_{b_k}^2 - z_k^2} + \frac{z_2 z_3}{k_{b_2}^2 - z_2^2} + D_1 + \frac{1}{2}\|P\|^2 \sum_{i=1}^{n}\left\|\tilde{\theta}_i\right\|^2$$

$$- \frac{\sigma_1}{2\gamma_1}\left\|\tilde{\theta}_1\right\|^2 + \frac{\sigma_2}{\gamma_2}\tilde{\theta}_2^{\mathrm{T}}\hat{\theta}_2 + \frac{1}{2}\varepsilon_1^{*2} + \frac{1}{2}\left\|\tilde{\theta}_1\right\|^2 + \frac{1}{2}\left\|\tilde{\theta}_2\right\|^2 \quad (4.4.28)$$

根据杨氏不等式，可得

$$\frac{\sigma_2}{\gamma_2}\tilde{\theta}_2^{\mathrm{T}}\hat{\theta}_2 \leqslant -\frac{1}{2}\frac{\sigma_2}{\gamma_2}\left\|\tilde{\theta}_2\right\|^2 + \frac{1}{2}\frac{\sigma_2}{\gamma_2}\|\theta_2^*\|^2 \quad (4.4.29)$$

将式 (4.4.29) 代入式 (4.4.28)，$\dot{V}_2$ 最终表示为

$$\dot{V}_2 \leqslant -\lambda_2\|e\|^2 - \sum_{k=1}^{2}\frac{c_k z_k^2}{k_{b_2}^2 - z_k^2} + \frac{z_2 z_3}{k_{b_2}^2 - z_2^2} + \frac{1}{2}\|P\|^2 \sum_{i=1}^{n}\left\|\tilde{\theta}_i\right\|^2$$

$$+ D_2 - \sum_{k=1}^{2}\frac{\sigma_k}{2\gamma_k}\left\|\tilde{\theta}_k\right\|^2 + \frac{1}{2}\left\|\tilde{\theta}_1\right\|^2 + \frac{1}{2}\left\|\tilde{\theta}_2\right\|^2 \quad (4.4.30)$$

式中，$D_2 = D_1 + \dfrac{1}{2}\varepsilon_1^{*2} + \dfrac{\sigma_2}{2\gamma_2}\|\theta_2^*\|^2$。

第 $i(3 \leqslant i \leqslant n-1)$ 步　由 $z_i = \hat{x}_i - \alpha_{i-1}$、式 (4.4.1) 和式 (4.4.9) 可得

$$
\begin{aligned}
\dot{z}_i =\ & \dot{\hat{x}}_i - \dot{\alpha}_{i-1} \\
=\ & \hat{x}_{i+1} + k_i e_1 + \hat{\theta}_i^{\mathrm{T}}\varphi_i(\hat{\bar{x}}_i) + \tilde{\theta}_i^{\mathrm{T}}\varphi_i(\hat{\bar{x}}_i) - \tilde{\theta}_i^{\mathrm{T}}\varphi_i(\hat{\bar{x}}_i) \\
& - \frac{\partial \alpha_{i-1}}{\partial y}\dot{y} - \sum_{k=1}^{i-1}\frac{\partial \alpha_{i-1}}{\partial \hat{x}_k}\dot{\hat{x}}_k - \sum_{k=1}^{i-1}\frac{\partial \alpha_{i-1}}{\partial \hat{\theta}_k}\dot{\hat{\theta}}_k - \frac{\partial \alpha_{i-1}}{\partial y_m}\dot{y}_m \\
=\ & z_{i+1} + \alpha_i + H_i + \tilde{\theta}_i^{\mathrm{T}}\varphi_i(\hat{\bar{x}}_i) - \tilde{\theta}_i^{\mathrm{T}}\varphi_i(\hat{\bar{x}}_i) \\
& - \frac{\partial \alpha_{i-1}}{\partial y}e_2 - \frac{\partial \alpha_{i-1}}{\partial y}\varepsilon_1 - \frac{\partial \alpha_{i-1}}{\partial y}\tilde{\theta}_1^{\mathrm{T}}\varphi_1(x_1)
\end{aligned}
\tag{4.4.31}
$$

式中，

$$
\begin{aligned}
H_i =\ & k_i e_1 + \hat{\theta}_i^{\mathrm{T}}\varphi_i(\hat{\bar{x}}_i) - \sum_{k=1}^{i-1}\frac{\partial \alpha_{i-1}}{\partial \hat{x}_k}\left(\hat{x}_{k+1} + \hat{\theta}_k^{\mathrm{T}}\varphi_k(\hat{\bar{x}}_k)\right) - \frac{\partial \alpha_{i-1}}{\partial y_m}\dot{y}_m \\
& - \sum_{k=1}^{i-1}k_j\frac{\partial \alpha_{i-1}}{\partial \hat{x}_k}e_1 - \sum_{k=1}^{i-1}\frac{\partial \alpha_{i-1}}{\partial \hat{\theta}_k}\dot{\hat{\theta}}_k - \frac{\partial \alpha_1}{\partial y}\left(\hat{x}_2 + \hat{\theta}_1^{\mathrm{T}}\varphi_1(x_1)\right)
\end{aligned}
$$

选择如下的李雅普诺夫函数：

$$
V_i = V_{i-1} + \frac{1}{2}\log\frac{k_{b_i}^2}{k_{b_i}^2 - z_i^2} + \frac{1}{2\gamma_i}\tilde{\theta}_i^{\mathrm{T}}\tilde{\theta}_i
\tag{4.4.32}
$$

式中，$\gamma_i > 0$ 是设计参数；$|z_i| \leqslant k_{b_i}$。

根据式 (4.4.5) 和式 (4.4.31)，V_i 关于时间的导数为

$$
\begin{aligned}
\dot{V}_i =\ & \dot{V}_{i-1} + \frac{z_i}{k_{b_i}^2 - z_i^2}\dot{z}_i + \frac{1}{\gamma_i}\tilde{\theta}_i^{\mathrm{T}}\dot{\tilde{\theta}}_i \\
\leqslant\ & \dot{V}_{i-1} + \frac{z_i}{k_{b_i}^2 - z_i^2}\left(z_{i+1} + \alpha_i + H_i - \tilde{\theta}_i^{\mathrm{T}}\varphi_i(\hat{\bar{x}}_i) - \frac{\partial \alpha_{i-1}}{\partial y}e_2\right. \\
& \left. - \frac{\partial \alpha_{i-1}}{\partial y}\varepsilon_1 - \frac{\partial \alpha_{i-1}}{\partial y}\tilde{\theta}_1^{\mathrm{T}}\varphi_1(x_1)\right) + \frac{1}{\gamma_i}\tilde{\theta}_i^{\mathrm{T}}\left(\gamma_i\frac{z_i}{k_{b_i}^2 - z_i^2}\varphi_i(\hat{\bar{x}}_i) - \dot{\hat{\theta}}_i\right)
\end{aligned}
\tag{4.4.33}
$$

根据杨氏不等式，可得

$$
\begin{aligned}
& \frac{z_i}{k_{b_i}^2 - z_i^2}\left(-\tilde{\theta}_i^{\mathrm{T}}\varphi_i(\hat{\bar{x}}_i) - \frac{\partial \alpha_{i-1}}{\partial y}e_2 - \frac{\partial \alpha_{i-1}}{\partial y}\varepsilon_1 - \frac{\partial \alpha_{i-1}}{\partial y}\tilde{\theta}_1^{\mathrm{T}}\varphi_1(x_1)\right) \\
& \leqslant \frac{1}{2}\|e\|^2 + \frac{1}{2}\varepsilon_1^{*2} + \frac{1}{2}\left\|\tilde{\theta}_1\right\|^2 + \frac{1}{2}\left\|\tilde{\theta}_i\right\|^2 + \frac{3}{2}\left(\frac{\partial \alpha_{i-1}}{\partial y}\right)^2\frac{z_i^2}{(k_{b_i}^2 - z_i^2)^2} + \frac{1}{2}\frac{z_i^2}{(k_{b_i}^2 - z_i^2)^2}
\end{aligned}
\tag{4.4.34}
$$

令 $\lambda_i = \lambda_{i-1} - 1/2$，由式 (4.4.30)～式 (4.4.34) 可得

$$
\begin{aligned}
\dot{V}_i \leqslant & -\lambda_i \|e\|^2 - \sum_{k=1}^{i-1} \frac{c_k z_k^2}{k_{b_k}^2 - z_k^2} - \sum_{k=1}^{i-1} \frac{\sigma_k}{2\gamma_k} \left\|\tilde{\theta}_k\right\|^2 + \frac{1}{2}\|P\|^2 \sum_{i=1}^{n} \left\|\tilde{\theta}_i\right\|^2 \\
& + \frac{z_i}{k_{b_i}^2 - z_i^2} \left[z_{i+1} + \alpha_i + \frac{k_{b_i}^2 - z_i^2}{k_{b_{i-1}}^2 - z_{i-1}^2} z_{i-1} + H_i + \frac{1}{2} \frac{z_i}{k_{b_i}^2 - z_i^2} \right. \\
& \left. + \frac{3}{2} \left(\frac{\partial \alpha_{i-1}}{\partial y} \right)^2 \frac{z_i}{k_{b_i}^2 - z_i^2} \right] + \frac{1}{\gamma_i} \tilde{\theta}_i^{\mathrm{T}} \left(\frac{\gamma_i z_i}{k_{b_i}^2 - z_i^2} \varphi_i(\hat{\bar{x}}_i) - \dot{\hat{\theta}}_i \right) \\
& + D_{i-1} + \frac{i-1}{2} \left\|\tilde{\theta}_1\right\|^2 + \frac{1}{2} \sum_{k=2}^{i} \left\|\tilde{\theta}_k\right\|^2 + \frac{1}{2}\varepsilon_1^{*2}
\end{aligned} \tag{4.4.35}
$$

设计虚拟控制器 α_i 和参数 $\hat{\theta}_i$ 的自适应律如下：

$$
\alpha_i = -c_i z_i - \frac{k_{b_i}^2 - z_i^2}{k_{b_{i-1}}^2 - z_{i-1}^2} z_{i-1} - H_i - \frac{1}{2} \frac{z_i}{k_{b_i}^2 - z_i^2} - \frac{3}{2} \left(\frac{\partial \alpha_{i-1}}{\partial y} \right)^2 \frac{z_i}{k_{b_i}^2 - z_i^2} \tag{4.4.36}
$$

$$
\dot{\hat{\theta}}_i = \gamma_i \frac{z_i}{k_{b_i}^2 - z_i^2} \varphi_i(\hat{\bar{x}}_i) - \sigma_i \hat{\theta}_i \tag{4.4.37}
$$

式中，$c_i > 0$ 和 $\sigma_i > 0$ 是设计参数。

将式 (4.4.36) 和式 (4.4.37) 代入式 (4.4.35)，可得

$$
\begin{aligned}
\dot{V}_i \leqslant & -\lambda_i \|e\|^2 - \sum_{k=1}^{i} \frac{c_k z_k^2}{k_{b_k}^2 - z_k^2} + \frac{z_i z_{i+1}}{k_{b_i}^2 - z_i^2} - \sum_{k=1}^{i-1} \frac{\sigma_k}{2\gamma_k} \left\|\tilde{\theta}_k\right\|^2 + D_{i-1} \\
& + \frac{\sigma_i}{\gamma_i} \hat{\theta}_i^{\mathrm{T}} \tilde{\theta}_i + \frac{i-1}{2} \left\|\tilde{\theta}_1\right\|^2 + \frac{1}{2} \sum_{k=2}^{i} \left\|\tilde{\theta}_k\right\|^2 + \frac{1}{2}\varepsilon_1^{*2} + \frac{1}{2}\|P\|^2 \sum_{i=1}^{n} \left\|\tilde{\theta}_i\right\|^2
\end{aligned} \tag{4.4.38}
$$

根据杨氏不等式，可得

$$
\frac{\sigma_i}{\gamma_i} \tilde{\theta}_i^{\mathrm{T}} \hat{\theta}_i \leqslant -\frac{\sigma_i}{2\gamma_i} \left\|\tilde{\theta}_i\right\|^2 + \frac{\sigma_i}{2\gamma_i} \|\theta_i^*\|^2 \tag{4.4.39}
$$

将式 (4.4.39) 代入式 (4.4.38)，$\dot{V}_i$ 最终表示为

$$
\begin{aligned}
\dot{V}_i \leqslant & -\lambda_i \|e\|^2 - \sum_{k=1}^{i} \frac{c_k z_k^2}{k_{b_k}^2 - z_k^2} + \frac{z_i z_{i+1}}{k_{b_i}^2 - z_i^2} + D_i - \sum_{k=1}^{i} \frac{\sigma_k}{2\gamma_k} \left\|\tilde{\theta}_k\right\|^2 \\
& + \frac{i-1}{2} \left\|\tilde{\theta}_1\right\|^2 + \frac{1}{2} \sum_{k=2}^{i} \left\|\tilde{\theta}_k\right\|^2 + \frac{1}{2}\|P\|^2 \sum_{i=1}^{n} \left\|\tilde{\theta}_i\right\|^2
\end{aligned} \tag{4.4.40}
$$

式中，$D_i = D_{i-1} + \dfrac{\sigma_i}{2\gamma_i} \|\theta_i^*\|^2 + \dfrac{1}{2}\varepsilon_1^{*2}$。

第 n 步　　由 $z_n = \hat{x}_n - \alpha_{n-1}$、式 (4.4.1) 和式 (4.4.9) 可得

$$
\begin{aligned}
\dot{z}_n =\ & \dot{\hat{x}}_n - \dot{\alpha}_{n-1} \\
=\ & u + H_n + \tilde{\theta}_n^{\mathrm{T}}\varphi_n(\hat{\bar{x}}_n) - \tilde{\theta}_n^{\mathrm{T}}\varphi_n(\hat{\bar{x}}_n) \\
& - \frac{\partial \alpha_{n-1}}{\partial y}e_2 - \frac{\partial \alpha_{n-1}}{\partial y}\varepsilon_1 - \frac{\partial \alpha_{n-1}}{\partial y}\tilde{\theta}_1^{\mathrm{T}}\varphi_1(x_1)
\end{aligned}
\tag{4.4.41}
$$

式中，

$$
\begin{aligned}
H_n =\ & \hat{\theta}_n^{\mathrm{T}}\varphi_n(\hat{\bar{x}}_n) - \sum_{k=1}^{n-1}\frac{\partial \alpha_{n-1}}{\partial \hat{x}_k}\left(\hat{x}_{k+1} + \hat{\theta}_k^{\mathrm{T}}\varphi_k(\hat{\bar{x}}_k)\right) - \sum_{k=1}^{n-1}k_j\frac{\partial \alpha_{n-1}}{\partial \hat{x}_k}e_1 \\
& - \sum_{k=1}^{n-1}\frac{\partial \alpha_{i-1}}{\partial \hat{\theta}_k}\dot{\hat{\theta}}_k - \frac{\partial \alpha_{n-1}}{\partial y_m}\dot{y}_m - \frac{\partial \alpha_1}{\partial y}\left(\hat{x}_2 + \hat{\theta}_1^{\mathrm{T}}\varphi_1(x_1)\right) + k_n e_1
\end{aligned}
$$

选择如下李雅普诺夫函数：

$$
V_n = V_{n-1} + \frac{1}{2}\log\frac{k_{b_n}^2}{k_{b_n}^2 - z_n^2} + \frac{1}{2\gamma_n}\tilde{\theta}_n^{\mathrm{T}}\tilde{\theta}_n
\tag{4.4.42}
$$

式中，$\gamma_n > 0$ 是设计参数；$|z_n| \leqslant k_{b_n}$。

根据式 (4.4.5) 和式 (4.4.41)，V_n 关于时间的导数为

$$
\begin{aligned}
\dot{V}_n =\ & \dot{V}_{n-1} + \frac{z_n}{k_{b_n}^2 - z_n^2}\dot{z}_n + \frac{1}{\gamma_n}\tilde{\theta}_n^{\mathrm{T}}\dot{\tilde{\theta}}_n \\
=\ & \dot{V}_{n-1} + \frac{z_n}{k_{b_n}^2 - z_n^2}\left(u + H_n - \tilde{\theta}_n^{\mathrm{T}}\varphi_n(\hat{\bar{x}}_n) - \frac{\partial \alpha_{n-1}}{\partial y}e_2\right. \\
& \left. - \frac{\partial \alpha_{n-1}}{\partial y}\varepsilon_1 - \frac{\partial \alpha_{n-1}}{\partial y}\tilde{\theta}_1^{\mathrm{T}}\varphi_1(x_1)\right) + \frac{1}{\gamma_n}\tilde{\theta}_n^{\mathrm{T}}(\gamma_n z_n\varphi_n(\hat{\bar{x}}_n) - \dot{\hat{\theta}}_n)
\end{aligned}
\tag{4.4.43}
$$

根据杨氏不等式，可得

$$
\begin{aligned}
& \frac{z_n}{k_{b_n}^2 - z_n^2}\left(\tilde{\theta}_n^{\mathrm{T}}\varphi_n(\hat{\bar{x}}_n) - \frac{\partial \alpha_{n-1}}{\partial y}e_2 - \frac{\partial \alpha_{n-1}}{\partial y}\varepsilon_1 - \frac{\partial \alpha_{n-1}}{\partial y}\tilde{\theta}_1^{\mathrm{T}}\varphi_1(x_1)\right) \\
\leqslant\ & \frac{1}{2}\frac{z_n^2}{(k_{b_n}^2 - z_n^2)^2} + \frac{3}{2}\left(\frac{\partial \alpha_{n-1}}{\partial y}\right)^2\frac{z_n^2}{(k_{b_n}^2 - z_n^2)^2} + \frac{1}{2}\|e\|^2 + \frac{1}{2}\varepsilon_1^{*2} + \frac{1}{2}\left\|\tilde{\theta}_1\right\|^2 + \frac{1}{2}\left\|\tilde{\theta}_n\right\|^2
\end{aligned}
$$

$$
\tag{4.4.44}
$$

设 $\lambda_n = \lambda_{n-1} - 1/2$，由式 (4.4.40) 和式 (4.4.44) 可得

$$
\dot{V}_n \leqslant -\lambda_n\|e\|^2 - \sum_{k=1}^{n-1}\frac{c_k z_k^2}{k_{b_k}^2 - z_k^2} + \frac{z_n}{k_{b_n}^2 - z_n^2}\left[u + \frac{k_{b_n}^2 - z_n^2}{k_{b_{n-1}}^2 - z_{n-1}^2}z_{n-1} + H_n\right.
$$

$$+ \frac{1}{2} \frac{z_n}{k_{b_n}^2 - z_n^2} + \frac{3}{2} \left(\frac{\partial \alpha_{n-1}}{\partial y} \right)^2 \frac{z_n}{k_{b_n}^2 - z_n^2} \Bigg] + \frac{n-1}{2} \left\| \tilde{\theta}_1 \right\|^2$$

$$+ \frac{1}{2} \varepsilon_1^{*2} + \frac{1}{2} \sum_{k=2}^{n} \left\| \tilde{\theta}_k \right\|^2 + \frac{1}{2} \| P \|^2 \sum_{i=1}^{n} \left\| \tilde{\theta}_i \right\|^2$$

$$+ \frac{1}{\gamma_n} \tilde{\theta}_n^{\mathrm{T}} (\gamma_n z_n \varphi_n(\hat{\bar{x}}_n) - \dot{\hat{\theta}}_n) - \sum_{k=1}^{n-1} \frac{\sigma_k}{2\gamma_k} \left\| \tilde{\theta}_k \right\|^2 + D_{n-1} \tag{4.4.45}$$

设计控制器 u 和参数 $\hat{\theta}_n$ 的自适应律如下：

$$u = -c_n z_n - \frac{k_{b_n}^2 - z_n^2}{k_{b_{n-1}}^2 - z_{n-1}^2} z_{n-1} - H_n - \frac{1}{2} \frac{z_n}{k_{b_n}^2 - z_n^2} - \frac{3}{2} \left(\frac{\partial \alpha_{n-1}}{\partial y} \right)^2 \frac{z_n}{k_{b_n}^2 - z_n^2} \tag{4.4.46}$$

$$\dot{\hat{\theta}}_n = \gamma_n \varphi_n(\hat{\bar{x}}_n) \frac{z_n}{k_{b_n}^2 - z_n^2} - \sigma_n \hat{\theta}_n \tag{4.4.47}$$

式中，$c_n > 0$ 和 $\sigma_n > 0$ 是设计参数。

将式 (4.4.46) 和式 (4.4.47) 代入式 (4.4.45)，可得

$$\dot{V}_n \leqslant - \lambda_n \| e \|^2 - \sum_{k=1}^{n} \frac{c_k z_k^2}{k_{b_k}^2 - z_k^2} + \frac{n-1}{2} \left\| \tilde{\theta}_1 \right\|^2 + \frac{1}{2} \sum_{k=2}^{n} \left\| \tilde{\theta}_k \right\|^2$$

$$+ \frac{\sigma_n}{\gamma_n} \tilde{\theta}_n^{\mathrm{T}} \hat{\theta}_n - \sum_{k=1}^{n-1} \frac{\sigma_k}{2\gamma_k} \left\| \tilde{\theta}_k \right\|^2 + D_{n-1} + \frac{1}{2} \varepsilon_1^{*2} + \frac{1}{2} \| P \|^2 \sum_{i=1}^{n} \left\| \tilde{\theta}_i \right\|^2 \tag{4.4.48}$$

根据杨氏不等式，可得

$$\frac{\sigma_n}{\gamma_n} \tilde{\theta}_n^{\mathrm{T}} \hat{\theta}_n \leqslant - \frac{1}{2} \frac{\sigma_n}{\gamma_n} \left\| \tilde{\theta}_n \right\|^2 + \frac{1}{2} \frac{\sigma_n}{\gamma_n} \| \theta_n^* \|^2 \tag{4.4.49}$$

将式 (4.4.49) 代入式 (4.4.48)，$\dot{V}_n$ 最终表示为

$$\dot{V}_n \leqslant - \lambda_n \| e \|^2 - \sum_{k=1}^{n} \frac{c_k z_k^2}{k_{b_k}^2 - z_k^2} + \frac{n-1}{2} \left\| \tilde{\theta}_1 \right\|^2$$

$$- \sum_{k=1}^{n} \frac{\sigma_k}{2\gamma_k} \left\| \tilde{\theta}_k \right\|^2 + \frac{1}{2} \| P \|^2 \sum_{i=1}^{n} \left\| \tilde{\theta}_i \right\|^2 + \frac{1}{2} \sum_{k=2}^{n} \left\| \tilde{\theta}_k \right\|^2 + D \tag{4.4.50}$$

式中，$D = D_{n-1} + \frac{\sigma_n}{2\gamma_n} \| \theta_n^* \|^2 + \frac{1}{2} \varepsilon_1^{*2}$。

由于

$$\log \frac{k_{b_k}^2}{k_{b_k}^2 - z_k^2} \leqslant \frac{z_k^2}{k_{b_k}^2 - z_k^2} \tag{4.4.51}$$

所以

$$\dot{V}_n \leqslant -\lambda_n \|e\|^2 - \sum_{k=1}^{n} c_k \log \frac{k_{b_k}^2}{k_{b_k}^2 - z_k^2} + \frac{n-1}{2} \left\| \tilde{\theta}_1 \right\|^2$$

$$- \sum_{k=1}^{n} \frac{\sigma_k}{2\gamma_k} \left\| \tilde{\theta}_k \right\|^2 + \frac{1}{2} \|P\|^2 \sum_{i=1}^{n} \left\| \tilde{\theta}_i \right\|^2 + \frac{1}{2} \sum_{k=2}^{n} \left\| \tilde{\theta}_k \right\|^2 + D \qquad (4.4.52)$$

4.4.4　稳定性与收敛性分析

定理 4.4.1　对于非线性严格反馈系统 (4.4.1)，如果采用控制器 (4.4.46)，虚拟控制器 (4.4.16)、(4.4.26)、(4.4.36)，参数自适应律 (4.4.17)、(4.4.27)、(4.4.37) 和 (4.4.47)，则总体控制方案具有如下性能：

(1) 闭环系统中的所有信号半全局一致最终有界；

(2) 观测误差向量 $e(t)$ 和跟踪误差 $z_1(t) = y(t) - y_m(t)$ 收敛到包含原点的一个较小邻域内；

(3) 系统的状态 $x_i(t) \, (i = 1, 2, \cdots, n)$ 都不超出预先指定的界。

证明　设

$$C = \min\{2(\lambda_{\min}(Q) - 2 - n/2)/\lambda_{\max}(P); 2c_i, i = 1, 2, \cdots, n;$$
$$\sigma_1 - \gamma_1(\|P\|^2 + n - 1), \sigma_i - \gamma_i(\|P\|^2 + 1), i = 2, 3, \cdots, n\}$$

则式 (4.4.52) 变为

$$\dot{V}_n \leqslant -CV_n + D \qquad (4.4.53)$$

由式 (4.4.53) 和引理 0.3.1 可知，闭环系统所有信号都有界。由 $x_1 = z_1 + y_m(t)$ 和 $|y_m(t)| \leqslant m_0$ 可知，$|x_1| \leqslant |z_1| + |y_d| < k_{b_1} + m_0$。根据 $k_{b_1} = k_{c_1} - m_0$，则有 $|x_1| < k_{c_1}$。因为 $x_2 = z_2 + \alpha_1$，$\alpha_1(\cdot)$ 有界且存在正常数 $\bar{\alpha}_1$ 满足 $|\alpha_1(\cdot)| \leqslant \bar{\alpha}_1$，所以由 $|x_{i+1}| \leqslant k_{c_{i+1}}(i = 2, 3, \cdots, n - 1)$ 和 $x_2 = z_2 + \alpha_1$ 可得出 $|x_2| \leqslant k_{b_2} + \bar{\alpha}_1 \leqslant k_{c_2}$。同理，可证 $|x_i| < k_{c_i}, i = 3, 4, \cdots, n$。因此，系统的状态都没有违反约束条件。

根据式(4.4.53)，可得 $1/2 \left(\log k_{b_i}^2 / (k_{b_i}^2 - z_i^2) \right) \leqslant V_i(0) \mathrm{e}^{-C(t-t_0)} + D/C$，进一步可以推出$|z_i| \leqslant k_{b_i} \sqrt{1 - \mathrm{e}^{-2V_i(0) - 2D/C}}$，因此跟踪误差 z_i 保持在紧集 $\Omega_z = \left\{ z_i \left| |z_i| \leqslant k_{b_i} \sqrt{1 - \mathrm{e}^{-2V_i(0) - 2D/C}}, i = 1, 2, \cdots, n \right. \right\}$ 内。根据式(4.4.53)，可得 $e^{\mathrm{T}} P e \leqslant 2V_n(t_0) \mathrm{e}^{-C(t-t_0)} + 2D/C$，进而$\|e\| \leqslant \left(\sqrt{2V_n(t_0) \mathrm{e}^{-C(t-t_0)} + 2D/C} \right) \Big/ \lambda_{\min}(P)$。如果通过选择适当的设计参数，那么可以使观测误差 e 和跟踪误差 z_1 收敛到包含原点的一个较小邻域内。

评注 4.4.1　　(1) 本节针对状态不可测的单输入单输出非线性约束系统, 介绍了一种基于模糊观测器的模糊自适应输出反馈反步递推控制方法, 与本节类似的神经网络自适应输出反馈反步递推控制设计方法可参见文献 [16] 和 [17]。

(2) 对含有未知死区且状态不可测的非线性约束系统, 所提出的模糊自适应输出反馈反步递推控制设计方法可参见文献 [18]。另外, 把动态面或命令滤波引入本节的反步递推控制设计过程中, 所形成的智能自适应输出反馈简化控制设计方法可参见文献 [19] 和 [20]。

4.4.5　仿真

例 4.4.1　　考虑如下的非线性状态约束系统:

$$
\begin{cases}
\dot{x}_1 = x_2 + f_1(x_1) \\
\dot{x}_2 = u + f_2(\bar{x}_2) \\
y = x_1
\end{cases}
\tag{4.4.54}
$$

式中, $f_1(x_1) = 0.1x_1^2$; $f_2(\bar{x}_2) = 0.1x_1x_2 - 2.2x_1$。给定状态约束界为 $k_{c_1} = 2.6$ 和 $k_{c_2} = 2.6$。定义参考信号为 $y_m = \sin(t)$, 取 $m_0 = m_1 = 1$, 则 y_m 满足假设 4.4.1。

选择 $\hat{x}_i$ 的隶属函数为

$$
\mu_{F_i^1}(\hat{x}_i) = \exp\left[-\frac{(\hat{x}_i + 1.5)^2}{2}\right], \quad \mu_{F_i^2}(\hat{x}_i) = \exp\left[-\frac{(\hat{x}_i + 1)^2}{2}\right]
$$

$$
\mu_{F_i^3}(\hat{x}_i) = \exp\left[-\frac{(\hat{x}_i + 0.5)^2}{2}\right], \quad \mu_{F_i^4}(\hat{x}_i) = \exp\left(-\frac{\hat{x}_i^2}{2}\right)
$$

$$
\mu_{F_i^5}(\hat{x}_i) = \exp\left[-\frac{(\hat{x}_i - 0.5)^2}{2}\right], \quad \mu_{F_i^6}(\hat{x}_i) = \exp\left[-\frac{(\hat{x}_i - 1)^2}{2}\right]
$$

$$
\mu_{F_i^7}(\hat{x}_i) = \exp\left[-\frac{(\hat{x}_i - 1.5)^2}{2}\right], \quad i = 1, 2
$$

令

$$
\varphi_{1l}(\hat{x}_1) = \frac{\mu_{F_1^l}(\hat{x}_1)}{\displaystyle\sum_{l=1}^{7} \mu_{F_i^l}(\hat{x}_1)}, \quad \varphi_{2l}(\hat{\bar{x}}_2) = \frac{\displaystyle\prod_{i=1}^{2} \mu_{F_i^l}(\hat{\bar{x}}_i)}{\displaystyle\sum_{l=1}^{7}\left(\prod_{i=1}^{2} \mu_{F_i^l}(\hat{\bar{x}}_i)\right)}
$$

$$
\varphi_1(\hat{x}_1) = [\varphi_{11}(\hat{x}_1), \varphi_{12}(\hat{x}_1), \varphi_{13}(\hat{x}_1), \varphi_{14}(\hat{x}_1), \varphi_{15}(\hat{x}_1), \varphi_{16}(\hat{x}_1), \varphi_{17}(\hat{x}_1)]^{\mathrm{T}}
$$

$$
\varphi_2(\hat{\bar{x}}_2) = [\varphi_{21}(\hat{\bar{x}}_2), \varphi_{22}(\hat{\bar{x}}_2), \varphi_{23}(\hat{\bar{x}}_2), \varphi_{24}(\hat{\bar{x}}_2), \varphi_{25}(\hat{\bar{x}}_2), \varphi_{26}(\hat{\bar{x}}_2), \varphi_{27}(\hat{\bar{x}}_2)]^{\mathrm{T}}
$$

模糊逻辑系统可以表示为如下形式:

$$\hat{f}_1(\hat{x}_1|\hat{\theta}_1) = \hat{\theta}_1^{\mathrm{T}}\varphi_1(\hat{x}_1), \quad \hat{f}_2(\hat{\bar{x}}_2|\hat{\theta}_2) = \hat{\theta}_2^{\mathrm{T}}\varphi_2(\hat{\bar{x}}_2)$$

给定观测器增益 $k_1 = 5$, $k_2 = 239$, 正定矩阵 $Q = \mathrm{diag}\{4,4\}$, 通过求解李雅普诺夫方程 (4.4.3), 可得正定矩阵 $P = \begin{bmatrix} 0.8033 & 0.0167 \\ 0.0167 & 192.0837 \end{bmatrix}$。

在仿真中, 选取虚拟控制器、控制器和参数自适应律中的设计参数为: $k_{b_1} = 2.5$, $k_{b_2} = 2.5$, $y_1 = 0.1$, $\gamma_2 = 0.1$, $\sigma_1 = 0.2$, $\sigma_2 = 0.5$, $c_1 = 3$, $c_2 = 5$。

选择变量及参数的初始值为: $x_1(0) = 0$, $x_2(0) = 0$, $\hat{x}_1(0) = 0$, $\hat{x}_2(0) = 0$, $\hat{\theta}_1(0) = [0.1 \quad 0.1 \quad -0.5 \quad 0 \quad 0 \quad 0 \quad 0]^{\mathrm{T}}$, $\hat{\theta}_2(0) = [0.4 \quad 0.1 \quad 0.1 \quad 0 \quad 0 \quad -0.4 \quad 0]^{\mathrm{T}}$。

仿真结果如图 4.4.1～图 4.4.4 所示。

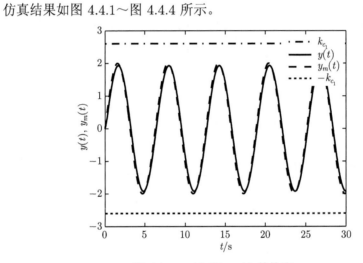

图 4.4.1　$y(t)$ 和 $y_m(t)$ 的轨迹

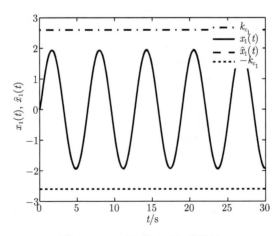

图 4.4.2　$x_1(t)$ 和 $\hat{x}_1(t)$ 的轨迹

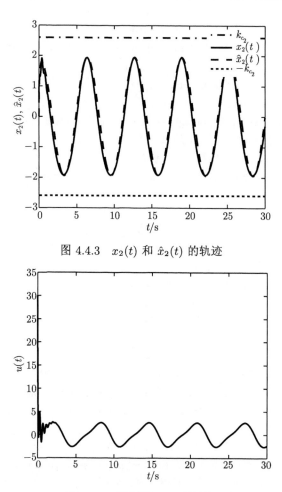

图 4.4.3 $x_2(t)$ 和 $\hat{x}_2(t)$ 的轨迹

图 4.4.4 控制器 $u(t)$ 的轨迹

参 考 文 献

[1] Li Y M, Tong S C, Liu L, et al. Adaptive output-feedback control design with prescribed performance for switched nonlinear systems[J]. Automatica, 2017, 80: 225-231.

[2] Tong S C, Li Y M. Observer-based fuzzy adaptive control for strict-feedback nonlinear systems[J]. Fuzzy Sets and Systems, 2009, 160(12): 1749-1764.

[3] Tong S C, Liu C L, Li Y M. Robust adaptive fuzzy filters output feedback control of strict feedback nonlinear systems[J]. International Journal of Applied Mathematics and Computer Science, 2010, 20(4): 637-653.

[4] Liu Y J, Gong M Z, Tong S C, et al. Adaptive fuzzy output feedback control for a class of nonlinear systems with full state constraints[J]. IEEE Transactions on Fuzzy Systems, 2018, 26(5): 2607-2617.

[5] Zhou Q, Shi P, Lu J J, et al. Adaptive output-feedback fuzzy tracking control for a class of nonlinear systems[J]. IEEE Transactions on Fuzzy Systems, 2011, 19(5): 972-982.

[6] Chen B, Zhang H G, Lin C. Observer-based adaptive neural network control for nonlinear systems in nonstrict-feedback form[J]. IEEE Transactions on Neural Networks and Learning Systems, 2017, 27(1): 89-98.

[7] Long L J, Zhao J. Adaptive output-feedback neural control of switched uncertain nonlinear systems with average dwell time[J]. IEEE Transactions on Neural Networks and Learning Systems, 2015, 26(7): 1350-1362.

[8] Tong S C, Li Y M, Sui S. Adaptive fuzzy tracking control design for SISO uncertain nonstrict feedback nonlinear systems[J]. IEEE Transactions on Fuzzy Systems, 2016, 24(6): 1441-1454.

[9] Tong S C, Li Y M, Sui S. Adaptive fuzzy output feedback control for switched nonstrict-feedback nonlinear systems with input nonlinearities[J]. IEEE Transactions on Fuzzy Systems, 2016, 24(6): 1426-1440.

[10] Chen B, Liu X P, Lin C. Observer and adaptive fuzzy control design for nonlinear strict-feedback systems with unknown virtual control coefficients[J]. IEEE Transactions on Fuzzy Systems, 2017, 26(3): 1732-1743.

[11] Tong S C, Li Y, Li Y M, et al. Observer-based adaptive fuzzy backstepping control for a class of stochastic nonlinear strict-feedback systems[J]. IEEE Transactions on Systems, Man, and Cybernetics, Part B: Cybernetics, 2011, 41(6): 1693-1704.

[12] Wang H Q, Liu X P, Shi P. Observer-based fuzzy adaptive output-feedback control of stochastic nonlinear multiple time-delay systems[J]. IEEE Transactions on Cybernetics, 2017, 47(9): 2568-2578.

[13] Li Y M, Tong S C, Li T S. Adaptive fuzzy decentralized control for nonlinear time-delay large-scale systems based on DSC technique and high-gain filters[J]. International Journal of Fuzzy Systems, 2013, 15(3): 347-358.

[14] Li Y M, Tong S C. Adaptive fuzzy backstepping output feedback control of nonlinear uncertain systems with unknown virtual control coefficients using MT-filters[J]. Neurocomputing, 2011, 74(10): 1557-1563.

[15] Zhang T P, Li S, Xia M Z, et al. Adaptive output feedback control of nonlinear systems with prescribed performance and MT-filters[J]. Neurocomputing, 2016, 207: 717-725.

[16] Tong S C, Sui S, Li Y M. Fuzzy adaptive output feedback control of MIMO nonlinear systems with partial tracking errors constrained[J]. IEEE Transactions on Fuzzy Systems, 2014, 23(4): 729-742.

[17] Liu Z, Lai Y G, Zhang Y, et al. Adaptive neural output feedback control of output-constrained nonlinear systems with unknown output nonlinearity[J]. IEEE Transactions on Neural Networks and Learning Systems, 2015, 26(8): 1789-1802.

[18] Du P H, Sun K, Zhao S Y, et al. Observer-based adaptive fuzzy control for time-varying state constrained strict-feedback nonlinear systems with dead-zone[J]. International Journal of Fuzzy Systems, 2019, 21(3): 733-744.

[19]　Li Y M, Ma Z Y, Tong S C. Adaptive fuzzy output-constrained fault-tolerant control of nonlinear stochastic large-scale systems with actuator faults[J]. IEEE Transactions on Cybernetics, 2017, 47(9): 2362-2376.

[20]　Su Q Y, Wan M. Adaptive neural dynamic surface output feedback control for nonlinear full states constrained systems[J]. IEEE Access, 2020, 8: 131590-131600.

第 5 章 非线性严格反馈系统智能自适应输出反馈鲁棒控制

本章针对含有未知死区、输入饱和、未建模动态和未知控制方向的非线性严格反馈系统,在第 4 章关于智能自适应输出反馈控制设计理论的基础上,介绍四种智能自适应控制输出反馈鲁棒控制设计方法,并给出相应闭环系统的稳定性分析。本章内容主要基于文献 [1]～[4]。

5.1 含有未知死区的模糊自适应输出反馈鲁棒控制

本节针对一类含有未知死区且状态不可测的非线性严格反馈系统,设计一种模糊滤波解决被控系统的状态不可测问题。在 4.3 节的基础上,介绍一种基于模糊滤波的自适应输出反馈鲁棒控制设计方法,并给出闭环系统的稳定性分析。

5.1.1 系统模型及控制问题描述

考虑如下的单输入单输出不确定非线性严格反馈系统:

$$
\begin{cases}
\dot{x}_1 = f_1(x_1) + x_2 \\
\dot{x}_i = f_i(\bar{x}_i) + x_{i+1}, \quad i = 2, 3, \cdots, n-1 \\
\dot{x}_n = f_n(\bar{x}_n) + b_0 \sigma(y) u \\
y = x_1 \\
u = \mathrm{DZ}(v(t))
\end{cases}
\tag{5.1.1}
$$

式中,$\bar{x}_i = [x_1, x_2, \cdots, x_i]^{\mathrm{T}} \in \mathbf{R}^i$ 是状态变量;$v(t)$ 和 y 分别为系统的控制输入和输出;$f_i(\bar{x}_i)$ $(i = 1, 2, \cdots, n)$ 是未知的非线性光滑函数;$\sigma(y)(\sigma(y) \neq 0)$ 是已知的非线性光滑函数;b_0 是未知的常数。假设系统的输出 $y(t)$ 可测,而状态 $x_2(t), x_3(t), \cdots, x_n(t)$ 是不可测的。

输入死区 $\mathrm{DZ}(\cdot)$ 定义为

$$
u(t) = \mathrm{DZ}(v(t)) =
\begin{cases}
m_r(v(t) - b_r), & v(t) \geqslant b_r \\
0, & b_l < v(t) < b_r \\
m_l(v(t) - b_l), & v(t) \leqslant b_l
\end{cases}
\tag{5.1.2}
$$

式中,b_l、b_r、m_r 和 m_l 是未知的常数。

控制任务   针对非线性严格反馈系统 (5.1.1)，基于模糊逻辑系统设计一种自适应模糊鲁棒控制器，使得：

(1) 闭环系统的所有信号半全局一致最终有界；

(2) 系统的输出 y 能很好地跟踪给定的参考信号 y_m。

非线性死区 (5.1.2) 的逆函数可表示为

$$v(t) = \widehat{\mathrm{DI}}(u_d(t)) = \begin{cases} \dfrac{u_d(t) + \widehat{m_r b_r}}{\widehat{m_r}}, & u_d(t) > 0 \\ 0, & u_d(t) = 0 \\ \dfrac{u_d(t) + \widehat{m_l b_l}}{\widehat{m_l}}, & u_d(t) < 0 \end{cases} \tag{5.1.3}$$

式中，$u_d(t)$ 是控制器 $u(t)$ 的估计；$\widehat{m_r b_r}$、$\widehat{m_r}$、$\widehat{m_l b_l}$、$\widehat{m_l}$ 分别是死区参数 $m_r b_r$、m_r、$m_l b_l$、m_l 的估计。

设

$$\hat{\chi}_r = \begin{cases} 1, & v(t) > 0 \\ 0, & v(t) \leqslant 0 \end{cases} \tag{5.1.4}$$

$$\omega_N(t) = [-\hat{\chi}_r(t)v, \hat{\chi}_r(t), -(1 - \hat{\chi}_r(t))v, 1 - \hat{\chi}_r(t)]^{\mathrm{T}} \tag{5.1.5}$$

$$\hat{\vartheta}_N = \left[\widehat{m_r}, \widehat{m_r b_r}, \widehat{m_l}, \widehat{m_l b_l}\right]^{\mathrm{T}} \tag{5.1.6}$$

$$\vartheta_N = [m_r, m_r b_r, m_l, m_l b_l]^{\mathrm{T}} \tag{5.1.7}$$

则式 (5.1.3) 和控制误差 $u(t) - u_d(t)$ 可以分别表示为

$$u_d(t) = -\hat{\vartheta}_N^{\mathrm{T}} \omega_N(t) \tag{5.1.8}$$

$$u(t) - u_d(t) = (\hat{\vartheta}_N - \vartheta_N)^{\mathrm{T}} \omega_N(t) + d_N(t) \tag{5.1.9}$$

式中，$d_N(t)$ 是有界函数，其表达式为

$$d_N(t) = -m_r \chi_r(t)(v(t) - b_r) - m_l \chi_l(t)(v(t) - b_l) \tag{5.1.10}$$

其中，

$$\chi_r(t) = \begin{cases} 1, & 0 \leqslant v(t) < b_r \\ 0, & 其他 \end{cases} \tag{5.1.11}$$

$$\chi_l(t) = \begin{cases} 1, & b_l < v(t) < 0 \\ 0, & 其他 \end{cases} \tag{5.1.12}$$

5.1.2　模糊 K 滤波设计

定义 $\hat{\bar{x}}_i = [\hat{x}_1, \hat{x}_2, \cdots, \hat{x}_i]^{\mathrm{T}}$ 是状态向量 $\bar{x}_i$ 的估计，根据引理 0.1.1，利用模糊逻辑系统 $\hat{f}_i(\hat{\bar{x}}_i | \hat{\theta}_i) = \hat{\theta}_i^{\mathrm{T}} \varphi_i(\hat{\bar{x}}_i)$ 逼近非线性未知函数 $f_i(\bar{x}_i)$，并假设

$$f_i(\bar{x}_i) = \theta_i^{*\mathrm{T}} \varphi_i(\hat{\bar{x}}_i) + \varepsilon_i \tag{5.1.13}$$

式中，最优参数 θ_i^* 定义为 $\theta_i^* = \arg\min_{\theta_i \in \mathbf{R}_i^l} \left\{ \sup_{(\bar{x}_i, \hat{\bar{x}}_i) \in (D_1, D_2)} \left| f_i(\bar{x}_i) - \theta_i^{\mathrm{T}} \varphi_i(\hat{\bar{x}}_i) \right| \right\}$；$\varepsilon_i$ 是最小模糊逼近误差。假设 ε_i 满足 $|\varepsilon_i| \leqslant \varepsilon_i^*$，$\varepsilon_i^*$ 是正常数。

将式 (5.1.13) 代入式 (5.1.1)，并将式 (5.1.1) 写成如下的状态空间表达式：

$$\begin{aligned} \dot{x} &= Ax + \Phi^{\mathrm{T}}\theta^* + B\sigma(y)u + \varepsilon \\ y &= C_1^{\mathrm{T}} x \end{aligned} \tag{5.1.14}$$

式中，$A = \begin{bmatrix} 0 & & \\ \vdots & & I_{n-1} \\ 0 & \cdots 0 & \end{bmatrix}$；$x = [x_1, x_2, \cdots, x_n]^{\mathrm{T}}$；$\varepsilon = [\varepsilon_1, \varepsilon_2, \cdots, \varepsilon_n]^{\mathrm{T}}$；$C_1 = [1 \ 0 \ \cdots \ 0]^{\mathrm{T}}$；$\Phi^{\mathrm{T}} = \mathrm{diag}\{\varphi_1^{\mathrm{T}}(\hat{x}_1), \varphi_2^{\mathrm{T}}(\hat{x}_2), \cdots, \varphi_n^{\mathrm{T}}(\hat{\bar{x}}_n)\}$；$B = [0 \ 0 \ \cdots \ 0 \ b_0]^{\mathrm{T}}$；$\theta^* = [\theta_1^{*\mathrm{T}}, \theta_2^{*\mathrm{T}}, \cdots, \theta_n^{*\mathrm{T}}]^{\mathrm{T}}$。

定义虚拟状态估计：

$$\hat{x}(t) = \xi + \Xi\theta^* + b_0\lambda \tag{5.1.15}$$

设计模糊 K 滤波器为

$$\dot{\xi} = A_0\xi + ky + F \tag{5.1.16}$$

$$\dot{\Xi} = A_0\Xi + \Phi^{\mathrm{T}} \tag{5.1.17}$$

$$\dot{\lambda} = A_0\lambda + C_n\sigma(y)u \tag{5.1.18}$$

式中，$C_n = [0\ 0 \cdots 0\ 1]^{\mathrm{T}}$；$F$ 是待设计的向量函数；选择矩阵 $k = [k_1, k_2, \cdots, k_n]^{\mathrm{T}}$，使得矩阵 $A_0 = A - kC_1^{\mathrm{T}}$ 是稳定矩阵。

因此，对于一个给定的正定矩阵 $Q = Q^{\mathrm{T}} > 0$，存在一个正定矩阵 $P = P^{\mathrm{T}} > 0$，满足如下李雅普诺夫方程：

$$PA_0 + A_0^{\mathrm{T}}P = -2Q \tag{5.1.19}$$

定义状态估计误差向量 $e = x - \hat{x}$，由式 (5.1.14)~式 (5.1.18) 可知，其导数可表示为

$$\dot{e} = A_0 e + \varepsilon - F \tag{5.1.20}$$

选择李雅普诺夫函数 $V_0 = \dfrac{1}{2}e^{\mathrm{T}}Pe$，可得

$$\dot{V}_0 = -e^{\mathrm{T}}Qe + e^{\mathrm{T}}P(\varepsilon - F) \tag{5.1.21}$$

5.1.3　模糊自适应反步递推输出反馈控制设计

由于未知死区的存在，$u(t)$ 不可直接用于控制，所以式 (5.1.18) 中的滤波信号 λ 不能用于控制设计，需要重新构建。为此，将式 (5.1.8) 代入式 (5.1.9)，可得

$$u(t) = -\vartheta_N^{\mathrm{T}}\omega_N(t) + d_N(t) \tag{5.1.22}$$

定义 $\Lambda = \det(sI - A_0)$，并由式 (5.1.18) 可得

$$
\begin{aligned}
\lambda(t) &= [\lambda_1(t), \lambda_2(t), \cdots, \lambda_n(t)]^{\mathrm{T}} \\
&= [p_1(s), p_2(s), \cdots, p_n(s)]^{\mathrm{T}} \frac{1}{\Lambda(s)}[\sigma(y)u(t)]
\end{aligned} \tag{5.1.23}
$$

式中，$p_j(s)(j = 1, 2, \cdots, n)$ 是已知的多项式。

令 $y_2(t) = W(s)[y_1(t)]$，$W(s)$ 是传递函数，则由式 (5.1.22) 和式 (5.1.23) 可得

$$\lambda_j(t) = -\vartheta_N^{\mathrm{T}}\omega_j(t) + d_j(t) \tag{5.1.24}$$

$$\omega_j(t) = \frac{p_j(s)I_4}{\Lambda(s)}[\sigma(y)\omega_N(t)] \tag{5.1.25}$$

$$d_j(t) = \frac{p_j(s)}{\Lambda(s)}[\sigma(y)d_N(t)] \tag{5.1.26}$$

式中，I_4 是 4×4 的矩阵。

将矩阵 Ξ 的第二行表示为 $\Xi_{(2)}$，由式 (5.1.14) 和式 (5.1.24) 可得

$$
\begin{aligned}
\hat{x}_2 &= \xi_2 + \Xi_{(2)}\theta^* + b_0\lambda_2 \\
&= \xi_2 + \Xi_{(2)}\theta^* + b_0\vartheta_N^{\mathrm{T}}\omega_2 + b_0 d_2(t)
\end{aligned} \tag{5.1.27}
$$

$$\omega_2(t) = \frac{(s + k_1)I_4}{s^n + k_1 s^{n-1} + \cdots + k_{n-1}s + k_n}[\sigma(y)\omega_N(t)] \tag{5.1.28}$$

定义坐标变换如下：

$$z_1 = y - y_m \tag{5.1.29}$$

$$z_i = -\hat{\vartheta}_N^{\mathrm{T}}\omega_2^{(i-2)} - \alpha_{i-1}, \quad i = 2, 3, \cdots, n-1 \tag{5.1.30}$$

式中，z_1 是跟踪误差；α_{i-1} 是在第 $i-1$ 步中将要设计的虚拟控制器。

基于上面的坐标变换，n 步模糊自适应反步递推控制设计过程如下。

第 1 步　由式 (5.1.14)、式 (5.1.27) 和式 (5.1.29) 可知，z_1 的导数为

$$\dot{z}_1 = x_2 + \theta_1^{*\mathrm{T}}\varphi_1 + \varepsilon_1 - \dot{y}_m$$

$$
\begin{aligned}
&= \xi_2 + \bar{\omega}^{\mathrm{T}}\theta^* - b_0\tilde{\vartheta}_N^{\mathrm{T}}\omega_2 - b_0\hat{\vartheta}_N^{\mathrm{T}}\omega_2 \\
&\quad + d + \varepsilon_1 - \dot{y}_m + e_2
\end{aligned}
\tag{5.1.31}
$$

式中, $\bar{\omega}^{\mathrm{T}} = \Xi_{(2)} + \Phi_{(1)}^{\mathrm{T}}$; $d = b_0 d_2$; $\hat{p}$ 和 $\hat{\vartheta}_N$ 分别是 $p = b_0^{-1}$ 和 ϑ_N 的估计, $\tilde{p} = p - \hat{p}$ 和 $\tilde{\vartheta}_N = \vartheta_N - \hat{\vartheta}_N$ 是参数估计误差。

由式 (5.1.30) 可知, $z_2 = -\hat{\vartheta}_N^{\mathrm{T}}\omega_2 - \alpha_1$。定义 $\alpha_1 = -\hat{p}\bar{\alpha}_1$, 则式 (5.1.31) 变为

$$
\begin{aligned}
\dot{z}_1 &= \xi_2 + \bar{\omega}^{\mathrm{T}}\theta^* - b_0\tilde{\vartheta}_N^{\mathrm{T}}\omega_2 + b_0 z_2 + b_0\tilde{p}\bar{\alpha}_1 - \bar{\alpha}_1 + d + \varepsilon_1 - \dot{y}_m + e_2 \\
&= \xi_2 + \bar{\omega}^{\mathrm{T}}\hat{\theta} + \bar{\omega}^{\mathrm{T}}\tilde{\theta} - b_0\tilde{\vartheta}_N^{\mathrm{T}}\omega_2 + b_0 z_2 + b_0\tilde{p}\bar{\alpha}_1 - \bar{\alpha}_1 + d + \varepsilon_1 - \dot{y}_m + e_2
\end{aligned}
\tag{5.1.32}
$$

式中, $\hat{\theta}$ 是 θ^* 的估计; $\tilde{\theta} = \theta^* - \hat{\theta}$ 是估计误差向量。

选择如下李雅普诺夫函数:

$$
V_1 = V_0 + \frac{1}{2}z_1^2 + \frac{|b_0|}{2\gamma_p}\tilde{p}^2 + \frac{1}{2\gamma_\theta}\tilde{\theta}^{\mathrm{T}}\tilde{\theta} + \frac{|b_0|}{2}\tilde{\vartheta}_N^{\mathrm{T}}\Gamma_N^{-1}\tilde{\vartheta}_N
\tag{5.1.33}
$$

式中, $\Gamma_N = \Gamma_N^{\mathrm{T}} > 0$ 是增益矩阵; $\gamma_p > 0$ 和 $\gamma_\theta > 0$ 是设计参数。

由式 (5.1.21)、式 (5.1.32) 和式 (5.1.33) 可知, V_1 的导数为

$$
\begin{aligned}
\dot{V}_1 &= z_1(\xi_2 + \bar{\omega}^{\mathrm{T}}\hat{\theta} + b_0 z_2 - \bar{\alpha}_1 + d + \varepsilon_1 - \dot{y}_m) \\
&\quad - \frac{|b_0|}{\gamma_p}\tilde{p}(\dot{\hat{p}} - z_1\gamma_p\mathrm{sgn}(b_0)\bar{\alpha}_1) - \frac{1}{\gamma_\theta}\tilde{\theta}^{\mathrm{T}}(\dot{\hat{\theta}} - z_1\gamma_\theta\bar{\omega}^{\mathrm{T}}) \\
&\quad - |b_0|\tilde{\vartheta}_N^{\mathrm{T}}\Gamma_N^{-1}(\dot{\hat{\vartheta}}_N + z_1\mathrm{sgn}(b_0)\Gamma_N\omega_2) - e^{\mathrm{T}}Qe \\
&\quad + e^{\mathrm{T}}P(P^{-1}C_2 z_1 + \varepsilon - F)
\end{aligned}
\tag{5.1.34}
$$

式中, $C_2 = [0 \quad 1 \quad 0 \quad \cdots \quad 0]^{\mathrm{T}}$。

设计虚拟控制器 $\bar{\alpha}_1$、参数 $\hat{\vartheta}_N$ 和 $\hat{p}$ 的自适应律如下:

$$
\bar{\alpha}_1 = c_1 z_1 + r_1 z_1 + \xi_2 + \bar{\omega}^{\mathrm{T}}\hat{\theta} - \dot{y}_m - \delta_{10}\pi_1\tanh\left(\frac{z_1\delta_{10}\pi_1}{\varsigma}\right)
\tag{5.1.35}
$$

$$
\dot{\hat{\vartheta}}_N = -z_1\mathrm{sgn}(b_0)\Gamma_N\omega_2 - \sigma_\vartheta\hat{\vartheta}_N
\tag{5.1.36}
$$

$$
\dot{\hat{p}} = z_1\gamma_p\mathrm{sgn}(b_0)\bar{\alpha}_1 - \sigma_p\hat{p}
\tag{5.1.37}
$$

式中, $c_1 > 0$、$\gamma_1 > 0$、$\sigma_\vartheta > 0$ 和 $\sigma_p > 0$ 是设计参数; $\delta_{10} = \varepsilon_1^*$; $\Gamma_N = \mathrm{diag}\{\gamma_{N1}, \gamma_{N2}, \gamma_{N3}, \gamma_{N4}\}$, $\gamma_{Ni} > 0 (i = 1, 2, 3, 4)$; $\pi_1 = -1$。

将式 (5.1.35)~式 (5.1.37) 代入式 (5.1.34), 可得

$$
\dot{V}_1 \leqslant -c_1 z_1^2 - r_1 z_1^2 + b_0 z_1 z_2 + z_1 d + \varsigma' + \frac{\sigma_p|b_0|}{\gamma_p}\tilde{p}\hat{p}
$$

$$-\frac{1}{\gamma_\theta}\tilde{\theta}^{\mathrm{T}}(\dot{\hat{\theta}}-z_1\gamma_\theta\bar{\omega}^{\mathrm{T}})+\sigma_\vartheta\,|b_0|\,\tilde{\vartheta}_N^{\mathrm{T}}\varGamma_N^{-1}\hat{\vartheta}_N$$

$$-e^{\mathrm{T}}Qe+e^{\mathrm{T}}P(P^{-1}C_2z_1+\varepsilon-F) \tag{5.1.38}$$

根据杨氏不等式, 可以得到如下不等式:

$$\frac{\sigma_p\,|b_0|}{\gamma_p}\tilde{p}\hat{p}\leqslant-\frac{\sigma_p\,|b_0|}{2\gamma_p}\tilde{p}^2+\frac{\sigma_p\,|b_0|}{2\gamma_p}p^2 \tag{5.1.39}$$

$$\sigma_\vartheta\,|b_0|\,\tilde{\vartheta}_N^{\mathrm{T}}\varGamma_N^{-1}\hat{\vartheta}_N\leqslant-\frac{\sigma_\vartheta\,|b_0|}{2}\tilde{\vartheta}_N^{\mathrm{T}}\varGamma_N^{-1}\tilde{\vartheta}_N+\frac{\sigma_\vartheta\,|b_0|}{2}\vartheta_N^{\mathrm{T}}\varGamma_N^{-1}\vartheta_N \tag{5.1.40}$$

$$e^{\mathrm{T}}P\varepsilon\leqslant\frac{1}{2}e^{\mathrm{T}}e+\frac{1}{2}\left\|P\right\|^2\sum_{j=1}^n\varepsilon_j^{*2} \tag{5.1.41}$$

将式 (5.1.39)~式 (5.1.41) 代入式 (5.1.38), $\dot{V}_1$ 最终表示为

$$\dot{V}_1\leqslant-c_1z_1^2-r_1z_1^2+b_0z_1z_2+z_1d-\frac{\sigma_p\,|b_0|}{2\gamma_p}\tilde{p}^2-\frac{1}{\gamma_\theta}\tilde{\theta}^{\mathrm{T}}(\dot{\hat{\theta}}-z_1\gamma_\theta\bar{\omega}^{\mathrm{T}})$$

$$-\frac{\sigma_\vartheta\,|b_0|}{2}\tilde{\vartheta}_N^{\mathrm{T}}\varGamma_N^{-1}\tilde{\vartheta}_N-\lambda_0e^{\mathrm{T}}e+e^{\mathrm{T}}P(P^{-1}C_2z_1-F)+D_1 \tag{5.1.42}$$

式中, $\lambda_0=\lambda_{\min}(Q)-1/2$; $D_1=\dfrac{\sigma_p\,|b_0|}{2\gamma_p}p^2+\dfrac{\sigma_\vartheta\,|b_0|}{2}\vartheta_N^{\mathrm{T}}\varGamma_N^{-1}\vartheta_N+\dfrac{1}{2}\left\|P\right\|^2\sum_{j=1}^n\varepsilon_j^{*2}+\varsigma'$。

第 2 步　根据式 (5.1.15) 和式 (5.1.30), z_2 的导数为

$$\dot{z}_2=-\frac{\mathrm{d}}{\mathrm{d}t}(\hat{\vartheta}_N^{\mathrm{T}}\omega_2)-\dot{\alpha}_1$$

$$=z_3+\alpha_2-\frac{\partial\alpha_1}{\partial y}\bar{\omega}^{\mathrm{T}}\theta^*+\frac{\partial\alpha_1}{\partial y}b_0\vartheta_N^{\mathrm{T}}\omega_2-\frac{\partial\alpha_1}{\partial y}d$$

$$-\frac{\partial\alpha_1}{\partial y}\varepsilon_1-\frac{\partial\alpha_1}{\partial y}e_2+H_2-\frac{\partial\alpha_1}{\partial\xi}F-\frac{\partial\alpha_1}{\partial\hat{\theta}}\dot{\hat{\theta}} \tag{5.1.43}$$

式中,

$$H_2=-\dot{\hat{\vartheta}}_N^{\mathrm{T}}\omega_2-\frac{\partial\alpha_1}{\partial y}\xi_2-\frac{\partial\alpha_1}{\partial\hat{p}}\dot{\hat{p}}-\frac{\partial\alpha_1}{\partial y_m}\dot{y}_m-\frac{\partial\alpha_1}{\partial\dot{y}_m}\ddot{y}_m$$

$$-\frac{\partial\alpha_1}{\partial\xi}(A_0\xi+ky)-\frac{\partial\alpha_1}{\partial\varXi}\dot{\varXi}-\frac{\partial\alpha_1}{\partial\omega_2}\dot{\omega}_2$$

选择如下李雅普诺夫函数:

$$V_2=V_1+\frac{1}{2}z_2^2+\frac{1}{2\gamma_0}\tilde{b}_0^2+\frac{1}{2}\tilde{\vartheta}_0^{\mathrm{T}}\varGamma_0^{-1}\tilde{\vartheta}_0 \tag{5.1.44}$$

式中，$\Gamma_0 = \Gamma_0^{\mathrm{T}} > 0$ 是增益矩阵；$\gamma_0 > 0$ 是设计参数；$\tilde{b}_0 = \hat{b}_0 - b_0$ 和 $\tilde{\vartheta}_0 = \vartheta_0 - \hat{\vartheta}_0$ 是参数估计误差，$\hat{b}_0$ 和 $\hat{\vartheta}_0$ 分别是 b_0 和 $\vartheta_0 = b_0\vartheta_N$ 的估计。

根据式 (5.1.43) 和式 (5.1.44)，V_2 的导数为

$$
\begin{aligned}
\dot{V}_2 = {}& \dot{V}_1 + z_2\dot{z}_2 - \frac{1}{\gamma_0}\tilde{b}_0\dot{\hat{b}}_0 - \tilde{\vartheta}_0^{\mathrm{T}}\Gamma_0^{-1}\dot{\hat{\vartheta}}_0 \\
\leqslant {}& -c_1 z_1^2 - r_1 z_1^2 + b_0 z_1 z_2 + z_1 d - \frac{\sigma_p|b_0|}{2\gamma_p}\tilde{p}^2 - \frac{1}{\gamma_\theta}\tilde{\theta}^{\mathrm{T}}(\dot{\hat{\theta}} - z_1\gamma_\theta\bar{\omega}^{\mathrm{T}}) \\
& -\frac{\sigma_\vartheta|b_0|}{2}\tilde{\vartheta}_N^{\mathrm{T}}\Gamma_N^{-1}\tilde{\vartheta}_N - \lambda_0 e^{\mathrm{T}}e + e^{\mathrm{T}}P(P^{-1}C_2 z_1 - F) \\
& + z_2\Big(z_3 + \alpha_2 - \frac{\partial\alpha_1}{\partial y}\bar{\omega}^{\mathrm{T}}\theta^* + \frac{\partial\alpha_1}{\partial y}\vartheta_0^{\mathrm{T}}\omega_2 - \frac{\partial\alpha_1}{\partial y}d - \frac{\partial\alpha_1}{\partial y}e_2 \\
& + H_2 - \frac{\partial\alpha_1}{\partial\xi}F - \frac{\partial\alpha_1}{\partial\hat{\theta}}\dot{\hat{\theta}}\Big) - \frac{1}{\gamma_0}\tilde{b}_0\dot{\hat{b}}_0 - \tilde{\vartheta}_0^{\mathrm{T}}\Gamma_0^{-1}\dot{\hat{\vartheta}}_0 + \Big|z_2\frac{\partial\alpha_1}{\partial y}\Big|\delta_{10} + D_1
\end{aligned}
$$
$$(5.1.45)$$

根据杨氏不等式和 $|x| - x\tanh(x/\kappa) \leqslant 0.2785\kappa$，可得

$$
\Big|z_2\frac{\partial\alpha_1}{\partial y}\Big|\delta_{10} - z_2\frac{\partial\alpha_1}{\partial y}\delta_{10}\tanh\left(\frac{z_2\frac{\partial\alpha_1}{\partial y}\delta_{10}}{\varsigma}\right) \leqslant \varsigma' \tag{5.1.46}
$$

设计虚拟控制器、参数的自适应律及调节函数如下：

$$
\begin{aligned}
\alpha_2 = {}& -c_2 z_2 - r_2 z_2\left(\frac{\partial\alpha_1}{\partial y}\right)^2 - \bar{H}_2 - \hat{b}_0 z_1 - \frac{\partial\alpha_1}{\partial\hat{\theta}}\sigma_\theta\hat{\theta} \\
& + \frac{\partial\alpha_1}{\partial\hat{\theta}}\gamma_\theta\tau_{2,0} + \frac{\partial\alpha_1}{\partial\xi}P^{-1}C_2\tau_{2,1}
\end{aligned} \tag{5.1.47}
$$

$$\dot{\hat{b}}_0 = \gamma_0 z_1 z_2 - \sigma_0\hat{b}_0 \tag{5.1.48}$$

$$\tau_{2,1} = z_1 - \frac{\partial\alpha_1}{\partial y}z_2 \tag{5.1.49}$$

$$\tau_{2,0} = \left(z_1 - \frac{\partial\alpha_1}{\partial y}z_2\right)\bar{\omega}^{\mathrm{T}} \tag{5.1.50}$$

式中，$c_2 > 0$、$\gamma_0 > 0$ 和 $\sigma_0 > 0$ 是设计参数；$\bar{H}_2 = H_2 - \frac{\partial\alpha_1}{\partial y}\bar{\omega}^{\mathrm{T}}\hat{\theta} + \frac{\partial\alpha_1}{\partial y}\hat{\vartheta}_0^{\mathrm{T}}\omega_2 + \delta_{10}\pi_2\tanh\left(\frac{z_2\pi_2\delta_{10}}{\varsigma}\right)$；$\pi_2 = -\partial\alpha_1/\partial y$。

将式 (5.1.47)～式 (5.1.50) 代入式 (5.1.45)，可得

$$
\begin{aligned}
\dot{V}_2 \leqslant & -\sum_{k=1}^{2} c_k z_k^2 - r_1 z_1^2 - r_2 z_2^2 \left(\frac{\partial \alpha_1}{\partial y}\right)^2 + z_2 z_3 - \frac{\sigma_p |b_0|}{2\gamma_p}\tilde{p}^2 - \frac{\sigma_\vartheta |b_0|}{2}\tilde{\vartheta}_N^{\mathrm{T}} \Gamma_N^{-1}\tilde{\vartheta}_N \\
& + \frac{\sigma_0}{\gamma_0}\tilde{b}_0 \hat{b}_0 + \frac{1}{\gamma_\theta}\tilde{\theta}^{\mathrm{T}}(\gamma_\theta \tau_{2,0} - \dot{\hat{\theta}}) + \tilde{\vartheta}_0^{\mathrm{T}} \Gamma_0^{-1}\left(\Gamma_0 \frac{\partial \alpha_1}{\partial y}z_2 \omega_2 - \dot{\hat{\vartheta}}_0\right) \\
& + z_2 \frac{\partial \alpha_1}{\partial \hat{\theta}}(\gamma_\theta \tau_{2,0} - \sigma_\theta \hat{\theta} - \dot{\hat{\theta}}) - \lambda_0 e^{\mathrm{T}} e + e^{\mathrm{T}} P(P^{-1} C_2 \tau_{2,1} - F) \\
& + d\tau_{2,1} + \frac{\partial \alpha_1}{\partial \xi}z_2(P^{-1}C_2\tau_{2,1} - F) + D_1 + \varsigma'
\end{aligned} \tag{5.1.51}
$$

根据杨氏不等式，可得

$$
\frac{\sigma_0}{\gamma_0}\tilde{b}_0 \hat{b}_0 \leqslant -\frac{\sigma_0}{2\gamma_0}\tilde{b}_0^2 + \frac{\sigma_0}{2\gamma_0}b_0^2 \tag{5.1.52}
$$

将式 (5.1.52) 代入式 (5.1.51)，$\dot{V}_2$ 最终表示为

$$
\begin{aligned}
\dot{V}_2 \leqslant & -\sum_{k=1}^{2} c_k z_k^2 - r_1 z_1^2 - r_2 z_2^2 \left(\frac{\partial \alpha_1}{\partial y}\right)^2 + z_2 z_3 - \frac{\sigma_p |b_0|}{2\gamma_p}\tilde{p}^2 - \frac{\sigma_\vartheta |b_0|}{2}\tilde{\vartheta}_N^{\mathrm{T}} \Gamma_N^{-1}\tilde{\vartheta}_N \\
& - \frac{\sigma_0}{2\gamma_0}\tilde{b}_0^2 + \frac{1}{\gamma_\theta}\tilde{\theta}^{\mathrm{T}}(\gamma_\theta \tau_{2,0} - \dot{\hat{\theta}}) + \tilde{\vartheta}_0^{\mathrm{T}} \Gamma_0^{-1}\left(\Gamma_0 \frac{\partial \alpha_1}{\partial y}z_2 \omega_2 - \dot{\hat{\vartheta}}_0\right) \\
& + z_2 \frac{\partial \alpha_1}{\partial \hat{\theta}}(\gamma_\theta \tau_{2,0} - \sigma_\theta \hat{\theta} - \dot{\hat{\theta}}) - \lambda_0 e^{\mathrm{T}} e + e^{\mathrm{T}} P(P^{-1} C_2 \tau_{2,1} - F) \\
& + d\tau_{2,1} + \frac{\partial \alpha_1}{\partial \xi}z_2(P^{-1}C_2\tau_{2,1} - F) + D_1 + \frac{\sigma_0}{2\gamma_0}b_0^2 + \varsigma'
\end{aligned} \tag{5.1.53}
$$

第 i ($3 \leqslant i \leqslant n-1$) 步　根据式 (5.1.15) 和式 (5.1.30)，z_i 的导数为

$$
\dot{z}_i = -\frac{\mathrm{d}}{\mathrm{d}t}(\hat{\vartheta}_N^{\mathrm{T}}\omega_2^{(i-2)}) - \dot{\alpha}_{i-1} = -\dot{\hat{\vartheta}}_N^{\mathrm{T}}\omega_2^{(i-2)} - \hat{\vartheta}_N^{\mathrm{T}}\omega_2^{(i-1)} - \dot{\alpha}_{i-1} \tag{5.1.54}
$$

由 $z_{i+1} = -\hat{\vartheta}_N^{\mathrm{T}}\omega_2^{(i-1)} - \alpha_i$ 可得

$$
\begin{aligned}
\dot{z}_i = & z_{i+1} + \alpha_i - \frac{\partial \alpha_{i-1}}{\partial y}(\bar{\omega}^{\mathrm{T}}\theta^* - \vartheta_0^{\mathrm{T}}\omega_2 + d + \varepsilon_1 + e_2) \\
& + H_i - \frac{\partial \alpha_{i-1}}{\partial \xi}F - \frac{\partial \alpha_{i-1}}{\partial \hat{\theta}}\dot{\hat{\theta}} - \frac{\partial \alpha_{i-1}}{\partial \hat{\vartheta}_0}\dot{\hat{\vartheta}}_0
\end{aligned} \tag{5.1.55}
$$

式中，

$$
H_i = -\dot{\hat{\vartheta}}_N^{\mathrm{T}}\omega_2^{(i-2)} - \frac{\partial \alpha_{i-1}}{\partial y}\xi_2 - \frac{\partial \alpha_{i-1}}{\partial \hat{p}}\dot{\hat{p}} - \sum_{k=1}^{i-1}\frac{\partial \alpha_{i-1}}{\partial y_m^{(k-1)}}y_m^{(k)}
$$

$$- \frac{\partial \alpha_{i-1}}{\partial \xi}(A_0 \xi + ky) - \frac{\partial \alpha_{i-1}}{\partial \Xi}\dot{\Xi} - \frac{\partial \alpha_{i-1}}{\partial \hat{b}_0}\dot{\hat{b}}_0 - \frac{\partial \alpha_{i-1}}{\partial \omega_2}\dot{\omega}_2$$

选择如下的李雅普诺夫函数:

$$V_i = V_{i-1} + \frac{1}{2}z_i^2 \tag{5.1.56}$$

根据式 (5.1.55) 和式 (5.1.56), V_i 的导数为

$$\begin{aligned}
\dot{V}_i &= \dot{V}_{i-1} + z_i \dot{z}_i \\
&\leqslant \dot{V}_{i-1} + z_i \left[z_{i+1} + \alpha_i - \frac{\partial \alpha_{i-1}}{\partial y}(\bar{\omega}^{\mathrm{T}}\theta^* - \vartheta_0^{\mathrm{T}}\omega_2 + d + e_2) \right. \\
&\quad \left. + H_i - \frac{\partial \alpha_{i-1}}{\partial \xi}F - \frac{\partial \alpha_{i-1}}{\partial \hat{\theta}}\dot{\hat{\theta}} - \frac{\partial \alpha_{i-1}}{\partial \hat{\vartheta}_0}\dot{\hat{\vartheta}}_0 \right] + \left| z_i \frac{\partial \alpha_{i-1}}{\partial y} \right| \delta_{10}
\end{aligned} \tag{5.1.57}$$

设计虚拟控制器和调节函数如下:

$$\begin{aligned}
\alpha_i &= -c_i z_i - r_i z_i \left(\frac{\partial \alpha_{i-1}}{\partial y}\right)^2 - \bar{H}_i - z_{i-1} + \frac{\partial \alpha_{i-1}}{\partial \hat{\theta}}(\gamma_\theta \tau_{i,0} - \sigma_\theta \hat{\theta}) \\
&\quad + \frac{\partial \alpha_{i-1}}{\partial \hat{\vartheta}_0}\Gamma_0 \left(\sum_{j=1}^{i-1} z_{j+1}\omega_2 - \sigma_0\hat{\vartheta}_0\right) + \frac{\partial \alpha_{i-1}}{\partial \xi}P^{-1}E_2\tau_{i,1}
\end{aligned} \tag{5.1.58}$$

$$\tau_{i,0} = \tau_{i-1,0} - \frac{\partial \alpha_{i-1}}{\partial y}z_i\bar{\omega}^{\mathrm{T}} \tag{5.1.59}$$

$$\tau_{i,1} = \tau_{i-1,1} - \frac{\partial \alpha_{i-1}}{\partial y}z_i \tag{5.1.60}$$

式中, $c_i > 0$ 和 $r_i > 0$ 是设计参数。

$$\pi_i = -\partial \alpha_{i-1}/\partial y$$

$$\begin{aligned}
\bar{H}_i &= H_i - \frac{\partial \alpha_{i-1}}{\partial y}\bar{\omega}^{\mathrm{T}}\hat{\theta} + \frac{\partial \alpha_{i-1}}{\partial y}\hat{\vartheta}_0^{\mathrm{T}}\omega_2 + \sum_{k=2}^{i-1}\frac{\partial \alpha_{k-1}}{\partial \xi}P^{-1}C_2\frac{\partial \alpha_{i-1}}{\partial y} \\
&\quad - \sum_{k=2}^{i-1} z_k \frac{\partial \alpha_{k-1}}{\partial \hat{\vartheta}_0}\Gamma_0\frac{\partial \alpha_{i-1}}{\partial y}\omega_2 + \delta_{10}\pi_i\tanh\left(\frac{z_i\delta_{10}\pi_i}{\varsigma}\right)
\end{aligned}$$

将式 (5.1.58)~式 (5.1.60) 代入式 (5.1.57), 可得

$$\dot{V}_i \leqslant -\sum_{k=1}^{i}c_k z_k^2 - r_1 z_1^2 - \sum_{j=2}^{i}r_j z_j^2\left(\frac{\partial \alpha_{j-1}}{\partial y}\right)^2 - \frac{\sigma_p|b_0|}{2\gamma_p}\tilde{p}^2 - \frac{\sigma_\vartheta|b_0|}{2}\tilde{\vartheta}_N^{\mathrm{T}}\Gamma_N^{-1}\tilde{\vartheta}_N$$

$$
\begin{aligned}
&- \frac{\sigma_0}{2\gamma_0}\tilde{b}_0^2 + z_i z_{i+1} + \frac{1}{\gamma_\theta}\tilde{\theta}^{\mathrm{T}}(\gamma_\theta \tau_{i,0} - \dot{\hat{\theta}}) + \tilde{\vartheta}_0^{\mathrm{T}}\varGamma_0^{-1}\left(\varGamma_0 \sum_{j=1}^{i-1}\frac{\partial \alpha_j}{\partial y}z_{j+1}\omega_2 - \dot{\hat{\vartheta}}_0\right) \\
&- \lambda_0 e^{\mathrm{T}}e + \frac{\sigma_0}{2\gamma_0}b_0^2 + \sum_{l=2}^{i} z_l \frac{\partial \alpha_{l-1}}{\partial \hat{\theta}}(\gamma_\theta \tau_{i,0} - \sigma_\theta \hat{\theta} - \dot{\hat{\theta}}) \\
&+ \sum_{l=2}^{i} z_l \frac{\partial \alpha_{l-1}}{\partial \hat{\vartheta}_0}\left(\varGamma_0 \sum_{k=1}^{l-1}\frac{\partial \alpha_k}{\partial y}z_{k+1}\omega_2 - \sigma_0\hat{\vartheta}_0 - \dot{\hat{\vartheta}}_0\right) + e^{\mathrm{T}}P(P^{-1}C_2\tau_{i,1} \\
&- F) + d\tau_{i,1} + \sum_{l=2}^{j}\frac{\partial \alpha_{l-1}}{\partial \xi}z_l(P^{-1}C_2\tau_{i,1} - F) + (i-1)\varsigma' \\
&+ \sum_{l=3}^{j}z_l \sum_{k=2}^{l-1}z_k\left[\left(\frac{\partial \alpha_{k-1}}{\partial \xi}P^{-1}C_2 + \frac{\partial \alpha_{k-1}}{\partial \hat{\theta}}\gamma_\theta \varXi_{(2)} + \varPhi_{(1)}^{\mathrm{T}}\right)^{\mathrm{T}}\right. \\
&\left.- \frac{\partial \alpha_{k-1}}{\partial \hat{\vartheta}_0}\varGamma_0\omega_2\right]\frac{\partial \alpha_{l-1}}{\partial y} + D_1
\end{aligned}
\tag{5.1.61}
$$

第 n 步　根据式 (5.1.15) 和式 (5.1.30)，可得

$$
\begin{aligned}
\hat{\vartheta}_N^{\mathrm{T}}\omega_2^{(n-1)} &= \hat{\vartheta}_N^{\mathrm{T}}\frac{(s^n + k_1 s^{n-1})I_4}{s^n + k_1 s^{n-1} + \cdots + k_{n-1}s + k_n}[\sigma(y)\omega_N(t)] \\
&= -\sigma(y)u_d + \omega_0
\end{aligned}
\tag{5.1.62}
$$

式中,

$$
\omega_0(t) = -\frac{(k_2 s^{n-2} + \cdots + k_{n-1}s + k_n)I_4}{s^n + k_1 s^{n-1} + \cdots + k_{n-1}s + k_n}[\sigma(y)\omega_N(t)]
\tag{5.1.63}
$$

根据式 (5.1.30) 式 (5.1.62)，z_n 的导数为

$$
\begin{aligned}
\dot{z}_n = &\ \sigma(y)u_d - \omega_0 - \frac{\partial \alpha_{n-1}}{\partial y}(\bar{\omega}^{\mathrm{T}}\theta^* - \vartheta_0^{\mathrm{T}}\omega_2 + d + \varepsilon_1 \\
&+ e_2) + H_n - \frac{\partial \alpha_{n-1}}{\partial \xi}F - \frac{\partial \alpha_{\rho-1}}{\partial \hat{\theta}}\dot{\hat{\theta}} - \frac{\partial \alpha_{n-1}}{\partial \hat{\vartheta}_0}\dot{\hat{\vartheta}}_0
\end{aligned}
\tag{5.1.64}
$$

式中,

$$
\begin{aligned}
H_n = &- \dot{\hat{\vartheta}}_N^{\mathrm{T}}\omega_2^{(n-2)} - \frac{\partial \alpha_{n-1}}{\partial y}\xi_2 - \frac{\partial \alpha_{n-1}}{\partial \hat{p}}\dot{\hat{p}} - \sum_{k=1}^{n-1}\frac{\partial \alpha_{n-1}}{\partial y_m^{(k-1)}}y_m^{(k)} \\
&- \frac{\partial \alpha_{n-1}}{\partial \xi}(A_0\xi + ky) - \frac{\partial \alpha_{n-1}}{\partial \varXi}\dot{\varXi} - \frac{\partial \alpha_{n-1}}{\partial \hat{b}_0}\dot{\hat{b}}_0 - \frac{\partial \alpha_{n-1}}{\partial \omega_2}\dot{\omega}_2
\end{aligned}
$$

选择如下的李雅普诺夫函数：

$$
V = V_n = V_{n-1} + \frac{1}{2}z_n^2
\tag{5.1.65}
$$

由式 (5.1.61)、式 (5.1.64)、式 (5.1.65) 可知，V 的导数为

$$
\begin{aligned}
\dot{V} \leqslant & -\sum_{k=1}^{n-1} c_k z_k^2 - r_1 z_1^2 - \sum_{i=2}^{n-1} r_i z_i^2 \left(\frac{\partial \alpha_{i-1}}{\partial y}\right)^2 - \frac{\sigma_p |b_0|}{2\gamma_p} \tilde{p}^2 - \frac{\sigma_\vartheta |b_0|}{2} \tilde{\vartheta}_N^{\mathrm{T}} \Gamma_N^{-1} \tilde{\vartheta}_N \\
& - \frac{\sigma_0}{2\gamma_0} \tilde{b}_0^2 + \frac{1}{\gamma_\theta} \tilde{\theta}^{\mathrm{T}} (\gamma_\theta \tau_{n-1,0} - \dot{\hat{\theta}}) + \tilde{\vartheta}_0^{\mathrm{T}} \Gamma_0^{-1} \left(\Gamma_0 \sum_{i=1}^{n-1} \frac{\partial \alpha_i}{\partial y} z_{i+1} \omega_2 - \dot{\hat{\vartheta}}_0\right) \\
& + \sum_{l=2}^{n-1} z_l \frac{\partial \alpha_{l-1}}{\partial \hat{\theta}} (\gamma_\theta \tau_{l,0} - \sigma_\theta \hat{\theta} - \dot{\hat{\theta}}) + \sum_{l=2}^{n-1} z_l \frac{\partial \alpha_{l-1}}{\partial \hat{\vartheta}_0} \left(\Gamma_0 \sum_{k=1}^{l-1} \frac{\partial \alpha_k}{\partial y} z_{k+1} \omega_2 \right. \\
& \left. - \sigma_0 \hat{\vartheta}_0 - \dot{\hat{\vartheta}}_0\right) - \lambda_0 e^{\mathrm{T}} e + e^{\mathrm{T}} P (P^{-1} C_2 \tau_{n-1,1} - F) + d\tau_{n-1,1} + \sum_{l=2}^{n-1} \frac{\partial \alpha_{l-1}}{\partial \xi} z_l \\
& \times (P^{-1} E_2 \tau_{n-1,1} - F) + \sum_{l=3}^{n-1} z_l \sum_{k=2}^{l-1} z_k \left[\left(\frac{\partial \alpha_{k-1}}{\partial \xi} P^{-1} C_2 + \frac{\partial \alpha_{k-1}}{\partial \hat{\theta}} \gamma_\theta \Xi_{(2)}\right.\right. \\
& \left.\left. + \varPhi_{(1)}^{\mathrm{T}}\right)^{\mathrm{T}} - \frac{\partial \alpha_{k-1}}{\partial \hat{\vartheta}_0} \Gamma_0 \omega_2 \right] \frac{\partial \alpha_{l-1}}{\partial y} + D_1 + (n-1)\varsigma' + \frac{\sigma_0}{2\gamma_0} b_0^2 \\
& + z_n \left[\sigma(y) u_d - \omega_0 + H_n - \frac{\partial \alpha_{n-1}}{\partial y} (\bar{\omega}^{\mathrm{T}} \theta^* - \vartheta_0^{\mathrm{T}} \omega_2 + d + \varepsilon_1 + e_2)\right. \\
& \left. - \frac{\partial \alpha_{n-1}}{\partial \xi} F - \frac{\partial \alpha_{p-1}}{\partial \hat{\theta}} \dot{\hat{\theta}} - \frac{\partial \alpha_{n-1}}{\partial \hat{\vartheta}_0} \dot{\hat{\vartheta}}_0\right]
\end{aligned} \tag{5.1.66}
$$

设计参数自适应律和调节函数如下：

$$
\dot{\hat{\theta}} = \gamma_\theta \tau_{n,0} - \sigma_\theta \hat{\theta} \tag{5.1.67}
$$

$$
\dot{\hat{\vartheta}}_0 = \Gamma_0 \sum_{i=1}^{n-1} \frac{\partial \alpha_i}{\partial y} z_{i+1} \omega_2 - \sigma_0 \hat{\vartheta}_0 \tag{5.1.68}
$$

$$
\tau_{n,0} = \tau_{n-1,0} - \frac{\partial \alpha_{n-1}}{\partial y} z_n \bar{\omega}^{\mathrm{T}} \tag{5.1.69}
$$

$$
\tau_{n,1} = \tau_{n-1,1} - \frac{\partial \alpha_{n-1}}{\partial y} z_n \tag{5.1.70}
$$

将式 (5.1.67)~式 (5.1.70) 代入式 (5.1.66)，可得

$$
\begin{aligned}
\dot{V} \leqslant & -\sum_{k=1}^{n-1} c_k z_k^2 - r_1 z_1^2 - \sum_{i=2}^{n-1} r_i z_i^2 \left(\frac{\partial \alpha_{i-1}}{\partial y}\right)^2 - \frac{\sigma_p |b_0|}{2\gamma_p} \tilde{p}^2 - \frac{\sigma_\vartheta |b_0|}{2} \tilde{\vartheta}_N^{\mathrm{T}} \Gamma_N^{-1} \tilde{\vartheta}_N \\
& - \frac{\sigma_0}{2\gamma_0} \tilde{b}_0^2 + \frac{\sigma_\theta}{\gamma_\theta} \tilde{\theta}^{\mathrm{T}} \hat{\theta} + \sigma_0 \tilde{\vartheta}_0^{\mathrm{T}} \Gamma_0^{-1} \hat{\vartheta}_0 - \lambda_0 e^{\mathrm{T}} e + e^{\mathrm{T}} P (P_0^{-1} C_2 \tau_{n,1} - F)
\end{aligned}
$$

$$+ d\tau_{n,1} + \sum_{l=2}^{n-1} \frac{\partial \alpha_{l-1}}{\partial \xi} z_l (P^{-1}C_2\tau_{l,1} - F) + z_n \left[\sigma(y)u_d - \omega_0 - \frac{\partial \alpha_{n-1}}{\partial y}(\bar{\omega}^{\mathrm{T}}\theta^*\right.$$

$$\left. - \vartheta_0^{\mathrm{T}}\omega_2 + d + \varepsilon_1 + e_2) + H_n - \frac{\partial \alpha_{n-1}}{\partial \xi}F - \frac{\partial \alpha_{n-1}}{\partial \hat{\theta}}\dot{\hat{\theta}} - \frac{\partial \alpha_{n-1}}{\partial \hat{\vartheta}_0}\dot{\hat{\vartheta}}_0 \right]$$

$$+ D_1 + (n-1)\varsigma' + \frac{\sigma_0}{2\gamma_0}b_0^2 \tag{5.1.71}$$

设计如下的控制器 u_d 和向量函数 F：

$$u_d = \frac{1}{\sigma(y)}\left[-c_n z_n - r_n z_n \left(\frac{\partial \alpha_{n-1}}{\partial y}\right)^2 + \omega_0 - \bar{H}_n - z_{n-1} + \frac{\partial \alpha_{n-1}}{\partial \hat{\theta}}\dot{\hat{\theta}} \right.$$

$$\left. + \frac{\partial \alpha_{n-1}}{\partial \hat{\vartheta}_0}\dot{\hat{\vartheta}}_0 + \frac{\partial \alpha_{n-1}}{\partial \xi}F - \sum_{k=2}^{n-1} z_k \frac{\partial \alpha_{k-1}}{\partial \hat{\theta}}\gamma_\theta \frac{\partial \alpha_{n-1}}{\partial y}\bar{\omega}^{\mathrm{T}} \right] \tag{5.1.72}$$

$$F = P^{-1}C_2\left(z_1 - \sum_{i=1}^{n-1} \frac{\partial \alpha_i}{\partial y}z_{i+1} \right) \tag{5.1.73}$$

式中，$c_n > 0$ 和 $r_n > 0$ 是设计参数；

$$\pi_n = -\partial \alpha_{n-1}/\partial y$$

$$\bar{H}_n = H_n - \frac{\partial \alpha_{n-1}}{\partial y}\bar{\omega}^{\mathrm{T}}\hat{\theta} + \frac{\partial \alpha_{n-1}}{\partial y}\hat{\vartheta}_0^{\mathrm{T}}\omega_2 + \sum_{k=2}^{n-1} z_k \frac{\partial \alpha_{k-1}}{\partial \xi}P^{-1}C_2\frac{\partial \alpha_{n-1}}{\partial y}$$

$$- \sum_{k=2}^{n-1} z_k \frac{\partial \alpha_{k-1}}{\partial \hat{\vartheta}_0}\Gamma_0\frac{\partial \alpha_{n-1}}{\partial y}\omega_2 + \delta_{10}\pi_n \tanh\left(\frac{z_n\delta_{10}\pi_n}{\varsigma}\right)$$

将式 (5.1.72) 和式 (5.1.73) 代入式 (5.1.71)，可得

$$\dot{V} \leqslant -\sum_{k=1}^{n} c_k z_k^2 - \frac{\sigma_p|b_0|}{2\gamma_p}\tilde{p}^2 - \frac{\sigma_\vartheta|b_0|}{2}\tilde{\vartheta}_N^{\mathrm{T}}\Gamma_N^{-1}\tilde{\vartheta}_N - \frac{\sigma_0}{2\gamma_0}\tilde{b}_0^2$$

$$+ \frac{\sigma_\theta}{\gamma_\theta}\tilde{\theta}^{\mathrm{T}}\hat{\theta} + \sigma_0\tilde{\vartheta}_0^{\mathrm{T}}\Gamma_0^{-1}\hat{\vartheta}_0 - \lambda_0 e^{\mathrm{T}}e + D_n \tag{5.1.74}$$

式中，$D_n = D_1 + (n-1)\varsigma' + \sum_{i=1}^{n} \frac{d^2}{4r_i} + \frac{\sigma_0}{2\gamma_0}b_0^2$。

根据杨氏不等式，可得如下两个不等式：

$$\frac{\sigma_\theta}{\gamma_\theta}\tilde{\theta}^{\mathrm{T}}\hat{\theta} \leqslant -\frac{\sigma_\theta}{2\gamma_\theta}\tilde{\theta}^{\mathrm{T}}\tilde{\theta} + \frac{\sigma_\theta}{2\gamma_\theta}\theta^{*\mathrm{T}}\theta^* \tag{5.1.75}$$

$$\sigma_0\tilde{\vartheta}_0^{\mathrm{T}}\Gamma_0^{-1}\hat{\vartheta}_0 \leqslant -\frac{\sigma_0}{2}\tilde{\vartheta}_0^{\mathrm{T}}\Gamma_0^{-1}\tilde{\vartheta}_0 + \frac{\sigma_0}{2}\vartheta_0^{\mathrm{T}}\Gamma_0^{-1}\vartheta_0 \tag{5.1.76}$$

将式 (5.1.75) 和式 (5.1.76) 代入式 (5.1.74), $\dot{V}$ 最终表示为

$$\dot{V} \leqslant -\sum_{k=1}^{n} c_k z_k^2 - \frac{\sigma_p |b_0|}{2\gamma_p} \tilde{p}^2 - \frac{\sigma_\vartheta |b_0|}{2} \tilde{\vartheta}_N^{\mathrm{T}} \Gamma_N^{-1} \tilde{\vartheta}_N - \frac{\sigma_0}{2\gamma_0} \tilde{b}_0^2 - \frac{\sigma_\theta}{2\gamma_\theta} \tilde{\theta}^{\mathrm{T}} \tilde{\theta}$$
$$- \frac{\sigma_0}{2} \tilde{\vartheta}_0^{\mathrm{T}} \Gamma_0^{-1} \tilde{\vartheta}_0 - \lambda_0 e^{\mathrm{T}} e + \frac{\sigma_\theta}{2\gamma_\theta} \theta^{*\mathrm{T}} \theta^* + \frac{\sigma_0}{2} \vartheta_0^{\mathrm{T}} \Gamma_0^{-1} \vartheta_0 + D_n \qquad (5.1.77)$$

5.1.4　稳定性与收敛性分析

下面定理给出了 5.1.3 节设计的模糊自适应控制所具有的性质。

定理 5.1.1　对于非线性系统 (5.1.1), 如果采用控制器 (5.1.73), 模糊滤波器 (5.1.16)∼(5.1.18), 虚拟控制器 (5.1.35)、(5.1.47) 和 (5.1.58), 参数自适应律 (5.1.36)、(5.1.37)、(5.1.48)、(5.1.67) 和 (5.1.68), 则总体控制方案具有如下性能:

(1) 闭环系统中的所有信号半全局一致最终有界;

(2) 观测误差 $e_i(t)$ 和跟踪误差 $z_1(t) = y(t) - y_m(t)$ 收敛到包含原点的一个较小邻域内。

证明　定义

$$D = D_n + \frac{\sigma_\theta}{2\gamma_\theta} \theta^{*\mathrm{T}} \theta^* + \frac{\sigma_0}{2} \vartheta_0^{\mathrm{T}} \Gamma_0^{-1} \vartheta_0$$

根据式 (5.1.77), $\dot{V}$ 可表示为

$$\dot{V} \leqslant -\sum_{k=1}^{n} c_k z_k^2 - \frac{\sigma_p |b_0|}{2\gamma_p} \tilde{p}^2 - \frac{\sigma_\vartheta |b_0|}{2} \tilde{\vartheta}_N^{\mathrm{T}} \Gamma_N^{-1} \tilde{\vartheta}_N - \frac{\sigma_0}{2\gamma_0} \tilde{b}_0^2$$
$$- \frac{\sigma_\theta}{2\gamma_\theta} \tilde{\theta}^{\mathrm{T}} \tilde{\theta} - \frac{\sigma_0}{2} \tilde{\vartheta}_0^{\mathrm{T}} \Gamma_0^{-1} \tilde{\vartheta}_0 - \lambda_0 e^{\mathrm{T}} e + D \qquad (5.1.78)$$

令 $C = \min_{1 \leqslant i \leqslant n} \{2\lambda_0/\lambda_{\max}(P), 2c_i, \sigma_\theta, \sigma_p, \sigma_0\}$, 则 $\dot{V}$ 最终表示为

$$\dot{V} \leqslant -CV + D \qquad (5.1.79)$$

根据式 (5.1.79) 和引理 0.3.1, 可以得到闭环系统中的所有信号半全局一致最终有界, 并且有 $\lim_{t \to \infty} \|e\| \leqslant \sqrt{(2D/C)/\lambda_{\min}(P)}$ 和 $\lim_{t \to \infty} |z| \leqslant \sqrt{2D/C}$。由于在虚拟控制器和控制器设计中, 可以选择适当的设计参数使得 D/C 比较小, 所以可以得到观测误差 e_i 和跟踪误差 $z_1 = y - y_m$ 收敛到包含原点的一个较小邻域内。

评注 5.1.1　本节针对一类具有未知死区且状态不可测的单输入单输出非线性严格反馈系统, 介绍了一种基于模糊 K 滤波的模糊自适应反步递推控制设计方法。此外, 对于具有未知死区且状态不可测的非线性严格反馈系统, 应用线性观测器或模糊状态观测器, 分别介绍了智能自适应输出反馈反步递推鲁棒控制设计方法, 可参见文献 [5]∼[7]。

5.1.5　仿真

例 5.1.1　考虑如下二阶非线性严格反馈系统:

$$
\begin{cases}
\dot{x}_1 = x_2 + f_1(x_1) \\
\dot{x}_2 = b_0\sigma(y)u + f_2(\bar{x}_2) \\
y = x_1 \\
u = \mathrm{DZ}(v(t))
\end{cases}
\tag{5.1.80}
$$

式中, $f_1(x_1) = x_1(1-\mathrm{e}^{x_1})$; $f_2(\bar{x}_2) = 0.2x_2\sin(x_1x_2)/(1+\mathrm{e}^{-x_1x_2^2})$; $b_0 = 2$; $\sigma(y) = 1 - 0.1\sin(y)$。给定参考信号为 $y_m = \sin(t)$。

输入死区 $\mathrm{DZ}(\cdot)$ 定义为

$$
u(t) = \mathrm{DZ}(v(t)) = \begin{cases}
1.2(v(t)-0.5), & v(t) \geqslant 0.5 \\
0, & -0.8 < v(t) < 0.5 \\
2(v(t)+0.8), & v(t) \leqslant -0.8
\end{cases}
\tag{5.1.81}
$$

选择观测器增益 $k_1 = 6$, $k_2 = 40$, $Q = 2I$, 通过求解方程 (5.1.19), 可得到正定矩阵 P 为

$$
P = \begin{bmatrix} 13.6667 & -2.000 \\ -2.000 & 0.6417 \end{bmatrix}
$$

选择隶属函数为

$$
\mu_{F_i^1}(\hat{\bar{x}}_i) = \exp\left[-\frac{(\hat{\bar{x}}_i+2)^2}{16}\right], \quad \mu_{F_i^2}(\hat{\bar{x}}_i) = \exp\left[-\frac{(\hat{\bar{x}}_i+1)^2}{16}\right]
$$

$$
\mu_{F_i^3}(\hat{\bar{x}}_i) = \exp\left(-\frac{\hat{\bar{x}}_i^2}{16}\right), \quad \mu_{F_i^4}(\hat{\bar{x}}_i) = \exp\left[-\frac{(\hat{\bar{x}}_i-1)^2}{16}\right]
$$

$$
\mu_{F_i^5}(\hat{\bar{x}}_i) = \exp\left[-\frac{(\hat{\bar{x}}_i-2)^2}{16}\right], \quad i = 1, 2
$$

令

$$
\varphi_{1l}(\hat{\bar{x}}_1) = \frac{\mu_{F_1^l}(\hat{\bar{x}}_1)}{\displaystyle\sum_{l=1}^{5}\mu_{F_1^l}(\hat{\bar{x}}_1)}, \quad \varphi_{2l}(\hat{\bar{x}}_1,\hat{\bar{x}}_2) = \frac{\displaystyle\prod_{i=1}^{2}\mu_{F_i^l}(\hat{\bar{x}}_i)}{\displaystyle\sum_{l=1}^{5}\left(\prod_{i=1}^{2}\mu_{F_i^l}(\hat{\bar{x}}_i)\right)}
$$

$$
\varphi_1(\hat{\bar{x}}_1) = [\varphi_{11}(\hat{\bar{x}}_1), \varphi_{12}(\hat{\bar{x}}_1), \varphi_{13}(\hat{\bar{x}}_1), \varphi_{14}(\hat{\bar{x}}_1), \varphi_{15}(\hat{\bar{x}}_1)]^{\mathrm{T}}
$$

$$
\varphi_2(\hat{\bar{x}}_1,\hat{\bar{x}}_2) = [\varphi_{21}(\hat{\bar{x}}_1,\hat{\bar{x}}_2), \varphi_{22}(\hat{\bar{x}}_1,\hat{\bar{x}}_2), \varphi_{23}(\hat{\bar{x}}_1,\hat{\bar{x}}_2), \varphi_{24}(\hat{\bar{x}}_1,\hat{\bar{x}}_2), \varphi_{25}(\hat{\bar{x}}_1,\hat{\bar{x}}_2)]^{\mathrm{T}}
$$

则得模糊逻辑系统为

$$\hat{f}_1(\hat{\bar{x}}_1 \,|\, \hat{\theta}_1) = \hat{\theta}_1^{\mathrm{T}} \varphi_1(\hat{\bar{x}}_1), \quad \hat{f}_2(\hat{\theta}_2 \,|\, \hat{\bar{\bar{x}}}_2) = \hat{\theta}_2^{\mathrm{T}} \varphi_2(\hat{\bar{\bar{x}}}_2)$$

在仿真中，选取虚拟控制器、控制器和参数自适应律中的设计参数为：$m_r = 0.5$，$m_l = -0.8$，$b_r = 1.2$，$b_l = 2$，$c_1 = 0.1$，$c_2 = 0.2$，$r_1 = 0.25$，$r_2 = 0.4$，$\varepsilon_{10} = 0.4$，$\varsigma = 0.01$，$\Gamma_N = \mathrm{diag}\{2,2,2,2\}$，$\sigma_{\vartheta} = 0.1$，$\gamma_p = 0.2$，$\sigma_p = 0.13$，$\gamma_{\theta} = 1$，$\sigma_{\theta} = 0.1$，$\gamma_0 = 0.3$，$\sigma_0 = 0.12$。

选取变量及参数的初始值为：$x_1(0) = 0.01$，$x_2(0) = 0.2$，$\hat{b}_0(0) = 2$，$\hat{p}(0) = 0.5$，$\hat{\vartheta}_N^{\mathrm{T}}(0) = [1.5 \quad 1 \quad 1.6 \quad -1]$，$\xi(0) = [0 \quad 0]^{\mathrm{T}}$，$\Xi(0) = [\Xi_{(1)}(0), \Xi_{(2)}(0)]^{\mathrm{T}} = [0_{1\times 10} \quad 0_{1\times 10}]^{\mathrm{T}}$，$\hat{\theta}(0) = [0 \quad 0 \quad 0 \quad 0 \quad 0 \quad 0 \quad 0 \quad 0 \quad 0 \quad 0 \quad 0]^{\mathrm{T}}$。

仿真结果如图 5.1.1～图 5.1.4 所示。

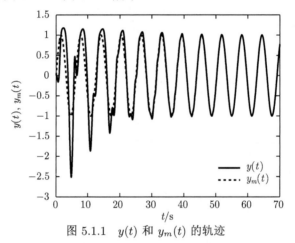

图 5.1.1　$y(t)$ 和 $y_m(t)$ 的轨迹

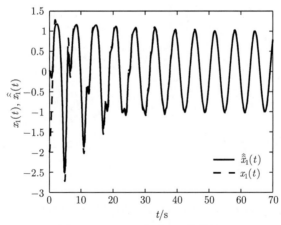

图 5.1.2　$x_1(t)$ 和 $\hat{\bar{x}}_1(t)$ 的轨迹

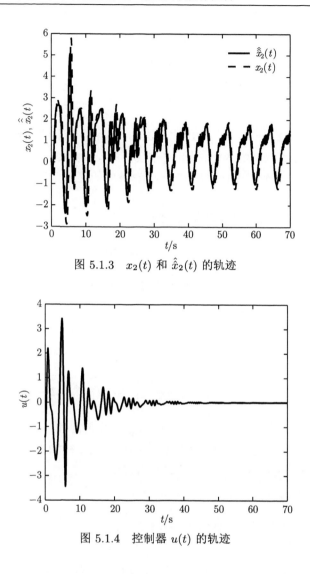

图 5.1.3　$x_2(t)$ 和 $\hat{\hat{x}}_2(t)$ 的轨迹

图 5.1.4　控制器 $u(t)$ 的轨迹

5.2　含有未建模动态的模糊自适应输出反馈鲁棒控制

本节针对一类含有未建模动态且状态不可测的非线性严格反馈系统，在第 4 章智能自适应输出反馈反步递推控制设计理论的基础上，基于非线性小增益定理，介绍一种模糊自适应输出反馈鲁棒控制设计方法，并给出闭环系统的稳定性分析。

5.2.1　系统模型及控制问题描述

考虑如下单输入单输出非线性严格反馈系统：

$$\begin{cases} \dot{\xi} = q(\xi, y) \\ \dot{x}_i = f_i(\bar{x}_i) + x_{i+1} + \Delta_i(\xi, y), \quad i = 1, 2, \cdots, n-1 \\ \dot{x}_n = f_n(\bar{x}_n) + u + \Delta_n(\xi, y) \\ y = x_1 \end{cases} \tag{5.2.1}$$

式中，$\bar{x}_i = [x_1, x_2, \cdots, x_i]^{\mathrm{T}} \in \mathbf{R}^i (i = 1, 2, \cdots, n)$ 为系统的状态变量；$u \in \mathbf{R}$ 和 $y \in \mathbf{R}$ 分别是系统的输入和输出；ξ 的状态是不可测的；$q(\xi, x_1)$ 是未建模动态；Δ_i 和 $q(\xi, x_1)$ 是不确定且满足 Lipschitz 条件的连续函数；$f_i(\bar{x}_i)(i = 1, 2, \cdots, n)$ 是未知连续光滑函数。

假设 5.2.1　存在未知常数 p_i^*，使得

$$|\Delta_i| \leqslant p_i^* \psi_{i1}(|y|) + p_i^* \psi_{i2}(|\xi|) \tag{5.2.2}$$

式中，$\psi_{i1}(\cdot)$ 和 $\psi_{i2}(\cdot)$ 是已知非负光滑函数，且满足 $\psi_{i2}(0) = 0$。

假设 5.2.2　对未建模动态系统 $\dot{\xi} = q(\xi, y)$，存在输入到状态实际稳定的李雅普诺夫函数 V_0，满足

$$\begin{aligned} &\alpha_1(|\xi|) \leqslant V_0(\xi) \leqslant \alpha_2(|\xi|) \\ &\frac{\partial V_0}{\partial z} q(\xi, y) \leqslant -\alpha_0(|\xi|) + \gamma_0(|y|) + d_0 \end{aligned} \tag{5.2.3}$$

式中，α_0、α_1、α_2 和 γ_0 是 K_∞ 类函数；d_0 为非负常数。

控制任务　基于模糊逻辑系统设计一种自适应模糊输出反馈控制器，使得闭环系统中的所有信号都是半全局一致最终有界的。

5.2.2　模糊状态观测器设计

将系统 (5.2.1) 写成如下的状态方程：

$$\begin{aligned} \dot{x} &= Ax + Ky + \sum_{i=1}^{n} B_i f_i(\bar{x}_i) + Bu + \Delta \\ y &= Cx \end{aligned} \tag{5.2.4}$$

式中，

$$A = \begin{bmatrix} -k_1 & & \\ \vdots & & I \\ -k_n & 0 & \cdots & 0 \end{bmatrix}, \quad K = \begin{bmatrix} k_1 \\ \vdots \\ k_n \end{bmatrix}, \quad B = \begin{bmatrix} 0 \\ \vdots \\ 1 \end{bmatrix}$$

$$B_i = [0 \ \cdots \ 1 \ \cdots \ 0]^{\mathrm{T}}, \quad \Delta = [\Delta_1, \Delta_2, \cdots, \Delta_n]^{\mathrm{T}}, \quad C = [1 \ 0 \ \cdots \ 0]$$

选取参数向量 K 使得 A 是一个严格的稳定矩阵。因此，对于任意给定的正定矩阵 $Q = Q^{\mathrm{T}} > 0$，存在正定矩阵 $P = P^{\mathrm{T}} > 0$ 满足

$$A^{\mathrm{T}}P + PA = -Q \tag{5.2.5}$$

由于 $f_i(\bar{x}_i)$ 是未知连续函数，所以利用模糊逻辑系统 $\hat{f}_i(\bar{x}_i \,|\, \hat{\theta}_i) = \hat{\theta}_i^{\mathrm{T}} \varphi_i(\bar{x}_i)$ 逼近 $f_i(\bar{x}_i)(1 \leqslant i \leqslant n)$，并假设

$$f_i(\bar{x}_i) = \theta_1^{*\mathrm{T}} \varphi_i(\bar{x}_i) + \varepsilon_i(\bar{x}_i) \tag{5.2.6}$$

式中，θ_i^* 是最优参数；$\varepsilon_i(\bar{x}_i)$ 是最小模糊逼近误差。假设 $\varepsilon_i(\bar{x}_i)$ 满足 $|\varepsilon_i(\bar{x}_i)| \leqslant \varepsilon_i^*$，$\varepsilon_i^*$ 是正常数。

设计模糊状态观测器为

$$\begin{aligned} \dot{\hat{x}} &= A\hat{x} + Ky + \sum_{i=1}^{n} B_i \hat{f}_i(\hat{\bar{x}}_i \,|\, \hat{\theta}_i) + Bu \\ \hat{y} &= C\hat{x} \end{aligned} \tag{5.2.7}$$

定义 $p = \max\{1, p_i^*, p_i^{*2}; 1 \leqslant i \leqslant n\}$；$\varepsilon = [\varepsilon_1, \varepsilon_2, \cdots, \varepsilon_n]^{\mathrm{T}}$；观测误差为 $e = \dfrac{x - \hat{x}}{p^*}$。因此，由式 (5.2.4)~式 (5.2.7) 可得

$$\begin{aligned} \dot{e} &= Ae + \frac{1}{p^*} \sum_{i=1}^{n} B_i(f_i(\bar{x}_i) - \hat{f}_i(\hat{\bar{x}}_i \,|\, \hat{\theta}_i)) + \frac{1}{p^*}\Delta \\ &= Ae + \frac{1}{p^*}\left[\sum_{i=1}^{n} B_i \theta_i^{*\mathrm{T}}(\varphi_i(\bar{x}_i) - \varphi_i(\hat{\bar{x}}_i)) + \sum_{i=1}^{n} B_i \tilde{\theta}_i^{\mathrm{T}} \varphi_i(\hat{\bar{x}}_i) + \sum_{i=1}^{n} B_i \varepsilon_i \right] + \frac{1}{p^*}\Delta \\ &= Ae + \frac{1}{p^*}\left[\sum_{i=1}^{n} B_i \theta_i^{*\mathrm{T}}(\varphi_i(\bar{x}_i) - \varphi_i(\hat{\bar{x}}_i)) \right] + \frac{1}{p^*}\left(\sum_{i=1}^{n} B_i \tilde{\theta}_i^{\mathrm{T}} \varphi_i(\hat{\bar{x}}_i) + \varepsilon \right) + \frac{1}{p^*}\Delta \end{aligned} \tag{5.2.8}$$

选取李雅普诺夫函数 $V_0 = e^{\mathrm{T}}Pe$，类似于引理 4.2.1 的证明，可得

$$\dot{V}_0 \leqslant -\lambda_0 \|e\|^2 + \|P\|^2 \sum_{i=1}^{n} \left\| \tilde{\theta}_i \right\|^2 + \frac{2}{p^*} e^{\mathrm{T}}P\Delta + D_0 \tag{5.2.9}$$

式中，$\lambda_0 = \lambda_{\min}(Q) - 4 > 0$；$D_0 = \|P\|^2 \sum_{i=1}^{n} \varepsilon_i^{*2} + \|P\|^2 \sum_{i=1}^{n} \|\theta_i^*\|^2$。

5.2.3 模糊自适应反步递推输出反馈控制设计

定义如下的坐标变换：

$$z_1 = y \tag{5.2.10}$$

$$z_i = \hat{x}_i - \alpha_{i-1}, \quad i = 2, 3, \cdots, n \tag{5.2.11}$$

式中，z_i 是虚拟误差；α_{i-1} 是第 $i-1$ 步中将要设计的虚拟控制器。

基于上述的坐标变化，给出 n 步模糊自适应反步递推控制设计过程。

第 1 步   根据 $x_2 = \hat{x}_2 + p^* e_2$ 和式 (5.2.11)，z_1 的导数为

$$
\begin{aligned}
\dot{z}_1 &= x_2 + f_1(x_1) + \Delta_1 \\
&= \hat{x}_2 + p^* e_2 + f_1(x_1) + \Delta_1 \\
&= \hat{x}_2 + p^* e_2 + \theta_1^{*\mathrm{T}} \varphi_1(x_1) + \varepsilon_1 + \Delta_1 \\
&= \hat{x}_2 + p^* e_2 + \theta_1^{*\mathrm{T}} (\varphi_1(x_1) - \varphi_1(\hat{x}_1)) \\
&\quad + \hat{\theta}_1^{\mathrm{T}} \varphi_1(\hat{x}_1) + \tilde{\theta}_1^{\mathrm{T}} \varphi_1(\hat{x}_1) + \varepsilon_1 + \Delta_1
\end{aligned} \tag{5.2.12}
$$

式中，$\hat{\theta}_1$ 是参数 θ_1^* 的估计；$\tilde{\theta}_1 = \theta_1^* - \hat{\theta}_1$ 是参数误差。

选择如下的李雅普诺夫函数：

$$V_1 = V_0 + \frac{1}{2}\eta(y^2) + \frac{1}{2}\tilde{\theta}_1^{\mathrm{T}} \Gamma_1^{-1} \tilde{\theta}_1 + \frac{1}{2\lambda}(\hat{p} - p)^2 \tag{5.2.13}$$

式中，$\Gamma_1 = \Gamma_1^{\mathrm{T}} > 0$ 是增益矩阵；$\lambda > 0$ 是设计参数；$\eta(y^2)$ 是光滑的 K_∞ 类函数；$\tilde{p} = \hat{p} - p$ 是参数估计误差，$\hat{p}$ 是 p 的估计。

求 V_1 关于时间的导数，并由式 (5.2.12) 可得

$$
\begin{aligned}
\dot{V}_1 &= \dot{V}_0 + y\eta'(y^2)\dot{y} - \tilde{\theta}_1^{\mathrm{T}} \Gamma_1^{-1} \dot{\hat{\theta}}_1 + \frac{1}{\lambda}\tilde{p}\dot{\hat{p}} \\
&\leqslant -\lambda_0 \|e\|^2 + \|P\|^2 \sum_{i=1}^{n} \left\|\tilde{\theta}_i\right\|^2 + \frac{2}{p^*} e^{\mathrm{T}} P \Delta + D_0 \\
&\quad + y\eta'(y^2)(\hat{x}_2 + p^* e_2 + \theta_1^{*\mathrm{T}}(\varphi_1(x_1) - \varphi_1(\hat{x}_1)) \\
&\quad + \hat{\theta}_1^{\mathrm{T}}\varphi_1(\hat{x}_1) + \tilde{\theta}_1^{\mathrm{T}}\varphi_1(\hat{x}_1) + \varepsilon_1(x_1) + \Delta_1) - \tilde{\theta}_1^{\mathrm{T}} \Gamma_1^{-1}\dot{\hat{\theta}}_1 + \frac{1}{\lambda}\tilde{p}\dot{\hat{p}}
\end{aligned} \tag{5.2.14}
$$

根据杨氏不等式，可得

$$
\begin{aligned}
\frac{2}{p^*} e^{\mathrm{T}} P \Delta &\leqslant \frac{2}{p^*} \|e\| \|P\| \|\Delta\| \leqslant \frac{2}{p^*} \sum_{i=1}^{n} \|e\| \|P\| |\Delta_i| \\
&\leqslant 2 \|e\| \|P\| \left(\sum_{i=1}^{n} \psi_{i1}(|y|) + \sum_{i=1}^{n} \psi_{i2}(|\xi|) \right)
\end{aligned} \tag{5.2.15}
$$

$$2 \|e\| \|P\| \sum_{i=1}^{n} \psi_{i1}(|y|) \leqslant \|e\|^2 + \|P\|^2 \left(\sum_{i=1}^{n} \psi_{i1}(|y|) \right)^2 \tag{5.2.16}$$

由于 $\psi_{i1}(\cdot)$ 是光滑函数，所以存在一个光滑的非负函数 $\phi_1(\cdot)$，使得

$$\left(\sum_{i=1}^{n} \psi_{i1}(|y|) \right)^2 \leqslant y^2 \phi_1(y) + d_{\psi}^0$$

因此，有下列不等式成立：

$$2 \|e\| \|P\| \sum_{i=1}^{n} \psi_{i1}(|y|) \leqslant \|e\|^2 + \|P\|^2 y^2 \phi_1(y) + \|P\|^2 d_{\psi}^0 \tag{5.2.17}$$

$$2 \|e\| \|P\| \sum_{i=1}^{n} \psi_{i2}(|\xi|) \leqslant \|e\|^2 + \|P\|^2 \left(\sum_{i=1}^{n} \psi_{i2}(|\xi|) \right)^2 \tag{5.2.18}$$

根据杨氏不等式和假设 5.2.1，可得

$$y\eta'(y^2)(p^* e_2 + \Delta_1) \leqslant \frac{1}{2} \|e_2\|^2 + \frac{p^{*2}}{2}(y\eta'(y^2))^2 + \frac{p_1^{*2}}{4}(y\eta'(y^2))^2$$
$$+ \psi_{11}^2(0) + p_1^* |y| \, \eta'(y^2) \, |y| \, \bar{\psi}_{11}(|y|) + \psi_{12}^2(|\xi|) \tag{5.2.19}$$

$$y\eta'(y^2)\theta_1^{*\mathrm{T}}(\varphi_1(\bar{x}_1) - \varphi_1(\hat{\bar{x}}_1)) \leqslant (y\eta'(y^2))^2 + \|\theta_1^*\|^2 \tag{5.2.20}$$

式中，$\bar{\psi}_{11}(|y|) = \int_0^1 \psi'_{11}(s\,|y|)\mathrm{d}s$。

对于任意的 $\varepsilon_{11} > 0$，存在光滑函数 $\hat{\psi}_{11}(\hat{\psi}_{11}(0) = 0)$，使得对于任意的 $x_1 \in$ **R**，$|y| \bar{\psi}_{11}(|y|) \leqslant y\hat{\psi}_{11} |y| + \varepsilon_{11}$ 成立。因此，式 (5.2.19) 可变为

$$y\eta'(y^2)(p^* e_2 + \Delta_1)$$
$$\leqslant \frac{1}{2} \|e\|^2 + p\phi_{11}(y)(y\eta'(y^2))^2 + \psi_{12}^2(|\xi|) + \psi_{11}^2(0) + \varepsilon_{11}^2 \tag{5.2.21}$$

式中，$\phi_{11} = 1 + 1/2\eta'(y^2) + (1/2\eta'(y^2))\hat{\psi}_{11}^2(y)$ 是光滑函数。

将式 (5.2.15)～式 (5.2.20) 代入式 (5.2.14)，可得

$$\dot{V}_1 \leqslant -\lambda_1 \|e\|^2 + y\eta'(y^2) \left(z_2 + \alpha_1 + \frac{\|P\|^2}{\eta'(y^2)} y\phi_1(y) + \hat{\theta}_1^{\mathrm{T}} \varphi_1(\hat{x}_1) \right.$$
$$\left. + \hat{p}\phi_{11}(y)y\eta'(y^2) + y\eta'(y^2) + \varepsilon_1 \right) + \tilde{\theta}_1^{\mathrm{T}} \Gamma_1^{-1}(\Gamma_1 y\eta'(y^2)\varphi_1(x_1) - \dot{\hat{\theta}}_1)$$
$$+ \bar{D}_1 + \frac{1}{\lambda}\tilde{p}[-\lambda\phi_{11}(y)(y\eta'(y^2))^2 + \dot{\hat{p}}] + \|P\|^2 \left(\sum_{i=1}^{n} \psi_{i2}(|\xi|) \right)^2$$

$$+ \psi_{12}^2(|\xi|) + \|P\|^2 \sum_{i=1}^{n} \left\| \tilde{\theta}_i \right\|^2 \tag{5.2.22}$$

式中，$\lambda_1 = \lambda_0 - 5/2$；$\bar{D}_1 = D_0 + \psi_{11}^2(0) + \varepsilon_{11}^2 + \|P\|^2 d_\psi^0 + \|\theta_1^*\|^2$。

设计虚拟控制器 α_1、参数 $\hat{\theta}_1$ 的自适应律和调节函数 ϖ_1 如下：

$$\alpha_1 = -y v_1(y^2) - \frac{\|P\|^2}{\eta'(y^2)} y \phi_1(y) - \hat{p} \phi_{11}(y) y \eta'(y^2)$$
$$- y \eta'(y^2) - \hat{\theta}_1^{\mathrm{T}} \varphi_1(\hat{x}_1) - \varepsilon_{10} \tanh(y \eta'(y^2) \varepsilon_{10}/\kappa) \tag{5.2.23}$$

$$\dot{\hat{\theta}}_1 = \Gamma_1(y \eta'(y^2) \varphi_1(\hat{x}_1) - \sigma_\theta(\hat{\theta}_1 - \theta_{10})) \tag{5.2.24}$$

$$\varpi_1 = \lambda(y \eta'(y^2))^2 \phi_{11}(y) - \lambda \sigma_p(\hat{p} - p_0) \tag{5.2.25}$$

式中，ε_{10} 是已知常数；$v_1(y^2)$ 为一个光滑递增函数且满足 $\eta'(y^2) y^2 (v_1(y^2) - (n-1)) \geqslant c_1 \eta(y^2)$ 和 $v_1(0) > 0$；$c_1 > 0$、$\sigma_\theta > 0$ 和 $\sigma_p > 0$ 是设计参数；p_0 和 θ_{10} 分别为 $\hat{p}$ 和 $\hat{\theta}_1$ 的初值。

将式 (5.2.23)～式 (5.2.25) 代入式 (5.2.22)，并由不等式 $|x| - x \tanh(x/\kappa) \leqslant 0.2785\kappa = \kappa'$，可得

$$\dot{V}_1 \leqslant - \lambda_1 \|e\|^2 - \eta'(y^2) y^2 v_1(y^2) + \frac{1}{\lambda} \tilde{p}(\dot{\hat{p}} - \varpi_1)$$
$$+ \|P\|^2 \left(\sum_{i=1}^{n} \psi_{i2}(|\xi|) \right)^2 - \sigma_p \tilde{p}(\hat{p} - p_0) + z_2 y \eta'(y^2)$$
$$- \sigma_\theta \tilde{\theta}_1^{\mathrm{T}}(\theta_{10} - \hat{\theta}_1) + \psi_{12}^2(|\xi|) + \kappa' + \bar{D}_1 + \|P\|^2 \sum_{i=1}^{n} \left\| \tilde{\theta}_i \right\|^2 \tag{5.2.26}$$

根据杨氏不等式，可得

$$-\sigma_p \tilde{p}(\hat{p} - p_0) \leqslant -\frac{\sigma_p}{2} \tilde{p}^2 + \frac{\sigma_p}{2} |p - p_0|^2 \tag{5.2.27}$$

$$-\sigma_\theta \tilde{\theta}_1^{\mathrm{T}}(\theta_{10} - \hat{\theta}_1) \leqslant -\frac{\sigma_\theta}{2} \left\| \tilde{\theta}_1 \right\|^2 + \frac{\sigma_\theta}{2} \|\theta_1^* - \theta_{10}\|^2 \tag{5.2.28}$$

将式 (5.2.27) 和式 (5.2.28) 代入式 (5.2.26)，$\dot{V}_1$ 最终表示为

$$\dot{V}_1 \leqslant - \lambda_1 \|e\|^2 - \eta'(y^2) y^2 v_1(y^2) + \frac{1}{\lambda} \tilde{p}(\dot{\hat{p}} - \varpi_1) + z_2 y \eta'(y^2) + \|P\|^2 \sum_{i=1}^{n} \left\| \tilde{\theta}_i \right\|^2$$
$$- \frac{\sigma_p}{2} \tilde{p}^2 - \frac{\sigma_\theta}{2} \left\| \tilde{\theta}_1 \right\|^2 + \|P\|^2 \left(\sum_{i=1}^{n} \psi_{i2}(|\xi|) \right)^2 + \psi_{12}^2(|\xi|) + D_1 \tag{5.2.29}$$

式中，$D_1 = \bar{D}_1 + \dfrac{\sigma_p}{2}|p - p_0|^2 + \dfrac{\sigma_\theta}{2}\|\theta_1^* - \theta_{10}\|^2 + \kappa'$。

第 2 步　根据式 (5.2.11)，z_2 的导数为

$$
\begin{aligned}
\dot{z}_2 &= \dot{\hat{x}}_2 - \dot{\alpha}_1 \\
&= \hat{x}_3 + H_1 + k_2 p^* e_1 + \tilde{\theta}_2^{\mathrm{T}}\varphi_2(\hat{\bar{x}}_2) - \tilde{\theta}_2^{\mathrm{T}}\varphi_2(\hat{\bar{x}}_2) \\
&\quad - \frac{\partial\alpha_1}{\partial\hat{x}_1}k_1 p^* e_1 - \frac{\partial\alpha_1}{\partial y}p^* e_2 - \frac{\partial\alpha_1}{\partial y}(\varepsilon_1 + \Delta_1) - \frac{\partial\alpha_1}{\partial y}\tilde{\theta}_1^{\mathrm{T}}\varphi_1(x_1) \quad (5.2.30)
\end{aligned}
$$

式中，

$$
H_1 = \hat{\theta}_2^{\mathrm{T}}\varphi_2(\hat{\bar{x}}_2) - \frac{\partial\alpha_1}{\partial\hat{x}_1}\hat{\theta}_1^{\mathrm{T}}\varphi_1(\hat{x}_1) - \frac{\partial\alpha_1}{\partial y}(\hat{x}_2 + \hat{\theta}_1^{\mathrm{T}}\varphi_1(x_1)) - \frac{\partial\alpha_1}{\partial\hat{x}_1}\hat{x}_2
$$

选择如下的李雅普诺夫函数：

$$
V_2 = V_1 + \frac{1}{2}z_2^2 + \frac{1}{2}\tilde{\theta}_2^{\mathrm{T}}\Gamma_2^{-1}\tilde{\theta}_2 \tag{5.2.31}
$$

式中，$\Gamma_2^{\mathrm{T}} = \Gamma_2 > 0$ 是增益矩阵。

根据式 (5.2.30)，V_2 关于时间的导数为

$$
\begin{aligned}
\dot{V}_2 &= \dot{V}_1 + z_2\dot{z}_2 - \tilde{\theta}_2^{\mathrm{T}}\Gamma_2^{-1}\dot{\hat{\theta}}_2 \\
&\leqslant -\lambda_1\|e\|^2 - \eta'(y^2)y^2 v_1(y^2) + z_2\Big[z_3 + \alpha_2 + H_1 + \tilde{\theta}_2^{\mathrm{T}}\varphi_2(\hat{\bar{x}}_2) + y\eta'(y^2) \\
&\quad - \tilde{\theta}_2^{\mathrm{T}}\varphi_2(\hat{\bar{x}}_2) - \frac{\partial\alpha_1}{\partial\hat{p}}\dot{p} + p\Big(k_2 e_1 - \frac{\partial\alpha_1}{\partial\hat{x}_1}k_1 e_1 - \frac{\partial\alpha_1}{\partial y}e_2\Big) - \frac{\partial\alpha_1}{\partial y}(\tilde{\theta}_1^{\mathrm{T}}\varphi_1(x_1) \\
&\quad + \varepsilon_1 + \Delta_1)\Big] - \tilde{\theta}_2^{\mathrm{T}}\Gamma_2^{-1}\dot{\hat{\theta}}_2 + \frac{1}{\lambda}\tilde{p}(\dot{\hat{p}} - \varpi_1) - \frac{\sigma_p}{2}\tilde{p}^2 - \frac{\sigma_\theta}{2}\|\tilde{\theta}_1\|^2 \\
&\quad + \|P\|^2\Big(\sum_{i=1}^{n}\psi_{i2}(|\xi|)\Big)^2 + \psi_{12}^2(|\xi|) + D_1 \tag{5.2.32}
\end{aligned}
$$

根据杨氏不等式，可得

$$
-z_2\frac{\partial\alpha_1}{\partial y}\tilde{\theta}_1^{\mathrm{T}}\varphi_1(x_1) - z_2\tilde{\theta}_2^{\mathrm{T}}\varphi_2(\hat{\bar{x}}_2) \leqslant \frac{1}{2}\Big(\frac{\partial\alpha_1}{\partial y}\Big)^2 z_2^2 + \frac{1}{2}z_2^2 + \frac{1}{2}\|\tilde{\theta}_2\|^2 + \frac{1}{2}\|\tilde{\theta}_1\|^2 \tag{5.2.33}
$$

$$
\begin{aligned}
-z_2\frac{\partial\alpha_1}{\partial y}(pe_2 + \Delta_1) &\leqslant \|e\|^2 + p\Big(\frac{\partial\alpha_1}{\partial y}\Big)^2\phi_{21}z_2^2 + \eta'(y^2)y^2 + \psi_{12}^2(|\xi|) \\
&\quad + \psi_{11}^2(0) + \varepsilon_{11}^2 \tag{5.2.34}
\end{aligned}
$$

$$-z_2 \frac{\partial \alpha_1}{\partial y} \varepsilon_1 \leqslant \frac{1}{2} \left(\frac{\partial \alpha_1}{\partial y} \right)^2 z_2^2 + \frac{1}{2} \varepsilon_1^{*2} \tag{5.2.35}$$

将式 (5.2.33)~式 (5.2.35) 代入式 (5.2.32)，可得

$$
\begin{aligned}
\dot{V}_2 \leqslant & - \lambda_2 \|e\|^2 - \eta'(y^2) y^2 (v_1(y^2) - 1)) + z_2 \Big[z_3 + \alpha_2 + H_1 + y\eta'(y^2) \\
& + \tilde{\theta}_2^{\mathrm{T}} \varphi_2(\hat{\bar{x}}_2) + \left(\frac{\partial \alpha_1}{\partial y} \right)^2 z_2 + \frac{1}{2} z_2 + p \left(k_2 e_1 - \frac{\partial \alpha_1}{\partial \hat{x}_1} k_1 e_1 \right. \\
& + \left. \left(\frac{\partial \alpha_1}{\partial y} \right)^2 \phi_{21} z_2 \right) \Big] - \frac{\sigma_p}{2} \tilde{p}^2 - \tilde{\theta}_2^{\mathrm{T}} \varGamma_2^{-1} \dot{\hat{\theta}}_2 + \frac{1}{\lambda} \tilde{p}(\dot{\hat{p}} - \varpi_1) + \frac{1}{2} \left\| \tilde{\theta}_1 \right\|^2 - \frac{\sigma_\theta}{2} \left\| \tilde{\theta}_1 \right\|^2 \\
& + \|P\|^2 \left(\sum_{i=1}^{n} \psi_{i2}(|\xi|) \right)^2 + 2\psi_{12}^2(|\xi|) + \bar{D}_2 + \frac{1}{2} \left\| \tilde{\theta}_2 \right\|^2 + \|P\|^2 \sum_{i=1}^{n} \left\| \tilde{\theta}_i \right\|^2
\end{aligned}
\tag{5.2.36}
$$

式中，$\lambda_2 = \lambda_1 - 1$；$\bar{D}_2 = D_1 + \psi_{11}^2(0) + \varepsilon_{11}^2 + \frac{1}{2} \varepsilon_1^{*2}$。

设计虚拟控制器 α_2、参数 $\hat{\theta}_2$ 的自适应律和调节函数 ϖ_2 如下：

$$
\begin{aligned}
\alpha_2 = & - c_2 z_2 - \frac{1}{2} z_2 - H_1 - y\eta'(y^2) + \frac{\partial \alpha_1}{\partial \hat{p}} \varpi_2 - \left(\frac{\partial \alpha_1}{\partial y} \right)^2 z_2 \\
& - \hat{p} \left(k_2 e_1 - \frac{\partial \alpha_1}{\partial \hat{x}_1} k_1 e_1 \right) - \hat{p} \left(\frac{\partial \alpha_1}{\partial y} \right)^2 \phi_{21} z_2
\end{aligned}
\tag{5.2.37}
$$

$$\dot{\hat{\theta}}_2 = \varGamma_2 z_2 \varphi_2(\hat{\bar{x}}_2) - \varGamma_2 \sigma_\theta (\hat{\theta}_2 - \theta_{20}) \tag{5.2.38}$$

$$\varpi_2 = \varpi_1 + \lambda z_2 \left[k_2 e_1 + \left(k_2 e_1 - \frac{\partial \alpha_1}{\partial \hat{x}_1} k_1 e_1 \right) z_2 + \left(\frac{\partial \alpha_1}{\partial y} \right)^2 \phi_{21} z_2 \right] \tag{5.2.39}$$

式中，$c_2 > 0$ 是设计参数。

将式 (5.2.37)~式 (5.2.39) 代入式 (5.2.36)，可得

$$
\begin{aligned}
\dot{V}_2 \leqslant & - \lambda_2 \|e\|^2 - \eta'(y^2) y^2 (v_1(y^2) - 1) - c_2 z_2^2 - \frac{\sigma_p}{2} \tilde{p}^2 - \sigma_\theta \tilde{\theta}_2^{\mathrm{T}} (\theta_{20} - \hat{\theta}_2) \\
& + \frac{1}{\lambda} \tilde{p}(\dot{\hat{p}} - \varpi_2) + \frac{1}{2} \left\| \tilde{\theta}_1 \right\|^2 - \frac{\sigma_\theta}{2} \left\| \tilde{\theta}_1 \right\|^2 + \|P\|^2 \left(\sum_{i=1}^{n} \psi_{i2}(|\xi|) \right)^2 \\
& + 2\psi_{12}^2(|\xi|) + \bar{D}_2 + \frac{1}{2} \left\| \tilde{\theta}_2 \right\|^2 + \|P\|^2 \sum_{i=1}^{n} \left\| \tilde{\theta}_i \right\|^2
\end{aligned}
\tag{5.2.40}
$$

根据杨氏不等式，可得

$$-\sigma_\theta \tilde{\theta}_2^{\mathrm{T}}(\theta_{20} - \hat{\theta}_2) \leqslant -\frac{\sigma_\theta}{2}||\tilde{\theta}_2||^2 + \frac{\sigma_\theta}{2}||\theta_2^* - \theta_{20}||^2 \qquad (5.2.41)$$

将式 (5.2.41) 代入式 (5.2.40)，$\dot{V}_2$ 最终表示为

$$\dot{V}_2 \leqslant -\lambda_2 \left\| e \right\|^2 - \eta'(y^2)y^2(v_1(y^2) - 1) - c_2 z_2^2 + z_2 z_3 - \frac{\sigma_p}{2}\tilde{p}^2$$
$$+ \left(\frac{1}{\lambda}\tilde{p} - \frac{\partial \alpha_1}{\partial \hat{p}}z_2\right)(\dot{\hat{p}} - \varpi_2) - \sum_{j=1}^{2}\frac{\sigma_\theta}{2}\left\| \tilde{\theta}_j \right\|^2 + \left\| P \right\|^2 \left(\sum_{i=1}^{n}\psi_{i2}(|\xi|)\right)^2$$
$$+ 2\psi_{12}^2(|\xi|) + D_2 + \frac{1}{2}\left\| \tilde{\theta}_1 \right\|^2 + \frac{1}{2}\left\| \tilde{\theta}_2 \right\|^2 + \left\| P \right\|^2 \sum_{i=1}^{n}\left\| \tilde{\theta}_i \right\|^2 \qquad (5.2.42)$$

式中，$D_2 = \bar{D}_2 + \dfrac{\sigma_\theta}{2}\left\| \theta_2^* - \theta_{20} \right\|^2$。

第 i ($3 \leqslant i \leqslant n - 1$) 步　根据式 (5.2.11)，$z_i$ 的导数为

$$\dot{z}_i = \dot{\hat{x}}_i - \dot{\alpha}_{i-1}$$
$$= z_{i+1} + \alpha_i + k_i p^* e_1 + H_{i-1} + \tilde{\theta}_i^{\mathrm{T}}\varphi_i(\hat{\bar{x}}_i) - \hat{\theta}_i^{\mathrm{T}}\varphi_i(\hat{\bar{x}}_i)$$
$$- \sum_{j=1}^{i-1}\frac{\partial \alpha_{i-1}}{\partial \hat{x}_j}k_j p^* e_1 - \frac{\partial \alpha_{i-1}}{\partial y}(p^* e_2 + \tilde{\theta}_1^{\mathrm{T}}\varphi_1(x_1) + \varepsilon_1 + \Delta_1) \qquad (5.2.43)$$

式中，

$$H_{i-1} = \hat{\theta}_i^{\mathrm{T}}\varphi_i(\hat{\bar{x}}_i) - \sum_{j=1}^{i-1}\frac{\partial \alpha_{i-1}}{\partial \hat{x}_j}(\hat{x}_{j+1} + \hat{\theta}_j^{\mathrm{T}}\varphi_j(\hat{\bar{x}}_j)) - \sum_{j=1}^{i-1}\frac{\partial \alpha_{i-1}}{\partial \hat{\theta}_j}\dot{\hat{\theta}}_j$$
$$- \frac{\partial \alpha_{i-1}}{\partial y}(\hat{x}_2 + \hat{\theta}_1^{\mathrm{T}}\varphi_1(x_1)) - \frac{\partial \alpha_{i-1}}{\partial \hat{p}}\dot{\hat{p}}$$

选择如下的李雅普诺夫函数为

$$V_i = V_{i-1} + \frac{1}{2}z_i^2 + \frac{1}{2}\tilde{\theta}_i^{\mathrm{T}}\Gamma_i^{-1}\tilde{\theta}_i \qquad (5.2.44)$$

式中，$\Gamma_i^{\mathrm{T}} = \Gamma_i > 0$ 是增益矩阵。

求 V_i 关于时间的导数，并由式 (5.2.43) 可得

$$\dot{V}_i = \dot{V}_{i-1} + z_i\left[z_{i+1} + \alpha_i + H_{i-1} + \tilde{\theta}_i^{\mathrm{T}}\varphi_i(\hat{\bar{x}}_i) - \hat{\theta}_i^{\mathrm{T}}\varphi_i(\hat{\bar{x}}_i) + k_i p^* e_1\right.$$
$$\left. - \sum_{j=1}^{i-1}\frac{\partial \alpha_{i-1}}{\partial \hat{x}_j}k_j p^* e_1 - \frac{\partial \alpha_{i-1}}{\partial y}(p^* e_2 + \tilde{\theta}_1^{\mathrm{T}}\varphi_1(x_1) + \Delta_1 + \varepsilon_1)\right] - \tilde{\theta}_i^{\mathrm{T}}\Gamma_i^{-1}\dot{\hat{\theta}}_i$$
$$\leqslant -\lambda_{i-1}\left\| e \right\|^2 - \eta'(y^2)y^2(v_1(y^2) - (i-2)) - \sum_{j=2}^{i-1}c_j z_j^2 + \sum_{j=2}^{i-1}z_j z_{j+1}$$

$$+ z_i \left[z_{i+1} + \alpha_i + H_{i-1} + \tilde{\theta}_i^{\mathrm{T}} \varphi_i(\hat{\bar{x}}_i) - \tilde{\theta}_i^{\mathrm{T}} \varphi_i(\hat{\bar{x}}_i) + p \left(k_i e_1 - \sum_{j=1}^{i-1} \frac{\partial \alpha_{i-1}}{\partial \hat{x}_j} k_j e_1 \right. \right.$$

$$\left. - \frac{\partial \alpha_{i-1}}{\partial y} e_2 \right) - \frac{\partial \alpha_{i-1}}{\partial y} \left(\Delta_1 + \varepsilon_1 + \tilde{\theta}_1^{\mathrm{T}} \varphi_1(x_1) \right) \bigg] - \tilde{\theta}_i^{\mathrm{T}} \Gamma_i^{-1} \dot{\hat{\theta}}_i$$

$$- \frac{\sigma_p}{2} \tilde{p}^2 + \left(\frac{1}{\lambda} \tilde{p} - \sum_{j=1}^{i-2} \frac{\partial \alpha_j}{\partial \hat{p}} z_{j+1} \right) (\dot{\hat{p}} - \varpi_{i-1}) + \|P\|^2 \sum_{i=1}^{n} \left\| \tilde{\theta}_i \right\|^2$$

$$- \sum_{j=1}^{i-1} \frac{\sigma_\theta}{2} \left\| \tilde{\theta}_j \right\|^2 + \|P\|^2 \left(\sum_{i=1}^{n} \psi_{i2}(|\xi|) \right)^2 + (i-1)\psi_{12}^2(|\xi|) + D_{i-1} \quad (5.2.45)$$

根据杨氏不等式和假设 5.2.1, 可得

$$-z_i \frac{\partial \alpha_{i-1}}{\partial y} \tilde{\theta}_1^{\mathrm{T}} \varphi_1(x_1) - z_i \tilde{\theta}_i^{\mathrm{T}} \varphi_i(\hat{\bar{x}}_i) \leqslant \frac{1}{2} \left(\frac{\partial \alpha_{i-1}}{\partial y} \right)^2 z_i^2 + \frac{1}{2} z_i^2 + \frac{1}{2} \left\| \tilde{\theta}_i \right\|^2 + \frac{1}{2} \left\| \tilde{\theta}_1 \right\|^2$$
$$(5.2.46)$$

$$-z_i \frac{\partial \alpha_{i-1}}{\partial y} (p^* e_2 + \Delta_1) \leqslant \|e\|^2 + p \left(\frac{\partial \alpha_{i-1}}{\partial y} \right)^2 \phi_{21} z_i^2 + \eta'(y^2) y^2 + \psi_{12}^2(|\xi|)$$
$$+ \psi_{11}^2(0) + \varepsilon_{11}^2 \quad (5.2.47)$$

$$z_i \frac{\partial \alpha_{i-1}}{\partial y} \varepsilon_1 \leqslant \frac{1}{2} \left(\frac{\partial \alpha_{i-1}}{\partial y} \right)^2 z_i^2 + \frac{1}{2} \varepsilon_1^{*2} \quad (5.2.48)$$

将式 (5.2.46)~式 (5.2.48) 代入式 (5.2.45), 可得

$$\dot{V}_i \leqslant - \lambda_i \|e\|^2 - \eta'(y^2) y^2 (v_1(y^2) - (i-1)) + z_i \bigg[z_{i+1} + \alpha_i + H_{i-1} + z_{i-1}$$

$$+ \tilde{\theta}_i^{\mathrm{T}} \varphi_i(\hat{\bar{x}}_i) + \left(\frac{\partial \alpha_{i-1}}{\partial y} \right)^2 z_i + \frac{1}{2} z_i + p \left(k_i e_1 - \sum_{j=1}^{i-1} \frac{\partial \alpha_{i-1}}{\partial \hat{x}_j} k_j e_1 \right.$$

$$\left. + \left(\frac{\partial \alpha_{i-1}}{\partial y} \right)^2 \phi_{21} z_i \right) \bigg] - \frac{\sigma_p}{2} \tilde{p}^2 - \tilde{\theta}_i^{\mathrm{T}} \Gamma_i^{-1} \dot{\hat{\theta}}_i + \left(\frac{1}{\lambda} \tilde{p} - \sum_{j=1}^{i-2} \frac{\partial \alpha_j}{\partial \hat{p}} z_{j+1} \right)$$

$$\times (\dot{\hat{p}} - \varpi_{i-1}) + \frac{i-1}{2} \left\| \tilde{\theta}_1 \right\|^2 - \sum_{j=1}^{i-1} \frac{\sigma_\theta}{2} \left\| \tilde{\theta}_j \right\|^2 + \|P\|^2 \left(\sum_{i=1}^{n} \psi_{i2}(|\xi|) \right)^2$$

$$+ i \psi_{12}^2(|\xi|) + \bar{D}_i + \frac{1}{2} \sum_{i=2}^{i} \left\| \tilde{\theta}_i \right\|^2 + \|P\|^2 \sum_{i=1}^{n} \left\| \tilde{\theta}_i \right\|^2 \quad (5.2.49)$$

式中, $\lambda_i = \lambda_{i-1} - 1$; $\bar{D}_i = D_{i-1} + \psi_{11}^2(0) + \varepsilon_{11}^2 + \frac{1}{2} \varepsilon_1^{*2}$。

设计虚拟控制器 α_i、参数 $\hat{\theta}_i$ 的自适应律和转换函数 ϖ_i 如下：

$$
\begin{aligned}
\alpha_i = & -c_i z_i - \frac{1}{2} z_i - H_{i-1} + \frac{\partial \alpha_{i-1}}{\partial \hat{p}} \varpi_i - \left(\frac{\partial \alpha_1}{\partial y} \right)^2 z_i - z_{i-1} \\
& - \hat{p} \left(k_i e_1 - \sum_{j=1}^{i-1} \frac{\partial \alpha_{i-1}}{\partial \hat{x}_j} k_j e_1 \right) - \hat{p} \left(\frac{\partial \alpha_{i-1}}{\partial y} \right)^2 \phi_{21} z_i
\end{aligned}
\tag{5.2.50}
$$

$$
\dot{\hat{\theta}}_i = \Gamma_i z_i \varphi_i(\hat{\bar{x}}_i) - \Gamma_i \sigma_\theta(\hat{\theta}_i - \theta_{i0})
\tag{5.2.51}
$$

$$
\varpi_i = \varpi_{i-1} + \lambda z_i \left[k_i e_1 - \sum_{j=1}^{i-1} \frac{\partial \alpha_{i-1}}{\partial \hat{x}_j} k_j e_1 + \left(\frac{\partial \alpha_{i-1}}{\partial y} \right)^2 \phi_{21} z_i \right]
\tag{5.2.52}
$$

式中，$c_i > 0$ 是设计参数。

将式 (5.2.50)~式 (5.2.52) 代入式 (5.2.49)，可得

$$
\begin{aligned}
\dot{V}_i \leqslant & -\lambda_i \|e\|^2 - \eta'(y^2) y^2 (v_1(y^2) - (i-1)) - \sum_{j=2}^{i} c_j z_j^2 + z_i z_{i+1} - \frac{\sigma_p}{2} \tilde{p}^2 \\
& + \left(\frac{1}{\lambda} \tilde{p} - \sum_{j=1}^{i-1} \frac{\partial \alpha_j}{\partial \hat{p}} z_{j+1} \right) (\dot{p} - \varpi_i) - \sum_{j=1}^{i-1} \frac{\sigma_\theta}{2} \left\| \tilde{\theta}_j \right\|^2 + \sigma_\theta \tilde{\theta}_i^{\mathrm{T}}(\theta_{i0} - \hat{\theta}_i) \\
& + \|P\|^2 \left(\sum_{i=1}^{n} \psi_{i2}(|\xi|) \right)^2 + i \psi_{12}^2(|\xi|) + \bar{D}_i + \frac{i-1}{2} \left\| \tilde{\theta}_1 \right\|^2 \\
& + \frac{1}{2} \sum_{i=2}^{i} \left\| \tilde{\theta}_i \right\|^2 + \|P\|^2 \sum_{i=1}^{n} \left\| \tilde{\theta}_i \right\|^2
\end{aligned}
\tag{5.2.53}
$$

根据杨氏不等式，可得

$$
-\sigma_\theta \tilde{\theta}_i^{\mathrm{T}}(\theta_{i0} - \hat{\theta}_i) \leqslant -\frac{\sigma_\theta}{2} \left\| \tilde{\theta}_i \right\|^2 + \frac{\sigma_\theta}{2} \|\theta_i^* - \theta_{i0}\|^2
\tag{5.2.54}
$$

将式 (5.2.54) 代入式 (5.2.53)，$\dot{V}_i$ 最终表示为

$$
\begin{aligned}
\dot{V}_i \leqslant & -\lambda_i \|e\|^2 - \eta'(y^2) y^2 (v_1(y^2) - (i-1)) - \sum_{j=2}^{i} c_j z_j^2 + z_i z_{i+1} - \frac{\sigma_p}{2} \tilde{p}^2 \\
& + \left(\frac{1}{\lambda} \tilde{p} - \sum_{j=1}^{i-1} \frac{\partial \alpha_j}{\partial \hat{p}} z_{j+1} \right) (\dot{p} - \varpi_i) - \sum_{j=1}^{i} \frac{\sigma_\theta}{2} \left\| \tilde{\theta}_j \right\|^2 + \|P\|^2 \left(\sum_{i=1}^{n} \psi_{i2}(|\xi|) \right)^2 \\
& + i \psi_{12}^2(|\xi|) + D_i + \frac{i-1}{2} \left\| \tilde{\theta}_1 \right\|^2 + \frac{1}{2} \sum_{i=2}^{i} \left\| \tilde{\theta}_i \right\|^2 + \|P\|^2 \sum_{i=1}^{n} \left\| \tilde{\theta}_i \right\|^2
\end{aligned}
\tag{5.2.55}
$$

式中，$D_i = \bar{D}_i + \dfrac{\sigma_\theta}{2}\left\|\theta_i^* - \theta_{i0}\right\|^2$。

第 n 步　根据式 (5.2.11)，z_n 的导数为

$$
\begin{aligned}
\dot{z}_n &= \dot{\hat{x}}_n - \dot{\alpha}_{n-1} \\
&= u + k_n p^* e_1 + H_{n-1} + \tilde{\theta}_n^{\mathrm{T}} \varphi_n(\hat{\bar{x}}_n) - \tilde{\theta}_n^{\mathrm{T}} \varphi_n(\hat{\bar{x}}_n) \\
&\quad - \sum_{j=1}^{n-1} \frac{\partial \alpha_{n-1}}{\partial \hat{x}_j} k_j p e_1 - \frac{\partial \alpha_{n-1}}{\partial y}(p e_2 + \tilde{\theta}_1^{\mathrm{T}} \varphi_1(x_1) + \varepsilon_1 + \Delta_1)
\end{aligned} \tag{5.2.56}
$$

式中，

$$
\begin{aligned}
H_{n-1} &= \hat{\theta}_n^{\mathrm{T}} \varphi_n(\hat{\bar{x}}_n) - \sum_{j=1}^{n-1} \frac{\partial \alpha_{n-1}}{\partial \hat{x}_j}(\hat{x}_{j+1} + \hat{\theta}_j^{\mathrm{T}} \varphi_j(\hat{\bar{x}}_j)) - \sum_{j=1}^{n-1} \frac{\partial \alpha_{n-1}}{\partial \hat{\theta}_j}\dot{\hat{\theta}}_j \\
&\quad - \frac{\partial \alpha_{n-1}}{\partial y}(\hat{x}_2 + \hat{\theta}_1^{\mathrm{T}} \varphi_1(x_1)) - \frac{\partial \alpha_{n-1}}{\partial \hat{p}}\dot{\hat{p}}
\end{aligned}
$$

选择如下的李雅普诺夫函数：

$$
V = V_{n-1} + \frac{1}{2} z_n^2 + \frac{1}{2} \theta_n^{\mathrm{T}} \Gamma_n^{-1} \tilde{\theta}_n \tag{5.2.57}
$$

式中，$\Gamma_n = \Gamma_n^{\mathrm{T}} > 0$ 是增益矩阵。

求 V 关于时间的导数，并由式 (5.2.56) 可得

$$
\begin{aligned}
\dot{V} &= \dot{V}_{n-1} + z_n \Bigg[u + H_{n-1} + \tilde{\theta}_n^{\mathrm{T}} \varphi_n(\hat{\bar{x}}_n) - \tilde{\theta}_n^{\mathrm{T}} \varphi_n(\hat{\bar{x}}_n) + k_n p^* e_1 \\
&\quad - \sum_{j=1}^{n-1} \frac{\partial \alpha_{n-1}}{\partial \hat{x}_j} k_j p^* e_1 - \frac{\partial \alpha_{n-1}}{\partial y}\left(p^* e_2 + \Delta_1 + \tilde{\theta}_1^{\mathrm{T}} \varphi_1(\hat{x}_1)\right) \Bigg] - \tilde{\theta}_n^{\mathrm{T}} \Gamma_n^{-1} \dot{\hat{\theta}}_n \\
&\leqslant -\lambda_{n-1}\|e\|^2 - \eta'(y^2) y^2 (v_1(y^2) - (n-1)) - \sum_{j=2}^{n-1} c_j z_j^2 + z_n z_{n-1} \\
&\quad + z_n \Bigg[u + H_{n-1} - \tilde{\theta}_n^{\mathrm{T}} \varphi_n(\hat{\bar{x}}_n) + p\left(k_n e_1 - \sum_{j=1}^{n-1} \frac{\partial \alpha_{n-1}}{\partial \hat{x}_j} k_j e_1 - \frac{\partial \alpha_{n-1}}{\partial y} e_2\right) \\
&\quad - \frac{\partial \alpha_{n-1}}{\partial y}(\Delta_1 + \tilde{\theta}_1^{\mathrm{T}} \varphi_1(\hat{x}_1)) + \tilde{\theta}_n^{\mathrm{T}} \varphi_n(\hat{\bar{x}}_n) \Bigg] - \tilde{\theta}_n^{\mathrm{T}} \Gamma_n^{-1} \dot{\hat{\theta}}_n - \frac{\sigma_p \tilde{p}^2}{2} \\
&\quad + \left(\frac{\tilde{p}}{\lambda} - \sum_{j=1}^{n-2} \frac{\partial \alpha_j}{\partial \hat{p}} z_{j+1}\right)(\dot{\hat{p}} - \varpi_{n-1}) - \sum_{j=1}^{n-1} \frac{\sigma_\theta}{2}\left\|\tilde{\theta}_j\right\|^2 + \|P\|^2 \sum_{i=1}^{n}\left\|\tilde{\theta}_i\right\|^2 \\
&\quad + \|P\|^2 \left(\sum_{i=1}^{n} \psi_{i2}(|\xi|)\right)^2 + (n-1)\psi_{12}^2(|\xi|) + D_{n-1}^* + \frac{1}{2} \sum_{j=2}^{n-2}\left\|\tilde{\theta}_j\right\|^2
\end{aligned} \tag{5.2.58}
$$

根据杨氏不等式和假设 5.2.1，可得

$$z_n \frac{\partial \alpha_{n-1}}{\partial y} \tilde{\theta}_1^{\mathrm{T}} \varphi_1(\hat{x}_1) - z_n \tilde{\theta}_n^{\mathrm{T}} \varphi_n(\hat{\bar{x}}_n) \leqslant \frac{1}{2} \left(\frac{\partial \alpha_{n-1}}{\partial y} \right) z_n^2 + \frac{1}{2} z_n^2 + \frac{1}{2} \left\| \tilde{\theta}_n \right\|^2 + \frac{1}{2} \left\| \tilde{\theta}_1 \right\|^2 \tag{5.2.59}$$

$$-z_n \frac{\partial \alpha_{n-1}}{\partial y} (pe_2 + \Delta_1) \leqslant \|e\|^2 + p \left(\frac{\partial \alpha_{n-1}}{\partial y} \right)^2 \phi_{21} z_n^2$$
$$+ \eta'(y)^2 + \psi_{12}^2(|\xi|) + \psi_{11}^2(0) + \varepsilon_{11}^2 \tag{5.2.60}$$

$$-z_n \frac{\partial \alpha_{i-1}}{\partial y} \varepsilon_1 \leqslant \frac{1}{2} \left(\frac{\partial \alpha_{i-1}}{\partial y} \right)^2 z_n^2 + \frac{1}{2} \varepsilon_1^{*2} \tag{5.2.61}$$

将式 (5.2.59)～式 (5.2.61) 代入式 (5.2.58)，可得

$$\dot{V} \leqslant - \lambda_n \|e\|^2 - \eta'(y^2) y^2 (v_1(y^2) - (n-1)) - \sum_{j=2}^{n-1} c_j z_j^2 + z_n z_{n-1}$$
$$+ z_n \left\{ u + H_{n-1} + \tilde{\theta}_n^{\mathrm{T}} \varphi_n(\hat{\bar{x}}_n) + \left(\frac{\partial \alpha_{n-1}}{\partial y} \right)^2 z_n + p \left[k_n e_1 - \sum_{j=1}^{n-1} \frac{\partial \alpha_{n-1}}{\partial \hat{x}_j} k_j e_1 \right. \right.$$
$$+ \left. \left. \left(\frac{\partial \alpha_{n-1}}{\partial y} \right)^2 \phi_{21} z_n \right] \right\} - \frac{\sigma_p}{2} \tilde{p}^2 - \tilde{\theta}_n^{\mathrm{T}} \Gamma_n^{-1} \dot{\hat{\theta}}_n + \left(\frac{1}{\lambda} \tilde{p} - \sum_{j=1}^{n-2} \frac{\partial \alpha_j}{\partial \hat{p}} z_{j+1} \right) (\dot{p}$$
$$- \varpi_{n-1}) - \sum_{j=1}^{n-1} \frac{\sigma_\theta}{2} \left\| \tilde{\theta}_j \right\|^2 + \|P\|^2 \left(\sum_{i=1}^{n} \psi_{i2}(|\xi|) \right)^2 + n \psi_{12}^2(|\xi|) + \bar{D}_n$$
$$+ \frac{n-1}{2} \left\| \tilde{\theta}_1 \right\|^2 + \frac{1}{2} \sum_{j=2}^{n-1} \left\| \tilde{\theta}_j \right\|^2 + \|P\|^2 \sum_{i=1}^{n} \left\| \tilde{\theta}_i \right\|^2 \tag{5.2.62}$$

式中，$\lambda_n = \lambda_{n-1} - 1$；$\bar{D}_n = D_{n-1} + \psi_{11}^2(0) + \varepsilon_{11}^2 + \frac{1}{2} \varepsilon_1^{*2}$。

设计控制器 u、参数 $\hat{p}$ 和 $\hat{\theta}_n$ 的自适应律如下：

$$u = - c_n z_n - H_{n-1} + \frac{\partial \alpha_{n-1}}{\partial \hat{p}} \varpi_n - \left(\frac{\partial \alpha_{n-1}}{\partial y} \right)^2 z_n - \frac{1}{2} z_n - z_{n-1}$$
$$- \hat{p} \left(k_n e_1 - \sum_{j=1}^{n-1} \frac{\partial \alpha_{n-1}}{\partial \hat{x}_j} k_j e_1 \right) - \hat{p} \left(\frac{\partial \alpha_{n-1}}{\partial y} \right)^2 \phi_{21} z_n \tag{5.2.63}$$

$$\dot{\hat{p}} = \varpi_n = \varpi_{n-1} + \lambda z_n \left[k_n e_1 - \sum_{j=1}^{n-1} \frac{\partial \alpha_{n-1}}{\partial \hat{x}_j} k_j e_1 + \left(\frac{\partial \alpha_{n-1}}{\partial y} \right)^2 \phi_{21} z_n \right] \tag{5.2.64}$$

$$\dot{\hat{\theta}}_n = \Gamma_n z_n \varphi_n(\hat{\bar{x}}_n) - \Gamma_n \sigma_\theta(\hat{\theta}_n - \theta_{n0}) \tag{5.2.65}$$

式中，$c_n > 0$ 是设计参数。

根据杨氏不等式，可得

$$-\sigma_\theta \tilde{\theta}_n^{\mathrm{T}}(\theta_{n0} - \hat{\theta}_n) \leqslant -\frac{\sigma_\theta}{2}\left\|\tilde{\theta}_n\right\|^2 + \frac{\sigma_\theta}{2}\left\|\theta_n^* - \theta_{n0}\right\|^2 \tag{5.2.66}$$

将式 (5.2.63)~式 (5.2.66) 代入式 (5.2.62)，则 $\dot{V}$ 最终表示为

$$\dot{V} \leqslant -\lambda_n \left\|e\right\|^2 - \eta'(y^2)y^2[v_1(y^2) - (n-1)] - \sum_{j=2}^{n} c_j z_j^2$$

$$+ \frac{1}{2}\sum_{j=2}^{n-1}\left\|\tilde{\theta}_j\right\|^2 + \|P\|^2 \sum_{i=1}^{n}\left\|\tilde{\theta}_i\right\|^2 - \frac{\sigma_p}{2}\tilde{p}^2 - \sum_{j=1}^{n}\frac{\sigma_\theta}{2}\left\|\tilde{\theta}_j\right\|^2$$

$$+ \|P\|^2 \left(\sum_{i=1}^{n}\psi_{i2}(|\xi|)\right)^2 + n\psi_{12}^2(|\xi|) + D \tag{5.2.67}$$

式中，$\lambda_n > 0$；$D = \bar{D}_n + \dfrac{\sigma_\theta}{2}\left\|\theta_n^* - \theta_{n0}\right\|^2$。

5.2.4 稳定性与收敛性分析

下面定理给出了所设计的模糊自适应输出反馈控制具有的性质。

定理 5.2.1   对于非线性系统 (5.2.1)，假设 5.2.1 和假设 5.2.2 成立。如果采用控制器 (5.2.63)，虚拟控制器 (5.2.23)、(5.2.37) 和 (5.2.50)，参数自适应律 (5.2.24)、(5.2.38)、(5.2.51)、(5.2.64) 和 (5.2.65)，则总体控制方案保证闭环系统是输入到状态实际稳定。

证明   由式 (5.2.23) 可知，函数 $v_1(y^2)$ 满足如下条件：

$$\eta'(y^2)y^2(v_1(y^2) - (n-1)) \geqslant c_1\eta(y^2) \tag{5.2.68}$$

另外，由假设 5.2.1 可知，函数 ψ_{i2} 是已知非负光滑函数且满足 $\psi_{i2}(0) = 0$，则一定存在一个 K_∞ 类函数 β，满足

$$\|P\|^2 \left(\sum_{i=1}^{n}\psi_{i2}(|\xi|)\right)^2 + n\psi_{12}^2(|\xi|) \leqslant \beta(|\xi|^2) \tag{5.2.69}$$

因此，由式 (5.2.68) 和式 (5.2.69) 可得

$$\dot{V} \leqslant -\lambda_n \left\|e\right\|^2 - c_1\eta(y^2) - \sum_{j=2}^{n} c_j z_j^2 - \frac{\sigma_p}{2}\tilde{p}^2 + \beta(|\xi|^2)$$

$$-\sum_{j=1}^{n}\frac{\sigma_\theta}{2}\left\|\tilde{\theta}_j\right\|^2 + \frac{1}{2}\sum_{j=2}^{n-1}\left\|\tilde{\theta}_j\right\|^2 + \|P\|^2\sum_{j=1}^{n}\left\|\tilde{\theta}_j\right\|^2 + D \tag{5.2.70}$$

令

$$C = \min\left\{\frac{\lambda_n}{\lambda_{\max}(P)}, 2c_i, \frac{1}{\lambda_{\max}(\Gamma_1^{-1})}\left(\sigma_\theta - 2\|P\|^2\right), \frac{1}{\lambda_{\max}(\Gamma_j^{-1})}\left[\sigma_\theta - \left(2\|P\|^2+1\right)\right],\right.$$
$$\left.\frac{1}{\lambda_{\max}(\Gamma_n^{-1})}\left(\sigma_\theta - 2\|P\|^2\right), \sigma_p\lambda; i=1,\cdots,n, j=2,\cdots,n-1\right\}$$

则式 (5.2.70) 可表示为

$$\dot{V} \leqslant -CV + \beta(|\xi|^2) + D \tag{5.2.71}$$

对于任意 $0 < \varepsilon_1 < C$，若

$$\dot{V} \leqslant -\varepsilon_1 V + \varepsilon_1 V - CV + \beta(|\xi|^2) + D \leqslant -\varepsilon_1 V \tag{5.2.72}$$

成立，则只需满足

$$\varepsilon_1 V - CV + \beta(|\xi|^2) + D \leqslant 0$$

即

$$V \geqslant \frac{\beta(|\xi|^2)}{C - \varepsilon_1} + \frac{D}{C - \varepsilon_1} \tag{5.2.73}$$

另外，由式 (5.2.3) 可得

$$|\xi| \leqslant \alpha_1^{-1}(V_0(\xi)) \tag{5.2.74}$$

$$|\xi| \geqslant \alpha_2^{-1}(V_0(\xi)) \tag{5.2.75}$$

将式 (5.2.74) 和式 (5.2.75) 代入式 (5.2.73)，可得

$$V \geqslant \frac{\beta((\alpha_1^{-1}(V_0(\xi)))^2)}{C - \varepsilon_1} + \frac{D}{C - \varepsilon_1}$$

因此，当

$$V \geqslant \max\left\{\frac{2\beta((\alpha_1^{-1}(V_0(\xi)))^2)}{C - \varepsilon_1}, \frac{2D}{C - \varepsilon_1}\right\} \tag{5.2.76}$$

时，有式 (5.2.71) 成立，即 $\dot{V} \leqslant -\varepsilon_1 V$。

为使用小增益定理，选择函数 $\eta(y^2)$ 使得对任意 $\varepsilon_2 > 0$ 满足如下不等式：

$$\gamma^{-1} \circ \gamma_0(|y|) \leqslant \frac{1}{4}\eta(y^2) + \varepsilon_2 \leqslant \frac{1}{2}V + \varepsilon_2 \tag{5.2.77}$$

由于 γ 是 K_∞ 类函数, 所以

$$\gamma\left(\frac{1}{2}V + \varepsilon_2\right) \leqslant \gamma(V) + \gamma(2\varepsilon_2) \tag{5.2.78}$$

将式 (5.2.77) 和式 (5.2.78) 代入式 (5.2.3), 可得

$$\frac{\partial V_0}{\partial z} q(\xi, y) \leqslant -\alpha_0(|\xi|) + \gamma(\gamma^{-1} \circ \gamma_0(|y|)) + d_0$$
$$\leqslant -\alpha_0(|\xi|) + \gamma(V) + \gamma(2\varepsilon_2) + d_0 \tag{5.2.79}$$

对于任意 $0 < \varepsilon_3 < 1$, 若要使得如下不等式恒成立:

$$\dot{V}_0 \leqslant -\alpha_0(|\xi|) + \gamma(\gamma^{-1} \circ \gamma_0(|y|)) + d_0$$
$$\leqslant -\varepsilon_3\alpha_0(|\xi|) + \varepsilon_3\alpha_0(|\xi|) - \alpha_0(|\xi|) + \gamma(V) + \gamma(2\varepsilon_2) + d_0$$
$$\leqslant -\varepsilon_3\alpha_0(|\xi|) \tag{5.2.80}$$

则只需 $\varepsilon_3\alpha_0(|\xi|) - \alpha_0(|\xi|) + \gamma(V) + \gamma(2\varepsilon_2) + d_0 \leqslant 0$ 成立, 即

$$\alpha_0(|\xi|) \geqslant \frac{\gamma(V)}{1 - \varepsilon_3} + \frac{\gamma(2\varepsilon_2) + d_0}{1 - \varepsilon_3}$$

根据式 (5.2.80) 和式 (5.2.75), 可得

$$V_0 \geqslant \alpha_2 \circ \alpha_0^{-1}\left(\frac{\gamma(V)}{1 - \varepsilon_3} + \frac{\gamma(2\varepsilon_2) + d_0}{1 - \varepsilon_3}\right)$$

因此, 对于任意 $\varepsilon_4 > 0$, 如果下面的不等式成立:

$$\varepsilon_4 V_0 \geqslant \max\left\{\varepsilon_4\alpha_2 \circ \alpha_0^{-1} \circ \frac{2\gamma(V)}{1 - \varepsilon_3}, \varepsilon_4\alpha_2 \circ \alpha_0^{-1} \circ \frac{2\gamma(2\varepsilon_2) + 2d_0}{1 - \varepsilon_3}\right\} \tag{5.2.81}$$

则式 (5.2.81) 是式 (5.2.80) 成立的充分条件。

所以, 对于任意 $s > 0$, 选择

$$\gamma(s) < \frac{1 - \varepsilon_3}{2}\alpha_0 \circ \alpha_2^{-1} \circ \alpha_1\left[\sqrt{\beta^{-1}\left(\frac{C - \varepsilon_1}{2}s\right)}\right] \tag{5.2.82}$$

$$\chi_1(s) = \frac{2\beta\left[\alpha_1^{-1}\left(\frac{1}{\varepsilon_4}s\right)^2\right]}{C - \varepsilon_1} \tag{5.2.83}$$

$$\chi_2(s) = \varepsilon_4 \alpha_2 \circ \alpha_0^{-1} \circ \frac{2\gamma(s)}{1 - \varepsilon_3} \tag{5.2.84}$$

由式 (5.2.82)～式 (5.2.84) 可得

$$\chi_1 \circ \chi_2(s) < s \tag{5.2.85}$$

根据式 (5.2.85) 和引理 0.4.1，得到闭环系统是输入到状态实际稳定，即闭环系统中的信号 $x_i(t)$、$\hat{x}_i(t)$、$e(t)$ 和 $u(t)$ 是半全局一致最终有界的。

评注 5.2.1　本节针对一类具有未建模动态和不可测状态的单输入单输出非线性系统，介绍了一种基于小增益定理的模糊自适应输出反馈控制设计方法。通过引入动态信号，文献 [8] 和 [9] 介绍了智能自适应输出反馈鲁棒控制设计方法。此外，针对未建模动态和不可测状态的随机非线性系统，文献 [10] 和 [11] 介绍了基于随机小增益定理的智能自适应输出反馈鲁棒控制设计方法。

5.2.5　仿真

例 5.2.1　考虑如下二阶非线性严格反馈系统：

$$\begin{cases} \dot{\xi} = q(\xi, y) \\ \dot{x}_1 = x_2 + f_1(x_1) + \Delta_1(\xi, y) \\ \dot{x}_2 = u + f_2(\bar{x}_2) + \Delta_2(\xi, y) \\ y = x_1 \end{cases} \tag{5.2.86}$$

式中，$f_1(x_1) = x_1^2$; $f_2(\bar{x}_2) = y^2 \sin(x_2)$; $\Delta_1(\xi, y) = 0.5\xi^2$; $\Delta_2(\xi, y) = \xi^2$; $q(\xi, y) = -\xi + 0.125y^2$。

令

$$\psi_{11}(s) = \psi_{21}(s) = 0, \quad \psi_{21}(s) = \psi_{22}(s) = s^2$$

因此，假设 5.2.1 成立。

令

$$V(\xi) = \xi^2, \quad \alpha_1(s) = 0.5s^2, \quad \alpha_2(s) = 1.5s^2, \quad \gamma_0(s) = 0.125s^4$$

因此，假设 5.2.2 成立。为了满足小增益条件，选取 $\alpha_0(s) = s^2$，$\eta(y^2) = y^8 + y^2$，$v(y^2) = 0.5(y^7 + 1)$，$\beta(s) = 4s^2$，$\gamma(s) = 0.0625s^{1/4}$。

选取模糊隶属函数为

$$\mu_{F_i^1}(\hat{x}_i) = \exp\left[-\frac{(\hat{x}_i + 2)^2}{16}\right], \quad \mu_{F_i^2}(\hat{x}_i) = \exp\left[-\frac{(\hat{x}_i + 1)^2}{16}\right]$$

$$\mu_{F_i^3}(\hat{x}_i) = \exp\left(-\frac{\hat{x}_i^2}{16}\right), \quad \mu_{F_i^4}(\hat{x}_i) = \exp\left[-\frac{(\hat{x}_i - 1)^2}{16}\right]$$

$$\mu_{F_i^5}(\hat{x}_i) = \exp\left[-\frac{(\hat{x}_i - 2)^2}{16}\right]$$

令

$$\varphi_{1l}(\hat{x}_1) = \frac{\mu_{F_1^l}(\hat{x}_1)}{\displaystyle\sum_{l=1}^{5} \mu_{F_i^l}(\hat{x}_i)}, \quad \varphi_{2l}(\hat{\bar{x}}_i) = \frac{\displaystyle\prod_{i=1}^{2} \mu_{F_i^l}(\hat{x}_i)}{\displaystyle\sum_{l=1}^{5}\left(\prod_{i=1}^{2} \mu_{F_i^l}(\hat{x}_i)\right)}$$

$$\varphi_1(\hat{x}_1) = [\varphi_{11}(\hat{x}_1), \varphi_{12}(\hat{x}_1), \varphi_{13}(\hat{x}_1), \varphi_{14}(\hat{x}_1), \varphi_{15}(\hat{x}_1)]^{\mathrm{T}}$$

$$\varphi_2(\hat{\bar{x}}_2) = [\varphi_{21}(\hat{\bar{x}}_2), \varphi_{22}(\hat{\bar{x}}_2), \varphi_{23}(\hat{\bar{x}}_2), \varphi_{24}(\hat{\bar{x}}_2), \varphi_{25}(\hat{\bar{x}}_2)]^{\mathrm{T}}$$

则得到模糊逻辑系统为

$$\hat{f}_1(\hat{x}_1|\hat{\theta}_1) = \hat{\theta}_1^{\mathrm{T}}\varphi_1(\hat{x}_1), \quad \hat{f}_2(\hat{\bar{x}}_2) = \hat{\theta}_2^{\mathrm{T}}\varphi_2(\hat{\bar{x}}_2)$$

选择观测器增益 $k_1 = k_2 = 10$ 和 $Q = 10I$，通过求解方程 (5.2.5)，可得到正定矩阵为

$$P = \begin{bmatrix} 0.550 & 0.500 \\ 0.500 & 10.500 \end{bmatrix}$$

在仿真中，虚拟控制器、控制器和参数自适应律的设计参数选取为：$c_1 = 0.1$，$c_2 = 0.1$，$\sigma_\theta = 30$，$\sigma_p = 4$，$\varepsilon_{10} = \varepsilon_{20} = 0.1$，$\kappa = p_0 = 0.01$，$p = 2$，$\Gamma_1 = \Gamma_2 = \mathrm{diag}\{0.03, 0.03\}$，$\theta_{10} = \theta_{20} = [0\ \ 0\ \ 0\ \ 0\ \ 0]^{\mathrm{T}}$，$\varepsilon_1 = \varepsilon_3 = 0.0001$。

选择变量及参数的初始值为：$x_1(0) = 0.1$，$x_2(0) = 0.5$，$\hat{x}_1(0) = 0$，$\hat{x}_2(0) = 0$，$\xi(0) = 0$，$\hat{\theta}_1(0) = [0.01\ \ 0.03\ \ 0.05\ \ 0.07\ \ 0.09]^{\mathrm{T}}$，$\hat{\theta}_2(0) = [-0.01\ \ -0.03\ \ -0.05\ \ -0.07\ \ -0.09]^{\mathrm{T}}$。

仿真结果如图 5.2.1～图 5.2.4 所示。

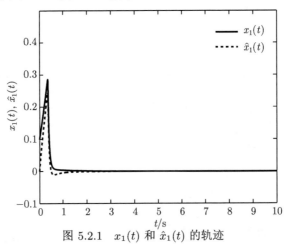

图 5.2.1　$x_1(t)$ 和 $\hat{x}_1(t)$ 的轨迹

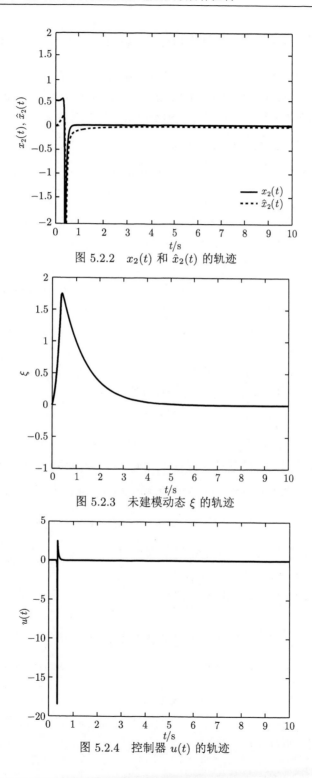

图 5.2.2 $x_2(t)$ 和 $\hat{x}_2(t)$ 的轨迹

图 5.2.3 未建模动态 ξ 的轨迹

图 5.2.4 控制器 $u(t)$ 的轨迹

5.3　含有未知控制方向的模糊自适应输出反馈鲁棒控制

本节针对一类控制方向未知的单输入单输出严格反馈不确定非线性系统，在 3.3 节的模糊自适应状态反馈控制设计基础上，介绍基于 K 滤波的模糊自适应鲁棒输出反馈控制设计方法，并给出控制系统的稳定性分析。

5.3.1　系统模型及控制问题描述

考虑如下单输入单输出非线性严格反馈系统：

$$\begin{cases} \dot{x}_1 = f_1(x_1) + x_2 \\ \dot{x}_i = f_i(\bar{x}_i) + x_{i+1}, \quad i = 2, 3, \cdots, n-1 \\ \dot{x}_n = f_n(\bar{x}_n) + b_0 \sigma(y) u \\ y = x_1 \end{cases} \tag{5.3.1}$$

式中，$\bar{x}_i = [x_1, x_2, \cdots, x_i]^{\mathrm{T}} \in \mathbf{R}^i (i = 1, 2, \cdots, n)$、$u \in \mathbf{R}$ 和 $y \in \mathbf{R}$ 分别为状态变量、控制输入和输出；$\sigma(y) \neq 0$ 是已知的光滑函数；$f_i(\cdot)(i = 1, 2, \cdots, n)$ 是未知的光滑非线性函数；b_0 是未知的常数，且其符号未知；只有系统的输出 y 是可测的。对于给定的参考信号 $y_m(t)$，假设 $y_m(t)$ 有界，并且 $(n-1)$ 阶导数已知有界。

控制任务　基于模糊逻辑系统和 K 滤波设计一种模糊自适应控制器，使得：
(1) 闭环系统的所有信号半全局一致最终有界；
(2) 系统的输出 y 能很好地跟踪给定的参考信号 y_m。

5.3.2　模糊 K 滤波设计

定义 $\hat{\bar{x}}_i$ 是状态 $\bar{x}_i$ 的估计，根据引理 0.1.1，利用模糊逻辑系统 $\hat{f}_i(\hat{\bar{x}}_i | \hat{\theta}_i) = \hat{\theta}_i^{\mathrm{T}} \varphi_i(\hat{\bar{x}}_i)$ 逼近式 (5.3.1) 中的未知光滑函数 $f_i(\bar{x}_i)$，并假设

$$f_i(\bar{x}_i) = \theta_i^{*\mathrm{T}} \varphi_i(\hat{\bar{x}}_i) + \varepsilon_i, \quad i = 1, 2, \cdots, n \tag{5.3.2}$$

式中，θ_i^* 是最优参数；ε_i 是模糊最小逼近误差，$|\varepsilon_i| \leqslant \varepsilon_i^*$，$\varepsilon_i^*$ 是正常数。定义 $\varepsilon = [\varepsilon_1, \varepsilon_2, \cdots, \varepsilon_n]^{\mathrm{T}}$ 和 $\varepsilon^* = [\varepsilon_1^*, \varepsilon_2^*, \cdots, \varepsilon_n^*]^{\mathrm{T}}$。

将式 (5.3.2) 代入式 (5.3.1)，可得

$$\dot{x} = Ax + \Phi^{\mathrm{T}} \theta^* + \varepsilon + \begin{bmatrix} 0 \\ b_0 \end{bmatrix} \sigma(y) u \tag{5.3.3}$$

$$y = C_1^{\mathrm{T}} x$$

式中，$A = \begin{bmatrix} 0 & & \\ \vdots & I_{n-1} \\ 0 & \cdots & 0 \end{bmatrix}$；$\Phi^{\mathrm{T}} = \mathrm{diag}\{\varphi_1^{\mathrm{T}}(\hat{x}_1), \varphi_2^{\mathrm{T}}(\hat{x}_2), \cdots, \varphi_n^{\mathrm{T}}(\hat{\bar{x}}_n)\}$；$\theta^* = [\theta_1^{*\mathrm{T}},$

$\theta_2^{*\mathrm{T}}, \cdots, \theta_n^{*\mathrm{T}}]^{\mathrm{T}}$；$C_1 = [1 \quad 0 \quad \cdots \quad 0]^{\mathrm{T}}$。

令 $\vartheta = [b_0, \theta^*]^{\mathrm{T}}$，$G^{\mathrm{T}} = [[0 \cdots 0 \; 1]^{\mathrm{T}} \sigma(y)u, \varPhi^{\mathrm{T}}]$，则式 (5.3.3) 变为

$$\begin{aligned} \dot{x} &= A_0 x + ky + G^{\mathrm{T}}\vartheta + \varepsilon \\ y &= e_1^{\mathrm{T}} x \end{aligned} \tag{5.3.4}$$

选取向量 $k = [k_1, k_2, \cdots, k_n]^{\mathrm{T}}$，使得矩阵 $A_0 = A - kC_1^{\mathrm{T}}$ 是稳定矩阵，即对于一个给定的正定矩阵 $Q = Q^{\mathrm{T}} > 0$，存在一个正定矩阵 $P = P^{\mathrm{T}} > 0$，满足如下李雅普诺夫方程：

$$PA_0 + A_0^{\mathrm{T}}P = -2Q \tag{5.3.5}$$

定义虚拟状态估计：

$$\hat{x} = \xi + \varOmega^{\mathrm{T}}\vartheta \tag{5.3.6}$$

式中，$\varOmega^{\mathrm{T}} = [\lambda, \varXi]$。

根据式 (5.3.3)，设计模糊 K 滤波如下：

$$\dot{\xi} = A_0 \xi + ky \tag{5.3.7}$$

$$\dot{\varXi} = A_0 \varXi + \varPhi^{\mathrm{T}} \tag{5.3.8}$$

$$\dot{\lambda} = A_0 \lambda + C_n \sigma u \tag{5.3.9}$$

式中，$C_n = [0 \quad 0 \quad \cdots \quad 0 \quad 1]^{\mathrm{T}}$。

定义观测误差为 $e = [e_1, e_2, \cdots, e_n]^{\mathrm{T}} = x - \hat{x}$，则观测误差 e 满足如下的方程：

$$\dot{e} = A_0 e + \varepsilon \tag{5.3.10}$$

选择李雅普诺夫函数为 $V_0 = \dfrac{1}{2}e^{\mathrm{T}}Pe$，则有

$$\dot{V}_0 \leqslant -\bar{\lambda}_0 e^{\mathrm{T}} e + \frac{1}{2}\|P\|^2 \|\varepsilon^*\|^2 \tag{5.3.11}$$

式中，$\bar{\lambda}_0 = \lambda_{\min}(Q) - 1/2$。

5.3.3　模糊自适应反步递推输出反馈控制设计

定义如下坐标变换：

$$z_1 = y - y_m \tag{5.3.12}$$

$$z_i = \lambda_i - \alpha_{i-1}, \quad i = 2, 3, \cdots, n \tag{5.3.13}$$

式中，z_1 是跟踪误差；α_{i-1} 是在第 $i-1$ 步中将要设计的虚拟控制器。

基于上面的坐标变换，n 步模糊自适应反步递推控制设计过程如下。

第 1 步   根据式 (5.3.1)、式 (5.3.3) 和式 (5.3.12)，z_1 的导数为

$$\dot{z}_1 = b_0\lambda_2 + \xi_2 + e_2 + \left(\Xi_{(2)} + \Phi_{(1)}^{\mathrm{T}}\right)\theta^* + \varepsilon_1 - \dot{y}_m$$
$$= b_0\lambda_2 + \xi_2 + e_2 + \bar{\omega}^{\mathrm{T}}\hat{\theta} + \bar{\omega}^{\mathrm{T}}\tilde{\theta} + \varepsilon_1 - \dot{y}_m \tag{5.3.14}$$

式中，$\Xi_{(2)}$ 是矩阵 Ξ 的第二行；$\Phi_{(1)}^{\mathrm{T}}$ 是矩阵 Φ^{T} 的第一行；$\bar{\omega}^{\mathrm{T}} = \Xi_{(2)} + \Phi_{(1)}^{\mathrm{T}}$；$\hat{\theta}$ 是 θ^* 的估计；$\tilde{\theta} = \theta^* - \hat{\theta}$ 是参数估计误差。

选择如下的李雅普诺夫函数：

$$V_1 = V_0 + \frac{1}{2}z_1^2 + \frac{1}{2}\tilde{\theta}^{\mathrm{T}}\Gamma^{-1}\tilde{\theta} \tag{5.3.15}$$

式中，$\Gamma = \Gamma^{\mathrm{T}} > 0$ 是增益矩阵。

求 V_1 的导数，并由式 (5.3.14) 和式 (5.3.15) 可得

$$\dot{V}_1 = [b_0(z_2 + \alpha_1) + \xi_2 + \bar{\omega}^{\mathrm{T}}\hat{\theta} + \bar{\omega}^{\mathrm{T}}\tilde{\theta} + e_2 + \varepsilon_1 - \dot{y}_m]z_1 + \tilde{\theta}^{\mathrm{T}}\Gamma^{-1}\dot{\tilde{\theta}} + \dot{V}_0 \tag{5.3.16}$$

根据杨氏不等式，可得

$$|z_1(e_2 + \varepsilon_1)| \leqslant z_1^2 + \frac{1}{2}e^{\mathrm{T}}e + \frac{1}{2}\varepsilon_1^{*2} \tag{5.3.17}$$

将式 (5.3.17) 代入式 (5.3.16)，可得

$$\dot{V}_1 \leqslant -\bar{\lambda}_1 e^{\mathrm{T}}e + b_0 z_1 z_2 + z_1\left(b_0\alpha_1 + z_1 + \xi_2 + \bar{\omega}^{\mathrm{T}}\hat{\theta} - \dot{y}_m\right)$$
$$+ \Gamma^{-1}\tilde{\theta}^{\mathrm{T}}(\Gamma\bar{\omega}^{\mathrm{T}}z_1 - \dot{\hat{\theta}}) + D_1 \tag{5.3.18}$$

式中，$D_1 = \frac{1}{2}\|P\|^2\|\varepsilon^*\|^2 + \frac{1}{2}\varepsilon_1^{*2}$；$\bar{\lambda}_1 = \bar{\lambda}_0 - 1/2$。

设计虚拟控制器和调节函数如下：

$$\alpha_1 = N(\zeta)\left(c_1 z_1 + z_1 + \xi_2 + \bar{\omega}^{\mathrm{T}}\hat{\theta} - \dot{y}_m\right) \tag{5.3.19}$$

$$\dot{\zeta} = \frac{1}{d}z_1\left(c_1 z_1 + z_1 + \xi_2 + \bar{\omega}^{\mathrm{T}}\hat{\theta} - \dot{y}_m\right) \tag{5.3.20}$$

$$\tau_1 = \Gamma\bar{\omega}^{\mathrm{T}}z_1 \tag{5.3.21}$$

式中，$c_1 > 0$ 和 $d > 0$ 是设计参数。

将式 (5.3.19)～式 (5.3.21) 代入式 (5.3.18)，$\dot{V}_1$ 最终表示为

$$\dot{V}_1 \leqslant -\bar{\lambda}_1 e^{\mathrm{T}}e + b_0 z_1 z_2 + d(b_0 N(\zeta) + 1)\dot{\zeta} - c_1 z_1^2 + \tilde{\theta}^{\mathrm{T}}(\tau_1 - \Gamma^{-1}\dot{\hat{\theta}}) + D_1 \tag{5.3.22}$$

第 2 步　根据式 (5.3.1)、式 (5.3.6) 和式 (5.3.13)，z_2 的导数为

$$\dot{z}_2 = \lambda_3 - k_2\lambda_1 - \frac{\partial \alpha_1}{\partial y}(b_0\lambda_2 + \xi_2 + e_2 + \bar{\omega}^{\mathrm{T}}\theta^* + \varepsilon_1)$$

$$- \sum_{j=1}^{2} \frac{\partial \alpha_1}{\partial y_m^{(j-1)}} y_m^{(j)} - \frac{\partial \alpha_1}{\partial \xi}(A_0\xi + ky) - \frac{\partial \alpha_1}{\partial \Xi}(A_0\Xi + \Phi^{\mathrm{T}})$$

$$- \sum_{j=1}^{n-1} \frac{\partial \alpha_1}{\partial \lambda_j}(-k_j\lambda_1 + \lambda_{j+1}) - \frac{\partial \alpha_1}{\partial \zeta}\dot{\zeta} - \frac{\partial \alpha_1}{\partial \hat{\theta}}\dot{\hat{\theta}} \qquad (5.3.23)$$

令

$$H_2 = - k_2\lambda_1 - \frac{\partial \alpha_1}{\partial \xi}(A_0\xi + ky) - \frac{\partial \alpha_1}{\partial \Xi}(A_0\Xi + \Phi^{\mathrm{T}}) - \frac{\partial \alpha_1}{\partial \zeta}\dot{\zeta}$$

$$- \frac{\partial \alpha_1}{\partial y}\xi_2 - \sum_{j=1}^{2} \frac{\partial \alpha_1}{\partial y_m^{(j-1)}} y_m^{(j)} - \sum_{j=1}^{n-1} \frac{\partial \alpha_1}{\partial \lambda_j}(-k_j\lambda_1 + \lambda_{j+1}) \qquad (5.3.24)$$

则式 (5.3.23) 变为

$$\dot{z}_2 = z_3 + \alpha_2 + H_2 - \frac{\partial \alpha_1}{\partial y}(b_0\lambda_2 + e_2 + \bar{\omega}^{\mathrm{T}}\theta^* + \varepsilon_1) - \frac{\partial \alpha_1}{\partial \hat{\theta}}\dot{\hat{\theta}} \qquad (5.3.25)$$

选择如下李雅普诺夫函数：

$$V_2 = V_1 + \frac{1}{2}z_2^2 + \frac{1}{2}\tilde{b}_0^2 \qquad (5.3.26)$$

式中，$\tilde{b}_0 = b_0 - \hat{b}_0$ 是参数估计误差，$\hat{b}_0$ 是 b_0 的估计。

求 V_2 的导数，并由式 (5.3.25) 和式 (5.3.26) 可得

$$\dot{V}_2 \leqslant \dot{V}_1 + z_2\left[z_3 + \alpha_2 + H_2 - \frac{\partial \alpha_1}{\partial y}(b_0\lambda_2 + \bar{\omega}^{\mathrm{T}}\theta^*) - \frac{\partial \alpha_1}{\partial \hat{\theta}}\dot{\hat{\theta}}\right] + \tilde{b}_0\dot{\tilde{b}}_0$$

$$- \frac{\partial \alpha_1}{\partial y}e_2 z_2 - \frac{\partial \alpha_1}{\partial y}\varepsilon_1 z_2$$

$$\leqslant - \bar{\lambda}_1 e^{\mathrm{T}}e + d(b_0 N(\zeta) + 1)\dot{\zeta} - c_1 z_1^2 + \Gamma^{-1}\tilde{\theta}^{\mathrm{T}}\left(\tau_1 - z_2\Gamma\frac{\partial \alpha_1}{\partial y}\bar{\omega}^{\mathrm{T}}\right.$$

$$\left. - \dot{\hat{\theta}}\right) + z_2\left[z_3 + \hat{b}_0 z_1 + \alpha_2 + H_2 - \frac{\partial \alpha_1}{\partial y}(\hat{b}_0\lambda_2 + \bar{\omega}^{\mathrm{T}}\hat{\theta}) + D_1\right.$$

$$\left. - \frac{\partial \alpha_1}{\partial \hat{\theta}}\dot{\hat{\theta}}\right] - \frac{\partial \alpha_1}{\partial y}e_2 z_2 - \frac{\partial \alpha_1}{\partial y}\varepsilon_1 z_2 + \tilde{b}_0\left(z_1 z_2 - z_2\frac{\partial \alpha_1}{\partial y}\lambda_2 - \dot{\hat{b}}_0\right) \quad (5.3.27)$$

根据杨氏不等式，可得

$$- \frac{\partial \alpha_1}{\partial y}e_2 z_2 \leqslant \frac{1}{2}e^{\mathrm{T}}e + \frac{1}{2}\left(\frac{\partial \alpha_1}{\partial y}\right)^2 z_2^2 \qquad (5.3.28)$$

$$-\frac{\partial \alpha_1}{\partial y}\varepsilon_1 z_2 \leqslant \frac{1}{2}\left(\frac{\partial \alpha_1}{\partial y}\right)^2 z_2^2 + \frac{1}{2}\varepsilon_1^{*2} \qquad (5.3.29)$$

将式 (5.3.22)、式 (5.3.28) 和式 (5.3.29) 代入式 (5.3.27)，可得

$$\dot{V}_2 \leqslant -\bar{\lambda}_2 e^{\mathrm{T}} e + d(b_0 N(\zeta)+1)\dot{\zeta} + \Gamma^{-1}\tilde{\theta}^{\mathrm{T}}\left(\tau_1 - z_2\Gamma\frac{\partial \alpha_1}{\partial y}\bar{\omega}^{\mathrm{T}} - \dot{\hat{\theta}}\right)$$
$$- c_1 z_1^2 + z_2\left[z_3 + \hat{b}_0 z_1 + \alpha_2 + \left(\frac{\partial \alpha_1}{\partial y}\right)^2 z_2 - \frac{\partial \alpha_1}{\partial y}(\hat{b}_0 \lambda_2 + \bar{\omega}^{\mathrm{T}}\hat{\theta})\right.$$
$$\left.+ H_2\right] - \frac{\partial \alpha_1}{\partial \hat{\theta}}\dot{\hat{\theta}} + \tilde{b}_0\left(z_1 z_2 - z_2\frac{\partial \alpha_1}{\partial y}\lambda_2 - \dot{\hat{b}}_0\right) + D_2 \qquad (5.3.30)$$

式中，$D_2 = D_1 + \varepsilon_1^{*2}/2$；$\bar{\lambda}_2 = \bar{\lambda}_1 - 1/2$。

设计虚拟控制器和调节函数如下：

$$\alpha_2 = -c_2 z_2 - \hat{b}_0 z_1 - \left(\frac{\partial \alpha_1}{\partial y}\right)^2 z_2 + \frac{\partial \alpha_1}{\partial y}(\hat{b}_0 \lambda_2 + \bar{\omega}^{\mathrm{T}}\hat{\theta}) - H_2 + \frac{\partial \alpha_1}{\partial \hat{\theta}}(\tau_2 - \mu\hat{\theta}) \quad (5.3.31)$$

$$\tau_2 = \tau_1 - z_2\Gamma\frac{\partial \alpha_1}{\partial y}\bar{\omega}^{\mathrm{T}} \qquad (5.3.32)$$

$$\bar{\tau}_2 = z_1 z_2 - z_2\frac{\partial \alpha_1}{\partial y}\lambda_2 \qquad (5.3.33)$$

式中，$c_2 > 0$ 和 $\mu > 0$ 是设计参数。

将式 (5.3.31)~式 (5.3.33) 代入式 (5.3.30)，可得

$$\dot{V}_2 \leqslant -\bar{\lambda}_2 e^{\mathrm{T}} e + d(b_0 N(\zeta)+1)\dot{\zeta} - \sum_{j=1}^{2} c_j z_j^2 + \Gamma^{-1}\tilde{\theta}^{\mathrm{T}}(\tau_2 - \dot{\hat{\theta}})$$
$$+ z_2 z_3 + \frac{\partial \alpha_1}{\partial \hat{\theta}}z_2(\tau_2 - \mu\hat{\theta} - \dot{\hat{\theta}}) + \tilde{b}_0(\bar{\tau}_2 - \dot{\hat{b}}_0) + D_2 \qquad (5.3.34)$$

第 i ($3 \leqslant i \leqslant n-1$) 步　沿式 (5.3.1) 和式 (5.3.13)，求 z_i 的导数：

$$\dot{z}_i = \lambda_{i+1} - k_i \lambda_1 - \frac{\partial \alpha_{i-1}}{\partial y}(b_0 \lambda_2 + \xi_2 + e_2 + \bar{\omega}^{\mathrm{T}}\theta^* + \varepsilon_1) - \sum_{j=1}^{i-1}\frac{\partial \alpha_{i-1}}{\partial y_m^{(j-1)}}y_m^{(j)}$$
$$- \frac{\partial \alpha_{i-1}}{\partial \xi}(A_0\xi + ky) - \frac{\partial \alpha_{i-1}}{\partial \Xi}(A_0\Xi + \Phi^{\mathrm{T}})$$
$$- \sum_{j=1}^{n-1}\frac{\partial \alpha_{i-1}}{\partial \lambda_j}(-k_j \lambda_1 + \lambda_{j+1}) - \frac{\partial \alpha_{i-1}}{\partial \zeta}\dot{\zeta} - \frac{\partial \alpha_{i-1}}{\partial \hat{\theta}}\dot{\hat{\theta}} \qquad (5.3.35)$$

令

$$
H_i = -k_i\lambda_1 - \frac{\partial \alpha_{i-1}}{\partial \xi}(A_0\xi + ky) - \frac{\partial \alpha_{i-1}}{\partial \Xi}(A_0\Xi + \Phi^{\mathrm{T}}) - \frac{\partial \alpha_{i-1}}{\partial \zeta}\dot{\zeta}
$$

$$
- \frac{\partial \alpha_{i-1}}{\partial y}\xi_2 - \sum_{j=1}^{i-1}\frac{\partial \alpha_{i-1}}{\partial y_m^{(j-1)}}y_m^{(j)} - \sum_{j=1}^{n-1}\frac{\partial \alpha_{i-1}}{\partial \lambda_j}(-k_j\lambda_1 + \lambda_{j+1})
$$

则式 (5.3.35) 可表示为

$$
\dot{z}_i = z_{i+1} + \alpha_i + H_i - \frac{\partial \alpha_{1-1}}{\partial y}(b_0\lambda_2 + e_2 + \bar{\omega}^{\mathrm{T}}\theta^* + \varepsilon_1) - \frac{\partial \alpha_{i-1}}{\partial \hat{\theta}}\dot{\hat{\theta}} \tag{5.3.36}
$$

选择如下的李雅普诺夫函数:

$$
V_i = V_{i-1} + \frac{1}{2}z_i^2 \tag{5.3.37}
$$

根据式 (5.3.36) 和式 (5.3.37),V_i 的导数为

$$
\dot{V}_i \leqslant -\bar{\lambda}_{i-1}e^{\mathrm{T}}e + d(b_0N(\zeta)+1)\dot{\zeta} - \sum_{j=1}^{i-1}c_jz_j^2 + \Gamma^{-1}\tilde{\theta}^{\mathrm{T}}\left(\tau_{i-1} - z_i\Gamma\frac{\partial \alpha_{i-1}}{\partial y}\bar{\omega}^{\mathrm{T}} - \dot{\hat{\theta}}\right)
$$

$$
+ z_i\left[z_{i+1} + z_{i-1} + \alpha_i + H_i - \frac{\partial \alpha_{i-1}}{\partial y}(\hat{b}_0\lambda_2 + \bar{\omega}^{\mathrm{T}}\hat{\theta}) - \frac{\partial \alpha_{i-1}}{\partial \hat{\theta}}\dot{\hat{\theta}}\right]
$$

$$
- \frac{\partial \alpha_{i-1}}{\partial y}e_2z_i - \frac{\partial \alpha_{i-1}}{\partial y}\varepsilon_1z_i + \tilde{b}_0\left(\bar{\tau}_2 - z_i\frac{\partial \alpha_{i-1}}{\partial y}\lambda_2 - \dot{\hat{b}}_0\right) + D_{i-1}
$$

$$
+ \sum_{j=1}^{i-1}\frac{\partial \alpha_{j-1}}{\partial \hat{\theta}}z_j(\tau_j - \mu\hat{\theta} - \dot{\hat{\theta}}) \tag{5.3.38}
$$

根据杨氏不等式, 可得到如下不等式:

$$
-\frac{\partial \alpha_{i-1}}{\partial y}e_2z_i \leqslant \frac{1}{2}e^{\mathrm{T}}e + \frac{1}{2}\left(\frac{\partial \alpha_{i-1}}{\partial y}\right)^2z_i^2 \tag{5.3.39}
$$

$$
-\frac{\partial \alpha_{i-1}}{\partial y}\varepsilon_1z_i \leqslant \frac{1}{2}\left(\frac{\partial \alpha_{i-1}}{\partial y}\right)^2z_i^2 + \frac{1}{2}\varepsilon_1^{*2} \tag{5.3.40}
$$

设 $\bar{\lambda}_i = \bar{\lambda}_{i-1} - 1/2$, 将式 (5.3.39) 和式 (5.3.40) 代入式 (5.3.38), 可得

$$
\dot{V}_i \leqslant -\bar{\lambda}_ie^{\mathrm{T}}e + d(b_0N(\zeta)+1)\dot{\zeta} - \sum_{j=1}^{i-1}c_jz_j^2 + \Gamma^{-1}\tilde{\theta}^{\mathrm{T}}\left(\tau_{i-1} - z_i\Gamma\frac{\partial \alpha_{i-1}}{\partial y}\bar{\omega}^{\mathrm{T}} - \dot{\hat{\theta}}\right)
$$

$$
+ z_i\left[z_{i+1} + z_{i-1} + \alpha_i + H_i + \left(\frac{\partial \alpha_{i-1}}{\partial y}\right)^2z_2 - \frac{\partial \alpha_{i-1}}{\partial y}(\hat{b}_0\lambda_2 + \omega^{\mathrm{T}}\hat{\theta})\right]
$$

$$
- \frac{\partial \alpha_{i-1}}{\partial \hat{\theta}}\dot{\hat{\theta}}\right] + \tilde{b}_0\left(\bar{\tau}_{i-1} - z_i\frac{\partial \alpha_{i-1}}{\partial y}\lambda_2 - \dot{\hat{b}}_0\right) + D_i + \sum_{j=1}^{i-1}\frac{\partial \alpha_{j-1}}{\partial \hat{\theta}}z_j(\tau_j - \mu\hat{\theta} - \dot{\hat{\theta}})
$$

$$
\tag{5.3.41}
$$

式中，$D_i = D_{i-1} + \varepsilon_1^{*2}/2$。

设计虚拟控制器和调节函数如下：

$$\alpha_i = -c_i z_i - z_{i-1} - H_2 - \left(\frac{\partial \alpha_{i-1}}{\partial y}\right)^2 z_2 + \frac{\partial \alpha_{i-1}}{\partial y}(\hat{b}_0 \lambda_2 + \bar{\omega}^{\mathrm{T}} \hat{\theta}) + \frac{\partial \alpha_{i-1}}{\partial \hat{\theta}}(\tau_i - \mu \hat{\theta})$$

$$(5.3.42)$$

$$\tau_i = \tau_{i-1} - z_i \Gamma^{-1} \frac{\partial \alpha_{i-1}}{\partial y} \bar{\omega}^{\mathrm{T}} \tag{5.3.43}$$

$$\bar{\tau}_i = \bar{\tau}_{i-1} - z_i \frac{\partial \alpha_{i-1}}{\partial y} \lambda_2 \tag{5.3.44}$$

式中，$c_i > 0$ 是设计常数。

将式 (5.3.42)～式 (5.3.44) 代入式 (5.3.41)，$\dot{V}_i$ 最终表示为

$$\dot{V}_i \leqslant -\bar{\lambda}_i e^{\mathrm{T}} e + d(b_0 N(\zeta) + 1)\dot{\zeta} - \sum_{j=1}^{i} c_j z_j^2 + \Gamma^{-1} \tilde{\theta}^{\mathrm{T}}(\tau_i - \dot{\hat{\theta}})$$

$$+ z_i z_{i+1} + \sum_{j=1}^{i} \frac{\partial \alpha_{j-1}}{\partial \hat{\theta}} z_j (\tau_j - \mu \hat{\theta} - \dot{\hat{\theta}}) + \tilde{b}_0(\bar{\tau}_i - \dot{\hat{b}}_0) + D_i \tag{5.3.45}$$

第 n 步　沿式 (5.3.1)、式 (5.3.6) 和式 (5.3.13)，求 z_n 的导数：

$$\dot{z}_n = \sigma(y)u - k_n \lambda_1 - \frac{\partial \alpha_{n-1}}{\partial y}(b_0 \lambda_2 + \xi_2 + e_2 + \bar{\omega}^{\mathrm{T}} \theta^* + \varepsilon_1)$$

$$- \sum_{j=1}^{n-1} \frac{\partial \alpha_{n-1}}{\partial y_m^{(j-1)}} y_m^{(j)} - \frac{\partial \alpha_{n-1}}{\partial \xi}(A_0 \xi + ky) - \frac{\partial \alpha_{n-1}}{\partial \Xi}(A_0 \Xi + \Phi^{\mathrm{T}})$$

$$- \sum_{j=1}^{n-1} \frac{\partial \alpha_{n-1}}{\partial \lambda_j}(-k_j \lambda_1 + \lambda_{j+1}) - \frac{\partial \alpha_{n-1}}{\partial \zeta}\dot{\zeta} - \frac{\partial \alpha_{n-1}}{\partial \hat{\theta}}\dot{\hat{\theta}} \tag{5.3.46}$$

令

$$H_n = -k_n \lambda_1 - \frac{\partial \alpha_{n-1}}{\partial \xi}(A_0 \xi + ky) - \frac{\partial \alpha_{n-1}}{\partial \Xi}(A_0 \Xi + \Phi^{\mathrm{T}}) - \frac{\partial \alpha_{n-1}}{\partial \zeta}\dot{\zeta}$$

$$- \frac{\partial \alpha_{n-1}}{\partial y}\xi_2 - \sum_{j=1}^{n-1} \frac{\partial \alpha_{n-1}}{\partial y_m^{(j-1)}} y_m^{(j)} - \sum_{j=1}^{n-1} \frac{\partial \alpha_{n-1}}{\partial \lambda_j}(-k_j \lambda_1 + \lambda_{j+1})$$

则式 (5.3.46) 变为

$$\dot{z}_n = \sigma(y)u + H_n - \frac{\partial \alpha_{n-1}}{\partial y}(b_0 \lambda_2 + e_2 + \bar{\omega}^{\mathrm{T}} \theta^* + \varepsilon_1) - \frac{\partial \alpha_{n-1}}{\partial \hat{\theta}}\dot{\hat{\theta}} \tag{5.3.47}$$

选择李雅普诺夫函数 V 如下：

$$V = V_{n-1} + \frac{1}{2}z_n^2 \tag{5.3.48}$$

求 V 的导数，并由式 (5.3.47) 和式 (5.3.48) 可得

$$\dot{V} \leqslant -\bar{\lambda}_n e^{\mathrm{T}} e + d(b_0 N(\zeta) + 1)\dot{\zeta} - \sum_{j=1}^{n-1} c_j z_j^2 + \Gamma^{-1}\tilde{\theta}^{\mathrm{T}}\left(\tau_{n-1} - z_n \Gamma \frac{\partial \alpha_{n-1}}{\partial y}\bar{\omega}^{\mathrm{T}} - \dot{\hat{\theta}}\right)$$
$$+ z_n\left[\sigma(y)u + z_{n-1} + H_n + \left(\frac{\partial \alpha_{n-1}}{\partial y}\right)^2 z_2 - \frac{\partial \alpha_{n-1}}{\partial y}(\hat{b}_0\lambda_2 + \bar{\omega}^{\mathrm{T}}\hat{\theta})\right]$$
$$+ \tilde{b}_0\left(\bar{\tau}_{n-1} - z_n\frac{\partial \alpha_{n-1}}{\partial y}\lambda_2 - \dot{\hat{b}}_0\right) + D_n + \sum_{j=1}^{n-1}\frac{\partial \alpha_{j-1}}{\partial \hat{\theta}}z_j(\tau_j - \mu\hat{\theta} - \dot{\hat{\theta}}) - \frac{\partial \alpha_{n-1}}{\partial \hat{\theta}}\dot{\hat{\theta}} \tag{5.3.49}$$

式中，$D_n = D_{n-1} + \varepsilon_1^{*2}/2$；$\bar{\lambda}_n = \bar{\lambda}_{n-1} - 1/2$。

设计控制器 u、参数 $\hat{\theta}$ 和 $\hat{b}_0$ 的自适应律及调节函数如下：

$$u = \frac{1}{\sigma(y)}\left[-c_n z_n - z_{n-1} - H_n - \left(\frac{\partial \alpha_{n-1}}{\partial y}\right)^2 z_2\right.$$
$$\left. + \frac{\partial \alpha_{n-1}}{\partial y}(\hat{b}_0\lambda_2 + \bar{\omega}^{\mathrm{T}}\hat{\theta}) + \frac{\partial \alpha_{n-1}}{\partial \hat{\theta}}(\tau_n - \mu\hat{\theta})\right] \tag{5.3.50}$$

$$\dot{\hat{\theta}} = \tau_n - \mu\hat{\theta} \tag{5.3.51}$$

$$\dot{\hat{b}}_0 = \bar{\tau}_n - \mu\hat{b}_0 \tag{5.3.52}$$

$$\tau_n = \tau_{n-1} - z_n\frac{\partial \alpha_{n-1}}{\partial y}\bar{\omega}^{\mathrm{T}} \tag{5.3.53}$$

$$\bar{\tau}_n = \bar{\tau}_{n-1} - z_n\frac{\partial \alpha_{n-1}}{\partial y}\lambda_2 \tag{5.3.54}$$

式中，$c_n > 0$ 是设计参数。

将式 (5.3.50)~式 (5.3.54) 代入式 (5.3.49)，可得

$$\dot{V} \leqslant -\bar{\lambda}_n e^{\mathrm{T}} e + d(b_0 N(\zeta) + 1)\dot{\zeta} - \sum_{i=1}^{n} c_i z_i^2 + \frac{\mu}{2\Gamma}\tilde{\theta}\hat{\theta} + \frac{1}{2}\mu\tilde{b}_0\hat{b}_0 + D_n \tag{5.3.55}$$

根据杨氏不等式，可得

$$\frac{\mu}{\Gamma}\tilde{\theta}\hat{\theta} \leqslant -\frac{\mu}{2\Gamma}\left\|\tilde{\theta}\right\|^2 + \frac{\mu}{2\Gamma}\|\theta^*\|^2 \tag{5.3.56}$$

$$\mu \tilde{b}_0 \hat{b}_0 \leqslant -\frac{\mu}{2} \tilde{b}_0^2 + \frac{\mu}{2} b_0^2 \tag{5.3.57}$$

将式 (5.3.56) 和式 (5.3.57) 代入式 (5.3.55)，则 $\dot{V}$ 最终表示为

$$\dot{V} \leqslant -\bar{\lambda}_n e^{\mathrm{T}} e + d(b_0 N(\zeta) + 1)\dot{\zeta} - \sum_{i=1}^{n} c_i z_i^2 - \frac{\mu}{2\Gamma} \left\| \tilde{\theta} \right\|^2 - \frac{\mu}{2} \tilde{b}_0^2 + \bar{D} \tag{5.3.58}$$

式中，$\bar{D} = D_n + \dfrac{\mu}{2\Gamma} \left\| \theta^* \right\|^2 + \dfrac{\mu}{2} b_0^2$。

5.3.4　稳定性与收敛性分析

下面的定理给出了设计的模糊自适应控制方法所具有的性质。

定理 5.3.1　对于非线性系统 (5.3.1)，如果采用模糊 K 滤波 (5.3.7)～(5.3.9)，控制器 (5.3.50)，虚拟控制器 (5.3.20)、(5.3.31)、(5.3.42)，参数自适应律 (5.3.51) 和 (5.3.52)，则总体控制方案具有如下性能：

(1) 闭环系统中的所有信号半全局一致最终有界；

(2) 观测误差 $e(t)$ 和跟踪误差 $z_1(t) = y(t) - y_m(t)$ 收敛到包含原点的一个较小邻域内。

证明　令 $C = \min\{2c_1, 2c_2, \cdots, 2c_n, \bar{\lambda}_n/\lambda_{\max}(P), \mu\}$，则式 (5.3.58) 可进一步表示为

$$\dot{V} \leqslant -CV + \bar{D} + d(b_0 N(\zeta) + 1)\dot{\zeta} \tag{5.3.59}$$

应用引理 3.2.1，可知 $d(b_0 N(\zeta) + 1)\dot{\zeta}$ 为常数。

令 $D = \bar{D} + d(b_0 N(\zeta) + 1)\dot{\zeta}$，则式 (5.3.59) 变为

$$\dot{V} \leqslant -CV + D \tag{5.3.60}$$

根据式 (5.3.60) 和引理 0.3.1，可以得到闭环系统中的所有信号半全局一致最终有界，并且有 $\lim\limits_{t \to \infty} \|e\| \leqslant \sqrt{(2D/C)/\lambda_{\min}(P)}$ 和 $\lim\limits_{t \to \infty} |z| \leqslant \sqrt{2D/C}$。在控制设计中，如果选择适当的设计参数，可以使得 D/C 比较小，因此可以得到观测误差 $e(t)$ 和跟踪误差 $z_1 = y - y_m$ 收敛到包含原点的一个较小邻域内。

评注 5.3.1　本节针对一类带有未知控制方向且状态不可测的单输入单输出非线性严格反馈系统，介绍了一种基于模糊 K 滤波的模糊自适应反步递推鲁棒控制设计方法。通过应用线性观测器或模糊状态观测器，文献 [12] 和 [13] 分别介绍了非线性严格反馈系统的智能自适应反步递推鲁棒控制设计方法。

5.3.5　仿真

例 5.3.1　考虑如下二阶非线性严格反馈系统：

$$\begin{cases} \dot{x}_1 = f_1(x_1) + x_2 \\ \dot{x}_2 = f_2(\bar{x}_2) + b_0\sigma(y)u \\ y = x_1 \end{cases} \tag{5.3.61}$$

式中，$f_1(x_1) = 3x_1^2$；$f_2(\bar{x}_2) = \sin^2(x_1x_2) + 3x_1$；$b_0 = 1$；$\sigma(y) = 1$。给定参考信号为 $y_m = \sin(0.2t)$。

选择观测器增益 $k_1 = 5$，$k_2 = 6$，正定矩阵 $Q = 10I$，则通过求解方程 (5.3.5)，可得正定矩阵 P 为

$$P = \begin{bmatrix} 2.3333 & 1.6667 \\ 1.6667 & 22.333 \end{bmatrix}$$

选择隶属函数为

$$\mu_{F_i^1}(\hat{\hat{x}}_i) = \exp\left[-\frac{(\hat{\hat{x}}_i - 2)^2}{4}\right], \quad \mu_{F_i^2}(\hat{\hat{x}}_i) = \exp\left[-\frac{(\hat{\hat{x}}_i - 1)^2}{4}\right]$$

$$\mu_{F_i^3}(\hat{\hat{x}}_i) = \exp\left(-\frac{\hat{\hat{x}}_i^2}{4}\right), \quad \mu_{F_i^4}(\hat{\hat{x}}_i) = \exp\left[-\frac{(\hat{\hat{x}}_i + 1)^2}{4}\right]$$

$$\mu_{F_i^5}(\hat{\hat{x}}_i) = \exp\left[-\frac{(\hat{\hat{x}}_i + 2)^2}{4}\right], \quad i = 1, 2$$

令

$$\varphi_{1l}(\hat{\hat{x}}_1) = \frac{\mu_{F_1^l}(\hat{\hat{x}}_1)}{\sum\limits_{l=1}^{3} \mu_{F_1^i}(\hat{\hat{x}}_1)}, \quad \varphi_{2l}(\hat{\hat{x}}_1, \hat{\hat{x}}_2) = \frac{\prod\limits_{i=1}^{2} \mu_{F_i^l}(\hat{\hat{x}}_i)}{\sum\limits_{l=1}^{3}\left(\prod\limits_{i=1}^{2} \mu_{F_i^l}(\hat{\hat{x}}_i)\right)}$$

$$\varphi_1(\hat{\hat{x}}_1) = [\varphi_{11}(\hat{\hat{x}}_1), \varphi_{12}(\hat{\hat{x}}_1), \varphi_{13}(\hat{\hat{x}}_1), \varphi_{14}(\hat{\hat{x}}_1), \varphi_{15}(\hat{\hat{x}}_1)]$$

$$\varphi_2(\hat{\hat{x}}_1, \hat{\hat{x}}_2) = [\varphi_{21}(\hat{\hat{x}}_1, \hat{\hat{x}}_2), \varphi_{22}(\hat{\hat{x}}_1, \hat{\hat{x}}_2), \varphi_{23}(\hat{\hat{x}}_1, \hat{\hat{x}}_2), \varphi_{24}(\hat{\hat{x}}_1, \hat{\hat{x}}_2), \varphi_{25}(\hat{\hat{x}}_1, \hat{\hat{x}}_2)]$$

则得到模糊逻辑系统为

$$\hat{f}_i(\hat{\hat{\bar{x}}}_i \mid \hat{\theta}_i) = \hat{\theta}_i^{\mathrm{T}} \varphi_i(\hat{\hat{\bar{x}}}_i), \quad i = 1, 2$$

在仿真中，选取虚拟控制器、控制器和参数自适应律中的设计参数为：$c_1 = 0.55$，$c_2 = 0.5$，$\mu = 0.1$，$\Gamma = 1.2I$。

选取变量及参数的初始值为：$x_1(0) = 0.01$，$x_2(0) = 0$，$\hat{\theta}_1(0) = [0.5, 0, \cdots, 0]^{\mathrm{T}}_{1\times11}$，$\Xi(0) = [\Xi_{(1)}(0), \Xi_{(2)}(0)]^{\mathrm{T}} = [0_{1\times11} \quad 0_{1\times11}]^{\mathrm{T}}$，$\xi(0) = [0 \quad 0]^{\mathrm{T}}$，$\lambda(0) = [0 \quad 0]^{\mathrm{T}}$，$\hat{b}_0(0) = 0.1$。

仿真结果如图 5.3.1～图 5.3.4 所示。

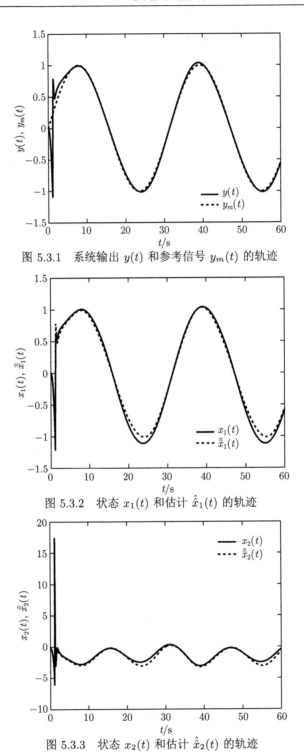

图 5.3.1　系统输出 $y(t)$ 和参考信号 $y_m(t)$ 的轨迹

图 5.3.2　状态 $x_1(t)$ 和估计 $\hat{\hat{x}}_1(t)$ 的轨迹

图 5.3.3　状态 $x_2(t)$ 和估计 $\hat{\hat{x}}_2(t)$ 的轨迹

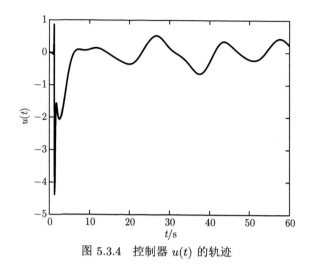

图 5.3.4　控制器 $u(t)$ 的轨迹

5.4　含有执行器故障的模糊自适应输出反馈鲁棒控制

本节针对一类含有执行器故障且状态不可测的非线性严格反馈系统，在第 4 章智能自适应输出反馈控制和 3.4 节智能自适应容错控制的基础上，介绍一种基于模糊观测器的自适应反步递推容错控制设计方法，并给出控制系统的稳定性和收敛性分析。

5.4.1　系统模型及控制问题描述

考虑如下多输入单输出非线性严格反馈系统：

$$\begin{cases} \dot{x}_i = f_i(\bar{x}_i) + x_{i+1}, & i = 1, 2, \cdots, n-1 \\ \dot{x}_n = f_n(\bar{x}_n) + \varpi^{\mathrm{T}} u \\ y = x_1 \end{cases} \tag{5.4.1}$$

式中，$\bar{x}_i = [x_1, x_2, \cdots, x_i]^{\mathrm{T}} \in \mathbf{R}^i (i = 1, 2, \cdots, n)$ 是系统的状态向量；$y \in \mathbf{R}$ 是系统的输出；$u = [u_1, u_2, \cdots, u_m]^{\mathrm{T}} \in \mathbf{R}^m$ 是在系统运行中可能会发生卡死故障或者失效故障的输入向量；$f_i(\bar{x}_i)(i = 1, 2, \cdots, n)$ 是未知连续的非线性函数；$\varpi = [\varpi_1, \varpi_2, \cdots, \varpi_m]^{\mathrm{T}} \in \mathbf{R}^m$，$\varpi_j(j = 1, 2, \cdots, m)$ 是已知的常数向量。

执行器故障模型分为执行器卡死和执行器失效。

(1) 执行器卡死故障模型：

$$u_j(t) = \bar{u}_j, \quad t \geqslant t_j, \quad j \in \{j_1, j_2, \cdots, j_p\} \subset \{1, 2, \cdots, m\} \tag{5.4.2}$$

式中，$\bar{u}_j$ 是第 j 个执行器卡死值；t_j 是卡死故障发生的时间。

(2) 执行器失效故障模型：

$$u_j(t) = \rho_j v_j(t), \quad t \geqslant t_j, \quad j \in \overline{\{j_1, j_2, \cdots, j_p\}} \cap \{1, 2, \cdots, m\},$$

$$\rho_j \in \left[\underline{\rho_j}, 1\right], \quad 0 < \underline{\rho_j} \leqslant 1 \tag{5.4.3}$$

式中，$v_j(t)$ 是第 j 个执行器接收的实际控制信号；t_j 是失效故障发生的时间；ρ_j 是第 j 个执行器 $u_j(t)$ 的有效因子，$1 - \rho_j$ 是第 j 个执行器的故障失效率；$\underline{\rho_j}$ 是 ρ_j 的下界，当 $\underline{\rho_j} = 1$ 时，对应的第 j 个执行器 u_j 是正常的，无失效故障。

结合式 (5.4.2) 和式 (5.4.3)，控制输入向量 u 可写为

$$u(t) = \rho v(t) + \sigma(\bar{u} - \rho v(t)) \tag{5.4.4}$$

式中，$v(t) = [v_1(t), v_2(t), \cdots, v_m(t)]^{\mathrm{T}}$；$\bar{u} = [\bar{u}_1, \bar{u}_2, \cdots, \bar{u}_m]^{\mathrm{T}}$；$\rho = \mathrm{diag}\{\rho_1, \rho_2, \cdots, \rho_m\}$；$\sigma = \mathrm{diag}\{\sigma_1, \sigma_2, \cdots, \sigma_m\}$，其中，

$$\sigma_j = \begin{cases} 1, & \text{如果第}j\text{个执行器失效，则}u_j = \bar{u}_j, \quad i = 1, 2, \cdots, m \\ 0, & \text{其他} \end{cases}$$

由于 $m - j_p$ 个执行器失效故障所对应的实际控制信号 $v_j(t)$ 共同作用完成系统 (5.4.1)，控制目标等价于完成系统 (5.4.1) 所对应的标称系统 (5.4.5) 的控制目标。

$$\begin{cases} \dot{x}_i = f_i(\bar{x}_i) + x_{i+1} \\ \dot{x}_n = f_n(\bar{x}_n) + u_0 \\ y = x_1, \quad i = 1, 2, \cdots, n-1 \end{cases} \tag{5.4.5}$$

因此，可假设每个实际控制输入信号与标称系统控制输入的关系为：$v_j = b_j(y)u_0$，其中 $b_j(y)$ 是已知的正函数。

假设 5.4.1　非线性系统 (5.4.1) 最多有 $m - 1$ 个执行器发生卡死故障。

控制任务　基于模糊逻辑系统设计一种自适应模糊输出反馈容错控制器，使得：

(1) 闭环系统的所有信号半全局一致最终有界；

(2) 在系统发生卡死故障和失效故障情况下，系统的输出 y 能很好地跟踪给定的参考信号 y_m。

5.4.2　模糊状态观测器设计

根据引理 0.1.1，利用模糊逻辑系统 $\hat{f}_i(\bar{x}_i|\hat{\theta}_i) = \hat{\theta}_i^{\mathrm{T}}\varphi(\bar{x}_i)$ 逼近未知连续函数 $f_i(\bar{x}_i)$，并假设

$$f_i(\bar{x}_i) = \theta_i^{*\mathrm{T}}\varphi(\bar{x}_i) + \varepsilon_i, \quad i = 1, 2, \cdots, n \tag{5.4.6}$$

式中，θ_i^* 是最优参数；ε_i 是最小模糊逼近误差。假设 ε_i 满足 $|\varepsilon_i| \leqslant \varepsilon_i^*$，$\varepsilon_i^*$ 是正常数。定义 $\varepsilon = [\varepsilon_1, \varepsilon_2, \cdots, \varepsilon_n]^{\mathrm{T}}$，$\varepsilon^* = [\varepsilon_1^*, \varepsilon_2^*, \cdots, \varepsilon_n^*]^{\mathrm{T}}$。

将式 (5.4.1) 写成如下的状态空间形式:

$$\dot{x} = Ax + Ky + \sum_{i=1}^{n} B_i \left(\hat{f}_i(\bar{x}_i|\theta_i^*) + \varepsilon_i \right) + B\varpi^{\mathrm{T}}u \tag{5.4.7}$$
$$y = Cx$$

式中, $A = \begin{bmatrix} -k_1 & & \\ \vdots & & I \\ -k_n & 0 & \cdots & 0 \end{bmatrix}$; $K = [k_1, k_2, \cdots, k_n]^{\mathrm{T}}$; $B_i = [0 \quad \cdots \quad 1 \quad \cdots$

$0]^{\mathrm{T}}$; $C = [1 \quad \cdots \quad 0 \quad \cdots \quad 0]$; $B = [0 \quad \cdots \quad 0 \quad 1]$。

选择向量 K 使得矩阵 A 是严格的 Hurwitz 矩阵。对于一个正定矩阵 $Q^{\mathrm{T}} = Q > 0$, 存在一个正定矩阵 $P^{\mathrm{T}} = P > 0$ 满足如下方程:

$$A^{\mathrm{T}}P + PA = -2Q \tag{5.4.8}$$

设计模糊状态观测器为

$$\dot{\hat{x}} = A\hat{x} + Ky + \sum_{i=1}^{n} B_i \hat{f}_i(\hat{\bar{x}}_i|\hat{\theta}_i) + B\varpi^{\mathrm{T}}u \tag{5.4.9}$$
$$\hat{y} = C\hat{x}$$

式中, $\hat{\bar{x}}_i = [\hat{x}_1, \hat{x}_2, \cdots, \hat{x}_i]^{\mathrm{T}}$ 是 $\bar{x}_i = [x_1, x_2, \cdots, x_i]^{\mathrm{T}}$ 的估计。

令观测误差为 $e = x - \hat{x}$, 由式 (5.4.7) 和式 (5.4.9) 可得

$$\dot{e} = Ae + \sum_{i=1}^{n} B_i \theta_i^{*\mathrm{T}}(\varphi_i(\bar{x}_i) - \varphi_i(\hat{\bar{x}}_i)) + \sum_{i=1}^{n} B_i \tilde{\theta}_i^{\mathrm{T}} \varphi_i(\hat{\bar{x}}_i) + \sum_{i=1}^{n} B_i \varepsilon_i$$
$$= Ae + \sum_{i=1}^{n} B_i \theta_i^{*\mathrm{T}}(\varphi_i(\bar{x}_i) - \varphi_i(\hat{\bar{x}}_i)) + \sum_{i=1}^{n} B_i \tilde{\theta}_i^{\mathrm{T}} \varphi_i(\hat{\bar{x}}_i) + \varepsilon \tag{5.4.10}$$

式中, $\tilde{\theta}_i = \theta_i^* - \hat{\theta}_i$ 是参数估计误差, $\hat{\theta}_i$ 是 θ_i^* 的估计。

选择李雅普诺夫函数 $V_0 = \frac{1}{2} e^{\mathrm{T}} Pe$, 类似于引理 4.2.1 的证明, 可得

$$\dot{V}_0 \leqslant -\lambda_0 \|e\|^2 + \frac{1}{2} \|P\|^2 \sum_{i=1}^{n} \left\| \tilde{\theta}_i \right\|^2 + D_0 \tag{5.4.11}$$

式中, $\lambda_0 = \lambda_{\min}(Q) - 2 > 0$; $D_0 = \frac{1}{2} \|P\|^2 \sum_{i=1}^{n} \varepsilon_i^{*2} + \|P\|^2 \sum_{i=1}^{n} \|\theta_i^*\|^2$。

5.4.3　模糊自适应反步递推容错控制设计

定义如下的坐标变换：

$$z_1 = y - y_m$$
$$z_i = \hat{x}_i - \alpha_{i-1}, \quad i = 2, 3, \cdots, n \tag{5.4.12}$$

式中，z_1 是跟踪误差；α_{i-1} 是在第 $i-1$ 步中将要设计的虚拟控制器。

基于上面的坐标变换，n 步模糊自适应反步递推输出反馈容错控制设计过程如下。

第 1 步　由式 (5.4.12) 和 $e_2 = x_2 - \hat{x}_2$，z_1 的导数为

$$\begin{aligned}
\dot{z}_1 &= x_2 + f_1(x_1) - \dot{y}_m \\
&= \hat{x}_2 + e_2 + f_1(x_1) - \dot{y}_m \\
&= \hat{x}_2 + e_2 + \theta_1^{*\mathrm{T}}(\varphi_1(x_1) - \varphi_1(\hat{x}_1)) \\
&\quad + \hat{\theta}_1^{\mathrm{T}}\varphi(\hat{x}_1) + \tilde{\theta}_1^{\mathrm{T}}\varphi(\hat{x}_1) + \varepsilon_1 - \dot{y}_m
\end{aligned} \tag{5.4.13}$$

由式 (5.4.12) 可知，式 (5.4.13) 变为

$$\begin{aligned}
\dot{z}_1 &= z_2 + \alpha_1 + e_2 + \theta_1^{*\mathrm{T}}(\varphi_1(x_1) - \varphi_1(\hat{x}_1)) \\
&\quad + \hat{\theta}_1^{\mathrm{T}}\varphi_1(\hat{x}_1) + \tilde{\theta}_1^{\mathrm{T}}\varphi_1(\hat{x}_1) + \varepsilon_1 - \dot{y}_m
\end{aligned} \tag{5.4.14}$$

选择如下的李雅普诺夫函数：

$$V_1 = V_0 + \frac{1}{2}z_1^2 + \frac{1}{2\gamma_1}\tilde{\theta}_1^{\mathrm{T}}\tilde{\theta}_1 \tag{5.4.15}$$

式中，$\gamma_1 > 0$ 是设计参数。

求 V_1 的导数，由式 (5.4.14) 和式 (5.4.15) 可得

$$\begin{aligned}
\dot{V}_1 &= \dot{V}_0 + z_1(z_2 + \alpha_1 + \theta_1^{*\mathrm{T}}(\varphi_1(x_1) - \varphi_1(\hat{x}_1)) + \hat{\theta}_1^{\mathrm{T}}\varphi_1(\hat{x}_1) \\
&\quad + \tilde{\theta}_1^{\mathrm{T}}\varphi_1(\hat{x}_1) + e_2 + \varepsilon_1 - \dot{y}_m) - \frac{1}{\gamma_1}\tilde{\theta}_1^{\mathrm{T}}\dot{\hat{\theta}}_1 \\
&\leqslant -\lambda_0\|e\|^2 + z_1(z_2 + \alpha_1 + \hat{\theta}_1^{\mathrm{T}}\varphi_1(\hat{x}_1) + \theta_1^{*\mathrm{T}}(\varphi_1(x_1) - \varphi_1(\hat{x}_1)) - \dot{y}_m) \\
&\quad + z_1\varepsilon_1 + z_1 e_2 + \frac{\tilde{\theta}_1^{\mathrm{T}}}{\gamma_1}(\gamma_1 z_1\varphi_1(\hat{x}_1) - \dot{\hat{\theta}}_1) + \frac{1}{2}\|P\|^2\sum_{i=1}^{n}\left\|\tilde{\theta}_i\right\|^2 + D_0 \quad (5.4.16)
\end{aligned}$$

根据杨氏不等式，可得

$$z_1[\varepsilon_1 + e_2 + \theta_1^{*\mathrm{T}}(\varphi_1(\bar{x}_1) - \varphi_1(\hat{\bar{x}}_1))] \leqslant 2z_1^2 + \frac{1}{2}\varepsilon_1^{*2} + \frac{1}{2}\|e\|^2 + \|\theta_1^*\|^2 \tag{5.4.17}$$

设 $\lambda_1 = \lambda_0 - \dfrac{1}{2}$，将式 (5.4.17) 代入式 (5.4.16)，可得

$$\dot{V}_1 \leqslant -\lambda_1 \|e\|^2 + z_1 z_2 + z_1 (\alpha_1 + 2z_1 + \hat{\theta}_1^{\mathrm{T}} \varphi_1(\hat{x}_1) - \dot{y}_m) + \|\theta_1^*\|^2$$
$$+ \frac{\tilde{\theta}_1^{\mathrm{T}}}{\gamma_1} (\gamma_1 z_1 \varphi_1(\hat{x}_1) - \dot{\hat{\theta}}_1) + \frac{1}{2} \|P\|^2 \sum_{i=1}^{n} \left\| \tilde{\theta}_i \right\|^2 + D_0 + \frac{1}{2} \varepsilon_1^{*2} \qquad (5.4.18)$$

设计虚拟控制器 α_1 和参数 $\hat{\theta}_1$ 的自适应律如下：

$$\alpha_1 = -c_1 z_1 - 2z_1 - \hat{\theta}_1^{\mathrm{T}} \varphi_1(\hat{x}_1) + \dot{y}_m \qquad (5.4.19)$$

$$\dot{\hat{\theta}}_1 = z_1 \gamma_1 \varphi_1(\hat{x}_1) - \sigma_1 \hat{\theta}_1 \qquad (5.4.20)$$

式中，$c_1 > 0$ 和 $\sigma_1 > 0$ 是设计参数。

将式 (5.4.19) 和式 (5.4.20) 代入式 (5.4.18)，可得

$$\dot{V}_1 \leqslant -\lambda_1 \|e\|^2 - c_1 z_1^2 + z_1 z_2 + \frac{\sigma_1}{\gamma_1} \tilde{\theta}_1^{\mathrm{T}} \hat{\theta}_1 + \|\theta_1^*\|^2 + \frac{1}{2} \|P\|^2 \sum_{i=1}^{n} \left\| \tilde{\theta}_i \right\|^2 + D_0 + \frac{1}{2} \varepsilon_1^{*2}$$
$$(5.4.21)$$

根据杨氏不等式，可得

$$\tilde{\theta}_1^{\mathrm{T}} \hat{\theta}_1 \leqslant -\frac{1}{2} \tilde{\theta}_1^{\mathrm{T}} \tilde{\theta}_1 + \frac{1}{2} \theta_1^{*\mathrm{T}} \theta_1^* \qquad (5.4.22)$$

将式 (5.4.22) 代入式 (5.4.21)，$\dot{V}_1$ 最终表示为

$$\dot{V}_1 \leqslant -\lambda_1 \|e\|^2 - c_1 z_1^2 + z_1 z_2 - \frac{\sigma_1}{2\gamma_1} \tilde{\theta}_1^{\mathrm{T}} \tilde{\theta}_1 + \frac{1}{2} \|P\|^2 \sum_{i=1}^{n} \left\| \tilde{\theta}_i \right\|^2 + D_1 \qquad (5.4.23)$$

式中，$D_1 = D_0 + \|\theta_1^*\|^2 + \dfrac{1}{2} \varepsilon_1^{*2} + \dfrac{\sigma_1}{2\gamma_1} \theta_1^{*\mathrm{T}} \theta_1^*$。

第 2 步　根据式 (5.4.9) 和式 (5.4.12)，z_2 的导数为

$$\dot{z}_2 = \hat{x}_3 + k_2 e_1 + \hat{\theta}_2^{\mathrm{T}} \varphi_2(\hat{\bar{x}}_2) - \frac{\partial \alpha_1}{\partial \hat{x}_1} \dot{\hat{x}}_1 - \frac{\partial \alpha_1}{\partial \hat{\theta}_1} \dot{\hat{\theta}}_1 - \frac{\partial \alpha_1}{\partial x_1} \dot{x}_1 - \frac{\partial \alpha_1}{\partial y_m} \dot{y}_m$$

$$= z_3 + \alpha_2 + k_2 e_1 + \hat{\theta}_2^{\mathrm{T}} \varphi_2(\hat{\bar{x}}_2) - \frac{\partial \alpha_1}{\partial \hat{x}_1} \left(\hat{x}_2 + k_1 e_1 + \hat{\theta}_1^{\mathrm{T}} \varphi_1(\hat{x}_1) \right)$$

$$- \frac{\partial \alpha_1}{\partial \hat{\theta}_1} \dot{\hat{\theta}}_1 - \frac{\partial \alpha_1}{\partial y_m} \dot{y}_m - \frac{\partial \alpha_1}{\partial x_1} \left(\hat{x}_2 + e_2 + \hat{\theta}_1^{\mathrm{T}} \varphi_1(x_1) + \tilde{\theta}_1^{\mathrm{T}} \varphi_1(x_1) + \varepsilon_1 \right)$$

$$= z_3 + \alpha_2 + \tilde{\theta}_2^{\mathrm{T}} \varphi_2(\hat{\bar{x}}_2) + H_2 - \tilde{\theta}_2^{\mathrm{T}} \varphi_2(\hat{\bar{x}}_2) - \frac{\partial \alpha_1}{\partial x_1} e_2$$

$$- \frac{\partial \alpha_1}{\partial x_1} \tilde{\theta}_1^{\mathrm{T}} \varphi_1(\hat{x}_1) - \frac{\partial \alpha_1}{\partial x_1} \varepsilon_1 \tag{5.4.24}$$

式中,

$$H_2 = \hat{\theta}_2^{\mathrm{T}} \varphi_2(\hat{\bar{x}}_2) + k_2 e_1 - \frac{\partial \alpha_1}{\partial \hat{x}_1} \left(\hat{x}_2 + \hat{\theta}_1^{\mathrm{T}} \varphi_1(x_1) \right) - k_1 \frac{\partial \alpha_1}{\partial \hat{x}_1} e_1$$

$$- \frac{\partial \alpha_1}{\partial \hat{\theta}_1} \dot{\hat{\theta}}_1 - \frac{\partial \alpha_1}{\partial y_m} \dot{y}_m - \frac{\partial \alpha_1}{\partial x_1} \left(\hat{x}_2 + \hat{\theta}_1^{\mathrm{T}} \varphi_1(x_1) \right)$$

选择如下的李雅普诺夫函数:

$$V_2 = V_1 + \frac{1}{2} z_2^2 + \frac{1}{2\gamma_2} \tilde{\theta}_2^{\mathrm{T}} \tilde{\theta}_2 \tag{5.4.25}$$

式中, $\gamma_2 > 0$ 是设计参数。

根据式 (5.4.24) 和式 (5.4.25), V_2 的导数为

$$\dot{V}_2 = \dot{V}_1 + z_2 \dot{z}_2 - \frac{1}{\gamma_2} \tilde{\theta}_2^{\mathrm{T}} \dot{\hat{\theta}}_2$$

$$\leqslant \dot{V}_1 + z_2(z_3 + \alpha_2 + H_2) - z_2 \tilde{\theta}_2^{\mathrm{T}} \varphi_2(\hat{\bar{x}}_2) - z_2 \frac{\partial \alpha_1}{\partial x_1} e_2$$

$$- \frac{\partial \alpha_1}{\partial x_1} \tilde{\theta}_1^{\mathrm{T}} \varphi_1(x_1) - z_2 \frac{\partial \alpha_1}{\partial x_1} \varepsilon_1 + \frac{1}{\gamma_2} \tilde{\theta}_2^{\mathrm{T}} (\gamma_2 z_2 \varphi_2(\hat{\bar{x}}_2) - \dot{\hat{\theta}}_2) \tag{5.4.26}$$

根据杨氏不等式, 有下列不等式成立:

$$-z_2 \frac{\partial \alpha_1}{\partial x_1} e_2 \leqslant \frac{1}{2} \|e\|^2 + \frac{1}{2} \left(\frac{\partial \alpha_1}{\partial x_1} \right)^2 z_2^2 \tag{5.4.27}$$

$$-z_2 \frac{\partial \alpha_1}{\partial x_1} \tilde{\theta}_1^{\mathrm{T}} \varphi_1(\hat{x}_1) \leqslant \frac{1}{2} \tilde{\theta}_1^{\mathrm{T}} \tilde{\theta}_1 + \frac{1}{2} \left(\frac{\partial \alpha_1}{\partial x_1} \right)^2 z_2^2 \tag{5.4.28}$$

$$-z_2 \tilde{\theta}_2^{\mathrm{T}} \varphi_2(\hat{\bar{x}}_2) \leqslant \tau z_2^2 + \frac{1}{\tau} \tilde{\theta}_2^{\mathrm{T}} \tilde{\theta}_2 \tag{5.4.29}$$

$$-z_2 \frac{\partial \alpha_1}{\partial x_1} \varepsilon_1 \leqslant \frac{1}{2} \left(\frac{\partial \alpha_1}{\partial x_1} \right)^2 z_2^2 + \frac{1}{2} \varepsilon_1^{*2} \tag{5.4.30}$$

式中, $\tau > 0$ 是设计参数。

设 $\lambda_2 = \lambda_1 - \dfrac{1}{2}$, 将式 (5.4.27)~式 (5.4.30) 代入式 (5.4.26), 可得

$$\dot{V}_2 \leqslant - \lambda_2 \|e\|^2 - c_1 z_1^2 + z_1 z_2 + z_2 \left[z_3 + \alpha_2 + \tau z_2 + \frac{3}{2} \left(\frac{\partial \alpha_1}{\partial x_1} \right)^2 z_2 \right.$$

$$\left. + H_2 \right] + \frac{1}{\gamma_2} \tilde{\theta}_2^{\mathrm{T}} (\gamma_2 z_2 \varphi_2(\hat{\bar{x}}_2) - \dot{\hat{\theta}}_2) - \frac{\sigma_1}{2\gamma_1} \tilde{\theta}_1^{\mathrm{T}} \tilde{\theta}_1 + D_1$$

$$+ \frac{1}{\tau} \tilde{\theta}_2^{\mathrm{T}} \tilde{\theta}_2 + \frac{1}{2} \tilde{\theta}_1^{\mathrm{T}} \tilde{\theta}_1 + \frac{1}{2} \varepsilon_1^{*2} + \frac{1}{2} \|P\|^2 \sum_{i=1}^{n} \left\| \tilde{\theta}_i \right\|^2 \tag{5.4.31}$$

设计虚拟控制器 α_2 和参数 $\hat{\theta}_2$ 的自适应律如下:

$$\alpha_2 = -z_1 - c_2 z_2 - H_2 - \tau z_2 - \frac{3}{2} \left(\frac{\partial \alpha_1}{\partial x_1} \right)^2 z_2 \tag{5.4.32}$$

$$\dot{\hat{\theta}}_2 = \gamma_2 z_2 \varphi_2(\hat{\bar{x}}_2) - \sigma_2 \hat{\theta}_2 \tag{5.4.33}$$

式中, $c_2 > 0$ 和 $\sigma_2 > 0$ 是设计参数。

将式 (5.4.32) 和式 (5.4.33) 代入式 (5.4.31), 可得

$$\dot{V}_2 \leqslant - \lambda_2 \|e\|^2 - \sum_{l=1}^{2} c_l z_l^2 + z_2 z_3 - \frac{\sigma_1}{2\gamma_1} \tilde{\theta}_1^{\mathrm{T}} \tilde{\theta}_1 + \frac{\sigma_2}{\gamma_2} \tilde{\theta}_2^{\mathrm{T}} \hat{\theta}_2 + \frac{1}{2} \varepsilon_1^{*2}$$

$$+ \frac{1}{\tau} \tilde{\theta}_2^{\mathrm{T}} \tilde{\theta}_2 + \frac{1}{2} \tilde{\theta}_1^{\mathrm{T}} \tilde{\theta}_1 + D_1 + \frac{1}{2} \|P\|^2 \sum_{i=1}^{n} \left\| \tilde{\theta}_i \right\|^2 \tag{5.4.34}$$

根据杨氏不等式, 可得

$$\tilde{\theta}_2^{\mathrm{T}} \hat{\theta}_2 \leqslant - \frac{1}{2} \tilde{\theta}_2^{\mathrm{T}} \tilde{\theta}_2 + \frac{1}{2} \theta_2^{*\mathrm{T}} \theta_2^* \tag{5.4.35}$$

将式 (5.4.35) 代入式 (5.4.34), $\dot{V}_2$ 最终表示为

$$\dot{V}_2 \leqslant - \lambda_2 \|e\|^2 - \sum_{l=1}^{2} c_l z_l^2 + z_2 z_3 + \sum_{l=1}^{2} - \frac{\sigma_l}{2\gamma_l} \tilde{\theta}_l^{\mathrm{T}} \tilde{\theta}_l$$

$$+ \frac{1}{\tau} \tilde{\theta}_2^{\mathrm{T}} \tilde{\theta}_2 + \frac{1}{2} \tilde{\theta}_1^{\mathrm{T}} \tilde{\theta}_1 + D_2 + \frac{1}{2} \|P\|^2 \sum_{i=1}^{n} \left\| \tilde{\theta}_i \right\|^2 \tag{5.4.36}$$

式中, $D_2 = D_1 + \frac{1}{2} \varepsilon_1^{*2} + \frac{\sigma_2}{2\gamma_2} \theta_2^{*\mathrm{T}} \theta_2^*$。

第 i $(3 \leqslant i \leqslant n-1)$ 步　根据式 (5.4.9) 和式 (5.4.12), z_i 的导数为

$$\dot{z}_i = \hat{x}_{i+1} + k_i e_1 + \hat{\theta}_i^{\mathrm{T}} \varphi_i(\hat{\bar{x}}_i) - \sum_{l=1}^{i-1} \frac{\partial \alpha_{i-1}}{\partial \hat{x}_l} \dot{\hat{x}}_l - \sum_{l=1}^{i-1} \frac{\partial \alpha_{i-1}}{\partial \theta_l} \dot{\hat{\theta}}_l$$

$$- \frac{\partial \alpha_{i-1}}{\partial x_1} \dot{x}_1 - \sum_{l=1}^{i-1} \frac{\partial \alpha_{i-1}}{\partial y_m^{(l-1)}} y_m^{(l)}$$

$$= z_{i+1} + \alpha_i + \tilde{\theta}_i^{\mathrm{T}} \varphi_i(\hat{\bar{x}}_i) + H_i - \tilde{\theta}_i^{\mathrm{T}} \varphi_i(\hat{\bar{x}}_i) - \frac{\partial \alpha_{i-1}}{\partial x_1} e_2$$

$$- \frac{\partial \alpha_{i-1}}{\partial x_1} \tilde{\theta}_1^{\mathrm{T}} \varphi_1(x_1) - \frac{\partial \alpha_{i-1}}{\partial x_1} \varepsilon_1 \tag{5.4.37}$$

式中，

$$H_i = \hat{\theta}_i^{\mathrm{T}} \varphi_i(\hat{\bar{x}}_i) + k_i e_1 - \sum_{l=1}^{i-1} \frac{\partial \alpha_{i-1}}{\partial \hat{x}_l} \left(\hat{x}_{l+1} + \hat{\theta}_l^{\mathrm{T}} \varphi_l(\hat{\bar{x}}_l) \right) - \sum_{j=1}^{i-1} k_j \frac{\partial \alpha_{i-1}}{\partial \hat{x}_j} e_1$$

$$- \sum_{l=1}^{i-1} \frac{\partial \alpha_{i-1}}{\partial \hat{\theta}_l} \dot{\hat{\theta}}_l - \sum_{l=1}^{i-1} \frac{\partial \alpha_{i-1}}{\partial y_m^{(l-1)}} y_m^{(l)} - \frac{\partial \alpha_{i-1}}{\partial x_1} \left(\hat{x}_2 + \hat{\theta}_1^{\mathrm{T}} \varphi_1(x_1) \right)$$

考虑如下的李雅普诺夫函数：

$$V_i = V_{i-1} + \frac{1}{2} z_i^2 + \frac{1}{2\gamma_i} \tilde{\theta}_i^{\mathrm{T}} \tilde{\theta}_i \tag{5.4.38}$$

式中，$\gamma_i > 0$ 是设计参数。

由式 (5.4.37) 和式 (5.4.38) 可得

$$\dot{V}_i = \dot{V}_{i-1} + z_i(z_{i+1} + \alpha_i + H_i) - z_i \tilde{\theta}_i^{\mathrm{T}} \varphi_i(\hat{\bar{x}}_i) - z_i \frac{\partial \alpha_{i-1}}{\partial x_1} e_2$$

$$- \frac{\partial \alpha_{i-1}}{\partial x_1} \tilde{\theta}_1^{\mathrm{T}} \varphi_1(x_1) - z_i \frac{\partial \alpha_{i-1}}{\partial x_1} \varepsilon_1 + \frac{1}{\gamma_i} \tilde{\theta}_i^{\mathrm{T}} (\gamma_i z_i \varphi_i(\hat{\bar{x}}_i) - \dot{\hat{\theta}}_i) \tag{5.4.39}$$

根据杨氏不等式，有下列不等式成立：

$$-z_i \frac{\partial \alpha_{i-1}}{\partial x_1} e_2 \leqslant \frac{1}{2} \|e\|^2 + \frac{1}{2} \left(\frac{\partial \alpha_{i-1}}{\partial x_1} \right)^2 z_i^2 \tag{5.4.40}$$

$$-z_i \frac{\partial \alpha_{i-1}}{\partial x_1} \tilde{\theta}_1^{\mathrm{T}} \varphi_1(\hat{x}_1) \leqslant \frac{1}{2} \tilde{\theta}_1^{\mathrm{T}} \tilde{\theta}_1 + \frac{1}{2} \left(\frac{\partial \alpha_{i-1}}{\partial x_1} \right)^2 z_i^2 \tag{5.4.41}$$

$$-z_i \tilde{\theta}_i^{\mathrm{T}} \varphi_i(\hat{\bar{x}}_i) \leqslant \tau z_i^2 + \frac{1}{\tau} \tilde{\theta}_i^{\mathrm{T}} \tilde{\theta}_i \tag{5.4.42}$$

$$-z_i \frac{\partial \alpha_{i-1}}{\partial x_1} \varepsilon_1 \leqslant \frac{1}{2} \left(\frac{\partial \alpha_{i-1}}{\partial x_1} \right)^2 z_i^2 + \frac{1}{2} \varepsilon_1^{*2} \tag{5.4.43}$$

设 $\lambda_i = \lambda_{i-1} - \dfrac{1}{2}$，将式 (5.4.40)～式 (5.4.43) 代入式 (5.4.39)，可得

$$\dot{V}_i \leqslant - \lambda_i \|e\|^2 - \sum_{l=1}^{i-1} c_l z_l^2 + z_{i-1} z_i + z_i \left[z_{i+1} + \alpha_i + \tau z_i + \frac{3}{2} \left(\frac{\partial \alpha_{i-1}}{\partial x_1} \right)^2 z_i \right.$$

$$\left. + H_i \right] + \frac{1}{\gamma_i} \tilde{\theta}_i^{\mathrm{T}} (\gamma_i z_i \varphi_i(\hat{\bar{x}}_i) - \dot{\hat{\theta}}_i) - \sum_{l=1}^{i-1} \frac{\sigma_l}{2\gamma_l} \tilde{\theta}_l^{\mathrm{T}} \tilde{\theta}_l + D_{i-1}$$

$$+ \frac{1}{\tau} \sum_{l=2}^{i} \tilde{\theta}_l^{\mathrm{T}} \tilde{\theta}_l + \frac{1}{2} \|P\|^2 \sum_{i=1}^{n} \left\| \tilde{\theta}_i \right\|^2 + \frac{i-1}{2} \tilde{\theta}_1^{\mathrm{T}} \tilde{\theta}_1 + \frac{1}{2} \varepsilon_1^{*2} \tag{5.4.44}$$

设计虚拟控制器 α_i 和参数 $\hat{\theta}_i$ 的自适应律如下：

$$\alpha_i = -z_{i-1} - c_i z_i - H_i - \tau z_i - \frac{3}{2} \left(\frac{\partial \alpha_{i-1}}{\partial x_1} \right)^2 z_i \tag{5.4.45}$$

$$\dot{\hat{\theta}}_i = \gamma_i z_i \varphi_i(\hat{\bar{x}}_i) - \sigma_i \hat{\theta}_i \tag{5.4.46}$$

式中，$c_i > 0$ 和 $\sigma_i > 0$ 是设计参数。

将式 (5.4.45) 和式 (5.4.46) 代入式 (5.4.44)，可得

$$\dot{V}_i \leqslant - \lambda_i \|e\|^2 - \sum_{l=1}^{i} c_l z_l^2 + z_i z_{i+1} - \sum_{l=1}^{i-1} \frac{\sigma_l}{2\gamma_l} \tilde{\theta}_l^{\mathrm{T}} \tilde{\theta}_l + \frac{1}{\tau} \sum_{j=2}^{i} \tilde{\theta}_j^{\mathrm{T}} \tilde{\theta}_j$$

$$+ \frac{1}{2} \|P\|^2 \sum_{i=1}^{n} \left\| \tilde{\theta}_i \right\|^2 + \frac{i-1}{2} \tilde{\theta}_1^{\mathrm{T}} \tilde{\theta}_1 + \frac{\sigma_i}{\gamma_i} \tilde{\theta}_i^{\mathrm{T}} \hat{\theta}_i + D_{i-1} + \frac{1}{2} \varepsilon_1^{*2} \tag{5.4.47}$$

根据杨氏不等式，可得

$$\tilde{\theta}_i^{\mathrm{T}} \hat{\theta}_i \leqslant - \frac{1}{2} \tilde{\theta}_i^{\mathrm{T}} \tilde{\theta}_i + \frac{1}{2} \theta_i^{*\mathrm{T}} \theta_i^* \tag{5.4.48}$$

将式 (5.4.48) 代入式 (5.4.47)，$\dot{V}_i$ 最终可表示为

$$\dot{V}_i \leqslant - \lambda_i \|e\|^2 - \sum_{l=1}^{i} c_l z_l^2 + z_i z_{i+1} - \sum_{l=1}^{i} \frac{\sigma_l}{2\gamma_l} \tilde{\theta}_l^{\mathrm{T}} \tilde{\theta}_l + D_i$$

$$+ \frac{1}{\tau} \sum_{j=2}^{i} \tilde{\theta}_j^{\mathrm{T}} \tilde{\theta}_j + \frac{1}{2} \|P\|^2 \sum_{i=1}^{n} \left\| \tilde{\theta}_i \right\|^2 + \frac{i-1}{2} \tilde{\theta}_1^{\mathrm{T}} \tilde{\theta}_1 \tag{5.4.49}$$

式中，$D_i = D_{i-1} + \frac{1}{2} \varepsilon_1^{*2} + \frac{\sigma_i}{2\gamma_i} \theta_i^{*\mathrm{T}} \theta_i^*$。

第 n 步　根据式 (5.4.9) 和式 (5.4.12)，z_n 的导数为

$$\dot{z}_n = \dot{\hat{x}}_n - \dot{\alpha}_{n-1}$$

$$= \hat{f}_n(\bar{x}_n | \hat{\theta}_n) + \varpi^{\mathrm{T}} u + k_n e_1 - \dot{\alpha}_{n-1} \tag{5.4.50}$$

由式 (5.4.4) 可得

$$\varpi^{\mathrm{T}} u = \varpi^{\mathrm{T}} [\rho v + \sigma(\bar{u} - \rho v)] = \varpi^{\mathrm{T}} (\rho v + \sigma \bar{u} - \sigma \rho v)$$

$$= \varpi^{\mathrm{T}} [(I - \sigma)\rho v + \sigma \bar{u}] = \sum_{j=j_1 \dots j_p} \varpi_j \bar{u}_j + \sum_{j \neq j_1 \dots j_p} \rho_j \varpi_j b_j u_0 \tag{5.4.51}$$

将式 (5.4.51) 代入式 (5.4.50)，可得

$$
\begin{aligned}
\dot{z}_n =\,& k_n e_1 + \hat{\theta}_n^{\mathrm{T}} \varphi_n(\hat{\bar{x}}_n) + \sum_{j=j_1\dots j_p} \varpi_j \bar{u}_j + \sum_{j\neq j_1\dots j_p} \rho_j \varpi_j b_j u_0 - \sum_{l=1}^{n-1} \frac{\partial \alpha_{n-1}}{\partial \hat{x}_l} \Big(\hat{x}_{l+1} \\
& + \hat{\theta}_l^{\mathrm{T}} \varphi_l(\hat{x}_l) \Big) - \sum_{j=1}^{n-1} k_j \frac{\partial \alpha_{n-1}}{\partial \hat{x}_j} e_1 - \sum_{l=1}^{n-1} \frac{\partial \alpha_{n-1}}{\partial \theta_l} \dot{\hat{\theta}}_l - \sum_{l=1}^{n-1} \frac{\partial \alpha_{n-1}}{\partial y_m^{(l-1)}} y_m^{(l)} \\
& - \frac{\partial \alpha_{n-1}}{\partial x_1} \Big(\hat{x}_2 + e_2 + \hat{\theta}_1^{\mathrm{T}} \varphi_1(\hat{x}_1) + \tilde{\theta}_1^{\mathrm{T}} \varphi_1(\hat{x}_1) + \varepsilon_1 \Big) \\
=\,& H_n + \tilde{\theta}_n^{\mathrm{T}} \varphi_n(\hat{\bar{x}}_n) + \sum_{j=j_1\dots j_p} \varpi_j \bar{u}_j + \sum_{j\neq j_1\dots j_p} \rho_j \varpi_j b_j u_0 \\
& - \frac{\partial \alpha_{n-1}}{\partial x_1} e_2 - \tilde{\theta}_n^{\mathrm{T}} \varphi_n(\hat{\bar{x}}_n) - \frac{\partial \alpha_{n-1}}{\partial x_1} \Big(\tilde{\theta}_1^{\mathrm{T}} \varphi_1(x_1) + \varepsilon_1 \Big) \qquad (5.4.52)
\end{aligned}
$$

式中，

$$
\begin{aligned}
H_n =\,& \hat{\theta}_n^{\mathrm{T}} \varphi_n(\hat{\bar{x}}_n) + k_n e_1 - \sum_{j=1}^{n-1} k_j \frac{\partial \alpha_{n-1}}{\partial \hat{x}_j} e_1 - \sum_{l=1}^{n-1} \frac{\partial \alpha_{n-1}}{\partial \hat{\theta}_l} \dot{\hat{\theta}}_l - \sum_{l=1}^{n-1} \frac{\partial \alpha_{n-1}}{\partial y_m^{(l-1)}} y_m^{(l)} \\
& - \frac{\partial \alpha_{n-1}}{\partial x_1} \Big(\hat{x}_2 + \hat{\theta}_1^{\mathrm{T}} \varphi_1(x_1) \Big) - \sum_{l=1}^{n-1} \frac{\partial \alpha_{n-1}}{\partial \hat{x}_l} \Big(\hat{x}_{l+1} + \hat{\theta}_l^{\mathrm{T}} \varphi_l(\hat{\bar{x}}_l) \Big)
\end{aligned}
$$

选择如下的李雅普诺夫函数：

$$
V = V_{n-1} + \frac{1}{2} z_n^2 + \frac{1}{2\gamma_n} \tilde{\theta}_n^{\mathrm{T}} \tilde{\theta}_n \qquad (5.4.53)
$$

式中，$\gamma_n > 0$ 是设计参数。

根据式 (5.4.52) 和式 (5.4.53)，可得

$$
\begin{aligned}
\dot{V} \leqslant\,& -\lambda_{n-1} \|e\|^2 - \sum_{l=1}^{n-1} c_l z_l^2 + D_{n-1} - \sum_{l=1}^{n-1} \frac{\sigma_l}{\gamma_l} \frac{1}{2} \tilde{\theta}_l^{\mathrm{T}} \tilde{\theta}_l + \frac{1}{2} \|P\|^2 \sum_{i=1}^{n} \left\| \tilde{\theta}_i \right\|^2 \\
& + \frac{1}{\tau} \sum_{j=2}^{n-1} \tilde{\theta}_j^{\mathrm{T}} \tilde{\theta}_j + \frac{n-2}{2} \tilde{\theta}_1^{\mathrm{T}} \tilde{\theta}_1 + z_n(\varpi^{\mathrm{T}} u + z_{n-1} + H_n) - z_n \tilde{\theta}_n^{\mathrm{T}} \varphi_n(\hat{\bar{x}}_n) \\
& + \frac{1}{\gamma_n} \tilde{\theta}_n^{\mathrm{T}} (\gamma_n z_n \tilde{\theta}_n^{\mathrm{T}} - \dot{\hat{\theta}}_n) - z_n \frac{\partial \alpha_{n-1}}{\partial x_1} (e_2 + \tilde{\theta}_1^{\mathrm{T}} \varphi_1(\hat{x}_1) + \varepsilon_1) \qquad (5.4.54)
\end{aligned}
$$

式中，$D_{n-1} = D_{n-2} + \frac{1}{2} \varepsilon_1^{*2} + \frac{1}{2} \theta_{n-1}^{*\mathrm{T}} \theta_{n-1}^{*}$。

根据杨氏不等式，有下列不等式成立：

$$
-z_n \frac{\partial \alpha_{n-1}}{\partial x_1} e_2 \leqslant \frac{1}{2} \|e\|^2 + \frac{1}{2} \left(\frac{\partial \alpha_{n-1}}{\partial x_1} \right)^2 z_n^2 \qquad (5.4.55)
$$

$$-z_n \tilde{\theta}_n^{\mathrm{T}} \varphi_n(\hat{\bar{x}}_n) \leqslant \tau z_n^2 + \frac{1}{\tau} \tilde{\theta}_n^{\mathrm{T}} \tilde{\theta}_n \tag{5.4.56}$$

$$-z_n \frac{\partial \alpha_{n-1}}{\partial x_1} \tilde{\theta}_1^{\mathrm{T}} \varphi_1(\hat{x}_1) \leqslant \frac{1}{2} \tilde{\theta}_1^{\mathrm{T}} \tilde{\theta}_1 + \frac{1}{2} \left(\frac{\partial \alpha_{n-1}}{\partial x_1} \right)^2 z_n^2 \tag{5.4.57}$$

$$-z_n \frac{\partial \alpha_{n-1}}{\partial x_1} \varepsilon_1 \leqslant \frac{1}{2} \left(\frac{\partial \alpha_{n-1}}{\partial x_1} \right)^2 z_n^2 + \frac{1}{2} \varepsilon_1^{*2} \tag{5.4.58}$$

设 $\lambda_n = \lambda_{n-1} - \dfrac{1}{2} > 0$，将式 (5.4.55)～式 (5.4.58) 代入式 (5.4.54)，可得

$$
\begin{aligned}
\dot{V} \leqslant & -\lambda_n \|e\|^2 - z_n \left[z_{n-1} + \sum_{j=j_1 \dots j_p} \varpi_j \bar{u}_j + \sum_{j \neq j_1 \dots j_p} \rho_j \varpi_j b_j u_0 + \frac{3}{2} \left(\frac{\partial \alpha_{n-1}}{\partial x_1} \right)^2 z_n \right. \\
& + \left. H_n + \tau z_n \right] - \sum_{l=1}^{n-1} c_l z_l^2 + \frac{1}{\gamma} \tilde{\theta}_n^{\mathrm{T}} (\gamma_n z_n \varphi_n(\hat{\bar{x}}_n) - \dot{\hat{\theta}}_n) + \frac{1}{2} \|P\|^2 \sum_{i=1}^{n} \left\| \tilde{\theta}_i \right\|^2 \\
& - \frac{1}{2} \sum_{l=1}^{n-1} \frac{\sigma_l}{\gamma_l} \tilde{\theta}_l^{\mathrm{T}} \tilde{\theta}_l + \frac{1}{\tau} \sum_{i=2}^{n} \tilde{\theta}_i^{\mathrm{T}} \tilde{\theta}_i + D_{n-1} + \frac{1}{2} \varepsilon_1^{*2} + \frac{n-1}{2} \tilde{\theta}_1^{\mathrm{T}} \tilde{\theta}_1
\end{aligned}
\tag{5.4.59}
$$

设计控制器 u_0 和参数 $\hat{\theta}_n$ 的自适应律如下：

$$u_0 = (g')^{-1} \left[-z_{n-1} - c_n z_n - H_n - \tau z_n - \sum_{j=j_1 \dots j_p} \varpi_j \bar{u}_j - \frac{3}{2} \left(\frac{\partial \alpha_{n-1}}{\partial x_1} \right)^2 z_n \right] \tag{5.4.60}$$

$$\dot{\hat{\theta}}_n = \gamma_n z_n \varphi_n(\hat{\bar{x}}_n) - \sigma_n \hat{\theta}_n \tag{5.4.61}$$

式中，$c_n > 0$ 和 $\sigma_n > 0$ 是设计参数；$g' = \displaystyle\sum_{j \neq j_1 \dots j_p} \rho_j \varpi_j b_j$。

将式 (5.4.60) 和式 (5.4.61) 代入式 (5.4.59)，可得

$$
\begin{aligned}
\dot{V} \leqslant & -\lambda_n \|e\|^2 - \sum_{l=1}^{n} c_l z_l^2 + \frac{\sigma_n}{\gamma_n} \tilde{\theta}_n^{\mathrm{T}} \hat{\theta}_n + \frac{1}{2} \|P\|^2 \sum_{i=1}^{n} \left\| \tilde{\theta}_i \right\|^2 \\
& - \sum_{l=1}^{n-1} \frac{\sigma_l}{2\gamma_l} \tilde{\theta}_l^{\mathrm{T}} \tilde{\theta}_l + D_{n-1} + \frac{n-1}{2} \tilde{\theta}_1^{\mathrm{T}} \tilde{\theta}_1 + \frac{1}{\tau} \sum_{i=2}^{n} \tilde{\theta}_i^{\mathrm{T}} \tilde{\theta}_i + \frac{1}{2} \varepsilon_1^{*2}
\end{aligned}
\tag{5.4.62}
$$

根据杨氏不等式，可得

$$\tilde{\theta}_n^{\mathrm{T}} \hat{\theta}_n \leqslant -\frac{1}{2} \tilde{\theta}_n^{\mathrm{T}} \tilde{\theta}_n + \frac{1}{2} \theta_n^{*\mathrm{T}} \theta_n^* \tag{5.4.63}$$

将式 (5.4.63) 代入式 (5.4.62)，$\dot{V}$ 最终表示为

$$
\dot{V} \leqslant -\lambda_n \|e\|^2 - \sum_{i=1}^{n} c_i z_i^2 - \sum_{i=1}^{n} \frac{\sigma_i}{2\gamma_i} \tilde{\theta}_i^{\mathrm{T}} \tilde{\theta}_i + D
$$

$$
+ \frac{1}{2} \|P\|^2 \sum_{i=1}^{n} \left\| \tilde{\theta}_i \right\|^2 + \frac{n-1}{2} \tilde{\theta}_1^{\mathrm{T}} \tilde{\theta}_1 + \frac{1}{\tau} \sum_{i=2}^{n} \tilde{\theta}_i^{\mathrm{T}} \tilde{\theta}_i \qquad (5.4.64)
$$

式中，$D = D_{n-1} + \frac{1}{2} \varepsilon_1^{*2} + \frac{\sigma_i}{2\gamma_i} \theta_n^{*\mathrm{T}} \theta_n^*$。

5.4.4 稳定性与收敛性分析

上述控制设计和分析可以总结为如下定理。

定理 5.4.1   对于非线性系统 (5.4.1)，假设 5.4.1 成立。如果采用控制器 (5.4.60)，状态观测器 (5.4.9)，虚拟控制器 (5.4.19)、(5.4.32)、(5.4.45)，参数自适应律 (5.4.20)、(5.4.33)、(5.4.46) 和 (5.4.61)，则总体控制方案具有如下性能：

(1) 闭环系统中的所有信号半全局一致最终有界。

(2) 观测误差 $e(t)$ 和跟踪误差 $z_1(t) = y(t) - y_m(t)$ 收敛到包含原点的一个较小邻域内。

证明   令

$$
C = \min\{2\lambda_n / \lambda_{\max}(P), 2c_i, \sigma_1 - \gamma_1(\|P\|^2 + n - 1), \sigma_i - \gamma_i \left(\|P\|^2 + \frac{2}{\tau} \right),
$$

$$
i = 2, 3, \cdots, n\}
$$

则 $\dot{V}$ 最终表示为

$$
\dot{V} \leqslant -CV + D \qquad (5.4.65)
$$

根据式 (5.4.65) 和引理 0.3.1，可以得到闭环系统中的所有信号半全局一致最终有界，并且有 $\lim\limits_{t \to \infty} \|e\| \leqslant \sqrt{(2D/C)/\lambda_{\min}(P)}$ 和 $\lim\limits_{t \to \infty} |z| \leqslant \sqrt{2D/C}$。由于在虚拟控制器和控制器设计中，可以选择适当的设计参数使得 D/C 比较小，所以得到观测误差 $e(t)$ 和跟踪误差 $z_1 = y - y_m$ 收敛到包含原点的一个较小邻域内。

评注 5.4.1   本节针对一类具有执行器故障的单输入单输出非线性严格反馈系统，介绍了一种自适应模糊反步递推容错控制设计方法。关于具有执行器故障的随机非线性系统的智能自适应控制设计方法可参见文献 [14] 和 [15]。此外，为了解决 "计算膨胀" 问题，文献 [16] 和 [17] 介绍了智能自适应输出反馈动态面控制设计方法。

5.4.5　仿真

例 5.4.1　考虑如下二阶非线性严格反馈系统：

$$
\begin{cases}
\dot{x}_1 = f_1(x_1) + x_2 \\
\dot{x}_2 = f_2(x_1, x_2) + \varpi_1 u_1 + \varpi_2 u_2 \\
y = x_1
\end{cases}
\tag{5.4.66}
$$

式中，$f_1(x_1) = -x_1 \mathrm{e}^{-0.5x_1}$；$f_2(x_1, x_2) = x_1 \sin(x_2^2)$；$\varpi = [0.8, 0.8]^{\mathrm{T}}$。给定参考信号为 $y_m = \sin(t)$。

选择观测器增益 $k_1 = 4$，$k_2 = 6$，正定矩阵 $Q = 10I$，则通过求解方程 (5.4.8)，可得到正定矩阵 P 为

$$
P = \begin{bmatrix} 2.9167 & 1.6667 \\ 1.6667 & 24.1667 \end{bmatrix}
$$

选择隶属函数为

$$
\mu_{F_i^1}(\hat{x}_i) = \exp\left[-\frac{(\hat{x}_i + 2)^2}{16}\right], \quad \mu_{F_i^2}(\hat{x}_i) = \exp\left[-\frac{(\hat{x}_i + 1)^2}{16}\right]
$$

$$
\mu_{F_i^3}(\hat{x}_i) = \exp\left(-\frac{\hat{x}_i^2}{16}\right), \quad \mu_{F_i^4}(\hat{x}_i) = \exp\left[-\frac{(\hat{x}_i - 1)^2}{16}\right]
$$

$$
\mu_{F_i^5}(\hat{x}_i) = \exp\left[-\frac{(\hat{x}_i - 2)^2}{16}\right], \quad i = 1, 2
$$

令

$$
\varphi_{1l}(\hat{x}_1) = \frac{\mu_{F_1^l}(\hat{x}_1)}{\displaystyle\sum_{l=1}^{5} \mu_{F_1^l}(\hat{x}_1)}, \quad \varphi_{2l}(\hat{x}_1, \hat{x}_2) = \frac{\displaystyle\prod_{i=1}^{2} \mu_{F_i^l}(\hat{x}_i)}{\displaystyle\sum_{l=1}^{5}\left(\prod_{i=1}^{2} \mu_{F_i^l}(\hat{x}_i)\right)}
$$

$$
\varphi_1(\hat{x}_1) = [\varphi_{11}(\hat{x}_1), \varphi_{12}(\hat{x}_1), \varphi_{13}(\hat{x}_1), \varphi_{14}(\hat{x}_1), \varphi_{15}(\hat{x}_1)]^{\mathrm{T}}
$$

$$
\varphi_2(\hat{x}_1, \hat{x}_2) = [\varphi_{21}(\hat{x}_1, \hat{x}_2), \varphi_{22}(\hat{x}_1, \hat{x}_2), \varphi_{23}(\hat{x}_1, \hat{x}_2), \varphi_{24}(\hat{x}_1, \hat{x}_2), \varphi_{25}(\hat{x}_1, \hat{x}_2)]^{\mathrm{T}}
$$

则得到如下模糊逻辑系统：

$$
\hat{f}_i(\bar{x}_i | \hat{\theta}_i) = \hat{\theta}_i^{\mathrm{T}} \varphi(\bar{x}_i), \quad \hat{f}_i(\hat{\bar{x}}_i | \hat{\theta}_i) = \hat{\theta}_i^{\mathrm{T}} \varphi(\hat{\bar{x}}_i), \quad i = 1, 2
$$

在仿真中，虚拟控制器、控制器和参数自适应律中的设计参数选取为：$\rho_1 = \rho_2 = 0.8$，$c_1 = 1$，$c_2 = 4$，$\gamma_1 = \gamma_2 = 0.05$，$\sigma_1 = \sigma_2 = 0.1$，$\tau = 0.5$。

选取变量及参数的初始值为：$\hat{\theta}_1^{\mathrm{T}}(0) = [0.01, 0.03, 0.05, 0.07, 0.09]$，$\hat{\theta}_2^{\mathrm{T}}(0) = [-0.01, -0.03, -0.05, -0.07, -0.09]$，$x_1(0) = 0.5$，$x_2(0) = -0.5$，$\hat{x}_1(0) = \hat{x}_2(0) = 0$。

在仿真中，给定执行器故障如下：

$$u_1 = \begin{cases} 11.5, & t > 5 \\ v_1, & t \leqslant 5 \end{cases}$$

$$u_2 = \begin{cases} 0.8v_1, & t > 6 \\ v_1, & t \leqslant 6 \end{cases}$$

仿真结果如图 5.4.1～图 5.4.4 所示。

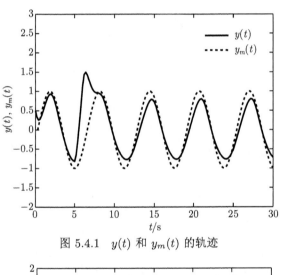

图 5.4.1　$y(t)$ 和 $y_m(t)$ 的轨迹

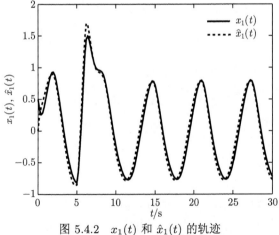

图 5.4.2　$x_1(t)$ 和 $\hat{x}_1(t)$ 的轨迹

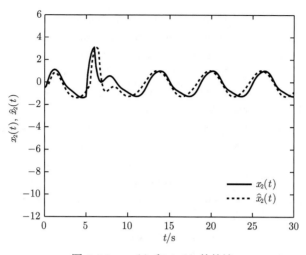

图 5.4.3　$x_2(t)$ 和 $\hat{x}_2(t)$ 的轨迹

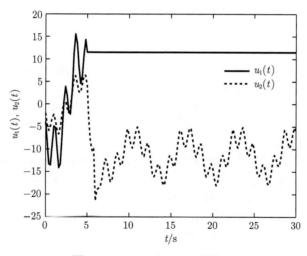

图 5.4.4　$u_1(t)$ 和 $u_2(t)$ 的轨迹

参 考 文 献

[1] Tong S C, Li Y M. Adaptive fuzzy output feedback tracking backstepping control of strict-feedback nonlinear systems with unknown dead zones[J]. IEEE Transactions on Fuzzy Systems, 2012, 20(1): 168-180.

[2] Tong S C, He X L, Zhang H G. A combined backstepping and small-gain approach to robust adaptive fuzzy output feedback control[J]. IEEE Transactions on Fuzzy Systems, 2009, 17(5): 1059-1069.

[3] Liu C L, Tong S C, Li Y M. Adaptive fuzzy backstepping output feedback control of nonlinear time-delay systems with unknown high-frequency gain sign[J]. International Journal of Automation and Computing, 2011, 8(1): 14-22.

[4] Huo B Y, Tong S C, Li Y M. Adaptive fuzzy fault-tolerant output feedback control of uncertain nonlinear systems with actuator faults[J]. International Journal of Systems Science, 2013, 44(12): 2365-2376.

[5] Wang H H, Chen B, Lin C, et al. Adaptive neural control for MIMO nonlinear systems with unknown dead zone based on observers[J]. International Journal of Innovative Computing, Information and Control, 2018, 14(4): 1339-1349.

[6] Tong S C, Li Y M. Adaptive fuzzy output feedback control of MIMO nonlinear systems with unknown dead-zone input[J]. IEEE Transactions on Fuzzy Systems, 2013, 21(1): 134-146.

[7] Tong S C, Zhang L L, Li Y M. Observed-based adaptive fuzzy decentralized tracking control for switched uncertain nonlinear large-scale systems with dead zones[J]. IEEE Transactions on Systems, Man, and Cybernetics: Systems, 2016, 46(1): 37-47.

[8] Tong S C, Li Y M. Robust adaptive fuzzy backstepping output feed-back tracking control for nonlinear system with dynamic uncertainties[J]. Science China: Information Sciences, 2010, 53(2): 307-324.

[9] Li Y M, Tong S C, Liu Y J, et al. Adaptive fuzzy robust output feedback control of nonlinear systems with unknown dead zones based on small-gain approach[J]. IEEE Transactions on Fuzzy Systems, 2014, 22(1): 164-176.

[10] Tong S C, Wang T, Li Y M, et al. A combined backstepping and stochastic small-gain approach to robust adaptive fuzzy output feedback control[J]. IEEE Transactions on Fuzzy Systems, 2013, 21(2): 314-327.

[11] Li Y M, Sui S, Tong S C. Adaptive fuzzy control design for stochastic nonlinear switched systems with arbitrary switchings and unmodeled dynamics[J]. IEEE Transactions on Cybernetics, 2017, 47(2): 403-414.

[12] Gao Y, Tong S C, Li Y M. Observer-based adaptive fuzzy output constrained control for MIMO nonlinear systems with unknown control directions[J]. Fuzzy Sets and Systems, 2016, 290: 79-99.

[13] Li Y M, Tong S C. Adaptive neural networks decentralized FTC design for nonstrict-feedback nonlinear interconnected large-scale systems against actuator faults[J]. IEEE Transactions on Neural Networks and Learning Systems, 2017, 28(11): 2541-2554.

[14] Tong S C, Wang T, Li Y M. Fuzzy adaptive actuator failure compensation control of uncertain stochastic nonlinear systems with unmodeled dynamics[J]. IEEE Transactions on Fuzzy Systems, 2014, 22(3): 563-574.

[15] Sui S, Tong S C, Li Y M. Fuzzy adaptive fault-tolerant tracking control of MIMO stochastic pure-feedback nonlinear systems with actuator failures[J]. Journal of the Franklin Institute, 2014, 351(6): 3424-3444.

[16]　Tong S C, Li Y M, Feng G, et al. Observer-based adaptive fuzzy backstepping dynamic surface control for a class of nonlinear systems with unknown time delays[J]. IET Control Theory & Applications, 2011, 5(12): 1426-1438.

[17]　Tong S C, Li Y M, Feng G, et al. Observer-based adaptive fuzzy backstepping dynamic surface control for a class of MIMO nonlinear systems[J]. IEEE Transactions on Systems, Man, and Cybernetics, Part B: Cybernetics, 2011, 41(4): 1124-1135.

第 6 章 多变量非线性严格反馈系统智能自适应反步递推控制

第 2～5 章针对单输入单输出非线性系统，介绍了智能自适应状态反馈和输出反馈反步递推控制设计方法。本章针对多变量非线性严格反馈系统，在第 2～5 章关于智能自适应反步递推控制设计理论的基础上，介绍智能自适应状态反馈和输出反馈反步递推控制设计方法，并给出闭环系统的稳定性分析。本章内容主要基于文献 [1]～[4]。

6.1 多变量非线性系统模糊自适应状态反馈控制

本节针对一类多变量非线性严格反馈系统，应用自适应反步递推设计技术，介绍一种模糊自适应状态反馈控制设计方法，并给出闭环系统的稳定性和收敛性分析。

6.1.1 系统模型及控制问题描述

考虑如下不确定多变量非线性严格反馈系统：

$$\begin{cases} \dot{x}_{i,j} = f_{i,j}(\bar{x}_{i,j}) + g_{i,j}(\bar{x}_{i,j})x_{i,j+1}, \quad j = 1, 2, \cdots, m_i - 2 \\ \dot{x}_{i,m_i-1} = f_{i,m_i-1}(\bar{x}_{i,m_i-1}) + g_{i,m_i-1}(\bar{x}_{i,m_i-1})x_{i,m_i} \\ \dot{x}_{i,m_i} = f_{i,m_i}(x) + g_{i,m_i}(\bar{x}_{i,m_i})u_i \\ y_i = x_{i,1} \end{cases} \tag{6.1.1}$$

式中，$\bar{x}_{i,j} = [x_{i,1}, x_{i,2}, \cdots, x_{i,j}]^{\mathrm{T}}(j = 1, 2, \cdots, m_i - 1)$ 是第 $i(i = 1, 2, \cdots, N)$ 个子系统的状态向量；u_i 是控制输入；y_i 是系统输出；$f_{i,j}(\cdot)$ 和 $g_{i,j}(\cdot)$ 是未知光滑非线性函数。记 $x = [x_1^{\mathrm{T}}, \cdots, x_i^{\mathrm{T}}, \cdots, x_N^{\mathrm{T}}]^{\mathrm{T}}$，$x_i = [x_{i,1}, x_{i,2}, \cdots, x_{i,m_i}]^{\mathrm{T}}$，$\bar{x}_{i,m_i} = [x_{i,1}, x_{i,2}, \cdots, x_{i,m_i}]^{\mathrm{T}}$。

假设 6.1.1 存在正常数 $g_{i,j,1}$、$g_{i,j,0}$ 和 $g_{i,j,d}$，满足 $g_{i,j,0} \leqslant |g_{i,j}(\cdot)| \leqslant g_{i,j,1}$ 和 $|\dot{g}_{i,j}(\cdot)| \leqslant g_{i,j,d}$。

控制任务 对于多变量非线性严格反馈系统 (6.1.1)，基于模糊逻辑系统设计一种模糊自适应控制器，使得：

(1) 闭环系统的所有信号半全局一致最终有界；

(2) 系统的输出 y_i 能很好地跟踪给定的参考信号 $y_{i,m}$。

6.1.2　模糊自适应反步递推控制设计

定义如下的坐标变换：

$$
\begin{aligned}
z_{i,1} &= y_i - y_{i,m} \\
z_{i,j} &= x_{i,j} - \alpha_{i,j-1}, \quad j = 2, 3, \cdots, m_i
\end{aligned}
\tag{6.1.2}
$$

式中，$z_{i,1}$ 是跟踪误差；$\alpha_{i,j-1}$ 是在第 $j-1$ 步中将要设计的虚拟控制器。

m_i 步模糊自适应反步递推控制设计过程如下。

第 1 步　沿式 (6.1.1) 和式 (6.1.2)，求 $z_{i,1}$ 的导数：

$$
\begin{aligned}
\dot{z}_{i,1} &= f_{i,1}(x_{i,1}) + g_{i,1}(x_{i,1})x_{i,2} - \dot{y}_{i,m} \\
&= g_{i,1}(x_{i,1})[z_{i,2} + \alpha_{i,1} + g_{i,1}^{-1}(x_{i,1})(f_{i,1}(x_{i,1}) - \dot{y}_{i,m})]
\end{aligned}
\tag{6.1.3}
$$

设 $h_{i,1}(Z_{i,1}) = g_{i,1}^{-1}(x_{i,1})(f_{i,1}(x_{i,1}) - \dot{y}_{i,m})$，$Z_{i,1} = [x_{i,1}, \dot{y}_{i,m}]^{\mathrm{T}}$。由于 $h_{i,1}(Z_{i,1})$ 是未知连续非线性函数，所以利用模糊逻辑系统 $\hat{h}_{i,1}(Z_{i,1}|\hat{\theta}_{i,1}) = \hat{\theta}_{i,1}^{\mathrm{T}}\varphi_{i,1}(Z_{i,1})$ 逼近 $h_{i,1}(Z_{i,1})$，并假设

$$
h_{i,1}(Z_{i,1}) = \theta_{i,1}^{*\mathrm{T}}\varphi_{i,1}(Z_{i,1}) + \varepsilon_{i,1}(Z_{i,1})
\tag{6.1.4}
$$

式中，$\theta_{i,1}^*$ 是未知的最优参数；$\varepsilon_{i,1}(Z_{i,1})$ 是最小模糊逼近误差。假设 $\varepsilon_{i,1}(Z_{i,1})$ 满足 $|\varepsilon_{i,1}(Z_{i,1})| < \varepsilon_{i,1}^*$，$\varepsilon_{i,1}^*$ 是正常数。

将式 (6.1.4) 代入式 (6.1.3)，可得

$$
\begin{aligned}
\dot{z}_{i,1} &= g_{i,1}(x_{i,1})\left(z_{i,2} + \alpha_{i,1} + \theta_{i,1}^{*\mathrm{T}}\varphi_{i,1}(Z_{i,1}) + \varepsilon_{i,1}(Z_{i,1})\right) \\
&= g_{i,1}(x_{i,1})\left(z_{i,2} + \alpha_{i,1} + \hat{\theta}_{i,1}^{\mathrm{T}}\varphi_{i,1}(Z_{i,1}) + \tilde{\theta}_{i,1}^{\mathrm{T}}\varphi_{i,1}(Z_{i,1}) + \varepsilon_{i,1}(Z_{i,1})\right)
\end{aligned}
\tag{6.1.5}
$$

式中，$\hat{\theta}_{i,1}$ 是 $\theta_{i,1}^*$ 的估计；$\tilde{\theta}_{i,1} = \theta_{i,1}^* - \hat{\theta}_{i,1}$ 是参数估计误差。

选择如下的李雅普诺夫函数：

$$
V_{i,1} = \frac{1}{2g_{i,1}(x_{i,1})}z_{i,1}^2 + \frac{1}{2}\tilde{\theta}_{i,1}^{\mathrm{T}}\varGamma_{i,1}^{-1}\tilde{\theta}_{i,1}
\tag{6.1.6}
$$

式中，$\varGamma_{i,1} = \varGamma_{i,1}^{\mathrm{T}} > 0$ 是增益矩阵。

求 $V_{i,1}$ 的导数，由式 (6.1.5) 和式 (6.1.6) 可得

$$
\begin{aligned}
\dot{V}_{i,1} &= \frac{z_{i,1}\dot{z}_{i,1}}{g_{i,1}(x_{i,1})} - \frac{\dot{g}_{i,1}}{2g_{i,1}^2(x_{i,1})}z_{i,1}^2 - \tilde{\theta}_{i,1}^{\mathrm{T}}\varGamma_{i,1}^{-1}\dot{\hat{\theta}}_{i,1} \\
&= z_{i,1}(\alpha_{i,1} + \hat{\theta}_{i,1}^{\mathrm{T}}\varphi_{i,1}(Z_{i,1})) - \frac{\dot{g}_{i,1}z_{i,1}^2}{2g_{i,1}^2} + z_{i,1}z_{i,2} \\
&\quad + z_{i,1}\varepsilon_{i,1}(Z_{i,1}) + \tilde{\theta}_{i,1}^{\mathrm{T}}\varGamma_{i,1}^{-1}\left(\varGamma_{i,1}\varphi_{i,1}(Z_{i,1})z_{i,1} - \dot{\hat{\theta}}_{i,1}\right)
\end{aligned}
\tag{6.1.7}
$$

根据杨氏不等式, 可得

$$z_{i,1}\varepsilon_{i,1}(Z_{i,1}) \leqslant \frac{1}{2}z_{i,1}^2 + \frac{1}{2}\varepsilon_{i,1}^{*2} \tag{6.1.8}$$

将式 (6.1.8) 代入式 (6.1.7), 可得

$$\dot{V}_{i,1} \leqslant z_{i,1}\left(\alpha_{i,1} + \hat{\theta}_{i,1}^{\mathrm{T}}\varphi_{i,1}(Z_{i,1}) + \frac{1}{2}z_{i,1}\right) - \frac{\dot{g}_{i,1}z_{i,1}^2}{2g_{i,1}^2} \\ + z_{i,1}z_{i,2} + \tilde{\theta}_{i,1}^{\mathrm{T}}\Gamma_{i,1}^{-1}\left(\Gamma_{i,1}\varphi_{i,1}(Z_{i,1})z_{i,1} - \dot{\hat{\theta}}_{i,1}\right) + \frac{1}{2}\varepsilon_{i,1}^{*2} \tag{6.1.9}$$

设计虚拟控制器 $\alpha_{i,1}$ 和参数 $\hat{\theta}_{i,1}$ 的自适应律如下:

$$\alpha_{i,1} = -c_{i,1}z_{i,1} - \bar{c}_{i,1}z_{i,1} - \hat{\theta}_{i,1}^{\mathrm{T}}\varphi_{i,1}(Z_{i,1}) \tag{6.1.10}$$

$$\dot{\hat{\theta}}_{i,1} = \Gamma_{i,1}(\varphi_{i,1}(Z_{i,1})z_{i,1} - \sigma_{i,1}\hat{\theta}_{i,1}) \tag{6.1.11}$$

式中, $c_{i,1}>0$、$\bar{c}_{i,1}>0$ 和 $\sigma_{i,1}>0$ 是设计参数; $\bar{c}_{i,1} \geqslant g_{i,1,d}/(2g_{i,1,0}^2) - 1/2$。

将式 (6.1.10) 和式 (6.1.11) 代入式 (6.1.9), 可得

$$\dot{V}_{i,1} \leqslant -c_{i,1}z_{i,1}^2 + z_{i,1}z_{i,2} + \sigma_{i,1}\tilde{\theta}_{i,1}^{\mathrm{T}}\hat{\theta}_{i,1} + \frac{1}{2}\varepsilon_{i,1}^{*2} \tag{6.1.12}$$

根据杨氏不等式, 可得

$$\sigma_{i,1}\tilde{\theta}_{i,1}^{\mathrm{T}}\hat{\theta}_{i,1} = \sigma_{i,1}\tilde{\theta}_{i,1}^{\mathrm{T}}(\theta_{i,1}^* - \tilde{\theta}_{i,1}) \leqslant -\frac{\sigma_{i,1}}{2}||\tilde{\theta}_{i,1}||^2 + \frac{\sigma_{i,1}}{2}||\theta_{i,1}^*||^2 \tag{6.1.13}$$

将式 (6.1.13) 代入式 (6.1.12), $\dot{V}_{i,1}$ 最终表示为

$$\dot{V}_{i,1} \leqslant -c_{i,1}z_{i,1}^2 + z_{i,1}z_{i,2} - \frac{\sigma_{i,1}}{2}||\tilde{\theta}_{i,1}||^2 + D_{i,1} \tag{6.1.14}$$

式中, $D_{i,1} = \frac{\sigma_{i,1}}{2}||\theta_{i,1}^*||^2 + \frac{1}{2}\varepsilon_{i,1}^{*2}$。

第 j ($2 \leqslant j \leqslant m_i-1$) 步　求 $z_{i,j}$ 的导数, 由式 (6.1.1) 和式 (6.1.2) 可得

$$\dot{z}_{i,j} = g_{i,j}(\bar{x}_{i,j})[z_{i,j+1} + \alpha_{i,j} + g_{i,j}^{-1}(\bar{x}_{i,j})(f_{i,j}(\bar{x}_{i,j}) - \dot{\alpha}_{i,j-1})] \tag{6.1.15}$$

式中,

$$\dot{\alpha}_{i,j-1} = \sum_{k=1}^{j-1}\frac{\partial\alpha_{i,j-1}}{\partial x_{i,k}}(g_{i,k}(\bar{x}_{i,k})x_{i,k+1} + f_{i,k}(\bar{x}_{i,k})) + \phi_{i,j-1}$$

$$\phi_{i,j-1} = \sum_{k=1}^{j-1}(\partial\alpha_{i,j-1}/\partial y_{i,m}^{(k-1)})y_{i,m}^{(k)}$$

$$+ \sum_{k=1}^{j-1} (\partial \alpha_{i,j-1}/\partial \hat{\theta}_{i,k}) \left(\Gamma_{i,k}(\varphi_{i,k}(Z_{i,k})z_{i,k} - \sigma_{i,k}\hat{\theta}_{i,k}) \right)$$

令 $h_{i,j}(Z_{i,j}) = g_{i,j}^{-1}(\bar{x}_{i,j})(f_{i,j}(\bar{x}_{i,j}) - \dot{\alpha}_{i,j-1})$, $Z_{i,j} = [\bar{x}_{i,j}^{\mathrm{T}}, \partial \alpha_{i,j-1}/\partial x_{i,1}, \cdots,$
$\partial \alpha_{i,j-1}/\partial x_{i,j-1}, \phi_{i,j-1}]^{\mathrm{T}}$. 由于 $h_{i,j}(Z_{i,j})$ 是未知的连续函数, 所以利用模糊逻辑
系统 $\hat{h}_{i,j}(Z_{i,j}|\hat{\theta}_{i,j}) = \hat{\theta}_{i,j}^{\mathrm{T}}\varphi_{i,j}(Z_{i,j})$ 逼近 $h_{i,j}(Z_{i,j})$, 并假设

$$h_{i,j}(Z_{i,j}) = \theta_{i,j}^{*\mathrm{T}}\varphi_{i,j}(Z_{i,j}) + \varepsilon_{i,j}(Z_{i,j}) \tag{6.1.16}$$

式中, $\theta_{i,j}^*$ 是未知最优参数; $\varepsilon_{i,j}(Z_{i,j})$ 是最小模糊逼近误差. 假设 $\varepsilon_{i,j}(Z_{i,j})$ 满
足 $|\varepsilon_{i,j}(Z_{i,j})| \leqslant \varepsilon_{i,j}^*$, $\varepsilon_{i,j}^*$ 是正常数.

将式 (6.1.16) 代入式 (6.1.15), 则式 (6.1.15) 变为

$$\dot{z}_{i,j} = g_{i,j}(\bar{x}_{i,j}) \left(z_{i,j+1} + \alpha_{i,j} + \theta_{i,j}^{*\mathrm{T}}\varphi_{i,j}(Z_{i,j}) + \varepsilon_{i,j}(Z_{i,j}) \right)$$
$$= g_{i,j}(\bar{x}_{i,j}) \left(z_{i,j+1} + \alpha_{i,j} + \hat{\theta}_{i,j}^{\mathrm{T}}\varphi_{i,j}(Z_{i,j}) + \tilde{\theta}_{i,j}^{\mathrm{T}}\varphi_{i,j}(Z_{i,j}) + \varepsilon_{i,j}(Z_{i,j}) \right) \tag{6.1.17}$$

式中, $\hat{\theta}_{i,j}$ 是 $\theta_{i,j}^*$ 的估计; $\tilde{\theta}_{i,j} = \theta_{i,j}^* - \hat{\theta}_{i,j}$ 是参数估计误差.

选择如下的李雅普诺夫函数:

$$V_{i,j} = V_{i,j-1} + \frac{1}{2g_{i,j}(\bar{x}_{i,j})}z_{i,j}^2 + \frac{1}{2}\tilde{\theta}_{i,j}^{\mathrm{T}}\Gamma_{i,j}^{-1}\tilde{\theta}_{i,j} \tag{6.1.18}$$

式中, $\Gamma_{i,j} = \Gamma_{i,j}^{\mathrm{T}} > 0$ 是增益矩阵.

求 $V_{i,j}$ 的导数, 并由式 (6.1.17) 和式 (6.1.18) 可得

$$\dot{V}_{i,j} = \dot{V}_{i,j-1} + \frac{z_{i,j}\dot{z}_{i,j}}{g_{i,j}(\bar{x}_{i,j})} - \frac{\dot{g}_{i,j}(\bar{x}_{i,j})}{2g_{i,j}^2(\bar{x}_{i,j})}z_{i,j}^2 - \tilde{\theta}_{i,j}^{\mathrm{T}}\Gamma_{i,j}^{-1}\dot{\hat{\theta}}_{i,j}$$
$$\leqslant - \sum_{k=1}^{j-1} c_{i,k}z_{i,k}^2 - \sum_{k=1}^{j-1} \frac{\sigma_{i,k}}{2}||\tilde{\theta}_{i,k}||^2 + D_{i,j-1} + z_{i,j} \left(\alpha_{i,j} + z_{i,j-1} + \hat{\theta}_{i,j}^{\mathrm{T}}\varphi_{i,j}(Z_{i,j}) \right.$$
$$\left. + \frac{1}{2}z_{i,j} \right) - \frac{\dot{g}_{i,j}(\bar{x}_{i,j})}{2g_{i,j}^2(\bar{x}_{i,j})}z_{i,j}^2 + z_{i,j}z_{i,j+1} + \tilde{\theta}_{i,j}^{\mathrm{T}}\Gamma_{i,j}^{-1} \left(\Gamma_{i,j}\varphi_{i,j}(Z_{i,j})z_{i,j} - \dot{\hat{\theta}}_{i,j} \right) + \frac{1}{2}\varepsilon_{i,j}^{*2}$$

$$\tag{6.1.19}$$

设计虚拟控制器 $\alpha_{i,j}$ 和参数 $\hat{\theta}_{i,j}$ 的自适应律如下:

$$\alpha_{i,j} = -c_{i,j}z_{i,j} - \bar{c}_{i,j}z_{i,j} - z_{i,j-1} - \hat{\theta}_{i,j}^{\mathrm{T}}\varphi_{i,j}(Z_{i,j}) \tag{6.1.20}$$

$$\dot{\hat{\theta}}_{i,j} = \Gamma_{i,j}(\varphi_{i,j}(Z_{i,j})z_{i,j} - \sigma_{i,j}\hat{\theta}_{i,j}) \tag{6.1.21}$$

式中, $c_{i,j} > 0$、$\bar{c}_{i,j} > 0$ 和 $\sigma_{i,j} > 0$ 是设计参数; $\bar{c}_{i,j} \geqslant g_{i,j,d}/(2g_{i,j,0}^2) - 1/2$.

将式 (6.1.20) 和式 (6.1.21) 代入式 (6.1.19)，可得

$$\dot{V}_{i,j} \leqslant -\sum_{k=1}^{j} c_{i,k} z_{i,k}^2 - \sum_{k=1}^{j-1} \frac{\sigma_{i,k}}{2} ||\tilde{\theta}_{i,k}||^2 + z_{i,j} z_{i,j+1} + \sigma_{i,j} \tilde{\theta}_{i,j}^{\mathrm{T}} \hat{\theta}_{i,j} + \frac{1}{2} \varepsilon_{i,j}^{*2} + D_{i,j-1}$$

$$(6.1.22)$$

根据杨氏不等式，可得

$$\sigma_{i,j} \tilde{\theta}_{i,j}^{\mathrm{T}} \hat{\theta}_{i,j} = \sigma_{i,j} \tilde{\theta}_{i,j}^{\mathrm{T}} (\theta_{i,j}^* - \tilde{\theta}_{i,j}) \leqslant -\frac{\sigma_{i,j}}{2} ||\tilde{\theta}_{i,j}||^2 + \frac{\sigma_{i,j}}{2} ||\theta_{i,j}^*||^2 \qquad (6.1.23)$$

将式 (6.1.23) 代入式 (6.1.22)，$\dot{V}_{i,j}$ 最终表示为

$$\dot{V}_{i,j} \leqslant -\sum_{k=1}^{j} c_{i,k} z_{i,k}^2 + z_{i,j} z_{i,j+1} - \sum_{k=1}^{j} \frac{\sigma_{i,k}}{2} ||\tilde{\theta}_{i,k}||^2 + D_{i,j} \qquad (6.1.24)$$

式中，$D_{i,j} = D_{i,j-1} + \frac{1}{2} \varepsilon_{i,j}^{*2} + \frac{\sigma_{i,j}}{2} ||\theta_{i,j}^*||^2$。

第 m_i 步　求 z_{i,m_i} 的导数，根据式 (6.1.1) 和式 (6.1.2)，可得

$$\dot{z}_{i,m_i} = g_{i,m_i}(\bar{x}_{i,m_i})[u_i + g_{i,m_i}^{-1}(\bar{x}_{i,m_i})(f_{i,m_i}(x) - \dot{\alpha}_{i,m_i-1})] \qquad (6.1.25)$$

式中，

$$\dot{\alpha}_{i,m_i-1} = \sum_{k=1}^{m_i-1} \frac{\partial \alpha_{i,m_i-1}}{\partial x_{i,k}} (g_{i,k}(\bar{x}_{i,k}) x_{i,k+1} + f_{i,k}(\bar{x}_{i,k})) + \phi_{i,m_i-1}$$

$$\phi_{i,m_i-1} = \sum_{k=1}^{m_i-1} \{ (\partial \alpha_{i,m_i-1}/\partial y_{i,m}^{(k-1)}) y_{i,m}^{(k)} + (\partial \alpha_{i,m_i-1}/\partial \hat{\theta}_{i,k})$$

$$\times [\Gamma_{i,k}(\varphi_{i,k}(Z_{i,k}) z_{i,k} - \sigma_{i,k} \hat{\theta}_{i,k})] \}$$

令 $h_{i,m_i}(Z_{i,m_i}) = g_{i,m_i}^{-1}(\bar{x}_{i,m_i})(f_{i,m_i}(x) - \dot{\alpha}_{i,m_i-1})$，$Z_{i,m_i} = [x^{\mathrm{T}}, \partial \alpha_{i,m_i-1}/\partial x_{i,1}$
$, \cdots, \partial \alpha_{i,m_i-1}/\partial x_{i,m_i-1}, \phi_{i,m_i-1}, \bar{u}_{i-1}]^{\mathrm{T}}$。利用模糊逻辑系统 $\hat{h}_{i,m_i}(Z_{i,m_i}|\hat{\theta}_{i,m_i}) = \hat{\theta}_{i,m_i}^{\mathrm{T}} \varphi_{i,m_i}(Z_{i,m_i})$ 逼近 $h_{i,m_i}(Z_{i,m_i})$，并假设

$$h_{i,m_i}(Z_{i,m_i}) = \theta_{i,m_i}^{*\mathrm{T}} \varphi_{i,m_i}(Z_{i,m_i}) + \varepsilon_{i,m_i}(Z_{i,m_i}) \qquad (6.1.26)$$

式中，θ_{i,m_i}^* 是未知的最优参数；$\varepsilon_{i,m_i}(Z_{i,m_i})$ 是最小模糊逼近误差。假设 $\varepsilon_{i,m_i}(Z_{i,m_i})$
满足 $|\varepsilon_{i,m_i}(Z_{i,m_i})| \leqslant \varepsilon_{i,m_i}^*$，$\varepsilon_{i,m_i}^*$ 是正常数。

将式 (6.1.26) 代入式 (6.1.25)，$\dot{z}_{i,m_i}$ 可表示为

$$\dot{z}_{i,m_i} = g_{i,m_i}(\bar{x}_{i,m_i}) \left(u_i + \theta_{i,m_i}^{*\mathrm{T}} \varphi_{i,m_i}(Z_{i,m_i}) + \varepsilon_{i,m_i}(Z_{i,m_i}) \right)$$

$$= g_{i,m_i}(\bar{x}_{i,m_i})\left(u_i + \hat{\theta}_{i,m_i}^{\mathrm{T}}\varphi_{i,m_i}(Z_{i,m_i}) + \tilde{\theta}_{i,m_i}^{\mathrm{T}}\varphi_{i,m_i}(Z_{i,m_i}) + \varepsilon_{i,m_i}(Z_{i,m_i})\right) \tag{6.1.27}$$

式中，$\hat{\theta}_{i,m_i}$ 是 θ_{i,m_i}^* 的估计；$\tilde{\theta}_{i,m_i} = \theta_{i,m_i}^* - \hat{\theta}_{i,m_i}$ 是参数估计误差。

选择如下的李雅普诺夫函数：

$$V_{i,m_i} = V_{i,m_i-1} + \frac{1}{2g_{i,m_i}(\bar{x}_{i,m_i})}z_{i,m_i}^2 + \frac{1}{2}\tilde{\theta}_{i,m_i}^{\mathrm{T}}\Gamma_{i,m_i}^{-1}\tilde{\theta}_{i,m_i} \tag{6.1.28}$$

式中，$\Gamma_{i,m_i} = \Gamma_{i,m_i}^{\mathrm{T}} > 0$ 是增益矩阵。

根据式 (6.1.27) 和式 (6.1.28)，$\dot{V}_{i,m_i}$ 可表示为

$$
\begin{aligned}
\dot{V}_{i,m_i} \leqslant &- \sum_{k=1}^{m_i-1} c_{i,k}z_{i,k}^2 - \sum_{k=1}^{m_i-1}\frac{\sigma_{i,k}}{2}||\tilde{\theta}_{i,k}||^2 + D_{i,n_i-1} \\
&+ z_{i,m_i}\left(u_i + z_{i,m_i-1} + \hat{\theta}_{i,m_i}^{\mathrm{T}}\varphi_{i,m_i}(Z_{i,m_i}) + \frac{1}{2}z_{i,m_i}\right) \\
&- \frac{\dot{g}_{i,m_i}(\bar{x}_{i,m_i})z_{i,m_i}^2}{2g_{i,m_i}^2(\bar{x}_{i,m_i})} + \tilde{\theta}_{i,m_i}^{\mathrm{T}}\Gamma_{i,m_i}^{-1}\left(\Gamma_{i,m_i}\varphi_{i,m_i}(Z_{i,m_i})z_{i,m_i} - \dot{\hat{\theta}}_{i,m_i}\right) + \frac{1}{2}\varepsilon_{i,m_i}^{*2}
\end{aligned}
\tag{6.1.29}
$$

设计控制器 u_i 和参数 $\hat{\theta}_{i,m_i}$ 的自适应律如下：

$$u_i = -c_{i,m_i}z_{i,m_i} - \bar{c}_{i,m_i}z_{i,m_i} - z_{i,m_i-1} - \hat{\theta}_{i,m_i}^{\mathrm{T}}\varphi_{i,m_i}(Z_{i,m_i}) \tag{6.1.30}$$

$$\dot{\hat{\theta}}_{i,m_i} = \Gamma_{i,m_i}(\varphi_{i,m_i}(Z_{i,m_i})z_{i,m_i} - \sigma_{i,m_i}\hat{\theta}_{i,m_i}) \tag{6.1.31}$$

式中，$c_{i,m_i} > 0$、$\bar{c}_{i,m_i} > 0$ 和 $\sigma_{i,m_i} > 0$ 是设计参数，$\bar{c}_{i,m_i} \geqslant g_{i,m_i,d}/(2g_{i,m_i,0}^2) - 1/2$。

将式 (6.1.30) 和式 (6.1.31) 代入式 (6.1.29)，$\dot{V}_{i,m_i}$ 进一步表示为

$$\dot{V}_{i,m_i} \leqslant -\sum_{k=1}^{m_i} c_{i,k}z_{i,k}^2 + \sigma_{i,m_i}\tilde{\theta}_{i,m_i}^{\mathrm{T}}\hat{\theta}_{i,m_i} + \frac{1}{2}\varepsilon_{i,m_i}^{*2} - \sum_{k=1}^{m_i-1}\frac{\sigma_{i,k}}{2}||\tilde{\theta}_{i,k}||^2 + D_{i,m_i-1} \tag{6.1.32}$$

根据杨氏不等式，可得

$$\sigma_{i,m_i}\tilde{\theta}_{i,m_i}^{\mathrm{T}}\hat{\theta}_{i,m_i} \leqslant -\frac{\sigma_{i,m_i}}{2}||\tilde{\theta}_{i,m_i}||^2 + \frac{\sigma_{i,m_i}}{2}||\theta_{i,m_i}^*||^2 \tag{6.1.33}$$

将式 (6.1.33) 代入式 (6.1.32)，$\dot{V}_{i,m_i}$ 最终表示为

$$\dot{V}_{i,m_i} \leqslant -\sum_{k=1}^{m_j}\left(c_{i,k}z_{i,k}^2 + \frac{\sigma_{j,k}}{2}||\tilde{\theta}_{j,k}||^2\right) + D_{i,m_i} \tag{6.1.34}$$

式中，$D_{i,m_i} = D_{i,m_i-1} + \frac{1}{2}\varepsilon_{i,m_i}^{*2} + \frac{\sigma_{i,m_i}}{2}||\theta_{i,m_i}^*||^2$。

6.1.3　稳定性与收敛性分析

下面的定理给出了所设计的模糊自适应控制方法具有的性质。

定理 6.1.1　对于多变量非线性严格反馈系统 (6.1.1)，假设 6.1.1 成立。如果采用控制器 (6.1.30)，虚拟控制器 (6.1.20)、(6.1.10)，参数自适应律 (6.1.11)、(6.1.21) 和 (6.1.31)，则总体控制方案保证具有如下性能：

(1) 闭环系统中所有信号半全局一致最终有界；

(2) 输出跟踪误差 $z_{i,1}(t) = y_i(t) - y_{i,m}(t)$ 收敛到包含原点的一个较小邻域内。

证明　选取李雅普诺夫函数为 $V = \sum\limits_{i=1}^{N}\sum\limits_{j=1}^{m_i} V_{i,j}$。求 V 的导数，由式 (6.1.34) 可得

$$\dot{V} \leqslant \sum_{i=1}^{N}\left[-\sum_{k=1}^{m_j}\left(c_{i,k}z_{i,k}^2 + \frac{\sigma_{j,k}}{2}||\tilde{\theta}_{j,k}||^2\right) + D_{i,m}\right] \tag{6.1.35}$$

令 $C = \min\limits_{1\leqslant i\leqslant N}\{2g_{i,k,0}c_{i,k}, \sigma_{i,k}\lambda_{\max}(\Gamma_{i,k}^{-1})\}$，$D = \sum\limits_{i=1}^{N} D_{i,m_i}(k=1,2,\cdots,m_i)$。因此，$\dot{V}$ 最终表示为

$$\dot{V} \leqslant -CV + D \tag{6.1.36}$$

根据式 (6.1.36)，并应用引理 0.3.1，可以得到闭环系统中的所有信号半全局一致最终有界，并且有 $\lim\limits_{t\to\infty}|z_{i,j}| \leqslant \sqrt{2D/C}$。在控制设计中，如果选择适当的设计参数，可以使 D/C 比较小，那么可得到跟踪误差 $z_{i,1} = y_i - y_{i,m}$ 收敛到包含原点的一个较小邻域内。

评注 6.1.1　(1) 本节介绍的模糊自适应控制适合于一大类多变量非线性严格反馈系统。虽然目前关于多变量非线性严格反馈系统的描述有多种不同形式，但是智能自适应控制设计的基本原理与本节介绍的设计方法相同，代表性的智能自适应方法可参见文献 [5]～[7]。

(2) 关于多变量非线性严格反馈随机系统的智能自适应反步递推控制设计方法可参见文献 [8]。此外，类似于 1.4 节，如果将一阶滤波引入本节的自适应反步递推控制设计过程中，那么可形成智能自适应动态面反步递推控制方法，代表性的智能自适应方法可参见文献 [9] 和 [10]。

6.1.4　仿真

例 6.1.1　考虑如下多变量非线性严格反馈系统：

$$\begin{cases} \dot{x}_{1,1} = f_{1,1}(x_{1,1}) + g_{1,1}(x_{1,1})x_{1,2} \\ \dot{x}_{1,2} = f_{1,2}(\bar{x}_{1,2}) + g_{1,2}(\bar{x}_{1,2})u_1 \\ y_1 = x_{1,1} \end{cases} \tag{6.1.37}$$

$$\begin{cases} \dot{x}_{2,1} = f_{2,1}(x_{2,1}) + g_{2,1}(x_{2,1})x_{2,2} \\ \dot{x}_{2,2} = f_{2,2}(\bar{x}_{2,2}, u_1) + g_{2,2}(\bar{x}_{2,2})u_2 \\ y_2 = x_{2,1} \end{cases} \tag{6.1.38}$$

式中，$f_{1,1}(x_{1,1}) = x_{1,1}(1 - \sin(x_{1,1}))$；$g_{1,1}(x_{1,1}) = 1 + 0.5\sin(x_{1,1})$；$f_{1,2}(\bar{x}_{1,2}) = x_{1,1}x_{1,2}^2 + x_{2,1} + x_{2,2}$；$g_{1,2}(\bar{x}_{1,2}) = 2 + \cos(x_{1,1}x_{1,2})$；$f_{2,1}(x_{2,1}) = -0.5x_{2,1}^2 \times \cos(x_{2,1})$；$g_{2,1}(x_{2,1}) = 1 + 0.5\sin(x_{2,1})$；$f_{2,2}(x) = (x_{1,2} + x_{2,1})x_{2,2} - x_{1,1}u_1$；$g_{2,2}(\bar{x}_{2,2}) = 2 - \sin(x_{2,1}^2 - x_{1,1})$。给定的参考信号为：$y_{1,m} = 0.5(\sin(t) + \sin(0.5t))$，$y_{2,m} = 0.5\sin(t) + 0.5\cos(t)$。

先取 $g_{1,1,0} = 0.5$，$g_{1,2,0} = 1$，$g_{1,1,1} = 1.5$，$g_{1,2,1} = 3$，$g_{2,1,0} = 0.5$，$g_{2,2,0} = 1$，$g_{2,1,1} = 1.5$，$g_{2,2,1} = 3$，$g_{1,1,d} = g_{2,1,d} = 0.5$，$g_{1,2,d} = g_{2,2,d} = 1$，则函数 $g_{i,j}(\bar{x}_{i,j})(i = 1,2; \ j = 1,2)$ 显然满足假设 6.1.1 的条件。在仿真中，选取设计参数为：$\bar{c}_{1,1} \geqslant g_{1,1,d}/(2g_{1,1,0}^2) - 1/2 = 0.5$，$\bar{c}_{1,2} \geqslant g_{1,2,d}/(2g_{1,2,0}^2) - 1/2 = 0$，$\bar{c}_{2,1} \geqslant g_{2,1,d}/(2g_{2,1,0}^2) - 1/2 = 0.5$，$\bar{c}_{1,2} \geqslant g_{1,2,d}/(2g_{2,2,0}^2) - 1/2 = 0$。

选择变量 $x_{i,j}$ 的隶属函数为

$$\mu_{F_{i,j}^1}(x_{i,j}) = \exp\left[-\frac{(x_{i,j} - 2)^2}{2}\right], \quad \mu_{F_{i,j}^2}(x_{i,j}) = \exp\left[-\frac{(x_{i,j} - 1)^2}{2}\right]$$

$$\mu_{F_{i,j}^3}(x_{i,j}) = \exp\left(-\frac{x_{i,j}^2}{2}\right), \quad \mu_{F_{i,j}^4}(x_{i,j}) = \exp\left[-\frac{(x_{i,j} + 1)^2}{2}\right]$$

$$\mu_{F_{i,j}^5}(x_{i,j}) = \exp\left[-\frac{(x_{i,j} + 2)^2}{2}\right], \quad i = 1,2; \ j = 1,2$$

选取 $y_{i,m}$ 和 $\dot{y}_{i,m}$ 的隶属函数与变量 $x_{i,j}$ 的隶属函数相同。

令

$$\varphi_{i,1,l}(x_{i,1}) = \frac{\mu_{F_{i,1}^l}(x_{i,1})}{\displaystyle\sum_{l=1}^5 \mu_{F_{i,1}^l}(x_{i,1})}, \quad \varphi_{i,2,l}(\bar{x}_{i,2}) = \frac{\mu_{F_{i,1}^l}(x_{i,1})\mu_{F_{i,2}^l}(x_{i,2})}{\displaystyle\sum_{l=1}^5 \mu_{F_{i,1}^l}(x_{i,1})\mu_{F_{i,2}^l}(x_{i,2})},$$

$$i = 1,2; j = 1,2$$

$$\varphi_{i,1}(Z_{i,1}) = [\varphi_{i,1,1}(Z_{i,1}), \varphi_{i,1,2}(Z_{i,1}), \varphi_{i,1,3}(Z_{i,1}), \varphi_{i,1,4}(Z_{i,1}), \varphi_{i,1,5}(Z_{i,1})]^{\mathrm{T}}$$

$$\varphi_{i,2}(Z_{i,2}) = [\varphi_{i,2,1}(Z_{i,2}), \varphi_{i,2,2}(Z_{i,2}), \varphi_{i,2,3}(Z_{i,2}), \varphi_{i,2,4}(Z_{i,2}), \varphi_{i,2,5}(Z_{i,2})]^{\mathrm{T}}$$

可得到模糊逻辑系统为

$$\hat{h}_{i,j}(Z_{i,j}|\hat{\theta}_{i,j}) = \hat{\theta}_{i,j}^{\mathrm{T}}\varphi_{i,j}(Z_{i,j}), \quad i = 1,2; \ j = 1,2$$

式中，$Z_{i,1} = [x_{i,1}, \dot{y}_{i,m}]^{\mathrm{T}}$；$Z_{i,2} = [\bar{x}_{i,2}^{\mathrm{T}}, \partial \alpha_{i,1}/\partial x_{i,1}, \phi_{i,1}]^{\mathrm{T}}$。

在仿真中，选取虚拟控制器、控制器和参数自适应律中的设计参数为：$c_{1,1} = 6$，$c_{2,1} = 7$，$c_{1,2} = 9$，$c_{2,2} = 8$，$\bar{c}_{1,1} = \bar{c}_{2,1} = 8$，$\bar{c}_{1,2} = \bar{c}_{2,2} = 6$，$\Gamma_{1,1} = \Gamma_{1,2} = \Gamma_{2,1} = \Gamma_{2,2} = \mathrm{diag}\{2,2\}$，$\sigma_{1,1} = \sigma_{2,1} = 0.2$，$\sigma_{1,2} = \sigma_{2,2} = 0.1$。

选择变量及参数的初始值为：$x_{1,1}(0) = 0.6$，$x_{1,2}(0) = 0.7$，$x_{2,1}(0) = 0.8$，$x_{2,2}(0) = 0.5$，$\hat{\theta}_{1,1}(0) = [0.1 \quad 0.2 \quad 0 \quad 0 \quad 0.2]^{\mathrm{T}}$，$\hat{\theta}_{1,2}(0) = [0.2 \quad 0.2 \quad 0 \quad 0.1 \quad 0]^{\mathrm{T}}$，$\hat{\theta}_{2,1}(0) = [0.2 \quad 0.1 \quad 0 \quad 0.2 \quad 0.1]^{\mathrm{T}}$，$\hat{\theta}_{2,2}(0) = [0.1 \quad 0.1 \quad 0 \quad 0.2 \quad 0.2]^{\mathrm{T}}$。

仿真结果如图 6.1.1～图 6.1.4 所示。

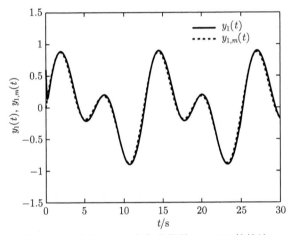

图 6.1.1　输出 $y_1(t)$ 和参考信号 $y_{1,m}(t)$ 的轨迹

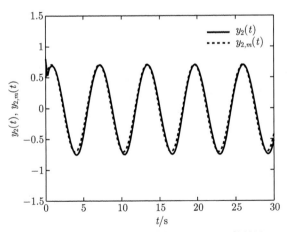

图 6.1.2　输出 $y_2(t)$ 和参考信号 $y_{2,m}(t)$ 的轨迹

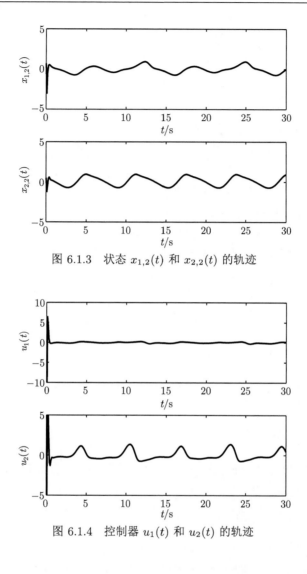

图 6.1.3　状态 $x_{1,2}(t)$ 和 $x_{2,2}(t)$ 的轨迹

图 6.1.4　控制器 $u_1(t)$ 和 $u_2(t)$ 的轨迹

6.2　多变量非线性系统模糊自适应输出反馈控制

本节针对一类状态不可测的多变量非线性严格反馈系统，给出模糊状态观测器的设计方法。在 6.1 节关于模糊自适应状态反馈控制设计的基础上，介绍一种基于模糊观测器的自适应输出反馈控制设计方法，并给出闭环系统的稳定性和收敛性分析。

6.2.1　系统模型及控制问题描述

考虑如下的一类多变量非线性严格反馈系统：

$$\begin{cases} \dot{x}_{i,j} = f_{i,j}(\bar{x}_{i,j}) + x_{i,j+1} \\ \dot{x}_{i,m_i-1} = f_{i,m_i-1}(\bar{x}_{i,m_i-1}) + x_{i,m_i} \\ \dot{x}_{i,m_i} = f_{i,m_i}(x) + u_i \\ y_i = x_{i,1} \end{cases} \tag{6.2.1}$$

式中，$\bar{x}_{i,j} = [x_{i,1}, x_{i,2}, \cdots, x_{i,j}]^{\mathrm{T}}$ $(i = 1, 2, \cdots, N; \ j = 1, 2, \cdots, m_i - 1)$ 是第 i 个子系统的状态向量；u_i 和 y_i 分别是系统的输入和输出；$f_{i,j}(\cdot)$ 是未知连续非线性函数。记 $x = [x_1^{\mathrm{T}}, \cdots, x_i^{\mathrm{T}}, \cdots, x_N^{\mathrm{T}}]^{\mathrm{T}}$；$x_i^{\mathrm{T}} = [x_{i,1}, \cdots, x_{i,m_i}]^{\mathrm{T}}$。

控制任务 对于多变量非线性严格反馈系统 (6.2.1)，基于模糊逻辑系统设计一种自适应输出反馈控制器，使得：

(1) 闭环系统的所有信号半全局一致最终有界；

(2) 状态观测误差和跟踪误差收敛到包含原点的一个较小邻域内。

6.2.2 模糊状态观测器设计

将系统 (6.2.1) 表示为如下的状态空间表达形式：

$$\begin{cases} \dot{x}_i = A_i x_i + K_i y_i + \sum_{j=1}^{m_i-1} B_{i,j} f_{i,j}(\bar{x}_{i,j}) + B_{i,m_i} f_{i,m_i}(x) + B_{i,m_i} u_i \\ y_i = C_i x_i \end{cases} \tag{6.2.2}$$

式中，

$$A_i = \begin{bmatrix} -k_{i,1} & & \\ \vdots & & I_{m_i-1} \\ -k_{i,m_i} & 0 & \cdots & 0 \end{bmatrix}, \quad K_i = \begin{bmatrix} k_{i,1} \\ \vdots \\ k_{i,m_i} \end{bmatrix}, \quad B_{i,m_i} = \begin{bmatrix} 0 \\ \vdots \\ 1 \end{bmatrix}$$

$$C_i = [1 \quad 0 \quad \cdots \quad 0], \quad B_{i,j} = [0 \quad \cdots \quad 0 \quad 1 \quad 0 \quad \cdots \quad 0]^{\mathrm{T}}$$

选择观测增益矩阵 K_i 使得 A_i 是 Hurwitz 矩阵。因此，对于一个给定的正定矩阵 $Q_i = Q_i^{\mathrm{T}} > 0$，存在一个正定矩阵 $P_i = P_i^{\mathrm{T}} > 0$，满足下面的方程：

$$A_i^{\mathrm{T}} P_i + P_i A_i = -2Q_i \tag{6.2.3}$$

由于 $f_{i,j}(\bar{x}_{i,j})$ 是未知的连续函数，所以根据引理 0.1.1，利用模糊逻辑系统 $\hat{f}_{i,j}(\bar{x}_{i,j} | \hat{\theta}_{i,j}) = \hat{\theta}_{i,j}^{\mathrm{T}} \varphi(\bar{x}_{i,j})$ 逼近 $f_{i,j}(\bar{x}_{i,j})$，并假设

$$f_{i,j}(\bar{x}_{i,j}) = \theta_{i,j}^{*\mathrm{T}} \varphi_{i,j}(\bar{x}_{i,j}) + \varepsilon_{i,j}(\bar{x}_{i,j}) \tag{6.2.4}$$

式中，$\varepsilon_{i,j}(\bar{x}_{i,j})$ 是最小模糊逼近误差。假设 $|\varepsilon_{i,j}(\bar{x}_{i,j})| \leqslant \varepsilon_{i,j}^*$，$\varepsilon_{i,j}^*$ 是正常数。定义 $\hat{\theta}_{i,j}$ 是 $\theta_{i,j}^*$ 的估计，$\tilde{\theta}_{i,j} = \theta_{i,j}^* - \hat{\theta}_{i,j}$ 是参数估计误差。

设计模糊状态观测器为

$$
\begin{cases}
\dot{\hat{x}}_i = A_i\hat{x}_i + K_iy_i + \displaystyle\sum_{j=1}^{m_i-1} B_{i,j}\hat{f}_{i,j}(\hat{\bar{x}}_{i,j}|\hat{\theta}_{i,j}) + B_{i,m_i}\hat{f}_{i,m_i}(\hat{x}|\hat{\theta}_{i,m_i}) + B_{i,m_i}u_i \\
\hat{y}_i = C_i\hat{x}_i
\end{cases}
$$

$$(6.2.5)$$

式中，$\hat{x} = [\hat{x}_1, \hat{x}_2, \cdots, \hat{x}_N]^{\mathrm{T}}$；$\hat{x}_i = [\hat{x}_{i,1}, \hat{x}_{i,2}, \cdots, \hat{x}_{i,m_i}]^{\mathrm{T}}$；$\hat{\bar{x}}_{i,j} = [\hat{x}_{i,1}, \hat{x}_{i,2}, \cdots, \hat{x}_{i,j}]^{\mathrm{T}}$ 是 $\bar{x}_{i,j} = [x_{i,1}, x_{i,2}, \cdots, x_{i,j}]^{\mathrm{T}}$ 的估计。

定义观测误差为 $e_i = \bar{x}_i - \hat{\bar{x}}_i$，则根据式 (6.2.2) 和式 (6.2.5)，可得

$$
\begin{aligned}
\dot{e}_i = {} & A_ie_i + \sum_{j=1}^{m_i-1} B_{i,j}\theta_{i,j}^* \left(\varphi_{i,j}(\bar{x}_{i,j}) - \varphi_{i,j}(\hat{\bar{x}}_{i,j})\right) + \sum_{j=1}^{m_i-1} B_{i,j}\tilde{\theta}_{i,j}^{\mathrm{T}}\varphi_{i,j}(\hat{\bar{x}}_{i,j}) \\
& + B_{i,m_i}\left[\tilde{\theta}_{i,m_i}^{\mathrm{T}}\varphi_{i,m_i}(\hat{x}) + \theta_{i,m_i}^* \left(\varphi_{i,m_i}(x) - \varphi_{i,m_i}(\hat{x})\right)\right] + \varepsilon_i
\end{aligned}
$$

$$(6.2.6)$$

式中，$\varepsilon_i = [\varepsilon_{i,1}, \varepsilon_{i,2}, \cdots, \varepsilon_{i,m_i}]^{\mathrm{T}}$。

选择李雅普诺夫函数 $V_{i,0} = \dfrac{1}{2}e_i^{\mathrm{T}}P_ie_i$，类似于引理 4.2.1 的证明，可得

$$
\begin{aligned}
\dot{V}_{i,0} \leqslant {} & -\lambda_{i,0}\|e_i\|^2 + \frac{1}{2}\|P_i\|^2\|\varepsilon_i^*\|^2 + \frac{1}{2}\|P_i\|^2\sum_{j=1}^{m_i}\left\|\tilde{\theta}_{i,j}^{\mathrm{T}}\right\|^2 \\
& + \frac{1}{2}\|P_i\|^2\sum_{j=1}^{m_i}\left\|\theta_{i,j}^*\right\|^2
\end{aligned}
$$

$$(6.2.7)$$

式中，$\lambda_{i,0} = \lambda_{\min}(Q_i) - 3/2$。

6.2.3　模糊自适应反步递推输出反馈控制设计

定义如下的坐标变换：

$$z_{i,1} = y_i - y_{i,m} \tag{6.2.8}$$

$$z_{i,j} = \hat{x}_{i,j} - \alpha_{i,j-1}, \quad j = 2, 3, \cdots, m_i \tag{6.2.9}$$

式中，$y_{i,m}$ 是给定的跟踪信号；$z_{i,1}$ 是跟踪误差；$\alpha_{i,j-1}$ 是在第 $j-1$ 步中将要设计的虚拟控制器。

基于上面的坐标变换，m_i 步模糊自适应反步递推输出反馈控制设计如下。

第 1 步　求 $z_{i,1}$ 的导数，由式 (6.2.1) 和式 (6.2.8) 可得

$$
\begin{aligned}
\dot{z}_{i,1} &= \dot{x}_{i,1} - \dot{y}_{i,m} \\
&= x_{i,2} + f_{i,1}(x_{i,1}) - \dot{y}_{i,m}
\end{aligned}
$$

$$= z_{i,2} + \alpha_{i,1} + e_{i,2} + \theta_{i,1}^{*\mathrm{T}}(\varphi_{i,1}(x_{i,1}) - \varphi_{i,1}(\hat{x}_{i,1}))$$
$$+ \hat{\theta}_{i,1}^{\mathrm{T}}\varphi_{i,1}(\hat{x}_{i,1}) + \tilde{\theta}_{i,1}^{\mathrm{T}}\varphi_{i,1}(\hat{x}_{i,1}) + \varepsilon_{i,1} - \dot{y}_{i,m} \tag{6.2.10}$$

式中，$\hat{\theta}_{i,1}$ 是 $\theta_{i,1}^{*}$ 的估计；$\tilde{\theta}_{i,1} = \theta_{i,1}^{*} - \hat{\theta}_{i,1}$ 是参数估计误差。

选择如下的李雅普诺夫函数：

$$V_{i,1} = V_{i,0} + \frac{1}{2}z_{i,1}^{2} + \frac{1}{2\gamma_{i,1}}\tilde{\theta}_{i,1}^{\mathrm{T}}\tilde{\theta}_{i,1} \tag{6.2.11}$$

式中，$\gamma_{i,1} > 0$ 是设计参数。

根据式 (6.2.10) 和式 (6.2.11)，$V_{i,1}$ 的导数为

$$\dot{V}_{i,1} = \dot{V}_{i,0} + z_{i,1}\dot{z}_{i,1} - \frac{1}{\gamma_{i,1}}\tilde{\theta}_{i,1}^{\mathrm{T}}\dot{\hat{\theta}}_{i,1}$$

$$\leqslant - \lambda_{i,0}\left\|e_i\right\|^2 + \frac{1}{2}\left\|P_i\right\|^2 \sum_{j=1}^{m_i}\left\|\tilde{\theta}_{i,j}^{\mathrm{T}}\right\|^2 + z_{i,1}[z_{i,2} + \alpha_{i,1}$$

$$+ e_{i,2} + \theta_{i,1}^{*\mathrm{T}}(\varphi_{i,1}(x_{i,1}) - \varphi_{i,1}(\hat{x}_{i,1})) + \hat{\theta}_{i,1}^{\mathrm{T}}\varphi_{i,1}(\hat{x}_{i,1}) + \varepsilon_{i,1} - \dot{y}_{i,m}]$$

$$+ \frac{\tilde{\theta}_{i,1}^{\mathrm{T}}}{\gamma_{i,1}}(\gamma_{i,1}z_{i,1}\varphi_{i,1}(\hat{x}_{i,1}) - \dot{\hat{\theta}}_{i,1}) + \frac{1}{2}\left\|P_i\right\|^2 \sum_{j=1}^{m_i}\left\|\theta_{i,j}^{*}\right\|^2 + \frac{1}{2}\left\|P_i\right\|^2 \left\|\varepsilon_i^{*}\right\|^2 \tag{6.2.12}$$

根据杨氏不等式，可得

$$z_{i,1}(z_{i,2} + e_{i,2} + \varepsilon_{i,1}) \leqslant \frac{3}{2}z_{i,1}^2 + \frac{1}{2}z_{i,2}^2 + \frac{1}{2}\left\|e_{i,2}\right\|^2 + \frac{1}{2}\varepsilon_{i,1}^{*2} \tag{6.2.13}$$

$$z_{i,1}\theta_{i,1}^{*\mathrm{T}}(\varphi_{i,1}(x_{i,1}) - \varphi_{i,1}(\hat{x}_{i,1})) \leqslant z_{i,1}^2 + \left\|\theta_{i,1}^{*}\right\|^2 \tag{6.2.14}$$

设 $\lambda_{i,1} = \lambda_{i,0} - \frac{1}{2}$，将式 (6.2.13) 和式 (6.2.14) 代入式 (6.2.12)，可得

$$\dot{V}_{i,1} \leqslant - \lambda_{i,1}\left\|e_i\right\|^2 + \frac{1}{2}\left\|P_i\right\|^2 \sum_{j=1}^{m_i}\left\|\tilde{\theta}_{i,j}^{\mathrm{T}}\right\|^2 + z_{i,1}\left[\alpha_{i,1} + \frac{5}{2}z_{i,1} - \dot{y}_{i,m}\right.$$

$$\left. + \hat{\theta}_{i,1}^{\mathrm{T}}\varphi_{i,1}(\hat{x}_{i,1})\right] + \frac{\tilde{\theta}_{i,1}^{\mathrm{T}}}{\gamma_{i,1}}(\gamma_{i,1}z_{i,1}\varphi_{i,1}(\hat{x}_{i,1}) - \dot{\hat{\theta}}_{i,1}) + \frac{1}{2}z_{i,2}^2$$

$$+ \frac{1}{2}\varepsilon_{i,1}^{*2} + \left\|\theta_{i,1}^{*}\right\|^2 + \frac{1}{2}\left\|P_i\right\|^2 \sum_{j=1}^{m_i}\left\|\theta_{i,j}^{*}\right\|^2 + \frac{1}{2}\left\|P_i\right\|^2 \left\|\varepsilon_i^{*}\right\|^2 \tag{6.2.15}$$

设计虚拟控制器 $\alpha_{i,1}$ 和参数 $\hat{\theta}_{i,1}$ 的自适应律如下：

$$\alpha_{i,1} = -c_{i,1}z_{i,1} - \frac{5}{2}z_{i,1} - \hat{\theta}_{i,1}^{\mathrm{T}}\varphi_{i,1}(\hat{x}_{i,1}) + \dot{y}_{i,m} \tag{6.2.16}$$

$$\dot{\hat{\theta}}_{i,1} = \gamma_{i,1} z_{i,1} \varphi_{i,1}(\hat{x}_{i,1}) - \sigma_{i,1} \hat{\theta}_{i,1} \tag{6.2.17}$$

式中，$c_{i,1} > 0$、$\sigma_{i,1} > 0$ 是设计参数。

将式 (6.2.16) 和式 (6.2.17) 代入式 (6.2.15)，则式 (6.2.15) 变为

$$\dot{V}_{i,1} \leqslant -\lambda_{i,1} \|e_i\|^2 + \frac{1}{2} \|P_i\|^2 \sum_{j=1}^{m_i} \left\| \tilde{\theta}_{i,j}^{\mathrm{T}} \right\|^2 - c_{i,1} z_{i,1}^2 + \frac{\sigma_{i,1}}{\gamma_{i,1}} \tilde{\theta}_{i,1}^{\mathrm{T}} \hat{\theta}_{i,1}$$
$$+ \frac{1}{2} z_{i,2}^2 + \frac{1}{2} \varepsilon_{i,1}^{*2} + \left\| \theta_{i,1}^* \right\|^2 + \frac{1}{2} \|P_i\|^2 \sum_{j=1}^{m_i} \left\| \theta_{i,j}^* \right\|^2 + \frac{1}{2} \|P_i\|^2 \|\varepsilon_i^*\|^2 \tag{6.2.18}$$

根据杨氏不等式，可得

$$\frac{\sigma_{i,1}}{\gamma_{i,1}} \tilde{\theta}_{i,1}^{\mathrm{T}} \hat{\theta}_{i,1} = \frac{\sigma_{i,1}}{\gamma_{i,1}} \tilde{\theta}_{i,1}^{\mathrm{T}} (\theta_{i,1}^* - \tilde{\theta}_{i,1}) \leqslant -\frac{\sigma_{i,1}}{2\gamma_{i,1}} \tilde{\theta}_{i,1}^{\mathrm{T}} \tilde{\theta}_{i,1} + \frac{\sigma_{i,1}}{2\gamma_{i,1}} \theta_{i,1}^{*\mathrm{T}} \theta_{i,1}^* \tag{6.2.19}$$

将式 (6.2.19) 代入式 (6.2.18)，$\dot{V}_{i,1}$ 最终可表示为

$$\dot{V}_{i,1} \leqslant -\lambda_{i,1} \|e_i\|^2 + \frac{1}{2} \|P_i\|^2 \sum_{j=1}^{m_i} \left\| \tilde{\theta}_{i,j}^{\mathrm{T}} \right\|^2 - c_{i,1} z_{i,1}^2 - \frac{\sigma_{i,1}}{2\gamma_{i,1}} \tilde{\theta}_{i,1}^{\mathrm{T}} \tilde{\theta}_{i,1} + \frac{1}{2} z_{i,2}^2 + D_{i,1} \tag{6.2.20}$$

式中，$D_{i,1} = \frac{1}{2} \varepsilon_{i,1}^{*2} + \left\| \theta_{i,1}^* \right\|^2 + \frac{1}{2} \|P_i\|^2 \sum_{j=1}^{m_i} \left\| \theta_{i,j}^* \right\|^2 + \frac{1}{2} \|P_i\|^2 \|\varepsilon_i^*\|^2 + \frac{\sigma_{i,1}}{2\gamma_{i,1}} \theta_{i,1}^{*\mathrm{T}} \theta_{i,1}^*$。

第 j $(2 \leqslant j \leqslant m_i - 1)$ 步　求 $z_{i,j}$ 的导数，并由式 (6.2.1) 和式 (6.2.9) 可得

$$\dot{z}_{i,j} = \dot{\hat{x}}_{i,j} - \dot{\alpha}_{i,j-1}$$
$$= z_{i,j+1} + \alpha_{i,j} + H_{i,j} + \hat{\theta}_{i,j}^{\mathrm{T}} \varphi_{i,j}(\hat{\bar{x}}_{i,j}) - \tilde{\theta}_{i,j}^{\mathrm{T}} \varphi_{i,j}(\hat{\bar{x}}_{i,j})$$
$$- \frac{\partial \alpha_{i,j-1}}{\partial y_i} e_{i,2} - \frac{\partial \alpha_{i,j-1}}{\partial y_i} \varepsilon_{i,1} - \frac{\partial \alpha_{i,j-1}}{\partial y_i} \tilde{\theta}_{i,1}^{\mathrm{T}} \varphi_{i,1}(x_{i,1}) \tag{6.2.21}$$

式中，

$$H_{i,j} = k_{i,j} e_{i,1} + \hat{\theta}_{i,j}^{\mathrm{T}} \varphi_{i,j}(\hat{\bar{x}}_{i,j}) - \sum_{k=1}^{j-1} \frac{\partial \alpha_{i,j-1}}{\partial \hat{x}_{i,k}} \left(\hat{x}_{i,k+1} + \hat{\theta}_{i,k}^{\mathrm{T}} \varphi_{i,k}(\hat{\bar{x}}_{i,k}) + k_{i,k} e_{i,1} \right)$$
$$- \sum_{k=1}^{j-1} \frac{\partial \alpha_{i,j-1}}{\partial \hat{\theta}_{i,k}} \dot{\hat{\theta}}_{i,k} - \sum_{k=1}^{j-1} \frac{\partial \alpha_{i,j-1}}{\partial y_{i,m}^{(k-1)}} y_{i,m}^{(k)} - \frac{\partial \alpha_{i,j-1}}{\partial y_i} \left(\hat{x}_{i,2} + \hat{\theta}_{i,1}^{\mathrm{T}} \varphi_{i,1}(x_{i,1}) \right)$$

选择如下的李雅普诺夫函数：

$$V_{i,j} = V_{i,j-1} + \frac{1}{2} z_{i,j}^2 + \frac{1}{2\gamma_{i,j}} \tilde{\theta}_{i,j}^{\mathrm{T}} \tilde{\theta}_{i,j} \tag{6.2.22}$$

式中，$\gamma_{i,j} > 0$ 是设计参数；$\tilde{\theta}_{i,j} = \theta_{i,j}^* - \hat{\theta}_{i,j}$ 是参数估计误差，$\hat{\theta}_{i,j}$ 是 $\theta_{i,j}^*$ 的估计。

求 $V_{i,j}$ 的导数，并由式 (6.2.21) 和式 (6.2.22) 可得

$$\dot{V}_{i,j} = \dot{V}_{i,j-1} + z_{i,j}\dot{z}_{i,j} - \frac{1}{\gamma_{i,j}}\tilde{\theta}_{i,j}^{\mathrm{T}}\dot{\hat{\theta}}_{i,j}$$

$$\leqslant -\lambda_{i,j-1}\|e_i\|^2 + \frac{1}{2}\|P_i\|^2 \sum_{j=1}^{m_i}\left\|\tilde{\theta}_{i,j}^{\mathrm{T}}\right\|^2 - \sum_{k=1}^{j-1}c_{i,k}z_{i,k}^2 + \frac{1}{2}z_{i,j}^2 + \frac{1}{2}\sum_{k=2}^{j-1}\left\|\tilde{\theta}_{i,k}\right\|^2$$

$$+ D_{i,j-1} + \frac{j-2}{2}\left\|\tilde{\theta}_{i,1}\right\|^2 + z_{i,j}\left(z_{i,j+1} + \alpha_{i,j} - \frac{\partial\alpha_{i,j-1}}{\partial y_i}e_{i,2} - \tilde{\theta}_{i,j}^{\mathrm{T}}\varphi_{i,j}(\hat{\bar{x}}_{i,j})\right.$$

$$\left. - \frac{\partial\alpha_{i,j-1}}{\partial y_i}\varepsilon_{i,1} + H_{i,j} - \frac{\partial\alpha_{i,j-1}}{\partial y_i}\tilde{\theta}_{i,1}^{\mathrm{T}}\varphi_{i,1}(x_{i,1})\right) - \sum_{k=1}^{j-1}\frac{\sigma_{i,k}}{2\gamma_{i,k}}\tilde{\theta}_{i,k}^{\mathrm{T}}\tilde{\theta}_{i,k}$$

$$+ \frac{\tilde{\theta}_{i,j}^{\mathrm{T}}}{\gamma_{i,j}}\left(\gamma_{i,j}z_{i,j}\varphi_{i,j}(\hat{\bar{x}}_{i,j}) - \dot{\hat{\theta}}_{i,j}\right) \tag{6.2.23}$$

根据杨氏不等式，可得

$$z_{i,j}\left(z_{i,j+1} - \frac{\partial\alpha_{i,j-1}}{\partial y_i}e_{i,2} - \frac{\partial\alpha_{i,j-1}}{\partial y_i}\varepsilon_{i,1}\right)$$

$$\leqslant \frac{1}{2}z_{i,j}^2 + \frac{1}{2}z_{i,j+1}^2 + z_{i,j}^2\left(\frac{\partial\alpha_{i,j-1}}{\partial y_i}\right)^2 + \frac{1}{2}\|e_{i,2}\|^2 + \frac{1}{2}\varepsilon_{i,1}^{*2} \tag{6.2.24}$$

$$- z_{i,j}\left(\tilde{\theta}_{i,j}^{\mathrm{T}}\varphi_{i,j}(\hat{\bar{x}}_{i,j}) + \frac{\partial\alpha_{i,j-1}}{\partial y_i}\tilde{\theta}_{i,1}^{\mathrm{T}}\varphi_{i,1}(x_{i,1})\right)$$

$$\leqslant \frac{1}{2}z_{i,j}^2 + \frac{1}{2}\left(\frac{\partial\alpha_{i,j-1}}{\partial y_i}\right)^2 z_{i,j}^2 + \frac{1}{2}\left\|\tilde{\theta}_{i,1}^{\mathrm{T}}\right\|^2 + \frac{1}{2}\left\|\tilde{\theta}_{i,j}^{\mathrm{T}}\right\|^2 \tag{6.2.25}$$

设 $\lambda_{i,j} = \lambda_{i,j-1} - \frac{1}{2}$，将式 (6.2.24) 和式 (6.2.25) 代入式 (6.2.23)，可得

$$\dot{V}_{i,j} \leqslant -\lambda_{i,j}\|e_i\|^2 + \frac{1}{2}\|P_i\|^2 \sum_{j=1}^{m_i}\left\|\tilde{\theta}_{i,j}^{\mathrm{T}}\right\|^2 - \sum_{k=1}^{j-1}c_{i,k}z_{i,k}^2 + \frac{1}{2}z_{i,j+1}^2 + \frac{1}{2}\sum_{k=2}^{j}\left\|\tilde{\theta}_{i,k}\right\|^2$$

$$+ \frac{j-1}{2}\left\|\tilde{\theta}_{i,1}\right\|^2 + z_{i,j}\left[\alpha_{i,j} + \frac{3}{2}z_{i,j} + \frac{3}{2}z_{i,j}\left(\frac{\partial\alpha_{i,j-1}}{\partial y_i}\right)^2 + H_{i,j}\right]$$

$$- \sum_{k=1}^{j-1}\frac{\sigma_{i,k}}{2\gamma_{i,k}}\tilde{\theta}_{i,k}^{\mathrm{T}}\tilde{\theta}_{i,k} + \frac{\tilde{\theta}_{i,j}^{\mathrm{T}}}{\gamma_{i,j}}(\gamma_{i,j}z_{i,j}\varphi_{i,j}(\hat{\bar{x}}_{i,j}) - \dot{\hat{\theta}}_{i,j}) + \frac{1}{2}\varepsilon_{i,1}^{*2} + D_{i,j-1} \tag{6.2.26}$$

设计虚拟控制器 $\alpha_{i,j}$ 和参数 $\hat{\theta}_{i,j}$ 的自适应律如下：

$$\alpha_{i,j} = -c_{i,j}z_{i,j} - \frac{3}{2}z_{i,j} - \frac{3}{2}z_{i,j}\left(\frac{\partial\alpha_{i,j-1}}{\partial y_i}\right)^2 - H_{i,j} \tag{6.2.27}$$

$$\dot{\hat{\theta}}_{i,j} = \gamma_{i,j} z_{i,j} \varphi_{i,j}(\hat{\bar{x}}_{i,j}) - \sigma_{i,j} \hat{\theta}_{i,j} \tag{6.2.28}$$

式中，$c_{i,j} > 0$ 和 $\sigma_{i,j} > 0$ 是设计参数。

将式 (6.2.27) 和式 (6.2.28) 代入式 (6.2.26)，则式 (6.2.26) 变为

$$
\begin{aligned}
\dot{V}_{i,j} \leqslant & -\lambda_{i,j} \|e_i\|^2 + \frac{1}{2} \|P_i\|^2 \sum_{j=1}^{m_i} \left\| \tilde{\theta}_{i,j}^{\mathrm{T}} \right\|^2 - \sum_{k=1}^{j} c_{i,k} z_{i,k}^2 + \frac{1}{2} z_{i,j+1}^2 - \sum_{k=1}^{j-1} \frac{\sigma_{i,k}}{2\gamma_{i,k}} \tilde{\theta}_{i,k}^{\mathrm{T}} \tilde{\theta}_{i,k} \\
& + \frac{1}{2} \sum_{k=2}^{j} \left\| \tilde{\theta}_{i,k} \right\|^2 + \frac{j-1}{2} \left\| \tilde{\theta}_{i,1} \right\|^2 + \frac{\sigma_{i,j}}{\gamma_{i,j}} \tilde{\theta}_{i,j}^{\mathrm{T}} \hat{\theta}_{i,j} + \frac{1}{2} \varepsilon_{i,1}^{*2} + D_{i,j-1}
\end{aligned} \tag{6.2.29}
$$

根据杨氏不等式，可得

$$\frac{\sigma_{i,j}}{\gamma_{i,j}} \tilde{\theta}_{i,j}^{\mathrm{T}} \hat{\theta}_{i,j} \leqslant -\frac{\sigma_{i,j}}{2\gamma_{i,j}} \tilde{\theta}_{i,j}^{\mathrm{T}} \tilde{\theta}_{i,j} + \frac{\sigma_{i,j}}{2\gamma_{i,j}} \theta_{i,j}^{*\mathrm{T}} \theta_{i,j}^{*} \tag{6.2.30}$$

将式 (6.2.30) 代入式 (6.2.29)，$\dot{V}_{i,j}$ 最终表示为

$$
\begin{aligned}
\dot{V}_{i,j} \leqslant & -\lambda_{i,j} \|e_i\|^2 + \frac{1}{2} \|P_i\|^2 \sum_{j=1}^{m_i} \left\| \tilde{\theta}_{i,j}^{\mathrm{T}} \right\|^2 - \sum_{k=1}^{j} c_{i,k} z_{i,k}^2 \\
& + \frac{1}{2} z_{i,j+1}^2 + \frac{1}{2} \sum_{k=2}^{j} \left\| \tilde{\theta}_{i,k} \right\|^2 + \frac{j-1}{2} \left\| \tilde{\theta}_{i,1} \right\|^2 - \sum_{k=1}^{j} \frac{\sigma_{i,k}}{2\gamma_{i,k}} \tilde{\theta}_{i,k}^{\mathrm{T}} \tilde{\theta}_{i,k} + D_{i,j}
\end{aligned}
$$

$$\tag{6.2.31}$$

式中，$D_{i,j} = \frac{\sigma_{i,j}}{2\gamma_{i,j}} \theta_{i,j}^{*\mathrm{T}} \theta_{i,j}^{*} + \frac{1}{2} \varepsilon_{i,1}^{*2} + D_{i,j-1}$。

第 m_i 步　求 z_{i,m_i} 的导数，由式 (6.2.1) 和式 (6.2.9) 可得

$$
\begin{aligned}
\dot{z}_{i,m_i} = & \dot{\hat{x}}_{i,m_i} - \dot{\alpha}_{i,m_i-1} \\
= & u_i + H_{i,m_i} + \hat{\theta}_{i,m_i}^{\mathrm{T}} \varphi_{i,m_i}(\hat{x}) - \tilde{\theta}_{i,m_i}^{\mathrm{T}} \varphi_{i,m_i}(\hat{x}) \\
& - \frac{\partial \alpha_{i,m_i-1}}{\partial y_i} e_{i,2} - \frac{\partial \alpha_{i,m_i-1}}{\partial y_i} \varepsilon_{i,1} - \frac{\partial \alpha_{i,m_i-1}}{\partial y_i} \tilde{\theta}_{i,1}^{\mathrm{T}} \varphi_{i,1}(x_{i,1})
\end{aligned} \tag{6.2.32}
$$

式中，

$$
\begin{aligned}
H_{i,m_i} = & k_{i,m_i} e_{i,1} + \hat{\theta}_{i,m_i}^{\mathrm{T}} \varphi_{i,m_i}(\hat{x}) - \sum_{k=1}^{m_i-1} \frac{\partial \alpha_{i,m_i-1}}{\partial \hat{x}_{i,k}} \left(\hat{x}_{i,k+1} + \hat{\theta}_{i,k}^{\mathrm{T}} \varphi_{i,k}(\hat{\bar{x}}_{i,k}) \right. \\
& \left. + k_{i,k} e_{i,1} \right) - \sum_{k=1}^{m_i-1} \frac{\partial \alpha_{i,m_i-1}}{\partial \hat{\theta}_{i,k}} \dot{\hat{\theta}}_{i,k} - \sum_{k=1}^{m_i-1} \frac{\partial \alpha_{i,m_i-1}}{\partial y_{i,m}^{(k-1)}} y_{i,m}^{(k)} \\
& - \frac{\partial \alpha_{i,m_i-1}}{\partial y_i} \left(\hat{x}_{i,2} + \hat{\theta}_{i,1}^{\mathrm{T}} \varphi_{i,1}(x_{i,1}) \right)
\end{aligned}
$$

选择如下的李雅普诺夫函数:

$$V_{i,m_i} = V_{i,m_i-1} + \frac{1}{2}z_{i,m_i}^2 + \frac{1}{2\gamma_{i,m_i}}\tilde{\theta}_{i,m_i}^{\mathrm{T}}\tilde{\theta}_{i,m_i} \tag{6.2.33}$$

式中, $\gamma_{i,m_i} > 0$ 是设计参数; $\hat{\theta}_{i,m_i}$ 是 θ_{i,m_i}^* 的估计; $\tilde{\theta}_{i,m_i} = \theta_{i,m_i}^* - \hat{\theta}_{i,m_i}$ 是参数估计误差。

设 $\lambda_{i,m_i} = \lambda_{i,m_i-1} - \frac{1}{2}$, 根据式 (6.2.32) 和式 (6.2.33), V_{i,m_i} 的导数为

$$
\begin{aligned}
\dot{V}_{i,m_i} \leqslant & -\lambda_{i,m_i}\|e_i\|^2 + \frac{1}{2}\|P_i\|^2\sum_{j=1}^{m_i}\left\|\tilde{\theta}_{i,j}^{\mathrm{T}}\right\|^2 - \sum_{k=1}^{m_i-1}c_{i,k}z_{i,k}^2 + \frac{1}{2}\varepsilon_{i,1}^{*2} \\
& + \frac{1}{2}\sum_{k=2}^{m_i}\left\|\tilde{\theta}_{i,k}\right\|^2 + \frac{m_i-1}{2}\left\|\tilde{\theta}_{i,1}\right\|^2 + z_{i,m_i}\left[u_i + z_{i,m_i}\right. \\
& \left. + \frac{3}{2}z_{i,m_i}\left(\frac{\partial\alpha_{i,m_i-1}}{\partial y_i}\right)^2 + H_{i,m_i}\right] - \sum_{k=1}^{m_i-1}\frac{\sigma_{i,k}}{2\gamma_{i,k}}\tilde{\theta}_{i,k}^{\mathrm{T}}\tilde{\theta}_{i,k} \\
& + \frac{\tilde{\theta}_{i,m_i}^{\mathrm{T}}}{\gamma_{i,m_i}}(\gamma_{i,m_i}z_{i,m_i}\varphi_{i,m_i}(\hat{x}) - \dot{\hat{\theta}}_{i,m_i}) + D_{i,m_i-1}
\end{aligned}
\tag{6.2.34}
$$

设计控制器 u_i 和参数 $\hat{\theta}_{i,m_i}$ 的自适应律如下:

$$u_i = -c_{i,m_i}z_{i,m_i} - z_{i,m_i} - \frac{3}{2}z_{i,m_i}\left(\frac{\partial\alpha_{i,m_i-1}}{\partial y_i}\right)^2 - H_{i,m_i} \tag{6.2.35}$$

$$\dot{\hat{\theta}}_{i,m_i} = \gamma_{i,m_i}z_{i,m_i}\varphi_{i,m_i}(\hat{x}) - \sigma_{i,m_i}\hat{\theta}_{i,m_i} \tag{6.2.36}$$

式中, $c_{i,m_i} > 0$ 和 $\sigma_{i,m_i} > 0$ 是设计参数。

将式 (6.2.35) 和式 (6.2.36) 代入式 (6.2.34), 则式 (6.2.34) 变为

$$
\begin{aligned}
\dot{V}_{i,m_i} \leqslant & -\lambda_{i,m_i}\|e_i\|^2 + \frac{1}{2}\|P_i\|^2\sum_{k=1}^{m_i}\left\|\tilde{\theta}_{i,k}^{\mathrm{T}}\right\|^2 - \sum_{k=1}^{m_i}c_{i,k}z_{i,k}^2 + \frac{1}{2}\sum_{k=2}^{m_i}\left\|\tilde{\theta}_{i,k}\right\|^2 \\
& + \frac{m_i-1}{2}\left\|\tilde{\theta}_{i,1}\right\|^2 - \sum_{k=1}^{m_i-1}\frac{\sigma_{i,k}}{2\gamma_{i,k}}\tilde{\theta}_{i,k}^{\mathrm{T}}\tilde{\theta}_{i,k} + \frac{\sigma_{i,m_i}}{\gamma_{i,m_i}}\tilde{\theta}_{i,m_i}^{\mathrm{T}}\hat{\theta}_{i,m_i} + \frac{1}{2}\varepsilon_{i,1}^{*2} + D_{i,m_i-1}
\end{aligned}
\tag{6.2.37}
$$

根据杨氏不等式, 可得

$$\frac{\sigma_{i,m_i}}{\gamma_{i,m_i}}\tilde{\theta}_{i,m_i}^{\mathrm{T}}\hat{\theta}_{i,m_i} \leqslant -\frac{\sigma_{i,m_i}}{2\gamma_{i,m_i}}\tilde{\theta}_{i,m_i}^{\mathrm{T}}\tilde{\theta}_{i,m_i} + \frac{\sigma_{i,m_i}}{2\gamma_{i,m_i}}\theta_{i,m_i}^{*\mathrm{T}}\theta_{i,m_i}^* \tag{6.2.38}$$

将式 (6.2.38) 代入式 (6.2.37)，$\dot{V}_{i,m_i}$ 最终可表示为

$$
\begin{aligned}
\dot{V}_{i,m_i} \leqslant &- \lambda_{i,m_i} \left\| e_i \right\|^2 + \frac{1}{2} \left\| P_i \right\|^2 \sum_{k=1}^{m_i} \left\| \tilde{\theta}_{i,k}^{\mathrm{T}} \right\|^2 - \sum_{k=1}^{m_i} c_{i,k} z_{i,k}^2 \\
&+ \frac{1}{2} \sum_{k=2}^{m_i} \left\| \tilde{\theta}_{i,k} \right\|^2 + \frac{m_i - 1}{2} \left\| \tilde{\theta}_{i,1} \right\|^2 - \sum_{k=1}^{m_i} \frac{\sigma_{i,k}}{2\gamma_{i,k}} \tilde{\theta}_{i,k}^{\mathrm{T}} \tilde{\theta}_{i,k} + D_{i,m_i} \quad (6.2.39)
\end{aligned}
$$

式中，$D_{i,m_i} = \dfrac{\sigma_{i,m_i}}{2\gamma_{i,m_i}} \theta_{i,m_i}^{*\mathrm{T}} \theta_{i,m_i}^{*} + \dfrac{1}{2} \varepsilon_{i,1}^{*2} + D_{i,m_i-1}$。

6.2.4　稳定性与收敛性分析

下面的定理给出了所设计的模糊自适应控制方法具有的性质。

定理 6.2.1　对于多变量非线性严格反馈系统 (6.2.1)，如果采用状态观测器 (6.2.5)，控制器 (6.2.35)，虚拟控制器 (6.2.16)、(6.2.27)，参数自适应律 (6.2.17)、(6.2.28) 和 (6.2.36)，则总体控制方案具有如下性能：

(1) 闭环系统中的所有信号半全局一致最终有界；

(2) 观测误差 $e_i(t)$ 和跟踪误差 $z_{i,1}(t) = y_i(t) - y_{i,m}(t)$ 收敛到包含原点的一个较小邻域内。

证明　选择李雅普诺夫函数为 $V = \sum\limits_{i=1}^{N} \sum\limits_{j=1}^{m_i} V_{i,j}$。由式 (6.2.39) 可得

$$
\begin{aligned}
\dot{V} \leqslant \sum_{i=1}^{N} &\left(- \lambda_{i,m_i} \left\| e_i \right\|^2 + \frac{1}{2} \left\| P_i \right\|^2 \sum_{k=1}^{m_i} \left\| \tilde{\theta}_{i,k}^{\mathrm{T}} \right\|^2 - \sum_{k=1}^{m_i} c_{i,k} z_{i,k}^2 \right. \\
&\left. + \frac{1}{2} \sum_{k=2}^{m_i} \left\| \tilde{\theta}_{i,k} \right\|^2 + \frac{m_i - 1}{2} \left\| \tilde{\theta}_{i,1} \right\|^2 - \sum_{k=1}^{m_i} \frac{\sigma_{i,k}}{2\gamma_{i,k}} \tilde{\theta}_{i,k}^{\mathrm{T}} \tilde{\theta}_{i,k} + D_{i,m_i} \right) \quad (6.2.40)
\end{aligned}
$$

令 $C = \min\limits_{1 \leqslant i \leqslant N} \{ 2\lambda_{i,m_i} / \lambda_{\max}(P_i); 2c_{i,k}, \sigma_{i,1} - \gamma_{i,1}(\|P_i\|^2 + m_i - 1), \sigma_{i,k} - \gamma_{i,k}(\|P_i\|^2 + 1) \}$，$D = \sum\limits_{i=1}^{N} D_{i,m_i} (k = 2, 3, \cdots, m_i)$，因此 $\dot{V}$ 最终可表示为

$$
\dot{V} \leqslant -CV + D \quad (6.2.41)
$$

根据式 (6.2.41)，并由引理 0.3.1 可以得到闭环系统中的所有信号是半全局一致最终有界的，并且有 $\lim\limits_{t \to \infty} \sum\limits_{i=1}^{N} |y_i(t) - y_{i,m}(t)| \leqslant \sqrt{2D/C}$ 和 $\lim\limits_{t \to \infty} \sum\limits_{i=1}^{N} |e_i(t)| \leqslant \sqrt{2D/(C\lambda_{\min}(P_i))}$。在控制设计中，如果选择适当的设计参数，可以使得 D/C 比较小，那么可得到跟踪误差 $z_{i,1} = y_i - y_{i,m}$ 和观测误差 e_i 收敛到包含原点的一个较小邻域内。

评注 6.2.1　　本节针对一类状态不可测的多变量非线性严格反馈系统, 介绍了基于模糊状态观测器的模糊自适应输出反馈控制设计方法。如果使用线性观测器代替本节的模糊状态观测器, 其智能自适应输出反馈控制方法可参见文献 [11]。如果把一阶滤波器引入本节的自适应反步递推控制设计算法中, 那么得到的智能自适应输出反馈动态面控制设计方法可参见文献 [12] 和 [13]。此外, 关于多变量随机非线性严格反馈系统, 其代表性智能自适应控制设计方法可参见文献 [14] 和 [15]。

6.2.5　仿真

例 6.2.1　　考虑如下多变量非线性严格系统:

$$\begin{cases} \dot{x}_{1,1} = f_{1,1}(x_{1,1}) + x_{1,2} \\ \dot{x}_{1,2} = f_{1,2}(\bar{x}_{1,2}) + u_1 \\ y_1 = x_{1,1} \end{cases} \tag{6.2.42}$$

$$\begin{cases} \dot{x}_{2,1} = f_{2,1}(x_{2,1}) + x_{2,2} \\ \dot{x}_{2,2} = f_{2,2}(x) + u_2 \\ y_2 = x_{2,1} \end{cases} \tag{6.2.43}$$

式中, $f_{1,1}(x_{1,1}) = 02x_{1,1}^2 \cos(x_{1,1})$; $f_{1,2}(\bar{x}_{1,2}) = \dfrac{x_{1,1}x_{1,2}}{1 + 10x_{1,1}^2}$; $f_{2,1}(x_{2,1}) = 0.1x_{2,1} \times \sin(2 + x_{2,1}^2) + 0.15\sin(x_{2,1}^2)$; $f_{2,2}(x) = x_{2,2}\cos(x_{1,1})\sin(x_{1,2})$。给定的参考信号为: $y_{1,m} = 0.5\sin(t) + \sin(0.5t)$, $y_{2,m} = 0.5(\sin(t) + \sin(0.5t))$。

选择隶属函数为

$$\mu_{F_{i,j}^1}(\hat{x}_{i,j}) = \exp\left[-\frac{(\hat{x}_{i,j} - 4)^2}{2}\right], \quad \mu_{F_{i,j}^2}(\hat{x}_{i,j}) = \exp\left[-\frac{(\hat{x}_{i,j} - 2)^2}{2}\right]$$

$$\mu_{F_{i,j}^3}(\hat{x}_{i,j}) = \exp\left(-\frac{\hat{x}_{i,j}^2}{2}\right), \quad \mu_{F_{i,j}^4}(\hat{x}_{i,j}) = \exp\left[-\frac{(\hat{x}_{i,j} + 2)^2}{2}\right]$$

$$\mu_{F_{i,j}^5}(\hat{x}_{i,j}) = \exp\left[-\frac{(\hat{x}_{i,j} + 4)^2}{2}\right], \quad i = 1, 2; \ j = 1, 2$$

令

$$\varphi_{i,1,l}(\hat{x}_{i,1}) = \frac{\mu_{F_{i,1}^l}(\hat{x}_{i,1})}{\displaystyle\sum_{l=1}^{5} \mu_{F_{i,1}^l}(\hat{x}_{i,1})}, \quad \varphi_{i,2,l}(\hat{\bar{x}}_{i,2}) = \frac{\mu_{F_{i,1}^l}(\hat{x}_{i,1})\mu_{F_{i,2}^l}(\hat{x}_{i,2})}{\displaystyle\sum_{l=1}^{5} \mu_{F_{i,1}^l}(\hat{x}_{i,1})\mu_{F_{i,2}^l}(\hat{x}_{i,2})},$$

$$i = 1, 2; \ j = 1, 2$$

$$\varphi_{i,1}(\hat{x}_{i,1}) = [\varphi_{i,1,1}(\hat{x}_{i,1}), \varphi_{i,1,2}(\hat{x}_{i,1}), \varphi_{i,1,3}(\hat{x}_{i,1}), \varphi_{i,1,4}(\hat{x}_{i,1}), \varphi_{i,1,5}(\hat{x}_{i,1})]^{\mathrm{T}}$$

$$\varphi_{i,2}(\hat{x}_{i,2}) = [\varphi_{i,2,1}(\hat{x}_{i,2}), \varphi_{i,2,2}(\hat{x}_{i,2}), \varphi_{i,2,3}(\hat{x}_{i,2}), \varphi_{i,2,4}(\hat{x}_{i,2}), \varphi_{i,2,5}(\hat{x}_{i,2})]^{\mathrm{T}}$$

则得到模糊逻辑系统为

$$\hat{f}_{i,j}(\bar{x}_{i,j} \left| \hat{\theta}_{i,j}\right.) = \hat{\theta}_{i,j}^{\mathrm{T}}\varphi_{i,j}(\bar{x}_{i,j}), \quad i = 1, 2;\ j = 1, 2$$

在仿真中，选取虚拟控制器、控制器和参数自适应律中的设计参数为：$\gamma_{1,1} = 6$，$\gamma_{2,1} = 2$，$\gamma_{1,2} = 5$，$\gamma_{2,2} = 3$，$\sigma_{1,1} = 15$，$\sigma_{2,1} = 5$，$\sigma_{1,2} = \sigma_{2,2} = 5$，$c_{1,1} = 25$，$c_{2,1} = 20$，$c_{1,2} = 30$，$c_{2,2} = 35$。

选择变量及参数的初始值为：$x_{1,1}(0) = 0.2$，$x_{1,2}(0) = 0.1$，$x_{2,1}(0) = 0.3$，$x_{2,2}(0) = 0.2$，$\hat{x}_{1,1}(0) = 0.4$，$\hat{x}_{1,2}(0) = 0.4$，$\hat{x}_{2,1}(0) = 0.1$，$\hat{x}_{2,2}(0) = 0.5$，$\hat{\theta}_{1,1}(0) = [0\ \ 0\ \ 0.2\ \ 0.1\ \ 0]^{\mathrm{T}}$，$\hat{\theta}_{1,2}(0) = [0\ \ 0.1\ \ 0\ \ 0\ \ 0.2]^{\mathrm{T}}$，$\hat{\theta}_{2,1}(0) = [0.1\ \ 0\ \ 0\ \ 0.1\ \ 0.2]^{\mathrm{T}}$，$\hat{\theta}_{2,2}(0) = [0\ \ 0.1\ \ 0.2\ \ 0\ \ 0]^{\mathrm{T}}$。

给定观测增益 $k_{1,1} = 50$，$k_{1,2} = 80$，$k_{2,1} = 60$，$k_{2,2} = 70$，正定矩阵 $Q_1 = Q_2 = 10I$，则通过求解李雅普诺夫方程 (6.2.3)，可得正定矩阵 P_1 和 P_2 为

$$P_1 = \begin{bmatrix} 0.1013 & 0.0625 \\ 0.0625 & 11.2250 \end{bmatrix}, \quad P_2 = \begin{bmatrix} 0.0845 & 0.0714 \\ 0.0714 & 10.2024 \end{bmatrix}$$

仿真结果如图 6.2.1～图 6.2.8 所示。

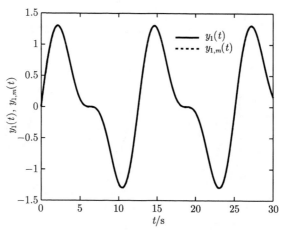

图 6.2.1　输出 $y_1(t)$ 和参考信号 $y_{1,m}(t)$ 的轨迹

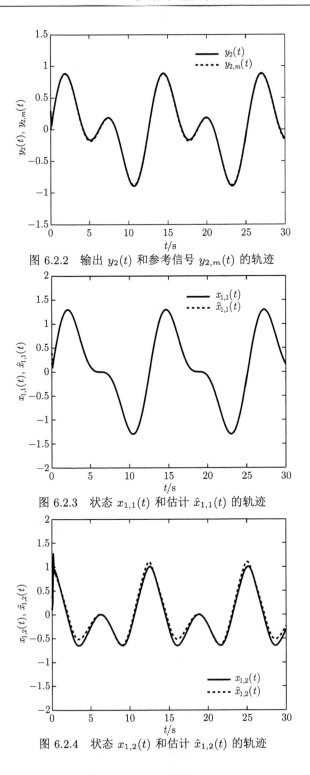

图 6.2.2 输出 $y_2(t)$ 和参考信号 $y_{2,m}(t)$ 的轨迹

图 6.2.3 状态 $x_{1,1}(t)$ 和估计 $\hat{x}_{1,1}(t)$ 的轨迹

图 6.2.4 状态 $x_{1,2}(t)$ 和估计 $\hat{x}_{1,2}(t)$ 的轨迹

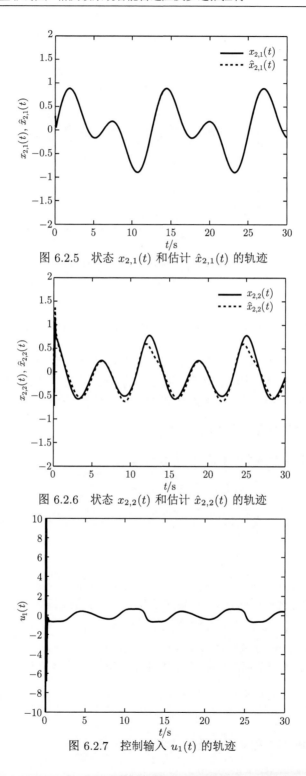

图 6.2.5 状态 $x_{2,1}(t)$ 和估计 $\hat{x}_{2,1}(t)$ 的轨迹

图 6.2.6 状态 $x_{2,2}(t)$ 和估计 $\hat{x}_{2,2}(t)$ 的轨迹

图 6.2.7 控制输入 $u_1(t)$ 的轨迹

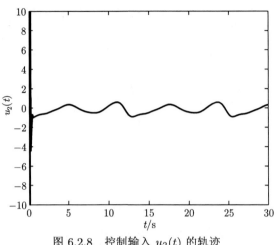

图 6.2.8　控制输入 $u_2(t)$ 的轨迹

6.3　多变量非线性系统模糊自适应输出反馈鲁棒控制

本节针对一类带有滞回特性且状态不可测的多变量非线性严格反馈系统，在 6.2 节模糊自适应输出反馈控制的基础上，介绍基于观测器的模糊自适应输出反馈鲁棒控制方法，并给出闭环系统的稳定性和收敛性分析。

6.3.1　系统模型及控制问题描述

考虑如下的多变量非线性严格反馈系统：

$$\begin{cases} \dot{x}_{i,j} = f_{i,j}(\bar{x}_{i,j}) + x_{i,j+1} \\ \dot{x}_{i,m_i-1} = f_{i,m_i-1}(\bar{x}_{i,m_i-1}) + x_{i,m_i} \\ \dot{x}_{i,m_i} = f_{i,m_i}(x) + \phi_i(v_i) \\ y_i = x_{i,1} \end{cases} \tag{6.3.1}$$

式中，$\bar{x}_{i,j} = [x_{i,1}, x_{i,2}, \cdots, x_{i,j}]^T (i = 1, 2, \cdots, N; \; j = 1, 2, \cdots, m_i - 1)$ 是第 i 个子系统的状态向量；y_i 是系统输出；$\phi_i(v_i)$ 表示系统的滞回特性；v_i 是系统的输入；$f_{i,j}(\cdot)$ 是未知光滑非线性函数；$x = [x_1^T, \cdots, x_i^T, \cdots, x_N^T]^T$，$x_i^T = [x_{i,1}, x_{i,2}, \cdots, x_{i,m_i}]^T$。假设只有系统的输出 y_i 是可测的。

系统 (6.3.1) 中控制输入 v_i 和非线性滞回特性 $\phi_i(v_i)$ 可表示为

$$\frac{\mathrm{d}\phi_i(v_i)}{\mathrm{d}t} = \alpha_i \left| \frac{\mathrm{d}v_i}{\mathrm{d}t} \right| (c_i v_i - \phi_i(v_i)) + B_{i1} \frac{\mathrm{d}v_i}{\mathrm{d}t} \tag{6.3.2}$$

式中，α_i、c_i 和 B_{i1} 是未知常量，且满足 $c_i > B_{i1}$。

因此，式 (6.3.2) 可表示为

$$
\begin{aligned}
\phi_i(v_i) &= c_i v_i(t) + \underline{d}_{i1}(v_i) \\
\underline{d}_{i1}(v_i) &= [\phi_{i0} - c_i v_{i0}] \mathrm{e}^{-\alpha_i(v_i - v_{i0})\mathrm{sgn}(\dot{v}_i)} \\
&\quad + \mathrm{e}^{-\alpha_i v_i \mathrm{sgn}(\dot{v}_i)} \int_{v_{i0}}^{v_i} (B_{i1} - c_i)\, \mathrm{e}^{\alpha_i \eta_i \mathrm{sgn}(\dot{v}_i)} \mathrm{d}\eta_i
\end{aligned}
\tag{6.3.3}
$$

式中，$v_i(0) = v_{i0}$；$\phi_i(v_{i0}) = \phi_{i0}$。

控制任务　对多变量非线性严格反馈系统 (6.3.1)，基于模糊逻辑系统设计一种自适应输出反馈控制器，使得：

(1) 闭环系统的所有信号半全局一致最终有界；

(2) 状态观测误差和跟踪误差收敛到包含原点的一个较小邻域内。

6.3.2　模糊状态观测器设计

将系统 (6.3.1) 表示为如下的状态空间表达形式：

$$
\begin{cases}
\dot{x}_i = A_i x_i + K_i y_i + \displaystyle\sum_{j=1}^{m_i-1} B_{i,j} f_{i,j}(\bar{x}_{i,j}) + B_{i,m_i} f_{i,m_i}(x) + B_{i,m_i} c_i v_i \\
y_i = C_i x_i
\end{cases}
\tag{6.3.4}
$$

式中，

$$
A_i = \begin{bmatrix} -k_{i,1} & & \\ \vdots & & I_{m_i-1} \\ -k_{i,m_i} & 0 & \cdots & 0 \end{bmatrix}, \quad
K_i = \begin{bmatrix} k_{i,1} \\ \vdots \\ k_{i,m_i} \end{bmatrix}, \quad
B_{i,m_i} = \begin{bmatrix} 0 \\ \vdots \\ 1 \end{bmatrix}
$$

$$
C_i = [1 \quad 0 \quad \cdots \quad 0], \quad B_{i,j} = [0 \quad \cdots \quad 0 \quad 1 \quad 0 \quad \cdots \quad 0]^{\mathrm{T}}
$$

选择观测增益矩阵 K_i 使得 A_i 是 Hurwitz 的。因此，对于一个给定的正定矩阵 $Q_i = Q_i^{\mathrm{T}} > 0$，存在一个正定矩阵 $P_i = P_i^{\mathrm{T}} > 0$，满足下面的方程：

$$
A_i^{\mathrm{T}} P_i + P_i A_i = -2Q_i
\tag{6.3.5}
$$

由于 $f_{i,j}(\bar{x}_{i,j})$ 是未知的连续函数，所以根据引理 0.1.1，利用模糊逻辑系统 $\hat{f}_{i,j}(\bar{x}_{i,j} | \hat{\theta}_{i,j}) = \hat{\theta}_{i,j}^{\mathrm{T}} \varphi(\bar{x}_{i,j})$ 逼近 $f_{i,j}(\bar{x}_{i,j})$，并假设

$$
f_{i,j}(\bar{x}_{i,j}) = \theta_{i,j}^{*\mathrm{T}} \varphi_{i,j}(\bar{x}_{i,j}) + \varepsilon_{i,j}(\bar{x}_{i,j})
\tag{6.3.6}
$$

式中，$\hat{\theta}_{i,j}$ 是 $\theta_{i,j}^*$ 的估计，$\tilde{\theta}_{i,j} = \theta_{i,j}^* - \hat{\theta}_{i,j}$ 是参数估计误差；最小模糊逼近误差 $\varepsilon_{i,j}(\bar{x}_{i,j})$ 满足 $|\varepsilon_{i,j}(\bar{x}_{i,j})| \leqslant \varepsilon_{i,j}^*$，$\varepsilon_{i,j}^*$ 是正常数。

设计模糊状态观测器为

$$
\begin{cases}
\dot{\hat{x}}_i = A_i\hat{x}_i + K_iy_i + \sum_{j=1}^{m_i-1} B_{i,j}\hat{f}_{i,j}(\hat{\bar{x}}_{i,j}|\hat{\theta}_{i,j}) + B_{i,m_i}\hat{f}_{i,m_i}(\hat{x}|\hat{\theta}_{i,m_i}) + B_{i,m_i}\hat{c}_iv_i \\
\hat{y}_i = C_i\hat{x}_i
\end{cases}
$$
$$(6.3.7)$$

式中，$\hat{c}_i$ 是 c_i 的估计；$\hat{x} = [\hat{x}_1, \hat{x}_2, \cdots, \hat{x}_N]^{\mathrm{T}}$；$\hat{x}_i = [\hat{x}_{i,1}, \hat{x}_{i,2}, \cdots, \hat{x}_{i,m_i}]^{\mathrm{T}}$；$\hat{\bar{x}}_{i,j} = [\hat{x}_{i,1}, \hat{x}_{i,2}, \cdots, \hat{x}_{i,j}]^{\mathrm{T}}$ 是 $\bar{x}_{i,j} = [x_{i,1}, x_{i,2}, \cdots, x_{i,j}]^{\mathrm{T}}$ 的估计。

定义观测误差为 $e_i = x_i - \hat{x}_i$，则根据式 (6.3.4) 和式 (6.3.7)，可得

$$
\begin{aligned}
\dot{e}_i = {}& A_ie_i + \sum_{j=1}^{m_i-1} B_{i,j}\tilde{\theta}_{i,j}^{\mathrm{T}}\varphi_{i,j}(\hat{\bar{x}}_{i,j}) + B_{i,m_i}\tilde{\theta}_{i,m_i}^{\mathrm{T}}\varphi_{i,m_i}(\hat{x}) \\
& + B_{i,m_i}\left[\underline{d}_{i1} + \theta_{i,m_i}^*\left(\varphi_{i,m_i}(x) - \varphi_{i,m_i}(\hat{x})\right)\right] + \varepsilon_i \\
& + \sum_{j=1}^{m_i-1} B_{i,j}\theta_{i,j}^*[\varphi_{i,j}(\bar{x}_{i,j}) - \varphi_{i,j}(\hat{\bar{x}}_{i,j})] + B_{i,m_i}\tilde{c}_iv_i
\end{aligned}
$$
$$(6.3.8)$$

式中，$\varepsilon_i = [\varepsilon_{i,1}, \varepsilon_{i,2}, \cdots, \varepsilon_{i,m_i}]^{\mathrm{T}}$；$\tilde{c}_i = c_i - \hat{c}_i$ 是参数估计误差。

选择李雅普诺夫函数 $V_{i,0} = \frac{1}{2}e_i^{\mathrm{T}}P_ie_i$，类似于引理 4.2.1 的证明，$\dot{V}_{i,0}$ 最终可表示为

$$
\begin{aligned}
\dot{V}_{i,0} \leqslant {}& -\lambda_{i,0}\|e_i\|^2 + \frac{1}{2}\|P_i\|^2\|\varepsilon_i^*\|^2 + \frac{1}{2}\|P_i\|^2|\underline{d}_{i1}|^2 \\
& + \frac{1}{2}\|P_i\|^2\sum_{j=1}^{m_i}\left\|\tilde{\theta}_{i,j}^{\mathrm{T}}\right\|^2 + \frac{1}{2}\|P_i\|^2\sum_{j=1}^{m_i}\left\|\theta_{i,j}^*\right\|^2 + e_i^{\mathrm{T}}P_iB_{i,m_i}\tilde{c}_iv_i
\end{aligned}
$$
$$(6.3.9)$$

式中，$\lambda_{i,0} = \lambda_{\min}(Q_i) - 3/2$。

6.3.3 模糊自适应反步递推输出反馈控制设计

定义如下的坐标变换：

$$z_{i,1} = y_i - y_{i,m} \tag{6.3.10}$$

$$z_{i,j} = \hat{x}_{i,j} - \alpha_{i,j-1}, \quad j = 2, 3, \cdots, m_i \tag{6.3.11}$$

式中，$y_{i,m}$ 是给定的跟踪信号；$z_{i,1}$ 是跟踪误差；$\alpha_{i,j-1}$ 是在第 $j-1$ 步中将要设计的虚拟控制器。

基于上面的坐标变换，m_i 步模糊自适应反步递推控制设计如下。

第 1 步   求 $z_{i,1}$ 的导数，由式 (6.3.1) 和式 (6.3.10) 可得

$$\dot{z}_{i,1} = \dot{x}_{i,1} - \dot{y}_{i,m}$$

$$
\begin{aligned}
&= x_{i,2} + f_{i,1}(x_{i,1}) - \dot{y}_{i,m} \\
&= z_{i,2} + \alpha_{i,1} + e_{i,2} + \theta_{i,1}^{*\mathrm{T}}(\varphi_{i,1}(x_{i,1}) - \varphi_{i,1}(\hat{x}_{i,1})) \\
&\quad + \hat{\theta}_{i,1}^{\mathrm{T}}\varphi_{i,1}(\hat{x}_{i,1}) + \tilde{\theta}_{i,1}^{\mathrm{T}}\varphi_{i,1}(\hat{x}_{i,1}) + \varepsilon_{i,1} - \dot{y}_{i,m}
\end{aligned}
\tag{6.3.12}
$$

式中，$\hat{\theta}_{i,1}$ 是 $\theta_{i,1}^{*}$ 的估计；$\tilde{\theta}_{i,1} = \theta_{i,1}^{*} - \hat{\theta}_{i,1}$ 是参数估计误差。

选择如下的李雅普诺夫函数：

$$
V_{i,1} = V_{i,0} + \frac{1}{2}z_{i,1}^2 + \frac{1}{2\gamma_{i,1}}\tilde{\theta}_{i,1}^{\mathrm{T}}\tilde{\theta}_{i,1}
\tag{6.3.13}
$$

式中，$\gamma_{i,1} > 0$ 是设计参数。

根据式 (6.3.12) 和式 (6.3.13)，$V_{i,1}$ 的导数为

$$
\begin{aligned}
\dot{V}_{i,1} =\ & \dot{V}_{i,0} + z_{i,1}\dot{z}_{i,1} - \frac{1}{\gamma_{i,1}}\tilde{\theta}_{i,1}^{\mathrm{T}}\dot{\hat{\theta}}_{i,1} \\
\leqslant\ & -\lambda_{i,0}\left\|e_i\right\|^2 + \frac{1}{2}\left\|P_i\right\|^2|\underline{d}_{i1}|^2 + \frac{1}{2}\left\|P_i\right\|^2\sum_{j=1}^{m_i}\left\|\tilde{\theta}_{i,j}^{\mathrm{T}}\right\|^2 + e_i^{\mathrm{T}}P_iB_{i,m_i}\tilde{c}_i v_i \\
& + z_{i,1}[z_{i,2} + \alpha_{i,1} + e_{i,2} + \hat{\theta}_{i,1}^{\mathrm{T}}\varphi_{i,1}(\hat{x}_{i,1}) + \theta_{i,1}^{*\mathrm{T}}(\varphi_{i,1}(x_{i,1}) - \varphi_{i,1}(\hat{x}_{i,1})) + \varepsilon_{i,1} \\
& - \dot{y}_{i,m}] + \frac{1}{2}\left\|P_i\right\|^2\left\|\varepsilon_i^{*}\right\|^2 + \frac{\tilde{\theta}_{i,1}^{\mathrm{T}}}{\gamma_{i,1}}(\gamma_{i,1}z_{i,1}\varphi_{i,1}(\hat{x}_{i,1}) - \dot{\hat{\theta}}_{i,1}) + \frac{1}{2}\left\|P_i\right\|^2\sum_{j=1}^{m_i}\left\|\theta_{i,j}^{*}\right\|^2
\end{aligned}
\tag{6.3.14}
$$

根据杨氏不等式，可得下列不等式：

$$
z_{i,1}(z_{i,2} + e_{i,2} + \varepsilon_{i,1}) \leqslant \frac{3}{2}z_{i,1}^2 + \frac{1}{2}z_{i,2}^2 + \frac{1}{2}\left\|e_{i,2}\right\|^2 + \frac{1}{2}\varepsilon_{i,1}^{*2}
\tag{6.3.15}
$$

$$
z_{i,1}\theta_{i,1}^{*\mathrm{T}}(\varphi_{i,1}(x_{i,1}) - \varphi_{i,1}(\hat{x}_{i,1})) \leqslant z_{i,1}^2 + \left\|\theta_{i,1}^{*}\right\|^2
\tag{6.3.16}
$$

设 $\lambda_{i,1} = \lambda_{i,0} - \dfrac{1}{2}$，将式 (6.3.15) 和式 (6.3.16) 代入式 (6.3.14)，可得

$$
\begin{aligned}
\dot{V}_{i,1} \leqslant\ & -\lambda_{i,1}\left\|e_i\right\|^2 + \frac{1}{2}\left\|P_i\right\|^2\sum_{j=1}^{m_i}\left\|\tilde{\theta}_{i,j}^{\mathrm{T}}\right\|^2 + \frac{1}{2}\left\|P_i\right\|^2|\underline{d}_{i1}|^2 + z_{i,1}\left(\alpha_{i,1} + \frac{5}{2}z_{i,1}\right. \\
& \left. + \hat{\theta}_{i,1}^{\mathrm{T}}\varphi_{i,1}(\hat{x}_{i,1}) - \dot{y}_{i,m}\right) + \frac{1}{2}z_{i,2}^2 + \frac{1}{2}\left\|P_i\right\|^2\left\|\varepsilon_i^{*}\right\|^2 + e_i^{\mathrm{T}}P_iB_{i,m_i}\tilde{c}_i v_i \\
& + \frac{\tilde{\theta}_{i,1}^{\mathrm{T}}}{\gamma_{i,1}}(\gamma_{i,1}z_{i,1}\varphi_{i,1}(\hat{x}_{i,1}) - \dot{\hat{\theta}}_{i,1}) + \left\|\theta_{i,1}^{*}\right\|^2 + \frac{1}{2}\left\|P_i\right\|^2\sum_{j=1}^{m_i}\left\|\theta_{i,j}^{*}\right\|^2 + \frac{1}{2}\varepsilon_{i,1}^{*2}
\end{aligned}
\tag{6.3.17}
$$

设计虚拟控制器 $\alpha_{i,1}$ 和参数 $\hat{\theta}_{i,1}$ 的自适应律如下：

$$\alpha_{i,1} = -c_{i,1}z_{i,1} - \frac{5}{2}z_{i,1} - \hat{\theta}_{i,1}^{\mathrm{T}}\varphi_{i,1}(\hat{x}_{i,1}) + \dot{y}_{i,m} \tag{6.3.18}$$

$$\dot{\hat{\theta}}_{i,1} = \gamma_{i,1}z_{i,1}\varphi_{i,1}(\hat{x}_{i,1}) - \sigma_{i,1}\hat{\theta}_{i,1} \tag{6.3.19}$$

式中，$c_{i,1} > 0$、$\sigma_{i,1} > 0$ 是设计参数。

将式 (6.3.18) 和式 (6.3.19) 代入式 (6.3.17)，则式 (6.3.17) 变为

$$
\begin{aligned}
\dot{V}_{i,1} \leqslant &- \lambda_{i,1}\left\|e_i\right\|^2 + \frac{1}{2}\left\|P_i\right\|^2\sum_{j=1}^{m_i}\left\|\tilde{\theta}_{i,j}^{\mathrm{T}}\right\|^2 - c_{i,1}z_{i,1}^2 \\
&+ \frac{\sigma_{i,1}}{\gamma_{i,1}}\tilde{\theta}_{i,1}^{\mathrm{T}}\hat{\theta}_{i,1} + \frac{1}{2}\left\|P_i\right\|^2\left|\underline{d}_{i1}\right|^2 + \frac{1}{2}z_{i,2}^2 + e_i^{\mathrm{T}}P_iB_{i,m_i}\tilde{c}_iv_i \\
&+ \frac{1}{2}\varepsilon_{i,1}^{*2} + \left\|\theta_{i,1}^*\right\|^2 + \frac{1}{2}\left\|P_i\right\|^2\sum_{j=1}^{m_i}\left\|\theta_{i,j}^*\right\|^2 + \frac{1}{2}\left\|P_i\right\|^2\left\|\varepsilon_i^*\right\|^2
\end{aligned} \tag{6.3.20}
$$

根据杨氏不等式，可得

$$\frac{\sigma_{i,1}}{\gamma_{i,1}}\tilde{\theta}_{i,1}^{\mathrm{T}}\hat{\theta}_{i,1} = \frac{\sigma_{i,1}}{\gamma_{i,1}}\tilde{\theta}_{i,1}^{\mathrm{T}}(\theta_{i,1}^* - \tilde{\theta}_{i,1}) \leqslant -\frac{\sigma_{i,1}}{2\gamma_{i,1}}\tilde{\theta}_{i,1}^{\mathrm{T}}\tilde{\theta}_{i,1} + \frac{\sigma_{i,1}}{2\gamma_{i,1}}\theta_{i,1}^{*\mathrm{T}}\theta_{i,1}^* \tag{6.3.21}$$

将式 (6.3.21) 代入式 (6.3.20)，$\dot{V}_{i,1}$ 最终可表示为

$$
\begin{aligned}
\dot{V}_{i,1} \leqslant &- \lambda_{i,1}\left\|e_i\right\|^2 + \frac{1}{2}\left\|P_i\right\|^2\sum_{j=1}^{m_i}\left\|\tilde{\theta}_{i,j}^{\mathrm{T}}\right\|^2 - c_{i,1}z_{i,1}^2 \\
&- \frac{\sigma_{i,1}}{2\gamma_{i,1}}\tilde{\theta}_{i,1}^{\mathrm{T}}\tilde{\theta}_{i,1} + \frac{1}{2}z_{i,2}^2 + e_i^{\mathrm{T}}P_iB_{i,m_i}\tilde{c}_iv_i + D_{i,1}
\end{aligned} \tag{6.3.22}
$$

式中，$D_{i,1} = \frac{1}{2}\varepsilon_{i,1}^{*2} + \left\|\theta_{i,1}^*\right\|^2 + \frac{1}{2}\left\|P_i\right\|^2\sum_{j=1}^{m_i}\left\|\theta_{i,j}^*\right\|^2 + \frac{1}{2}\left\|P_i\right\|^2\left\|\varepsilon_i^*\right\|^2 + \frac{\sigma_{i,1}}{2\gamma_{i,1}}\theta_{i,1}^{*\mathrm{T}}\theta_{i,1}^* + \frac{1}{2}\left\|P_i\right\|^2\left|\underline{d}_{i1}\right|^2$。

第 j $(2 \leqslant j \leqslant m_i - 1)$ 步　　求 $z_{i,j}$ 的导数，并由式 (6.3.1) 和式 (6.3.11) 可得

$$
\begin{aligned}
\dot{z}_{i,j} = &\dot{\hat{x}}_{i,j} - \dot{\alpha}_{i,j-1} \\
= &z_{i,j+1} + \alpha_{i,j} + H_{i,j} + \tilde{\theta}_{i,j}^{\mathrm{T}}\varphi_{i,j}(\hat{\bar{x}}_{i,j}) - \tilde{\theta}_{i,j}^{\mathrm{T}}\varphi_{i,j}(\hat{\bar{x}}_{i,j}) \\
&- \frac{\partial\alpha_{i,j-1}}{\partial y_i}e_{i,2} - \frac{\partial\alpha_{i,j-1}}{\partial y_i}\varepsilon_{i,1} - \frac{\partial\alpha_{i,j-1}}{\partial y_i}\tilde{\theta}_{i,1}^{\mathrm{T}}\varphi_{i,1}(x_{i,1})
\end{aligned} \tag{6.3.23}
$$

式中，

$$H_{i,j} = k_{i,j}e_{i,1} + \hat{\theta}_{i,j}^{\mathrm{T}}\varphi_{i,j}(\hat{\bar{x}}_{i,j}) - \sum_{k=1}^{j-1}\frac{\partial\alpha_{i,j-1}}{\partial\hat{x}_{i,k}}[\hat{x}_{i,k+1} + \hat{\theta}_{i,k}^{\mathrm{T}}\varphi_{i,k}(\hat{\bar{x}}_{i,k}) + k_{i,k}e_{i,1}]$$

$$- \sum_{k=1}^{j-1}\frac{\partial\alpha_{i,j-1}}{\partial\hat{\theta}_{i,k}}\dot{\hat{\theta}}_{i,k} - \sum_{k=1}^{j-1}\frac{\partial\alpha_{i,j-1}}{\partial y_{i,m}^{(k-1)}}y_{i,m}^{(k)} - \frac{\partial\alpha_{i,j-1}}{\partial y_i}[\hat{x}_{i,2} + \hat{\theta}_{i,1}^{\mathrm{T}}\varphi_{i,1}(x_{i,1})]$$

选择如下的李雅普诺夫函数：

$$V_{i,j} = V_{i,j-1} + \frac{1}{2}z_{i,j}^2 + \frac{1}{2\gamma_{i,j}}\tilde{\theta}_{i,j}^{\mathrm{T}}\tilde{\theta}_{i,j} \tag{6.3.24}$$

式中，$\gamma_{i,j} > 0$ 是设计参数；$\hat{\theta}_{i,j}$ 是 $\theta_{i,j}^*$ 的估计；$\tilde{\theta}_{i,j} = \theta_{i,j}^* - \hat{\theta}_{i,j}$ 是参数估计误差。

求 $V_{i,j}$ 的导数，并由式 (6.3.23) 和式 (6.3.24) 可得

$$\dot{V}_{i,j} = \dot{V}_{i,j-1} + z_{i,j}\dot{z}_{i,j} - \frac{1}{\gamma_{i,j}}\tilde{\theta}_{i,j}^{\mathrm{T}}\dot{\hat{\theta}}_{i,j}$$

$$\leqslant -\lambda_{i,j-1}\|e_i\|^2 + \frac{1}{2}\|P_i\|^2\sum_{k=1}^{m_i}\left\|\tilde{\theta}_{i,k}^{\mathrm{T}}\right\|^2 - \sum_{k=1}^{j-1}c_{i,k}z_{i,k}^2 + \frac{1}{2}z_{i,j}^2$$

$$+ \frac{1}{2}\sum_{k=2}^{j-1}\left\|\tilde{\theta}_{i,k}\right\|^2 + \frac{j-2}{2}\left\|\tilde{\theta}_{i,1}\right\|^2 + z_{i,j}\left(z_{i,j+1} + \alpha_{i,j} + H_{i,j} - \frac{\partial\alpha_{i,j-1}}{\partial y_i}e_{i,2}\right.$$

$$\left. - \tilde{\theta}_{i,j}^{\mathrm{T}}\varphi_{i,j}(\hat{\bar{x}}_{i,j}) - \frac{\partial\alpha_{i,j-1}}{\partial y_i}\varepsilon_{i,1} - \frac{\partial\alpha_{i,j-1}}{\partial y_i}\tilde{\theta}_{i,1}^{\mathrm{T}}\varphi_{i,1}(x_{i,1})\right) - \sum_{k=1}^{j-1}\frac{\sigma_{i,k}}{2\gamma_{i,k}}\tilde{\theta}_{i,k}^{\mathrm{T}}\tilde{\theta}_{i,k}$$

$$+ \frac{\tilde{\theta}_{i,j}^{\mathrm{T}}}{\gamma_{i,j}}(\gamma_{i,j}z_{i,j}\varphi_{i,j}(\hat{\bar{x}}_{i,j}) - \dot{\hat{\theta}}_{i,j}) + e_i^{\mathrm{T}}P_iB_{i,m_i}\tilde{c}_iv_i + D_{i,j-1} \tag{6.3.25}$$

根据杨氏不等式，可得

$$z_{i,j}\left(z_{i,j+1} - \frac{\partial\alpha_{i,j-1}}{\partial y_i}e_{i,2} - \frac{\partial\alpha_{i,j-1}}{\partial y_i}\varepsilon_{i,1}\right)$$

$$\leqslant \frac{1}{2}z_{i,j}^2 + \frac{1}{2}z_{i,j+1}^2 + z_{i,j}^2\left(\frac{\partial\alpha_{i,j-1}}{\partial y_i}\right)^2 + \frac{1}{2}\|e_{i,2}\|^2 + \frac{1}{2}\varepsilon_{i,1}^{*2} \tag{6.3.26}$$

$$- z_{i,j}\left(\tilde{\theta}_{i,j}^{\mathrm{T}}\varphi_{i,j}(\hat{\bar{x}}_{i,j}) + \frac{\partial\alpha_{i,j-1}}{\partial y_i}\tilde{\theta}_{i,1}^{\mathrm{T}}\varphi_{i,1}(x_{i,1})\right)$$

$$\leqslant \frac{1}{2}z_{i,j}^2 + \frac{1}{2}\left(\frac{\partial\alpha_{i,j-1}}{\partial y_i}\right)^2z_{i,j}^2 + \frac{1}{2}\left\|\tilde{\theta}_{i,1}^{\mathrm{T}}\right\|^2 + \frac{1}{2}\left\|\tilde{\theta}_{i,j}^{\mathrm{T}}\right\|^2 \tag{6.3.27}$$

设 $\lambda_{i,j} = \lambda_{i,j-1} - \frac{1}{2}$，将式 (6.3.26) 和式 (6.3.27) 代入式 (6.3.25)，可得

$$\dot{V}_{i,j} \leqslant -\lambda_{i,j}\|e_i\|^2 + \frac{1}{2}\|P_i\|^2\sum_{j=1}^{m_i}\left\|\tilde{\theta}_{i,j}^{\mathrm{T}}\right\|^2 - \sum_{k=1}^{j-1}c_{i,k}z_{i,k}^2 + \frac{1}{2}z_{i,j+1}^2 + \frac{1}{2}\sum_{k=2}^{j}\left\|\tilde{\theta}_{i,k}\right\|^2$$

$$+ z_{i,j} \left[\alpha_{i,j} + \frac{3}{2} z_{i,j} + \frac{3}{2} z_{i,j} \left(\frac{\partial \alpha_{i,j-1}}{\partial y_i} \right)^2 + H_{i,j} \right] + e_i^{\mathrm{T}} P_i B_{i,m_i} \tilde{c}_i v_i + \frac{1}{2} \varepsilon_{i,1}^{*2}$$

$$+ \frac{j-1}{2} \left\| \tilde{\theta}_{i,1} \right\|^2 - \sum_{k=1}^{j-1} \frac{\sigma_{i,k}}{2\gamma_{i,k}} \tilde{\theta}_{i,k}^{\mathrm{T}} \tilde{\theta}_{i,k} + \frac{\tilde{\theta}_{i,j}^{\mathrm{T}}}{\gamma_{i,j}} \left(\gamma_{i,j} z_{i,j} \varphi_{i,j}(\hat{\bar{x}}_{i,j}) - \dot{\hat{\theta}}_{i,j} \right) + D_{i,j-1}$$

$$\tag{6.3.28}$$

设计虚拟控制器 $\alpha_{i,j}$ 和参数 $\hat{\theta}_{i,j}$ 的自适应律如下:

$$\alpha_{i,j} = -c_{i,j} z_{i,j} - \frac{3}{2} z_{i,j} - \frac{3}{2} z_{i,j} \left(\frac{\partial \alpha_{i,j-1}}{\partial y_i} \right)^2 - H_{i,j} \tag{6.3.29}$$

$$\dot{\hat{\theta}}_{i,j} = \gamma_{i,j} z_{i,j} \varphi_{i,j}(\hat{\bar{x}}_{i,j}) - \sigma_{i,j} \hat{\theta}_{i,j} \tag{6.3.30}$$

式中, $c_{i,j} > 0$ 和 $\sigma_{i,j} > 0$ 是设计参数。

将式 (6.3.29) 和式 (6.3.30) 代入式 (6.3.28), 则式 (6.3.28) 变为

$$\dot{V}_{i,j} \leqslant - \lambda_{i,j} \left\| e_i \right\|^2 + \frac{1}{2} \left\| P_i \right\|^2 \sum_{j=1}^{m_i} \left\| \tilde{\theta}_{i,j}^{\mathrm{T}} \right\|^2 - \sum_{k=1}^{j} c_{i,k} z_{i,k}^2 + \frac{1}{2} z_{i,j+1}^2$$

$$+ \frac{1}{2} \sum_{k=2}^{j} \left\| \tilde{\theta}_{i,k} \right\|^2 + D_{i,j-1} + e_i^{\mathrm{T}} P_i B_{i,m_i} \tilde{c}_i v_i + \frac{j-1}{2} \left\| \tilde{\theta}_{i,1} \right\|^2$$

$$- \sum_{k=1}^{j-1} \frac{\sigma_{i,k}}{2\gamma_{i,k}} \tilde{\theta}_{i,k}^{\mathrm{T}} \tilde{\theta}_{i,k} + \frac{\sigma_{i,j}}{\gamma_{i,j}} \tilde{\theta}_{i,j}^{\mathrm{T}} \hat{\theta}_{i,j} + \frac{1}{2} \varepsilon_{i,1}^{*2} \tag{6.3.31}$$

根据杨氏不等式, 可得

$$\frac{\sigma_{i,j}}{\gamma_{i,j}} \tilde{\theta}_{i,j}^{\mathrm{T}} \hat{\theta}_{i,j} \leqslant - \frac{\sigma_{i,j}}{2\gamma_{i,j}} \tilde{\theta}_{i,j}^{\mathrm{T}} \tilde{\theta}_{i,j} + \frac{\sigma_{i,j}}{2\gamma_{i,j}} \theta_{i,j}^{*\mathrm{T}} \theta_{i,j}^* \tag{6.3.32}$$

将式 (6.3.32) 代入式 (6.3.31), $\dot{V}_{i,j}$ 最终表示为

$$\dot{V}_{i,j} \leqslant - \lambda_{i,j} \left\| e_i \right\|^2 + \frac{1}{2} \left\| P_i \right\|^2 \sum_{j=1}^{m_i} \left\| \tilde{\theta}_{i,j}^{\mathrm{T}} \right\|^2 - \sum_{k=1}^{j} c_{i,k} z_{i,k}^2 + \frac{1}{2} \sum_{k=2}^{j} \left\| \tilde{\theta}_{i,k} \right\|^2$$

$$+ \frac{1}{2} z_{i,j+1}^2 + e_i^{\mathrm{T}} P_i B_{i,m_i} \tilde{c}_i v_i + \frac{j-1}{2} \left\| \tilde{\theta}_{i,1} \right\|^2 - \sum_{k=1}^{j} \frac{\sigma_{i,k}}{2\gamma_{i,k}} \tilde{\theta}_{i,k}^{\mathrm{T}} \tilde{\theta}_{i,k} + D_{i,j}$$

$$\tag{6.3.33}$$

式中, $D_{i,j} = \frac{\sigma_{i,j}}{2\gamma_{i,j}} \theta_{i,j}^{*\mathrm{T}} \theta_{i,j}^* + \frac{1}{2} \varepsilon_{i,1}^{*2} + D_{i,j-1}$。

第 m_i 步   求 z_{i,m_i} 的导数, 由式 (6.3.1) 和式 (6.3.11) 可得

$$\dot{z}_{i,m_i} = \dot{\hat{x}}_{i,m_i} - \dot{\alpha}_{i,m_i-1}$$

$$= \hat{c}_i v_i + \underline{d}_{i1} + H_{i,m_i} + \tilde{\theta}_{i,m_i}^{\mathrm{T}} \varphi_{i,m_i}(\hat{x}) - \tilde{\theta}_{i,m_i}^{\mathrm{T}} \varphi_{i,m_i}(\hat{x})$$

$$- \frac{\partial \alpha_{i,m_i-1}}{\partial y_i} e_{i,2} - \frac{\partial \alpha_{i,m_i-1}}{\partial y_i} \varepsilon_{i,1} - \frac{\partial \alpha_{i,m_i-1}}{\partial y_i} \tilde{\theta}_{i,1}^{\mathrm{T}} \varphi_{i,1}(x_{i,1}) \tag{6.3.34}$$

式中，

$$H_{i,m_i} = k_{i,m_i} e_{i,1} + \hat{\theta}_{i,m_i}^{\mathrm{T}} \varphi_{i,m_i}(\hat{x}) - \sum_{k=1}^{m_i-1} \frac{\partial \alpha_{i,m_i-1}}{\partial \hat{x}_{i,k}} \left(\hat{x}_{i,k+1} + \hat{\theta}_{i,k}^{\mathrm{T}} \varphi_{i,k}(\hat{\bar{x}}_{i,k}) + k_{i,k} e_{i,1} \right)$$

$$- \sum_{k=1}^{m_i-1} \frac{\partial \alpha_{i,m_i-1}}{\partial \hat{\theta}_{i,k}} \dot{\hat{\theta}}_{i,k} - \sum_{k=1}^{m_i-1} \frac{\partial \alpha_{i,m_i-1}}{\partial y_{i,m}^{(k-1)}} y_{i,m}^{(k)} - \frac{\partial \alpha_{i,m_i-1}}{\partial y_i}$$

$$\times \left(\hat{x}_{i,2} + \hat{\theta}_{i,1}^{\mathrm{T}} \varphi_{i,1}(x_{i,1}) \right)$$

选择如下的李雅普诺夫函数：

$$V_{i,m_i} = V_{i,m_i-1} + \frac{1}{2} z_{i,m_i}^2 + \frac{1}{2\gamma_{i,m_i}} \tilde{\theta}_{i,m_i}^{\mathrm{T}} \tilde{\theta}_{i,m_i} + \frac{1}{2\bar{\gamma}_i} \tilde{c}_i^2 \tag{6.3.35}$$

式中，$\gamma_{i,m_i} > 0$ 和 $\bar{\gamma}_i > 0$ 是设计参数。

根据式 (6.3.34) 和式 (6.3.35)，V_{i,m_i} 的导数为

$$\dot{V}_{i,m_i} = \dot{V}_{i,m_i-1} + z_{i,m_i} \dot{z}_{i,m_i} - \frac{1}{\gamma_{i,m_i}} \tilde{\theta}_{i,m_i}^{\mathrm{T}} \dot{\hat{\theta}}_{i,m_i} - \frac{1}{\bar{\gamma}_i} \tilde{c}_i \dot{\hat{c}}_i$$

$$\leqslant - \lambda_{i,m_i-1} \|e_i\|^2 + \frac{1}{2} \|P_i\|^2 \sum_{k=1}^{m_i} \left\| \tilde{\theta}_{i,k}^{\mathrm{T}} \right\|^2 - \sum_{k=1}^{m_i-1} c_{i,k} z_{i,k}^2$$

$$+ \frac{1}{2} \sum_{k=2}^{m_i-1} \left\| \tilde{\theta}_{i,k} \right\|^2 + \frac{m_i-2}{2} \left\| \tilde{\theta}_{i,1} \right\|^2 - \sum_{k=1}^{m_i-1} \frac{\sigma_{i,k}}{2\gamma_{i,k}} \tilde{\theta}_{i,k}^{\mathrm{T}} \tilde{\theta}_{i,k}$$

$$+ \frac{1}{2} z_{i,m_i}^2 + z_{i,m_i} \left(\hat{c}_i v_i + \tilde{\theta}_{i,m_i}^{\mathrm{T}} \varphi_{i,m_i}(\hat{x}) + H_{i,m_i} - \frac{\partial \alpha_{i,m_i-1}}{\partial y_i} \varepsilon_{i,1} \right.$$

$$\left. - \tilde{\theta}_{i,m_i}^{\mathrm{T}} \varphi_{i,m_i}(\hat{x}) - \frac{\partial \alpha_{i,m_i-1}}{\partial y_i} \tilde{\theta}_{i,1}^{\mathrm{T}} \varphi_{i,1}(x_{i,1}) - \frac{\partial \alpha_{i,m_i-1}}{\partial y_i} e_{i,2} + \underline{d}_{i1} \right)$$

$$+ e_i^{\mathrm{T}} P_i B_{i,m_i} \tilde{c}_i v_i - \frac{1}{\gamma_{i,m_i}} \tilde{\theta}_{i,m_i}^{\mathrm{T}} \dot{\hat{\theta}}_{i,m_i} - \frac{1}{\bar{\gamma}_i} \tilde{c}_i \dot{\hat{c}}_i + D_{i,m_i-1} \tag{6.3.36}$$

根据杨氏不等式，可得

$$z_{i,m_i} \underline{d}_{i1} \leqslant \frac{1}{2} z_{i,m_i}^2 + \frac{1}{2} |\underline{d}_{i1}|^2 \tag{6.3.37}$$

$$z_{i,m_i} \left(- \frac{\partial \alpha_{i,m_i-1}}{\partial y_i} e_{i,2} - \frac{\partial \alpha_{i,m_i-1}}{\partial y_i} \varepsilon_{i,1} \right) \leqslant z_{i,m_i}^2 \left(\frac{\partial \alpha_{i,m_i-1}}{\partial y_i} \right)^2 + \frac{1}{2} \|e_{i,2}\|^2 + \frac{1}{2} \varepsilon_{i,1}^{*2}$$

$$\tag{6.3.38}$$

$$- z_{i,m_i} \left(\tilde{\theta}_{i,m_i}^{\mathrm{T}} \varphi_{i,m_i}(\hat{x}) + \frac{\partial \alpha_{i,m_i-1}}{\partial y_i} \tilde{\theta}_{i,1}^{\mathrm{T}} \varphi_{i,1}(x_{i,1}) \right)$$

$$\leqslant \frac{1}{2} z_{i,m_i}^2 + \frac{1}{2} \left(\frac{\partial \alpha_{i,m_i-1}}{\partial y_i} \right)^2 z_{i,m_i}^2 + \frac{1}{2} \left\| \tilde{\theta}_{i,1}^{\mathrm{T}} \right\|^2 + \frac{1}{2} \left\| \tilde{\theta}_{i,m_i}^{\mathrm{T}} \right\|^2 \tag{6.3.39}$$

$$e_i^{\mathrm{T}} P_i B_{i,m_i} \tilde{c}_i v_i \leqslant \frac{1}{4\varrho_i} \| e_i \|^2 + \varrho_i \tilde{c}_i (c_i - \hat{c}_i) \| P_i \|^2 v_i^2$$

$$\leqslant \frac{1}{4\varrho_i} \| e_i \|^2 + \frac{\varrho_i}{2} \tilde{c}_i^2 \| P_i \|^2 v_i^2 + \frac{\varrho_i}{2} c_i^2 \| P_i \|^2 v_i^2 - \varrho_i \tilde{c}_i \hat{c}_i \| P_i \|^2 v_i^2 \tag{6.3.40}$$

式中，$\varrho_i > 0$ 是设计参数。

设 $\lambda_{i,m_i} = \lambda_{i,m_i-1} - \frac{1}{4\varrho_i} - \frac{1}{2}$，将式 (6.3.37)～式 (6.3.40) 代入式 (6.3.36)，可得

$$\dot{V}_{i,m_i} \leqslant - \lambda_{i,m_i} \| e_i \|^2 + \frac{1}{2} \| P_i \|^2 \sum_{j=1}^{m_i} \left\| \tilde{\theta}_{i,j}^{\mathrm{T}} \right\|^2 - \sum_{k=1}^{m_i-1} c_{i,k} z_{i,k}^2 + \frac{1}{2} \sum_{k=2}^{m_i} \left\| \tilde{\theta}_{i,k} \right\|^2$$

$$+ \frac{m_i-1}{2} \left\| \tilde{\theta}_{i,1} \right\|^2 + z_{i,m_i} \left[\hat{c}_i v_i + \frac{3}{2} z_{i,m_i} + \frac{3}{2} z_{i,m_i} \left(\frac{\partial \alpha_{i,m_i-1}}{\partial y_i} \right)^2 + H_{i,m_i} \right]$$

$$- \sum_{k=1}^{m_i-1} \frac{\sigma_{i,k}}{2\gamma_{i,k}} \tilde{\theta}_{i,k}^{\mathrm{T}} \hat{\theta}_{i,k} + \frac{\tilde{\theta}_{i,m_i}^{\mathrm{T}}}{\gamma_{i,m_i}} \left(\gamma_{i,m_i} z_{i,m_i} \varphi_{i,m_i}(\hat{x}) - \dot{\hat{\theta}}_{i,m_i} \right) + D_{i,m_i-1}$$

$$+ \frac{1}{2} |d_{i1}|^2 + \frac{\varrho_i}{2} \tilde{c}_i^2 \| P_i \|^2 v_i^2 - \frac{1}{\bar{\gamma}_i} \tilde{c}_i (\bar{\gamma}_i \varrho_i \hat{c}_i \| P_i \|^2 v_i^2 + \dot{\hat{c}}_i)$$

$$+ \frac{\varrho_i}{2} c_i^2 \| P_i \|^2 v_i^2 + \frac{1}{2} \varepsilon_{i,1}^{*2} \tag{6.3.41}$$

设计控制器 v_i、参数 $\hat{\theta}_{i,m_i}$ 和 $\hat{c}_i$ 的自适应律如下：

$$v_i = \frac{1}{\hat{c}_i} \left[-c_{i,m_i} z_{i,m_i} - \frac{3}{2} z_{i,m_i} - \frac{3}{2} z_{i,m_i} \left(\frac{\partial \alpha_{i,m_i-1}}{\partial y_i} \right)^2 - H_{i,m_i} \right] \tag{6.3.42}$$

$$\dot{\hat{\theta}}_{i,m_i} = \gamma_{i,m_i} z_{i,m_i} \varphi_{i,m_i}(\hat{x}) - \sigma_{i,m_i} \hat{\theta}_{i,m_i} \tag{6.3.43}$$

$$\dot{\hat{c}}_i = -\bar{\gamma}_i \varrho_i \hat{c}_i \| P_i \|^2 v_i^2 - \bar{\sigma}_i \hat{c}_i \tag{6.3.44}$$

式中，$c_{i,m_i} > 0$、$\sigma_{i,m_i} > 0$ 和 $\bar{\sigma}_i > 0$ 是设计参数。

值得指出的是，在式 (6.3.44) 中，为了防止 $\hat{c}_i$ 为零，可以适当地设置 $\hat{c}_i$ 的初值，使之远离零点，或者减小式 (6.3.44) 中的设计参数 $\bar{\gamma}_i$ 和 $\bar{\sigma}_i$，或者通过设计投影算子等方法。

将式 (6.3.42)～式 (6.3.44) 代入式 (6.3.41)，则式 (6.3.41) 变为

$$
\begin{aligned}
\dot{V}_{i,m_i} \leqslant & -\lambda_{i,m_i}\|e_i\|^2 + \frac{1}{2}\|P_i\|^2 \sum_{k=1}^{m_i}\left\|\tilde{\theta}_{i,k}^{\mathrm{T}}\right\|^2 - \sum_{k=1}^{m_i}c_{i,k}z_{i,k}^2 + \frac{1}{2}\sum_{k=2}^{m_i}\left\|\tilde{\theta}_{i,k}\right\|^2 \\
& + \frac{m_i-1}{2}\left\|\tilde{\theta}_{i,1}\right\|^2 - \sum_{k=1}^{m_i-1}\frac{\sigma_{i,k}}{2\gamma_{i,k}}\tilde{\theta}_{i,k}^{\mathrm{T}}\tilde{\theta}_{i,k} + \frac{\sigma_{i,m_i}}{\gamma_{i,m_i}}\tilde{\theta}_{i,m_i}^{\mathrm{T}}\hat{\theta}_{i,m_i} + D_{i,m_i-1} \\
& + \frac{\varrho_i}{2}\tilde{c}_i^2\|P_i\|^2 v_i^2 + \frac{\bar{\sigma}_i}{\bar{\gamma}_i}\tilde{c}_i\hat{c}_i + \frac{\varrho_i}{2}c_i^2\|P_i\|^2 v_i^2 + \frac{1}{2}|\underline{d}_{i1}|^2 + \frac{1}{2}\varepsilon_{i,1}^{*2}
\end{aligned}
\tag{6.3.45}
$$

根据杨氏不等式，可得

$$
\frac{\sigma_{i,m_i}}{\gamma_{i,m_i}}\tilde{\theta}_{i,m_i}^{\mathrm{T}}\hat{\theta}_{i,m_i} \leqslant -\frac{\sigma_{i,m_i}}{2\gamma_{i,m_i}}\tilde{\theta}_{i,m_i}^{\mathrm{T}}\tilde{\theta}_{i,m_i} + \frac{\sigma_{i,m_i}}{2\gamma_{i,m_i}}\theta_{i,m_i}^{*\mathrm{T}}\theta_{i,m_i}^*
\tag{6.3.46}
$$

$$
\frac{\bar{\sigma}_i}{\bar{\gamma}_i}\tilde{c}_i\hat{c}_i = \frac{\bar{\sigma}_i}{\bar{\gamma}_i}\tilde{c}_i(c_i-\tilde{c}_i) \leqslant -\frac{\bar{\sigma}_i}{2\bar{\gamma}_i}\tilde{c}_i^2 + \frac{\bar{\sigma}_i}{2\bar{\gamma}_i}c_i^2
\tag{6.3.47}
$$

将式 (6.3.46) 和式 (6.3.47) 代入式 (6.3.45)，$\dot{V}_{i,m_i}$ 最终表示为

$$
\begin{aligned}
\dot{V}_{i,m_i} \leqslant & -\lambda_{i,m_i}\|e_i\|^2 + \frac{1}{2}\|P_i\|^2\sum_{k=1}^{m_i}\left\|\tilde{\theta}_{i,k}^{\mathrm{T}}\right\|^2 - \sum_{k=1}^{m_i}c_{i,k}z_{i,k}^2 + \frac{m_i-1}{2}\left\|\tilde{\theta}_{i,1}\right\|^2 \\
& + \frac{1}{2}\sum_{k=2}^{m_i}\left\|\tilde{\theta}_{i,k}\right\|^2 - \sum_{k=1}^{m_i}\frac{\sigma_{i,k}}{2\gamma_{i,k}}\tilde{\theta}_{i,k}^{\mathrm{T}}\tilde{\theta}_{i,k} - \left(\frac{\bar{\sigma}_i}{2\bar{\gamma}_i} - \frac{\varrho_i}{2}\|P_i\|^2 v_i^2\right)\tilde{c}_i^2 + D_{i,m_i}
\end{aligned}
$$

$$
\tag{6.3.48}
$$

式中，$D_{i,m_i} = D_{i,m_i-1} + \frac{1}{2}\varepsilon_{i,1}^{*2} + \frac{1}{2}|\underline{d}_{i1}|^2 + \frac{\bar{\sigma}_i}{2\bar{\gamma}_i}c_i^2 + \frac{\varrho_i}{2}c_i^2\|P_i\|^2 M_i^2$；$|v_i| \leqslant M_i$，$M_i$ 是正常数。

6.3.4　稳定性与收敛性分析

下面的定理给出了所设计的模糊自适应控制方法具有的性质。

定理 6.3.1　对于多变量非线性严格反馈系统 (6.3.1)，如果采用状态观测器 (6.3.7)，控制器 (6.3.42)，虚拟控制器 (6.3.18)、(6.3.29)，参数自适应律 (6.3.19)、(6.3.30)、(6.3.43) 和 (6.3.44)，则总体控制设计方案具有如下性能：

(1) 闭环系统中的所有信号半全局一致最终有界；

(2) 观测误差 $e_i(t)$ 和跟踪误差 $z_{i,1}(t) = y_i(t) - y_{i,m}(t)$ 收敛到包含原点的一个较小邻域内。

证明　选择李雅普诺夫函数 $V = \sum\limits_{i=1}^{N}\sum\limits_{j=1}^{m_i}V_{i,j}$，根据式 (6.3.48)，$V$ 的导数为

$$
\dot{V} \leqslant \sum_{i=1}^{N}\left[-\lambda_{i,m_i}\|e_i\|^2 + \frac{1}{2}\|P_i\|^2\sum_{k=1}^{m_i}\left\|\tilde{\theta}_{i,k}^{\mathrm{T}}\right\|^2 - \sum_{k=1}^{m_i}c_{i,k}z_{i,k}^2 + \frac{m_i-1}{2}\left\|\tilde{\theta}_{i,1}\right\|^2\right.
$$

$$+\frac{1}{2}\sum_{k=2}^{m_i}\left\|\tilde{\theta}_{i,k}\right\|^2-\sum_{k=1}^{m_i}\frac{\sigma_{i,k}}{2\gamma_{i,k}}\tilde{\theta}_{i,k}^{\mathrm{T}}\tilde{\theta}_{i,k}-\left(\frac{\bar{\sigma}_i}{2\bar{\gamma}_i}-\frac{\varrho_i}{2}\left\|P_i\right\|^2 v_i^2\right)\tilde{c}_i^2+D_{i,m_i}\Bigg]$$

$$(6.3.49)$$

令 $C=\min\limits_{1\leqslant i\leqslant N}\{2\lambda_{i,m_i}/\lambda_{\max}(P_j);2c_{i,k},\bar{\sigma}_i-\bar{\gamma}_i\varrho_i\left\|P_i\right\|^2 M_i^2,\sigma_{i,1}-\gamma_{i,1}(\left\|P_i\right\|^2+$

$m_i-1),\sigma_{i,l}-\gamma_{i,l}(\left\|P_i\right\|^2+1)\}$, $D=\sum\limits_{i=1}^{N}D_{i,m_i}(l=2,3,\cdots,m_i,\ k=1,2,\cdots,m_i)$,

因此 $\dot{V}$ 最终表示为

$$\dot{V}\leqslant -CV+D \tag{6.3.50}$$

根据式 (6.3.50)，并由引理 0.3.1 可以得到闭环系统中的所有信号是半全局一致最终有界的，并且有 $\lim\limits_{t\to\infty}\sum\limits_{i=1}^{N}|y_i(t)-y_{i,m}(t)|\leqslant\sqrt{2D/C}$ 和 $\lim\limits_{t\to\infty}\sum\limits_{i=1}^{N}|e_i(t)|\leqslant$ $\sqrt{2D/(C\lambda_{\min}(P_i))}$。在控制设计中，如果选择适当的设计参数，可以使得 D/C 比较小，那么可得到跟踪误差 $z_{i,1}=y_i-y_{i,m}$ 和观测误差 e_i 收敛到包含原点的一个较小邻域内。

评注 6.3.1　本节仅针对一类多变量非线性严格反馈系统，介绍了一种基于模糊观测器的自适应鲁棒控制设计方法。关于含有未知输入死区和未知控制方向的多变量非线性严格反馈系统，其基于观测器的智能自适应输出反馈控制设计方法可参见文献 [16]～[18]。

6.3.5　仿真

例 6.3.1　考虑如下多变量非线性严格反馈系统：

$$\begin{cases}\dot{x}_{1,1}=f_{1,1}(x_{1,1})+x_{1,2}\\ \dot{x}_{1,2}=f_{1,2}(\bar{x}_{1,2})+\phi_1(v_1)\\ y_1=x_{1,1}\end{cases} \tag{6.3.51}$$

$$\begin{cases}\dot{x}_{2,1}=f_{2,1}(x_{2,1})+x_{2,2}\\ \dot{x}_{2,2}=f_{2,2}(\bar{x})+\phi_2(v_2)\\ y_2=x_{2,1}\end{cases} \tag{6.3.52}$$

式中，$f_{1,1}(x_{1,1})=0.2x_{1,1}^2\cos(x_{1,1})$; $f_{1,2}(\bar{x}_{1,2})=\dfrac{x_{1,1}x_{1,2}}{1+10x_{1,1}^2}$; $f_{2,1}(x_{2,1})=0.1x_{2,1}$ $\sin(2+x_{2,1}^2)+0.15\cos(x_{2,1}^2)$; $f_{2,2}(\bar{x})=x_{2,2}\cos(x_{1,1})\sin(x_{1,2})$。给定的参考信号为：$y_{1,m}=0.5\sin(t)+\sin(0.5t)$, $y_{2,m}=0.5(\sin(t)+\sin(0.5t))$。

选择参数 $\alpha_i=6$, $c_i=3.1635$, $B_{i1}=0.345(i=1,2)$，则滞回特性 $\phi_i(v_i)$ 表示为

$$\frac{\mathrm{d}\phi_i(v_i)}{\mathrm{d}t}=6\left|\frac{\mathrm{d}v_i}{\mathrm{d}t}\right|(3.1635v_i-\phi_i)+0.345\frac{\mathrm{d}v_i}{\mathrm{d}t}$$

给定观测增益 $k_{1,1} = k_{2,1} = 50$，$k_{1,2} = k_{2,2} = 80$，正定矩阵 $Q_1 = 16I$，$Q_2 = 12I$，则通过求解李雅普诺夫方程 (6.3.5)，可得正定矩阵 P_1 和 P_2 为

$$P_1 = \begin{bmatrix} 0.3240 & 0.2000 \\ 0.2000 & 35.9200 \end{bmatrix}, \quad P_2 = \begin{bmatrix} 0.2430 & 0.1500 \\ 0.1500 & 26.9400 \end{bmatrix}$$

选择隶属函数为

$$\mu_{F_{i,j}^1}(\hat{x}_{i,j}) = \exp\left[-\frac{(\hat{x}_{i,j} - 4)^2}{4}\right], \quad \mu_{F_{i,j}^2}(\hat{x}_{i,j}) = \exp\left[-\frac{(\hat{x}_{i,j} - 2)^2}{4}\right]$$

$$\mu_{F_{i,j}^3}(\hat{x}_{i,j}) = \exp\left(-\frac{\hat{x}_{i,j}^2}{4}\right), \quad \mu_{F_{i,j}^4}(\hat{x}_{i,j}) = \exp\left[-\frac{(\hat{x}_{i,j} + 2)^2}{4}\right]$$

$$\mu_{F_{i,j}^5}(\hat{x}_{i,j}) = \exp\left[-\frac{(\hat{x}_{i,j} + 4)^2}{4}\right], \quad i = 1, 2; \; j = 1, 2$$

令

$$\varphi_{i,1,l}(\hat{x}_{i,1}) = \frac{\mu_{F_{i,1}^l}(\hat{x}_{i,1})}{\displaystyle\sum_{l=1}^{5} \mu_{F_{i,1}^l}(\hat{x}_{i,1})}, \quad \varphi_{i,2,l}(\hat{\bar{x}}_{i,2}) = \frac{\mu_{F_{i,1}^l}(\hat{x}_{i,1})\mu_{F_{i,2}^l}(\hat{x}_{i,2})}{\displaystyle\sum_{l=1}^{5} \mu_{F_{i,1}^l}(\hat{x}_{i,1})\mu_{F_{i,2}^l}(\hat{x}_{i,2})},$$

$$i = 1, 2; \; j = 1, 2$$

$$\varphi_{i,1}(\hat{x}_{i,1}) = [\varphi_{i,1,1}(\hat{x}_{i,1}), \varphi_{i,1,2}(\hat{x}_{i,1}), \varphi_{i,1,3}(\hat{x}_{i,1}), \varphi_{i,1,4}(\hat{x}_{i,1}), \varphi_{i,1,5}(\hat{x}_{i,1})]^{\mathrm{T}}$$

$$\varphi_{i,2}(\hat{x}_{i,2}) = [\varphi_{i,2,1}(\hat{x}_{i,2}), \varphi_{i,2,2}(\hat{x}_{i,2}), \varphi_{i,2,3}(\hat{x}_{i,2}), \varphi_{i,2,4}(\hat{x}_{i,2}), \varphi_{i,2,5}(\hat{x}_{i,2})]^{\mathrm{T}}$$

则得到模糊逻辑系统为

$$\hat{f}_{i,j}(\bar{x}_{i,j}\,|\,\hat{\theta}_{i,j}) = \hat{\theta}_{i,j}^{\mathrm{T}}\varphi_{i,j}(\bar{x}_{i,j}), \quad i = 1, 2; \; j = 1, 2$$

在仿真中，选取虚拟控制器、控制器和参数自适应律中的设计参数为：$\gamma_{1,1} = 6$，$\gamma_{2,1} = 2$，$\gamma_{1,2} = 5$，$\gamma_{2,2} = 3$，$\sigma_{1,1} = 15$，$\sigma_{2,1} = 8$，$\sigma_{1,2} = \sigma_{2,2} = 5$，$c_{1,1} = 2.5$，$c_{2,1} = 2$，$c_{1,2} = 3$，$c_{2,2} = 3.5$。

选择变量及参数的初始值为：$x_{1,1}(0) = 0.9$，$x_{1,2}(0) = 0.1$，$x_{2,1}(0) = 0.8$，$x_{2,2}(0) = 0.2$，$\hat{x}_{1,1}(0) = 0.4$，$\hat{x}_{1,2}(0) = 0.4$，$\hat{x}_{2,1}(0) = 0.1$，$\hat{x}_{2,2}(0) = 0.5$，$\hat{\theta}_{1,1}(0) = [0.02 \; 0 \; 0.01 \; 0 \; 0]^{\mathrm{T}}$，$\hat{\theta}_{1,2}(0) = [0.02 \; 0 \; 0.01 \; 0 \; 0]^{\mathrm{T}}$，$\hat{\theta}_{2,1}(0) = [0 \; 0.01 \; 0.02 \; 0 \; 0]^{\mathrm{T}}$，$\hat{\theta}_{2,2}(0) = [0 \; 0.02 \; 0 \; 0.01 \; 0]^{\mathrm{T}}$，$\hat{c}_1(0) = 1$，$\hat{c}_2(0) = 1$。仿真结果如图 6.3.1～图 6.3.8 所示。

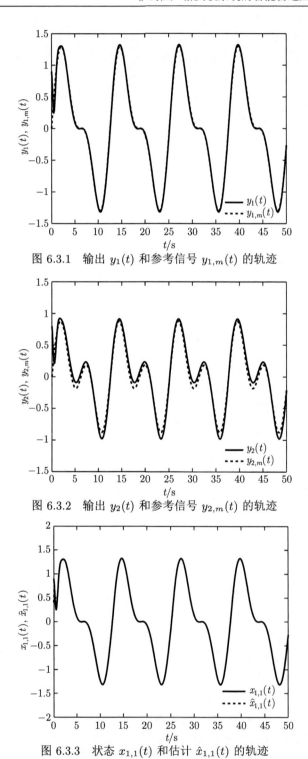

图 6.3.1　输出 $y_1(t)$ 和参考信号 $y_{1,m}(t)$ 的轨迹

图 6.3.2　输出 $y_2(t)$ 和参考信号 $y_{2,m}(t)$ 的轨迹

图 6.3.3　状态 $x_{1,1}(t)$ 和估计 $\hat{x}_{1,1}(t)$ 的轨迹

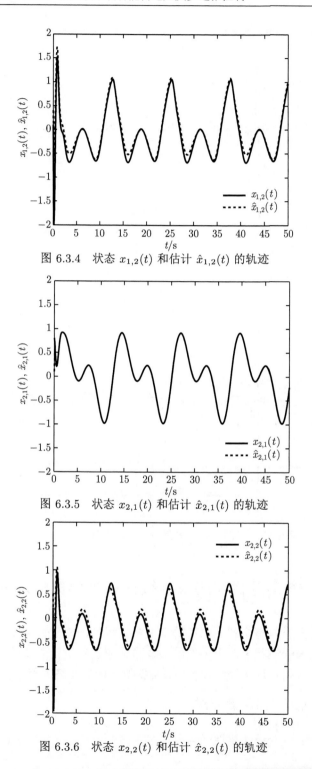

图 6.3.4　状态 $x_{1,2}(t)$ 和估计 $\hat{x}_{1,2}(t)$ 的轨迹

图 6.3.5　状态 $x_{2,1}(t)$ 和估计 $\hat{x}_{2,1}(t)$ 的轨迹

图 6.3.6　状态 $x_{2,2}(t)$ 和估计 $\hat{x}_{2,2}(t)$ 的轨迹

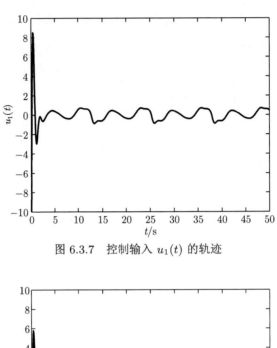

图 6.3.7　控制输入 $u_1(t)$ 的轨迹

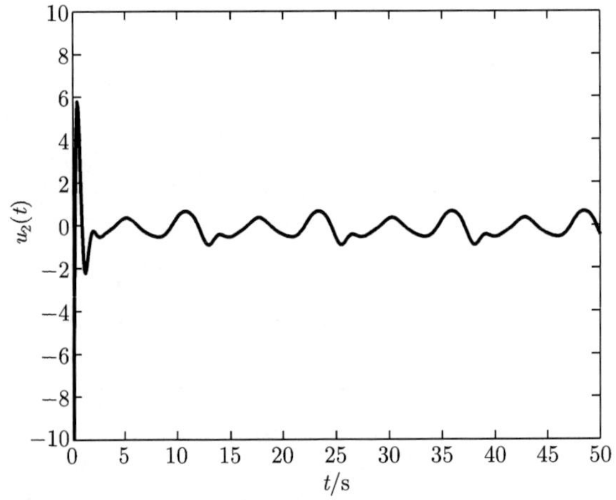

图 6.3.8　控制输入 $u_2(t)$ 的轨迹

6.4　多变量状态约束非线性系统模糊自适应控制

本节针对一类具有全状态约束的多变量非线性严格反馈系统, 在 2.2 节关于单输入单输出非线性状态约束系统的模糊自适应控制设计的基础上, 介绍一种多变量模糊自适应状态反馈控制设计方法, 并给出闭环系统的稳定性和收敛性分析。

6.4.1　系统模型及控制问题描述

考虑如下的多变量非线性严格反馈系统:

$$\begin{cases} \dot{x}_{i,j} = f_{i,j}(\bar{x}_{i,j}) + x_{i,j+1} \\ \dot{x}_{i,m_i-1} = f_{i,m_i-1}(\bar{x}_{i,m_i-1}) + x_{i,m_i} \\ \dot{x}_{i,m_i} = f_{i,m_i}(x) + u_i \\ y_i = x_{i,1} \end{cases} \qquad (6.4.1)$$

式中, $\bar{x}_{i,j} = [x_{i,1}, x_{i,2}, \cdots, x_{i,j}]^{\mathrm{T}}(i = 1, 2, \cdots, n; j = 1, 2, \cdots, m_i - 1)$ 是第 i 个子系统的状态向量; u_i 和 y_i 分别是系统的输入和输出; $f_{i,j}(\cdot)$ 是未知光滑函数; $x = [x_1^{\mathrm{T}}, \cdots, x_i^{\mathrm{T}}, \cdots, x_n^{\mathrm{T}}]^{\mathrm{T}}$; $x_i = [x_{i,1}, x_{i,2}, \cdots, x_{i,m_i}]^{\mathrm{T}}$; $\bar{x}_{i,m_i} = [x_{i,1}, x_{i,2}, \cdots, x_{i,m_i}]^{\mathrm{T}}$. 假设系统的所有状态 $x_{i,j}$ 满足约束条件 $|x_{i,j}| \leqslant k_{c_{i,j}}$, $k_{c_{i,j}}$ 是一个正常数.

假设 6.4.1 对于给定的参考信号 $y_{i,m}(t)$ 和它的导数 $y_{i,m}^{(j)}(t)$, 假设存在正常数 $k_{c_{i,1}}$ 和 $A_{i,0}, A_{i,j}, \cdots, A_{i,m_i}$, 满足 $|y_{i,m}(t)| \leqslant A_{i,0} \leqslant k_{c_{i,1}}$ 和 $\left| y_{i,m}^{(j)}(t) \right| \leqslant A_{i,j}(i = 1, 2, \cdots, n; j = 1, 2, \cdots, m_i)$.

控制任务 对于多变量非线性严格反馈系统 (6.4.1), 基于模糊逻辑系统设计一种模糊自适应控制器, 使得:

(1) 闭环系统的所有信号半全局一致最终有界;

(2) 系统的输出 y_i 能很好地跟踪给定的参考信号 $y_{i,m}$;

(3) 系统的所有状态始终保持在指定的约束范围内.

6.4.2　模糊自适应反步递推状态反馈控制设计

定义如下的坐标变换:

$$\begin{aligned} z_{i,1} &= x_{i,1} - y_{i,m} \\ z_{i,j} &= x_{i,j} - \alpha_{i,j-1}, \quad j = 2, 3, \cdots, m_i \end{aligned} \qquad (6.4.2)$$

式中, $z_{i,1}$ 是跟踪误差; $\alpha_{i,j-1}$ 是在第 $j - 1$ 步中将要设计的虚拟控制器.

m_i 步模糊自适应反步递推控制设计过程如下.

第 1 步 根据式 (6.4.1) 和式 (6.4.2), $z_{i,1}$ 的导数为

$$\dot{z}_{i,1} = \dot{x}_{i,1} - \dot{y}_{i,m} = f_{i,1}(x_{i,1}) + z_{i,2} + \alpha_{i,1} - \dot{y}_{i,m} \qquad (6.4.3)$$

设 $h_{i,1}(x_{i,1}) = f_{i,1}(x_{i,1})$, 由于 $h_{i,1}(x_{i,1})$ 是未知的连续函数, 所以利用模糊逻辑系统 $\hat{h}_{i,1}(x_{i,1}|\hat{\theta}_{i,1}) = \hat{\theta}_{i,1}^{\mathrm{T}}\varphi_{i,1}(x_{i,1})$ 逼近 $h_{i,1}(x_{i,1})$, 并假设

$$h_{i,1}(x_{i,1}) = \theta_{i,1}^{*\mathrm{T}}\varphi_{i,1}(x_{i,1}) + \varepsilon_{i,1}(x_{i,1}) \qquad (6.4.4)$$

式中, $\theta_{i,1}^*$ 是未知的最优参数; $\varepsilon_{i,1}(x_{i,1})$ 是最小模糊逼近误差. 假设 $\varepsilon_{i,1}(x_{i,1})$ 满足 $|\varepsilon_{i,1}(x_{i,1})| \leqslant \varepsilon_{i,1}^*$, $\varepsilon_{i,1}^*$ 是正常数.

将式 (6.4.4) 代入式 (6.4.3), 则式 (6.4.3) 变为

$$\dot{z}_{i,1} = \dot{x}_{i,1} - \dot{y}_{i,m} = z_{i,2} + \alpha_{i,1} + \theta_{i,1}^{*\mathrm{T}}\varphi_{i,1}(x_{i,1}) + \varepsilon_{i,1}(x_{i,1}) - \dot{y}_{i,m}$$

$$= z_{i,2} + \alpha_{i,1} + \hat{\theta}_{i,1}^{\mathrm{T}} \varphi_{i,1}(x_{i,1}) + \theta_{i,1}^{*\mathrm{T}} \varphi_{i,1}(x_{i,1}) + \varepsilon_{i,1}(x_{i,1}) - \dot{y}_{i,m} \qquad (6.4.5)$$

式中，$\hat{\theta}_{i,1}$ 是 $\theta_{i,1}^*$ 的估计；$\tilde{\theta}_{i,1} = \theta_{i,1}^* - \hat{\theta}_{i,1}$ 是参数估计误差。

选择如下的障碍李雅普诺夫函数：

$$V_{i,1} = \frac{1}{2} \log \frac{k_{b_{i,1}}^2}{k_{b_{i,1}}^2 - z_{i,1}^2} + \frac{1}{2} \tilde{\theta}_{i,1}^{\mathrm{T}} \Gamma_{i,1}^{-1} \tilde{\theta}_{i,1} \qquad (6.4.6)$$

式中，$\Gamma_{i,1} = \Gamma_{i,1}^{\mathrm{T}} > 0$ 是增益矩阵。

由式 (6.4.5) 和式 (6.4.6) 可得

$$\dot{V}_{i,1} = \frac{z_{i,1} z_{i,2}}{k_{b_{i,1}}^2 - z_{i,1}^2} + \frac{z_{i,1}}{k_{b_{i,1}}^2 - z_{i,1}^2} (\alpha_{i,1} + \hat{\theta}_{i,1}^{\mathrm{T}} \varphi_{i,1}(x_{i,1}) - \dot{y}_{i,m})$$

$$+ \tilde{\theta}_{i,1}^{\mathrm{T}} \left(\frac{z_{i,1} \varphi_{i,1}(x_{i,1})}{k_{b_{i,1}}^2 - z_{i,1}^2} - \Gamma_{i,1}^{-1} \dot{\hat{\theta}}_{i,1} \right) + \frac{z_{i,1} \varepsilon_{i,1}(x_{i,1})}{k_{b_{i,1}}^2 - z_{i,1}^2} \qquad (6.4.7)$$

根据杨氏不等式，可得

$$\frac{z_{i,1} \varepsilon_{i,1}(x_{i,1})}{k_{b_{i,1}}^2 - z_{i,1}^2} \leqslant \frac{1}{2\gamma_{i,1}} \left(\frac{z_{i,1}}{k_{b_{i,1}}^2 - z_{i,1}^2} \right)^2 + \frac{1}{2} \gamma_{i,1} \varepsilon_{i,1}^{*2} \qquad (6.4.8)$$

式中，$\gamma_{i,1} > 0$ 是设计参数。

设计虚拟控制器 $\alpha_{i,1}$ 和参数 $\hat{\theta}_{i,1}$ 的自适应律如下：

$$\alpha_{i,1} = -c_{i,1} z_{i,1} - \hat{\theta}_{i,1}^{\mathrm{T}} \varphi_{i,1}(x_{i,1}) - \frac{z_{i,1}}{2\gamma_{i,1}(k_{b_{i,1}}^2 - z_{i,1}^2)} + \dot{y}_{i,m} \qquad (6.4.9)$$

$$\dot{\hat{\theta}}_{i,1} = \Gamma_{i,1} \left(\frac{z_{i,1} \varphi_{i,1}(x_{i,1})}{k_{b_{i,1}}^2 - z_{i,1}^2} - \sigma_{i,1} \hat{\theta}_{i,1} \right) \qquad (6.4.10)$$

式中，$c_{i,1} > 0$ 和 $\sigma_{i,1} > 0$ 是设计参数。

将式 (6.4.8)、式 (6.4.9) 和式 (6.4.10) 代入式 (6.4.7)，可得

$$\dot{V}_{i,1} \leqslant -\frac{c_{i,1} z_{i,1}^2}{k_{b_{i,1}}^2 - z_{i,1}^2} + \frac{z_{i,1} z_{i,2}}{k_{b_{i,1}}^2 - z_{i,1}^2} + \frac{1}{2} \gamma_{i,1} \varepsilon_{i,1}^{*2} + \sigma_{i,1} \tilde{\theta}_{i,1}^{\mathrm{T}} \hat{\theta}_{i,1} \qquad (6.4.11)$$

根据杨氏不等式，可得

$$\sigma_{i,1} \tilde{\theta}_{i,1}^{\mathrm{T}} \hat{\theta}_{i,1} = \sigma_{i,1} \tilde{\theta}_{i,1}^{\mathrm{T}} (\theta_{i,1}^* - \tilde{\theta}_{i,1}) \leqslant -\frac{\sigma_{i,1}}{2} ||\tilde{\theta}_{i,1}||^2 + \frac{\sigma_{i,1}}{2} ||\theta_{i,1}^*||^2 \qquad (6.4.12)$$

将式 (6.4.12) 代入式 (6.4.11)，$\dot{V}_{i,1}$ 最终表示为

$$\dot{V}_{i,1} \leqslant -\frac{c_{i,1} z_{i,1}^2}{k_{b_{i,1}}^2 - z_{i,1}^2} + \frac{z_{i,1} z_{i,2}}{k_{b_{i,1}}^2 - z_{i,1}^2} - \frac{\sigma_{i,1}}{2} ||\tilde{\theta}_{i,1}||^2 + D_{i,1} \qquad (6.4.13)$$

式中，$D_{i,1} = \dfrac{\sigma_{i,1}}{2}\|\theta_{i,1}^*\|^2 + \dfrac{1}{2}\gamma_{i,1}\varepsilon_{i,1}^{*2}$。

第 j $(2 \leqslant j \leqslant m_i - 1)$ 步　求 $z_{i,j}$ 的导数，由式 (6.4.1) 和式 (6.4.2) 可得

$$\dot{z}_{i,j} = \dot{x}_{i,j} - \dot{\alpha}_{i,j-1} = f_{i,j}(\bar{x}_{i,j}) + z_{i,j+1} + \alpha_{i,j} - \dot{\alpha}_{i,j-1} \tag{6.4.14}$$

式中，

$$\dot{\alpha}_{i,j-1} = \sum_{k=1}^{j-1} (\partial\alpha_{i,j-1}/\partial x_{i,k})(f_{i,k}(\bar{x}_{i,k}) + x_{i,k+1}) + \phi_{i,j-1}$$

$$\phi_{i,j-1} = \sum_{k=1}^{j-1} \left(\partial\alpha_{i,j-1}/\partial\hat{\theta}_{i,k}\right)\dot{\hat{\theta}}_{i,k} + \sum_{k=0}^{j-1} \left(\partial\alpha_{i,j-1}/\partial y_{i,m}^{(j)}\right) y_{i,m}^{(k+1)}$$

设　$h_{i,j}(\bar{x}_{i,j}) = f_{i,j}(\bar{x}_{i,j}) + \sum_{k=1}^{j-1}(\partial\alpha_{i,j-1}/\partial x_{i,k})(f_{i,k}(\bar{x}_{i,k}) + x_{i,k+1})$，由于 $h_{i,j}(\bar{x}_{i,j})$ 是未知的连续函数，所以利用模糊逻辑系统 $\hat{h}_{i,j}(\bar{x}_{i,j}|\hat{\theta}_{i,j}) = \hat{\theta}_{i,j}^{\mathrm{T}}\varphi_{i,j}(\bar{x}_{i,j})$ 逼近 $h_{i,j}(\bar{x}_{i,j})$，并假设

$$h_{i,j}(\bar{x}_{i,j}) = \theta_{i,j}^{*\mathrm{T}}\varphi_{i,j}(\bar{x}_{i,j}) + \varepsilon_{i,j}(\bar{x}_{i,j}) \tag{6.4.15}$$

式中，$\theta_{i,j}^*$ 是未知的最优参数；$\varepsilon_{i,j}(\bar{x}_{i,j})$ 是最小模糊逼近误差。假设 $\varepsilon_{i,j}(\bar{x}_{i,j})$ 满足 $|\varepsilon_{i,j}(\bar{x}_{i,j})| \leqslant \varepsilon_{i,j}^*$，$\varepsilon_{i,j}^*$ 是正常数。

将式 (6.4.15) 代入式 (6.4.14)，则式 (6.4.14) 变为

$$\dot{z}_{i,j} = z_{i,j+1} + \alpha_{i,j} + \hat{\theta}_{i,j}^{\mathrm{T}}\varphi_{i,j}(\bar{x}_{i,j}) + \tilde{\theta}_{i,j}^{\mathrm{T}}\varphi_{i,j}(\bar{x}_{i,j}) + \varepsilon_{i,j}(\bar{x}_{i,j}) - \phi_{i,j-1} \tag{6.4.16}$$

式中，$\hat{\theta}_{i,j}$ 是 $\theta_{i,j}^*$ 的估计；$\tilde{\theta}_{i,j} = \theta_{i,j}^* - \hat{\theta}_{i,j}$ 是参数估计误差。

选择如下的障碍李雅普诺夫函数：

$$V_{i,j} = V_{i,j-1} + \frac{1}{2}\log\frac{k_{b_{i,j}}^2}{k_{b_{i,j}}^2 - z_{i,j}^2} + \frac{1}{2}\tilde{\theta}_{i,j}^{\mathrm{T}}\Gamma_{i,j}^{-1}\tilde{\theta}_{i,j} \tag{6.4.17}$$

式中，$\Gamma_{i,j} = \Gamma_{i,j}^{\mathrm{T}} > 0$ 是增益矩阵。

求 $V_{i,j}$ 的导数，并由式 (6.4.13)、式 (6.4.16) 和式 (6.4.17) 可得

$$\dot{V}_{i,j} \leqslant -\sum_{k=1}^{j-1}\frac{c_{i,k}z_{i,k}^2}{k_{b_{i,k}}^2 - z_{i,k}^2} - \sum_{k=1}^{j-1}\frac{\sigma_{i,k}}{2}\|\tilde{\theta}_{i,k}\|^2 + D_{i,j-1} + \frac{z_{i,j}z_{i,j+1}}{k_{b_{i,j}}^2 - z_{i,j}^2}$$
$$+ \frac{z_{i,j}}{k_{b_{i,j}}^2 - z_{i,j}^2}\left(\alpha_{i,j} + \hat{\theta}_{i,j}^{\mathrm{T}}\varphi_{i,j}(\bar{x}_{i,j}) - \phi_{i,j-1} + \frac{k_{b_{i,j}}^2 - z_{i,j}^2}{k_{b_{i,j-1}}^2 - z_{i,j-1}^2}z_{i,j-1}\right)$$
$$+ \tilde{\theta}_{i,j}^{\mathrm{T}}\left(\frac{z_{i,j}\varphi_{i,j}(\bar{x}_{i,j})}{k_{b_{i,j}}^2 - z_{i,j}^2} - \Gamma_{i,j}^{-1}\dot{\hat{\theta}}_{i,j}\right) + \frac{z_{i,j}\varepsilon_{i,j}(\bar{x}_{i,j})}{k_{b_{i,j}}^2 - z_{i,j}^2} \tag{6.4.18}$$

根据杨氏不等式, 可得

$$\frac{z_{i,j}\varepsilon_{i,j}(\bar{x}_{i,j})}{k_{b_{i,j}}^2 - z_{i,j}^2} \leqslant \frac{1}{2\gamma_{i,j}}\left(\frac{z_{i,j}}{k_{b_{i,j}}^2 - z_{i,j}^2}\right)^2 + \frac{1}{2}\gamma_{i,j}\varepsilon_{i,j}^{*2} \tag{6.4.19}$$

式中, $\gamma_{i,j} > 0$ 是设计参数。

设计虚拟控制器 $\alpha_{i,j}$ 和参数 $\hat{\theta}_{i,j}$ 的自适应律如下:

$$\alpha_{i,j} = -c_{i,j}z_{i,j} - \hat{\theta}_{i,j}^{\mathrm{T}}\varphi_{i,j}(\bar{x}_{i,j}) - \frac{z_{i,j}}{2\gamma_{i,j}(k_{b_{i,j}}^2 - z_{i,j}^2)} - \frac{k_{b_{i,j}}^2 - z_{i,j}^2}{k_{b_{i,j-1}}^2 - z_{i,j-1}^2}z_{i,j-1} + \phi_{i,j-1} \tag{6.4.20}$$

$$\dot{\hat{\theta}}_{i,j} = \Gamma_{i,j}\left(\frac{z_{i,j}\varphi_{i,j}(\bar{x}_{i,j})}{k_{b_{i,j}}^2 - z_{i,j}^2} - \sigma_{i,j}\hat{\theta}_{i,j}\right) \tag{6.4.21}$$

式中, $c_{i,j} > 0$ 和 $\sigma_{i,j} > 0$ 是设计参数。

将式 (6.4.19)、式 (6.4.20) 和式 (6.4.21) 代入式 (6.4.18), 可得

$$\dot{V}_{i,j} \leqslant -\sum_{k=1}^{j}\frac{c_{i,k}z_{i,k}^2}{k_{b_{i,k}}^2 - z_{i,k}^2} - \sum_{k=1}^{j-1}\frac{\sigma_{i,k}}{2}||\tilde{\theta}_{i,k}||^2 + D_{i,j-1}$$
$$+ \frac{z_{i,j}z_{i,j+1}}{k_{b_{i,j}}^2 - z_{i,j}^2} + \sigma_{i,j}\tilde{\theta}_{i,j}^{\mathrm{T}}\hat{\theta}_{i,j} + \frac{1}{2}\gamma_{i,j}\varepsilon_{i,j}^{*2} \tag{6.4.22}$$

根据杨氏不等式, 可得

$$\sigma_{i,j}\tilde{\theta}_{i,j}^{\mathrm{T}}\hat{\theta}_{i,j} = \sigma_{i,j}\tilde{\theta}_{i,j}^{\mathrm{T}}(\theta_{i,j}^* - \tilde{\theta}_{i,j}) \leqslant -\frac{\sigma_{i,j}}{2}||\tilde{\theta}_{i,j}||^2 + \frac{\sigma_{i,j}}{2}||\theta_{i,j}^*||^2 \tag{6.4.23}$$

将式 (6.4.23) 代入式 (6.4.22), 可得

$$\dot{V}_{i,j} \leqslant -\sum_{k=1}^{j}\frac{c_{i,k}z_{i,k}^2}{k_{b_{i,k}}^2 - z_{i,k}^2} + \frac{z_{i,j}z_{i,j+1}}{k_{b_{i,j}}^2 - z_{i,j}^2} - \sum_{k=1}^{j}\frac{\sigma_{i,k}}{2}||\tilde{\theta}_{i,k}||^2 + D_{i,j} \tag{6.4.24}$$

式中, $D_{i,j} = D_{i,j-1} + \frac{1}{2}\gamma_{i,j}\varepsilon_{i,j}^{*2} + \frac{\sigma_{i,j}}{2}||\theta_{i,j}^*||^2$。

第 m_i 步　求 z_{i,m_i} 的导数, 根据式 (6.4.1) 和式 (6.4.2), 可得

$$\dot{z}_{i,m_i} = f_{i,m_i}(x) + u_i - \dot{\alpha}_{i,m_i-1} \tag{6.4.25}$$

式中, $\dot{\alpha}_{i,m_i-1} = \sum_{k=1}^{m_i-1}(\partial\alpha_{i,m_i-1}/\partial x_{i,k})(f_{i,k}(\bar{x}_{i,k}) + x_{i,k+1}) + \phi_{i,m_i-1}$, 且 $\phi_{i,m_i-1} = \sum_{k=1}^{m_i-1}(\partial\alpha_{i,m_i-1}/\partial\hat{\theta}_{i,k})\dot{\hat{\theta}}_{i,k} + \sum_{k=0}^{m_i-1}(\partial\alpha_{i,m_i-1}/\partial y_{i,m}^{(j)})y_{i,m}^{(k+1)}$。

令 $h_{i,m_i}(x) = f_{i,m_i}(x) - \sum\limits_{k=1}^{m_i-1} (\partial \alpha_{i,m_i-1}/\partial x_{i,k})(f_{i,k}(\bar{x}_{i,k}) + x_{i,k+1})$，利用模糊

逻辑系统 $\hat{h}_{i,m_i}(x|\hat{\theta}_{i,m_i}) = \hat{\theta}_{i,m_i}^{\mathrm{T}} \varphi_{i,m_i}(x)$ 逼近 $h_{i,m_i}(x)$，并假设

$$h_{i,m_i}(x) = \theta_{i,m_i}^{*\mathrm{T}} \varphi_{i,m_i}(x) + \varepsilon_{i,m_i}(x) \qquad (6.4.26)$$

式中，θ_{i,m_i}^* 是未知的最优参数；$\varepsilon_{i,m_i}(x)$ 是最小模糊逼近误差。假设 $\varepsilon_{i,m_i}(x)$ 满足 $|\varepsilon_{i,m_i}(x)| \leqslant \varepsilon_{i,m_i}^*$，$\varepsilon_{i,m_i}^*$ 是正常数。

将式 (6.4.26) 代入式 (6.4.25)，$\dot{z}_{i,m_i}$ 可表示为

$$\dot{z}_{i,m_i} = u_i + \hat{\theta}_{i,m_i}^{\mathrm{T}} \varphi_{i,m_i}(x) + \tilde{\theta}_{i,m_i}^{\mathrm{T}} \varphi_{i,m_i}(x) + \varepsilon_{i,m_i}(x) - \phi_{i,m_i-1} \qquad (6.4.27)$$

式中，$\hat{\theta}_{i,m_i}$ 是 θ_{i,m_i}^* 的估计；$\tilde{\theta}_{i,m_i} = \theta_{i,m_i}^* - \hat{\theta}_{i,m_i}$ 是参数估计误差。

选择如下的障碍李雅普诺夫函数：

$$V_{i,m_i} = V_{i,m_i-1} + \frac{1}{2} \log \frac{k_{b_{i,m_i}}^2}{k_{b_{i,m_i}}^2 - z_{i,m_i}^2} + \frac{1}{2} \tilde{\theta}_{i,m_i}^{\mathrm{T}} \Gamma_{i,m_i}^{-1} \tilde{\theta}_{i,m_i} \qquad (6.4.28)$$

式中，$\Gamma_{i,m_i} = \Gamma_{i,m_i}^{\mathrm{T}} > 0$ 是增益矩阵。

根据式 (6.4.24)、式 (6.4.27) 和式 (6.4.28)，$\dot{V}_{i,m_i}$ 可表示为

$$
\begin{aligned}
\dot{V}_{i,m_i} \leqslant & -\sum_{k=1}^{m_i-1} \frac{c_{i,k} z_{i,k}^2}{k_{b_{i,k}}^2 - z_{i,k}^2} - \sum_{k=1}^{m_i-1} \frac{\sigma_{i,k}}{2} ||\tilde{\theta}_{i,k}||^2 + D_{i,m_i-1} \\
& + \frac{z_{i,m_i}}{k_{b_{i,m_i}}^2 - z_{i,m_i}^2} \left(u_i + \hat{\theta}_{i,m_i}^{\mathrm{T}} \varphi_{i,m_i}(x) - \phi_{i,m_i-1} + \frac{k_{b_{i,m_i}}^2 - z_{i,m_i}^2}{k_{b_{i,m_i-1}}^2 - z_{i,m_i-1}^2} z_{i,m_i-1} \right) \\
& + \tilde{\theta}_{i,m_i}^{\mathrm{T}} \left(\frac{z_{i,m_i} \varphi_{i,m_i}(x)}{k_{b_{i,m_i}}^2 - z_{i,m_i}^2} - \Gamma_{i,m_i}^{-1} \dot{\hat{\theta}}_{i,m_i} \right) + \frac{z_{i,m_i} \varepsilon_{i,m_i}(x)}{k_{b_{i,m_i}}^2 - z_{i,m_i}^2} \qquad (6.4.29)
\end{aligned}
$$

根据杨氏不等式，可得

$$\frac{z_{i,m_i} \varepsilon_{i,m_i}(x)}{k_{b_{i,m_i}}^2 - z_{i,m_i}^2} \leqslant \frac{1}{2\gamma_{i,m_i}} \left(\frac{z_{i,m_i}}{k_{b_{i,m_i}}^2 - z_{i,m_i}^2} \right)^2 + \frac{1}{2} \gamma_{i,m_i} \varepsilon_{i,m_i}^{*2} \qquad (6.4.30)$$

式中，$\gamma_{i,m_i} > 0$ 是设计参数。

将式 (6.4.30) 代入式 (6.4.29)，可得

$$\dot{V}_{i,m_i} \leqslant -\sum_{k=1}^{m_i-1} \frac{c_{i,k} z_{i,k}^2}{k_{b_{i,k}}^2 - z_{i,k}^2} - \sum_{k=1}^{m_i-1} \frac{\sigma_{i,k}}{2} ||\tilde{\theta}_{i,k}||^2 + D_{i,m_i-1}$$

$$
\begin{aligned}
&+ \frac{z_{i,m_i}}{k_{b,m_i}^2 - z_{i,m_i}^2} \left(\hat{\theta}_{i,m_i}^{\mathrm{T}} \varphi_{i,m_i}(x) + \frac{k_{b,m_i}^2 - z_{i,m_i}^2}{k_{b,m_i-1}^2 - z_{i,m_i-1}^2} z_{i,m_i-1} \right. \\
&\left. - \phi_{i,m_i-1} + \frac{1}{2\gamma_{i,m_i}} \frac{z_{i,m_i}}{k_{b,m_i}^2 - z_{i,m_i}^2} + u_i \right) + \frac{1}{2}\gamma_{i,m_i}\varepsilon_{i,m_i}^{*2} \\
&+ \tilde{\theta}_{i,m_i}^{\mathrm{T}} \left(\frac{z_{i,m_i}\varphi_{i,m_i}(x)}{k_{b,m_i}^2 - z_{i,m_i}^2} - \Gamma_{i,m_i}^{-1} \dot{\hat{\theta}}_{i,m_i} \right)
\end{aligned} \tag{6.4.31}
$$

设计控制器 u_i 和参数 $\hat{\theta}_{i,m_i}$ 的自适应律如下:

$$
\begin{aligned}
u_i = &- c_{i,m_i} z_{i,m_i} - \hat{\theta}_{i,m_i}^{\mathrm{T}} \varphi_{i,m_i}(x) + \phi_{i,m_i-1} \\
&- \frac{z_{i,m_i}}{2\gamma_{i,m_i}(k_{b,m_i}^2 - z_{i,m_i}^2)} - \frac{k_{b,m_i}^2 - z_{i,m_i}^2}{k_{b,m_i-1}^2 - z_{i,m_i-1}^2} z_{i,m_i-1}
\end{aligned} \tag{6.4.32}
$$

$$
\dot{\hat{\theta}}_{i,m_i} = \Gamma_{i,m_i} \left(\frac{z_{i,m_i}\varphi_{i,m_i}(x)}{k_{b,m_i}^2 - z_{i,m_i}^2} - \sigma_{i,m_i}\hat{\theta}_{i,m_i} \right) \tag{6.4.33}
$$

将式 (6.4.32) 和式 (6.4.33) 代入式 (6.4.31), 可得

$$
\begin{aligned}
\dot{V}_{i,m_i} \leqslant &- \sum_{k=1}^{m_i} \frac{c_{i,k} z_{i,k}^2}{k_{b,k}^2 - z_{i,k}^2} - \sum_{k=1}^{m_i-1} \frac{\sigma_{i,k}}{2} ||\tilde{\theta}_{i,k}||^2 + D_{i,m_i-1} \\
&+ \frac{1}{2}\gamma_{i,m_i}\varepsilon_{i,m_i}^{*2} + \sigma_{i,m_i}\tilde{\theta}_{i,m_i}^{\mathrm{T}}\hat{\theta}_{i,m_i}
\end{aligned} \tag{6.4.34}
$$

根据杨氏不等式, 可得

$$
\sigma_{i,m_i}\tilde{\theta}_{i,m_i}^{\mathrm{T}}\hat{\theta}_{i,m_i} = \sigma_{i,m_i}\tilde{\theta}_{i,m_i}^{\mathrm{T}}(\theta_{i,m_i}^* - \tilde{\theta}_{i,m_i}) \leqslant -\frac{\sigma_{i,m_i}}{2}||\tilde{\theta}_{i,m_i}||^2 + \frac{\sigma_{i,m_i}}{2}||\theta_{i,m_i}^*||^2 \tag{6.4.35}
$$

将式 (6.4.35) 代入式 (6.4.34), 可得

$$
\dot{V}_{i,m_i} \leqslant -\sum_{k=1}^{m_i} \frac{c_{i,k} z_{i,k}^2}{k_{b,k}^2 - z_{i,k}^2} - \sum_{k=1}^{m_i} \frac{\sigma_{i,k}}{2}||\tilde{\theta}_{i,k}||^2 + D_{i,m_i} \tag{6.4.36}
$$

式中, $D_{i,m_i} = D_{i,m_i-1} + \frac{1}{2}\gamma_{i,m_i}\varepsilon_{i,m_i}^{*2} + \frac{\sigma_{i,m_i}}{2}||\theta_{i,m_i}^*||^2$。

6.4.3　稳定性与收敛性分析

上述控制设计和分析可以总结为如下定理。

定理 6.4.1　针对多变量非线性严格反馈系统 (6.4.1), 假设 6.4.1 成立。如果采用控制器 (6.4.32), 虚拟控制器 (6.4.9)、(6.4.20), 参数自适应律 (6.4.10)、(6.4.21) 和 (6.4.33), 则总体控制方案具有如下性能:

(1) 闭环系统中所有信号半全局一致最终有界;

(2) 输出跟踪误差 $z_{i,1}(t) = y_i(t) - y_{i,m}(t)$ 收敛到包含原点的一个较小邻域内;

(3) 所有系统的状态不超出预先指定的界。

证明   选取李雅普诺夫函数为 $V = \sum\limits_{i=1}^{n} \sum\limits_{j=1}^{m_i} V_{i,j}$，求 V 的导数，由式 (6.4.36) 和不等式

$$\log \frac{k_{b_{i,j}}^2}{k_{b_{i,j}}^2 - z_{i,j}^2} \leqslant \frac{z_{i,j}^2}{k_{b_{i,j}}^2 - z_{i,j}^2}$$

可得

$$\dot{V} \leqslant -\sum_{i=1}^{n} \sum_{k=1}^{m_i} \left(c_{i,k} \log \frac{k_{b_{i,k}}^2}{k_{b_{i,k}}^2 - z_{i,k}^2} + \frac{\sigma_{i,k}}{2} ||\tilde{\theta}_{i,k}||^2 \right) + \sum_{i=1}^{n} D_{i,m_i} \quad (6.4.37)$$

令 $C = \min\{2c_{i,j}, \sigma_{i,j}\lambda_{\min}(\Gamma_{i,j}), i = 1, 2, \cdots, n, j = 1, 2, \cdots, m_i\}$ 和 $D = \sum\limits_{i=1}^{n} D_{i,m_i}$，$\dot{V}$ 最终表示为

$$\dot{V} \leqslant -CV + D \quad (6.4.38)$$

由式 (6.4.38) 和引理 0.3.1 可知，所有信号 $x_{i,j}(t)$、$z_{i,j}(t)$、$\hat{\theta}_{i,j}$ 和 $u_i(t)$ 半全局一致最终有界。根据式 (6.4.38)，可以得到 $k_{b_{i,1}}^2 \big/ (k_{b_{i,1}}^2 - z_{i,1}^2) \leqslant e^{2(V(0)-D/C)e^{-Ct}+2D/C}$，即 $|z_{i,1}| \leqslant k_{b_{i,1}} \sqrt{1 - e^{-2(V(0)-D/C)e^{-Ct}-2D/C}}$，在控制设计中，如果选择适当的设计参数，可以得到跟踪误差 $z_{i,1} = x_{i,1} - y_{i,m}$ 收敛到包含原点的一个较小邻域内。由于 $|y_{i,m}| \leqslant A_{i,0}$ 和 $x_{i,1} = z_{i,1} + y_{i,m}(t)$，所以 $|x_{i,1}| \leqslant |z_{i,1}| + |y_{i,m}(t)| \leqslant k_{b_{i,1}} + A_{i,0} \leqslant k_{c_{i,1}}$，即 $x_{i,1}$ 是有界的。同理，由于 $x_{i,j}(t)$、$z_{i,j}(t)$、$\hat{\theta}_{i,j}$ 均为有界信号，进而可得到 $\alpha_{i,j}$ 是有界的，存在正常数 $\bar{\alpha}_{i,j-1}$ 满足 $|\alpha_{i,j-1}(\cdot)| \leqslant \bar{\alpha}_{i,j-1}$，进一步可证明 $|x_{i,j}| \leqslant |z_{i,j}| + |\alpha_{i,j-1}| \leqslant k_{b_{i,j}} + \bar{\alpha}_{i,j-1} \leqslant k_{c_{i,j}}$，所以所有系统的状态都不超出指定约束界。

评注 6.4.1   (1) 本节针对一类具有全状态约束的多变量非线性严格反馈系统，基于对数型障碍李雅普诺夫函数，介绍了一种模糊自适应反步递推控制方法，与本节相类似的神经网络自适应控制设计方法可参见文献 [19] 和 [20]。

(2) 含有状态时滞、输入滞回的全状态约束的多变量非线性严格反馈系统的智能自适应鲁棒控制设计方法可参见文献 [21] 和 [22]。此外，具有状态时变约束的多变量非线性严格反馈系统的智能自适应控制设计方法可参见文献 [23]。

6.4.4　仿真

例 6.4.1　考虑如下多变量非线性严格反馈系统:

$$
\begin{cases}
\dot{x}_{1,1} = x_{1,1}(2 - \sin(x_{1,1})) + x_{1,2} \\
\dot{x}_{1,2} = x_{1,1}x_{1,2}^2 + 0.2x_{2,1} + \sin(x_{2,2}) + u_1 \\
y_1 = x_{1,1}
\end{cases}
$$
$$
\begin{cases}
\dot{x}_{2,1} = -0.5x_{2,1}^2\cos(x_{2,1}) + x_{2,2} \\
\dot{x}_{2,2} = (x_{1,2} + x_{2,1})x_{2,2} + u_2 \\
y_2 = x_{2,1}
\end{cases}
\tag{6.4.39}
$$

式中, $x_{1,1}$、$x_{1,2}$、$x_{2,1}$ 和 $x_{2,2}$ 是系统的状态向量; 约束界分别为 $|x_{1,1}| \leqslant k_{c_{1,1}} = 1.5$、$|x_{1,2}| \leqslant k_{c_{1,2}} = 3$、$|x_{2,1}| \leqslant k_{c_{2,1}} = 1.5$ 和 $|x_{2,2}| \leqslant k_{c_{2,2}} = 3.5$。参考信号为 $y_{1,m}(t) = 0.5(\sin t + \sin(0.5t))$ 和 $y_{2,m}(t) = \sin(0.5t) + 0.5\sin(1.5t)$。

由于 $|y_{1,m}(t)| \leqslant 1 = A_{1,0} < 1.5 = k_{c_{1,1}}$, $|y_{2,m}(t)| \leqslant 1.5 = A_{2,0} = k_{c_{2,1}}$, $|\dot{y}_{1,m}(t)| \leqslant 1 = A_{1,1}$, $|\dot{y}_{2,m}(t)| \leqslant 1.5 = A_{2,1}$, 所以假设 6.4.1 成立。

选择变量 $x_{i,j}$ 的隶属函数为

$$
\mu_{F_{i,j}^1}(x_{i,j}) = \exp\left[-\frac{(x_{i,j} - 2)^2}{2}\right], \quad \mu_{F_{i,j}^2}(x_{i,j}) = \exp\left[-\frac{(x_{i,j} - 1)^2}{2}\right]
$$

$$
\mu_{F_{i,j}^3}(x_{i,j}) = \exp\left(-\frac{x_{i,j}^2}{2}\right), \quad \mu_{F_{i,j}^4}(x_{i,j}) = \exp\left[-\frac{(x_{i,j} + 1)^2}{2}\right]
$$

$$
\mu_{F_{i,j}^5}(x_{i,j}) = \exp\left[-\frac{(x_{i,j} + 2)^2}{2}\right], \quad i = 1, 2;\ j = 1, 2
$$

令

$$
\varphi_{i,1,l}(x_{i,1}) = \frac{\mu_{F_{i,1}^l}(x_{i,1})}{\sum\limits_{l=1}^{5} \mu_{F_{i,1}^l}(x_{i,1})}
$$

$$
\varphi_{i,2,l}(x) = \frac{\mu_{F_{1,1}^l}(x_{1,1})\mu_{F_{1,2}^l}(x_{1,2})\mu_{F_{2,1}^l}(x_{2,1})\mu_{F_{2,2}^l}(x_{2,2})}{\sum\limits_{l=1}^{5} \mu_{F_{1,1}^l}(x_{1,1})\mu_{F_{1,2}^l}(x_{1,2})\mu_{F_{2,1}^l}(x_{2,1})\mu_{F_{2,2}^l}(x_{2,2})}, \quad i = 1, 2
$$

$$
\varphi_{i,1}(x_{i,1}) = [\varphi_{i,1,1}(x_{i,1}), \varphi_{i,1,2}(x_{i,1}), \varphi_{i,1,3}(x_{i,1}), \varphi_{i,1,4}(x_{i,1}), \varphi_{i,1,5}(x_{i,1})]^{\mathrm{T}}
$$

$$
\varphi_{i,2}(x) = [\varphi_{i,2,1}(x), \varphi_{i,2,2}(x), \varphi_{i,2,3}(x), \varphi_{i,2,4}(x), \varphi_{i,2,5}(x)]^{\mathrm{T}}
$$

在仿真中，取虚拟控制器，控制器和参数自适应律的设计参数为：$k_{b_{1,1}} = 1.4$，$k_{b_{1,2}} = 2.8$，$k_{b_{2,1}} = 1.4$，$k_{b_{2,2}} = 3.4$，$k_{1,1} = 64.3$，$k_{1,2} = 22.95$，$k_{2,1} = 47.55$，$k_{2,2} = 42.9$，$\delta_{1,1} = \delta_{1,2} = \delta_{2,1} = \delta_{2,2} = 0.2$，$\gamma_{1,1} = \gamma_{1,2} = \gamma_{2,1} = \gamma_{2,2} = 0.5$，$\Gamma_{1,1} = \Gamma_{1,2} = \mathrm{diag}\,\{0.2, 0.2\}$，$\Gamma_{2,1} = \Gamma_{2,2} = \mathrm{diag}\,\{0.4, 0.4\}$。

选择变量及参数的初始值为：$x_{1,1}(0) = 0$，$x_{1,2}(0) = 0$，$x_{2,1}(0) = 0$，$x_{2,2}(0) = 0$；$\hat{\theta}_{1,1}(0) = [\ 0.1 \quad 0.2 \quad 0 \quad 0 \quad 0.2\ ]^{\mathrm{T}}$，$\hat{\theta}_{1,2}(0) = [\ 0.2 \quad 0.2 \quad 0 \quad 0.1 \quad 0\ ]^{\mathrm{T}}$，$\hat{\theta}_{2,1}(0) = [\ 0.2 \quad 0.1 \quad 0 \quad 0.2 \quad 0.1\ ]^{\mathrm{T}}$，$\hat{\theta}_{2,2}(0) = [\ 0.1 \quad 0.1 \quad 0 \quad 0.2 \quad 0.2\ ]^{\mathrm{T}}$。

仿真结果如图 6.4.1～图 6.4.4 所示。

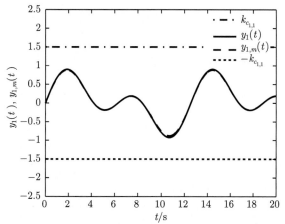

图 6.4.1　输出 $y_1(t)$ 和参考信号 $y_{1,m}(t)$ 的轨迹及约束边界

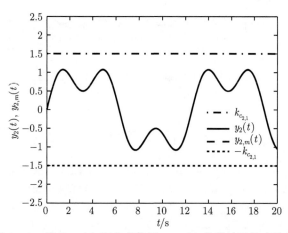

图 6.4.2　状态 $y_2(t)$ 和参考信号 $y_{2,m}(t)$ 的轨迹及约束边界

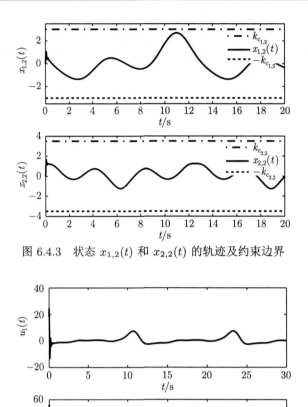

图 6.4.3　状态 $x_{1,2}(t)$ 和 $x_{2,2}(t)$ 的轨迹及约束边界

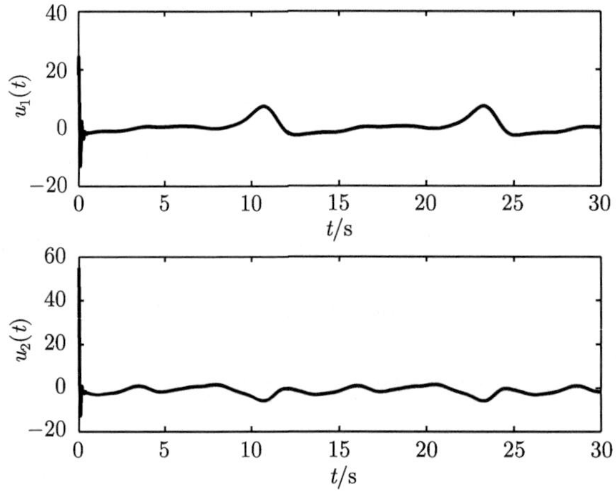

图 6.4.4　系统输入 $u_1(t)$ 和 $u_2(t)$ 的轨迹

参 考 文 献

[1] Ge S S, Wang C. Adaptive neural control of uncertain MIMO nonlinear systems[J]. IEEE Transactions on Neural Networks, 2004, 15(3): 674-692.

[2] Tong S C, Li Y M, Shi P. Observer-based adaptive fuzzy backstepping output feedback control of uncertain MIMO pure-feedback nonlinear systems[J]. IEEE Transactions on Fuzzy Systems, 2012, 20(4): 771-785.

[3] Li Y M, Tong S C, Li T S. Adaptive fuzzy output feedback control of MIMO nonlinear uncertain systems with time-varying delays and unknown backlash-like hysteresis[J]. Neurocomputing, 2012, 93: 56-66.

[4] Li D J, Lu S M, Liu Y J, et al. Adaptive fuzzy tracking control based barrier functions of uncertain nonlinear MIMO systems with full-state constraints and applications to chemical process[J]. IEEE Transactions on Fuzzy Systems, 2018, 26(4): 2145-2159.

[5] Chen B, Liu X P, Tong S C. Adaptive fuzzy output tracking control of MIMO nonlinear uncertain systems[J]. IEEE Transactions on Fuzzy Systems, 2007, 15(2): 287-300.

[6] Chen M, Ge S S, How B V. Robust adaptive neural network control for a class of uncertain MIMO nonlinear systems with input nonlinearities[J]. IEEE Transactions on Neural Networks, 2010, 21(5): 796-812.

[7] Lee H. Robust adaptive fuzzy control by backstepping for a class of MIMO nonlinear systems[J]. IEEE Transactions on Fuzzy Systems, 2010, 19(2): 265-275.

[8] Chen C, Liu Z, Xie K, et al. Adaptive neural control of MIMO stochastic systems with unknown high-frequency gains[J]. Information Sciences, 2017, 418: 513-530.

[9] Li T S, Tong S C, Feng G. A novel robust adaptive-fuzzy-tracking control for a class of nonlinear multi-input/multi-output systems[J]. IEEE Transactions on Fuzzy Systems, 2010, 18(1): 150-160.

[10] Han S I. Fuzzy super twisting dynamic surface control for MIMO strict-feedback nonlinear dynamic systems with super twisting nonlinear disturbance observer and a new partial tracking error constraint[J]. IEEE Transactions on Fuzzy Systems, 2019, 27(11): 2101-2114.

[11] Wang H H, Chen B, Lin C, et al. Observer-based adaptive fuzzy tracking control for a class of MIMO nonlinear systems with unknown dead zones and time-varying delays[J]. International Journal of Systems Science, 2019, 50(3): 546-562.

[12] Tong S C, Li Y M, Feng G, et al. Observer-based adaptive fuzzy backstepping dynamic surface control for a class of MIMO nonlinear systems[J]. IEEE Transactions on Systems, Man, and Cybernetics, Part B: Cybernetics, 2011, 41(4): 1124-1135.

[13] Li Y M, Tong S C, Li T S. Hybrid fuzzy adaptive output feedback control design for uncertain MIMO nonlinear systems with time-varying delays and input saturation[J]. IEEE Transactions on Fuzzy Systems, 2016, 24(4): 841-853.

[14] Li Y, Tong S C, Li Y M. Observer-based adaptive fuzzy backstepping dynamic surface control design and stability analysis for MIMO stochastic nonlinear systems[J]. Nonlinear Dynamics, 2012, 69(3): 1333-1349.

[15] Li Y M, Tong S C, Li T S. Observer-based adaptive fuzzy tracking control of MIMO stochastic nonlinear systems with unknown control direction and unknown dead-zones[J]. IEEE Transactions on Fuzzy Systems, 2015, 23(4): 1228-1241.

[16] Tong S C, Li Y M. Adaptive fuzzy output feedback control of MIMO nonlinear systems with unknown dead-zone inputs[J]. IEEE Transactions on Fuzzy Systems, 2012, 21(1): 134-146.

[17] Gao Y, Tong S C, Li Y M. Observer-based adaptive fuzzy output constrained control for MIMO nonlinear systems with unknown control directions[J]. Fuzzy Sets and Systems, 2016, 290: 79-99.

[18] Li Y M, Tong S C, Li T S. Observer-based adaptive fuzzy tracking control of MIMO stochastic nonlinear systems with unknown control directions and unknown dead zones[J]. IEEE Transactions on Fuzzy Systems, 2015, 23(4): 1228-1241.

[19] Si W J, Dong X D. Adaptive neural control for MIMO stochastic nonlinear pure-feedback systems with input saturation and full-state constraints[J]. Neurocomputing, 2018, 275: 298-307.

[20] Chen Z T, Li Z J, Philip Chen C L. Adaptive neural control of uncertain MIMO nonlinear systems with state and input constraints[J]. IEEE Transactions on Neural Networks and Learning Systems, 2017, 28(6): 1318-1330.

[21] Li D P, Li D J, Liu Y J, et al. Approximation-based adaptive neural tracking control of nonlinear MIMO unknown time-varying delay systems with full state constraints[J]. IEEE Transactions on Cybernetics, 2017, 47(10): 3100-3109.

[22] Qiu J B, Sun K K, Rudas I J, et al. Command filter-based adaptive NN control for MIMO nonlinear systems with full-state constraints and actuator hysteresis[J]. IEEE Transactions on Cybernetics, 2020, 50(7): 2905-2915.

[23] Wei Y, Zhou P F, Wang Y Y, et al. Adaptive neural dynamic surface control of MIMO uncertain nonlinear systems with time-varying full state constraints and disturbances[J]. Neurocomputing, 2019, 364: 16-31.

第 7 章　非线性严格反馈互联大系统智能自适应分散控制

第 1~6 章针对单输入单输出和多变量非线性严格反馈系统，介绍了智能自适应状态反馈和输出反馈设计方法及理论。本章针对非线性严格反馈互联大系统，在第 1~6 章的基础上，介绍智能自适应状态反馈和输出反馈分散控制设计方法，并给出闭环系统的稳定性和收敛性分析 [1-5]。

7.1　非线性互联大系统的模糊自适应状态反馈分散控制

本节针对一类非线性严格反馈互联大系统，应用模糊逻辑系统对被控系统中的未知非线性函数进行逼近，应用自适应反步递推设计方法，介绍一种模糊自适应状态反馈分散控制设计方法，并给出闭环系统的稳定性和收敛性分析。

7.1.1　系统模型及控制问题描述

考虑如下的由 N 个子系统组成的非线性严格反馈互联大系统，其中第 $i(i = 1, 2, \cdots, N)$ 个子系统表示为

$$\begin{cases} \dot{x}_{i,j} = f_{i,j}(\bar{x}_{i,j}) + x_{i,j+1} + \Delta_{i,j}(\bar{y}), \quad j = 1, 2, \cdots, n_i - 1 \\ \dot{x}_{i,n_i} = f_{i,n_i}(\bar{x}_{i,n_i}) + u_i + \Delta_{i,n_i}(\bar{y}) \\ y_i = x_{i,1} \end{cases} \tag{7.1.1}$$

式中，$\bar{x}_{i,j} = [x_{i,1}, x_{i,2}, \cdots, x_{i,j}]^{\mathrm{T}} \in \mathbf{R}^j (j = 1, 2, \cdots, n_i)$ 是第 i 个子系统的状态向量；$y_i \in \mathbf{R}$ 和 $u_i \in \mathbf{R}$ 是系统的输出和输入；$f_{i,j}(\cdot)(j = 1, 2, \cdots, n_i)$ 是未知光滑非线性函数；$\Delta_{i,j}(\bar{y})$ 是第 i 个子系统和其他子系统间的互联项；$\bar{y} = [y_1, y_2, \cdots, y_N]^{\mathrm{T}} \in \mathbf{R}^N$。

假设 7.1.1　非线性互联项 $\Delta_{i,j}(\bar{y})$ 满足

$$|\Delta_{i,j}(\bar{y})| \leqslant \sum_{l=1}^{N} q_{i,j,l} \beta_l(|y_l|)$$

式中，$q_{i,j,l}(i = 1, 2, \cdots, N; j = 1, 2, \cdots, n_i)$ 是已知常数，它表示各子系统之间的互联作用强度；$\beta_l(\cdot)$ 是已知的非线性光滑函数，满足条件 $\beta_l(|y_l|) \geqslant 0$ 和 $\beta_l(|0|) = 0$。

控制任务   对于非线性严格反馈大系统 (7.1.1)，基于模糊逻辑系统设计一种模糊自适应状态反馈分散控制器，使整个闭环系统中的所有信号都是半全局一致最终有界的。

7.1.2   模糊自适应反步递推分散控制设计

定义如下的坐标变换：

$$z_{i,1} = y_i \tag{7.1.2}$$

$$z_{i,j} = x_{i,j} - \alpha_{i,j-1} \tag{7.1.3}$$

式中，$z_{i,j}$ 是虚拟误差；$\alpha_{i,j-1}$ 是在第 $j-1$ 步中将要设计的虚拟控制器。

基于上述的坐标变换，下面将给出 n_i 步模糊自适应反步递推控制设计过程。

第 1 步   沿式 (7.1.1) 和式 (7.1.2)，求 $z_{i,1}$ 的导数：

$$\dot{z}_{i,1} = x_{i,2} + f_{i,1}(x_{i,1}) + \Delta_{i,1}(\bar{y}) \tag{7.1.4}$$

因为 $f_{i,1}(x_{i,1})$ 是未知光滑非线性函数，所以利用模糊逻辑系统 $\hat{f}_{i,1}(x_{i,1}|\hat{\theta}_{i,1}) = \hat{\theta}_{i,1}^{\mathrm{T}}\varphi_{i,1}(x_{i,1})$ 逼近 $f_{i,1}(x_{i,1})$，并假设

$$f_{i,1}(x_{i,1}) = \theta_{i,1}^{*\mathrm{T}}\varphi_{i,1}(x_{i,1}) + \varepsilon_{i,1}(x_{i,1}) \tag{7.1.5}$$

式中，$\theta_{i,1}^*$ 是最优参数；$\varepsilon_{i,1}(x_{i,1})$ 是最小模糊逼近误差。假设 $\varepsilon_{i,1}(x_{i,1})$ 满足 $|\varepsilon_{i,1}(x_{i,1})| \leqslant \varepsilon_{i,1}^*$，$\varepsilon_{i,1}^*$ 是正常数。

将式 (7.1.5) 代入式 (7.1.4)，可得

$$\begin{aligned}
\dot{z}_{i,1} &= z_{i,2} + \alpha_{i,1} + \varepsilon_{i,1}(x_{i,1}) + \theta_{i,1}^{*\mathrm{T}}\varphi_{i,1}(x_{i,1}) + \Delta_{i,1}(\bar{y}) \\
&= z_{i,2} + \alpha_{i,1} + \varepsilon_{i,1}(x_{i,1}) + \hat{\theta}_{i,1}^{\mathrm{T}}\varphi_{i,1}(x_{i,1}) \\
&\quad + \tilde{\theta}_{i,1}^{\mathrm{T}}\varphi_{i,1}(x_{i,1}) + \Delta_{i,1}(\bar{y})
\end{aligned} \tag{7.1.6}$$

选取如下的李雅普诺夫函数：

$$V_{i,1} = \frac{1}{2}z_{i,1}^2 + \frac{1}{2r_{i,1}}\tilde{\theta}_{i,1}^{\mathrm{T}}\tilde{\theta}_{i,1} + \frac{1}{2r_i}\tilde{\theta}_i^{\mathrm{T}}\tilde{\theta}_i \tag{7.1.7}$$

式中，$r_{i,1} > 0$ 和 $r_i > 0$ 是设计参数；$\tilde{\theta}_{i,1} = \theta_{i,1}^* - \hat{\theta}_{i,1}$ 和 $\tilde{\theta}_i = \theta_i^* - \hat{\theta}_i$ 是参数误差，$\hat{\theta}_{i,1}$ 和 $\hat{\theta}_i$ 分别是 $\theta_{i,1}^*$ 和 θ_i^* 的估计。

定义 $V_1 = \displaystyle\sum_{i=1}^{N} V_{i,1}$，则 $\dot{V}_1 = \displaystyle\sum_{i=1}^{N} \dot{V}_{i,1}$。求 V_1 的导数，并由式 (7.1.6) 和式 (7.1.7) 可得

$$\dot{V}_1 = \sum_{i=1}^{N} \left[z_{i,1}(z_{i,2} + \alpha_{i,1} + \varepsilon_{i,1}(x_{i,1}) + \hat{\theta}_{i,1}^{\mathrm{T}}\varphi_{i,1}(x_{i,1}) \right.$$

$$+ \tilde{\theta}_{i,1}^{\mathrm{T}} \varphi_{i,1}(x_{i,1}) + \Delta_{i,1}(\bar{y})) + \frac{1}{r_{i,1}} \tilde{\theta}_{i,1}^{\mathrm{T}} \dot{\hat{\theta}}_{i,1} + \frac{1}{r_i} \tilde{\theta}_i^{\mathrm{T}} \dot{\hat{\theta}}_i \bigg] \tag{7.1.8}$$

根据杨氏不等式，可得

$$z_{i,1}(z_{i,2} + \varepsilon_{i,1}(x_{i,1})) \leqslant z_{i,1}^2 + \frac{1}{2} z_{i,2}^2 + \frac{1}{2} \varepsilon_{i,1}^{*2} \tag{7.1.9}$$

由假设 7.1.1 可知，存在一个光滑的非负函数 $\varpi_{i,j,l}(y_l)$，满足

$$\left(\sum_{l=1}^{N} q_{i,j,l} \beta_l(|y_l|) \right)^2 \leqslant \sum_{l=1}^{N} \varpi_{i,j,l}(y_l) y_l^2 + 2 \left(\sum_{l=1}^{N} \beta_l(0) \right)^2 \tag{7.1.10}$$

因此，由假设 7.1.1 和式 (7.1.10) 可得

$$\sum_{i=1}^{N} z_{i,1} \Delta_{i,1}(\bar{y}) \leqslant \sum_{i=1}^{N} \frac{1}{2} z_{i,1}^2 + \frac{1}{2} \sum_{i=1}^{N} \left[\sum_{l=1}^{N} \varpi_{i,1,l}(y_l) y_l^2 + 2 \left(\sum_{l=1}^{N} \beta_l(0) \right)^2 \right]$$

$$\leqslant \sum_{i=1}^{N} \frac{1}{2} z_{i,1}^2 + \frac{1}{2} \sum_{i=1}^{N} \sum_{l=1}^{N} \varpi_{i,1,l}(y_l) y_l^2 + \sum_{i=1}^{N} \left(\sum_{l=1}^{N} \beta_l(0) \right)^2$$

$$\leqslant \sum_{i=1}^{N} \frac{1}{2} z_{i,1}^2 + \frac{1}{2} \sum_{i=1}^{N} \sum_{l=1}^{N} y_i^2 \varpi_{l,1,i}(y_i) + \sum_{i=1}^{N} \left(\sum_{l=1}^{N} \beta_l(0) \right)^2 \tag{7.1.11}$$

将式 (7.1.9) 和式 (7.1.11) 代入式 (7.1.8)，可得

$$\dot{V}_1 \leqslant \sum_{i=1}^{N} \left[\frac{1}{2} z_{i,2}^2 + z_{i,1} \left(\alpha_{i,1} + \frac{3}{2} z_{i,1} + \hat{\theta}_{i,1}^{\mathrm{T}} \varphi_{i,1}(x_{i,1}) \right) - \frac{1}{r_i} \tilde{\theta}_i^{\mathrm{T}} \dot{\hat{\theta}}_i \right.$$

$$+ \tilde{\theta}_{i,1}^{\mathrm{T}} \left(-\frac{1}{r_{i,1}} \dot{\hat{\theta}}_{i,1} + z_{i,1} \varphi_{i,1}(x_{i,1}) \right) + \frac{1}{2} \sum_{m=1}^{n_i} \sum_{l=1}^{N} y_i^2 \varpi_{l,m,i}(y_i)$$

$$+ \frac{1}{2} \sum_{k=1}^{n_i-1} \sum_{j=1}^{k} \sum_{l=1}^{N} y_i^2 \varpi_{l,j,i}(y_i) - \frac{1}{2} \sum_{m=1}^{n_i} \sum_{l=1}^{N} y_i^2 \varpi_{l,m,i}(y_i) + \frac{1}{2} \varepsilon_{i,1}^{*2}$$

$$\left. - \frac{1}{2} \sum_{k=1}^{n_i-1} \sum_{j=1}^{k} \sum_{l=1}^{N} y_i^2 \varpi_{l,j,i}(y_i) + \left(\sum_{l=1}^{N} \beta_l(0) \right)^2 \right] \tag{7.1.12}$$

令 $\bar{\eta}_i(x_{i,1}) = \dfrac{1}{2} \displaystyle\sum_{m=1}^{n_i} \sum_{l=1}^{N} y_i \varpi_{l,m,i}(y_i) + \dfrac{1}{2} \sum_{k=1}^{n_i-1} \sum_{j=1}^{k} \sum_{l=1}^{N} y_i \varpi_{l,j,i}(y_i)$。由于 $\bar{\eta}_i(x_{i,1})$ 是一个未知光滑非线性函数，所以利用模糊逻辑系统 $\hat{\bar{\eta}}_i(x_{i,1}|\hat{\theta}_i)$ 逼近 $\bar{\eta}_i(x_{i,1})$，并假设

$$\bar{\eta}_i(x_{i,1}) = \theta_i^{*\mathrm{T}} \varphi_i(x_{i,1}) + \varepsilon_i(x_{i,1}) \tag{7.1.13}$$

式中，θ_i^* 是最优参数；$\varepsilon_i(x_{i,1})$ 是最小模糊逼近误差，并且满足 $|\varepsilon_i(x_{i,1})| \leqslant \varepsilon_i^*$，$\varepsilon_i^*$ 是正常数。

将式 (7.1.13) 代入式 (7.1.12)，可得

$$
\begin{aligned}
\dot{V}_1 \leqslant \sum_{i=1}^{N} \Bigg[&\frac{1}{2}z_{i,2}^2 + z_{i,1}\left(\alpha_{i,1} + \frac{3}{2}z_{i,1} + \hat{\theta}_{i,1}^{\mathrm{T}}\varphi_{i,1}(x_{i,1}) + \hat{\theta}_i^{\mathrm{T}}\varphi_i(x_{i,1}) \right.\\
&+ \tilde{\theta}_i^{\mathrm{T}}\varphi_i(x_{i,1}) + \varepsilon_i \Big) + \frac{1}{r_{i,1}}\tilde{\theta}_{i,1}^{\mathrm{T}}\left(r_{i,1}z_{i,1}\varphi_{i,1}(x_{i,1}) - \dot{\hat{\theta}}_{i,1} \right)\\
&- \frac{1}{r_i}\tilde{\theta}_i^{\mathrm{T}}\dot{\hat{\theta}}_i - \frac{1}{2}\sum_{m=2}^{n_i}\sum_{l=1}^{N} y_i^2 \varpi_{l,m,i}(y_i) + \frac{1}{2}\varepsilon_{i,1}^{*2}\\
&- \frac{1}{2}\sum_{k=1}^{n_i-1}\sum_{j=1}^{k}\sum_{l=1}^{N} y_i^2 \varpi_{l,j,i}(y_i) + \left(\sum_{l=1}^{N}\beta_l(0) \right)^2 \Bigg]
\end{aligned}
\tag{7.1.14}
$$

根据杨氏不等式，可得

$$
z_{i,1}\varepsilon_i(x_{i,1}) \leqslant \frac{1}{2}z_{i,1}^2 + \frac{1}{2}\varepsilon_i^{*2}
\tag{7.1.15}
$$

将式 (7.1.15) 代入式 (7.1.14)，可得

$$
\begin{aligned}
\dot{V}_1 \leqslant \sum_{i=1}^{N} \Bigg[&\frac{1}{2}z_{i,2}^2 + z_{i,1}(\alpha_{i,1} + 2z_{i,1} + \hat{\theta}_{i,1}^{\mathrm{T}}\varphi_{i,1}(x_{i,1}) + \hat{\theta}_i^{\mathrm{T}}\varphi_i(x_{i,1}))\\
&+ \frac{1}{r_{i,1}}\tilde{\theta}_{i,1}^{\mathrm{T}}\left(r_{i,1}z_{i,1}\varphi_{i,1}(x_{i,1}) - \dot{\hat{\theta}}_{i,1} \right) + \frac{1}{r_i}\tilde{\theta}_i^{\mathrm{T}}\left(r_i z_{i,1}\varphi_i(x_{i,1}) - \dot{\hat{\theta}}_i \right)\\
&- \frac{1}{2}\sum_{m=2}^{n_i}\sum_{l=1}^{N} y_i^2 \varpi_{l,m,i}(y_i) + \frac{1}{2}\varepsilon_i^{*2} + \frac{1}{2}\varepsilon_{i,1}^{*2}\\
&- \frac{1}{2}\sum_{k=1}^{n_i-1}\sum_{j=1}^{k}\sum_{l=1}^{N} y_i^2 \varpi_{l,j,i}(y_i) + \left(\sum_{l=1}^{N}\beta_l(0) \right)^2 \Bigg]
\end{aligned}
\tag{7.1.16}
$$

设计虚拟控制器 $\alpha_{i,1}$、参数 $\hat{\theta}_{i,1}$ 和 $\hat{\theta}_i$ 的自适应律如下：

$$
\alpha_{i,1} = -\beta_{i,1}z_{i,1} - 2z_{i,1} - \hat{\theta}_{i,1}^{\mathrm{T}}\varphi_{i,1}(x_{i,1}) - \hat{\theta}_i^{\mathrm{T}}\varphi_i(x_{i,1})
\tag{7.1.17}
$$

$$
\dot{\hat{\theta}}_{i,1} = z_{i,1}r_{i,1}\varphi_{i,1}(x_{i,1}) - \tau_{i,1}\hat{\theta}_{i,1}
\tag{7.1.18}
$$

$$
\dot{\hat{\theta}}_i = r_i z_{i,1}\varphi_i(x_{i,1}) - \tau_i\hat{\theta}_i
\tag{7.1.19}
$$

式中，$\beta_{i,1} > 0$、$\tau_{i,1} > 0$ 和 $\tau_i > 0$ 是设计参数。

将式 (7.1.17)～式 (7.1.19) 代入式 (7.1.16)，可得

$$
\dot{V}_1 \leqslant \sum_{i=1}^{N} \left[\frac{1}{2} z_{i,2}^2 - \beta_{i,1} z_{i,1}^2 + \frac{\tau_{i,1}}{r_{i,1}} \tilde{\theta}_{i,1}^{\mathrm{T}} \hat{\theta}_{i,1} + \frac{\tau_i}{r_i} \tilde{\theta}_i^{\mathrm{T}} \hat{\theta}_i + \frac{1}{2}\varepsilon_{i,1}^{*2} + \left(\sum_{l=1}^{N} \beta_l(0) \right)^2 \right.
$$
$$
\left. + \frac{1}{2}\varepsilon_i^{*2} - \frac{1}{2}\sum_{m=2}^{n_i}\sum_{l=1}^{N} y_i^2 \varpi_{l,m,i}(y_i) - \frac{1}{2}\sum_{k=1}^{n_i-1}\sum_{j=1}^{k}\sum_{l=1}^{N} y_i^2 \varpi_{l,j,i}(y_i) \right] \quad (7.1.20)
$$

根据杨氏不等式，可得

$$
\frac{\tau_{i,1}}{r_{i,1}} \tilde{\theta}_{i,1}^{\mathrm{T}} \hat{\theta}_{i,1} = \frac{\tau_{i,1}}{r_{i,1}} \tilde{\theta}_{i,1}^{\mathrm{T}} (\theta_{i,1}^* - \tilde{\theta}_{i,1}) \leqslant -\frac{\tau_{i,1}}{2r_{i,1}} \|\tilde{\theta}_{i,1}\|^2 + \frac{\tau_{i,1}}{2r_{i,1}} \|\theta_{i,1}^*\|^2 \quad (7.1.21)
$$

$$
\frac{\tau_i}{r_i} \tilde{\theta}_i^{\mathrm{T}} \hat{\theta}_i = \frac{\tau_i}{r_i} \tilde{\theta}_i^{\mathrm{T}} (\theta_i^* - \tilde{\theta}_i) \leqslant -\frac{\tau_i}{2r_i} \|\tilde{\theta}_i\|^2 + \frac{\tau_i}{2r_i} \|\theta_i^*\|^2 \quad (7.1.22)
$$

根据式 (7.1.21) 和式 (7.1.22)，$\dot{V}_1$ 最终表示为

$$
\dot{V}_1 \leqslant \sum_{i=1}^{N} \left(\frac{1}{2} z_{i,2}^2 - \beta_{i,1} z_{i,1}^2 - \frac{\tau_{i,1}}{2r_{i,1}} \|\tilde{\theta}_{i,1}\|^2 - \frac{\tau_i}{2r_i} \|\tilde{\theta}_i\|^2 + D_{i,1} \right.
$$
$$
\left. - \frac{1}{2}\sum_{m=2}^{n_i}\sum_{l=1}^{N} y_i^2 \varpi_{l,m,i}(y_i) - \frac{1}{2}\sum_{k=1}^{n_i-1}\sum_{j=1}^{k}\sum_{l=1}^{N} y_i^2 \varpi_{l,j,i}(y_i) \right) \quad (7.1.23)
$$

式中，$D_{i,1} = \frac{1}{2}\varepsilon_{i,1}^{*2} + \left(\sum_{l=1}^{N} \beta_l(0) \right)^2 + \frac{1}{2}\varepsilon_i^{*2} + \frac{\tau_i}{2r_i} \|\theta_i^*\|^2 + \frac{\tau_{i,1}}{2r_{i,1}} \|\theta_{i,1}^*\|^2$。

第 $j(2 \leqslant j \leqslant n_i - 1)$ 步　对 $z_{i,j}$ 求导，并由式 (7.1.1) 和式 (7.1.3) 可得

$$
\dot{z}_{i,j} = \dot{x}_{i,j} - \dot{\alpha}_{i,j-1}
$$
$$
= x_{i,j+1} + f_{i,j}(\bar{x}_{i,j}) + \Delta_{i,j}(\bar{y}) - \dot{\alpha}_{i,j-1} \quad (7.1.24)
$$

式中，

$$
\dot{\alpha}_{i,j-1} = \sum_{k=1}^{j-1} \frac{\partial \alpha_{i,j-1}}{\partial x_{i,k}} \Delta_{i,k}(\bar{y}) + \xi_{i,j-1}
$$

$$
\xi_{i,j-1} = \sum_{k=1}^{j-1} \frac{\partial \alpha_{i,j-1}}{\partial x_{i,k}} (x_{i,k+1} + f_{i,k}(\bar{x}_{i,k})) + \sum_{k=1}^{j-1} \left(\frac{\partial \alpha_{i,j-1}}{\partial \hat{\theta}_{i,k}} \right) \dot{\hat{\theta}}_{i,k} + \frac{\partial \alpha_{i,j-1}}{\partial \hat{\theta}_i} \dot{\hat{\theta}}_i
$$

令 $h_{i,j}(\bar{x}_{i,j}) = f_{i,j}(\bar{x}_{i,j}) - \xi_{i,j-1}$。利用模糊逻辑系统 $\hat{h}_{i,j}(\bar{x}_{i,j}|\hat{\theta}_{i,j}) = \hat{\theta}_{i,j}^{\mathrm{T}} \varphi_{i,j}(\bar{x}_{i,j})$ 逼近 $h_{i,j}(\bar{x}_{i,j})$，并假设

$$
h_{i,j}(\bar{x}_{i,j}) = \theta_{i,j}^{*\mathrm{T}} \varphi_{i,j}(\bar{x}_{i,j}) + \varepsilon_{i,j}(\bar{x}_{i,j}) \quad (7.1.25)
$$

式中，$\theta_{i,j}^*$ 是最优参数；$\varepsilon_{i,j}(\bar{x}_{i,j})$ 是最小模糊逼近误差，并且满足 $|\varepsilon_{i,j}(\bar{x}_{i,j})| \leqslant \varepsilon_{i,j}^*$，$\varepsilon_{i,j}^*$ 是正常数。

将式 (7.1.25) 代入式 (7.1.24)，可得

$$
\begin{aligned}
\dot{z}_{i,j} &= z_{i,j+1} + \alpha_{i,j} + \theta_{i,j}^{*\mathrm{T}}\varphi_{i,j}(\bar{x}_{i,j}) + \Delta_{i,j}(\bar{y}) + \varepsilon_{i,j}(\bar{x}_{i,j}) - \sum_{k=1}^{j-1}\frac{\partial \alpha_{i,j-1}}{\partial x_{i,k}}\Delta_{i,k} \\
&= z_{i,j+1} + \alpha_{i,j} + \hat{\theta}_{i,j}^{\mathrm{T}}\varphi_{i,j}(\bar{x}_{i,j}) + \tilde{\theta}_{i,j}^{\mathrm{T}}\varphi_{i,j}(\bar{x}_{i,j}) \\
&\quad + \Delta_{i,j}(\bar{y}) + \varepsilon_{i,j}(\bar{x}_{i,j}) - \sum_{k=1}^{j-1}\frac{\partial \alpha_{i,j-1}}{\partial x_{i,k}}\Delta_{i,k}
\end{aligned}
\tag{7.1.26}
$$

选取如下的李雅普诺夫函数：

$$
V_{i,j} = V_{i,j-1} + \frac{1}{2}z_{i,j}^2 + \frac{1}{2r_{i,j}}\tilde{\theta}_{i,j}^{\mathrm{T}}\tilde{\theta}_{i,j}
\tag{7.1.27}
$$

式中，$r_{i,j} > 0$ 是设计参数；$\hat{\theta}_{i,j}$ 是 $\theta_{i,j}^*$ 的估计；$\tilde{\theta}_{i,j} = \theta_{i,j}^* - \hat{\theta}_{i,j}$ 是参数误差。

定义 $V_j = \sum_{i=1}^{N}V_{i,j}$，则 $\dot{V}_j = \sum_{i=1}^{N}\dot{V}_{i,j}$。由式 (7.1.26) 和式 (7.1.27) 可得

$$
\begin{aligned}
\dot{V}_j &= \dot{V}_{j-1} + \sum_{i=1}^{N}\left(z_{i,j}\dot{z}_{i,j} + \frac{1}{r_{i,j}}\tilde{\theta}_{i,j}^{\mathrm{T}}\dot{\tilde{\theta}}_{i,j}\right) \\
&\leqslant \sum_{i=1}^{N}\Bigg[-\sum_{k=1}^{j-1}\beta_{i,k}z_{i,k}^2 - \frac{\tau_i}{2r_i}\left\|\tilde{\theta}_i\right\|^2 - \sum_{k=1}^{j-1}\frac{\tau_{i,k}}{2r_{i,k}}||\tilde{\theta}_{i,k}||^2 + D_{i,j-1} \\
&\quad + z_{i,j}\bigg(z_{i,j+1} + \alpha_{i,j} + \hat{\theta}_{i,j}^{\mathrm{T}}\varphi_{i,j}(\bar{x}_{i,j}) + \tilde{\theta}_{i,j}^{\mathrm{T}}\varphi_{i,j}(\bar{x}_{i,j}) \\
&\quad + \Delta_{i,j}(\bar{y}) + \varepsilon_{i,j}(\bar{x}_{i,j}) - \sum_{k=1}^{j-1}\frac{\partial \alpha_{i,j-1}}{\partial x_{i,k}}\Delta_{i,k}\bigg) - \frac{1}{r_{i,j}}\tilde{\theta}_{i,j}^{\mathrm{T}}\dot{\hat{\theta}}_{i,j} \\
&\quad - \frac{1}{2}\sum_{m=j}^{n_i}\sum_{l=1}^{N}y_i^2\varpi_{l,m,i}(y_i) - \frac{1}{2}\sum_{k=j}^{n_i-1}\sum_{m=1}^{k}\sum_{l=1}^{N}y_i^2\varpi_{l,m,i}(y_i)\Bigg]
\end{aligned}
\tag{7.1.28}
$$

根据杨氏不等式，可得

$$
z_{i,j}(z_{i,j+1} + \varepsilon_{i,j}(\bar{x}_{i,j})) \leqslant z_{i,j}^2 + \frac{1}{2}\varepsilon_{i,j}^{*2} + \frac{1}{2}z_{i,j+1}^2
\tag{7.1.29}
$$

由假设 7.1.1 和式 (7.1.10) 可得

$$
\sum_{i=1}^{N}z_{i,j}\left(\Delta_{i,j}(\bar{y}) - \sum_{k=1}^{j-1}\frac{\partial \alpha_{i,j-1}}{\partial x_{i,k}}\Delta_{i,k}\right)
$$

$$
\leqslant \sum_{i=1}^{N} \frac{1}{2} z_{i,j}^2 + \frac{1}{2} \sum_{i=1}^{N} \left[\sum_{l=1}^{N} \varpi_{i,j,l}(y_l) y_l^2 + 2 \left(\sum_{l=1}^{N} \beta_{i,j,l}(0) \right)^2 \right]
$$

$$
+ \frac{1}{2} \sum_{i=1}^{N} \left\{ \sum_{l=1}^{N} \sum_{k=1}^{j-1} \left[\varpi_{i,k,l}(y_l) y_l^2 + 2 \left(\sum_{l=1}^{N} \beta_{i,k,l}(0) \right)^2 \right] \right\}
$$

$$
+ \sum_{i=1}^{N} \sum_{k=1}^{j-1} \frac{1}{2} z_{i,j}^2 \left(\frac{\partial \alpha_{i,j-1}}{\partial x_{i,k}} \right)^2
$$

$$
\leqslant \sum_{i=1}^{N} \left[\frac{1}{2} z_{i,j}^2 + \frac{1}{2} \sum_{l=1}^{N} y_i^2 \varpi_{l,j,i}(y_i) + \left(\sum_{l=1}^{N} \beta_{i,j,l}(0) \right)^2 \right]
$$

$$
+ \frac{1}{2} \sum_{i=1}^{N} \left\{ \sum_{l=1}^{N} \sum_{k=1}^{j-1} \left[y_i^2 \varpi_{l,k,i}(y_i) + 2 \left(\sum_{l=1}^{N} \beta_{i,k,l}(0) \right)^2 \right] \right\}
$$

$$
+ \sum_{i=1}^{N} \sum_{k=1}^{j-1} \frac{1}{2} z_{i,j}^2 \left(\frac{\partial \alpha_{i,j-1}}{\partial x_{i,k}} \right)^2 \tag{7.1.30}
$$

将式 (7.1.29) 和式 (7.1.30) 代入式 (7.1.28)，可得

$$
\dot{V}_j \leqslant \sum_{i=1}^{N} \left\{ - \sum_{k=1}^{j-1} \left(\beta_{i,k} z_{i,k}^2 + \frac{\tau_{i,k}}{2r_{i,k}} \left\| \tilde{\theta}_{i,k} \right\|^2 \right) - \frac{\tau_i}{2r_i} \left\| \tilde{\theta}_i \right\|^2 + D_{i,j-1} + z_{i,j} \left[\alpha_{i,j} \right. \right.
$$

$$
+ \frac{3}{2} z_{i,j} + \hat{\theta}_{i,j}^{\mathrm{T}} \varphi_{i,j}(\bar{x}_{i,j}) + \sum_{k=1}^{j-1} \frac{1}{2} z_{i,j} \left(\frac{\partial \alpha_{i,j-1}}{\partial x_{i,k}} \right)^2 \right] + \frac{1}{2} z_{i,j+1}^2 + \frac{1}{2} \varepsilon_{i,j}^{*2}
$$

$$
+ \frac{1}{r_{i,j}} \tilde{\theta}_{i,j}^{\mathrm{T}} \left(r_{i,j} z_{i,j} \varphi_{i,j}(\bar{x}_{i,j}) - \dot{\hat{\theta}}_{i,j} \right) + \left(\sum_{l=1}^{N} \beta_{i,j,l}(0) \right)^2 - \frac{1}{2} \sum_{m=j+1}^{n_i} \sum_{l=1}^{N} y_i^2 \varpi_{l,m,i}(y_i)
$$

$$
- \frac{1}{2} \sum_{l=1}^{N} \sum_{k=j+1}^{n_i-1} \sum_{m=1}^{k} y_i^2 \varpi_{l,m,i}(y_i) + \sum_{k=1}^{j-1} \left(\sum_{l=1}^{N} \beta_{i,k,l}(0) \right)^2 \right\} \tag{7.1.31}
$$

设计虚拟控制器 $\alpha_{i,j}$、参数 $\hat{\theta}_{i,j}$ 的自适应律如下：

$$
\alpha_{i,j} = -\beta_{i,j} z_{i,j} - \frac{3}{2} z_{i,j} - \hat{\theta}_{i,j}^{\mathrm{T}} \varphi_{i,j}(\bar{x}_{i,j}) - \sum_{k=1}^{j-1} \frac{1}{2} z_{i,k} \left(\frac{\partial \alpha_{i,j-1}}{\partial x_{i,k}} \right)^2 \tag{7.1.32}
$$

$$
\dot{\hat{\theta}}_{i,j} = r_{i,j} z_{i,j} \varphi_{i,j}(\bar{x}_{i,j}) - \tau_{i,j} \hat{\theta}_{i,j} \tag{7.1.33}
$$

式中，$\beta_{i,j} > 0$ 和 $\tau_{i,j} > 0$ 是设计参数。

将式 (7.1.32) 和式 (7.1.33) 代入式 (7.1.31)，可得

$$
\dot{V}_j \leqslant \sum_{i=1}^{N} \left[- \sum_{k=1}^{j} \beta_{i,k} z_{i,k}^2 + \frac{1}{2} z_{i,j+1}^2 - \sum_{k=1}^{j-1} \frac{\tau_{i,k}}{2r_{i,k}} \left\| \tilde{\theta}_{i,k} \right\|^2 - \frac{\tau_i}{2r_i} \left\| \tilde{\theta}_i \right\|^2 + D_{i,j-1} \right.
$$

$$-\frac{1}{2}\sum_{m=j+1}^{n_i}\sum_{l=1}^{N}y_i^2\varpi_{l,m,i}(y_i)-\frac{1}{2}\sum_{l=1}^{N}\sum_{k=j+1}^{n_i-1}\sum_{m=1}^{k}y_i^2\varpi_{l,m,i}(y_i)+\frac{\tau_{i,j}}{r_{i,j}}\tilde{\theta}_{i,j}^{\mathrm{T}}\hat{\theta}_{i,j}$$

$$+\frac{1}{2}\varepsilon_{i,j}^{*2}+\left(\sum_{l=1}^{N}\beta_{i,j,l}(0)\right)^2+\sum_{k=1}^{j-1}\left(\sum_{l=1}^{N}\beta_{i,k,l}(0)\right)^2\Bigg] \qquad (7.1.34)$$

根据杨氏不等式, 可得

$$\frac{\tau_{i,j}}{r_{i,j}}\tilde{\theta}_{i,j}^{\mathrm{T}}\hat{\theta}_{i,j}=\frac{\tau_{i,j}}{r_{i,j}}\tilde{\theta}_{i,j}^{\mathrm{T}}(\theta_{i,j}^{*}-\tilde{\theta}_{i,j})\leqslant-\frac{\tau_{i,j}}{2r_{i,j}}||\tilde{\theta}_{i,j}||^2+\frac{\tau_{i,j}}{2r_{i,j}}||\theta_{i,j}^{*}||^2 \quad (7.1.35)$$

根据式 (7.1.35), $\dot{V}_j$ 最终可表示为

$$\dot{V}_j\leqslant\sum_{i=1}^{N}\Bigg(-\sum_{k=1}^{j}\beta_{i,k}z_{i,k}^2+\frac{1}{2}z_{i,j+1}^2-\sum_{k=1}^{j}\frac{\tau_{i,k}}{2r_{i,k}}\left\|\tilde{\theta}_{i,k}\right\|^2-\frac{\tau_i}{2r_i}\left\|\tilde{\theta}_i\right\|^2$$

$$-\frac{1}{2}\sum_{m=j+1}^{n_i}\sum_{l=1}^{N}y_i^2\varpi_{l,m,i}(y_i)-\frac{1}{2}\sum_{l=1}^{N}\sum_{k=j+1}^{n_i-1}\sum_{m=1}^{k}y_i^2\varpi_{l,m,i}(y_i)+D_{i,j}\Bigg) \quad (7.1.36)$$

式中, $D_{i,j}=D_{i,j-1}+\varepsilon_{i,j}^{*2}+\frac{1}{2}\sum_{k=1}^{j-1}\left(\sum_{l=1}^{N}\beta_{i,k,l}(0)\right)^2+\left(\sum_{l=1}^{N}\beta_{i,j,l}(0)\right)^2+\frac{\tau_{i,j}}{2r_{i,j}}||\theta_{i,j}^{*}||^2$。

第 n_i 步   根据式 (7.1.1) 和式 (7.1.3), z_{i,n_i} 的导数为

$$\dot{z}_{i,n_i}=\dot{x}_{i,n_i}-\dot{\alpha}_{i,n_i-1}=u_i+\Delta_{i,n_i}(\bar{y})+f_{i,n_i}(\bar{x}_{i,n_i})-\dot{\alpha}_{i,n_i-1} \qquad (7.1.37)$$

式中,

$$\dot{\alpha}_{i,n_i-1}=\sum_{j=1}^{n_i-1}\frac{\partial\alpha_{i,n_i-1}}{\partial x_{i,j}}\Delta_{i,j}+\xi_{i,n_i-1}$$

$$\xi_{i,n_i-1}=\sum_{j=1}^{n_i-1}\frac{\partial\alpha_{i,n_i-1}}{\partial x_{i,j}}(x_{i,j+1}+f_{i,j}(\bar{x}_{i,j}))+\sum_{j=1}^{n_i-1}\left(\frac{\partial\alpha_{i,n_i-1}}{\partial\hat{\theta}_{i,j}}\right)\dot{\hat{\theta}}_{i,j}+\frac{\partial\alpha_{i,n_i-1}}{\partial\hat{\theta}_i}\dot{\hat{\theta}}_i$$

令 $h_{i,n_i}(\bar{x}_{i,n_i})=f_{i,n_i}(\bar{x}_{i,n_i})-\xi_{i,n_i-1}$。利用模糊逻辑系统 $\hat{h}_{i,n_i}(\bar{x}_{i,n_i}|\hat{\theta}_{i,n_i})=\hat{\theta}_{i,n_i}^{\mathrm{T}}\varphi_{i,n_i}(\bar{x}_{i,n_i})$ 逼近 $h_{i,n_i}(\bar{x}_{i,n_i})$, 并假设

$$h_{i,n_i}(\bar{x}_{i,n_i})=\theta_{i,n_i}^{*\mathrm{T}}\varphi_{i,n_i}(\bar{x}_{i,n_i})+\varepsilon_{i,n_i}(\bar{x}_{i,n_i}) \qquad (7.1.38)$$

式中, θ_{i,n_i}^{*} 是最优参数; $\varepsilon_{i,n_i}(\bar{x}_{i,n_i})$ 是最小模糊逼近误差。假设 $\varepsilon_{i,n_i}(\bar{x}_{i,n_i})$ 满足 $|\varepsilon_{i,n_i}(\bar{x}_{i,n_i})|\leqslant\varepsilon_{i,n_i}^{*}$, ε_{i,n_i}^{*} 是正常数。

将式 (7.1.38) 代入式 (7.1.37), 可得

$$\dot{z}_{i,n_i}=u_i+\Delta_{i,n_i}(\bar{y})+\theta_{i,n_i}^{*\mathrm{T}}\varphi_{i,n_i}(\bar{x}_{i,n_i})+\varepsilon_{i,n_i}(\bar{x}_{i,n_i})-\sum_{j=1}^{n_i-1}\frac{\partial\alpha_{i,n_i-1}}{\partial x_{i,j}}\Delta_{i,j}$$

$$= u_i + \Delta_{i,n_i}(\bar{y}) + \hat{\theta}_{i,n_i}^{\mathrm{T}} \varphi_{i,n_i}(\bar{x}_{i,n_i}) + \tilde{\theta}_{i,n_i}^{\mathrm{T}} \varphi_{i,n_i}(\bar{x}_{i,n_i})$$

$$+ \varepsilon_{i,n_i}(\bar{x}_{i,n_i}) - \sum_{j=1}^{n_i-1} \frac{\partial \alpha_{i,n_i-1}}{\partial x_{i,j}} \Delta_{i,j} \tag{7.1.39}$$

选取如下的李雅普诺夫函数：

$$V_{i,n_i} = V_{i,n_i-1} + \frac{1}{2} z_{i,n_i}^2 + \frac{1}{2r_{i,n_i}} \tilde{\theta}_{i,n_i}^{\mathrm{T}} \tilde{\theta}_{i,n_i} \tag{7.1.40}$$

式中，$r_{i,n_i} > 0$ 是设计参数；$\hat{\theta}_{i,n_i}$ 是 θ_{i,n_i}^* 的估计；$\tilde{\theta}_{i,n_i} = \theta_{i,n_i}^* - \hat{\theta}_{i,n_i}$ 是参数误差。

定义 $V_{n_i} = \sum_{i=1}^{N} V_{i,n_i}$，则 $\dot{V}_{n_i} = \sum_{i=1}^{N} \dot{V}_{i,n_i}$。根据式 (7.1.39) 和式 (7.1.40)，可得

$$\dot{V}_{n_i} \leqslant \sum_{i=1}^{N} \left[D_{i,n_i-1} - \sum_{j=1}^{n_i-1} \beta_{i,j} z_{i,j}^2 + \frac{1}{2} z_{i,n_i}^2 - \sum_{j=1}^{n_i-1} \frac{\tau_{i,j}}{2r_{i,j}} \left\| \tilde{\theta}_{i,j} \right\|^2 \right.$$

$$+ z_{i,n_i} \left(u_i + \Delta_{i,n_i}(\bar{y}) + \hat{\theta}_{i,n_i}^{\mathrm{T}} \varphi_{i,n_i}(\bar{x}_{i,n_i}) + \tilde{\theta}_{i,n_i}^{\mathrm{T}} \varphi_{i,n_i}(\bar{x}_{i,n_i}) \right.$$

$$\left. + \varepsilon_{i,n_i}(\bar{x}_{i,n_i}) - \sum_{j=1}^{n_i-1} \frac{\partial \alpha_{i,n_i-1}}{\partial x_{i,j}} \Delta_{i,j} \right) - \frac{1}{r_{i,n_i}} \tilde{\theta}_{i,n_i}^{\mathrm{T}} \dot{\hat{\theta}}_{i,n_i} - \frac{\tau_i}{2r_i} \left\| \tilde{\theta}_i \right\|^2$$

$$\left. - \frac{1}{2} \sum_{l=1}^{N} y_i^2 \varpi_{l,n_i-1,i}(y_i) - \frac{1}{2} \sum_{l=1}^{N} \sum_{m=1}^{n_i-1} y_i^2 \varpi_{l,m,i}(y_i) \right] \tag{7.1.41}$$

根据杨氏不等式，可得

$$z_{i,n_i} \varepsilon_{i,n_i}(\bar{x}_{i,n_i}) \leqslant \frac{1}{2} z_{i,n_i}^2 + \frac{1}{2} \varepsilon_{i,n_i}^{*2} \tag{7.1.42}$$

由假设 7.1.1 和式 (7.1.10) 可得

$$\sum_{i=1}^{N} z_{i,n_i} \left(\Delta_{i,n_i}(\bar{y}) - \sum_{j=1}^{n_i-1} \frac{\partial \alpha_{i,n_i-1}}{\partial x_{i,j}} \Delta_{i,j} \right)$$

$$\leqslant \sum_{i=1}^{N} \frac{1}{2} z_{i,n_i}^2 + \frac{1}{2} \sum_{i=1}^{N} \left[\sum_{l=1}^{N} \varpi_{i,n_i,l}(y_l) y_l^2 + 2 \left(\sum_{l=1}^{N} \beta_{i,n_i,l}(0) \right)^2 \right]$$

$$+ \frac{1}{2} \sum_{i=1}^{N} \left\{ \sum_{l=1}^{N} \sum_{j=1}^{n_i-1} \left[\varpi_{i,j,l}(y_l) y_l^2 + 2 \left(\sum_{l=1}^{N} \beta_{i,j,l}(0) \right)^2 \right] \right\}$$

$$+ \sum_{i=1}^{N} \frac{1}{2} z_{i,n_i}^2 \left(\frac{\partial \alpha_{i,n_i-1}}{\partial x_{i,j}} \right)^2$$

$$\leqslant \sum_{i=1}^{N} \left[\frac{1}{2} z_{i,n_i}^2 + \sum_{l=1}^{N} y_i^2 \varpi_{l,n_i,i}(y_i) + \left(\sum_{l=1}^{N} \beta_{i,n_i,l}(0) \right)^2 \right]$$
$$+ \frac{1}{2} \sum_{i=1}^{N} \left\{ \sum_{l=1}^{N} \sum_{j=1}^{n_i-1} \left[y_i^2 \varpi_{i,j,l}(y_i) + 2 \left(\sum_{l=1}^{N} \beta_{i,j,l}(0) \right)^2 \right] \right\}$$
$$+ \sum_{i=1}^{N} \sum_{j=1}^{n_i-1} \frac{1}{2} z_{i,n_i}^2 \left(\frac{\partial \alpha_{i,n_i-1}}{\partial x_{i,j}} \right)^2 \tag{7.1.43}$$

将式 (7.1.42) 和式 (7.1.43) 代入式 (7.1.41)，可得

$$\dot{V}_{n_i} \leqslant \sum_{i=1}^{N} \left[D_{i,n_i-1} - \sum_{j=1}^{n_i-1} \beta_{i,j} z_{i,j}^2 + \frac{1}{2} z_{i,n_i}^2 - \sum_{j=1}^{n_i-1} \frac{\tau_{i,j}}{2r_{i,j}} \left\| \tilde{\theta}_{i,j} \right\|^2 \right.$$
$$+ z_{i,n_i} \left(u_i + \hat{\theta}_{i,n_i}^{\mathrm{T}} \varphi_{i,n_i}(\bar{x}_{i,n_i}) + \frac{3}{2} z_{i,n_i} + \sum_{j=1}^{n_i-1} \frac{1}{2} z_{i,n_i} \left(\frac{\partial \alpha_{i,n_i-1}}{\partial x_{i,j}} \right)^2 \right)$$
$$+ \frac{1}{r_{i,n_i}} \tilde{\theta}_{i,n_i}^{\mathrm{T}} \left(r_{i,n_i} z_{i,n_i} \varphi_{i,n_i}(\bar{x}_{i,n_i}) - \dot{\hat{\theta}}_{i,n_i} \right) - \frac{\tau_i}{2r_i} \left\| \tilde{\theta}_i \right\|^2 + \frac{1}{2} \varepsilon_{i,n_i}^{*2}$$
$$+ \sum_{j=1}^{n_i-1} \left(\sum_{l=1}^{N} \beta_{i,j,l}(0) \right)^2 + \left(\sum_{l=1}^{N} \beta_{i,n_i,l}(0) \right)^2 \right] \tag{7.1.44}$$

设计分散控制器 u_i 和参数 $\hat{\theta}_{i,n_i}$ 的自适应律如下：

$$u_i = -\beta_{i,n_i} z_{i,n_i} - \frac{3}{2} z_{i,n_i} - \hat{\theta}_{i,n_i}^{\mathrm{T}} \varphi_{i,n_i}(\bar{x}_{i,n_i}) - \sum_{j=1}^{n_i-1} \frac{1}{2} z_{i,n_i} \left(\frac{\partial \alpha_{i,n_i-1}}{\partial x_{i,j}} \right)^2 \tag{7.1.45}$$

$$\dot{\hat{\theta}}_{i,n_i} = r_{i,n_i} z_{i,n_i} \varphi_{i,n_i}(\bar{x}_{i,n_i}) - \tau_{i,n_i} \hat{\theta}_{i,n_i} \tag{7.1.46}$$

式中，$\beta_{i,n_i} > 0$ 和 $\tau_{i,n_i} > 0$ 是设计参数。

将式 (7.1.45) 和式 (7.1.46) 代入式 (7.1.44)，可得

$$\dot{V}_{n_i} \leqslant \sum_{i=1}^{N} \left[D_{i,n_i-1} - \sum_{j=1}^{n_i} \beta_{i,j} z_{i,j}^2 - \sum_{j=1}^{n_i-1} \frac{\tau_{i,j}}{2r_{i,j}} \left\| \tilde{\theta}_{i,j} \right\|^2 - \frac{\tau_i}{2r_i} \left\| \tilde{\theta}_i \right\|^2 \right.$$
$$+ \frac{\tau_{i,j}}{r_{i,j}} \tilde{\theta}_{i,n_i}^{\mathrm{T}} \hat{\theta}_{i,n_i} + \frac{1}{2} \varepsilon_{i,n_i}^{*2} + \sum_{j=1}^{n_i-1} \left(\sum_{l=1}^{N} \beta_{i,j,l}(0) \right)^2 + \left(\sum_{l=1}^{N} \beta_{i,n_i,l}(0) \right)^2 \right] \tag{7.1.47}$$

根据杨氏不等式，可得

$$\frac{\tau_{i,n_i}}{r_{i,n_i}} \tilde{\theta}_{i,n_i}^{\mathrm{T}} \hat{\theta}_{i,n_i} = \frac{\tau_{i,n_i}}{r_{i,n_i}} \tilde{\theta}_{i,n_i}^{\mathrm{T}} (\theta_{i,n_i}^* - \tilde{\theta}_{i,n_i}) \leqslant -\frac{\tau_{i,n_i}}{2r_{i,n_i}} \|\tilde{\theta}_{i,n_i}\|^2 + \frac{\tau_{i,n_i}}{2r_{i,n_i}} \|\theta_{i,n_i}^*\|^2 \tag{7.1.48}$$

根据式 (7.1.48)，$\dot{V}_{n_i}$ 最终表示为

$$\dot{V}_{n_i} \leqslant \sum_{i=1}^{N} \left(D_{i,n_i} - \sum_{j=1}^{n_i} \beta_{i,j} z_{i,j}^2 - \sum_{j=1}^{n_i} \frac{\tau_{i,j}}{2r_{i,j}} \left\| \tilde{\theta}_{i,j} \right\|^2 - \frac{\tau_i}{2r_i} \left\| \tilde{\theta}_i \right\|^2 \right) \tag{7.1.49}$$

式中，$D_{i,n_i} = D_{i,n_i-1} + \frac{1}{2}\varepsilon_{i,n_i}^{*2} + \left(\sum_{l=1}^{N} \beta_{i,n_i,l}(0) \right)^2 + \frac{\tau_{i,n_i}}{2r_{i,n_i}} \|\theta_{i,n_i}^*\|^2 + \sum_{j=1}^{n_i-1} \left(\sum_{l=1}^{N} \beta_{i,j,l}(0) \right)^2$。

7.1.3 稳定性与收敛性分析

基于上面的 n_i 步控制设计和稳定性分析，可以概括成以下定理。

定理 7.1.1 针对非线性互联大系统 (7.1.1)，假设 7.1.1 成立。如果采用控制器 (7.1.45)，虚拟控制器 (7.1.17)、(7.1.32)，参数自适应律 (7.1.18)、(7.1.19)、(7.1.33) 和 (7.1.46)，则总体控制方案可保证闭环系统的所有信号半全局一致最终有界。

证明 选取如下的李雅普诺夫函数：

$$V = \sum_{i=1}^{N} V_i = \sum_{i=1}^{N} \sum_{j=1}^{n_i} V_{i,j}$$

令

$$C = \min\{2\beta_{i,j}, \tau_{i,j}, \tau_i\}(i=1,2,\cdots,N; \ j=1,2,\cdots,n_i), \quad D = \sum_{i=1}^{N} D_{i,n_i}$$

因此，式 (7.1.49) 可表示为

$$\dot{V} \leqslant -CV + D \tag{7.1.50}$$

根据式 (7.1.50) 和引理 0.3.1，可以得到闭环系统中的所有信号半全局一致最终有界，并且有 $\lim_{t\to\infty} |z_{i,j}| \leqslant \sqrt{D/C}$。在控制设计中，如果选择适当的设计参数，可以使得 D/C 比较小，那么可得到跟踪误差 $z_{i,1} = y_i - y_{i,m}$ 收敛到包含原点的一个较小邻域内。

评注 7.1.1 关于非线性互联大系统的智能自适应分散控制设计，如何处理系统的互联项 $\Delta_{i,j}$ 是至关重要的。目前，对系统的互联项 $\Delta_{i,j}$ 通常有如下三种假设：① $|\Delta_{i,j}(\bar{x})| \leqslant \sum_{k=1}^{N}\sum_{l=1}^{n_i} \varpi_{i,j,k,l}(x_{k,l})$；② $|\Delta_{i,j}(\bar{y})| \leqslant \sum_{k=1}^{p_{i,j}}\sum_{l=1}^{N} q_{i,j,l}^k \|y_l\|^k$；③ $|\Delta_{i,j}(\bar{y})| \leqslant \sum_{l=1}^{N} q_{i,j,l}\beta_l(|y_l|)$。基于上面的假设，其代表性的智能自适应反步递推分散控制设计方法可参见文献 [1]～[3] 和 [6]。另外，关于随机非线性严格反馈互联大系统的智能自适应分散控制设计方法可参见文献 [7] 和 [8]。

7.1.4　仿真

例 7.1.1　考虑如下的非线性严格反馈互联大系统：

$$
\begin{cases}
\dot{x}_{1,1} = x_{1,2} + f_{1,1}(x_{1,1}) + \Delta_{1,1}(\bar{y}) \\
\dot{x}_{1,2} = u_1 + f_{1,2}(\bar{x}_{1,2}) + \Delta_{1,2}(\bar{y}) \\
y_1 = x_{1,1} \\
\dot{x}_{2,1} = x_{2,2} + f_{2,1}(x_{2,1}) + \Delta_{2,1}(\bar{y}) \\
\dot{x}_{2,2} = u_2 + f_{2,2}(\bar{x}_{2,2}) + \Delta_{2,2}(\bar{y}) \\
y_2 = x_{2,1}
\end{cases}
\tag{7.1.51}
$$

式中，$f_{1,1}(x_{1,1}) = x_{1,1}\sin(x_{1,1})$；$\Delta_{1,1}(\bar{y}) = 0.5(x_{1,1} + x_{2,1})$；$f_{1,2}(\bar{x}_{1,2}) = x_{1,1}x_{1,2}$；$\Delta_{1,2}(\bar{y}) = 0.1(x_{1,1} + \sin(x_{2,1}))$；$f_{2,1}(x_{2,1}) = 2x_{2,1}\cos(x_{2,1})$；$\Delta_{2,1}(\bar{y}) = 0.1(\sin(x_{1,1}) + x_{2,1})$；$f_{2,2}(\bar{x}_{2,2}) = x_{2,1}^2 + 2\sin(x_{2,2})$；$\Delta_{2,2}(\bar{y}) = 0.1(x_{1,1}^2 + x_{2,1})$。

选择变量 $x_{i,j}$ 的隶属函数为

$$
\mu_{F_{i,j}^1}(x_{i,j}) = \exp[-(x_{i,j} - 2)^2/4], \quad \mu_{F_{i,j}^2}(x_{i,j}) = \exp[-(x_{i,j} - 1)^2/4]
$$

$$
\mu_{F_{i,j}^3}(x_{i,j}) = \exp(-x_{i,j}^2/4), \quad \mu_{F_{i,j}^4}(x_{i,j}) = \exp[-(x_{i,j} + 1)^2/4]
$$

$$
\mu_{F_{i,j}^5}(x_{i,j}) = \exp[-(x_{i,j} + 2)^2/4], \quad i = 1,2; \; j = 1,2
$$

令

$$
\varphi_{i,1,l}(x_{i,1}) = \frac{\mu_{F_{i,1}^l}(x_{i,1})}{\sum\limits_{l=1}^{5} \mu_{F_{i,1}^l}(x_{i,1})}, \quad \varphi_{i,2,l}(\bar{x}_{i,2}) = \frac{\mu_{F_{i,1}^l}(x_{i,1})\mu_{F_{i,2}^l}(x_{i,2})}{\sum\limits_{l=1}^{5} \left(\mu_{F_{i,1}^l}(x_{i,1})\mu_{F_{i,2}^l}(x_{i,2}) \right)}
$$

$$
\varphi_{i,l}(x_{i,1}) = \frac{\mu_{F_i^l}(x_{i,1})}{\sum\limits_{l=1}^{5} \mu_{F_i^l}(x_{i,1})}, \quad i = 1,2
$$

$$
\varphi_{i,1}(x_{i,1}) = [\varphi_{i,1,1}(x_{i,1}), \varphi_{i,1,2}(x_{i,1}), \varphi_{i,1,3}(x_{i,1}), \varphi_{i,1,4}(x_{i,1}), \varphi_{i,1,5}(x_{i,1})]^{\mathrm{T}}
$$

$$
\varphi_{i,2}(\bar{x}_{i,2}) = [\varphi_{i,2,1}(\bar{x}_{i,2}), \varphi_{i,2,2}(\bar{x}_{i,2}), \varphi_{i,2,3}(\bar{x}_{i,2}), \varphi_{i,2,4}(\bar{x}_{i,2}), \varphi_{i,2,5}(\bar{x}_{i,2})]^{\mathrm{T}}
$$

$$
\varphi_i(x_{i,1}) = [\varphi_{i,1}(x_{i,1}), \varphi_{i,2}(x_{i,1}), \varphi_{i,3}(x_{i,1}), \varphi_{i,4}(x_{i,1}), \varphi_{i,5}(x_{i,1})]^{\mathrm{T}}
$$

则模糊逻辑系统为

$$
\hat{f}_{i,1}(x_{i,1}|\hat{\theta}_{i,1}) = \hat{\theta}_{i,1}^{\mathrm{T}}\varphi_{i,1}(x_{i,1}), \quad \hat{h}_{i,2}(\bar{x}_{i,2}|\hat{\theta}_{i,2}) = \hat{\theta}_{i,2}^{\mathrm{T}}\varphi_{i,2}(\bar{x}_{i,2})
$$

$$
\eta_i(x_{i,1}|\hat{\theta}_i) = \hat{\theta}_i^{\mathrm{T}}\varphi_i(x_{i,1})
$$

在仿真中，选取虚拟控制器、控制器和参数自适应律中的设计参数为：$\beta_{1,1} = \beta_{2,1} = 10$，$\beta_{1,2} = \beta_{2,2} = 30$，$r_{1,1} = 4$，$r_{2,1} = 2$，$r_{1,2} = r_{2,2} = 3$，$\tau_{1,1} = 0.3$，$\tau_{2,1} = 0.2$，$\tau_{1,2} = \tau_{2,2} = 0.1$，$r_1 = 2$，$r_2 = 3$，$\tau_1 = 0.2$，$\tau_2 = 0.1$。

选择变量及参数的初始值为：$x_{1,1}(0) = 0.6$，$x_{1,2}(0) = 0.7$，$x_{2,1}(0) = 0.8$，$x_{2,2}(0) = 0.5$，$\hat{\theta}_{1,1}(0) = [0.1 \ \ 0.2 \ \ 0 \ \ 0 \ \ 0.2]^{\mathrm{T}}$，$\hat{\theta}_{1,2}(0) = [0.2 \ \ 0.2 \ \ 0 \ \ 0.1 \ \ 0]^{\mathrm{T}}$，$\hat{\theta}_{2,1}(0) = [0.2 \ \ 0.1 \ \ 0 \ \ 0.2 \ \ 0.1]^{\mathrm{T}}$，$\hat{\theta}_{2,2}(0) = [0.1 \ \ 0.1 \ \ 0 \ \ 0.2 \ \ 0.2]^{\mathrm{T}}$，$\hat{\theta}_1(0) = [0.2 \ \ 0.1 \ \ 0 \ \ 0.2 \ \ 0.1]^{\mathrm{T}}$，$\hat{\theta}_2(0) = [0.2 \ \ 0.1 \ \ 0 \ \ 0.2 \ \ 0.1]^{\mathrm{T}}$。

仿真结果如图 7.1.1～图 7.1.6 所示。

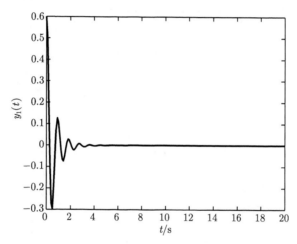

图 7.1.1　系统输出 $y_1(t)$ 的轨迹

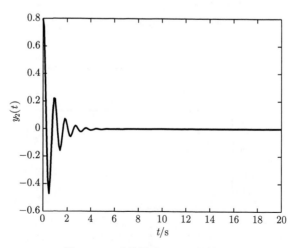

图 7.1.2　系统输出 $y_2(t)$ 的轨迹

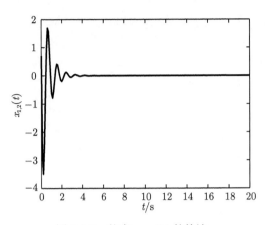

图 7.1.3　状态 $x_{1,2}(t)$ 的轨迹

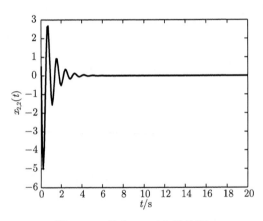

图 7.1.4　状态 $x_{2,2}(t)$ 的轨迹

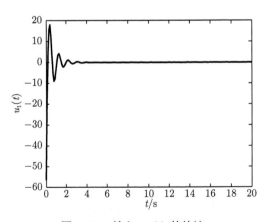

图 7.1.5　输入 $u_1(t)$ 的轨迹

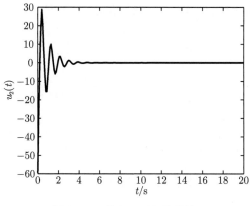

图 7.1.6 输入 $u_2(t)$ 的轨迹

7.2 非线性互联大系统的模糊自适应状态反馈分散鲁棒控制

本节针对一类具有输入饱和的不确定非线性严格反馈互联大系统，在 7.1 节模糊自适应分散控制设计的基础上，介绍一种模糊自适应状态反馈分散鲁棒控制设计方法，并给出闭环系统的稳定性和收敛性分析。

7.2.1 系统模型及控制问题描述

考虑如下由 N 个子系统组成的非线性严格反馈互联大系统，其第 $i(i = 1, 2, \cdots, N)$ 个子系统表示为

$$
\begin{cases}
\dot{x}_{i,j} = f_{i,j}(\bar{x}_{i,j}) + x_{i,j+1} + \Delta_{i,j}(\bar{y}), & j = 1, 2, \cdots, n_i - 1 \\
\dot{x}_{i,n_i} = f_{i,n_i}(\bar{x}_{i,n_i}) + u_i + \Delta_{i,n_i}(\bar{y}) \\
y_i = x_{i,1}
\end{cases}
\tag{7.2.1}
$$

式中，$\bar{x}_{i,j} = [x_{i,1}, x_{i,2}, \cdots, x_{i,j}]^{\mathrm{T}} \in \mathbf{R}^j (j = 1, 2, \cdots, n_i)$ 是系统的状态向量；y_i 和 u_i 是系统的输出和输入；$\bar{y} = [y_1, y_2, \cdots, y_N]^{\mathrm{T}} \in \mathbf{R}^N$；$f_{i,j}(\cdot)(j = 1, 2, \cdots, n_i)$ 是未知光滑非线性函数；$\Delta_{i,j}(\bar{y})$ 是第 i 个子系统和其他子系统间的互联项。

与第 3 章和第 5 章中的饱和输入 $u_i(v_i(t))$ 类似，定义互联大系统的输入饱和如下：

$$
u_i(v_i(t)) = \mathrm{sat}(v_i(t), u_L, u_R) = \begin{cases}
u_L, & v_i(t) < u_L \\
v_i(t), & u_L \leqslant v_i(t) \leqslant u_R \\
u_R, & v_i(t) > u_R
\end{cases}
\tag{7.2.2}
$$

式中，u_L 和 u_R 是未知常数。

假设 7.2.1   非线性互联项 $\Delta_{i,j}(\bar{y})$ 满足

$$|\Delta_{i,j}(\bar{y})| \leqslant \sum_{l=1}^{N} q_{i,j,l}\beta_l(|y_l|)$$

式中，$q_{i,j,l}$ 是已知常数，表示各子系统之间的互联强度；$\beta_l(|y_l|) \geqslant 0$ 是非线性光滑函数且 $\beta_l(|0|) = 0$。

控制任务   对非线性严格反馈互联大系统 (7.2.1)，基于模糊逻辑系统设计一种模糊自适应鲁棒分散控制器，使得闭环系统的所有信号半全局一致最终有界。

7.2.2   模糊自适应反步递推分散控制设计

定义如下的坐标变换：

$$z_{i,1} = y_i, \quad z_{i,j} = x_{i,j} - \vartheta_{i,j} \tag{7.2.3}$$

$$\chi_{i,j} = \vartheta_{i,j} - \alpha_{i,j-1}, \quad j = 2,3,\cdots,n_i, \tag{7.2.4}$$

式中，$z_{i,j}(i = 1,2,\cdots,N)$ 是误差平面；$\vartheta_{i,j}$ 是状态标量；$\chi_{i,j}$ 是一阶滤波的输出误差；$\alpha_{i,j-1}$ 是在第 $j-1$ 步中将要设计的虚拟控制器。

基于坐标变换式 (7.2.3) 和式 (7.2.4)，n_i 步模糊自适应反步递推分散控制设计过程如下。

第 1 步   沿式 (7.2.1) 和式 (7.2.3)，求 $z_{i,1}$ 的导数：

$$\dot{z}_{i,1} = x_{i,2} + f_{i,1}(x_{i,1}) + \Delta_{i,1}(\bar{y}) \tag{7.2.5}$$

因为 $f_{i,1}(x_{i,1})$ 是未知光滑非线性函数，所以利用模糊逻辑系统 $\hat{f}_{i,1}(x_{i,1}|\hat{\theta}_{i,1}) = \hat{\theta}_{i,1}^{\mathrm{T}}\varphi_{i,1}(x_{i,1})$ 逼近 $f_{i,1}(x_{i,1})$，并假设

$$f_{i,1}(x_{i,1}) = \theta_{i,1}^{*\mathrm{T}}\varphi_{i,1}(x_{i,1}) + \varepsilon_{i,1}(x_{i,1}) \tag{7.2.6}$$

式中，$\theta_{i,1}^*$ 是最优参数；$\varepsilon_{i,1}(x_{i,1})$ 是最小模糊逼近误差。假设 $\varepsilon_{i,1}(x_{i,1})$ 满足 $|\varepsilon_{i,1}(x_{i,1})| \leqslant \varepsilon_{i,1}^*$，$\varepsilon_{i,1}^*$ 是正常数。

将式 (7.2.6) 代入式 (7.2.5)，可得

$$\begin{aligned}
\dot{z}_{i,1} &= z_{i,2} + \chi_{i,2} + \alpha_{i,1} + \varepsilon_{i,1}(x_{i,1}) + \theta_{i,1}^{*\mathrm{T}}\varphi_{i,1}(x_{i,1}) + \Delta_{i,1}(\bar{y}) \\
&= z_{i,2} + \chi_{i,2} + \alpha_{i,1} + \varepsilon_{i,1}(x_{i,1}) + \hat{\theta}_{i,1}^{\mathrm{T}}\varphi_{i,1}(x_{i,1}) \\
&\quad + \tilde{\theta}_{i,1}^{\mathrm{T}}\varphi_{i,1}(x_{i,1}) + \Delta_{i,1}(\bar{y})
\end{aligned} \tag{7.2.7}$$

选取如下的李雅普诺夫函数：

$$V_{i,1} = \frac{1}{2}z_{i,1}^2 + \frac{1}{2r_{i,1}}\tilde{\theta}_{i,1}^{\mathrm{T}}\tilde{\theta}_{i,1} + \frac{1}{2r_i}\tilde{\theta}_i^{\mathrm{T}}\tilde{\theta}_i \tag{7.2.8}$$

式中，$r_{i,1} > 0$、$r_i > 0$ 是设计参数；$\tilde{\theta}_{i,1} = \theta_{i,1}^* - \hat{\theta}_{i,1}$ 和 $\tilde{\theta}_i = \theta_i^* - \hat{\theta}_i$ 是参数误差，$\hat{\theta}_{i,1}$ 和 $\hat{\theta}_i$ 分别是 $\theta_{i,1}^*$ 和 θ_i^* 的估计。

定义 $V_1 = \sum_{i=1}^{N} V_{i,1}$，则 $\dot{V}_1 = \sum_{i=1}^{N} \dot{V}_{i,1}$。沿式 (7.2.7) 和式 (7.2.8)，求 V_1 的导数：

$$
\begin{aligned}
\dot{V}_1 &= \sum_{i=1}^{N} \left(z_{i,1} \dot{z}_{i,1} + \frac{1}{r_{i,1}} \tilde{\theta}_{i,1}^{\mathrm{T}} \dot{\tilde{\theta}}_{i,1} + \frac{1}{r_i} \tilde{\theta}_i^{\mathrm{T}} \dot{\tilde{\theta}}_i \right) \\
&= \sum_{i=1}^{N} \Bigg[z_{i,1} \Big(z_{i,2} + \chi_{i,2} + \alpha_{i,1} + \varepsilon_{i,1}(x_{i,1}) + \hat{\theta}_{i,1}^{\mathrm{T}} \varphi_{i,1}(x_{i,1}) \\
&\quad + \tilde{\theta}_{i,1}^{\mathrm{T}} \varphi_{i,1}(x_{i,1}) + \Delta_{i,1}(\bar{y}) \Big) + \frac{1}{r_{i,1}} \tilde{\theta}_{i,1}^{\mathrm{T}} \dot{\tilde{\theta}}_{i,1} + \frac{1}{r_i} \tilde{\theta}_i^{\mathrm{T}} \dot{\tilde{\theta}}_i \Bigg]
\end{aligned}
\tag{7.2.9}
$$

根据杨氏不等式，可得

$$
z_{i,1}\varepsilon_{i,1} \leqslant \frac{1}{2} z_{i,1}^2 + \frac{1}{2} \varepsilon_{i,1}^{*2}
\tag{7.2.10}
$$

由假设 7.2.1 可知，存在一个光滑非负函数 $\varpi_{i,j,l}(y_l)$，满足

$$
\left(\sum_{l=1}^{N} q_{i,j,l} \beta_l(|y_l|) \right)^2 \leqslant \sum_{l=1}^{N} \varpi_{i,j,l}(y_l) y_l^2 + 2 \left(\sum_{l=1}^{N} \beta_l(0) \right)^2
\tag{7.2.11}
$$

根据式 (7.2.11) 和杨氏不等式，可得

$$
\begin{aligned}
\sum_{i=1}^{N} z_{i,1} \Delta_{i,1}(\bar{y}) &\leqslant \sum_{i=1}^{N} \frac{1}{2} z_{i,1}^2 + \frac{1}{2} \sum_{i=1}^{N} \left[\sum_{l=1}^{N} \varpi_{i,1,l}(y_l) y_l^2 + 2 \left(\sum_{l=1}^{N} \beta_{i,1,l}(0) \right)^2 \right] \\
&\leqslant \sum_{i=1}^{N} \frac{1}{2} z_{i,1}^2 + \frac{1}{2} \sum_{i=1}^{N} \sum_{l=1}^{N} \varpi_{i,1,l}(y_l) y_l^2 + \sum_{i=1}^{N} \left(\sum_{l=1}^{N} \beta_{i,1,l}(0) \right)^2 \\
&\leqslant \sum_{i=1}^{N} \frac{1}{2} z_{i,1}^2 + \frac{1}{2} \sum_{i=1}^{N} \sum_{l=1}^{N} \varpi_{l,1,i}(y_i) y_i^2 + \sum_{i=1}^{N} \left(\sum_{l=1}^{N} \beta_{i,1,l}(0) \right)^2
\end{aligned}
\tag{7.2.12}
$$

将式 (7.2.10) 和式 (7.2.12) 代入式 (7.2.9)，可得

$$
\begin{aligned}
\dot{V}_1 \leqslant \sum_{i=1}^{N} \Bigg[&z_{i,1} z_{i,2} + z_{i,1} \big(\chi_{i,2} + \alpha_{i,1} + z_{i,1} + \hat{\theta}_{i,1}^{\mathrm{T}} \varphi_{i,1}(x_{i,1}) \big) \\
&+ \frac{1}{r_{i,1}} \tilde{\theta}_{i,1}^{\mathrm{T}} \big(r_{i,1} \varphi_{i,1}(x_{i,1}) z_{i,1} - \dot{\hat{\theta}}_{i,1} \big) + \left(\sum_{l=1}^{N} \beta_{i,1,l}(0) \right)^2 + \frac{1}{2} \varepsilon_{i,1}^{*2}
\end{aligned}
$$

$$- \frac{1}{r_i} \tilde{\theta}_i^{\mathrm{T}} \dot{\hat{\theta}}_i - \frac{1}{2} \sum_{j=1}^{n_i} \sum_{l=1}^{N} y_i^2 \varpi_{l,j,i}(y_i) + \frac{1}{2} \sum_{j=1}^{n_i} \sum_{l=1}^{N} y_i^2 \varpi_{l,j,i}(y_i) \Bigg] \tag{7.2.13}$$

令 $\eta_i(x_{i,1}) = \dfrac{1}{2} \displaystyle\sum_{j=1}^{n_i} \sum_{l=1}^{N} y_i^2 \varpi_{l,j,i}(y_i)$。由于 $\eta_i(x_{i,1})$ 是未知光滑非线性函数，所以利用模糊逻辑系统 $\hat{\eta}_i(x_{i,1}|\hat{\theta}_i)$ 逼近 $\eta_i(x_{i,1})$，并假设

$$\eta_i(x_{i,1}) = \theta_i^{*\mathrm{T}} \varphi_i(x_{i,1}) + \varepsilon_i(x_{i,1}) \tag{7.2.14}$$

式中，θ_i^* 是最优参数；$\varepsilon_i(x_{i,1})$ 是最小模糊逼近误差，并且满足 $|\varepsilon_i(x_{i,1})| \leqslant \varepsilon_i^*$；$\varepsilon_i^*$ 是正常数。

将式 (7.2.14) 代入式 (7.2.13)，可得

$$\begin{aligned}
\dot{V}_1 \leqslant \sum_{i=1}^{N} \Bigg[& z_{i,1} z_{i,2} + z_{i,1}(\chi_{i,2} + \alpha_{i,1} + z_{i,1} + \hat{\theta}_{i,1}^{\mathrm{T}} \varphi_{i,1}(x_{i,1}) + \hat{\theta}_i^{\mathrm{T}} \varphi_i(x_{i,1}) \\
& + \varepsilon_i(x_{i,1})) + \frac{1}{r_{i,1}} \tilde{\theta}_{i,1}^{\mathrm{T}}(r_{i,1} z_{i,1} \varphi_{i,1}(x_{i,1}) - \dot{\hat{\theta}}_{i,1}) + \frac{1}{2} \varepsilon_i^{*2} + \left(\sum_{l=1}^{N} \beta_{i,1,l}(0) \right)^2 \\
& + \frac{1}{r_i} \tilde{\theta}_i^{\mathrm{T}}(r_i z_{i,1} \varphi_i(x_{i,1}) - \dot{\hat{\theta}}_i) - \frac{1}{2} \sum_{j=2}^{n_i} \sum_{l=1}^{N} y_i^2 \varpi_{l,j,i}(y_i) \Bigg]
\end{aligned} \tag{7.2.15}$$

根据杨氏不等式，可得

$$z_{i,1} \varepsilon_i(x_{i,1}) \leqslant \frac{1}{2} z_{i,1}^2 + \frac{1}{2} \varepsilon_i^{*2} \tag{7.2.16}$$

因此，式 (7.2.15) 进一步变为

$$\begin{aligned}
\dot{V}_1 \leqslant \sum_{i=1}^{N} \Bigg[& z_{i,1} z_{i,2} + z_{i,1} \left(\chi_{i,2} + \alpha_{i,1} + \frac{3}{2} z_{i,1} + \hat{\theta}_{i,1}^{\mathrm{T}} \varphi_{i,1}(x_{i,1}) + \hat{\theta}_i^{\mathrm{T}} \varphi_i(x_{i,1}) \right) \\
& + \frac{1}{r_{i,1}} \tilde{\theta}_{i,1}^{\mathrm{T}}(r_{i,1} z_{i,1} \varphi_{i,1}(x_{i,1}) - \dot{\hat{\theta}}_{i,1}) + \frac{1}{2} \varepsilon_i^{*2} + \left(\sum_{l=1}^{N} \beta_{i,1,l}(0) \right)^2 + \frac{1}{2} \varepsilon_{i,1}^{*2} \\
& + \frac{1}{r_i} \tilde{\theta}_i^{\mathrm{T}}(r_i z_{i,1} \varphi_i(x_{i,1}) - \dot{\hat{\theta}}_i) - \frac{1}{2} \sum_{j=2}^{n_i} \sum_{l=1}^{N} y_i^2 \varpi_{l,j,i}(y_i) \Bigg]
\end{aligned} \tag{7.2.17}$$

设计虚拟控制器 $\alpha_{i,1}$、参数 $\hat{\theta}_{i,1}$ 和 $\hat{\theta}_i$ 的自适应律如下：

$$\alpha_{i,1} = -\beta_{i,1} z_{i,1} - \frac{3}{2} z_{i,1} - \hat{\theta}_{i,1}^{\mathrm{T}} \varphi_{i,1}(x_{i,1}) - \hat{\theta}_i^{\mathrm{T}} \varphi_i(x_{i,1}) \tag{7.2.18}$$

$$\dot{\hat{\theta}}_{i,1} = r_{i,1} z_{i,1} \varphi_{i,1}(x_{i,1}) - \tau_{i,1} \hat{\theta}_{i,1} \qquad (7.2.19)$$

$$\dot{\hat{\theta}}_i = r_i z_i \varphi_i(x_{i,1}) - \tau_i \hat{\theta}_i \qquad (7.2.20)$$

式中，$\beta_{i,1} > 0$、$\tau_{i,1} > 0$ 和 $\tau_i > 0$ 是设计常数。

将式 (7.2.18)~式 (7.2.20) 代入式 (7.2.17)，可得

$$\dot{V}_1 \leqslant \sum_{i=1}^{N} \left[z_{i,1} z_{i,2} - \beta_{i,1} z_{i,1}^2 + \frac{\tau_{i,1}}{r_{i,1}} \tilde{\theta}_{i,1}^{\mathrm{T}} \hat{\theta}_{i,1} + \frac{\tau_i}{r_i} \tilde{\theta}_i^{\mathrm{T}} \hat{\theta}_i + z_{i,1} \chi_{i,2} \right.$$
$$\left. - \frac{1}{2} \sum_{j=2}^{n_i} \sum_{l=1}^{N} y_i^2 \varpi_{l,j,i}(y_i) + \frac{1}{2} \varepsilon_i^{*2} + \left(\sum_{l=1}^{N} \beta_{i,1,l}(0) \right)^2 + \frac{1}{2} \varepsilon_{i,1}^{*2} \right] \qquad (7.2.21)$$

根据杨氏不等式，可得到下列不等式：

$$\frac{\tau_{i,1}}{r_{i,1}} \tilde{\theta}_{i,1}^{\mathrm{T}} \hat{\theta}_{i,1} = \frac{\tau_{i,1}}{r_{i,1}} \tilde{\theta}_{i,1}^{\mathrm{T}} (\theta_{i,1}^* - \tilde{\theta}_{i,1}) \leqslant -\frac{\tau_{i,1}}{2r_{i,1}} ||\tilde{\theta}_{i,1}||^2 + \frac{\tau_{i,1}}{2r_{i,1}} ||\theta_{i,1}^*||^2 \qquad (7.2.22)$$

$$\frac{\tau_i}{r_i} \tilde{\theta}_i^{\mathrm{T}} \hat{\theta}_i = \frac{\tau_i}{r_i} \tilde{\theta}_i^{\mathrm{T}} (\theta_i^* - \tilde{\theta}_i) \leqslant -\frac{\tau_i}{2r_i} ||\tilde{\theta}_i||^2 + \frac{\tau_i}{2r_i} ||\theta_i^*||^2 \qquad (7.2.23)$$

将式 (7.2.22) 和式 (7.2.23) 代入式 (7.2.21)，$\dot{V}_1$ 最终表达为

$$\dot{V}_1 \leqslant \sum_{i=1}^{N} \left(z_{i,1} z_{i,2} - \beta_{i,1} z_{i,1}^2 - \frac{\tau_{i,1}}{2r_{i,1}} ||\tilde{\theta}_{i,1}||^2 - \frac{\tau_i}{2r_i} ||\tilde{\theta}_i||^2 \right.$$
$$\left. + z_{i,1} \chi_{i,2} - \frac{1}{2} \sum_{j=2}^{n_i} \sum_{l=1}^{N} y_i^2 \varpi_{l,j,i}(y_i) + D_{i,1} \right) \qquad (7.2.24)$$

式中，$D_{i,1} = \frac{1}{2} \varepsilon_{i,1}^{*2} + \left(\sum_{l=1}^{N} \beta_{i,1,l}(0) \right)^2 + \frac{\tau_{i,1}}{2r_{i,1}} ||\theta_{i,1}^*||^2 + \frac{\tau_i}{2r_i} ||\theta_i^*||^2 + \frac{1}{2} \varepsilon_i^{*2}$。

引入新的变量 $\vartheta_{i,2}$ 且定义如下的一阶滤波器：

$$\varsigma_{i,2} \dot{\vartheta}_{i,2} + \vartheta_{i,2} = \alpha_{i,1}, \quad \vartheta_{i,2}(0) = \alpha_{i,1}(0) \qquad (7.2.25)$$

由于 $\chi_{i,2} = \vartheta_{i,2} - \alpha_{i,1}$，所以

$$\dot{\vartheta}_{i,2} = -\frac{\chi_{i,2}}{\varsigma_{i,2}}, \quad \dot{\chi}_{i,2} = \dot{\vartheta}_{i,2} - \dot{\alpha}_{i,1} = -\frac{\chi_{i,2}}{\varsigma_{i,2}} + H_{i,2} \qquad (7.2.26)$$

式中，$H_{i,2}$ 是变量 y_i、$z_{i,2}$、$\chi_{i,2}$、$\hat{\theta}_{i,1}$ 和 $\hat{\theta}_i$ 的连续函数，其表达式为

$$H_{i,2}(\cdot) = \beta_{i,1} \dot{z}_{i,1} + \frac{3}{2} \dot{z}_{i,1} + \frac{\hat{\theta}_{i,1}^{\mathrm{T}} \mathrm{d}\varphi_{i,1}(x_{i,1})}{\mathrm{d}x_{i,1}} \dot{x}_{i,1} + \dot{\hat{\theta}}_{i,1}^{\mathrm{T}} \varphi_{i,1}(x_{i,1})$$

$$+ \frac{\hat{\theta}_i^{\mathrm{T}} \mathrm{d}\varphi_i(x_{i,1})}{\mathrm{d}x_{i,1}} \dot{x}_{i,1} + \dot{\hat{\theta}}_i^{\mathrm{T}} \varphi_i(x_{i,1}) \tag{7.2.27}$$

第 $j(2 \leqslant j \leqslant n_i - 1)$ 步 求 $z_{i,j}$ 的导数，并由式 (7.2.1) 和式 (7.2.4) 可得

$$\begin{aligned}
\dot{z}_{i,j} &= \dot{x}_{i,j} - \dot{\vartheta}_{i,j} \\
&= x_{i,j+1} + f_{i,j}(\bar{x}_{i,j}) + \Delta_{i,j}(\bar{y}) - \dot{\vartheta}_{i,j}
\end{aligned} \tag{7.2.28}$$

由于 $f_{i,j}(\bar{x}_{i,j})$ 是未知光滑非线性函数，所以利用模糊逻辑系统 $\hat{f}_{i,j}(\bar{x}_{i,j}|\hat{\theta}_{i,j})$
$= \hat{\theta}_{i,j}^{\mathrm{T}} \varphi_{i,j}(\bar{x}_{i,j})$ 逼近 $f_{i,j}(\bar{x}_{i,j})$，并假设

$$f_{i,j}(\bar{x}_{i,j}) = \theta_{i,j}^{*\mathrm{T}} \varphi_{i,j}(\bar{x}_{i,j}) + \varepsilon_{i,j}(\bar{x}_{i,j}) \tag{7.2.29}$$

式中，$\theta_{i,j}^*$ 是最优参数；$\varepsilon_{i,j}(\bar{x}_{i,j})$ 是最小模糊逼近误差。假设 $\varepsilon_{i,j}(\bar{x}_{i,j})$ 满足 $|\varepsilon_{i,j}(\bar{x}_{i,j})| \leqslant \varepsilon_{i,j}^*$，$\varepsilon_{i,j}^*$ 是未知正常数。

根据式 (7.2.3) 和式 (7.2.4)，将式 (7.2.29) 代入式 (7.2.28)，可得

$$\dot{z}_{i,j} = z_{i,j+1} + \chi_{i,j+1} + \alpha_{i,j} + \theta_{i,j}^{*\mathrm{T}} \varphi_{i,j}(\bar{x}_{i,j}) + \Delta_{i,j}(\bar{y}) + \varepsilon_{i,j}(\bar{x}_{i,j}) - \dot{\vartheta}_{i,j} \tag{7.2.30}$$

选取如下的李雅普诺夫函数：

$$V_{i,j} = V_{i,j-1} + \frac{1}{2} z_{i,j}^2 + \frac{1}{2r_{i,j}} \tilde{\theta}_{i,j}^{\mathrm{T}} \tilde{\theta}_{i,j} + \frac{1}{2} \chi_{i,j}^2 \tag{7.2.31}$$

式中，$r_{i,j} > 0$ 是设计参数；$\tilde{\theta}_{i,j} = \theta_{i,j}^* - \hat{\theta}_{i,j}$ 是参数误差，$\hat{\theta}_{i,j}$ 是 $\theta_{i,j}^*$ 的估计。

定义 $V_j = \sum\limits_{i=1}^{N} V_{i,j}$，则 $\dot{V}_j = \sum\limits_{i=1}^{N} \dot{V}_{i,j}$。由式 (7.2.30) 和式 (7.2.31) 可得

$$\begin{aligned}
\dot{V}_j \leqslant{}& \dot{V}_{j-1} + \sum_{i=1}^{N} \left(z_{i,j} \dot{z}_{i,j} + \frac{1}{r_{i,j}} \tilde{\theta}_{i,j}^{\mathrm{T}} \dot{\tilde{\theta}}_{i,j} + \chi_{i,j} \dot{\chi}_{i,j} \right) \\
\leqslant{}& \sum_{i=1}^{N} \left[-\sum_{k=1}^{j-1} \beta_{i,k} z_{i,k}^2 - \sum_{k=1}^{j-1} \frac{\tau_{i,k}}{2r_{i,k}} \left\| \tilde{\theta}_{i,k} \right\|^2 + D_{i,j-1} + z_{i,j-1} z_{i,j} \right. \\
& + z_{i,j} \Big(z_{i,j+1} + \chi_{i,j+1} + \alpha_{i,j} + \hat{\theta}_{i,j}^{\mathrm{T}} \varphi_{i,j}(\bar{x}_{i,j}) + \tilde{\theta}_{i,j}^{\mathrm{T}} \varphi_{i,j}(\bar{x}_{i,j}) + \Delta_{i,j}(\bar{y}) \\
& + \varepsilon_{i,j} - \dot{\vartheta}_{i,j} \Big) - \frac{1}{r_{i,j}} \tilde{\theta}_{i,j}^{\mathrm{T}} \dot{\hat{\theta}}_{i,j} - \frac{1}{2} \sum_{j=2}^{n_i} \sum_{l=1}^{N} y_i^2 \varpi_{l,j,i}(y_i) - \frac{\tau_i}{2r_i} \left\| \tilde{\theta}_i \right\|^2 \\
& \left. + \sum_{k=1}^{j-1} \chi_{i,k+1} \left(-\frac{\chi_{i,k+1}}{\varsigma_{i,k+1}} + H_{i,k+1}(\cdot) \right) + \sum_{k=1}^{j-1} z_{i,k} \chi_{i,k+1} \right]
\end{aligned} \tag{7.2.32}$$

根据杨氏不等式, 可得

$$z_{i,j}\varepsilon_{i,j} \leqslant \frac{1}{2}z_{i,j}^2 + \frac{1}{2}\varepsilon_{i,j}^{*2} \tag{7.2.33}$$

因此, 由假设 7.2.1 和式 (7.2.11) 进一步可得

$$\sum_{i=1}^{N} z_{i,j}\Delta_{i,j}(\bar{y}) \leqslant \sum_{i=1}^{N} \frac{1}{2}z_{i,j}^2 + \frac{1}{2}\sum_{i=1}^{N}\left[\sum_{l=1}^{N}\varpi_{i,j,l}(y_l)y_l^2 + 2\left(\sum_{l=1}^{N}\beta_{i,j,l}(0)\right)^2\right]$$
$$\leqslant \sum_{i=1}^{N}\left[\frac{1}{2}z_{i,j}^2 + \frac{1}{2}\sum_{l=1}^{N}y_i^2\varpi_{l,j,i}(y_i) + \left(\sum_{l=1}^{N}\beta_{i,j,l}(0)\right)^2\right] \tag{7.2.34}$$

将式 (7.2.33) 和式 (7.2.34) 代入式 (7.2.32), 可得

$$\dot{V}_j \leqslant \sum_{i=1}^{N}\left[-\sum_{k=1}^{j-1}\left(\beta_{i,k}z_{i,k}^2 + \frac{\tau_{i,k}}{2r_{i,k}}\left\|\tilde{\theta}_{i,k}\right\|^2\right) + z_{i,j}\left(\alpha_{i,j} + z_{i,j}\right.\right.$$
$$\left. + \hat{\theta}_{i,j}^{\mathrm{T}}\varphi_{i,j}(\bar{x}_{i,j}) + z_{i,j-1} - \dot{\vartheta}_{i,j}\right) - \frac{\tau_i}{2r_i}\left\|\tilde{\theta}_i\right\|^2 + \frac{1}{2}\varepsilon_{i,j}^{*2} + z_{i,j}z_{i,j+1}$$
$$ - \frac{1}{2}\sum_{m=j+1}^{n_i}\sum_{l=1}^{N}y_i^2\varpi_{l,m,i}(y_i) + \frac{1}{r_{i,j}}\tilde{\theta}_{i,j}^{\mathrm{T}}(r_{i,j}z_{i,j}\varphi_{i,j}(\bar{x}_{i,j}) - \dot{\hat{\theta}}_{i,j})$$
$$ + \sum_{k=1}^{j-1}\chi_{i,k+1}\left(-\frac{\chi_{i,k+1}}{\varsigma_{i,k+1}} + H_{i,k+1}(\cdot)\right) + \sum_{k=1}^{j-1}z_{i,k}\chi_{i,k+1}$$
$$\left. + \left(\sum_{l=1}^{N}\beta_{i,j,l}(0)\right)^2 + D_{i,j-1}\right] \tag{7.2.35}$$

设计虚拟控制器 $\alpha_{i,j}$ 和参数 $\hat{\theta}_{i,j}$ 的自适应律如下:

$$\alpha_{i,j} = -\beta_{i,j}z_{i,j} - z_{i,j} - z_{i,j-1} - \hat{\theta}_{i,j}^{\mathrm{T}}\varphi_{i,j}(\bar{x}_{i,j}) + \dot{\vartheta}_{i,j} \tag{7.2.36}$$

$$\dot{\hat{\theta}}_{i,j} = r_{i,j}z_{i,j}\varphi_{i,j}(\bar{x}_{i,j}) - \tau_{i,j}\hat{\theta}_{i,j} \tag{7.2.37}$$

式中, $\beta_{i,j} > 0$ 和 $\tau_{i,j} > 0$ 是设计参数。

将式 (7.2.36) 和式 (7.2.37) 代入式 (7.2.35), 可得

$$\dot{V}_j \leqslant \sum_{i=1}^{N}\left[-\sum_{k=1}^{j}\beta_{i,k}z_{i,k}^2 + z_{i,j}z_{i,j+1} - \sum_{k=1}^{j-1}\frac{\tau_{i,k}}{2r_{i,k}}\left\|\tilde{\theta}_{i,k}\right\|^2 + \frac{\tau_{i,j}}{r_{i,j}}\tilde{\theta}_{i,j}^{\mathrm{T}}\hat{\theta}_{i,j}\right.$$
$$\left. + \sum_{k=1}^{j-1}\chi_{i,k+1}\left(-\frac{\chi_{i,k+1}}{\varsigma_{i,k+1}} + H_{i,k+1}(\cdot)\right) + \sum_{k=1}^{j-1}z_{i,k}\chi_{i,k+1} - \frac{\tau_i}{2r_i}\left\|\tilde{\theta}_i\right\|^2\right.$$

$$- \frac{1}{2} \sum_{m=j+1}^{n_i} \sum_{l=1}^{N} y_i^2 \varpi_{l,m,i}(y_i) + \frac{1}{2} \varepsilon_{i,j}^{*2} + \left(\sum_{l=1}^{N} \beta_{i,j,l}(0) \right)^2 + D_{i,j-1} \right] \qquad (7.2.38)$$

根据杨氏不等式, 可得

$$\frac{\tau_{i,j}}{r_{i,j}} \tilde{\theta}_{i,j}^{\mathrm{T}} \dot{\hat{\theta}}_{i,j} = \frac{\tau_{i,j}}{r_{i,j}} \tilde{\theta}_{i,j}^{\mathrm{T}} (\theta_{i,j}^* - \tilde{\theta}_{i,j}) \leqslant -\frac{\tau_{i,j}}{2r_{i,j}} ||\tilde{\theta}_{i,j}||^2 + \frac{\tau_{i,j}}{2r_{i,j}} ||\theta_{i,j}^*||^2 \qquad (7.2.39)$$

因此, $\dot{V}_j$ 最终可表示为

$$\dot{V}_j \leqslant \sum_{i=1}^{N} \left[- \sum_{k=1}^{j} \beta_{i,k} z_{i,k}^2 + z_{i,j} z_{i,j+1} - \sum_{k=1}^{j} \frac{\tau_{i,k}}{2r_{i,k}} \left\| \tilde{\theta}_{i,k} \right\|^2 \right.$$
$$+ \sum_{k=1}^{j-1} \chi_{i,k+1} \left(-\frac{\chi_{i,k+1}}{\varsigma_{i,k+1}} + H_{i,k+1}(\cdot) \right) + \sum_{k=1}^{j-1} z_{i,k} \chi_{i,k+1}$$
$$\left. - \frac{1}{2} \sum_{m=j+1}^{n_i} \sum_{l=1}^{N} y_i^2 \varpi_{l,m,i}(y_i) - \frac{\tau_i}{2r_i} \left\| \tilde{\theta}_i \right\|^2 + D_{i,j} \right] \qquad (7.2.40)$$

式中, $D_{i,j} = D_{i,j-1} + \frac{1}{2} \varepsilon_{i,j}^{*2} + \left(\sum_{l=1}^{N} \beta_{i,j,l}(0) \right)^2 + \frac{\tau_{i,j}}{2r_{i,j}} ||\theta_{i,j}^*||^2$。

引入一个新的变量 $\vartheta_{i,j+1}$, 并定义一阶滤波器如下:

$$\varsigma_{i,j+1} \dot{\vartheta}_{i,j+1} + \vartheta_{i,j+1} = \alpha_{i,j}, \quad \vartheta_{i,j+1}(0) = \alpha_{i,j}(0) \qquad (7.2.41)$$

由于 $\chi_{i,j+1} = \vartheta_{i,j+1} - \alpha_{i,j}$, 则

$$\dot{\vartheta}_{i,j+1} = -\frac{\chi_{i,j+1}}{\varsigma_{i,j+1}}, \quad \dot{\chi}_{i,j+1} = \dot{\vartheta}_{i,j+1} - \dot{\alpha}_{i,j} = -\frac{\chi_{i,j+1}}{\varsigma_{i,j+1}} + H_{i,j+1} \qquad (7.2.42)$$

式中,

$$H_{i,j+1} = \beta_{i,j} \dot{z}_{i,j} + \dot{z}_{i,j} + \dot{z}_{i,j-1} + \dot{\hat{\theta}}_{i,j}^{\mathrm{T}} \varphi_{i,j}(\bar{x}_{i,j}) + \frac{\hat{\theta}_{i,j}^{\mathrm{T}} \mathrm{d}\varphi_{i,j}(\bar{x}_{i,j})}{\mathrm{d}\bar{x}_{i,j}} \dot{\bar{x}}_{i,j} + \frac{\dot{\chi}_{i,j}}{\varsigma_{i,j}} \qquad (7.2.43)$$

第 n_i 步　沿式 (7.2.1) 和式 (7.2.4), 求 z_{i,n_i} 的导数:

$$\dot{z}_{i,n_i} = \dot{x}_{i,n_i} - \dot{\vartheta}_{i,n_i}$$
$$= u_i(v_i(t)) + \Delta_{i,n_i}(\bar{y}) + f_{i,n_i}(\bar{x}_{i,n_i}) - \dot{\vartheta}_{i,n_i} \qquad (7.2.44)$$

因为 $f_{i,n_i}(\bar{x}_{i,n_i})$ 是未知光滑非线性函数, 所以利用模糊逻辑系统 $\hat{f}_{i,n_i}(\bar{x}_{i,n_i} | \hat{\theta}_{i,n_i}) = \hat{\theta}_{i,n_i}^{\mathrm{T}} \varphi_{i,n_i}(\bar{x}_{i,n_i})$ 逼近 $f_{i,n_i}(\bar{x}_{i,n_i})$, 并假设

$$f_{i,n_i}(\bar{x}_{i,n_i}) = \theta_{i,n_i}^{*\mathrm{T}} \varphi_{i,n_i}(\bar{x}_{i,n_i}) + \varepsilon_{i,n_i}(\bar{x}_{i,n_i}) \qquad (7.2.45)$$

式中，θ^*_{i,n_i} 是最优参数；$\varepsilon_{i,n_i}(\bar{x}_{i,n_i})$ 是最小模糊逼近误差，并且满足 $|\varepsilon_{i,n_i}(\bar{x}_{i,n_i})| \leqslant \varepsilon^*_{i,n_i}$，$\varepsilon^*_{i,n_i}$ 是正常数。

将式 (7.2.45) 代入式 (7.2.44)，可得

$$
\begin{aligned}
\dot{z}_{i,n_i} &= u_i(v_i(t)) + \Delta_{i,n_i}(\bar{y}) + \theta^{*\mathrm{T}}_{i,n_i}\varphi_{i,n_i}(\bar{x}_{i,n_i}) + \varepsilon_{i,n_i}(\bar{x}_{i,n_i}) - \dot{\vartheta}_{i,n_i} \\
&= u_i(v_i(t)) + \Delta_{i,n_i}(\bar{y}) + \hat{\theta}^{\mathrm{T}}_{i,n_i}\varphi_{i,n_i}(\bar{x}_{i,n_i}) + \tilde{\theta}^{\mathrm{T}}_{i,n_i}\varphi_{i,n_i}(\bar{x}_{i,n_i}) \\
&\quad + \varepsilon_{i,n_i}(\bar{x}_{i,n_i}) - \dot{\vartheta}_{i,n_i}
\end{aligned}
\tag{7.2.46}
$$

为了抑制系统饱和对控制性能的影响，引入如下辅助信号 ϕ_i：

$$
\dot{\phi}_i = -\phi_i + (u_i(v_i) - v_i)
\tag{7.2.47}
$$

选取如下的李雅普诺夫函数：

$$
V_{i,n_i} = V_{i,n_i-1} + \frac{1}{2}(z_{i,n_i} - \phi_i)^2 + \frac{1}{2}\chi^2_{i,n_i} + \frac{1}{2r_{i,n_i}}\tilde{\theta}^{\mathrm{T}}_{i,n_i}\tilde{\theta}_{i,n_i}
\tag{7.2.48}
$$

式中，$r_{i,n_i} > 0$ 是设计参数；$\hat{\theta}_{i,n_i}$ 是 θ^*_{i,n_i} 的估计；$\tilde{\theta}_{i,n_i} = \theta^*_{i,n_i} - \hat{\theta}_{i,n_i}$ 是参数误差。

定义 $V_{n_i} = \sum\limits_{i=1}^{N} V_{i,n_i}$，则 $\dot{V}_{n_i} = \sum\limits_{i=1}^{N} \dot{V}_{i,n_i}$。根据式 (7.2.46)~式 (7.2.48)，V_{n_i} 的导数为

$$
\begin{aligned}
\dot{V}_{n_i} \leqslant & \sum_{i=1}^{N}\Bigg[D_{i,n_i-1} - \sum_{j=1}^{n_i-1}\beta_{i,j}z^2_{i,j} + z_{i,n_i-1}(z_{i,n_i}-\phi_i) - \sum_{j=1}^{n_i-1}\frac{\tau_{i,j}}{2r_{i,j}}\left\|\tilde{\theta}_{i,j}\right\|^2 - \frac{\tau_i}{2r_i}\left\|\tilde{\theta}_i\right\|^2 \\
& + \sum_{j=1}^{n_i-1}\chi_{i,j+1}\left(-\frac{\chi_{i,j+1}}{\varsigma_{i,j+1}} + H_{i,j+1}(\cdot)\right) + \sum_{j=1}^{n_i-1}z_{i,j}\chi_{i,j+1} - \frac{1}{2}\sum_{l=1}^{N}y^2_i\varpi_{l,n_i,i}(y_i) \Bigg] \\
& + \sum_{i=1}^{N}\Bigg[(z_{i,n_i}-\phi_i)\bigg(u_i(v_i(t)) + \hat{\theta}^{\mathrm{T}}_{i,n_i}\varphi_{i,n_i}(\bar{x}_{i,n_i}) + \tilde{\theta}^{\mathrm{T}}_{i,n_i}\varphi_{i,n_i}(\bar{x}_{i,n_i}) \\
& + \varepsilon_{i,n_i}(\bar{x}_{i,n_i}) + \frac{1}{2}(z_{i,n_i}-\phi_i) + \Delta_{i,n_i}(\bar{y}) - \dot{\vartheta}_{i,n_i}\bigg) \\
& + \chi_{i,n_i}\dot{\chi}_{i,n_i} - \frac{1}{r_{i,n_i}}\tilde{\theta}^{\mathrm{T}}_{i,n_i}\dot{\hat{\theta}}_{i,n_i}\Bigg]
\end{aligned}
\tag{7.2.49}
$$

根据杨氏不等式，可得

$$
(z_{i,n_i}-\phi_i)\varepsilon_{i,n_i}(\bar{x}_{i,n_i}) \leqslant \frac{1}{2}(z_{i,n_i}-\phi_i)^2 + \frac{1}{2}\varepsilon^{*2}_{i,n_i}
\tag{7.2.50}
$$

由假设 7.2.1 和式 (7.2.11)，则有

$$
\sum_{i=1}^{N} (z_{i,n_i} - \phi_i)\Delta_{i,n_i}(\bar{y})
$$

$$
\leqslant \sum_{i=1}^{N} \frac{1}{2}(z_{i,n_i} - \phi_i)^2 + \frac{1}{2}\sum_{i=1}^{N}\left[\sum_{l=1}^{N}\varpi_{i,n_i,l}y_l^2 + 2\left(\sum_{l=1}^{N}\beta_{i,n_i,l}(0)\right)^2\right]
$$

$$
\leqslant \sum_{i=1}^{N}\left[\frac{1}{2}(z_{i,n_i} - \phi_i)^2 + \frac{1}{2}\sum_{l=1}^{N}y_i^2\varpi_{l,n_i,i}(y_i) + \left(\sum_{l=1}^{N}\beta_{i,n_i,l}(0)\right)^2\right] \tag{7.2.51}
$$

将式 (7.2.50) 和式 (7.2.51) 代入式 (7.2.49)，可得

$$
\dot{V}_{n_i} \leqslant \sum_{i=1}^{N}\left\{-\sum_{j=1}^{n_i-1}\beta_{i,j}z_{i,j}^2 - \sum_{j=1}^{n_i-1}\frac{\tau_{i,j}}{2r_{i,j}}\left\|\tilde{\theta}_{i,j}\right\|^2 - \frac{\tau_i}{2r_i}\left\|\tilde{\theta}_i\right\|^2 + D_{i,n_i-1}\right.
$$

$$
+ \sum_{j=1}^{n_i-1}\chi_{i,j+1}\left(-\frac{\chi_{i,j+1}}{\varsigma_{i,j+1}} + H_{i,j+1}\right) + \sum_{j=1}^{n_i-1}z_{i,j}\chi_{i,j+1} + \frac{1}{2}\varepsilon_{i,n_i}^{*2}
$$

$$
+ (z_{i,n_i} - \phi_i)\left[v_i + \hat{\theta}_{i,n_i}^{\mathrm{T}}\varphi_{i,n_i}(\bar{x}_{i,n_i}) + (z_{i,n_i} - \phi_i) + z_{i,n_i-1}\right.
$$

$$
\left.+ \frac{1}{2}(z_{i,n_i} - \phi_i) - \dot{\vartheta}_{i,n_i}\right] + \chi_{i,n_i}\dot{\chi}_{i,n_i} + \left(\sum_{l=1}^{N}\beta_{i,n_i,l}(0)\right)^2
$$

$$
\left.+ \frac{1}{r_{i,n_i}}\tilde{\theta}_{i,n_i}^{\mathrm{T}}[r_{i,n_i}(z_{i,n_i} - \phi_i)\varphi_{i,n_i}(\bar{x}_{i,n_i}) - \dot{\hat{\theta}}_{i,n_i}]\right\} \tag{7.2.52}
$$

设计分散控制器 v_i 和参数 $\hat{\theta}_{i,n_i}$ 的自适应律如下：

$$
v_i = -\beta_{i,n_i}(z_{i,n_i} - \phi_i) - z_{i,n_i-1} - \frac{3}{2}(z_{i,n_i} - \phi_i) - \hat{\theta}_{i,n_i}^{\mathrm{T}}\varphi_{i,n_i}(\bar{x}_{i,n_i}) + \dot{\vartheta}_{i,n_i} \tag{7.2.53}
$$

$$
\dot{\hat{\theta}}_{i,n_i} = r_{i,n_i}(z_{i,n_i} - \phi_i)\varphi_{i,n_i}(\bar{x}_{i,n_i}) - \tau_{i,n_i}\hat{\theta}_{i,n_i} \tag{7.2.54}
$$

式中，$\beta_{i,n_i} > 0$ 和 $\tau_{i,n_i} > 0$ 是设计参数。

将式 (7.2.53) 和式 (7.2.54) 代入式 (7.2.52)，可得

$$
\dot{V}_{n_i} \leqslant \sum_{i=1}^{N}\left[-\sum_{j=1}^{n_i-1}\beta_{i,j}z_{i,j}^2 - \beta_{i,n_i}(z_{i,n_i} - \phi_i)^2\right.
$$

$$
\left.- \sum_{j=1}^{n_i-1}\frac{\tau_{i,j}}{2r_{i,j}}\left\|\tilde{\theta}_{i,j}\right\|^2 + \frac{\tau_{i,n_i}}{r_{i,n_i}}\tilde{\theta}_{i,n_i}^{\mathrm{T}}\hat{\theta}_{i,n_i} - \frac{\tau_i}{2r_i}\left\|\tilde{\theta}_i\right\|^2\right.
$$

$$+ D_{i,n_i-1} + \sum_{j=1}^{n_i-1} \chi_{i,j+1} \left(-\frac{\chi_{i,j+1}}{\varsigma_{i,j+1}} + H_{i,j+1} \right)$$

$$+ \sum_{j=1}^{n_i-1} z_{i,j} \chi_{i,j+1} + \left(\sum_{l=1}^{N} \beta_{i,n_i,l}(0) \right)^2 + \frac{1}{2} \varepsilon_{i,n_i}^{*2} \Bigg] \qquad (7.2.55)$$

根据杨氏不等式，可得

$$\frac{\tau_{i,n_i}}{r_{i,n_i}} \tilde{\theta}_{i,n_i}^{\mathrm{T}} \hat{\theta}_{i,n_i} = \frac{\tau_{i,n_i}}{r_{i,n_i}} \tilde{\theta}_{i,n_i}^{\mathrm{T}} (\theta_{i,n_i}^* - \tilde{\theta}_{i,n_i}) \leqslant -\frac{\tau_{i,n_i}}{2r_{i,n_i}} ||\tilde{\theta}_{i,n_i}||^2 + \frac{\tau_{i,n_i}}{2r_{i,n_i}} ||\theta_{i,n_i}^*||^2 \quad (7.2.56)$$

根据式 (7.2.56)，$\dot{V}_{n_i}$ 最终可表示为

$$\dot{V}_{n_i} \leqslant \sum_{i=1}^{N} \left(-\sum_{j=1}^{n_i-1} \beta_{i,j} z_{i,j}^2 - \beta_{i,n_i}(z_{i,n_i} - \phi_i)^2 - \sum_{j=1}^{n_i} \frac{\tau_{i,j}}{2r_{i,j}} \left\| \tilde{\theta}_{i,j} \right\|^2 - \frac{\tau_i}{2r_i} \left\| \tilde{\theta}_i \right\|^2 \right.$$

$$\left. + D_{i,n_i} + \sum_{j=1}^{n_i-1} \chi_{i,j+1} \left(-\frac{\chi_{i,j+1}}{\varsigma_{i,j+1}} + H_{i,j+1} \right) + \sum_{j=1}^{n_i-1} z_{i,j} \chi_{i,j+1} \right) \qquad (7.2.57)$$

式中，$D_{i,n_i} = D_{i,n_i-1} + \frac{1}{2} \varepsilon_{i,n_i}^{*2} + \left(\sum_{l=1}^{N} \beta_{i,n_i l}(0) \right)^2 + \frac{\tau_{i,n_i}}{2r_{i,n_i}} ||\theta_{i,n_i}^*||^2$。

7.2.3　稳定性与收敛性分析

上面给出的模糊自适应分散控制方法具有如下性质。

定理 7.2.1　对非线性严格反馈互联大系统 (7.2.1)，假设 7.2.1 成立。如果采用分散控制器 (7.2.53)，虚拟控制器 (7.2.18)、(7.2.36)，参数自适应律 (7.2.19)、(7.2.20)、(7.2.37) 和 (7.2.54)，则总体控制方案可以保证闭环系统的所有信号半全局一致最终有界。

证明　选取如下的李雅普诺夫函数：

$$V = \sum_{i=1}^{N} V_i = \sum_{i=1}^{N} \sum_{j=1}^{n_i} V_{i,j}$$

令

$$\Theta_{i,j} = \left\{ \sum_{i=1}^{N} \left(\frac{1}{2} \sum_{j=1}^{n_i} z_{i,j}^2 + \sum_{j=1}^{n_i} \frac{1}{2r_{i,j}} \left\| \tilde{\theta}_{i,j} \right\|^2 + \frac{1}{2r_i} \left\| \tilde{\theta}_i \right\|^2 + \frac{1}{2} \sum_{j=2}^{n_i} \chi_{i,j}^2 \right) \leqslant D_{i,j} \right\}$$

由于 $H_{i,j+1}$ 是一个连续函数，存在正定常数 $M_{i,j+1}$，在紧密闭集 $\Theta_{i,j}$ 上满足 $|H_{i,j+1}| \leqslant M_{i,j+1}$，所以可得不等式：

$$|\chi_{i,j+1} H_{i,j+1}| \leqslant \frac{1}{2}\chi_{i,j+1}^2 + \frac{1}{2}M_{i,j+1}^2 \tag{7.2.58}$$

根据杨氏不等式，可得

$$z_{i,j}\chi_{i,j+1} \leqslant \frac{1}{2}\chi_{i,j+1}^2 + \frac{1}{2}z_{i,j}^2 \tag{7.2.59}$$

将式 (7.2.58) 和式 (7.2.59) 代入式 (7.2.57)，可得

$$\sum_{i=1}^{N}\dot{V}_{i,n_i} \leqslant \sum_{i=1}^{N}\left(-\sum_{j=1}^{n_i-1}\left(\beta_{i,j} - \frac{1}{2}\right)z_{i,j}^2 - \beta_{i,n_i}(z_{i,n_i} - \phi_i)^2 \right.$$
$$\left. + d_i(\tilde{\theta}_{i,1}, \cdots, \tilde{\theta}_{i,n_i}, \tilde{\theta}_i, \chi_{i,2}, \cdots, \chi_{i,n_i}) + \Theta_i \right) \tag{7.2.60}$$

式中，

$$d_i(\tilde{\theta}_{i,1}, \cdots, \tilde{\theta}_{i,n_i}, \tilde{\theta}_i, \chi_{i,2}, \cdots, \chi_{i,n_i})$$
$$= -\frac{\tau_{i,1}}{2r_{i,1}}\left\|\tilde{\theta}_{i,1}\right\|^2 - \frac{\tau_i}{2r_i}\left\|\tilde{\theta}_i\right\|^2 - \sum_{j=1}^{n_i-1}\left(\frac{1}{\varsigma_{i,j+1}} - \frac{1}{2}\right)\chi_{i,j+1}^2,$$

$$\Theta_i = D_{i,n_i} + \sum_{j=2}^{n_i}\frac{1}{2}M_{i,j}^2$$

令

$$C = \min\left\{2\left(\beta_{i,j} - \frac{1}{2}\right), 2\beta_{i,n_i}, \tau_{i,j}, \tau_i, \left(\frac{1}{\varsigma_{i,j}} - \frac{1}{2}\right)\right\}, \quad D = \sum_{i=1}^{N}\Theta_i$$

则式 (7.2.60) 最终可表示为

$$\dot{V} \leqslant -CV + D \tag{7.2.61}$$

根据式 (7.2.60) 和引理 0.3.1，可以得到闭环系统中的所有信号半全局一致最终有界。

评注 7.2.1   本节针对一类具有输入饱和的不确定非线性严格反馈互联大系统，介绍了一种模糊自适应状态反馈分散鲁棒控制设计方法和闭环系统的稳定性分析。关于具有输入死区、滞回的不确定非线性严格反馈互联大系统，其智能自适应状态反馈分散鲁棒控制设计方法可详见文献 [9] 和 [10]。

7.2.4　仿真

例 7.2.1　考虑如下的二阶非线性严格反馈互联大系统：

$$
\begin{cases}
\dot{x}_{1,1} = x_{1,2} + f_{1,1}(x_{1,1}) + \Delta_{1,1}(y) \\
\dot{x}_{1,2} = u_1 + f_{1,2}(\bar{x}_{1,2}) + \Delta_{1,2}(y) \\
y_1 = x_{1,1} \\
\dot{x}_{2,1} = x_{2,2} + f_{2,1}(x_{2,1}) + \Delta_{2,1}(y) \\
\dot{x}_{2,2} = u_2 + f_{2,2}(\bar{x}_{2,2}) + \Delta_{2,2}(y) \\
y_2 = x_{2,1}
\end{cases}
\tag{7.2.62}
$$

式中，$f_{1,1}(x_{1,1}) = -x_{1,1}\sin(x_{1,1})$，$\Delta_{1,1}(\bar{y}) = x_{1,1} + x_{2,1}x_{1,1}$；$f_{1,2}(\bar{x}_{1,2}) = x_{1,1}x_{1,2}$；$\Delta_{1,2}(\bar{y}) = 0.1(x_{1,1} + x_{2,1}\cos(x_{2,1}))$；$f_{2,1}(x_{2,1}) = 2x_{2,1}\sin(x_{2,1}^2)$；$\Delta_{2,1}(\bar{y}) = 0.1(\sin(x_{1,1}) + x_{2,1})$；$f_{2,2}(\bar{x}_{2,2}) = x_{2,1} + \sin(x_{2,2})$；$\Delta_{2,2}(\bar{y}) = 0.1(x_{1,1} + x_{2,1})$。

给定互联大系统的输入饱和如下：

$$
u_i(v_i(t)) =
\begin{cases}
4\mathrm{sign}(v_i(t)), & v(t) < -10 \\
v_i(t), & -10 \leqslant v(t) \leqslant 12 \\
3\mathrm{sign}(v_i(t)), & v(t) > 12
\end{cases}
$$

选择隶属函数为

$$
\mu_{F_{i,j}^1}(x_{i,j}) = \exp[-(x_{i,j} - 2)^2/4], \quad \mu_{F_{i,j}^2}(x_{i,j}) = \exp[-(x_{i,j} - 1)^2/4]
$$

$$
\mu_{F_{i,j}^3}(x_{i,j}) = \exp(-x_{i,j}^2/4), \quad \mu_{F_{i,j}^4}(x_{i,j}) = \exp[-(x_{i,j} + 1)^2/4]
$$

$$
\mu_{F_{i,j}^5}(x_{i,j}) = \exp[-(x_{i,j} + 2)^2/4], \quad j = 1, 2
$$

$$
\mu_{F_i^1}(x_{i,1}) = \exp[-(x_{i,1} - 2)^2/2], \quad \mu_{F_i^2}(x_{i,1}) = \exp[-(x_{i,1} - 1)^2/2]
$$

$$
\mu_{F_i^3}(x_{i,1}) = \exp[-x_{i,1}^2/2], \quad \mu_{F_i^4}(x_{i,1}) = \exp[-(x_{i,1} + 1)^2/2]
$$

$$
\mu_{F_i^5}(x_{i,1}) = \exp[-(x_{i,1} + 2)^2/2]
$$

令

$$
\varphi_{i,1,l}(x_{i,1}) = \frac{\mu_{F_i^l}(x_{i,1})}{\displaystyle\sum_{l=1}^{5} \mu_{F_i^l}(x_{i,1})}, \quad l = 1, 2, \cdots, 5
$$

$$
\varphi_{i,2,l}(\bar{x}_{i,j}) = \frac{\mu_{F_i^l}(x_{i,1})\mu_{F_i^l}(x_{i,2})}{\displaystyle\sum_{l=1}^{5} \mu_{F_i^l}(x_{i,1})\mu_{F_i^l}(x_{i,2})}, \quad l = 1, 2, \cdots, 5
$$

$$\varphi_{i,l}(x_{i,1}) = \frac{\mu_{F_i^l}(x_{i,1})}{\displaystyle\sum_{l=1}^{5} \mu_{F_i^l}(x_{i,1})}, \quad l = 1, 2, \cdots, 5$$

$$\varphi_{i,1}(x_{i,1}) = [\varphi_{i,1,1}(x_{i,1}), \varphi_{i,1,2}(x_{i,1}), \varphi_{i,1,3}(x_{i,1}), \varphi_{i,1,4}(x_{i,1}), \varphi_{i,1,5}(x_{i,1})]^{\mathrm{T}}$$

$$\varphi_{i,2}(\bar{x}_{i,2}) = [\varphi_{i,2,1}(\bar{x}_{i,2}), \varphi_{i,2,2}(\bar{x}_{i,2}), \varphi_{i,2,3}(\bar{x}_{i,2}), \varphi_{i,2,4}(\bar{x}_{i,2}), \varphi_{i,2,5}(\bar{x}_{i,2})]^{\mathrm{T}}$$

$$\varphi_i(x_{i,1}) = [\varphi_{i,1}(x_{i,1}), \varphi_{i,2}(x_{i,1}), \varphi_{i,3}(x_{i,1}), \varphi_{i,4}(x_{i,1}), \varphi_{i,5}(x_{i,1})]^{\mathrm{T}}$$

则得到模糊逻辑系统为

$$\hat{f}_{i,1}(x_{i,1}|\theta_{i,1}) = \hat{\theta}_{i,1}^{\mathrm{T}}\varphi_{i,1}(x_{i,1}), \quad \hat{h}_{i,2}(\bar{x}_{i,2}|\hat{\theta}_{i,2}) = \hat{\theta}_{i,2}^{\mathrm{T}}\varphi_{i,2}(\bar{x}_{i,2})$$
$$\eta_i(x_{i,1}|\hat{\theta}_i) = \hat{\theta}_i^{\mathrm{T}}\varphi_i(x_{i,1})$$

在仿真中,选取虚拟控制器、控制器和参数自适应律中的设计参数为:$\beta_{1,1} = 6$, $\beta_{2,1} = 5$, $\beta_{1,2} = \beta_{2,2} = 8$, $r_{1,1} = 4$, $r_{2,1} = 2$, $r_{1,2} = r_{2,2} = 3$, $\tau_{1,1} = 0.3$, $\tau_{2,1} = 0.2$, $\tau_{1,2} = \tau_{2,2} = 0.1$, $\varsigma_{1,2} = 0.2$, $\varsigma_{2,2} = 0.2$, $r_1 = 2$, $r_2 = 3$, $\tau_1 = 0.2$, $\tau_2 = 0.1$, $u_L = -10$, $u_R = 12$。

选择变量及参数的初始值为:$x_{1,1}(0) = 0.3$, $x_{1,2}(0) = 0.1$, $x_{2,1}(0) = x_{2,2}(0) = 0.2$, $\vartheta_{1,2}(0) = \vartheta_{2,2}(0) = 0$, $\hat{\theta}_{1,1}(0) = [0.1\ 0.2\ 0\ 0\ 0.2]^{\mathrm{T}}$, $\hat{\theta}_{1,2}(0) = [0.2\ 0.2\ 0\ 0.1\ 0]^{\mathrm{T}}$, $\hat{\theta}_{2,1}(0) = [0.2\ 0.1\ 0\ 0.2\ 0.1]^{\mathrm{T}}$, $\hat{\theta}_{2,2}(0) = [0.1\ 0.1\ 0\ 0.2\ 0.2]^{\mathrm{T}}$, $\hat{\theta}_1(0) = [0.2\ 0.1\ 0\ 0.2\ 0.1]^{\mathrm{T}}$, $\hat{\theta}_2(0) = [0.2\ 0.1\ 0\ 0.2\ 0.1]^{\mathrm{T}}$。

仿真结果如图 7.2.1～图 7.2.6 所示。

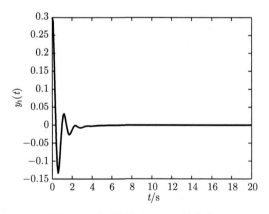

图 7.2.1　系统输出 $y_1(t)$ 的轨迹

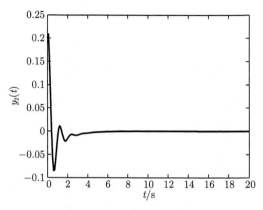

图 7.2.2　系统输出 $y_2(t)$ 的轨迹

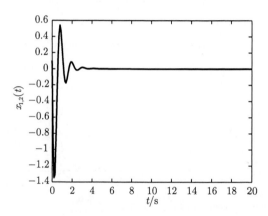

图 7.2.3　状态 $x_{1,2}(t)$ 的轨迹

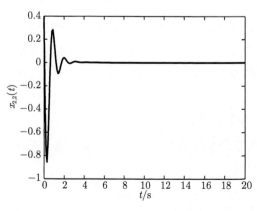

图 7.2.4　状态 $x_{2,2}(t)$ 的轨迹

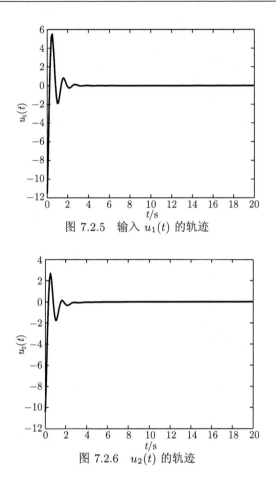

图 7.2.5　输入 $u_1(t)$ 的轨迹

图 7.2.6　$u_2(t)$ 的轨迹

7.3　非线性互联大系统的模糊自适应输出反馈分散控制

本节针对一类状态不可测的非线性严格反馈互联大系统，给出模糊状态分散观测器设计方法；在 7.1 节和 7.2 节模糊自适应状态反馈分散控制设计的基础上，介绍一种模糊自适应输出反馈分散控制设计方法，并给出闭环系统的稳定性和收敛性分析。

7.3.1　系统模型及控制问题描述

考虑由 N 个子系统组成的非线性严格反馈互联大系统，其第 $i(i = 1, 2, \cdots, N)$ 个子系统表示为

$$
\begin{cases}
\dot{x}_{i,j} = f_{i,j}(\bar{x}_{i,j}) + x_{i,j+1} + \Delta_{i,j}(\bar{y}), & j = 1, 2, \cdots, n_i - 1 \\
\dot{x}_{i,n_i} = f_{i,n_i}(\bar{x}_{i,n_i}) + u_i + \Delta_{i,n_i}(\bar{y}) \\
y_i = x_{i,1}
\end{cases}
\tag{7.3.1}
$$

式中, $\bar{x}_{i,j} = [x_{i,1}, x_{i,2}, \cdots, x_{i,j}]$ $(j = 1, 2, \cdots, n_i)$ 是系统状态向量; $u_i \in \mathbf{R}$ 是系统输入; $y_i \in \mathbf{R}$ 是系统输出; $\bar{y} = [y_1, y_2, \cdots, y_N]^{\mathrm{T}} \in \mathbf{R}^N$; $f_{i,j}(\cdot)(j = 1, 2, \cdots, n_i)$ 是未知的光滑函数, 并且 $f_{i,j}(\bar{0}) = 0$; $\Delta_{i,j}(\bar{y})$ 是第 i 个子系统和其他子系统间的互联项; $\bar{y} = [y_1, y_2, \cdots, y_N]^{\mathrm{T}} \in \mathbf{R}^N$。设系统的输出可测, 而状态 $x_{i,j}(j \geqslant 2)$ 是不可测。

假设 7.3.1 非线性互联项 $\Delta_{i,j}$ 满足不等式:

$$|\Delta_{i,j}(\bar{y})|^2 \leqslant \sum_{k=1}^{N} (y_k \lambda_{i,j,k}(y_k))^2 \tag{7.3.2}$$

式中, $\lambda_{i,j,k}(y_k)(i = 1, 2, \cdots, N; j = 1, 2, \cdots, n_i; k = 1, 2, \cdots, N)$ 是未知光滑函数。

控制任务 对非线性严格反馈互联大系统 (7.3.1), 基于模糊逻辑系统, 设计一种模糊自适应输出反馈分散控制器, 使得:

(1) 闭环系统中的所有信号半全局一致最终有界;

(2) 观测误差和跟踪误差 $y_i - y_{i,m}$ 收敛到包含原点的一个较小邻域内。

7.3.2 模糊分散状态观测器设计

由于 $f_{i,j}(\bar{x}_{i,j})$ 是未知的光滑函数, 所以根据引理 0.1.1, 利用模糊逻辑系统 $\hat{f}_{i,j}(\hat{\bar{x}}_{i,j}|\hat{\theta}_{i,j})$ 逼近未知非线性函数 $f_{i,j}(\bar{x}_{i,j})$, 并假设

$$f_{i,j}(\bar{x}_{i,j}) = \theta_{i,j}^{*\mathrm{T}} \varphi_{i,j}(\bar{x}_{i,j}) + \varepsilon_{i,j}(\bar{x}_{i,j}) \tag{7.3.3}$$

式中, $\varepsilon_{i,j}(\bar{x}_{i,j})$ 是模糊最小逼近误差, 并满足 $|\varepsilon_{i,j}(\bar{x}_{i,j})| \leqslant \varepsilon_{i,j}^*$, $\varepsilon_{i,j}^*$ 是正常数。

设计模糊状态分散观测器为

$$\dot{\hat{x}}_i = A_i \hat{x}_i + K_i y_i + \sum_{j=1}^{n_i} B_{i,j} \hat{f}_{i,j}(\hat{\bar{x}}_{i,j}|\hat{\theta}_{i,j}) + B_i u_i$$

$$\hat{y}_i = C \hat{x}_i \tag{7.3.4}$$

式中, $A_i = \begin{bmatrix} -k_{i,1} & & \\ \vdots & & I \\ -k_{i,n_i} & 0 & \cdots & 0 \end{bmatrix}$; $K_i = \begin{bmatrix} k_{i,1} \\ \vdots \\ k_{i,n_i} \end{bmatrix}$; $B_{i,j} = [0 \quad \cdots \quad 1 \quad \cdots \quad 0]^{\mathrm{T}}$; $C = [1 \quad 0 \quad \cdots \quad 0 \quad \cdots \quad 0]$。

选择观测增益矩阵 K_i, 并使得 A_i 是严格 Hurwitz 矩阵。因此, 对于一个给定的正定矩阵 $Q_i = Q_i^{\mathrm{T}} > 0$, 存在一个正定矩阵 $P_i = P_i^{\mathrm{T}} > 0$, 满足如下方程:

$$A_i^{\mathrm{T}} P_i + P_i A_i = -2Q_i \tag{7.3.5}$$

令 $e_i = x_i - \hat{x}_i$ 为观测误差, 由式 (7.3.2) 和式 (7.3.5) 可得观测误差方程:

$$
\begin{aligned}
\dot{e}_i &= A_i e_i + \sum_{j=1}^{n_i} B_{i,j}(f_{i,j}(\bar{x}_{i,j}) - \hat{f}_{i,j}(\hat{\bar{x}}_{i,j}|\hat{\theta}_{i,j})) + \Delta_i(\bar{y}) \\
&= A_i e_i + \sum_{j=2}^{n_i} B_{i,j}\theta_{i,j}^{*\mathrm{T}}(\varphi_{i,j}(\bar{x}_{i,j}) - \varphi_{i,j}(\hat{\bar{x}}_{i,j})) + \sum_{j=1}^{n_i} B_j \tilde{\theta}_{i,j}^{\mathrm{T}}\varphi_{i,j}(\hat{\bar{x}}_{i,j}) \\
&\quad + \Delta_i(\bar{y}) + \varepsilon_i
\end{aligned} \tag{7.3.6}
$$

式中, $\Delta_i(\bar{y}) = [\Delta_{i,1}(\bar{y}), \Delta_{i,2}(\bar{y}), \cdots, \Delta_{i,n_i}(\bar{y})]^{\mathrm{T}}$; $\varepsilon_i = [\varepsilon_{i,1}, \varepsilon_{i,2}, \cdots, \varepsilon_{i,n_i}]^{\mathrm{T}}$。

引理 7.3.1   对于非线性严格反馈互联大系统 (7.3.1), 如果选择模糊状态分散观测器 (7.3.4), 李雅普诺夫函数为 $V_0 = \sum_{i=1}^{N} V_{i,0} = \sum_{i=1}^{N} \frac{1}{2} e_i^{\mathrm{T}} P_i e_i$, 则有

$$
\begin{aligned}
\dot{V}_0 \leqslant \sum_{i=1}^{N} \Bigg[&-\lambda_{i,0} \|e_i\|^2 + \frac{1}{2}\|P_i\|^2 \sum_{j=1}^{n_i} \left\|\tilde{\theta}_{i,j}\right\|^2 + D_{i,0} \\
&+ y_i^2 \sum_{k=1}^{N} \sum_{j=1}^{n_i} \frac{\lambda_{\max}(\|P_k\|^2)}{2}(\lambda_{k,j,i}(y_i))^2 \Bigg]
\end{aligned} \tag{7.3.7}
$$

式中, $\lambda_{i,0} = \lambda_{\min}(Q_i) - 5/2$; $D_{i,0} = \frac{1}{2}\|P_i\|^2 \sum_{j=1}^{n_i} \varepsilon_{i,j}^{*2} + \|P_i\|^2 \sum_{j=1}^{n_i} \left\|\theta_{i,j}^{*}\right\|^2$。

证明   根据式 (7.3.6), V_0 的导数为

$$
\begin{aligned}
\dot{V}_0 = \sum_{i=1}^{N} \Bigg[&-e_i^{\mathrm{T}} Q_i e_i + e_i^{\mathrm{T}} P_i \varepsilon_i + e_i^{\mathrm{T}} P_i \sum_{j=2}^{n_i} B_{i,j} \theta_{i,j}^{*\mathrm{T}}(\varphi_{i,j}(\bar{x}_{i,j}) - \varphi_{i,j}(\hat{\bar{x}}_{i,j})) \\
&+ e_i^{\mathrm{T}} P_i \sum_{j=2}^{n_i} B_{i,j} \tilde{\theta}_{i,j}^{\mathrm{T}}\varphi_{i,j}(\hat{\bar{x}}_{i,j}) + e_i^{\mathrm{T}} P_i \tilde{\theta}_{i,1}^{\mathrm{T}}\varphi_{i,1}(y_i) + e_i^{\mathrm{T}} P_i \Delta_i(\bar{y}) \Bigg]
\end{aligned} \tag{7.3.8}
$$

根据杨氏不等式和假设 7.3.1, 下列不等式成立:

$$
e_i^{\mathrm{T}} P_i \varepsilon_i \leqslant \frac{1}{2}\|e\|^2 + \frac{1}{2}\|P_i\|^2 \sum_{j=1}^{n_i} \varepsilon_{i,j}^{*2} \tag{7.3.9}
$$

$$
e_i^{\mathrm{T}} P_i \sum_{j=2}^{n_i} B_j \theta_{i,j}^{*}(\varphi_{i,j}(\bar{x}_{i,j}) - \varphi_{i,j}(\hat{\bar{x}}_{i,j})) \leqslant \|e_i\|^2 + \|P_i\|^2 \sum_{j=1}^{n_i} \left\|\theta_{i,j}^{*}\right\|^2 \tag{7.3.10}
$$

$$
e_i^{\mathrm{T}} P_i \sum_{j=2}^{n_i} B_j \tilde{\theta}_{i,j}^{\mathrm{T}}\varphi_{i,j}(\hat{\bar{x}}_{i,j}) + e_i^{\mathrm{T}} P_i B_1 \tilde{\theta}_{i,1}^{\mathrm{T}}\varphi_{i,1}(y_i) \leqslant \frac{1}{2}\|e_i\|^2 + \frac{1}{2}\|P_i\|^2 \sum_{j=1}^{n_i} \left\|\tilde{\theta}_{i,j}\right\|^2 \tag{7.3.11}
$$

$$\sum_{i=1}^{N}\left(e_i^{\mathrm{T}}P_i\sum_{j=1}^{n_i}\Delta_i(\bar{y})\right) \leqslant \sum_{i=1}^{N}\frac{1}{2}\|e_i\|^2 + \sum_{i=1}^{N}\sum_{j=1}^{n_i}\sum_{k=1}^{N}\frac{\lambda_{\max}(\|P_i\|^2)}{2}(y_k\lambda_{i,j,k}(y_k))^2$$

$$\leqslant \sum_{i=1}^{N}\frac{1}{2}\|e_i\|^2 + \sum_{k=1}^{N}\sum_{j=1}^{n_i}\sum_{i=1}^{N}\frac{\lambda_{\max}(\|P_k\|^2)}{2}y_i^2(\lambda_{k,j,i}(y_i))^2$$

$$\leqslant \sum_{i=1}^{N}\frac{1}{2}\|e_i\|^2 + \sum_{i=1}^{N}\sum_{k=1}^{N}\sum_{j=1}^{n_i}\frac{\lambda_{\max}(\|P_k\|^2)}{2}y_i^2(\lambda_{k,j,i}(y_i))^2$$

$$\leqslant \sum_{i=1}^{N}\frac{1}{2}\|e_i\|^2 + \sum_{i=1}^{N}y_i^2\sum_{k=1}^{N}\sum_{j=1}^{n_i}\frac{\lambda_{\max}(\|P_k\|^2)}{2}(\lambda_{k,j,i}(y_i))^2 \tag{7.3.12}$$

将式 (7.3.9)～式 (7.3.12) 代入式 (7.3.8)，可得

$$\dot{V}_0 \leqslant \sum_{i=1}^{N}\left[-\lambda_{i,0}\|e_i\|^2 + \frac{1}{2}\|P_i\|^2\sum_{j=1}^{n_i}\left\|\tilde{\theta}_{i,j}\right\|^2 + D_{i,0}\right.$$

$$\left. + y_i^2\sum_{k=1}^{N}\sum_{j=1}^{n_i}\frac{\lambda_{\max}(\|P_k\|^2)}{2}(\lambda_{k,j,i}(y_i))^2\right] \tag{7.3.13}$$

7.3.3　模糊自适应反步递推分散控制设计

定义如下的坐标变换：

$$z_{i,1} = y_i - y_{i,m}$$
$$z_{i,j} = \hat{x}_{i,j} - \alpha_{i,j-1}, \quad j = 2,3,\cdots,n_i \tag{7.3.14}$$

式中，$z_{i,1}$ 是跟踪误差；$z_{i,j}$ 是虚拟误差；$\alpha_{i,j-1}$ 是在第 $j-1$ 步中将要设计的虚拟控制器。

基于上面的坐标变换，n_i 步模糊自适应反步递推控制设计过程如下。

第 1 步　由式 (7.3.1) 和式 (7.3.14) 可得

$$\dot{z}_{i,1} = \dot{x}_{i,1} - \dot{y}_{i,m}$$
$$= x_{i,2} + f_{i,1}(x_{i,1}) + \Delta_{i,1}(\bar{y}) - \dot{y}_{i,m}$$
$$= z_{i,2} + \alpha_{i,1} + \theta_{i,1}^{*\mathrm{T}}(\varphi_{i,j}(\bar{x}_{i,j}) - \varphi_{i,j}(\hat{\bar{x}}_{i,j})) + \hat{\theta}_{i,1}^{\mathrm{T}}\varphi_{i,1}(\hat{x}_{i,1})$$
$$+ \tilde{\theta}_{i,1}^{\mathrm{T}}\varphi_{i,1}(\hat{x}_{i,1}) + e_{i,2} + \varepsilon_{i,1} + \Delta_{i,1}(\bar{y}) - \dot{y}_{i,m} \tag{7.3.15}$$

选择如下的李雅普诺夫函数：

$$V_{i,1} = V_{i,0} + \frac{1}{2}z_{i,1}^2 + \frac{1}{2\gamma_{i,1}}\tilde{\theta}_{i,1}^{\mathrm{T}}\tilde{\theta}_{i,1} + \frac{1}{2\bar{\gamma}_i}\tilde{\theta}_i^{\mathrm{T}}\tilde{\theta}_i \tag{7.3.16}$$

式中，$\gamma_{i,1} > 0$ 和 $\bar{\gamma}_i > 0$ 是设计参数；$\tilde{\theta}_i = \theta_i^* - \hat{\theta}_i$ 是估计误差，$\hat{\theta}_i$ 是 θ_i^* 的估计。

定义 $V_1 = \sum\limits_{i=1}^{N} V_{i,1}$，则 $\dot{V}_1 = \sum\limits_{i=1}^{N} \dot{V}_{i,1}$。由式 (7.3.15) 和式 (7.3.16) 可得

$$
\begin{aligned}
\dot{V}_1 = {} & \dot{V}_0 + \sum_{i=1}^{N} \left(z_{i,1}\dot{z}_{i,1} + \frac{1}{\gamma_{i,1}}\tilde{\theta}_{i,1}^{\mathrm{T}}\dot{\tilde{\theta}}_{i,1} + \frac{1}{\bar{\gamma}_i}\tilde{\theta}_i^{\mathrm{T}}\dot{\tilde{\theta}}_i \right) \\
\leqslant {} & \sum_{i=1}^{N} \Bigg\{ -\lambda_{i,0}\|e_i\|^2 + \frac{1}{2}\|P_i\|^2 \sum_{j=1}^{n_i} \left\|\tilde{\theta}_{i,j}\right\|^2 + D_{i,0} + z_{i,1}[z_{i,2} \\
& + \alpha_{i,1} + e_{i,2} + \theta_{i,1}^{*\mathrm{T}}(\varphi_{i,1}(x_{i,1}) - \varphi_{i,1}(\hat{x}_{i,1})) + \varepsilon_{i,1} + \Delta_{i,1}(\bar{y}) \\
& + \hat{\theta}_{i,1}^{\mathrm{T}}\varphi_{i,1}(\hat{x}_{i,1}) + \tilde{\theta}_{i,1}^{\mathrm{T}}\varphi_{i,1}(\hat{x}_{i,1}) - \dot{y}_{i,m}] + \frac{1}{\gamma_{i,1}}\tilde{\theta}_{i,1}^{\mathrm{T}}\dot{\tilde{\theta}}_{i,1} \\
& + \frac{1}{\bar{\gamma}_i}\tilde{\theta}_i^{\mathrm{T}}\dot{\tilde{\theta}}_i + y_i^2 \sum_{k=1}^{N}\sum_{j=1}^{n_i} \frac{\lambda_{\max}(\|P_k\|^2)}{2}(\lambda_{k,j,i}(y_i))^2 \Bigg\}
\end{aligned}
\tag{7.3.17}
$$

根据杨氏不等式，下列不等式成立：

$$
z_{i,1}\theta_{i,1}^{*\mathrm{T}}(\varphi_{i,1}(x_{i,1}) - \varphi_{i,1}(\hat{x}_{i,1})) \leqslant z_{i,1}^2 + \left\|\theta_{i,1}^*\right\|^2
\tag{7.3.18}
$$

$$
\sum_{i=1}^{N} z_{i,1}\Delta_{i,1}(\bar{y}) \leqslant \sum_{i=1}^{N}\frac{1}{4}z_{i,1}^2 + \sum_{i=1}^{N} y_i^2 \sum_{k=1}^{N}(\lambda_{k,1,i}(y_i))^2
\tag{7.3.19}
$$

$$
z_{i,1}e_{i,2} \leqslant \frac{1}{2}z_{i,1}^2 + \frac{1}{2}\|e_i\|^2
\tag{7.3.20}
$$

$$
z_{i,1}\varepsilon_{i,1} \leqslant \frac{1}{2}z_{i,1}^2 + \frac{1}{2}\varepsilon_{i,1}^{*2}
\tag{7.3.21}
$$

设 $\lambda_{i,1} = \lambda_{i,0} - 1/2$，将式 (7.3.18)～式 (7.3.21) 代入式 (7.3.17)，可得

$$
\begin{aligned}
\dot{V}_1 \leqslant {} & \sum_{i=1}^{N} \Bigg[-\lambda_{i,1}\|e_i\|^2 + \frac{1}{2}\|P_i\|^2 \sum_{j=1}^{n_i}\left\|\tilde{\theta}_{i,j}\right\|^2 + \left\|\theta_{i,1}^*\right\|^2 + z_{i,1}\bigg(z_{i,2} + \frac{9}{4}z_{i,1} + \alpha_{i,1} \\
& + \hat{\theta}_{i,1}^{\mathrm{T}}\varphi_{i,1}(\hat{x}_{i,1}) - \dot{y}_{i,m}\bigg) + \frac{\tilde{\theta}_{i,1}^{\mathrm{T}}}{\gamma_{i,1}}(\gamma_{i,1}\varphi_{i,1}(\hat{x}_{i,1})z_{i,1} - \dot{\hat{\theta}}_{i,1}) + n_i y_i^2 (\lambda_{k,1,i}(y_i))^2 \\
& - (n_i - 1)\sum_{k=1}^{N} y_i^2(\lambda_{k,1,i}(y_i))^2 + \frac{1}{2}\varepsilon_{i,1}^{*2} - \frac{1}{\bar{\gamma}_i}\tilde{\theta}_i^{\mathrm{T}}\dot{\hat{\theta}}_i \\
& + y_i^2 \sum_{k=1}^{N}\sum_{j=1}^{n_i}\frac{\lambda_{\max}(\|P_k\|^2)}{2}(\lambda_{k,j,i}(y_i))^2 + D_{i,0} \Bigg]
\end{aligned}
\tag{7.3.22}
$$

令 $\eta_i(y_i) = y_i \sum\limits_{k=1}^{N} \sum\limits_{j=1}^{n_i} \dfrac{\lambda_{\max}(\|P_k\|^2)}{2}(\lambda_{k,j,i}(y_i))^2 + n_i y_i \sum\limits_{k=1}^{N}(\lambda_{k,1,i}(y_i))^2$. 因为
$\eta_i(y_i)$ 是未知连续非线性函数，所以应用模糊逻辑系统逼近 $\eta_i(y_i)$，并假设

$$\eta_i(y_i) = \theta_i^{*\mathrm{T}} \varphi_i(y_i) + \varepsilon_i(y_i) \tag{7.3.23}$$

式中，θ_i^* 是最优参数；$\varepsilon_i(y_i)$ 是最小模糊逼近误差。假设 $\varepsilon_i(y_i)$ 满足 $|\varepsilon_i(y_i)| \leqslant \varepsilon_i^*$，$\varepsilon_i^*$ 是正常数。

将式 (7.3.23) 代入式 (7.3.22)，可得

$$
\begin{aligned}
\dot{V}_1 \leqslant \sum_{i=1}^{N} \Bigg[& -\lambda_{i,1}\|e_i\|^2 + \frac{1}{2}\|P_i\|^2 \sum_{j=1}^{n_i}\left\|\tilde{\theta}_{i,j}\right\|^2 + D_{i,0} + \|\theta_{i,1}^*\|^2 \\
& - (n_i-1)y_i^2 \sum_{k=1}^{N}(\lambda_{k,1,i}(y_i))^2 - y_{i,m}(\theta_i^{*\mathrm{T}}\varphi_i(y_i) + \varepsilon_i(\hat{x}_{i,1})) + z_{i,1}\bigg(z_{i,2} + \alpha_{i,1} \\
& + \frac{9}{4}z_{i,1} + \hat{\theta}_{i,1}^{\mathrm{T}}\varphi_{i,1}(\hat{x}_{i,1}) + \hat{\theta}_i^{\mathrm{T}}\varphi_i(y_i) + \varepsilon_i(\hat{x}_{i,1}) + \tilde{\theta}_i^{\mathrm{T}}\varphi_i(y_i) - \dot{y}_{i,m}\bigg) \\
& + \frac{1}{2}\varepsilon_{i,1}^{*2} + \frac{1}{\gamma_{i,1}}\tilde{\theta}_{i,1}^{\mathrm{T}}(\gamma_{i,1}\varphi_{i,1}(\hat{x}_{i,1})z_{i,1} - \dot{\hat{\theta}}_{i,1}) - \frac{1}{\bar{\gamma}_i}\tilde{\theta}_i^{\mathrm{T}}\dot{\hat{\theta}}_i \Bigg]
\end{aligned} \tag{7.3.24}
$$

设 $\bar{y}_{i,m}$ 为参考信号 $y_{i,m}$ 的上界，根据杨氏不等式，下列不等式成立：

$$-y_{i,m}(\theta_i^{*\mathrm{T}}\varphi_i(y_i) + \varepsilon_i(y_i)) \leqslant \frac{1}{2}\left\|\theta_{i,1}^*\right\|^2 + \bar{y}_{i,m}^2 + \frac{1}{2}\varepsilon_i^{*2} \tag{7.3.25}$$

$$z_{i,1}\varepsilon_i \leqslant \frac{1}{2}z_{i,1}^2 + \frac{1}{2}\varepsilon_i^{*2} \tag{7.3.26}$$

将式 (7.3.25) 和式 (7.3.26) 代入式 (7.3.24)，可得

$$
\begin{aligned}
\dot{V}_1 \leqslant \sum_{i=1}^{N} \Bigg[& -\lambda_{i,1}\|e_i\|^2 + \frac{1}{2}\|P_i\|^2 \sum_{j=1}^{n_i}\left\|\tilde{\theta}_{i,j}\right\|^2 + \|\theta_{i,1}^*\|^2 + D_{i,0} + \frac{1}{2}\|\theta_i^*\|^2 \\
& + z_{i,1}\bigg(z_{i,2} + \frac{11}{4}z_{i,1} + \alpha_{i,1} + \hat{\theta}_{i,1}^{\mathrm{T}}\varphi_{i,1}(\hat{x}_{i,1}) - \dot{y}_{i,m} + \hat{\theta}_i^{\mathrm{T}}\varphi_i(y_i)\bigg) \\
& + \frac{1}{\gamma_{i,1}}\tilde{\theta}_{i,1}^{\mathrm{T}}(\gamma_{i,1}\varphi_{i,1}(\hat{x}_{i,1})z_{i,1} - \dot{\hat{\theta}}_{i,1}) + \frac{1}{2}\varepsilon_{i,1}^{*2} + \frac{1}{2}\bar{y}_{i,m}^2 + \varepsilon_i^{*2} \\
& + \frac{1}{\bar{\gamma}_i}\tilde{\theta}_i^{\mathrm{T}}(\bar{\gamma}_i\varphi_i(y_i)z_{i,1} - \dot{\hat{\theta}}_i) - (n_i-1)y_i^2 \sum_{k=1}^{N}(\lambda_{k,1,i}(y_i))^2 \Bigg]
\end{aligned} \tag{7.3.27}
$$

设计虚拟控制器 $\alpha_{i,1}$、参数 $\hat{\theta}_{i,1}$ 和 $\hat{\theta}_i$ 的自适应律如下：

$$\alpha_{i,1} = -c_{i,1}z_{i,1} - \frac{11}{4}z_{i,1} - \hat{\theta}_{i,1}^{\mathrm{T}}\varphi_{i,1}(\hat{x}_{i,1}) - \hat{\theta}_i^{\mathrm{T}}\varphi_i(y_i) + \dot{y}_{i,m} \tag{7.3.28}$$

$$\dot{\hat{\theta}}_{i,1} = \gamma_{i,1}\varphi_{i,1}(\hat{x}_{i,1})z_{i,1} - \sigma_{i,1}\hat{\theta}_{i,1} \tag{7.3.29}$$

$$\dot{\hat{\theta}}_i = \bar{\gamma}_i\varphi_i(y_i)z_{i,1} - \bar{\sigma}_i\hat{\theta}_i \tag{7.3.30}$$

式中, $c_{i,1} > 0$、$\sigma_{i,1} > 0$ 和 $\bar{\sigma}_i > 0$ 是设计参数。

将式 (7.3.28)～式 (7.3.30) 代入式 (7.3.27), 可得

$$\begin{aligned}
\dot{V}_1 \leqslant \sum_{i=1}^{N} \Bigg[&-\lambda_{i,1}\|e_i\|^2 - c_{i,1}z_{i,1}^2 + z_{i,1}z_{i,2} + \frac{\sigma_{i,1}}{\gamma_{i,1}}\tilde{\theta}_{i,1}^{\mathrm{T}}\hat{\theta}_{i,1} \\
&+ \frac{\bar{\sigma}_i}{\bar{\gamma}_i}\tilde{\theta}_i^{\mathrm{T}}\hat{\theta}_i + \frac{1}{2}\|P_i\|^2 \sum_{j=1}^{n_i}\left\|\tilde{\theta}_{i,j}\right\|^2 + \left\|\theta_{i,1}^*\right\|^2 + D_{i,0} + \frac{1}{2}\|\theta_i^*\|^2 \\
&+ \bar{y}_{i,m}^2 + \varepsilon_i^{*2} + \frac{1}{2}\varepsilon_{i,1}^{*2} - (n_i - 1)y_i^2 \sum_{k=1}^{N}(\lambda_{k,1,i}(y_i))^2 \Bigg]
\end{aligned} \tag{7.3.31}$$

根据杨氏不等式, 下列不等式成立:

$$\frac{\sigma_{i,1}}{\gamma_{i,1}}\tilde{\theta}_{i,1}^{\mathrm{T}}\hat{\theta}_{i,1} \leqslant -\frac{\sigma_{i,1}}{2\gamma_{i,1}}\left\|\tilde{\theta}_{i,1}\right\|^2 + \frac{\sigma_{i,1}}{2\gamma_{i,1}}\left\|\theta_{i,1}^*\right\|^2 \tag{7.3.32}$$

$$\frac{\bar{\sigma}_i}{\bar{\gamma}_i}\tilde{\theta}_i^{\mathrm{T}}\hat{\theta}_i \leqslant -\frac{\bar{\sigma}_i}{2\bar{\gamma}_i}\left\|\tilde{\theta}_i\right\|^2 + \frac{\bar{\sigma}_i}{2\bar{\gamma}_i}\|\theta_i^*\|^2 \tag{7.3.33}$$

将式 (7.3.32) 和式 (7.3.33) 代入式 (7.3.34), $\dot{V}_1$ 最终表示为

$$\begin{aligned}
\dot{V}_1 \leqslant \sum_{i=1}^{N} \Bigg[&-\lambda_{i,1}\|e_i\|^2 - c_{i,1}z_{i,1}^2 + z_{i,1}z_{i,2} - \frac{\sigma_{i,1}}{2\gamma_{i,1}}\left\|\tilde{\theta}_{i,1}\right\|^2 + D_{i,1} - \frac{\bar{\sigma}_i}{2\bar{\gamma}_i}\left\|\tilde{\theta}_i\right\|^2 \\
&+ \frac{1}{2}\|P_i\|^2 \sum_{j=1}^{n_i}\left\|\tilde{\theta}_{i,j}\right\|^2 - (n_i - 1)y_i^2 \sum_{k=1}^{N}(\lambda_{k,1,i}(y_i))^2 \Bigg]
\end{aligned} \tag{7.3.34}$$

式中, $D_{i,1} = D_{i,0} + \left\|\theta_{i,1}^*\right\|^2 + \frac{1}{2}\|\theta_i^*\|^2 + \bar{y}_{i,m}^2 + \varepsilon_i^{*2} + \frac{1}{2}\varepsilon_{i,1}^{*2} + \frac{\sigma_{i,1}}{2\gamma_{i,1}}\left\|\theta_{i,1}^*\right\|^2 + \frac{\bar{\sigma}_i}{2\bar{\gamma}_i}\|\theta_i^*\|^2$。

第 2 步 由式 (7.3.6) 和式 (7.3.14) 可得

$$\begin{aligned}
\dot{z}_{i,2} = {}& \hat{x}_{i,3} + k_{i,2}e_{i,1} + \hat{\theta}_{i,2}^{\mathrm{T}}\varphi_{i,2}(\hat{\bar{x}}_{i,2}) + \tilde{\theta}_{i,2}^{\mathrm{T}}\varphi_{i,2}(\hat{\bar{x}}_{i,2}) - \tilde{\theta}_{i,2}^{\mathrm{T}}\varphi_{i,2}(\hat{\bar{x}}_{i,2}) \\
&- \frac{\partial\alpha_{i,1}}{\partial\hat{x}_{i,1}}\dot{\hat{x}}_{i,1} - \frac{\partial\alpha_{i,1}}{\partial\hat{\theta}_{i,1}}\dot{\hat{\theta}}_{i,1} - \frac{\partial\alpha_{i,1}}{\partial y_{i,m}}\dot{y}_{i,m} - \frac{\partial\alpha_{i,1}}{\partial y_i}\dot{y}_i - \frac{\partial\alpha_{i,1}}{\partial\hat{\theta}_i}\dot{\hat{\theta}}_i \\
= {}& \hat{x}_{i,3} + H_{i,2} - \frac{\partial\alpha_{i,1}}{\partial y_i}e_{i,2} - \frac{\partial\alpha_{i,1}}{\partial y_i}\tilde{\theta}_{i,1}^{\mathrm{T}}\varphi_{i,1}(x_{i,1}) - \frac{\partial\alpha_{i,1}}{\partial y_i}\varepsilon_{i,1} \\
&+ \tilde{\theta}_{i,2}^{\mathrm{T}}\varphi_{i,2}(\hat{\bar{x}}_{i,2}) - \tilde{\theta}_{i,2}^{\mathrm{T}}\varphi_{i,2}(\hat{\bar{x}}_{i,2}) - \frac{\partial\alpha_{i,1}}{\partial y_i}\Delta_{i,1}(\bar{y})
\end{aligned} \tag{7.3.35}$$

式中，

$$H_{i,2} = \hat{\theta}_{i,2}^{\mathrm{T}}\varphi_{i,2}(\hat{\bar{x}}_{i,2}) - \frac{\partial \alpha_{i,1}}{\partial \hat{x}_{i,1}}(\hat{x}_{i,2} + \hat{\theta}_{i,1}^{\mathrm{T}}\varphi_{i,1}(\hat{x}_{i,1}) + k_{i,1}e_{i,1}) - \frac{\partial \alpha_{i,1}}{\partial \hat{\theta}_i}\dot{\hat{\theta}}_i$$

$$- \frac{\partial \alpha_{i,1}}{\partial \hat{\theta}_{i,1}}\dot{\hat{\theta}}_{i,1} - \frac{\partial \alpha_{i,1}}{\partial y_{i,m}}\dot{y}_{i,m} + k_{i,2}e_{i,1} - \frac{\partial \alpha_{i,1}}{\partial y_i}(\hat{x}_{i,2} + \hat{\theta}_{i,1}^{\mathrm{T}}\varphi_{i,1}(x_{i,1}))$$

选择如下的李雅普诺夫函数为

$$V_{i,2} = V_{i,1} + \frac{1}{2}z_{i,2}^2 + \frac{1}{2\gamma_{i,2}}\tilde{\theta}_{i,2}^{\mathrm{T}}\tilde{\theta}_{i,2} \tag{7.3.36}$$

式中，$\gamma_{i,2} > 0$ 是设计参数；$\tilde{\theta}_{i,2} = \theta_{i,2}^* - \hat{\theta}_{i,2}$ 为参数估计误差，$\hat{\theta}_{i,2}$ 是参数 $\theta_{i,2}^*$ 的估计。

定义 $V_2 = \sum\limits_{i=1}^{N}V_{i,2}$，则 $\dot{V}_2 = \sum\limits_{i=1}^{N}\dot{V}_{i,2}$。根据式 (7.3.35) 和式 (7.3.36)，求 V_2 的导数为

$$\dot{V}_2 \leqslant \sum_{i=1}^{N}\left[-\lambda_{i,1}\|e_i\|^2 - c_{i,1}z_{i,1}^2 + z_{i,1}z_{i,2} - \frac{\sigma_{i,1}}{2\gamma_{i,1}}\left\|\tilde{\theta}_{i,1}\right\|^2 + D_{i,1} \right.$$

$$- \frac{\bar{\sigma}_i}{2\bar{\gamma}_i}\left\|\tilde{\theta}_i\right\|^2 + \frac{1}{2}\|P_i\|^2\sum_{j=1}^{n_i}\left\|\tilde{\theta}_{i,j}\right\|^2 - (n_i - 1)y_i^2\sum_{k=1}^{N}(\lambda_{k,1,i}(y_i))^2$$

$$+ z_{i,2}\left(\hat{x}_{i,3} + H_{i,2} - \frac{\partial \alpha_{i,1}}{\partial y_i}e_{i,2} - \tilde{\theta}_{i,2}^{\mathrm{T}}\varphi_{i,2}(\hat{\bar{x}}_{i,2}) - \frac{\partial \alpha_{i,1}}{\partial y_i}\tilde{\theta}_{i,1}^{\mathrm{T}}\varphi_{i,1}(x_{i,1}) \right.$$

$$\left.\left. - \frac{\partial \alpha_{i,1}}{\partial y_i}\varepsilon_{i,1} - \frac{\partial \alpha_{i,1}}{\partial y_i}\Delta_{i,1}(\bar{y}) \right) + \frac{1}{\gamma_{i,2}}\tilde{\theta}_{i,2}^{\mathrm{T}}(\gamma_{i,2}z_{i,2}\varphi_{i,2}(\hat{\bar{x}}_{i,2}) - \dot{\hat{\theta}}_{i,2}) \right] \tag{7.3.37}$$

根据杨氏不等式，下列不等式成立：

$$-z_{i,2}\frac{\partial \alpha_{i,1}}{\partial y_i}e_{i,2} - z_{i,2}\frac{\partial \alpha_{i,1}}{\partial y_i}\varepsilon_{i,1} \leqslant \frac{1}{2}\|e_i\|^2 + \left(\frac{\partial \alpha_{i,1}}{\partial y_i}\right)^2 z_{i,2}^2 + \frac{1}{2}\varepsilon_{i,1}^{*2} \tag{7.3.38}$$

$$-z_{i,2}\frac{\partial \alpha_{i,1}}{\partial y_i}\tilde{\theta}_{i,1}^{\mathrm{T}}\varphi_{i,1}(x_{i,1}) - z_{i,2}\tilde{\theta}_{i,2}^{\mathrm{T}}\varphi_{i,2}(\hat{\bar{x}}_{i,2})$$

$$\leqslant \frac{1}{2}z_{i,2}^2 + \frac{1}{2}\left(\frac{\partial \alpha_{i,1}}{\partial y_i}\right)^2 z_{i,2}^2 + \frac{1}{2}\left\|\tilde{\theta}_{i,1}\right\|^2 + \frac{1}{2}\left\|\tilde{\theta}_{i,2}\right\|^2 \tag{7.3.39}$$

$$\sum_{i=1}^{N}\frac{\partial \alpha_{i,1}}{\partial y_i}z_{i,2}\Delta_{i,1}(\bar{y}) \leqslant \sum_{i=1}^{N}\frac{1}{4}\left(\frac{\partial \alpha_{i,1}}{\partial y_i}z_{i,2}\right)^2 + \sum_{i=1}^{N}y_i^2\sum_{k=1}^{N}(\lambda_{k,1,i}(y_i))^2 \tag{7.3.40}$$

令 $\lambda_{i,2} = \lambda_{i,1} - \dfrac{1}{2}$，将式 (7.3.38)~式 (7.3.40) 代入式 (7.3.37)，可得

$$
\begin{aligned}
\dot{V}_2 \leqslant \sum_{i=1}^{N} \Bigg\{ & -\lambda_{i,2}\|e_i\|^2 - c_{i,1}z_{i,1}^2 - \frac{\sigma_{i,1}}{2\gamma_{i,1}}\left\|\tilde{\theta}_{i,1}\right\|^2 - \frac{\bar{\sigma}_i}{2\bar{\gamma}_i}\left\|\tilde{\theta}_i\right\|^2 + \frac{1}{2}\|P_i\|^2 \sum_{j=1}^{n_i}\left\|\tilde{\theta}_{i,j}\right\|^2 \\
& -(n_i-2)y_i^2 \sum_{k=1}^{N}(\lambda_{k,1,i}(y_i))^2 + \frac{1}{2}\left\|\tilde{\theta}_{i,1}\right\|^2 + \frac{1}{2}\left\|\tilde{\theta}_{i,2}\right\|^2 \\
& + z_{i,2}\left[z_{i,3} + \alpha_{i,2} + H_{i,2} + z_{i,1} + \frac{z_{i,2}}{2} + 2\left(\frac{\partial \alpha_{i,1}}{\partial y_i}\right)^2 z_{i,2}\right] \\
& + \frac{\tilde{\theta}_{i,2}^{\mathrm{T}}}{\gamma_{i,2}}(\gamma_{i,2}z_{i,2}\varphi_{i,2}(\hat{\bar{x}}_{i,2}) - \dot{\hat{\theta}}_{i,2}) + D_{i,1} + \frac{1}{2}\varepsilon_{i,1}^{*2}\Bigg\}
\end{aligned}
\tag{7.3.41}
$$

设计虚拟控制器 $\alpha_{i,2}$ 和参数 $\hat{\theta}_{i,2}$ 的自适应律如下：

$$
\alpha_{i,2} = -z_{i,1} - c_{i,2}z_{i,2} - \frac{1}{2}z_{i,2} - 2\left(\frac{\partial \alpha_{i,1}}{\partial y_i}\right)^2 z_{i,2} - H_{i,2}
\tag{7.3.42}
$$

$$
\dot{\hat{\theta}}_{i,2} = \gamma_{i,2}z_{i,2}\varphi_{i,2}(\hat{\bar{x}}_{i,2}) - \sigma_{i,2}\hat{\theta}_{i,2}
\tag{7.3.43}
$$

式中，$c_{i,2} > 0$ 和 $\sigma_{i,2} > 0$ 是设计参数。

将式 (7.3.42) 和式 (7.3.43) 代入式 (7.3.41)，可得

$$
\begin{aligned}
\dot{V}_2 \leqslant \sum_{i=1}^{N} \Bigg[& -\lambda_{i,2}\|e_i\|^2 - \sum_{j=1}^{2}c_{i,j}z_{i,j}^2 - \frac{\sigma_{i,1}}{2\gamma_{i,1}}\left\|\tilde{\theta}_{i,1}\right\|^2 + D_{i,1} + \frac{1}{2}\varepsilon_{i,1}^{*2} \\
& - \frac{\bar{\sigma}_i}{2\bar{\gamma}_i}\left\|\tilde{\theta}_i\right\|^2 + \frac{\|P_i\|^2}{2}\sum_{j=1}^{n_i}\left\|\tilde{\theta}_{i,j}\right\|^2 + \frac{1}{2}\left\|\tilde{\theta}_{i,1}\right\|^2 + \frac{1}{2}\left\|\tilde{\theta}_{i,2}\right\|^2 \\
& -(n_i-2)y_i^2 \sum_{k=1}^{N}(\lambda_{k,1,i}(y_i))^2 + \frac{\sigma_{i,2}}{\gamma_{i,2}}\tilde{\theta}_{i,2}^{\mathrm{T}}\hat{\theta}_{i,2} + z_{i,2}z_{i,3}\Bigg]
\end{aligned}
\tag{7.3.44}
$$

根据杨氏不等式，可得

$$
\frac{\sigma_{i,2}}{\gamma_{i,2}}\tilde{\theta}_{i,2}^{\mathrm{T}}\hat{\theta}_{i,2} \leqslant -\frac{\sigma_{i,2}}{2\gamma_{i,2}}\left\|\tilde{\theta}_{i,2}\right\|^2 + \frac{\sigma_{i,2}}{2\gamma_{i,2}}\left\|\theta_{i,2}^*\right\|^2
\tag{7.3.45}
$$

将式 (7.3.45) 代入式 (7.3.44)，$\dot{V}_2$ 最终表示为

$$
\dot{V}_2 \leqslant \sum_{i=1}^{N}\left[-\lambda_{i,2}\|e_i\|^2 - \sum_{j=1}^{2}c_{i,j}z_{i,j}^2 - \sum_{j=1}^{2}\frac{\sigma_{i,2}}{2\gamma_{i,2}}\left\|\tilde{\theta}_{i,2}\right\|^2 + D_{i,2}\right.
$$

$$- \frac{\bar{\sigma}_i}{2\bar{\gamma}_i} \left\| \tilde{\theta}_i \right\|^2 + \frac{\| P_i \|^2}{2} \sum_{j=1}^{n_i} \left\| \tilde{\theta}_{i,j} \right\|^2 + \frac{1}{2} \left\| \tilde{\theta}_{i,1} \right\|^2 + \frac{1}{2} \left\| \tilde{\theta}_{i,2} \right\|^2$$

$$- (n_i - 2) y_i^2 \sum_{k=1}^{N} (\lambda_{k,1,i}(y_i))^2 + z_{i,2} z_{i,3} \Bigg] \qquad (7.3.46)$$

式中，$D_{i,2} = D_{i,1} + \frac{1}{2} \varepsilon_{i,1}^{*2} + \frac{\sigma_{i,2}}{2\gamma_{i,2}} \left\| \theta_{i,2}^* \right\|^2$。

第 $j(3 \leqslant j \leqslant n_i - 1)$ 步　根据式 (7.3.6) 和式 (7.3.14)，$z_{i,j}$ 的导数为

$$\dot{z}_{i,j} = \hat{x}_{i,j+1} + k_{i,j} e_{i,1} + \theta_{i,j}^{\mathrm{T}} \varphi_{i,j}(\hat{\bar{x}}_{i,j}) + \tilde{\theta}_{i,j}^{\mathrm{T}} \varphi_{i,j}(\hat{\bar{x}}_{i,j}) - \tilde{\theta}_{i,j}^{\mathrm{T}} \varphi_{i,j}(\hat{\bar{x}}_{i,j})$$

$$- \sum_{k=1}^{j-1} \frac{\partial \alpha_{i,k-1}}{\partial \hat{x}_{i,k}} \left(\hat{x}_{i,k+1} + \hat{\theta}_{i,k}^{\mathrm{T}} \varphi_{i,k}(\hat{\bar{x}}_{i,k}) + k_{i,k} e_{i,1} \right)$$

$$- \sum_{k=1}^{j-1} \frac{\partial \alpha_{i,j-1}}{\partial \hat{\theta}_{i,k}} \dot{\hat{\theta}}_{i,k} - \sum_{k=1}^{j-1} \frac{\partial \alpha_{i-1}}{\partial y_m^{(k-1)}} y_m^{(k)} - \frac{\partial \alpha_{i,j-1}}{\partial \hat{\theta}_i} \dot{\hat{\theta}}_i - \frac{\partial \alpha_{i,j-1}}{\partial y_i}$$

$$\times \left(\hat{x}_{i,2} + \hat{\theta}_{i,1}^{\mathrm{T}} \varphi_{i,1}(x_{i,1}) + e_{i,2} + \tilde{\theta}_{i,1}^{\mathrm{T}} \varphi_{i,1}(x_{i,1}) + \varepsilon_{i,1} + \Delta_{i,1}(\bar{y}) \right)$$

$$= \hat{x}_{i,j+1} + H_{i,j} + \tilde{\theta}_{i,j}^{\mathrm{T}} \varphi_{i,j}(\hat{\bar{x}}_{i,j}) - \tilde{\theta}_{i,j}^{\mathrm{T}} \varphi_{i,j}(\hat{\bar{x}}_{i,j}) - \frac{\partial \alpha_{i,j-1}}{\partial y_i} e_{i,2}$$

$$- \frac{\partial \alpha_{i,j-1}}{\partial y_i} \varepsilon_{i,1} - \frac{\partial \alpha_{i,j-1}}{\partial y_i} \tilde{\theta}_{i,1}^{\mathrm{T}} \varphi_{i,1}(x_{i,1}) - \frac{\partial \alpha_{i,j-1}}{\partial y_i} \Delta_{i,1}(\bar{y}) \qquad (7.3.47)$$

式中，

$$H_{i,j} = k_{i,j} e_{i,1} + \hat{\theta}_{i,j}^{\mathrm{T}} \varphi_{i,j}(\hat{\bar{x}}_{i,j}) - \sum_{k=1}^{j-1} \frac{\partial \alpha_{i,j-1}}{\partial \hat{x}_{i,k}} (\hat{x}_{i,k+1} + \hat{\theta}_{i,k}^{\mathrm{T}} \varphi_{i,k}(\hat{\bar{x}}_{i,k}))$$

$$- \sum_{j=1}^{j-1} k_{i,j} \frac{\partial \alpha_{i,j-1}}{\partial \hat{x}_{i,j}} e_{i,1} - \sum_{k=1}^{j-1} \frac{\partial \alpha_{i,j-1}}{\partial \hat{\theta}_{i,k}} \dot{\hat{\theta}}_{i,k} - \sum_{k=1}^{j-1} \frac{\partial \alpha_{i,j-1}}{\partial y_m^{(k-1)}} y_m^{(k)}$$

$$- \frac{\partial \alpha_{i,j-1}}{\partial y_i} (\hat{x}_{i,2} + \hat{\theta}_{i,1}^{\mathrm{T}} \varphi_{i,1}(x_{i,1})) - \frac{\partial \alpha_{i,j-1}}{\partial \hat{\theta}_i} \dot{\hat{\theta}}_i$$

选择如下的李雅普诺夫函数：

$$V_{i,j} = V_{i,j-1} + \frac{1}{2} z_{i,j}^2 + \frac{1}{2\gamma_{i,j}} \tilde{\theta}_{i,j}^{\mathrm{T}} \tilde{\theta}_{i,j} \qquad (7.3.48)$$

式中，$\gamma_{i,j} > 0$ 是设计参数；$\tilde{\theta}_{i,j} = \theta_{i,j}^* - \hat{\theta}_{i,j}$ 为参数估计误差，$\hat{\theta}_{i,j}$ 是参数 $\theta_{i,j}^*$ 的估计。

定义 $V_j = \sum_{i=1}^{N} V_{i,j}$，则 $\dot{V}_j = \sum_{i=1}^{N} \dot{V}_{i,j}$。沿式 (7.3.47)，求 V_j 对时间的导数为

$$
\dot{V}_j \leqslant \dot{V}_{j-1} + \sum_{i=1}^{N} \left[z_{i,j} \left(\hat{x}_{i,j+1} + H_{i,j} - \tilde{\theta}_{i,j}^{\mathrm{T}} \varphi_{i,j}(\hat{\bar{x}}_{i,j}) - \frac{\partial \alpha_{i,j-1}}{\partial y_i} e_{i,2} - \frac{\partial \alpha_{i,j-1}}{\partial y_i} \Delta_{i,1}(\bar{y}) \right. \right.
$$
$$
\left. \left. - \frac{\partial \alpha_{i,j-1}}{\partial y_i} \varepsilon_{i,1} - \frac{\partial \alpha_{i,j-1}}{\partial y_i} \tilde{\theta}_{i,1}^{\mathrm{T}} \varphi_{i,1}(x_{i,1}) \right) + \frac{1}{\gamma_{i,j}} \tilde{\theta}_{i,j}^{\mathrm{T}} (\gamma_{i,j} z_{i,j} \varphi_{i,j}(\hat{\bar{x}}_{i,j}) - \dot{\hat{\theta}}_{i,j}) \right] \tag{7.3.49}
$$

根据杨氏不等式，下列不等式成立：

$$
-z_{i,j} \frac{\partial \alpha_{i,j-1}}{\partial y_i} e_{i,2} - z_{i,j} \frac{\partial \alpha_{i,j-1}}{\partial y_i} \varepsilon_{i,1} \leqslant \frac{1}{2} \|e_i\|^2 + \left(\frac{\partial \alpha_{i,j-1}}{\partial y_i} \right)^2 z_{i,j}^2 + \frac{1}{2} \varepsilon_{i,1}^{*2} \tag{7.3.50}
$$

$$
-z_{i,j} \tilde{\theta}_{i,j}^{\mathrm{T}} \varphi_{i,j}(\hat{\bar{x}}_{i,j}) - z_{i,j} \frac{\partial \alpha_{i,j-1}}{\partial y_i} \tilde{\theta}_{i,1}^{\mathrm{T}} \varphi_{i,1}(x_{i,1}) \leqslant \frac{1}{2} z_{i,j}^2 + \frac{1}{2} \left(\frac{\partial \alpha_{i,j-1}}{\partial y_i} \right)^2 z_{i,j}^2
$$
$$
+ \frac{1}{2} \left\| \tilde{\theta}_{i,1} \right\|^2 + \frac{1}{2} \left\| \tilde{\theta}_{i,j} \right\|^2 \tag{7.3.51}
$$

$$
\sum_{i=1}^{N} \frac{\partial \alpha_{i,j-1}}{\partial y_i} z_{i,j} \Delta_{i,1}(\bar{y}) \leqslant \sum_{i=1}^{N} \frac{1}{2} \left(\frac{\partial \alpha_{i,j-1}}{\partial y_i} z_{i,j} \right)^2 + \sum_{i=1}^{N} y_i^2 \sum_{k=1}^{N} (\lambda_{k,1,i}(y_i))^2 \tag{7.3.52}
$$

令 $\lambda_{i,j} = \lambda_{i,j-1} - \frac{1}{2}$，将式 (7.3.50)~式 (7.3.52) 代入式 (7.3.49)，可得

$$
\dot{V}_j \leqslant \sum_{i=1}^{N} \left\{ -\lambda_{i,j} \|e_i\|^2 - \sum_{k=1}^{j-1} c_{i,k} z_{i,k}^2 - \sum_{k=1}^{j-1} \frac{\sigma_{i,k}}{2\gamma_{i,k}} \left\| \tilde{\theta}_{i,k} \right\|^2 + D_{i,j-1} + \frac{1}{2} \varepsilon_{i,1}^{*2} \right.
$$
$$
- \frac{\bar{\sigma}_i}{2\bar{\gamma}_i} \left\| \tilde{\theta}_i \right\|^2 + \frac{\|P_i\|^2}{2} \sum_{j=1}^{n_i} \left\| \tilde{\theta}_{i,j} \right\|^2 + \frac{j-1}{2} \left\| \tilde{\theta}_{i,1} \right\|^2 + \sum_{k=2}^{j} \frac{1}{2} \left\| \tilde{\theta}_{i,1} \right\|^2
$$
$$
- (n_i - j) y_i^2 (\lambda_{k,1,i}(y_i))^2 + z_{i,j-1} z_{i,j} + z_{i,j} \left[z_{i,j+1} + \alpha_{i,j} + \frac{1}{2} z_{i,j} \right.
$$
$$
\left. + 2 \left(\frac{\partial \alpha_{i,j-1}}{\partial y_i} \right)^2 z_{i,j} + H_{i,j} \right] + \frac{1}{\gamma_{i,j}} \tilde{\theta}_{i,j}^{\mathrm{T}} (\gamma_{i,j} z_{i,j} \varphi_{i,j}(\hat{\bar{x}}_{i,j}) - \dot{\hat{\theta}}_{i,j}) \right\} \tag{7.3.53}
$$

设计虚拟控制器 $\alpha_{i,j}$ 和参数 $\hat{\theta}_{i,j}$ 的自适应律如下：

$$
\alpha_{i,j} = -z_{i,j-1} - c_{i,j} z_{i,j} - H_{i,j} - \frac{1}{2} z_{i,j} - 2 \left(\frac{\partial \alpha_{i,j-1}}{\partial y_i} \right)^2 z_{i,j} \tag{7.3.54}
$$

$$\dot{\hat{\theta}}_{i,j} = \gamma_{i,j}\varphi_{i,j}(\hat{\bar{x}}_{i,j})z_{i,j} - \sigma_{i,j}\hat{\theta}_{i,j} \tag{7.3.55}$$

式中，$c_{i,j} > 0$ 和 $\sigma_{i,j} > 0$ 是设计参数。

将式 (7.3.54) 和式 (7.3.55) 代入式 (7.3.53)，可得

$$\begin{aligned}
\dot{V}_j \leqslant \sum_{i=1}^{N}\Bigg[&-\lambda_{i,j}\|e_i\|^2 - \sum_{k=1}^{j}c_{i,k}z_{i,k}^2 - \sum_{k=1}^{j-1}\frac{\sigma_{i,1}}{2\gamma_{i,1}}\left\|\tilde{\theta}_{i,k}\right\|^2 + D_{i,j-1} + \frac{1}{2}\varepsilon_{i,1}^{*2} \\
&- \frac{\bar{\sigma}_i}{2\bar{\gamma}_i}\left\|\tilde{\theta}_i\right\|^2 + \frac{\|P_i\|^2}{2}\sum_{k=1}^{n_i}\left\|\tilde{\theta}_{i,1}\right\|^2 + \frac{j-1}{2}\left\|\tilde{\theta}_{i,1}\right\|^2 + \sum_{k=2}^{j}\frac{1}{2}\left\|\tilde{\theta}_{i,k}\right\|^2 \\
&- (n_i - j)y_i^2\sum_{k=1}^{N}(\lambda_{k,1,i}(y_i))^2 + \frac{\sigma_{i,j}}{\gamma_{i,j}}\tilde{\theta}_{i,j}^{\mathrm{T}}\hat{\theta}_{i,j} + z_{i,j}z_{i,j+1}\Bigg]
\end{aligned} \tag{7.3.56}$$

根据杨氏不等式，可得

$$\frac{\sigma_{i,j}}{\gamma_{i,j}}\tilde{\theta}_{i,j}^{\mathrm{T}}\hat{\theta}_{i,j} \leqslant -\frac{\sigma_{i,j}}{2\gamma_{i,j}}\left\|\tilde{\theta}_{i,j}\right\|^2 + \frac{\sigma_{i,j}}{2\gamma_{i,j}}\left\|\theta_{i,j}^*\right\|^2 \tag{7.3.57}$$

将式 (7.3.57) 代入式 (7.3.56)，$\dot{V}_j$ 最终表示为

$$\begin{aligned}
\dot{V}_j \leqslant \sum_{i=1}^{N}\Bigg[&-\lambda_{i,j}\|e_i\|^2 - \sum_{k=1}^{j}c_{i,k}z_{i,k}^2 - \sum_{k=1}^{j}\frac{\sigma_{i,k}}{2\gamma_{i,k}}\left\|\tilde{\theta}_{i,k}\right\|^2 + D_{i,j} - \frac{\bar{\sigma}_i}{2\bar{\gamma}_i}\left\|\tilde{\theta}_i\right\|^2 \\
&+ \frac{\|P_i\|^2}{2}\sum_{k=1}^{n_i}\left\|\tilde{\theta}_{i,k}\right\|^2 + \frac{j-1}{2}\left\|\tilde{\theta}_{i,1}\right\|^2 + \sum_{k=2}^{j}\frac{1}{2}\left\|\tilde{\theta}_{i,k}\right\|^2 \\
&- (n_i - j)y_i^2\sum_{k=1}^{N}(\lambda_{k,1,i}(y_i))^2 + z_{i,j}z_{i,j+1}\Bigg]
\end{aligned} \tag{7.3.58}$$

式中，$D_{i,j} = D_{i,j-1} + \frac{1}{2}\varepsilon_{i,1}^{*2} + \frac{\sigma_{i,j}}{2\gamma_{i,j}}\left\|\theta_{i,j}^*\right\|^2$。

第 n_i 步　沿式 (7.3.14)，求 z_{i,n_i} 的导数为

$$\begin{aligned}
\dot{z}_{i,n_i} = {}& u_i + k_{i,n_i}e_{i,1} + \hat{\theta}_{i,n_i}^{\mathrm{T}}\varphi_{i,n_i}(\hat{\bar{x}}_{i,n_i}) + \hat{\theta}_{i,j}^{\mathrm{T}}\varphi_{i,j}(\hat{\bar{x}}_{i,n_i}) - \tilde{\theta}_{i,j}^{\mathrm{T}}\varphi_{i,j}(\hat{\bar{x}}_{i,n_i}) \\
&- \sum_{k=1}^{n_i-1}\frac{\partial\alpha_{i,n_i-1}}{\partial\hat{x}_{i,k}}(\hat{x}_{i,k+1} + \hat{\theta}_{i,k}^{\mathrm{T}}\varphi_{i,k}(\hat{\bar{x}}_{i,k}) + k_{i,k}e_{i,1}) - \sum_{k=1}^{n_i-1}\frac{\partial\alpha_{i,n_i-1}}{\partial\hat{\theta}_{i,k}}\dot{\hat{\theta}}_{i,k} \\
&- \sum_{k=1}^{j-1}\frac{\partial\alpha_{i,n_i-1}}{\partial y_m^{(k-1)}}y_m^{(k)} - \frac{\partial\alpha_{i,n_i-1}}{\partial\hat{\theta}_i}\dot{\hat{\theta}}_i - \frac{\partial\alpha_{i,n_i-1}}{\partial y_i}\Big(\hat{x}_{i,2} \\
&+ \hat{\theta}_{i,1}^{\mathrm{T}}\varphi_{i,1}(x_{i,1}) + e_{i,2} + \tilde{\theta}_{i,1}^{\mathrm{T}}\varphi_{i,1}(x_{i,1}) + \varepsilon_{i,1} + \Delta_{i,1}(\bar{y})\Big)
\end{aligned}$$

$$= u_i + H_{i,n_i} + \tilde{\theta}_{i,n_i}^{\mathrm{T}} \varphi_{i,n_i}(\hat{\bar{x}}_{i,n_i}) - \tilde{\theta}_{i,n_i}^{\mathrm{T}} \varphi_{i,n_i}(\hat{\bar{x}}_{i,n_i}) - \frac{\partial \alpha_{i,n_i-1}}{\partial y_i} e_{i,2}$$

$$- \frac{\partial \alpha_{i,n_i-1}}{\partial y_i} \varepsilon_{i,1} - \frac{\partial \alpha_{i,n_i-1}}{\partial y_i} \tilde{\theta}_{i,1}^{\mathrm{T}} \varphi_{i,1}(x_{i,1}) - \frac{\partial \alpha_{i,n_i-1}}{\partial y_i} \Delta_{i,1}(\bar{y}) \qquad (7.3.59)$$

式中，

$$H_{i,n_i} = k_{i,n_i} e_{i,1} + \hat{\theta}_{i,n_i}^{\mathrm{T}} \varphi_{i,n_i}(\hat{\bar{x}}_{i,n_i}) - \sum_{k=1}^{n_i-1} \frac{\partial \alpha_{i,n_i-1}}{\partial \hat{x}_{i,k}} (\hat{x}_{i,k+1} + \hat{\theta}_{i,k}^{\mathrm{T}} \varphi_{i,k}(\hat{\bar{x}}_{i,k}))$$

$$- \sum_{j=1}^{j-1} k_{i,j} \frac{\partial \alpha_{i,n_i-1}}{\partial \hat{x}_{i,j}} e_{i,1} - \sum_{k=1}^{j-1} \frac{\partial \alpha_{i,n_i-1}}{\partial \hat{\theta}_{i,k}} \dot{\hat{\theta}}_{i,k} - \sum_{k=1}^{j-1} \frac{\partial \alpha_{i,n_i-1}}{\partial y_m^{(k-1)}} y_m^{(k)}$$

$$- \frac{\partial \alpha_{i,n_i-1}}{\partial y_i} (\hat{x}_{i,2} + \hat{\theta}_{i,1}^{\mathrm{T}} \varphi_{i,1}(x_{i,1})) - \frac{\partial \alpha_{i,n_i-1}}{\partial \hat{\theta}_i} \dot{\hat{\theta}}_i$$

选择如下的李雅普诺夫函数：

$$V_{i,n_i} = V_{i,n_i-1} + \frac{1}{2} z_{i,n_i}^2 + \frac{1}{2\gamma_{i,n_i}} \tilde{\theta}_{i,n_i}^{\mathrm{T}} \tilde{\theta}_{i,n_i} \qquad (7.3.60)$$

式中，$\tilde{\theta}_{i,n_i} = \theta_{i,n_i}^* - \hat{\theta}_{i,n_i}$ 为参数估计误差，$\hat{\theta}_{i,n_i}$ 是参数 θ_{i,n_i}^* 的估计。

定义 $V_{n_i} = \sum_{i=1}^{N} V_{i,n_i}$，则 $\dot{V}_{n_i} = \sum_{i=1}^{N} \dot{V}_{i,n_i}$。由式 (7.4.59) 和式 (7.3.60) 可得

$$\dot{V}_{n_i} \leqslant \dot{V}_{n_i-1} + \sum_{i=1}^{N} \Bigg[z_{i,n_i} \Bigg(u_i + H_{i,n_i} - \tilde{\theta}_{i,n_i}^{\mathrm{T}} \varphi_{i,n_i}(\hat{\bar{x}}_{i,n_i}) - \frac{\partial \alpha_{i,n_i-1}}{\partial y_i} e_{i,2}$$

$$- \frac{\partial \alpha_{i,n_i-1}}{\partial y_i} \Delta_{i,1}(\bar{y}) - \frac{\partial \alpha_{i,n_i-1}}{\partial y_i} \varepsilon_{i,1} - \frac{\partial \alpha_{i,n_i-1}}{\partial y_i} \tilde{\theta}_{i,1}^{\mathrm{T}} \varphi_{i,1}(x_{i,1}) \Bigg)$$

$$+ \frac{1}{\gamma_{i,n_i}} \tilde{\theta}_{i,n_i}^{\mathrm{T}} (\gamma_{i,n_i} z_{i,n_i} \varphi_{i,n_i}(\hat{\bar{x}}_{i,n_i}) - \dot{\hat{\theta}}_{i,n_i}) \Bigg] \qquad (7.3.61)$$

根据杨氏不等式，下列不等式成立：

$$- z_{i,n_i} \frac{\partial \alpha_{i,n_i-1}}{\partial y_i} e_{i,2} - z_{i,n_i} \frac{\partial \alpha_{i,n_i-1}}{\partial y_i} \varepsilon_{i,1} \leqslant \frac{1}{2} \|e_i\|^2 + \left(\frac{\partial \alpha_{i,n_i-1}}{\partial y_i} \right)^2 z_{i,n_i}^2 + \frac{1}{2} \varepsilon_{i,1}^{*2}$$

$$(7.3.62)$$

$$- z_{i,n_i} \tilde{\theta}_{i,n_i}^{\mathrm{T}} \varphi_{i,n_i}(\hat{\bar{x}}_{i,n_i}) - z_{i,n_i} \frac{\partial \alpha_{i,n_i-1}}{\partial y_i} \tilde{\theta}_{i,1}^{\mathrm{T}} \varphi_{i,1}(x_{i,1})$$

$$\leqslant \frac{1}{2} z_{i,n_i}^2 + \frac{1}{2} \left(\frac{\partial \alpha_{i,n_i-1}}{\partial y_i} \right)^2 z_{i,n_i}^2 + \frac{1}{2} \left\| \tilde{\theta}_{i,1} \right\|^2 + \frac{1}{2} \left\| \tilde{\theta}_{i,n_i} \right\|^2 \qquad (7.3.63)$$

$$\sum_{i=1}^{N} \frac{\partial \alpha_{i,n_i-1}}{\partial y_i} z_{i,n_i} \Delta_{i,1}(\bar{y}) \leqslant \sum_{i=1}^{N} \frac{1}{2} \left(\frac{\partial \alpha_{i,n_i-1}}{\partial y_i} z_{i,n_i} \right)^2 + \sum_{i=1}^{N} y_i^2 \sum_{k=1}^{N} (\lambda_{k,1,i}(y_i))^2$$

$$(7.3.64)$$

令 $\lambda_{i,n_i} = \lambda_{i,n_i-1} - \dfrac{1}{2}$，将式 (7.3.62)～式 (7.3.64) 代入式 (7.3.61)，可得

$$\dot{V}_{n_i} \leqslant \sum_{i=1}^{N} \left\{ -\lambda_{i,n_i} \|e_i\|^2 - \sum_{k=1}^{n_i-1} c_{i,k} z_{i,k}^2 - \sum_{k=1}^{n_i-1} \frac{\sigma_{i,k}}{2\gamma_{i,k}} \left\| \tilde{\theta}_{i,k} \right\|^2 + D_{i,n_i-1} + \frac{1}{2}\varepsilon_{i,1}^{*2} \right.$$

$$- \frac{\bar{\sigma}_{i,1}}{2\bar{\gamma}_{i,1}} \left\| \tilde{\theta}_i \right\|^2 + \frac{\|P_i\|^2}{2} \sum_{j=1}^{n_i} \left\| \tilde{\theta}_{i,j} \right\|^2 + \frac{n_i-1}{2} \left\| \tilde{\theta}_{i,1} \right\|^2 + \sum_{k=2}^{j} \frac{1}{2} \left\| \tilde{\theta}_{i,k} \right\|^2$$

$$+ z_{i,n_i-1} z_{i,n_i} + z_{i,n_i} \left[u_i + \frac{1}{2} z_{i,n_i} + 2 \left(\frac{\partial \alpha_{i,n_i-1}}{\partial y_i} \right)^2 z_{i,n_i} + H_{i,n_i} \right]$$

$$+ \frac{1}{\gamma_{i,n_i}} \tilde{\theta}_{i,n_i}^{\mathrm{T}} \left(\gamma_{i,n_i} z_{i,n_i} \varphi_{i,n_i}(\hat{\bar{x}}_{i,n_i}) - \dot{\hat{\theta}}_{i,n_i} \right) \right\}$$

$$(7.3.65)$$

设计分散控制器 u_i 和参数 $\hat{\theta}_{i,n_i}$ 的自适应律如下：

$$u_i = -z_{i,n_i-1} - c_{i,n_i} z_{i,n_i} - H_{i,n_i} - \frac{1}{2} z_{i,n_i} - 2 \left(\frac{\partial \alpha_{i,n_i-1}}{\partial y_i} \right)^2 z_{i,n_i} \quad (7.3.66)$$

$$\dot{\hat{\theta}}_{i,n_i} = \gamma_{i,n_i} \varphi_{i,n_i}(\hat{\bar{x}}_{i,n_i}) z_{i,n_i} - \sigma_{i,n_i} \hat{\theta}_{i,n_i} \quad (7.3.67)$$

式中，$c_{i,n_i} > 0$ 和 $\sigma_{i,n_i} > 0$ 为设计参数。

将式 (7.3.66) 和式 (7.3.67) 代入式 (7.3.65)，可得

$$\dot{V}_{n_i} \leqslant \sum_{i=1}^{N} \left(-\lambda_{i,n_i} \|e_i\|^2 - \sum_{j=1}^{n_i} c_{i,j} z_{i,j}^2 - \sum_{k=1}^{n_i-1} \frac{\sigma_{i,k}}{2\gamma_{i,k}} \left\| \tilde{\theta}_{i,k} \right\|^2 + D_{i,n_i-1} \right.$$

$$+ \frac{1}{2}\varepsilon_{i,1}^{*2} - \frac{\bar{\sigma}_i}{2\bar{\gamma}_i} \left\| \tilde{\theta}_i \right\|^2 + \frac{\|P_i\|^2}{2} \sum_{k=1}^{n_i} \left\| \tilde{\theta}_{i,k} \right\|^2 + \frac{n_i-1}{2} \left\| \tilde{\theta}_{i,1} \right\|^2$$

$$+ \sum_{k=2}^{n_i} \frac{1}{2} \left\| \tilde{\theta}_{i,k} \right\|^2 + \frac{\sigma_{i,n_i}}{\gamma_{i,n_i}} \tilde{\theta}_{i,n_i}^{\mathrm{T}} \hat{\theta}_{i,n_i} \right)$$

$$(7.3.68)$$

根据杨氏不等式，可得

$$\frac{\sigma_{i,n_i}}{\gamma_{i,n_i}} \tilde{\theta}_{i,n_i}^{\mathrm{T}} \hat{\theta}_{i,n_i} \leqslant -\frac{\sigma_{i,n_i}}{2\gamma_{i,n_i}} \left\| \tilde{\theta}_{i,n_i} \right\|^2 + \frac{\sigma_{i,n_i}}{2\gamma_{i,n_i}} \left\| \theta_{i,n_i}^* \right\|^2 \quad (7.3.69)$$

将式 (7.3.69) 代入式 (7.3.68)，$\dot{V}_{n_i}$ 最终表示为

$$\dot{V}_{n_i} \leqslant \sum_{i=1}^{N} \left(-\lambda_{i,n_i} \|e_i\|^2 - \sum_{j=1}^{n_i} c_{i,j} z_{i,j}^2 - \sum_{k=1}^{n_i} \frac{\sigma_{i,k}}{2\gamma_{i,k}} \left\| \tilde{\theta}_{i,k} \right\|^2 + D_{i,n_i} - \frac{\bar{\sigma}_{i,1}}{2\bar{\gamma}_{i,1}} \left\| \tilde{\theta}_i \right\|^2 \right.$$

$$+ \frac{\|P_i\|^2}{2} \sum_{k=1}^{n_i} \left\| \tilde{\theta}_{i,k} \right\|^2 + \frac{n_i - 1}{2} \left\| \tilde{\theta}_{i,1} \right\|^2 + \sum_{k=2}^{n_i} \frac{1}{2} \left\| \tilde{\theta}_{i,k} \right\|^2 \right) \tag{7.3.70}$$

式中，$D_{i,n_i} = D_{i,n_i-1} + \frac{1}{2} \varepsilon_{i,1}^{*2} + \frac{\sigma_{i,n_i}}{2\gamma_{i,n_i}} \left\| \theta_{i,n_i}^* \right\|^2$。

7.3.4 稳定性与收敛性分析

定理 7.3.1 对于非线性严格反馈互联大系统 (7.3.1)，假设 7.3.1 成立。如果基于状态观测器 (7.3.6)，采用控制器 (7.3.66)，虚拟控制器 (7.3.28)、(7.3.42)、(7.3.54)，参数自适应律 (7.3.29)、(7.3.30)、(7.3.55)、(7.3.55) 和 (7.3.67)，则总体控制方案具有如下性能：

(1) 闭环系统半全局一致最终有界；

(2) 观测误差和跟踪误差收敛到包含原点的一个较小邻域内。

证明 选取如下的李雅普诺夫函数：

$$V = \sum_{i=1}^{N} V_i = \sum_{i=1}^{N} \sum_{j=1}^{n_i} V_{i,j}$$

根据式 (7.3.70)，V 的导数为

$$\dot{V} \leqslant \sum_{i=1}^{N} \left(-\lambda_{i,n_i} \|e_i\|^2 - \sum_{j=1}^{n_i} c_{i,j} z_{i,j}^2 - \sum_{k=1}^{n_i} \frac{\sigma_{i,k}}{2\gamma_{i,k}} \left\| \tilde{\theta}_{i,k} \right\|^2 + D_{i,n_i} - \frac{\bar{\sigma}_{i,1}}{2\bar{\gamma}_{i,1}} \left\| \tilde{\theta}_i \right\|^2 \right.$$
$$\left. + \frac{\|P_i\|^2}{2} \sum_{k=1}^{n_i} \left\| \tilde{\theta}_{i,k} \right\|^2 + \frac{n_i - 1}{2} \left\| \tilde{\theta}_{i,1} \right\|^2 + \sum_{k=2}^{n_i} \frac{1}{2} \left\| \tilde{\theta}_{i,k} \right\|^2 \right) \tag{7.3.71}$$

令

$$C = \min\{\lambda_{i,n_i}/\lambda_{\max}(P_i), 2c_{i,j}, \sigma_{i,1} - \|P_i\|^2 - n_i \gamma_{i,1}, \sigma_{i,j} - \|P_i\|^2 - 2\gamma_{i,j}, \bar{\sigma}_{i,j}\}$$

$$D = \sum_{i=1}^{N} D_{i,n_i}$$

则式 (7.3.71) 变为

$$\dot{V} \leqslant -CV + D \tag{7.3.72}$$

根据式 (7.3.72) 和引理 0.3.1，可以得到闭环系统中的所有信号一致最终有界，并且有 $\lim\limits_{t \to \infty} |z_{i,1}| \leqslant \sqrt{2D/C}$ 和 $\lim\limits_{t \to \infty} |e_i(t)| \leqslant \sqrt{2D/(C\lambda_{\min}(P_i))}$。进一步选择设计参数 $c_{i,j}$、$\sigma_{i,j}$、$\bar{\sigma}_i$ 和 Q_i，使得 D/C 尽可能得小。所以，可以得到观测误差和跟踪误差收敛到包含原点的一个较小邻域内。

评注 7.3.1　(1) 本节针对一类状态不可测的非线性严格反馈互联大系统, 介绍了基于观测器的模糊自适应输出反馈分散控制设计。使用线性观测器代替本节的模糊状态观测器, 所形成的智能自适应输出反馈分散控制方法可参见文献 [11] 和 [12]。

(2) 如果将一阶滤波器引入本节的自适应反步递推控制设计算法中, 则可形成简化的智能自适应输出反馈分散控制设计方法 [13,14]。

7.3.5　仿真

例 7.3.1　考虑如下的非线性严格反馈互联大系统:

$$
\begin{cases}
\dot{x}_{i,1}(t) = x_{i,2}(t) + f_{i,1}(x_{i,1}) + \Delta_{i,j}(\bar{y}) \\
\dot{x}_{i,2}(t) = u_i(t) + f_{i,2}(\bar{x}_{i,2}) + \Delta_{i,j}(\bar{y}) \\
y_i(t) = x_{i,1}(t)
\end{cases}
\tag{7.3.73}
$$

式中, $f_{1,1}(x_{1,1}) = -0.3x_{1,1}^2 + 0.5\sin(x_{1,1}^2) - x_{1,1}$; $f_{1,2}(\bar{x}_{1,2}) = 0.05\sin(x_{1,1} + x_{1,2}^2)$; $f_{2,1}(x_{2,1}) = 0.3x_{2,1}^2$; $f_{2,2}(\bar{x}_{2,2}) = 0.05\sin(x_{2,1} + x_{2,2}^2)$; $\Delta_{1,1} = 0.1\sin(x_{2,1})x_{1,1}$; $\Delta_{1,2} = 0.1x_{2,1}x_{1,1}$; $\Delta_{2,1} = 0.05x_{2,1}x_{1,1}$; $\Delta_{2,2} = 0.1(x_{1,1}^2 + x_{2,1}^2)$。给定参考信号为: $y_{1,m} = 1.5\sin(t)$, $y_{2,m} = \sin(t)$。

选择隶属函数为

$$
\mu_{F_{i,j}^1}(\hat{x}_{i,j}) = \exp[-(\hat{x}_{i,j} - 2)^2/4], \quad \mu_{F_{i,j}^2}(\hat{x}_{i,j}) = \exp[-(\hat{x}_{i,j} - 1)^2/4]
$$

$$
\mu_{F_{i,j}^3}(\hat{x}_{i,j}) = \exp(-\hat{x}_{i,j}^2/4), \quad \mu_{F_{i,j}^4}(\hat{x}_{i,j}) = \exp[-(\hat{x}_{i,j} + 1)^2/4]
$$

$$
\mu_{F_{i,j}^5}(\hat{x}_{i,j}) = \exp[-(\hat{x}_{i,j} + 2)^2/4], \quad i = 1,2; j = 1,2
$$

令

$$
\varphi_{i,1,l}(\hat{x}_{i,1}) = \frac{\mu_{F_{i,1}^l}(\hat{x}_{i,1})}{\sum\limits_{l=1}^{5} \mu_{F_{i,1}^l}(\hat{x}_{i,1})}, \quad \varphi_{i,2,l}(\hat{\bar{x}}_{i,2}) = \frac{\mu_{F_{i,1}^l}(\hat{x}_{i,1})\mu_{F_{i,2}^l}(\hat{x}_{i,2})}{\sum\limits_{l=1}^{5} \left(\mu_{F_{i,1}^l}(\hat{x}_{i,1})\mu_{F_{i,2}^l}(\hat{x}_{i,2})\right)}
$$

$$
\varphi_{i,l}(x_{i,1}) = \frac{\mu_{F_i^l}(\hat{x}_{i,1})}{\sum\limits_{l=1}^{5} \mu_{F_i^l}(\hat{x}_{i,1})}, \quad i = 1,2; j = 1,2
$$

$$
\varphi_{i,1}(\hat{x}_{i,1}) = [\varphi_{i,1,1}(\hat{x}_{i,1}), \varphi_{i,1,2}(\hat{x}_{i,1}), \varphi_{i,1,3}(\hat{x}_{i,1}), \varphi_{i,1,4}(\hat{x}_{i,1}), \varphi_{i,1,5}(\hat{x}_{i,1})]^{\mathrm{T}}
$$

$$
\varphi_{i,2}(\hat{\bar{x}}_{i,2}) = [\varphi_{i,2,1}(\hat{\bar{x}}_{i,2}), \varphi_{i,2,2}(\hat{\bar{x}}_{i,2}), \varphi_{i,2,3}(\hat{\bar{x}}_{i,2}), \varphi_{i,2,4}(\hat{\bar{x}}_{i,2}), \varphi_{i,2,5}(\hat{\bar{x}}_{i,2})]^{\mathrm{T}}
$$

$$
\varphi_i(\hat{x}_{i,1}) = [\varphi_{i,1}(\hat{x}_{i,1}), \varphi_{i,2}(\hat{x}_{i,1}), \varphi_{i,3}(\hat{x}_{i,1}), \varphi_{i,4}(\hat{x}_{i,1}), \varphi_{i,5}(\hat{x}_{i,1})]^{\mathrm{T}}
$$

则模糊逻辑系统为

$$\hat{f}_{i,1}(\hat{x}_{i,1}\left|\hat{\theta}_{i,1}\right.) = \hat{\theta}_{i,1}^{\mathrm{T}}\varphi_{i,1}(\hat{x}_{i,1}), \quad \hat{h}_{i,2}(\hat{\bar{x}}_{i,2}\left|\hat{\theta}_{i,2}\right.) = \hat{\theta}_{i,2}^{\mathrm{T}}\varphi_{i,2}(\hat{\bar{x}}_{i,2})$$

$$\eta_i(\hat{x}_{i,1}\left|\hat{\theta}_i\right.) = \hat{\theta}_i^{\mathrm{T}}\varphi_i(\hat{x}_{i,1})$$

给定观测增益矩阵 $K_i = [k_{i,1}, k_{i,2}]^{\mathrm{T}} = [6, 8]^{\mathrm{T}}$，正定矩阵 $Q_1 = Q_2 = \mathrm{diag}\{7, 7\}$。通过求解李雅普诺夫方程 (7.3.5)，可得到正定矩阵 $P_1 = P_2 = \begin{bmatrix} 1.3125 & 0.8750 \\ 0.8750 & 15.750 \end{bmatrix}$。

在仿真中，选择虚拟控制器、控制器和自适应律中的设计参数为：$c_{1,1} = 10$，$c_{1,2} = 20$，$c_{2,1} = 10$，$c_{2,2} = 20$，$\gamma_{1,1} = 1$，$\gamma_{2,1} = 2$，$\gamma_{2,1} = \gamma_{2,2} = 1$，$\sigma_{1,1} = \bar{\sigma}_{1,1} = 40$，$\sigma_{1,2} = 70$，$\sigma_{2,1} = \bar{\sigma}_{2,1} = 40$，$\sigma_{2,2} = 70$。

选择变量及参数的初始值为：$x_{1,1}(0) = x_{2,1}(0) = 0.8$，$x_{1,2}(0) = x_{2,2}(0) = 0.6$，$\hat{x}_{1,1}(0) = \hat{x}_{2,1}(0) = 0.3$，$\hat{x}_{1,2}(0) = \hat{x}_{2,2}(0) = 0.2$，$\hat{\theta}_i(0) = [\ 1\ \ \ 0\ \ \ 0\ \ \ 0\ \ \ 1\ ]^{\mathrm{T}}$，$\hat{\theta}_{i,2}(0) = [\ 1\ \ \ 0\ \ \ 1\ \ \ 0\ \ \ 0\ ]^{\mathrm{T}}$。

仿真结果如图 7.3.1~图 7.3.8 所示。

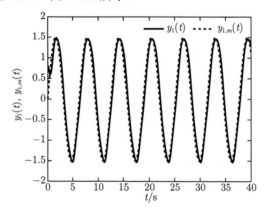

图 7.3.1　$y_1(t)$ 和 $y_{1,m}(t)$ 的轨迹

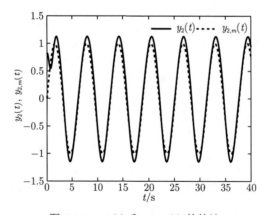

图 7.3.2　$y_2(t)$ 和 $y_{2,m}(t)$ 的轨迹

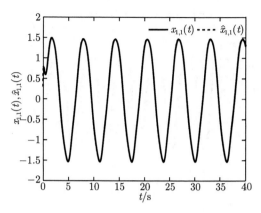

图 7.3.3 $x_{1,1}(t)$ 和 $\hat{x}_{1,1}(t)$ 的轨迹

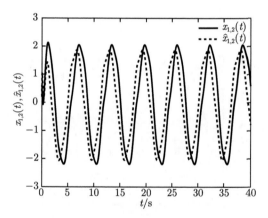

图 7.3.4 $x_{1,2}(t)$ 和 $\hat{x}_{1,2}(t)$ 的轨迹

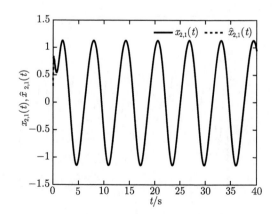

图 7.3.5 $x_{2,1}(t)$ 和 $\hat{x}_{2,1}(t)$ 的轨迹

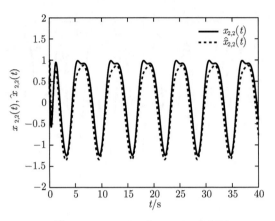

图 7.3.6 $x_{2,2}(t)$ 和 $\hat{x}_{2,2}(t)$ 的轨迹

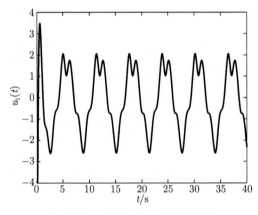

图 7.3.7 控制输入 $u_1(t)$ 的轨迹

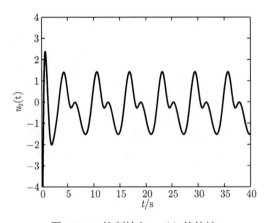

图 7.3.8 控制输入 $u_2(t)$ 的轨迹

7.4　非线性互联大系统的模糊自适应输出反馈分散容错控制

本节针对一类非线性严格反馈互联大系统，在 7.3 节模糊自适应输出反馈分散控制设计的基础上，介绍一种基于模糊观测器的自适应容错分散控制设计方法，并给出闭环系统的稳定性和收敛性分析。

7.4.1　系统模型及控制问题描述

考虑由 N 个子系统组成的非线性严格反馈互联大系统，其第 $i(i=1,2,\cdots,N)$ 个子系统表示为

$$\begin{cases} \dot{x}_{i,j} = f_{i,j}(\bar{x}_{i,j}) + x_{i,j+1} + \Delta_{i,j}(\bar{y}), \quad j=1,2,\cdots,n_i-1 \\ \dot{x}_{i,n_i} = f_{i,n_i}(\bar{x}_{i,n_i}) + \varpi_{i,n_i}^{\mathrm{T}} \bar{u}_i + \Delta_{i,n_i}(\bar{y}) \\ y_i = x_{i,1} \end{cases} \tag{7.4.1}$$

式中，$\bar{x}_{i,j} = [x_{i,1},x_{i,2},\cdots,x_{i,j}]^{\mathrm{T}} \in \mathbf{R}^j \ (j=1,2,\cdots,n_i)$ 是系统状态向量；$\bar{u}_i = [u_{i,1},u_{i,2},\cdots,u_{i,m_i}]^{\mathrm{T}} \in \mathbf{R}$ 是输入向量；y_i 是系统输出；$\bar{y} = [y_1,y_2,\cdots,y_N] \in \mathbf{R}^N$；$\bar{\varpi}_{i,n_i}^{\mathrm{T}} = [\omega_{i,n_i,1},\omega_{i,n_i,2},\cdots,\omega_{i,n_i,m_i}]$ 是常数向量；$f_{i,j}(\cdot)$ 是未知的光滑函数，并且 $f_{i,j}(\bar{0})=0$；$\Delta_{i,j}(\cdot)$ 是第 i 个子系统和其他子系统间的互联项。

假设 7.4.1　非线性互联项 $\Delta_{i,j}(\cdot)$ 满足如下不等式：

$$|\Delta_{i,j}(\bar{y})| \leqslant \sum_{k=1}^{p_{i,j}} \sum_{l=1}^{N} q_{i,j,l}^k \|y_l\|^k \tag{7.4.2}$$

式中，$q_{i,j,l}$ 是未知常数，$q_{i,j,l}$ 为各子系统之间的互联强度；$p=\max\{p_{i,j}|i=1,2,\cdots,N,j=1,2,\cdots,n_i\}$。

本节考虑的执行器故障与 3.4 节考虑的相同，即卡死故障和失效故障，分别定义如下。

(1) 执行器卡死故障模型：

$$u_{i,j}(t) = \bar{u}_{i,j}, \quad t \geqslant t_{i,j}, j \in \{j_{i,1},j_{i,2},\cdots,j_{i,p_i}\} \subset \{1,2,\cdots,m_i\} \tag{7.4.3}$$

式中，$\bar{u}_{i,j}$ 是第 i 个子系统的第 j 个执行器卡死值；$t_{i,j}$ 是卡死故障发生的时间。

(2) 执行器失效故障模型：

$$\begin{aligned} u_{i,k}(t) = \rho_{i,k} v_{i,k}(t), \quad t \geqslant t_{i,k}, \ k \in \overline{\{j_{i,1},j_{i,2},\cdots,j_{i,p_i}\}} \cap \{1,2,\cdots,m_i\} \\ \rho_{i,k} \in [\underline{\rho}_{i,k},1], \quad 0 < \underline{\rho}_{i,k} \leqslant 1 \end{aligned} \tag{7.4.4}$$

式中，$v_{i,k}(t)$ 是第 i 个子系统的第 k 个执行器接收的实际控制信号；$t_{i,k}$ 是失效故障发生的时间；$\rho_{i,k}$ 是第 i 个子系统第 k 个执行器 $u_{i,k}(t)$ 的有效因子；$\underline{\rho}_{i,k}$ 是 $\rho_{i,k}$ 的下界，当 $\underline{\rho}_{i,k} = 1$ 时，对应的执行器是正常的。

结合式 (7.4.3) 和式 (7.4.4)，输入 $u_{i,j}$ 可写为

$$u_i(t) = \rho_i v_i(t) + \sigma_i(\bar{u}_i - \rho_i v_i(t)) \tag{7.4.5}$$

式中，$v_i(t) = [v_{i,1}(t), \cdots, v_{i,m_i}(t)]^{\mathrm{T}}$；$\bar{u}_i = [\bar{u}_{i,1}, \bar{u}_{i,2}, \cdots, \bar{u}_{i,m_i}]^{\mathrm{T}}$；$\rho_i = \mathrm{diag}\{\rho_{i,1},$ $\rho_{i,2}, \cdots, \rho_{i,m_i}\}$；$\sigma_i = \mathrm{diag}\{\sigma_{i,1}, \sigma_{i,2}, \cdots, \sigma_{i,j}, \cdots, \sigma_{i,m_i}\}$，其中

$$\sigma_{i,j} = \begin{cases} 1, & \text{如果第 } j \text{ 个执行器失效, 则 } u_{i,j} = \bar{u}_{i,j}, \quad j = 1, 2, \cdots, m_i \\ 0, & \text{其他} \end{cases}$$

由于 $m_i - j_{p_i}$ 个执行器失效故障所对应的实际控制信号 $v_{i,j}(t)$ 共同作用完成系统 (7.4.1) 的控制目标，等价于完成 (7.4.1) 所对应的标称系统 (7.4.6) 的控制目标：

$$\begin{cases} \dot{x}_{i,j} = x_{i,j} + f_{i,j}(\bar{x}_{i,j}) + \Delta_{i,j}(\bar{y}) \\ \dot{x}_{i,n_i} = u_{i0} + f_{i,n_i}(\bar{x}_{i,n_i}) + \Delta_{i,n_i}(\bar{y}) \\ y_i = x_{i,1}, \quad j = 1, 2, \cdots, n_i - 1 \end{cases} \tag{7.4.6}$$

所以类似于 3.4 节，可假设每个实际控制输入信号与标称系统控制输入的关系为 $v_{i,j} = b_{i,j}(y_i) u_{i0}$，其中 $b_{i,j}(y_i)$ 是已知的正函数。

假设 7.4.2   第 i 个子系统最多有 $(m_i - 1)$ 个执行器发生卡死故障。

控制任务   对带有执行器故障的非线性严格反馈互联大系统 (7.4.1)，基于模糊逻辑系统设计一种模糊自适应输出反馈鲁棒容错分散控制器，使得：

(1) 闭环系统中的所有信号半全局一致最终有界；

(2) 状态观测误差和跟踪误差收敛到包含原点的一个较小邻域内。

7.4.2   模糊分散状态观测器设计

根据引理 0.1.1，利用模糊逻辑系统 $\hat{f}_{i,j}(\bar{x}_{i,j}|\hat{\theta}_{i,j}) = \hat{\theta}_{i,j}^{\mathrm{T}}\varphi(\bar{x}_{i,j})$ 逼近 $f_{i,j}(\bar{x}_{i,j})$，并假设

$$f_{i,j}(\bar{x}_{i,j}) = \theta_{i,j}^{*\mathrm{T}}\varphi_{i,j}(\bar{x}_{i,j}) + \varepsilon_{i,j}(\bar{x}_{i,j}) \tag{7.4.7}$$

式中，$\hat{\theta}_{i,j}$ 是 $\theta_{i,j}^*$ 的估计，$\tilde{\theta}_{i,j} = \theta_{i,j}^* - \hat{\theta}_{i,j}$ 是参数估计误差；最小模糊逼近误差 $\varepsilon_{i,j}(\bar{x}_{i,j})$ 满足 $|\varepsilon_{i,j}(\bar{x}_{i,j})| \leqslant \varepsilon_{i,j}^*$，$\varepsilon_{i,j}^*$ 是正常数。

设计模糊分散状态观测器为

$$\begin{aligned} \dot{\hat{x}}_i &= A_i\hat{x}_i + K_i y_i + \sum_{j=1}^{n_i} B_{i,j}\hat{f}_{i,j}(\hat{\bar{x}}_{i,j}|\hat{\theta}_{i,j}) + B_{i,n_i}\bar{\omega}_{i,n_i}^{\mathrm{T}}\bar{u}_i \\ \hat{y}_i &= C_i\hat{x}_i \end{aligned} \tag{7.4.8}$$

式中,

$$A_i = \begin{bmatrix} -k_{i,1} & & \\ \vdots & & I \\ -k_{i,n_i} & 0 & \cdots & 0 \end{bmatrix}_{n_i \times n_i}, \quad K_i = \begin{bmatrix} k_{i,1} \\ \vdots \\ k_{i,n_i} \end{bmatrix}$$

$$B_{i,j} = [\underbrace{0 \cdots 1}_{j} \cdots 0]^{\mathrm{T}}, \quad j = 1, 2, \cdots, n_i$$

$$B_{i,n_i} = [0\ 0\ \cdots\ 0\ 1]^{\mathrm{T}}, \quad C_i = [1\ \cdots\ 0\ \cdots\ 0]^{\mathrm{T}}$$

选择向量 K_i 使矩阵 A_i 是严格的 Hurwitz 矩阵。因此, 对于任意的正定矩阵 $Q_i^{\mathrm{T}} = Q_i > 0$, 存在唯一的正定矩阵 $P_i^{\mathrm{T}} = P_i > 0$ 满足李雅普诺夫方程:

$$A_i^{\mathrm{T}} P_i + P_i A_i = -2Q_i \tag{7.4.9}$$

定义 $e_i = x_i - \hat{x}_i$ 为观测误差, 由式 (7.4.1) 和式 (7.4.8) 可得

$$\dot{e}_i = A_i e_i + \sum_{j=1}^{n_i-1} \left[B_{i,j} \theta_{i,j}^{*\mathrm{T}} (\varphi_{i,j}(\bar{x}_{i,j}) - \varphi_{i,j}(\hat{\bar{x}}_{i,j})) + \sum_{j=1}^{n_i-1} B_{i,j} \tilde{\theta}_{i,j}^{\mathrm{T}} \varphi_{i,j}(\hat{\bar{x}}_{i,j}) \right] + \varepsilon_i + \Delta_i \tag{7.4.10}$$

式中, $\varepsilon_i = [\varepsilon_{i,1}, \varepsilon_{i,2}, \cdots, \varepsilon_{i,n_i}]^{\mathrm{T}}$; $\Delta_i = [\Delta_{i,1}(\bar{y}), \Delta_{i,2}(\bar{y}), \cdots, \Delta_{i,n_i}(\bar{y})]^{\mathrm{T}}$。

选取李雅普诺夫函数为 $V_{i,0} = \frac{1}{2} e_i^{\mathrm{T}} P_i e_i$, 类似于引理 7.3.1 的证明, 可得

$$\sum_{i=1}^{N} \dot{V}_{i,0} \leqslant \sum_{i=1}^{N} \left[-\lambda_{i,0} \|e_i\|^2 + \frac{1}{2} \|P_i\|^2 \|\varepsilon_i^*\|^2 + \frac{1}{2} \|P_i\|^2 \sum_{j=1}^{m_i} \left\| \tilde{\theta}_{i,j}^{\mathrm{T}} \right\|^2 \right.$$
$$\left. + \frac{1}{2} \|P_i\|^2 \sum_{j=1}^{m_i} \left\| \theta_{i,j}^* \right\|^2 + \sum_{k=1}^{p} 2^{2k} q_{i,k} (\|y_{i,m}\|^{2k} + \|z_{i,1}\|^{2k}) \right] \tag{7.4.11}$$

式中, $\lambda_{i,0} = \lambda_{\min}(Q_i) - \dfrac{2 + 3m_i}{2}$。

7.4.3　模糊自适应反步递推分散容错控制设计

定义如下的坐标变换:

$$z_{i,1} = y_i - y_{i,m} \tag{7.4.12}$$

$$z_{i,j} = \hat{x}_{i,j} - \alpha_{i,j-1}, \quad i = 1, 2, \cdots, N; j = 2, 3, \cdots, n_i \tag{7.4.13}$$

式中, $y_{i,m}$ 是给定的跟踪信号; $z_{i,1}$ 是跟踪误差; $\alpha_{i,j-1}$ 是在第 $j - 1$ 步中将要设计的虚拟控制器。

基于坐标变换 (7.4.12)~(7.4.13)，n_i 步模糊自适应反步递推分散控制设计过程如下。

第 1 步　沿式 (7.4.1) 和式 (7.4.12)，求 $z_{i,1}$ 的导数：

$$
\begin{aligned}
\dot{z}_{i,1} &= \hat{x}_{i,2} + e_{i,2} + f_{i,1}(x_{i,1}) + \Delta_{i,1}(\bar{y}) - \dot{y}_{i,m} \\
&= z_{i,2} + \alpha_{i,1} + e_{i,2} + \theta_{i,1}^{*\mathrm{T}}(\varphi_{i,1}(x_{i,1}) - \varphi_{i,1}(\hat{x}_{i,1})) \\
&\quad + \hat{\theta}_{i,1}^{\mathrm{T}}\varphi_{i,1}(\hat{x}_{i,1}) + \tilde{\theta}_{i,1}^{\mathrm{T}}\varphi_{i,1}(\hat{x}_{i,1}) + \varepsilon_{i,1} + \Delta_{i,1}(\bar{y}) - \dot{y}_{i,m}
\end{aligned} \tag{7.4.14}
$$

选择如下的李雅普诺夫函数：

$$
V_{i,1} = V_{i,0} + \frac{z_{i,1}^2}{2} + \frac{1}{2}\tilde{\theta}_{i,1}^{\mathrm{T}}\Gamma_{i,1}^{-1}\tilde{\theta}_{i,1} + \frac{1}{2\gamma_i}\tilde{\Pi}_i^2 \tag{7.4.15}
$$

式中，$\Gamma_{i,1} = \Gamma_{i,1}^{\mathrm{T}} > 0$ 是增益矩阵；$\gamma_i > 0$ 是设计参数；$\hat{\theta}_{i,1}$ 和 $\hat{\Pi}_i$ 分别是 $\theta_{i,1}^*$ 和 $\Pi_i = \max\limits_{1 \leqslant k \leqslant p}\{q_{i,k} + n_i q_{1,i,k}\}$ 的估计；$\tilde{\theta}_{i,1} = \theta_{i,1}^* - \hat{\theta}_{i,1}$ 和 $\tilde{\Pi}_i = \Pi_i - \hat{\Pi}_i$ 是参数估计误差。

定义 $V_1 = \sum\limits_{i=1}^{N} V_{i,1}$，则 $\dot{V}_1 = \sum\limits_{i=1}^{N} \dot{V}_{i,1}$。沿式 (7.4.14) 和式 (7.4.15)，求 V_1 的导数，可得

$$
\begin{aligned}
\dot{V}_1 \leqslant \sum_{i=1}^{N} \Bigg[&-\lambda_{i,0}\|e_i\|^2 + \frac{1}{2}\|P_i\|^2\|\varepsilon_i^*\|^2 + \frac{1}{2}\|P_i\|^2\sum_{j=1}^{m_i}\left\|\tilde{\theta}_{i,j}\right\|^2 + \frac{1}{2}\|P_i\|^2\sum_{j=1}^{m_i}\left\|\theta_{i,j}^*\right\|^2 \\
&+ \sum_{k=1}^{p} 2^{2k}q_{i,k}(\|y_{i,m}\|^{2k} + \|z_{i,1}\|^{2k}) + z_{i,1}(z_{i,2} + \alpha_{i,1} + \hat{\theta}_{i,1}^{\mathrm{T}}\varphi_{i,1}(\hat{x}_{i,1})) + z_{i,1}e_{i,2} \\
&- z_{i,1}\dot{y}_{i,m} + z_{i,1}\varepsilon_{i,1} + z_{i,1}(\theta_{i,1}^{*\mathrm{T}}\varphi_{i,1}(x_{i,1}) - \theta_{i,1}^{*\mathrm{T}}\varphi_{i,1}(\hat{x}_{i,1})) \\
&- \frac{1}{\gamma_{i,1}}\tilde{\Pi}_i\dot{\hat{\Pi}}_i + z_{i,1}\Delta_{i,1}(\bar{y}) + \tilde{\theta}_{i,1}^{\mathrm{T}}\Gamma_{i,1}^{-1}(\Gamma_{i,1}z_{i,1}\varphi_{i,1}(\hat{x}_{i,1}) - \dot{\hat{\theta}}_{i,1}) \Bigg]
\end{aligned} \tag{7.4.16}
$$

根据杨氏不等式和假设 7.4.1，可得

$$
\begin{aligned}
z_{i,1}e_{i,2} &+ z_{i,1}\varepsilon_{i,1} + z_{i,1}(\theta_{i,1}^{*\mathrm{T}}\varphi_{i,1}(x_{i,1}) - \theta_{i,1}^{*\mathrm{T}}\varphi_{i,1}(\hat{x}_{i,1})) \\
&\leqslant 2z_{i,1}^2 + \frac{1}{2}\|e_i\|^2 + \frac{1}{2}\varepsilon_{i,1}^{*2} + \left\|\theta_{i,1}^*\right\|^2
\end{aligned} \tag{7.4.17}
$$

$$
\sum_{i=1}^{N} |z_{i,1}\Delta_{i,1}(\bar{y})| \leqslant \sum_{i=1}^{N} z_{i,1}^2 + \sum_{i=1}^{N}\sum_{k=1}^{p} 2^{2k}q_{1,i,k}\left(\|y_{i,m}\|^{2k} + \|z_{i,1}\|^{2k}\right) \tag{7.4.18}
$$

设 $\lambda_{i,1} = \lambda_{i,0} - \dfrac{1}{2}$，将式 (7.4.17) 和式 (7.4.18) 代入式 (7.4.16)，可得

$$\dot{V}_1 \leqslant \sum_{i=1}^{N} \left[-\lambda_{i,1} \|e_i\|^2 + \frac{1}{2} \|P_i\|^2 \|\varepsilon_i^*\|^2 + \frac{1}{2} \|P_i\|^2 \sum_{j=1}^{m_i} \left\| \tilde{\theta}_{i,j} \right\|^2 + \frac{1}{2} \|P_i\|^2 \sum_{j=1}^{m_i} \left\| \theta_{i,j}^* \right\|^2 \right.$$

$$+ \sum_{k=1}^{p} 2^{2k} (q_{i,k} + q_{1,i,k}) \left(\|y_{i,m}\|^{2k} + \|z_{i,1}\|^{2k} \right) + z_{i,1} \left(\alpha_{i,1} + \hat{\theta}_{i,1}^{\mathrm{T}} \varphi_{i,1}(\hat{x}_{i,1}) \right.$$

$$+ 3z_{i,1} - \dot{y}_{i,m} + \hat{\Pi}_i \sum_{k=1}^{p} 2^{2k} z_{i,1}^{2k-1} \bigg) - \Pi_i \sum_{k=1}^{p} 2^{2k} z_{i,1}^{2k} + \tilde{\theta}_{i,1}^{\mathrm{T}} \Gamma_{i,1}^{-1} \big(\Gamma_{i,1} z_{i,1} \varphi_{i,1}(\hat{x}_{i,1})$$

$$\left. - \dot{\hat{\theta}}_{i,1} \right) + \frac{1}{\gamma_i} \tilde{\Pi}_i \left(\gamma_i \sum_{k=1}^{p} 2^{2k} z_{i,1}^{2k} - \dot{\hat{\Pi}}_i \right) + z_{i,1} z_{i,2} + \frac{1}{2} \varepsilon_{i,1}^{*2} + \left\| \theta_{i,1}^* \right\|^2 \right] \quad (7.4.19)$$

设计虚拟控制器 $\alpha_{i,1}$、参数 $\hat{\theta}_{i,1}$ 和 $\hat{\Pi}_i$ 的自适应律如下：

$$\alpha_{i,1} = -c_{i,1} z_{i,1} - 3z_{i,1} - \hat{\theta}_{i,1}^{\mathrm{T}} \varphi_{i,1}(\hat{x}_{i,1}) + \dot{y}_{i,m} - \hat{\Pi}_i \sum_{k=1}^{p} 2^{2k} z_{i,1}^{2k-1} \quad (7.4.20)$$

$$\dot{\hat{\theta}}_{i,1} = \Gamma_{i,1} (z_{i,1} \varphi_{i,1}(\hat{x}_{i,1}) - \sigma_{i,1} \hat{\theta}_{i,1}) \quad (7.4.21)$$

$$\dot{\hat{\Pi}}_i = \gamma_i \left(\sum_{k=1}^{p} 2^{2k} z_{i,1}^{2k} - \bar{\sigma}_i \hat{\Pi}_i \right) \quad (7.4.22)$$

式中，$c_{i,1} > 0$、$\sigma_{i,1} > 0$ 和 $\bar{\sigma}_i > 0$ 是设计参数。

将式 (7.4.20)~式 (7.4.22) 代入式 (7.4.19)，可得

$$\dot{V}_1 \leqslant \sum_{i=1}^{N} \left[-\lambda_{i,1} \|e_i\|^2 + \frac{1}{2} \|P_i\|^2 \sum_{j=1}^{m_i} \left\| \tilde{\theta}_{i,j} \right\|^2 - c_{i,1} z_{i,1}^2 - \Pi_i \sum_{k=1}^{p} 2^{2k} z_{i,1}^{2k} \right.$$

$$+ \sum_{k=1}^{p} 2^{2k} (q_{i,k} + q_{1,i,k}) (\|y_{i,m}\|^{2k} + \|z_{i,1}\|^{2k}) + \sigma_{i,1} \tilde{\theta}_{i,1}^{\mathrm{T}} \hat{\theta}_{i,1} + z_{i,1} z_{i,2} + \bar{\sigma}_i \tilde{\Pi}_i \hat{\Pi}_i$$

$$\left. + \frac{1}{2} \varepsilon_{i,1}^{*2} + \left\| \theta_{i,1}^* \right\|^2 + \frac{1}{2} \|P_i\|^2 \|\varepsilon_i^*\|^2 + \frac{1}{2} \|P_i\|^2 \sum_{j=1}^{m_i} \left\| \theta_{i,j}^* \right\|^2 \right] \quad (7.4.23)$$

根据杨氏不等式，下列不等式成立：

$$\sigma_{i,1} \tilde{\theta}_{i,1}^{\mathrm{T}} \hat{\theta}_{i,1} = \sigma_{i,1} \tilde{\theta}_{i,1}^{\mathrm{T}} (\theta_{i,1}^* - \tilde{\theta}_{i,1}) \leqslant -\frac{\sigma_{i,1}}{2} \tilde{\theta}_{i,1}^{\mathrm{T}} \tilde{\theta}_{i,1} + \frac{\sigma_{i,1}}{2} \theta_{i,1}^{*\mathrm{T}} \theta_{i,1}^* \quad (7.4.24)$$

$$\bar{\sigma}_i \tilde{\Pi}_i \hat{\Pi}_i = \bar{\sigma}_i \tilde{\Pi}_i (\Pi_i^* - \tilde{\Pi}_i) \leqslant -\frac{\bar{\sigma}_i}{2} \tilde{\Pi}_i^2 + \frac{\bar{\sigma}_i}{2} \Pi_i^{*2} \quad (7.4.25)$$

将式 (7.4.24) 和式 (7.4.25) 代入式 (7.4.23)，$\dot{V}_1$ 最终可表示为

$$
\begin{aligned}
\dot{V}_1 \leqslant \sum_{i=1}^{N} \Bigg[& -\lambda_{i,1}\|e_i\|^2 + \frac{1}{2}\|P_i\|^2 \sum_{j=1}^{m_i}\left\|\tilde{\theta}_{i,j}^{\mathrm{T}}\right\|^2 - c_{i,1}z_{i,1}^2 - \Pi_i \sum_{k=1}^{p} 2^{2k}z_{i,1}^{2k} \\
& + z_{i,1}z_{i,2} + \sum_{k=1}^{p} 2^{2k}(q_{i,k}+q_{1,i,k})\left(\|y_{i,m}\|^{2k}+\|z_{i,1}\|^{2k}\right) \\
& - \frac{\sigma_{i,1}}{2}\tilde{\theta}_{i,1}^{\mathrm{T}}\tilde{\theta}_{i,1} - \frac{\bar{\sigma}_i}{2}\tilde{\Pi}_i^2 + D_{i,1} \Bigg]
\end{aligned}
\tag{7.4.26}
$$

式中，$D_{i,1} = \dfrac{\bar{\sigma}_i}{2}\Pi_i^{*2} + \dfrac{1}{2}\varepsilon_{i,1}^{*2} + \left\|\theta_{i,1}^*\right\|^2 + \dfrac{1}{2}\|P_i\|^2\|\varepsilon_i^*\|^2 + \dfrac{1}{2}\|P_i\|^2 \sum_{j=1}^{m_i}\left\|\theta_{i,j}^*\right\|^2 + \dfrac{\sigma_{i,1}}{2}\theta_{i,1}^{*\mathrm{T}}\theta_{i,1}^*$。

第 $j(2 \leqslant j \leqslant n_i - 1)$ 步　求 $z_{i,j}$ 的导数，由式 (7.4.1) 式 (7.4.13) 可得

$$
\begin{aligned}
\dot{z}_{i,j} = {} & z_{i,j+1} + \alpha_{i,j} + k_{i,j}e_{i,1} + \hat{\theta}_{i,j}^{\mathrm{T}}\varphi_{i,j}(\hat{\bar{x}}_{i,j}) + \tilde{\theta}_{i,j}^{\mathrm{T}}\varphi_{i,j}(\hat{\bar{x}}_{i,j}) - \tilde{\theta}_{i,j}^{\mathrm{T}}\varphi_{i,j}(\hat{\bar{x}}_{i,j}) \\
& - \sum_{l=1}^{j-1}\frac{\partial\alpha_{i,j-1}}{\partial\hat{x}_{i,l}}\dot{\hat{x}}_{i,l} - \sum_{l=1}^{j-1}\frac{\partial\alpha_{i,j-1}}{\partial\hat{\theta}_{i,l}}\dot{\hat{\theta}}_{i,l} - \frac{\partial\alpha_{i,j-1}}{\partial x_{i,1}}(\hat{x}_{i,2} + e_{i,2} + \varepsilon_{i,1} \\
& + \theta_{i,1}^{*\mathrm{T}}\varphi_{i,1}(x_{i,1}) + \Delta_{i,1}(\bar{y})) - \sum_{l=1}^{j-1}\frac{\partial\alpha_{i,j-1}}{\partial y_{i,m}^{(l-1)}}y_{i,m}^{(l)} \\
= {} & z_{i,j+1} + \alpha_{i,j} + H_{i,j} - \frac{\partial\alpha_{i,j-1}}{\partial x_{i,1}}e_{i,2} - \frac{\partial\alpha_{i,j-1}}{\partial x_{i,1}}(\varepsilon_{i,1} + \theta_{i,1}^{*\mathrm{T}}\varphi_{i,1}(x_{i,1}) \\
& + \Delta_{i,1}(\bar{y})) + \tilde{\theta}_{i,j}^{\mathrm{T}}\varphi_{i,j}(\hat{\bar{x}}_{i,j}) - \tilde{\theta}_{i,j}^{\mathrm{T}}\varphi_{i,j}(\hat{\bar{x}}_{i,j})
\end{aligned}
\tag{7.4.27}
$$

式中，

$$
\begin{aligned}
H_{i,j} = {} & k_{i,j}e_{i,1} + \hat{\theta}_{i,j}^{\mathrm{T}}\varphi_{i,j}(\hat{\bar{x}}_{i,j}) - \sum_{l=1}^{j-1}\frac{\partial\alpha_{i,j-1}}{\partial\hat{x}_{i,l}}\dot{\hat{x}}_{i,l} - \sum_{l=1}^{j-1}\frac{\partial\alpha_{i,j-1}}{\partial\hat{\theta}_{i,l}}\dot{\hat{\theta}}_{i,l} \\
& - \frac{\partial\alpha_{i,j-1}}{\partial x_{i,1}}\hat{x}_{i,2} - \sum_{l=1}^{j-1}\frac{\partial\alpha_{i,j-1}}{\partial y_{i,m}^{(l-1)}}y_{i,m}^{(l)}
\end{aligned}
\tag{7.4.28}
$$

选取如下的李雅普诺夫函数：

$$
V_{i,j} = V_{i,j-1} + \frac{1}{2}z_{i,j}^2 + \frac{1}{2}\tilde{\theta}_{i,j}^{\mathrm{T}}\Gamma_{i,j}^{-1}\tilde{\theta}_{i,j}
\tag{7.4.29}
$$

式中，$\Gamma_{i,j} = \Gamma_{i,j}^{\mathrm{T}} > 0$ 是增益矩阵。

定义 $V_j = \sum_{i=1}^{N} V_{i,j}$，则 $\dot{V}_j = \sum_{i=1}^{N}\dot{V}_{i,j}$。由式 (7.4.27) 和式 (7.4.29) 可得

$$\dot{V}_j = \dot{V}_{j-1} + \sum_{i=1}^{N} (z_{i,j} \dot{z}_{i,j} - \tilde{\theta}_{i,j}^{\mathrm{T}} \Gamma_{i,j}^{-1} \dot{\hat{\theta}}_{i,j})$$

$$= \dot{V}_{j-1} + \sum_{i=1}^{N} \left\{ z_{i,j} \left[z_{i,j+1} + \alpha_{i,j} - \frac{\partial \alpha_{i,j-1}}{\partial x_{i,1}} e_{i,2} + H_{i,j} - \frac{\partial \alpha_{i,j-1}}{\partial x_{i,1}} (\varepsilon_{i,1} + \Delta_{i,1}(\bar{y}) \right.\right.$$
$$\left.\left. + \theta_{i,1}^{*\mathrm{T}} \varphi_{i,1}(x_{i,1})) - \tilde{\theta}_{i,j}^{\mathrm{T}} \varphi_{i,j}(\hat{\bar{x}}_{i,j}) \right] + \tilde{\theta}_{i,j}^{\mathrm{T}} \Gamma_{i,j}^{-1} (\Gamma_{i,j} z_{i,j} \varphi_{i,j}(\hat{\bar{x}}_{i,j}) - \dot{\hat{\theta}}_{i,j}) \right\} \quad (7.4.30)$$

根据杨氏不等式, 下列不等式成立:

$$-z_{i,j} \frac{\partial \alpha_{i,j-1}}{\partial x_{i,1}} e_{i,2} \leqslant \frac{1}{2} \|e_i\|^2 + \frac{1}{2} \left(\frac{\partial \alpha_{i,j-1}}{\partial x_{i,1}} \right)^2 z_{i,j}^2 \quad (7.4.31)$$

$$-z_{i,j} \frac{\partial \alpha_{i,j-1}}{\partial x_{i,1}} (\varepsilon_{i,1} + \theta_{i,1}^{*\mathrm{T}} \varphi_{i,1}(x_{i,1})) \leqslant \left(\frac{\partial \alpha_{i,j-1}}{\partial x_{i,1}} \right)^2 z_{i,j}^2 + \frac{1}{2} \varepsilon_{i,1}^{*2} + \frac{1}{2} \|\theta_{i,1}^*\|^2 \quad (7.4.32)$$

$$-z_{i,j} \tilde{\theta}_{i,j}^{\mathrm{T}} \varphi_{i,j}(\hat{\bar{x}}_{i,j}) \leqslant \frac{1}{2} z_{i,j}^2 + \frac{1}{2} \tilde{\theta}_{i,j}^{\mathrm{T}} \tilde{\theta}_{i,j} \quad (7.4.33)$$

$$\sum_{i=1}^{N} \left(-z_{i,j} \frac{\partial \alpha_{i,j-1}}{\partial x_{i,1}} \Delta_{i,1}(\bar{y}) \right) \leqslant \sum_{i=1}^{N} \left(\frac{\partial \alpha_{i,j-1}}{\partial x_{i,1}} \right)^2 z_{i,j}^2$$
$$+ \sum_{i=1}^{N} \sum_{k=1}^{p} 2^{2k} q_{1,i,k} \left(\|y_{i,m}\|^{2k} + \|z_{i,1}\|^{2k} \right) \quad (7.4.34)$$

设 $\lambda_{i,j} = \lambda_{i,j-1} - \dfrac{1}{2}$, 将式 (7.4.31)～式 (7.4.34) 代入式 (7.4.30), 可得

$$\dot{V}_j \leqslant \sum_{i=1}^{N} \left\{ -\lambda_{i,j} \|e_i\|^2 + \frac{1}{2} \|P_i\|^2 \sum_{j=1}^{m_i} \left\| \tilde{\theta}_{i,j}^{\mathrm{T}} \right\|^2 \right.$$

$$- \sum_{k=1}^{j-1} c_{i,k} z_{i,k}^2 - \Pi_i \sum_{k=1}^{p} 2^{2k} z_{i,1}^{2k} + z_{i,j} z_{i,j+1}$$

$$+ \sum_{k=1}^{p} 2^{2k} (q_{i,k} + j q_{1,i,k}) (\|y_{i,m}\|^{2k} + \|z_{i,1}\|^{2k}) - \sum_{k=1}^{j-1} \left(\frac{\sigma_{i,k}}{2} \tilde{\theta}_{i,k}^{\mathrm{T}} \tilde{\theta}_{i,k} + \frac{\bar{\sigma}_i}{2} \tilde{\Pi}_i^2 \right)$$

$$+ z_{i,j} \left[\alpha_{i,j} + H_{i,j} + z_{i,j-1} + \frac{5}{2} \left(\frac{\partial \alpha_{i,j-1}}{\partial x_{i,1}} \right)^2 z_{i,j} + \frac{1}{2} z_{i,j} \right] + \frac{1}{2} \sum_{k=2}^{j} \tilde{\theta}_{i,k}^{\mathrm{T}} \tilde{\theta}_{i,k}$$

$$\left. + \tilde{\theta}_{i,j}^{\mathrm{T}} \Gamma_{i,j}^{-1} (\Gamma_{i,j} z_{i,j} \varphi_{i,j}(\hat{\bar{x}}_{i,j}) - \dot{\hat{\theta}}_{i,j}) + D_{i,j-1} \right\} \quad (7.4.35)$$

式中，$D_{i,j} = D_{i,j-1} + \frac{1}{2}\varepsilon_{i,1}^{*2} + \frac{1}{2}\left\|\theta_{i,1}^*\right\|^2$。

设计虚拟控制器 $\alpha_{i,j}$ 和参数 $\hat{\theta}_{i,j}$ 的自适应律如下：

$$\alpha_{i,j} = -z_{i,j-1} - c_{i,j}z_{i,j} - H_{i,j} - \frac{5}{2}\left(\frac{\partial \alpha_{i,j-1}}{\partial x_{i,1}}\right)^2 z_{i,j} - \frac{1}{2}z_{i,j} \tag{7.4.36}$$

$$\dot{\hat{\theta}}_{i,j} = \Gamma_{i,j}(z_{i,j}\varphi_{i,j}(\hat{\bar{x}}_{i,j}) - \sigma_{i,j}\hat{\theta}_{i,j}) \tag{7.4.37}$$

式中，$c_{i,j} > 0$ 和 $\sigma_{i,j} > 0$ 是设计参数。

将式 (7.4.36) 和式 (7.4.37) 代入式 (7.4.35)，可得

$$\begin{aligned}
\dot{V}_j \leqslant \sum_{i=1}^{N}\Bigg[&-\lambda_{i,j}\left\|e_i\right\|^2 + \frac{1}{2}\left\|P_i\right\|^2\sum_{j=1}^{m_i}\left\|\tilde{\theta}_{i,j}^{\mathrm{T}}\right\|^2 - \sum_{k=1}^{j}c_{i,k}z_{i,k}^2 - \Pi_i\sum_{k=1}^{p}2^{2k}z_{i,1}^{2k} + z_{i,j}z_{i,j+1} \\
&+ \sum_{k=1}^{p}2^{2k}(q_{i,k} + jq_{1,i,k})(\left\|y_{i,m}\right\|^{2k} + \left\|z_{i,1}\right\|^{2k}) - \sum_{k=1}^{j-1}\left(\frac{\sigma_{i,k}}{2}\tilde{\theta}_{i,k}^{\mathrm{T}}\tilde{\theta}_{i,k} + \frac{\bar{\sigma}_i}{2}\tilde{\Pi}_i^2\right) \\
&+ \sigma_{i,j}\tilde{\theta}_{i,j}^{\mathrm{T}}\hat{\theta}_{i,j} + \frac{1}{2}\sum_{k=2}^{j}\tilde{\theta}_{i,k}^{\mathrm{T}}\tilde{\theta}_{i,k} + \frac{1}{2}\varepsilon_{i,1}^{*2} + \frac{1}{2}\left\|\theta_{i,1}^*\right\|^2 + D_{i,j-1}\Bigg]
\end{aligned} \tag{7.4.38}$$

根据杨氏不等式，可得

$$\sigma_{i,j}\tilde{\theta}_{i,j}^{\mathrm{T}}\hat{\theta}_{i,j} \leqslant \sigma_{i,j}\tilde{\theta}_{i,j}^{\mathrm{T}}(\theta_{i,j}^* - \tilde{\theta}_{i,j}) \leqslant -\frac{\sigma_{i,j}}{2}\tilde{\theta}_{i,j}^{\mathrm{T}}\tilde{\theta}_{i,j} + \frac{\sigma_{i,j}}{2}\theta_{i,j}^{*\mathrm{T}}\theta_{i,j}^* \tag{7.4.39}$$

因此，$\dot{V}_j$ 最终可表示为

$$\begin{aligned}
\dot{V}_j \leqslant \sum_{i=1}^{N}\Bigg[&-\lambda_{i,j}\left\|e_i\right\|^2 + \frac{1}{2}\left\|P_i\right\|^2\sum_{j=1}^{m_i}\left\|\tilde{\theta}_{i,j}^{\mathrm{T}}\right\|^2 - \sum_{k=1}^{j}c_{i,k}z_{i,k}^2 - \Pi_i\sum_{k=1}^{p}2^{2k}z_{i,1}^{2k} \\
&+ z_{i,j}z_{i,j+1} + \sum_{k=1}^{p}2^{2k}(q_{i,k} + jq_{1,i,k})\left(\left\|y_{i,m}\right\|^{2k} + \left\|z_{i,1}\right\|^{2k}\right) \\
&+ \frac{1}{2}\sum_{k=2}^{j}\tilde{\theta}_{i,k}^{\mathrm{T}}\tilde{\theta}_{i,k} - \sum_{k=1}^{j}\left(\frac{\sigma_{i,k}}{2}\tilde{\theta}_{i,k}^{\mathrm{T}}\tilde{\theta}_{i,k} + \frac{\bar{\sigma}_i}{2}\tilde{\Pi}_i^2\right) + D_{i,j}\Bigg]
\end{aligned} \tag{7.4.40}$$

式中，$D_{i,j} = D_{i,j-1} + \frac{1}{2}\varepsilon_{i,1}^{*2} + \frac{1}{2}\left\|\theta_{i,1}^*\right\|^2 + \frac{\sigma_{i,j}}{2}\theta_{i,j}^{*\mathrm{T}}\theta_{i,j}^*$。

第 n_i 步　求 z_{i,n_i} 的导数，由式 (7.4.1) 和式 (7.4.13) 可得

$$\begin{aligned}
\dot{z}_{i,n_i} &= \dot{\hat{x}}_{i,n_i} - \dot{\alpha}_{i,n_i-1} \\
&= \hat{f}_{i,n_i}(\hat{\bar{x}}_{i,n_i}|\hat{\theta}_{i,n_i}) + \bar{\omega}_{i,n_i}^{\mathrm{T}}\bar{u}_i + k_{i,n_i}e_{i,1} - \dot{\alpha}_{i,n_i-1}
\end{aligned} \tag{7.4.41}$$

另外，由式 (7.4.5) 可知

$$\bar{\omega}_{i,n_i}^{\mathrm{T}} \bar{u}_i = \sum_{j=1}^{m_i} \omega_{i,n_i,j} u_{i,j} = \sum_{j=j_{i,1}\cdots j_{i,p}} \omega_{i,n_i,j} \bar{u}_{i,j} + \sum_{j\neq j_{i,1}\cdots j_{i,p}} \rho_{i,j} b_{i,j}(y_i) u_{i0} \quad (7.4.42)$$

将式 (7.4.42) 代入式 (7.4.41)，可得

$$\dot{z}_{i,n_i} = \sum_{j=j_{i,1}\cdots j_{i,p}} \omega_{i,n_i,j} \bar{u}_{i,j} + H_{i,n_i} + \sum_{j\neq j_{i,1}\cdots j_{i,p}} \rho_{i,j} b_{i,j}(y_i) u_{i0}$$

$$- \frac{\partial \alpha_{i,n_i-1}}{\partial x_{i,1}} (e_{i,2} + \varepsilon_{i,1} + \theta_{i,1}^{*\mathrm{T}} \varphi_{i,1}(x_{i,1}) + \Delta_{i,1}(\bar{y}))$$

$$+ \tilde{\theta}_{i,n_i}^{\mathrm{T}} \varphi_{i,n_i}(\hat{\bar{x}}_{i,n_i}) - \tilde{\theta}_{i,n_i}^{\mathrm{T}} \varphi_{i,n_i}(\hat{\bar{x}}_{i,n_i}) \quad (7.4.43)$$

式中，

$$H_{i,n_i} = k_{i,n_i} e_{i,1} + \hat{\theta}_{i,n_i}^{\mathrm{T}} \varphi_{i,n_i}(\hat{\bar{x}}_{i,n_i}) - \sum_{j=1}^{n_i-1} \frac{\partial \alpha_{i,n_i-1}}{\partial \hat{x}_{i,j}} \dot{\hat{x}}_{i,j} - \sum_{l=1}^{n_i-1} \frac{\partial \alpha_{i,n_i-1}}{\partial \hat{\theta}_{i,l}} \dot{\hat{\theta}}_{i,l}$$

$$- \sum_{l=1}^{n_i-1} \frac{\partial \alpha_{i,n_i-1}}{\partial y_{i,m}} \dot{y}_{i,m} - \frac{\partial \alpha_{i,n_i-1}}{\partial x_{i,1}} \hat{x}_{i,2}$$

选取如下的李雅普诺夫函数：

$$V_{i,n_i} = V_{i,n_i-1} + \frac{1}{2} z_{i,n_i}^2 + \frac{1}{2} \tilde{\theta}_{i,n_i}^{\mathrm{T}} \Gamma_{i,n_i}^{-1} \tilde{\theta}_{i,n_i} \quad (7.4.44)$$

式中，$\Gamma_{i,n_i} = \Gamma_{i,n_i}^{\mathrm{T}} > 0$ 是增益矩阵。

定义 $V_{n_i} = \sum_{i=1}^{N} V_{i,n_i}$，则 $\dot{V}_{n_i} = \sum_{i=1}^{N} \dot{V}_{i,n_i}$。根据式 (7.4.43) 和式 (7.4.44)，V_{n_i} 的导数为

$$\dot{V}_{n_i} \leqslant \sum_{i=1}^{N} \left\{ -\lambda_{i,n_i-1} \|e_i\|^2 + \frac{1}{2} \|P_i\|^2 \sum_{j=1}^{m_i} \left\| \tilde{\theta}_{i,j}^{\mathrm{T}} \right\|^2 \right.$$

$$+ \sum_{k=1}^{p} 2^{2k} (q_{i,k} + n_i q_{1,i,k}) \left(\|y_{i,m}\|^{2k} + \|z_{i,1}\|^{2k} \right) - \sum_{k=1}^{n_i-1} c_{i,k} z_{i,k}^2$$

$$- \sum_{k=1}^{j} \left(\frac{\sigma_{i,k}}{2} \tilde{\theta}_{i,k}^{\mathrm{T}} \tilde{\theta}_{i,k} + \frac{\bar{\sigma}_i}{2} \tilde{\Pi}_i^2 \right) + z_{i,n_i} \left[\sum_{j=j_{i,1}\cdots j_{i,p}} \omega_{i,n_i,j} \bar{u}_{i,j} \right.$$

$$
- \tilde{\theta}_{i,n_i}^{\mathrm{T}} \varphi_{i,n_i}(\hat{\bar{x}}_{i,n_i}) + H_{i,n_i} + \sum_{j \neq j_{i,1} \cdots j_{i,p}} \rho_{i,j} b_{i,j}(y_i) u_{i0}
$$

$$
\left. - \frac{\partial \alpha_{i,n_i-1}}{\partial x_{i,1}} \left(e_{i,2} + \varepsilon_{i,1} + \theta_{i,1}^{*\mathrm{T}} \varphi_{i,1}(x_{i,1}) + \Delta_{i,1}(\bar{y}) \right) \right]
$$

$$
+ z_{i,n_i-1} z_{i,n_i} + \frac{1}{2} \sum_{k=2}^{n_i-1} \tilde{\theta}_{i,k}^{\mathrm{T}} \tilde{\theta}_{i,k} + \tilde{\theta}_{i,n_i}^{\mathrm{T}} \Gamma_{i,n_i}^{-1} (\Gamma_{i,n_i} z_{i,n_i} \varphi_{i,n_i}(\hat{\bar{x}}_{i,n_i}) - \dot{\hat{\theta}}_{i,n_i})
$$

$$
+ D_{i,n_i-1} - \Pi_i \sum_{k=1}^{p} 2^{2k} z_{i,1}^{2k} \Bigg\}
$$

$$
\tag{7.4.45}
$$

根据杨氏不等式, 下列不等式成立:

$$
- z_{i,n_i} \frac{\partial \alpha_{i,n_i-1}}{\partial x_{i,1}} (e_{i,2} + \varepsilon_{i,1} + \theta_{i,1}^{*\mathrm{T}} \varphi_{i,1}(x_{i,1}))
$$

$$
\leqslant \frac{1}{2} \|e_i\|^2 + \frac{1}{2} \varepsilon_{i,1}^{*2} + \frac{1}{2} \|\theta_{i,1}^*\|^2 + \frac{3}{2} \left(\frac{\partial \alpha_{i,n_i-1}}{\partial x_{i,1}} \right)^2 z_{i,n_i}^2
\tag{7.4.46}
$$

$$
- \sum_{i=1}^{N} \left(z_{i,n_i} \frac{\partial \alpha_{i,n_i-1}}{\partial x_{i,1}} \Delta_{i,1}(\bar{y}) \right)
$$

$$
\leqslant \sum_{i=1}^{N} \left(\frac{\partial \alpha_{i,n_i-1}}{\partial x_{i,1}} \right)^2 z_{i,n_i}^2 + \sum_{i=1}^{N} \sum_{k=1}^{p} 2^{2k} q_{1,i,k}(\|y_{i,m}\|^{2k} + \|z_{i,1}\|^{2k})
\tag{7.4.47}
$$

$$
- z_{i,n_i} \tilde{\theta}_{i,n_i}^{\mathrm{T}} \varphi_{i,n_i}(\hat{\bar{x}}_{i,n_i}) \leqslant \frac{1}{2} z_{i,n_i}^2 + \frac{1}{2} \tilde{\theta}_{i,n_i}^{\mathrm{T}} \tilde{\theta}_{i,n_i}
\tag{7.4.48}
$$

设 $\lambda_{i,n_i} = \lambda_{i,n_i-1} - \frac{1}{2}$, 由式 (7.4.46)~式 (7.4.48) 和式 (7.4.53) 可得

$$
\dot{V}_{n_i} \leqslant \sum_{i=1}^{N} \left\{ - \lambda_{i,n_i} \|e_i\|^2 + \frac{1}{2} \|P_i\|^2 \sum_{j=1}^{m_i} \left\| \tilde{\theta}_{i,j}^{\mathrm{T}} \right\|^2 \right.
$$

$$
+ \sum_{k=1}^{p} 2^{2k} (q_{i,k} + n_i q_{1,i,k})(\|y_{i,m}\|^{2k} + \|z_{i,1}\|^{2k}) - \sum_{k=1}^{n_i-1} c_{i,k} z_{i,k}^2
$$

$$
- \sum_{k=1}^{n_i-1} \left(\frac{\sigma_{i,k}}{2} \tilde{\theta}_{i,k}^{\mathrm{T}} \tilde{\theta}_{i,k} + \frac{\bar{\sigma}_i}{2} \tilde{\Pi}_i^2 \right) + \frac{1}{2} \sum_{k=2}^{n_i} \tilde{\theta}_{i,k}^{\mathrm{T}} \tilde{\theta}_{i,k} + z_{i,n_i} \left[z_{i,n_i-1} + H_{i,n_i} \right.
$$

$$
+ \sum_{j=j_{i,1} \cdots j_{i,p}} \omega_{i,n_i,j} \bar{u}_{i,j} + \sum_{j \neq j_{i,1} \cdots j_{i,p}} \rho_{i,j} b_{i,j}(y_i) u_{i0} + \frac{1}{2} z_{i,n_i}
$$

$$
+ \frac{5}{2} \left(\frac{\partial \alpha_{i,n_i-1}}{\partial x_{i,1}} \right)^2 z_{i,n_i} \Bigg] + \tilde{\theta}_{i,n_i}^{\mathrm{T}} \varGamma_{i,n_i}^{-1} (\varGamma_{i,n_i} z_{i,n_i} \varphi_{i,n_i} (\hat{\bar{x}}_{i,n_i}) - \dot{\hat{\theta}}_{i,n_i})
$$

$$
+ D_{i,n_i-1} + \frac{1}{2} \varepsilon_{i,1}^{*2} + \frac{1}{2} \left\| \theta_{i,1}^* \right\|^2 - \varPi_i \sum_{k=1}^{p} 2^{2k} z_{i,1}^{2k} \Bigg\} \tag{7.4.49}
$$

设计分散容错控制器 u_{i0} 和参数 $\hat{\theta}_{i,n_i}$ 的自适应律如下:

$$
u_{i0} = (g_i)^{-1} \Bigg[- z_{i,n_i-1} - c_{i,n_i} z_{i,n_i} - \frac{1}{2} z_{i,n_i} - H_{i,n_i}
$$

$$
- \frac{5}{2} \left(\frac{\partial \alpha_{i,n_i-1}}{\partial x_{i,1}} \right)^2 z_{i,n_i} - \sum_{j=j_{i,1} \cdots j_{i,p}} \omega_{i,n_i,j} \bar{u}_{i,j} \Bigg] \tag{7.4.50}
$$

$$
\dot{\hat{\theta}}_{i,n_i} = \varGamma_{i,n_i} (z_{i,n_i} \varphi_{i,n_i} (\hat{\bar{x}}_{i,n_i}) - \sigma_{i,n_i} \hat{\theta}_{i,n_i}) \tag{7.4.51}
$$

式中, $g_i = \sum\limits_{j \neq j_{i,1} \cdots j_{i,p}} \rho_{i,j} b_{i,j}(y_i)$、$c_{i,n_i} > 0$ 和 $\sigma_{i,n_i} > 0$ 是设计参数。

将式 (7.4.50) 和式 (7.4.51) 代入式 (7.4.49), 可得

$$
\dot{V}_{n_i} \leqslant \sum_{i=1}^{N} \Bigg[- \lambda_{i,n_i} \| e_i \|^2 + \frac{1}{2} \| P_i \|^2 \sum_{j=1}^{m_i} \left\| \tilde{\theta}_{i,j}^{\mathrm{T}} \right\|^2 + \sum_{k=1}^{p} 2^{2k} (q_{i,k} + n_i q_{1,i,k}) (\| y_{i,m} \|^{2k}
$$

$$
+ \| z_{i,1} \|^{2k}) - \sum_{k=1}^{n_i} c_{i,k} z_{i,k}^2 - \sum_{k=1}^{n_i-1} \left(\frac{\sigma_{i,k}}{2} \tilde{\theta}_{i,k}^{\mathrm{T}} \tilde{\theta}_{i,k} + \frac{\bar{\sigma}_i}{2} \tilde{\varPi}_i^2 \right) + \frac{1}{2} \sum_{k=2}^{n_i} \tilde{\theta}_{i,k}^{\mathrm{T}} \tilde{\theta}_{i,k}
$$

$$
+ \sigma_{i,n_i} \tilde{\theta}_{i,n_i}^{\mathrm{T}} \hat{\theta}_{i,n_i} + D_{i,n_i-1} + \frac{1}{2} \varepsilon_{i,1}^{*2} + \frac{1}{2} \left\| \theta_{i,1}^* \right\|^2 - \varPi_i \sum_{k=1}^{p} 2^{2k} z_{i,1}^{2k} \Bigg] \tag{7.4.52}
$$

根据杨氏不等式, 可得

$$
\sigma_{i,n_i} \tilde{\theta}_{i,n_i}^{\mathrm{T}} \hat{\theta}_{i,n_i} \leqslant - \frac{\sigma_{i,n_i}}{2} \tilde{\theta}_{i,n_i}^{\mathrm{T}} \tilde{\theta}_{i,n_i} + \frac{\sigma_{i,n_i}}{2} \theta_{i,n_i}^{*\mathrm{T}} \theta_{i,n_i}^* \tag{7.4.53}
$$

将式 (7.4.53) 代入式 (7.4.52), $\dot{V}_{n_i}$ 最终可表示为

$$
\dot{V}_{n_i} \leqslant \sum_{i=1}^{N} \Bigg[- \lambda_{i,n_i} \| e_i \|^2 + \frac{1}{2} \| P_i \|^2 \sum_{j=1}^{m_i} \left\| \tilde{\theta}_{i,j}^{\mathrm{T}} \right\|^2 - \sum_{k=1}^{n_i} c_{i,k} z_{i,k}^2
$$

$$
- \sum_{k=1}^{n_i} \left(\frac{\sigma_{i,k}}{2} \tilde{\theta}_{i,k}^{\mathrm{T}} \tilde{\theta}_{i,k} + \frac{\bar{\sigma}_i}{2} \tilde{\varPi}_i^2 \right) + \frac{1}{2} \sum_{k=2}^{n_i} \tilde{\theta}_{i,k}^{\mathrm{T}} \tilde{\theta}_{i,k} + D_{i,n_i} \Bigg] \tag{7.4.54}
$$

式中, $D_{i,n_i} = D_{i,n_i-1} + \frac{1}{2} \varepsilon_{i,1}^{*2} + \frac{1}{2} \left\| \theta_{i,1}^* \right\|^2 + \frac{\sigma_{i,n_i}}{2} \theta_{i,n_i}^{*\mathrm{T}} \theta_{i,n_i}^* + \sum\limits_{k=1}^{p} 2^{2k} (v_{i,k} + n_i v_{1,i,k}) \| \bar{y}_{i,m} \|^{2k}$。

7.4.4　稳定性与收敛性分析

下面的定理给出了所设计的模糊自适应分散容错控制具有的性质。

定理 7.4.1　对于非线性严格反馈互联大系统 (7.4.1)，假设 7.4.1 和假设 7.4.2 成立。如果采用模糊分散状态观测器 (7.4.8)，分散容错控制器 (7.4.50)，虚拟控制器 (7.4.20)、(7.4.36)，参数自适应律 (7.4.21)、(7.4.22)、(7.4.37) 和 (7.4.51)，则总体控制方案具有如下性能：

(1) 闭环系统的所有信号半全局一致最终有界；

(2) 观测误差 e_i 和跟踪误差 z_i 收敛到包含原点的一个较小邻域内。

证明　选取如下的李雅普诺夫函数：

$$V = \sum_{i=1}^{N} V_i = \sum_{i=1}^{N} \sum_{j=1}^{n_i} V_{i,j}$$

则由式 (7.4.54)，可得

$$
\begin{aligned}
\dot{V} \leqslant \sum_{i=1}^{N} &\left[-\lambda_{i,n_i} \|e_i\|^2 + \frac{1}{2} \|P_i\|^2 \sum_{j=1}^{m_i} \left\| \tilde{\theta}_{i,j}^{\mathrm{T}} \right\|^2 - \sum_{k=1}^{n_i} c_{i,k} z_{i,k}^2 \right. \\
&\left. - \sum_{k=1}^{n_i} \left(\frac{\sigma_{i,k}}{2} \tilde{\theta}_{i,k}^{\mathrm{T}} \tilde{\theta}_{i,k} + \frac{\bar{\sigma}_i}{2} \tilde{\Pi}_i^2 \right) + \frac{1}{2} \sum_{k=2}^{n_i} \tilde{\theta}_{i,k}^{\mathrm{T}} \tilde{\theta}_{i,k} + D_{i,n_i} \right]
\end{aligned}
\tag{7.4.55}
$$

令

$$C = \min_{1 \leqslant i \leqslant N} \{ 2\lambda_{i,n_i}/\lambda_{\min}(P), 2c_{i,k}$$

$$(\sigma_{i,1} - \|P_i\|^2) \Gamma_{i,1}, (\sigma_{i,l} - \|P_i\|^2 - 1) \Gamma_{i,l}, \gamma_i \bar{\sigma}_i \}, \quad D = \sum_{i=1}^{N} D_{i,n_i}$$

则 $\dot{V}$ 最终表示为

$$\dot{V} \leqslant -CV + D \tag{7.4.56}$$

根据式 (7.4.56) 和引理 0.3.1，可以得到闭环系统中的所有信号半全局一致最终有界，并且有 $\lim_{t \to \infty} |z_i(t)| \leqslant \sqrt{2D/C}$ 和 $\lim_{t \to \infty} |e_i(t)| \leqslant \sqrt{2D/(C\lambda_{\min}(P_i))}$。在控制设计中，如果选择适当的设计参数，可以使得 D/C 比较小，那么可得到跟踪误差 $z_{i,1} = y_i - y_{i,m}$ 和观测误差 e_i 收敛到包含原点的一个较小邻域内。

评注 7.4.1　本节针对一类含有执行器故障的非线性严格反馈互联大系统，介绍了一种基于模糊观测器的自适应容错分散控制方法。关于含有未知输入死区、未建模动态的非线性严格反馈互联大系统，其智能自适应输出反馈分散控制方法可详见文献 [15]~[17]。

7.4.5　仿真

例 7.4.1　考虑如下的非线性倒立摆互联大系统:

$$
\begin{cases}
\dot{x}_{1,1} = x_{1,2} \\
\dot{x}_{1,2} = \dfrac{1}{J_1}\bar{\omega}_{1,2}\bar{u}_1 + \left(\dfrac{m_1 gr}{J_1} - \dfrac{kr^2}{4J_1}\right)\sin(x_{1,1}) + \dfrac{kr}{2J_1}(l-b) + \dfrac{kr^2}{4J_1}\sin(x_{2,1}) \\
y_1 = x_{1,1}
\end{cases}
$$

$$
\begin{cases}
\dot{x}_{2,1} = x_{2,2} \\
\dot{x}_{2,2} = \dfrac{1}{J_2}\bar{\omega}_{2,2}\bar{u}_2 + \left(\dfrac{m_2 gr}{J_2} - \dfrac{kr^2}{4J_2}\right)\sin(x_{2,1}) + \dfrac{kr}{2J_2}(l-b) + \dfrac{kr^2}{4J_2}\sin(x_{1,1}) \\
y_2 = x_{2,1}
\end{cases}
$$

$$(7.4.57)$$

式中,输出 y_1 和 y_2 是钟摆相对于垂直参考点的角位移;摆的最终质量是 $m_1 = 2\text{kg}$ 和 $m_2 = 2.5\text{kg}$;转动惯量是 $J_1 = 0.5\text{kg·m}^2$ 和 $J_2 = 0.625\text{kg·m}^2$;连接弹簧常数 $k = 100\text{N/m}$;钟摆高度是 $r = 0.5\text{m}$;弹簧的自然长度是 $l = 0.5\text{m}$;重力加速度 是 $g = 9.81\text{m/s}^2$;钟摆铰链之间的距离是 $b = 0.4\text{m}$。

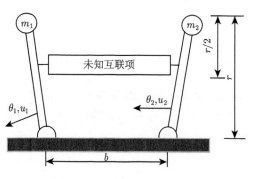

图 7.4.1　两个小车的倒立摆

令 $\bar{\omega}_{1,2} = [3\ 3]^{\mathrm{T}}$ 和 $\bar{\omega}_{2,2} = [3.125\ 3.125]^{\mathrm{T}}$。给定参考信号为 $y_{1,m} = \sin(t)$ 和 $y_{2,m} = \sin(t)$。

选择观测器增益 $K_1 = [k_{1,1}, k_{2,1}] = [1\ 40]$, $K_2 = [k_{1,2}, k_{2,2}] = [2\ 50]$。给定 $Q_1 = Q_2 = 5I$, 则通过求解方程 $(7.4.9)$, 得到正定矩阵:

$$
P_1 = \begin{bmatrix} 5.1250 & 0.1250 \\ 0.1250 & 205.125 \end{bmatrix}, \quad
P_2 = \begin{bmatrix} 2.550 & 0.100 \\ 0.100 & 127.70 \end{bmatrix}
$$

选择隶属函数为

$$\mu_{F_{i,j}^1}(\hat{x}_{i,j}) = \exp[-(\hat{x}_{i,j} - 2)^2/4], \quad \mu_{F_{i,j}^2}(\hat{x}_{i,j}) = \exp[-(\hat{x}_{i,j} - 1)^2/4]$$

$$\mu_{F_{i,j}^3}(\hat{x}_{i,j}) = \exp(-\hat{x}_{i,j}^2/4), \quad \mu_{F_{i,j}^4}(\hat{x}_{i,j}) = \exp[-(\hat{x}_{i,j} + 1)^2/4]$$

$$\mu_{F_{i,j}^5}(\hat{x}_{i,j}) = \exp[-(\hat{x}_{i,j} + 2)^2/4], \quad i = 1, 2; j = 1, 2$$

令

$$\varphi_{i,1,l}(\hat{x}_{i,1}) = \frac{\mu_{F_i^l}(\hat{x}_{i,1})}{\displaystyle\sum_{l=1}^{5} \mu_{F_i^l}(\hat{x}_{i,1})}, \quad \varphi_{i,2,l}(\hat{\bar{x}}_{i,2}) = \frac{\mu_{F_i^l}(\hat{x}_{i,1})\mu_{F_i^l}(\hat{x}_{i,2})}{\displaystyle\sum_{l=1}^{5} \mu_{F_i^l}(\hat{x}_{i,1})\mu_{F_i^l}(\hat{x}_{i,2})},$$

$$i = 1, 2; l = 1, 2, \cdots, 5$$

$$\varphi_{i,1}(\hat{x}_{i,1}) = [\varphi_{i,1,1}(\hat{x}_{i,1}), \varphi_{i,1,2}(\hat{x}_{i,1}), \varphi_{i,1,3}(\hat{x}_{i,1}), \varphi_{i,1,4}(\hat{x}_{i,1}), \varphi_{i,1,5}(\hat{x}_{i,1})]^{\mathrm{T}}$$

$$\varphi_{i,2}(\hat{\bar{x}}_{i,2}) = [\varphi_{i,2,1}(\hat{\bar{x}}_{i,2}), \varphi_{i,2,2}(\hat{\bar{x}}_{i,2}), \varphi_{i,2,3}(\hat{\bar{x}}_{i,2}), \varphi_{i,2,4}(\hat{\bar{x}}_{i,2}), \varphi_{i,2,5}(\hat{\bar{x}}_{i,2})]^{\mathrm{T}}$$

则得到模糊逻辑系统为

$$\hat{f}_{i,1}(\hat{x}_{i,1}|\hat{\theta}_{i,1}) = \hat{\theta}_{i,1}^{\mathrm{T}}\varphi_{i,1}(\hat{x}_{i,1}), \quad \hat{f}_{i,2}(\hat{\bar{x}}_{i,2}|\hat{\theta}_{i,2}) = \hat{\theta}_{i,2}^{\mathrm{T}}\varphi_{i,2}(\hat{\bar{x}}_{i,2})$$

在仿真中，选取虚拟控制器、控制器及参数自适应律中的设计参数为：$c_{1,1} = 20$, $c_{2,1} = 20$, $c_{1,2} = 20$, $c_{2,2} = 20$, $\gamma_1 = \gamma_2 = 10$, $\bar{\sigma}_1 = \bar{\sigma}_2 = 0.1$, $\Gamma_{1,2} = \mathrm{diag}\{1, 1\}$, $\Gamma_{2,2} = \mathrm{diag}\{1, 1\}$, $\sigma_{1,2} = \sigma_{2,2} = 0.1$。

执行器故障为

$$u_{11} = \begin{cases} 0.9\upsilon_1, & t > 3 \\ \upsilon_1, & t \leqslant 3 \end{cases}, \quad u_{12} = \begin{cases} 2, & t > 2 \\ \upsilon_1, & t \leqslant 2 \end{cases}$$

$$u_{21} = \begin{cases} 0.9\upsilon_2, & t > 3 \\ \upsilon_2, & t \leqslant 3 \end{cases}, \quad u_{22} = \begin{cases} 2, & t > 2 \\ \upsilon_2, & t \leqslant 2 \end{cases}$$

选择变量及参数的初始值为：$x_{1,1}(0) = 0.1$, $x_{1,2}(0) = 0.1$, $x_{2,1}(0) = 0$, $x_{2,2}(0) = 0$, $\hat{x}_{1,1}(0) = \hat{x}_{2,1}(0) = 0$, $\hat{x}_{1,2}(0) = \hat{x}_{2,2}(0) = 0$, $\hat{\theta}_{2,1}(0) = [0 \ 0 \ 0 \ 0 \ 0]^{\mathrm{T}}$, $\hat{\theta}_{2,2}(0) = [0 \ 0 \ 0 \ 0 \ 0]^{\mathrm{T}}$, $\hat{\Pi}_1(0) = \hat{\Pi}_2(0) = 0$。

仿真结果如图 7.4.2~图 7.4.9 所示。

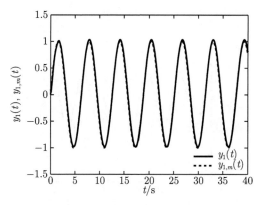

图 7.4.2　$y_1(t)$ 和 $y_{1,m}(t)$ 的轨迹

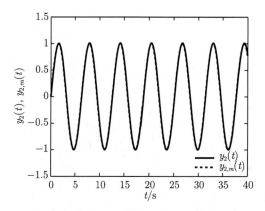

图 7.4.3　$y_2(t)$ 和 $y_{2,m}(t)$ 的轨迹

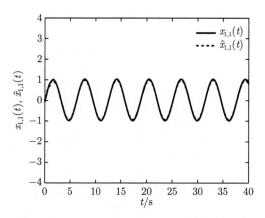

图 7.4.4　$x_{1,1}(t)$ 和 $\hat{x}_{1,1}(t)$ 的轨迹

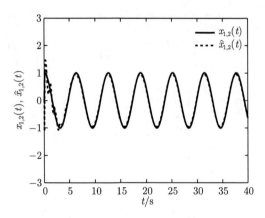

图 7.4.5　$x_{1,2}(t)$ 和 $\hat{x}_{1,2}(t)$ 的轨迹

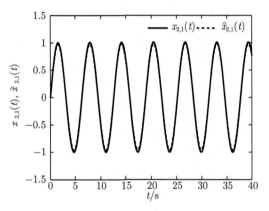

图 7.4.6　$x_{2,1}(t)$ 和 $\hat{x}_{2,1}(t)$ 的轨迹

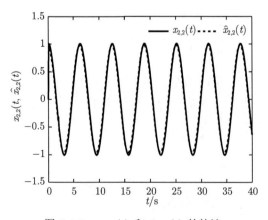

图 7.4.7　$x_{2,2}(t)$ 和 $\hat{x}_{2,2}(t)$ 的轨迹

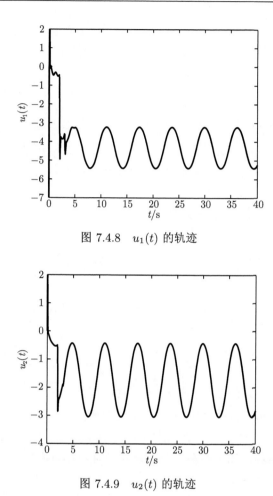

图 7.4.8　$u_1(t)$ 的轨迹

图 7.4.9　$u_2(t)$ 的轨迹

7.5　含有未知控制方向的互联大系统模糊自适应输出反馈控制

　　本节针对一类含有未知控制方向的非线性严格反馈互联大系统，通过设计模糊 K 滤波和 Nussbaum 增益函数，分别解决被控制系统中的状态不可测和未知控制方向问题。基于自适应反步递推控制设计，介绍一种模糊自适应反步递推输出反馈分散控制设计方法，并给出闭环系统的稳定性和收敛性分析。

7.5.1　系统模型及控制问题描述

　　考虑由 N 个子系统组成的非线性严格反馈互联大系统，其中第 $i(i = 1, 2, \cdots, N)$ 个子系统表示为

$$\begin{cases} \dot{x}_{i,j} = f_{i,j}\left(\bar{x}_{i,j}\right) + x_{i,j+1} + \Delta_{i,j}(\bar{y}), \quad j = 1, 2, \cdots, n_i - 1 \\ \dot{x}_{i,n_i} = f_{i,n_i}\left(\bar{x}_{i,n_i}\right) + b_{i,0}\sigma_i\left(y_i\right)u_i + \Delta_{i,n_i}(\bar{y}) \\ y_i = x_{i,1} \end{cases} \tag{7.5.1}$$

式中，$\bar{x}_{i,j} = [x_{i,1}, x_{i,2}, \cdots, x_{i,j}]^{\mathrm{T}}(j = 1, 2, \cdots, n_i)$、$u_i$ 和 $\bar{y} = [y_1, y_2, \cdots, y_N]$ 分别是第 i 个子系统的状态向量、控制输入向量和输出向量；$\sigma_i(y_i) \neq 0$ 是已知非线性光滑函数；$f_{i,j}(\bar{x}_{i,j})$ 是未知连续非线性函数；$\Delta_{i,j}(\bar{y})$ 是第 y_i 个子系统和其他子系统间的互联项；$b_{i,0}$ 是未知常数，$b_{i,0} \neq 0$ 且 $b_{i,0}$ 的符号未知。假设只有输出 y_i 是可测的。

假设 7.5.1　非线性互联项 $\Delta_{i,j}(\cdot)$ 满足

$$|\Delta_{i,j}(\bar{y})| \leqslant \sum_{k=1}^{p_{i,j}} \sum_{l=1}^{N} q_{i,j,l}^k \left\|y_l\right\|^k \tag{7.5.2}$$

式中，$q_{i,j,l}^k$ 是未知常数，它表示各子系统之间的互联作用强度 $(i = 1, 2, \cdots, N)$；$p = \max\{p_{i,j} | 1 \leqslant i \leqslant N, 1 \leqslant j \leqslant n_i\}$ 是已知常数。

控制任务　基于模糊逻辑系统设计一种基于观测器的模糊自适应分散控制器，使得：

(1) 闭环系统的所有信号半全局一致最终有界；

(2) 系统输出 y_i 能够很好地跟踪给定的参考信号 $y_{i,m}$。

引理 7.5.1　$\dot{\zeta}_i(t)$ 是定义在 $[0, t_f]$ 的光滑函数，$N(\zeta_i) = \exp(\zeta_i^2)\cos(\zeta_i^2)$ 是 Nussbaum 增益函数。如果存在一个正定、径向无界的函数 $V(t, x)$，常数 $C > 0$，$D > 0$，满足下面的不等式：

$$\dot{V}(t, x) \leqslant -CV(t, x) + \sum_{i=1}^{N} d_i(b_{i,0}N'(\zeta_i) + 1)\dot{\zeta}_i + D$$

那么，$V(\cdot)$、ζ_i 和 $\sum\limits_{i=1}^{N} \int_0^t b_{i,0}N'(\zeta_i)\dot{\zeta}_i e^{C\tau}\mathrm{d}\tau$ 在 $[0, t_f)$ 上有界。式中，d_i 是常数；对于 $a_i > 0$，d_N 满足条件：$d_N \geqslant d_1 a_1 a_2 \cdots a_{N-1} + d_2 a_2 \cdots a_{N-1} + \cdots + d_{N-1}a_{N-1} + 1$。

7.5.2　模糊分散 K 滤波设计

由于 $f_{i,j}(\bar{x}_{i,j})$ 是连续函数，所以根据引理 0.1.1，利用模糊逻辑系统 $\hat{f}_{i,j}$ $(\hat{\bar{x}}_{i,j}|\hat{\theta}_{i,j}) = \hat{\theta}_{i,j}^{\mathrm{T}}\varphi_{i,j}(\hat{\bar{x}}_{i,j})$ 逼近 $f_{i,j}(\bar{x}_{i,j})$，并假设

$$f_{i,j}(\bar{x}_{i,j}) = \theta_{i,j}^{*\mathrm{T}}\varphi_{i,j}(\hat{\bar{x}}_{i,j}) + \varepsilon_{i,j} \tag{7.5.3}$$

式中，$\hat{\bar{x}}_{i,j} = [\hat{\bar{x}}_{i,1}, \hat{\bar{x}}_{i,2}, \cdots, \hat{\bar{x}}_{i,j}]^{\mathrm{T}}(i=1,2,\cdots,N; j=1,2,\cdots,n_i)$ 是 $\bar{x}_{i,j}$ 的估计；$\theta_{i,j}^* = \arg\min\limits_{\theta_{i,j}\in\Omega_i}\left\{ \sup\limits_{(\bar{x}_{i,j},\hat{\bar{x}}_{i,j})\in(U_{i,1},U_{i,2})} \left| f_{i,j}(\bar{x}_{i,j}) - \theta_{i,j}^{\mathrm{T}}\varphi_{i,j}(\hat{\bar{x}}_{i,j}) \right| \right\}$ 是最优参数；$\varepsilon_{i,j}$ 是最小逼近误差。假设 $|\varepsilon_{i,j}| \leqslant \varepsilon_{i,j}^*$，$\varepsilon_{i,j}^*$ 是正常数。

根据式 (7.5.3)，系统 (7.5.1) 可表示为

$$\dot{x}_i = A_i x_i + G_i^{\mathrm{T}}(\hat{\bar{x}}_i, y_i, u_i)\vartheta_i + \Delta_i(\bar{y}) + \varepsilon_i$$
$$y_i = C_i^{\mathrm{T}} x_i \tag{7.5.4}$$

式中，

$$A_i = \begin{bmatrix} 0 & & \\ \vdots & I_{n_i-1} & \\ 0 & \cdots & 0 \end{bmatrix}, \quad \vartheta_i = \begin{bmatrix} b_{i,0} \\ \theta_i^* \end{bmatrix}, \quad \theta_i^* = \begin{bmatrix} \theta_{i,1}^* \\ \vdots \\ \theta_{i,n_i}^* \end{bmatrix}$$

$$G = \left[\begin{bmatrix} 0_{(n_i-1)\times 1} \\ 1 \end{bmatrix} \sigma_i(y_i)u_i, \Phi_i^{\mathrm{T}}\right]^{\mathrm{T}}, \quad C_i = [1\ 0\ \cdots\ 0]^{\mathrm{T}}$$

$$\Phi_i^{\mathrm{T}} = \begin{bmatrix} \varphi_{i,1}^{\mathrm{T}}(\hat{\bar{x}}_{i,1}) & & \\ & \ddots & \\ & & \varphi_{i,n_i}^{\mathrm{T}}(\hat{\bar{x}}_{i,n_i}) \end{bmatrix}, \quad \varepsilon_i = [\varepsilon_{i,1}, \varepsilon_{i,2}, \cdots, \varepsilon_{i,n_i}]^{\mathrm{T}}$$

$$\Delta_i(\bar{y}) = [\Delta_{i,1}(\bar{y}), \Delta_{i,2}(\bar{y}), \cdots, \Delta_{i,n_i}(\bar{y})]^{\mathrm{T}}$$

选择向量 $K_i = [k_{i,1}, k_{i,2}, \cdots, k_{i,n_i}]^{\mathrm{T}}$ 使得矩阵 $A_{i,0} = A_i - K_i C_i^{\mathrm{T}}$ 是 Hurwitz 矩阵。因此，对于给定的正定矩阵 $Q_i = Q_i^{\mathrm{T}} > 0$，存在正定矩阵 $P_i^{\mathrm{T}} = P_i > 0$ 满足下面的李雅普诺夫方程：

$$P_i A_{i,0} + A_{i,0}^{\mathrm{T}} P_i = -Q_i \tag{7.5.5}$$

定义状态估计为

$$\hat{x}_i = \xi_i + \Omega_i^{\mathrm{T}}\vartheta_i \tag{7.5.6}$$

式中，$\Omega_i^{\mathrm{T}} = [\lambda_i, \Xi_i]$。

根据式 (7.5.6)，定义模糊 K 滤波器为

$$\dot{\xi}_i = A_{i,0}\xi_i + K_i y_i \tag{7.5.7}$$

$$\dot{\Xi}_i = A_{i,0}\Xi_i + \Phi_i^{\mathrm{T}} \tag{7.5.8}$$

$$\dot{\lambda}_i = A_{i,0}\lambda_i + B_i\sigma_i u_i \tag{7.5.9}$$

式中，$B_i = [0 \quad \cdots \quad 0 \quad 1]^{\mathrm{T}}$。

定义观测误差向量为 $e_i = [e_{i,1}, e_{i,2}, \cdots, e_{i,n_i}]^{\mathrm{T}} = x_i - \hat{x}_i$，则由式 (7.5.4) 和式 (7.5.6) 可得

$$\dot{e}_i = A_{i,0} e_i + \Delta_i(\bar{y}) + \varepsilon_i \tag{7.5.10}$$

由于参数向量 θ_i^* 是未知的，所以式 (7.5.6) 中虚拟状态估计 $\hat{x}_i$ 不可用。因此，设计真实状态估计 $\hat{\hat{x}}_i$ 为

$$\hat{\hat{x}}_i = \xi_i + \Xi_i^{\mathrm{T}} \hat{\theta}_i + \hat{b}_{i,0} \lambda_i \tag{7.5.11}$$

式中，$\hat{\theta}_i$ 和 $\hat{b}_{i,0}$ 分别是 θ_i^* 和 $b_{i,0}$ 的估计。

选择李雅普诺夫函数 $V_{i,0} = e_i^{\mathrm{T}} P_i e_i$。定义 $V_0 = \sum\limits_{i=1}^{N} V_{i,0}$，类似于引理 7.3.1 的证明，可得

$$\dot{V}_0 \leqslant \sum_{i=1}^{N} \left[-\bar{\lambda}_{i,0} e_i^{\mathrm{T}} e_i + \sum_{k=1}^{p} 2^{2k} v_{i,k} \left(\|y_{i,m}\|^{2k} + \|z_{i,1}\|^{2k} \right) + \|P_i\|^2 \|\varepsilon_i^*\|^2 \right] \tag{7.5.12}$$

式中，$\bar{\lambda}_{i,0} = \lambda_{\min}(Q_i) - 2$；$v_{i,k} = \sum\limits_{l=1}^{N} \|P_l\|^2 \sum\limits_{j=1}^{n_l} (q_{l,j,i}^k)^2 Np$。

7.5.3   模糊自适应反步递推分散控制设计

定义如下的坐标变换：

$$z_{i,1} = y_i - y_{i,m} \tag{7.5.13}$$

$$z_{i,j} = \lambda_{i,j} - \alpha_{i,j-1}, \quad j = 2, 3, \cdots, n_i \tag{7.5.14}$$

式中，$y_{i,m}$ 是给定的跟踪信号；$z_{i,1}$ 是跟踪误差；$\alpha_{i,j-1}$ 是在第 $j-1$ 步中将要设计的虚拟控制器。

基于上面的坐标变换，n_i 步模糊自适应反步递推分散控制设计如下。

第 1 步   求 $z_{i,1}$ 的导数，并由式 (7.5.1) 和式 (7.5.13) 可得

$$\begin{aligned}
\dot{z}_{i,1} &= \dot{x}_{i,1} - \dot{y}_{i,m} \\
&= x_{i,2} + f_{i,1}(x_{i,1}) + \Delta_{i,1}(\bar{y}) - \dot{y}_{i,m}
\end{aligned} \tag{7.5.15}$$

根据式 (7.5.6)，$x_{i,2}$ 可以表示为

$$x_{i,2} = \xi_{i,2} + \Xi_{i,(2)}^{\mathrm{T}} \theta_i^* + e_{i,2} + b_{i,0} \lambda_{i,2} \tag{7.5.16}$$

根据式 (7.5.15) 和式 (7.5.16)，式 (7.5.15) 变为

$$\dot{z}_{i,1} = b_{i,0} \lambda_{i,2} + e_{i,2} + \varepsilon_{i,1} + \xi_{i,2} + (\Phi_{i,(1)}^{\mathrm{T}} + \Xi_{i,(2)}^{\mathrm{T}}) \theta_i^* - \dot{y}_{i,m} + \Delta_{i,1}(\bar{y})$$

$$
\begin{aligned}
&= b_{i,0}\lambda_{i,2} + e_{i,2} + \varepsilon_{i,1} + \xi_{i,2} + \bar{\omega}_i^{\mathrm{T}}\theta_i^* - \dot{y}_{i,m} + \Delta_{i,1}(\bar{y}) \\
&= b_{i,0}\lambda_{i,2} + e_{i,2} + \varepsilon_{i,1} + \bar{\omega}_i^{\mathrm{T}}\tilde{\theta}_i + \bar{\omega}_i^{\mathrm{T}}\hat{\theta}_i + \xi_{i,2} - \dot{y}_{i,m} + \Delta_{i,1}(\bar{y}) \quad (7.5.17)
\end{aligned}
$$

式中，$\bar{\omega}_i^{\mathrm{T}} = \Phi_{i,(1)}^{\mathrm{T}} + \Xi_{i,(2)}^{\mathrm{T}}$；$\Phi_{i,(1)}^{\mathrm{T}}$ 是矩阵 Φ_i^{T} 的第一行；$\Xi_{i,(2)}^{\mathrm{T}}$ 是矩阵 Ξ_i^{T} 的第二行。

选择如下的李雅普诺夫函数：

$$
V_{i,1} = V_{i,0} + \frac{1}{2}z_{i,1}^2 + \frac{1}{2}\tilde{\theta}_i^{\mathrm{T}}\Gamma_i^{-1}\tilde{\theta}_i + \frac{1}{2}\gamma_{\Pi_i}^{-1}\tilde{\Pi}_i^2 \quad (7.5.18)
$$

式中，$\Gamma_i = \Gamma_i^{\mathrm{T}} > 0$ 是增益矩阵；$\gamma_{\Pi_i} > 0$ 是设计参数；$\tilde{\theta}_i = \theta_i^* - \hat{\theta}_i$ 和 $\tilde{\Pi}_i = \Pi_i - \hat{\Pi}_i$ 分别是参数估计误差，$\hat{\theta}_{i,1}$ 和 $\hat{\Pi}_i$ 分别是 θ_i^* 和 $\Pi_i = \max\limits_{1 \leqslant k \leqslant p}\{v_{i,k} + n_i v_{1,i,k}\}$ 的估计。

定义 $V_1 = \sum\limits_{i=1}^{N} V_{i,1}$，则 $\dot{V}_1 = \sum\limits_{i=1}^{N} \dot{V}_{i,1}$。由式 (7.5.17) 和式 (7.5.18) 可得

$$
\begin{aligned}
\dot{V}_1 \leqslant & \sum_{i=1}^{N}\Bigg[-\bar{\lambda}_{i,0}e_i^{\mathrm{T}}e_i + \|P_i\|^2\|\varepsilon_i^*\|^2 + \sum_{k=1}^{p} 2^{2k}v_{i,k}(\|y_{i,m}\|^{2k} + \|z_{i,1}\|^{2k}) \\
& + z_{i,1}(b_{i,0}\lambda_{i,2} + e_{i,2} + \varepsilon_{i,1} + \xi_{i,2} + \bar{\omega}_i^{\mathrm{T}}\tilde{\theta}_i \\
& + \bar{\omega}_i^{\mathrm{T}}\hat{\theta}_i - \dot{y}_{i,m} + \Delta_{i,1}(\bar{y})) - \tilde{\theta}_i^{\mathrm{T}}\Gamma_i^{-1}\dot{\hat{\theta}}_i - \gamma_{\Pi_i}^{-1}\tilde{\Pi}_i\dot{\hat{\Pi}}_i \Bigg] \\
\leqslant & \sum_{i=1}^{N}\Bigg[-\bar{\lambda}_{i,0}e_i^{\mathrm{T}}e_i + \|P_i\|^2\|\varepsilon_i^*\|^2 + \sum_{k=1}^{p} 2^{2k}v_{i,k}(\|y_{i,m}\|^{2k} + \|z_{i,1}\|^{2k}) \\
& + z_{i,1}(b_{i,0}\lambda_{i,2} + e_{i,2} + \varepsilon_{i,1} + \xi_{i,2} + \bar{\omega}_i^{\mathrm{T}}\hat{\theta}_i - \dot{y}_{i,m} \\
& + \Delta_{i,1}(\bar{y})) + \tilde{\theta}_i^{\mathrm{T}}\Gamma_i^{-1}(\Gamma_i z_{i,1}\bar{\omega}_i^{\mathrm{T}} - \dot{\hat{\theta}}_i) - \gamma_{\Pi_i}^{-1}\tilde{\Pi}_i\dot{\hat{\Pi}}_i \Bigg] \quad (7.5.19)
\end{aligned}
$$

根据杨氏不等式，可得

$$
z_{i,1}(e_{i,2} + \varepsilon_{i,1}) \leqslant z_{i,1}^2 + \frac{1}{2}e_i^{\mathrm{T}}e_i + \frac{1}{2}\varepsilon_{i,1}^2 \quad (7.5.20)
$$

根据杨氏不等式和假设 7.5.1，可得

$$
\begin{aligned}
\sum_{i=1}^{N}|\Delta_{i,1}(\bar{y})z_{i,1}| &\leqslant \sum_{i=1}^{N}\left|\sum_{k=1}^{p_{i,j}}\sum_{l=1}^{N} q_{i,1,l}^k\|y_l\|^k\right| |z_{i,1}| \\
&\leqslant \sum_{i=1}^{N} z_{i,1}^2 + \sum_{i=1}^{N}\left|\sum_{k=1}^{p_{i,j}}\sum_{l=1}^{N} q_{i,1,l}^k\|y_l\|^k\right|^2
\end{aligned}
$$

$$\leqslant \sum_{i=1}^{N} z_{i,1}^2 + \sum_{i=1}^{N} \sum_{k=1}^{p} 2^{2k} v_{1,i,k}(\|y_{i,m}\|^{2k} + \|z_{i,1}\|^{2k}) \qquad (7.5.21)$$

式中，$v_{1,i,k} = \sum_{l=1}^{N} (q_{l,1,i}^k)^2 Np$。

设 $\bar{\lambda}_{i,1} = \bar{\lambda}_{i,0} - \dfrac{1}{2}$，将式 (7.5.20) 和式 (7.5.21) 代入式 (7.5.19)，可得

$$
\begin{aligned}
\dot{V}_1 \leqslant \sum_{i=1}^{N} \bigg[& -\bar{\lambda}_{i,1} e_i^{\mathrm{T}} e_i + \sum_{k=1}^{p} 2^{2k}(v_{i,k} + v_{1,i,k})(\|y_{i,m}\|^{2k} + \|z_{i,1}\|^{2k}) \\
& + z_{i,1}\bigg(b_{i,0}\alpha_{i,1} + \bar{\omega}_i^{\mathrm{T}}\hat{\theta}_i + 2z_{i,1} + \xi_{i,2} - \dot{y}_{i,m} + \hat{\Pi}_i \sum_{k=1}^{p} 2^{2k} z_{i,1}^{2k-1} \bigg) \\
& - \Pi_i \sum_{k=1}^{p} 2^{2k} z_{i,1}^{2k} + b_{i,0} z_{i,1} z_{i,2} + \tilde{\theta}_i^{\mathrm{T}} \Gamma_i^{-1}(\Gamma_i z_{i,1} \bar{\omega}_i^{\mathrm{T}} - \dot{\hat{\theta}}_i) \\
& + \tilde{\Pi}_i \bigg(\sum_{k=1}^{p} 2^{2k} z_{i,1}^{2k} - \gamma_{\Pi_i}^{-1} \dot{\hat{\Pi}}_i \bigg) + D_{i,1} \bigg]
\end{aligned}
\qquad (7.5.22)
$$

式中，$D_{i,1} = \varepsilon_{i,1}^{*2}/2 + \|P_i\|^2 \|\varepsilon_i^*\|^2$。

设计虚拟控制器 $\alpha_{i,1}$、调节函数和参数 $\hat{\Pi}_i$ 的自适应律如下：

$$\alpha_{i,1} = N'(\zeta_i)\bigg[(c_{i,1} + 2)z_{i,1} + \xi_{i,2} + \bar{\omega}_i^{\mathrm{T}}\hat{\theta}_i - \dot{y}_{i,m} + \hat{\Pi}_i \sum_{k=1}^{p} 2^{2k} z_{i,1}^{2k-1} \bigg] \qquad (7.5.23)$$

式中，

$$N(\zeta_i) = \exp(\zeta_i^2) \cos(\zeta_i^2)$$

$$\dot{\zeta}_i = d_i^{-1} z_{i,1}\bigg[(c_{i,1} + 2)z_{i,1} + \xi_{i,2} + \bar{\omega}_i^{\mathrm{T}}\hat{\theta}_i - \dot{y}_{i,m} + \hat{\Pi}_i \sum_{k=1}^{p} 2^{2k} z_{i,1}^{2k-1} \bigg]$$

$$\tau_{i,1} = \bar{\omega}_i^{\mathrm{T}} z_{i,1} \qquad (7.5.24)$$

$$\dot{\hat{\Pi}}_i = \gamma_{\Pi_i}\bigg(\sum_{k=1}^{p} 2^{2k} z_{i,1}^{2k} - \sigma_i \hat{\Pi}_i \bigg) \qquad (7.5.25)$$

式中，$c_{i,1} > 0$ 和 $\sigma_i > 0$ 是设计参数。

将式 (7.5.23)~式 (7.5.25) 代入式 (7.5.22)，$\dot{V}_1$ 最终表示为

$$\dot{V}_1 \leqslant \sum_{i=1}^{N} \bigg[-\bar{\lambda}_{i,1} e_i^{\mathrm{T}} e_i + d_i(b_{i,0} N'(\zeta_i) + 1)\dot{\zeta}_i - c_{i,1} z_{i,1}^2 + b_{i,0} z_{i,1} z_{i,2}$$

$$
+ \tilde{\theta}_i^{\mathrm{T}} \Gamma_i^{-1} (\Gamma_i \tau_{i,1} - \dot{\hat{\theta}}_i) - \Pi_i \sum_{k=1}^{p} 2^{2k} z_{i,1}^{2k} + \sigma_i \tilde{\Pi}_i \hat{\Pi}_i + D_{i,1}
$$

$$
+ \sum_{k=1}^{p} 2^{2k} (v_{i,k} + v_{1,i,k})(\|y_{i,m}\|^{2k} + \|z_{i,1}\|^{2k}) \bigg] \tag{7.5.26}
$$

第 2 步　求 $z_{i,2}$ 的导数，由式 (7.5.1) 和式 (7.5.14) 可得

$$
\dot{z}_{i,2} = - k_{i,2} \lambda_{i,1} + \lambda_{i,3} - \frac{\partial \alpha_{i,1}}{\partial x_{i,1}} (\xi_{i,2} + b_{i,0} \lambda_{i,2} + \bar{\omega}_i^{\mathrm{T}} \theta_i^* + e_{i,2} + \Delta_{i,1} + \varepsilon_{i,1})
$$

$$
- \sum_{j=1}^{2} \frac{\partial \alpha_{i,1}}{\partial y_{i,m}^{(j-1)}} y_{i,m}^{(j)} - \frac{\partial \alpha_{i,1}}{\partial \xi_i} (A_{i,0} \xi_i + K_i y_i) - \frac{\partial \alpha_{i,1}}{\partial \hat{\Pi}_i} \dot{\hat{\Pi}}_i - \frac{\partial \alpha_{i,1}}{\partial \zeta_i} \dot{\zeta}_i
$$

$$
- \frac{\partial \alpha_{i,1}}{\partial \Xi_i} (A_{i,0} \Xi_i + \Phi_i^{\mathrm{T}}) - \sum_{j=1}^{n_i-1} \frac{\partial \alpha_{i,1}}{\partial \lambda_j} (-k_{i,j} \lambda_{i,1} + \lambda_{i,j+1})
$$

$$
- \frac{\partial \alpha_{i,1}}{\partial \hat{\theta}_i} (\dot{\hat{\theta}}_i - \Gamma_i \tau_{i,1} + \Gamma_i \mu_i \hat{\theta}_i) - \frac{\partial \alpha_{i,1}}{\partial \hat{\theta}_i} \Gamma_i (\tau_{i,1} - \mu_i \hat{\theta}_i) \tag{7.5.27}
$$

令

$$
\bar{H}_{i,2} = - k_{i,2} \lambda_{i,1} - \frac{\partial \alpha_{i,1}}{\partial x_{i,1}} \xi_{i,2} - \frac{\partial \alpha_{i,1}}{\partial \hat{\theta}_i} \Gamma_i (\tau_{i,1} - \mu_i \hat{\theta}_i) - \sum_{j=1}^{2} \frac{\partial \alpha_{i,1}}{\partial y_{i,m}^{(j-1)}} y_{i,m}^{(j)}
$$

$$
- \frac{\partial \alpha_{i,1}}{\partial \hat{\Pi}_i} \dot{\hat{\Pi}}_i - \frac{\partial \alpha_{i,1}}{\partial \zeta_i} \dot{\zeta}_i - \frac{\partial \alpha_{i,1}}{\partial \xi_i} (A_{i,0} \xi_i + K_i y_i)
$$

$$
- \frac{\partial \alpha_{i,1}}{\partial \Xi_i} (A_{i,0} \Xi_i + \Phi_i^{\mathrm{T}}) - \sum_{j=1}^{n_i-1} \frac{\partial \alpha_{i,1}}{\partial \lambda_j} (-k_{i,j} \lambda_{i,1} + \lambda_{i,j+1})
$$

则式 (7.5.27) 变为

$$
\dot{z}_{i,2} = \lambda_{i,3} - \frac{\partial \alpha_{i,1}}{\partial x_{i,1}} (b_{i,0} \lambda_{i,2} + \bar{\omega}_i^{\mathrm{T}} \theta_i^* + e_{i,2} + \Delta_{i,1}
$$

$$
+ \varepsilon_{i,1}) - \frac{\partial \alpha_{i,1}}{\partial \hat{\theta}_i} (\dot{\hat{\theta}}_i - \Gamma_i \tau_{i,1} + \Gamma_i \mu_i \hat{\theta}_i) + \bar{H}_{i,2} \tag{7.5.28}
$$

选择如下的李雅普诺夫函数：

$$
V_{i,2} = V_{i,1} + \frac{1}{2} z_{i,2}^2 + \frac{1}{2\gamma_{i,2}} \tilde{b}_{i,0}^2 \tag{7.5.29}
$$

式中，$\gamma_{i,2} > 0$ 是设计参数；$\tilde{b}_{i,0} = b_{i,0} - \hat{b}_{i,0}$ 是参数估计误差，$\hat{b}_{i,0}$ 是 $b_{i,0}$ 的估计。

定义 $V_2 = \sum\limits_{i=1}^{N} V_{i,2}$，则 $\dot{V}_2 = \sum\limits_{i=1}^{N} \dot{V}_{i,2}$。求 V_2 的导数，并由式 (7.5.28) 和式 (7.5.29) 可得

$$
\begin{aligned}
\dot{V}_2 = \dot{V}_1 + \sum_{i=1}^{N} \Bigg\{ & z_{i,2}\Bigg[z_{i,3} + \alpha_{i,2} + \bar{H}_{i,2} - \frac{\partial \alpha_{i,1}}{\partial x_{i,1}}(b_{i,0}\lambda_{i,2} + \bar{\omega}_i^{\mathrm{T}}\theta_i^* + e_{i,2} \\
& + \Delta_{i,1} + \varepsilon_{i,1}) - \frac{\partial \alpha_{i,1}}{\partial \hat{\theta}_i}(\dot{\hat{\theta}}_i - \Gamma_i \tau_{i,1} + \Gamma_i \mu_i \hat{\theta}_i) - \frac{1}{\gamma_{i,2}}\tilde{b}_{i,0}\dot{\hat{b}}_{i,0} \Bigg] \Bigg\}
\end{aligned}
\tag{7.5.30}
$$

根据杨氏不等式和假设 7.5.1，可得

$$
\left| z_{i,2} e_{i,2} \frac{\partial \alpha_{i,1}}{\partial x_{i,1}} \right| \leqslant \frac{1}{4} e_i^{\mathrm{T}} e_i + \left(\frac{\partial \alpha_{i,1}}{\partial x_{i,1}} \right)^2 z_{i,2}^2
\tag{7.5.31}
$$

$$
\sum_{i=1}^{N} \left| z_{i,2} \Delta_{i,1} \frac{\partial \alpha_{i,1}}{\partial x_{i,1}} \right| \leqslant \sum_{i=1}^{N} \left(\frac{\partial \alpha_{i,1}}{\partial x_{i,1}} \right)^2 z_{i,2}^2 + \sum_{i=1}^{N} \sum_{k=1}^{p} 2^{2k} v_{1,i,k}(\|y_{i,m}\|^{2k} + \|z_{i,1}\|^{2k})
\tag{7.5.32}
$$

$$
\left| z_{i,2} \varepsilon_{i,1} \frac{\partial \alpha_{i,1}}{\partial x_{i,1}} \right| \leqslant \frac{1}{2} \left(\frac{\partial \alpha_{i,1}}{\partial x_{i,1}} \right)^2 z_{i,2}^2 + \frac{1}{2} \varepsilon_{i,1}^{*2}
\tag{7.5.33}
$$

$$
-\frac{\partial \alpha_{i,1}}{\partial \hat{\theta}_i}(\dot{\hat{\theta}}_i - \Gamma_i \tau_{i,1} + \Gamma_i \mu_i \hat{\theta}_i) = \sum_{j=2}^{n_i} \Lambda_{i,1,j} z_{i,j}
\tag{7.5.34}
$$

式中，$\Lambda_{i,1,j} = \dfrac{\partial \alpha_{i,1}}{\partial \hat{\theta}_i} \Gamma_i \dfrac{\partial \alpha_{i,j-1}}{\partial x_{i,1}} \bar{\omega}_i$。

设 $\bar{\lambda}_{i,2} = \bar{\lambda}_{i,1} - \dfrac{1}{4}$，将式 (7.5.31)～式 (7.5.34) 代入式 (7.5.30)，可得

$$
\begin{aligned}
\dot{V}_2 \leqslant \sum_{i=1}^{N} \Bigg\{ & -\bar{\lambda}_{i,2} e_i^{\mathrm{T}} e_i + d_i(b_{i,0} N'(\zeta_i) + 1)\dot{\zeta}_i - c_{i,1} z_{i,1}^2 + \hat{b}_{i,0} z_{i,1} z_{i,2} + \sigma_i \tilde{\Pi}_i \hat{\Pi}_i \\
& + z_{i,2} z_{i,3} + z_{i,2}\left[\alpha_{i,2} - \frac{\partial \alpha_{i,1}}{\partial x_{i,1}}(\hat{b}_{i,0}\lambda_{i,2} + \bar{\omega}_i^{\mathrm{T}}\hat{\theta}_i) + H_{i,2} \right] + \tilde{\theta}_i^{\mathrm{T}} \Gamma_i^{-1}(\Gamma_i \tau_{i,1} - \dot{\hat{\theta}}_i) \\
& - z_{i,2} \frac{\partial \alpha_{i,1}}{\partial x_{i,1}} \bar{\omega}_i^{\mathrm{T}} \tilde{\theta}_i - \Pi_i \sum_{k=1}^{p} 2^{2k} z_{i,1}^{2k} + \frac{\tilde{b}_{i,0}}{\gamma_{i,2}}\left[\gamma_{i,2} z_{i,2}\left(\frac{\partial \alpha_{i,1}}{\partial x_{i,1}}\lambda_{i,2} - z_{i,1} \right) - \dot{\hat{b}}_{i,0} \right] \\
& + \sum_{k=1}^{p} 2^{2k}(v_{i,k} + 2v_{1,i,k})(\|y_{i,m}\|^{2k} + \|z_{i,1}\|^{2k}) + \sum_{j=2}^{n_i} \Lambda_{i,1,j} z_{i,2} z_{i,j} + D_{i,2} \Bigg\}
\end{aligned}
\tag{7.5.35}
$$

式中，$D_{i,2} = D_{i,1} + \varepsilon_{i,1}^{*2}/2$；$H_{i,2} = \bar{H}_{i,2} + \dfrac{5}{2}\left(\dfrac{\partial \alpha_{i,1}}{\partial x_{i,1}}\right)^2 z_{i,2}$。

设计虚拟控制器和调节函数如下：

$$\alpha_{i,2} = -\hat{b}_{i,0}z_{i,1} - c_{i,2}z_{i,2} + \frac{\partial \alpha_{i,1}}{\partial x_{i,1}}(\hat{b}_{i,0}\lambda_{i,2} + \bar{\omega}_i^{\mathrm{T}}\hat{\theta}_i) - H_{i,2} - \Lambda_{i,1,2}z_{i,2} \qquad (7.5.36)$$

$$\tau_{i,2} = \tau_{i,1} - z_{i,2}\frac{\partial \alpha_{i,1}}{\partial x_{i,1}}\bar{\omega}_i^{\mathrm{T}} \qquad (7.5.37)$$

$$\bar{\tau}_{i,2} = z_{i,2}\frac{\partial \alpha_{i,1}}{\partial x_{i,1}}\lambda_{i,2} - z_{i,1}z_{i,2} \qquad (7.5.38)$$

式中，$c_{i,2} > 0$ 是设计参数。

将式 (7.5.36)～式 (7.5.38) 代入式 (7.5.35)，$\dot{V}_2$ 最终表示为

$$
\begin{aligned}
\dot{V}_2 \leqslant \sum_{i=1}^{N} &\Bigg[-\bar{\lambda}_{i,2}e_i^{\mathrm{T}}e_i + d_i(b_{i,0}N'(\zeta_i)+1)\dot{\zeta}_i - \sum_{k=1}^{2} c_{i,k}z_{i,k}^2 + z_{i,2}z_{i,3} + \sigma_i \tilde{\Pi}_i\hat{\Pi}_i \\
&+ \tilde{\theta}_i^{\mathrm{T}}\Gamma_i^{-1}(\Gamma_i\tau_{i,2} - \dot{\hat{\theta}}_i) + \sum_{k=1}^{p} 2^{2k}(v_{i,k}+2v_{1,i,k})(\|y_{i,m}\|^{2k} + \|z_{i,1}\|^{2k}) + D_{i,2} \\
&- \Pi_i \sum_{k=1}^{p} 2^{2k}z_{i,1}^{2k} + \sum_{j=3}^{n_i} \Lambda_{i,1,j}z_{i,2}z_{i,j} + \frac{\tilde{b}_{i,0}}{\gamma_{i,2}}(\gamma_{i,2}\bar{\tau}_{i,2} - \dot{\hat{b}}_{i,0}) \Bigg] \qquad (7.5.39)
\end{aligned}
$$

第 $j(3 \leqslant j \leqslant n_i - 1)$ 步　求 $z_{i,j}$ 的导数，由式 (7.5.1) 和式 (7.5.14) 可得

$$
\begin{aligned}
\dot{z}_{i,j} =& \lambda_{i,j+1} - k_{i,j}\lambda_{i,1} - \frac{\partial \alpha_{i,j-1}}{\partial x_{i,1}}(\xi_{i,2} + b_{i,0}\lambda_{i,2} + \bar{\omega}_i\theta_i^* + e_{i,2} + \Delta_{i,1} + \varepsilon_{i,1}) \\
& - \sum_{k=1}^{j} \frac{\partial \alpha_{i,j-1}}{\partial y_{i,m}^{(k-1)}}y_{i,m}^{(k)} - \frac{\partial \alpha_{i,j-1}}{\partial \xi_i}(A_{i,0}\xi_i + K_i y_i) - \frac{\partial \alpha_{i,j-1}}{\partial \hat{\Pi}_i}\dot{\hat{\Pi}}_i \\
& - \frac{\partial \alpha_{i,j-1}}{\partial \Xi_i}(A_{i,0}\Xi_i + \Phi_i^{\mathrm{T}}) - \sum_{k=1}^{n_i-1} \frac{\partial \alpha_{i,j-1}}{\partial \lambda_k}(-k_{i,k}\lambda_{i,1} + \lambda_{i,k+1}) - \frac{\partial \alpha_{i,j-1}}{\partial \zeta_i}\dot{\zeta}_i \\
& - \frac{\partial \alpha_{i,j-1}}{\partial \hat{b}_{i,0}}(\dot{\hat{b}}_{i,0} - \gamma_{i,2}\bar{\tau}_{i,j-1} + \gamma_{i,2}\mu_i\hat{b}_{i,0}) - \frac{\partial \alpha_{i,j-1}}{\partial \hat{b}_{i,0}}\gamma_{i,2}(\bar{\tau}_{i,j-1} - \mu_i\hat{b}_{i,0}) \\
& - \frac{\partial \alpha_{i,j-1}}{\partial \hat{\theta}_i}(\dot{\hat{\theta}}_i - \Gamma_i\tau_{i,j-1} + \Gamma_i\mu_i\hat{\theta}_i) - \frac{\partial \alpha_{i,j-1}}{\partial \hat{\theta}_i}\Gamma_i(\tau_{i,j-1} - \mu_i\hat{\theta}_i) \qquad (7.5.40)
\end{aligned}
$$

令

$$\bar{H}_{i,j} = -k_{i,j}\lambda_{i,1} - \frac{\partial \alpha_{i,j-1}}{\partial x_{i,1}}\xi_{i,2} - \sum_{k=1}^{j} \frac{\partial \alpha_{i,j-1}}{\partial y_{i,m}^{(k-1)}}y_{i,m}^{(k)} - \frac{\partial \alpha_{i,j-1}}{\partial \xi_i}(A_{i,0}\xi_i + K_i y_i)$$

$$- \sum_{k=1}^{n_i-1} \frac{\partial \alpha_{i,j-1}}{\partial \lambda_k}(-k_{i,k}\lambda_{i,1} + \lambda_{i,k+1}) - \frac{\partial \alpha_{i,j-1}}{\partial \hat{b}_{i,0}}\gamma_{i,2}(\bar{\tau}_{i,j-1} - \mu_i \hat{b}_{i,0}) - \frac{\partial \alpha_{i,j-1}}{\partial \zeta_i}\dot{\zeta}_i$$

$$- \frac{\partial \alpha_{i,j-1}}{\partial \hat{\Pi}_i}\dot{\hat{\Pi}}_i - \frac{\partial \alpha_{i,j-1}}{\partial \hat{\theta}_i}\Gamma_i(\tau_{i,j-1} - \mu_i \hat{\theta}_i) - \frac{\partial \alpha_{i,j-1}}{\partial \Xi_i}(A_{i,0}\Xi_i + \Phi_i^{\mathrm{T}})$$

则式 (7.5.40) 变为

$$\dot{z}_{i,j} = \lambda_{i,j+1} - \frac{\partial \alpha_{i,j-1}}{\partial x_{i,1}}(b_{i,0}\lambda_{i,2} + \bar{\omega}_i^{\mathrm{T}}\theta_i^* + e_{i,2} + \Delta_{i,1} + \varepsilon_{i,1})$$

$$+ \bar{H}_{i,j} - \frac{\partial \alpha_{i,j-1}}{\partial \hat{b}_{i,0}}(\dot{\hat{b}}_{i,0} - \gamma_{i,2}\bar{\tau}_{i,j-1} + \gamma_{i,2}\mu_i \hat{b}_{i,0})$$

$$- \frac{\partial \alpha_{i,j-1}}{\partial \hat{\theta}_i}(\dot{\hat{\theta}}_i - \Gamma_i\tau_{i,j-1} + \Gamma_i\mu_i\hat{\theta}_i) \tag{7.5.41}$$

选择如下的李雅普诺夫函数:

$$V_{i,j} = V_{i,j-1} + \frac{1}{2}z_{i,j}^2 \tag{7.5.42}$$

定义 $V_j = \sum_{i=1}^{N} V_{i,j}$, 则 $\dot{V}_j = \sum_{i=1}^{N} \dot{V}_{i,j}$。求 V_j 的导数, 并由式 (7.5.41) 和式 (7.5.42) 可得

$$\dot{V}_j = \dot{V}_{j-1} + \sum_{i=1}^{N}\left\{z_{i,1}\left[\lambda_{i,j+1} + \bar{H}_{i,j} - \frac{\partial \alpha_{i,j-1}}{\partial x_{i,1}}(b_{i,0}\lambda_{i,2} + \bar{\omega}_i^{\mathrm{T}}\theta_i^*\right.\right.$$

$$+ e_{i,2} + \Delta_{i,1} + \varepsilon_{i,1}) - \frac{\partial \alpha_{i,j-1}}{\partial \hat{b}_{i,0}}(\dot{\hat{b}}_{i,0} - \gamma_{i,2}\bar{\tau}_{i,j-1} + \gamma_{i,2}\mu_i\hat{b}_{i,0})$$

$$\left.\left. - \frac{\partial \alpha_{i,j-1}}{\partial \hat{\theta}_i}(\dot{\hat{\theta}}_i - \Gamma_i\tau_{i,j-1} + \Gamma_i\mu_i\hat{\theta}_i)\right]\right\} \tag{7.5.43}$$

根据杨氏不等式和假设 7.5.1, 可得

$$\left|z_{i,j}e_{i,2}\frac{\partial \alpha_{i,j-1}}{\partial x_{i,1}}\right| \leqslant \frac{1}{4}e_i^{\mathrm{T}}e_i + \left(\frac{\partial \alpha_{i,j-1}}{\partial x_{i,1}}\right)^2 z_{i,j}^2 \tag{7.5.44}$$

$$\sum_{i=1}^{N}\left|z_{i,j}\Delta_{i,1}\frac{\partial \alpha_{i,j-1}}{\partial x_{i,1}}\right| \leqslant \sum_{i=1}^{N}\left(\frac{\partial \alpha_{i,j-1}}{\partial x_{i,1}}\right)^2 z_{i,j}^2 + \sum_{i=1}^{N}\sum_{k=1}^{p} 2^{2k}v_{1,i,k}(\|y_{i,m}\|^{2k} + \|z_{i,1}\|^{2k}) \tag{7.5.45}$$

$$\left|z_{i,j}\varepsilon_{i,1}\frac{\partial \alpha_{i,j-1}}{\partial x_{i,1}}\right| \leqslant \frac{1}{2}\left(\frac{\partial \alpha_{i,j-1}}{\partial x_{i,1}}\right)^2 z_{i,j}^2 + \frac{1}{2}\varepsilon_{i,1}^{*2} \tag{7.5.46}$$

$$-\frac{\partial \alpha_{i,j-1}}{\partial \hat{\theta}_i}(\dot{\hat{\theta}}_i - \Gamma_i \tau_{i,j-1} + \Gamma_i \mu_i \hat{\theta}_i) = \sum_{k=j}^{n_i} \Lambda_{i,1,k} z_{i,k} \tag{7.5.47}$$

$$-\frac{\partial \alpha_{i,j-1}}{\partial \hat{b}_{i,0}}(\dot{\hat{b}}_{i,0} - \gamma_{i,2}\bar{\tau}_{i,j-1} + \gamma_{i,2}\mu_i \hat{b}_{i,0}) = \sum_{k=j}^{n_i} \psi_{i,1,k} z_{i,k} \tag{7.5.48}$$

式中，$\Lambda_{i,1,k} = \dfrac{\partial \alpha_{i,k-1}}{\partial \hat{\theta}_i}\Gamma_i \dfrac{\partial \alpha_{i,j-1}}{\partial x_{i,1}}\bar{\omega}_i$；$\psi_{i,1,k} = \dfrac{\partial \alpha_{i,k-1}}{\partial \hat{b}_{i,0}}\gamma_{i,2}\dfrac{\partial \alpha_{i,j-1}}{\partial x_{i,1}}$。

设 $\bar{\lambda}_{i,j} = \bar{\lambda}_{i,j-1} - \dfrac{1}{4}$，将式 (7.5.44)～式 (7.5.48) 代入式 (7.5.43)，则式 (7.5.43) 变为

$$\begin{aligned}
\dot{V}_j \leqslant \sum_{i=1}^{N}\bigg\{ & -\bar{\lambda}_{i,j}e_i^{\mathrm{T}}e_i + d_i(b_{i,0}N'(\zeta_i)+1)\dot{\zeta}_i - \sum_{k=1}^{j-1}c_{i,k}z_{i,k}^2 + z_{i,j}z_{i,j+1} + \sigma_i\tilde{\Pi}_i\hat{\Pi}_i + D_{i,j} \\
& + z_{i,j}\bigg[\alpha_{i,j} + z_{i,j-1} + H_{i,j} - \frac{\partial \alpha_{i,j-1}}{\partial x_{i,1}}(\hat{b}_{i,0}\lambda_{i,2}+\bar{\omega}_i^{\mathrm{T}}\hat{\theta}_i)\bigg] + \tilde{\theta}_i^{\mathrm{T}}\Gamma_i^{-1}(\Gamma_i\tau_{i,j-1}-\dot{\hat{\theta}}_i) \\
& - z_{i,j}\frac{\partial \alpha_{i,j-1}}{\partial x_{i,1}}\bar{\omega}_i^{\mathrm{T}}\tilde{\theta}_i - z_{i,j}\frac{\partial \alpha_{i,j-1}}{\partial x_{i,1}}\tilde{b}_{i,0}\lambda_{i,2} + \frac{\tilde{b}_{i,0}}{\gamma_{i,2}}(\gamma_{i,2}\bar{\tau}_{i,j-1}-\dot{\hat{b}}_{i,0}) \\
& - \Pi_i\sum_{k=1}^{p}2^{2k}z_{i,1}^{2k} + \sum_{m=j+1}^{n_i}\sum_{k=2}^{j}(\Lambda_{i,1,m}+\psi_{i,1,m})z_{i,2}z_{i,j} \\
& + \sum_{k=1}^{p}2^{2k}(v_{i,k}+jv_{1,i,k})(\|y_{i,m}\|^{2k}+\|z_{i,1}\|^{2k})\bigg\}
\end{aligned} \tag{7.5.49}$$

式中，$D_{i,j} = D_{i,j-1} + \varepsilon_{i,1}^{*2}/2$；$H_{i,j} = \bar{H}_{i,j} + \dfrac{5}{2}\left(\dfrac{\partial \alpha_{i,j-1}}{\partial x_{i,1}}\right)^2 z_{i,j}$。

设计虚拟控制器和调节函数如下：

$$\alpha_{i,j} = -z_{i,j-1} - c_{i,j}z_{i,j} + \frac{\partial \alpha_{i,j-1}}{\partial x_{i,1}}(\hat{b}_{i,0}\lambda_{i,2}+\bar{\omega}_i^{\mathrm{T}}\hat{\theta}_i) - H_{i,j} - \sum_{k=2}^{j}(\Lambda_{i,1,k}+\psi_{i,1,k})z_{i,k} \tag{7.5.50}$$

$$\tau_{i,j} = \tau_{i,j-1} - z_{i,j}\frac{\partial \alpha_{i,j-1}}{\partial x_{i,1}}\bar{\omega}_i^{\mathrm{T}} \tag{7.5.51}$$

$$\bar{\tau}_{i,j} = \bar{\tau}_{i,j-1} - z_{i,j}\frac{\partial \alpha_{i,j-1}}{\partial x_{i,1}}\lambda_{i,2} \tag{7.5.52}$$

式中，$c_{i,j} > 0$ 是设计参数。

将式 (7.5.50)～式 (7.5.52) 代入式 (7.5.49)，$\dot{V}_j$ 最终表示为

$$\dot{V}_j \leqslant \sum_{i=1}^{N}\bigg[-\bar{\lambda}_{i,j}e_i^{\mathrm{T}}e_i + d_i(b_{i,0}N'(\zeta_i)+1)\dot{\zeta}_i - \sum_{k=1}^{j}c_{i,k}z_{i,k}^2$$

$$+ z_{i,j}z_{i,j+1} - \Pi_i \sum_{k=1}^{p} 2^{2k} z_{i,1}^{2k} + \tilde{\theta}_i^{\mathrm{T}} \Gamma_i^{-1}(\Gamma_i \tau_{i,j} - \dot{\hat{\theta}}_i)$$

$$+ \sigma_i \tilde{\Pi}_i \hat{\Pi}_i + \sum_{k=1}^{p} 2^{2k}(v_{i,k} + jv_{1,i,k})(\|y_{i,m}\|^{2k} + \|z_{i,1}\|^{2k})$$

$$+ \sum_{m=j+1}^{n_i} \sum_{k=2}^{j} (\Lambda_{i,1,m} + \psi_{i,1,m})z_{i,2}z_{i,j} + \frac{\tilde{b}_{i,0}}{\gamma_{i,2}}(\gamma_{i,2}\bar{\tau}_{i,j} - \dot{\hat{b}}_{i,0}) + D_{i,j} \Big] \quad (7.5.53)$$

第 n_i 步　求 $z_{i,j}$ 的导数，并由式 (7.5.1) 和式 (7.5.14) 可得

$$\dot{z}_{i,n_i} = - k_{i,n_i}\lambda_{i,1} + \sigma_i(y_i)u_i - \frac{\partial \alpha_{i,n_i-1}}{\partial x_{i,1}}(\xi_{i,2} + b_{i,0}\lambda_{i,2} + \bar{\omega}_i^{\mathrm{T}}\theta_i^* + e_{i,2} + \Delta_{i,1} + \varepsilon_{i,1})$$

$$- \sum_{k=1}^{n_i} \frac{\partial \alpha_{i,n_i-1}}{\partial y_{i,m}^{(k-1)}} y_{i,m}^{(k)} - \sum_{k=1}^{n_i-1} \frac{\partial \alpha_{i,n_i-1}}{\partial \lambda_k}(-k_{i,k}\lambda_{i,1} + \lambda_{i,k+1})$$

$$- \frac{\partial \alpha_{i,n_i-1}}{\partial \Xi_i}(A_{i,0}\Xi_i + \Phi_i^{\mathrm{T}}) - \frac{\partial \alpha_{i,n_i-1}}{\partial \hat{\Pi}_i}\dot{\hat{\Pi}}_i$$

$$- \frac{\partial \alpha_{i,n_i-1}}{\partial \xi_i}(A_{i,0}\xi_i + K_i y_i) - \frac{\partial \alpha_{i,n_i-1}}{\partial \hat{b}_{i,0}}\gamma_{i,2}(\bar{\tau}_{i,n_i-1} - \mu_i\hat{b}_{i,0})$$

$$- \frac{\partial \alpha_{i,n_i-1}}{\partial \hat{b}_{i,0}}(\dot{\hat{b}}_{i,0} - \gamma_{i,2}\bar{\tau}_{i,n_i-1} + \gamma_{i,2}\mu_i\hat{b}_{i,0}) - \frac{\partial \alpha_{i,n_i-1}}{\partial \hat{\theta}_i}\Gamma_i(\tau_{i,n_i-1} - \mu_i\hat{\theta}_i)$$

$$- \frac{\partial \alpha_{i,n_i-1}}{\partial \hat{\theta}_i}(\dot{\hat{\theta}}_i - \Gamma_i\tau_{i,n_i-1} + \Gamma_i\mu_i\hat{\theta}_i) - \frac{\partial \alpha_{i,n_i-1}}{\partial \zeta_i}\dot{\zeta}_i \quad (7.5.54)$$

令

$$\bar{H}_{i,n_i} = - k_{i,n_i}\lambda_{i,1} - \frac{\partial \alpha_{i,n_i-1}}{\partial x_{i,1}}\xi_{i,2} - \sum_{k=1}^{n_i} \frac{\partial \alpha_{i,n_i-1}}{\partial y_{i,m}^{(k-1)}} y_{i,m}^{(k)} - \frac{\partial \alpha_{i,n_i-1}}{\partial \Xi_i}(A_{i,0}\Xi_i + \Phi_i^{\mathrm{T}})$$

$$- \sum_{k=1}^{n_i-1} \frac{\partial \alpha_{i,n_i-1}}{\partial \lambda_k}(-k_{i,k}\lambda_{i,1} + \lambda_{i,k+1}) - \frac{\partial \alpha_{i,n_i-1}}{\partial \hat{\theta}_i}\Gamma_i(\tau_{i,n_i-1} - \mu_i\hat{\theta}_i)$$

$$- \frac{\partial \alpha_{i,n_i-1}}{\partial \zeta_i}\dot{\zeta}_i - \frac{\partial \alpha_{i,n_i-1}}{\partial \xi_i}(A_{i,0}\xi_i + K_i y_i)$$

$$- \frac{\partial \alpha_{i,n_i-1}}{\partial \hat{b}_{i,0}}\gamma_{i,2}(\bar{\tau}_{i,n_i-1} - \mu_i\hat{b}_{i,0}) - \frac{\partial \alpha_{i,n_i-1}}{\partial \hat{\Pi}_i}\dot{\hat{\Pi}}_i$$

则式 (7.5.54) 变为

$$\dot{z}_{i,n_i} = \sigma_i(y_i)u_i - \frac{\partial \alpha_{i,n_i-1}}{\partial x_{i,1}}(b_{i,0}\lambda_{i,2} + \bar{\omega}_i^{\mathrm{T}}\theta_i^* + e_{i,2} + \Delta_{i,1} + \varepsilon_{i,1}) + \bar{H}_{i,n_i}$$

$$- \frac{\partial \alpha_{i,n_i-1}}{\partial \hat{b}_{i,0}}(\dot{\hat{b}}_{i,0} - \gamma_{i,2}\bar{\tau}_{i,n_i-1} + \gamma_{i,2}\mu_i\hat{b}_{i,0})$$

$$- \frac{\partial \alpha_{i,n_i-1}}{\partial \hat{\theta}_i}(\dot{\hat{\theta}}_i - \Gamma_i\tau_{i,n_i-1} + \Gamma_i\mu_i\hat{\theta}_i) \tag{7.5.55}$$

选择如下的李雅普诺夫函数:

$$V_{i,n_i} = V_{n_i-1} + \frac{1}{2}z_{i,n_i}^2 \tag{7.5.56}$$

定义 $V_{n_i} = \sum_{i=1}^{N} V_{i,n_i}$, 则由 $\dot{V}_{n_i} = \sum_{i=1}^{N} \dot{V}_{i,n_i}$、式 (7.5.55) 和式 (7.5.56) 可得

$$\dot{V}_{n_i} = \dot{V}_{n_i-1} + \sum_{i=1}^{N}\left\{z_{i,n_i}\left[\sigma_i(y_i)u_i + \bar{H}_{i,n_i} - \frac{\partial \alpha_{i,n_i-1}}{\partial x_{i,1}}(b_{i,0}\lambda_{i,2} + \bar{\omega}_i^{\mathrm{T}}\theta_i^*\right.\right.$$

$$+ e_{i,2} + \Delta_{i,1} + \varepsilon_{i,1}) - \frac{\partial \alpha_{i,n_i-1}}{\partial \hat{b}_{i,0}}(\dot{\hat{b}}_{i,0} - \gamma_{i,2}\bar{\tau}_{i,n_i-1} + \gamma_{i,2}\mu_i\hat{b}_{i,0})$$

$$\left.\left.- \frac{\partial \alpha_{i,n_i-1}}{\partial \hat{\theta}_i}(\dot{\hat{\theta}}_i - \Gamma_i\tau_{i,n_i-1} + \Gamma_i\mu_i\hat{\theta}_i)\right]\right\} \tag{7.5.57}$$

根据杨氏不等式和假设 7.5.1, 可得

$$\left|z_{i,n_i}e_{i,2}\frac{\partial \alpha_{i,n_i-1}}{\partial x_{i,1}}\right| \leqslant \frac{1}{4}e_i^{\mathrm{T}}e_i + \left(\frac{\partial \alpha_{i,n_i-1}}{\partial x_{i,1}}\right)^2 z_{i,n_i}^2 \tag{7.5.58}$$

$$\sum_{i=1}^{N}\left|z_{i,n_i}\Delta_{i,1}\frac{\partial \alpha_{i,n_i-1}}{\partial x_{i,1}}\right| \leqslant \sum_{i=1}^{N}\left(\frac{\partial \alpha_{i,n_i-1}}{\partial x_{i,1}}\right)^2 z_{i,n_i}^2$$

$$+ \sum_{i=1}^{N}\sum_{k=1}^{p}2^{2k}v_{1,i,k}(\|y_{i,m}\|^{2k} + \|z_{i,1}\|^{2k}) \tag{7.5.59}$$

$$\left|z_{i,n_i}\varepsilon_{i,1}\frac{\partial \alpha_{i,n_i-1}}{\partial x_{i,1}}\right| \leqslant \frac{1}{2}\left(\frac{\partial \alpha_{i,n_i-1}}{\partial x_{i,1}}\right)^2 z_{i,n_i}^2 + \frac{1}{2}\varepsilon_{i,1}^{*2} \tag{7.5.60}$$

$$- \frac{\partial \alpha_{i,n_i-1}}{\partial \hat{\theta}_i}(\dot{\hat{\theta}}_i - \Gamma_i\tau_{i,n_i-1} + \Gamma_i\mu_i\hat{\theta}_i) = \sum_{k=2}^{n_i-1}\Lambda_{i,k-1,n_i}z_{i,n_i} \tag{7.5.61}$$

$$- \frac{\partial \alpha_{i,n_i-1}}{\partial \hat{b}_{i,0}}(\dot{\hat{b}}_{i,0} - \gamma_{i,2}\bar{\tau}_{i,n_i-1} + \gamma_{i,2}\mu_i\hat{b}_{i,0}) = \sum_{k=2}^{n_i-1}\psi_{i,k-1,n_i}z_{i,n_i} \tag{7.5.62}$$

式中, $\Lambda_{i,k-1,n_i} = \dfrac{\partial \alpha_{i,n_i-1}}{\partial \hat{\theta}_i}\Gamma_i\dfrac{\partial \alpha_{i,n_i-1}}{\partial x_{i,1}}\bar{\omega}_i$; $\psi_{i,k-1,n_i} = \dfrac{\partial \alpha_{i,n_i-1}}{\partial \hat{b}_{i,0}}\gamma_{i,2}\dfrac{\partial \alpha_{i,n_i-1}}{\partial x_{i,1}}$。

设 $\bar{\lambda}_{i,n_i} = \bar{\lambda}_{i,n_i-1} - \dfrac{1}{4}$，由式 (7.5.58)~式 (7.5.62) 和式 (7.5.57) 可得

$$
\begin{aligned}
\dot{V}_{n_i} \leqslant \sum_{i=1}^{N} \Bigg\{ &- \bar{\lambda}_{i,n_i} e_i^{\mathrm{T}} e_i + d_i(b_{i,n_i} N'(\zeta_i) + 1)\dot{\zeta}_i - \sum_{k=1}^{n_i-1} c_{i,k} z_{i,k}^2 \\
&+ z_{i,n_i}\left[\sigma_i(y_i)u_i + H_{i,n_i} + z_{i,n_i-1} - \frac{\partial \alpha_{i,n_i-1}}{\partial x_{i,1}}(\hat{b}_{i,0}\lambda_{i,2} + \bar{\omega}_i^{\mathrm{T}}\hat{\theta}_i) \right] \\
&+ \tilde{\theta}_i^{\mathrm{T}} \Gamma_i^{-1}(\Gamma_i \tau_{i,n_i-1} - \dot{\hat{\theta}}_i) + \frac{\tilde{b}_{i,0}}{\gamma_{i,2}}(\gamma_{i,2}\bar{\tau}_{i,n_i-1} - \dot{\hat{b}}_{i,0}) + D_{i,n_i} \\
&- z_{i,n_i}\frac{\partial \alpha_{i,n_i-1}}{\partial x_{i,1}}\bar{\omega}_i^{\mathrm{T}}\tilde{\theta}_i - z_{i,n_i}\frac{\partial \alpha_{i,n_i-1}}{\partial x_{i,1}}\tilde{b}_{i,0}\lambda_{i,2} \\
&+ \sum_{k=2}^{n_i-1}(\Lambda_{i,k-1,n_i} + \psi_{i,k-1,n_i})z_{i,k}z_{i,n_i} - \Pi_i \sum_{k=1}^{p} 2^{2k} z_{i,1}^{2k} \\
&+ \sigma_i \tilde{\Pi}_i \hat{\Pi}_i + \sum_{k=1}^{p} 2^{2k}(v_{i,k} + n_i v_{1,i,k})(\|y_{i,m}\|^{2k} + \|z_{i,1}\|^{2k}) \Bigg\} \quad (7.5.63)
\end{aligned}
$$

式中，$D_{n_i} = D_{n_i-1} + \varepsilon_{i,1}^{*2}/2$；$H_{i,n_i} = \bar{H}_{i,n_i} + \dfrac{5}{2}\left(\dfrac{\partial \alpha_{i,n_i-1}}{\partial x_{i,1}}\right)^2 z_{i,n_i}$。

设计分散控制器 u_i、参数 $\hat{\theta}_i$ 和 $\hat{b}_{i,n_i}$ 的自适应律及调节函数如下：

$$
\begin{aligned}
u_i = \frac{1}{\sigma_i(y_i)}\Bigg[&- c_{i,n_i}z_{i,n_i} + \frac{\partial \alpha_{i,n_i-1}}{\partial x_{i,1}}(\hat{b}_{i,0}\lambda_{i,2} + \bar{\omega}_i^{\mathrm{T}}\hat{\theta}_i) \\
&- H_{i,n_i} - z_{i,n_i-1} - \sum_{k=2}^{n_i-1}(\Lambda_{i,k-1,n_i} + \psi_{i,k-1,n_i})z_{i,k} \Bigg] \quad (7.5.64)
\end{aligned}
$$

$$
\dot{\hat{\theta}}_i = \Gamma_i(\tau_{i,n_i} - \mu_i\hat{\theta}_i) \quad (7.5.65)
$$

$$
\dot{\hat{b}}_{i,0} = \gamma_{i,2}(\bar{\tau}_{i,n_i} - \mu_i\hat{b}_{i,0}) \quad (7.5.66)
$$

$$
\tau_{i,n_i} = \tau_{i,n_i-1} - z_{i,n_i}\frac{\partial \alpha_{i,n_i-1}}{\partial x_{i,1}}\bar{\omega}_i^{\mathrm{T}} \quad (7.5.67)
$$

$$
\bar{\tau}_{i,n_i} = \bar{\tau}_{i,n_i-1} - z_{i,n_i}\frac{\partial \alpha_{i,n_i-1}}{\partial x_{i,1}}\lambda_{i,2} \quad (7.5.68)
$$

式中，$c_{i,n_i} > 0$ 和 $\mu_i > 0$ 是设计参数。

将式 (7.5.64)~式 (7.5.68) 代入式 (7.5.63)，可得

$$\dot{V}_{n_i} \leqslant \sum_{i=1}^{N} \left[-\bar{\lambda}_{i,n_i} e_i^{\mathrm{T}} e_i + d_i(b_{i,0} N(\zeta_i) + 1)\dot{\zeta}_i - \sum_{k=1}^{n_i} c_{i,k} z_{i,k}^2 - \Pi_i \sum_{k=1}^{p} 2^{2k} z_{i,1}^{2k} \right. $$
$$+ D_{i,n_i} + \sigma_i \tilde{\Pi}_i \hat{\Pi}_i + \mu_i \tilde{b}_{i,0} \hat{b}_{i,0} + \mu_i \tilde{\theta}_i^{\mathrm{T}} \hat{\theta}_i $$
$$\left. + \sum_{k=1}^{p} 2^{2k} (v_{i,k} + n_i v_{1,i,k})(\|y_{i,m}\|^{2k} + \|z_{i,1}\|^{2k}) \right] \tag{7.5.69}$$

根据杨氏不等式，可得到如下不等式：

$$\mu_i \tilde{\theta}_i^{\mathrm{T}} \hat{\theta}_i \leqslant -\frac{\mu_i}{2} \tilde{\theta}_i^{\mathrm{T}} \tilde{\theta}_i + \frac{\mu_i}{2} \theta_i^{*\mathrm{T}} \theta_i^* \tag{7.5.70}$$

$$\mu_i \tilde{b}_{i,0} \hat{b}_{i,0} \leqslant -\frac{\mu_i}{2} \tilde{b}_{i,0}^2 + \frac{\mu_i}{2} b_{i,0}^2 \tag{7.5.71}$$

$$\sigma_i \tilde{\Pi}_i \hat{\Pi}_i \leqslant -\frac{\sigma_i}{2} \tilde{\Pi}_i^2 + \frac{\sigma_i}{2} \Pi_i^2 \tag{7.5.72}$$

将式 (7.5.70)~式 (7.5.72) 代入式 (7.5.69)，则 $\dot{V}_{n_i}$ 最终可表示为

$$\dot{V}_{n_i} \leqslant \sum_{i=1}^{N} \left[-\lambda_{i,n_i} e_i^{\mathrm{T}} e_i + d_i(b_{i,0} N(\zeta_i) + 1)\dot{\zeta}_i \right. $$
$$\left. - \sum_{k=1}^{n_i} c_{i,k} z_{i,k}^2 - \frac{\mu_i}{2} \tilde{\theta}_i^{\mathrm{T}} \tilde{\theta}_i - \frac{\mu_i}{2} \tilde{b}_{i,0}^2 - \frac{\sigma_i}{2} \tilde{\Pi}_i^2 + \bar{D}_{i,n_i} \right] \tag{7.5.73}$$

式中，$\bar{D}_{i,n_i} = D_{i,n_i} + \dfrac{\mu_i}{2} \theta_i^{*\mathrm{T}} \theta_i^* + \dfrac{\mu_i b_{i,0}^2}{2} + \dfrac{\sigma_i \Pi_i^2}{2} + \displaystyle\sum_{k=1}^{p} 2^{2k} (v_{i,k} + n_i v_{1,i,k}) \|\bar{y}_{i,m}\|^{2k}$，
$\bar{y}_{i,m}$ 是 $y_{i,m}$ 的上界。

7.5.4 稳定性与收敛性分析

下面的定理给出了所设计的模糊自适应分散控制方法具有的性质。

定理 7.5.1 对于非线性互联大系统 (7.5.1)，假设 7.5.1 成立。如果采用滤波器 (7.5.7)~(7.5.9)，分散控制器 (7.5.64)，虚拟控制器 (7.5.23)、(7.5.36)、(7.5.50)，参数自适应律 (7.5.65) 和 (7.5.66)，则总体控制方案具有如下性能：

(1) 闭环系统中的所有信号半全局一致最终有界；

(2) 观测误差 $e_{i,1}$ 和跟踪误差 $z_{i,1}(t) = y_i(t) - y_{i,m}(t)$ 收敛到包含原点的一个较小邻域内。

证明 选取如下的李雅普诺夫函数：

$$V = \sum_{i=1}^{N} V_i = \sum_{i=1}^{N} \sum_{j=1}^{n_i} V_{i,j}$$

则由式 (7.5.73) 可得

$$\dot{V} \leqslant \sum_{i=1}^{N} \Bigg[-\bar{\lambda}_{i,n_i} e_i^{\mathrm{T}} e_i + d_i(b_{i,0} N(\zeta_i) + 1)\dot{\zeta}_i$$
$$-\sum_{k=1}^{n_i} c_{i,k} z_{i,k}^2 - \frac{\mu_i}{2}\tilde{\theta}_i^{\mathrm{T}}\tilde{\theta}_i - \frac{\mu_i}{2}\tilde{b}_{i,0}^2 - \frac{\sigma_i}{2}\tilde{\Pi}_i^2 + \bar{D}_{i,n_i} \Bigg] \tag{7.5.74}$$

令 $C = \min\limits_{1\leqslant i\leqslant N, 1\leqslant j\leqslant n_i}\{2c_{i,j}, \ \mu_i/\lambda_{\max}(\Gamma_i^{-1}), \ \mu_i\gamma_{i,2}, \mu_i\gamma_{\Pi_i}, \bar{\lambda}_{i,n_i}/\lambda_{\max}(P_i)\}$,

$D' = \sum\limits_{i=1}^{N} \bar{D}_{i,n_i}$, 则 $\dot{V}$ 进一步表示为

$$\dot{V} \leqslant -CV + D' + \sum_{i=1}^{N} d_i(b_{i,0}N(\zeta_i) + 1)\dot{\zeta}_i \tag{7.5.75}$$

应用引理 7.5.1 可知, $\sum\limits_{i=1}^{N} d_i(b_{i,0}N(\zeta_i) + 1)\dot{\zeta}_i$ 在 $[0, t_f]$ 上有界。定义 $\bar{D} = \max\limits_{t\in[0,t_f]} \sum\limits_{i=1}^{N} d_i(b_{i,0}N(\zeta_i) + 1)\dot{\zeta}_i$, $D = \bar{D} + D'$, 则 $\dot{V}$ 最终表示为

$$\dot{V} \leqslant -CV + D \tag{7.5.76}$$

根据式 (7.5.76) 和引理 0.3.1, 可以得到闭环系统中的所有信号半全局一致最终有界, 并且有 $\lim\limits_{t\to\infty} |z_{i,1}(t)| \leqslant \sqrt{2D/C}$ 和 $\lim\limits_{t\to\infty} |e_i(t)| \leqslant \sqrt{D/(C\lambda_{\min}(P_i))}$。在控制设计中, 如果选择适当的设计参数, 可以使得 D/C 比较小, 那么可得到观测误差和跟踪误差 $z_{i,1} = y_i - y_{i,m}$ 收敛到包含原点的一个较小邻域内。

评注 7.5.1　本节针对一类含有未知控制方向的非线性严格反馈互联大系统, 介绍了一种基于模糊滤波的自适应反步递推输出反馈分散鲁棒控制设计方法。类似的智能自适应反步递推输出反馈分散控制设计方法可参见文献 [18] 和 [19]。关于具有未知控制方向和未知输出时滞的智能自适应反步递推输出反馈分散控制设计方法可参见文献 [20]。

7.5.5　仿真

例 7.5.1　考虑如下非线性严格反馈互联大系统:

$$\begin{cases} \dot{x}_{1,1} = f_{1,1}(x_{1,1}) + x_{1,2} + \Delta_{1,1}(\bar{y}) \\ \dot{x}_{1,2} = f_{1,2}(\bar{x}_{1,2}) + b_{1,2}\sigma_1(y_1)u_1 + \Delta_{1,2}(\bar{y}) \\ y_1 = x_{1,1} \end{cases} \tag{7.5.77}$$

$$\begin{cases} \dot{x}_{2,1} = f_{2,1}(x_{2,1}) + x_{2,2} + \Delta_{2,1}(\bar{y}) \\ \dot{x}_{2,2} = f_{2,2}(\bar{x}_{2,2}) + b_{2,2}\sigma_2(y_2)u_2 + \Delta_{2,2}(\bar{y}) \\ y_2 = x_{2,1} \end{cases} \tag{7.5.78}$$

式中，$f_{1,1}(x_{1,1}) = \sin(x_{1,1})$；$f_{1,2}(\bar{x}_{1,2}) = x_{1,1}\cos(x_{1,1}x_{1,2})$；$\Delta_{1,1}(\bar{y}) = \sin(y_2)$；$\Delta_{1,2}(\bar{y}) = y_2$；$f_{2,1}(x_{2,1}) = x_{2,1}\cos(x_{2,1})$；$f_{2,2}(\bar{x}_{2,2}) = x_{2,1}x_{2,2}\mathrm{e}^{x_{2,1}x_{2,2}}$；$\Delta_{2,1}(\bar{y}) = 0.5y_1$；$\Delta_{2,2}(\bar{y}) = \cos(y_1)$；$b_1 = -1$；$b_2 = -3$。给定参考信号为：$y_{1,m} = \sin(0.5t) + 0.5\sin(t)$；$y_{2,m} = \sin(0.5t) + 0.5\sin(0.5t)$。

给定观测器增益 $k_{1,1} = 80$，$k_{1,2} = 84$，$k_{2,1} = 90$，$k_{2,2} = 92$，正定矩阵 $Q_1 = Q_2 = 16I$，则通过求解李雅普诺夫方程 (7.5.5)，可得正定矩阵 P_1 和 P_2 为

$$P_1 = \begin{bmatrix} 0.1012 & 0.0952 \\ 0.0952 & 16.1190 \end{bmatrix}, \quad P_2 = \begin{bmatrix} 0.0899 & 0.0870 \\ 0.0870 & 16.0928 \end{bmatrix}$$

选取隶属函数为

$$\mu_{F_{i,j}^1}(\hat{\bar{x}}_{i,j}) = \exp\left[-\frac{(\hat{\bar{x}}_{i,j} - 4)^2}{3}\right], \quad \mu_{F_{i,j}^2}(\hat{\bar{x}}_{i,j}) = \exp\left[-\frac{(\hat{\bar{x}}_{i,j} - 2)^2}{3}\right]$$

$$\mu_{F_{i,j}^3}(\hat{\bar{x}}_{i,j}) = \exp\left(-\frac{\hat{\bar{x}}_{i,j}^2}{3}\right), \quad \mu_{F_{i,j}^4}(\hat{\bar{x}}_{i,j}) = \exp\left[-\frac{(\hat{\bar{x}}_{i,j} + 2)^2}{3}\right]$$

$$\mu_{F_{i,j}^5}(\hat{\bar{x}}_{i,j}) = \exp\left[-\frac{(\hat{\bar{x}}_{i,j} + 4)^2}{3}\right], \quad i = 1, 2; j = 1, 2$$

令

$$\varphi_{i,1,j}(\hat{\bar{x}}_{i,1}) = \frac{\mu_{F_{i,1}^l}(\hat{\bar{x}}_{i,1})}{\displaystyle\sum_{l=1}^{5} \mu_{F_{i,1}^l}(\hat{\bar{x}}_{i,1})}, \quad \varphi_{i,2,j}(\hat{\bar{x}}_{i,2}) = \frac{\displaystyle\prod_{i=1}^{2} \mu_{F_{i,j}^l}(\hat{\bar{x}}_{i,j})}{\displaystyle\sum_{l=1}^{5}\left(\prod_{i=1}^{2} \mu_{F_{i,j}^l}(\hat{\bar{x}}_{i,j})\right)},$$

$$i = 1, 2; j = 1, 2$$

$$\varphi_{i,1}(\hat{\bar{x}}_{i,1}) = [\varphi_{i,1,1}(\hat{\bar{x}}_{i,1}), \varphi_{i,1,2}(\hat{\bar{x}}_{i,1}), \varphi_{i,1,3}(\hat{\bar{x}}_{i,1}), \varphi_{i,1,4}(\hat{\bar{x}}_{i,1}), \varphi_{i,1,5}(\hat{\bar{x}}_{i,1})]^{\mathrm{T}}$$

$$\varphi_{i,2}(\hat{\bar{x}}_{i,2}) = [\varphi_{i,2,1}(\hat{\bar{x}}_{i,2}), \varphi_{i,2,2}(\hat{\bar{x}}_{i,2}), \varphi_{i,2,3}(\hat{\bar{x}}_{i,2}), \varphi_{i,2,4}(\hat{\bar{x}}_{i,2}), \varphi_{i,2,5}(\hat{\bar{x}}_{i,2})]^{\mathrm{T}}$$

则得到模糊逻辑系统为

$$\hat{f}_{i,j}(\hat{\bar{x}}_{i,j}|\hat{\theta}_{i,j}) = \hat{\theta}_{i,j}^{\mathrm{T}}\varphi_{i,j}(\hat{\bar{x}}_{i,j}), \quad i = 1, 2; j = 1, 2$$

在仿真中, 选取虚拟控制器、控制器和参数自适应律的设计参数为: $c_{1,1} = 12$, $c_{1,2} = 16$, $c_{2,1} = 16$, $c_{2,2} = 11$, $d_1 = d_2 = 1$, $\mu_1 = 3$, $\mu_2 = 3$, $\gamma_{\Pi_1} = \gamma_{\Pi_2} = 0.2$, $\gamma_{1,2} = \gamma_{2,2} = 0.2$, $\Gamma_1 = \Gamma_2 = I$, $\sigma_1 = \sigma_2 = 3$。

选择变量及参数的初始值为: $x_{1,1}(0) = 0.2$, $x_{1,2}(0) = 0.3$, $x_{2,1}(0) = 0.1$, $x_{2,2}(0) = 0.3$, $\hat{\theta}_1(0) = [0 \cdots 0]^T_{1\times10}$, $\hat{\theta}_2(0) = [0 \cdots 0]^T_{1\times10}$, $\hat{\Pi}_1(0) = 0.2$, $\hat{\Pi}_2(0) = 0.3$, $\xi_1(0) = [0\ 0]^T$, $\xi_2(0) = [0\ 0]^T$, $\hat{b}_{1,2}(0) = 0.1$, $\hat{b}_{2,2}(0) = 0.1$, $\lambda_1(0) = \lambda_2(0) = [0\ 0]^T$, $\Xi_i(0) = [\Xi_{i,(1)}(0)\ \Xi_{i,(2)}(0)]^T = [0_{1\times10}\ 0_{1\times10}]^T$。

仿真结果如图 7.5.1~图 7.5.8 所示。

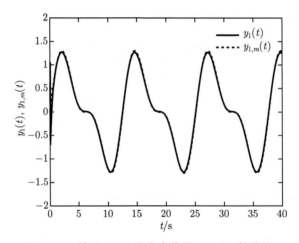

图 7.5.1　输出 $y_1(t)$ 和参考信号 $y_{1,m}(t)$ 的轨迹

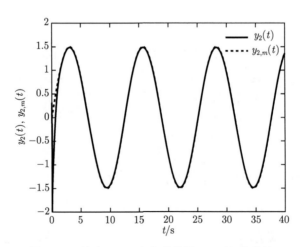

图 7.5.2　输出 $y_2(t)$ 和参考信号 $y_{2,m}(t)$ 的轨迹

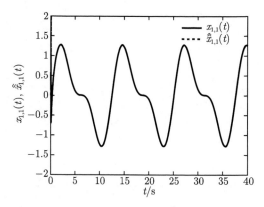

图 7.5.3　$x_{1,1}(t)$ 和参考信号 $\hat{\hat{x}}_{1,1}(t)$ 的轨迹

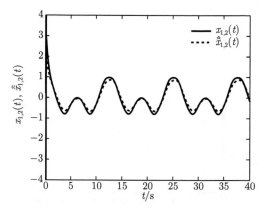

图 7.5.4　$x_{1,2}(t)$ 和参考信号 $\hat{\hat{x}}_{1,2}(t)$ 的轨迹

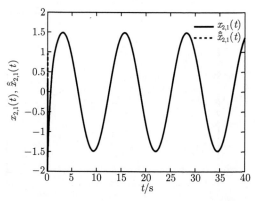

图 7.5.5　$x_{2,1}(t)$ 和参考信号 $\hat{\hat{x}}_{2,1}(t)$ 的轨迹

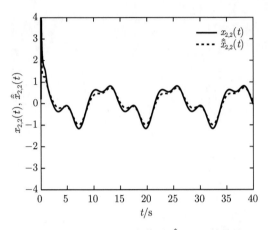

图 7.5.6 $x_{2,2}(t)$ 和参考信号 $\hat{\bar{x}}_{2,2}(t)$ 的轨迹

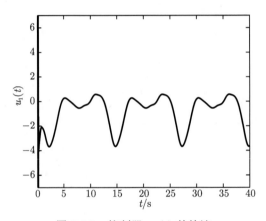

图 7.5.7   控制器 $u_1(t)$ 的轨迹

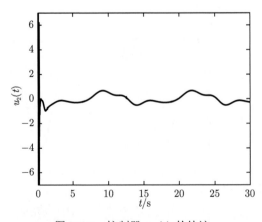

图 7.5.8   控制器 $u_2(t)$ 的轨迹

参 考 文 献

[1]　Chen W S, Li J M. Globally decentralized adaptive backstepping neural network track-ing output control for unknown nonlinear interconnectioned systems[J]. Asian Journal of Control, 2010, 12(1): 96-102.

[2]　Yoo S J, Park J B. Neural-network-based decentralized adaptive control for a class of large-scale nonlinear systems with unknown time-varying delays[J]. IEEE Transactions on Systems, Man, and Cybernetics, Part B: Cybernetics, 2009, 39(5): 1316-1323.

[3]　Tong S C, Li Y M, Zhang H G. Adaptive neural network decentralized backstepping output-feedback control for nonlinear large-scale systems with time delays[J]. IEEE Transactions on Neural Networks, 2011, 22(7): 1073-1086.

[4]　Tong S C, Huo B Y, Li Y M. Observer-based adaptive decentralized fuzzy fault-tolerant control of nonlinear large-scale systems with actuator failures[J]. IEEE Transactions on Fuzzy Systems, 2014, 22(1): 1-15.

[5]　Tong S C, Liu C L, Li Y M. Fuzzy-adaptive decentralized output-feedback control for large-scale nonlinear systems with dynamical uncertainties[J]. IEEE Transactions on Fuzzy Systems, 2010, 18(5): 845-861.

[6]　Li Y M, Tong S C. Fuzzy adaptive control design strategy of nonlinear switched large-scale systems[J]. IEEE Transactions on Systems, Man and Cybernetics: Systems, 2018, 48(12): 2209-2218.

[7]　Duan N, Min H F. Decentralized adaptive NN state-feedback control for large-scale stochastic high-order nonlinear systems[J]. Neurocomputing, 2016, 173: 1412-1421.

[8]　Wang H Q, Chen B, Lin C. Adaptive fuzzy decentralized control for a class of large-scale stochastic nonlinear systems[J]. Neurocomputing, 2013, 103: 155-163.

[9]　Tong S C, Sui S, Li Y M. Adaptive fuzzy decentralized control for stochastic large-scale nonlinear systems with unknown dead-zone and unmodeled dynamics[J]. Neurocomput-ing, 2014, 135: 367-377.

[10]　Cui G Z, Wang Z, Zhang G M, et al. Adaptive decentralized NN control of large-scale stochastic nonlinear time-delay systems with unknown dead-zone inputs[J]. Neurocom-puting, 2015, 158: 194-203.

[11]　Zhou Q, Shi P, Liu H H, et al. Neural-network-based decentralized adaptive output-feedback control for large-scale stochastic nonlinear systems[J]. IEEE Transactions on Systems, Man, and Cybernetics, Part B: Cybernetics, 2012, 42(6): 1608-1619.

[12]　Li Y M, Tong S C. Adaptive neural networks prescribed performance control design for switched interconnected uncertain nonlinear systems[J]. IEEE Transactions on Neural Networks and Learning Systems, 2018, 29(7): 3059-3068.

[13]　Tong S C, Li Y M, Zhang H G. Adaptive neural network decentralized backstepping output-feedback control for nonlinear large-scale systems with time delays[J]. IEEE Transactions on Neural Networks, 2011, 22(7): 1073-1086.

[14]　Tong S C, Li Y M, Wang T. Adaptive fuzzy decentralized output feedback control for stochastic nonlinear large-scale systems using DSC technique[J]. International Journal

of Robust and Nonlinear Control, 2013, 23(4): 381-399.

[15] Tong S C, Liu C L, Li Y M, et al. Adaptive fuzzy decentralized control for large-scale nonlinear systems with time-varying delays and unknown high-frequency gain sign[J]. IEEE Transactions on Systems, Man, and Cybernetics, Part B: Cybernetics, 2011, 41(2): 474-485.

[16] Tong S C, Li Y M. Adaptive fuzzy decentralized output feedback control for nonlinear large-scale systems with unknown dead zone inputs[J]. IEEE Transactions on Fuzzy Systems, 2013, 21(5): 913-925.

[17] Sui S, Tong S C, Li Y M. Observer-based adaptive fuzzy decentralized control for stochastic large-scale nonlinear systems with unknown dead-zones[J]. Information Science, 2014, 259: 71-86.

[18] Tong S C, Sui S, Li Y M. Adaptive fuzzy decentralized output stabilization for stochastic nonlinear large-scale systems with unknown control directions[J]. IEEE Transactions on Fuzzy Systems, 2014, 22(5): 1365-1372.

[19] Li Y M, Tong S C. Adaptive neural networks decentralized FTC design for nonstrict-feedback nonlinear interconnected large-scale systems against actuator faults[J]. IEEE Transactions on Neural Networks and Learning Systems, 2017, 28(11): 2541-2554.

[20] Tong S C, Liu C L, Li Y M, et al. Adaptive fuzzy decentralized control for large-scale nonlinear systems with time-varying delays and unknown high-frequency gain sign[J]. IEEE Transactions on Systems, Man, and Cybernetics, Part B: Cybernetics, 2011, 41(2): 474-485.

第 8 章 非线性系统智能自适应优化控制

第 2～7 章针对不确定非线性严格反馈系统，介绍了智能自适应状态反馈控制和输出反馈控制设计方法。本章在前几章的基础上，介绍智能自适应优化控制设计方法。本章内容主要基于文献 [1]～[5]。

8.1 离散非线性系统的模糊自适应优化控制

本节针对一类仿射离散非线性系统，利用模糊逻辑系统分别在线逼近性能指标函数和理想控制器，应用非线性动态规划设计理论，介绍一种模糊自适应动态规划优化控制设计方法，并给出控制系统的稳定性分析。

8.1.1 系统模型及控制问题描述

考虑如下的一类仿射离散非线性系统：

$$x(k+1) = f(x(k)) + g(x(k)) u(k) \tag{8.1.1}$$

式中，$x(k) \in \mathbf{R}^n$ 是状态向量；$u(k) \in \mathbf{R}^n$ 是系统的输入；$f(x(k)) \in \mathbf{R}^n$ 为未知光滑非线性函数；$g(x(k)) \in \mathbf{R}^{n \times n}$ 是未知对角矩阵。假设 $x = 0$ 是唯一平衡点，控制策略 $u(k)$ 是容许控制。

假设 8.1.1　存在正常数 $\bar{g}$，使 $\|g(x(k))\| \leqslant \bar{g}$。

假设 8.1.2　存在常数 $K^* > 0$，使系统 $f(x(k)) + g(x(k)) u(k)$ 满足

$$\|f(x(k)) + g(x(k)) u(k)\|^2 \leqslant K^* \|x(k)\|^2 \tag{8.1.2}$$

控制任务　基于模糊逻辑系统设计一种自适应模糊动态规划最优控制器，使得：

(1) 闭环系统的所有信号半全局一致最终有界；

(2) 性能指标函数取得最小值。

8.1.2 模糊自适应优化控制设计

对于非线性系统 (8.1.1)，定义性能指标函数为

$$J(x(k)) = x^{\mathrm{T}}(k) Q x(k) + u^{\mathrm{T}}(k) R u(k) + J(x(k+1)) \tag{8.1.3}$$

式中，Q 和 R 是正定矩阵，且满足 $J(x(k) = 0) = 0$。

定义如下的哈密顿函数：

$$H\left(x\left(k\right),u\left(k\right)\right)=J\left(x\left(k+1\right)\right)-J\left(x\left(k\right)\right)+r\left(x\left(k\right),u\left(k\right)\right) \tag{8.1.4}$$

式中，$r\left(x\left(k\right),u\left(k\right)\right)=x^{\mathrm{T}}\left(k\right)Qx\left(k\right)+u^{\mathrm{T}}\left(k\right)Ru\left(k\right)$。

定义最优性能指标函数为

$$J^{*}\left(x\left(k\right)\right)=\min_{u(k)}\left\{x^{\mathrm{T}}\left(k\right)Qx\left(k\right)+u^{\mathrm{T}}\left(k\right)Ru\left(k\right)+J^{*}\left(x\left(k+1\right)\right)\right\} \tag{8.1.5}$$

满足 $\min_{u(k)}H\left(x\left(k\right),u\left(k\right),J^{*}\left(x\left(k\right)\right)\right)=0$。

通过求解 $\partial H\left(x\left(k\right),u\left(k\right),J^{*}\left(x\left(k\right)\right)\right)/\partial u=0$，可得最优控制器为

$$u^{*}\left(k\right)=-1/2R^{-1}g^{\mathrm{T}}\left(x\left(k\right)\right)\frac{\partial J^{*}\left(x\left(k+1\right)\right)}{\partial x\left(k+1\right)} \tag{8.1.6}$$

由于 $f\left(x\left(k\right)\right)$ 和 $g\left(x\left(k\right)\right)$ 是未知光滑非线性函数，所以方程 $\partial H(x(k),$ $u\left(k\right),J^{*}\left(x\left(k\right)\right))/\partial u=0$ 很难或者无法求解。

为了解决此问题，本节将模糊逻辑系统分别作为评价网络和执行网络，在线逼近指标函数 $\hat{J}(k)$ 和理想优化控制器 $u^{*}\left(k\right)$，并基于自适应动态规划控制原理，给出模糊自适应优化控制设计方法。模糊自适应优化控制设计原理如图 8.1.1 所示。

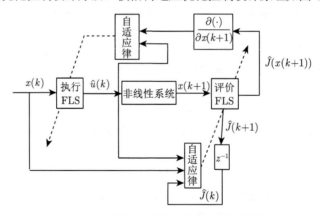

图 8.1.1　模糊自适应优化控制设计原理

因为 $J\left(x\left(k\right)\right)$ 是未知非线性函数，所以根据引理 0.1.1，利用模糊逻辑系统 $\hat{J}(x|\hat{\theta}_c)=\hat{\theta}_c^{\mathrm{T}}\left(k\right)\varphi_c\left(x\left(k\right)\right)$ 逼近 $J\left(x\left(k\right)\right)$，并假设

$$J\left(x\left(k\right)\right)=\theta_c^{*\mathrm{T}}\varphi_c\left(x\left(k\right)\right)+\varepsilon_c\left(x\left(k\right)\right) \tag{8.1.7}$$

式中，θ_c^* 是未知的最优参数；$\varepsilon_c\left(x\left(k\right)\right)$ 是最小模糊逼近误差。假设 $\varepsilon_c\left(x\left(k\right)\right)$ 满足 $\left|\varepsilon_c\left(x\left(k\right)\right)\right|\leqslant\varepsilon_c^*$，$\varepsilon_c^*$ 是正常数。

令 $\hat{J}(x(k))$ 是 $J(x(k))$ 的估计，则

$$\hat{J}(x(k)) = \hat{\theta}_c^{\mathrm{T}}(k)\,\varphi_c(x(k)) \tag{8.1.8}$$

式中，$\hat{\theta}_c(k)$ 是 θ_c^* 的估计。

定义误差

$$e_c(k) = \hat{\theta}_c^{\mathrm{T}}(k)\,\varPhi_c(k) + R(k) \tag{8.1.9}$$

式中，$\varPhi_c(k) = [\Delta\varphi_c(x(k)), \Delta\varphi_c(x(k-1)), \cdots, \Delta\varphi_c(x(k-j))]$；$\Delta\varphi_c(x(k)) = \varphi_c(x(k+1)) - \varphi_c(x(k))$；$R(k) = [r(x(k), u(k)), r(x(k-1), u(k-1)), \cdots, r(x(k-j), u(k-j))]$；$j$ 是常数。

定义目标函数

$$E_c = \frac{1}{2}e_c(k)\,e_c^{\mathrm{T}}(k) \tag{8.1.10}$$

利用梯度下降法，求得 $\hat{\theta}_c(k)$ 的自适应律如下：

$$\hat{\theta}_c(k+1) = \hat{\theta}_c(k) - \alpha_c\varPhi_c(k)\left(\hat{\theta}_c^{\mathrm{T}}(k)\varPhi_c(k) + R(k)\right)^{\mathrm{T}} \tag{8.1.11}$$

式中，$\alpha_c > 0$ 是设计参数。

令 $H(x(k), u(k)) = 0$，并将式 (8.1.7) 代入式 (8.1.4)，可得

$$r(x(k), u(k)) = -\theta_c^{*\mathrm{T}}\Delta\varphi_c(x(k)) - \Delta\varepsilon_c(x(k)) \tag{8.1.12}$$

式中，$\Delta\varepsilon_c(x(k)) = \varepsilon_c(x(k+1)) - \varepsilon_c(x(k))$。

根据 $R(k)$ 的定义，可得

$$R(k) = -\theta_c^{*\mathrm{T}}\varPhi_c(k) - \varSigma_c(k) \tag{8.1.13}$$

式中，$\varSigma_c(k) = [\Delta\varepsilon_c(x(k)), \Delta\varepsilon_c(x(k-1)), \cdots, \Delta\varepsilon_c(x(k-j))]$。

将式 (8.1.13) 代入式 (8.1.11)，可得

$$\tilde{\theta}_c(k+1) = \left(I - \alpha_c\varPhi_c(k)\varPhi_c^{\mathrm{T}}(k)\right)\tilde{\theta}_c(k) + \alpha_c\varPhi_c(k)\varSigma_c^{\mathrm{T}}(k) \tag{8.1.14}$$

式中，$\tilde{\theta}_c(k) = \hat{\theta}_c(k) - \theta_c^*$ 是参数估计误差。

为了保证参数收敛，$\varPhi_c(k)\varPhi_c^{\mathrm{T}}(k)$ 需要满足如下的持续激励条件。

假设 8.1.3　存在常数 $a_0 > 0$、$a_1 > 0$ 和 $\delta > 0$，对于所有的 $\sigma > 0$，式 (8.1.15) 成立：

$$a_1 I \geqslant \sum_{k=\sigma}^{\sigma+\delta} \varPhi_c(k)\varPhi_c^{\mathrm{T}}(k) \geqslant a_0 I > 0 \tag{8.1.15}$$

由式 (8.1.6) 可知 $u(k)$ 是未知函数, 所以根据引理 0.1.1, 利用模糊逻辑系统 $\hat{u}\left(x|\hat{\theta}_a\right) = \hat{\theta}_a^{\mathrm{T}}(k)\varphi_a(x(k))$ 逼近 $u(k)$, 并假设

$$u(k) = \theta_a^{*\mathrm{T}}\varphi_a(x(k)) + \varepsilon_a(x(k)) \tag{8.1.16}$$

式中, θ_a^* 是未知的最优参数; $\varepsilon_a(x(k))$ 是最小模糊逼近误差。假设 $\varepsilon_a(x(k))$ 满足 $\|\varepsilon_a(x(k))\| \leqslant \varepsilon_a^*$, ε_a^* 是正常数。

因此, $u(k)$ 的估计 $\hat{u}(k)$ 为

$$\hat{u}(k) = \hat{\theta}_a^{\mathrm{T}}(k)\varphi_a(x(k)) \tag{8.1.17}$$

将式 (8.1.16) 和式 (8.1.17) 代入式 (8.1.1), 可得

$$x(k+1) = f(x(k)) + g(x(k))u^*(k) + g(x(k))\tilde{\theta}_a^{\mathrm{T}}(k)\varphi_a(x(k)) - g(x(k))\varepsilon_a(x(k)) \tag{8.1.18}$$

分别定义误差函数和目标函数如下:

$$e_a(k) = \hat{\theta}_a^{\mathrm{T}}(k)\varphi_a(x(k)) + \frac{1}{2}R^{-1}g^{\mathrm{T}}(x(k))\frac{\partial \hat{J}(x(k+1))}{\partial x(k+1)} \tag{8.1.19}$$

$$E_a(k) = \frac{1}{2}e_a^{\mathrm{T}}(k)e_a(k) \tag{8.1.20}$$

利用梯度下降法, 求得 $\hat{\theta}_a(k)$ 的自适应律如下:

$$\hat{\theta}_a(k+1) = \hat{\theta}_a(k) - \alpha_a\frac{\varphi_a(x(k))e_a^{\mathrm{T}}(k)}{1 + \varphi_a^{\mathrm{T}}(x(k))\varphi_a(x(k))} \tag{8.1.21}$$

式中, $\alpha_a > 0$ 是设计参数。

将式 (8.1.7) 和式 (8.1.16) 代入式 (8.1.6), 可得

$$\theta_a^{*\mathrm{T}}\varphi_a(x(k)) + \frac{1}{2}R^{-1}g(x(k))^{\mathrm{T}}$$
$$\cdot \left[\left(\frac{\partial \varphi_c(x(k+1))}{\partial x(k+1)}\right)\theta_a^* + \frac{\partial \varepsilon_c(x(k+1))}{\partial x(k+1)}\right] + \varepsilon_a(k) = 0 \tag{8.1.22}$$

令 $\tilde{\theta}_a(k) = \hat{\theta}_a(k) - \theta_a^*$ 是参数估计误差, 根据式 (8.1.21) 和式 (8.1.22), 可得

$$\tilde{\theta}_a(k+1) = \left(I - \frac{\alpha_a\varphi_a(x(k))\varphi_a^{\mathrm{T}}(x(k))}{1 + \varphi_a^{\mathrm{T}}(x(k))\varphi_a(x(k))}\right)\tilde{\theta}_a(k) - \frac{\alpha_a\varphi_a(x(k))}{1 + \varphi_a^{\mathrm{T}}(x(k))\varphi_a(x(k))}$$
$$\cdot \left(\frac{1}{2}R^{-1}g^{\mathrm{T}}(x(k))\frac{\partial \varphi_c^{\mathrm{T}}(x(k+1))}{\partial x(k+1)}\tilde{\theta}_c(k) - \varepsilon_{ac}(k)\right)^{\mathrm{T}} \tag{8.1.23}$$

式中, $\varepsilon_{ac}(k) = \frac{1}{2}R^{-1}g^{\mathrm{T}}(x(k))\frac{\partial \varepsilon_c(x(k+1))}{\partial x(k+1)} + \varepsilon_a(k)$。

8.1.3　稳定性与收敛性分析

定理 8.1.1　对于仿射离散非线性系统 (8.1.1)，假设 8.1.1～假设 8.1.3 成立。如果采用控制器 (8.1.17)，参数自适应律 (8.1.11) 和 (8.1.21)，则总体控制方案能保证闭环系统中所有信号半全局一致最终有界。

证明　选择如下的李雅普诺夫函数：

$$V(k) = \frac{\alpha_a}{1 + \bar{\varphi}_a^2} V_1(k) + \frac{1}{\alpha_a} V_2(k) + \frac{1}{\alpha_c} V_3(k) \tag{8.1.24}$$

式中，$V_1(k) = x^{\mathrm{T}}(k) x(k)$；$V_2(k) = \mathrm{tr}\left(\tilde{\theta}_a^{\mathrm{T}}(k) \tilde{\theta}_a(k)\right)$；$V_3(k) = \tilde{\theta}_c^{\mathrm{T}}(k) \tilde{\theta}_c(k)$。

求 $V_1(k)$ 的差分，可得

$$\Delta V_1(k) = x^{\mathrm{T}}(k+1) x(k+1) - x^{\mathrm{T}}(k) x(k) \tag{8.1.25}$$

将式 (8.1.19) 代入式 (8.1.25)，并应用不等式 $\left(\sum\limits_{i=1}^{n} a_i\right)^2 \leqslant n \sum\limits_{i=1}^{n} a_i^2$，可得

$$
\begin{aligned}
\Delta V_1(k) = {}& \| f(x(k)) + g(x(k)) u^*(k) \\
& + g(x(k)) \tilde{\theta}_a^{\mathrm{T}}(k) \varphi_a(x(k)) - g(x(k)) \varepsilon_a(x(k)) \|^2 \\
\leqslant {}& 2 \| f(x(k)) + g(x(k)) u^*(k) \|^2 + 4 \left\| g(x(k)) \tilde{\theta}_a^{\mathrm{T}}(k) \varphi_a(x(k)) \right\|^2 \\
& + 4 \| g(x(k)) \varepsilon_a(x(k)) \|^2 - x^{\mathrm{T}}(k) x(k)
\end{aligned} \tag{8.1.26}
$$

根据假设 8.1.2，可得

$$\| f(x(k)) + g(x(k)) u^*(k) \|^2 \leqslant K^* \| x(k) \|^2 \tag{8.1.27}$$

根据假设 8.1.1，并将式 (8.1.26) 代入式 (8.1.25)，可得

$$\Delta V_1(k) \leqslant -(1 - 2K^*) \| x(k) \|^2 + 4\bar{g}^2 \| W_a(k) \|^2 + 4\bar{g}^2 \varepsilon_a^{*2} \tag{8.1.28}$$

式中，$W_a(k) = \tilde{\theta}_a^{\mathrm{T}}(k) \varphi_a(x(k))$。

求 $V_2(k)$ 的差分，可得

$$\Delta V_2(k) = \mathrm{tr}\left(\tilde{\theta}_a^{\mathrm{T}}(k+1) \tilde{\theta}_a(k+1)\right) - \mathrm{tr}\left(\tilde{\theta}_a^{\mathrm{T}}(k) \tilde{\theta}_a(k)\right) \tag{8.1.29}$$

将式 (8.1.23) 代入式 (8.1.29)，可得

$$\Delta V_2(k) = \mathrm{tr}\left\{\frac{-2\alpha_a W_a^{\mathrm{T}}(k) W_a(k)}{1 + \varphi_a^{\mathrm{T}}(x(k)) \varphi_a(x(k))} + \frac{\alpha_a^2 \varphi_a(x(k)) \varphi_a^{\mathrm{T}}(x(k))}{\| 1 + \varphi_a^{\mathrm{T}}(x(k)) \varphi_a(x(k)) \|^2} W_a^{\mathrm{T}}(k) W_a(k)\right.
$$

$$-\frac{\alpha_a R^{-1} g^{\mathrm{T}}(x(k))\tilde{\theta}_c W_a(k)}{1+\varphi_a^{\mathrm{T}}(x(k))\varphi_a(x(k))}\frac{\partial\varphi_c(x(k+1))}{\partial x(k+1)}+\frac{2\alpha_a\varepsilon_{ac}(k)W_a(k)}{1+\varphi_a^{\mathrm{T}}(x(k))\varphi_a(x(k))}$$

$$+\frac{\alpha_a^2\varphi_a(x(k))\varphi_a^{\mathrm{T}}(x(k))}{\|1+\varphi_a^{\mathrm{T}}(x(k))\varphi_a(x(k))\|^2}\left[R^{-1}g^{\mathrm{T}}(x(k))\frac{\partial\varphi_c(x(k+1))}{\partial x(k+1)}\tilde{\theta}_c(k)\right.$$

$$\left.\cdot W_a(k)-2\varepsilon_{ac}(k)W_a(k)\right]+\frac{\alpha_a^2\|\varphi_a(x(k))\|^2}{\|1+\varphi_a^{\mathrm{T}}(x(k))\varphi_a(x(k))\|^2}$$

$$\left.\cdot\left[\frac{1}{2}\left\|R^{-1}g(x(k))^{\mathrm{T}}\frac{\partial\varphi_c(x(k+1))}{\partial x(k+1)}\right\|^2\tilde{\theta}_c^{\mathrm{T}}(k)\tilde{\theta}_c(k)+2\varepsilon_{ac}^{\mathrm{T}}(k)\varepsilon_{ac}(k)\right]\right\}$$

$$(8.1.30)$$

由杨氏不等式和性质 $0<\|\varphi_a(x(k))\varphi_a^{\mathrm{T}}(x(k))\|/\|\varphi_a^{\mathrm{T}}(x(k))\varphi_a(x(k))+1\|<1$，可得

$$-\frac{\alpha_a R^{-1}g^{\mathrm{T}}(x(k))\tilde{\theta}_c W_a(k)}{1+\varphi_a^{\mathrm{T}}(x(k))\varphi_a(x(k))}\frac{\partial\varphi_c(x(k+1))}{\partial x(k+1)}$$

$$\leqslant\frac{\alpha_a^2}{2(1+\bar\varphi_a^2)^2}\|W_a(k)\|^2+\frac{1}{2}(\lambda_{\max}(R)\bar g\bar\varphi'_c)^2\left\|\tilde\theta_c\right\|^2$$

$$\frac{2\alpha_a\varepsilon_{ac}(k)W_a(k)}{1+\varphi_a^{\mathrm{T}}(x(k))\varphi_a(x(k))}\leqslant\varepsilon_{ac}^{*2}+\frac{\alpha_a^2}{(1+\bar\varphi_a^2)^2}\|W_a(k)\|^2$$

$$\frac{\alpha_a^2\varphi_a(x(k))\varphi_a^{\mathrm{T}}(x(k))}{\|1+\varphi_a^{\mathrm{T}}(x(k))\varphi_a(x(k))\|^2}R^{-1}g^{\mathrm{T}}(x(k))\frac{\partial\varphi_c(x(k+1))}{\partial x(k+1)}\tilde\theta_c(k)W_a(k)$$

$$\leqslant\frac{\alpha_a^2}{2}(\lambda_{\max}(R)\bar g\bar\varphi'_c)^2\left\|\tilde\theta_c\right\|^2+\frac{\alpha_a^2}{2(1+\bar\varphi_a^2)^2}\|W_a(k)\|^2$$

$$-\frac{2\alpha_a^2\varphi_a(x(k))\varphi_a^{\mathrm{T}}(x(k))}{\|1+\varphi_a^{\mathrm{T}}(x(k))\varphi_a(x(k))\|^2}\varepsilon_{ac}(k)W_a(k)\leqslant\alpha_a^2\varepsilon_{ac}^{*2}+\frac{\alpha_a^2}{(1+\bar\varphi_a^2)^2}\|W_a(k)\|^2$$

$$\frac{1}{(1+\bar\varphi_a^2)^2}\leqslant\frac{1}{1+\bar\varphi_a^2}$$

式中，$\bar\varphi'_c\geqslant\dfrac{\partial\varphi_c(x(k+1))}{\partial x(k+1)}$；$\bar\varphi_a\geqslant\|\varphi_a(x(k))\|$；$\varepsilon_{ac}^*\geqslant\|\varepsilon_{ac}(k)\|$；$\lambda_{\max}(R)$ 表示矩阵 R 最大特征值。

根据上述不等式，式 (8.1.30) 可以表达为

$$\Delta V_2(k)\leqslant-2\alpha_a\frac{(1-2\alpha_a)}{1+\bar\varphi_a^2}\|W_a(k)\|^2+\left(\frac{1}{2}+\alpha_a^2\right)(\lambda_{\max}(R)\bar g\bar\varphi'_c)^2\left\|\tilde\theta_c(k)\right\|^2$$

$$+\left(1+3\alpha_a^2\right)\varepsilon_{ac}^{*2} \tag{8.1.31}$$

求 $V_3\left(k\right)$ 的差分，可得

$$\Delta V_3\left(k\right)=\tilde{\theta}_c^{\mathrm{T}}\left(k+1\right)\tilde{\theta}_c\left(k+1\right)-\tilde{\theta}_c^{\mathrm{T}}\left(k\right)\tilde{\theta}_c\left(k\right) \tag{8.1.32}$$

将式 (8.1.14) 代入式 (8.1.32)，可得

$$\begin{aligned}
\Delta V_3\left(k\right)=&-2\alpha_c\Phi_c\left(k\right)\Phi_c^{\mathrm{T}}\left(k\right)\tilde{\theta}_c^{\mathrm{T}}\left(k\right)\tilde{\theta}_c\left(k\right)+\alpha_c^2\left\|\Phi_c\left(k\right)\Phi_c^{\mathrm{T}}\left(k\right)\right\|^2\\
&\times\tilde{\theta}_c^{\mathrm{T}}\left(k\right)\tilde{\theta}_c\left(k\right)+2\alpha_c\Phi_c\left(k\right)\Sigma_c\left(k\right)\tilde{\theta}_c\left(k\right)-2\alpha_c^2\Phi_c\left(k\right)\Phi_c^{\mathrm{T}}\left(k\right)\\
&\times\Phi_c\left(k\right)\Sigma_c\left(k\right)\tilde{\theta}_c\left(k\right)+\alpha_c\left\|\Phi_c\left(k\right)\right\|^2\Sigma_c^{\mathrm{T}}\left(k\right)\Sigma_c\left(k\right) \tag{8.1.33}
\end{aligned}$$

同 $V_2\left(k\right)$ 处理方法，根据杨氏不等式，可得

$$\begin{aligned}
\Delta V_3\left(k\right)=&-\alpha_c\Phi_c\left(k\right)\Phi_c^{\mathrm{T}}\left(k\right)\left(1-2\alpha_c\Phi_c\left(k\right)\Phi_c^{\mathrm{T}}\left(k\right)\right)\tilde{\theta}_c^{\mathrm{T}}\left(k\right)\tilde{\theta}_c\left(k\right)\\
&+\alpha_c\left[1+\left(1+\alpha_c\right)\Phi_c\left(k\right)\Phi_c^{\mathrm{T}}\left(k\right)\right]\Sigma_c^{\mathrm{T}}\left(k\right)\Sigma_c\left(k\right)\\
\leqslant&-\alpha_c\Phi_c^2\left(1-2\alpha_c\frac{\bar{\Phi}_c^4}{\Phi_c^2}\right)\left\|\tilde{\theta}_c\left(k\right)\right\|^2+\alpha_c\left[1+\left(1+\alpha_c\right)\bar{\Phi}_c^2\right]\bar{\Sigma}_c^2 \tag{8.1.34}
\end{aligned}$$

式中，$\bar{\Phi}_c\geqslant\left\|\Phi_c\left(k\right)\right\|\geqslant\Phi_c$；$\bar{\Sigma}_c\geqslant\left\|\Sigma_c\left(k\right)\right\|$。

由式 (8.1.24)、式 (8.1.28)、式 (8.1.31) 和式 (8.1.34) 可得

$$\begin{aligned}
\Delta V=&V\left(k+1\right)-V\left(k\right)\\
\leqslant&-C_1\left\|x\left(k\right)\right\|^2-C_2\left\|W_a\left(k\right)\right\|^2-C_3\left\|\tilde{\theta}_c\left(k\right)\right\|^2+C_4 \tag{8.1.35}
\end{aligned}$$

式中，$C_1=\dfrac{\alpha_a}{1+\bar{\varphi}_a^2}\left(1-2K^*\right)$；$C_2=\dfrac{2-4\alpha_a\left(1+\bar{g}^2\right)}{1+\bar{\varphi}_a^2}$；$C_3=\Phi_c^2\left(1-2\alpha_c\dfrac{\bar{\Phi}_c^4}{\Phi_c^2}\right)-\left(\dfrac{1}{2\alpha_a}+\alpha_a\right)\left(\lambda_{\max}(R)\bar{g}\bar{\varphi}'_c\right)^2$；$C_4=4\bar{g}^2\varepsilon_a^{*2}\dfrac{\alpha_a}{1+\bar{\varphi}_a^2}+\left(\dfrac{1}{\alpha_a}+3\alpha_a\right)\left\|\varepsilon_{ac}^*\right\|^2+[1+\left(1+\alpha_c\right)\bar{\Phi}_c^2]\bar{\Sigma}_c^2$。

若设计参数满足 $0<K^*<\dfrac{1}{2}$，$0<\alpha_a<\dfrac{1}{2\left(1+\bar{g}^2\right)}$，$0<\alpha_c<\dfrac{\Phi_c^2-\left(\dfrac{1}{2\alpha_a}+\alpha_a\right)\left(\lambda_{\max}(R)\bar{g}\bar{\varphi}'_c\right)^2}{2\bar{\Phi}_c^4}$ 和 $\left\|\dfrac{\Phi_c}{\lambda_{\max}(R)\bar{g}\bar{\varphi}'_c}\right\|<2$，则 $C_1>0$、$C_2>0$、$C_3>0$。由李雅普诺夫稳定性理论可知，如果满足条件 $\left\|x\left(k\right)\right\|>\sqrt{C_4/C_1}$，或者

$\|W_a(k)\| > \sqrt{C_4/C_2}$，或者 $\left\|\tilde{\theta}_c(k)\right\| > \sqrt{C_4/C_3}$，则 $\Delta V(k) < 0$。由式 (8.1.35) 和引理 0.3.2 可知，闭环系统所有信号都一致最终有界。

评注 8.1.1　本节针对一类不确定非线性系统，将模糊逻辑系统分别作为评价网络和执行网络，在动态优化控制理论的框架下给出了一种模糊自适应动态规划控制设计方法。在本节的自适应优化控制设计中，如果用神经网络分别作为评价网络和执行网络，则得到类似的神经网络自适应优化控制方法 [6,7]。

8.1.4　仿真

例 8.1.1　考虑如下的二阶仿射离散非线性系统：

$$x(k+1) = f(x(k)) + g(x(k))u(k)$$

式中，$f(x(k)) = 1.04\sin(0.8x(k)+0.15x^2(k))$；$g(x(k)) = 1.2(1+\sin(0.75x(k)))$。此外，$|g(x(k))| \leqslant 1.2 = \bar{g}$ 满足假设 8.1.1。

选择评价网络隶属函数为

$$\varphi_{c1}(x(k)) = \exp\left[-\frac{(x(k)-3)^2}{4}\right], \quad \varphi_{c2}(x(k)) = \exp\left[\frac{-(x(k)-1)^2}{4}\right]$$

$$\varphi_{c3}(x(k)) = \exp\left[-\frac{0.22(x(k)+1)^2}{4}\right], \quad \varphi_{c4}(x(k)) = \exp\left[-\frac{(x(k)+3)^2}{4}\right]$$

选择执行网络隶属函数为

$$\varphi_{a1}(x(k)) = \exp\left[-\frac{(x(k)-2)^2}{9}\right], \quad \varphi_{a2}(x(k)) = \exp\left[-\frac{(x(k)-1)^2}{9}\right]$$

$$\varphi_{a3}(x(k)) = \exp\left[-\frac{x(k)^2}{9}\right], \quad \varphi_{a4}(x(k)) = \exp\left[-\frac{(x(k)+1)^2}{9}\right]$$

$$\varphi_{a5}(x(k)) = \exp\left[-\frac{(x(k)+2)^2}{9}\right]$$

设计如下性能指标函数和控制器：

$$\hat{J}(x(k)) = \hat{\theta}_c^{\mathrm{T}}(k)\varphi_c(x(k))$$

$$\hat{u}(k) = \hat{\theta}_a^{\mathrm{T}}(k)\varphi_a(x(k))$$

设计如下参数自适应律：

$$\hat{\theta}_c\left(k+1\right)=\hat{\theta}_c\left(k\right)-\alpha_c\Phi_c\left(k\right)\left(\hat{\theta}_c^{\mathrm{T}}\left(k\right)\Phi_c\left(k\right)+R\left(k\right)\right)^{\mathrm{T}}$$

$$\hat{\theta}_a\left(k+1\right)=\hat{\theta}_a\left(k\right)-\alpha_a\frac{\varphi_a\left(x\left(k\right)\right)e_a^{\mathrm{T}}\left(k\right)}{1+\varphi_a^{\mathrm{T}}\left(x\left(k\right)\right)\varphi_a\left(x\left(k\right)\right)}$$

设计参数选择为：$\alpha_c=0.21$，$\alpha_a=0.23$，$P=1.75$，$Q=0.25$。状态变量和自适应律的初始值选取为：$x\left(0\right)=0$，$\hat{\theta}_c\left(0\right)=0.02$，$\hat{\theta}_a\left(0\right)=0.02$。

仿真结果如图 8.1.2～图 8.1.5 所示。从图 8.1.2 可以看出，本方法实现了较好的跟踪性能。自适应规律和控制器的轨迹如图 8.1.3～图 8.1.5 所示。

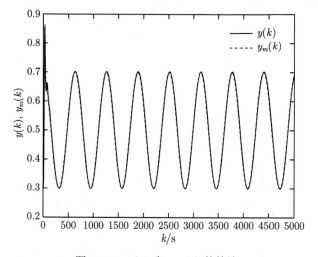

图 8.1.2　$y(k)$ 和 $y_m(k)$ 的轨迹

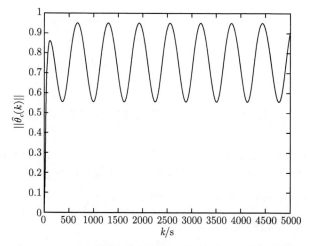

图 8.1.3　评价模糊逻辑系统权重范数 $\|\hat{\theta}_c(k)\|$ 的轨迹

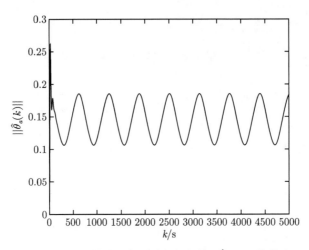

图 8.1.4　执行模糊逻辑系统权重范数 $\|\hat{\theta}_a(k)\|$ 的轨迹

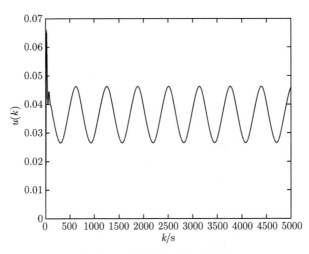

图 8.1.5　控制器 $u(k)$ 的轨迹

8.2　离散非线性系统的神经网络自适应强化学习优化控制

　　8.1 节针对一类不确定仿射非线性系统, 介绍了一种神经网络自适应动态规划控制设计方法, 本节在 8.1 节的基础上介绍一种神经网络自适应强化学习控制设计方法, 并给出控制系统的稳定性分析。

8.2.1　系统模型及控制问题描述

　　考虑如下单输入单输出不确定离散非线性系统:

$$\begin{cases} x_1\,(k+1) = x_2\,(k) \\ \quad\quad\vdots \\ x_{n-1}\,(k+1) = x_n\,(k) \\ x_n\,(k+1) = f\,(x\,(k)) + g\,(x\,(k))\,u\,(k) \\ y\,(k) = x_1\,(k) \end{cases} \tag{8.2.1}$$

式中，$x\,(k) = [x_1\,(k),\cdots,x_n\,(k)]^{\mathrm{T}}$ 是状态向量；$u\,(k) \in \mathbf{R}$ 和 $y\,(k) \in \mathbf{R}$ 分别是系统的输入和输出；$f\,(x\,(k))$ 和 $g\,(x\,(k))$ 是未知的光滑非线性函数。

假设 8.2.1 假设存在常数 $\underline{g}_i > 0$ 和 $\bar{g}_i > 0$，满足 $\underline{g}_i \leqslant g_i\,(\bar{x}_i\,(k)) \leqslant \bar{g}_i$。

控制任务 基于神经网络设计一种自适应最优控制器，使得：

(1) 闭环系统的所有信号半全局一致最终有界；

(2) 跟踪误差 $z_1(k) = y(k) - y_m(k)$ 收敛到包含原点的一个较小邻域内；

(3) 效用函数达到最小值。

8.2.2 模糊自适应强化学习优化控制设计

定义跟踪误差为

$$\begin{aligned} z_1\,(k) &= x_1\,(k) - y_m\,(k) \\ z_i\,(k) &= x_i\,(k) - y_m\,(k+i-1), \quad i = 2,3,\cdots,n \end{aligned} \tag{8.2.2}$$

根据式 (8.2.2)，可得

$$z_n\,(k+1) = f\,(x\,(k)) + g\,(x\,(k))\,u\,(k) - y_m\,(k+n) \tag{8.2.3}$$

如果函数 $f\,(x\,(k))$ 和 $g\,(x\,(k))$ 为已知的情况，则选择理想控制输入为

$$u^*\,(k) = \frac{1}{g\,(x\,(k))}\,(-f\,(x\,(k)) + y_m\,(k+n) + r\,z_n\,(k)) \tag{8.2.4}$$

式中，$r > 0$ 是设计参数。

将 $u\,(k) = u^*\,(k)$ 代入式 (8.2.3)，可得

$$z_n\,(k+1) = r\,z_n\,(k) \tag{8.2.5}$$

若选择李雅普诺夫函数为 $V^*\,(k) = \dfrac{z_n^2\,(k)}{2}$，则 $V^*\,(k)$ 的差分为

$$\Delta V^*\,(k) = V^*\,(k+1) - V^*\,(k) = (r^2 - 1)\,z_n^2\,(k) \tag{8.2.6}$$

如果 $r^2 < 1$，则 $\Delta V^*\,(k) < 0$，那么控制器 (8.2.4) 能够保证控制系统渐近稳定。当 $f\,(x\,(k))$ 和 $g\,(x\,(k))$ 是未知时，上述控制器 $u^*\,(k)$ 无法实施。因此，利用神经网络 $\hat{u}(Z_a|\hat{\theta}_a) = \hat{\theta}_a^{\mathrm{T}}\varphi_a\,(Z_a\,(k))$ 作为执行网络来逼近 $u^*\,(k)$。

假设

$$u^* (k) = \theta_a^{*\mathrm{T}} \varphi_a (Z_a (k)) + \varepsilon_a (Z_a (k)) \tag{8.2.7}$$

式中，$Z_a (k) = \left[x^{\mathrm{T}} (k), y_m (k + n - 1), y_m (k + n)\right]^{\mathrm{T}}$；$\theta_a^*$ 是未知的最优参数；$\varepsilon_a (Z_a (k))$ 是最小逼近误差。假设 $\varepsilon_a (Z_a (k))$ 满足 $|\varepsilon_a (Z_a (k))| \leqslant \varepsilon_a^*$，$\varepsilon_a^*$ 是正常数。

设计自适应优化控制器如下：

$$u (k) = \hat{\beta}_a (k) \| \varphi_a (Z_a (k)) \| \tag{8.2.8}$$

式中，$\hat{\beta}_a (k)$ 是 $\beta_a^* = \| \theta_a^* \|$ 的估计。

根据式 (8.2.3) 和式 (8.2.4)，可得

$$z_n (k + 1) = g (x (k)) (u (k) - u_d^* (k)) + r \, z_n (k) \tag{8.2.9}$$

将式 (8.2.7) 和式 (8.2.8) 代入式 (8.2.9)，可得

$$z_n (k + 1) = g (x (k)) \left(\hat{\beta}_a (k) \| \varphi_a (Z_a (k)) \| - \theta_a^{*\mathrm{T}} \varphi_a (Z_a (k)) \right)$$
$$- g (x (k)) \varepsilon_a (Z_a (k)) + r \, z_n (k) \tag{8.2.10}$$

令 $\tilde{\beta}_a (k) = \hat{\beta}_a (k) - \beta_a^*$ 是参数估计误差，且 $H_a (k) = \tilde{\beta}_a (k) \| \varphi_a (Z_a (k)) \|$，则有

$$\hat{\beta}_a (k) \| \varphi_a (Z_a (k)) \| - \theta_a^{*\mathrm{T}} \varphi_a (Z_a (k))$$
$$= \tilde{\beta}_a (k) \| \varphi_a (Z_a (k)) \| + \beta_a^* \| \varphi_a (Z_a (k)) \| - \theta_a^{*\mathrm{T}} \varphi_a (Z_a (k))$$
$$= H_a (k) + \beta_a^* \| \varphi_a (Z_a (k)) \| - \theta_a^{*\mathrm{T}} \varphi_a (Z_a (k)) \tag{8.2.11}$$

将式 (8.2.11) 代入式 (8.2.10)，可得

$$z_n (k + 1) = g (x (k)) H_a (k) + g (x (k)) \beta_a^* \| \varphi_a (Z_a (k)) \|$$
$$- g (x (k)) \theta_a^{*\mathrm{T}} \varphi_a (Z_a (k)) - g (x (k)) \varepsilon_a (Z_a (k)) + r \, z_n (k) \tag{8.2.12}$$

令 $W (k) = g (x (k)) \beta_a^* \| \varphi_a (Z_a (k)) \| - g (x (k)) \theta_a^{*\mathrm{T}} \varphi_a (Z_a (k)) - g (x (k)) \times \varepsilon_a (Z_a (k))$，则式 (8.2.12) 可进一步写为

$$z_n (k + 1) = g (x (k)) H_a (k) + r \, z_n (k) + W (k) \tag{8.2.13}$$

定义效用函数如下：

$$J (k) = J (x (k), u (k))$$

$$= \sum_{j=k_0}^{\infty} \gamma^j \left[p\left(x\left(k+j\right)\right) + u^{\mathrm{T}}\left(k+j\right) Q u\left(k+j\right) \right] \tag{8.2.14}$$

式中，$Q = Q^{\mathrm{T}} > 0$ 是一个正定矩阵；k_0 表示初始时刻；$\gamma\,(0 \leqslant \gamma \leqslant 1)$ 是折扣因子；$p\left(x\left(k\right)\right)$ 是一个关于 $x\left(k\right)$ 的函数。

定义 $\varPhi\left(k\right)$ 为

$$\begin{aligned} \varPhi\left(k\right) &= p\left(x\left(k\right)\right) + Q u^2\left(k\right) \\ &= P z_n^2\left(k\right) + Q u^2\left(k\right) \end{aligned} \tag{8.2.15}$$

式中，$P > 0$。

因为效用函数 $J^*\left(k\right)$ 是未知的连续函数，所以根据引理 0.2.1，利用神经网络 $\hat{J}(x(k)|\hat{\theta}_c) = \hat{\theta}_c^{\mathrm{T}} \varphi_c\left(x\left(k\right)\right)$，即评价网络逼近 $J^*\left(k\right)$，并假设

$$J^*\left(k\right) = \theta_c^{*\mathrm{T}} \varphi_c\left(x\left(k\right)\right) + \varepsilon_c\left(x\left(k\right)\right) \tag{8.2.16}$$

式中，$\theta_c^* \in \mathbf{R}^{l_c}$ 是未知最优权重向量；$\varphi_c\left(x\left(k\right)\right) \in \mathbf{R}^{l_c}$ 是高斯基函数向量；$l_c > 1$ 表示评价网络的节点数；$\varepsilon_c\left(x\left(k\right)\right)$ 是最小网络逼近误差。假设 $\varepsilon_c\left(x\left(k\right)\right)$ 满足 $\left|\varepsilon_c\left(x\left(k\right)\right)\right| \leqslant \varepsilon_c^*$，$\varepsilon_c^*$ 是正常数。得到 $J^*\left(k\right)$ 的在线估计为

$$\hat{J}\left(k\right) = \hat{\beta}_c\left(k\right) \left\|\varphi_c\left(x\left(k\right)\right)\right\| \tag{8.2.17}$$

式中，$\hat{\beta}_c\left(k\right)$ 是 $\beta_c^* = \left\|\theta_c^*\right\|$ 的估计，$\tilde{\beta}_c\left(k\right) = \hat{\beta}_c\left(k\right) - \beta_c^*$ 是参数估计误差。

定义评价网络预测误差为

$$e_c\left(k\right) = \sigma \hat{J}\left(k\right) - \hat{J}\left(k-1\right) + \varPhi\left(k\right) \tag{8.2.18}$$

式中，$\sigma > 0$、$\varPhi\left(k\right)$ 如式 (8.2.15) 所示。

令

$$H_c\left(k\right) = \tilde{\beta}_c\left(k\right) \left\|\varphi_c\left(x\left(k\right)\right)\right\| \tag{8.2.19}$$

根据式 (8.2.17) 和式 (8.2.19)，可得

$$\hat{J}\left(k\right) = H_c\left(k\right) + \beta_c^* \left\|\varphi_c\left(x\left(k\right)\right)\right\| \tag{8.2.20}$$

$$\hat{J}\left(k-1\right) = H_c\left(k-1\right) + \beta_c^* \left\|\varphi_c\left(x\left(k-1\right)\right)\right\| \tag{8.2.21}$$

将式 (8.2.20) 和式 (8.2.21) 代入式 (8.2.18)，可得

$$e_c\left(k\right) = \sigma H_c\left(k\right) + \sigma \beta_c^* \left\|\varphi_c\left(x\left(k\right)\right)\right\| + \varPhi\left(k\right)$$

$$- H_c (k - 1) - \beta_c^* \|\varphi_c (x (k - 1))\| \tag{8.2.22}$$

令

$$\Psi (k) = \sigma \beta_c^* \|\varphi_c (x (k))\| - \sigma J^* (k) - \beta_c^* \|\varphi_c (x (k - 1))\| \tag{8.2.23}$$

将式 (8.2.23) 代入式 (8.2.22)，可得

$$e_c (k) = \sigma H_c (k) + \sigma J^* (k) + \Psi (k) - H_c (k - 1) + \Phi (k)$$

令

$$e_a (k) = \sqrt{g (x (k))} H_a (k) + \left(\sqrt{g (x (k))} \right)^{-1} A \hat{J} (k) \tag{8.2.24}$$

式中，$A = [1, \cdots, 1]_{m \times 1}^{\mathrm{T}}$。

定义 $E_a (k) = e_a^{\mathrm{T}} (k) e_a (k) / 2$，应用梯度下降法，可求得 $\hat{\beta}_a (k)$ 的自适应律如下：

$$\hat{\beta}_a (k + 1) = \hat{\beta}_a (k) + \Delta \hat{\beta}_a (k) \tag{8.2.25}$$

$$
\begin{aligned}
\Delta \hat{\beta}_a (k) &= \delta_a \left(-\frac{\partial E_a (k)}{\partial \hat{\beta}_a (k)} \right) \\
&= \delta_a \left(-\frac{\partial E_a (k)}{\partial e_a (k)} \frac{\partial e_a (k)}{\partial H_a (k)} \frac{\partial H_a (k)}{\partial \hat{\beta}_a (k)} \right) \\
&= -\delta_a \|\varphi_a (Z_a (k))\| \sqrt{g (x (k))} e_a (k) \tag{8.2.26}
\end{aligned}
$$

式中，$\delta_a > 0$ 是设计参数。

将式 (8.2.24) 代入式 (8.2.26)，可得

$$\Delta \hat{\beta}_a (k) = -\delta_a \|\varphi_a (Z_a (k))\| \left(g (x (k)) H_a (k) + A \hat{J} (k) \right) \tag{8.2.27}$$

将式 (8.2.13) 代入式 (8.2.27)，可得

$$\Delta \hat{\beta}_a (k) = -\delta_a \|\varphi_a (Z_a (k))\| \left(z_n (k + 1) - r\, z_n (k) - W (k) + A \hat{J} (k) \right)$$

考虑理想情形，即 $W (k) = 0$ 的情况，则 $\hat{\beta}_a (k)$ 的自适应律如下：

$$\hat{\beta}_a (k + 1) = \hat{\beta}_a (k) - \delta_a \|\varphi_a (Z_a (k))\| \left(z_n (k + 1) - r\, z_n (k) + A \hat{J} (k) \right) \tag{8.2.28}$$

令 $E_c (k) = e_c^2 (k) / 2$，应用梯度下降法，求得 $\hat{\beta}_c (k)$ 的自适应律如下：

$$\hat{\beta}_c\,(k+1) = \hat{\beta}_c\,(k) + \Delta\hat{\beta}_c\,(k) \tag{8.2.29}$$

$$
\begin{aligned}
\Delta\hat{\beta}_c\,(k) &= \delta_c\left(-\partial E_c\,(k)\,/\,\partial\hat{\beta}_c\,(k)\right) \\
&= \delta_c\left(-\frac{\partial E_c\,(k)}{\partial e_c\,(k)}\frac{\partial e_c\,(k)}{\partial H_c\,(k)}\frac{\partial H_c\,(k)}{\partial\hat{\beta}_c\,(k)}\right) \\
&= -\delta_c\sigma e_c\,(k)\,\|\varphi_c\,(x\,(k))\|
\end{aligned} \tag{8.2.30}
$$

式中，$\delta_c > 0$ 是设计参数。

将式 (8.2.18) 代入式 (8.2.30)，可得

$$\Delta\hat{\beta}_c\,(k) = -\delta_c\sigma\,\|\varphi_c\,(x\,(k))\|\left(\sigma\hat{J}\,(k) - \hat{J}\,(k-1) + \Phi\,(k)\right) \tag{8.2.31}$$

则 $\hat{\beta}_c$ 的自适应律如下：

$$\hat{\beta}_c\,(k+1) = \hat{\beta}_c\,(k) - \delta_c\sigma\,\|\varphi_c\,(x\,(k))\|\left(\sigma\hat{J}\,(k) - \hat{J}\,(k-1) + \Phi\,(k)\right) \tag{8.2.32}$$

图 8.2.1 给出了神经网络自适应强化学习优化控制的设计原理。

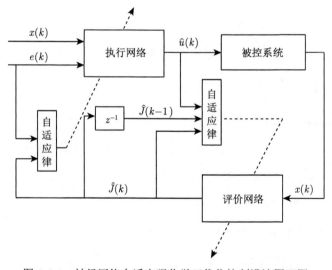

图 8.2.1　神经网络自适应强化学习优化控制设计原理图

8.2.3　稳定性与收敛性分析

本节所设计的神经网络自适应强化学习优化控制方法具有如下性能。

定理 8.2.1　对于多变量离散非线性系统 (8.1.1)，假设 8.2.1 成立。如果采用控制器 (8.2.9)，参数自适应律 (8.2.28) 和 (8.2.32)，则总体控制方案具有如下性能：

(1) 闭环系统中所有信号半全局一致最终有界；

(2) 跟踪误差收敛到包含原点的一个较小邻域内。

证明　选择如下的李雅普诺夫函数：

$$V(k) = \sum_{i=1}^{4} V_i(k) \tag{8.2.33}$$

式中，$V_1(k) = \dfrac{\mu_1}{3} z_n^2(k)$；$V_2(k) = \dfrac{\mu_2}{\delta_a} \tilde{\beta}_a^2(k)$；$V_3(k) = \dfrac{\mu_3}{\delta_c} \tilde{\beta}_c^2(k)$；$V_4(k) = \mu_4 H_c^2(k-1)$。
求 $V_1(k)$ 的差分，并由式 (8.2.16) 可得

$$\begin{aligned}
\Delta V_1(k) &= \frac{\mu_1}{3} z_n^2(k+1) - \frac{\mu_1}{3} z_n^2(k) \\
&= \mu_1 \left(g(x(k)) H_a(k)/3 + r\, z_n(k) + W(k)\right)^2 - \mu_1 z_n^2(k)/3
\end{aligned} \tag{8.2.34}$$

根据不等式 $\left(\displaystyle\sum_{i=1}^{n} a_i\right)^2 \leqslant n \displaystyle\sum_{i=1}^{n} a_i^2$，可得

$$\begin{aligned}
&\frac{\mu_1}{3} \left(g(x(k)) H_a(k) + r\, z_n(k) + W(k)\right)^2 \\
&\leqslant \mu_1 \bar{g}^2 H_a^2(k) + \mu_1 W^2(k) + \mu_1 r^2 z_n^2(k)
\end{aligned} \tag{8.2.35}$$

将式 (8.2.35) 代入式 (8.2.34)，$\Delta V_1(k)$ 可表达为

$$\Delta V_1(k) \leqslant -\frac{\mu_1}{3}\left(1 - 3r^2\right) z_n^2(k) + \mu_1 \bar{g}^2 H_a^2(k) + \mu_1 W^2(k) \tag{8.2.36}$$

根据 $\|\varphi_a(Z_a(k))\|^2 \leqslant l_a$，可得

$$\begin{aligned}
&g(x(k)) \beta_a^* \|\varphi_a(Z_a(k))\| - g(x(k)) \theta_a^{*\mathrm{T}} \varphi_a(Z_a(k)) \\
&\leqslant 2|g(x(k))| \beta_a^* \|\varphi_a(Z_a(k))\| \leqslant 2\bar{g}\beta_a^* \sqrt{l_a}
\end{aligned} \tag{8.2.37}$$

$$-g(x(k)) \varepsilon_a(Z_a(k)) \leqslant \bar{g}\varepsilon_a^* \tag{8.2.38}$$

将式 (8.2.37) 和式 (8.2.38) 代入 $W(k)$，可得

$$W^2(k) \leqslant \left(2\bar{g}\beta_a^* \sqrt{l_a} + \bar{g}\bar{\varepsilon}_a\right)^2 = \bar{W} \tag{8.2.39}$$

将式 (8.2.39) 代入式 (8.2.36)，可得

$$\Delta V_1(k) \leqslant -\frac{\mu_1}{3}\left(1 - 3r^2\right) z_n^2(k) + \mu_1 \bar{g}^2 H_a^2(k) + \mu_1 \bar{W} \tag{8.2.40}$$

在式 (8.2.28) 的两端同时减去 β_a^*，可得

$$\tilde{\beta}_a(k+1) = \tilde{\beta}_a(k) - \delta_a \|\varphi_a(Z_a(k))\| \left(z_n(k+1) - r\, z_n(k) + A\hat{J}(k)\right) \tag{8.2.41}$$

根据式 (8.2.13) 和式 (8.2.41)，$V_2(k)$ 的差分为

$$
\begin{aligned}
\Delta V_2(k) =& \frac{\mu_2}{\delta_a} \tilde{\beta}_a^2(k+1) - \frac{\mu_2}{\delta_a} \tilde{\beta}_a^2(k) \\
=& -2\mu_2 H_a(k) \Big(g(x(k)) H_a(k) + W(k) + A\hat{J}(k) \Big) \\
& + \mu_2 \delta_a \|\varphi_a(Z_a(k))\|^2 \Big[g(x(k)) H_a(k) + W(k) + A\hat{J}(k) \Big]^2 \quad (8.2.42)
\end{aligned}
$$

根据杨氏不等式，有如下不等式成立：

$$
\hat{J}(k) = H_c(k) + \beta_c^* \|\varphi_c(x(k))\|
$$

$$
-2\mu_2 H_a(k) g(x(k)) H_a(k) \leqslant -2\mu_2 \underline{g} H_a^2(k)
$$

$$
-2\mu_2 H_a(k) W(k) \leqslant \frac{\mu_2^2}{\mu_1} \bar{g}^{-2} \bar{W} + \mu_1 \bar{g}^2 H_a^2(k)
$$

$$
-2\mu_2 H_a(k) A H_c(k) \leqslant \mu_1 \bar{g}^2 H_a^2(k) + \frac{m\mu_2^2}{\mu_1} \bar{g}^{-2} H_c^2(k)
$$

$$
-2\mu_2 H_a(k) A \beta_c^* \|\varphi_c(x(k))\| \leqslant \mu_1 \bar{g}^2 H_a^2(k) + \frac{m\mu_2^2 l_c \beta_c^{*2} \bar{g}^{-2}}{\mu_1}
$$

根据上面的不等式和 $\|\varphi_a(Z_a(k))\|^2 \leqslant l_a$，可得

$$
\begin{aligned}
& \mu_2 \delta_a \|\varphi_a(Z_a(k))\|^2 \Big(g(x(k)) H_a(k) + W(k) + A\hat{J}(k) \Big)^2 \\
& \leqslant 4\mu_2 \delta_a l_a \bar{g}^2 H_a^2(k) + 4\mu_2 \delta_a l_a \bar{W} + 4m\mu_2 \delta_a l_a H_c^2(k) + 4m\mu_2 \delta_a l_a l_c \beta_c^{*2}
\end{aligned}
$$

将上述不等式代入式 (8.2.42)，可得

$$
\begin{aligned}
\Delta V_2(k) \leqslant & -\mu_2 \left[2\underline{g} - \left(\frac{3\mu_1}{\mu_2} + 4\delta_a l_a \right) \bar{g}^2 \right] H_a^2(k) \\
& + \left(\frac{m\mu_2^2}{\mu_1} \bar{g}^{-2} + 4m\mu_2 \delta_a l_a \right) H_c^2(k) + \frac{\mu_2^2}{\mu_1} \bar{g}^{-2} \bar{W} \\
& + \frac{m\mu_2^2}{2\mu_1} l_c \beta_c^{*2} \bar{g}^{-2} + 4\mu_2 m \delta_a l_a \bar{W} + 4m\mu_2 \delta_a l_a l_c \beta_c^{*2} \quad (8.2.43)
\end{aligned}
$$

在式 (8.2.32) 的两端同时减去 β_c^*，可得

$$
\tilde{\beta}_c(k+1) = \tilde{\beta}_c(k) - \delta_c \sigma \|\varphi_c(x(k))\| \Big(\sigma \hat{J}(k) - \hat{J}(k-1) + \Phi(k) \Big) \quad (8.2.44)
$$

求 $V_3(k)$ 的差分，并根据式 (8.2.17) 和式 (8.2.44)，可得

$$
\Delta V_3(k) = \frac{\mu_3}{\delta_c} \tilde{\beta}_c^2(k+1) - \frac{\mu_3}{\delta_c} \tilde{\beta}_c^2(k)
$$

$$= -2\mu_3 \sigma H_c(k) e_c(k) + \mu_3 \delta_c \sigma^2 e_c^2(k) \left\| \varphi_c(x(k)) \right\|^2$$

$$\leqslant -\mu_3 \left(1 - \delta_c \sigma^2 l_c\right) e_c^2(k) - \mu_3 \sigma^2 H_c^2(k) + \mu_3 \left(e_c(k) - \sigma H_c(k)\right)^2$$

$$(8.2.45)$$

根据式 (8.2.9)、式 (8.2.15) 和式 (8.2.22)，分别得到如下不等式：

$$\mu_3 \left(e_c(k) - \sigma H_c(k)\right)^2 = \mu_3 \left(\sigma J^*(k) + \Psi(k) - H_c(k-1) + \sqrt{\Phi(k)}\right)^2$$

$$\leqslant 4\mu_3 \sigma^2 J_m^2 + 4\mu_3 \Psi^2(k) + 4\mu_3 H_c^2(k-1) + 4\mu_3 \Phi(k)$$

$$(8.2.46)$$

$$\Phi(k) \leqslant P z_n^2(k) + Q \left(H_a(k) + \beta_a^* \left\| \varphi_a(Z_a(k)) \right\|\right)^2$$

$$\leqslant P z_n^2(k) + 2Q H_a^2(k) + 2Q \beta_a^{*2} l_a \qquad (8.2.47)$$

根据式 (8.2.23)，可得

$$|\Psi(k)| \leqslant \sigma \beta_c^* \sqrt{l_c} + \sigma \beta_c^* \sqrt{l_c} + \sigma \varepsilon_c^* + \beta_c^* \sqrt{l_c} = \varphi$$

根据上述不等式，$\Delta V_3(k)$ 可变为

$$\Delta V_3(k) \leqslant -\mu_3 \left(1 - \delta_c \sigma^2 l_c\right) e_c^2(k) - \mu_3 \sigma^2 H_c^2(k) + 4\mu_3 \sigma^2 J_m^2 + 4\mu_3 \varphi^2$$

$$+ 4\mu_3 H_c^2(k-1) + 4\mu_3 P z_n^2(k) + 8\mu_3 Q H_a^2(k) + 8\mu_3 Q \beta_a^{*2} l_a \quad (8.2.48)$$

求 $V_4(k)$ 的差分，可得

$$\Delta V_4 = \mu_4 \left(H_c^2(k) - H_c^2(k-1)\right) \qquad (8.2.49)$$

由式 (8.2.40)、式 (8.2.42)、式 (8.2.47) 和式 (8.2.48)，可得

$$\Delta V(k) \leqslant -C_1 z_n^2(k) - C_2 H_a^2(k) - C_3 H_c^2(k) - C_4 H_c^2(k-1) - C_5 z_c^2(k) + C_6$$

$$(8.2.50)$$

式中，$C_1 = \dfrac{\mu_1}{3} - \mu_1 r^2 - 4\mu_3 P$；$C_2 = 2\mu_2 \underline{g} - 8\mu_3 Q - (4\mu_1 + 4\mu_2 \delta_a l_a) \bar{g}^2$；$C_3 = \mu_3 \sigma^2 - \dfrac{m\mu_2^2}{\mu_1} \bar{g}^{-2} - 4m\mu_2 \delta_a l_a - \mu_4$；$C_4 = \mu_4 - 4\mu_3$；$C_5 = \mu_3 \left(1 - \delta_c \sigma^2 l_c\right)$；$C_6 = \dfrac{\mu_2^2}{\mu_1} \bar{g}^{-2} \bar{W} + \dfrac{m\mu_2^2}{2\mu_1} l_c \beta_c^{*2} + 4\mu_2 \delta_a l_a \bar{W} + 4m\mu_2 \delta_a l_a l_c \beta_c^{*2} + 4\mu_3 \sigma^2 J_m^2 + 4\mu_3 \varphi^2 + \mu_1 \bar{W} + 8\mu_3 Q \beta_a^{*2} l_a$。

若 $\mu_4 \geqslant 4\mu_3$，并且 $\delta_c \leqslant 1/(\sigma^2 l_c)$，则有 $C_4 > 0$ 和 $C_5 > 0$。因此，$\Delta V(k)$ 可以表达为

$$\Delta V(k) \leqslant -C_1 z_n^2(k) - C_2 H_a^2(k) - C_3 H_c^2(k) + C_6 \qquad (8.2.51)$$

适当选取设计参数，可使 $C_1 > 0$、$C_2 > 0$、$C_3 > 0$。由李雅普诺夫稳定性理论可知，如果满足条件 $|z_n(k)| > \sqrt{C_6/C_1}$，或者 $|H_a(k)| > \sqrt{C_6/C_2}$，或者 $|H_c(k)| > \sqrt{C_6/C_3}$，则 $\Delta V(k) < 0$。根据式 (8.2.51) 和引理 0.3.1，闭环系统中的所有信号半全局一致最终有界，跟踪误差收敛到包含原点的一个较小邻域内。

　　需要指出的是，本节介绍的神经网络自适应强化学习优化控制智能保证跟踪误差收敛到包含原点的一个较小邻域内。若假设神经网络的径向基函数满足持续激励条件，则跟踪误差收敛到零。

　　评注 8.2.1　本节针对一类离散非线性系统 (8.2.1)，介绍了一种神经网络自适应强化学习优化控制方法，类似的神经网络自适应强化学习优化控制方法可参见文献 [8]。值得指出的是，在本节的神经网络优化控制设计中，如果用模糊逻辑系统分别作为执行网络和评价网络，那么所形成的自适应模糊强化学习控制方法可参见文献 [9] 和 [10]。

8.2.4　仿真

　　例 8.2.1　考虑如下的离散非线性系统：

$$\begin{cases} x_1(k+1) = x_2(k) \\ x_2(k+1) = f(x(k)) + g(x(k))u(k) \\ y(k) = x_1(k) \end{cases} \quad (8.2.52)$$

式中，$u(k)$ 是系统的输入；$y(k)$ 是系统的输出；$f(x(k)) = 0.4x_1(k)/(1+x_2^2(k))$；$g(x(k)) = 0.1 + 0.005\cos(x_1(k))$。另外，$0.095 < \underline{g} \leqslant g(x(k)) \leqslant \bar{g} = 0.1005$ 满足假设 8.2.1。

　　给定参考信号为

$$y_m(k) = 0.2\sin\left(0.5k\pi/50 + \frac{\pi}{4}\right)$$

　　用于逼近 $u(k)$ 的执行网络节点数为 15，激活函数为

$$\varphi_{ai}(Z_a(k)) = \exp\left[\left(-x_1(k) - 2 + \frac{4}{15-1}i\right)^2\right]$$

$$\times \exp\left[\left(-x_2(k) - 1.5 + \frac{3}{15-1}i\right)^2\right]$$

$$\times \exp\left[\left(-y_m(k+1) - 3 + \frac{6}{15-1}i\right)^2\right]$$

$$\times \exp\left[\left(-y_m(k+2) - 1.5 + \frac{3}{15-1}i\right)^2\right], \quad i = 1, 2, \cdots, 15$$

用于逼近 $J(k)$ 的评价网络包括 25 个节点, 激活函数为

$$\varphi_{ci}\left(x\left(k\right)\right) = \exp\left[\left(-x_1\left(k\right) - 2 + \frac{4}{25-1}i\right)^2\right]$$

$$\times \exp\left[\left(-x_2\left(k\right) - 2.5 + \frac{5}{25-1}i\right)^2\right], \quad i = 1, 2, \cdots, 25$$

设计性能指标函数和控制器如下:

$$\hat{J}\left(k\right) = \hat{\beta}_c\left(k\right)\left\|\varphi_c\left(x\left(k\right)\right)\right\|$$

$$u\left(k\right) = \hat{\beta}_a\left(k\right)\left\|\varphi_a\left(Z_a\left(k\right)\right)\right\|$$

设计参数自适应律如下:

$$\hat{\beta}_c\left(k+1\right) = \hat{\beta}_c\left(k\right) - \delta_c\sigma\left\|\varphi_c\left(x\left(k\right)\right)\right\|\left(\sigma\hat{J}\left(k\right) - \hat{J}\left(k-1\right) + \varPhi\left(k\right)\right)$$

$$\hat{\beta}_a\left(k+1\right) = \hat{\beta}_a\left(k\right) - \delta_a\left\|\varphi_a\left(Z_a\left(k\right)\right)\right\|\left(z_n\left(k+1\right) - r\,z_n\left(k\right) + A\hat{J}\left(k\right)\right)$$

设计参数选择为: $\delta_a = 0.05$, $\delta_c = 0.02$, $r = 0.2$, $\sigma = 0.3$, $P = 0.05$, $Q = 0.3$。初始条件为: $x_1\left(0\right) = 1$, $x_2\left(0\right) = -0.5$, $\hat{\beta}_a\left(1\right) = 0.02$, $\hat{\beta}_c\left(1\right) = 0.01$。

仿真结果如图 8.2.2~图 8.2.4 所示。从图 8.2.2 可以看出, 本方法实现了较好的跟踪性能。状态 $x_2\left(k\right)$ 的轨迹如图 8.2.3 所示。控制器 $u(k)$ 的轨迹如图 8.2.4 所示。

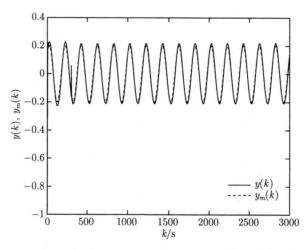

图 8.2.2　输出 $y\left(k\right)$ 和参考信号 $y_m\left(k\right)$ 的轨迹

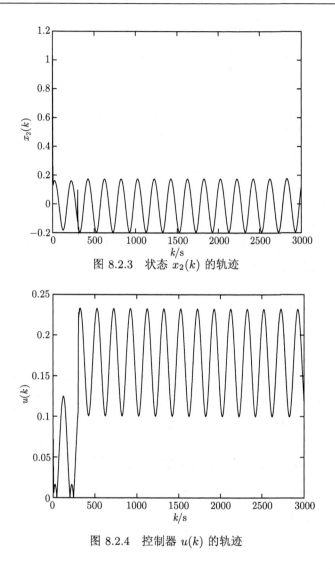

图 8.2.3　状态 $x_2(k)$ 的轨迹

图 8.2.4　控制器 $u(k)$ 的轨迹

8.3　非线性离散严格反馈系统的模糊自适应优化控制

8.1 节和 8.2 节针对满足匹配条件的非线性系统，介绍了两种智能自适应优化控制设计方法。本节将针对一类非线性离散严格反馈系统，在 8.1 节和 8.2 节的基础上，在自适应执行网络-评价网络设计框架下介绍一种模糊自适应反步递推最优控制设计方法，并证明闭环系统的稳定性和参数的收敛性。

8.3.1　系统模型及控制问题描述

考虑如下的单输入单输出不确定非线性严格反馈系统：

$$
\begin{cases}
x_i\left(k+1\right)=f_i\left(\bar{x}_i\left(k\right)\right)+g_i\left(\bar{x}_i\left(k\right)\right)x_{i+1}\left(k\right), & i=1,2,\cdots,n-1 \\
x_n\left(k+1\right)=f_n\left(\bar{x}_n\left(k\right)\right)+g_n\left(\bar{x}_n\left(k\right)\right)u\left(k\right) \\
y=x_1\left(k\right)
\end{cases}
\tag{8.3.1}
$$

式中，$\bar{x}_i\left(k\right)=\left[x_1\left(k\right),x_2\left(k\right),\cdots,x_i\left(k\right)\right]^{\mathrm{T}}\in\mathbf{R}^i\ (i=1,2,\cdots,n)$ 是状态向量；$u\left(k\right)\in\mathbf{R}$ 和 $y\in\mathbf{R}$ 分别是系统的输入和输出；$f_i\left(\bar{x}_i\left(k\right)\right)$ 和 $g_i\left(\bar{x}_i\left(k\right)\right)\left(i=1,2,\cdots,n\right)$ 是未知的光滑非线性函数。

假设 8.3.1　　假设给定的参考信号 $y_m\left(k\right)$ 及其 n 阶差分 $y_m\left(k-i\right)\left(i=1,2,\cdots,n\right)$ 有界。

假设 8.3.2　　假设存在常数 $\underline{g}_i>0$ 和 $\bar{g}_i>0$，满足 $\underline{g}_i\leqslant g_i\left(\bar{x}_i\left(k\right)\right)\leqslant\bar{g}_i$。

控制任务　　基于模糊逻辑系统设计一种自适应模糊优化控制器，使得：

(1) 闭环系统的所有信号半全局一致最终有界；

(2) 跟踪误差 $z_1(k)=x_1(k)-y_m(k)$ 收敛到包含原点的一个较小邻域内；

(3) 效用函数达到最小值。

由于离散非线性系统 (8.3.1) 不能直接设计优化控制，所以首先将其转化为一种等价的离散非线性系统。

根据式 (8.3.1)，可知 $x_i\left(k+1\right)=f_i\left(\bar{x}_i\left(k\right)\right)+g_i\left(\bar{x}_i\left(k\right)\right)x_{i+1}\left(k\right)$ 是关于 $\bar{x}_{i+1}\left(k\right)$ 的函数，令

$$
x_i\left(k+1\right)\xlongequal{\mathrm{def}}f_i^n\left(\bar{x}_{i+1}\left(k\right)\right)
\tag{8.3.2}
$$

式中，$f_i^n\left(\bar{x}_{i+1}\left(k\right)\right)=f_i\left(\bar{x}_i\left(k\right)\right)+g_i\left(\bar{x}_i\left(k\right)\right)x_{i+1}\left(k\right)$，可得

$$
\bar{x}_i\left(k+1\right)=\begin{bmatrix}x_1\left(k+1\right)\\\vdots\\x_i\left(k+1\right)\end{bmatrix}=\begin{bmatrix}f_1^n\left(\bar{x}_2\left(k\right)\right)\\\vdots\\f_i^n\left(\bar{x}_{i+1}\left(k\right)\right)\end{bmatrix},\quad i=1,2,\cdots,n-1
$$

$\bar{x}_i\left(k+1\right)$ 是关于 $\bar{x}_{i+1}\left(k\right)$ 的函数，定义

$$
\bar{x}_i\left(k+1\right)\xlongequal{\mathrm{def}}F_i^n\left(\bar{x}_{i+1}\left(k\right)\right)
\tag{8.3.3}
$$

对式 (8.3.1) 的前 $(n-1)$ 个方程进行差分，可得

$$
\begin{cases}
x_i\left(k+2\right)=f_i\left(\bar{x}_i\left(k+1\right)\right)+g_i\left(\bar{x}_i\left(k+1\right)\right)x_{i+1}\left(k+1\right), & i=1,2,\cdots,n-2 \\
x_{n-1}\left(k+2\right)=f_{n-1}\left(\bar{x}_{n-1}\left(k+1\right)\right)+g_{n-1}\left(\bar{x}_{n-1}\left(k+1\right)\right)x_n\left(k+1\right)
\end{cases}
\tag{8.3.4}
$$

将式 (8.3.2) 和式 (8.3.3) 代入式 (8.3.4)，可得

$$
\begin{cases}
x_i\left(k+2\right)=f_i\left(F_i^n\left(\bar{x}_{i+1}\left(k\right)\right)\right)+g_i\left(F_i^n\left(\bar{x}_{i+1}\left(k\right)\right)\right)f_{i+1}^n\left(\bar{x}_{i+2}\left(k\right)\right)\\
\qquad\xlongequal{\text{def}}f_i^{n-1}\left(\bar{x}_{i+2}\left(k\right)\right),\quad i=1,2,\cdots,n-2\\
x_{n-1}\left(k+2\right)=f_{n-1}\left(F_{n-1}^n\left(\bar{x}_n\left(k\right)\right)\right)+g_{n-1}\left(F_{n-1}^n\left(\bar{x}_n\left(k\right)\right)\right)x_n\left(k+1\right)\\
\qquad\xlongequal{\text{def}}F_{n-1}\left(\bar{x}_n\left(k\right)\right)+G_{n-1}\left(\bar{x}_n\left(k\right)\right)x_n\left(k+1\right)
\end{cases}
$$

$$(8.3.5)$$

式中，$f_i^{n-1}\left(\bar{x}_{i+2}\left(k\right)\right)=f_i\left(F_i^n\left(\bar{x}_{i+1}\left(k\right)\right)\right)+g_i\left(F_i^n\left(\bar{x}_{i+1}\left(k\right)\right)\right)f_{i+1}^n\left(\bar{x}_{i+2}\left(k\right)\right)$；
$F_{n-1}\left(\bar{x}_n\left(k\right)\right)=f_{n-1}\left(F_{n-1}^n\left(\bar{x}_n\left(k\right)\right)\right)$；$G_{n-1}\left(\bar{x}_n\left(k\right)\right)=g_{n-1}\left(F_{n-1}^n\left(\bar{x}_n\left(k\right)\right)\right)$。

对方程 (8.3.5) 的前 $(n-2)$ 个方程求差分，可得

$$
\bar{x}_i\left(k+2\right)=\begin{bmatrix}x_1\left(k+2\right)\\\vdots\\x_i\left(k+2\right)\end{bmatrix}=\begin{bmatrix}f_1^{n-1}\left(\bar{x}_3\left(k\right)\right)\\\vdots\\f_i^{n-1}\left(\bar{x}_{i+2}\left(k\right)\right)\end{bmatrix}
$$

$\bar{x}_i\left(k+2\right)$ 是一个关于 $\bar{x}_{i+2}\left(k\right)$ 的函数，可进一步表示为

$$
\bar{x}_i\left(k+2\right)=F_i^{n-1}\left(\bar{x}_{i+2}\left(k\right)\right),\quad i=1,2,\cdots,n-2
$$

重复上面的过程，可得

$$
\begin{cases}
x_1\left(k+n-1\right)=f_1^2\left(\bar{x}_n\left(k\right)\right)\\
x_2\left(k+n-1\right)=F_2\left(\bar{x}_n\left(k\right)\right)+G_2\left(\bar{x}_n\left(k\right)\right)x_3\left(k+n-2\right)
\end{cases}
$$

$$(8.3.6)$$

式中，

$$
f_1^2\left(\bar{x}_n\left(k\right)\right)=f_1\left(F_1^3\left(\bar{x}_{n-1}\left(k\right)\right)\right)+g_1\left(F_1^3\left(\bar{x}_{n-1}\left(k\right)\right)\right)f_2^3\left(\bar{x}_n\left(k\right)\right)
$$
$$
F_2\left(\bar{x}_n\left(k\right)\right)=f_2\left(F_2^3\left(\bar{x}_n\left(k\right)\right)\right),\quad G_2\left(\bar{x}_n\left(k\right)\right)=g_2\left(F_2^3\left(\bar{x}_n\left(k\right)\right)\right)
$$

系统 (8.3.1) 第一个方程的差分为

$$
x_1(k+n)=F_1\left(\bar{x}_n(k)\right)+G_1\left(\bar{x}_n(k)\right)x_2(k+n-1) \tag{8.3.7}
$$

式中，

$$
F_1\left(\bar{x}_n\left(k\right)\right)=f_1\left(f_1^2\left(\bar{x}_n\left(k\right)\right)\right)
$$
$$
G_1\left(\bar{x}_n\left(k\right)\right)=g_1\left(f_1^2\left(\bar{x}_n\left(k\right)\right)\right)
$$

代入式 (8.3.4)～式 (8.3.7)，可得

$$
\begin{cases}
x_1\left(k+n\right)=F_1\left(\bar{x}_n\left(k\right)\right)+G_1\left(\bar{x}_n\left(k\right)\right)x_2\left(k+n-1\right)\\
\qquad\vdots\\
x_{n-1}\left(k+2\right)=F_{n-1}\left(\bar{x}_n\left(k\right)\right)+G_{n-1}\left(\bar{x}_n\left(k\right)\right)x_n\left(k+1\right)\\
x_n\left(k+1\right)=f_n\left(\bar{x}_n\left(k\right)\right)+g_n\left(\bar{x}_n\left(k\right)\right)u\left(k\right)\\
y\left(k\right)=x_1\left(k\right)
\end{cases}
$$

$$(8.3.8)$$

为了分析方便, 令

$$F_i(k) \stackrel{\text{def}}{=\!=} F_i(\bar{x}_n(k)), \quad G_i(k) \stackrel{\text{def}}{=\!=} G_i(\bar{x}_n(k))$$

$$F_n(k) \stackrel{\text{def}}{=\!=} f_n(\bar{x}_n(k)), \quad G_n(k) \stackrel{\text{def}}{=\!=} g_n(\bar{x}_n(k))$$

式 (8.3.8) 变为

$$\begin{cases} x_1(k+n) = F_1(\bar{x}_n(k)) + G_1(\bar{x}_n(k)) x_2(k+n-1) \\ \quad\vdots \\ x_{n-1}(k+2) = F_{n-1}(\bar{x}_n(k)) + G_{n-1}(\bar{x}_n(k)) x_n(k+1) \\ x_n(k+1) = F_n(\bar{x}_n(k)) + G_n(\bar{x}_n(k)) u(k) \\ y = x_1(k) \end{cases} \tag{8.3.9}$$

8.3.2　模糊自适应反步递推优化控制设计

定义误差 $z(k)$ 为

$$z(k) = \Lambda \bar{z}(k) \tag{8.3.10}$$

式中, $\bar{z}(k) = [z_1(k), z_1(k-1), \cdots, z_1(k-n+1)]^{\mathrm{T}}$; $z_1(k) = x_1(k) - y_m(k)$; $\Lambda = [1, \lambda_1, \cdots, \lambda_{n-1}]$。

将式 (8.3.10) 写为

$$z(k) = z_1(k) + \lambda_1 z_1(k-1) + \cdots + \lambda_{n-1} z_1(k-n+1) \tag{8.3.11}$$

式中, $0 < \lambda_i < 1, i = 1, 2, \cdots, n-1$。

定义指标函数 $q(k)$ 为

$$q(k) = \begin{cases} 0, & \|z(k)\| \leqslant c \\ 1, & \|z(k)\| > c \end{cases} \tag{8.3.12}$$

式中, $c > 0$; $q(k) = 0$ 代表跟踪性能良好; $q(k) = 1$ 代表跟踪性能较差。

选择效用函数 $C(k)$ 为

$$C(k) = q(k+1) + \beta q(k+2) + \beta^2 q(k+3) + \cdots \tag{8.3.13}$$

式中, $0 < \beta < 1$ 是一个常数加权因子。

因为 $C(k)$ 是未知的非线性连续函数, 所以用模糊逻辑系统 $\hat{h}_c(Z_c|\hat{\theta}_c) = \hat{\theta}_c^{\mathrm{T}} \varphi_c(Z_c(k))$ 作为评价网络逼近效用函数 $C(k)$, 并假设

$$C(k) = \theta_c^{*\mathrm{T}} \varphi_c(Z_c(k)) + \varepsilon_c(k) \tag{8.3.14}$$

式中，$Z_c(k) = \bar{x}_n(k)$；θ_c^* 是未知的最优参数；$\varepsilon_c(k)$ 是最小模糊逼近误差。假设 θ_c^* 满足 $\|\theta_c^*\| \leqslant \bar{\theta}_c$，$\varepsilon_c(k)$ 满足 $|\varepsilon_c(k)| \leqslant \varepsilon_c^*$，$\bar{\theta}_c$ 和 ε_c^* 是正常数。

因此，效用函数 $C(k)$ 的估计 $\hat{C}(k)$ 为

$$\hat{C}(k) = \hat{\theta}_c^{\mathrm{T}}(k) \varphi_c(k) \tag{8.3.15}$$

式中，$\hat{\theta}_c(k)$ 是 θ_c^* 的估计。

定义评价网络的预测误差为

$$e_c(k) = \beta \hat{C}(k) - \left(\hat{C}(k-1) - q(k) \right) \tag{8.3.16}$$

定义目标函数为 $E_c(k) = e_c^2(k)/2$，利用梯度下降法，得到参数 $\hat{\theta}_c(k)$ 的自适应律如下：

$$\hat{\theta}_c(k+1) = \hat{\theta}_c(k) + \Delta \hat{\theta}_c(k) \tag{8.3.17}$$

其中，

$$\Delta \hat{\theta}_c(k) = \gamma_c \left[-\frac{\partial E_c(k)}{\partial \hat{\theta}_c(k)} \right] = -\gamma_c \frac{\partial E_c(k)}{\partial e_c(k)} \frac{\partial e_c(k)}{\partial \hat{C}(k)} \frac{\partial \hat{C}(k)}{\partial \hat{\theta}_c(k)}$$

式中，$\gamma_c > 0$ 是设计参数。

将式 (8.3.15) 和式 (8.3.16) 代入式 (8.3.17)，可得

$$\hat{\theta}_c(k+1) = \hat{\theta}_c(k) - \gamma_c \beta \varphi_c(k) \left[\beta \hat{C}(k) - \left(\hat{C}(k-1) - q(k) \right) \right] \tag{8.3.18}$$

在式 (8.3.18) 两边同时减去 θ_c^*，可得

$$\tilde{\theta}_c(k+1) = \tilde{\theta}_c(k) - \gamma_c \beta \varphi_c(k) \left[\beta \hat{C}(k) - \left(\hat{C}(k-1) - q(k) \right) \right] \tag{8.3.19}$$

式中，$\tilde{\theta}_c(k) = \hat{\theta}_c(k) - \theta_c^*$ 是参数估计误差；$\omega_c(k) = \tilde{\theta}_c^{\mathrm{T}}(k) \varsigma_c(k)$。

定义如下的坐标变换：

$$\begin{cases} z_1(k) = x_1(k) - y_m(k) \\ z_i(k) = x_i(k) - \alpha_{i-1}(k_{i-1}) \\ k_{i-1} = k - n + i - 1, \quad i = 2, 3, \cdots, n \end{cases} \tag{8.3.20}$$

式中，$z_1(k)$ 是跟踪误差；$\alpha_{i-1}(k_{i-1})$ 是在第 $i-1$ 步中将要设计的虚拟控制器。

基于上面的坐标变换，n 步模糊自适应反步递推优化控制设计过程如下。

第 1 步　根据式 (8.3.9) 和式 (8.3.20)，可得

$$z_1(k+n) = x_1(k+n) - y_m(k+n)$$
$$= F_1(\bar{x}_n(k)) + G_1(\bar{x}_n(k)) x_2(k+n-1) - y_m(k+n) \quad (8.3.21)$$

设

$$h_1(Z_1(k)) = -\frac{1}{G_1(\bar{x}_n(k))}[F_1(\bar{x}_n(k)) - y_m(k+n)] \quad (8.3.22)$$

式中，$Z_1(k) = \left[\bar{x}_n^{\mathrm{T}}(k), y_m(k+n)\right]^{\mathrm{T}} \in \mathbf{R}^{n+1}$。

因为 $h_1(Z_1(k))$ 是未知非线性函数，所以利用模糊逻辑系统 $\hat{h}_1(Z_1|\hat{\theta}_1) = \hat{\theta}_1^{\mathrm{T}}\varphi_1(Z_1(k))$ 作为执行网络逼近 $h_1(Z_1(k))$，并假设

$$h_1(Z_1(k)) = \theta_1^{*\mathrm{T}}\varphi_1(Z_1(k)) + \varepsilon_1(Z_1(k)) \quad (8.3.23)$$

式中，θ_1^* 是未知的最优参数；$\varepsilon_1(Z_1(k))$ 是最小模糊逼近误差。假设 θ_1^* 满足 $\theta_1^* \leqslant |\bar{\theta}_1|$，$\varepsilon_1(Z_1(k))$ 满足 $|\varepsilon_1(Z_1(k))| \leqslant \varepsilon_1^*$，$\bar{\theta}_1$ 和 ε_1^* 是正常数。

在式 (8.3.21) 的右侧同时加上和减去 $h_1(Z_1(k)) G_1(\bar{x}_n(k))$，并将式 (8.3.20)、式 (8.3.22) 和式 (8.3.23) 代入式 (8.3.21)，可得

$$z_1(k+n) = G_1(\bar{x}_n(k))(\omega_1(k) - \varepsilon_1(Z_1(k)))$$
$$+ G_1(\bar{x}_n(k))\left(z_2(k+n-1) + \alpha_1(k) - \hat{\theta}_1^{\mathrm{T}}\varphi_1(Z_1(k))\right) \quad (8.3.24)$$

式中，$\hat{\theta}_1(k)$ 是 θ_1^* 的估计；$\tilde{\theta}_1(k) = \hat{\theta}_1(k) - \theta_1^*$ 是参数估计误差；$\omega_1(k) = \tilde{\theta}_1^{\mathrm{T}} \times \varphi_1(Z_1(k))$。

设计虚拟控制器 $\alpha_1(k)$ 如下：

$$\alpha_1(k) = \hat{\theta}_1^{\mathrm{T}}(k)\varphi_1(Z_1(k)) \quad (8.3.25)$$

将式 (8.3.25) 代入式 (8.3.24)，可得

$$z_1(k+n) = G_1(\bar{x}_n(k))(\omega_1(k) - \varepsilon_1(Z_1(k))) + G_1(\bar{x}_n(k)) z_2(k+n-1) \quad (8.3.26)$$

令 $k_1 = k - n + 1$，则式 (8.3.26) 变为

$$z_1(k+1) = G_1(\bar{x}_n(k))\omega_1(k_1) + G_1(\bar{x}_n(k))(z_2(k) - \varepsilon_1(Z_1(k_1))) \quad (8.3.27)$$

定义执行网络预测误差为

$$e_{a1}(k) = \hat{\theta}_1^{\mathrm{T}}(k_1)\varphi_1(Z_1(k_1)) + \left(\hat{C}(k) - C_d(k)\right) \quad (8.3.28)$$

式中，$C_d(k)$ 表示期望的效用函数；$C_d(k)$ 的值为 0 时，表示跟踪性能良好，即系统输出可以很好地跟踪上参考信号。此时，式 (8.3.28) 变为

$$e_{a1}(k) = \hat{\theta}_1^{\mathrm{T}}(k_1)\varphi_1(Z_1(k_1)) + \hat{C}(k) \tag{8.3.29}$$

定义目标函数 $E_{a1}(k) = e_{a1}^2(k)/2$，基于梯度下降法，得到参数 $\hat{\theta}_1(k)$ 的自适应律如下：

$$\hat{\theta}_1(k+1) = \hat{\theta}_1(k_1) + \Delta\hat{\theta}_1(k_1) \tag{8.3.30}$$

式中，

$$\Delta\hat{\theta}_1(k_1) = \gamma_1\left[\frac{-\partial E_{a1}(k)}{\partial \hat{\theta}_1(k_1)}\right] = -\gamma_1\frac{\partial E_{a1}(k)}{\partial e_{a1}(k)}\frac{\partial e_{a1}(k)}{\partial \hat{\theta}_1(k_1)}$$

式中，$\gamma_1 > 0$ 是设计参数。

将式 (8.3.28) 代入式 (8.3.29)，可得

$$\hat{\theta}_1(k+1) = \hat{\theta}_1(k_1) - \gamma_1\varphi_1(Z_1(k_1))\left(\hat{\theta}_1^{\mathrm{T}}(k_1)\varphi_1(Z_1(k_1)) + \hat{C}(k)\right) \tag{8.3.31}$$

第 $i(2 \leqslant i \leqslant n-1)$ 步　根据 $z_i(k) = x_i(k) - \alpha_{i-1}(k_{i-1})$ 和式 (8.3.9)，可得

$$\begin{aligned}
z_i(k+n-i+1) &= x_i(k+n-i+1) - \alpha_{i-1}(k)\\
&= F_i(\bar{x}_n(k)) + G_i(\bar{x}_n(k))x_{i+1}(k+n-i) - \alpha_{i-1}(k) \tag{8.3.32}
\end{aligned}$$

设

$$h_i(Z_i(k)) = -\frac{1}{G_i(\bar{x}_n(k))}(F_i(\bar{x}_n(k)) - \alpha_{i-1}(k))$$

式中，$Z_i(k) = \left[\bar{x}_n^{\mathrm{T}}(k), \alpha_{i-1}(k)\right]^{\mathrm{T}} \in \mathbf{R}^{n+1}$。

因为 $h_i(Z_i(k))$ 是未知连续非线性函数，所以利用模糊逻辑系统 $\hat{h}_i\left(Z_i|\hat{\theta}_i\right) = \hat{\theta}_i^{\mathrm{T}}\varphi_i(Z_i(k))$ 作为执行网络逼近 $h_i(Z_i(k))$，并假设

$$h_i(Z_i(k)) = \theta_i^{*\mathrm{T}}\varphi_i(Z_i(k)) + \varepsilon_i(Z_i(k)) \tag{8.3.33}$$

式中，θ_i^* 是未知的最优参数；$\varepsilon_i(Z_i(k))$ 是最小模糊逼近误差。假设 θ_i^* 满足 $\|\theta_i^*\| \leqslant \bar{\theta}_i$，$\varepsilon_i(Z_i(k))$ 满足 $|\varepsilon_i(Z_i(k))| \leqslant \varepsilon_i^*$，$\bar{\theta}_i$ 和 ε_i^* 是正常数。

在式 (8.3.32) 的右侧同时加上和减去 $h_i(Z_i(k))G_i(\bar{x}_n(k))$，可得

$$z_i(k+n-i+1) = G_i(\bar{x}_n(k))x_{i+1}(k+n-i) - h_i(k)G_i(\bar{x}_n(k)) \tag{8.3.34}$$

将式 (8.3.33) 代入式 (8.3.34)，可得

$$z_i(k+n-i+1) = G_i(\bar{x}_n(k))(\omega_i(k) - \varepsilon_i(Z_i(k)))$$

$$+ G_i \left(\bar{x}_n \left(k \right) \right) \left(z_{i+1} \left(k + n - i \right) + \alpha_i \left(k \right) - \hat{\theta}_i^{\mathrm{T}} \varphi \left(Z_i \left(k \right) \right) \right)$$

$$(8.3.35)$$

式中, $\hat{\theta}_i \left(k \right)$ 是 θ_i^* 的估计, $\tilde{\theta}_i \left(k \right) = \hat{\theta}_i \left(k \right) - \theta_i^*$ 是参数估计误差; $\omega_i \left(k \right) = \tilde{\theta}_i^{\mathrm{T}} \varphi_i \left(Z_i \left(k \right) \right)$。
设计虚拟控制器 $\alpha_i \left(k \right)$ 如下:

$$\alpha_i \left(k \right) = \hat{\theta}_i^{\mathrm{T}} \left(k \right) \varphi_i \left(Z_i \left(k \right) \right) \qquad (8.3.36)$$

将式 (8.3.36) 代入式 (8.3.35), 可得

$$z_i \left(k + n - i + 1 \right) = G_i \left(\bar{x}_n \left(k \right) \right) \omega_i \left(k \right) + G_i \left(\bar{x}_n \left(k \right) \right) \left(z_{i+1} \left(k + n - i \right) - \varepsilon_i \left(Z_i \left(k \right) \right) \right)$$

$$(8.3.37)$$

令 $k_i = k - n + i$, 则式 (8.3.37) 变为

$$z_i \left(k + 1 \right) = G_i \left(\bar{x}_n \left(k \right) \right) \omega_i \left(k_i \right) + G_i \left(\bar{x}_n \left(k \right) \right) \left(z_{i+1} \left(k \right) - \varepsilon_i \left(Z_i \left(k_i \right) \right) \right) \qquad (8.3.38)$$

定义执行网络预测误差为

$$e_{ai} \left(k \right) = \hat{\theta}_i^{\mathrm{T}} \left(k_i \right) \varphi_i \left(Z_i \left(k \right) \right) + \hat{C} \left(k \right) \qquad (8.3.39)$$

定义目标函数为

$$E_{ai} \left(k \right) = e_{ai}^2 \left(k \right) / 2$$

利用梯度下降法, 得到参数 $\hat{\theta}_i \left(k_i \right)$ 的自适应律如下:

$$\hat{\theta}_i \left(k + 1 \right) = \hat{\theta}_i \left(k_i \right) + \Delta \hat{\theta}_i \left(k_i \right) \qquad (8.3.40)$$

式中,

$$\Delta \hat{\theta}_i \left(k_i \right) = \gamma_i \left(- \frac{\partial E_{ai} \left(k \right)}{\partial \hat{\theta}_i \left(k_i \right)} \right) = - \gamma_i \frac{\partial E_{ai} \left(k \right)}{\partial e_{ai} \left(k \right)} \frac{\partial e_{ai} \left(k \right)}{\partial \hat{\theta}_i \left(k_i \right)}$$

其中, $\gamma_i > 0$ 是设计参数。

将式 (8.3.39) 代入式 (8.3.40), 可得

$$\hat{\theta}_i \left(k + 1 \right) = \hat{\theta}_i \left(k_i \right) - \gamma_i \varphi_i \left(Z_i \left(k \right) \right) \left(\hat{\theta}_i^{\mathrm{T}} \left(k_i \right) \varphi_i \left(Z_i \left(k \right) \right) + \hat{C} \left(k \right) \right) \qquad (8.3.41)$$

第 n 步　根据 $z_n \left(k \right) = x_n \left(k \right) - \alpha_{n-1} \left(k - 1 \right)$ 和式 (8.3.9), 可得

$$z_n \left(k + 1 \right) = x_n \left(k + 1 \right) - \alpha_{n-1} \left(k \right) = F_n \left(\bar{x}_n \left(k \right) \right) + G_n \left(\bar{x}_n \left(k \right) \right) u \left(k \right) - \alpha_{n-1} \left(k \right)$$

$$(8.3.42)$$

设

$$h_n\left(Z_n\left(k\right)\right) = -\frac{1}{G_n\left(\bar{x}_n\left(k\right)\right)}\left(F_n\left(\bar{x}_n\left(k\right)\right) - \alpha_{n-1}\left(k\right)\right)$$

式中，$Z_n\left(k\right) = \left[\bar{x}_n^{\mathrm{T}}\left(k\right), \alpha_{n-1}\left(k\right)\right]^{\mathrm{T}} \in \mathbf{R}^{n+1}$。

因为 $h_n\left(Z_n\left(k\right)\right)$ 是未知连续的非线性函数，所以用模糊逻辑系统 $\hat{h}_n(Z_n|\hat{\theta}_n)$ $= \hat{\theta}_n^{\mathrm{T}}\varphi_n\left(Z_n\left(k\right)\right)$ 作为执行网络逼近 $h_n\left(Z_n\left(k\right)\right)$，并假设

$$h_n\left(Z_n\left(k\right)\right) = \hat{\theta}_n^{*\mathrm{T}}\varphi_n\left(Z_n\left(k\right)\right) + \varepsilon_n\left(Z_n\left(k\right)\right) \tag{8.3.43}$$

式中，θ_n^* 是未知的最优参数；$\varepsilon_n\left(Z_n\left(k\right)\right)$ 是最小模糊逼近误差。假设 θ_n^* 满足 $\|\theta_n^*\| \leqslant \bar{\theta}_n$，$\varepsilon_n\left(Z_n\left(k\right)\right)$ 满足 $|\varepsilon_n\left(Z_n\left(k\right)\right)| \leqslant \varepsilon_n^*$，$\bar{\theta}_n$ 和 ε_n^* 是正常数。

在式 (8.3.42) 的右侧同时加上和减去 $h_n\left(Z_n\left(k\right)\right)G_n\left(\bar{x}_n\left(k\right)\right)$，可得

$$z_n\left(k+1\right) = G_n\left(\bar{x}_n\left(k\right)\right)u\left(k\right) - h_n\left(Z_n\left(k\right)\right)G_n\left(\bar{x}_n\left(k\right)\right) \tag{8.3.44}$$

将式 (8.3.43) 代入式 (8.3.44)，可得

$$z_n(k+1) = G_n\left(\bar{x}_n(k)\right)\left(\omega_n(k) - \varepsilon_n\left(Z_n(k)\right)\right) + G_n\left(\bar{x}_n(k)\right)\left(u(k) - \hat{\theta}_n^{\mathrm{T}}\varphi_n\left(Z_n(k)\right)\right) \tag{8.3.45}$$

式中，$\hat{\theta}_n\left(k\right)$ 是 θ_n^* 的估计，$\tilde{\theta}_n\left(k\right) = \hat{\theta}_n\left(k\right) - \theta_n^*$ 是参数估计误差；$\omega_n\left(k\right) = \tilde{\theta}_n^{\mathrm{T}}\varphi_n\left(Z_n\left(k\right)\right)$。

将执行网络作为控制器 $u\left(k\right)$，可得

$$u(k) = \hat{\theta}_n^{\mathrm{T}}\varphi_n\left(Z_n(k)\right) \tag{8.3.46}$$

将式 (8.3.46) 代入式 (8.3.45)，可得

$$z_n(k+1) = G_n\left(\bar{x}_n(k)\right)\left(\omega_n(k) - \varepsilon_n\left(Z_n(k)\right)\right) \tag{8.3.47}$$

定义执行网络预测误差为

$$e_{an}(k) = \hat{\theta}_n^{\mathrm{T}}(k)\varphi_n\left(Z_n(k)\right) + \hat{C}(k) \tag{8.3.48}$$

定义目标函数为 $E_{an}\left(k\right) = e_{an}^2\left(k\right)/2$，利用梯度下降法，得到参数 $\hat{\theta}_n\left(k\right)$ 的自适应律如下：

$$\hat{\theta}_n\left(k+1\right) = \hat{\theta}_n\left(k\right) + \Delta\hat{\theta}_n\left(k\right) \tag{8.3.49}$$

式中，

$$\Delta\hat{\theta}_n\left(k\right) = \gamma_n\left(-\frac{\partial E_{an}\left(k\right)}{\partial\hat{\theta}_n\left(k\right)}\right) = -\gamma_n\frac{\partial E_{an}\left(k\right)}{\partial e_{an}\left(k\right)}\frac{\partial e_{an}\left(k\right)}{\partial\hat{\theta}_n\left(k_n\right)}$$

其中，$\gamma_n > 0$ 是设计参数。

将式 (8.3.48) 代入式 (8.3.49)，可得参数的自适应律如下：

$$\hat{\theta}_n(k+1) = \hat{\theta}_n(k) - \gamma_n\varphi_n\left(Z_n(k)\right)\left(\hat{\theta}_n^{\mathrm{T}}(k)\varphi_n\left(Z_n(k)\right) + \hat{C}(k)\right) \tag{8.3.50}$$

8.3.3　稳定性与收敛性分析

定理 8.3.1　对于离散非线性系统 (8.3.1)，假设 8.3.1 和假设 8.3.2 成立。如果采用虚拟控制器 (8.3.25) 和 (8.3.36)，控制器 (8.3.46)，参数自适应律 (8.3.18)、(8.3.31)、(8.3.41) 和 (8.3.50)，则总体控制方案具有如下性能：

(1) 闭环系统中所有信号半全局一致最终有界；

(2) 跟踪误差收敛到包含原点的一个较小邻域内。

证明　选择如下的李雅普诺夫函数：

$$V_1(k) = V_{11}(k) + V_{12}(k) + V_{13}(k) + V_{14}(k) \tag{8.3.51}$$

式中，$V_{11}(k) = \tau_{z1}z_1^2(k)/3$；$V_{12}(k) = \tau_{\theta1}\sum_{j=0}^{n-1}\tilde{\theta}_1^{\mathrm{T}}(k_1+j)\,\tilde{\theta}_1(k_1+j)/\gamma_1$；$V_{13}(k) = \tau_c\tilde{\theta}_c^{\mathrm{T}}(k)\tilde{\theta}_c(k)/\gamma_c$；$V_{14}(k) = 2\tau_c\omega_c^2(k-1)$；$\tau_{z1}$、$\tau_{\theta1}$ 和 τ_c 是正常数。

根据式 (8.3.27)，$V_{11}(k)$ 的差分为

$$
\begin{aligned}
\Delta V_{11}(k) &= \frac{\tau_{z1}}{3}\left(z_1^2(k+1) - z_1^2(k)\right) \\
&= \frac{\tau_{z1}}{3}\left[G_1(\bar{x}_n(k_1))\omega_1(k_1) + G_1(\bar{x}_n(k_1))\right. \\
&\quad \left. \times\left(z_2(k) - \varepsilon_1(Z_1(k_1))\right)\right]^2 - \frac{\tau_{z1}}{3}z_1^2(k)
\end{aligned} \tag{8.3.52}
$$

利用柯西-施瓦茨不等式 $(a_1 + \cdots + a_n)^2 \leqslant n(a_1^2 + \cdots + a_n^2)$，式 (8.3.45) 可变为

$$
\begin{aligned}
\Delta V_{11}(k) &\leqslant \tau_{z1}G_1^2(\bar{x}_n(k_1))\omega_1^2(k_1) + \tau_{z1}G_1^2(\bar{x}_n(k_1))z_2^2(k) \\
&\quad - \tau_{z1}z_1^2(k)/3 + \tau_{z1}G_1^2(\bar{x}_n(k_1))\bar{\varepsilon}_1^2(Z_1(k_1)) \\
&\leqslant \tau_{z1}\bar{g}_1^2\omega_1^2(k_1) + \tau_{z1}\bar{g}_1^2z_2^2(k) + \tau_{z1}\bar{g}_1^2\bar{\varepsilon}_1^2 - \tau_{z1}z_1^2(k)/3 \tag{8.3.53}
\end{aligned}
$$

在等式 (8.3.31) 两边同时减去 θ_1^*，可得

$$\tilde{\theta}_1(k+1) = \tilde{\theta}_1(k_1) - \gamma_1\varphi_1(Z_1(k_1))\left(\hat{\theta}_1^{\mathrm{T}}(k_1)\varphi_1(Z_1(k_1)) + \hat{C}(k)\right) \tag{8.3.54}$$

$V_{12}(k)$ 的差分为

$$\Delta V_{12}(k) = \frac{\tau_{\theta1}}{\gamma_1}\tilde{\theta}_1^{\mathrm{T}}(k+1)\tilde{\theta}_1(k+1) - \frac{\tau_{\theta1}}{\gamma_1}\tilde{\theta}_1^{\mathrm{T}}(k_1)\tilde{\theta}_1(k_1) \tag{8.3.55}$$

将式 (8.3.54) 代入式 (8.3.55)，可得

$$\Delta V_{12}(k) = \frac{\tau_{\theta1}}{\gamma_1}\left[\tilde{\theta}_1(k_1) - \gamma_1\varphi_1(Z_1(k_1))\left(\hat{\theta}_1^{\mathrm{T}}(k_1)\varphi_1(Z_1(k_1)) + \hat{C}(k)\right)\right]^{\mathrm{T}}\left[\tilde{\theta}_1(k_1)\right.$$

$$-\gamma_1 \varphi_1 \left(Z_1 \left(k_1 \right) \right) \left(\hat{\theta}_1^{\mathrm{T}} \left(k_1 \right) \varphi_1 \left(Z_1 \left(k_1 \right) \right) + \hat{C}(k) \right) \Big] - \frac{\tau_{\theta 1}}{\gamma_1} \hat{\theta}_1^{\mathrm{T}} \left(k_1 \right) \tilde{\theta}_1 \left(k_1 \right)$$

$$= \tau_{\theta_1} \gamma_1 \left\| \varphi_1 \left(Z_1 \left(k_1 \right) \right) \right\|^2 \left(\hat{\theta}_1^{\mathrm{T}} \left(k_1 \right) \varphi_1 \left(Z_1 \left(k_1 \right) \right) + \hat{C}(k) \right)^2$$

$$- 2\tau_{\theta 1} \omega_1 \left(k_1 \right) \left(\hat{\theta}_1^{\mathrm{T}} \left(k_1 \right) \varphi_1 \left(Z_1 \left(k_1 \right) \right) + \hat{C}(k) \right)$$

$$= - \tau_{\theta 1} \left(1 - \gamma_1 \left\| \varphi_1 \left(Z_1 \left(k_1 \right) \right) \right\|^2 \right) \left(\hat{\theta}_1^{\mathrm{T}} \left(k_1 \right) \varphi_1 \left(Z_1 \left(k_1 \right) \right) + \hat{C}(k) \right)^2$$

$$+ \tau_{\theta 1} \left(\theta_1^{*\mathrm{T}} \varphi_1 \left(Z_1 \left(k_1 \right) \right) + \hat{C}(k) \right) \left(\hat{\theta}_1^{\mathrm{T}} \left(k_1 \right) \varphi_1 \left(Z_1 \left(k_1 \right) \right) + \hat{C}(k) \right)$$

$$- \tau_{\theta 1} \omega_1 \left(k_1 \right) \left(\hat{\theta}_1^{\mathrm{T}} \left(k_1 \right) \varphi_1 \left(Z_1 \left(k_1 \right) \right) + \hat{C}(k) \right) \tag{8.3.56}$$

因为 $\left\| \varphi_1 \left(Z_1 \left(k_1 \right) \right) \right\|^2 \leqslant 1$, 所以式 (8.3.56) 变为

$$\Delta V_{12}(k) \leqslant - \tau_{\theta 1} \left(1 - \gamma_1 \right) \left(\hat{\theta}_1^{\mathrm{T}} \left(k_1 \right) \varphi_1 \left(Z_1 \left(k_1 \right) \right) + \hat{C}(k) \right)^2$$

$$+ \tau_{\theta 1} \left(\theta_1^{*\mathrm{T}} \varphi_1 \left(Z_1 \left(k_1 \right) \right) + \hat{C}(k) \right)^2 - \tau_{\theta 1} \omega_1^2 \left(k_1 \right) \tag{8.3.57}$$

利用柯西-施瓦茨不等式, 式 (8.3.57) 变为

$$\Delta V_{12}(k) \leqslant - \tau_{\theta 1} \left(1 - \gamma_1 \right) \left(\hat{\theta}_1^{\mathrm{T}} \left(k_1 \right) \varphi_1 \left(Z_1 \left(k_1 \right) \right) + \hat{C}(k) \right)^2$$

$$+ \tau_{\theta 1} \left(\theta_1^{*\mathrm{T}} \varphi_1 \left(Z_1 \left(k_1 \right) \right) + \hat{\theta}_c^{\mathrm{T}}(k) \varphi_c(k) \right)^2 - \tau_{\theta 1} \omega_1^2 \left(k_1 \right)$$

$$\leqslant - \tau_{\theta 1} \left(1 - \gamma_1 \right) \left(\hat{\theta}_1^{\mathrm{T}} \left(k_1 \right) \varphi_1 \left(Z_1 \left(k_1 \right) \right) + \hat{C}(k) \right)^2$$

$$+ 2\tau_{\theta 1} \omega_c^2(k) + 2\tau_{\theta 1} \left(\bar{\theta}_1 + \bar{\theta}_c \right)^2 - \tau_{\theta 1} \omega_1^2 \left(k_1 \right) \tag{8.3.58}$$

根据式 (8.3.19), $V_{13}(k)$ 的差分为

$$\Delta V_{13}(k) = \tau_c \left(\tilde{\theta}_c^{\mathrm{T}}(k+1) \tilde{\theta}_c(k+1) - \tilde{\theta}_c^{\mathrm{T}}(k) \tilde{\theta}_c(k) \right) / \gamma_c$$

$$= \tau_c \left[\tilde{\theta}_c(k) - \gamma_c \beta \varphi_c(k) (\beta \hat{C}(k) + q(k) - \hat{C}(k-1)) \right]^{\mathrm{T}} \Big[\tilde{\theta}_c(k)$$

$$- \gamma_c \beta \varphi_c(k) (\beta \hat{C}(k) + q(k) - \hat{C}(k-1)) \Big] / \gamma_c - \tau_c \tilde{\theta}_c^{\mathrm{T}}(k) \tilde{\theta}_c(k) / \gamma_c$$

$$= - \tau_c \left(1 - \gamma_c \beta^2 \left\| \varphi_c(k) \right\|^2 \right) (\beta \hat{C}(k) + q(k) - \hat{C}(k-1))^2 - 2\tau_c \beta \omega_c(k)$$

$$\times (\beta \hat{C}(k) + q(k) - \hat{C}(k-1)) + \tau_c (\beta \hat{C}(k) + q(k) - \hat{C}(k-1))^2 \tag{8.3.59}$$

应用配方法, 式 (8.3.59) 变为

$$\Delta V_{13}(k) = - \tau_c \left(1 - \gamma_c \beta^2 \left\| \varphi_c(k) \right\|^2 \right) (\beta \hat{C}(k) + q(k) - \hat{C}(k-1))^2$$

$$+ \tau_c \left(\beta \theta_c^{*\mathrm{T}} \varphi_c(k) + q(k) - \hat{C}(k-1) \right)^2 - \tau_c \beta^2 \omega_c^2(k) \tag{8.3.60}$$

因为 $\|\varphi_c(k)\|^2 \leqslant 1$，所以式 (8.3.60) 变为

$$\Delta V_{13}(k) \leqslant - \tau_c \left(1 - \gamma_c \beta^2 \right) \left(\beta \hat{C}(k) + q(k) - \hat{C}(k-1) \right)^2$$
$$+ \tau_c \left(\beta \theta_c^{*\mathrm{T}} \varphi_c(k) + q(k) - \omega_c(k-1) - \theta_c^{*\mathrm{T}} \varphi_c(k-1) \right)^2 - \tau_c \beta^2 \omega_c^2(k) \tag{8.3.61}$$

利用柯西-施瓦茨不等式，式 (8.3.61) 变为

$$\Delta V_{13}(k) \leqslant - \tau_c \left(1 - \gamma_c \beta^2 \right) \left(\beta \hat{C}(k) + q(k) - \hat{C}(k-1) \right)^2$$
$$- \tau_c \beta^2 \omega_c^2(k) + 2\tau_c \omega_c^2(k-1) + 2\tau_c \left(\bar{\theta}_c(1+\beta) + 1 \right)^2 \tag{8.3.62}$$

$V_{14}(k)$ 的差分为

$$\Delta V_{14}(k) = 2\tau_c \omega_c^2(k) - 2\tau_c \omega_c^2(k-1) \tag{8.3.63}$$

根据式 (8.3.53)、式 (8.3.58)、式 (8.3.62) 和式 (8.3.63)，$V_1(k)$ 的差分为

$$\Delta V_1(k) \leqslant - \tau_{\theta 1} \left(1 - \gamma_1 \right) \left(\hat{\theta}_1^{\mathrm{T}}(k_1) \varphi_1(Z_1(k_1)) + \hat{C}(k) \right)^2 - \tau_c \left(1 - \gamma_c \beta^2 \right)$$
$$\times (\beta \hat{C}(k) + q(k) - \hat{C}(k-1))^2 - \left(\tau_{\theta 1} - \tau_{z1} \bar{\psi}_1^2 \right) \omega_1^2(k_1)$$
$$- \left(\tau_c \beta^2 - 2\tau_{\theta 1} - 2\tau_c \right) \omega_c^2(k) - \tau_{z1} z_1^2(k)/3 + \tau_{z1} \bar{g}_1^2 z_2^2(k) + D_1 \tag{8.3.64}$$

式中，$D_1 = 2\tau_{\theta 1} \left(\bar{\theta}_1 + \bar{\theta}_c \right)^2 + \tau_{z1} \bar{g}_1^2 \varepsilon_1^{*2} + 2\tau_c \left(\bar{\theta}_c(1+\beta) + 1 \right)^2$。

选择如下李雅普诺夫函数：

$$V_i(k) = V_{i1}(k) + V_{i2}(k) \tag{8.3.65}$$

式中，$V_{i1}(k) = \dfrac{\tau_{zi}}{3} z_i^2(k)$；$V_{i2}(k) = \dfrac{\tau_{\theta i}}{\gamma_i} \displaystyle\sum_{i=0}^{n-i} \tilde{\theta}_i^{\mathrm{T}}(k_i+j) \tilde{\theta}_i(k_i+j)$；$\tau_{zi}$ 和 $\tau_{\theta i}$ 是正常数。

根据式 (8.3.38)，$V_{i1}(k)$ 的差分为

$$\Delta V_{i1}(k) = \frac{\tau_{zi}}{3} \left(z_i^2(k+1) - z_i^2(k) \right)$$
$$= \frac{\tau_{zi}}{3} \left[G_i(\bar{x}_n(k_i)) \omega_i(k_i) + G_i(\bar{x}_n(k_i)) \right.$$
$$\left. \times (z_{i+1}(k) - \varepsilon_i(Z_i(k_i)))\right]^2 - \frac{\tau_{zi}}{3} z_i^2(k) \tag{8.3.66}$$

利用柯西-施瓦茨不等式, 式 (8.3.66) 变为

$$
\begin{aligned}
\Delta V_{i1}(k) &\leqslant \tau_{zi} G_i^2\left(\bar{x}_n(k_i)\right)\omega_i^2(k_i) + \tau_{zi} G_i^2\left(\bar{x}_n(k_i)\right)z_{i+1}^2(k) \\
&\quad + \tau_{zi} G_i^2\left(\bar{x}_n(k_i)\right)\varepsilon_i^2\left(Z_i(k_i)\right) - \tau_{zi}z_i^2(k)/3 \\
&\leqslant \tau_{zi}\bar{g}_i^2\omega_i^2(k_i) + \tau_{zi}\bar{g}_i^2 z_{i+1}^2(k) + \tau_{zi}\bar{g}_i^2\varepsilon_i^{*2} - \tau_{zi}z_i^2(k)/3
\end{aligned} \tag{8.3.67}
$$

在等式 (8.3.41) 的两边同时减去 θ_i^*, 可得

$$
\tilde{\theta}_i(k+1) = \tilde{\theta}_i(k_i) - \gamma_i\varphi_i(z_i(k_i))(\tilde{\theta}_i^{\mathrm{T}}(k_i)\varphi_i(z_i(k_i)) + \tilde{c}(k)) \tag{8.3.68}
$$

$V_{i2}(k)$ 的差分为

$$
\Delta V_{i2}(k) = \frac{\tau_{\theta i}}{\gamma_i}\tilde{\theta}_i^{\mathrm{T}}(k+1)\tilde{\theta}_i(k+1) - \frac{\tau_{\theta i}}{\gamma_i}\tilde{\theta}_i^{\mathrm{T}}(k_i)\tilde{\theta}_i(k_i) \tag{8.3.69}
$$

将式 (8.3.68) 代入式 (8.3.69), 可得

$$
\begin{aligned}
\Delta V_{i2}(k) = &-\tau_{\theta i}\left(1 - \gamma_i\|\varphi_i(Z_i(k_i))\|^2\right)\left(\hat{\theta}_i^{\mathrm{T}}(k_i)\varphi_i(Z_i(k_i)) + \hat{C}(k)\right)^2 \\
&+ \tau_{\theta i}\left(\theta_i^{*\mathrm{T}}\varphi_i(Z_i(k_i)) + \hat{C}(k)\right)^2 - \tau_{\theta i}\omega_i^2(k_i)
\end{aligned} \tag{8.3.70}
$$

因为 $\|\varphi_i(Z_i(k_i))\|^2 \leqslant 1$, 并利用柯西-施瓦茨不等式, 所以式 (8.3.70) 变为

$$
\begin{aligned}
\Delta V_{i2}(k) \leqslant &-\tau_{\theta i}(1 - \gamma_i)\left(\hat{\theta}_i^{\mathrm{T}}(k_i)\varphi_i(Z_i(k_i)) + \hat{C}(k)\right)^2 \\
&+ 2\tau_{\theta i}\omega_c^2(k) + 2\tau_{\theta i}\left(\bar{\theta}_i + \bar{\theta}_c\right)^2 - \tau_{\theta i}\omega_i^2(k_i)
\end{aligned} \tag{8.3.71}
$$

将式 (8.3.67) 和式 (8.3.71) 代入 $V_i(k)$ 的差分, 可得

$$
\begin{aligned}
\Delta V_i(k) \leqslant &-\tau_{\theta i}(1 - \gamma_i)\left(\hat{\theta}_i^{\mathrm{T}}(k_i)\varphi_i(Z_i(k_i)) + \hat{C}(k)\right)^2 - \left(\tau_{\theta i} - \tau_{zi}\bar{g}_i^2\right)\omega_i^2(k_i) \\
&- \tau_{zi}z_i^2(k)/3 + \tau_{zi}\bar{g}_i^2 z_{i+1}^2(k) + 2\tau_{\theta i}\omega_c^2(k) + D_i
\end{aligned} \tag{8.3.72}
$$

式中, $D_i = 2\tau_{\theta i}\left(\bar{\theta}_i + \bar{\theta}_c\right)^2 + \tau_{zi}\bar{g}_i^2\varepsilon_i^{*2}$。

选择如下李雅普诺夫函数:

$$
V_n(k) = V_{n1}(k) + V_{n2}(k) \tag{8.3.73}
$$

式中, $V_{n1}(k) = \dfrac{\tau_{zn}}{2}z_n^2(k)$; $V_{n2}(k) = \dfrac{\tau_{\theta n}}{\gamma_n}\tilde{\theta}_n^{\mathrm{T}}(k)\tilde{\theta}_n(k)$。

根据式 (8.3.47), $V_{n1}(k)$ 的差分为

$$
\Delta V_{n1}(k) = \frac{\tau_{zn}}{2}\left(z_n^2(k+1) - z_n^2(k)\right)
$$

$$= \frac{\tau_{zn}}{2}\left[g_n\left(\bar{x}_n\left(k\right)\right)\left(\omega_n\left(k\right) - \varepsilon_n\left(Z_n\left(k\right)\right)\right) - \frac{\tau_{zn}}{2}z_n^2\left(k\right)\right] \quad (8.3.74)$$

利用柯西-施瓦茨不等式, 式 (8.3.74) 变为

$$\Delta V_{n1}\left(k\right) \leqslant \tau_{en}g_n^2\left(\bar{x}_n\left(k\right)\right)\left(\omega_n^2\left(k\right) + \varepsilon_n^2\left(Z_n\left(k\right)\right)\right) - \frac{\tau_{en}}{2}e_n^2\left(k\right)$$

$$\leqslant \tau_{zn}\bar{g}_n^2\left(\omega_n^2\left(k\right) + \varepsilon_n^{*2}\right) - \frac{\tau_{zn}}{2}z_n^2\left(k\right) \quad (8.3.75)$$

在式 (8.3.49) 两边同时减去 θ_n^*, 可得

$$\tilde{\theta}_n(k+1) = \tilde{\theta}_n(k) - \gamma_n\varphi_n\left(Z_n(k)\right)\left(\hat{\theta}_n^{\mathrm{T}}(k)\varphi_n\left(Z_n(k)\right) + \hat{C}(k)\right) \quad (8.3.76)$$

根据式 (8.3.76), $V_{n2}\left(k\right)$ 的差分为

$$\Delta V_{n2}(k) = -\tau_{\theta n}\left(1 - \gamma_n\left\|\varphi_n\left(Z_n\left(k\right)\right)\right\|^2\right)\left(\hat{\theta}_n^{\mathrm{T}}\left(k\right)\varphi_n\left(Z_n\left(k\right)\right) + \hat{C}\left(k\right)\right)^2$$

$$+ \tau_{\theta n}\left(\theta_n^{*\mathrm{T}}\varphi_n\left(Z_n\left(k\right)\right) + \hat{C}\left(k\right)\right)^2 - \tau_{\theta n}\omega_n^2\left(k\right) \quad (8.3.77)$$

因为 $\left\|\varphi_n\left(Z_n\left(k\right)\right)\right\|^2 \leqslant 1$, 所以将柯西-施瓦茨不等式应用到式 (8.3.77), 可得

$$\Delta V_{n2}(k) \leqslant -\tau_{\theta n}\left(1 - \gamma_n\right)\left(\hat{\theta}_n^{\mathrm{T}}\left(k\right)\varphi_n\left(Z_n\left(k\right)\right) + \hat{C}\left(k\right)\right)^2$$

$$+ 2\tau_{\theta n}\left(\bar{\theta}_n + \bar{\theta}_c\right)^2 + 2\tau_{\theta n}\omega_c^2\left(k\right) - \tau_{\theta n}\omega_n^2\left(k\right) \quad (8.3.78)$$

根据式 (8.3.75) 和式 (8.3.78), $V_n\left(k\right)$ 的差分变为

$$\Delta V_n(k) \leqslant -\tau_{\theta n}\left(1 - \gamma_n\right)\left(\hat{\theta}_n^{\mathrm{T}}(k)\varphi_n\left(Z_n(k)\right) + \hat{C}(k)\right)^2 - \frac{\tau_{zn}}{2}z_n^2(k)$$

$$- \left(\tau_{\theta n} - \tau_{zn}\bar{g}_n^2\right)\omega_n^2(k) + 2\tau_{\theta n}\omega_c^2(k) + D_n \quad (8.3.79)$$

式中, $D_n = \tau_{zn}\bar{g}_n^2\varepsilon_n^2 + 2\tau_{\theta n}\left(\bar{\theta}_n + \bar{\theta}_c\right)^2$。

选择如下总的李雅普诺夫函数:

$$V(k) = \sum_{i=1}^{n}V_i(k) = \sum_{i=1}^{n}\frac{\tau_{zi}}{3}z_i^2(k) + \sum_{i=1}^{n-1}\frac{\tau_{\theta i}}{\gamma_i}\sum_{j=0}^{n-i}\tilde{\theta}_i^{\mathrm{T}}\left(k_i + j\right)\tilde{\theta}_i\left(k_i + j\right)$$

$$+ \frac{\tau_{zn}}{2}z_n^2(k) + \tau_c\tilde{\theta}_c^{\mathrm{T}}(k)\tilde{\theta}_c(k)/\gamma_c + 2\tau_c\omega_c^2(k-1) + \tau_\sigma\tilde{\sigma}^2(k)/\gamma_\sigma \quad (8.3.80)$$

根据式 (8.3.64)、式 (8.3.72) 和式 (8.3.79), $V\left(k\right)$ 的差分为

$$\Delta V(k)$$

$$\leqslant -\sum_{i=1}^{n}\tau_{\theta i}\left(1 - \gamma_i\right)\left(\hat{\theta}_i^{\mathrm{T}}\left(k_i\right)\varphi_i\left(Z_i\left(k_i\right)\right) + \hat{C}(k)\right)^2 - \sum_{i=1}^{n}\left(\tau_{\theta i} - \tau_{zi}\bar{g}_i^2\right)\omega_i^2\left(k_i\right)$$

$$- \tau_c \left(1 - \gamma_c \beta^2\right) \left(\beta \hat{C}(k) + q(k) - \hat{C}(k-1)\right)^2 - \left(\tau_c \beta^2 - 2\tau_c - 2 \sum_{i=1}^{n} \tau_{\theta i}\right) \omega_c^2(k)$$

$$- \frac{\tau_{z1}}{3} z_1^2(k) - \sum_{i=2}^{n-1} \left(\frac{\tau_{zi}}{3} - \tau_{z(i-1)} \bar{g}_{i-1}^2\right) z_i^2(k)$$

$$- \left(\frac{\tau_{zn}}{2} - \tau_{z(n-1)} \bar{g}_{n-1}^2\right) z_n^2(k) + D \tag{8.3.81}$$

式中，$D = \sum_{i=1}^{n} D_i$。

选择 $0 < \beta^2 < 1/\gamma_c$、$0 < \gamma_i < 1 \, (i = 1, 2, \cdots, n)$，可得

$$\Delta V(k) \leqslant - \sum_{i=1}^{n} \left(\tau_{\theta i} - \tau_{zi} \bar{g}_i^2\right) \omega_i^2(k_i) - \left(\tau_c \beta^2 - 2\tau_c - 2 \sum_{i=1}^{n} \tau_{\theta i}\right) \omega_c^2(k)$$

$$- \frac{\tau_{z1}}{3} z_1^2(k) - \sum_{i=2}^{n-1} \left(\frac{\tau_{zi}}{3} - \tau_{z(i-1)} \bar{g}_{i-1}^2\right) z_i^2(k)$$

$$- \left(\frac{\tau_{zn}}{2} - \tau_{z(n-1)} \bar{g}_{n-1}^2\right) z_n^2(k) + D \tag{8.3.82}$$

选择如下设计参数：

$$\tau_{\theta i} > \tau_{zi} \bar{g}_i^2, \quad i = 1, 2, \cdots, n, \quad \tau_c \beta^2 > 2\tau_c + 2 \sum_{i=1}^{n} \tau_{\theta i}$$

$$\frac{\tau_{zi}}{3} > \tau_{z(i-1)} \bar{g}_{i-1}^2, \quad i = 2, 3, \cdots, n-1, \quad \frac{\tau_{zn}}{2} > \tau_{z(n-1)} \bar{g}_{n-1}^2$$

假设下式条件成立：

$$|\omega_c(k)| > \frac{\sqrt{D}}{\sqrt{\tau_c \beta^2 - 2\tau_c - 2 \sum_{i=1}^{n} \tau_{\theta i}}} \text{ 或 } |\omega_i(k_i)|$$

$$> \frac{\sqrt{D}}{\sqrt{\tau_{\theta i} - \tau_{zi} \bar{g}_i^2}}, \quad i = 1, 2, \cdots, n$$

$$\text{或 } |z_1(k)| > \frac{\sqrt{D}}{\sqrt{\tau_{z1}/3}}$$

$$\text{或 } |z_i(k)| > \frac{\sqrt{D}}{\sqrt{\tau_{zi}/3 - \tau_{z(i-1)} \bar{g}_{i-1}^2}}, \quad i = 2, 3, \cdots, n-1$$

$$或 \ |z_n(k)| > \frac{\sqrt{D}}{\sqrt{\tau_{zn}/2 - \tau_{z(n-1)}\bar{g}_{n-1}^2}}$$

则 $\Delta V(k) < 0$。

根据李雅普诺夫稳定性定理,闭环系统所有信号是半全局一致最终有界的,跟踪误差收敛到包含原点的一个较小邻域内。

评注 8.3.1　　本节针对一类非线性严格反馈离散系统,基于反步递推设计原理和强化学习算法,给出了一种自适应模糊优化控制设计方法。此外,类似的智能自适应反步递推优化控制方法可参见文献 [11]~[14]。

8.3.4　仿真

例 8.3.1　　考虑如下的二阶非线性系统:

$$\begin{cases} x_1(k+1) = f_1(\bar{x}_1(k)) + g_1(\bar{x}_1(k))x_2(k) \\ x_2(k+1) = f_2(\bar{x}_2(k)) + g_2(\bar{x}_2(k))u(k) \\ y = x_1(k) \end{cases} \tag{8.3.83}$$

式中,$f_1(\bar{x}_1(k)) = 1.4x_1^2(k)/(1+x_1^2(k))$;$f_2(\bar{x}_2(k)) = x_2^2(k)/(1+x_1^2(k)+x_2^2(k))$;$g_1(\bar{x}_1(k)) = 0.1 + 0.05\cos(x_1(k))$;　$g_2(\bar{x}_2(k)) = 1$。

此外,$g_1(\bar{x}_1(k)) > 0$ 和 $g_2(\bar{x}_2(k)) > 0$ 符号已知,且满足 $0 < \underline{g}_1 = 0.05 \leqslant g_1(\bar{x}_1(k)) \leqslant 0.15 = \bar{g}_1$, $0 < g_2 = 0.1 \leqslant g_2(\bar{x}_2(k)) \leqslant 1 = \bar{g}_2$,因此满足假设 8.3.2。选择参考信号为 $y_m(k) = 0.3 + 0.5\cos(kT\pi/8)$,满足假设 8.3.1。

选择如下评价网络 $\hat{h}_c(Z_c|\hat{\theta}_c)$ 的隶属函数:

$$\phi_{c1}(x_1, x_2) = \exp\left[-\frac{(x_1+2)^2}{3}\right] \times \exp\left[-\frac{(x_2+2)^2}{3}\right]$$

$$\phi_{c2}(x_1, x_2) = \exp\left[-\frac{(x_1+1)^2}{3}\right] \times \exp\left[-\frac{(x_2+1)^2}{3}\right]$$

$$\phi_{c3}(x_1, x_2) = \exp\left(-\frac{x_1^2}{3}\right) \times \exp\left(-\frac{x_2^2}{3}\right)$$

$$\phi_{c4}(x_1, x_2) = \exp\left[-\frac{(x_1-1)^2}{3}\right] \times \exp\left[-\frac{(x_2-1)^2}{3}\right]$$

$$\phi_{c5}(x_1, x_2) = \exp\left[-\frac{(x_1-2)^2}{3}\right] \times \exp\left[-\frac{(x_2-2)^2}{3}\right]$$

选择执行网络 $\hat{h}_i\left(Z_i|\hat{\theta}_i\right)(i=1,2)$ 的隶属函数与评价网络的隶属函数相同。选择效用函数为

$$\hat{C}(k)=\hat{\theta}_c^{\mathrm{T}}(k)\varphi_c(k)$$

设计如下控制器 $u(k)$ 和虚拟控制器 $\alpha_1(k)$:

$$u(k)=\hat{\theta}_2^{\mathrm{T}}(k)\varphi_2\left(Z_2(k)\right)$$
$$\alpha_1(k)=\hat{\theta}_1^{\mathrm{T}}(k)\varphi_1\left(Z_1(k)\right)$$

设计参数自适应律如下:

$$\hat{\theta}_c(k+1)=\hat{\theta}_c(k)-\gamma_c\beta\varphi_c(k)(\beta\hat{C}(k)+q(k)-\hat{C}(k-1))$$
$$\hat{\theta}_1(k+1)=\hat{\theta}_1(k)-\gamma_1\varphi_1\left(Z_1(k)\right)\left(\hat{\theta}_1^{\mathrm{T}}(k)\varphi_1\left(Z_1(k)\right)+\hat{C}(k)\right)$$
$$\hat{\theta}_2(k+1)=\hat{\theta}_2(k)-\gamma_2\varphi_2\left(Z_2(k)\right)\left(\hat{\theta}_2^{\mathrm{T}}(k)\varphi_2\left(Z_2(k)\right)+\hat{C}(k)\right)$$

设计参数选择为: $\gamma_1=0.05$, $\gamma_2=0.01$, $\gamma_c=0.01$, $\gamma_\sigma=0.05$, $\beta=0.02$。状态变量和自适应律的初始值选取为: $x_1(0)=0.5$, $x_2(0)=0$, $\hat{\theta}_1(0)=0.1$, $\hat{\theta}_2(0)=0.1$, $\hat{\theta}_c(0)=0.01$。

仿真结果如图 8.3.1~图 8.3.3 所示。从图 8.3.1 可以看出, 本方法实现了较好的跟踪性能。自适应律和控制器的轨迹如图 8.3.2 和图 8.3.3 所示。

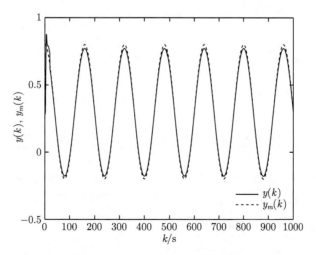

图 8.3.1　$y(k)$ 和 $y_m(k)$ 的轨迹

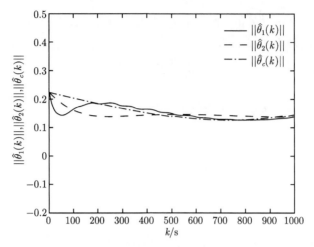

图 8.3.2　$\|\hat{\theta}_1\|(k)$、$\|\hat{\theta}_2\|(k)$、$\|\hat{\theta}_c\|(k)$ 的轨迹

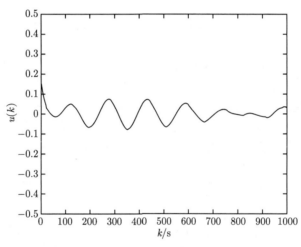

图 8.3.3　控制器 $u(k)$ 的轨迹

8.4　非线性连续系统的神经网络自适应状态反馈优化控制

本节针对单输入单输出非线性连续系统，介绍一种神经网络自适应状态反馈优化控制设计方法，并给出闭环系统的稳定性和收敛性分析。

8.4.1　系统模型及控制问题描述

考虑如下的单输入单输出仿射非线性系统：

$$\dot{x}(t) = f(x(t)) + g(x(t))u(t) \tag{8.4.1}$$

式中，$x(t) \in \mathbf{R}^n$ 是系统状态向量；$u(t)$ 是系统控制向量；$f(x)$ 为未知连续函数；$g(x)$ 是已知的输入矩阵；$f(x(t)) + g(x(t))u(t)$ 在包含原点的空间 $\Theta \in \mathbf{R}^n$ 上满足 Lipschitz 条件。对于一个给定的初始值 $x_0 \in \Theta$ 和控制输入 $u(t)$，系统 (8.4.1) 存在唯一解。

假设 8.4.1　存在一个正常数 g_m，使得输入矩阵 $g(x)$ 满足 $\|g(x)\| < g_m$。

控制任务　基于神经网络设计一种自适应优化控制器，使得：

(1) 闭环系统的所有信号半全局一致最终有界；

(2) 性能指标函数达到最小值。

8.4.2　神经网络自适应优化控制设计

选择如下的性能函数：

$$V(x) = \int_t^{\infty} r(x,u)\mathrm{d}v, \quad v \geqslant t \tag{8.4.2}$$

式中，$r(x,u) = x^{\mathrm{T}}Qx + u^{\mathrm{T}}Ru$；$Q$ 和 R 是正定常数矩阵。

定义 Ω_A 是容许控制集合，如果控制输入 $u(x) \in \Omega_A$，那么可得

$$V_x^{\mathrm{T}}(f(x) + g(x)u) + Q_c(x) + u^{\mathrm{T}}Ru = 0$$

式中，$Q_c(x) = x^{\mathrm{T}}Qx$；$V_x = \partial V(x)/\partial x$。

定义哈密顿函数为

$$H(x, V_x, u) = V_x^{\mathrm{T}}(f(x) + g(x)u) + Q_c(x) + u^{\mathrm{T}}Ru \tag{8.4.3}$$

优化性能函数 $V^*(x)$ 应满足如下的哈密顿-雅可比-贝尔曼方程：

$$\min_{u(x) \in \Omega_A} H(x, V_x^*, u) = 0 \tag{8.4.4}$$

求解式 (8.4.4)，优化控制器变为

$$u^*(x) = -\frac{1}{2}R^{-1}g^{\mathrm{T}}(x)V_x^* \tag{8.4.5}$$

式中，$V_x^* = \partial V^*(x)/\partial x$。

将式 (8.4.5) 代入式 (8.4.4)，可得

$$V_x^{*\mathrm{T}}f(x) + Q_c(x) - \frac{1}{4}V_x^{*\mathrm{T}}g(x)R^{-1}g^{\mathrm{T}}(x)V_x^* = 0 \tag{8.4.6}$$

利用神经网络 $\hat{V}(x) = \hat{W}^{\mathrm{T}}\varphi(x)$ 在线逼近式 (8.4.4) 中的 $V^*(x)$，并假设

$$V^*(x) = W^{*\mathrm{T}}\varphi(x) + \varepsilon(x) \tag{8.4.7}$$

式中，$\varphi(x) = [\varphi_1(x)\ \varphi_2(x) \cdots \varphi_N(x)]$；$\varphi_i(x)(i = 1, 2, \cdots, N)$ 为径向基函数，N 为神经网络节点数；$\varepsilon(x)$ 为评价神经网络的逼近误差，假设 $\varepsilon(x)$ 满足 $|\varepsilon(x)| \leqslant \varepsilon^*$，$\varepsilon^*$ 是正常数；$W^* \in \mathbf{R}^N$ 为隐层到输出层的权重，$\hat{W}$ 为神经网络理想权值 W^* 的估计，参数估计误差为

$$\tilde{W} = W^* - \hat{W} \tag{8.4.8}$$

定义 $\nabla\varphi(x) = \partial\varphi(x)/\partial x$ 和 $\nabla\varepsilon(x) = \partial\varepsilon(x)/\partial x$。根据式 (8.4.7)，$V^*(x)$ 关于 x 的微分为

$$V_x^* = \nabla\varphi^{\mathrm{T}}(x)W^* + \nabla\varepsilon(x) \tag{8.4.9}$$

令 $\varepsilon_{u^*} = -(R^{-1}g^{\mathrm{T}}(x)\nabla\varepsilon(x))/2$。根据式 (8.4.9) 和式 (8.4.5)，可得

$$u^*(x) = -\frac{1}{2}R^{-1}g^{\mathrm{T}}(x)\nabla\varphi^{\mathrm{T}}(x)W^* + \varepsilon_{u^*} \tag{8.4.10}$$

根据式 (8.4.9) 和式 (8.4.6)，可得

$$W^{*\mathrm{T}}\nabla\varphi(x)f(x) + \varepsilon_{\mathrm{HJB}} + Q_c(x) - \frac{1}{4}W^{*\mathrm{T}}\nabla\varphi(x)g(x)R^{-1}g^{\mathrm{T}}(x)\nabla\varphi^{\mathrm{T}}(x)W^* = 0 \tag{8.4.11}$$

式中，残差 $\varepsilon_{\mathrm{HJB}}$ 满足 $\|\varepsilon_{\mathrm{HJB}}\| \leqslant \varepsilon_a$，$\varepsilon_a$ 是一个正数。

根据式 (8.4.10)，可得

$$\hat{u}(x) = -\frac{1}{2}R^{-1}g^{\mathrm{T}}(x)\nabla\varphi^{\mathrm{T}}(x)\hat{W} \tag{8.4.12}$$

定义 $\Gamma(x) = g(x)R^{-1}g^{\mathrm{T}}(x)$，将式 (8.4.12) 代入式 (8.4.3)，可得

$$H(x, \hat{W}) = \hat{W}^{\mathrm{T}}\nabla\varphi(x)f(x) + Q_c(x) - \frac{1}{4}\hat{W}^{\mathrm{T}}\nabla\varphi\Gamma(x)\nabla\varphi^{\mathrm{T}}\hat{W} \tag{8.4.13}$$

定义 $E(x) = f(x) + g(x)u^*$，根据式 (8.4.4) 和式 (8.4.13)，可得

$$e = -\tilde{W}^{\mathrm{T}}\nabla\varphi\left(E(x) + \frac{1}{2}\Gamma(x)\nabla\varepsilon\right) - \frac{1}{4}\tilde{W}^{\mathrm{T}}\nabla\varphi\Gamma(x)\nabla\varphi^{\mathrm{T}}\tilde{W} - \varepsilon_{\mathrm{HJB}} \tag{8.4.14}$$

设计评价神经网络的权重自适应律如下：

$$\dot{\hat{W}} = -\eta\bar{\phi}\left(Y(x) - \frac{1}{4}\hat{W}^{\mathrm{T}}\nabla\varphi\Gamma(x)\nabla\varphi^{\mathrm{T}}\hat{W}\right) \tag{8.4.15}$$

式中，$\phi = \Delta\varphi(f(x) + g(x)\hat{u})$；$\eta > 0$ 为一个设计常数；$Y(x) = \hat{W}^{\mathrm{T}}\Delta\varphi f(x) + Q_c(x)$；$\bar{\phi} = \phi/m_s^2$，$m_s = 1 + \phi^{\mathrm{T}}\phi$。

根据式 (8.4.8) 和式 (8.4.15)，可得

$$\dot{\tilde{W}} = -\frac{\eta}{m_s^2}\left(\nabla\varphi\mathfrak{L}(x) + \frac{1}{2}\bar{\Gamma}(x)\tilde{W}\right)\left(\tilde{W}^{\mathrm{T}}\nabla\varphi\mathfrak{L}(x) + \frac{1}{4}\tilde{W}^{\mathrm{T}}\bar{\Gamma}(x)\tilde{W} + \varepsilon_{\mathrm{HJB}}\right) \tag{8.4.16}$$

式中，$\mathfrak{L}(x) = E(x) + \frac{1}{2}\Gamma(x)\nabla\varepsilon$；$\bar{\Gamma}(x) = \nabla\varphi\Gamma(x)\nabla\varphi^{\mathrm{T}}$。

图 8.4.1 给出了该神经网络自适应状态反馈控制设计原理。

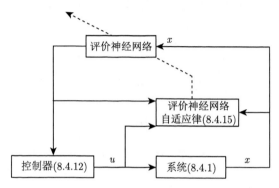

图 8.4.1 神经网络自适应状态反馈控制设计原理

8.4.3 稳定性与收敛性分析

下面的定理给出了所设计的神经网络自适应优化控制具有的性质。

定理 8.4.1 对于单输入单输出仿射非线性系统 (8.4.1)，假设 8.4.1 成立，如果采用控制器 (8.4.12)，评价神经网络权值自适应律 (8.4.15)，则总体控制方案具有如下性能：

(1) 闭环系统的所有信号半全局一致最终有界；

(2) 性能指标函数达到最小值。

证明 选择如下的李雅普诺夫函数：

$$L(x) = L_1(x) + \frac{1}{2}\tilde{W}\eta^{-1}\tilde{W} \tag{8.4.17}$$

式中，$L_1(x)$ 是系统 (8.4.1) 的李雅普诺夫函数，满足 $\dot{L}_1(x) = L_{1x}^{\mathrm{T}}(f(x)+g(x)u(x)) < 0$，且存在一个正定矩阵 $\Lambda(x)$ 使得

$$L_{1x}^{\mathrm{T}}(f(x) + g(x)u(x)) = -L_{1x}^{\mathrm{T}}\Lambda(x)L_{1x} \tag{8.4.18}$$

求得 $L(x)$ 关于时间的导数为

$$\dot{L}(x) = \dot{L}_1(x) + \tilde{W}^{\mathrm{T}}\eta^{-1}\dot{\tilde{W}}$$

$$\leqslant L_{1x}^{\mathrm{T}}\left(f(x)-\frac{1}{2}\Gamma(x)\nabla\varphi^{\mathrm{T}}\hat{W}\right)+\tilde{W}^{\mathrm{T}}\eta^{-1}\dot{\tilde{W}} \tag{8.4.19}$$

根据式 (8.4.16)，可得

$$\tilde{W}^{\mathrm{T}}\eta^{-1}\dot{\tilde{W}}=-\frac{1}{m_s^2}\left(\tilde{W}^{\mathrm{T}}\nabla\varphi\mathfrak{L}(x)+\frac{1}{2}\tilde{W}^{\mathrm{T}}\bar{\Gamma}(x)\tilde{W}\right)$$
$$\times\left(\tilde{W}^{\mathrm{T}}\nabla\varphi\mathfrak{L}(x)+\frac{1}{4}\tilde{W}^{\mathrm{T}}\bar{\Gamma}(x)\tilde{W}+\varepsilon_{\mathrm{HJB}}\right) \tag{8.4.20}$$

即

$$\tilde{W}^{\mathrm{T}}\eta^{-1}\dot{\tilde{W}}=-\frac{1}{m_s^2}\bigg[(\tilde{W}^{\mathrm{T}}\nabla\varphi\mathfrak{L}(x))^2+\frac{1}{8}(\tilde{W}^{\mathrm{T}}\bar{\Gamma}(x)\tilde{W})^2$$
$$+\frac{3}{4}(\tilde{W}^{\mathrm{T}}\nabla\varphi\mathfrak{L}(x))(\tilde{W}^{\mathrm{T}}\bar{\Gamma}(x)\tilde{W})$$
$$+\tilde{W}^{\mathrm{T}}\nabla\varphi\mathfrak{L}(x)\varepsilon_{\mathrm{HJB}}+\frac{1}{2}\tilde{W}^{\mathrm{T}}\bar{\Gamma}(x)\tilde{W}\varepsilon_{\mathrm{HJB}}\bigg] \tag{8.4.21}$$

应用不等式：

$$ab=\frac{1}{2}\left[\left(\kappa a+\frac{b}{\kappa}\right)^2-\left(\kappa^2a^2+\frac{b^2}{\kappa^2}\right)\right] \tag{8.4.22}$$

式中，$a,b\in\mathbf{R}$；$\kappa\neq0$。

根据式 (8.4.21) 和式 (8.4.22)，可得

$$\tilde{W}^{\mathrm{T}}\eta^{-1}\dot{\tilde{W}}=-\frac{1}{m_s^2}\bigg[\frac{1}{2}\left(3\tilde{W}^{\mathrm{T}}\nabla\varphi\mathfrak{L}(x)+\frac{1}{4}\tilde{W}^{\mathrm{T}}\overline{\Gamma}(x)\tilde{W}\right)^2+\frac{1}{2}(\tilde{W}^{\mathrm{T}}\nabla\varphi\mathfrak{L}(x)+\varepsilon_{\mathrm{HJB}})^2$$
$$+\frac{1}{16}(\tilde{W}^{\mathrm{T}}\overline{\Gamma}(x)\tilde{W})^2+\frac{1}{2}\left(\frac{1}{4}\tilde{W}^{\mathrm{T}}\overline{\Gamma}(x)\tilde{W}+2\varepsilon_{\mathrm{HJB}}\right)^2$$
$$-4(\tilde{W}^{\mathrm{T}}\nabla\varphi\mathfrak{L}(x))^2-\frac{5}{2}\varepsilon_{\mathrm{HJB}}^2\bigg]$$
$$\leqslant-\frac{1}{m_s^2}\left[\frac{1}{16}(\tilde{W}^{\mathrm{T}}\overline{\Gamma}(x)\tilde{W})^2-4(\tilde{W}^{\mathrm{T}}\nabla\varphi\mathfrak{L}(x))^2-\frac{5}{2}\varepsilon_{\mathrm{HJB}}^2\right] \tag{8.4.23}$$

利用 $1\leqslant m_s^2\leqslant4$，式 (8.4.23) 可变为

$$\tilde{W}^{\mathrm{T}}\eta^{-1}\dot{\tilde{W}}\leqslant-\frac{1}{64}\mu_{\inf}^2(\overline{\Gamma}(x))\left\|\tilde{W}\right\|^4+4b_\theta^2\vartheta_{\sup}^2(\mathfrak{L}(x))\left\|\tilde{W}\right\|^2+\frac{5}{2}\varepsilon_a^2 \tag{8.4.24}$$

式中，$\|\nabla\varphi\mathfrak{L}(x)\|<b_\theta,b_\theta>0$；$\mu_{\inf}(\overline{\Gamma}(x))$ 为 $\overline{\Gamma}(x)$ 的下界；$\vartheta_{\sup}(\mathfrak{L}(x))$ 为 $\mathfrak{L}(x)$ 的上界。

将式 (8.4.24) 代入式 (8.4.19)，可得

$$\dot{L}(t) \leqslant L_{1x}^{\mathrm{T}}\left(f(x) - \frac{1}{2}\Gamma(x)\nabla\varphi^{\mathrm{T}}\hat{W}\right) - \frac{I_1}{64}\left\|\tilde{W}\right\|^4 + 4I_2\left\|\tilde{W}\right\|^2 + \frac{5}{2}\varepsilon_a^2 \quad (8.4.25)$$

式中，$I_1 = \mu_{\mathrm{inf}}^2(\overline{\Gamma}(x))$；$I_2 = b_\theta^2\vartheta_{\sup}^2(\mathfrak{L}(x))$；$\forall x \in \Omega$。

根据式 (8.4.18)，可知式 (8.4.25) 的第一项小于零，且 $L_{1\hat{x}}^{\mathrm{T}}\dot{x} < 0$，所以存在一个常数 $\tau > 0$ 使得 $L_{1x}^{\mathrm{T}}\dot{x} < -\|L_{1x}\|\tau \leqslant 0$。那么，式 (8.4.25) 可变为

$$\dot{L}(t) \leqslant -\tau\|L_{1x}\| - \frac{I_1}{64}\left(\left\|\tilde{W}\right\|^2 - \frac{128I_2}{I_1}\right)^2 + \frac{256I_2^2}{I_1} + \frac{5}{2}\varepsilon_a^2 \quad (8.4.26)$$

如果式 (8.4.26) 满足如下条件：

$$\|L_{1x}\| > \frac{1}{\tau}\left(\frac{256I_2^2}{I_1} + \frac{5}{2}\varepsilon_a^2\right) \quad (8.4.27)$$

或

$$\left\|\tilde{W}\right\| > 4\sqrt{\frac{8I_2}{I_1} + \frac{\sqrt{10I_1\varepsilon_a^2 + 1024I_2^2}}{I_1}} \quad (8.4.28)$$

则 $\dot{L}(t) < 0$。因此，应用李雅普诺夫定理，能够得出系统状态 x 和评价神经网络权值估计误差 $\tilde{W}$ 都是半全局一致最终有界的。

评注 8.4.1　本节针对一类不确定仿射非线性系统，给出了一种基于神经网络的自适应状态反馈优化控制设计方法。与本节相类似的神经网络自适应优化控制方法可参见文献 [15] 和 [16]。此外，对于含有输入饱和的仿射非线性系统，其神经网络自适应优化鲁棒控制设计方法可参见文献 [17]。

8.4.4　仿真

例 8.4.1　考虑如下仿射非线性系统：

$$\dot{x} = \begin{bmatrix} x_2 \\ -x_1 - 0.5x_2(1 - x_1^2) - x_1^2x_2 \end{bmatrix} + \begin{bmatrix} 0 \\ x_1 \end{bmatrix}u$$

选择如下性能函数：

$$V(x) = \int_t^\infty (x^{\mathrm{T}}(s)Qx(s) + u^{\mathrm{T}}Ru)\mathrm{d}s$$

在仿真中，Q 为单位阵，$R = \mathrm{diag}\{10, 10\}$。

评价神经网络包括 5 个节点，激活函数为

$$\varphi_i\left(x\left(t\right)\right) = \exp\left[-\frac{\left(x_1(t) - 3 + i\right)^2}{3^2}\right]$$

$$\times \exp\left[-\frac{(x_2(t) - \frac{1}{2}(3 - i))^2}{3^2}\right], \quad i = 1, 2, \cdots, 5$$

评价神经网络的权重自适应律的设计参数 $\eta = 10$。选择变量及参数的初始值为：$x_1(0) = -1$，$x_2(0) = 2$，$\hat{W}(0) = [0.1 \quad 0.2 \quad 0.5]$。

仿真结果如图 8.4.2~图 8.4.4 所示。

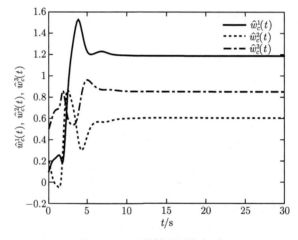

图 8.4.2　评价神经网络权重

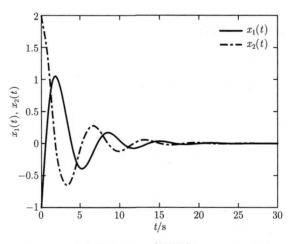

图 8.4.3　系统状态

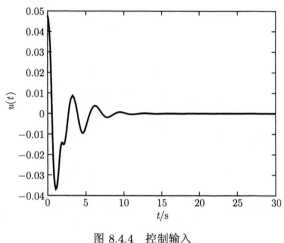

图 8.4.4　控制输入

8.5　非线性连续系统的神经网络自适应输出反馈优化控制

8.1～8.3 节针对状态可测的仿射非线性系统，介绍了智能自适应状态反馈最优控制设计方法，本节在前三节的基础上，针对状态不可测的不确定仿射非线性系统，介绍一种神经网络自适应输出反馈优化控制设计方法，并给出闭环系统的稳定性和收敛性分析。

8.5.1　系统模型及控制问题描述

考虑如下的不确定非线性系统：

$$\begin{aligned}\dot{x}(t) &= f(x(t)) + g(x(t))u(t)\\ y &= Cx(t)\end{aligned} \tag{8.5.1}$$

式中，$x(t) \in \mathbf{R}^n$ 是状态向量；n 是正整数；$u(t) \in \mathbf{R}^n$ 和 $y \in \mathbf{R}^n$ 分别是系统的输入和输出；$f(x(t))$ 是未知的光滑非线性函数；$g(x(t))$ 是系统输入矩阵；C 是系统的输出矩阵。

对系统 (8.5.1)，假设系统状态不可测。$f(x(t)) + g(x(t))u(t)$ 在包含原点的空间 $\Theta \in \mathbf{R}^n$ 上满足 Lipschitz 条件。对于一个给定的初始值 $x_0 \in \Theta$ 和控制输入 $u(t)$，系统 (8.5.1) 存在唯一解。

假设 8.5.1　假设存在常数 $g_m > 0$，满足 $\|g(x(t))\| < g_m$。

控制任务　基于神经网络设计一种自适应优化控制器，使得：

(1) 闭环系统的所有信号半全局一致最终有界；

(2) 观测误差收敛到包含原点的一个较小邻域内；

(3) 性能指标函数达到最小值。

8.5.2 神经网络状态观测器设计

将系统 (8.5.1) 变成如下的状态空间形式：

$$\dot{x}(t) = Ax(t) + H(x(t)) + g(x(t))u(t) \tag{8.5.2}$$

式中，$H(x) = f(x) - Ax(t)$；$A \in \mathbf{R}^{n \times n}$ 为已知的 Hurwitz 矩阵。

因为 $H(x(t))$ 是未知非线性连续函数，所以用神经网络 $\hat{H}\left(x|\hat{W}\right) = \hat{W}^{\mathrm{T}}\varphi(x)$ 逼近 $H(x(t))$，并假设

$$H(x(t)) = W^{*\mathrm{T}}\varphi(x(t)) + \varepsilon(x(t)) \tag{8.5.3}$$

式中，W^* 是未知的最优权重；$\varepsilon(x(t))$ 是神经网络最小逼近误差。假设 W^* 满足 $\|W^*\| \leqslant \bar{W}$，$\varepsilon(x(t))$ 满足 $|\varepsilon(x(t))| \leqslant \varepsilon^*$，$\varepsilon^*$ 为正常数。

根据式 (8.5.3)，式 (8.5.2) 可变为

$$\dot{x}(t) = Ax(t) + W^{*\mathrm{T}}\varphi(x(t)) + g(x(t))u(t) + \varepsilon(x(t)) \tag{8.5.4}$$

设计神经网络状态观测器如下：

$$\begin{aligned}
\dot{\hat{x}}(t) &= A\hat{x}(t) + \hat{W}^{\mathrm{T}}\varphi(\hat{x}(t)) + L(y(t) - \hat{y}(t)) + g(\hat{x})u(\hat{x}) \\
\hat{y}(t) &= C\hat{x}(t)
\end{aligned} \tag{8.5.5}$$

式中，$\hat{x}(t) \in \mathbf{R}^n$ 是状态向量的估计；$\hat{W}$ 是 W^* 的估计；矩阵 $L \in \mathbf{R}^{n \times n}$ 是观测器增益，选取 L 使得 $A - LC$ 为稳定矩阵。因此，给定一个正实数 q，存在一个正定矩阵 $P = P^{\mathrm{T}} > 0$，满足如下方程：

$$(A - LC)^{\mathrm{T}}P + P(A - LC) = -qI \tag{8.5.6}$$

定义观测误差为 $e(t) = x(t) - \hat{x}(t)$，由式 (8.5.4) 和式 (8.5.5) 可得观测误差方程为

$$\dot{e} = (A - LC)e + \tilde{W}^{\mathrm{T}}\varphi(\hat{x}) + \epsilon_o(x) \tag{8.5.7}$$

式中，$\tilde{W} = W^* - \hat{W}$ 是参数估计误差；$\epsilon_o(x) = W^{\mathrm{T}}\varphi(x) - W^{\mathrm{T}}\varphi(\hat{x}) + g(x)u(\hat{x}) - g(\hat{x})u(\hat{x}) + \varepsilon(x)$。

定理 8.5.1 对于非线性系统 (8.5.1)，假设 8.5.1 成立。如果选取神经网络状态观测器 (8.5.5)，则参数 $\hat{\theta}$ 的自适应律如下：

$$\dot{\hat{W}} = -\eta\varphi(\hat{x})(y - \hat{y})^{\mathrm{T}}C(A - LC)^{-1} - \rho\|y - \hat{y}\|\hat{W} \tag{8.5.8}$$

式中，$\eta > 0$；$\rho > 0$。那么，神经网络状态观测器 (8.5.5) 能保证观测器误差 $e(t)$ 收敛到包含原点的一个较小邻域内，并且神经网络参数估计误差 $\tilde{W}$ 半全局一致最终有界。

证明　选择如下的李雅普诺夫函数:

$$V_0(t) = \frac{1}{2}e^{\mathrm{T}}Pe + \frac{1}{2}\mathrm{tr}(\tilde{W}^{\mathrm{T}}\rho^{-1}\tilde{W}) \tag{8.5.9}$$

$V_0(t)$ 的导数为

$$\dot{V}_0(t) = \frac{1}{2}\dot{e}^{\mathrm{T}}Pe + \frac{1}{2}e^{\mathrm{T}}P\dot{e} + \frac{1}{2}\mathrm{tr}(\tilde{W}^{\mathrm{T}}\rho^{-1}\dot{\tilde{W}}) \tag{8.5.10}$$

将式 (8.5.7) 代入式 (8.5.10), 可得

$$\dot{V}_0(t) = \frac{1}{2}e^{\mathrm{T}}(A-LC)^{\mathrm{T}}Pe + \frac{1}{2}e^{\mathrm{T}}P(A-LC)e + e^{\mathrm{T}}P(\tilde{W}^{\mathrm{T}}\varphi(\hat{x}) + \varepsilon^*)$$
$$+ \frac{1}{2}\mathrm{tr}(\rho^{-1}\eta\tilde{W}^{\mathrm{T}}\varphi(\hat{x})\tilde{y}^{\mathrm{T}}C(A-LC)^{-1}) + \tilde{W}^{\mathrm{T}}||\tilde{y}||(W^* - \tilde{W}) \tag{8.5.11}$$

式中, $\tilde{y} = y - \hat{y}$。

将式 (8.5.10) 代入式 (8.5.11), 可得

$$\dot{V}_0(t) = -\frac{1}{2}e^{\mathrm{T}}Qe + e^{\mathrm{T}}P(\tilde{W}^{\mathrm{T}}\varphi(\hat{x}) + \varepsilon^*)$$
$$+ \frac{1}{2}\mathrm{tr}(\rho^{-1}\eta\tilde{W}^{\mathrm{T}}\varphi(\hat{x})\tilde{y}^{\mathrm{T}}C(A-LC)^{-1}) + \tilde{W}^{\mathrm{T}}||\tilde{y}||(W^* - \tilde{W}) \tag{8.5.12}$$

利用 $\mathrm{tr}(XY^{\mathrm{T}}) = \mathrm{tr}(Y^{\mathrm{T}}X) = Y^{\mathrm{T}}X,\ \forall X, Y \in \mathbf{R}^n$, 可得

$$\mathrm{tr}(\rho^{-1}\eta\tilde{W}^{\mathrm{T}}\varphi(\hat{x})\tilde{y}^{\mathrm{T}}C(A-LC)^{-1}) = \rho^{-1}\eta\tilde{y}^{\mathrm{T}}C(A-LC)^{-1}\tilde{W}^{\mathrm{T}}\varphi(\hat{x}) \tag{8.5.13}$$

利用 $\mathrm{tr}(\tilde{W}^{\mathrm{T}}(W^* - \tilde{W})) \leqslant ||\tilde{W}|||W^*|| - ||\tilde{W}||^2$, 可得

$$\dot{V}_0(t) \leqslant -\frac{1}{2}e^{\mathrm{T}}Qe + e^{\mathrm{T}}P(\tilde{W}^{\mathrm{T}}\varphi(\hat{x}) + \varepsilon^*)$$
$$+ \frac{1}{2}\mathrm{tr}(\rho^{-1}\eta\tilde{W}^{\mathrm{T}}\varphi(\hat{x})\tilde{y}^{\mathrm{T}}C(A-LC)^{-1})$$
$$+ ||\tilde{y}||\,||\tilde{W}|||W^*|| - ||\tilde{W}||^2 \tag{8.5.14}$$

由于 $\varepsilon(x)$、$g(\hat{x})$ 和 $u(\hat{x}(t))$ 有界, 所以推出 $\epsilon_o(x)$ 有界。式 (8.5.14) 进一步变为

$$\dot{V}_0(t) \leqslant -\frac{1}{2}qe^{\mathrm{T}}e + ||e||\,||P|| \left(||\tilde{W}||\bar{W} + \varepsilon^*\right)$$
$$+ \rho^{-1}\eta||e||\,||C^{\mathrm{T}}C(A-LC)^{-1}||\,||\tilde{W}||\bar{W} + ||C||\,||e||\,||\tilde{W}||\bar{W} - ||\tilde{W}||^2$$

即

$$\dot{V}_0(t) \leqslant -\frac{1}{2}q||e||^2 + ||e||\,||C|| \left(\frac{||P||\varepsilon^*}{||C||} + 2\beta||\tilde{W}|| - ||\tilde{W}||^2\right)$$

$$\leqslant -\frac{1}{2}q\left\|e\right\|^2 + \left\|e\right\|\left\|C\right\|\left(\frac{\left\|P\right\|\varepsilon^*}{\left\|C\right\|} + \beta^2 - \left(\left\|\tilde{W}\right\| + \beta\right)^2\right)$$

式中,

$$\beta = \frac{\left\|P\right\|\bar{W} + \rho^{-1}\eta\left\|C^{\mathrm{T}}C(A - LC)^{-1}\right\|\bar{W} + \left\|C\right\|\left\|\bar{W}\right\|}{2\left\|C\right\|}$$

根据 $-\left(\left\|\tilde{W}\right\| + \beta\right)^2 \leqslant 0$,可得

$$\dot{V}_0(t) \leqslant -\frac{1}{2}q\left\|e\right\|^2 + \left\|e\right\|\left(\left\|P\right\|\varepsilon^* + \beta^2\left\|C\right\|\right)$$

$$\leqslant \left(-\frac{1}{2}q\left\|e\right\| + \left\|P\right\|\varepsilon^* + \beta^2\left\|C\right\|\right)\left\|e\right\|$$

如果

$$\left\|e\right\| > \frac{2(\left\|P\right\|\varepsilon^* + \beta^2\left\|C\right\|)}{q}$$

则 $\dot{V}_0(t) \leqslant 0$。

根据李雅普诺夫稳定性定理,可知系统观测误差 e 和神经网络参数估计误差 $\tilde{\theta}$ 都是半全局一致最终有界的。

8.5.3　神经网络自适应优化控制设计

令 $F(\hat{x}) = A\hat{x} + \hat{W}\varphi(\hat{x}(t)) + L(y - C\hat{x})$,则式 (8.5.5) 变为

$$\dot{\hat{x}}(t) = F(\hat{x}) + g(\hat{x})u \tag{8.5.15}$$

定义系统 (8.5.15) 的性能指标函数为

$$V(\hat{x}) = \int_t^\infty r(\hat{x}(s), u(s))\mathrm{d}s \tag{8.5.16}$$

式中,$r(\hat{x}, u) = Q_c(\hat{x}) + u^{\mathrm{T}}Ru$;$Q_c(\hat{x}) = \hat{x}^{\mathrm{T}}C^{\mathrm{T}}QC\hat{x}$。

假设容许控制集合为 Ω_A,如果控制输入 $u(\hat{x}) \in \Omega_A$,则有

$$V_{\hat{x}}^{\mathrm{T}}(F(\hat{x}) + g(\hat{x})u) + Q_c(\hat{x}) + u^{\mathrm{T}}Ru = 0$$

式中,$V_{\hat{x}} = \partial J(\hat{x})/\partial \hat{x}$。

因此,哈密顿函数为

$$H(\hat{x}, V_{\hat{x}}, u) = V_{\hat{x}}^{\mathrm{T}}(F(\hat{x}) + g(\hat{x})u) + Q_c(\hat{x}) + u^{\mathrm{T}}Ru \tag{8.5.17}$$

最优的性能指标 $V^*(\hat{x})$ 可通过求解如下哈密顿-雅可比-贝尔曼方程得到:

$$\min_{u(\hat{x}) \in \Omega_A} H(\hat{x}, V_{\hat{x}}, u) = 0 \tag{8.5.18}$$

求解得到最优控制为

$$u^*(\hat{x}) = -\frac{1}{2}R^{-1}g^{\mathrm{T}}(\hat{x})V_{\hat{x}}^* \tag{8.5.19}$$

将式 (8.5.19) 代入式 (8.5.18)，得到哈密顿-雅可比-贝尔曼方程为

$$V_{\hat{x}}^{*\mathrm{T}}F(\hat{x}) + Q_c(\hat{x}) - \frac{1}{4}V_{\hat{x}}^{*\mathrm{T}}g(\hat{x})R^{-1}g^{\mathrm{T}}(\hat{x})V_{\hat{x}}^* = 0 \tag{8.5.20}$$

$g(\hat{x})$ 是未知非线性函数，使得非线性偏微分方程 (8.5.20) 难以求出解析解。利用神经网络，即评价网络 $\hat{V}(\hat{x}|\hat{W}_c) = \hat{W}_c^{\mathrm{T}}\varphi_c(\hat{x})$ 逼近 $V(\hat{x})$，并假设

$$V(\hat{x}) = W_c^{*\mathrm{T}}\varphi_c(\hat{x}) + \varepsilon_c(\hat{x}) \tag{8.5.21}$$

式中，W_c^* 是未知最优权重向量；$\varphi_c(\hat{x})$ 是径向基函数向量；$\varepsilon_c(\hat{x})$ 是最小网络逼近误差。假设 W_c^* 满足 $|W_c^*| \leqslant \bar{W}_c$，$\varepsilon_c(\hat{x})$ 满足 $|\varepsilon_c(\hat{x})| \leqslant \varepsilon_c^*$，$\bar{W}_c$ 和 ε_c^* 是正常数。

因此，$\hat{V}(\hat{x})$ 的在线估计为

$$\hat{V}(\hat{x}) = \hat{W}_c^{\mathrm{T}}\varphi_c(\hat{x}) \tag{8.5.22}$$

式中，$\hat{W}_c$ 是 W_c^* 的估计。

根据式 (8.5.21)，$V(\hat{x})$ 关于 $\hat{x}$ 的微分为

$$V_{\hat{x}} = \nabla\varphi_c^{\mathrm{T}}(\hat{x})W_c^* + \nabla\varepsilon_c(\hat{x}) \tag{8.5.23}$$

式中，$\nabla\varphi_c(\hat{x}) = \partial\varphi_c(\hat{x})/\partial\hat{x}$；$\nabla\varphi_c(0) = 0$。

利用式 (8.5.23)，式 (8.5.19) 可变为

$$u^*(\hat{x}) = -\frac{1}{2}R^{-1}g^{\mathrm{T}}(\hat{x})\nabla\varphi_c^{\mathrm{T}}(\hat{x})W_c^* + \varepsilon_{u^*} \tag{8.5.24}$$

式中，$\varepsilon_{u^*} = -\frac{1}{2}R^{-1}g^{\mathrm{T}}(\hat{x})\nabla\varepsilon_c(\hat{x})$。

将式 (8.5.23) 代入式 (8.5.20)，可得

$$W_c^{*\mathrm{T}}\nabla\varphi_c(\hat{x})F(\hat{x}) + \varepsilon_{\mathrm{HJB}} + Q_c(\hat{x})$$
$$-\frac{1}{4}W_c^{*\mathrm{T}}\nabla\varphi_c(\hat{x})g(\hat{x})R^{-1}g^{\mathrm{T}}(\hat{x})\nabla\varphi_c^{\mathrm{T}}(\hat{x})W_c^* = 0 \tag{8.5.25}$$

式中，$\varepsilon_{\mathrm{HJB}}$ 是残差。假设 $\varepsilon_{\mathrm{HJB}}$ 满足 $\|\varepsilon_{\mathrm{HJB}}\| \leqslant \varepsilon_a$，$\varepsilon_a$ 是一个正数。

定义评价网络的估计误差为 $\tilde{W}_c = W_c^* - \hat{W}_c$。利用式 (8.5.22)，式 (8.5.19) 可变为

$$\hat{u}(\hat{x}) = -\frac{1}{2}R^{-1}g^{\mathrm{T}}(\hat{x})\nabla\varphi_c^{\mathrm{T}}(\hat{x})\hat{W}_c \tag{8.5.26}$$

将式 (8.5.26) 代入式 (8.5.17)，可得

$$H(\hat{x}, \hat{W}_c) = \hat{W}_c^{\mathrm{T}} \nabla \varphi_c(\hat{x}) F(\hat{x}) + Q_c(\hat{x}) - \frac{1}{4} \hat{W}_c^{\mathrm{T}} \Gamma(\hat{x}) \nabla \varphi_c^{\mathrm{T}} \hat{W}_c \quad (8.5.27)$$

式中，$\Gamma(\hat{x}) = g(\hat{x}) R^{-1} g^{\mathrm{T}}(\hat{x})$。

将式 (8.5.24) 和式 (8.5.25) 代入式 (8.5.27)，可得

$$e = -\tilde{W}_c^{\mathrm{T}} \nabla \varphi_c \left(E(\hat{x}) + \frac{1}{2} \Gamma(\hat{x}) \nabla \varepsilon_c \right) - \frac{1}{4} \tilde{W}_c^{\mathrm{T}} \nabla \varphi_c \Gamma(\hat{x}) \nabla \varphi_c^{\mathrm{T}} \tilde{W}_c - \varepsilon_{\mathrm{HJB}} \quad (8.5.28)$$

式中，$E(\hat{x}) = F(\hat{x}) + g(\hat{x}) u^*$。

设 $L_1(\hat{x})$ 是一个正定函数，且满足 $\dot{L}_1(\hat{x}) = L_{1x}^{\mathrm{T}}(F(\hat{x}) + g(\hat{x})u) < 0$，并假设存在一个正定矩阵 $\Lambda(\hat{x})$，满足

$$L_{1x}^{\mathrm{T}}(F(\hat{x}) + g(\hat{x})u) = -L_{1\hat{x}}^{\mathrm{T}} \Lambda(\hat{x}) L_{1\hat{x}} \quad (8.5.29)$$

定义 $\Pi(\hat{x}, \hat{u})$ 为

$$\Pi(\hat{x}, \hat{u}) = \begin{cases} 0, & L_{1\hat{x}}^{\mathrm{T}} \left(h(\hat{x}) - \frac{1}{2} \Gamma(\hat{x}) \nabla W_c^{\mathrm{T}} \hat{W}_c \right) < 0 \\ 1, & \text{其他} \end{cases} \quad (8.5.30)$$

设计评价网络的参数自适应律如下：

$$
\begin{aligned}
\dot{\hat{W}}_c = & -\eta \bar{\phi} \left(Y(\hat{x}) - \frac{1}{4} \hat{W}_c^{\mathrm{T}} \nabla \varphi_c \Gamma(\hat{x}) \nabla \varphi_c^{\mathrm{T}} \hat{W}_c \right) \\
& - \eta \sum_{j=1}^{N} \bar{\phi}_{(j)} \left(Y(\hat{x}_{t_j}) - \frac{1}{4} \hat{W}_c^{\mathrm{T}} \nabla \varphi_{c(j)} \Gamma(\hat{x}_{t_j}) \nabla \varphi_{c(j)}^{\mathrm{T}} \hat{W}_c \right) \\
& + \frac{\eta}{2} \Pi(\hat{x}, \hat{u}) \nabla \varphi_c \Gamma(\hat{x}) L_{1\hat{x}} \quad (8.5.31)
\end{aligned}
$$

式中，$\phi = \Delta \varphi_c(F(\hat{x}) + g(\hat{x})\hat{u})$；$\eta > 0$ 是设计常数；$Y(\hat{x}) = \hat{W}_c^{\mathrm{T}} \Delta \varphi_c F(\hat{x}) + Q_c(\hat{x})$；$\bar{\phi} = \phi/m_s^2$，$m_s = 1 + \phi^{\mathrm{T}} \phi$；$j \in \{1, 2, \cdots, N\}$ 表示存储数据点 $\hat{x}_{(t_j)}$ 的索引，$\hat{x}_{(t_j)}$ 简写为 $\hat{x}_{t_j}$，$\bar{\phi}_{(j)} = \bar{\phi}(\hat{x}_{t_j})$，$\nabla \varphi_{c(j)} = \nabla \varphi_c(\hat{x}_{t_j})$。通过上述融合历史数据的方法，持续激励条件能够得到放松。

图 8.5.1 给出了该神经网络自适应输出反馈控制设计原理。

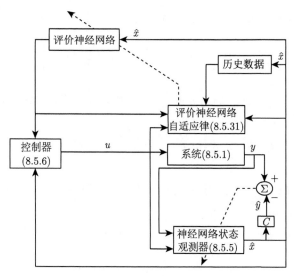

图 8.5.1　控制算法原理图

8.5.4　稳定性与收敛性分析

定理 8.5.2　对于不确定非线性系统 (8.5.1)，假设 8.5.1 成立。如果采用控制器 (8.5.26)，参数自适应律 (8.5.8) 和 (8.5.31)，则总体控制方案具有如下性能：

(1) 闭环系统的所有信号半全局一致最终有界；

(2) 观测误差收敛到包含原点的一个较小邻域内；

(3) 性能指标函数达到最小值。

证明　选择如下的李雅普诺夫函数：

$$V(t) = V_1(t) + V_2(t) + \frac{1}{2}\tilde{W}_c^{\mathrm{T}}\eta^{-1}\tilde{W}_c \tag{8.5.32}$$

式中，$V_1(t) = L_1(t)$ 的定义见式 (8.5.29)；$V_2(t) = V_0(t)$。

$V(t)$ 的导数为

$$
\begin{aligned}
\dot{V}(t) &= \dot{V}_1(t) + \dot{V}_2(t) + \tilde{W}_c^{\mathrm{T}}\eta^{-1}\dot{\tilde{W}}_c \\
&\leqslant L_{1\hat{x}}^{\mathrm{T}}\left(F(\hat{x}) - \frac{1}{2}\Gamma(\hat{x})\nabla\varphi_c^{\mathrm{T}}\hat{W}_c\right) - \frac{1}{2}q\|e\|^2 \\
&\quad + \left(\|P\|\varepsilon^* + \beta^2\|C\|\right)\|e\| + \tilde{W}_c^{\mathrm{T}}\eta^{-1}\dot{\tilde{W}}_c
\end{aligned}
\tag{8.5.33}
$$

由式 (8.5.28) 可得

$$\phi = \nabla\varphi_c\left(E(\hat{x}) + \frac{1}{2}\Gamma(\hat{x})\nabla\varepsilon_c\right) - \frac{1}{2}\nabla\varphi_c\Gamma(\hat{x})\nabla\varphi_c^{\mathrm{T}}\tilde{W}_c \tag{8.5.34}$$

将式 (8.5.34) 代入式 (8.5.31)，可得

$$
\begin{aligned}
\dot{\tilde{W}}_c = & -\frac{\eta}{m_s^2}\left(\nabla\varphi_c\mathfrak{L}(\hat{x}) + \frac{1}{2}\bar{\Gamma}(\hat{x})\tilde{W}_c\right)\left(\tilde{W}_c^{\mathrm{T}}\nabla\varphi_c\mathfrak{L}(\hat{x}) + \frac{1}{4}\tilde{W}_c^{\mathrm{T}}\bar{\Gamma}(\hat{x})\tilde{W}_c + \varepsilon_{\mathrm{HJB}}\right) \\
& -\sum_{j=1}^{N}\frac{\eta}{m_{sj}^2}\left(\nabla\varphi_{c(j)}\mathfrak{L}(\hat{x}_{t_j}) + \frac{1}{2}\bar{\Gamma}(\hat{x}_{t_j})\tilde{W}_c\right)\left(\tilde{W}_c^{\mathrm{T}}\nabla\varphi_{c(j)}\mathfrak{L}(\hat{x}_{t_j})\right. \\
& \left. + \frac{1}{4}\tilde{W}_c^{\mathrm{T}}\bar{\Gamma}(\hat{x}_{t_j})\tilde{W}_c + \varepsilon_{\mathrm{HJB}}\right) - \frac{\eta}{2}\Pi(\hat{x},\hat{u})\nabla\varphi_c\Gamma(\hat{x})L_{1\hat{x}}
\end{aligned}
\tag{8.5.35}
$$

式中，$\mathfrak{L}(\hat{x}) = E(\hat{x}) + \dfrac{1}{2}\Gamma(\hat{x})\nabla\varepsilon_c$；$\bar{\Gamma}(\hat{x}) = \nabla\varphi_c\Gamma(\hat{x})\nabla\varphi_c^{\mathrm{T}}$；$m_{s_j} = 1 + \phi^{\mathrm{T}}(\hat{x}_{t_j})\phi(\hat{x}_{t_j})$；$\bar{\Gamma}(\hat{x}_{t_j}) = \nabla\varphi_{c(j)}\Gamma(\hat{x}_{t_j})\,\nabla\varphi_{c(j)}^{\mathrm{T}}$。

利用式 (8.5.35)，式 (8.5.33) 的最后一项可变为

$$
\tilde{W}_c^{\mathrm{T}}\eta^{-1}\dot{\tilde{W}}_c = \Pi_1 + \Pi_2 - \frac{1}{2}\tilde{W}_c^{\mathrm{T}}\Pi(\hat{x},\hat{u})\nabla\varphi_c\Gamma(\hat{x})L_{1\hat{x}}
\tag{8.5.36}
$$

式中，

$$
\begin{aligned}
\Pi_1 = & -\frac{1}{m_s^2}\left(\tilde{W}_c^{\mathrm{T}}\nabla\varphi_c\mathfrak{L}(\hat{x}) + \frac{1}{2}\tilde{W}_c^{\mathrm{T}}\bar{\Gamma}(\hat{x})\tilde{W}_c\right) \\
& \cdot\left(\tilde{W}_c^{\mathrm{T}}\nabla\varphi_c\mathfrak{L}(\hat{x}) + \frac{1}{4}\tilde{W}_c^{\mathrm{T}}\bar{\Gamma}(\hat{x})\tilde{W}_c + \varepsilon_{\mathrm{HJB}}\right) \\
\Pi_2 = & -\sum_{j=1}^{N}\frac{1}{m_{sj}^2}\left(\tilde{W}_c^{\mathrm{T}}\nabla\varphi_{c(j)}\mathfrak{L}(\hat{x}_{tj}) + \frac{1}{2}\tilde{W}_c^{\mathrm{T}}\bar{\Gamma}(\hat{x}_{tj})\tilde{W}_c\right) \\
& \cdot\left(\tilde{W}_c^{\mathrm{T}}\nabla\varphi_{c(j)}\mathfrak{L}(\hat{x}_{tj}) + \frac{1}{4}\tilde{W}_c^{\mathrm{T}}\bar{\Gamma}(\hat{x}_{tj})\tilde{W}_c + \varepsilon_{\mathrm{HJB}}\right)
\end{aligned}
$$

将 Π_1 展开，可得

$$
\begin{aligned}
\Pi_1 = & -\frac{1}{m_s^2}\left[\left(\tilde{W}_c^{\mathrm{T}}\nabla\varphi_c\mathfrak{L}(\hat{x})\right)^2 + \frac{1}{8}\left(\tilde{W}_c^{\mathrm{T}}\bar{\Gamma}(\hat{x})\tilde{\theta}_c\right)^2\right. \\
& + \frac{3}{4}\left(\tilde{W}_c^{\mathrm{T}}\nabla\varphi_c\mathfrak{L}(\hat{x})\right)\left(\tilde{W}_c^{\mathrm{T}}\bar{\Gamma}(\hat{x})\tilde{W}_c\right) \\
& \left. + \tilde{W}_c^{\mathrm{T}}\nabla\varphi_c\mathfrak{L}(\hat{x})\varepsilon_{\mathrm{HJB}} + \frac{1}{2}\tilde{W}_c^{\mathrm{T}}\bar{\Gamma}(\hat{x})\tilde{W}_c\varepsilon_{\mathrm{HJB}}\right]
\end{aligned}
\tag{8.5.37}
$$

对于任意 $a, b \in \mathbf{R}$ 和 $\kappa \neq 0$，可得

$$
ab = \frac{1}{2}\left[\left(\kappa a + \frac{b}{\kappa}\right)^2 - \left(\kappa^2 a^2 + \frac{b^2}{\kappa^2}\right)\right]
\tag{8.5.38}
$$

利用式 (8.5.38)，可得

$$
\begin{aligned}
\Pi_1 = & -\frac{1}{m_s^2}\left[\frac{1}{2}\left(3\tilde{W}_c^{\mathrm{T}}\nabla\varphi_c\mathfrak{L}(\hat{x}) + \frac{1}{4}\tilde{W}_c^{\mathrm{T}}\bar{\Gamma}(\hat{x})\tilde{W}_c\right)^2 + \frac{1}{2}\left(\tilde{W}_c^{\mathrm{T}}\nabla\varphi_c\mathfrak{L}(\hat{x}) + \varepsilon_{\mathrm{HJB}}\right)^2\right. \\
& + \frac{1}{16}\left(\tilde{W}_c^{\mathrm{T}}\bar{\Gamma}(\hat{x})\tilde{W}_c\right)^2 + \frac{1}{2}\left(\frac{1}{4}\tilde{W}_c^{\mathrm{T}}\bar{\Gamma}(\hat{x})\tilde{W}_c + 2\varepsilon_{\mathrm{HJB}}\right)^2 \\
& \left. - 4\left(\tilde{W}_c^{\mathrm{T}}\nabla\varphi_c\mathfrak{L}(\hat{x})\right)^2 - \frac{5}{2}\varepsilon_{\mathrm{HJB}}^2\right] \\
\leqslant & -\frac{1}{m_s^2}\left[\frac{1}{16}(\tilde{W}_c^{\mathrm{T}}\bar{\Gamma}(\hat{x})\tilde{W}_c)^2 - 4(\tilde{W}_c^{\mathrm{T}}\nabla\varphi_c\mathfrak{L}(\hat{x}))^2 - \frac{5}{2}\varepsilon_{\mathrm{HJB}}^2\right] \quad (8.5.39)
\end{aligned}
$$

类似地，可得

$$
\Pi_2 \leqslant -\sum_{j=1}^{N}\frac{1}{m_{sj}^2}\left[\frac{1}{16}(\tilde{W}_c^{\mathrm{T}}\bar{\Gamma}(\hat{x}_{t_j})\tilde{W}_c)^2 - 4(\tilde{W}_c^{\mathrm{T}}\nabla\varphi_{c(j)}\mathfrak{L}(\hat{x}_{t_j}))^2 - \frac{5}{2}\varepsilon_{\mathrm{HJB}}^2\right] \quad (8.5.40)
$$

将式 (8.5.39) 和式 (8.5.40) 代入式 (8.5.36)，并利用 $1 \leqslant m_s^2 \leqslant 4$ 和 $1 \leqslant m_{s_j}^2 \leqslant 4$，可得

$$
\begin{aligned}
\tilde{W}_c^{\mathrm{T}}\eta^{-1}\dot{\tilde{W}}_c \leqslant & -\frac{1}{16}\left[\sum_{j=1}^{N}\frac{1}{m_{sj}^2}(\tilde{W}_c^{\mathrm{T}}\bar{\Gamma}(\hat{x}_{t_j})\tilde{W}_c)^2 + \frac{1}{m_s^2}(\tilde{W}_c^{\mathrm{T}}\bar{\Gamma}(\hat{x})\tilde{W}_c)^2\right] \\
& + 4\left[\sum_{j=1}^{N}\frac{1}{m_{sj}^2}(\tilde{W}_c^{\mathrm{T}}\nabla\varphi_{c(j)}\mathfrak{L}(\hat{x}_{t_j}))^2 + \frac{1}{m_s^2}(\tilde{W}_c^{\mathrm{T}}\nabla\varphi_c\mathfrak{L}(\hat{x}))^2\right] \\
& + \frac{5}{2}\left(\frac{1}{m_s^2} + \sum_{j=1}^{N}\frac{1}{m_{sj}^2}\right)\varepsilon_{\mathrm{HJB}}^2 - \frac{1}{2}\tilde{W}_c^{\mathrm{T}}\Pi(\hat{x},\hat{u})\nabla\varphi_c\Gamma(\hat{x})L_{1\hat{x}} \\
\leqslant & -\frac{1}{64}\left(\sum_{j=1}^{N}\mu_{\mathrm{inf}}^2(\bar{\Gamma}(\hat{x}_{t_j})) + \mu_{\mathrm{inf}}^2(\bar{\Gamma}(\hat{x}))\right)\left\|\tilde{W}_c\right\|^4 \\
& + 4b_\theta^2\left(\sum_{j=1}^{N}\vartheta_{\mathrm{sup}}^2(\mathfrak{L}(\hat{x}_{t_j})) + \vartheta_{\mathrm{sup}}^2(\mathfrak{L}(\hat{x}))\right)\left\|\tilde{W}_c\right\|^2 \\
& + \frac{5}{2}(N+1)\varepsilon_a^{*2} - \frac{1}{2}\tilde{W}_c^{\mathrm{T}}\Pi(\hat{x},\hat{u})\nabla\varphi_c\Gamma(\hat{x})L_{1\hat{x}} \quad (8.5.41)
\end{aligned}
$$

将式 (8.5.41) 代入式 (8.5.33)，可得

$$
\dot{V}(t) \leqslant L_{1\hat{x}}^{\mathrm{T}}\left(F(\hat{x}) - \frac{1}{2}\Gamma(\hat{x})\nabla\varphi_c^{\mathrm{T}}\hat{W}_c\right) - \frac{1}{2}\tilde{W}_c^{\mathrm{T}}\Pi(\hat{x},\hat{u})\nabla\varphi_c\Gamma(\hat{x})L_{1\hat{x}} - \frac{I_1}{64}\left\|\tilde{W}_c\right\|^4
$$

$$+ 4I_2 \left\| \tilde{W}_c \right\|^2 - \frac{1}{2}q \left(\|e\|^2 - \frac{1}{q}B \right)^2 + \frac{1}{2}B^2 + \frac{5}{2}(N+1)\varepsilon_a^{*2} \tag{8.5.42}$$

式中，$I_1 = \mu_{\inf}^2(\bar{\Gamma}(\hat{x})) + \sum\limits_{j=1}^{N} \mu_{\inf}^2(\bar{\Gamma}(\hat{x}_{t_j}))$；$I_2 = b_\theta^2 \vartheta_{\sup}^2(\mathfrak{L}(\hat{x})) + b_\theta^2 \sum\limits_{j=1}^{N} \vartheta_{\sup}^2(\mathfrak{L}(\hat{x}_{t_j}))$；
$B = \|P\| \varepsilon^* + \beta^2 \|C\|$；$b_\theta > 0$；$\|\nabla\varphi_c(\hat{x})\| < b_\theta, \forall x \in \Omega$。

由于 $\Pi(\hat{x}, \hat{u})$ 的取值有两种，所以将式 (8.5.42) 分两种情况进行讨论。

情形 1　当 $\Pi(\hat{x}, \hat{u}) = 0$ 时，式 (8.5.42) 的第一项为负。由于 $L_{1\hat{x}}^{\mathrm{T}}\dot{\hat{x}} < 0$，则存在一个常数 $\tau > 0$ 使得 $L_{1\hat{x}}^{\mathrm{T}}\dot{\hat{x}} < -\|L_{1\hat{x}}\|\tau \leqslant 0$，所以式 (8.5.42) 变为

$$\dot{V}(t) \leqslant -\tau \|L_{1\hat{x}}\| - \frac{1}{2}q \left(\|e\|^2 - \frac{1}{q}B \right)^2 - \frac{I_1}{64} \left(\|W_c^*\|^2 - \frac{128I_2}{I_1} \right)^2$$
$$+ \frac{256I_2^2}{I_1} + \frac{1}{2}[B^2 + 5(N+1)\varepsilon_a^{*2}] \tag{8.5.43}$$

假设下面的条件之一成立：

$$\|L_{1\hat{x}}\| > \frac{1}{\tau} \left\{ \frac{256I_2^2}{I_1} + \frac{1}{2} \left[B^2 + 5(N+1)\varepsilon_a^{*2} \right] \right\} \tag{8.5.44}$$

$$\|e\| > \sqrt{\frac{512I_2^2}{qI_1} + \frac{1}{q}[B^2 + 5(N+1)\varepsilon_a^2]} + \frac{1}{q}B \tag{8.5.45}$$

$$\left\| \tilde{W}_c \right\| > 2\sqrt{\frac{32I_2}{I_1} + \frac{\sqrt{2I_1[B^2 + 5(N+1)\varepsilon_a^2] + 1024I_2^2}}{I_1}} \tag{8.5.46}$$

则 $\dot{V} < 0$。

情形 2　当 $\Pi(\hat{x}, \hat{u}) = 1$ 时，式 (8.5.42) 的第一项非负。式 (8.5.42) 变为

$$\dot{V}(t) \leqslant L_{1\hat{x}}^{\mathrm{T}} \left(E(\hat{x}) + \frac{1}{2}\Gamma(\hat{x})\nabla\varepsilon_c \right) - \frac{1}{2}q \left(\|e\|^2 - \frac{1}{q}B \right)^2 - \frac{I_1}{64} \left(\left\|\tilde{\theta}_c\right\|^2 - \frac{128I_2}{I_1} \right)^2$$
$$+ \frac{256I_2^2}{I_1} + \frac{1}{2}[B^2 + 5(N+1)\varepsilon_a^{*2}] \tag{8.5.47}$$

定义 $\lambda_{\min}(\Lambda(\hat{x}))$ 为 $\Lambda(\hat{x})$ 的最小特征值，式 (8.547) 变为

$$\dot{L}(t) \leqslant -\lambda_{\min}(\Lambda(\hat{x})) \left(\|L_{1\hat{x}}\| - \frac{\varepsilon_b \vartheta_{\sup}(\Gamma(\hat{x}))}{4\lambda_{\min}(\Lambda(\hat{x}))} \right)^2$$
$$- \frac{1}{2}q \left(\|e\|^2 - \frac{1}{q}B \right)^2 - \frac{I_1}{64} \left(\left\|\tilde{\theta}_c\right\|^2 - \frac{128I_2}{I_1} \right)^2$$

$$+ \frac{\varepsilon_b \vartheta_{\sup}(\Gamma(\hat{x}))}{16\lambda_{\min}(\Lambda(\hat{x}))} + \frac{256I_2^2}{I_1} + \frac{1}{2}\left[B^2 + 5(N+1)\varepsilon_a^{*2}\right] \quad (8.5.48)$$

式中，$\varepsilon_b > 0$；$\|\nabla\varepsilon_c(\hat{x})\| < \varepsilon_b$。

假设以下条件之一成立：

$$\|L_{1\hat{x}}\| > \frac{\varepsilon_b \vartheta_{\sup}(\Gamma(\hat{x}))}{4\lambda_{\min}(\Lambda(\hat{x}))} + \sqrt{\frac{d}{\lambda_{\min}(\Lambda(\hat{x}))}} \quad (8.5.49)$$

$$\|e\| > \sqrt{\frac{2d}{q}} + \frac{1}{q}B \quad (8.5.50)$$

$$\left\|\tilde{W}_c\right\| > 2\sqrt{\frac{32I_2}{I_1} + 2\sqrt{\frac{d}{I_1}}} \quad (8.5.51)$$

式中，$d = \dfrac{\varepsilon_b \vartheta_{\sup}(\Gamma(\hat{x}))}{16\lambda_{\min}(\Lambda(\hat{x}))} + \dfrac{256I_2^2}{I_1} + \dfrac{1}{2}\left[B^2 + 5(N+1)\varepsilon_a^2\right]$。那么，$\dot{V} < 0$。

综上两种情况，可得到 $\dot{V} < 0$。所以，由李雅普诺夫稳定性定理可知，闭环系统的所有信号半全局一致最终有界，观测误差收敛到包含原点的一个较小邻域内。

评注 8.5.1　本节针对不确定仿射非线性系统，给出了一种基于观测器的自适应输出反馈优化控制设计方法。类似的智能自适应动态规划优化控制设计方法可参见文献 [18]∼[21]。需要指出的是，本节介绍的优化控制方法采用了历史数据和实时数据，改进了执行器神经网络参数的学习效率，使其能够更快地接近理想值，因此该方法放松了文献 [19]∼[21] 中所需要的持续激励条件。

8.5.5　仿真

例 8.5.1　考虑如下的不确定仿射非线性系统：

$$\dot{x} = \begin{bmatrix} x_2 \\ -x_1 - 0.5x_2(1 - x_1^2) - x_1^2 x_2 \end{bmatrix} + \begin{bmatrix} 0 \\ x_1 \end{bmatrix} u$$

定义性能指标函数为

$$V(\hat{x}) = \int_t^\infty (\hat{x}^{\mathrm{T}}(s)C^{\mathrm{T}}QC\hat{x}(s) + u^{\mathrm{T}}Ru)\mathrm{d}s$$

式中，Q 为单位阵；$C = [1, 0]$；$R = \mathrm{diag}\{10, 10\}$。

状态观测器神经网络包括 5 个节点，激活函数为

$$\varphi_i(x(t)) = \exp\left[-\frac{(x_1(t) - 0.5(3 - i))^2}{2^2}\right]$$

$$\times \exp\left[-\frac{(x_2(t) - 0.5(3 - i))^2}{2^2}\right], \quad i = 1, 2, \cdots, 5$$

评价神经网络包括 5 个节点，激活函数为

$$\varphi_{ci}\left(x\left(t\right)\right) = \exp\left[-\frac{(x_1(t) - 3 + i)^2}{3^2}\right]$$

$$\times \exp\left[-\frac{(x_2(t) - 0.5(3 - i))^2}{3^2}\right], \quad i = 1, 2, \cdots, 5$$

给定矩阵 A 和状态观测器增益 L 为

$$A = \begin{bmatrix} -1 & 1 \\ -0.5 & -1 \end{bmatrix}, \quad L = \begin{bmatrix} 1 \\ 0.5 \end{bmatrix}$$

选择 $q = 1$，并求解系统方程，解得正定矩阵 $P = \begin{bmatrix} 0.28 & 0.06 \\ 0.06 & 0.44 \end{bmatrix}$。

评价网络的学习因子 $\alpha = 10$，自适应律 $\dot{W}_c$ 的学习因子为 $\eta = 30$ 和 $\rho = 5$。系统状态和观测器状态的初始值为 $x(0) = [-3\ 2]$ 和 $\hat{x}(0) = [0.65\ 0.7]$。评价网络权值 $\hat{W}_c \in \mathbf{R}^3$ 初始值为区间 $[0, 2]$ 的随机数。如图 8.5.2 所示，评价网络权值通过在线优化，收敛到 $\hat{W}_c = [0.1460\ -0.1081\ 0.0605]$。图 8.5.3 和图 8.5.4 分别绘制了系统状态 $x_i(t)\,(i = 1, 2)$ 及其估计状态 $\hat{x}_i(t)$ 的收敛曲线。图 8.5.5 为控制量输入曲线，描绘了系统在调整过程中控制量幅值的变化。

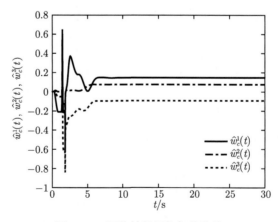

图 8.5.2　评价神经网络权值曲线

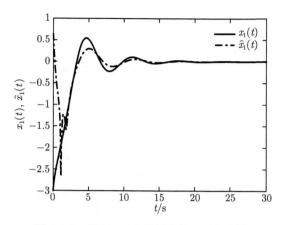

图 8.5.3　状态 $x_1(t)$ 及其估计 $\hat{x}_1(t)$ 曲线

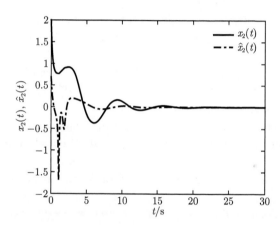

图 8.5.4　状态 $x_2(t)$ 及其估计 $\hat{x}_2(t)$ 曲线

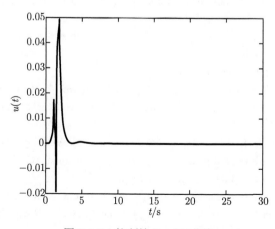

图 8.5.5　控制输入 $u(t)$ 曲线

参 考 文 献

[1] Dierks T, Jagannathan S. Online optimal control of affine nonlinear discrete-time systems with unknown internal dynamics by using time-based policy update[J]. IEEE Transactions on Neural Networks and Learning Systems, 2012, 23(7): 1118-1129.

[2] Liu Y J, Tang L, Tong S C, et al. Reinforcement learning design-based adaptive tracking control with less learning parameters for nonlinear discrete-time MIMO systems[J]. IEEE Transactions on Neural Networks and Learning Systems, 2015, 26(1): 165-176.

[3] Liu Y J, Gao Y, Tong S C, et al. Fuzzy approximation-based adaptive backstepping optimal control for a class of nonlinear discrete-time systems with dead-zone[J]. IEEE Transactions on Fuzzy Systems, 2016, 24(1): 16-28.

[4] Liu D, Huang Y, Wang D, et al. Neural-network-observer-based optimal control for unknown nonlinear systems using adaptive dynamic programming[J]. International Journal of Control, 2013, 86(9): 1554-1566.

[5] Wang T C, Sui S, Tong S C. Data-based adaptive neural network optimal output feedback control for nonlinear systems with actuator saturation[J]. Neurocomputing, 2017, 247: 192-201.

[6] Zhang H, Qin C, Jiang B, et al. Online adaptive policy learning algorithm for H_∞ state feedback control of unknown affine nonlinear discrete-time systems[J]. IEEE Transactions on Cybernetics, 2014, 44(12): 2706-2718.

[7] Dierks T, Jagannathan S. Online optimal control of nonlinear discrete-time systems using approximate dynamic programming[J]. Journal of Control Theory and Applications, 2011, 9(3): 361-369.

[8] Yang Q, Jagannathan S. Reinforcement learning controller design for affine nonlinear discrete-time systems using online approximators[J]. IEEE Transactions on Systems, Man, and Cybernetics, Part B: Cybernetics, 2011, 42(2): 377-390.

[9] Sun K K, Li Y M, Tong S C. Fuzzy adaptive output feedback optimal control design for strict-feedback nonlinear systems[J]. IEEE Transactions on Systems, Man, and Cybernetics: Systems, 2016, 47(1): 33-44.

[10] Tong S C, Sun K K, Sui S. Observer-based adaptive fuzzy decentralized optimal control design for strict-feedback nonlinear large-scale systems[J]. IEEE Transactions on Fuzzy Systems, 2017, 26(2): 569-584.

[11] Wen G X, Ge S S, Tu F W. Optimized backstepping for tracking control of strict-feedback systems[J]. IEEE Transactions on Neural Networks and Learning Systems, 2018, 29(8): 3850-3862.

[12] Zhang H G, Luo Y H, Liu D R. Neural-network-based near-optimal control for a class of discrete-time affine nonlinear systems with control constraints[J]. IEEE Transactions on Neural Networks, 2009, 20(9): 1490-1503.

[13] Vrabie D, Lewis F. Neural network approach to continuous-time direct adaptive optimal control for partially unknown nonlinear systems[J]. Neural Networks, 2009, 22(3): 237-246.

[14] Zargarzadeh H, Dierks T, Jagannathan S. Adaptive neural network-based optimal control of nonlinear continuous-time systems in strict-feedback form[J]. International Journal of Adaptive Control and Signal Processing, 2014, 28(3-5): 305-324.

[15] Liu D R, Yang X, Li H L. Adaptive optimal control for a class of continuous-time affine nonlinear systems with unknown internal dynamics[J]. Neural Computing and Applications, 2013, 23(7-8): 1843-1850.

[16] Liu D R, Yang X, Wang D, et al. Reinforcement-learning-based robust controller design for continuous-time uncertain nonlinear systems subject to input constraints[J]. IEEE Transactions on Cybernetics, 2015, 45(7): 1372-1385.

[17] Vamvoudakis K G, Miranda M F, Hespanha J P. Asymptotically stable adaptive-optimal control algorithm with saturating actuators and relaxed persistence of excitation[J]. IEEE Transactions on Neural Networks and Learning Systems, 2015, 27(11): 2386-2398.

[18] Abu-Khalaf M, Lewis F L. Nearly optimal control laws for nonlinear systems with saturating actuators using a neural network HJB approach[J]. Automatica, 2005, 41(5): 779-791.

[19] Sun K K, Sui S, Tong S C. Fuzzy adaptive decentralized optimal control for strict feedback nonlinear large-scale systems[J]. IEEE Transactions on Cybernetics, 2018, 48(4): 1326-1339.

[20] Sun K K, Sui S, Tong S C. Optimal adaptive fuzzy FTC design for strict-feedback nonlinear uncertain systems with actuator faults[J]. Fuzzy Sets and Systems, 2017, 316: 20-34.

[21] Zhang H G, Cui L L, Luo Y H. Near-optimal control for nonzero-sum differential games of continuous-time nonlinear systems using single-network ADP[J]. IEEE Transactions on Cybernetics, 2012, 43(1): 206-216.